공통수학2

Preface 머리말

이 책은 연구진들이 최근 10년 간 실제 고등학교 중간·기말고사에서 출제된 2,000여 개의 시험지를 일일이 풀어가면서 유형별, 난이도별 출제 경향을 정리하고, 많은 학교에서 공통적으로 출제되는 문제가 무엇인지, 서술형으로 준비해야 할 문제가 무엇인지를 철저하게 분석하여 적중 가능성이 높은 문항만을 엄선하여 수록했습니다. 또한 내신에서 점차 수능형 문제의 비중이 높아지고 있는 만큼 이를 반영하여 최신 내신 트렌드에 최적화된 문제들을 엄선, 다양한 형태의 시험에 대비할 수 있도록 다채로운 아이디어를 담은 문항을 제작했습니다.

더불어 최근 수능/모평, 학평 기출문제를 분석하고, 핵심 문항들을 수록하여 수능형 문제에 대한 감각을 익히고, 문제해결력을 키울 수 있도록 하였습니다.

고난도 문제에서 해결 방향을 전혀 잡지 못하여 풀이를 시작조차 하지 못하는 일이 없으려면 단계별로 생각하는 훈련을 할 수 있는 문항이 필요합니다. 몇 가지 공식이나 유형을 암기하여 기계적으로 푸는 것은 한계가 있을 수밖에 없습니다. 물론 계산력을 키우는 것 자체도 중요하지만, 각각의 개념이 유기적으로 이해되고 활용 가능할 수 있도록 끊임없이 스스로 '왜?'라는 질문을 통해 확실하게 개념을 체화하는 것이 정말 중요합니다. 개념을 꿰뚫는 필수유형을 통해 유사한 문항을 비교·분석하고, 어떤 과정에서 실수가 자주 나오는지 유의하며 공부해야 합니다.

학생부(내신) 성적은 고등학교 생활 3년간의 노력을 꾸준히 쌓아 올리는 것입니다.
기초를 탄탄하게, 매일 성실하게 학습하는 것이 수학 고득점의 정답입니다.

Point 특장점

1
교과서 수준의 기본 문항부터 다양한 형태의 최고난도 문항까지 단계별로 담아내었습니다.

앞부분에서는 쉬운 문제를 빠르고 정확하게 풀이하는 훈련을 하고,
뒷부분에서는 독특하고 생소한 최고난도 문제를 해결하기 위한 다양한 연습을 할 수 있도록 구성하였습니다.

2
개념의 흐름을 보여주는 '개념 정리'와 유형별 문제해결방법을 알려주는 '유형 해결 TIP'을 수록하였습니다.

개념 정리에서는 선수학습과의 연결성을 통하여 개념이 발전되고 심화되는 흐름을 설명하였습니다.
유형 해결 TIP 에서는 개념학습 후 유형별로 실제 문제를 푸는 데에 도움이 되는 내용을 안내하였습니다.
또한 STEP2 마지막장의 '스키마(schema)' 코너에서는 대표문항에 대해 문제의 조건과 답을 연결할 수 있도록
풀이의 흐름을 도식화하여 문제풀이에 적용할 수 있도록 하였습니다.

3
내신 기출은 물론, 수능/모평, 학평 기출문제까지 철저하게 분석하여 요즘 내신에 최적화하였습니다.

2022 개정 교육과정을 적용하고, 최근 내신 시험 및 수능/모평, 학평의 출제 경향을 정확하게 파악하여
반영하였습니다.

유 형 + 내 신
2022
교육과정
고
쟁이
수학 개념과 원리를 꿰뚫는
내신 대비 집중 훈련서

STAFF

발행인 정선욱

퍼블리싱 총괄 남형주

기획·개발 김태원 이유미 조지훈 장인호

디자인 김정인 한명희

유통·마케팅 서준성 김지희

제작 김한길 김경수

유형+내신 고쟁이 공통수학2 ㅣ 202410 제3판 1쇄   202509 제3판 6쇄

펴낸곳 ㅣ 이투스에듀(주) 서울시 서초구 남부순환로 2547

고객센터 ㅣ 1599-3225   **등록번호** ㅣ 제 2007-000035호   **ISBN** ㅣ 979-11-389-2397-2(53410)

이름	소속	이름	소속	이름	소속	이름	소속
서정환	아이디수학	윤재현	윤수학학원	이지연	브레인리그	정재경	산돌수학학원
서지은	지은쌤수학	윤지영	의정부수학공부방	이지영	GS112 수학 공부방	정지영	SJ대치수학학원
서효언	아이콘수학	윤채린	전문과외	이지예	대치명인 이매캠퍼스	정지훈	수지최상위권수학영어학원
서희원	함께하는수학 학원	윤혜원	고수학전문학원	이지은	리쌤앤탑경시수학학원	정진욱	수원메가스터디학원
설성환	설샘수학학원	윤 희	희쌤수학과학학원	이지혜	이자경수학학원 권선관	정하준	2H수학학원
설성희	설쌤수학	윤희용	매트릭스 수학학원	이진주	분당 원수학학원	정한울	경기도 포천
성기주	이젠수학과학학원	이건도	아론에듀학원	이창수	와이즈만 영재교육 일산화정 센터	정해도	목동혜윰수학교습소
성인영	정석 공부방	이경민	차앤국수학국어전문학원	이창훈	나인에듀학원	정현주	삼성영어쎈수학은계학원
성지희	snt 수학학원	이광후	수학의 아침 광교 캠퍼스 특목 자사관	이채열	하제입시학원	정혜정	JM수학
손동학	자호수학학원			이철호	파스칼수학	조기민	일산동고등학교
손정현	참교육	이규상	유클리드 수학	이태희	펜타수학학원 청계관	조민석	마이엠수학학원 철산관
손지영	엠베스트에스이프라임학원	이근표	정진학원	이한솔	더바른수학전문학원	조병욱	PK독학재수학원 미금
손진아	포스엠수학학원	이나래	토리103수학학원	이현이	함께하는수학	조상숙	수학의 아침
송빛나	원수학학원	이나현	엠브릿지 수학	이현희	폴리아에듀	조성철	매트릭스수학학원
송치호	대치명인학원	이다정	능수능란 수학전문학원	이형강	HK수학학원	조성화	SH수학
송태원	송태원1프로수학학원	이대훈	밀알두레학교	이혜민	대감학원	조연주	YJ수학학원
송혜빈	인재와고수 학원	이동희	이쌤 최상위수학교습소	이혜수	송산고등학교	조 은	전문과외
송호석	수학세상	이명환	다산 더원 수학학원	이혜진	S4국영수학원고덕국제점	조은정	최강수학
신경성	한수학전문학원	이무송	유투엠수학학원주엽점	이화원	탑수학학원	조의상	메가스터디
신수연	동탄 신수연 수학과학	이민아	민수학학원	이희연	이엠원학원	조이정	필탑학원
신일호	바른수학교육 한 학원	이민영	목동 엘리엔학원	임길홍	셀파우등생학원	조현웅	추담교육컨설팅
신정임	정수학학원	이민하	보듬교육학원	임동진	S4 고덕국제점학원	조현정	깨단수학
신정화	SnP수학학원	이보형	매쓰코드1학원	임명진	서연고학원	주소연	알고리즘 수학 연구소
신준효	열정과의지 수학보습학원	이봉주	분당성지수학	임소미	Sem 영수학원	주정례	청운학원
심은지	고수학학원	이상윤	엘에스수학전문학원	임율인	탑수학교습소	주태빈	수학을 권하다
심재현	웨이메이커 수학학원	이상일	캔디학원	임은정	마테마티카 수학학원	지슬기	지수학학원
안대호	독강수학학원	이상준	E&T수학전문학원	임재현	임수학교습소	진동준	지트에듀케이션 중등관
안하성	안쌤수학	이상철	G1230 옥길	임정혁	하이엔드 수학	진민하	인스카이학원
안현경	전문과외	이상형	수학의이상형	임지원	누나수학	차동희	수학전문공감학원
안효자	진수학	이서령	더바른수학전문학원	임찬혁	차수학동삭캠퍼스	차무근	차원이다른수학학원
안효정	수학상상수학교습소	이서윤	곰수학 학원 (동탄)	임현주	온수학교습소	차일훈	대치엠에스학원
안희애	에이엔 수학학원	이성희	피타고라스 셀파수학교실	임현지	위너스 하이	채준혁	인재의 창
양병철	우리수학학원	이세복	퍼스널수학	임형석	전문과외	천기분	이지(EZ)수학교습소
양유열	고수학전문학원	이수동	부천 E&T수학전문학원	장미선	하우투스터디학원	최경희	최강수학학원
양은진	수플러스 수학교습소	이수정	매쓰투미수학학원	장민수	신미주수학	최근정	SKY영수학원
어성웅	어쌤수학학원	이슬기	대치깊은생각	장종민	열정수학학원	최다혜	싹수학학원
엄은희	엄은희스터디	이승진	안중 호연수학	장찬수	전문과외	최동훈	고수학 전문학원
염승호	전문과외	이승환	우리들의 수학원	장혜련	푸른나비수학 공부방	최명길	우리학원
염철호	하비투스학원	이승훈	알찬교육학원	장혜민	수학의 아침	최문채	문산 열린학원
오종숙	함께하는 수학	이아현	전문과외	전경진	M&S 아카데미	최범균	유투엠수학학원 부천옥길점
오지혜	◆수톡수학학원	이애경	M4더메타학원	전미영	영재수학	최보람	꿈꾸는수학연구소
용다혜	에듀플렉스 동백점	이연숙	최상위권수학영어 수지관	전 일	생각하는수학공간학원	최서현	이룸수학
우선혜	HSP수학학원	이연주	수학연주수학교습소	전지원	원프로교육	최소영	키움수학
원준희	수학의 아침	이영현	대치명인학원	전진우	플랜지에듀	최수지	싹수학학원
유기정	STUDYTOWN 수학의신	이영훈	펜타수학학원	전희나	대치명인학원 이매캠퍼스	최수진	재밌는수학
유남기	의치한학원	이예빈	아이콘수학	정금재	혜윰수학전문학원	최승권	스터디올킬학원
유대호	플랜지 에듀	이우선	효성고등학교	정다해	에픽수학	최영성	에이블수학영어학원
유소현	웨이메이커수학학원	이원녕	대치명인학원	정미숙	쑥쑥수학교실	최영식	수학의신학원
유현종	SMT수학전문학원	이유림	수학의 아침	정미윤	함께하는수학 학원	최영철	고밀도학원
유혜리	유혜리수학	이은미	봄수학교습소	정민정	정쌤수학 과외방	최용희	대치명인학원
유호애	지윤 수학	이은아	이은아 수학학원	정승호	이프수학	최웅용	유타스 수학학원
윤고은	윤고은수학	이은지	수학대가 수지캠퍼스	정양진	올림피아드학원	최유미	분당파인만교육
윤덕환	여주비상에듀기숙학원	이재욱	KAMI	정연순	탑클래스 영수학원	최윤형	청운수학전문학원
윤도형	PST CAMP 입시학원	이재환	칼수학학원	정영진	공부의자신감학원	최은혜	전문과외
윤명희	사랑셈교실	이정은	이루다영수전문학원	정예철	수이학원	최재원	하이탑에듀 고등대입전문관
윤문성	평촌 수학의 봄날 입시학원	이정희	JH영어수학학원	정용석	수학마녀학원	최재원	이지수학
윤미영	수주고등학교	이종익	분당파인만 고등부	정유정	수학VS영어학원	최정아	딱풀리는수학 다산하늘초점
윤여태	103수학	이주혁	수학의아침(플로우교육)	정은선	아이원수학	최종찬	초당필탑학원
윤재은	놀이터수학교실	이 준	준수학고등관학원	정장선	생각하는 황소 동탄점	최주영	옥쌤 영어수학 독서논술

전문학원

최지윤 와이즈만 분당영재입시센터
최한나 수학의아침
최호순 관찰과추론
표광수 풀무질 수학전문학원
하정훈 하쌤학원
하창형 오늘부터수학학원
한경태 한경태수학전문학원
한규욱 대치메이드학원
한기언 한스수학학원
한동훈 고밀도학원
한문수 성빈학원
한미정 한쌤수학
한상훈 동탄수학과학학원
한성필 더프라임학원
한세은 이지수학
한수민 SM수학학원
한유호 에듀셀파 독학 기숙학원
한은기 참선생 수학 동탄호수
한지희 이음수학학원
한혜숙 창의수학 플레이팩토
함민호 에듀매쓰수학학원
함영호 함영호고등전문수학클럽
허지현 최상위권수학학원
홍성미 부천옥길홍수학
홍성민 해법영어 셀파우등생 일월
메디 학원
홍세정 인투엠수학과학학원
홍유진 평촌 지수학학원
홍의찬 원수학
홍재욱 켈리윙즈학원
홍재화 아론에듀학원
홍정욱 광교 김샘수학 3.14고등수학
홍지윤 HONGSSAM창의수학
홍훈희 MAX 수학학원
황두연 전문과외
황민지 수학하는날 입시학원
황선아 서나수학
황애리 애리수학학원
황영미 오산일신학원
황은지 멘토수학과학학원
황인영 더올림수학학원
황지훈 명문JS입시학원

◇— **경남** —◇
강경희 TOP Edu
강도윤 강도윤수학컨설팅학원
강지혜 강선생수학학원
고병옥 옥쌤수학과학학원
고성대 math911
고은정 수학은고쌤학원
권영애 권쌤수학
김가령 킴스아카데미
김경문 참진학원
김미양 오렌지클래스학원
김민석 한수위 수학원
김민정 창원스키마수학
김선희 책벌레국영수학원

김송은 은쌤 수학
김수진 수학의봄수학교습소
김양준 이룸학원
김연지 하이퍼영수학원
김옥경 다온수학전문학원
김재현 타임영수학원
김정두 해성고등학교
김진형 수풀림 수학학원
김치남 수나무학원
김해성 AHHA수학(아하수학)
김형균 칠원채움수학
김형신 대치스터디 수학학원
김혜영 프라임수학
김혜인 조이매쓰
김혜정 올림수학 교습소
노현석 비코즈수학전문학원
문소영 문소영수학관리학원
문주란 장유 올바른수학
민동록 민쌤수학
박규태 에듀탑영수학원
박소현 오름수학전문학원
박영진 대치스터디수학학원
박우열 앤즈스터디메이트 학원
박임수 고탑(GO TOP)수학학원
박정길 아쿰수학학원
박주연 마산무학여자고등학교
박진현 박쌤과외
박혜인 참좋은학원
배미나 경남진주시
배종우 매쓰팩토리 수학학원
백은애 매쓰플랜수학학원
성민지 베스트수학교습소
송상윤 비상한수학학원
신동훈 수과람학원
신욱희 창익학원
안성휘 매쓰팩토리 수학학원
안지영 모두의수학학원
어다혜 전문과외
유인영 마산중앙고등학교
유준성 시퀀스영수학원
윤영진 유클리드수학과학학원
이근영 매스마스터수학전문학원
이나영 TOP Edu
이선미 삼성영수학원
이아름 애시앙 수학맛집
이유진 멘토수학교습소
이진우 전문과외
이현주 즐거운 수학 교습소
장초향 이룸플러스수학학원
전창근 수과원학원
정승엽 해냄학원
정주영 다시봄이룸수학학원
조소현 in수학전문학원
조윤호 조윤호수학학원
주기호 비상한수학국어학원
차민성 율하차쌤수학
최소현 펠릭스 수학학원
하윤석 거제 정금학원
황진호 타임수학학원

황혜숙 합포고등학교

◇— **경북** —◇
강경훈 예천여자고등학교
강혜연 BK 영수전문학원
권오준 필수영어학원
권호준 위너스터디학원
김대훈 이상렬입시단과학원
김동수 문화고등학교
김동욱 구미정보고등학교
김명훈 김민재수학
김보아 매쓰킹공부방
김수현 꿈꾸는 I
김윤정 더채움영수학원
김은미 매쓰그로우 수학학원
김재경 필즈수학영어학원
김태웅 에듀플렉스
김형진 닥터박수학전문학원
남영준 아르베수학전문학원
문소연 조쌤보습학원
박다현 최상위해법수학학원
박명훈 수학행수학학원
박우혁 예천연세학원
박유건 닥터박 수학학원
박은영 esh수학의달인
박진성 포항제철중학교
방성훈 매쓰그로우 수학학원
배재현 수학만영어도학원
백기남 수학만영어도학원
성세현 이투스수학두호장량학원
손나래 이든샘영수학원
손주희 이루다수학과학
송미경 이로지오 학원
송종진 김천고등학교
신광섭 광 수학학원
신승규 영남삼육고등학교
신승용 유신수학전문학원
신지헌 문영수 학원
신채윤 포항제철고등학교
안지훈 강한수학
염성군 근화여자고등학교
예보경 피타고라스학원
오선민 수학만영어도학원
윤장영 윤쌤아카데미
이경하 안동 풍산고등학교
이다례 문매쓰달쌤수학
이상원 전문가집단 영수학원
이상현 인투학원
이성국 포스카이학원
이송제 다올입시학원
이영성 영주여자고등학교
이재광 생존학원
이준호 이준호수학교습소
이혜민 영남삼육중학교
이혜은 김천고등학교
장아름 아름수학학원
정은우 수학의봄학원
정재훈 현일고등학교

조진우 늘품수학학원
조현정 올댓수학
진성은 전문과외
천경훈 천강수학전문학원
최수영 수학만영어도학원
최진영 구미시 금오고등학교
추민지 닥터박수학학원
추호성 필즈수학영어학원
표현석 안동 풍산고등학교
하홍민 홍수학
홍영준 하이맵수학학원

◇— **광주** —◇
강민결 광주수피아여자중학교
강승완 블루마인드아카데미
곽웅수 카르페영수학원
권용식 와이엠 수학전문학원
김국진 김국진짜학원
김국철 풍암필즈수학학원
김대균 김대균수학학원
김동희 김동희수학학원
김미경 임팩트학원
김성기 원픽 영수학원
김안나 풍암필즈수학학원
김원진 메이블수학전문학원
김은석 만문제수학전문학원
김재광 디투엠 영수학원
김종민 퍼스트수학학원
김태성 일곡지구 김태성 수학
김현진 에이블수학학원
나혜경 고수학학원
마채연 마채연 수학 전문학원
박서정 더강한수학전문학원
박용우 광주 더샘수학학원
박주홍 KS수학
박충현 본수학과학전문학원
박현영 KS수학
변석주 153유클리드수학 학원
빈선욱 빈선욱수학전문학원
선승연 MATHTOOL수학교습소
소병효 새움수학전문학원
손광일 송원고등학교
손동규 툴즈수학교습소
송승용 송승용수학학원
신성호 신성호수학공화국
신예준 JS영재학원
신현석 프라임 아카데미
심여주 웅진 공부방
양동식 A+수리수학학원
어흥범 매쓰피아
위광복 우산해라클래스학원
이만재 매쓰로드수학
이상혁 감성수학
이승현 본(本)영수학원
이창현 알파수학학원
이채연 알파수학학원
이충현 전문과외
이헌기 보문고등학교

임태관 매쓰멘토수학전문학원
장광현 장쌤수학
장민경 일대일코칭수학학원
장영진 새움수학전문학원
전주현 전문과외
정다원 광주인성고등학교
정다희 다희쌤수학
정수인 더최선학원
정원섭 수리수학학원
정인용 일품수학학원
정종규 에스원수학학원
정태규 가우스수학전문학원
정형진 BMA롱맨영수학원
조일양 서안수학
조현진 조현진수학학원
조형서 조형서 수학교습소
채소연 마하나임 영수학원
천지선 고수학학원
최지웅 미라클학원
최혜정 이루다전문학원

◇— 대구 —◇

강민영 매씨지수학학원
고민정 전문과외
곽미선 좀다른수학
구정모 제니스클래스
구현태 대치깊은생각수학학원 시지본원
권기현 이렇게좋은수학교습소
권보경 학문당입시학원
권혜진 폴리아수학2호관학원
김기연 스텝업수학
김대운 그릿수학831
김도영 땡큐수학학원
김동영 통쾌한 수학
김득현 차수학 교습소 사월 보성점
김명서 샘수학
김미경 풀린다수학교습소
김미랑 랑쌤수해
김미소 전문과외
김미정 일등수학학원
김상우 에이치투수학교습소
김선영 수학학원 바른
김성무 김성무수학 수학교습소
김수영 봉덕김쌤수학학원
김수진 지니수학
김연정 유니티영어
김유진 S.M과외교습소
김재홍 경북여자상업고등학교
김정우 이룸수학학원
김종희 학문당 입시학원
김지연 찐수학
김지영 김지영수학교습소
김지은 정화여자고등학교
김채영 전문과외
김태진 김태진 스카이루트 수학과학 학원
김태환 로고스수학학원(성당원)
김해은 한상철수학과학학원 상인원
김현숙 메타매쓰

남인제 미쓰매쓰수학학원
노현진 트루매쓰 수학학원
민병문 선택과 집중
박경득 파란수학
박도희 전문과외
박민석 아크로수학학원
박민정 빡쎈수학교습소
박산성 Venn수학
박수연 쌤통수학학원
박순찬 찬스수학
박옥기 매쓰플랜수학학원
박장호 대구혜화여자고등학교
박정욱 연세스카이수학학원
박지훈 더엠수학학원
박태호 프라임수학교습소
박현주 매쓰플래너
방소연 대치깊은생각수학학원
        시지본원
백승대 백박사학원
백승환 수학의봄 수학교습소
백재규 필즈수학공부방
백태민 학문당입시학원
백현식 바른입시학원
변용기 라온수학학원
서경도 서경도수학교습소
서재은 절대등급수학
성웅경 더빡쎈수학학원
소현주 정S과학수학학원
손승연 스카이수학
손태수 트루매쓰 학원
송영배 수학의정원
신묘숙 매쓰매티카 수학교습소
신수진 폴리아수학학원
신은경 황금라온수학
신은주 하이매쓰학원
양강일 양쌤수학과학학원
양은실 제니스 클래스
오세욱 IP수학과학학원
윤기호 샤인수학학원
이규철 좋은수학
이남희 이남희수학
이만희 오로라수학전문학원
이명희 잇츠생각수학 학원
이상훈 명석수학학원
이수현 하이매쓰 수학교습소
이원경 엠제이통수학영어학원
이인호 본투비수학교습소
이일균 수학의달인 수학교습소
이종환 이꼼수학
이준우 깊을준수학
이지민 아이플러스 수학
이진영 소나무학원
이진욱 시지이룸수학학원
이창우 강철FM수학학원
이태형 가토수학과학학원
이한조 닥터엠에스
이효진 진선생수학학원
임신옥 KS수학학원
임유진 박진수학

장두영 바움수학학원
장세완 장선생수학학원
장시현 전문과외
전동형 땡큐수학학원
전수민 전문과외
전준현 매쓰플랜수학학원
전지영 전지영수학
정민호 스테듀입시학원
정재현 율사학원
조미란 엠투엠수학 학원
조성애 조성애세움학원
조연호 Cho is Math
조유정 다원MDS
조인혁 루트원수학과학 학원
조지연 연쌤영수학원
주기헌 송현여자고등학교
진수정 마틸다수학
최대진 엠프로수학학원
최은미 수학다움 학원
최정이 탑수학교습소(국우동)
최현정 MQ멘토수학
최현희 다온수학학원
하태호 팀하이퍼 수학학원
한원기 한쌤수학
홍온아 탄탄수학교실
황가영 루나수학
황지현 위드제스트수학학원

◇— 대전 —◇

강유식 연세제일학원
강홍규 최강학원
고지훈 고지훈수학 지적공감입시학원
김 일 더브레인코어 학원
김근아 닥터매쓰205
김근하 엠씨스터디수학학원
김남홍 대전종로학원
김덕한 더칸수학학원
김동근 엠투오영재학원
김민지 (주)청명에페보스학원
김복응 더브레인코어 학원
김상현 세종입시학원
김수빈 제타수학전문학원
김승환 청운학원
김윤혜 슬기로운수학교습소
김주성 양영학원
김지현 파스칼 대덕학원
김 진 발상의전환 수학전문학원
김진수 김진수학
김태형 청명대입학원
김하은 전문과외
김한솔 시대인재 대전
김해찬 전문과외
김휘식 양영학원 고등관
나효명 열린아카데미
류재원 양영학원
박가와 마스터플랜 수학전문학원
박솔비 매쓰톡수학 교습소
박주희 빡쌤의 빡센수학

박지성 엠아이큐수학학원
배용제 굿티쳐강남학원
백승정 오르고 수학학원
서동원 수학의 중심 학원
서영준 힐탑학원
선진규 로하스학원
송규성 하이클래스학원
송다인 더브라이트학원
송인석 송인석수학학원
송정은 바른수학전문교실
신성철 도안베스트학원
신성호 수학과학하다
신원진 공감수학학원
신익주 신 수학 교습소
심훈흠 일인주의학원
양지연 자람수학
오우진 양영학원
우현석 EBS 수학우수학원
유수림 수림수학학원
유준호 더브레인코어 학원
윤석주 윤석주수학전문학원
윤찬근 오르고 수학학원
이국빈 케이플러스수학
이규영 쉐마수학학원
이민호 매쓰플랜수학학원 반석지점
이성재 알파수학학원
이소현 바칼로레아영수학원
이수진 대전관저중학교
이용희 수림학원
이일녕 양영학원
이재옥 청명대입학원
이준희 전문과외
이희도 전문과외
인승열 신성 수학나무 공부방
임병수 모티브
임현호 전문과외
장용훈 프라임수학
전병전 더브레인코어 학원
전하윤 전문과외
정순영 공부방,여기
정지윤 더브레인코어 학원
조용호 오르고 수학학원
조창희 시그마수학교습소
조충현 로하스학원
차영진 연세언더우드수학
차지훈 모티브에듀학원
홍진국 저스트학원
황은실 나린학원

◇— 부산 —◇

고경희 대연고등학교
권병국 케이스학원
권순석 남천다수인
권영린 과사람학원
김건우 4퍼센트의 논리 수학
김경희 해운대영수전문y-study
김대현 해운대중학교
김도현 해신수학학원

김도형 명작수학
김민규 다비드수학학원
김민영 정모클입시학원
김성민 직관수학학원
김승호 과사람학원
김애랑 채움수학교습소
김원진 수성초등학교
김지연 김지연수학교습소
김초록 수날다수학교습소
김태영 뉴스터디학원
김태진 한빛단과학원
김효상 코스터디학원
나기열 프로매스수학교습소
노지연 수학공간학원
노향희 노쌤수학학원
류향수 연산 한샘학원
박대성 키움수학교습소
박성찬 프라임학원
박연주 매쓰메이트수학학원
박재용 해운대영수전문y-study
박주형 삼성에듀학원
배철우 명지 명성학원
백용일 과사람학원
부종민 부종민수학
서유진 다올수학
서은지 ESM영수전문학원
서자현 과사람학원
서평승 신의학원
손희옥 매쓰폴수학학원
송다슬 전문과외
심현섭 과사람학원
심혜정 명품수학
안남희 명지 실력을키움수학
안애경 오메가 수학 학원
안찬종 전문과외
양인희 에센셜수학교습소
오인혜 하단초등학교
오희영
옥승길 옥승길수학학원
이가연 엠오엠수학학원
이경덕 수학으로 물들어 가다
이경수 경:수학
이명희 조이수학학원
이아름누리 청어람학원
이정화 수학의 힘 가야캠퍼스
이지영 오늘도,영어그리고수학
이지은 한수연하이매쓰
이 철 과사람학원
이효정 해 수학
장지원 해신수학학원
장진권 오메가수학
전경훈 대치명인학원
전완재 강앤전 수학학원
전우빈 과사람학원
전찬용 다이나믹학원
정운용 정쌤수학교습소
정의진 남천다수인
정휘수 제이매쓰수학방
정희정 정쌤수학

조아영 플레이팩토 오션시티교육원
조우영 위드유수학학원
조은영 MIT수학교습소
조 훈 캔필학원
주유미 엠투수학공부방
채송화 채송화수학
천현민 키움스터디
최광은 럭스 (Lux) 수학학원
최수정 이루다수학
최운교 삼성영어수학전문학원
최준승 주감학원
하 현 하현수학교습소
한주환 으뜸나무수학학원
한혜경 한수학 교습소
허영재 자하연 학원
허윤정 올림수학전문학원
허정은 전문과외
황영찬 수피움 수학
황진영 진심수학
황하남 과학수학의봄날학원

강동은 반포 세정학원
강성철 목동 일타수학학원
강수진 블루플랜
강영미 슬로비매쓰수학학원
강은녕 탑수학학원
강종철 쿠메수학교습소
강주석 염광고등학교
강태윤 미래탐구 대치 중등센터
강현숙 유니크학원
계훈범 MathK 공부방
고수환 상승곡선학원
고재일 대치 토브(TOV)수학
고지영 황금열쇠학원
고 현 네오 수학학원
공정현 대공수학학원
곽슬기 목동매쓰원수학학원
구난영 셀프스터디수학학원
구순모 세진학원
권가영 커스텀(CUSTOM)수학
권경아 청담해법수학학원
권민경 전문과외
권상호 수학은권상호 수학학원
권용만 은광여자고등학교
권은진 참수학뿌리국어학원
김가회 에이원수학학원
김강현 구주이배수학학원 송파점
김경진 덕성여자중학교
김경희 전문과외
김규보 메리트수학원
김규연 수력발전소학원
김금화 그루터기 수학학원
김기덕 메가 매쓰 수학학원
김나래 전문과외
김나영 대치 새움학원
김도규 김도규수학학원
김동균 더채움 수학학원

김명후 김명후 수학학원
김미란 퍼펙트수학
김미아 일등수학교습소
김미애 스카이맥에듀
김미영 명수학교습소
김미영 정일품 수학학원
김미진 채움수학
김미희 행복한수학쌤
김민수 대치 원수학
김민정 전문과외
김민지 강북 메가스터디학원
김민창 김민창 수학
김병수 중계 학림학원
김병호 국선수학학원
김보민 이투스수학학원 상도점
김부환 압구정정보강북수학학원
김상철 미래탐구마포
김상호 압구정 파인만 이촌특별관
김선정 이룸학원
김성숙 써큘러스리더 러닝센터
김성현 하이탑수학학원
김성호 개념상상(서초관)
김수민 통수학학원
김수정 유니크 수학
김수진 싸인매쓰수학학원
김수진 깊은수학학원
김승원 솔(sol)수학학원
김승훈 하이스트 염창관
김양식 송파영재센터GTG
김여욱 매쓰홀릭학원
김연정 전문과외
김연주 목동쌤올림수학
김영란 일심수학학원
김영미 제로미수학교습소
김영숙 수 플러스학원
김영재 한그루수학
김영준 강남매쓰탑학원
김영진 세움수학학원
김 유 전문과외
김유진 전문과외
김윤태 두각학원, 김종철 국어수학
        전문학원
김윤희 유니수학교습소
김은숙 전문과외
김은영 선우수학
김은영 와이즈만은평
김은영 휘경여자고등학교
김은찬 엑시엄수학학원
김은영 김쌤깨알수학
김의진 서울 성북구 채움수학
김이슬 전문과외
김이현 에듀플렉스 고덕지점
김인기 중계 학림학원
김재산 목동 일타수학학원
김재성 티포인트에듀학원
김재연 규연 수학 학원
김재현 Creverse 고등관
김정민 청어람 수학학원
김정민

김정아 지올수학
김지선 수학전문 순수
김지숙 김쌤수학의숲
김지영 구주이배수학학원
김지은 티포인트 에듀
김지은 수학대장
김지은 분석수학 선두학원
김지훈 드림에듀학원
김지훈 형설학원
김지훈 마타수학
김진규 서울바움수학(역삼럭키)
김진영 이대부속고등학교
김찬열 라엘수학
김창재 중계세일학원
김창주 고등부관 스카이학원
김태현 SMC 세곡관
김태훈 성북 페르마
김하늘 역경패도 수학전문
김하민 서강학원
김하연 전문과외
김항기 동대문중학교
김현미 김현미수학학원
김현욱 리마인드수학
김현유 혜성여자고등학교
김현정 미래탐구 중계
김현주 숙명여자고등학교
김현지 전문과외
김현혁 ◆성북학림
김형진 소자수학학원
김혜연 수학작가
김호영 장학학원
김홍수 김홍학원
김효선 토이300컴퓨터교습소
김효정 블루스카이학원 반포점
김후광 압구정파인만
김희연 이룸공부방
김희원 대일외국어고등학교
김희진 엑시엄 수학학원
나은영 메가스터리 러셀중계
나태산 중계 학림학원
남식훈 수학만
남호성 퍼씰수학전문학원
노동일 형설학원
류도현 서초구 방배동
류정민 사사모플러스수학학원
목경훈 목동 일타수학학원
목지아 수리티수학학원
문근실 시리우스수학
문성호 차원이다른수학학원
문소정 대치명인학원
문용근 올림 고등수학
문지훈 문지훈수학
박경보 최고수챌린지에듀학원
박경남 대치메이드 반포관
박광남 올마이티캠퍼스
박교국 백인대장
박근백 대치멘토스학원
박동진 더힐링수학 교습소
박리안 CMS서초고등부

박명훈	김샘학원 성북캠퍼스
박미라	매쓰몽
박민정	목동 깡수학과학학원
박상길	대길수학
박상후	강북 메가스터디학원
박설아	수학을삼키다학원 흑석2관
박성재	매쓰플러스수학학원
박소영	창동수학
박소윤	제이커브학원
박수견	비채수학원
박연주	물댄동산
박연희	박연희깨침수학교습소
박연희	열방수학
박영규	하이스트핏 수학 교습소
박영욱	태산학원
박용진	푸름을말하다학원
박정아	한신수학과외방
박정훈	전문과외
박종선	스터디153학원
박종원	상아탑학원 / 대치오르비
박종태	일타수학학원
박주현	장훈고등학교
박준하	전문과외
박진희	박선생수학전문학원
박 현	상일여자고등학교
박현주	나는별학원
박혜진	강북수재학원
박혜진	진매쓰
박흥식	송파연세수보습학원
방정은	백인대장 훈련소
방효건	서준학원 지혜관
배재형	배재형수학
백아름	아름쌤수학공부방
서근환	대진고등학교
서다인	수학의봄학원
서민국	시대인재
서민재	서준학원
서수연	수학전문 순수
서승희	딥브레인수학
서용준	와이제이학원
서원준	잠실 시그마 수학학원
서은애	하이탑수학학원
서중은	블루플렉스학원
서한나	라엘수학학원
석현욱	잇올스파르타
선 철	일신학원
설세령	뉴파인 용산중고등관
손권민경	원인학원
손민정	두드림에듀
손전모	다원교육
손정화	4퍼센트수학학원
손충모	공감수학
송경호	스마트스터디 학원
송동인	송동인수학명가
송재혁	엑시엄수학전문학원
송준민	송수학
송진우	도진우 수학 연구소
송해선	불곰에듀
신연우	개념폴리아 삼성청담관
신은숙	마곡펜타곤학원
신은진	상위권수학학원
신정훈	STEP EDU
신지영	아하 김일래 수학 전문학원
신지현	대치미래탐구
신채민	오스카 학원
신현수	현수쌤의 수학해설
심창섭	피앤에스수학학원
심혜진	반포파인만학원
안나연	전문과외
안도연	목동정도수학
안주은	채움수학
양원규	일신학원
양지애	전문과외
양창진	수학의 숲 수림학원
양해영	청출어람학원
엄시온	올마이티캠퍼스
엄유빈	유빈쌤 수학
엄지희	티포인트에듀학원
엄태웅	엄선생수학
여혜연	성북미래탐구
염승훈	이가 수학학원
오명석	대치 미래탐구 영재 경시 특목센터
오재경	성북 학림학원
오재현	강동파인만 고덕 고등관
오종택	에이원수학학원
오한별	광문고등학교
우동훈	헤파학원
위명훈	대치명인학원(마포)
위성웅	시대인재수학스쿨
위형채	에이치앤제이형설학원
유가영	탑솔루션 수학 교습소
유시준	목동강수학과학학원
유정아	장훈고등학교
유환승	강북청솔학원
윤상문	청어람수학원
윤석원	공감수학
윤영균	전문과외
윤영숙	윤영숙수학학원
윤인영	전문과외
윤중현	씨알학당
은 현	목동 cms 입시센터 과고대비반
이경복	매스타트 수학학원
이경용	열공학원
이경주	생각하는 황소수학 서초학원
이경환	전문과외
이광락	펜타곤학원
이규만	수퍼매쓰학원
이동규	형설학원
이동훈	PGA
이루마	김샘학원
이명미	◆대치위더스
이민호	강안교육
이상영	대치명인학원 은평캠퍼스
이상훈	골든벨수학학원
이서경	엘리트탑학원
이성용	수학의원리학원
이성재	지앤정 학원
이소윤	목동선수학
이소지	전문과외
이소호	준토에듀수학학원
이슬기	예찬에듀
이시현	SKY미래연수학학원
이어진	신목중학교
이영하	키움수학
이용우	올림피아드 학원
이원용	필과수 학원
이원희	수학공작소
이유예	스카이플러스학원
이윤주	와이제이수학교습소
이은경	신길수학
이은숙	포르테수학 교습소
이은영	은수학교습소
이재봉	형설에듀이스트
이재용	이재용the쉬운수학학원
이정석	CMS서초영재관
이정섭	은지호 영감수학
이정호	정샘수학교습소
이제현	막강수학
이종혁	유인어스 학원
이종호	MathOne수학
이종환	카이수학전문학원
이주연	목동 하이씨앤씨
이준석	이가수학학원
이지연	단디수학학원
이지우	제이 앤 수 학원
이지혜	세레나영어수학학원
이지혜	대치파인만
이지훈	백향목에듀수학학원
이 진	수박에듀학원
이진덕	카이스트수학학원
이진희	서준학원
이창석	핵수학 수학전문학원
이채윤	전문과외
이충안	◆채움수학
이충훈	QANDA
이학송	뷰티풀마인드 수학학원
이 혁	강동메르센수학학원
이현주	그레잇에듀
이형수	피앤아이수학영어학원
이혜림	다오른수학학원
이혜림	대동세무고등학교
이혜수	대치수학원
이호준	형설학원
이효준	다원교육
이효진	올토 수학학원
이희선	브리스톨
임규철	원수학 대치
임기호	대치 원수학
임다혜	시대인재 수학스쿨
임민정	전문과외
임상혁	임상혁수학학원
임소영	123수학
임영주	송파 세빛학원
임정빈	임정빈수학
임지혜	위드수학교습소
임현우	선덕고등학교
장석진	이덕재수학이미선국어학원
장성훈	미독수학
장세영	스펀지 영어수학 학원
장승희	명품이앤엠학원
장영신	송례중학교
장은영	목동강수학과학학원
장지식	피큐브아카데미
장희준	대치 미래탐구
전기열	유니크학원
전상현	뉴클리어 수학 교습소
전성식	맥스전성식수학학원
전은나	상상수학학원
전지수	전문과외
전진남	지니어스 논술 교습소
전진아	메가스터디
정광조	로드맵수학
정다운	정다운수학교습소
정대영	대치파인만
정명련	유니크 수학학원
정무웅	강동드림보습학원
정문정	연세수학원
정민교	진학학원
정민준	사과나무학원(양천관)
정수정	대치수학클리닉 대치본점
정슬기	티포인트에듀학원
정승희	뉴파인
정연화	풀우리수학
정영아	정이수학교습소
정유미	휴브레인압구정학원
정은경	제이수학
정은영	CMS
정재윤	성덕고등학교
정진아	정선생수학
정찬민	목동매쓰원수학학원
정화진	진화수학학원
정환동	씨앤씨0.1%의대수학
정효석	최상위하다학원
조경미	레벨업수학(feat.과학)
조병훈	꿈을담는수학
조아라	유일수학
조아라	수학의시점
조아람	서울 양천구 목동
조원해	연세YT학원
조재묵	천광학원
조정은	조수학교습소
조한진	새미기픈수학
조햇봄	너의일등급수학
조현탁	전문가집단
주용호	아찬수학교습소
주은재	주은재수학학원
주정미	수학의꽃수학교습소
지명훈	선덕고등학교
지민경	고래수학교습소
진임진	전문과외
진혜원	더올라수학교습소
차민준	이투스수학학원 중계점
차성철	목동강수학과학학원
차슬기	사과나무학원 은평관

◆ — 전북 — ◆

강원택 탑시드 수학전문학원
고혜련 성영재수학학원
권정욱 권정욱 수학
김상호 휴민고등수학전문학원
김선호 혜명학원
김성혁 S수학전문학원
김수연 전선생수학학원
김윤빈 쿼크수학영어전문학원
김재순 김재순수학학원
김준형 성영재 수학학원
나승현 나승현전유나 수학전문학원
노기한 포스 수학과학학원
박광수 박선생수학학원
박미숙 전문과외
박미화 엄쌤수학전문학원
박선미 박선생수학학원
박세희 멘토이젠수학
박소영 황규종수학전문학원
박은미 박은미수학교습소
박재성 올림수학학원
박재홍 예섬학원
박지유 박지유수학전문학원
박철우 익산 청운학원
배태익 스키마아카데미 수학교실
서영우 서영우수학교실
성영재 성영재수학전문학원
송지연 아이비리그데칼트학원
신영진 유나이츠학원
심우성 오늘은수학학원
양은지 군산중앙고등학교
양재호 양재호카이스트학원
양형준 대들보 수학
오혜진 YMS부송
유현수 수학당
윤병오 이투스247익산
이가영 마루수학국어학원
이보근 미라클입시학원
이송심 와이엠에스입시전문학원
이인성 우림중학교
이지원 긱매쓰
이하나 전문과외
이혜상 S수학전문학원
임승진 이터널수학영어학원
장재은 YMS입시학원
정두리 전문과외
정용재 성영재수학전문학원
정혜승 샤인학원
정환희 릿지수학학원
조세진 수학의길
조영신 성영재 수학전문학원
채승희 채승희수학전문학원
최성훈 최성훈수학학원
최영준 최영준수학학원
최 윤 엠투엠수학학원
최형진 수학본부
황규종 황규종수학전문학원

◆ — 제주 — ◆

강경혜 강경혜수학
강나래 전문과외
김기한 원탑학원
김대환 The원 수학
김보라 라딕스수학
김연희 whyplus 수학교습소
김장훈 프로젝트M수학학원
류혜선 진정성영어수학노형학원
박 찬 찬수학학원
박대희 실전수학
박승우 남녕고등학교
박재현 위더스입시학원
박진석 진리수
백민지 가우스수학학원
양은석 신성여자중학교
여원구 피드백수학전문학원
오가영 ◆메타수학학원
오재일 터닝포인트영어수학학원
이민경 공부의마침표
이상민 서이현아카데미학원
이선혜 STEADY MATH
이영주 전문과외
이현우 전문과외
장영환 제로링수학교실
편미경 편쌤수학
하혜림 제일아카데미
허은지 Hmath학원
현수진 학고제입시학원

◆ — 충남 — ◆

최소영 빛나는수학
강민주 수학하다 수학교습소
강범수 전문과외
강 석 에이커리어
고영지 전문과외
권순필 권쌤수학
권오운 광풍중학교
김경원 한일학원
김명은 더하다 수학학원
김미경 시티자이수학
김태화 김태화수학학원
김한빛 한빛수학학원
김현영 마루공부방
남기용 전문과외
박유진 제이홈스쿨
박재혁 명성수학학원
박지화 MATH1022
박혜정 전문과외
서봉원 서산SM수학교습소
서승우 담다수학
서유리 더배움영수학원
서정기 시너지S클래스 불당
송은선 전문과외
신경미 Honeytip
신유미 무한수학학원
유정수 천안고등학교
유창훈 시그마학원

윤보희 충남삼성고등학교
윤재웅 베테랑수학전문학원
이봉이 더수학교습소
이아람 퍼펙트브레인학원
이연지 하크니스 수학학원
이예진 명성학원
이은아 한다수학학원
이재장 깊은수학학원
이하나 에메트수학
이현주 수학다방
장다희 개인과외교습소
전혜영 타임수학학원
정광수 혜윰국영수단과학원
최원석 명사특강학원
최지원 청수303수학
추교현 더웨이학원
한호선 두드림영어수학학원
허유미 전문과외

◆ — 충북 — ◆

고정균 엠스터디수학학원
구강서 상류수학 전문학원
김가흔 루트 수학학원
김경희 점프업수학학원
김대호 온수학전문학원
김미화 참수학공간학원
김병용 동남수학하는사람들학원
김영 연세고려E&M
김재광 노블가온수학학원
김정호 생생수학
김주희 매쓰프라임수학학원
김하나 하나수학
김현주 루트수학학원
문지혁 수학의 문 학원
박연경 전문과외
안진아 전문과외
윤성길 엑스클래스 수학학원
윤성희 윤성수학
윤정화 페르마수학교습소
이경미 행복한수학공부방
이연수 오창로덴학원
이예나 수학여우정철어학원
주니어 옥산캠퍼스
이예찬 입실론수학학원
이윤성 블랙수학 교습소
이지수 일신여자고등학교
전병호 이루다 수학 학원
정수연 모두의수학
조병교 에르매쓰수학학원
조원미 원쌤수학과학교실
조형우 와이파이수학학원
최윤아 피티엠수학학원

Structure

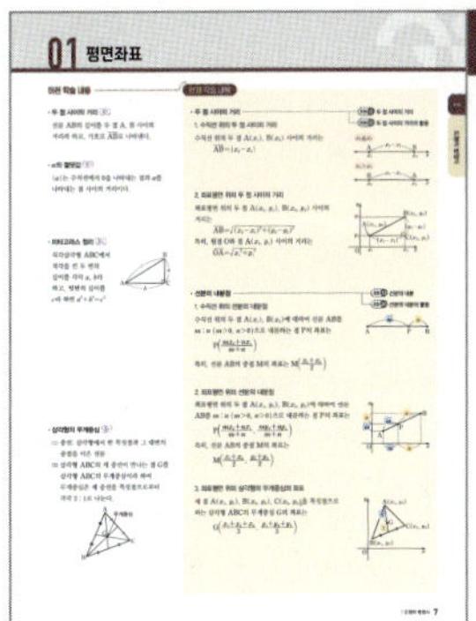

개념 정리

- 새로 학습하는 내용과 연결되는 이전 학습 내용을 함께 정리하였습니다.

STEP 3
내신 최상위권 굳히기를 위한 최고난도 유형

- 종합적 사고력이 요구되는 최고난도 문항들을 제공하였습니다.
- 배점이 높게 출제되는 **단답형 및 서술형 문항**에 대한 대비를 할 수 있도록 하였습니다.

STEP 1
교과서를 정복하는 핵심 유형

- 개념을 적용하는 기본 훈련을 할 수 있는 중하 난이도의 문항들을 단원별 핵심 유형별로 분류하여 제공하였습니다.
- 유형별 문제 해결 방법을 알려주는 유형 해결 TIP 을 제공합니다.

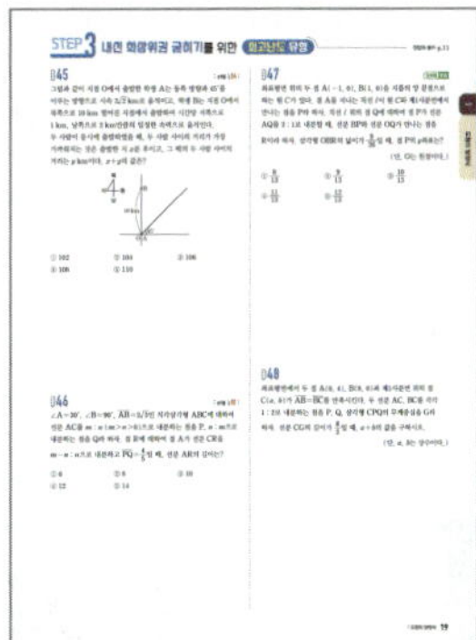

정답과 풀이

- 본풀이와 함께 다양한 아이디어 학습을 위한 다른 풀이 를 수록하였습니다.
- 좀 더 나이스한 풀이를 위한 추가 설명은 TIP 으로, 부가적이거나 심층적인 설명이 필요한 경우 참고 로 제공하여 풍부한 해설을 담았습니다.

STEP 2
내신 실전문제 체화를 위한 심화 유형

- 학교 내신 시험에서 변별력 있는 문제로 자주 출제되는 중상 난이도의 문항들을 유형별로 분류하여 제공하였습니다.
- 배점이 높게 출제되는 **단답형 및 서술형 문항**에 대한 대비를 할 수 있도록 하였습니다.
- 대표문항 스키마(schema)를 제공합니다.

■ 아이콘 활용하기

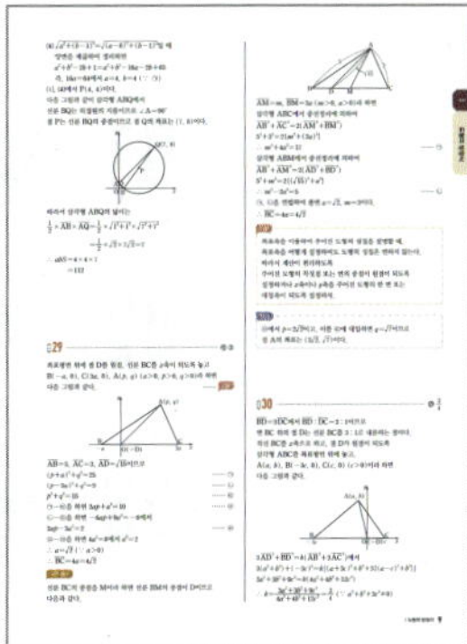

241 빈출 👑 서술형 ✒️　　　|선행 215|
원 $x^2+y^2+6x+4y+4=0$을 직선 $y=mx+n$에 대하여 대칭이동하면 원 $x^2+y^2+2x-12y+k=0$이 될 때, 세 상수 k, m, n의 곱 $k \times m \times n$의 값을 구하고, 그 과정을 서술하시오.

041　　　　　선생님 Pick! 교육청 변형
삼각형 ABC에서 선분 BC를 1 : 3으로 내분하는 점을 D라 하자. 점 E에 대하여 점 B가 선분 EC를 2 : 1로 내분하고, 점 F에 대하여 점 A가 선분 BF의 중점일 때, 삼각형 FEB의 넓이는 삼각형 ABD의 넓이의 k배이다. 상수 k의 값을 구하시오.

빈출 👑
반드시 눈여겨보아야 하는 출제율이 높은 문항을 나타냅니다.

서술형 ✒️
서술형 문제로 자주 출제되는 문항을 나타냅니다.
문제를 풀면서 스스로 서술형 답안지를 작성하는 훈련을 할 수 있습니다.

|선행 215|
비슷한 아이디어를 사용하는 좀 더 쉬운 문항을 안내합니다. 풀이의 접근법을 생각하기 어려울 때 안내된 선행문제를 먼저 풀어보면 심화 문제에 대한 접근에 도움이 됩니다.

평가원 변형　평가원 기출　교육청 변형　교육청 기출
평가원, 교육청 기출문제 또는 그 기출문제가 변형된 문항을 나타냅니다.

선생님 Pick!
현장에 계신 선생님들이 Pick한, 내신에 출제되는 평가원·교육청 모의고사 기출(변형) 문제를 나타냅니다.

Contents

차례

I

도형의 방정식

01 평면좌표

이전 학습 내용

· 두 점 사이의 거리 〔중1〕

선분 AB의 길이를 두 점 A, B 사이의 거리라 하고, 기호로 $\overline{\mathrm{AB}}$로 나타낸다.

· a의 절댓값 〔중1〕

$|a|$는 수직선에서 0을 나타내는 점과 a를 나타내는 점 사이의 거리이다.

· 피타고라스 정리 〔중2〕

직각삼각형 ABC에서 직각을 낀 두 변의 길이를 각각 a, b라 하고, 빗변의 길이를 c라 하면 $a^2+b^2=c^2$

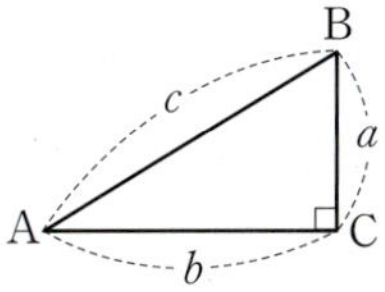

· 삼각형의 무게중심 〔중2〕

(1) 중선: 삼각형에서 한 꼭짓점과 그 대변의 중점을 이은 선분

(2) 삼각형 ABC의 세 중선이 만나는 점 G를 삼각형 ABC의 무게중심이라 하며 무게중심은 세 중선을 꼭짓점으로부터 각각 2 : 1로 나눈다.

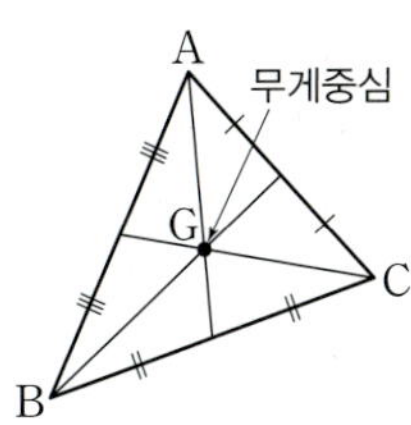

현재 학습 내용

· 두 점 사이의 거리

〔유형 01〕 두 점 사이의 거리
〔유형 02〕 두 점 사이의 거리의 활용

1. 수직선 위의 두 점 사이의 거리

수직선 위의 두 점 $A(x_1)$, $B(x_2)$ 사이의 거리는
$$\overline{\mathrm{AB}}=|x_2-x_1|$$

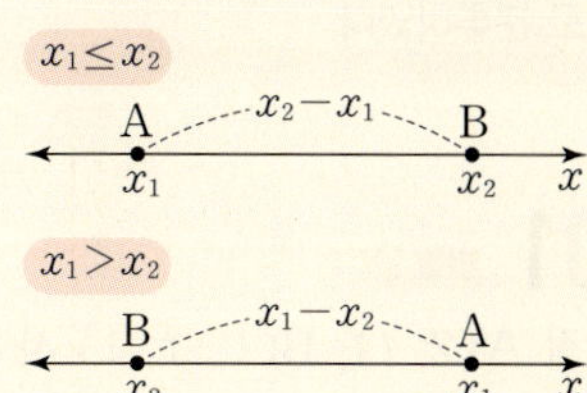

2. 좌표평면 위의 두 점 사이의 거리

좌표평면 위의 두 점 $A(x_1, y_1)$, $B(x_2, y_2)$ 사이의 거리는
$$\overline{\mathrm{AB}}=\sqrt{(x_2-x_1)^2+(y_2-y_1)^2}$$

특히, 원점 O와 점 $A(x_1, y_1)$ 사이의 거리는
$$\overline{\mathrm{OA}}=\sqrt{x_1{}^2+y_1{}^2}$$

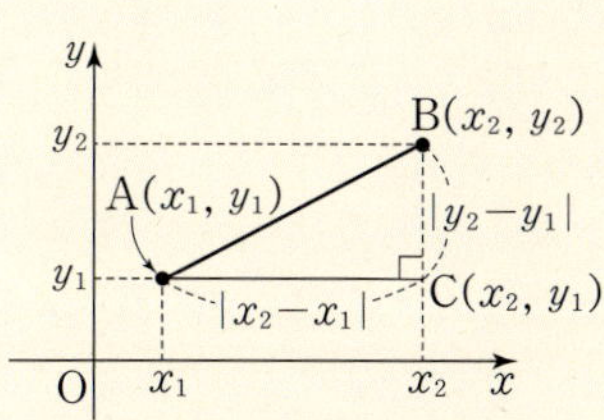

· 선분의 내분점

〔유형 03〕 선분의 내분
〔유형 04〕 선분의 내분의 활용

1. 수직선 위의 선분의 내분점

수직선 위의 두 점 $A(x_1)$, $B(x_2)$에 대하여 선분 AB를 $m : n$ $(m>0,\ n>0)$으로 내분하는 점 P의 좌표는
$$\mathrm{P}\!\left(\frac{mx_2+nx_1}{m+n}\right)$$

특히, 선분 AB의 중점 M의 좌표는 $\mathrm{M}\!\left(\dfrac{x_1+x_2}{2}\right)$

2. 좌표평면 위의 선분의 내분점

좌표평면 위의 두 점 $A(x_1, y_1)$, $B(x_2, y_2)$에 대하여 선분 AB를 $m : n$ $(m>0,\ n>0)$으로 내분하는 점 P의 좌표는
$$\mathrm{P}\!\left(\frac{mx_2+nx_1}{m+n},\ \frac{my_2+ny_1}{m+n}\right)$$

특히, 선분 AB의 중점 M의 좌표는
$$\mathrm{M}\!\left(\frac{x_1+x_2}{2},\ \frac{y_1+y_2}{2}\right)$$

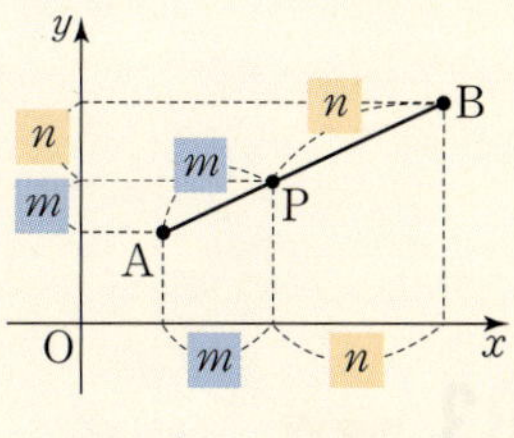

3. 좌표평면 위의 삼각형의 무게중심의 좌표

세 점 $A(x_1, y_1)$, $B(x_2, y_2)$, $C(x_3, y_3)$을 꼭짓점으로 하는 삼각형 ABC의 무게중심 G의 좌표는
$$\mathrm{G}\!\left(\frac{x_1+x_2+x_3}{3},\ \frac{y_1+y_2+y_3}{3}\right)$$

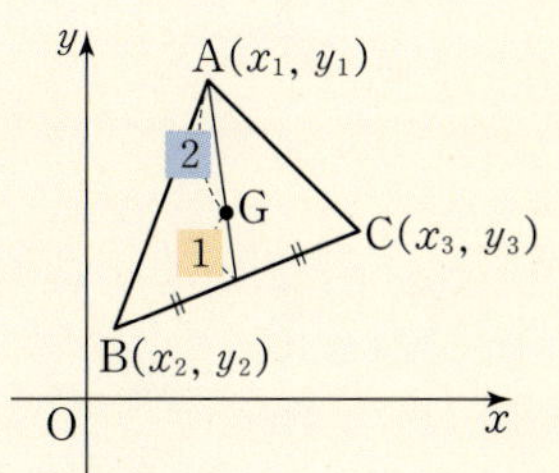

유형 01 두 점 사이의 거리

두 점 사이의 거리에는
(1) 좌표평면 위의 주어진 두 점 사이의 거리를 계산하는 문제
(2) 선분의 길이에 대한 조건으로 두 점 사이의 거리에 대한 식을 세워 풀이하는 문제
로 분류하였다.

001 빈출

두 점 $A(2, t)$, $B(1-t, 1)$ 사이의 거리가 $\sqrt{20}$일 때, 양수 t의 값을 구하시오.

002 빈출

세 점 $A(4, -1)$, $B(0, 1)$, $C(1, a)$가 $\overline{AB}=2\overline{BC}$를 만족시키도록 하는 모든 실수 a의 값의 합은?

① 1 　　　　② 2 　　　　③ 3
④ 4 　　　　⑤ 5

003 빈출　서술형

두 점 $A(2, -1)$, $B(-3, 4)$에서 같은 거리에 있는 x축 위의 점 P에 대하여 선분 OP의 길이를 구하고, 그 과정을 서술하시오.
(단, O는 원점이다.)

004 빈출

직선 $y=2x-3$ 위의 점 $P(a, b)$에서 두 점 $A(5, -2)$, $B(2, 3)$에 이르는 거리가 같을 때, 실수 a, b에 대하여 $a+b$의 값은?

① -3 　　　　② -2 　　　　③ -1
④ 0 　　　　⑤ 1

유형 02 두 점 사이의 거리의 활용

두 점 사이의 거리의 활용에는
(1) 삼각형의 성질이 통합되어 두 점 사이의 거리가 활용되는 문제
(2) 실생활에서 주어진 상황을 두 점 사이의 거리에 대한 식을 세워 풀이하는 문제
로 분류하였다.

유형 해결 TIP
삼각형의 성질 중 외심, 내심, 무게중심에 대한 내용과 중선정리 공식을 정리해 두면 유용하다.

005

좌표평면 위의 세 점 $A(-1, 1)$, $B(1, 4)$, $C(4, 2)$에 대하여 삼각형 ABC는 어떤 삼각형인가?

① 정삼각형
② $\angle A=90°$인 직각삼각형
③ $\overline{AB}=\overline{AC}$인 이등변삼각형
④ $\overline{AC}=\overline{BC}$인 이등변삼각형
⑤ $\angle B=90°$인 직각이등변삼각형

006

세 점 $A(-1, 1)$, $B(1, -1)$, $C(p, q)$를 꼭짓점으로 하는
삼각형 ABC가 정삼각형일 때, 양수 p, q에 대하여 $p+q$의 값은?

① $\sqrt{3}$ ② $2\sqrt{3}$ ③ $3\sqrt{3}$
④ $4\sqrt{3}$ ⑤ $5\sqrt{3}$

007 빈출 👑

세 점 $(-4, 2)$, $(4, 6)$, $(8, -2)$를 꼭짓점으로 하는 삼각형의
외심의 좌표가 (a, b)일 때, 상수 a, b에 대하여 $a+b$의 값은?

① -4 ② -2 ③ 0
④ 2 ⑤ 4

008

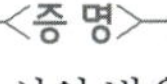

다음은 예각삼각형 ABC에서 변 BC의 중점을 M이라 할 때,
$$\overline{AB}^2 + \overline{AC}^2 = 2(\overline{AM}^2 + \overline{BM}^2)$$
이 성립함을 증명한 것이다.

<증 명>

점 A에서 선분 BC에 내린 수선의 발을 H라 하자.

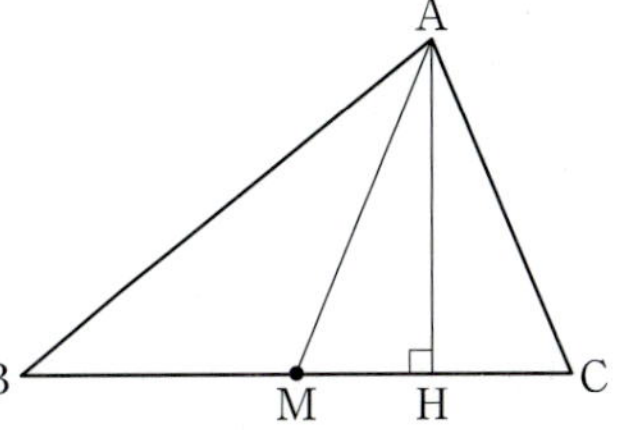

직각삼각형 ABH에서
$$\overline{AB}^2 = \overline{BH}^2 + \overline{AH}^2$$
$$= (\boxed{\text{(가)}})^2 + \overline{AH}^2$$
$$= \overline{BM}^2 + 2\overline{BM} \times \overline{MH} + (\boxed{\text{(나)}})^2 \quad \cdots\cdots \ \bigcirc$$

직각삼각형 AHC에서
$$\overline{AC}^2 = \overline{CH}^2 + \overline{AH}^2$$
$$= (\boxed{\text{(다)}})^2 + \overline{AH}^2$$
$$= \overline{CM}^2 - 2\overline{CM} \times \overline{MH} + (\boxed{\text{(나)}})^2 \quad \cdots\cdots \ \bigcirc$$

$\bigcirc$, $\bigcirc$에서
$$\overline{AB}^2 + \overline{AC}^2 = 2(\overline{AM}^2 + \overline{BM}^2)$$
이다.

위의 과정에서 (가), (나), (다)에 알맞은 것은?

	(가)	(나)	(다)
①	$\overline{BC} + \overline{CH}$	$\overline{AM}$	$\overline{BH} - \overline{BM}$
②	$\overline{BC} + \overline{CH}$	$\overline{AH}$	$\overline{BH} - \overline{BM}$
③	$\overline{BM} + \overline{MH}$	$\overline{AM}$	$\overline{BH} - \overline{BM}$
④	$\overline{BM} + \overline{MH}$	$\overline{AH}$	$\overline{CM} - \overline{MH}$
⑤	$\overline{BM} + \overline{MH}$	$\overline{AM}$	$\overline{CM} - \overline{MH}$

009

삼각형 ABC에서
$$\overline{AB}=\sqrt{10},\ \overline{BC}=4,\ \overline{CA}=3\sqrt{2}$$
일 때, 변 BC의 중점 M에 대하여 $\overline{AM}$의 값은?

① $2\sqrt{2}$ ② 3   ③ $\sqrt{10}$
④ $\sqrt{11}$ ⑤ $2\sqrt{3}$

유형 03 선분의 내분

선분의 내분에는
  (1) 수직선 위의 선분 또는 좌표평면 위의 선분을 내분하는 점의
     좌표를 구하는 문제
  (2) 내분하는 비를 통해 선분의 길이의 비를 구하는 문제
로 분류하였다.

유형해결 TIP

좌표평면 위의 선분을 내분하는 점의 좌표를 구할 때, x, y좌표
각각에서 다음과 같이 숫자의 비를 이용하면 편리하다.
예 두 점 A(7, −1), B(1, 2)에 대하여 선분 AB를 2 : 1로
내분하는 점의 좌표를 구해 보자.
x좌표에서 7과 1의 차이가 6이고,
이를 2 : 1로 내분하는 선분의
길이가 4, 2이므로 구하는 x좌표는
7에서 4만큼을 뺀 값인 3이다.
y좌표에서 −1과 2의 차이가
3이고, 이를 2 : 1로 내분하는
선분의 길이가 2, 1이므로 구하는
y좌표는 −1에서 2만큼을 더한 값인 1이다.
따라서 구하는 점의 좌표는 (3, 1)이다.

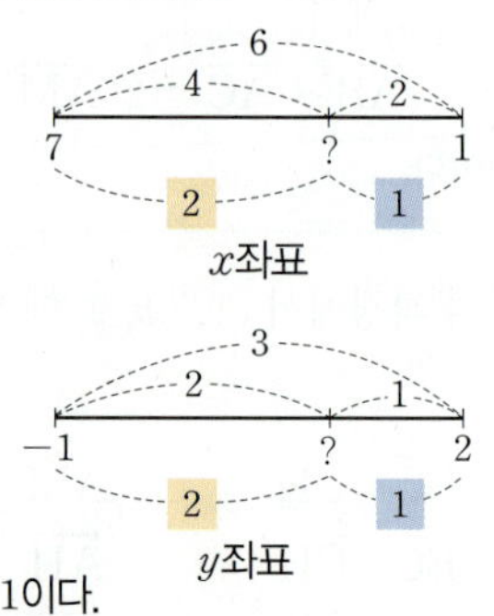

010

그림과 같이 한 직선 위에 같은 간격으로 떨어져 있는 6개의 점
A, B, C, D, E, F에 대한 설명 중 옳지 <u>않은</u> 것은?

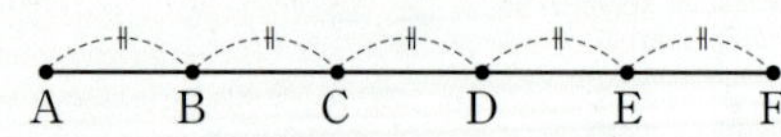

① 선분 AE의 중점은 C이다.
② 선분 AF를 3 : 2로 내분하는 점은 D이다.
③ 선분 BE를 2 : 1로 내분하는 점은 C이다.
④ 선분 BF를 3 : 1로 내분하는 점은 E이다.
⑤ 선분 AE를 1 : 3으로 내분하는 점은 B이다.

011 빈출

두 점 A(2, −4), B(5, 2)에 대하여 선분 AB를 2 : 1로
내분하는 점을 P라 할 때, 선분 AP의 중점의 좌표는 $(a,\ b)$이다.
$a+b$의 값은? (단, a, b는 상수이다.)

① −2   ② −1   ③ 0
④ 1   ⑤ 2

012

선분 AB를 3 : 1로 내분하는 점 P와 선분 BQ의 중점이 A가
되도록 하는 점 Q에 대하여 $\overline{PQ}=t\,\overline{AB}$일 때, 상수 t의 값은?

① $\dfrac{5}{2}$ ② 2   ③ $\dfrac{7}{4}$
④ $\dfrac{8}{5}$ ⑤ $\dfrac{3}{2}$

013 빈출

좌표평면 위에 네 점 A(1, 3), B(4, −3), P, Q가 있다. 점 P가
선분 AB를 2 : 1로 내분하고, 점 B가 선분 AQ의 중점일 때, 선분
PQ의 중점의 좌표를 구하시오.

014

두 점 $A(2, 2)$, $B(10, 4)$를 이은 선분 AB를 $1 : k\ (k>0)$로 내분하는 점이 직선 $y=2x-4$ 위에 있을 때, k의 값은?

① 2 ② 4 ③ 6
④ 8 ⑤ 10

선분의 내분의 활용에는
(1) 삼각형의 성질, 넓이 등이 통합되어 선분의 내분이 활용되는 문제
(2) 실생활에서 주어진 상황을 선분의 내분에 대한 식을 세워 풀이하는 문제
로 분류하였다.

015 빈출

세 점 $A(-1, 2)$, $B(p, 3)$, $C(5, 1)$을 꼭짓점으로 하는 삼각형 ABC의 무게중심의 좌표가 $(4, q)$일 때, 상수 p, q에 대하여 $p+q$의 값을 구하시오.

016

| 선행 008 |

좌표평면 위의 점 $A(6, 3)$과 두 점 B, C에 대하여 $\overline{AB}^2=58$, $\overline{AC}^2=10$이고 삼각형 ABC의 무게중심이 $G(4, 1)$일 때, 선분 BC의 길이를 구하시오.

017 빈출

다음 물음에 답하시오. (단, 주어진 네 점 중 어느 세 점도 한 직선 위에 있지 않다.)

(1) 네 점 $A(1, a)$, $B(b, 0)$, $C(3, -2)$, $D(5, 4)$를 꼭짓점으로 하는 사각형 $ABCD$가 평행사변형일 때, $a+b$의 값을 구하시오.
(2) 네 점 $A(1, -1)$, $B(p, 6)$, $C(q, r)$, $D(6, 4)$를 꼭짓점으로 하는 사각형 $ABCD$가 마름모일 때, 양수 p, q, r의 합을 구하시오.

018 빈출

좌표평면 위의 세 점 $A(-1, 1)$, $B(2, 5)$, $C(5, -3)$에 대하여 삼각형 ABC의 세 변 AB, BC, CA를 $1 : 2$로 내분하는 점을 각각 D, E, F라 할 때, 삼각형 DEF의 무게중심의 좌표는?

① $(1, 0)$ ② $(1, 1)$ ③ $(1, 2)$
④ $(2, 0)$ ⑤ $(2, 1)$

유형 01 두 점 사이의 거리

019 빈출

수직선 위의 두 점 $A(-1)$, $B(2)$에 대하여 수직선 위의 점 P가 $\overline{AP}+\overline{BP}\leq 7$을 만족시킬 때, 점 P가 나타내는 도형의 길이는?

① 3   ② 5   ③ 7
④ 9   ⑤ 11

020 빈출

두 점 $A(-1,\ 1)$, $B(1,\ 3)$과 직선 $y=x-2$ 위의 점 P에 대하여 $\overline{AP}^2+\overline{BP}^2$의 최솟값은?

① 16   ② 18   ③ 20
④ 22   ⑤ 24

021 빈출

세 점 $A(1,\ -1)$, $B(-3,\ 4)$, $C(5,\ 6)$과 점 P에 대하여 $\overline{PA}^2+\overline{PB}^2+\overline{PC}^2$의 최솟값이 m이고, 그때의 점 P의 좌표가 $(a,\ b)$일 때, $a+b+m$의 값은?

① 61   ② 62   ③ 63
④ 64   ⑤ 65

022 빈출

두 실수 x, y에 대하여

$\sqrt{x^2+y^2+6x-4y+13}+\sqrt{x^2+y^2-2x-8y+17}$의 최솟값은?

① $2\sqrt{2}$ ② $2\sqrt{3}$ ③ 4
④ $2\sqrt{5}$ ⑤ $2\sqrt{6}$

유형 02 두 점 사이의 거리의 활용

023

x축, y축은 직선도로이고, 두 학교 A, B는 각각 점 $(4,\ 1)$과 점 $(-3,\ 2)$에 위치한다. 두 학교에서 거리가 같은 직선도로 위의 지점에 정류장을 설치하려고 한다. 정류장을 설치할 수 있는 곳의 좌표를 모두 구하시오. (단, 도로의 폭은 고려하지 않는다.)

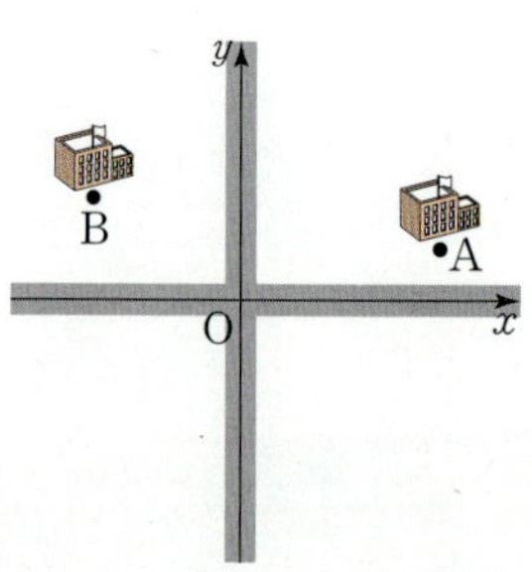

024 빈출 서술형

그림과 같이 지점 O에서 수직으로 만나는 두 직선도로가 있다. 서로 다른 도로 위에 있는 갑과 을이 지점 O에서 각각 720 m, 960 m 떨어진 지점에서 동시에 출발하여 분속 40 m의 일정한 속력으로 지점 O를 향해 직진하였다. 두 사람 사이의 거리가 가장 가까워지는 것은 출발한 지 a분 후이고 그때의 두 사람 사이의 최소거리는 b m일 때, a, b의 값을 각각 구하고, 그 과정을 서술하시오. (단, a, b는 실수이다.)

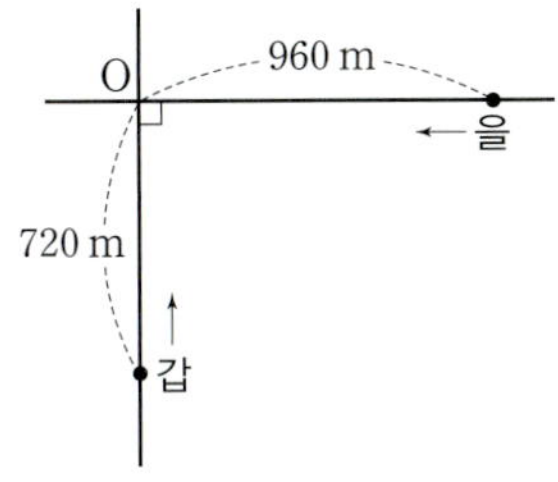

025

좌표평면 위의 점 A(3, 5)를 한 꼭짓점으로 하는 정삼각형 ABC의 무게중심의 좌표가 $(-1, 2)$일 때, 삼각형 ABC의 둘레의 길이는?

① $12\sqrt{3}$ ② $13\sqrt{3}$ ③ $14\sqrt{3}$
④ $15\sqrt{3}$ ⑤ $16\sqrt{3}$

026 교육청 기출

좌표평면 위의 한 점 A(2, 1)을 꼭짓점으로 하는 삼각형 ABC의 외심은 변 BC 위에 있고 그 좌표가 $(-1, -1)$일 때, $\overline{AB}^2 + \overline{AC}^2$의 값은?

① 51 ② 52 ③ 53
④ 54 ⑤ 55

027 서술형

세 점 A$(-1, -1)$, B$(0, -k)$, C$(2, -2)$에 대하여 삼각형 ABC가 이등변삼각형이 되도록 하는 모든 정수 k의 값의 합을 구하고, 그 과정을 서술하시오.

028

좌표평면 위의 세 점 A(0, 1), B(1, 0), C(8, 1)을 꼭짓점으로 하는 삼각형 ABC의 외심을 P(a, b)라 하고, 삼각형 ABC의 외접원과 직선 BP가 만나는 점 중 제1사분면 위의 점을 Q라 하자. 삼각형 ABQ의 넓이를 S라 할 때, abS의 값은?

① $48\sqrt{2}$ ② $56\sqrt{2}$ ③ 96
④ $72\sqrt{2}$ ⑤ 112

029

그림과 같이 $\overline{AB}=5$, $\overline{AC}=3$인 삼각형 ABC가 있다. 선분 BC를 $1:3$으로 내분하는 점 D에 대하여 $\overline{AD}=\sqrt{15}$일 때, 선분 BC의 길이는?

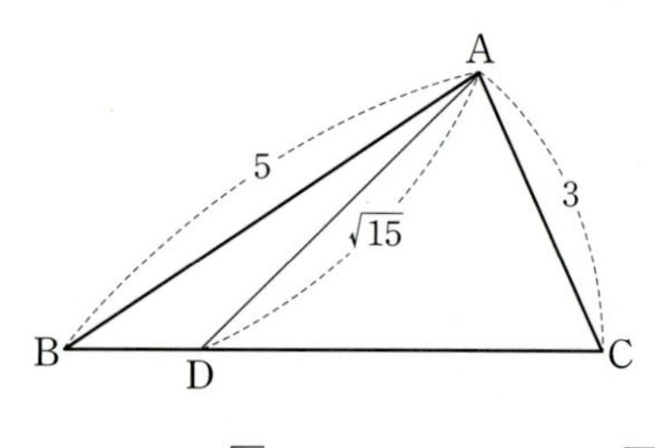

① $3\sqrt{2}$　　② $3\sqrt{3}$　　③ $4\sqrt{2}$

④ $4\sqrt{3}$　　⑤ $5\sqrt{2}$

030

삼각형 ABC에서 $\overline{BD}=3\overline{DC}$를 만족시키는 변 BC 위의 점 D에 대하여
$$3\overline{AD}^2+\overline{BD}^2=k(\overline{AB}^2+3\overline{AC}^2)$$
이 성립할 때, 상수 k의 값을 구하시오.

031

두 점 $P(\sqrt{2})$, $Q(\sqrt{3})$과 세 점 $A\left(\dfrac{\sqrt{2}+\sqrt{3}}{2}\right)$, $B\left(\dfrac{3\sqrt{2}+\sqrt{3}}{4}\right)$, $C\left(\dfrac{\sqrt{2}+3\sqrt{3}}{4}\right)$을 모두 수직선 위에 나타낼 때, 다섯 개의 점 P, Q, A, B, C의 위치를 왼쪽부터 순서대로 나열하시오.

032

서로 다른 5개의 점 A, B, C, D, E가 한 직선 위에 있고, 다음 조건을 만족시킬 때, $\dfrac{\overline{AE}}{\overline{CE}}$의 값은?

> (개) 점 B는 선분 AC의 중점이다.
> (내) 점 B는 선분 AD를 $3:2$로 내분한다.
> (대) 점 E는 선분 BD를 $2:1$로 내분한다.

① $\dfrac{9}{5}$　　② 2　　③ $\dfrac{11}{5}$

④ $\dfrac{12}{5}$　　⑤ $\dfrac{13}{5}$

033 빈출

좌표평면 위의 두 점 $A(-5, 1)$, $B(1, -3)$을 이은 선분 AB를 $(1-t) : t$로 내분하는 점이 제3사분면에 있도록 하는 실수 t의 값의 범위를 $a < t < b$라 할 때, $a+b$의 값은?

(단, a, b는 상수이고, $0 < t < 1$이다.)

① $\dfrac{1}{4}$ ② $\dfrac{5}{12}$ ③ $\dfrac{7}{12}$

④ $\dfrac{3}{4}$ ⑤ $\dfrac{11}{12}$

034 빈출 서술형

두 점 $A(-1, 3)$, $B(4, 8)$을 잇는 직선 AB 위에 있고, $3\overline{AC} = 2\overline{BC}$를 만족시키는 점 C의 좌표를 모두 구하고, 그 과정을 서술하시오.

유형 04 선분의 내분의 활용

035

좌표평면 위에 세 점 $A(2, 3)$, $B(7, 1)$, $C(4, 5)$가 있다. 직선 AB 위의 점 D에 대하여 점 D를 지나고 직선 BC에 평행한 직선이 직선 AC와 만나는 점을 E라 하자. 삼각형 ABC와 삼각형 ADE의 넓이의 비가 $25 : 4$이 되도록 하는 점 D의 좌표는 (a, b)일 때, $a+b$의 값은?

(단, 점 D의 x좌표는 점 A의 x좌표보다 크다.)

① $\dfrac{31}{5}$ ② $\dfrac{32}{5}$ ③ $\dfrac{33}{5}$

④ $\dfrac{34}{5}$ ⑤ 7

036

네 점 $A(2, -1)$, $B(a, 2)$, $C(b, -4)$, $D(5, ab)$가 다음 조건을 만족시킬 때, $a^2 + b^2$의 값을 구하시오.

㈎ 점 D는 삼각형 ABC의 내부에 있다.

㈏ 세 삼각형 ABD, BCD, CAD의 넓이가 서로 같다.

037

그림과 같이 직선도로 위의 세 지점 A, B, C에 어느 회사의
세 공장이 위치하고, $3\overline{AB}=2\overline{BC}$를 만족시킨다. 이 회사가
이 직선도로 위의 어느 한 지점에 세 공장에서 생산되는 제품을
보관할 창고를 세우려고 한다. 세 공장에서 보관 창고로 운반하는
비용이 각 공장에서 보관 창고에 이르는 거리의 제곱의 합에
비례한다고 할 때, 운반 비용을 최소로 하는 보관 창고의 위치는?
(단, B 지점은 A 지점과 C 지점 사이에 위치하고, 세 공장에서
생산하는 제품의 양은 동일하다.)

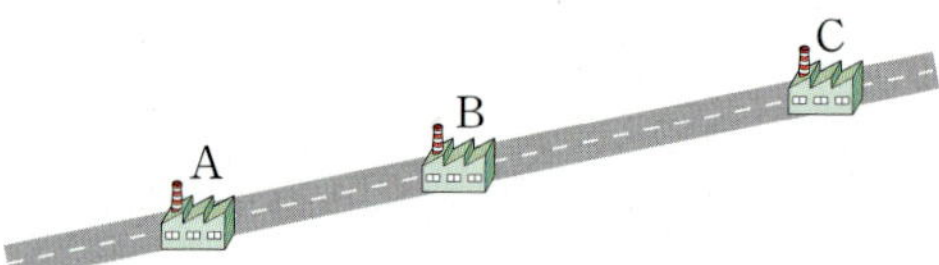

① 선분 AB의 중점
② 선분 AB를 2 : 1로 내분하는 점
③ 선분 BC를 1 : 8로 내분하는 점
④ 선분 BC를 1 : 3으로 내분하는 점
⑤ 선분 AC를 3 : 2로 내분하는 점

038

두 사람 A, B가 일직선인 코스를 달리는데 B의 속력이 A의
속력의 1.5배이고, A가 B보다 30 m 앞에서 출발한다. B가
270 m를 달려 결승점에 도착했을 때의 A의 위치를 점 P라 하고,
결승점을 점 Q라 할 때, 처음 A의 위치를 점 R이라 하면 점 P는
선분 RQ를 $m : n$으로 내분한다. $m-n$의 값은?

(단, m과 n은 서로소인 자연수이다.)

① -3 ② -2 ③ 2
④ 3   ⑤ 4

039

점 A$(3, -1)$을 한 꼭짓점으로 하는 삼각형 ABC의 두 변 AB,
AC의 중점을 각각 M(x_1, y_1), N(x_2, y_2)라 할 때, $x_1+x_2=6$,
$y_1+y_2=-1$이다. 삼각형 ABC의 무게중심의 좌표가 (a, b)일
때, $a+b$의 값은?

① 2   ② $\dfrac{7}{3}$ ③ $\dfrac{8}{3}$

④ 3   ⑤ $\dfrac{10}{3}$

040

| 선행 032 |

선분 AB를 3 : 1로 내분하는 점을 P라 하고, 점 Q에 대하여
점 B가 선분 AQ를 2 : 1로 내분할 때, 〈보기〉에서 옳은 것만을
있는 대로 고른 것은?

〈보 기〉

ㄱ. 선분 AQ의 중점은 P이다.
ㄴ. $3\overline{AB}=2\overline{AQ}$
ㄷ. 직선 AB 위에 있지 않은 점 C에 대하여 두 삼각형 ABC와
　 PQC의 넓이의 비는 4 : 3이다.

① ㄱ   ② ㄴ   ③ ㄱ, ㄴ
④ ㄴ, ㄷ   ⑤ ㄱ, ㄴ, ㄷ

041

삼각형 ABC에서 선분 BC를 $1:3$으로 내분하는 점을 D라 하자.
점 E에 대하여 점 B가 선분 EC를 $2:1$로 내분하고, 점 F에
대하여 점 A가 선분 BF의 중점일 때, 삼각형 FEB의 넓이는
삼각형 ABD의 넓이의 k배이다. 상수 k의 값을 구하시오.

042 빈출 ♔

그림과 같이 세 점 $A(-3, 1)$, $B(-1, 5)$, $C(2, -1)$을
꼭짓점으로 하는 삼각형 ABC에 대하여 각 B의 이등분선이 변
AC와 만나는 점을 P, 삼각형 ABC의 무게중심을 G라 하자.
삼각형 ABC의 넓이를 S_1, 삼각형 BPG의 넓이를 S_2라 할 때,
$\dfrac{S_1}{S_2}$의 값을 구하시오.

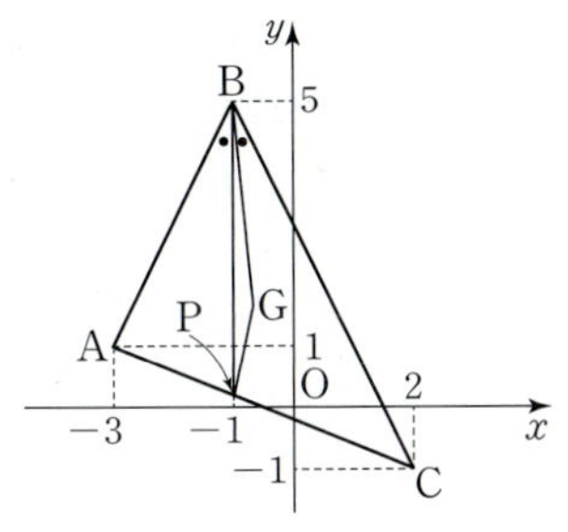

043

좌표평면 위의 세 점 $A(-4, 1)$, $B(4, 7)$, $C(16, 1)$을
꼭짓점으로 하는 삼각형 ABC의 내심을 I라 할 때, 두 직선 AI와
BC가 만나는 점의 좌표는 (p, q)이다. $p+q$의 값을 구하시오.

044

좌표평면에 세 점 $O(0, 0)$, $A(6, 2)$, $B(-2, 4)$를 꼭짓점으로
하는 삼각형이 있다.

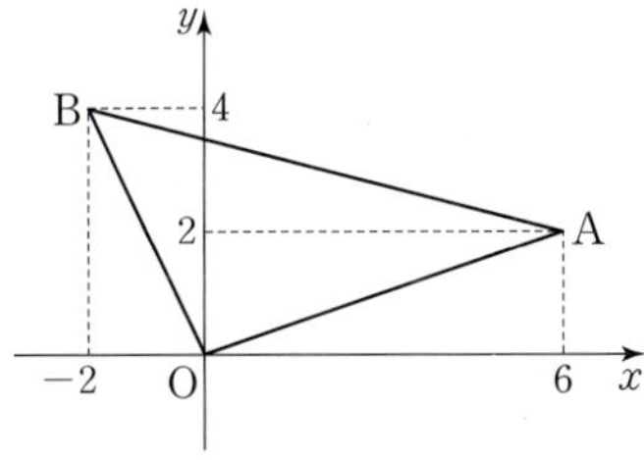

직선 OA 위의 점 P와 직선 OB 위의 점 Q가 다음 조건을
만족시킨다.

> (가) 점 P는 제1사분면, 점 Q는 제2사분면 위의 점이다.
>
> (나) (삼각형 OPB의 넓이)$=\dfrac{1}{2}\times$(삼각형 OAB의 넓이)
>
> (다) (삼각형 OPQ의 넓이)$=\dfrac{3}{2}\times$(삼각형 OPB의 넓이)

직선 PQ의 방정식이 $mx+ny=21$일 때, 실수 m, n의 합
$m+n$의 값은?

① 11　　　　② 12　　　　③ 13
④ 14　　　　⑤ 15

스키마 schema로 풀이 흐름 알아보기

좌표평면 위의 한 점 $A(2, 1)$을 꼭짓점으로 하는 삼각형 ABC의 외심은 변 BC 위에 있고 그 좌표가 $(-1, -1)$일 때,
조건 ①　　　　　　　　　　　　　　　　　　　　　　　　　　　　　　　조건 ②
$\overline{AB}^2 + \overline{AC}^2$의 값은?
답

① 51　　　　② 52　　　　③ 53　　　　④ 54　　　　⑤ 55

▶ 주어진 **조건**은 무엇인지? 구하는 **답**은 무엇인지? 이 둘을 어떻게 연결할지?

1 단계

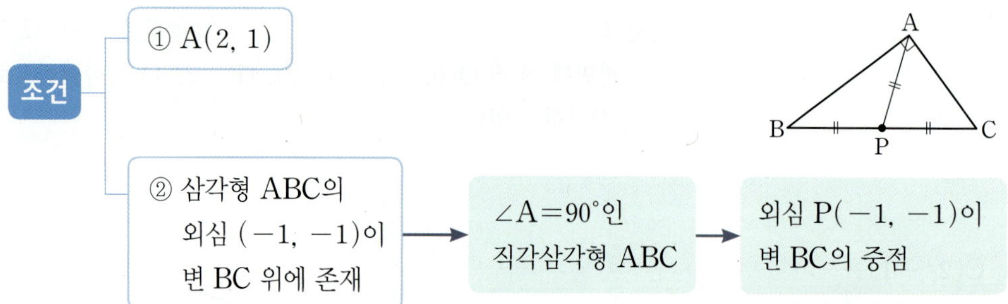

삼각형 ABC의 외심이 변 BC 위에 존재하므로 삼각형 ABC는 $\angle A = 90°$인 직각삼각형이고, 외심을 P라 하면 선분 BC의 중점이 P이다.

2 단계

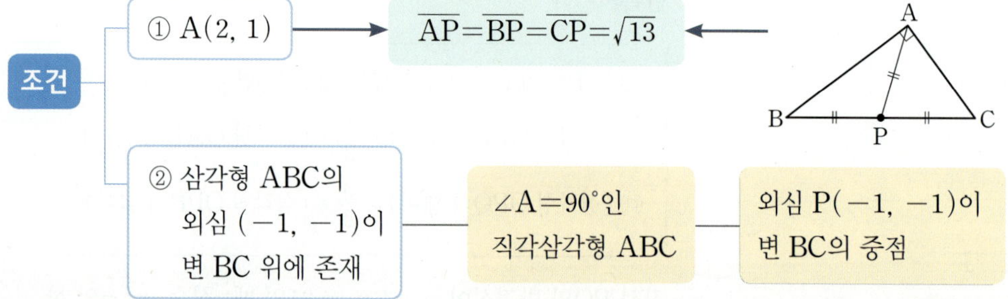

외심에서 삼각형의 세 꼭짓점까지의 거리가 모두 같으므로 $\overline{AP} = \overline{BP} = \overline{CP}$이고, $A(2, 1)$, $P(-1, -1)$에서 $\overline{AP} = \sqrt{3^2 + 2^2} = \sqrt{13}$이므로 $\overline{BP} = \overline{CP} = \sqrt{13}$이다.

3 단계

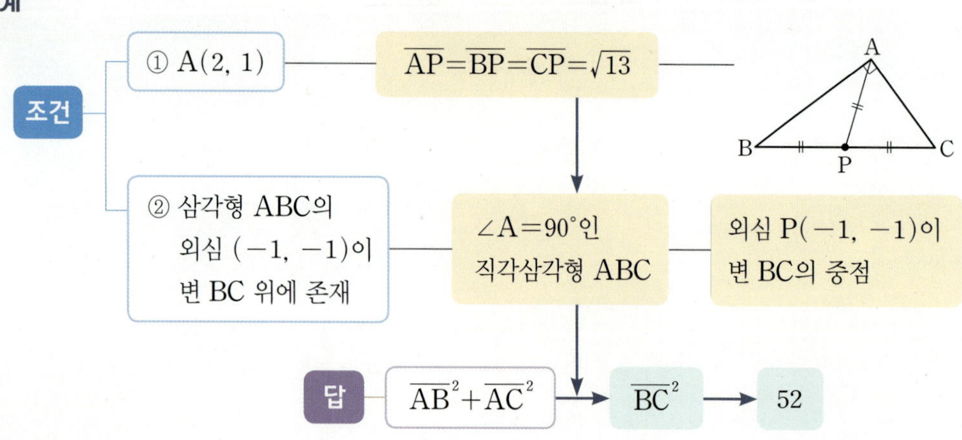

$\angle A = 90°$인 직각삼각형 ABC에서 피타고라스 정리에 의하여 $\overline{AB}^2 + \overline{AC}^2 = \overline{BC}^2$이고, $\overline{BC} = \overline{BP} + \overline{CP} = 2\sqrt{13}$이므로 $\overline{AB}^2 + \overline{AC}^2 = (2\sqrt{13})^2 = 52$

045

| 선행 024 |

그림과 같이 지점 O에서 출발한 학생 A는 동쪽 방향과 $45°$를 이루는 방향으로 시속 $2\sqrt{2}$ km로 움직이고, 학생 B는 지점 O에서 북쪽으로 10 km 떨어진 지점에서 출발하여 시간당 서쪽으로 1 km, 남쪽으로 2 km만큼의 일정한 속력으로 움직인다. 두 사람이 동시에 출발하였을 때, 두 사람 사이의 거리가 가장 가까워지는 것은 출발한 지 x분 후이고, 그 때의 두 사람 사이의 거리는 y km이다. $x+y$의 값은?

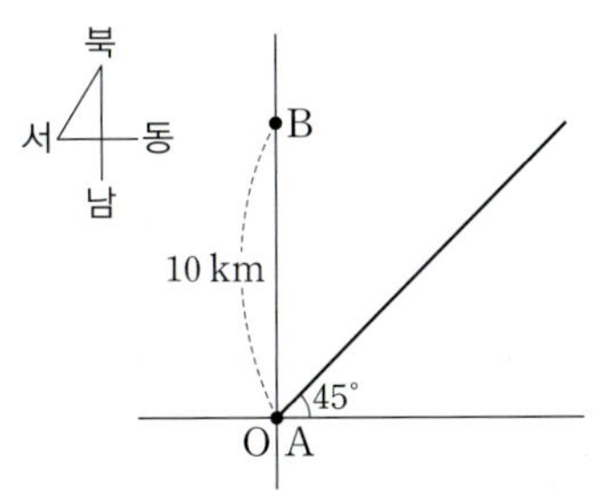

① 102　　② 104　　③ 106
④ 108　　⑤ 110

046

| 선행 032 |

$\angle A=30°$, $\angle B=90°$, $\overline{AB}=2\sqrt{3}$인 직각삼각형 ABC에 대하여 선분 AC를 $m:n\ (m>n>0)$으로 내분하는 점을 P, $n:m$으로 내분하는 점을 Q라 하자. 점 R에 대하여 점 A가 선분 CR을 $m-n:n$으로 내분하고 $\overline{PQ}=\dfrac{4}{5}$일 때, 선분 AR의 길이는?

① 6　　② 8　　③ 10
④ 12　　⑤ 14

047

교육청 변형

좌표평면 위의 두 점 A$(-1,\ 0)$, B$(1,\ 0)$을 지름의 양 끝점으로 하는 원 C가 있다. 점 A를 지나는 직선 l이 원 C와 제1사분면에서 만나는 점을 P라 하자. 직선 l 위의 점 Q에 대하여 점 P가 선분 AQ를 $2:1$로 내분할 때, 선분 BP와 선분 OQ가 만나는 점을 R이라 하자. 삼각형 OBR의 넓이가 $\dfrac{9}{26}$일 때, 점 P의 y좌표는?

(단, O는 원점이다.)

① $\dfrac{8}{13}$　　② $\dfrac{9}{13}$　　③ $\dfrac{10}{13}$

④ $\dfrac{11}{13}$　　⑤ $\dfrac{12}{13}$

048

좌표평면에서 두 점 A$(0,\ 4)$, B$(8,\ 0)$과 제1사분면 위의 점 C$(a,\ b)$가 $\overline{AB}=\overline{BC}$를 만족시킨다. 두 선분 AC, BC를 각각 $1:2$로 내분하는 점을 P, Q, 삼각형 CPQ의 무게중심을 G라 하자. 선분 CG의 길이가 $\dfrac{8}{3}$일 때, $a+b$의 값을 구하시오.

(단, a, b는 상수이다.)

049

5 이하의 자연수 a, b에 대하여 좌표평면 위의 세 점 A(a, b), B$(-2, 1)$, C$(1, -2)$가 있다. y축이 선분 AB를 $m:n$으로 내분하고, x축이 선분 AC를 $m:n$으로 내분할 때, 삼각형 ABC의 넓이의 최솟값을 S_1, 최댓값을 S_2라 하자. S_2-S_1의 값을 구하시오. (단, m, n은 자연수이다.)

050

그림과 같이 $\overline{AB}=2\sqrt{10}$, $\overline{BC}=6$, $\overline{CA}=2\sqrt{13}$인 삼각형 ABC에서 변 BC를 $m:n$으로 내분하는 점을 P라 할 때, 〈보기〉에서 옳은 것만을 있는 대로 고른 것은?

(단, m과 n은 서로소인 자연수이다.)

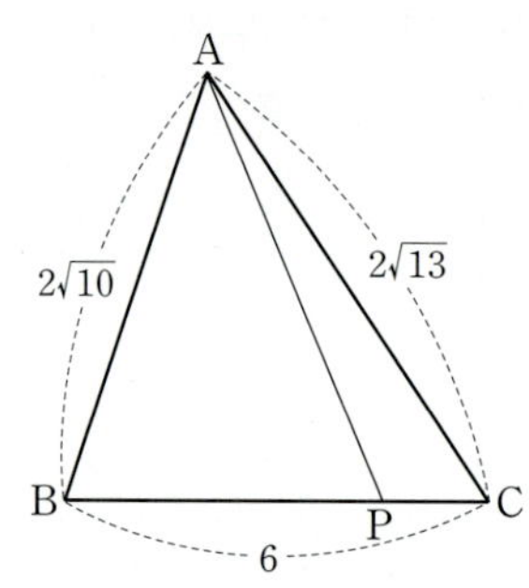

┌─〈보 기〉─┐

ㄱ. $m=n$일 때, $\overline{AP}=\sqrt{37}$이다.

ㄴ. $\overline{AB}=\overline{AP}$일 때, $m-n=3$이다.

ㄷ. $\overline{AP}=3\sqrt{5}$일 때, $m+2n=7$이다.

① ㄱ   ② ㄴ   ③ ㄱ, ㄷ

④ ㄴ, ㄷ   ⑤ ㄱ, ㄴ, ㄷ

051

그림과 같이 삼각형 ABC의 무게중심이 G이고, $\overline{AG}=4\sqrt{2}$, $\overline{BG}=2\sqrt{3}$, $\overline{CG}=2\sqrt{5}$일 때, 삼각형 ABC의 넓이는?

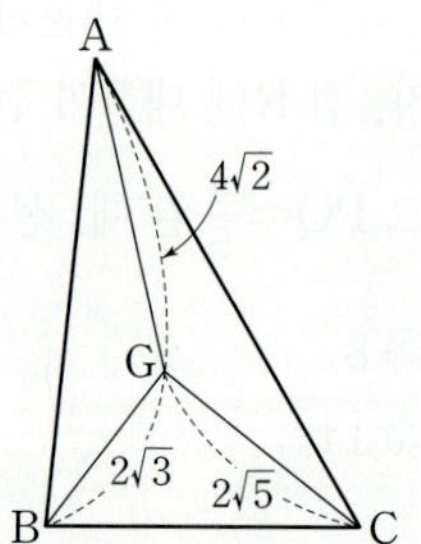

① $6\sqrt{10}$ ② $6\sqrt{15}$ ③ $8\sqrt{10}$

④ $8\sqrt{15}$ ⑤ $12\sqrt{10}$

052

그림과 같이 사각형 ABCD에 대하여 삼각형 ABC의 넓이는
2이고 삼각형 DBC의 넓이는 3이다. 선분 AD를 $3:1$로 내분하는
점을 E라 할 때, 삼각형 EBC의 넓이는?

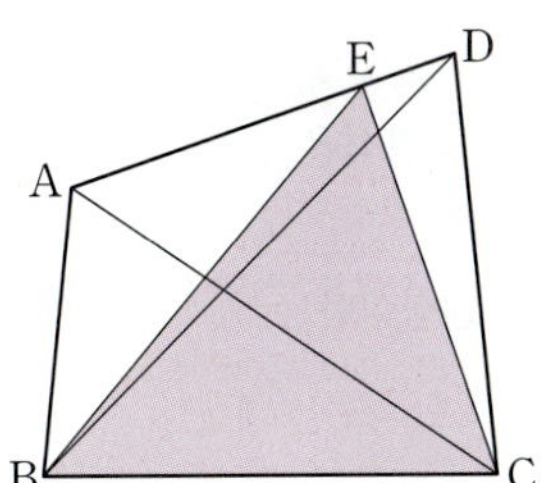

① $\dfrac{9}{4}$ ② $\dfrac{7}{3}$ ③ $\dfrac{5}{2}$

④ $\dfrac{8}{3}$ ⑤ $\dfrac{11}{4}$

053

두 점 $A(1, 4)$, $B(2, 1)$과 y축 위의 점 Q에 대하여
$|\overline{AQ}-\overline{BQ}|$는 점 Q의 y좌표가 a일 때, 최댓값 b를 갖는다.
a^2+b^2의 값을 구하시오.

이전 학습 내용

현재 학습 내용

• **일차함수의 그래프** 중2

일차함수 $y=ax+b\ (a\neq0)$의 그래프에서
기울기는 a, x절편은 $-\dfrac{b}{a}$, y절편은 b이다.

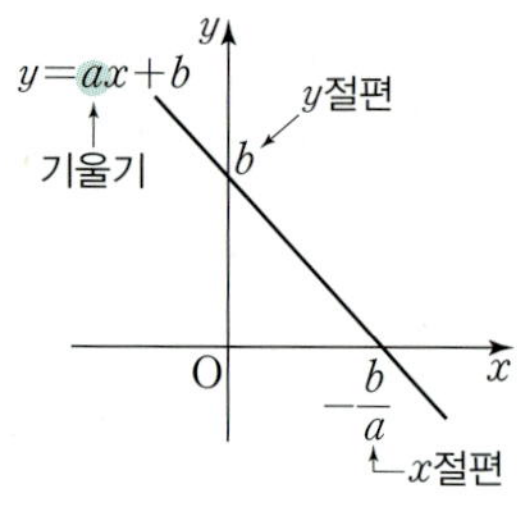

• **직선의 방정식** .... 유형 01 직선의 방정식

1. 한 점과 기울기가 주어진 직선의 방정식

(1) 점 $(x_1,\ y_1)$을 지나고 기울기가 m인 직선의 방정식은
$$y-y_1=m(x-x_1)$$

(2) 점 $(x_1,\ y_1)$을 지나고 x축에 평행한 직선의 방정식은
$$y=y_1\ \leftarrow\ \text{이 직선의 기울기는 0이다.}$$

2. 두 점을 지나는 직선의 방정식

서로 다른 두 점 $\mathrm{A}(x_1,\ y_1)$, $\mathrm{B}(x_2,\ y_2)$를 지나는 직선의 방정식은

(1) $x_1\neq x_2$일 때, $y-y_1=\dfrac{y_2-y_1}{x_2-x_1}(x-x_1)$

(2) $x_1=x_2$일 때, $x=x_1\ \leftarrow\ \text{이 직선은 }y\text{축에 평행하다.}$

3. x절편과 y절편이 주어진 직선의 방정식

x절편이 a, y절편이 b인 직선의 방정식은
$$\frac{x}{a}+\frac{y}{b}=1\ (\text{단},\ a\neq0,\ b\neq0)$$

4. 일차방정식 $ax+by+c=0$과 직선

x, y에 대한 일차방정식 $ax+by+c=0$이 나타내는 도형은 직선이다.

(1) $b\neq0$일 때, $y=-\dfrac{a}{b}x-\dfrac{c}{b}$

(2) $b=0$, $a\neq0$일 때, $x=-\dfrac{c}{a}\ \leftarrow\ \text{이 직선은 }y\text{축에 평행하다.}$

• **두 직선의 위치 관계** 중1

한 평면 위에 있는 두 직선 l, l'의 위치
관계는 다음과 같다.

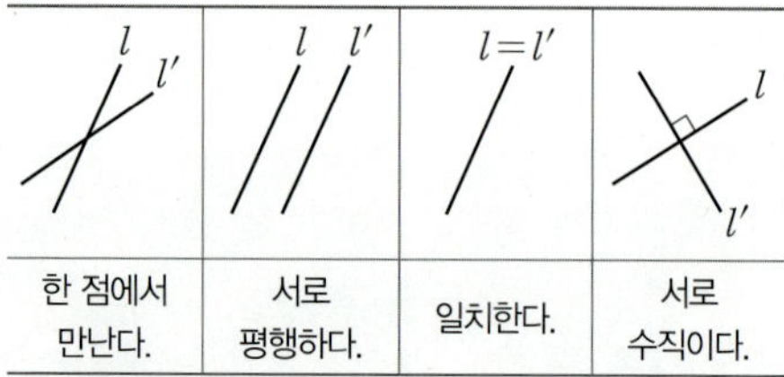

한 점에서 만난다.	서로 평행하다.	일치한다.	서로 수직이다.

• **점과 직선 사이의 거리** 중1

평면 위의 한 점과 그 점을 지나지 않는 한
직선을 잇는 가장 짧은 선분의 길이를 점과
직선 사이의 거리라 한다.

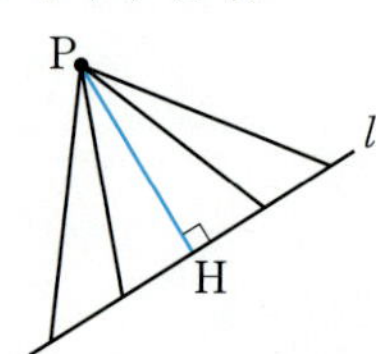

따라서 점 P에서 직선 l에 내린 수선의 발을
H라 하면 점 P와 직선 l 사이의 거리는 선분
PH의 길이이다.

• **두 직선의 위치 관계** .... 유형 02 직선의 수직과 평행

$l:y=mx+n$ $l':y=m'x+n'$	$m\neq m'$	$m=m',\ n\neq n'$	$m=m',\ n=n'$	$mm'=-1$
$l:ax+by+c=0$ $l':a'x+b'y+c'=0$ (단, $abc\neq0$, $a'b'c'\neq0$)	$\dfrac{a}{a'}\neq\dfrac{b}{b'}$	$\dfrac{a}{a'}=\dfrac{b}{b'}\neq\dfrac{c}{c'}$	$\dfrac{a}{a'}=\dfrac{b}{b'}=\dfrac{c}{c'}$	$aa'+bb'=0$
두 직선 l, l'의 위치 관계	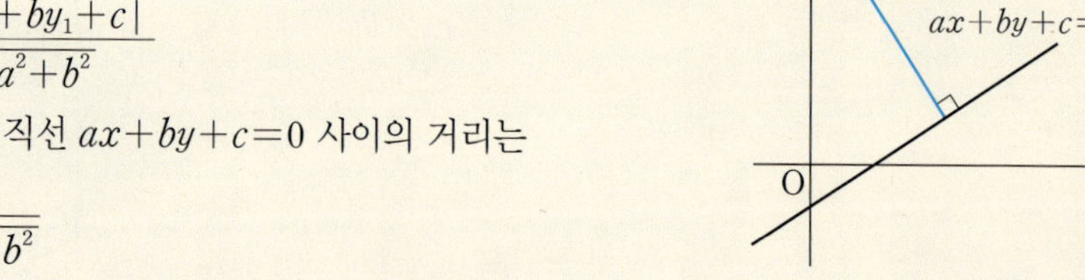			
	한 점에서 만난다.	서로 평행하다.	일치한다.	서로 수직이다.

• **점과 직선 사이의 거리** .... 유형 03 점과 직선 사이의 거리

점 $(x_1,\ y_1)$과 직선 $ax+by+c=0$ 사이의 거리는
$$\frac{|ax_1+by_1+c|}{\sqrt{a^2+b^2}}$$

특히, 원점과 직선 $ax+by+c=0$ 사이의 거리는
$$\frac{|c|}{\sqrt{a^2+b^2}}$$

STEP 1 교과서를 정복하는 핵심 유형

유형 01 직선의 방정식

직선의 방정식에는
(1) 두 점이 주어지거나 한 점과 기울기가 주어질 때 직선의
   방정식을 구하는 문제
(2) 도형의 성질, 넓이 등과 통합되어 직선의 방정식을 활용하는
   문제
로 분류하였다.

054

다음 직선의 방정식을 구하시오.

(1) 두 점 $(5, -4)$, $(5, 4)$를 지나는 직선
(2) 점 $(1, -2)$를 지나고 y축에 수직인 직선
(3) 기울기가 4이고, 점 $(-2, -1)$을 지나는 직선
(4) 두 점 $(3, -2)$, $(1, 8)$을 지나는 직선
(5) x축의 양의 방향과 이루는 각의 크기가 $60°$이고, 점 $(1, 4)$를
   지나는 직선

055

세 점 $A(-1, 3)$, $B(5, 0)$, $C(-3, -2)$에 대하여 선분 AB를
$2:1$로 내분하는 점을 P, 선분 BC의 중점을 Q라 하자. 두 점 P,
Q를 지나는 직선의 x절편은?

① $\dfrac{1}{2}$ ② 1 ③ $\dfrac{3}{2}$

④ 2 ⑤ $\dfrac{5}{2}$

056

직선 $x+\dfrac{y}{2}=1$이 x축과 만나는 점을 A, 직선 $\dfrac{x}{3}-\dfrac{y}{4}=1$이
y축과 만나는 점을 B라 할 때, 두 점 A, B를 지나는 직선의
방정식은?

① $2x+y-4=0$ ② $2x-y-4=0$
③ $4x-y-4=0$ ④ $4x-y+4=0$
⑤ $4x+y-4=0$

057

두 직선 $2x+3y-4=0$, $3x-2y+7=0$의 교점과 점 $(3, 0)$을
지나는 직선의 방정식은?

① $x+2y-3=0$ ② $x-2y-3=0$
③ $2x-y-6=0$ ④ $2x+y-6=0$
⑤ $2x+y-3=0$

058

세 점 $(-2, -4)$, $(a-2, 2)$, $(a-1, 2a+1)$이 한 직선 위에
있을 때, 양수 a의 값은?

① 1 ② 2 ③ 3
④ 4 ⑤ 5

059

직선 $(k+1)x+(2k+1)y+(k+2)=0$은 실수 k의 값에 관계없이 항상 일정한 점 P를 지난다. 점 P가 세 점 $O(0, 0)$, $A(a, 4)$, $B(-4, b)$를 꼭짓점으로 하는 삼각형 OAB의 무게중심과 일치할 때, ab의 값을 구하시오.

060 빈출

세 점 $A(2, 5)$, $B(-4, 1)$, $C(6, 3)$을 꼭짓점으로 하는 삼각형 ABC가 있다. 점 A를 지나는 직선 중 삼각형 ABC의 넓이를 이등분하는 직선의 방정식은?

① $2x-y+1=0$　　　② $2x+y-1=0$
③ $3x+y+1=0$　　　④ $3x-y-1=0$
⑤ $x-3y+1=0$

유형 02　직선의 수직과 평행

직선의 수직과 평행에는
(1) 두 직선의 수직 또는 평행 조건을 만족시키는 직선의 방정식을 구하는 문제
(2) 도형의 성질, 넓이 등이 통합되어 직선의 수직과 평행을 활용하는 문제
로 분류하였다.

061 빈출

직선 $2x-y+7=0$에 평행하고 점 $(-1, 3)$을 지나는 직선의 방정식은?

① $y=-2x+1$　　　② $y=-2x+3$
③ $y=2x+1$　　　④ $y=2x+3$
⑤ $y=2x+5$

062 빈출

점 $(2, 1)$을 지나고 직선 $3x-y+2=0$과 수직인 직선의 y절편은?

① $\dfrac{5}{3}$　　　② 2　　　③ $\dfrac{7}{3}$

④ $\dfrac{8}{3}$　　　⑤ 3

063

세 직선
$$2x-y=0, \quad x+y-1=0, \quad ax-y+3=0$$
으로 둘러싸인 도형이 직각삼각형이 되도록 하는 모든 상수 a의 값의 합은?

① $\dfrac{1}{4}$　　　② $\dfrac{1}{2}$　　　③ $\dfrac{3}{4}$

④ 1　　　⑤ $\dfrac{5}{4}$

064 빈출 👑

직선 $y=ax+2$가 직선 $bx-3y-3=0$과 수직이고, 직선 $(b-2)x+y-4=0$과 평행할 때, a^2+b^2의 값은?

(단, a, b는 상수이다.)

① 8   ② 9   ③ 10
④ 11   ⑤ 12

065 빈출 👑 서술형 ✏️

두 점 $A(-1, 1)$, $B(3, 3)$에 대하여 선분 AB의 수직이등분선의 방정식을 구하고 그 과정을 서술하시오.

066

좌표평면 위의 점 $A(0, 4)$에서 직선 $2x-3y-1=0$에 내린 수선의 발이 점 (a, b)일 때, $a+b$의 값은?

① 3   ② 4   ③ 5
④ 6   ⑤ 7

067

좌표평면에서 두 점 $A(-1, 3)$, $B(2, -3)$으로부터 같은 거리에 있는 점 $P(x, y)$가 나타내는 도형의 방정식은?

① $2x-y-1=0$ ② $2x-y-3=0$
③ $2x-4y-1=0$ ④ $2x-4y-3=0$
⑤ $2x-4y-5=0$

유형 03 점과 직선 사이의 거리

점과 직선 사이의 거리에는
(1) 점과 직선 사이의 거리를 구하거나 점과 직선 사이의 거리 조건을 만족시키는 직선의 방정식을 구하는 문제
(2) 도형의 성질, 둘레의 길이, 넓이 등이 통합되어 점과 직선 사이의 거리를 활용하는 문제
로 분류하였다.

068

점 $(-1, -2)$와 직선 $3x-4y-a+2=0$ 사이의 거리가 2일 때, 모든 상수 a의 값의 합은?

① 5   ② 8   ③ 11
④ 14   ⑤ 17

069 빈출 ♔

직선 $x+ky-2(k-1)=0$이 실수 k의 값에 관계없이 항상 점 P를 지날 때, 점 P와 직선 $x-3y+a=0$ 사이의 거리가 $\sqrt{10}$이 되도록 하는 모든 실수 a의 값의 곱은?

① -40 ② -36 ③ -32
④ -28 ⑤ -24

070 빈출 ♔

평행한 두 직선 $x-3y+1=0$, $x-3y+5=0$ 사이의 거리는?

① $\dfrac{\sqrt{5}}{5}$ ② $\dfrac{\sqrt{10}}{5}$ ③ $\dfrac{2\sqrt{5}}{5}$
④ $\dfrac{2\sqrt{10}}{5}$ ⑤ $\dfrac{3\sqrt{5}}{5}$

071

두 점 $(-3, -2)$, $(1, 6)$을 지나는 직선 위를 움직이는 점 P에 대하여 선분 OP의 길이의 최솟값은? (단, O는 원점이다.)

① $\dfrac{\sqrt{5}}{5}$ ② $\dfrac{2\sqrt{5}}{5}$ ③ $\dfrac{3\sqrt{5}}{5}$
④ $\dfrac{4\sqrt{5}}{5}$ ⑤ $\sqrt{5}$

072 빈출 ♔

직선 $3x-4y+1=0$에 평행하고 점 $(2, 1)$에서의 거리가 3인 직선의 방정식을 모두 구하시오.

유형 01 직선의 방정식

073

직선 $ax+by+c=0$이 그림과 같을 때, 다음 중 직선 $bx-ay+c=0$이 지나지 <u>않는</u> 사분면은?

(단, a, b, c는 상수이다.)

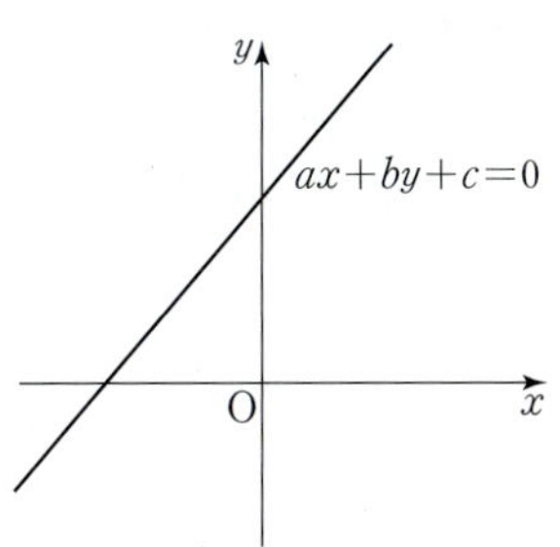

① 제1사분면 ② 제2사분면 ③ 제3사분면
④ 제4사분면 ⑤ 제1, 3사분면

074

두 점 $A(-14, -12)$, $B(10, 4)$를 잇는 선분 AB 위의 점 중 x좌표와 y좌표가 모두 정수인 점의 개수를 구하시오.

(단, 두 점 A, B는 제외한다.)

075

| 선행 060 |

세 점 $A(1, 1)$, $B(3, -1)$, $C(4, 2)$를 꼭짓점으로 하는 삼각형 ABC가 직선 $(k+1)x+(2-k)y-4k-1=0$에 의하여 두 개의 도형으로 나누어질 때, 한 쪽의 넓이가 다른 쪽의 넓이의 두 배가 되도록 하는 모든 실수 k의 값의 합을 구하시오.

076

좌표평면 위의 네 점 $A(-1, 5)$, $B(-3, 3)$, $C(2, 3)$, $D(4, 5)$를 꼭짓점으로 하는 사각형 ABCD가 있다. 직선 $mx-y-3m-1=0$이 사각형 ABCD와 만나도록 하는 실수 m의 값의 범위가 $m \geq p$ 또는 $m \leq q$일 때, pq의 값을 구하시오.

077 빈출

좌표평면 위의 두 점 $A(3, 4)$, $B(-2, -1)$에 대하여 직선 $kx+3y-5k=0$이 선분 AB와 만나도록 하는 실수 k의 값의 범위는?

① $-\dfrac{1}{2} \leq k \leq \dfrac{3}{4}$ ② $-\dfrac{1}{2} \leq k \leq \dfrac{4}{3}$

③ $-\dfrac{5}{7} \leq k \leq 4$ ④ $-\dfrac{7}{3} \leq k \leq 5$

⑤ $-\dfrac{3}{7} \leq k \leq 6$

078 빈출

그림과 같이 한 변의 길이가 5인 정사각형 ABCD에서 $A(0, 4)$이고, 점 B는 x축 위의 점일 때, 다음 물음에 답하시오.

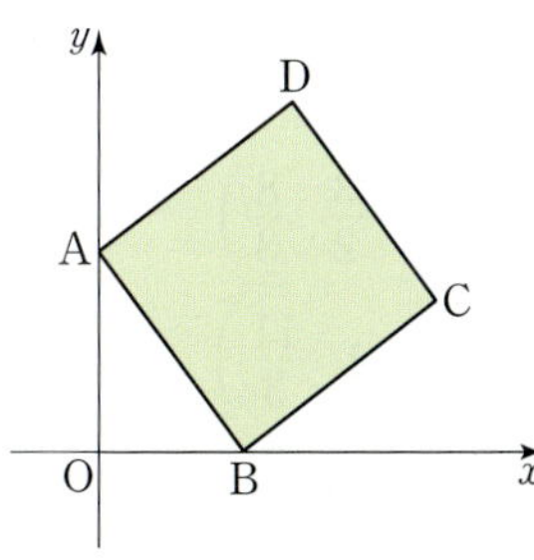

(1) 직선 CD의 방정식이 $ax+3y+b=0$일 때, $a-b$의 값을 구하시오. (단, a, b는 상수이다.)

(2) 점 $\left(1, -\dfrac{3}{2}\right)$을 지나고, 사각형 ABCD의 넓이를 이등분하는 직선의 방정식이 $y=mx+n$일 때, mn의 값을 구하시오.

(단, m, n은 상수이다.)

079

| 선행 075 |

좌표평면 위에 정사각형 OABC가 있다. 점 A의 좌표가
$(-1, 3)$이고, 점 C는 제1사분면 위에 있을 때, 점 O를 지나면서
이 정사각형의 넓이를 3등분하는 두 직선의 방정식을 모두
구하시오. (단, O는 원점이다.)

080

좌표평면 위의 네 점 $A(1, 1)$, $B(3, 9)$, $C(-2, 5)$,
$D(-3, 1)$을 꼭짓점으로 하는 사각형 ABCD의 내부에 있는 점
P에 대하여 $\overline{PA}+\overline{PB}+\overline{PC}+\overline{PD}$가 최솟값을 가질 때, 점 P의
좌표는?

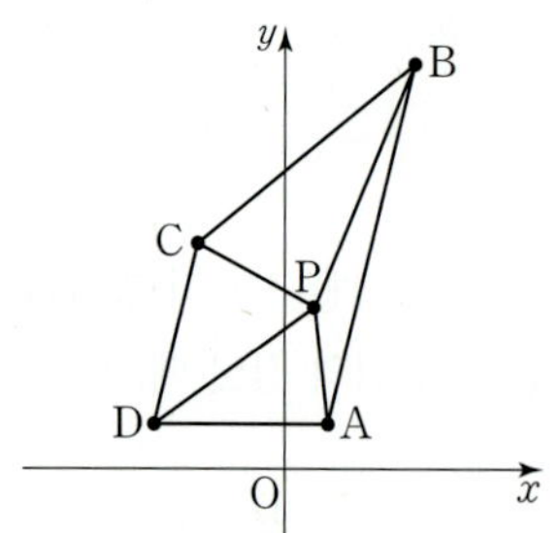

① $\left(-2, \dfrac{11}{3}\right)$　　② $\left(-\dfrac{3}{2}, \dfrac{8}{3}\right)$　　③ $\left(-\dfrac{3}{2}, \dfrac{11}{3}\right)$

④ $\left(-1, \dfrac{8}{3}\right)$　　⑤ $\left(-1, \dfrac{11}{3}\right)$

081 빈출 ♛

실수 k에 대하여 직선
$$l: (k-1)x+(2k+1)y-6k=0$$
일 때, 〈보기〉에서 옳은 것의 개수는?

─〈보기〉─

ㄱ. $k=1$일 때, 직선 l은 x축에 평행하다.

ㄴ. $k=-1$일 때, 직선 l은 직선 $2x+y+3=0$과 만나지 않는다.

ㄷ. 직선 l은 제1사분면을 반드시 지난다.

ㄹ. 직선 l은 두 직선 $x+2y-6=0$, $x-y=0$의 교점을 지나는
모든 직선을 나타낸다.

① 0　　② 1　　③ 2

④ 3　　⑤ 4

082

원점을 지나고 기울기가 양수인 두 직선 l_1과 l_2가 다음 조건을
모두 만족시킬 때, 직선 l_2의 기울기를 구하시오.

㈎ 직선 l_2의 기울기는 직선 l_1의 기울기의 4배이다.

㈏ 직선 l_2가 x축의 양의 방향과 이루는 각의 크기는 직선 l_1이
x축의 양의 방향과 이루는 각의 크기의 2배이다.

083

그림과 같이 자연수 a, b에 대하여 좌표평면에 세 점
A$(-1, 1)$, B$(3, -2)$, C(a, b)를 꼭짓점으로 하는 삼각형
ABC와 각각의 변이 x축 또는 y축과 수직인 직사각형 APQR이
있다. $\overline{AP} : \overline{PQ} = 3 : 2$이고, 점 A를 지나는 직선 l이 직사각형
APQR과 삼각형 ABC의 넓이를 각각 이등분할 때, $a+b$의
최솟값을 구하시오.

(단, 점 A의 y좌표는 점 R의 y좌표보다 더 크다.)

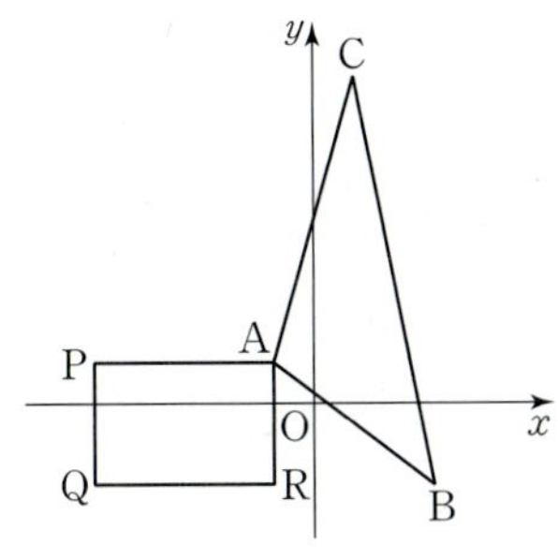

084

좌표평면 위에 두 점 A$(2, 0)$, B$(0, 6)$이 있다. 다음 조건을
만족시키는 두 직선 l, m의 기울기의 합의 최댓값은?

(단, O는 원점이다.)

> (가) 직선 l은 점 O를 지난다.
> (나) 두 직선 l과 m은 선분 AB 위의 점 P에서 만난다.
> (다) 두 직선 l과 m은 삼각형 OAB의 넓이를 삼등분한다.

① $\dfrac{3}{4}$ 　　② $\dfrac{4}{5}$ 　　③ $\dfrac{5}{6}$

④ $\dfrac{6}{7}$ 　　⑤ $\dfrac{7}{8}$

085

점 (a, b)가 직선 $3x+4y-2=0$ 위를 움직일 때,
점 $(a+b, a-b)$가 나타내는 도형의 방정식은?

① $x+y-7=0$ 　　② $3x-y-6=0$

③ $5x+y-5=0$ 　　④ $7x-y-4=0$

⑤ $8x+y-3=0$

086

좌표평면 위의 두 점 A$(2, -1)$, B$(-1, 2)$에 대하여 직선 AB
위의 점 P와 점 $(4, 3)$을 이은 선분을 $2 : 1$로 내분하는 점 Q가
나타내는 도형의 방정식은?

① $2x-y-3=0$ 　　② $2x-y-5=0$

③ $x+y-3=0$ 　　④ $x+y-5=0$

⑤ $x+2y-1=0$

087

다음 직선의 방정식을 구하시오.

⑴ 세 점 A$(-2, 1)$, B$(8, 1)$, C$(1, 0)$을 꼭짓점으로 하는
삼각형 ABC의 넓이를 이등분하고, x축에 수직인 직선

⑵ 세 점 A$(-2, 0)$, B$(2, 0)$, C$(1, 4)$를 꼭짓점으로 하는
삼각형 ABC의 넓이를 이등분하고 기울기가 1인 직선

유형 02 직선의 수직과 평행

088

두 직선 $(k^2+2k-3)x+(k+3)y=2$,
$(k-4)x+(k-1)y=-1$이 서로 수직이 되도록 하는 모든
실수 k의 값의 합은?

① 1   ② 2   ③ 3
④ 4   ⑤ 5

089 빈출 👑

| 선행 **065** |

네 점 $A(-2, 1)$, $B(p, 4)$, $C(q, 8)$, $D(1, r)$을 꼭짓점으로
하는 사각형 $ABCD$가 마름모일 때, 양수 p, q, r에 대하여
pqr의 값을 구하시오.

090

좌표평면 위의 세 점 $O(0, 0)$, $A(2, 4)$, $B(5, 1)$을 꼭짓점으로
하는 삼각형 OAB가 있다. 각 꼭짓점에서 대변에 내린 세 수선의
교점의 좌표를 구하시오.

091

평행한 두 직선 $(k+4)x+2(k+2)y+1=0$,
$(4-k)x+4(k+2)y+2=0$ 사이의 거리가 m일 때, $k+m$의
값은? (단, k, m은 상수이다.)

① $-\dfrac{1}{2}$ ② $-\dfrac{5}{6}$ ③ $-\dfrac{7}{6}$

④ $-\dfrac{3}{2}$ ⑤ $-\dfrac{11}{6}$

092 빈출 👑

두 직선

$$l: ax-y+a+2=0$$
$$m: 4x+ay+3a+8=0$$

에 대하여 〈보기〉에서 옳은 것만을 있는 대로 고른 것은?

(단, a는 실수이다.)

<보 기>

ㄱ. $a=-1$일 때, 두 직선 l과 m이 제2사분면에서 만난다.

ㄴ. 두 직선 l과 m이 서로 수직이 되도록 하는 a의 값은 오직
하나이다.

ㄷ. $a=2$ 또는 $a=-2$일 때, 두 직선 l과 m이 서로 평행하다.

① ㄱ   ② ㄱ, ㄴ   ③ ㄴ, ㄷ
④ ㄱ, ㄷ   ⑤ ㄱ, ㄴ, ㄷ

093

좌표평면 위의 세 점 $A(4, 3)$, $B(1, 5)$, $C(-2, -2)$를 꼭짓점으로 하는 삼각형 ABC의 무게중심을 지나는 직선 중 점 A와의 거리가 최대가 되는 직선의 x절편은?

① $\dfrac{1}{3}$ ② $\dfrac{2}{3}$ ③ 1

④ $\dfrac{4}{3}$ ⑤ $\dfrac{5}{3}$

094

점 $(0, 1)$을 지나는 직선과 직선 $2x+(k-1)y+6=0$이 x축 위의 점에서 수직으로 만날 때, 상수 k의 값은?

① $-\dfrac{4}{3}$ ② $-\dfrac{1}{3}$ ③ $\dfrac{2}{3}$

④ $\dfrac{5}{3}$ ⑤ $\dfrac{8}{3}$

095

| 선행 066 |

좌표평면 위의 두 점 $A(5, 1)$, $B(a, b)$에 대하여 선분 AB가 직선 $y=2x+1$과 수직으로 만나는 점을 P라 할 때, $\overline{AP} : \overline{BP}=2 : 1$이다. $a+b$의 값을 구하시오.

096

세 점 A, B, C를 꼭짓점으로 하는 삼각형 ABC의 세 변 AB, BC, CA의 중점을 각각 P, Q, R이라 하자. $P(2, 3)$, $Q(1, 1)$이고, 두 직선 PR, QR의 방정식이 각각 $x-2y+4=0$, $x+y-2=0$일 때, 점 B의 좌표는 (a, b)이다. $a-b$의 값을 구하시오.

097

두 점 $A(2, 2)$, $B(4, 6)$과 함수 $y=x^2+2x+4$의 그래프 위의 점 $P(a, b)$는 제1사분면 위에 있고, $\overline{AP}=\overline{BP}$를 만족시킨다. $a+b$의 값은?

① $\dfrac{19}{4}$ ② $\dfrac{21}{4}$ ③ $\dfrac{11}{2}$

④ $\dfrac{23}{4}$ ⑤ $\dfrac{13}{2}$

098

세 점 $O(0, 0)$, $A(-1, 5)$, $B(5, 3)$을 꼭짓점으로 하는 삼각형 OAB가 있다. 선분 AB와 평행하고 삼각형 OAB의 넓이를 이등분하는 직선의 y절편은?

① $\dfrac{4\sqrt{2}}{3}$ ② $\dfrac{5\sqrt{2}}{3}$ ③ $2\sqrt{2}$

④ $\dfrac{7\sqrt{2}}{3}$ ⑤ $\dfrac{8\sqrt{2}}{3}$

099

좌표평면에 $\overline{AB}=\overline{AC}$인 삼각형 ABC의 무게중심이 $G(2, -1)$이고, 직선 BC의 방정식은 $y=x-4$이다. $\overline{BC}=4\sqrt{2}$일 때, 직선 AB의 방정식이 $ax+by-1=0$이다. $a-b$의 값을 구하시오.
(단, a, b는 상수이고, 점 B의 x좌표가 점 C의 x좌표보다 크다.)

100

좌표평면에서 두 직선 $kx-y=0$, $x+ky=0$ $(k<0)$이 직선 $x+2y-10=0$과 만나는 점을 각각 A, B라 하자. $\angle AOB$를 이등분하는 직선이 선분 AB를 수직이등분할 때, 삼각형 OAB의 넓이는 S이다. $k+S$의 값을 구하시오. (단, O는 원점이다.)

101

세 직선

$$x+2y=0,\ 2x-y=0,\ kx-y+6k+3=0$$

으로 둘러싸인 부분의 넓이가 30일 때, 양의 실수 k의 값은?

① $\dfrac{1}{5}$ ② $\dfrac{1}{4}$ ③ $\dfrac{1}{3}$

④ $\dfrac{1}{2}$ ⑤ 1

102 빈출 서술형

세 직선 $x+y=2$, $x-y=4$, $3x-ky=4$가 삼각형을 이루지 않도록 하는 모든 실수 k의 값의 곱을 구하고, 그 과정을 서술하시오.

유형 03 점과 직선 사이의 거리

103

다음은 점 $P(x_1, y_1)$과 점 P를 지나지 않는 직선 $l: ax+by+c=0$ 사이의 거리를 구하는 과정이다.

(단, a, b, c는 실수이다.)

(i) $a\neq 0$, $b\neq 0$일 때, 직선 l의 기울기는 [(가)] 이고, 점 P에서 직선 l에 내린 수선의 발을 $H(x_2, y_2)$라 하면 직선 PH와 직선 l이 수직이므로

$$[(가)]\times \frac{y_2-y_1}{x_2-x_1}=-1$$

이 식을 정리하여

$$\frac{x_2-x_1}{a}=\frac{y_2-y_1}{b}=k\ (k\text{는 상수}) \quad \cdots\cdots \ \ㄱ$$

라 하면

$$\overline{PH}=\sqrt{(x_2-x_1)^2+(y_2-y_1)^2}$$
$$=|k|\times [(나)] \quad \cdots\cdots \ \ㄴ$$

한편, 점 H가 직선 l 위의 점이므로 $ax_2+by_2+c=0$이다. ㄱ에 의하여

$$a(x_1+ak)+b(y_1+bk)+c=0$$

이므로

$$k=[(다)]$$

이를 ㄴ에 대입하여 정리하면

$$\overline{PH}=[(라)] \quad \cdots\cdots \ \ㄷ$$

(ii) $a=0$, $b\neq 0$ 또는 $a\neq 0$, $b=0$일 때, 직선 $ax+by+c=0$은 x축 또는 y축에 평행하고 이때에도 ㄷ이 성립한다.

위의 과정에서 (가)~(라)에 들어갈 알맞은 식을 구하시오.

104 빈출 👑

직선 $y=3x$와 x축의 양의 방향이 이루는 각을 이등분하는 직선이 제1사분면 위의 점 $(2, k)$를 지난다. k의 값은?

① $\dfrac{2(\sqrt{10}+1)}{3}$ ② $\dfrac{2(\sqrt{10}-1)}{3}$ ③ $\dfrac{4(\sqrt{10}+1)}{3}$

④ $\dfrac{4(\sqrt{10}-1)}{3}$ ⑤ $\dfrac{5(\sqrt{10}+1)}{3}$

105

이차함수 $y=x^2-4x+6$의 그래프 위의 점에서 직선 $y=2x+k$에 이르는 거리의 최솟값이 $\sqrt{5}$가 되도록 하는 상수 k의 값은?

① -8 ② -7 ③ -6

④ -5 ⑤ -4

106 빈출 👑

원점과 직선 $k(x+y)-x+3y+4=0$ 사이의 거리는 $k=a$일 때, 최댓값 b를 갖는다. 상수 a, b에 대하여 a^2+b^2의 값을 구하시오.

(단, k는 실수이다.)

107

그림과 같이 직선 l이 두 직선 $y=-\dfrac{1}{2}x+3$, $y=-\dfrac{1}{2}x-1$과 만나는 점이 각각 A, B이고, 두 직선과 각각 수직으로 만난다. 삼각형 OAB의 넓이가 2일 때, 직선 AB의 가능한 모든 y절편의 곱을 구하시오. (단, O는 원점이다.)

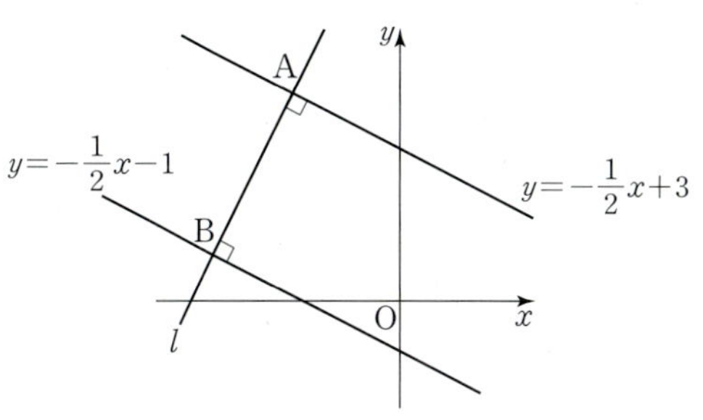

108 빈출 👑

그림과 같이 좌표평면에 세 점 A$(1, -1)$, B$(10, 2)$, C$(7, a)$와 삼각형 ABC의 무게중심 G$(6, b)$가 있다. 점 G와 직선 AB 사이의 거리가 $\sqrt{10}$일 때, $a+b$의 값을 구하시오.

(단, a는 양수이다.)

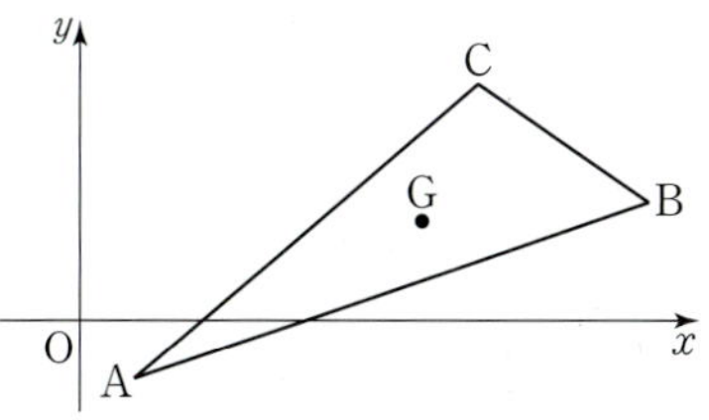

109

좌표평면 위의 세 점 $A(-1, 5)$, $B(5, 2)$, $C(2, -1)$을 꼭짓점으로 하는 삼각형 ABC의 넓이를 구하시오.

110 　교육청 기출

그림과 같이 좌표평면 위에 점 $A(a, 6)$ $(a>0)$과 두 점 $(6, 0)$, $(0, 3)$을 지나는 직선 l이 있다. 직선 l 위의 서로 다른 두 점 B, C와 제1사분면 위의 점 D를 사각형 ABCD가 정사각형이 되도록 잡는다. 정사각형 ABCD의 넓이가 $\dfrac{81}{5}$일 때, a의 값은?

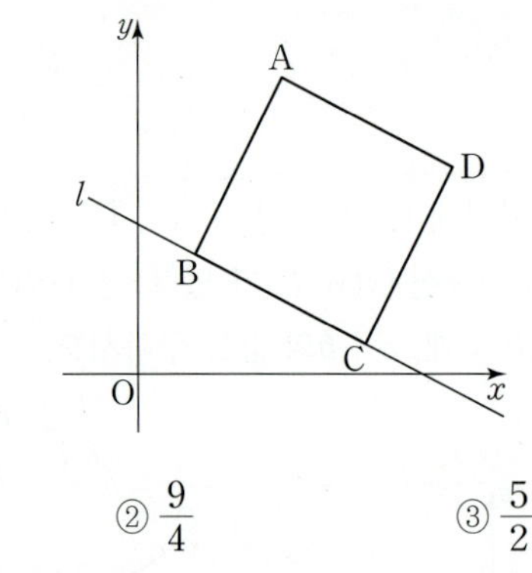

① 2　　　　② $\dfrac{9}{4}$　　　　③ $\dfrac{5}{2}$

④ $\dfrac{11}{4}$　　　　⑤ 3

111 　빈출 👑

두 직선 $2x+y-3=0$, $x-2y+1=0$이 이루는 각을 이등분하는 직선의 방정식을 모두 구하시오.

112 　선행 070

두 점 $A(-1, 2)$, $B(3, 5)$와 직선 AB 위에 있지 않은 점 P에 대하여 삼각형 ABP의 넓이가 10일 때, 점 P가 나타내는 도형의 방정식을 모두 구하시오.

좌표평면 위의 두 점 $A(3, 4)$, $B(-2, -1)$에 대하여 직선 $kx+3y-5k=0$이 선분 AB와 만나도록 하는
조건 ①   조건 ②   조건 ③

실수 k의 값의 범위는?
답

① $-\dfrac{1}{2} \le k \le \dfrac{3}{4}$　　② $-\dfrac{1}{2} \le k \le \dfrac{4}{3}$　　③ $-\dfrac{5}{7} \le k \le 4$　　④ $-\dfrac{7}{3} \le k \le 5$　　⑤ $-\dfrac{3}{7} \le k \le 6$

▶ 주어진 조건 은 무엇인지? 구하는 답 은 무엇인지? 이 둘을 어떻게 연결할지?

1 단계

조건

① $A(3, 4)$, $B(-2, -1)$

② $l: kx+3y-5k=0$ → 점 $(5, 0)$을 지난다.

③ 직선 l이 선분 AB와 만난다.

직선 $l: kx+3y-5k=0$이라 할 때,
k에 대하여 정리하면
$k(x-5)+3y=0$이므로
직선 l은 실수 k의 값에 관계없이
항상 점 $(5, 0)$을 지난다.

2 단계

조건

① $A(3, 4)$, $B(-2, -1)$

② $l: kx+3y-5k=0$ 점 $(5, 0)$을 지난다.

③ 직선 l이 선분 AB와 만난다.

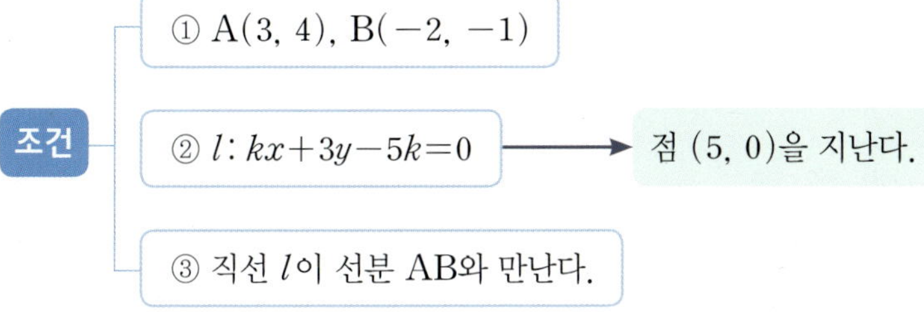

두 점 A, B를 좌표평면 위에
나타내어 보자.
점 $P(5, 0)$이라 할 때,
직선 l이 선분 AB와 만나려면
직선 l의 기울기가 직선 AP의
기울기보다 크거나 같고, 직선
BP의 기울기보다 작거나 같아야
한다.

3 단계

조건

① $A(3, 4)$, $B(-2, -1)$

② $l: kx+3y-5k=0$ 점 $(5, 0)$을 지난다.

③ 직선 l이 선분 AB와 만난다.

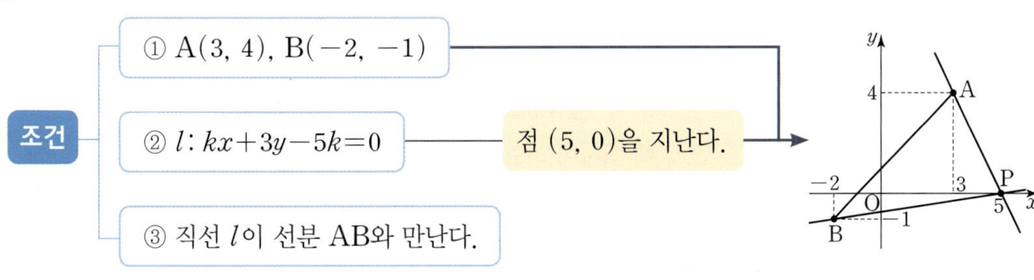

직선 AP의 기울기는 $\dfrac{0-4}{5-3}=-2$

직선 BP의 기울기는
$\dfrac{0-(-1)}{5-(-2)}=\dfrac{1}{7}$

직선 l의 기울기는 $-\dfrac{k}{3}$이므로

$-2 \le -\dfrac{k}{3} \le \dfrac{1}{7}$

$\therefore -\dfrac{3}{7} \le k \le 6$

답 k의 값의 범위 → $\therefore -\dfrac{3}{7} \le k \le 6$

113

그림과 같이 직선 l_1이 x축, y축과 만나는 점을 각각 A, B라 하고, 직선 l_2가 x축, y축과 만나는 점을 각각 C, D라 하면 두 직선 l_1, l_2의 교점 P에 대하여 두 삼각형 ACP와 BDP의 넓이는 서로 같다. $\overline{\mathrm{OA}}=2\overline{\mathrm{AC}}$이고 직선 l_1의 기울기가 -3일 때, 직선 l_2의 기울기는? (단, O는 원점이고, 직선 l_2의 기울기는 음수이며 직선 l_1의 기울기보다 크다.)

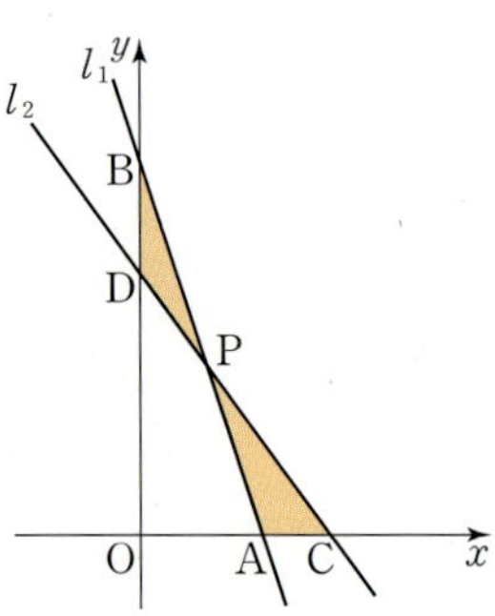

① $-\dfrac{1}{2}$ ② $-\dfrac{2}{3}$ ③ -1

④ $-\dfrac{4}{3}$ ⑤ $-\dfrac{5}{3}$

114 빈출

세 직선 $y=3x$, $y=-\dfrac{1}{3}x$, $y=mx+2$로 둘러싸인 도형이 이등변삼각형일 때, 이 삼각형의 넓이를 구하시오. (단, $m>0$)

115

$\overline{\mathrm{AB}}=8$, $\overline{\mathrm{BC}}=16$인 직사각형 ABCD의 내부 및 둘레 위의 한 점 P가 $\overline{\mathrm{AP}}^2-\overline{\mathrm{CP}}^2=16$을 만족시킨다. 점 P가 나타내는 도형의 길이는?

① $4\sqrt{5}$ ② $\dfrac{9\sqrt{5}}{2}$ ③ $5\sqrt{5}$

④ $\dfrac{11\sqrt{5}}{2}$ ⑤ $6\sqrt{5}$

116 빈출 | 선행 102 |

세 직선
$$x+y=0, \quad x+ay-12=0, \quad 3x-ay+4=0$$
에 의하여 좌표평면이 6개의 부분으로 나누어질 때, 실수 a의 값을 모두 구하시오.

117

직선 $2x-y+3=0$ 위의 두 점 A, B에서 직선 $x-y+1=0$에 내린 수선의 발을 각각 C, D라 할 때, $\overline{AC}=\overline{BD}=\sqrt{2}$이다. 사각형 ADBC의 넓이는?

(단, 점 A의 x좌표가 점 B의 x좌표보다 크다.)

① 6 ② 8 ③ 10
④ 12 ⑤ 14

118

교육청 기출

좌표평면 위의 네 점 O(0, 0), A(4, 0), B(4, 5), C(0, 5)에 대하여 선분 BA의 양 끝점이 아닌 서로 다른 두 점 D, E가 선분 BA 위에 있다. 직선 OD와 직선 CE가 만나는 점을 F(a, b)라 하면 사각형 OAEF의 넓이는 사각형 BCFD의 넓이보다 4만큼 크고, 직선 OD와 직선 CE의 기울기의 곱은 $-\dfrac{7}{9}$이다. 상수 a, b에 대하여 $22(a+b)$의 값을 구하시오. (단, $0<a<4$이다.)

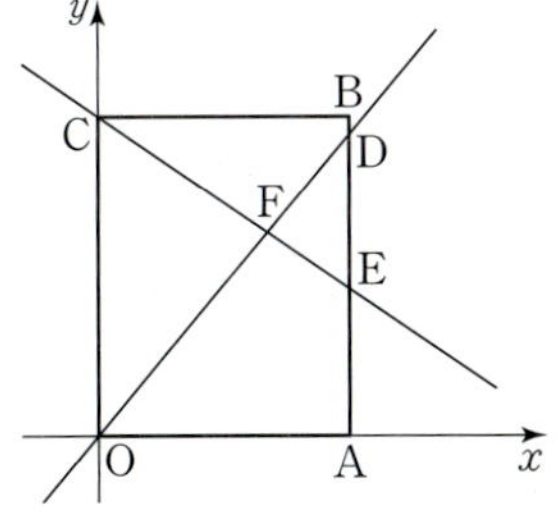

119

| 선행 087 |

기울기가 음수이고, 점 (1, 2)를 지나는 직선 l_1이 x축, y축과 만나는 점을 각각 A, B라 할 때, 삼각형 OAB의 넓이가 4이다. 직선 l_1과 수직이고, 삼각형 OAB의 넓이를 이등분하는 직선 l_2의 y절편은? (단, O는 원점이다.)

① $4-\sqrt{10}$ ② $5-\sqrt{10}$
③ $6-\sqrt{10}$ ④ $4-2\sqrt{2}$
⑤ $5-2\sqrt{2}$

120

| 선행 087 |

세 점 A(-2, 0), B(2, 3), C(0, 4)를 꼭짓점으로 하는 삼각형 ABC가 $\angle C=90°$인 직각삼각형이다. 선분 AB와 수직인 직선 l이 삼각형 ABC의 두 변 AC, AB와 만나는 두 점을 각각 P, Q라 하자. 삼각형 APQ의 넓이가 삼각형 ABC의 넓이의 $\dfrac{1}{5}$일 때, 직선 l의 방정식을 구하시오.

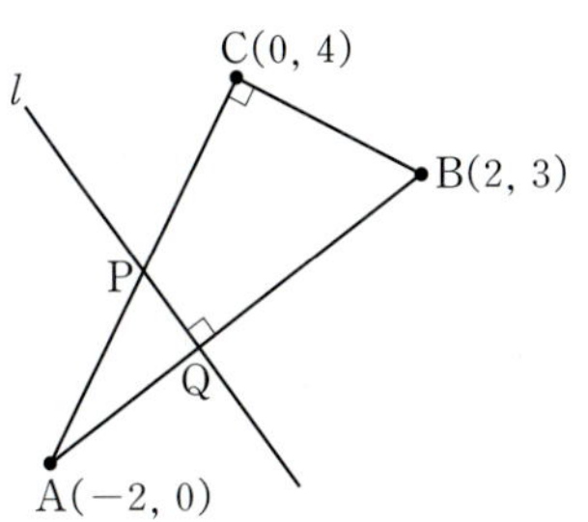

121 빈출

세 직선
$$y=0,\ 3x-4y+6=0,\ 4x+3y-12=0$$
으로 둘러싸인 삼각형의 내심의 좌표가 (a, b)일 때, $a+b$의 값을 구하시오.

122

좌표평면 위의 두 점 $\mathrm{A}(-3, -4)$, $\mathrm{B}(2, 6)$에 대하여 선분 AB와 한 점에서 만나는 직선 l이 있다. 점 A와 직선 l 사이의 거리는 2이고, 점 B와 직선 l 사이의 거리는 3일 때, 직선 l의 방정식을 모두 구하시오.

이전 학습 내용

• 원 [중1]

평면 위의 한 점 O에서 일정한 거리 r만큼 떨어져 있는 점들로 이루어진 도형을 원이라 하고, 점 O를 원의 중심, r을 원의 반지름의 길이라 한다.

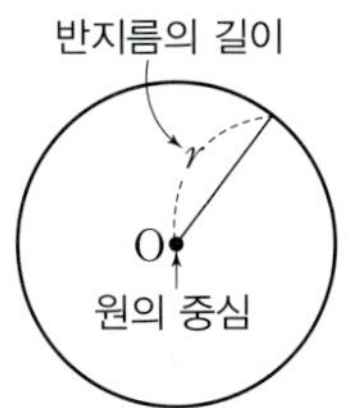

• 이차함수의 그래프와 직선의 위치 관계

[공통수학1 Ⅱ 방정식과 부등식]

이차함수 $y=ax^2+bx+c$의 그래프와 직선 $y=mx+n$의 위치 관계는 이차방정식 $ax^2+bx+c=mx+n$의 판별식 D의 부호에 따라 결정된다.

$D>0$	$D=0$	$D<0$
서로 다른 두 점에서 만난다.	한 점에서 만난다. (접한다.)	만나지 않는다.

• 원의 접선 [중3]

원의 접선은 그 접점을 지나는 반지름과 서로 수직이다.

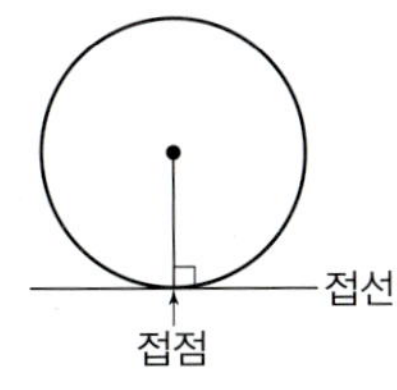

현재 학습 내용

• 원의 방정식

유형 01 원의 방정식
유형 02 원의 방정식의 활용

1. 원의 방정식

중심의 좌표가 (a, b)이고 반지름의 길이가 r인 원의 방정식은
$$(x-a)^2+(y-b)^2=r^2$$
특히, 중심이 원점이고 반지름의 길이가 r인 원의 방정식은
$$x^2+y^2=r^2$$

2. 이차방정식 $x^2+y^2+Ax+By+C=0$과 원

$$\left(x+\frac{A}{2}\right)^2+\left(y+\frac{B}{2}\right)^2=\frac{A^2+B^2-4C}{4}$$

이차방정식 $x^2+y^2+Ax+By+C=0$ $(A^2+B^2-4C>0)$이 나타내는 도형은 중심의 좌표가 $\left(-\dfrac{A}{2}, -\dfrac{B}{2}\right)$, 반지름의 길이가 $\dfrac{\sqrt{A^2+B^2-4C}}{2}$인 원이다.

• 원과 직선의 위치 관계

유형 03 원과 직선의 위치 관계

원의 방정식 $C : (x-a)^2+(y-b)^2=r^2$에 직선의 방정식 $l : y=mx+n$을 대입하여 얻은 x에 대한 이차방정식의 판별식을 D라 하고, 원 C의 중심과 직선 l 사이의 거리를 d라 할 때, 원 C와 직선 l의 위치 관계는 다음과 같다.

D의 부호	$D>0$	$D=0$	$D<0$
d와 r의 관계	$d<r$	$d=r$	$d>r$
원 C와 직선 l의 위치 관계	서로 다른 두 점에서 만난다.	한 점에서 만난다. (접한다.)	만나지 않는다.

• 원의 접선의 방정식

유형 04 원의 접선의 방정식

1. 기울기가 주어진 원의 접선의 방정식

원 $x^2+y^2=r^2$에 접하고 기울기가 m인 직선의 방정식은
$$y=mx\pm r\sqrt{m^2+1}$$

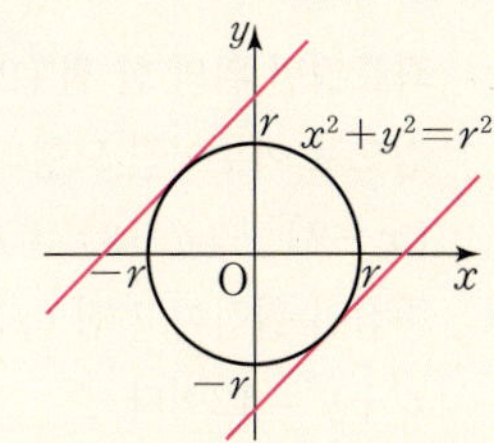

2. 원 위의 점에서의 접선의 방정식

원 $x^2+y^2=r^2$ 위의 점 $P(x_1, y_1)$에서의 접선의 방정식은
$$x_1x+y_1y=r^2$$

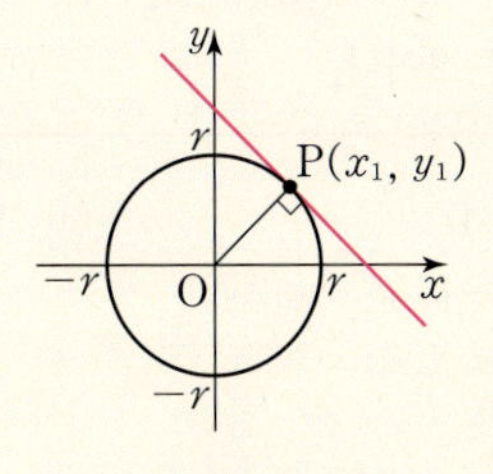
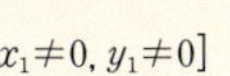

$[x_1\neq 0, y_1\neq 0]$

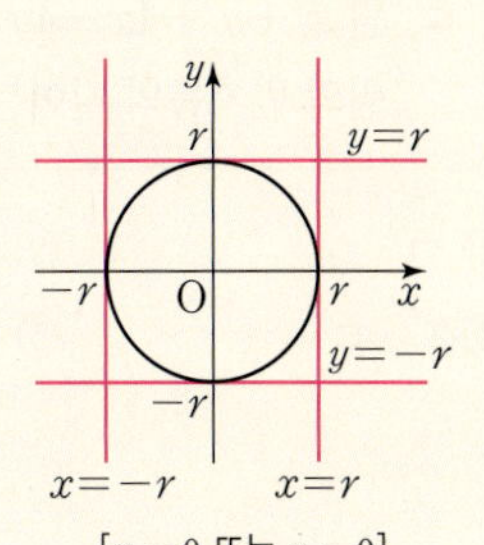

$[x_1=0$ 또는 $y_1=0]$

유형 01 원의 방정식

원의 방정식에는

(1) 반지름의 길이, 중심의 좌표에 대한 조건을 통해 원의 방정식을 구하는 문제

(2) x축 또는 y축에 접하는 원의 방정식을 구하는 문제

(3) 도형의 특징, 둘레의 길이, 넓이 등이 통합되어 원의 방정식을 구하는 문제

로 분류하였다.

유형해결 TIP

좌표축에 접하는 원의 방정식은 중심의 x좌표, y좌표와 반지름의 길이 사이의 관계를 통하여 식을 세울 수 있다.

특히, x축, y축에 모두 접하는 원의 중심의 좌표는 (a, a) 또는 $(a, -a)$이고, 반지름의 길이는 $|a|$이다.

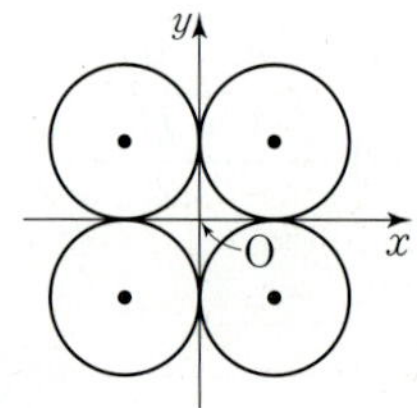

123 빈출

방정식 $x^2+y^2+6x-2y+6=0$이 나타내는 도형은 중심의 좌표가 (m, n)이고, 반지름의 길이가 r인 원이다. $m+n+r$의 값은?

① -2 ② -1 ③ 0
④ 1 ⑤ 2

124

〈보기〉에서 옳은 것만을 있는 대로 고른 것은?

─〈보 기〉─

ㄱ. 좌표평면 위의 한 점 $(2, -3)$으로부터 거리가 2인 모든 점으로 이루어진 도형의 방정식은 $(x-2)^2+(y+3)^2=4$이다.

ㄴ. 중심이 원점이고 점 $(\sqrt{3}, 3)$을 지나는 원의 방정식은 $x^2+y^2=12$이다.

ㄷ. 원 $x^2+y^2+4x-4y=0$과 중심이 같고, 점 $(-1, 3)$을 지나는 원의 반지름의 길이는 2이다.

① ㄱ   ② ㄴ   ③ ㄱ, ㄴ
④ ㄴ, ㄷ   ⑤ ㄱ, ㄴ, ㄷ

125 빈출

방정식 $x^2+y^2+4ax-4y+5a^2-2a-11=0$이 나타내는 도형이 원이 되도록 하는 자연수 a의 최댓값은?

① 3   ② 4   ③ 5
④ 6   ⑤ 7

126 빈출

두 점 $A(-3, 4)$, $B(-1, -2)$를 지름의 양 끝점으로 하는 원의 방정식이 $x^2+y^2+ax+by+c=0$일 때, $a+b+c$의 값은?

(단, a, b, c는 상수이다.)

① -3 ② -1 ③ 1
④ 3 ⑤ 5

127

세 점 $(1, 3)$, $(2, 0)$, $(-2, 2)$를 지나는 원의 중심의 좌표를 (a, b), 반지름의 길이를 r이라 할 때, $a+b+r^2$의 값은?

① 5 ② 6 ③ 7
④ 8 ⑤ 9

128

중심의 좌표가 $(-3, -2)$이고 y축에 접하는 원의 방정식은?

① $(x-3)^2+(y+2)^2=4$
② $(x-3)^2+(y-2)^2=4$
③ $(x-3)^2+(y-2)^2=9$
④ $(x+3)^2+(y+2)^2=4$
⑤ $(x+3)^2+(y+2)^2=9$

129

중심이 제4사분면 위에 있고 x축과 y축에 동시에 접하는 원의
둘레의 길이가 6π일 때, 이 원의 방정식은
$x^2+y^2+ax+by+c=0$이다. $2a+b+c$의 값은?

(단, a, b, c는 상수이다.)

① -6　　　② -3　　　③ 0
④ 3　　　⑤ 6

원의 방정식의 활용에는
　⑴ 두 원의 교점을 지나는 원의 방정식을 활용하는 문제
　⑵ 원의 자취의 방정식을 구하는 문제
　⑶ 원 밖의 점에서 원 위의 점까지의 거리의 최댓값 또는 최솟값을
　　구하는 문제
로 분류하였다.

130

두 원
$$(x+1)^2+(y-3)^2=25, \quad (x-1)^2+(y+1)^2=25$$
가 만나는 두 점을 각각 P, Q라 할 때, 선분 PQ의 길이는?

① $4\sqrt{3}$　　　② 8　　　③ $4\sqrt{5}$
④ $4\sqrt{6}$　　　⑤ $4\sqrt{7}$

131

두 원
$$x^2+y^2+2x-9=0, \quad x^2+y^2-10x-6y+9=0$$
의 두 교점과 점 $(4, -1)$을 지나는 원의 넓이는?

① 2π　　　② 4π　　　③ 6π
④ 8π　　　⑤ 10π

132 빈출

점 $\mathrm{A}(4, 1)$과 원 $(x-2)^2+(y+1)^2=2$ 위의 점 P에 대하여 선분 AP의 길이의 최댓값과 최솟값의 곱은?

① 4   ② 6   ③ 8

④ 10   ⑤ 12

133

두 점 $\mathrm{A}(0, 1)$, $\mathrm{B}(0, -5)$에 대하여 $\overline{\mathrm{AP}} : \overline{\mathrm{BP}}=1 : 2$를 만족시키는 점 P가 나타내는 도형의 방정식은?

① $x^2+(y+3)^2=9$ ② $x^2+(y-3)^2=16$

③ $x^2+(y+3)^2=16$ ④ $x^2+(y-3)^2=36$

⑤ $x^2+(y+3)^2=36$

유형 03 **원과 직선의 위치 관계**

원과 직선의 위치 관계에는
- (1) 점과 직선 사이의 거리와 반지름의 길이를 통하여 원과 직선의 위치 관계를 활용하는 문제
- (2) 두 원의 교점을 지나는 직선의 방정식을 활용하는 문제
- (3) 원 밖의 점에서 원에 두 접선을 그었을 때 생기는 두 직각삼각형이 닮음임을 활용하는 문제

로 분류하였다.

유형해결 TIP

두 원 $x^2+y^2+ax+by+c=0$, $x^2+y^2+a'x+b'y+c'=0$이 서로 다른 두 점에서 만나는 경우, 두 원의 교점을 지나는 직선의 방정식은 $x^2+y^2+ax+by+c-(x^2+y^2+a'x+b'y+c')=0$이다.

134 빈출

원 $x^2+y^2=3$과 직선 $y=x+k$의 위치 관계가 다음과 같을 때, 실수 k의 값 또는 범위를 구하시오.

- (1) 서로 다른 두 점에서 만난다.
- (2) 한 점에서 만난다.
- (3) 만나지 않는다.

135 빈출

원 $(x-2)^2+(y+1)^2=10$이 직선 $y=3x+k$와 한 점에서 만나도록 하는 모든 실수 k의 값의 합은?

① -16 ② -14 ③ -12

④ -10 ⑤ -8

136

원 $x^2+y^2-4x+6y+8=0$이 직선 $4x+3y+k=0$과 서로 다른 두 점 A, B에서 만날 때, 선분 AB의 길이가 최대가 되도록 하는 실수 k의 값은?

① -1 ② 0 ③ 1

④ 2 ⑤ 3

원의 접선의 방정식에는

　(1) 원 위의 접점이 주어질 때의 접선의 방정식을 활용하는 문제

　(2) 기울기가 주어질 때의 접선의 방정식을 활용하는 문제

　(3) 원 밖의 점에서 그은 접선의 방정식을 활용하는 문제

로 분류하였다.

유형 해결 TIP

접선의 방정식을 $y=mx+n$으로 놓을 때, y축에 평행한 접선은 따로 생각해야 한다는 것에 주의하자.

138 빈출

원 $x^2+y^2=10$ 위의 점 $(3, 1)$에서의 접선의 방정식은?

① $y=-x+4$ ② $y=-2x+5$

③ $y=-2x+7$ ④ $y=-3x+8$

⑤ $y=-3x+10$

137

점 A$(6, -1)$에서 원 $(x+1)^2+(y-3)^2=9$에 그은 접선의 한 접점을 B라 하자. 선분 AB의 길이는?

① $\sqrt{7}$ ② $\sqrt{14}$ ③ $2\sqrt{7}$

④ $2\sqrt{14}$ ⑤ $3\sqrt{14}$

139

원 $x^2+y^2=20$에 접하고, 직선 $2x-y+3=0$과 수직인 직선이 점 $(1, k)$를 지난다. 양수 k의 값은?

① $\dfrac{7}{2}$ ② $\dfrac{9}{2}$ ③ $\dfrac{11}{2}$

④ $\dfrac{13}{2}$ ⑤ $\dfrac{15}{2}$

140 빈출 서술형

점 $(3, -1)$에서 원 $x^2+y^2=5$에 그은 접선의 방정식을 구하고, 그 과정을 서술하시오.

141 빈출

점 $(2, 0)$에서 원 $(x-2)^2+(y-3)^2=1$에 그은 두 접선의 기울기의 곱은?

① -2 ② -4 ③ -6
④ -8 ⑤ -10

143

원 $x^2+y^2=5$ 위의 점 $(2, 1)$에서의 접선이 원 $x^2+y^2=15$와 만나는 두 점의 x좌표를 각각 α, β라 할 때, $\alpha^2+\beta^2$의 값은?

① 8 ② 10 ③ 12
④ 14 ⑤ 16

142

점 $A(3, 0)$과 원 $x^2+y^2=1$ 위의 점 B에 대하여 직선 AB의 기울기의 최댓값은?

① $\dfrac{\sqrt{3}}{2}$ ② $\dfrac{\sqrt{2}}{2}$ ③ $\dfrac{\sqrt{3}}{3}$
④ $\dfrac{\sqrt{2}}{3}$ ⑤ $\dfrac{\sqrt{2}}{4}$

144

원 $x^2+y^2=1$에 접하고 기울기가 3인 직선 중 제2사분면을 지나는 직선을 l_1이라 하고, 원 $x^2+y^2=10$ 위의 점 $(3, -1)$에서의 접선을 l_2라 하자. 두 직선 l_1과 l_2 사이의 거리는?

① $1+\dfrac{\sqrt{10}}{2}$ ② $2+\dfrac{\sqrt{10}}{2}$ ③ $\dfrac{1}{2}+\sqrt{10}$
④ $1+\sqrt{10}$ ⑤ $2+\sqrt{10}$

유형 01 원의 방정식

145 서술형 ✏

원 $x^2+y^2-2x+6y+6=0$의 넓이와 네 직선 $x=-1$, $x=5$, $y=3$, $y=7$로 둘러싸인 직사각형의 넓이를 모두 이등분하는 직선의 방정식을 구하고, 그 과정을 서술하시오.

146

원 $x^2+y^2-6x+4y-12=0$의 넓이가 두 직선 $y=ax$와 $y=bx+c$에 의하여 4등분 될 때, 세 실수 a, b, c에 대하여 $a \times b \times c$의 값은?

① $\dfrac{11}{2}$ ② 6 ③ $\dfrac{13}{2}$

④ 7 ⑤ $\dfrac{15}{2}$

147

두 점 $(-2, 5)$, $(0, -1)$을 지나는 원의 중심이 제2사분면에 있을 때, 원의 중심이 그리는 도형의 길이는?

① $\sqrt{10}$ ② $\dfrac{5\sqrt{10}}{3}$ ③ $\dfrac{7\sqrt{10}}{3}$

④ $3\sqrt{10}$ ⑤ $\dfrac{11\sqrt{10}}{3}$

148

세 직선 $2x-y-6=0$, $x+2y+2=0$, $y=2$로 만들어지는 삼각형의 외접원의 방정식이 $(x-a)^2+(y-b)^2=r$일 때, $a+b+r$의 값은? (단, a, b, r은 상수이다.)

① 26 ② 27 ③ 28

④ 29 ⑤ 30

149

원 $\dfrac{a}{2}x^2+y^2-4x+6y+b=0$이 y축과 만나는 서로 다른 두 점을 각각 A, B라 할 때, 원 위의 두 점 C, D에 대하여 사각형 ABCD가 정사각형이다. $a+b$의 값은? (단, a, b는 상수이다.)

① 6 ② 7 ③ 8

④ 9 ⑤ 10

150 빈출 ♔

점 $(-1, 2)$를 지나고 x축과 y축에 동시에 접하는 두 원의 중심 사이의 거리를 구하시오.

151 빈출 👑

$교육청 변형$

다음 물음에 답하시오.

(1) 중심이 직선 $x+2y-6=0$ 위에 있고, x축, y축에 동시에 접하는 모든 원의 넓이의 합을 구하시오.

(2) 중심이 곡선 $y=x^2-x-3$ 위에 있고, x축, y축에 동시에 접하는 모든 원의 넓이의 합을 구하시오.

152

두 점 $A(-3, 0)$, $B(1, 0)$을 지름의 양 끝점으로 하는 원 위의 점 $P(x, y)$에 대하여 y^2-2x의 최댓값과 최솟값의 합을 구하시오.

153

원 $x^2+y^2-2(a+1)x+2(a-1)y=2a+3$에 대한 설명 중 〈보기〉에서 옳은 것만을 있는 대로 고른 것은?

(단, a는 실수이다.)

─〈보 기〉─

ㄱ. 원의 넓이의 최솟값은 $\dfrac{9}{2}\pi$이다.

ㄴ. 원이 x축과 접하도록 하는 실수 a의 값은 -2이다.

ㄷ. 원의 중심이 항상 직선 l 위에 있을 때, 직선 l과 x축, y축으로 둘러싸인 삼각형의 넓이는 4이다.

① ㄱ 　② ㄱ, ㄴ 　③ ㄴ, ㄷ

④ ㄱ, ㄷ 　⑤ ㄱ, ㄴ, ㄷ

154

점 $A(-6, 0)$과 원 $x^2+y^2-6x=0$ 위의 점 B에 대하여 선분 AB를 $2:1$로 내분하는 점을 P라 할 때, 점 P가 나타내는 도형의 방정식을 구하시오.

155

두 점 $A(5, -2)$, $B(-2, -4)$와 원 $x^2+y^2=4$ 위를 움직이는 점 P에 대하여 삼각형 ABP의 무게중심 G가 나타내는 도형의 길이는?

① $\dfrac{\pi}{3}$ 　② $\dfrac{\pi}{2}$ 　③ $\dfrac{2}{3}\pi$

④ $\dfrac{3}{4}\pi$ 　⑤ $\dfrac{4}{3}\pi$

156

| 선행 132 |

두 점 $A(-1, 0)$, $B(1, 0)$에 대하여 점 $P(a, b)$가 $\overline{PA}^2+\overline{PB}^2=10$을 만족시킬 때, $(a-3)^2+(b+4)^2$의 최댓값을 구하시오.

157

그림과 같이 두 점 A(4, 0), B(10, 0)을 지나고 반지름의 길이가 5인 원이 있다. 원점 O와 원 위를 움직이는 점 P에 대하여 선분 OP의 길이가 정수가 되게 하는 점 P의 개수를 구하시오.

(단, 원의 중심은 제1사분면에 있다.)

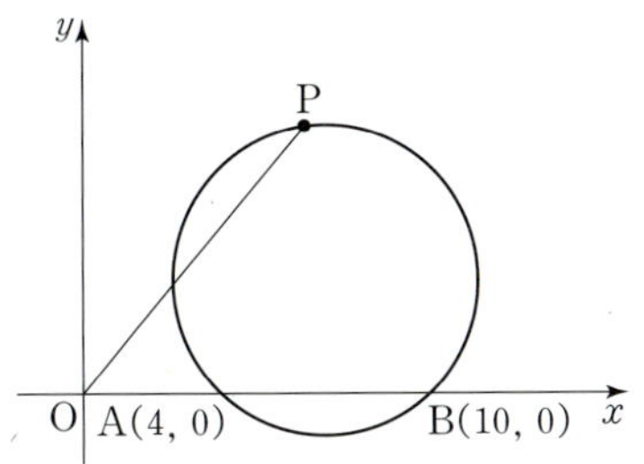

158

두 점 A(-2, -1), B(10, 4)에 대하여 중심이 점 C이고 반지름의 길이가 1인 원이 선분 AB와 적어도 한 점에서 만날 때, 점 C를 중심으로 하는 원이 나타내는 도형의 둘레의 길이를 구하시오.

159

두 양수 m, n과 좌표평면 위의 두 점 A(-4, 0), B(4, 0)에 대하여 $\overline{PA} : \overline{PB} = m : n$을 만족시키는 점 P가 나타내는 도형 C에 대한 설명으로 〈보기〉에서 옳은 것만을 있는 대로 고른 것은?

──〈보 기〉──

ㄱ. 도형 C는 항상 원이다.

ㄴ. $m < n$이면 도형 C의 내부에 점 A가 존재한다.

ㄷ. $m = 3$, $n = 1$일 때, 원 $x^2 + (y-5)^2 = 1$ 위의 점 Q에 대하여 선분 PQ의 길이의 최댓값은 $4 + 5\sqrt{2}$이다.

① ㄱ   ② ㄴ   ③ ㄴ, ㄷ

④ ㄱ, ㄷ   ⑤ ㄱ, ㄴ, ㄷ

160

| 선행 133 |

바다 위에 8 km만큼 떨어진 두 지점 A, B에 각각 배가 한 대씩 위치해 있다. 두 배는 두 지점 A, B를 동시에 출발하여 일정한 속력으로 중간에 방향을 바꾸지 않고 직선 경로로 이동하고, 지점 A에서 출발하는 배의 속력이 지점 B에서 출발하는 배의 속력의 3배이다. 두 배가 지점 P에서 만날 때, 삼각형 ABP의 넓이의 최댓값은? (단, 두 배의 크기는 고려하지 않고, 움직일 수 있는 바다는 충분히 넓다.)

① 8 km^2 ② 10 km^2 ③ 12 km^2

④ 14 km^2 ⑤ 16 km^2

유형 03 원과 직선의 위치 관계

161

평행한 두 직선 $2x-y+1=0$, $px-y+q=0$에 동시에 접하는 원의 넓이가 5π일 때, 양수 p, q에 대하여 $p+q$의 값은?

① 5 ② 7 ③ 9
④ 11 ⑤ 13

162 빈출

원 $x^2+y^2-6x-4y+4=0$과 직선 $y=2x+k$가 만나서 생기는 현의 길이가 4일 때, 모든 실수 k의 값의 합은?

① -8 ② -7 ③ -6
④ -5 ⑤ -4

163

점 $(1, k)$에서 원 $(x-3)^2+(y+1)^2=9$에 그은 두 접선이 서로 수직일 때, 양수 k의 값은?

① $\sqrt{7}+1$ ② $\sqrt{14}-1$ ③ $\sqrt{14}$
④ $2\sqrt{7}$ ⑤ $2\sqrt{14}$

164 빈출

| 선행 137 |

점 $P(-1, 3)$에서 원 $x^2+y^2-6x-2y+6=0$에 그은 두 접선의 접점을 각각 A, B라 할 때, 삼각형 PAB의 넓이는?

① $\dfrac{8\sqrt{5}}{5}$ ② $\dfrac{32}{5}$ ③ $\dfrac{16\sqrt{5}}{5}$
④ $\dfrac{64}{5}$ ⑤ $\dfrac{32\sqrt{5}}{5}$

165

좌표평면 위에 두 원
$$C_1 : x^2+y^2=4, \quad C_2 : x^2+y^2+10x-16y+80=0$$
이 있다. 그림과 같이 x축 위의 점 A에서 원 C_1에 그은 한 접선의 접점을 P, 점 A에서 원 C_2에 그은 한 접선의 접점을 Q라 하자. $\overline{AP}=\overline{AQ}$일 때, 점 A의 x좌표를 구하시오.

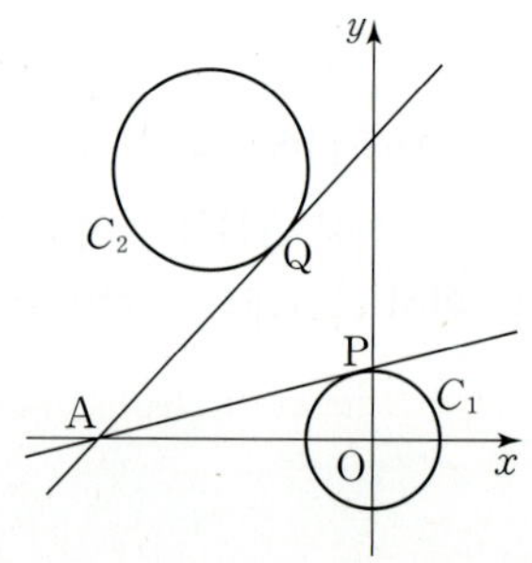

166

| 선행 145 |

원 $x^2+y^2+4ax-2ay-3=0$이 원 $x^2+y^2-6x+2y+3=0$의 둘레를 이등분할 때, 상수 a의 값은?

① -1 　　② $-\dfrac{1}{2}$ 　　③ $\dfrac{1}{2}$

④ 1 　　⑤ 2

167

기울기가 0이 아닌 직선 l이 이차함수 $y=-\dfrac{1}{2}x^2$의 그래프와 원 $x^2+(y-2)^2=4$에 동시에 접할 때, 직선 l의 모든 기울기의 곱은?

① -18 　　② -20 　　③ -22

④ -24 　　⑤ -26

168 빈출

| 선행 132 |

원 $x^2+y^2+16x-10y+8=0$ 위의 점 A와 직선 $4x-3y-13=0$ 사이의 거리의 최댓값과 최솟값의 합은?

① 20 　　② 22 　　③ 24

④ 26 　　⑤ 28

169 빈출

원 $x^2+y^2=4$ 위의 점 P와 두 점 A$(0,\ 8)$, B$(2,\ 4)$에 대하여 삼각형 PAB의 넓이의 최솟값을 구하시오.

170

원 $(x+2)^2+(y+3)^2=25$의 중심을 A, 이 원과 직선 $y=kx$의 두 교점을 각각 P, Q라 하자. 현 PQ의 길이가 최소가 될 때, 삼각형 APQ의 둘레의 길이는?

① $10+\sqrt{2}$ 　　② $10+\sqrt{3}$ 　　③ $10+2\sqrt{2}$

④ $10+2\sqrt{3}$ 　　⑤ $10+4\sqrt{3}$

171

원 $x^2+y^2-4x+2y+1=0$에 접하는 접선들 중 서로 수직인 두 직선의 교점을 P라 할 때, 점 P가 나타내는 도형과 직선 $y=x+5$ 사이의 거리의 최댓값을 구하시오.

172

좌표평면 위의 점 $(-2,\ 0)$에서 원 $(x-2)^2+(y-1)^2=4$에 그은
두 접선이 이루는 각을 이등분하는 직선의 방정식을 모두
구하시오.

173

교육청 변형

그림과 같이 제1사분면 위의 점 $(a,\ b)$를 중심으로 하고
x축과 점 P에서 접하며 y축과 두 점 Q, R에서 만나는 원이 있다.
점 P를 지나고 기울기가 2인 직선이 원과 만나는 점 중 P가 아닌
점을 S라 할 때, $\overline{\text{QR}}=\overline{\text{PS}}=6$을 만족시킨다. a^2+b^2의 값은?

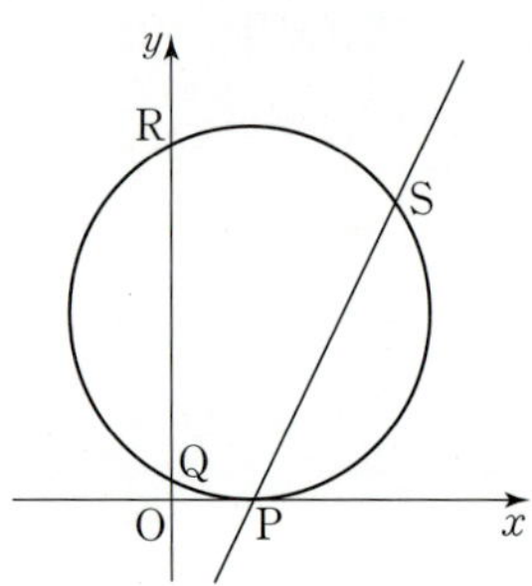

① $\dfrac{27}{2}$ ② 14 ③ $\dfrac{29}{2}$

④ 15 ⑤ $\dfrac{31}{2}$

174

선생님 Pick! 교육청 기출

그림과 같이 원 $x^2+y^2=13$ 위의 두 점 A$(-3,\ -2)$,
B$(2,\ -3)$과 원 위의 임의의 점 P를 꼭짓점으로 하는 삼각형
ABP의 넓이의 최댓값은 $\dfrac{q}{p}(1+\sqrt{2}\,)$이다. pq의 값을 구하시오.

(단, p와 q는 서로소인 자연수이다.)

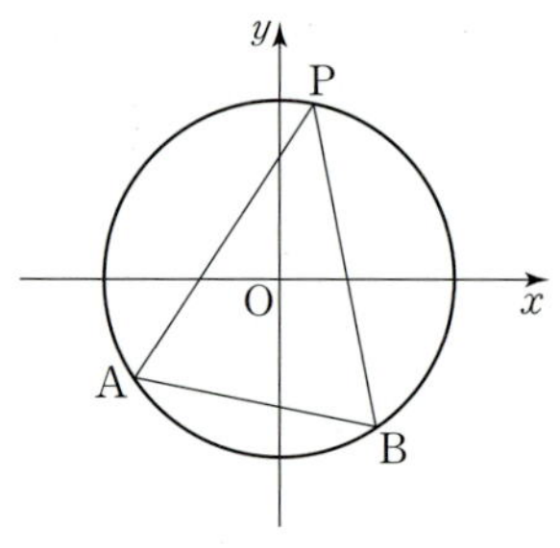

175

그림과 같이 한 변의 길이가 12인 정사각형 ABCD에 내접하는
원이 있다. 선분 AD를 1 : 2로 내분하는 점을 P라 하고, 선분
BP가 원과 만나는 두 점을 각각 Q, R이라 할 때, 선분 QR의
길이를 구하시오.

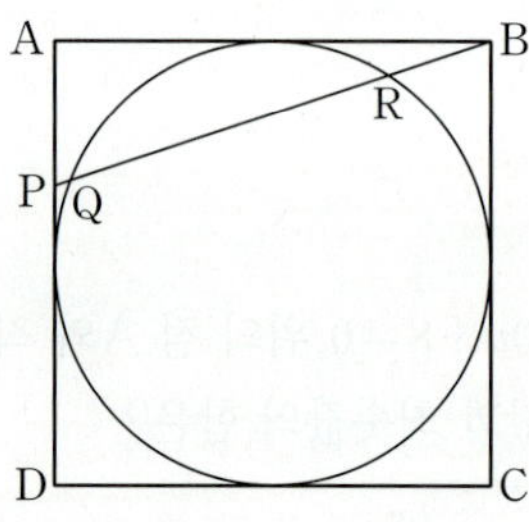

176

원 $C : (x-k)^2+(y-1)^2=4$와 직선 $l : mx-y+1=0$에 대하여 〈보기〉에서 옳은 것만을 있는 대로 고른 것은?

(단, k, m은 실수이다.)

<보 기>

ㄱ. $k=0$일 때, 직선 l은 원 C의 넓이를 이등분한다.

ㄴ. $k=3$일 때, 원 C와 직선 l이 만나도록 하는 실수 m의 최댓값은 $\dfrac{4}{5}$이다.

ㄷ. $m=2$일 때, 직선 l이 원 C와 두 점 A, B에서 만나고 원 C의 중심을 C라 하면 삼각형 ABC가 정삼각형이 되도록 하는 모든 실수 k의 값의 곱은 $-\dfrac{15}{4}$이다.

① ㄱ ② ㄱ, ㄴ ③ ㄴ, ㄷ

④ ㄱ, ㄷ ⑤ ㄱ, ㄴ, ㄷ

177

두 원 $x^2+y^2=10$과 $x^2+(y-2)^2=10$은 서로 다른 두 점에서 만나고 원 $x^2+y^2=10$의 내부와 원 $x^2+(y-2)^2=10$의 외부의 공통부분을 색칠하면 그림과 같다.

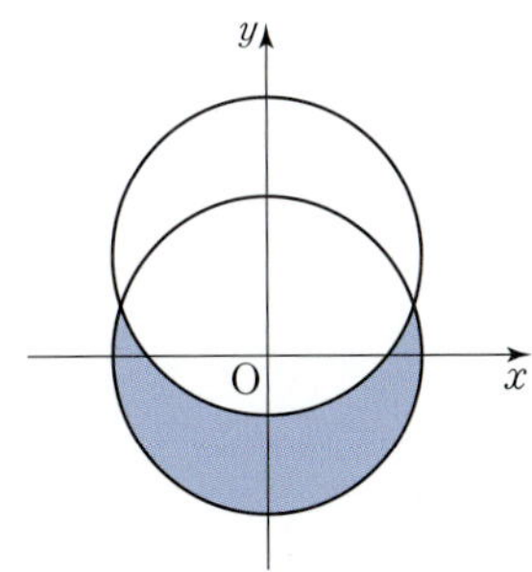

점 $(5, 2)$를 지나는 직선이 색칠한 도형의 둘레와 서로 다른 세 점에서 만날 때, 이 직선의 모든 기울기의 곱을 구하시오.

178

원 $(x+2)^2+(y-1)^2=1$ 위를 움직이는 점 $\mathrm{P}(a, b)$와 원 $(x-4)^2+(y-1)^2=4$ 위를 움직이는 점 $\mathrm{Q}(c, d)$에 대하여 $\dfrac{d-b}{c-a}$의 최댓값을 구하시오.

179

좌표평면에서 원 $x^2+y^2-4x-12y+20=0$과 함수 $y=k|x|$의 그래프가 서로 다른 두 점에서만 만나도록 하는 실수 k의 값의 범위는 $\alpha<k<\beta$이다. $\alpha\times\beta$의 값을 구하시오.

180

두 원

$$x^2+y^2+4x=0, \quad x^2+y^2+10x+24=0$$

에 동시에 접하는 직선 중 기울기가 양수인 직선을 l이라 하자. 직선 l과 x축, y축으로 둘러싸인 도형의 넓이를 구하시오.

유형 04 원의 접선의 방정식

181

점 $(5, 0)$에서 원 $x^2+y^2=9$에 그은 두 접선과 y축으로 둘러싸인 부분의 넓이를 구하시오.

182

교육청 변형

좌표평면에서 원 $x^2+y^2=16$ 위의 점 $(2\sqrt{3}, 2)$에서의 접선이 원 $(x+5\sqrt{3})^2+(y-8)^2=r^2$과 만나도록 하는 자연수 r의 최솟값을 구하시오.

183

| 선행 150 |

점 $(0, 5)$에서 원 $x^2+y^2=5$에 그은 두 접선 중 기울기가 음수인 직선을 l이라 할 때, x축, y축 및 직선 l에 동시에 접하면서 중심이 제1사분면 위에 있는 원은 두 개이다. 두 원의 반지름의 길이의 합은?

① $\dfrac{11}{2}$ ② 6 ③ $\dfrac{13}{2}$

④ 7 ⑤ $\dfrac{15}{2}$

184

두 원 $x^2+y^2=9$, $(x-4)^2+(y-2)^2=17$이 서로 다른 두 점 A, B에서 만난다. 두 점 A, B에서 원 $x^2+y^2=9$에 그은 두 접선의 교점의 좌표가 (a, b)일 때, $a+b$의 값은?

① 8 ② 9 ③ 10
④ 11 ⑤ 12

두 점 $\mathrm{A}(-1, 0)$, $\mathrm{B}(1, 0)$에 대하여 점 $\mathrm{P}(a, b)$가 $\overline{\mathrm{PA}}^2+\overline{\mathrm{PB}}^2=10$을 만족시킬 때, $(a-3)^2+(b+4)^2$의 최댓값을 구하시오.
조건 ① 조건 ② 답

▶ 주어진 조건 은 무엇인지? 구하는 답 은 무엇인지? 이 둘을 어떻게 연결할지?

1 단계

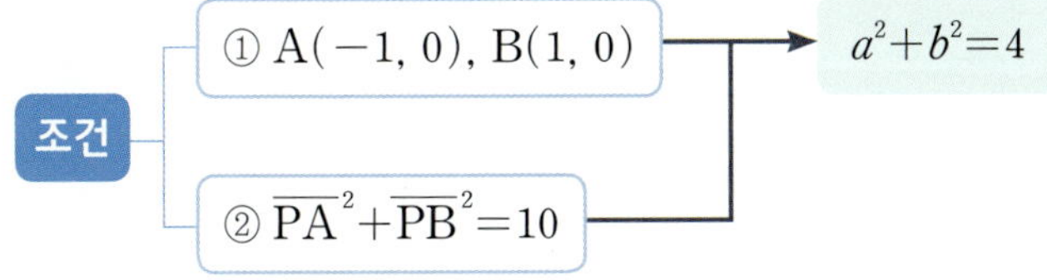

두 점 $\mathrm{A}(-1, 0)$, $\mathrm{B}(1, 0)$에 대하여 점 $\mathrm{P}(a, b)$가 $\overline{\mathrm{PA}}^2+\overline{\mathrm{PB}}^2=10$을 만족시키므로
$(a+1)^2+b^2+(a-1)^2+b^2=10$
$2a^2+2b^2=8$
$\therefore a^2+b^2=4$
즉, 점 P는 중심이 원점이고 반지름의 길이가 2인 원 위의 점이다.

2 단계

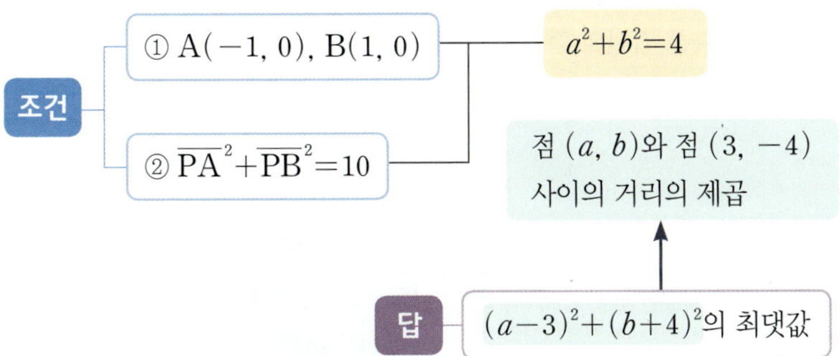

이때 구하는 값인 $(a-3)^2+(b+4)^2$은 두 점 (a, b), $(3, -4)$ 사이의 거리의 제곱과 같으므로 원 $x^2+y^2=4$ 위의 점과 점 $(3, -4)$ 사이의 거리의 최댓값을 구하여 제곱한 값을 구하면 된다.

3 단계

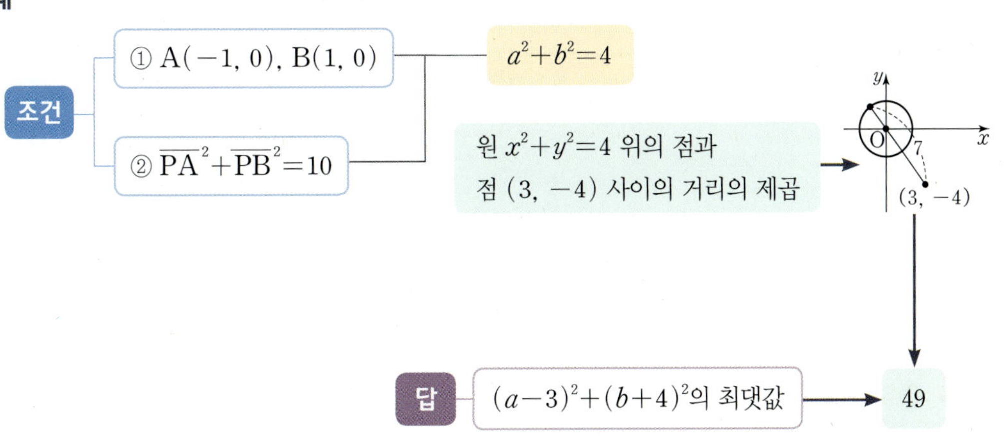

원 $x^2+y^2=4$ 위의 점과 점 $(3, -4)$ 사이의 거리의 최댓값은 원의 중심 $(0, 0)$과 점 $(3, -4)$ 사이의 거리 $\sqrt{3^2+(-4)^2}=5$에 반지름의 길이를 더한 값과 같으므로 $5+2=7$이다.
따라서 구하는 답은 최댓값을 제곱한 값이므로 $7^2=49$이다.

185

| 선행 **156** |

원 $x^2+y^2+4x+3=0$ 위를 움직이는 점 P와 두 점 A$(0, 5)$, B$(2, 3)$에 대하여 $\overline{\text{AP}}^2+\overline{\text{BP}}^2$의 최댓값과 최솟값의 합은?

① 96 ② 100 ③ 104

④ 108 ⑤ 112

186

원 $x^2+y^2-6x-2y=0$이 x축과 만나는 두 점을 각각 A, B라 할 때, 제1사분면에 있는 원 위의 점 P에 대하여 삼각형 ABP의 넓이가 자연수가 되도록 하는 점 P의 개수는?

① 14 ② 15 ③ 16

④ 17 ⑤ 18

187

2 이상의 자연수 n에 대하여 점 $(n, 0)$에서 원 $x^2+y^2=1$에 그은 접선 중 제1사분면에서 원과 접하는 접선의 접점의 좌표를 (x_n, y_n)이라 하자. $y_2 \times y_3 \times y_4 \times \cdots \times y_9$의 값은?

① $\dfrac{\sqrt{2}}{3}$ ② $\dfrac{\sqrt{3}}{3}$ ③ $\dfrac{2}{3}$

④ $\dfrac{\sqrt{5}}{3}$ ⑤ $\dfrac{\sqrt{6}}{3}$

188

그림과 같이 좌표평면 위에 지구를 원 $x^2+y^2=9$로 나타낼 때, 고도가 1인 인공위성이 원 $x^2+y^2=9$ 위의 점 A$(3, 0)$에서의 접선 위의 점 S에 위치하고 있다. 이 인공위성에서 지구에 그은 다른 접선의 접점 B의 좌표를 구하시오.

(단, 점 S는 제1사분면 위에 있다.)

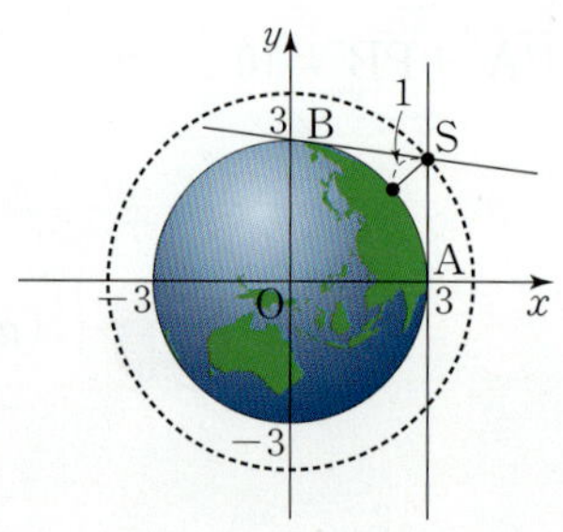

189 빈출 👑

그림과 같이 원 $x^2+(y+3)^2=16$을 선분 AB를 접는 선으로 하여 접어 y축과 점 $(0, -2)$에서 접하도록 하였다. 직선 AB의 방정식을 $y=mx+n$이라 할 때, 상수 m, n에 대하여 $m \times n$의 값을 구하시오. (단, $m>0$)

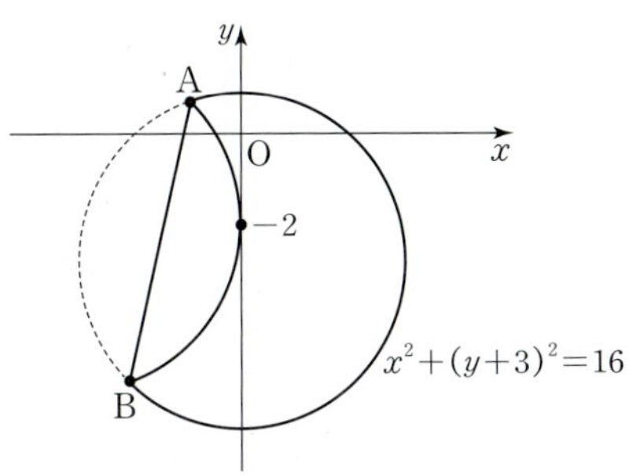

190

이차함수 $y=x^2$의 그래프 위의 점을 중심으로 하고 y축에 접하는 원 중에서 직선 $y=\sqrt{3}x-2$와 접하는 원은 2개이다. 두 원의 반지름의 길이를 각각 a, b라 할 때, $100ab$의 값을 구하시오.

191

좌표평면에서 원 $x^2+(y-2)^2=4$와 직선 $y=kx+2k+2$가 서로 다른 두 점 A, B와 만난다. 선분 AB와 호 AB로 둘러싸인 도형 중 넓이가 작은 도형의 넓이를 S_1, 선분 OB와 호 OB로 둘러싸인 도형 중 넓이가 작은 도형의 넓이를 S_2라 하자. $S_1=S_2$라 할 때, 모든 실수 k의 값의 합을 구하시오.

(단, O는 원점이고, 점 B의 x좌표는 점 A의 x좌표보다 크다.)

192

그림과 같이 점 $P(-3, 2)$와 원 $(x-3)^2+y^2=10$ 위의 두 점 A, B에 대하여 $\overline{PA}=\overline{PB}=3\sqrt{2}$이다. 두 직선 PA, PB의 기울기의 합을 구하시오.

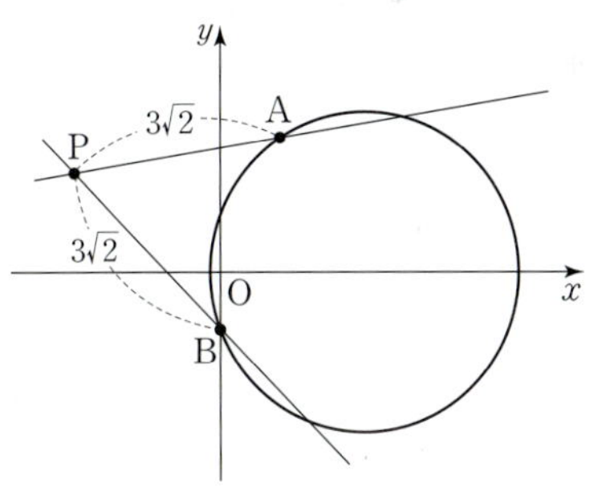

193

두 원 $(x+1)^2+(y-2)^2=10$, $(x-2)^2+(y+1)^2=k$가 두 점 A, B에서 만날 때, 선분 AB의 길이가 $2\sqrt{2}$가 되도록 하는 모든 양수 k의 값의 합은?

① 50　　　　② 52　　　　③ 54
④ 56　　　　⑤ 58

194

교육청 변형

좌표평면 위의 두 점 A$(-5, -2)$, B$(-1, 6)$에 대하여 $\angle APB=45°$를 만족시키는 점 P가 있다. 서로 다른 세 점 A, B, P를 지나는 원의 중심을 C라 하자. $\overline{OC}^2=k$라 할 때, 가능한 k의 값의 합은? (단, O는 원점이다.)

① 64　　　　② 66　　　　③ 68
④ 70　　　　⑤ 72

195

교육청 기출

좌표평면 위의 세 점 A$(-5, -1)$, B, C가 다음 조건을 만족시킨다.

> ㈎ 삼각형 ABC의 무게중심의 좌표는 $(-1, 1)$이다.
> ㈏ 세 점 A, B, C를 지나는 원의 중심은 원점이다.

삼각형 ABC의 넓이가 $\dfrac{q}{p}\sqrt{105}$일 때, $p+q$의 값을 구하시오.

(단, p와 q는 서로소인 자연수이다.)

196

P 지점에 있는 레이더는 반경 $10\sqrt{13}$ km 안에 있는 모든 선박을 감지하여 화면에 나타낸다. P 지점에서 서쪽 40 km 지점 해상에 있던 한 척의 배가 시속 4 km의 일정한 속력으로 움직이기 시작했다. 배의 진행 방향과 동쪽 방향이 이루는 각의 크기가 $60°$일 때, 이 배가 레이더 화면에 보였다가 사라질 때까지 걸리는 시간은?

① 4시간　　　　② 4시간 30분　　　　③ 5시간
④ 5시간 30분　　　　⑤ 6시간

197 서술형 ✎

| 선행 **183** |

좌표평면에서 x축, y축, 직선 $3x-4y+6=0$에 동시에 접하는 모든 원의 중심의 좌표를 구하고, 그 과정을 서술하시오.

198

원 $x^2+(y-1)^2=1$ 위의 점 $A(a, b)$와 원 $(x+3\sqrt{3})^2+(y-3)^2=9$ 위의 점 $B(c, d)$에 대하여 $ac+bd=0$일 때, 점 A가 나타내는 도형의 길이를 구하시오.

(단, $ac \neq 0$)

199

교육청 변형

그림과 같이 두 원 $C_1 : x^2+y^2=1$, $C_2 : x^2+y^2=8$이 있다. 원 C_1에 접하는 직선 l의 방정식은 $ax+by+1=0$이다. 직선 l에 평행하고 원 C_2에 접하는 두 직선을 각각 l_1, l_2라 하자. 점 $P_1(x_1, y_1)$은 직선 l_1 위에 있고, 점 $P_2(x_2, y_2)$는 직선 l_2와 원 C_2의 접점이다. $(ax_1+by_1+1)^2(ax_2+by_2+1)^2$의 값을 구하시오. (단, a, b는 상수이다.)

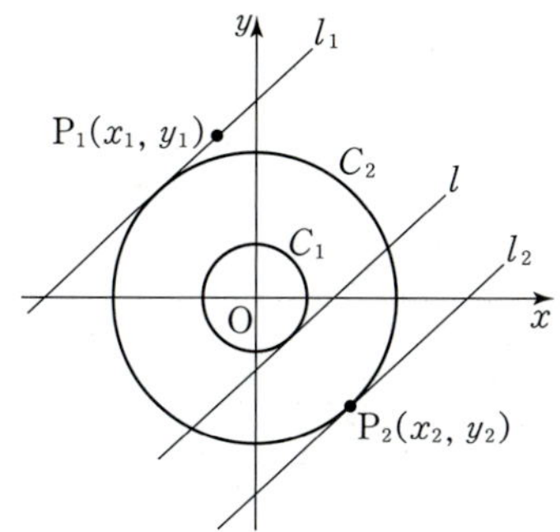

200

양의 실수 a에 대하여 점 $P(-2, a)$에서 원 $x^2+y^2=1$에 그은 두 접선의 접점을 각각 Q, R이라 하고, 선분 QR의 중점을 M이라 하자. 점 M이 그리는 도형의 방정식을 구하시오.

이전 학습 내용

- **평행이동** [중2]

한 도형을 일정한 방향으로 일정한 거리만큼 옮기는 것을 평행이동이라 한다.

- **평행이동** ────────────────────────── 유형 01 평행이동

1. 평행이동한 점의 좌표

점 $P(x, y)$를 x축의 방향으로 a만큼, y축의 방향으로 b만큼 평행이동한 점의 좌표는 $P'(x+a, y+b)$이다. 점 (x, y)를 x축의 방향으로 a만큼, y축의 방향으로 b만큼 평행이동하는 것을 $(x, y) \rightarrow (x+a, y+b)$와 같이 나타낸다.

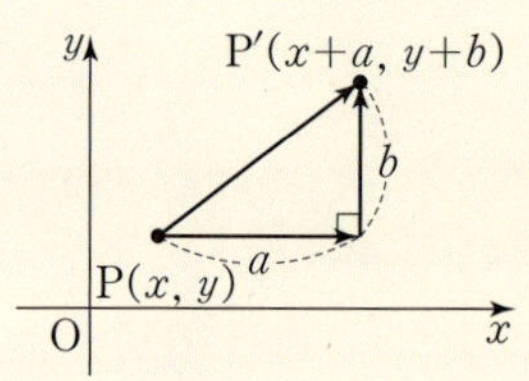

2. 평행이동한 도형의 방정식

방정식 $f(x, y)=0$이 나타내는 도형을 x축의 방향으로 a만큼, y축의 방향으로 b만큼 평행이동한 도형의 방정식은

$$f(x-a, y-b)=0$$

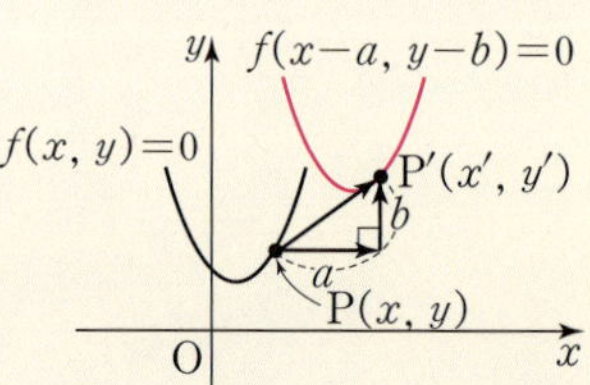

유형 02 대칭이동

유형 03 점과 직선에 대한 대칭이동

유형 04 대칭이동을 이용한 최단 거리

- **점대칭도형** [초5]

한 도형을 어떤 점을 중심으로 $180°$ 돌렸을 때 처음 도형과 완전히 겹쳐지면 이 도형을 점대칭도형이라 한다. 이때 그 점을 대칭의 중심이라 한다.

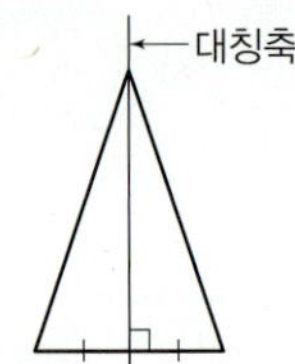

대칭의 중심은 대응점을 이은 선분을 이등분한다.

- **대칭이동**

좌표평면 위의 한 도형을 어떤 점 또는 직선에 대하여 대칭인 도형으로 옮기는 것을 각각 그 점 또는 그 직선에 대한 대칭이동이라 한다.

1. 대칭이동한 점의 좌표

점 (x, y)를 x축, y축, 원점, 직선 $y=x$, 직선 $y=-x$에 대하여 대칭이동한 점의 좌표는 다음과 같다.

(1) x축: $(x, -y)$

(2) y축: $(-x, y)$

(3) 원점: $(-x, -y)$

(4) 직선 $y=x$: (y, x)

(5) 직선 $y=-x$: $(-y, -x)$

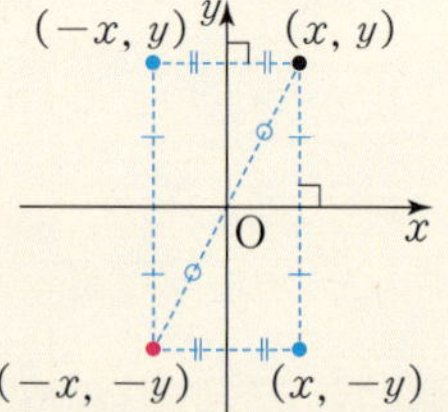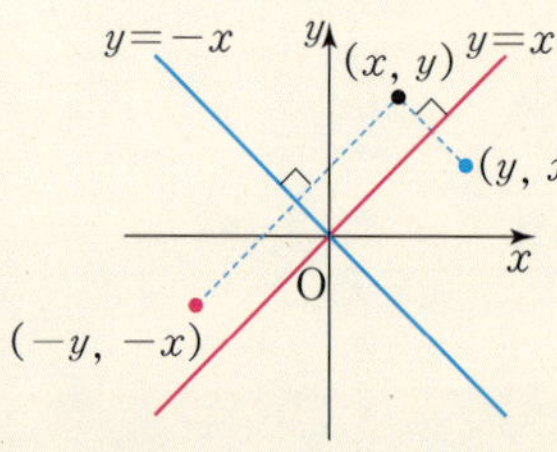

2. 대칭이동한 도형의 방정식

방정식 $f(x, y)=0$이 나타내는 도형을 x축, y축, 원점, 직선 $y=x$, 직선 $y=-x$에 대하여 대칭이동한 도형의 방정식은 다음과 같다.

(1) x축: $f(x, -y)=0$

(2) y축: $f(-x, y)=0$

(3) 원점: $f(-x, -y)=0$

(4) 직선 $y=x$: $f(y, x)=0$

(5) 직선 $y=-x$: $f(-y, -x)=0$

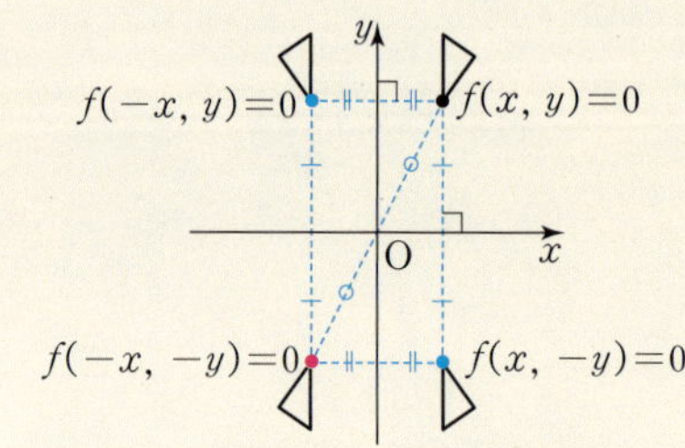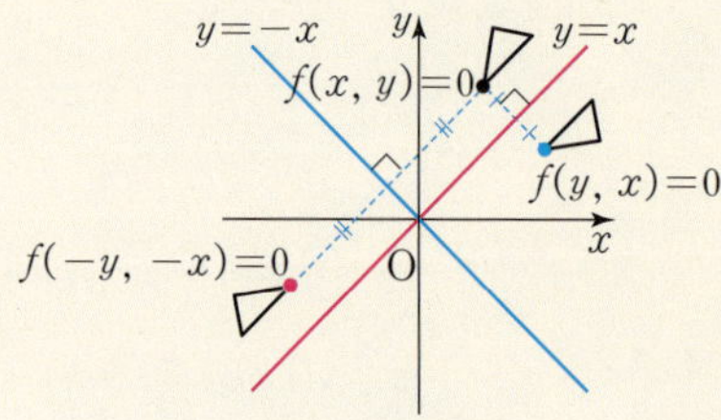

- **선대칭도형** [초5]

한 직선을 따라 접어서 완전히 겹쳐지는 도형을 선대칭도형이라 한다. 이때 그 직선을 대칭축이라 한다.

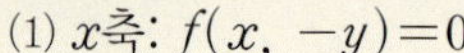

대칭축은 대응점을 이은 선분을 수직이등분한다.

유형 01 평행이동

도형을 평행이동하는 문제를 분류하였다.

유형 해결 TIP

도형의 평행이동에서 처음 도형과 이동된 도형은 서로 합동이다.
특히, 직선, 원, 포물선의 평행이동에서 다음을 만족시킨다.
❶ 직선을 평행이동하여도 기울기가 변하지 않는다.
❷ 원을 평행이동하여도 반지름의 길이가 변하지 않고, 포물선을
  평행이동하여도 이차항의 계수가 변하지 않는다. 원과 포물선의
  평행이동은 각각 원의 중심과 포물선의 꼭짓점의 평행이동으로
  대체하여 생각하면 편리하다.

201

평행이동 $(x, y) \rightarrow (x+a, y+b)$에 의하여 점 $(1, 3)$이
점 $(4, 1)$로 옮겨질 때, $a+b$의 값은? (단, a, b는 상수이다.)

① -2　　　　② -1　　　　③ 0
④ 1　　　　⑤ 2

202 빈출 ♔

점 $(2, 3)$을 점 $(-1, 5)$로 옮기는 평행이동에 의하여
점 $(2, 4)$로 옮겨지는 점의 좌표는?

① $(-1, 2)$　　　② $(-1, 6)$　　　③ $(5, 2)$
④ $(5, 6)$　　　⑤ $(6, -1)$

203

직선 $2x+y+k=0$을 x축의 방향으로 -3만큼, y축의 방향으로
2만큼 평행이동한 직선을 l이라 할 때, 직선 l이 점 $(-2, -2)$를
지난다. 상수 k의 값은?

① -1　　　　② 0　　　　③ 1
④ 2　　　　⑤ 3

204 빈출 ♔

평행이동 $(x, y) \rightarrow (x-1, y+4)$에 의하여 직선 $y=2x-1$이
옮겨지는 직선의 방정식이 $y=ax+b$일 때, 상수 a, b에 대하여
$a \times b$의 값을 구하시오.

205

점 $(1, 4)$를 점 $(3, 3)$으로 옮기는 평행이동에 의하여 직선
$y=mx+n$이 옮겨지는 직선은 직선 $y=3x-6$과 x축 위의
한 점에서 수직으로 만난다. 상수 m, n에 대하여 $m+n$의 값은?

① $\dfrac{2}{3}$　　　　② 1　　　　③ $\dfrac{4}{3}$
④ $\dfrac{5}{3}$　　　　⑤ 2

206 빈출 ♔

원 $x^2+y^2-2x+4y-6=0$을 x축의 방향으로 p만큼, y축의
방향으로 q만큼 평행이동한 도형의 방정식이
$x^2+y^2+6x-2y-1=0$일 때, 상수 p, q에 대하여 $p \times q$의 값을
구하시오.

207

포물선 $y=x^2-4x+1$을 포물선 $y=x^2+1$로 옮기는 평행이동에 의하여 직선 $l:x-y-2=0$이 직선 l'으로 옮겨질 때, 두 직선 l과 l' 사이의 거리는?

① $\sqrt{2}$ ② $2\sqrt{2}$ ③ $3\sqrt{2}$
④ $4\sqrt{2}$ ⑤ $5\sqrt{2}$

유형 02 대칭이동

도형을 x축 또는 y축 또는 원점 또는 직선 $y=x$에 대하여 대칭이동하는 문제를 분류하였다.

유형해결 TIP

도형의 대칭이동에서 처음 도형과 이동된 도형은 합동이다.
특히, 직선, 원, 포물선의 x축 또는 y축 또는 원점에 대한 대칭이동은 다음을 만족시킨다.
❶ 직선을 대칭이동하면 기울기의 절댓값이 변하지 않는다.
❷ 원을 대칭이동하면 반지름의 길이가 변하지 않고, 포물선을 대칭이동하면 이차항의 계수의 절댓값이 변하지 않는다.
원과 포물선의 대칭이동은 각각 원의 중심과 포물선의 꼭짓점의 대칭이동으로 대체하여 생각하면 편리하다.
평행이동, 대칭이동을 여러 번 반복할 때, 평행이동끼리는 순서를 바꾸어도 결과가 같지만, 평행이동과 대칭이동은 순서를 바꾸어서 이동하지 않도록 주의하자.
점 또는 도형을 직선 $x=a$ 또는 직선 $y=b$ 또는 점 (a, b)에 대하여 대칭이동한 점의 좌표, 도형의 방정식을 알아두면 편리하다.
······ **유형 03** 유형설명 참고

208

점 $A(3, 1)$을 x축에 대하여 대칭이동한 점을 B라 하고, 점 B를 직선 $y=x$에 대하여 대칭이동한 점을 C라 할 때, 삼각형 ABC의 무게중심의 좌표는?

① $\left(\dfrac{5}{3}, \dfrac{1}{3}\right)$ ② $\left(\dfrac{5}{3}, 1\right)$ ③ $\left(\dfrac{7}{3}, \dfrac{1}{3}\right)$
④ $\left(\dfrac{7}{3}, \dfrac{2}{3}\right)$ ⑤ $\left(\dfrac{7}{3}, 1\right)$

209

제1사분면에 있는 직선 $y=x+2$ 위의 점 $P(a, b)$를 y축, 원점에 대하여 대칭이동한 점을 각각 P', P''이라 하자. 삼각형 $PP'P''$의 넓이가 16일 때, $a+b$의 값을 구하시오.

210

함수 $y=f(x)$의 그래프가 그림과 같을 때, 주어진 식이 나타내는 그래프를 각각 그리시오.

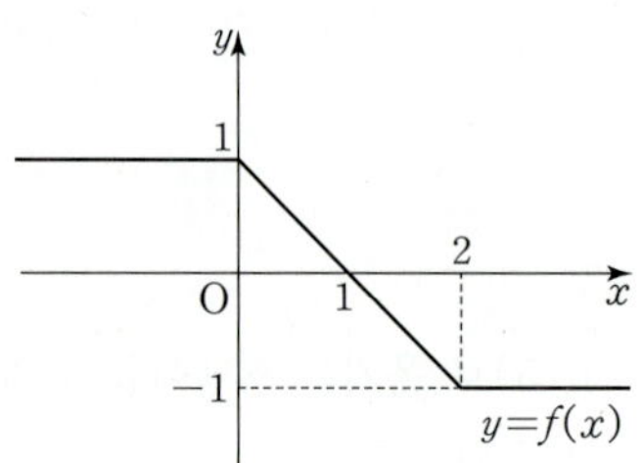

(1) $y=f(x+2)-1$ (2) $y=f(2-x)$

(3) $y=-f(x+1)$ (4) $y=-f(1-x)$

211 빈출

직선 $2x-y+1=0$을 x축의 방향으로 -3만큼 평행이동한 후
직선 $y=x$에 대하여 대칭이동하였더니
원 $x^2+y^2-2ax+4y+a^2=0$의 넓이를 이등분하였다. 상수 a의
값은?

① 1   ② 2   ③ 3
④ 4   ⑤ 5

212

원 $C_1 : x^2+y^2-4x+2y+3=0$을 직선 $y=x$에 대하여
대칭이동한 원이 C_2이다. 원 C_1 위의 임의의 점을 P라 하고,
원 C_2 위의 임의의 점을 Q라 할 때, 두 점 P, Q 사이의 거리의
최댓값은?

① $3\sqrt{2}$ ② $4\sqrt{2}$ ③ $5\sqrt{2}$
④ $6\sqrt{2}$ ⑤ $7\sqrt{2}$

213

점 $(1, -3)$을 지나는 직선 l을 x축에 대하여 대칭이동한 후
x축의 방향으로 -4만큼 평행이동한 다음 다시 y축에 대하여
대칭이동하였더니 원래 직선 l과 일치하였다. 직선 l의 기울기를
구하시오.

214

곡선 $y=x^2-4x+10$을 원점에 대하여 대칭이동한 후 y축의
방향으로 k만큼 평행이동한 곡선이 x축과 만나지 않도록 하는
자연수 k의 개수는?

① 4   ② 5   ③ 6
④ 7   ⑤ 8

유형 03 점과 직선에 대한 대칭이동

점과 직선에 대한 대칭이동에는
 (1) 점 (a, b)에 대한 대칭이동을 활용하는 문제
 (2) 직선 $y=mx+n$에 대한 대칭이동을 활용하는 문제
로 분류하였다.

유형 해결 TIP

(1) 점에 대한 대칭이동: 점 P를 점 A에 대하여 대칭이동한 점이
 Q이면 선분 PQ의 중점이 점 A이다.
(2) 직선에 대한 대칭이동: 점 P를 직선 l에 대하여 대칭이동한 점이
 Q이면 직선 l은 선분 PQ를 수직이등분한다. …… ㉠

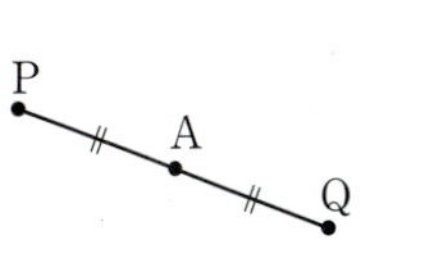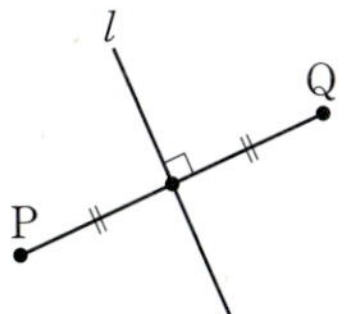

다음을 알아두면 편리하다.
❶ 점 (a, b)에 대한 대칭이동
 점 (x, y)와 도형 $f(x, y)=0$을 점 (a, b)에 대하여 대칭이동하면
 각각 점 $(2a-x, 2b-y)$, 도형 $f(2a-x, 2b-y)=0$이다.
❷ 직선 $x=a$에 대한 대칭이동
 점 (x, y)와 도형 $f(x, y)=0$을 직선 $x=a$에 대하여
 대칭이동하면 각각 점 $(2a-x, y)$, 도형 $f(2a-x, y)=0$이다.
❸ 직선 $y=b$에 대한 대칭이동
 점 (x, y)와 도형 $f(x, y)=0$을 직선 $y=b$에 대하여
 대칭이동하면 각각 점 $(x, 2b-y)$, 도형 $f(x, 2b-y)=0$이다.
이외에 일반적인 직선 $y=mx+n$에 대한 대칭이동은 ㉠을 이용하여
풀이한다.

215

점 $(3, 4)$를 직선 $y=-x+2$에 대하여 대칭이동한 점의 좌표가
(p, q)일 때, p^2+q^2의 값은?

① 2   ② 3   ③ 4
④ 5   ⑤ 6

216

직선 $y=2x$를 점 $(2,\ 1)$에 대하여 대칭이동한 직선의 방정식이 $y=ax+b$일 때, $a+b$의 값은?

① -1 ② -2 ③ -3
④ -4 ⑤ -5

유형 04 대칭이동을 이용한 최단 거리

점의 직선에 대한 대칭이동을 이용하여 최단 거리를 구하는 문제를 분류하였다.

유형 해결 TIP

두 점이 모두 직선을 기준으로 같은 쪽에 있을 때, 두 점에서 직선 위의 점까지의 거리의 합이 최소가 될 때는 다음과 같이 한 점을 직선에 대하여 대칭이동한 점과 다른 한 점 사이의 거리로 구할 수 있다.

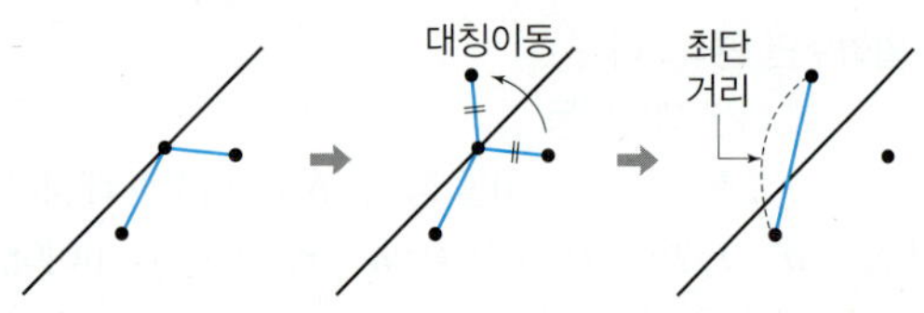

217

점 $A(-3,\ 2)$에서 y축 위의 점 P를 거쳐 점 $B(-1,\ -2)$까지 가는 최단 거리는?

① $2\sqrt{2}$ ② $3\sqrt{2}$ ③ $4\sqrt{2}$
④ $5\sqrt{2}$ ⑤ $6\sqrt{2}$

218

그림과 같이 좌표평면 위에 두 점 $A(2,\ 3)$, $B(-3,\ 1)$이 있다. 서로 다른 두 점 C와 D가 각각 x축과 직선 $y=x$ 위에 있을 때, $\overline{AD}+\overline{CD}+\overline{BC}$의 최솟값은?

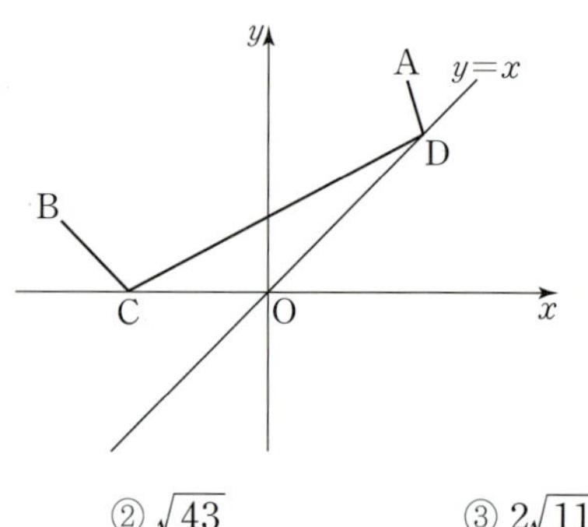

① $\sqrt{42}$ ② $\sqrt{43}$ ③ $2\sqrt{11}$
④ $3\sqrt{5}$ ⑤ $\sqrt{46}$

219 빈출

다음은 두 점 $A(2,\ 1)$, $B(6,\ 4)$와 직선 $y=x$ 위를 움직이는 점 P를 나타낸 것이다. 다음 물음에 답하시오.

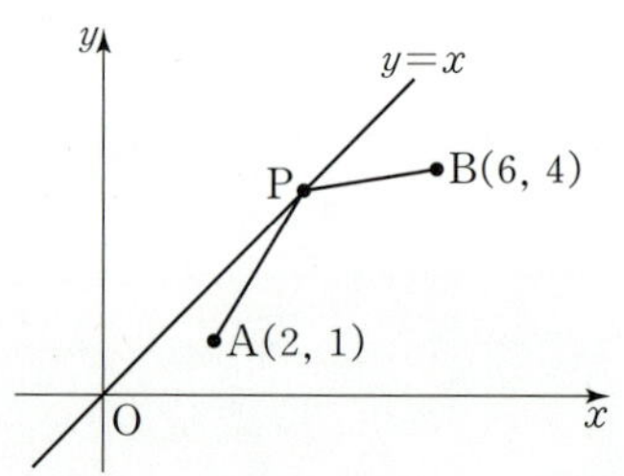

(1) $\overline{AP}+\overline{BP}$의 최솟값을 구하시오.

(2) $\overline{AP}+\overline{BP}$가 최소가 되도록 하는 점 P의 좌표를 구하시오.

STEP 2 내신 실전문제 체화를 위한 심화 유형

유형 01 평행이동

220

좌표평면 위의 점 $P(x, y)$는 다음 규칙에 따라 움직인다.

> (개) $y > x$이면 x축의 방향으로 3만큼 이동한다.
> (내) $y < x$이면 y축의 방향으로 2만큼 이동한다.
> (대) $y = x$이면 더 이상 이동하지 않는다.

점 P가 점 $A(3, 8)$에서 출발하여 점 B에서 더 이상 이동하지 않을 때, 점 B의 x좌표와 y좌표의 합은?

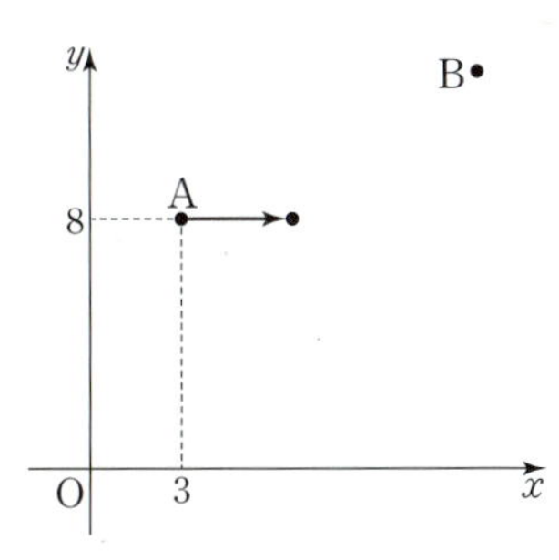

① 26   ② 24   ③ 22
④ 20   ⑤ 18

221 빈출

평행이동 $(x, y) \rightarrow (x+k, y-2)$에 의하여
원 $x^2+y^2+2x-6y-6=0$이 옮겨지는 원이 직선
$3x+4y+10=0$과 접하도록 하는 모든 상수 k의 값의 곱은?

① -35 ② -31 ③ -27
④ -23 ⑤ -19

222

원 $x^2+y^2-2x+6y+6=0$을 x축의 방향으로 -2만큼, y축의 방향으로 5만큼 평행이동한 원을 C라 할 때, 원 C가 직선 $x+y-3=0$에 의하여 두 부분으로 나누어진다. 두 부분의 넓이의 차는?

① $2\pi+2$ ② $2\pi+4$ ③ 4π
④ $4\pi+2$ ⑤ $4\pi+4$

223

원 $x^2+y^2=2$에 접하고 기울기가 m인 직선을 y축의 방향으로 6만큼 평행이동하였더니 다시 원 $x^2+y^2=2$에 접하였다. 실수 m에 대하여 m^2의 값은?

① $\dfrac{1}{2}$ ② $\dfrac{3}{2}$ ③ $\dfrac{5}{2}$
④ $\dfrac{7}{2}$ ⑤ $\dfrac{9}{2}$

224

원 $x^2+y^2-6x+8=0$을 x축의 방향으로 a만큼, y축의 방향으로 b만큼 평행이동한 원의 중심이 제2사분면에 있고 이 평행이동한 원이 y축과 직선 $y=-x$에 동시에 접할 때, $a+b$의 값은?

(단, a, b는 상수이다.)

① $-3+\sqrt{2}$ ② $-2+\sqrt{2}$ ③ $-1+\sqrt{2}$
④ $-3+\sqrt{3}$ ⑤ $-2+\sqrt{3}$

225 빈출

포물선 $y=x^2+2ax+2a^2$을 포물선 $y=x^2+a^2-a$로 옮기는 평행이동에 의하여 원 $C_1 : x^2+(y-5)^2=9$를 평행이동한 원을 C_2라 하면 두 원 C_1, C_2가 서로 다른 두 점 A, B에서 만나고 $\overline{AB}=2$이다. 양수 a의 값을 구하시오.

226 빈출

좌표평면에서 세 점 $O(0, 0)$, $A(-4, 0)$, $B(0, 3)$을 꼭짓점으로 하는 삼각형 OAB를 평행이동한 도형을 삼각형 $O'A'B'$이라 하자. 점 A'의 좌표가 $(2, 1)$일 때, 삼각형 $O'A'B'$에 내접하는 원의 방정식은 $(x-p)^2+(y-q)^2=r$이다. $p+q+r$의 값을 구하시오. (단, p, q, r은 상수이다.)

유형 02 대칭이동

227 빈출

좌표평면 위의 점 $P(x, y)$가 다음과 같은 규칙에 따라 이동한다.

> (가) $xy>0$일 때, $x>y$이면 직선 $y=x$에 대하여 대칭이동하고,
> $x\leq y$이면 점 $(x+4, y-6)$으로 이동한다.
> (나) $xy<0$일 때, x축에 대하여 대칭이동한다.
> (다) $xy=0$이면 이동하지 않고 멈춘다.

점 P가 점 $(5, 2)$에서 출발하여 n번 이동하고 점 (a, b)에서 멈춘다고 할 때, $a+b+n$의 값을 구하시오.

228

<보기>에서 x축에 대하여 대칭이동시켰을 때 자기 자신과 일치하는 도형의 방정식만을 있는 대로 고른 것은?

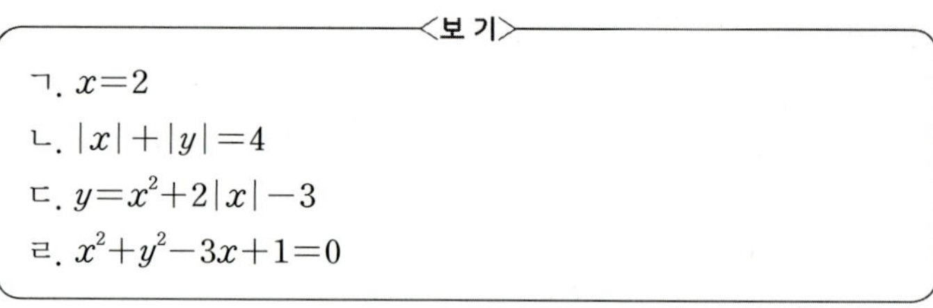

─〈보 기〉─

ㄱ. $x=2$
ㄴ. $|x|+|y|=4$
ㄷ. $y=x^2+2|x|-3$
ㄹ. $x^2+y^2-3x+1=0$

① ㄱ, ㄴ ② ㄱ, ㄷ ③ ㄱ, ㄴ, ㄷ
④ ㄱ, ㄴ, ㄹ ⑤ ㄴ, ㄷ, ㄹ

229 빈출 서술형

직선 $2x+y-3=0$을 직선 $y=x$에 대하여 대칭이동한 후 x축의 방향으로 k만큼 평행이동하면 원 $(x-2)^2+y^2=5$와 만난다고 할 때, 실수 k의 값의 범위를 구하고, 그 과정을 서술하시오.

230

| 선행 209 |

제2사분면에 있는 직선 $y=-2x+3$ 위의 점 $P(a, b)$에 대하여 점 P를 직선 $y=x$에 대하여 대칭이동한 점을 Q라 하고, 점 P를 원점에 대하여 대칭이동한 점을 R이라 하자. 삼각형 PQR의 넓이가 45일 때, $a+b$의 값은?

① 2　　　　　② 3　　　　　③ 4
④ 5　　　　　⑤ 6

231

곡선 $y=x^2+3x$를 x축의 방향으로 a만큼 평행이동하면 직선 $y=-x$와 서로 다른 두 점 P, Q에서 만나고 두 점 P, Q가 원점에 대하여 대칭이다. 두 점 P, Q의 x좌표의 곱은?

① -1　　　　② -2　　　　③ -3
④ -4　　　　⑤ -5

232

좌표평면 위의 두 점 $A(11, k)$, $B(1, 5)$를 직선 $y=x$에 대하여 대칭이동한 점을 각각 A′, B′이라 하고, 직선 AB와 직선 A′B′의 교점을 P라 하자. 두 삼각형 APA′, BPB′의 넓이의 비가 9 : 4일 때, 삼각형 APA′의 넓이를 m이라 하자. $k+m$의 값을 구하시오. (단, $0<k<11$)

233 빈출

포물선 $y=x^2-2x-2$ 위의 서로 다른 두 점 A, B가 직선 $y=x$에 대하여 대칭일 때, 선분 AB의 길이는?

① $2\sqrt{5}$　　　　② $\sqrt{22}$　　　　③ $2\sqrt{6}$
④ $\sqrt{26}$　　　　⑤ $2\sqrt{7}$

234 빈출

| 선행 210 |

그림과 같은 도형 A를 나타내는 방정식이 $f(x, y)=0$일 때, 〈보기〉에서 도형 B를 나타내는 방정식으로 옳은 것만을 있는 대로 고르시오.

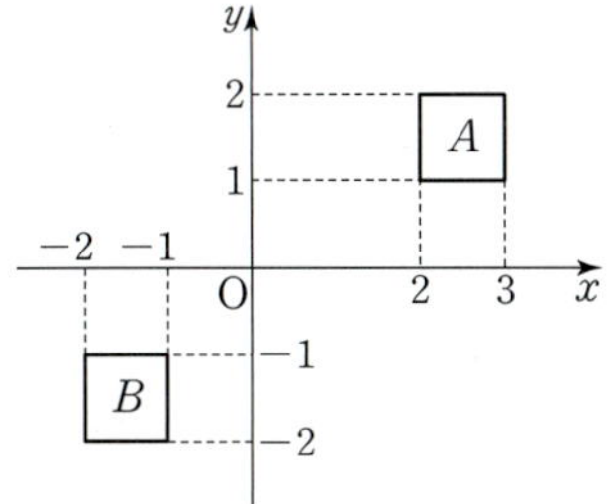

〈보 기〉

ㄱ. $f(x+4, y+3)=0$
ㄴ. $f(-x+2, y+3)=0$
ㄷ. $f(-x, -y+1)=0$
ㄹ. $f(y+4, x+3)=0$

235

방정식 $f(x, y)=0$이 나타내는 도형이 그림과 같을 때, $f(4-x, y)=0$, $f(4-x, -y)=0$, $f(y, x)=0$이 나타내는 세 도형으로 둘러싸인 부분의 넓이는?

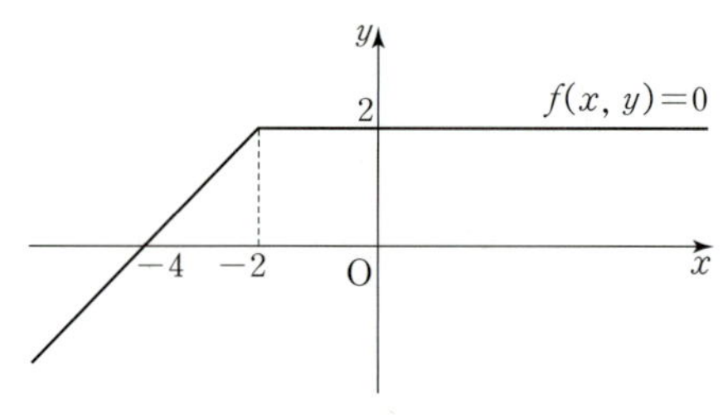

① 14   ② 17   ③ 20
④ 23   ⑤ 26

236

두 실수 a, b에 대하여 원 $x^2+(y+2)^2=1$을 x축의 방향으로 a만큼, y축의 방향으로 b만큼 평행이동한 도형을 C라 하자. $a^2+b^2=4b$일 때, 원점과 도형 C 위의 점 P 사이의 거리의 최댓값과 최솟값의 곱은?

① 2   ② 3   ③ 4
④ 5   ⑤ 6

237

| 선행 210 |

방정식 $f(x, y)=0$이 나타내는 도형이 그림과 같이 세 점 $(2, 0)$, $(0, -2)$, $(4, -2)$를 꼭짓점으로 하는 삼각형일 때, 도형 $f(x, y)=0$ 위의 점 (a, b)와 도형 $f(y+1, -x-3)=0$ 위의 점 (c, d)에 대하여 $\dfrac{d-b}{c-a}$의 최댓값과 최솟값의 합은?

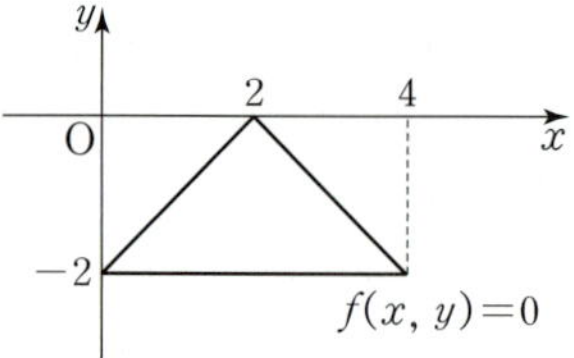

① $-\dfrac{5}{3}$ ② $-\dfrac{8}{3}$ ③ $-\dfrac{11}{3}$
④ $-\dfrac{14}{3}$ ⑤ $-\dfrac{17}{3}$

238

원 $x^2+y^2+8x+4y+16=0$ 위의 두 점 $P(a, b)$, $Q(c, d)$에 대하여 $\dfrac{b+c}{a+d}$의 최댓값을 M, 최솟값을 m이라 할 때, $M+m$의 값을 구하시오.

239

직선 $y=-3x-3$을 점 $(1, 2)$에 대하여 대칭이동한 직선 l의
방정식을 $y=ax+b$라 할 때, $a+b$의 값을 구하시오.

(단, a, b는 실수이다.)

240

이차함수 $y=x^2+1$의 그래프를 점 $(2, -1)$에 대하여 대칭이동한
그래프는 이차함수 $y=x^2+1$의 그래프를 원점에 대하여
대칭이동한 후 x축의 방향으로 a만큼, y축의 방향으로 b만큼
평행이동한 그래프와 같다. 상수 a, b에 대하여 $a+b$의 값은?

① 2   ② 3   ③ 4
④ 5   ⑤ 6

241   빈출   서술형

| 선행 215 |

원 $x^2+y^2+6x+4y+4=0$을 직선 $y=mx+n$에 대하여
대칭이동하면 원 $x^2+y^2+2x-12y+k=0$이 될 때, 세 상수 k,
m, n의 곱 $k \times m \times n$의 값을 구하고, 그 과정을 서술하시오.

242

직선 $3x-y-2=0$을 직선 $x-2y+6=0$에 대하여 대칭이동한
직선의 방정식을 구하시오.

243

모눈종이 위에 두 점 $(2, -1)$과 $(0, 5)$를 찍은 후 두 점이
겹치도록 모눈종이를 한 번 접었다. 이와 같이 접을 때,
점 $(-7, 6)$이 겹치는 점의 x좌표와 y좌표의 곱을 구하시오.

244

그림과 같이 좌표평면에 한 변의 길이가 6인 정사각형 위의 점
$P(6, 4)$에서 나온 빛이 정사각형의 변에 두 번 반사되어 원점 O에
도달하였을 때, 빛이 움직인 거리는?

(단, 입사각과 반사각의 크기는 서로 같다.)

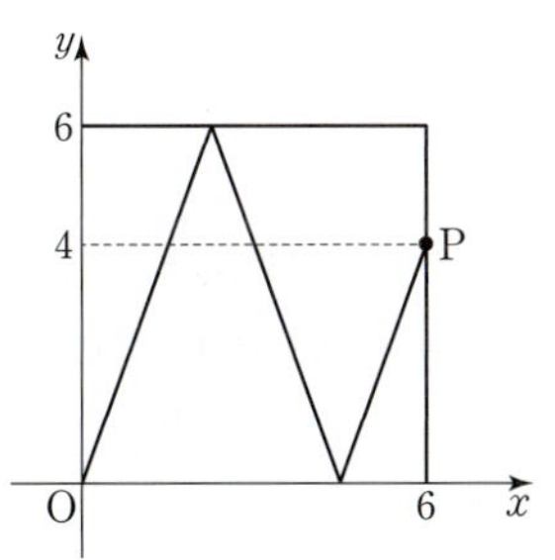

① $2\sqrt{67}$ ② $2\sqrt{69}$ ③ $2\sqrt{71}$
④ $2\sqrt{73}$ ⑤ $10\sqrt{3}$

245

그림과 같이 위에서 보았을 때 가로, 세로의 길이가 각각 280 cm, 140 cm인 직사각형 ABCD 모양의 당구대 위에 직선 AB와 직선 BC까지의 거리가 각각 110 cm, 20 cm인 위치에 당구공이 놓여 있다. 이 당구공을 쳐서 변 BC, CD, DA에 차례로 부딪힌 후 점 B의 위치에서 공이 멈추었을 때, 이 당구공이 당구대 위에서 움직인 거리는? (단, 당구공의 크기와 당구대의 두께는 고려하지 않으며 당구공은 일직선으로 움직이고, 변에 부딪힐 때 입사각의 크기와 반사각의 크기는 서로 같다.)

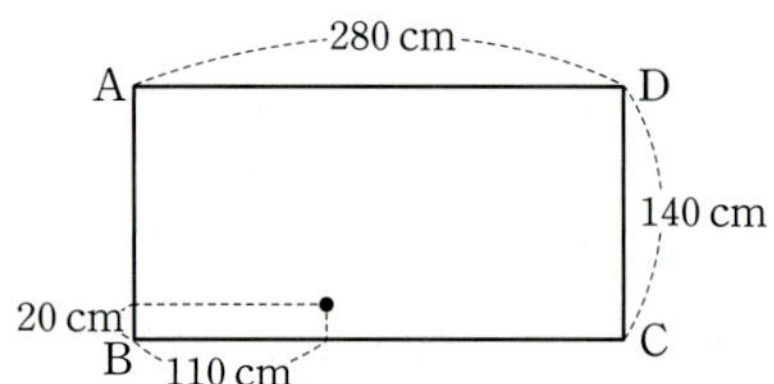

① $300\sqrt{3}$ cm

② $150\sqrt{13}$ cm

③ $150\sqrt{14}$ cm

④ $150\sqrt{15}$ cm

⑤ 600 cm

유형 **04** 대칭이동을 이용한 최단 거리

246 빈출 👑

| 선행 **218, 219** |

좌표평면 위의 두 점 $A(0, 4)$, $B(5, 3)$과 x축 위의 점 P, 직선 $y=x$ 위의 점 Q에 대하여 $\overline{AP}+\overline{PQ}+\overline{QB}$가 최솟값을 가질 때, 직선 PQ의 방정식은 $ax+y+b=0$이다. 실수 a, b에 대하여 $a+b$의 값을 구하시오.

247

서로 다른 세 점 $A(3, -1)$, $B(6, 3)$, $C(p, p)$를 연결하여 둘레의 길이가 최소인 삼각형을 만들 때, 이 삼각형의 넓이는?

① 4 ② 6 ③ 8

④ 10 ⑤ 12

248 교육청 변형

좌표평면 위에 두 점 $A(-2, 3)$, $B(6, 5)$가 있다. x축 위의 두 점 P, Q와 직선 $y=2$ 위의 점 R에 대하여 $\overline{AP}+\overline{PR}+\overline{RQ}+\overline{QB}$의 최솟값을 구하시오.

249

그림과 같이 가로의 길이와 세로의 길이가 각각 50, 80인
직사각형 ABCD가 있다. 변 AB를 $3:1$로 내분하는 점을 P,
변 BC와 변 CD 위의 임의의 점을 각각 Q, R이라 할 때,
$\overline{PQ}+\overline{QR}+\overline{RA}$의 최솟값은?

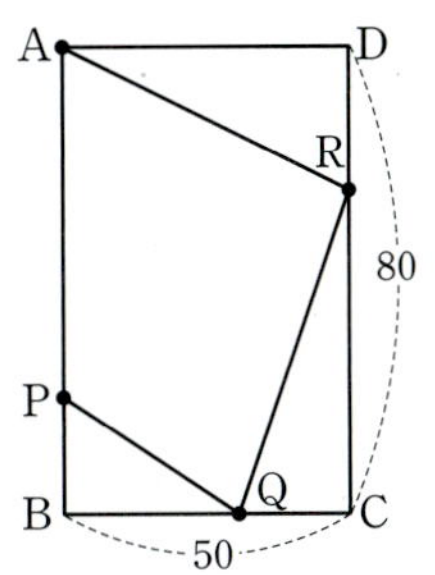

① 100   ② $100\sqrt{2}$ ③ $100\sqrt{3}$

④ 200   ⑤ $100\sqrt{5}$

250

좌표평면 위에 점 $A(-1,\ 0)$과 원 $C:(x+3)^2+(y-8)^2=5$가
있다. y축 위의 점 P와 원 C 위의 점 Q에 대하여 $\overline{AP}+\overline{PQ}$의
최솟값을 k라 할 때, k^2의 값을 구하시오.

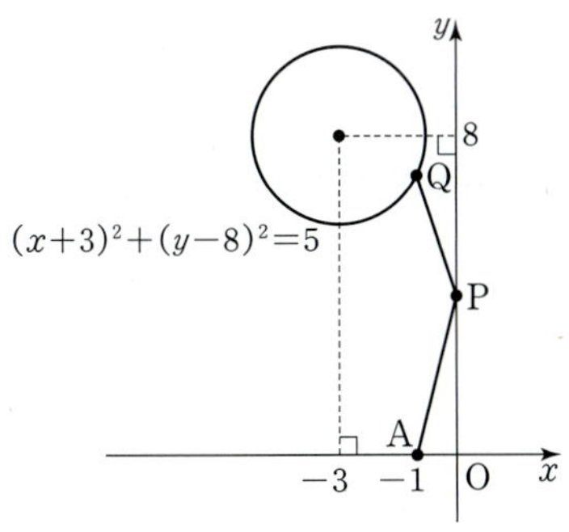

스키마 schema로 풀이 흐름 알아보기

유형 04 대칭이동을 이용한 최단 거리 246

좌표평면 위의 두 점 $A(0, 4)$, $B(5, 3)$과 x축 위의 점 P, 직선 $y=x$ 위의 점 Q에 대하여 $\overline{AP}+\overline{PQ}+\overline{QB}$가 최솟값을 가질 때,
조건 ①　　　　　　　　　　　　　　　　　조건 ②
직선 PQ의 방정식은 $ax+y+b=0$이다. 실수 a, b에 대하여 $a+b$의 값을 구하시오.
답

▶ 주어진 조건은 무엇인지? 구하는 답은 무엇인지? 이 둘을 어떻게 연결할지?

1 단계

조건

① $A(0, 4)$, $B(5, 3)$, x축 위의 점 P, 직선 $y=x$ 위의 점 Q

② $\overline{AP}+\overline{PQ}+\overline{QB}$가 최소

점 $A(0, 4)$를 x축에 대하여 대칭이동한 점을 A′이라 하면
$A'(0, -4)$
점 $B(5, 3)$을 직선 $y=x$에 대하여 대칭이동한 점을 B′이라 하면
$B'(3, 5)$
이때 $\overline{AP}=\overline{A'P}$, $\overline{QB}=\overline{QB'}$이다.

2 단계

조건

① $A(0, 4)$, $B(5, 3)$, x축 위의 점 P, 직선 $y=x$ 위의 점 Q

② $\overline{AP}+\overline{PQ}+\overline{QB}$가 최소

$\overline{AP}+\overline{PQ}+\overline{QB}=\overline{A'P}+\overline{PQ}+\overline{QB'}$
이고, $\overline{A'P}+\overline{PQ}+\overline{QB'}$은 네 점 A′, P, Q, B′이 일직선 위에 있을 때 $\overline{A'B'}$으로 최소이다.
즉, $\overline{AP}+\overline{PQ}+\overline{QB}$가 최소일 때, 두 점 P, Q는 직선 A′B′ 위에 위치한다.

3 단계

조건

① $A(0, 4)$, $B(5, 3)$, x축 위의 점 P, 직선 $y=x$ 위의 점 Q

② $\overline{AP}+\overline{PQ}+\overline{QB}$가 최소

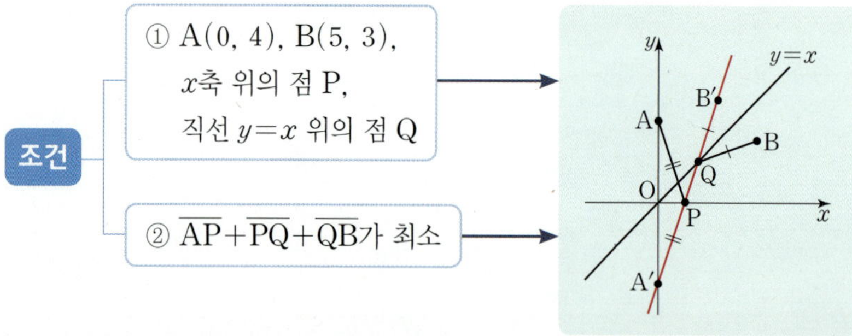

1

따라서 구하는 직선 PQ의 방정식은 직선 A′B′의 방정식과 같으므로
$y=\dfrac{5-(-4)}{3-0}x-4$, $y=3x-4$
즉, $-3x+y+4=0$에서
$a=-3$, $b=4$
$\therefore a+b=1$

답 ── 직선 PQ: $ax+y+b=0$일 때 $a+b$의 값

251

선생님 Pick! 교육점 변형 | 선행 247 |

그림과 같이 동서로 뻗어 있는 직선도로 l과 남서쪽에서
북동쪽으로 뻗어 있는 직선도로 m이 이루는 각의 크기는 45°이다.
두 직선도로 l과 m이 만나는 지점 O로부터 동쪽으로 3 km
떨어진 지점에서 북쪽으로 1 km 떨어진 지점에 정류소 A가 있다.
정류소 A를 출발해서 직선도로 l 위의 한 지점과 직선도로
m 위의 한 지점을 차례로 경유하여 정류소 A로 돌아오는 도로를
만들려고 한다. 만들려고 하는 도로의 길이가 최소가 되도록
직선도로 l 위의 한 지점에 정류소 B, 직선도로 m 위의 한 지점에
정류소 C를 만들 때, 두 정류소 B와 C 사이의 거리(km)는?
(단, 도로의 폭은 무시하며 모든 지점과 도로는 동일 평면 위에 있다.)

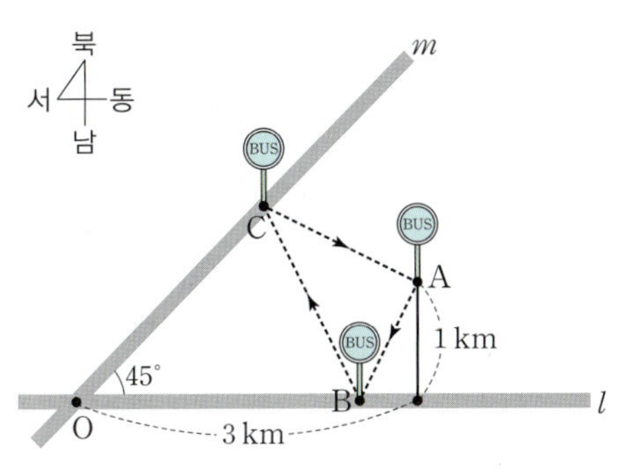

① $\dfrac{\sqrt{5}}{2}$　　② $\dfrac{7\sqrt{5}}{12}$　　③ $\dfrac{2\sqrt{5}}{3}$

④ $\dfrac{3\sqrt{5}}{4}$　　⑤ $\dfrac{5\sqrt{5}}{6}$

252

두 건물 A, B 사이에 폭이 10 m인 도로가 있다. 그림과 같이 두
건물 A, B에서 도로의 경계선까지의 거리는 각각 10 m,
5 m이고, 두 건물 A, B 사이의 거리는 $5\sqrt{41}$ m이다. 건물 A에서
건물 B까지 이동하는 거리가 최소이면서 도로와 수직이 되도록
도로 위에 횡단보도를 만들 때, 건물 A에서 이 횡단보도를 거쳐
건물 B로 이동하는 거리의 최솟값은?

(단, 건물의 크기와 횡단보도의 폭은 무시한다.)

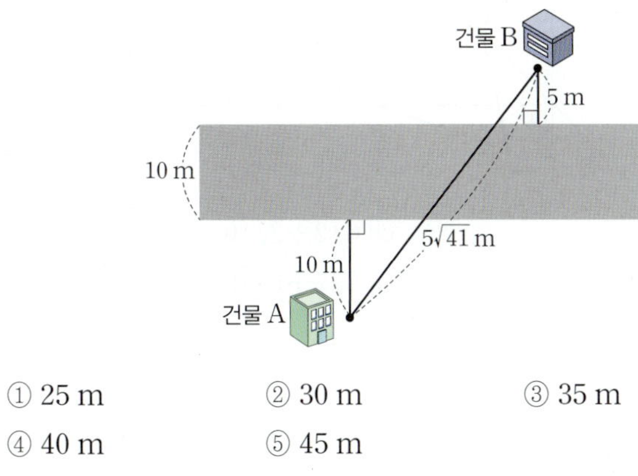

① 25 m　　② 30 m　　③ 35 m

④ 40 m　　⑤ 45 m

253

| 선행 249 |

그림과 같이 반지름의 길이가 4이고 중심각의 크기가 60°인
부채꼴 BOA의 호 AB 위에 두 점 A, B가 아닌 점 P를 잡았다.
두 변 OA, OB 위를 움직이는 점을 각각 Q, R이라 할 때, 삼각형
PQR의 둘레의 길이의 최솟값은?

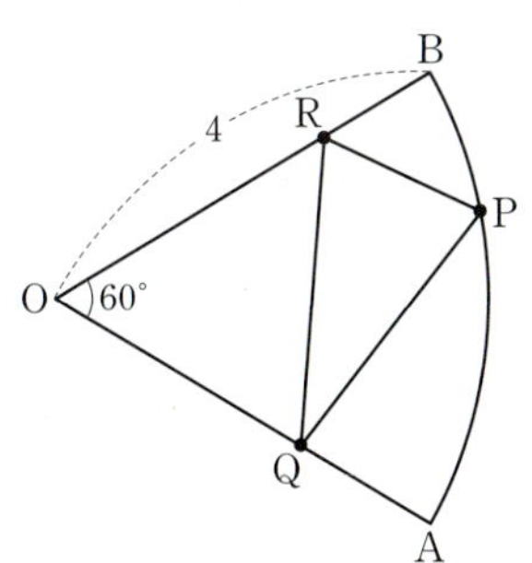

① $3\sqrt{3}$　　② $4\sqrt{2}$　　③ 6

④ $4\sqrt{3}$　　⑤ 8

254

그림과 같이 직선 $y=x$ 위에 두 점 A, B가 $\overline{AB}=2\sqrt{2}$를 만족시키며 움직이고 있다. 두 점 C$(1, -1)$, D$(7, 1)$에 대하여 사각형 ACDB의 눌레의 길이의 최솟값은?

(단, 점 B의 x좌표가 점 A의 x좌표보다 크다.)

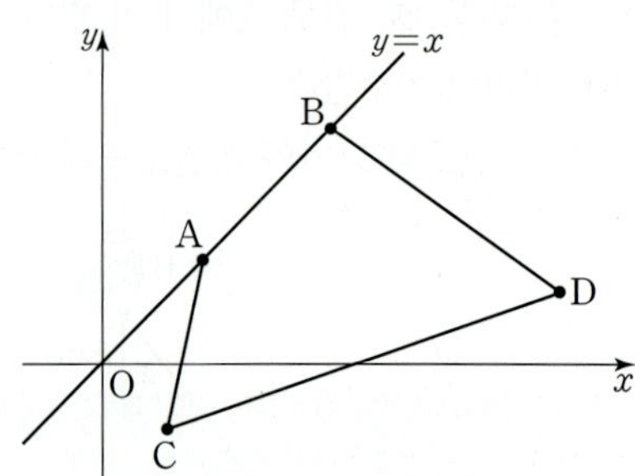

① $4\sqrt{2}+2\sqrt{10}$

② $6\sqrt{2}+2\sqrt{10}$

③ $2\sqrt{2}+4\sqrt{10}$

④ $2\sqrt{2}+6\sqrt{10}$

⑤ $4\sqrt{2}+4\sqrt{10}$

255 빈출 👑

원 $(x-2)^2+y^2=16$ 위의 점 P가 있다. 점 P를 x축의 방향으로 -2만큼 평행이동한 후 직선 $y=x$에 대하여 대칭이동한 점을 Q라 하자. 두 점 A$(1, -\sqrt{3})$, B$(3, \sqrt{3})$에 대하여 삼각형 ABQ의 넓이의 최댓값을 S, 이때의 점 P의 x좌표를 a라 할 때, $a+S$의 값은?

① $8+4\sqrt{3}$

② $10+\sqrt{3}$

③ $10+2\sqrt{3}$

④ $12+\sqrt{3}$

⑤ $12+2\sqrt{3}$

256

좌표평면 위의 점 $A(5-2a, a)$를 y축에 대하여 대칭이동한 후 직선 $y=x$에 대하여 대칭이동한 점을 B라 하고, 삼각형 OAB의 외심을 P라 할 때, 삼각형 OBP의 넓이의 최솟값은?

(단, O는 원점이고, A는 제1사분면 위의 점이다.)

① 1   ② $\dfrac{5}{4}$ ③ $\dfrac{3}{2}$

④ $\dfrac{7}{4}$ ⑤ 2

257

| 선행 227 |

좌표평면 위의 점 $(1, 2)$의 위치에 놓여 있는 두 점 P, Q가 다음과 같은 규칙에 의하여 좌표평면 위를 움직인다.

⑺ 점 P는 x축에 대한 대칭이동, y축에 대한 대칭이동, 원점에 대한 대칭이동의 세 단계를 한 단계씩 차례로 반복하면서 이동한다.

⑻ 점 Q는 직선 $y=x$에 대한 대칭이동, y축에 대한 대칭이동, 직선 $y=x$에 대한 대칭이동, x축에 대한 대칭이동의 네 단계를 한 단계씩 차례로 반복하면서 이동한다.

두 점 P, Q를 위와 같은 단계대로 2000번을 이동했을 때, 두 점 P, Q가 일치하는 횟수를 구하시오.

(단, 출발점은 일치하는 횟수에서 제외한다.)

258

| 선행 233 |

이차함수 $y=x^2-2x+2$의 그래프 위의 서로 다른 두 점 A, B가 직선 $y=-\dfrac{1}{2}x+12$에 대하여 대칭일 때, 선분 AB의 길이는?

① $6\sqrt{2}$　　② $6\sqrt{3}$　　③ $6\sqrt{5}$

④ $6\sqrt{6}$　　⑤ $6\sqrt{7}$

259

| 선행 215 |

그림과 같이 한 변의 길이가 6인 정사각형 ABCD 모양의 종이가 있다. 선분 AD와 CD를 1 : 2로 내분하는 점을 각각 E, F라 하고, 선분 BE와 BF를 접는 선으로 하여 각각 삼각형 ABE와 BCF를 접을 때, 두 점 A, C가 옮겨지는 점을 각각 A′, C′이라 하자. 선분 A′C′의 길이가 $\dfrac{q}{p}\sqrt{2}$일 때, $p+q$의 값을 구하시오.

(단, p와 q는 서로소인 자연수이다.)

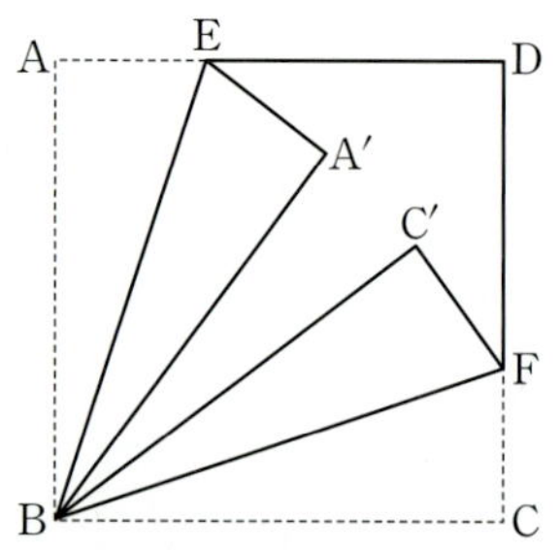

260

그림과 같이 $\overline{AB}=1$, $\overline{BC}=2$인 직사각형 ABCD 모양의 종이를 점 A가 변 CD 위의 점 E에 오도록 접었다. 점 B가 옮겨진 점을 F, 접힌 선이 변 BC, 변 AD와 만나는 점을 각각 G, H라 할 때, 사각형 EFGH의 넓이가 $\dfrac{17}{18}$이었다. 선분 CE의 길이를 구하시오.

$$\left(\text{단, } \overline{CE} > \frac{1}{2}\right)$$

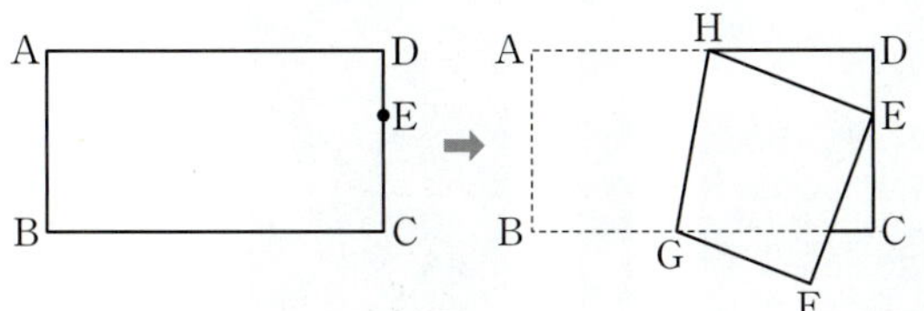

261

좌표평면 위의 세 점 $O(0, 0)$, $A(0, 2)$, $B(-2, 0)$을 꼭짓점으로 하는 삼각형 OAB와 세 점 $O(0, 0)$, $C(0, -2)$, $D(2, 0)$을 꼭짓점으로 하는 삼각형 OCD가 있다. 양의 실수 t에 대하여 삼각형 OAB를 x축의 방향으로 t만큼 평행이동한 삼각형을 T_1, 삼각형 OCD를 y축의 방향으로 $2t$만큼 평행이동한 삼각형을 T_2라 하자. 두 삼각형 T_1, T_2의 내부의 공통부분이 육각형 모양이 되도록 하는 모든 t의 값의 범위는 $a < t < 1$이고, 이때 육각형의 넓이의 최댓값은 M이다. $a+M$의 값은?

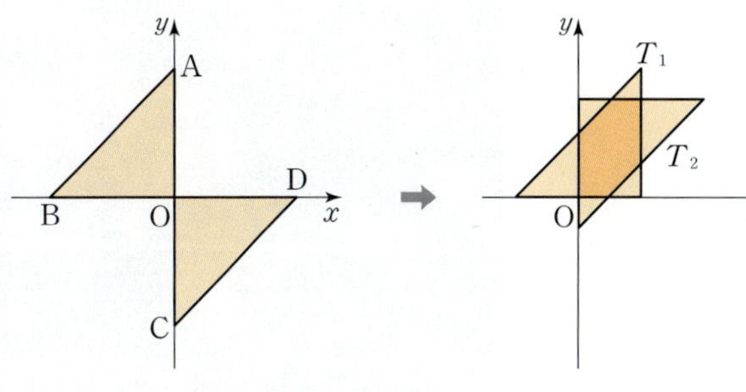

① $\dfrac{12}{7}$　　② $\dfrac{37}{21}$　　③ $\dfrac{38}{21}$

④ $\dfrac{13}{7}$　　⑤ $\dfrac{40}{21}$

II

집합과 명제

01 ◆ 집합

02 ◆ 명제

• 집합의 뜻과 표현 .... 유형 01 집합의 뜻과 표현

1. 집합과 원소

(1) **집합**: 주어진 조건에 의하여 그 대상을 분명하게 알 수 있는 것들의 모임

(2) **원소**: 집합을 이루는 대상 하나하나

    ① a가 집합 A의 원소일 때, $a \in A$ a는 집합 A에 속한다.

    ② b가 집합 A의 원소가 아닐 때, $b \notin A$ b는 집합 A에 속하지 않는다.

2. 집합을 나타내는 방법

(1) **원소나열법**: 집합에 속하는 모든 원소를 나열하는 방법 $\{1, 2, 3, 4\}$

(2) **조건제시법**: 원소들이 가지는 공통된 성질을 제시하는 방법 $\{x \mid x$의 조건$\}$

(3) **벤 다이어그램**: 집합을 나타낸 그림

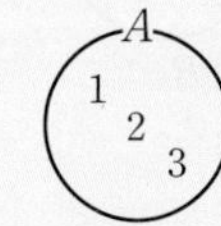

3. 집합의 원소의 개수

(1) **원소의 개수에 따른 집합의 분류**

    ① **유한집합**: 원소가 유한개인 집합

    ② **무한집합**: 원소가 무수히 많은 집합

    ③ **공집합**: 원소가 하나도 없는 집합, $\varnothing$ 공집합은 유한집합

(2) **유한집합의 원소의 개수**

    유한집합 A의 원소의 개수는 기호로 $n(A)$와 같이 나타낸다.

    특히, 공집합 $\varnothing$의 원소의 개수는 $n(\varnothing)=0$이다.

• 집합 사이의 포함 관계

1. 부분집합과 진부분집합 .... 유형 02 집합 사이의 포함 관계

(1) **부분집합**: 집합 A의 모든 원소가 집합 B에 속할 때, 집합 A는 집합 B의 부분집합이다.

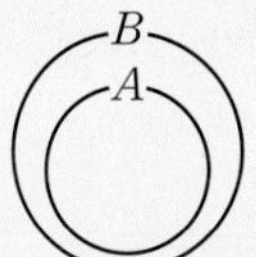

    ① 집합 A가 집합 B의 부분집합일 때, $A \subset B$

    ② 집합 A가 집합 B의 부분집합이 아닐 때, $A \not\subset B$

    ③ 공집합은 모든 집합의 부분집합이다. $\varnothing \subset A$

    ④ 모든 집합은 자기 자신의 부분집합이다. $A \subset A$

(2) **서로 같은 집합**: $A \subset B$, $B \subset A$일 때, 두 집합 A, B는 서로 같다.

    ① 두 집합 A, B가 서로 같을 때, $A = B$

    ② 두 집합 A, B가 서로 같지 않을 때, $A \neq B$

(3) **진부분집합**: $A \subset B$, $A \neq B$일 때, 집합 A는 집합 B의 진부분집합이다.

2. 부분집합의 개수 .... 유형 05 부분집합의 개수

집합 A에 대하여 $n(A)=m$일 때,

(1) 집합 A의 부분집합의 개수: 2^m

(2) 집합 A의 진부분집합의 개수: $2^m - 1$

(3) 특정한 원소 p개를 갖는 집합 A의 부분집합의 개수: 2^{m-p}

(4) 특정한 원소 q개를 갖지 않는 집합 A의 부분집합의 개수: 2^{m-q}

(5) 특정한 원소 p개는 갖고, q개는 갖지 않는 집합 A의 부분집합의 개수: 2^{m-p-q}

• **집합의 연산** ·· 유형 03 집합의 연산

1. 집합의 연산

전체집합 U의 두 부분집합 A, B에 대하여

(1) **합집합**: $A \cup B = \{x \mid x \in A$ 또는 $x \in B\}$

(2) **교집합**: $A \cap B = \{x \mid x \in A$ 그리고 $x \in B\}$

특히, $A \cap B = \varnothing$일 때, A와 B는 **서로소**라 한다.　　　$\varnothing$은 모든 집합과 서로소이다.

(3) **여집합**: $A^C = \{x \mid x \in U$ 그리고 $x \notin A\}$　$\left.\vphantom{\begin{matrix}a\\b\end{matrix}}\right]$ $A^C = U - A$

(4) **차집합**: $A - B = \{x \mid x \in A$ 그리고 $x \notin B\}$

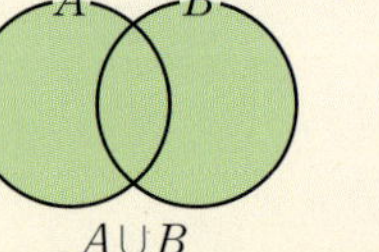

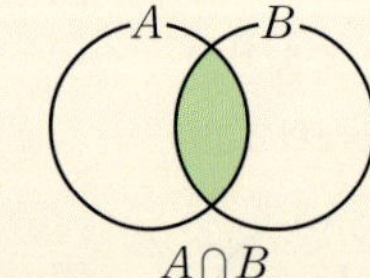

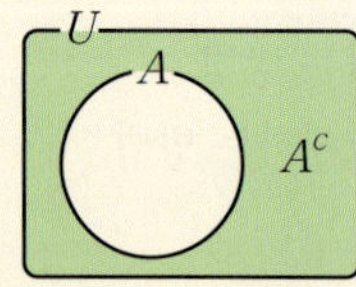

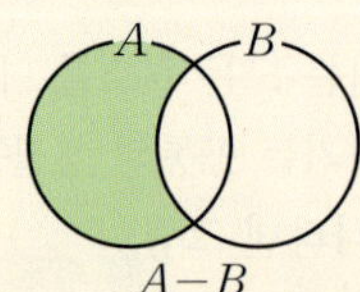

2. 집합의 연산에 대한 성질

전체집합 U의 두 부분집합 A, B에 대하여

(1) **합집합과 교집합의 성질**

① $A \cup \varnothing = A$, $A \cap \varnothing = \varnothing$

② $A \cup U = U$, $A \cap U = A$

③ $A \cup A = A$, $A \cap A = A$

$(A \cap B) \subset A$, $(A \cap B) \subset B$
$A \subset (A \cup B)$, $B \subset (A \cup B)$

(2) **여집합과 차집합의 성질**

① $U^C = \varnothing$, $\varnothing^C = U$

② $(A^C)^C = A$

③ $A \cup A^C = U$, $A \cap A^C = \varnothing$

④ $A - B = A \cap B^C$

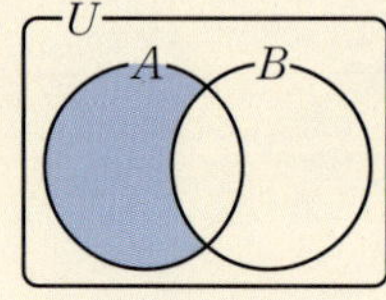

3. 집합의 연산 법칙

(1) **교환법칙**: $A \cup B = B \cup A$
　　　　　　　$A \cap B = B \cap A$

(2) **결합법칙**: $(A \cup B) \cup C = A \cup (B \cup C)$
　　　　　　　$(A \cap B) \cap C = A \cap (B \cap C)$

(3) **분배법칙**: $A \cap (B \cup C) = (A \cap B) \cup (A \cap C)$
　　　　　　　$A \cup (B \cap C) = (A \cup B) \cap (A \cup C)$

(4) **드모르간의 법칙**: $(A \cup B)^C = A^C \cap B^C$
　　　　　　　　　$(A \cap B)^C = A^C \cup B^C$

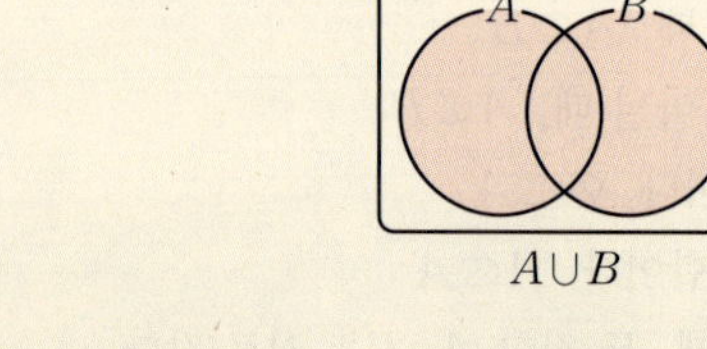

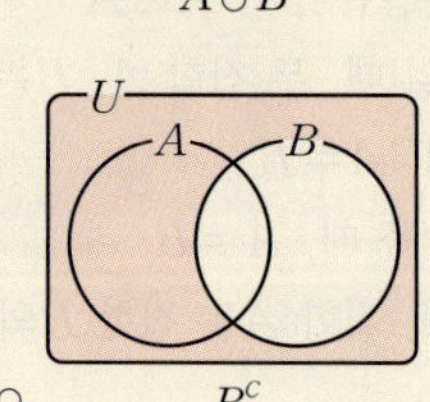

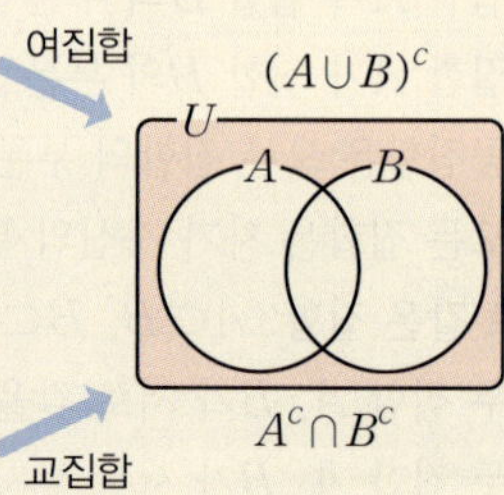

4. 합집합의 원소의 개수 ·· 유형 04 합집합의 원소의 개수

전체집합 U의 세 부분집합 A, B, C에 대하여

(1) $n(A \cup B) = n(A) + n(B) - n(A \cap B)$

특히, 두 집합 A, B가 서로소이면 $n(A \cap B) = 0$이므로 $n(A \cup B) = n(A) + n(B)$

(2) $n(A \cup B \cup C) = n(A) + n(B) + n(C) - n(A \cap B) - n(B \cap C) - n(C \cap A) + n(A \cap B \cap C)$

(3) $n(A^C) = n(U) - n(A)$

(4) $n(A - B) = n(A) - n(A \cap B) = n(A \cup B) - n(B)$　　　주의 $n(A - B) \neq n(A) - n(B)$

STEP 1  교과서를 정복하는 핵심 유형

유형 01 집합의 뜻과 표현

$\in$, $\notin$, 원소나열법, 조건제시법, 벤 다이어그램을 이용하여
  (1) 집합과 원소를 표현하는 방법을 다루는 문제
  (2) 집합의 원소의 개수 $n(A)$를 구하는 문제
로 분류하였다.

262 빈출

〈보기〉에서 집합인 것만을 있는 대로 고른 것은?

─〈보 기〉─
ㄱ. 큰 자연수의 모임
ㄴ. 수학을 잘하는 학생들의 모임
ㄷ. 가장 작은 자연수의 모임
ㄹ. 100에 가까운 수의 모임
ㅁ. 1보다 작은 소수의 모임

① ㄱ, ㄴ   ② ㄴ, ㄷ   ③ ㄷ, ㄹ
④ ㄷ, ㅁ   ⑤ ㄹ, ㅁ

263

집합 $A=\{x \mid x$는 10 이하의 소수$\}$에 대하여 다음 물음에 답하시오.

(1) 집합 A를 원소나열법으로 나타내시오.
(2) 다음 □ 안에 기호 $\in$, $\notin$ 중 알맞은 것을 순서대로 쓰시오.
    $1 \square A, \ 2 \square A, \ 4 \square A, \ 7 \square A$

264

다음 중 집합 $\{2, 4, 6\}$을 조건제시법으로 바르게 나타낸 것은?

① $\{x \mid x$는 6의 양의 약수$\}$
② $\{x \mid 1 < x < 6, \ x$는 짝수$\}$
③ $\{x \mid x(x-2)(x-4)(x-6)=0\}$
④ $\{x \mid x=2n, \ n$은 6보다 작은 홀수$\}$
⑤ $\{2x+4 \mid -1 \leq x \leq 1, \ x$는 정수$\}$

265

세 집합
$$A=\{0, 1\},$$
$$B=\{x \mid |x| \leq 5, \ x는 정수\},$$
$$C=\{x \mid x는 12의 양의 약수\}$$
에 대하여 $n(A)+n(B)+n(C)$의 값을 구하시오.

266

다음 중 옳지 않은 것은?

① $n(\{0\})=1$
② $n(\varnothing)=0$
③ $n(\{\varnothing\})=0$
④ $n(\{\varnothing, \{\varnothing\}\})=2$
⑤ $n(\{1, 2\})-n(\{1, 2, 3\})=-1$

유형 02 집합 사이의 포함 관계

부분집합을 이해하여
  (1) 집합 사이의 포함 관계를 판단하는 문제
  (2) 집합 사이의 포함 관계를 이용하여 원소를 구하는 문제
로 분류하였다.

유형 해결 TIP

$A \subset B$	집합 A의 모든 원소는 집합 B의 원소이다.
$A = B$	두 집합 A, B의 원소는 모두 같다.

267

다음 중 집합 $\{1, 2, 3\}$의 부분집합이 아닌 것은?

① $\varnothing$ ② $\{2\}$ ③ $\{1, 3\}$
④ $\{1, 4\}$ ⑤ $\{1, 2, 3\}$

268

다음 중 두 집합 A, B 사이의 포함 관계로 가장 적절한 것을 하나 고르시오.

$$A \subset B, \quad B \subset A, \quad A = B$$

(1) $A = \{x \mid x^2 - 1 = 0\}$, $B = \{-1, 0, 1\}$

(2) $A = \{2, 3, 5\}$, $B = \{x \mid x$는 5 이하의 소수$\}$

(3) $A = \{x \mid x$는 2의 배수인 자연수$\}$,
    $B = \{x \mid x$는 6의 배수인 자연수$\}$

269

〈보기〉에서 옳은 것만을 있는 대로 고른 것은?

─〈보 기〉─

ㄱ. $0 \in \varnothing$　　　　　ㄴ. $\varnothing \subset \{0\}$
ㄷ. $1 \subset \{1, 2, 3\}$　　　ㄹ. $\{1\} \subset \{1\}$

① ㄱ, ㄴ　　　　② ㄴ, ㄷ　　　　③ ㄴ, ㄹ
④ ㄷ, ㄹ　　　　⑤ ㄱ, ㄴ, ㄹ

270 빈출 👑

집합 $A = \{\varnothing, 1, \{1, 2\}, 2\}$에 대하여 다음 중 옳지 <u>않은</u> 것은?

① $\varnothing \in A$　　　　② $\varnothing \subset A$　　　　③ $\{1\} \in A$
④ $\{1, 2\} \in A$　　　⑤ $\{1, 2\} \subset A$

271

두 집합 $A = \{1, 12, a\}$, $B = \{1, 5, a+b\}$에 대하여 $A = B$일 때, $a \times b$의 값은? (단, a, b는 실수이다.)

① 30　　　　② 35　　　　③ 40
④ 45　　　　⑤ 50

272

두 집합 $A = \{-1, 3\}$, $B = \{x \mid x^2 + ax + b = 0\}$에 대하여 $A \subset B$일 때, 상수 a, b의 곱 $a \times b$의 값은?

① -6　　　　② -3　　　　③ 0
④ 3　　　　⑤ 6

273

세 집합
$$A = \{-1, 0, 1\},$$
$$B = \{x + y \mid x \in A, y \in A\},$$
$$C = \{x \times y \mid x \in A, y \in A\}$$
사이의 포함 관계를 바르게 나타낸 것은?

① $A \subset B \subset C$　　② $A \subset B = C$　　③ $A = B \subset C$
④ $A = C \subset B$　　⑤ $A = B = C$

집합의 연산(합집합, 교집합, 여집합, 차집합)과 집합의 연산의 성질 및 연산 법칙(교환법칙, 결합법칙, 분배법칙, 드모르간의 법칙)을 사용하는 문제를 분류하였다.

유형 해결 TIP

벤 다이어그램을 이용하면 좀 더 쉽게 해결할 수 있다.

274

전체집합 U의 두 부분집합 A, B에 대하여 다음 중 항상 성립하는 것이 <u>아닌</u> 것은?

① $U^C=\varnothing$ ② $A\cap A^C=\varnothing$ ③ $A\cup B=B\cup A$

④ $A\cup A^C=U$ ⑤ $A-B=B\cap A^C$

275

전체집합 U의 두 부분집합 A, B에 대하여 다음 중 옳은 것은?

① $A\cup B=\{x\,|\,x\in A$ 그리고 $x\in B\}$

② $A\cap B=\{x\,|\,x\in A$ 또는 $x\in B\}$

③ $A^C=\{x\,|\,x\in U$ 또는 $x\notin A\}$

④ $A-B=\{x\,|\,x\in A$ 그리고 $x\notin B\}$

⑤ $(A\cap B)^C=\{x\,|\,x\notin A$ 그리고 $x\notin B\}$

276 빈출

전체집합 $U=\{1,\ 2,\ 3,\ 4,\ 5,\ 6,\ 7,\ 8\}$의 두 부분집합 $A=\{1,\ 3,\ 5\}$, $B=\{2,\ 3,\ 5,\ 8\}$에 대하여 다음 중 옳지 <u>않은</u> 것은?

① $A\cup B=\{1,\ 2,\ 3,\ 5,\ 8\}$ ② $A\cap B=\{3,\ 5\}$

③ $B^C=\{1,\ 4,\ 6,\ 7\}$ ④ $A-B=\{1\}$

⑤ $A^C\cap B^C=\{2,\ 8\}$

277

자연수 전체의 집합의 두 부분집합

$$A=\{1,\ 3,\ 5,\ 6\},$$
$$B=\{x\,|\,x\leq 10,\ x\text{는 10과 서로소인 자연수}\}$$

에 대하여 다음 집합을 구하시오.

⑴ $A\cap(A\cap B)^C$

⑵ $(A-B)\cup(B-A)$

278 빈출

전체집합 U의 두 부분집합 A, B에 대하여 $A\subset B$가 성립할 때, 다음 중 항상 옳은 것은?

① $A\cap B=B$ ② $A\cup B=A$

③ $A^C\cup B=U$ ④ $B-A=\varnothing$

⑤ $A^C\subset B^C$

279

전체집합 U의 두 부분집합 A, B가 서로소일 때, 〈보기〉에서 옳은 것의 개수는? (단, $A \neq \varnothing$, $B \neq \varnothing$이다.)

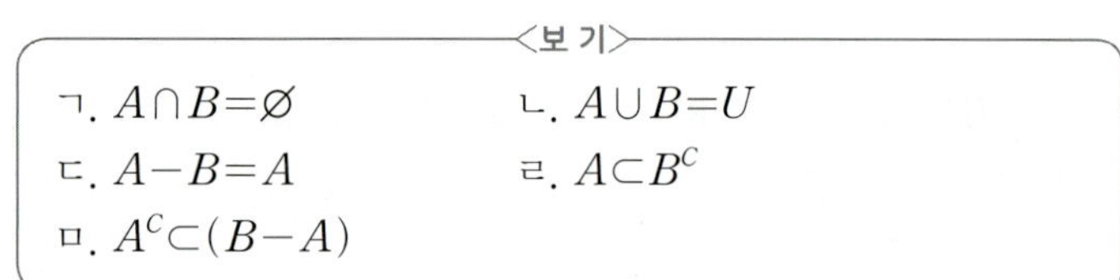

<보 기>

ㄱ. $A \cap B = \varnothing$ ㄴ. $A \cup B = U$
ㄷ. $A - B = A$ ㄹ. $A \subset B^c$
ㅁ. $A^c \subset (B - A)$

① 1 ② 2 ③ 3
④ 4 ⑤ 5

280

다음은 전체집합 U의 세 부분집합 A, B, C에 대하여
$$A - (B \cap C) = (A - B) \cup (A - C)$$
가 성립하는 것을 증명하는 과정이다.

<증 명>

$A - (B \cap C)$
$= A \cap (B \cap C)^c$ …… 여집합과 차집합의 성질
$= A \cap (\boxed{\text{(가)}})$ …… 드모르간의 법칙
$= (A \cap B^c) \cup (A \cap C^c)$ …… $\boxed{\text{(나)}}$
$= (A - B) \cup (A - C)$ …… 여집합과 차집합의 성질

위의 증명에서 (가), (나)에 알맞은 것은?

	(가)	(나)
①	$B \cup C$	집합의 연산에 대한 결합법칙
②	$B^c \cap C^c$	집합의 연산에 대한 분배법칙
③	$B^c \cap C^c$	집합의 연산에 대한 결합법칙
④	$B^c \cup C^c$	집합의 연산에 대한 분배법칙
⑤	$B^c \cup C^c$	집합의 연산에 대한 결합법칙

281

전체집합 $U = \{x \mid x$는 10 이하의 자연수$\}$의 세 부분집합 A, B, C에 대하여 $A \cap B = \{1, 3, 5\}$, $A \cap C = \{1, 2, 5, 7\}$일 때, $A \cap (B \cup C)$의 모든 원소의 합을 구하시오.

282 빈출

전체집합 U의 세 부분집합 A, B, C 사이의 관계를 나타낸 벤 다이어그램이 그림과 같을 때, 색칠한 부분을 바르게 나타낸 집합은?

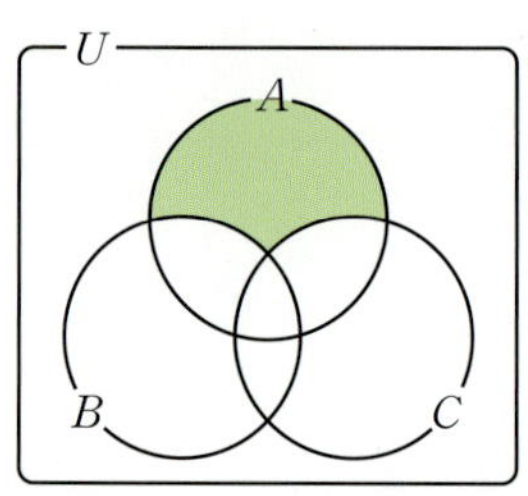

① $A - (B \cap C)$ ② $A \cap (B - C)$
③ $A - (B - C)$ ④ $(A - B) \cap (A - C)$
⑤ $(A \cup C) \cap B^c$

283

전체집합 $U = \{x \mid x$는 10 이하의 자연수$\}$의 두 부분집합 A, B에 대하여 $A^c \cap B = \{6, 8\}$, $A^c \cap B^c = \{4, 7, 10\}$일 때, 다음 중 집합 A를 바르게 나타낸 것은?

① $A = \{1, 2, 3, 5\}$
② $A = \{3, 6, 8, 9\}$
③ $A = \{1, 2, 3, 5, 9\}$
④ $A = \{3, 4, 6, 7, 10\}$
⑤ $A = \{1, 2, 4, 5, 7, 10\}$

284

자연수 n에 대하여

$$A_n = \{x \mid x \text{는 } n \text{의 양의 약수}\}$$

라 할 때, $A_p = A_6 \cup A_{12}$, $A_q = A_{12} \cap A_{18}$을 만족시키는 두 자연수 p, q에 대하여 $p+q$의 값은?

① 6   ② 12   ③ 18

④ 24   ⑤ 30

285

자연수 n에 대하여

$$A_n = \{x \mid x \text{는 } n \text{의 배수인 자연수}\}$$

라 할 때, 〈보기〉에서 옳은 것만을 있는 대로 고른 것은?

〈보 기〉

ㄱ. $A_2 \cup A_4 = A_2$

ㄴ. $A_2 \cap A_3 = A_6$

ㄷ. $A_2 \cap (A_3 \cup A_4) = A_2 \cup A_6$

① ㄱ   ② ㄱ, ㄴ   ③ ㄱ, ㄷ

④ ㄴ, ㄷ   ⑤ ㄱ, ㄴ, ㄷ

유한집합 A, B, C에 대하여

(1) $n(A \cup B) = n(A) + n(B) - n(A \cap B)$

(2) $n(A \cup B \cup C) = n(A) + n(B) + n(C)$
$$- n(A \cap B) - n(B \cap C) - n(C \cap A)$$
$$+ n(A \cap B \cap C)$$

를 이용하는 문제를 분류하였다.

유형해결 TIP

실생활 문제는 집합을 이용하는 것으로 변형하여 해결하자.

286

두 집합 A, B에 대하여

$$n(A \cup B) = 24, \quad n(B) = 18$$

일 때, $n(A-B)$의 값은?

① 6   ② 8   ③ 10

④ 12   ⑤ 14

287

전체집합 U의 두 부분집합 A, B가 서로소이고 $n(U) = 50$, $n(A) = 13$, $n(B) = 26$일 때, $n(A^C \cap B^C)$의 값을 구하시오.

288 빈출 👑

전체집합 U의 두 부분집합 A, B에 대하여 $n(U) = 30$, $n(A) = 10$, $n(B) = 15$, $n(A^C \cup B^C) = 24$일 때, $n(A \cup B)$의 값은?

① 18   ② 19   ③ 20

④ 21   ⑤ 22

289

어느 학급의 학생 중 수학자 유클리드를 아는 학생은 18명, 수학자 페르마를 아는 학생은 12명이다. 수학자 유클리드 또는 수학자 페르마를 아는 학생이 23명일 때, 두 수학자를 모두 아는 학생 수는?

① 5   ② 6   ③ 7
④ 8   ⑤ 9

290

1부터 100까지의 자연수 중 3의 배수와 5의 배수의 집합을 각각 A, B라 할 때, $n(A \cup B)$의 값을 구하시오.

유형 **05** 부분집합의 개수

조건을 만족시키는 집합 A의 부분집합의 개수를 구하는 문제를 분류하였다.

유형 해결 TIP

집합 A의 원소의 개수가 n일 때, 집합 A의 부분집합의 개수가 2^n임을 이용하여 해결하자. 또한 문제의 조건에서 '어떤 원소를 갖거나 갖지 않는 부분집합의 개수'를 구하는 것인지 확인하여 해결하자. 이때 특정 원소를 갖는 부분집합의 개수나 갖지 않는 부분집합의 개수는 동일하다.

291

집합 $A = \{x \mid x$는 15 이하의 소수$\}$에 대하여 집합 A의 부분집합의 개수는?

① 32   ② 40   ③ 48
④ 56   ⑤ 64

292

집합 $\{1, 2, 3, \{1, 2\}\}$의 진부분집합의 개수를 구하시오.

293

집합 $A = \{1, 2, 3, 4\}$의 부분집합 중 4를 원소로 갖는 부분집합의 개수는?

① 4   ② 8   ③ 12
④ 16   ⑤ 20

294

집합 $\{a, b, c, d, e\}$의 부분집합 중 집합 $\{a, c\}$와 서로소인 집합의 개수는?

① 8   ② 10   ③ 12
④ 14   ⑤ 16

295

집합 $A=\{x \mid -2 \leq x < 5,\ x$는 정수$\}$에 대하여 0과 4는 반드시 속하고, -1은 속하지 않는 집합 A의 부분집합의 개수는?

① 4   ② 8   ③ 16
④ 32   ⑤ 64

296

집합 $X=\{1, 2, 3, 4, 5, 6, 7, 8, 9\}$의 부분집합 중 홀수 3개와 적어도 2개의 짝수를 원소로 갖는 집합의 개수는?

① 90   ② 100   ③ 110
④ 120   ⑤ 130

297

두 집합 $A=\{1, 4, 5, 7\}$, $B=\{2, 3, 4, 7, 8\}$에 대하여 $(B-A) \subset X \subset B$를 만족시키는 집합 X의 개수를 구하시오.

298

집합 $A=\{x \mid x$는 18의 양의 약수$\}$에 대하여 적어도 하나의 소수를 반드시 갖는 집합 A의 부분집합의 개수를 구하시오.

299

전체집합 $U=\{1, 2, 3, \cdots, 10\}$의 두 부분집합 A, B가 $A \subset B \subset U$를 만족시킬 때, 순서쌍 (A, B)의 개수는?

① 2^9 ② 2^{10} ③ 3^9
④ 3^{10} ⑤ 4^9

유형 01 집합의 뜻과 표현

300

두 집합

$$A=\{a\,|\,a=2n^2+1,\ n\leq 3인\ 자연수\},$$
$$B=\{b\,|\,b는\ a를\ 5로\ 나누었을\ 때의\ 나머지,\ a\in A\}$$

에 대하여 집합 B의 모든 원소의 합을 구하시오.

301

자연수 m에 대하여 집합

$$A_m=\{x\,|\,x는\ \sqrt{m}\ 이하의\ 자연수\}$$

라 할 때, $n(A_k)=n(A_{10})+n(A_{20})$을 만족시키는 자연수 k의 개수는?

① 12 　　　　② 13 　　　　③ 14
④ 15 　　　　⑤ 16

302

서로 다른 네 양수 a, b, c, d에 대하여 세 집합 A, B, C는

$$A=\{a,\,b,\,c,\,d\},$$
$$B=\{x+y\,|\,x\in A,\ y\in A,\ x\neq y\},$$
$$C=\{x\times y\,|\,x\in A,\ y\in A,\ x\neq y\}$$

이다. 두 집합 B, C가 $B=\{7,\,8,\,9,\,12,\,13,\,14\}$, $C=\{12,\,15,\,20,\,27,\,36,\,45\}$일 때, $a^2+b^2+c^2+d^2$의 값을 구하시오.

303

자연수 전체의 집합의 두 부분집합 $A=\left\{a,\,b,\,b-a,\,\dfrac{a+b}{5}\right\}$, $B=\{\sqrt{a},\,\sqrt{b},\,\sqrt{a+b},\,\sqrt{4a+4b}\}$에 대하여 집합 B에서 가장 큰 원소는 10이다. 집합 $X=\{x\,|\,x\in A$이고 $x\notin B\}$의 모든 원소의 합은?

① 32 　　　　② 34 　　　　③ 36
④ 38 　　　　⑤ 40

유형 02 집합 사이의 포함 관계

304 빈출 | 선행 **271** |

두 집합 $A=\{1,\,a^2-a\}$, $B=\{2,\,a^2-3\}$에 대하여 $A\subset B$이고 $B\subset A$일 때, 상수 a의 값은?

① -2 　　　　② -1 　　　　③ 0
④ 1 　　　　⑤ 2

305 서술형

두 집합 $A=\{1,\,2-a\}$, $B=\{3,\,a-4,\,2a-5\}$에 대하여 $A\subset B$가 성립할 때, 상수 a의 값을 구하고, 그 과정을 서술하시오.

306

실수 전체의 집합의 두 부분집합

$$A=\{x\mid -1<x-a\leq 0\},\ B=\{x\mid x^2-7x+6<0\}$$

에 대하여 $A\subset B$를 만족시키는 모든 자연수 a의 값의 합은?

① 12　　　　② 14　　　　③ 16

④ 18　　　　⑤ 20

307

다음 조건을 만족시키는 집합 A의 개수는?

> (가) $\{0\}\subset A\subset\{x\mid x$는 실수$\}$
> (나) $a\in A$이면 $a^2-2\in A$이다.
> (다) $n(A)=4$

① 3　　　　② 4　　　　③ 5

④ 6　　　　⑤ 7

308

전체집합 $U=\{x\mid x$는 10 이하의 자연수$\}$의 두 부분집합 A, B가 다음 조건을 만족시킨다.

> (가) $A\cap B=\{5,\ 7\}$
> (나) $A^C\cap B^C=\{3,\ 9,\ 10\}$

집합 X의 모든 원소의 합을 $S(X)$라 할 때, $S(A)=2S(B)$가 되도록 하는 두 집합 A, B에 대하여 집합 A의 원소가 아닌 것은?

① 2　　　　② 4　　　　③ 5

④ 6　　　　⑤ 8

309

원소의 개수가 3인 두 집합

$$A=\{k-1,\ 1,\ k^2-3k-3\},$$
$$B=\{-3,\ k^2-2k+1,\ 2k+5\}$$

에 대하여 $A\cap B=\{-3,\ 1\}$을 만족시키는 실수 k의 최댓값과 최솟값의 차는?

① 1　　　　② 2　　　　③ 3

④ 4　　　　⑤ 5

310

전체집합 $U=\{1,\ 2,\ 4,\ 8,\ 16,\ 32\}$의 두 부분집합 A, B가 다음 조건을 만족시킨다.

> (가) 집합 $A\cup B^C$의 모든 원소의 합은 집합 $B-A$의 모든 원소의 합의 6배이다.
> (나) $n(A\cup B)=5$

집합 A의 모든 원소의 합의 최솟값을 구하시오.

(단, $2\leq n(B-A)\leq 4$)

311 서술형 ✏️

두 집합

$$A=\{x\,|\,|x-a|<2\}$$
$$B=\{x\,|\,x\le 2a-5 \text{ 또는 } x\ge a^2-a-1\}$$

에 대하여 $A-B=A$를 만족시키는 실수 a의 값의 범위를 구하고, 그 과정을 서술하시오.

312

| 선행 **285** |

자연수 전체의 집합의 부분집합 A_k를 자연수 k의 배수의 집합이라 하자.

$$A_m\subset(A_9\cap A_{15}),\ (A_{18}\cup A_{45})\subset A_n$$

을 만족시키는 두 자연수 m, n에 대하여 m의 최솟값과 n의 최댓값의 합을 구하시오.

313

자연수 k에 대하여 집합 A_k를

$$A_k=\left\{y\,\middle|\,y=\left[\frac{k}{x}\right],\ x\ge 1\right\}$$

이라 할 때, 〈보기〉에서 옳은 것만을 있는 대로 고른 것은?

(단, $[x]$는 x보다 크지 않은 최대의 정수이다.)

<보 기>
ㄱ. $n(A_5)=6$
ㄴ. $A_8\cap A_6=A_6$
ㄷ. 두 자연수 l, m에 대하여 $n(A_l-A_m)=4$, $n(A_l\cup A_m)=15$일 때, $l+m=24$이다.

① ㄱ   ② ㄷ   ③ ㄱ, ㄴ
④ ㄱ, ㄷ   ⑤ ㄱ, ㄴ, ㄷ

314

모든 자연수 k에 대하여 집합 A_k는 연속한 자연수 $(2k+1)$개를 원소로 가지고 다음 조건을 만족시킨다.

(가) $n(A_k-A_{k+1})=2$
(나) 집합 A_k의 원소 중 가장 작은 값을 a_k라 할 때, $a_k<a_{k+1}$이다.

$a_2=4$일 때, $A_{10}\cap A_m=\varnothing$을 만족시키는 10 이상의 자연수 m의 최솟값을 구하시오.

315 빈출 👑

전체집합 U의 세 부분집합 A, B, C에 대하여 〈보기〉에서 옳은 것의 개수는?

<보 기>
ㄱ. $\{(A\cup B)\cap(A\cap B^c)\}\cup(A^c\cap B)=(A\cap B)^c$
ㄴ. $(A-B)\cap(A-C)=A-(B\cup C)$
ㄷ. $(A-B^c)-C=A-(B^c-C)$
ㄹ. $\{(A\cup B)\cap(A^c\cup B)\}\cap\{(B^c\cap C)\cup(B\cup C)^c\}=U$

① 0   ② 1   ③ 2
④ 3   ⑤ 4

316 빈출 | 선행 278 |

전체집합 U의 두 부분집합 A, B에 대하여
$$(A \cup B) \cap (A-B)^C = A \cap B$$
일 때, 다음 중 항상 옳은 것은?

① $A \subset B$ ② $A = B^C$
③ $A \cup B = B$ ④ $A - B = \varnothing$
⑤ 두 집합 A^C와 B는 서로소이다.

317

전체집합 U의 공집합이 아닌 세 부분집합 A, B, C가 다음 조건을 만족시킨다.

> (개) $A \cap (C \cup A^C) = \varnothing$
> (내) $\{(A-C) \cup (B-C)\} \cup \{C-(A \cup B)^C\} = B$

〈보기〉에서 옳은 것만을 있는 대로 고른 것은?

―――〈보 기〉―――
ㄱ. $A \cap C^C = A$
ㄴ. $(A \cap C^C) \cup (A^C \cap B) = B$
ㄷ. $C^C \cap (B \cup C) = B$

① ㄱ ② ㄴ ③ ㄱ, ㄴ
④ ㄱ, ㄷ ⑤ ㄱ, ㄴ, ㄷ

318

실수 전체의 집합 R의 두 부분집합
$$A = \{x \mid ax^2 + bx - 6 < 0\}$$
$$B = \{x \mid x^2 + 3x - 18 \leq 0\}$$
이 다음 조건을 만족시킬 때, $a+b$의 값을 구하시오.
(단, a, b는 상수이다.)

> (개) $A \cup B = R$
> (내) $A \cap B = \{x \mid -2 < x \leq 3\}$

319

두 집합 X, Y에 대하여 연산 $\triangle$를
$$X \triangle Y = (X-Y) \cup (Y-X)$$
라 할 때, 전체집합 U의 두 부분집합 A, B에 대하여 다음 중 옳지 <u>않은</u> 것은? (단, $U \neq \varnothing$이다.)

① $A \triangle U = A^C$ ② $A \triangle A^C = U$
③ $A \triangle \varnothing = \varnothing$ ④ $A^C \triangle B^C = A \triangle B$
⑤ $A \triangle B = A$이면 $B = \varnothing$이다.

320

30 이하의 자연수 k에 대하여 두 집합

$$A=\{x\,|\,x는\ k의\ 양의\ 약수\},\ B=\{2,\ 5,\ 6\}$$

이 있다. $n(A\cap B)=2$일 때, 집합 $A-B$의 모든 원소의 합이 홀수가 되는 모든 k의 값의 합은?

① 46 ② 48 ③ 50
④ 52 ⑤ 54

321

복소수 전체의 두 부분집합 A, B가 0이 아닌 두 복소수
$z_1=a+bi$, $z_2=b+ai$ (a, b는 음이 아닌 정수)에 대하여

$$A=\left\{z_1+\overline{z_1},\ z_1-\overline{z_1},\ z_1\overline{z_1},\ \frac{\overline{z_1}}{z_1}\right\},$$

$$B=\left\{z_2+\overline{z_2},\ z_2-\overline{z_2},\ z_2\overline{z_2},\ \frac{\overline{z_2}}{z_2}\right\}$$

이다. $A\cap B=\{0,\ 9\}$일 때, 집합 $(A\cup B)\cap(A^C\cup B^C)$를 구하시오. (단, $\overline{z}$는 z의 켤레복소수이고, $i=\sqrt{-1}$이다.)

322 서술형 ✎

어느 학급의 32명의 학생을 대상으로 축구와 농구 중 좋아하는 스포츠를 조사하였다. 축구를 좋아하는 학생은 20명이고, 농구를 좋아하는 학생은 13명이고, 축구와 농구를 모두 좋아하지 않는 학생은 7명일 때, 다음 물음에 답하고, 그 과정을 서술하시오.

(1) 축구와 농구 중 적어도 하나를 좋아하는 학생 수를 구하시오.

(2) 축구와 농구를 모두 좋아하는 학생 수를 구하시오.

(3) 농구만 좋아하는 학생 수를 구하시오.

323

전체집합 U의 두 부분집합 A, B에 대하여
$S(A,\ B)=n(A^C\cup B)$라 할 때, 〈보기〉에서 옳은 것만을 있는 대로 고른 것은?

〈보 기〉

ㄱ. A와 B가 서로소이면 $S(A,\ B)=S(B,\ A)$이다.

ㄴ. $A\subset B$이면
  $S(B,\ A)-S(A,\ B)=n(A\cap B)-n(A\cup B)$이다.

ㄷ. $S(A,\ B)\geq S(B,\ A)$이면 $n(A)\leq n(B)$이다.

---

① ㄱ ② ㄴ ③ ㄷ
④ ㄴ, ㄷ ⑤ ㄱ, ㄴ, ㄷ

324

전체집합 U의 두 부분집합 A, B에 대하여 $n(U)=36$, $n(A)=23$, $n(B)=19$일 때, $n(A \cap B)$의 최댓값과 최솟값의 합은?

① 25 ② 23 ③ 21
④ 19 ⑤ 17

325 빈출

어느 놀이동산 입장객 50명을 대상으로 회전목마와 롤러코스터를 이용한 입장객 수를 조사하였더니, 회전목마를 이용한 입장객은 26명, 롤러코스터를 이용한 입장객은 28명이었다. 다음 물음에 답하시오.

(1) 두 놀이기구를 모두 이용한 입장객 수의 최댓값과 최솟값의 합을 구하시오.

(2) 롤러코스터만 이용한 입장객 수의 최댓값과 최솟값의 곱을 구하시오.

326 빈출

어느 음료수 회사에서 소비자 100명을 대상으로 두 음료수 A, B의 선호도를 조사하였다. 음료수 A를 선호하는 사람은 56명, 음료수 B를 선호하는 사람은 28명일 때, 두 음료수 중 어느 것도 선호하지 않는 사람 수의 최댓값을 M, 최솟값을 m이라 하자. $M-m$의 값은?

① 24 ② 25 ③ 26
④ 27 ⑤ 28

327

전체집합 $U=\{x \mid x는\ 10\ 이하의\ 자연수\}$의 두 부분집합 A, B에 대하여 $n(A)=5$, $n(B)=7$일 때, 집합 $A \cap B$의 모든 원소의 합의 최댓값을 M, 최솟값을 m이라 하자. $M+m$의 값을 구하시오.

328

전체집합 U의 세 부분집합 A, B, C에 대하여 다음과 같은 조건이 주어질 때, $n(A^C \cap B^C \cap C)$의 최댓값 M, 최솟값 m을 각각 구하시오.

(1) $n(A)=15$, $n(B)=19$, $n(A \cup B \cup C)=44$

(2) $n(A)=13$, $n(B)=18$, $n(C)=21$, $n(A \cap B)=9$, $n(A \cap B \cap C)=5$

329 빈출

어느 반 학생 40명이 각각 방학 중 특정 3일 동안 적어도 하루는 봉사 활동을 했다. 첫째 날은 23명, 둘째 날은 15명, 셋째 날은 17명이 봉사활동을 했고, 3일 모두 봉사활동을 한 학생은 5명이다. 하루만 봉사활동을 한 학생 수를 구하시오.

330

서로 다른 두 실수 p, q에 대하여 두 집합 A, B는
$$A = \{x \,|\, (x^2 - x - 2)(x^2 + px + q) = 0\},$$
$$B = \{x \,|\, (x^2 - x - 2)(x^2 + qx + p) = 0\}$$
이다. $n(A \cup B)=5$, $n(A \cap B)=3$일 때, 집합 $A \cup B$의 모든 원소의 합은?

① -1　　　② 0　　　③ 1

④ 2　　　⑤ 3

331

어느 블로그에서 방문한 음식점을 다음과 같은 세 가지 기준으로 평가하여 별점을 주려고 한다.

> ㈎ 인테리어 분위기가 좋고 서비스가 우수하다.
> ㈏ 다시 방문하고 싶을 만큼 맛이 좋았다.
> ㈐ 가격이 적당하다.

세 가지 기준 ㈎, ㈏, ㈐ 중 세 가지, 두 가지, 한 가지를 만족시킬 때 각각 별점 3개, 2개, 1개를 주고, 어느 기준도 만족시키지 않을 때 ×표시를 주기로 하였다. 방문한 전체 음식점 45곳 중 기준 ㈎, ㈏, ㈐를 만족시키는 음식점이 각각 36곳, 25곳, 23곳이고 ×표시를 받은 음식점이 4곳, 별점 2개를 받은 음식점이 25곳일 때, 별점 3개를 받은 음식점의 개수를 구하시오.

332

어느 독서동아리 학생 50명을 대상으로 '심청전', '춘향전', '구운몽'을 읽은 학생을 조사하였다. '심청전', '춘향전', '구운몽'을 읽은 학생은 각각 33명, 32명, 27명이고, 세 권 중 두 권만 읽은 학생은 30명일 때, 세 권을 모두 읽은 학생 수의 최솟값은?

① 6   ② 9   ③ 12

④ 15   ⑤ 18

유형 05 부분집합의 개수

333

전체집합 $U=\{x \mid x$는 30 이하의 자연수$\}$의 부분집합 A가 다음 조건을 만족시킬 때, 집합 A의 모든 원소의 합의 최댓값은?

> (가) 집합 A의 진부분집합의 개수는 7이다.
> (나) 집합 A의 원소 중 가장 큰 원소는 15이다.

① 38   ② 40   ③ 42

④ 44   ⑤ 46

334

| 선행 297 |

두 집합

$$A=\{x \mid x$는 15 이하의 홀수$\},$$
$$B=\{x \mid x$는 7^n의 일의 자리의 수, n은 자연수$\}$$

에 대하여 $A \cup X=A$, $B \cap X=B$를 만족시키는 집합 X의 개수를 구하시오.

335 빈출

두 집합 A, B를 벤 다이어그램으로 나타내면 그림과 같을 때, $(A \cup B) \cap X=X$, $(A \cap B) \cup X=X$를 만족시키는 집합 X의 개수는?

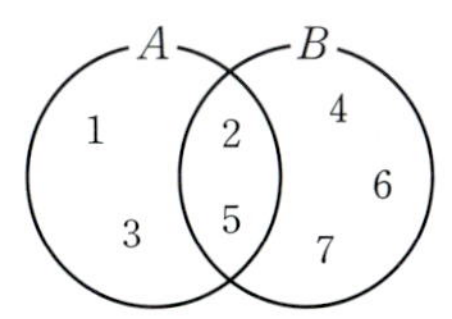

① 4   ② 8   ③ 16

④ 32   ⑤ 64

336

두 집합

$$A=\{x \mid x=2n-1,\ n$은 5 이하의 자연수$\},$$
$$B=\{x \mid x$는 9의 양의 약수$\}$$

에 대하여 $A=B \cup C$를 만족시키는 집합 C의 개수를 구하시오.

337

| 선행 298 |

집합 $U=\{1,\ 2,\ 3,\ 4,\ 5\}$에 대하여 $\{1,\ 2,\ 4\} \cap X \neq \varnothing$을 만족시키는 집합 U의 진부분집합 X의 개수는?

① 25   ② 26   ③ 27

④ 28   ⑤ 29

338

교육청 변형

전체집합 $U=\{1, 2, 3, 4, 5, 6, 7, 8, 9, 10\}$의 두 부분집합
$A=\{1, 3, 5, 7, 9\}$, $B=\{3, 6, 9\}$가 있다. $A\cup C=B\cup C$가
성립하는 집합 U의 부분집합 C의 개수를 구하시오.

339

전체집합 $U=\{1, 2, 3, 4, 5, 6\}$의 두 부분집합 A, B에 대하여
$n(A)<5$이고, $A\cap B=\{6\}$을 만족시킨다. 두 집합 A, B의
순서쌍 (A, B)의 개수를 구하시오.

340 빈출

교육청 변형

자연수 전체의 집합의 부분집합 A에 대하여

$$\text{‘}x\in A\text{이면 } \frac{36}{x}\in A\text{이다.’}$$

를 만족시키는 집합 A의 개수를 구하시오. (단, $A\neq\varnothing$이다.)

341

정수 전체의 집합의 두 부분집합 A, B가

$$A=\{x\,|\,x^2<2x+3\}$$
$$B=\{x\,|\,4x^2+(2-2k)x>k\}$$

일 때, 집합 A^C-B의 부분집합의 개수가 100 이상이 되도록 하는
자연수 k의 최솟값을 구하시오.

342

전체집합 $U=\{x\,|\,x$는 15 이하의 자연수$\}$의 부분집합 A에 대하여
A의 원소 중 소수의 개수를 $S(A)$라 할 때, 〈보기〉에서 옳은
것의 개수는? (단, B는 U의 부분집합이다.)

〈보 기〉

ㄱ. $A=\{x\,|\,x$는 10 이하의 홀수$\}$이면 $S(A)=2$이다.

ㄴ. $S(A)$의 최댓값과 최솟값의 합은 6이다.

ㄷ. $S(A)=1$인 집합 A의 개수는 $2^{10}\times3$이다.

ㄹ. $S(A\cup B)=0$을 만족하는 집합 A, B의 모든 순서쌍
(A, B)의 개수는 2^9이다.

① 0 　　　　② 1 　　　　③ 2
④ 3 　　　　⑤ 4

343

전체집합 $U=\{1,\ 3,\ 5,\ 7,\ 9,\ 11,\ 13\}$의 공집합이 아닌 두 부분집합 $A,\ B$에 대하여

$$\{(A-B)\cup(B-A)\}^{C}=\varnothing$$

을 만족시키는 순서쌍 $(A,\ B)$의 개수는?

① 62   ② 64   ③ 126

④ 128   ⑤ 130

344 빈출

집합 $A=\left\{1,\ \dfrac{1}{2},\ \dfrac{1}{2^2},\ \dfrac{1}{2^3},\ \dfrac{1}{2^4}\right\}$의 공집합이 아닌 서로 다른 부분집합을 각각 $A_1,\ A_2,\ A_3,\ \cdots,\ A_{31}$이라 하자. 집합 $A_k\ (k=1,\ 2,\ 3,\ \cdots,\ 31)$의 원소 중 최소인 것을 a_k라 할 때, $a_1+a_2+a_3+\cdots+a_{31}$의 값을 구하시오.

345

자연수 전체의 집합의 두 부분집합 $A,\ B$가

$$A=\{x\,|\,x\text{는 20 이하의 소수}\},$$
$$B=\{x\,|\,(x-5)^2(x^2-17x+30)<0\}$$

일 때, 다음 조건을 만족시키는 자연수 전체의 집합의 모든 부분집합 X를 각각

$$X_1,\ X_2,\ X_3,\ \cdots,\ X_m\ (m\text{은 자연수})$$

이라 하자.

> ㈎ $(X-A)\subset(A-X)$
> ㈏ $(A-B)\cup X=X$

$n(X_1)+n(X_2)+n(X_3)+\cdots+n(X_m)$의 값을 구하시오.

스키마 schema로 풀이 흐름 알아보기

유형 **05** 부분집합의 개수 338

전체집합 $U=\{1, 2, 3, 4, 5, 6, 7, 8, 9, 10\}$의 두 부분집합
<u>조건 ①</u>

$A=\{1, 3, 5, 7, 9\},\ B=\{3, 6, 9\}$
<u>조건 ②</u>

가 있다. <u>$A\cup C=B\cup C$</u>가 성립하는 <u>집합 U의 부분집합 C의 개수</u>를 구하시오.
조건 ③   답

▶ 주어진 **조건**은 무엇인지? 구하는 **답**은 무엇인지? 이 둘을 어떻게 연결할지?

1 단계

조건

① $U=\{1, 2, \cdots, 10\}$

② $A=\{1, 3, 5, 7, 9\}$
$B=\{3, 6, 9\}$

③ $A\cup C=B\cup C$ → $(A-B)\subset C$
$(B-A)\subset C$

집합 C의 개수를 구하기 위해선 주어진 조건에서 집합 C의 원소에 대한 정보를 알아야 한다.
이때 조건 ③에서
$A\cup C=B\cup C$를 만족시키려면
$(A-B)\subset C$, $(B-A)\subset C$
이어야 한다.

2 단계

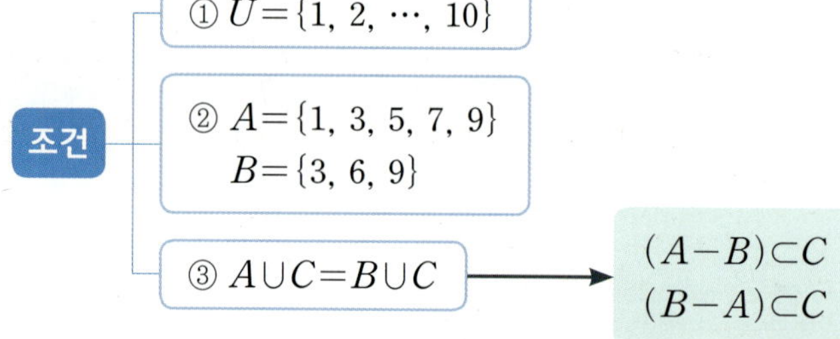

조건

① $U=\{1, 2, \cdots, 10\}$

② $A=\{1, 3, 5, 7, 9\}$
$B=\{3, 6, 9\}$ → $A-B=\{1, 5, 7\}$
$B-A=\{6\}$

③ $A\cup C=B\cup C$ → $(A-B)\subset C$
$(B-A)\subset C$

조건 ②의
$A=\{1, 3, 5, 7, 9\},\ B=\{3, 6, 9\}$
에서
$A-B=\{1, 5, 7\},\ B-A=\{6\}$
이므로 집합 C는 1, 5, 7과 6을 모두 원소로 가져야 한다.

3 단계

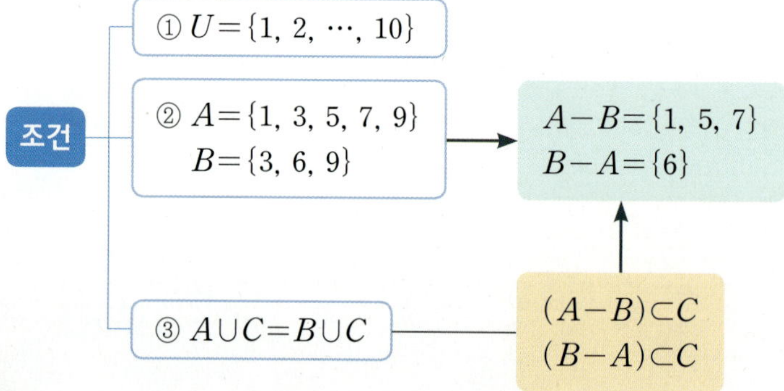

조건

① $U=\{1, 2, \cdots, 10\}$

② $A=\{1, 3, 5, 7, 9\}$
$B=\{3, 6, 9\}$ → $A-B=\{1, 5, 7\}$
$B-A=\{6\}$ → $2^6=64$

③ $A\cup C=B\cup C$ → $(A-B)\subset C$
$(B-A)\subset C$

답 집합 U의 부분집합 C의 개수

한편, 조건 ①에서 전체집합 U에서 네 원소 1, 5, 6, 7을 제외한 집합 $\{2, 3, 4, 8, 9, 10\}$의 부분집합에 1, 5, 6, 7을 원소로 추가한 것과 같다.
따라서 집합 C의 부분집합의 개수는 $2^6=64$이다.

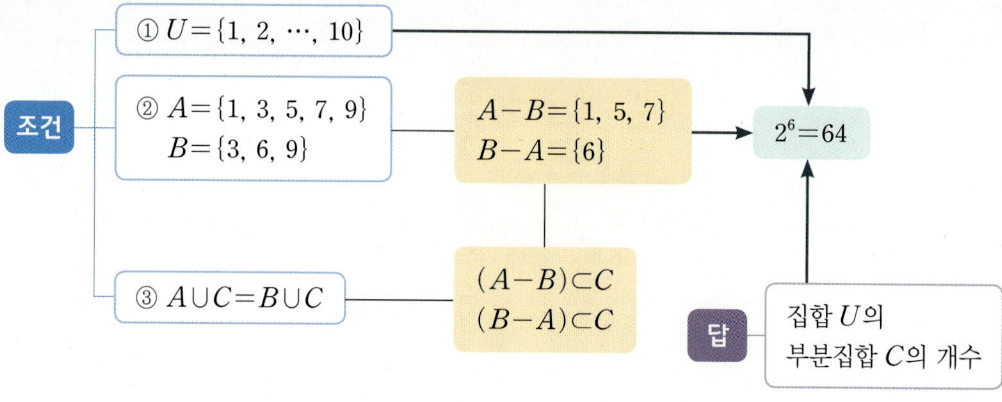

STEP 3 내신 최상위권 굳히기를 위한 **최고난도 유형**

346

집합 $A=\{\varnothing, \{\varnothing\}, \{\varnothing, \{\varnothing\}\}\}$에 대하여 〈보기〉에서 옳은 것만을 있는 대로 고른 것은?

> ───〈보 기〉───
> ㄱ. $\{\varnothing\}\in A$
> ㄴ. 집합 A의 진부분집합의 개수는 7이다.
> ㄷ. $n(A\cup\{A\})=6$

① ㄱ ② ㄴ ③ ㄱ, ㄴ
④ ㄴ, ㄷ ⑤ ㄱ, ㄴ, ㄷ

347

집합 A에 대하여 $P(A)=\{X\,|\,X\subset A\}$라 할 때, 〈보기〉에서 옳은 것만을 있는 대로 고른 것은?

> ───〈보 기〉───
> ㄱ. $A\subset B$이면 $P(A)\subset P(B)$이다.
> ㄴ. $P(A\cap B)=P(A)\cap P(B)$
> ㄷ. $P(A\cup B)=P(A)\cup P(B)$

① ㄱ ② ㄴ ③ ㄱ, ㄴ
④ ㄴ, ㄷ ⑤ ㄱ, ㄴ, ㄷ

348

| 선행 340 |

집합 $U=\{z\,|\,z$는 복소수, $z(z-1)\neq 0\}$의 부분집합 A가 다음 조건을 만족시킬 때, 〈보기〉에서 옳은 것만을 있는 대로 고른 것은?

> (가) $\dfrac{1}{2}\in A$
>
> (나) $x\in A$이면 $\dfrac{x-1}{x}\in A$이다.

> ───〈보 기〉───
> ㄱ. $2\in A$
> ㄴ. $n(A)=5$이면 집합 A의 모든 원소의 곱은 -1이다.
> ㄷ. $n(A)$가 3의 배수이면 집합 A의 모든 원소의 곱은 1이다.

① ㄱ ② ㄷ ③ ㄱ, ㄴ
④ ㄴ, ㄷ ⑤ ㄱ, ㄷ

349

전체집합 U의 두 부분집합 A, B에 대하여 연산 $*$를
$$A*B=(A\cap B)\cup(A\cup B)^{C}$$
라 할 때, 〈보기〉에서 옳은 것만을 있는 대로 고른 것은?

> ───〈보 기〉───
> ㄱ. $A*B=B*A$
> ㄴ. $(A*B)*C=A*(B*C)$ (단, $C\subset U$)
> ㄷ. $\underbrace{A*A*\cdots*A}_{A가\ 99개}=A$

① ㄱ ② ㄷ ③ ㄱ, ㄴ
④ ㄱ, ㄷ ⑤ ㄱ, ㄴ, ㄷ

350

자연수 전체의 집합 N의 두 부분집합 A, B가 자연수 n에 대하여

$$A_n = \{x \mid x \text{는 } n \text{과 서로소인 자연수}\},$$
$$B_n = \{x \mid x \text{는 } n \text{의 배수인 자연수}\}$$

일 때, 〈보기〉에서 옳은 것만을 있는 대로 고른 것은?

―――〈보 기〉―――
ㄱ. $A_9 \cup B_3 = N$
ㄴ. $B_{12} \cap B_p = B_{36}$을 만족시키는 자연수 p의 합은 63이다.
ㄷ. $A_2 \cap A_3 \cap A_8 = A_q$를 만족시키는 30 이하의 자연수 q의 개수는 5이다.

① ㄱ　　　　② ㄴ　　　　③ ㄱ, ㄴ
④ ㄴ, ㄷ　　　⑤ ㄱ, ㄴ, ㄷ

351

두 집합 X, Y에 대하여 연산 $\odot$를
$X \odot Y = (X \cup Y) \cap (X^c \cup Y^c)$라 하자.
전체집합 $U = \{x \mid x \text{는 } 100 \text{ 이하의 자연수}\}$의 세 부분집합

$$A = \{x \mid x \text{는 } 3 \text{의 배수}\},$$
$$B = \{x \mid x \text{는 } 4 \text{의 배수}\},$$
$$C = \{x \mid x \text{는 } 5 \text{의 배수}\}$$

에 대하여 집합 $(A \odot B) \odot C$의 원소의 개수는?

① 41　　　　② 42　　　　③ 43
④ 44　　　　⑤ 45

352

전체집합 $U = \{x \mid x \text{는 자연수}\}$의 두 부분집합 A, B는 $n(A) = n(B) = 5$이고 다음 조건을 만족시킨다.

㈎ $B = \{kx \mid x \in A\}$ (단, k는 상수)
㈏ $12 \in (A \cap B)$, $n(A \cap B) = 2$
㈐ 집합 A의 모든 원소의 합은 25이고, 집합 $A \cup B$의 모든 원소의 합은 157이다.

집합 B의 원소 중 최댓값을 구하시오.

353

전체집합 $U = \{1, 2, 3, 4, 5, 6, 7, 8\}$의 두 부분집합 A, B가 다음 조건을 만족시킨다.

㈎ $a \in A$이면 $\dfrac{-a+9}{2} \in B$ 또는 $\dfrac{a+8}{2} \in B$이다.
㈏ 전체집합 U의 임의의 부분집합 X에 대하여 집합 $(A \cup X) - B$의 원소의 개수는 2이다.

집합 X의 모든 원소의 합을 $S(X)$라 하자. $A - B = \{4, 7\}$일 때, $S(A \cap B)$의 최댓값과 최솟값의 합은? (단, $S(\varnothing) = 0$이다.)

① 14　　　　② 16　　　　③ 18
④ 20　　　　⑤ 22

354

자연수 전체의 집합의 두 부분집합 A, B에 대하여

$n(A)=n(B)=5$, $B=\left\{\dfrac{x+k}{2}\,\middle|\,x\in A\right\}$ 이다. 두 집합 A, B가

다음 조건을 만족시킬 때, 집합 B의 모든 원소의 합은?

(단, k는 자연수이다.)

> (가) $A\cap B=\{4,\,6,\,8\}$
> (나) 집합 $(A-B)\cup(B-A)$의 모든 원소의 합은 24이다.

① 24 ② 26 ③ 28
④ 30 ⑤ 32

355

전체집합 $U=\{1,\,2,\,3,\,4,\,5,\,6\}$의 부분집합 X에 대하여
$S(X)$를 집합 X의 모든 원소의 합이라 하자. 전체집합 U의
두 부분집합 A, B에 대하여 〈보기〉에서 옳은 것만을 있는 대로
고른 것은? (단, $S(\varnothing)=0$)

> ─〈보 기〉─
> ㄱ. $S(A)<S(B)$이면 $A\subset B$이다.
> ㄴ. $A^{C}=B$이면 $S(A)+S(B)=21$이다.
> ㄷ. $A=\{1,\,2,\,4\}$일 때, $S(A)\leq S(B)$를 만족시키는 집합 B의
>   개수는 50이다.

① ㄱ ② ㄴ ③ ㄷ
④ ㄴ, ㄷ ⑤ ㄱ, ㄴ, ㄷ

356

$n(U)=5$인 전체집합 U의 세 부분집합 A, B, C에 대하여
$$n(B\cap C)=2,\quad n(B-A)=1,\quad n(C-A)=2$$
일 때, 〈보기〉에서 옳은 것만을 있는 대로 고른 것은? [4점]

> ─〈보 기〉─
> ㄱ. $n(A\cap B\cap C)\neq0$
> ㄴ. $n(A\cap B\cap C)=2$이면 $n(C)=4$이다.
> ㄷ. $n(A)\times n(B)\times n(C)$의 최댓값과 최솟값의 합은 42이다.

① ㄱ ② ㄱ, ㄴ ③ ㄱ, ㄷ
④ ㄴ, ㄷ ⑤ ㄱ, ㄴ, ㄷ

357

| 선행 331 |

어느 학교 전교생을 대상으로 국어, 영어, 수학 보충 수업 신청자를 조사하였더니 결과가 다음과 같았다.

> 전교생의 60 %가 국어를, 30 %가 영어를, 20 %가 수학을 신청하였다.
> 세 과목 중 오직 한 과목만 신청한 학생은 전교생의 50 %이고, 세 과목 모두 신청한 학생은 전교생의 10 %이다.

어느 과목도 신청하지 않은 학생은 140명일 때, 두 과목만 신청한 학생 수는?

① 84 ② 88 ③ 102
④ 106 ⑤ 110

358 서술형 ✎

집합 $U=\{1, 2, x, 4, 5\}$의 부분집합 중 원소의 개수가 2인 부분집합을 각각 $A_1, A_2, A_3, \cdots, A_n$이라 하고, 집합 A_k $(k=1, 2, 3, \cdots, n)$의 모든 원소의 합을 s_k라 할 때, 다음 물음에 답하고, 그 과정을 서술하시오. (단, $n(U)=5$이다.)

(1) n의 값을 구하시오.
(2) $s_1+s_2+s_3+\cdots+s_n=120$일 때, x의 값을 구하시오.

359

| 선행 344 |

집합 $\{1, 2, 3, 4, 5\}$의 부분집합 중 원소의 개수가 2 이상인 모든 집합에 대하여 각 집합의 원소 중 최대인 것을 모두 더한 값을 구하시오.

360

| 선행 338 |

전체집합 $U=\{1, 2, 3, 4, 5, 6, 7, 8\}$의 세 부분집합 A, B, C에 대하여 $A=\{1, 2, 4, 6, 8\}$, $B=\{1, a, b\}$이고, $A\cup C=B\cup C$를 만족시키는 집합 C의 개수가 16이 되도록 하는 두 상수 a, b의 순서쌍 (a, b)의 개수는? (단, $1<a<b\leq8$)

① 6 ② 9 ③ 12
④ 15 ⑤ 18

361

집합 $S=\{a,\ b,\ c\}$의 부분집합을 원소로 갖는 집합 X가 다음 두
조건을 만족시킨다.

> (가) $A \in X$이면 $(S-A) \in X$
> (나) $A \in X$, $B \in X$이면 $(A \cup B) \in X$

집합 X의 개수는? (단, $X \neq \varnothing$이다.)

① 2   ② 3   ③ 4
④ 5   ⑤ 6

362

복소수 전체의 집합의 세 부분집합

$$A=\{x\,|\,x^3=1\}$$
$$B=\left\{i^n+\frac{1}{i^n}\,\middle|\,n\text{은 자연수}\right\}$$
$$C=\{z\,|\,z^2=\bar{z}\}$$

에 대하여 집합 $A \cup B \cup C$의 부분집합 중 적어도 하나의 실수를
원소로 갖는 것의 개수는?

(단, $i=\sqrt{-1}$이고 $\bar{z}$는 z의 켤레복소수이다.)

① 48   ② 52   ③ 56
④ 60   ⑤ 64

363

자연수 k에 대하여 집합 A_k를

$$A_k=\{x\,|\,x\text{는 }k\text{의 양의 약수}\}$$

라 할 때, 〈보기〉에서 옳은 것만을 있는 대로 고른 것은?

> ──〈보 기〉──
> ㄱ. $n(A_{10} \cap A_m)=1$이면 자연수 m은 소수이다.
> ㄴ. $n(A_{21}-A_m)=1$을 만족시키는 자연수 m는 존재하지 않는다.
> ㄷ. $n(A_m)$이 홀수이고 $n(A_6-A_m)=2$를 만족시키는 200
>   이하의 자연수 m의 개수는 7이다.

① ㄱ   ② ㄴ   ③ ㄱ, ㄴ
④ ㄴ, ㄷ   ⑤ ㄱ, ㄴ, ㄷ

364

실수 a에 대하여 두 집합 A, B를 각각

$$A=\{(x,\ (x-a)^2-3)\,|\,x\text{는 실수}\}$$
$$B=\{(x,\ 1)\,|\,x\text{는 실수}\}$$

라 하자. 집합 $A \cap B$의 두 원소를 좌표평면 위에 나타낸 점을
각각 P, Q라 할 때, 원점 O에 대하여 삼각형 OPQ가
이등변삼각형이 되도록 하는 실수 a의 개수를 m, 최댓값을 S라
하자. $m+S$의 값을 구하시오.

365

교육청 기출

1보다 큰 자연수 k에 대하여 전체집합
$$U=\{x\,|\,x\text{는 }k\text{ 이하의 자연수}\}$$
의 두 부분집합
$$A=\{x\,|\,x\text{는 }k\text{ 이하의 짝수}\},\ B=\{x\,|\,x\text{는 }k\text{의 약수}\}$$
가 $n(A)\times n((A\cup B)^C)=15$를 만족시킨다. 집합 $(A\cup B)^C$의 모든 원소의 곱을 구하시오.

366

자연수 k에 대하여 집합 $A_k=\{x\,|\,[kx]=kx,\ x>0\}$이라 할 때, 〈보기〉에서 옳은 것만을 있는 대로 고른 것은?

(단, $[x]$는 x보다 크지 않은 최대의 정수이다.)

―〈 보 기 〉―
ㄱ. m과 n이 서로소이면 $A_m\cap A_n=\varnothing$이다.
ㄴ. m이 n의 약수이면 집합 A_m은 집합 A_n의 부분집합이다.
ㄷ. m과 n의 최소공배수가 l이면 $A_m\cup A_n=A_l$이다.

① ㄱ   ② ㄴ   ③ ㄷ
④ ㄴ, ㄷ   ⑤ ㄱ, ㄴ, ㄷ

367

교육청 기출

전체집합 $U=\{x\,|\,x\text{는 }20\text{ 이하의 자연수}\}$의 두 부분집합 A, B가 다음 조건을 만족시킨다.

㉮ $n(A)=n(B)=8$, $n(A\cap B)=1$
㉯ 집합 A의 임의의 서로 다른 두 원소의 합은 9의 배수가 아니다.
㉰ 집합 B의 임의의 서로 다른 두 원소의 합은 10의 배수가 아니다.

집합 A의 모든 원소의 합을 $S(A)$, 집합 B의 모든 원소의 합을 $S(B)$라 할 때, $S(A)-S(B)$의 최댓값을 구하시오.

02 명제

• 명제와 조건

유형 01 명제와 조건

1. 명제와 조건

(1) **명제**: 참인지 거짓인지를 명확하게 판별할 수 있는 문장이나 식

(2) **조건**: 변수의 값에 따라 참, 거짓이 정해지는 문장이나 식

(3) **진리집합**: 전체집합 U의 원소 중에서 조건 p를 참이 되게 하는 모든 원소의 집합을 조건 p의 진리집합이라 한다.

2. 명제와 조건의 부정

명제 또는 조건 p에 대하여 'p가 아니다.'를 p의 부정이라 하고, 기호로 $\sim p$와 같이 나타낸다.

(1) 명제 p가 참이면 $\sim p$는 거짓이고, p가 거짓이면 $\sim p$는 참이다.

(2) 조건 p의 진리집합을 P라 할 때, $\sim p$의 진리집합은 P^C이다.

(3) $\sim p$의 부정은 p이다. $\sim(\sim p)=p$

① 'p 또는 q'의 부정은 '$\sim p$ 그리고 $\sim q$'

② 'p 그리고 q'의 부정은 '$\sim p$ 또는 $\sim q$'

3. 명제 $p \rightarrow q$의 참과 거짓

(1) 두 조건 p, q로 이루어진 명제 'p이면 q이다.'를 기호로 $p \rightarrow q$와 같이 나타내고, p를 가정, q를 결론이라 한다.

(2) 두 조건 p, q의 진리집합을 각각 P, Q라 할 때,

① 명제 $p \rightarrow q$가 참이면 $P \subset Q$이다.

    또한 $P \subset Q$이면 명제 $p \rightarrow q$는 참이다.

② 명제 $p \rightarrow q$가 거짓이면 $P \not\subset Q$이다.

    또한 $P \not\subset Q$이면 명제 $p \rightarrow q$는 거짓이다.

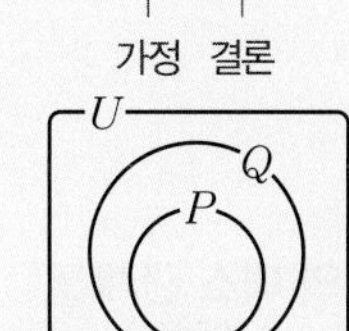

$P \subset Q$일 때, $p \rightarrow q$는 참

4. '모든'과 '어떤'이 들어 있는 명제

유형 02 '모든'과 '어떤'이 들어 있는 명제

(1) 전체집합 U에 대하여 조건 p의 진리집합을 P라 할 때,

① $P=U$이면 '모든 x에 대하여 p이다.'는 참이다.

② $P \neq U$이면 '모든 x에 대하여 p이다.'는 거짓이다.

③ $P \neq \varnothing$이면 '어떤 x에 대하여 p이다.'는 참이다.   'p인 x가 존재한다.'는 의미

④ $P = \varnothing$이면 '어떤 x에 대하여 p이다.'는 거짓이다.

(2) **'모든'과 '어떤'이 들어 있는 명제의 부정**

'모든(어떤) x에 대하여 p이다.'의 부정은 '어떤(모든) x에 대하여 $\sim p$이다.'이다.

• 명제 사이의 관계

1. 명제의 역과 대우

유형 03 명제의 역과 대우

(1) 명제 $p \rightarrow q$의 역은 $q \rightarrow p$이고, 대우는 $\sim q \rightarrow \sim p$이다.

(2) **명제와 그 대우의 참과 거짓**

명제 $p \rightarrow q$가 참(거짓)이면 그 대우 $\sim q \rightarrow \sim p$도 참(거짓)이다.

2. 충분조건과 필요조건

유형 04 충분조건과 필요조건

두 조건 p, q에 대하여 명제 $p \rightarrow q$가 참일 때, 이것을 기호로 $p \Longrightarrow q$와 같이 나타내고,

$p \Longrightarrow q$이고 $q \Longrightarrow p$일 때, 이것을 $p \Longleftrightarrow q$와 같이 나타낸다.

(1) $p \Longrightarrow q$이면 p는 q이기 위한 충분조건,   [p는 q이기 위한 충분조건]

    q는 p이기 위한 필요조건이라 한다.   [$p \Rightarrow q$]   [q는 p이기 위한 필요조건]

(2) $p \Longleftrightarrow q$이면 p는 q이기 위한 필요충분조건,

    q는 p이기 위한 필요충분조건이라 한다.

• 명제의 증명

1. 정의, 정리

(1) **정의**: 용어나 기호의 뜻을 명확하게 정한 문장
(2) **정리**: 참임이 증명된 명제 중에서 기본이 되는 것이나 다른 명제를 증명할 때 이용할
수 있는 것

2. 대우를 이용한 증명법과 귀류법 ————————— 유형 05 대우를 이용한 증명법과 귀류법

(1) **대우를 이용한 증명**: 주어진 명제의 대우가 참임을 보임으로써 그 명제가 참임을
증명하는 방법
(2) **귀류법**: 주어진 명제의 결론을 부정하여 이미 알려진 수학적 사실이나 명제의 가정에
모순됨을 보여 주어진 명제가 참임을 증명하는 방법

• 절대부등식 ———————————————————— 유형 06 절대부등식

문자를 포함한 부등식 중에서 그 문자에 어떤 실수를 대입하여도 항상 성립하는 부등식을
절대부등식이라 한다.

1. 부등식의 증명에 자주 이용되는 실수의 성질

임의의 실수 a, b에 대하여

(1) $a>b \iff a-b>0$
(2) $a^2 \geq 0$, $a^2+b^2 \geq 0$
(3) $a^2+b^2=0 \iff a=0$, $b=0$
(4) $|a| \geq a$, $|a|^2=a^2$, $|ab|=|a||b|$
(5) $a>0$, $b>0$일 때, ① $a>b \iff a^2>b^2 \iff \sqrt{a}>\sqrt{b}$

$$② \frac{a}{b}>1 \iff a>b$$

2. 여러 가지 절대부등식

(1) $a^2 \pm ab+b^2 \geq 0$ (단, 등호는 $a=b=0$일 때 성립)
(2) $a^2+b^2+c^2-ab-bc-ca \geq 0$ (단, 등호는 $a=b=c$일 때 성립)
(3) $|a|+|b| \geq |a+b|$ (단, 등호는 $ab \geq 0$일 때 성립)
(4) 산술평균과 기하평균의 관계

$a>0$, $b>0$일 때,

$$\underset{\text{산술평균 \quad 기하평균}}{\frac{a+b}{2} \geq \sqrt{ab}}$$ (단, 등호는 $a=b$일 때 성립)

(5) 코시−슈바르츠 부등식

a, b, x, y가 실수일 때,

$$(a^2+b^2)(x^2+y^2) \geq (ax+by)^2$$ (단, 등호는 $ay=bx$일 때 성립)

이전 학습 내용 (좌측)

• 실수의 대소 관계 [중3]

두 실수 a, b에 대하여
(1) $a-b>0$이면 $a>b$
(2) $a-b=0$이면 $a=b$
(3) $a-b<0$이면 $a<b$

• 곱셈 공식의 변형 [공통수학1 다항식]

$a^2+b^2+c^2-ab-bc-ca$
$=\dfrac{1}{2}\{(a-b)^2+(b-c)^2+(c-a)^2\}$

• 평균 [초5]

$$(평균)=\frac{(각\ 자료의\ 값의\ 합)}{(자료의\ 수)}$$

STEP 1 교과서를 정복하는 핵심 유형

유형 01 명제와 조건

이 유형은
(1) 명제와 조건을 구별하는 문제
(2) 명제와 조건의 부정을 구하는 문제
(3) 명제 $p \rightarrow q$의 참, 거짓을 판별하는 문제
로 분류하였다.

유형해결 TIP

명제 $p \rightarrow q$가 거짓임을 보일 때에는 조건 p는 참이지만 조건 q는 참이 되지 않게 하는 예(반례)를 찾자.

368 빈출

다음 〈보기〉에서 명제인 것의 개수는?

〈보 기〉
ㄱ. $1+2<5$
ㄴ. $3x-2=1$
ㄷ. $x=1$이면 $2x+1=4$이다.
ㄹ. 한국에서 가장 아름다운 곳은 제주도이다.
ㅁ. 삼각형의 세 내각의 크기의 합은 $360°$이다.

① 1 ② 2 ③ 3
④ 4 ⑤ 5

369

자연수 전체의 집합에서 정의된 두 조건
$$p: x는\ 6의\ 약수, \quad q: x는\ 12의\ 약수$$
의 진리집합을 각각 P, Q라 할 때, 다음 물음에 답하시오.

(1) 두 집합 P, Q를 각각 구하시오.

(2) (1)을 이용하여 명제 '$p \rightarrow q$'의 참, 거짓을 판별하시오.

370 빈출

다음 중 참인 명제는?

① 3의 배수는 6의 배수이다.

② $x^2=1$이면 $x=1$이다.

③ $x-2>0$이면 $2x+1>3$이다.

④ 두 자연수 x, y에 대하여 xy가 홀수이면 $x+y$도 홀수이다.

⑤ 사각형 ABCD가 사다리꼴이면 사각형 ABCD는 평행사변형이다.

371

전체집합 U에 대하여 두 조건 p, q의 진리집합 P, Q가 그림과 같을 때, 명제 $p \rightarrow q$가 거짓임을 보여 주는 모든 원소들의 합을 구하시오.

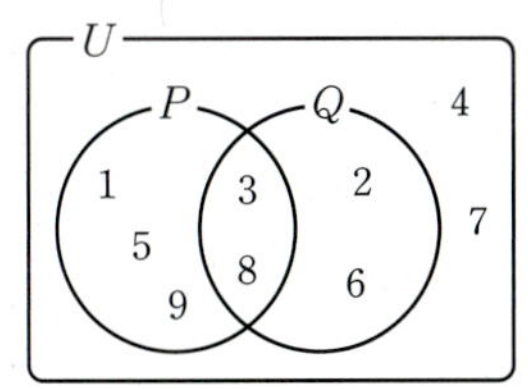

372 빈출

전체집합 U에 대하여 두 조건 p, q의 진리집합을 각각 P, Q라 하자. 명제 $p \rightarrow \sim q$가 참일 때, 다음 중 항상 옳은 것은?

① $P \cup Q = P$ ② $P-Q=\varnothing$ ③ $Q-P=\varnothing$
④ $P \cap Q = \varnothing$ ⑤ $P \cup Q^C = P$

373

전체집합 $U=\{x\,|\,x는\ 40\ 이하의\ 자연수\}$에 대하여 두 조건 p, q가 다음과 같다.
$$p: x는\ 양의\ 약수의\ 개수가\ 3인\ 자연수$$
$$q: x^2-10x+16>0$$
명제 $p \rightarrow \sim q$가 거짓임을 보여 주는 모든 원소의 합을 구하시오.

374

두 조건 $p: 1<x\leq6$, $q: 2\leq x<5$에 대하여 조건 '$\sim p$ 또는 q'의 부정은?

① $1<x<5$

② $x\leq1$ 또는 $x>6$

③ $x\leq1$ 또는 $5\leq x<6$

④ $1<x<2$ 또는 $5\leq x\leq6$

⑤ $1\leq x<2$ 또는 $5\leq x<6$

유형 02 '모든'과 '어떤'이 들어 있는 명제

'모든'과 '어떤'이 들어 있는 명제의

  (1) 참, 거짓을 판별하는 문제

  (2) 부정을 찾는 문제

  (3) 참(거짓)이 되도록 하는 조건을 찾는 문제

로 분류하였다.

유형 해결 TIP

'모든'은 하나도 빠짐없어야 하므로 '모든'을 포함한 명제는 진리집합이 전체집합일 때 참이고, '어떤'은 하나만 있어도 되므로 '어떤'을 포함한 명제는 진리집합이 공집합이 아닐 때 참임을 이용하자.

375

두 집합 A, B의 관계를 벤 다이어그램으로 나타내면 그림과 같을 때, 다음 중 거짓인 명제는?

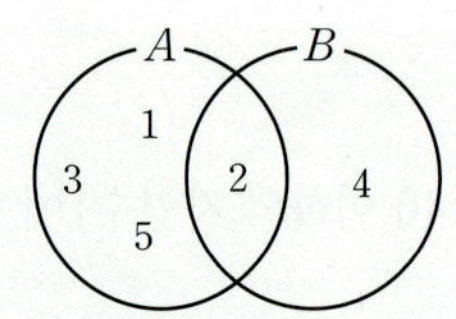

① 집합 A의 어떤 원소는 짝수이다.

② 집합 A의 어떤 원소는 홀수이다.

③ 집합 B의 모든 원소는 짝수이다.

④ 집합 B의 어떤 원소는 홀수이다.

⑤ 집합 B의 어떤 원소는 짝수이다.

376

공집합이 아닌 전체집합 U에서 조건 $p(x)$의 진리집합을 P라 할 때, 〈보기〉에서 옳은 것만을 있는 대로 고른 것은?

〈보 기〉

ㄱ. '모든 x에 대하여 $p(x)$이다.'가 참이면 $P=U$이다.

ㄴ. '어떤 x에 대하여 $p(x)$이다.'가 거짓이면 $P\neq\varnothing$이다.

ㄷ. '모든 x에 대하여 $\sim p(x)$이다.'의 부정이 참이면 $P=U$이다.

① ㄱ   ② ㄴ   ③ ㄱ, ㄴ

④ ㄱ, ㄷ   ⑤ ㄱ, ㄴ, ㄷ

377 빈출

다음 〈보기〉의 명제 중 참인 것의 개수는?

〈보 기〉

ㄱ. 모든 실수 x에 대하여 $x^2>0$이다.

ㄴ. 어떤 실수 x에 대하여 $x^2-4x+4\leq0$이다.

ㄷ. 모든 실수 x에 대하여 $|x|^2=x^2$이다.

ㄹ. 어떤 실수 x에 대하여 $x^2+x+1=0$이다.

ㅁ. 모든 실수 x에 대하여 $x^2+2x+3>0$이다.

① 1   ② 2   ③ 3

④ 4   ⑤ 5

378

명제

    '우리 반의 모든 학생의 수학 점수는 80점 미만이다.'

의 부정은?

① 우리 반에 수학 점수가 80점 미만인 학생이 있다.

② 우리 반에 수학 점수가 80점 이상인 학생이 있다.

③ 우리 반의 어떤 학생의 수학 점수는 80점 미만이다.

④ 우리 반의 모든 학생의 수학 점수는 80점 이상이다.

⑤ 우리 반에 수학 점수가 80점 이상인 학생은 없다.

379 빈출 👑

다음 명제의 부정이 참이 되도록 하는 상수 k의 최댓값을 구하시오.

> 모든 실수 x에 대하여 $x^2+8x+k>0$이다.

유형 03 명제의 역과 대우

명제의 역과 대우를 이해하여

   (1) 역과 대우를 찾고 그 참, 거짓을 판별하는 문제
   (2) 명제와 그 대우의 참, 거짓이 일치함을 이용하는 문제
   (3) 삼단논법 '$p \rightarrow q$, $q \rightarrow r$이 참이면 $p \rightarrow r$이 참이다.'를 이용하는
      문제

로 분류하였다.

유형 해결 TIP

주어진 명제의 참, 거짓을 판별하기 어렵거나 삼단논법을 이용할 때,
주어진 명제 대신에 그 대우를 이용하면 편리하다.

380

다음 명제의 역과 대우를 쓰고 각각의 참, 거짓을 판별하시오.

(1) 정삼각형은 이등변삼각형이다.
(2) 두 실수 a, b에 대하여 $a+b=0$이면 $a=0$이고 $b=0$이다.
(3) 두 실수 a, b에 대하여 $ab \neq 0$이면 $a \neq 0$이고 $b \neq 0$이다.

381 빈출 👑

다음 중 역이 참인 명제는? (단, x, y는 실수이다.)

① $x=y$이면 $x^2=y^2$이다.
② $x^2-6x+9=0$이면 $x^2=9$이다.
③ $x \leq 1$이면 $x^2 \leq 1$이다.
④ $x>0$, $y>0$이면 $x+y>0$이다.
⑤ $-1 \leq x < 2$이면 $-2 \leq x \leq 4$이다.

382

실수 전체의 집합 U에 대하여 두 조건 p, q의 진리집합을 각각 P, Q라 할 때, 다음 중 옳지 <u>않은</u> 것은?

① $\sim(\sim q)$의 진리집합은 Q이다.
② $P \cap Q=Q$이면 명제 $\sim q \rightarrow \sim p$는 참이다.
③ $P \cup U=P$이면 '모든 실수 x에 대하여 p이다.'는 참이다.
④ 명제 $p \rightarrow \sim q$가 참이면 $Q \subset P^C$이다.
⑤ '어떤 실수 x에 대하여 p가 아니다.'가 참이면 $U-P \neq \varnothing$이다.

383 빈출 👑

세 조건 p, q, r에 대하여 두 명제 $p \rightarrow \sim q$, $\sim p \rightarrow r$이 모두 참일 때, 〈보기〉에서 반드시 참인 명제만을 있는 대로 고르시오.

〈보 기〉

ㄱ. $p \rightarrow q$	ㄴ. $q \rightarrow \sim p$
ㄷ. $p \rightarrow \sim r$	ㄹ. $\sim r \rightarrow \sim q$

유형 04 충분조건과 필요조건

두 조건 p, q에 대하여
(1) 충분조건, 필요조건, 필요충분조건을 판별하는 문제
(2) 충분조건, 필요조건, 필요충분조건이기 위한 미지수를 찾는 문제
로 분류하였다.

유형 해결 TIP

다음과 같이 진리집합의 포함 관계를 활용하자.
두 조건 p, q의 진리집합을 각각 P, Q라 할 때

$P \subset Q$	p는 q이기 위한 충분조건
	q는 p이기 위한 필요조건
$P = Q$	p는 q이기 위한 필요충분조건

384

다음 ☐ 안에 필요, 충분, 필요충분 중 가장 알맞은 것을 써넣으시오. (단, x, y는 실수이고, $i = \sqrt{-1}$이다.)

(1) $x > 0$은 $|x| = x$이기 위한 ☐ 조건이다.

(2) $|x+3| = 2$는 $x = -1$이기 위한 ☐ 조건이다.

(3) $x + yi = 0$은 $x = 0$이고 $y = 0$이기 위한 ☐ 조건이다.

(4) $|x| = |y|$는 $x^2 = y^2$이기 위한 ☐ 조건이다.

(5) $x^2 > 1$은 $x > 1$이기 위한 ☐ 조건이다.

(6) $\angle A = \angle B$는 삼각형 ABC가 이등변삼각형이기 위한 ☐ 조건이다.

385 빈출 👑

두 조건 p, q에 대하여 p는 q이기 위한 충분조건이지만 필요조건이 <u>아닌</u> 것은? (단, x, y, z는 실수이다.)

① p: $xz = yz$, q: $x = y$
② p: x는 16의 양의 약수, q: x는 4의 양의 약수
③ p: $x = 0$ 또는 $x = 1$, q: $x^2 = x$
④ p: x와 y는 모두 유리수, q: xy는 유리수
⑤ p: $|x| \leq 3$, q: $0 \leq x \leq 2$

386

실수 x에 대하여 두 조건 p, q를 각각
$$p: -2 \leq x \leq 1, \quad q: x^2 + ax + b \leq 0$$
이라 하자. p는 q이기 위한 필요충분조건일 때, $a^2 + b^2$의 값은? (단, a, b는 상수이다.)

① 3   ② 5   ③ 7
④ 9   ⑤ 11

387

전체집합 U에 대하여 세 조건 p, q, r의 진리집합을 각각 P, Q, R이라 하자. 세 집합 P, Q, R의 포함 관계가 다음 벤 다이어그램과 같을 때, 〈보기〉에서 옳은 것만을 있는 대로 고른 것은?

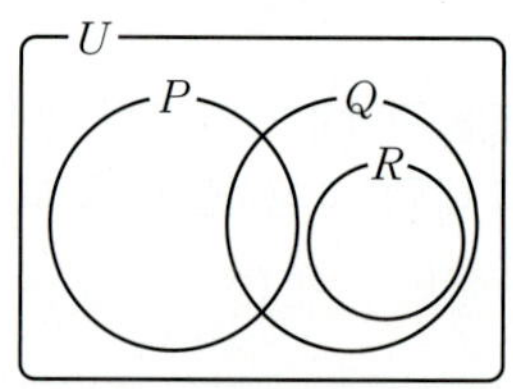

〈보 기〉
ㄱ. p는 q이기 위한 필요충분조건이다.
ㄴ. r은 $\sim p$이기 위한 충분조건이다.
ㄷ. $\sim r$은 $\sim q$이기 위한 필요조건이다.

① ㄱ   ② ㄴ   ③ ㄷ
④ ㄴ, ㄷ   ⑤ ㄱ, ㄴ, ㄷ

388

전체집합 U에 대하여 세 조건 p, q, r의 진리집합을 각각 P, Q, R이라 하자. p는 $\sim q$이기 위한 충분조건이고, q는 $\sim r$이기 위한 필요조건일 때, 다음 중 옳지 <u>않은</u> 것은?

① $P \subset R$ ② $P \cap Q = \varnothing$ ③ $P \cap Q^C = P$
④ $R - Q = \varnothing$ ⑤ $Q \cup R = U$

유형 05 · 대우를 이용한 증명법과 귀류법

주어진 명제가 참임을 직접 증명하기 어려울 때
  (1) 대우를 이용하여 증명하는 문제
  (2) 귀류법을 이용하여 증명하는 문제
로 분류하였다.

389

명제 '두 자연수 m, n에 대하여 $m+n$이 홀수이면 m 또는 n이 홀수이다.'가 참임을 증명하기 위해 대신 참임을 증명할 수 있는 명제는?

① 두 자연수 m, n에 대하여 $m+n$이 짝수이면 m 또는 n이 짝수이다.

② 두 자연수 m, n에 대하여 $m+n$이 짝수이면 m, n이 모두 짝수이다.

③ 두 자연수 m, n에 대하여 m 또는 n이 홀수이면 $m+n$이 홀수이다.

④ 두 자연수 m, n에 대하여 m, n이 모두 짝수이면 $m+n$이 짝수이다.

⑤ 두 자연수 m, n에 대하여 m, n이 모두 홀수이면 $m+n$이 홀수이다.

390

다음은 명제 '두 자연수 x, y에 대하여 xy가 짝수이면 x 또는 y가 짝수이다.'가 참임을 증명하는 과정이다.

―〈증 명〉―
주어진 명제를 [(가)]를(을) 이용해서 증명하자.
x, y가 모두 홀수이면
$$x=2a+1,\ y=2b+1\ (a,\ b\text{는 음이 아닌 정수})$$
로 나타낼 수 있으므로
$$xy=(2a+1)(2b+1)$$
$$=2(2ab+a+b)+1$$
이때 $2ab+a+b$가 [(나)]이므로
xy는 [(다)]이다.
따라서 주어진 명제의 [(가)]가(이) 참이므로 주어진 명제도 참이다.

위의 과정에서 (가), (나), (다)에 알맞은 것은?

	(가)	(나)	(다)
①	역	0 또는 자연수	짝수
②	역	짝수	짝수
③	대우	0 또는 자연수	홀수
④	대우	짝수	홀수
⑤	대우	0 또는 자연수	짝수

391 빈출 서술형

명제

　　'자연수 n에 대하여 n^2이 짝수이면 n은 짝수이다.'

에 대하여 다음 물음에 답하시오.

(1) 주어진 명제의 대우를 구하시오.

(2) 명제가 참임을 증명하고 그 풀이 과정을 서술하시오.

392

다음은 명제

　　'세 자연수 a, b, c에 대하여 $a^2+b^2=c^2$이면 a, b, c 중 적어도 하나는 짝수이다.'

가 참임을 증명하는 과정이다.

―〈증 명〉―
주어진 명제의 대우는
'세 자연수 a, b, c에 대하여 a, b, c가 [(가)]이면
$a^2+b^2\neq c^2$이다.'
이때 세 자연수 a, b, c가 [(가)]이면
a^2+b^2은 [(나)], c^2은 [(다)]이므로 $a^2+b^2\neq c^2$이다.
따라서 주어진 명제의 대우가 참이므로 주어진 명제도 참이다.

위의 과정에서 (가), (나), (다)에 알맞은 것은?

	(가)	(나)	(다)
①	적어도 하나는 홀수	홀수	짝수
②	적어도 하나는 홀수	짝수	홀수
③	모두 짝수	홀수	짝수
④	모두 홀수	짝수	홀수
⑤	모두 홀수	홀수	짝수

유형 06 절대부등식

이 유형은
(1) 실수의 성질을 이용하여 절대부등식임을 증명하는 문제
(2) 산술평균과 기하평균의 관계를 이용하여 주어진 식의 최댓값 또는 최솟값을 구하는 문제
(3) 코시−슈바르츠 부등식을 이용하여 주어진 식의 최댓값 또는 최솟값을 구하는 문제
로 분류하였다.

유형해결 TIP

$\leq$, $\geq$를 포함한 부등식을 증명한 후, 등호가 성립할 조건을 항상 확인하도록 하자.

393

다음 〈보기〉에서 절대부등식인 것만을 있는 대로 고른 것은?

(단, a, b는 실수이다.)

—— 〈보 기〉——
ㄱ. $|a|+|b|>0$
ㄴ. $a^2-a+1>0$
ㄷ. $a^2+b^2 \geq ab$

① ㄱ
② ㄴ
③ ㄷ
④ ㄴ, ㄷ
⑤ ㄱ, ㄴ, ㄷ

394

다음은 두 양수 a, b에 대하여 부등식

$$\frac{a+b}{2} \boxed{\text{(가)}} \sqrt{ab}$$

가 성립함을 증명하는 과정이다.

——〈증 명〉——
$a>0$, $b>0$이므로

$$\frac{a+b}{2}-\sqrt{ab}=\frac{a+b-2\sqrt{ab}}{2}=\frac{\boxed{\text{(나)}}}{2}$$

따라서 $\dfrac{a+b}{2} \boxed{\text{(가)}} \sqrt{ab}$이다.

(단, 등호는 $\boxed{\text{(다)}}$일 때 성립한다.)

위의 과정에서 (가), (나), (다)에 알맞은 것은?

	(가)	(나)	(다)
①	$\leq$	$(\sqrt{a}+\sqrt{b})^2$	$a=b$
②	$\geq$	$(\sqrt{a}+\sqrt{b})^2$	$ab=1$
③	$\leq$	$(\sqrt{a}-\sqrt{b})^2$	$ab=1$
④	$\geq$	$(\sqrt{a}-\sqrt{b})^2$	$a=b$
⑤	$\geq$	$(\sqrt{a}-\sqrt{b})^2$	$ab=1$

395

두 양수 x, y에 대하여 다음 물음에 답하시오.

(1) $x+y=4$일 때, xy의 최댓값을 구하시오.

(2) $xy=3$일 때, $3x+4y$의 최솟값을 구하시오.

396

두 양수 x, y에 대하여 $\left(2x+\dfrac{3}{y}\right)\left(2y+\dfrac{3}{x}\right)$의 최솟값은?

① 20
② 22
③ 24
④ 26
⑤ 28

397 빈출

$a>0$, $b>0$일 때, $(a+b)\left(\dfrac{1}{a}+\dfrac{4}{b}\right)$의 최솟값은?

① 5
② 6
③ 7
④ 8
⑤ 9

398

그림과 같이 지름의 길이가 6인 반원의 지름의 양 끝점과 호 위의 한 점을 꼭짓점으로 하는 삼각형의 넓이의 최댓값은?

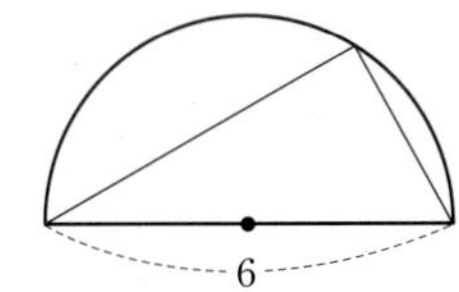

① 6   ② 9   ③ 12

④ 15   ⑤ 18

399

다음은 네 실수 a, b, x, y에 대하여 부등식

$$(a^2+b^2)(x^2+y^2) \boxed{\text{(가)}} (ax+by)^2$$

이 성립함을 증명하는 과정이다.

<증 명>

$(a^2+b^2)(x^2+y^2)-(ax+by)^2$

$=(a^2x^2+a^2y^2+b^2x^2+b^2y^2)-(a^2x^2+2abxy+b^2y^2)$

$=\boxed{\text{(나)}}$

이때 a, b, x, y는 실수이므로

$(a^2+b^2)(x^2+y^2) \boxed{\text{(가)}} (ax+by)^2$이다.

(단, 등호는 $\boxed{\text{(다)}}$ 일 때 성립한다.)

위의 과정에서 ㈎, ㈏, ㈐에 알맞은 것은?

	㈎	㈏	㈐
①	$\leq$	$(ax-by)^2$	$ax=by$
②	$\geq$	$(ax-by)^2$	$ax=by$
③	$\leq$	$(ay-bx)^2$	$ay=bx$
④	$\geq$	$(ay-bx)^2$	$ax=by$
⑤	$\geq$	$(ay-bx)^2$	$ay=bx$

400

두 실수 a, b에 대하여 $a^2+b^2=5$일 때, $a+2b$의 최댓값은 M이고 최솟값은 m이다. $M-m$의 값은?

① 5   ② $5\sqrt{2}$ ③ 10

④ $10\sqrt{2}$ ⑤ 20

401

그림과 같이 지름의 길이가 $5\sqrt{2}$인 원 모양의 땅에 접하는 직사각형 모양의 연못을 만들 때, 연못의 둘레의 길이의 최댓값을 구하시오.

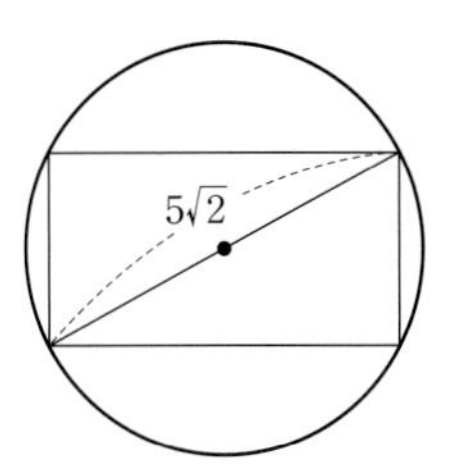

유형 01 명제와 조건

402

조건

　　'집합 X의 원소 중 10보다 작은 수는 많아야 4개이다.'
의 부정으로 옳은 것은?

① 집합 X의 원소 중 10 이상인 수는 많아야 4개이다.
② 집합 X의 원소 중 적어도 4개는 10보다 작다.
③ 집합 X의 원소 중 적어도 5개는 10보다 작다.
④ 집합 X의 원소 중 10 이상인 수가 4개 이상이다.
⑤ 집합 X의 원소 중 10 이상인 수가 적어도 5개이다.

403

두 실수 x, y에 대하여 〈보기〉에서 참인 명제만을 있는 대로 고른
것은?

─〈보 기〉─

ㄱ. $x<y<0$이면 $\dfrac{1}{x}>\dfrac{1}{y}$이다.
ㄴ. $x^2>y^2$이면 $x>y$이다.
ㄷ. $x^2+y^2=0$이면 $|x|+|y|=0$이다.
ㄹ. $x\neq 3$이면 $x^2-5x+6\neq 0$이다.
ㅁ. $x+y\geq 2$이면 $x\geq 1$이고 $y\geq 1$이다.

① ㄱ, ㄴ　　　　② ㄱ, ㄷ　　　　③ ㄴ, ㄹ
④ ㄱ, ㄷ, ㄹ　　　⑤ ㄱ, ㄷ, ㄹ, ㅁ

404

두 집합 A, B에 대하여 〈보기〉에서 거짓인 명제만을 있는 대로
고르시오.

─〈보 기〉─

ㄱ. $n(A)=0$이면 $A=\varnothing$이다.
ㄴ. $n(A)=n(B)$이면 $A=B$이다.
ㄷ. $A\subset B$이면 $n(A)<n(B)$이다.
ㄹ. $A\subset B$이고 $n(A)\geq n(B)$이면 $A=B$이다.
ㅁ. $n(A-B)=0$이면 $n(A)=n(B)$이다.

405

전체집합 $U=\{x\,|\,x$는 10 이하의 자연수$\}$에 대하여 두 조건
p, q의 진리집합을 각각 P, Q라 하자. 조건 p가

　　p: x는 소수이다.

일 때, 명제 $\sim p \to q$가 참이 되도록 하는 집합 Q의 개수는?

① 8　　　　　② 16　　　　　③ 32
④ 64　　　　　⑤ 128

406

| 선행 371 |

두 조건

　　p: $x\leq 2$ 또는 $x\geq 5$,　q: $-3\leq x\leq k$

에 대하여 명제 $\sim q \to p$가 거짓임을 보이는 정수인 반례가
$x=4$뿐일 때, 실수 k의 값의 범위는? (단, $k>-3$)

① $k<4$　　　　　② $k\geq 5$　　　　　③ $2\leq k<3$
④ $3\leq k<4$　　　⑤ $4\leq k<5$

407

두 조건

　　p: $-3\leq x\leq 1$
　　q: $ax^2+4ax-9\leq 0$

에 대하여 명제 $p \to q$가 참이 되도록 하는 정수 a의 개수는?

① 1　　　　　② 2　　　　　③ 3
④ 4　　　　　⑤ 5

408

두 조건 p, q가

$$p: x^2-2(2k+1)x+3k^2+2k<0$$
$$q: x^2-8x+15>0$$

일 때, 두 조건 p, q의 진리집합을 각각 P, Q라 하자.
$P^C \subset Q$일 때, 실수 k의 값의 범위를 구하시오.

409

| 선행 **382** |

전체집합 U에 대하여 세 조건 p, q, r의 진리집합을 각각 P, Q, R이라 하자. $P \cap (Q^C \cup R)=\varnothing$일 때, 〈보기〉에서 반드시 참인 것만을 있는 대로 고른 것은?

〈보 기〉

ㄱ. $q \longrightarrow r$
ㄴ. $r \longrightarrow \sim p$
ㄷ. (p이고 $\sim r$) $\longrightarrow q$

① ㄱ   ② ㄴ   ③ ㄷ
④ ㄱ, ㄴ   ⑤ ㄴ, ㄷ

410 빈출 👑

선생님 Pick! 교육청 기출

전체집합 U의 공집합이 아닌 세 부분집합 P, Q, R이 각각 세 조건 p, q, r의 진리집합이고, 세 명제 $p \longrightarrow q$, $\sim p \longrightarrow q$, $\sim r \longrightarrow p$ 가 모두 참일 때, 〈보기〉에서 옳은 것만을 있는 대로 고른 것은?

〈보 기〉

ㄱ. $P^C \subset Q$
ㄴ. $R-P^C=\varnothing$
ㄷ. $(R^C \cup P^C) \subset Q$

① ㄱ   ② ㄴ   ③ ㄱ, ㄷ
④ ㄴ, ㄷ   ⑤ ㄱ, ㄴ, ㄷ

411

전체집합 U에 대하여 세 조건 p, q, r의 진리집합을 각각 P, Q, R이라 할 때, 명제 '$\sim r$이면 $\sim p$이고 $\sim q$이다.'가 거짓임을 보이는 원소가 반드시 속하는 집합은?

① $(P \cup Q) \cap R$ ② $(P \cup Q)-R$ ③ $P \cap Q \cap R$
④ $(P \cup Q \cup R)^C$ ⑤ $(P-Q) \cap R$

412

교육청 기출

학교 수업이 끝난 후 영훈, 인수, 민지는 독서실, 농구장, 극장 중 각각 서로 다른 곳에 갔다. 나중에 세 사람은 다음과 같이 말하였다.

영훈: 나는 농구장에 갔다.
인수: 나는 농구장에 가지 않았다.
민지: 나는 극장에 가지 않았다.

위의 세 명의 말 중 하나만 참일 때, 독서실, 농구장, 극장에 간 사람을 차례대로 바르게 나타낸 것은?

① 영훈, 인수, 민지   ② 영훈, 민지, 인수
③ 인수, 영훈, 민지   ④ 민지, 인수, 영훈
⑤ 민지, 영훈, 인수

유형 02 '모든'과 '어떤'이 들어 있는 명제

413

전체집합 $U=\{-1,\ 0,\ 1\}$에 대하여 다음 명제의 부정과 그 참, 거짓을 바르게 나열한 것은?

> $x\in U,\ y\in U$인 어떤 $x,\ y$에 대하여 $|x-y|>2$이다.

① $x\in U,\ y\in U$인 어떤 $x,\ y$에 대하여 $|x-y|\le 2$이다. (참)
② $x\in U,\ y\in U$인 어떤 $x,\ y$에 대하여 $|x-y|\le 2$이다. (거짓)
③ $x\in U,\ y\in U$인 모든 $x,\ y$에 대하여 $|x-y|>2$이다. (거짓)
④ $x\in U,\ y\in U$인 모든 $x,\ y$에 대하여 $|x-y|\le 2$이다. (참)
⑤ $x\in U,\ y\in U$인 모든 $x,\ y$에 대하여 $|x-y|\le 2$이다. (거짓)

414 빈출 ♛

명제

　　'$n\le x\le n+3$인 어떤 실수 x에 대하여 $-2<x\le 3$이다.'

가 참이 되도록 하는 정수 n의 개수는?

① 6　　　　② 7　　　　③ 8
④ 9　　　　⑤ 10

415

| 선행 379 |

두 명제

　　'모든 실수 x에 대하여 $x^2+2ax+5>0$이다.',
　　'어떤 실수 x에 대하여 $x^2-ax+2a\le 0$이다.'

가 모두 거짓이 되도록 하는 정수 a의 개수는?

① 4　　　　② 5　　　　③ 6
④ 7　　　　⑤ 8

416

주어진 명제의 부정이 참이 되도록 하는 실수 k의 값의 범위를 구하시오.

> 어떤 실수 x에 대하여 $\sqrt{(x^2-x)k-(3x^2-3x-2)}$의 값은 실수가 아니다.

417

교육청 기출

전체집합 U의 공집합이 아닌 세 부분집합 $A,\ B,\ C$에 대하여 다음은 $A,\ B,\ C$의 관계를 나타낸 명제이다.

> ㈎ 어떤 $x\in A$에 대하여 $x\notin B$이다.
> ㈏ 모든 $x\in B$에 대하여 $x\notin C$이다.

세 집합 $A,\ B,\ C$의 포함 관계를 나타낸 다음 벤 다이어그램 중 위의 두 명제가 참이 되도록 하는 것은?

① 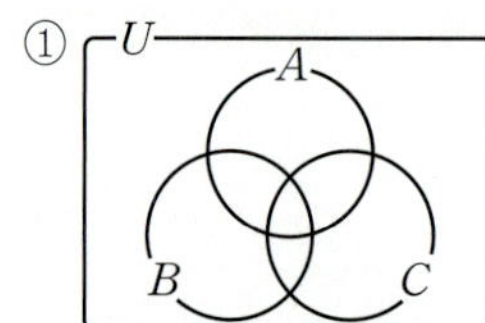
② 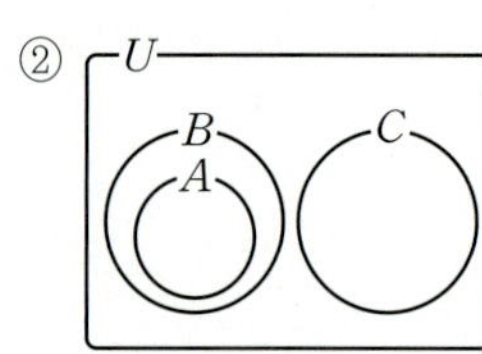
③ 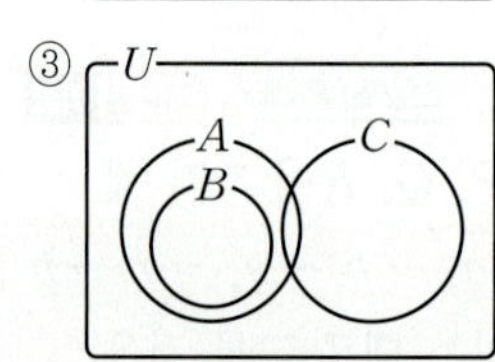
④ 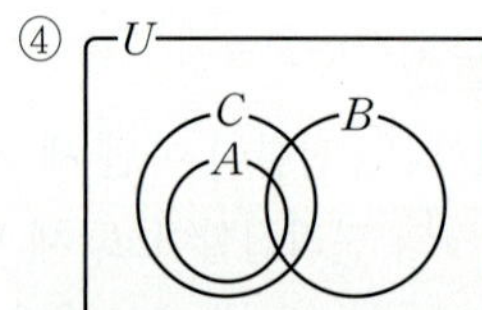
⑤ 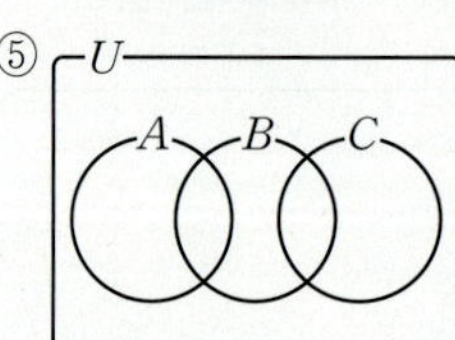

418

두 실수 a, b에 대하여 〈보기〉의 명제 중 그 역과 대우가 모두 참인 것의 개수는?

〈보 기〉

ㄱ. $a+1=0$이면 $a^3+1=0$이다.
ㄴ. $a+b>0$, $ab>0$이면 $a>0$, $b>0$이다.
ㄷ. $a^2+b^2>0$이면 $a\neq0$ 또는 $b\neq0$이다.
ㄹ. $ab=0$이면 $a^2+ab+2b^2=0$이다.
ㅁ. $ab+1>a+b>2$이면 $a>1$, $b>1$이다.

① 1   ② 2   ③ 3
④ 4   ⑤ 5

419

한쪽 면에는 자연수, 다른 쪽 면에는 알파벳이 적힌 4장의 카드가 있다. 그림과 같이 놓인 4장의 카드 중에서 명제 '모음이 적힌 카드의 뒷면에는 짝수가 적혀 있다.'가 참인지 확인하기 위하여 다른 쪽 면을 확인할 필요가 있는 카드를 모두 고른 것은?

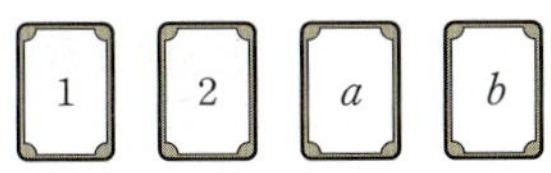

① $\boxed{a}$ ② $\boxed{a}$, $\boxed{1}$ ③ $\boxed{a}$, $\boxed{2}$
④ $\boxed{b}$, $\boxed{2}$ ⑤ $\boxed{1}$, $\boxed{2}$

420

어떤 사건의 수사에서 다음과 같은 결론을 내렸다.

㈎ A는 범행을 하지 않았다.
㈏ B가 범인이면 꼭 공범이 있다.
㈐ 범인은 A, B, C 세 사람 중에 있다.

위의 사실로부터 추론한 결과로 옳은 것은?

① B는 반드시 범인이다.
② B만 범인이다.
③ C는 반드시 범인이다.
④ C는 범인이 아니다.
⑤ B와 C가 모두 범인이다.

421

어느 휴대폰 제조 회사에서 휴대폰 판매량과 사용자 선호도에 대한 시장 조사를 하여 다음과 같은 결과를 얻었다.

㈎ 10대, 20대에게 선호도가 높은 제품은 판매량이 많다.
㈏ 가격이 싼 제품은 판매량이 많다.
㈐ 기능이 많은 제품은 10대, 20대에게 선호도가 높다.

위의 결과로부터 추론한 내용으로 항상 옳은 것은?

① 기능이 많은 제품은 가격이 싸지 않다.
② 가격이 싸지 않은 제품은 판매량이 많지 않다.
③ 판매량이 많지 않은 제품은 기능이 많지 않다.
④ 10대, 20대에게 선호도가 높은 제품은 기능이 많다.
⑤ 10대, 20대에게 선호도가 높은 제품은 가격이 싸지 않다.

유형 04 충분조건과 필요조건

422

실수 x에 관한 두 조건

$$p: x^2+ax-5\neq 0, \quad q: x-1\neq 0$$

에 대하여 p가 q이기 위한 충분조건일 때, 상수 a의 값을 구하시오.

423 빈출

두 조건 p, q에 대하여 〈보기〉에서 p가 q이기 위한 필요충분조건인 것을 있는 대로 고른 것은? (단, x, y는 실수이다.)

〈보 기〉

ㄱ. $p: |x-y|=|x+y|,$ $q: x=0$ 또는 $y=0$
ㄴ. $p: |x|+|y|=|x+y|,$ $q: x\geq 0$이고 $y\geq 0$
ㄷ. $p: |x+y|<|x-y|,$ $q: xy<0$

① ㄱ   ② ㄴ   ③ ㄱ, ㄴ
④ ㄱ, ㄷ   ⑤ ㄱ, ㄴ, ㄷ

424 빈출

실수 x에 대하여 두 조건 p, q가

$$p: x^2-2x-15>0, \quad q: x^2=a$$

이다. $\sim q$가 p이기 위한 필요조건이 되도록 하는 자연수 a의 개수는?

① 9   ② 11   ③ 13
④ 15   ⑤ 17

425

| 선행 386 |

세 조건 p, q, r이

$$p: -1\leq x<2 \text{ 또는 } x\geq 5,$$
$$q: x>a,$$
$$r: x\geq b$$

일 때, p는 q이기 위한 충분조건이면서 r이기 위한 필요조건이다. 두 정수 a, b에 대하여 a의 최댓값과 b의 최솟값의 합은?

① 2   ② 3   ③ 4
④ 5   ⑤ 6

426

전체집합 U의 세 부분집합 A, B, C에 대한 두 조건 p, q에 대하여 〈보기〉에서 p가 q이기 위한 충분조건이지만 필요조건이 아닌 것을 있는 대로 고른 것은?

〈보 기〉

ㄱ. $p: A\cap B=A,$ $q: A\cup B=B$
ㄴ. $p: A=B^c,$ $q: A\cup B=U$
ㄷ. $p: A\subset B$ 또는 $A\subset C,$ $q: A\subset(B\cup C)$

① ㄱ   ② ㄴ   ③ ㄷ
④ ㄱ, ㄷ   ⑤ ㄴ, ㄷ

427

전체집합 $U=\{x\,|\,x$는 n 이하의 자연수$\}$에 대하여 두 조건 p, q의 진리집합을 각각 P, Q라 하자. 조건 p가

$$p:x는\ 36의\ 양의\ 약수$$

일 때, p가 q이기 위한 필요조건이 되도록 하는 집합 Q의 개수가 128이고, p가 q이기 위한 충분조건이 되도록 하는 집합 Q의 개수가 64일 때, 집합 P^C의 모든 원소의 합을 구하시오.

(단, n은 자연수이다.)

428

교육청 변형

실수 x에 대한 두 조건 p, q에 대하여

$$p:a(x+a)(x-1)\geq 0,\quad q:x<1-b$$

일 때, 다음 〈보기〉에서 옳은 것만을 있는 대로 고른 것은?

(단, a, b는 실수이다.)

─── 〈 보 기 〉 ───

ㄱ. $a=b=-1$이면 명제 'p이면 q이다.'는 참이다.

ㄴ. $-1<a<0$이고, b가 자연수이면 명제 'q이면 $\sim p$이다.'는 참이다.

ㄷ. $b=-5$일 때, q가 p이기 위한 필요조건이 되도록 하는 음의 정수 a의 최솟값은 -6이다.

① ㄱ 　 ② ㄴ 　 ③ ㄱ, ㄴ

④ ㄴ, ㄷ 　 ⑤ ㄱ, ㄴ, ㄷ

유형 **05** 대우를 이용한 증명법과 귀류법

429 빈출

다음은 명제

'$\sqrt{2}$는 유리수가 아니다.'

가 참임을 귀류법을 이용하여 증명하는 과정이다.

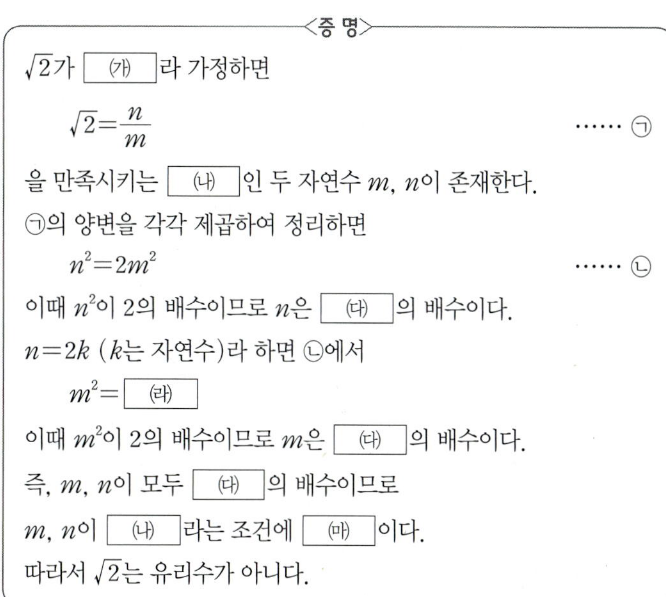

─── 〈 증 명 〉 ───

$\sqrt{2}$가 　(가)　라 가정하면

$$\sqrt{2}=\frac{n}{m} \qquad\qquad \cdots\cdots\ \text{㉠}$$

을 만족시키는 　(나)　인 두 자연수 m, n이 존재한다.

㉠의 양변을 각각 제곱하여 정리하면

$$n^2=2m^2 \qquad\qquad \cdots\cdots\ \text{㉡}$$

이때 n^2이 2의 배수이므로 n은 　(다)　의 배수이다.

$n=2k$ (k는 자연수)라 하면 ㉡에서

$$m^2=\boxed{\ (라)\ }$$

이때 m^2이 2의 배수이므로 m은 　(다)　의 배수이다.

즉, m, n이 모두 　(다)　의 배수이므로

m, n이 　(나)　라는 조건에 　(마)　이다.

따라서 $\sqrt{2}$는 유리수가 아니다.

위의 과정에서 (가)~(마)에 알맞은 것을 잘못 연결한 것은?

① (가) 유리수 　 ② (나) 서로소 　 ③ (다) 4

④ (라) $2k^2$ 　 ⑤ (마) 모순

430

a, b가 자연수일 때, 다음은 명제 'x에 대한 이차방정식 $x^2+ax-b=0$이 자연수인 해를 가지면 a, b 중 적어도 하나는 짝수이다.'가 참임을 귀류법을 이용하여 증명하는 과정이다.

─〈증 명〉─

a, b가 모두 〔(가)〕라 가정하고,

이차방정식 $x^2+ax-b=0$의 자연수인 근을 m이라 하면

$b=m\times($〔(나)〕$)$이다. …… ㉠

(ⅰ) m이 홀수일 때

㉠에서 〔(나)〕는 짝수이므로 우변은 짝수이고

좌변은 〔(가)〕이므로 모순이다.

(ⅱ) m이 짝수일 때

㉠에서 m이 짝수이므로 우변은 짝수이고

좌변은 〔(가)〕이므로 모순이다.

(ⅰ), (ⅱ)에 의하여 이차방정식 $x^2+ax-b=0$이 자연수인 해를 가진다는 가정에 모순이다.

따라서 이차방정식 $x^2+ax-b=0$이 자연수인 해를 가지면 a, b 중 적어도 하나는 〔(다)〕이다.

위의 과정에서 (가), (나), (다)에 알맞은 것은?

	(가)	(나)	(다)
①	홀수	$m+a$	홀수
②	홀수	$m-a$	홀수
③	홀수	$m+a$	짝수
④	짝수	$m-a$	짝수
⑤	짝수	$m+a$	짝수

431 서술형 ✎

명제 '두 자연수 x, y에 대하여 x, y 중 적어도 하나가 짝수이면 x^3+y^3이 홀수이다.'의 역이 참임을 증명하시오.

432 서술형 ✎

| 선행 **391**, **429** |

다음 물음에 답하시오.

(1) 명제 '자연수 n에 대하여 n^2이 3의 배수이면 n은 3의 배수이다.'가 참임을 대우를 이용하여 증명하시오.

(2) (1)의 명제를 이용하여 명제 '$\sqrt{3}$은 유리수가 아니다.'가 참임을 귀류법을 이용하여 증명하시오.

유형 06 절대부등식

433

다음은 두 실수 a, b에 대하여 부등식
$$|a|+|b| \geq |a+b|$$
가 성립함을 증명하는 과정이다.

<증 명>

$(|a|+|b|)^2 - |a+b|^2$
$= |a|^2 + 2|a||b| + |b|^2 - |a+b|^2$
$= \boxed{(가)}$

이때 $\boxed{(나)}$이므로 $\boxed{(가)} \geq 0$

따라서 $(|a|+|b|)^2 \geq |a+b|^2$이고,

$|a|+|b| \geq 0$, $|a+b| \geq 0$이므로 $|a|+|b| \geq |a+b|$이다.

(단, 등호는 $\boxed{(다)}$일 때 성립한다.)

위의 증명에서 (가), (나), (다)에 알맞은 것은?

	(가)	(나)	(다)
①	$2(|ab|-ab)$	$|ab| \leq ab$	$ab=0$
②	$2(|ab|-ab)$	$|ab| \geq ab$	$ab \geq 0$
③	$2(|ab|-ab)$	$|ab| \geq ab$	$ab \leq 0$
④	$2(|ab|+ab)$	$|ab| \geq ab$	$ab=0$
⑤	$2(|ab|+ab)$	$|ab| \geq ab$	$ab \geq 0$

434 서술형

두 실수 x, y에 대하여 $x \geq 0$, $y \geq 0$일 때, 부등식
$$\sqrt{x}+\sqrt{y} \geq \sqrt{x+y}$$
가 성립함을 증명하고, 등호가 성립할 때 x, y의 조건을 서술하시오.

435 빈출 서술형

$x > 3$일 때, $4x + \dfrac{4}{x-3}$의 최솟값과 그때의 x의 값을 구하는 과정을 서술하시오.

436

다음은 두 실수 x, y에 대하여 부등식
$$5x^2 + 4y^2 + 9 \geq 4x(y-3)$$
이 성립함을 증명하는 과정이다.

$5x^2 + 4y^2 + 9 - 4xy + 12x = (x-2y)^2 + \boxed{(가)}$

이고, $(x-2y)^2 \geq 0$, $\boxed{(가)} \geq 0$이므로

$(x-2y)^2 + \boxed{(가)} \geq 0$이다.

따라서 두 실수 x, y에 대하여 부등식

$5x^2 + 4y^2 + 9 \geq 4x(y-3)$

이 성립한다.

(단, 등호는 $x = \boxed{(나)}$, $y = \boxed{(다)}$일 때 성립한다.)

위의 (가)에 알맞은 식을 $f(x)$라 하고, (나), (다)에 알맞은 수를 각각 α, β라 할 때, $f(2) + 12(\alpha+\beta)$의 값은?

① 16   ② 18   ③ 20

④ 22   ⑤ 24

437

| 선행 396 |

x에 대한 이차방정식 $x^2-2\sqrt{5}x+k=0$이 허근을 가질 때,

$$k+5+\frac{9}{k-5}$$

는 $k=a$일 때, 최솟값 b를 갖는다. 두 상수 a, b에 대하여 $a+b$의 값은? (단, k는 실수이다.)

① 18　　　　② 20　　　　③ 22

④ 24　　　　⑤ 26

438

두 실수 a, b에 대하여 〈보기〉에서 항상 성립하는 것만을 있는 대로 고른 것은?

───〈보 기〉───

ㄱ. $|a+b| \geq |a-b|$

ㄴ. $|a-b| \leq |a|+|b|$

ㄷ. $a>b>0$일 때, $\sqrt{a-b}>\sqrt{a}-\sqrt{b}$이다.

ㄹ. $|a|-|b| \leq |a-b|$

① ㄱ, ㄴ　　　② ㄴ, ㄷ　　　③ ㄴ, ㄹ

④ ㄱ, ㄴ, ㄷ　　　⑤ ㄴ, ㄷ, ㄹ

439　서술형 ✎

두 양수 x, y에 대하여 $(2x+y)\left(\dfrac{2}{x}+\dfrac{1}{y}\right)$의 최솟값을 아래와 같은 방법으로 구하였다. 다음 물음에 답하시오.

───────────────────

$x>0$, $y>0$이므로 산술평균과 기하평균의 관계에 의하여

$$2x+y \geq 2\sqrt{2xy}=2\sqrt{2}\sqrt{xy} \qquad \cdots\cdots ①$$

$$\frac{2}{x}+\frac{1}{y} \geq 2\sqrt{\frac{2}{x}\times\frac{1}{y}}=\frac{2\sqrt{2}}{\sqrt{xy}} \qquad \cdots\cdots ②$$

따라서

$$(2x+y)\left(\frac{2}{x}+\frac{1}{y}\right) \geq 2\sqrt{2}\sqrt{xy}\times\frac{2\sqrt{2}}{\sqrt{xy}}=8 \qquad \cdots\cdots ③$$

이므로 $(2x+y)\left(\dfrac{2}{x}+\dfrac{1}{y}\right)$의 최솟값은 8이다. $\qquad \cdots\cdots ④$

───────────────────

(1) 처음으로 잘못된 부분의 번호를 쓰고 그 이유를 서술하시오.

(2) 올바른 최솟값과 그 값을 구하는 과정을 서술하시오.

(단, 등호가 성립하는 경우도 서술하시오.)

440　빈출 ⚡

| 선행 397 |

$a>0$, $b>0$이고 $5a+3b=4$일 때, $\dfrac{5}{a}+\dfrac{3}{b}$의 최솟값은?

① 12　　　　② 14　　　　③ 16

④ 18　　　　⑤ 20

441

$\dfrac{1}{2a+1}+\dfrac{1}{3b+1}=\dfrac{1}{5}$을 만족시키는 두 양수 a, b에 대하여 $2a+3b$의 최솟값은?

① 18   ② 19   ③ 20

④ 21   ⑤ 22

442 빈출

좌표평면 위의 점 $(3, 5)$를 지나는 직선

$\dfrac{x}{a}+\dfrac{y}{b}=1 \,(a>0,\ b>0)$과 x축, y축으로 둘러싸인 삼각형의

넓이의 최솟값은?

① 25   ② 30   ③ 35

④ 40   ⑤ 45

443

| 선행 435 |

실수 x에 대하여 $x^2+\dfrac{16}{9x^2+3}$의 최솟값과 그때의 x의 값을

구하시오.

444

$x>-2$일 때, $\sqrt{\dfrac{2x^2+2x+4}{x+2}}$는 $x=a$에서 최솟값 b를 갖는다.

두 상수 a, b에 대하여 $a+b$의 값은?

① $\sqrt{2}$ ② $2\sqrt{2}$ ③ $3\sqrt{2}$

④ $4\sqrt{2}$ ⑤ $5\sqrt{2}$

445 빈출 서술형

| 선행 400 |

$a+b=6$인 두 양수 a, b에 대하여 $\sqrt{a}+\sqrt{3b}$의 최댓값과 그때의

a, b의 값을 각각 구하고, 그 과정을 서술하시오.

446 빈출

두 실수 x, y에 대하여 $3x+4y=5$일 때, $9x^2+4y^2$의 최솟값을 m, 그때의 x, y의 값을 각각 a, b라 하자. $\dfrac{m}{ab}$의 값은?

① 14   ② 15   ③ 16

④ 17   ⑤ 18

447

$x+y=4$를 만족시키는 두 양수 x, y에 대하여 〈보기〉에서 옳은 것만을 있는 대로 고른 것은?

<보 기>

ㄱ. $\sqrt{xy}\leq 2$

ㄴ. $\sqrt{x}+\sqrt{y}\leq 2\sqrt{2}$

ㄷ. $\dfrac{1}{\sqrt{x}}+\dfrac{1}{\sqrt{y}}\leq\sqrt{2}$

① ㄱ   ② ㄴ   ③ ㄱ, ㄴ

④ ㄴ, ㄷ   ⑤ ㄱ, ㄴ, ㄷ

448 빈출

네 실수 a, b, c, d에 대하여
$$a^2+b^2=2, \quad c^2+d^2=18$$
일 때, $ab+cd$의 최댓값을 M_1, $ac+bd$의 최댓값을 M_2라 하자. M_1+M_2의 값을 구하시오. (단, $abcd\neq 0$이다.)

449

그림과 같이 사각형 ABCD는 원에 내접하고 이 원의 중심이 선분 BD 위에 있다. $\overline{AB}=1$, $\overline{AD}=7$일 때, 사각형 ABCD의 둘레의 길이의 최댓값은?

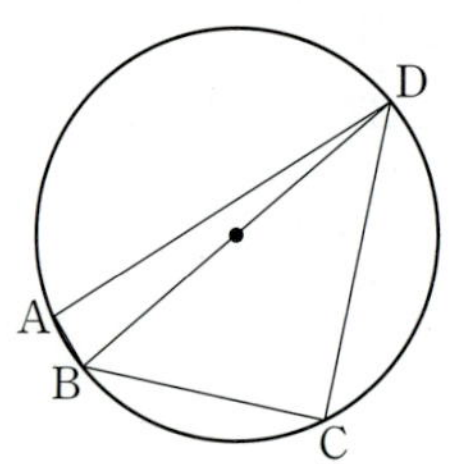

① 15   ② 18   ③ 21

④ 24   ⑤ 27

450

세 실수 a, b, c에 대하여 $a+b+c=6$일 때, $a^2+b^2+c^2$의 최솟값은?

① 9   ② 10   ③ 11

④ 12   ⑤ 13

451

세 실수 x, y, z에 대하여 $2x^2+3y^2+z^2=16$일 때,
$2x+3y+2z$의 최댓값은?

① 6 ② 8 ③ 10
④ 12 ⑤ 14

452

$x>1$, $y>2$, $z>3$일 때,
$\left(1+\dfrac{y-2}{x-1}\right)\left(1+\dfrac{z-3}{y-2}\right)\left(1+\dfrac{x-1}{z-3}\right)$의 최솟값을 구하시오.

453 빈출 ♔

두 실수 x, y에 대한 두 조건
$$p: (2^2+3^2)(4x^2+25y^2)-(4x+15y)^2>0$$
$$q: (x-a)^2+(y-b)^2=0$$
에 대하여 $\sim q$가 p이기 위한 필요조건이 되도록 하는 20 이하의
음이 아닌 두 정수 a, b의 순서쌍 $(a,\ b)$의 개수를 구하시오.

454

교육청 기출

다음은 세 양수 a, b, c에 대하여 부등식
$$\frac{a}{b+c}+\frac{b}{c+a}+\frac{c}{a+b}\geq\frac{3}{2}$$
이 성립함을 증명한 것이다.

<증 명>

$b+c=x$, $c+a=y$, $a+b=z$라 하자.
$a+b+c=$ (가) $(x+y+z)$이므로
$$a=\frac{1}{2}(y+z-x),\ b=\frac{1}{2}(z+x-y),\ c=\frac{1}{2}(x+y-z)$$
이다. 따라서
$$\frac{a}{b+c}+\frac{b}{c+a}+\frac{c}{a+b}$$
$$=\frac{1}{2}\left(\frac{y}{x}+\frac{z}{x}+\frac{z}{y}+\frac{x}{y}+\frac{x}{z}+\frac{y}{z}\right)+(\ \text{(나)}\ )$$
$$\geq\boxed{\text{(다)}}\left(\sqrt{\frac{y}{x}\times\frac{x}{y}}+\sqrt{\frac{z}{y}\times\frac{y}{z}}+\sqrt{\frac{x}{z}\times\frac{z}{x}}\right)+(\ \text{(나)}\ )$$
$$=\frac{3}{2}\ (\text{단, 등호는 } x=y=z\text{일 때 성립한다.})$$
따라서 세 양수 a, b, c에 대하여 주어진 부등식이 성립한다.

위의 과정에서 (가), (나), (다)에 알맞은 것은?

	(가)	(나)	(다)
①	$\frac{1}{2}$	$-\frac{1}{2}$	1
②	$\frac{1}{2}$	$-\frac{3}{2}$	2
③	$\frac{1}{2}$	$-\frac{3}{2}$	1
④	2	$-\frac{1}{2}$	2
⑤	2	$-\frac{3}{2}$	2

Ⅱ 집합과 명제

스키마 schema로 풀이 흐름 알아보기

x에 대한 이차방정식 $x^2-2\sqrt{5}x+k=0$이 허근을 가질 때, $k+5+\dfrac{9}{k-5}$는 $k=a$일 때, 최솟값 b를 갖는다.
조건 ①   조건 ②

두 상수 a, b에 대하여 $a+b$의 값은? (단, k는 실수이다.)
답

① 18   ② 20   ③ 22   ④ 24   ⑤ 26

↳ 주어진 **조건**은 무엇인지? 구하는 **답**은 무엇인지? 이 둘을 어떻게 연결할지?

1 단계

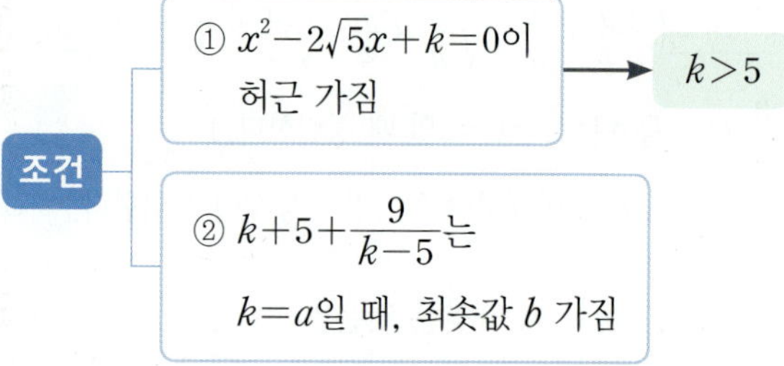

조건 ①에서
이차방정식 $x^2-2\sqrt{5}x+k=0$의
판별식을 D라 하면
$$\frac{D}{4}=(-\sqrt{5})^2-k<0$$이므로
$k>5$

2 단계

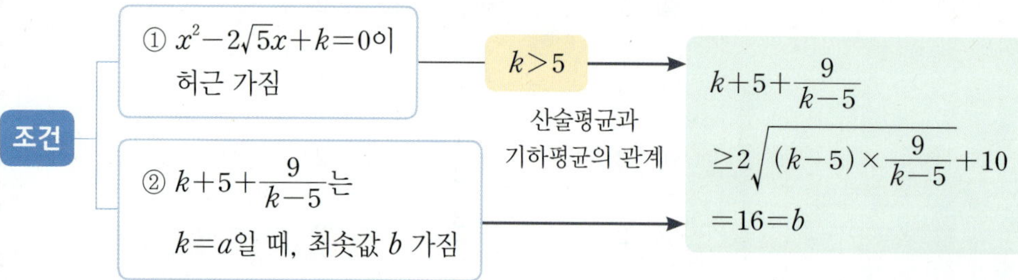

$k-5>0$이므로 산술평균과
기하평균의 관계에 의하여
조건 ②에서
$k+5+\dfrac{9}{k-5}$
$=k-5+\dfrac{9}{k-5}+10$
$\geq 2\sqrt{(k-5)\times\dfrac{9}{k-5}}+10$ ······ ㉠
$=16$

3 단계

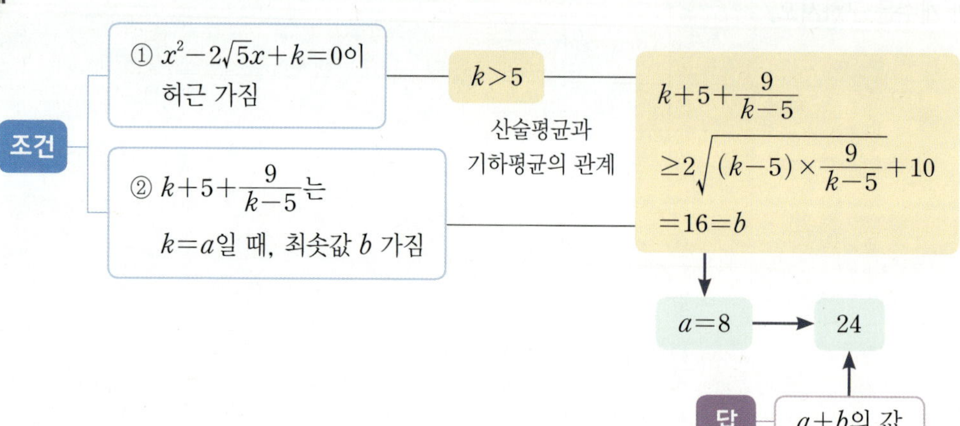

㉠에서 등호는
$k-5=\dfrac{9}{k-5}$일 때 성립하므로
$(k-5)^2=9$에서 $k=8$ ($\because k>5$)
따라서 $k+5+\dfrac{9}{k-5}$는
$k=8$일 때 최솟값 16을 가지므로
$a=8$, $b=16$이다.
$\therefore a+b=8+16=24$

455

자연수 k의 양의 약수의 집합 A_k에 대하여 세 조건 p, q, r이 다음과 같다.

$$p: x \in A_m, \quad q: x \in A_{24}, \quad r: x \in A_n$$

q가 p이기 위한 충분조건이지만 필요조건은 아니고, q가 r이기 위한 필요조건이지만 충분조건이 아닐 때, m의 최솟값과 n의 최댓값의 합은? (단, m, n은 자연수이다.)

① 44   ② 48   ③ 52

④ 56   ⑤ 60

456

실수 x에 대한 두 조건

$$p: \frac{\sqrt{x+2}}{\sqrt{x-5}} = -\sqrt{\frac{x+2}{x-5}}, \quad q: x^2 - 2x \geq a+1$$

에 대하여 명제 $p \longrightarrow \sim q$의 역이 참이 되도록 하는 실수 a의 최댓값은?

① 3   ② 4   ③ 5

④ 6   ⑤ 7

457

두 실수 x, y에 대하여 세 조건 p, q, r이 다음과 같다.

> $p: \dfrac{1}{x} + \dfrac{1}{y} = 1$
>
> $q: (x-1)(y-1) = 1$
>
> $r:$ 가로와 세로의 길이가 각각 x, y인 직사각형의 둘레의 길이는 넓이의 2배이다.

〈보기〉에서 역이 참인 명제만을 있는 대로 고른 것은?

> ─〈보 기〉─
>
> ㄱ. $q \longrightarrow p$ ㄴ. $\sim r \longrightarrow \sim q$ ㄷ. $\sim p \longrightarrow r$

① ㄱ   ② ㄴ   ③ ㄱ, ㄴ

④ ㄴ, ㄷ   ⑤ ㄱ, ㄴ, ㄷ

458

$a>0$, $b>0$, $c>0$일 때,

$\left(\dfrac{3a}{4}+2b+\dfrac{5c}{2}\right)\left(\dfrac{1}{3a+2b}+\dfrac{1}{3b+5c}\right)$의 최솟값은?

① $\dfrac{1}{2}+\dfrac{\sqrt{2}}{4}$ ② $\dfrac{1}{2}+\dfrac{\sqrt{2}}{2}$ ③ $\dfrac{3}{4}+\dfrac{\sqrt{2}}{4}$

④ $\dfrac{3}{4}+\dfrac{\sqrt{2}}{2}$ ⑤ $\dfrac{3}{4}+\dfrac{3\sqrt{2}}{4}$

459

그림과 같이 한 변의 길이가 $a+b$인 정사각형 ABCD의 네 변 AB, BC, DC, DA를 각각 $a:b$로 내분하는 점을 각각 E, F, G, H라 하고, 선분 FH의 중점을 M이라 하자. $\overline{FH}=4\sqrt{6}$일 때, 삼각형 FGM의 넓이의 최댓값은? (단, $a>0$, $b>0$이다.)

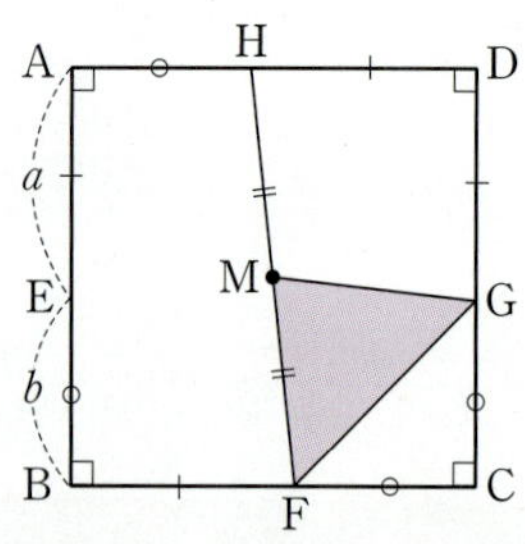

① 4 ② 6 ③ 12
④ 16 ⑤ 24

460

전체집합 U의 공집합이 아닌 네 부분집합 P, Q, R, S가 각각 네 조건 p, q, r, s의 진리집합이고, 다음 조건을 만족시킨다.

(개) $a\in U$인 a에 대하여 $a\in P$이면 $a\in R$이다.
(내) 조건 s는 거짓이 되게 하고, 조건 r은 참이 되게 하는 집합 U의 원소가 존재한다.
(대) 집합 Q의 모든 원소에 대하여 $\sim s$이다.
(래) 집합 U의 어떤 원소에 대하여 p이고 s이다.

〈보기〉에서 옳은 것만을 있는 대로 고른 것은?

〈보 기〉

ㄱ. 집합 U의 모든 원소에 대하여 r 또는 $\sim p$이다.
ㄴ. 조건 r을 만족시키는 집합 U의 원소는 적어도 2개 존재한다.
ㄷ. 명제 $\sim q \rightarrow s$가 거짓임을 보이는 반례의 집합을 X, 명제 $r \rightarrow s$가 거짓임을 보이는 반례의 집합을 Y라 할 때, $Y \subset X$이다.

① ㄱ ② ㄴ ③ ㄱ, ㄴ
④ ㄴ, ㄷ ⑤ ㄱ, ㄴ, ㄷ

461

| 선행 **422** |

실수 x에 대한 두 조건

$$p: x^2-4\neq 0,$$
$$q: x^4+(k-5)x^2-4k+4\neq 0$$

이 있다. p가 q이기 위한 필요충분조건이 되도록 하는 10보다 작은 정수 k의 개수를 구하시오.

462

세 양수 x, y, z에 대하여 〈보기〉에서 항상 성립하는 것만을 있는 대로 고른 것은?

<보 기>

ㄱ. $x^2+y^2+z^2>xy+yz+zx$

ㄴ. $x^3+y^3+z^3\geq 3xyz$

ㄷ. $(x+y)(y+z)(z+x)\geq 8xyz$

① ㄱ   ② ㄴ   ③ ㄷ

④ ㄱ, ㄷ   ⑤ ㄴ, ㄷ

463

교육청 기출

다음은 $n\geq 2$인 자연수 n에 대하여 $\sqrt{n^2-1}$이 유리수가 아님을 증명한 것이다.

<증 명>

$\sqrt{n^2-1}$이 유리수라 가정하면

$\sqrt{n^2-1}=\dfrac{q}{p}$ (p, q는 서로소인 자연수)로 놓을 수 있다.

이 식의 양변을 제곱해서 정리하면

$p^2(n^2-1)=q^2$이다.

p는 q^2의 약수이고, p, q는 서로소인 자연수이므로

$n^2=$ (가) 이다.

자연수 k에 대하여

(i) $q=2k$일 때

  $(2k)^2<n^2<$ (나) 인 자연수 n이 존재하지 않는다.

(ii) $q=2k+1$일 때

  (나) $<n^2<(2k+2)^2$인 자연수 n이 존재하지 않는다.

(i), (ii)에 의하여 $\sqrt{n^2-1}=\dfrac{q}{p}$ (p, q는 서로소인 자연수)를 만족시키는 자연수 n은 존재하지 않는다.

따라서 $\sqrt{n^2-1}$은 유리수가 아니다.

위의 (가), (나)에 알맞은 식을 각각 $f(q)$, $g(k)$라 할 때, $f(2)+g(3)$의 값은?

① 50   ② 52   ③ 54

④ 56   ⑤ 58

464 서술형 ✏️

명제 '$m>n$을 만족시키는 두 자연수 m, n에 대하여 $m-n$과 $m+n$이 서로소이면 m과 n은 서로소이다.'의 대우를 이용하여 주어진 명제가 참임을 증명하시오.

465 서술형 ✏️

명제 '$y^2-3x=2$를 만족시키는 정수 x, y는 존재하지 않는다.'가 참임을 귀류법을 이용하여 증명하시오.

466

교육청 기출

철수는 그림과 같이 넓이가 1200인 화단을 만들기 위해 직사각형 ABCD 모양의 울타리를 설치하려고 한다. 울타리 설치비용 중 영희네와 이웃한 B지점에서 C지점까지는 절반씩 나누어 지불하고, 나머지는 철수가 지불한다. 울타리를 설치하는데 철수가 지불해야 하는 총비용이 최소일 때, B지점에서 C지점까지 설치할 울타리의 길이는? (단, 울타리의 설치비용은 높이와 두께에 상관없이 둘레의 길이에 비례한다.)

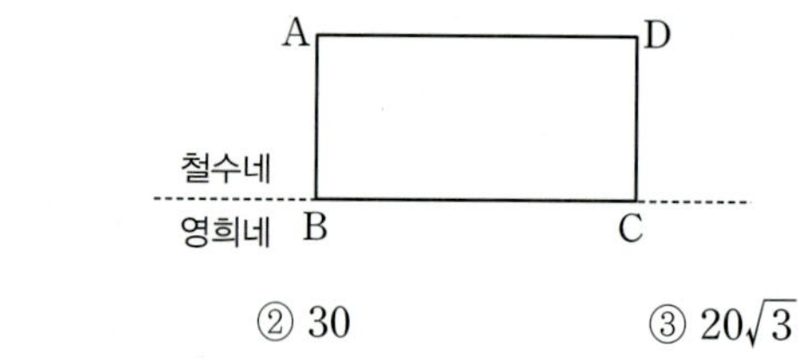

① 20 　　② 30 　　③ $20\sqrt{3}$

④ 40 　　⑤ 60

467

$x>0$, $y>0$일 때, $\dfrac{24x^2+26xy+6y^2}{4x^2+4xy+y^2}$의 최댓값을 구하시오.

468

그림과 같이 $\overline{AB}=6$, $\overline{BC}=8$, $\angle B=90°$인 직각삼각형 ABC에 내접하는 직사각형을 만들려고 한다. 이 직사각형의 한 변이 선분 AC 위에 있고 두 꼭짓점이 두 변 AB, BC 위에 각각 하나씩 존재할 때, 이 직사각형의 넓이의 최댓값을 S, 그때의 직사각형의 둘레의 길이를 l이라 하자. $l-S$의 값은?

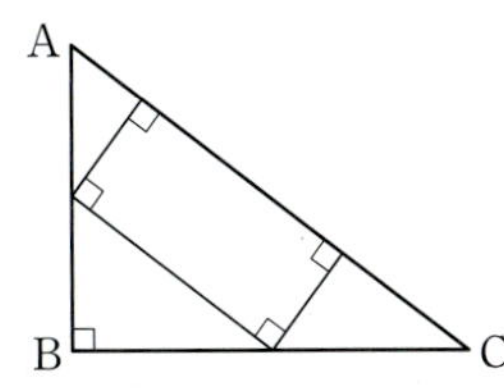

① $\dfrac{14}{5}$ ② 3 ③ $\dfrac{16}{5}$

④ $\dfrac{17}{5}$ ⑤ $\dfrac{18}{5}$

469

0이 아닌 두 실수 a, b에 대하여 $\dfrac{9a^2+30ab+25b^2}{a^2+b^2}$의 최댓값은?

① 30 ② 31 ③ 32

④ 33 ⑤ 34

470

대각선의 길이가 6인 직육면체의 겉넓이의 최댓값을 M이라 하고, 그때의 직육면체의 모든 모서리의 길이의 합을 k라 할 때, $\dfrac{M}{k}$의 값을 구하시오.

471

그림과 같이 $\overline{AB}=8$, $\overline{BC}=6$, $\overline{CA}=10$인 직각삼각형 ABC의 내부의 한 점 P에서 세 변 AB, BC, CA에 이르는 거리가 각각 a, b, c일 때, $\dfrac{4}{a}+\dfrac{3}{b}+\dfrac{5}{c}$의 최솟값은?

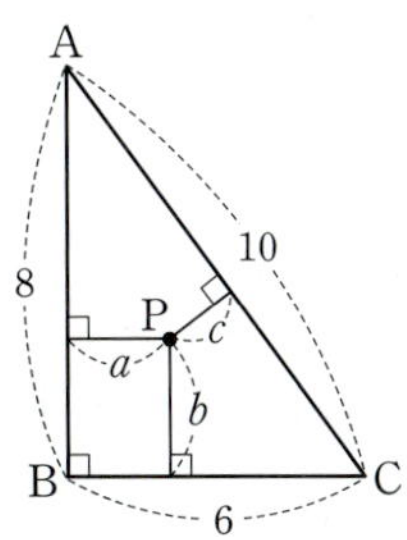

① 2 ② 3 ③ 4

④ 5 ⑤ 6

472

| 선행 444 |

$a+b=2$를 만족시키는 음이 아닌 두 실수 a, b에 대하여

$$\frac{1}{a+3}-\frac{b}{2a+12}$$

의 최솟값은?

① $\frac{1}{2}$　　　② $\frac{1}{4}$　　　③ $\frac{1}{6}$

④ $\frac{1}{8}$　　　⑤ $\frac{1}{10}$

473

세 실수 a, b, c에 대하여

$$a+b+c=5, \ a^2+b^2+c^2=11$$

일 때, c의 최댓값을 M, 최솟값을 m이라 하자. $M+3m$의 값을 구하시오.

474

다음은 서로 다른 n개의 자연수 a_1, a_2, a_3, $\cdots$, a_n에 대하여 부등식

$$\frac{a_1}{1^2}+\frac{a_2}{2^2}+\frac{a_3}{3^2}+\cdots+\frac{a_n}{n^2}\geq\frac{1}{1}+\frac{1}{2}+\frac{1}{3}+\cdots+\frac{1}{n}$$

이 성립함을 증명하는 과정이다.

> 자연수 k에 대하여 $\dfrac{a_k}{k^2}>0$, $\dfrac{1}{a_k}>0$이므로
>
> 산술평균과 기하평균의 관계에 의하여
>
> $$\frac{a_k}{k^2}+\frac{1}{a_k}\geq\boxed{(가)}\quad\left(\text{단, 등호는 }\frac{a_k}{k^2}=\frac{1}{a_k}\text{일 때 성립한다.}\right)$$
>
> 이다. 따라서
>
> $$\left(\frac{a_1}{1^2}+\frac{a_2}{2^2}+\frac{a_3}{3^2}+\cdots+\frac{a_n}{n^2}\right)+\left(\frac{1}{a_1}+\frac{1}{a_2}+\frac{1}{a_3}+\cdots+\frac{1}{a_n}\right)$$
> $$\geq\boxed{(나)}\times\left(\frac{1}{1}+\frac{1}{2}+\frac{1}{3}+\cdots+\frac{1}{n}\right)$$
>
> 한편, 서로 다른 n개의 자연수 a_1, a_2, a_3, $\cdots$, a_n에 대하여
>
> $$\frac{1}{a_1}+\frac{1}{a_2}+\frac{1}{a_3}+\cdots+\frac{1}{a_n}\boxed{(다)}\frac{1}{1}+\frac{1}{2}+\frac{1}{3}+\cdots+\frac{1}{n}$$이므로
>
> 서로 다른 n개의 자연수 a_1, a_2, a_3, $\cdots$, a_n에 대하여 부등식
>
> $$\frac{a_1}{1^2}+\frac{a_2}{2^2}+\frac{a_3}{3^2}+\cdots+\frac{a_n}{n^2}\geq\frac{1}{1}+\frac{1}{2}+\frac{1}{3}+\cdots+\frac{1}{n}$$
>
> 이 성립한다.

위의 과정에서 (가), (나), (다)에 알맞은 것은?

	(가)	(나)	(다)
①	$\frac{2}{k}$	2	$\geq$
②	$\frac{2}{k}$	2	$\leq$
③	$\frac{2}{k}$	$\frac{1}{2}$	$\leq$
④	$\frac{1}{k}$	2	$\geq$
⑤	$\frac{1}{k}$	$\frac{1}{2}$	$\geq$

475

실수 x에 대한 두 조건

$$p: 2|x-n|-|x-2n|+2|x-3n|<4n$$
$$q: k-2|x-5|\leq 2n$$

이 다음 조건을 만족시킬 때, 실수 k의 최솟값을 구하시오.

(단, n은 자연수이다.)

(개) 조건 p의 진리집합을 P라 하고, $Z=\{x\,|\,x$는 정수$\}$라 할 때,
$n(P\cap Z)=6$이다.

(내) p는 $\sim q$이기 위한 충분조건이다.

476

네 명의 학생 A, B, C, D가 한 줄로 서서 맨 앞에 서 있는 사람부터 한 명씩 다음 규칙에 따라 진술하였다. 다음 〈보기〉에서 옳은 것만을 있는 대로 고른 것은?

(규칙 1) 맨 앞에 서 있는 사람은 거짓말만 한다.
(규칙 2) 참말을 한 사람 바로 뒤에 서 있는 사람은 반드시 거짓말을 한다.
(규칙 3) 거짓말을 한 사람 바로 뒤에 서 있는 사람은 반드시 참말을 한다.

(학생 A의 진술) 내가 서 있는 곳은 맨 뒤가 아니다.
(학생 B의 진술) 학생 C가 두 번째에 서 있지 않다.
(학생 C의 진술) 나의 앞 쪽에 서 있는 사람 중 학생 B가 있다.
(학생 D의 진술) 나는 맨 뒤에 서 있다.

〈보 기〉

ㄱ. 학생 A는 반드시 참말을 한다.
ㄴ. 맨 뒤에 서 있는 학생은 B이다.
ㄷ. 네 학생 A, B, C, D가 줄을 서는 가능한 경우는 2가지이다.

① ㄱ   ② ㄴ   ③ ㄱ, ㄴ
④ ㄴ, ㄷ   ⑤ ㄱ, ㄴ, ㄷ

III 함수와 그래프

이전 학습 내용

• 함수와 그래프 [중2]

1. 함수

두 변수 x, y에 대하여 x의 값이 정해지면 y의 값도 단 하나로 정해지는 관계가 있을 때, y는 x의 함수라 하고, 기호로 $y=f(x)$와 같이 나타낸다.

2. 함숫값

함수 $y=f(x)$에서 $x=a$일 때, $f(a)$를 $x=a$에 대응하는 함숫값이라 한다. 일반적으로 x의 값에 대응하는 함숫값을 $f(x)$와 같이 나타낸다.

3. 함수의 그래프

함수 $y=f(x)$에서 각 x의 값을 x좌표로 하고, x의 값에 대한 함숫값 y를 y좌표로 하는 순서쌍 (x, y)를 모두 좌표평면 위에 나타낸 것을 함수의 그래프라 한다.

현재 학습 내용

• 함수의 뜻과 그래프 ······ 유형 01 함수의 뜻과 그래프

1. 대응

공집합이 아닌 두 집합 X, Y에 대하여 X의 원소에 Y의 원소를 짝 지어 주는 것을 집합 X에서 집합 Y로의 대응이라 한다. 이때 X의 원소 x에 Y의 원소 y가 대응하는 것을 기호로 $x \longrightarrow y$와 같이 나타낸다.

2. 함수

두 집합 X, Y에 대하여 X의 각 원소에 Y의 원소가 오직 하나씩 대응할 때, 이 대응을 X에서 Y로의 함수라 하고, 이 함수 f를 기호로 $f : X \longrightarrow Y$와 같이 나타낸다.

함수 $f : X \longrightarrow Y$에서

(1) **정의역** : 집합 X

(2) **공역** : 집합 Y

(3) **함숫값** : 정의역 X의 원소 x에 대응하는 공역 Y의 원소
$$y=f(x)$$

(4) **치역** : 함숫값 전체의 집합 $\{f(x) \,|\, x \in X\}$

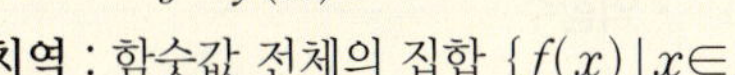

3. 함수가 서로 같을 조건

두 함수 $f : X \longrightarrow Y$, $g : X \longrightarrow Y$에서 ← 정의역과 공역이 각각 서로 같다.

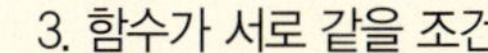

　　정의역의 모든 원소 x에 대하여 $f(x)=g(x)$

일 때, 두 함수 f와 g는 서로 같다고 하고, 기호로 $f=g$와 같이 나타낸다.

4. 함수의 그래프

함수 $f : X \longrightarrow Y$에서 정의역 X의 원소 x와 이에 대응하는 함숫값 $f(x)$의 순서쌍 $(x, f(x))$ 전체의 집합 $\{(x, f(x)) \,|\, x \in X\}$를 함수 f의 그래프라 한다.

특히 함수 $y=f(x)$의 정의역과 공역이 실수 전체의 집합일 때, 함수 f의 그래프는 순서쌍 $(x, f(x))$를 좌표평면에 점으로 나타내어 그릴 수 있다.

• 여러 가지 함수 ······ 유형 02 일대일함수, 일대일대응, 항등함수, 상수함수

(1) **일대일함수**

　함수 $f : X \longrightarrow Y$에서 정의역 X의 임의의 두 원소 x_1, x_2에 대하여 $x_1 \neq x_2$이면 $f(x_1) \neq f(x_2)$가 성립하는 함수

(2) **일대일대응**　일대일대응이면 일대일함수이다.

　일대일함수 중 (치역)=(공역)인 함수

(3) **항등함수**　항등함수는 일대일대응이다.

　함수 $f : X \longrightarrow X$에서 정의역 X의 각 원소 x에 그 자신인 x가 대응하는 함수
　즉, $f(x)=x$　항등함수는 보통 I로 나타낸다.

(4) **상수함수**　상수함수의 치역은 원소가 1개인 집합이다.

　함수 $f : X \longrightarrow Y$에서 정의역 X의 모든 원소 x에 공역 Y의 단 하나의 원소 c가 대응하는 함수, 즉 $f(x)=c$ (c는 상수)

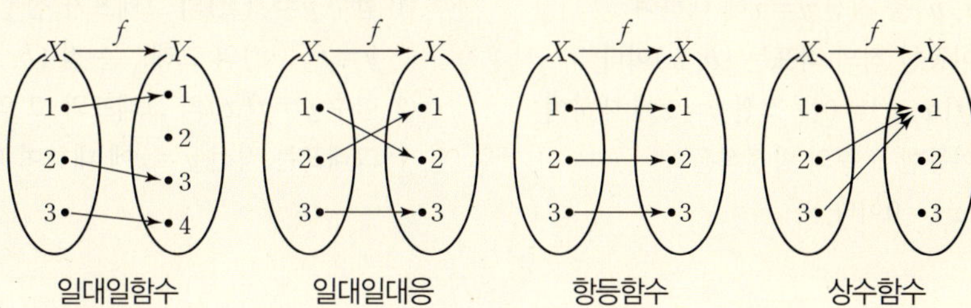

• 합성함수 ·· 유형 03 합성함수

1. 합성함수

두 함수 $f : X \longrightarrow Y$, $g : Y \longrightarrow Z$에 대하여 집합 X의
각 원소 x에 집합 Z의 원소 $g(f(x))$를 대응시키는
함수를 f와 g의 합성함수라 하고, 기호로
$$g \circ f : X \longrightarrow Z,\ (g \circ f)(x) = g(f(x))$$
와 같이 나타낸다.

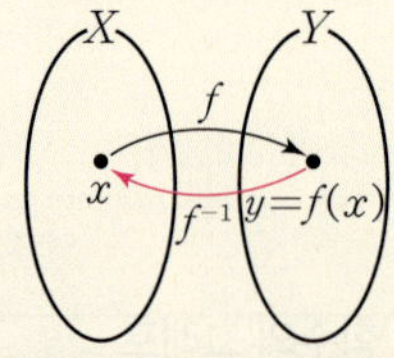

2. 합성함수의 성질

세 함수 f, g, h에 대하여

(1) $g \circ f \neq f \circ g$ 교환법칙이 성립하지 않는다.

(2) $h \circ (g \circ f) = (h \circ g) \circ f$ 결합법칙이 성립하므로 $h \circ g \circ f$로 나타낼 수 있다.

(3) $f : X \longrightarrow X$일 때, $f \circ I = I \circ f = f$ (단, I는 X에서 X로의 항등함수)

• 역함수 ·· 유형 04 역함수

1. 역함수

함수 $f : X \longrightarrow Y$가 일대일대응일 때, 집합 Y의 각 원소 y에
$f(x) = y$인 집합 X의 원소 x를 대응시키는 함수를 f의 역함수라
하고, 기호로 $f^{-1} : Y \longrightarrow X$, $f^{-1}(y) = x$와 같이 나타낸다.

(1) 함수 $f(x)$의 역함수 $f^{-1}(x)$에 대하여
$$f(a) = b \Longleftrightarrow f^{-1}(b) = a$$

(2) 함수 f의 정의역 X는 역함수 f^{-1}의 치역이고, 함수 f의 치역 Y는 역함수 f^{-1}의
정의역이다.

2. 역함수 구하는 순서

(1) 함수 $y = f(x)$가 일대일대응인지 확인한다.

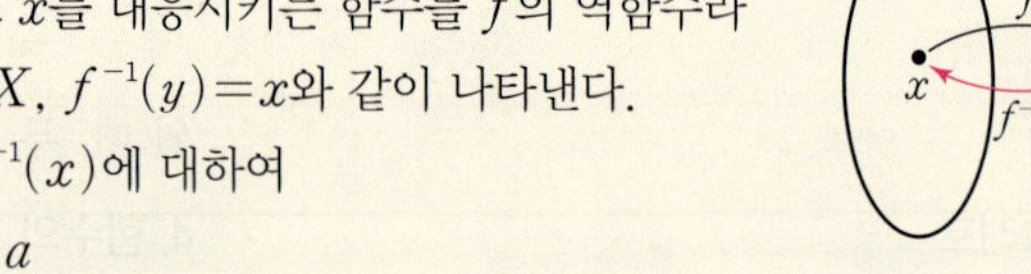

$$y = f(x) \xrightarrow{\ \ (2)\ x\text{에 대하여 푼다.}\ \ } x = f^{-1}(y) \xrightarrow{\ \ (3)\ x\text{와 }y\text{를 서로 바꾼다.}\ \ } y = f^{-1}(x)$$

(4) 함수 $y = f(x)$의 치역을 역함수의 정의역으로 한다.

3. 역함수의 성질

함수 $f : X \longrightarrow Y$가 일대일대응일 때, 그 역함수 $f^{-1} : Y \longrightarrow X$에 대하여

(1) $(f^{-1})^{-1} = f$ f^{-1}의 역함수는 f이다.

(2) $(f^{-1} \circ f)(x) = x\ (x \in X)$, 즉 $f^{-1} \circ f = I_X$ 집합 X에서의 항등함수

(3) $(f \circ f^{-1})(y) = y\ (y \in Y)$, 즉 $f \circ f^{-1} = I_Y$ 집합 Y에서의 항등함수

(4) 두 함수 $f : X \longrightarrow Y$, $g : Y \longrightarrow Z$가 일대일대응일 때, $(g \circ f)^{-1} = f^{-1} \circ g^{-1}$

(5) 두 함수 $f : X \longrightarrow Y$, $g : Y \longrightarrow X$에 대하여 $g \circ f = I_X$, $f \circ g = I_Y \Longleftrightarrow g = f^{-1}$

4. 역함수의 그래프의 성질

(1) 함수 $y = f(x)$의 그래프가 점 (a, b)를 지나면 역함수
$y = f^{-1}(x)$의 그래프는 점 (b, a)를 지난다.

(2) 함수 $y = f(x)$의 그래프와 그 역함수 $y = f^{-1}(x)$의
그래프는 직선 $y = x$에 대하여 대칭이다.

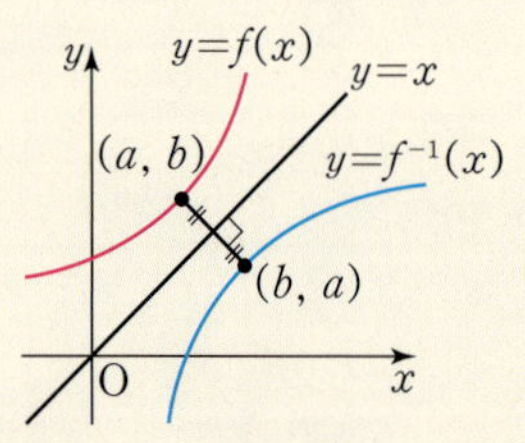

유형 05 함수의 개수

• 역수 중1

어떤 두 수의 곱이 1이 될 때, 한 수를 다른
수의 역수라 한다. $a \neq 0$일 때,

$a \times \dfrac{1}{a} = 1$이므로 a의 역수는 $\dfrac{1}{a}$이고,

$\dfrac{1}{a}$의 역수는 a이다.

• 직선 $y = x$에 대한 대칭이동 I 도형의 방정식

(1) 점 (a, b)를 직선 $y = x$에 대하여
대칭이동한 점의 좌표는 (b, a)이다.

(2) 도형 $f(x, y) = 0$을 직선 $y = x$에 대하여
대칭이동한 도형의 방정식은
$f(y, x) = 0$이다.

STEP 1 교과서를 정복하는 핵심 유형

유형 01 함수의 뜻과 그래프

함수의 뜻과 그래프에는
(1) 함수의 뜻, 두 함수가 서로 같을 조건, 함수의 그래프인지를 판단하는 문제
(2) 다양하게 정의되는 함수, 절댓값 함수, 가우스 함수 등 여러 가지 함수에 관한 문제
로 분류하였다.

477

다음 〈보기〉에서 집합 X에서 집합 Y로의 함수인 것만을 있는 대로 고른 것은?

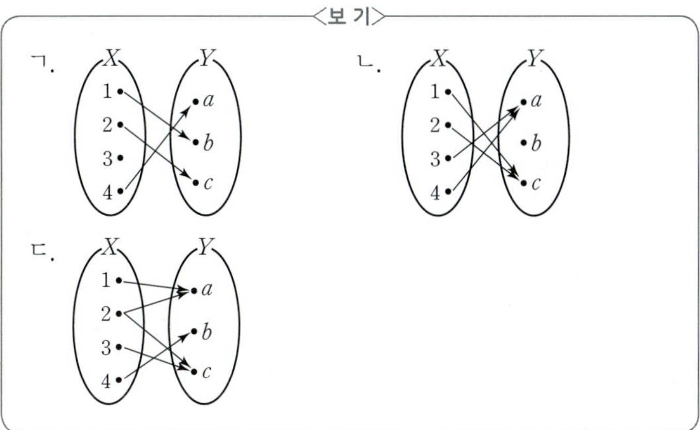

① ㄱ　　　　② ㄴ　　　　③ ㄷ
④ ㄴ, ㄷ　　　⑤ ㄱ, ㄴ, ㄷ

478

집합 $X=\{1, 2, 3\}$에서 집합 $Y=\{-1, 0, 1, 2\}$로의 대응 f가 그림과 같을 때, 이 대응에 대한 설명 중 옳지 <u>않은</u> 것은?

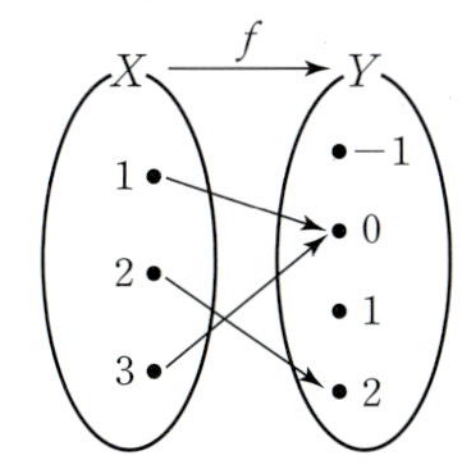

① 이 대응은 집합 X에서 집합 Y로의 함수이다.
② $f(1)=0$이다.
③ 함수 f의 정의역은 X이다.
④ 함수 f의 공역은 Y이다.
⑤ 함수 f의 치역은 $\{-1, 0, 1, 2\}$이다.

479 빈출

두 집합 $X=\{-1, 0, 1\}$, $Y=\{0, 1, 2\}$에 대하여 집합 X에서 집합 Y로의 함수가 <u>아닌</u> 것은?

① $f(x)=x+1$　　　　② $f(x)=|x-1|$

③ $f(x)=\begin{cases} 1 \ (x<0) \\ 0 \ (x\geq0) \end{cases}$　　　④ $f(x)=x^2+1$

⑤ $f(x)=\sqrt{x+1}$

480 빈출

다음 중 함수의 그래프가 될 수 있는 것은?

① 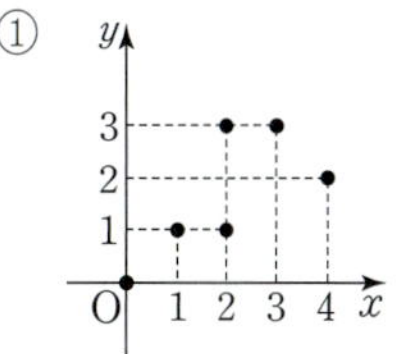　　② 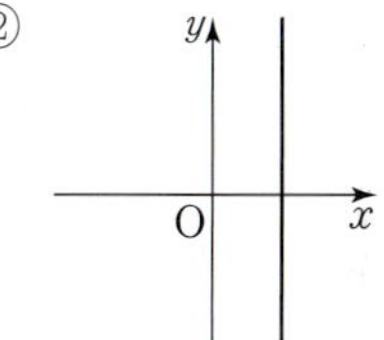

③ 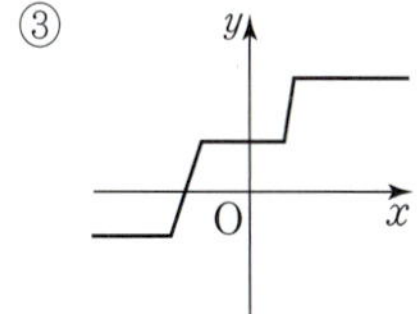　　④ 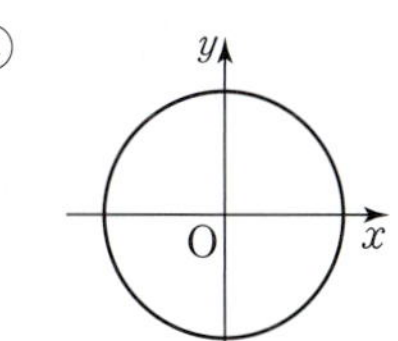

⑤ 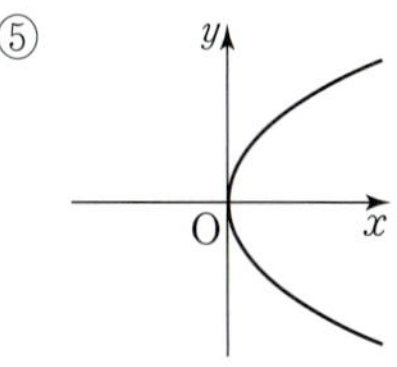

481

집합 $X=\{x\,|\,-2\leq x\leq3\}$에 대하여 X에서 X로의 함수 $f(x)=ax+b$의 공역과 치역이 같을 때, $a+b$의 최솟값은?
(단, a, b는 상수이다.)

① -2　　　　② -1　　　　③ 0
④ 1　　　　⑤ 2

482

다음 〈보기〉에서 정의역이 $\{-1,\ 0,\ 1\}$인 두 함수 $f,\ g$가 서로 같은 함수인 것만을 있는 대로 고른 것은?

─〈보 기〉─
ㄱ. $f(x)=|x|,\ g(x)=x^2$
ㄴ. $f(x)=2-x,\ g(x)=x+2$
ㄷ. $f(x)=1-x^3,\ g(x)=1-x$

① ㄱ ② ㄴ ③ ㄱ, ㄴ
④ ㄱ, ㄷ ⑤ ㄴ, ㄷ

483 빈출

정의역이 $\{1,\ 2\}$인 두 함수 $f(x)=ax-1,\ g(x)=x^2+b$에 대하여 $f=g$일 때, $a+b$의 값은? (단, $a,\ b$는 상수이다.)

① 1 ② 2 ③ 3
④ 4 ⑤ 5

484

이차함수 $y=x^2+2ax+5$의 정의역이 $\{x\,|\,-2a\le x\le 3\}$이고 치역이 $\{y\,|\,1\le y\le b\}$일 때, 양수 $a,\ b$에 대하여 $a+b$의 값은?

① 20 ② 22 ③ 24
④ 26 ⑤ 28

일대일함수, 일대일대응, 항등함수, 상수함수에 대하여 정의와 성질을 이용하는 문제로 분류하였다.

유형 해결 TIP
특히, 일대일함수와 일대일대응의 정의를 정확하게 구분하여 알아두도록 하자.

485 빈출

다음 〈보기〉는 실수 전체의 집합 R에서 R로의 함수의 그래프이다. 〈보기〉에서 다음에 해당되는 것을 각각 있는 대로 고르시오.

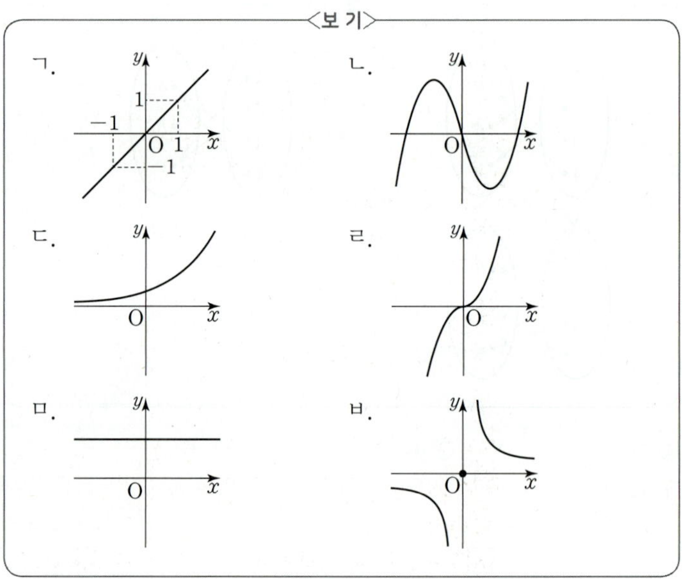

(1) 일대일함수
(2) 치역과 공역이 같은 함수
(3) 일대일대응
(4) 항등함수
(5) 상수함수

486

다음 중 집합 $X=\{x\,|\,x$는 양의 실수$\}$에 대하여 X에서 X로의 대응 f가 일대일대응인 것은?

① $f(x)=3$ ② $f(x)=x+1$
③ $f(x)=-2x$ ④ $f(x)=|x-2|$
⑤ $f(x)=x^2+x$

487

두 집합 $X=\{1, 2, 3, 4\}$, $Y=\{1, 3, 5, 7\}$에 대하여 함수 $f : X \longrightarrow Y$가 일대일대응이다. $f(2)=5$, $f(1)-f(3)=4$일 때, $f(3)+f(4)$의 값을 구하시오.

488

함수 $f : X \longrightarrow Y$에 대한 다음 설명 중 옳지 <u>않은</u> 것은?

(단, X, Y는 유한집합이다.)

① 함수 f가 일대일함수일 때, 공역과 치역이 같으면 함수 f는 일대일대응이다.
② 함수 f가 상수함수이면 집합 $\{f(x)|x\in X\}$의 원소의 개수는 1이다.
③ 함수 f가 항등함수이면 함수 f의 치역은 정의역과 같다.
④ 함수 f의 정의역의 임의의 두 원소 x_1, x_2에 대하여 $f(x_1)=f(x_2)$일 때 $x_1=x_2$이면 함수 f는 일대일대응이다.
⑤ $n(X)=n(Y)$이고, 공역과 치역이 같으면 함수 f는 일대일대응이다.

489

실수 전체의 집합 R에서 R로의 함수

$$f(x)=\begin{cases}(a^2-5a)x & (x\leq 0) \\ 2x & (x>0)\end{cases}$$

가 일대일대응이 되도록 하는 실수 a의 값의 범위는?

① $0<a<2$
② $0\leq a\leq 5$
③ $a<0$ 또는 $a>2$
④ $a<0$ 또는 $a>5$
⑤ $a\leq 0$ 또는 $a\geq 5$

490 빈출 ♛

집합 $X=\{x\,|\,-3\leq x\leq 5\}$에서 집합 $Y=\{y\,|\,-6\leq y\leq 10\}$으로의 함수 $f(x)=ax+b$ $(a<0)$가 일대일대응이 되도록 하는 상수 a, b에 대하여 $a+b$의 값은?

① -2
② -1
③ 0
④ 1
⑤ 2

유형 03 합성함수

합성함수에 대하여
(1) 합성함수의 뜻, 정의될 조건을 이용하는 문제
(2) 합성함수의 식 또는 함숫값을 구하는 문제
(3) 여러 번 합성한 합성함수의 규칙성을 파악하는 문제
(4) 두 함수가 주어질 때, 합성함수의 그래프의 개형을 그리거나 그래프를 해석하는 문제
로 분류하였다.

491

두 집합 $X=\{1, 2, 3\}$, $Y=\{2, 3, 5\}$에 대하여 두 함수 $f : X \longrightarrow Y$, $g : Y \longrightarrow X$가 그림과 같을 때, $(g \circ f)(2)+(f \circ g)(5)$의 값은?

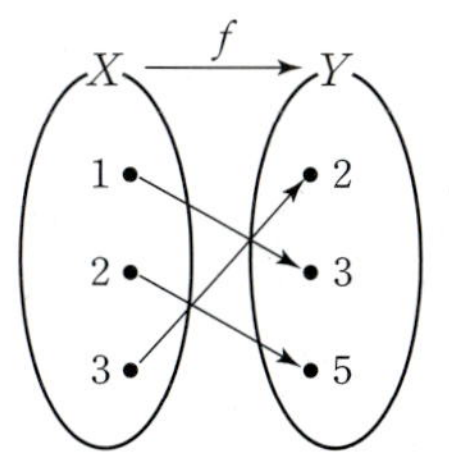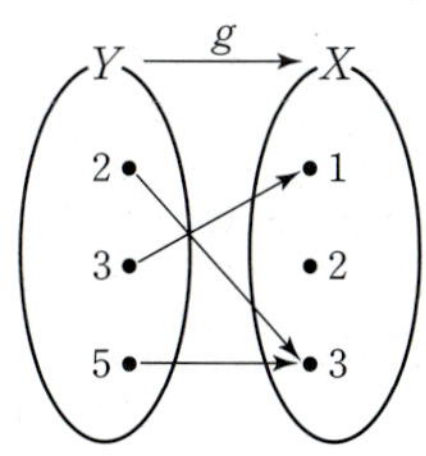

① 3
② 4
③ 5
④ 6
⑤ 7

492

세 함수
$$f(x)=3x-1,\ g(x)=x^2-3,\ h(x)=|2x-1|$$
에 대하여 다음 값을 구하시오.

(1) $(g\circ f)(2)$

(2) $(f\circ g)(2)$

(3) $((f\circ g)\circ h)(-1)+(f\circ(g\circ h))(1)$

493

집합 $X=\{x\,|\,-a\leq x\leq a\}$에 대하여 X에서 X로의 함수 f가
$$f(x)=x^2-2$$
일 때, 함수 $f\circ f$가 정의되도록 하는 양수 a의 값을 구하시오.

494 빈출

두 함수 $f(x)=3x+2$, $g(x)=-x+k$에 대하여 $f\circ g=g\circ f$를 만족시키는 상수 k의 값은?

① -1 ② -2 ③ -3

④ -4 ⑤ -5

495

실수 전체의 집합에서 정의된 두 함수 f, g가 일대일대응이고, $f(6)=8$, $g(3)=4$, $(f\circ g)(5)=8$, $(f\circ g)(3)=9$를 만족시킬 때, $f(4)+g(5)$의 값은?

① 12 ② 13 ③ 14

④ 15 ⑤ 16

496

집합 $X=\{1,\ 2,\ 3\}$에 대하여 X에서 X로의 두 함수 f, g가 일대일대응이고, $f(2)=3$, $g(3)=1$, $(f\circ g)(1)=1$을 만족시킬 때, $(f\circ g)(2)+f(3)$의 값은?

① 2 ② 3 ③ 4

④ 5 ⑤ 6

역함수에 대하여

(1) 역함수의 뜻, 역함수가 존재할 조건을 이용하는 문제

(2) 역함수의 식 또는 함숫값을 구하는 문제

(3) 함수와 역함수의 그래프의 관계를 해석하는 문제

(4) 합성하여 항등함수가 되는 두 함수가 서로 역함수 관계임을 이용하는 문제

로 분류하였다.

497

다음 〈보기〉는 실수 전체의 집합 R에서 R로의 함수이다. 〈보기〉에서 역함수가 존재하는 것만을 있는 대로 고른 것은?

〈보 기〉

ㄱ. $f(x)=|x|+1$

ㄴ. $g(x)=\begin{cases} 1-2x & (x<0) \\ 1-x & (x\geq 0) \end{cases}$

ㄷ. $h(x)=\begin{cases} 1-x^2 & (x\leq 0) \\ 1+x & (x>0) \end{cases}$

① ㄱ   ② ㄴ   ③ ㄷ

④ ㄱ, ㄴ   ⑤ ㄴ, ㄷ

498

두 집합 $X=\{1, 2, 3\}$, $Y=\{4, 5, 6\}$에 대하여 두 함수 $f:X \longrightarrow Y$, $g:Y \longrightarrow X$가 그림과 같을 때, $f^{-1}(5)+(g^{-1}\circ f^{-1})(4)$의 값은?

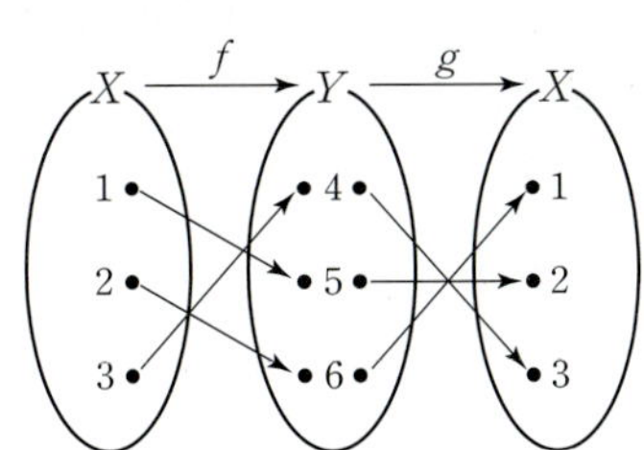

① 5   ② 6   ③ 7

④ 8   ⑤ 9

499 빈출

함수 $f(x)=3x-2$, $g(x)=-x+3$에 대하여 다음 값을 구하시오.

(1) $f^{-1}(4)$

(2) $(f^{-1})^{-1}(2)$

(3) $(f\circ f^{-1})(3)$

(4) $(f\circ g)^{-1}(1)$

(5) $(f\circ (f^{-1}\circ g)^{-1}\circ f^{-1})(5)$

500

역함수가 존재하는 두 함수 $y=f(x)$, $y=g(x)$의 그래프가 그림과 같을 때, $f^{-1}(-2)+(f\circ g^{-1})^{-1}(0)$의 값은?

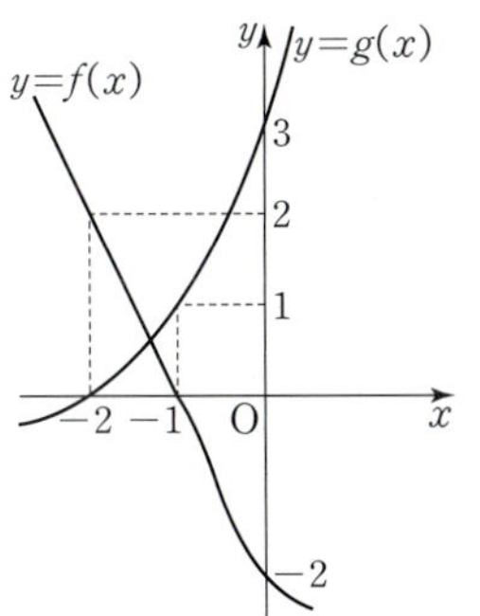

① -2 ② -1 ③ 0

④ 1   ⑤ 2

501

두 함수 $f(x)=-2x+1$, $g(x)=3x-4$에 대하여 $(f^{-1}\circ g)^{-1}\circ h=f$를 만족시키는 함수 h에 대하여 $h(-2)$의 값은?

① -5 ② -4 ③ -3

④ -2 ⑤ -1

502 빈출

두 함수

$$f(x)=-2x+6, \quad g(x)=\begin{cases} 2x+3 & (x\leq 1) \\ 3x+2 & (x>1) \end{cases}$$

에 대하여 $f(g^{-1}(2))+f^{-1}(g(2))$의 값은?

① 4   ② 5   ③ 6

④ 7   ⑤ 8

503 빈출

실수 전체의 집합에서 정의된 함수 f가 일대일대응이고 $f\left(\dfrac{4x+1}{3}\right)=-2x+15$일 때, $f^{-1}(5)$의 값을 구하시오.

504

함수 $y=ax+b$의 역함수가 $y=\dfrac{x-5}{2}$일 때, 상수 a, b에 대하여 ab의 값은?

① 2   ② 4   ③ 6

④ 8   ⑤ 10

505 빈출

두 함수 $f(x)=-x+2$, $g(x)=2x-3$에 대하여 다음을 만족시키는 함수 $h(x)$를 구하시오.

(1) $f\circ h=g$

(2) $h\circ f=g$

506

두 함수 $f(x)=3x-1$, $g(x)=x+4$에 대하여 $g=h\circ f$를 만족시키는 함수 h의 역함수를 구하시오.

507

실수 전체의 집합에서 정의된 두 함수 $f(x)=2x-a$, $g(x)=-x+2a$에 대하여 $(g^{-1}\circ f^{-1})(bx-6)=x$일 때, $a+b$의 값은? (단, a, b는 상수이다.)

① -6 ② -4 ③ -2

④ 2   ⑤ 4

508

정의역이 실수 전체의 집합인 함수 $f(x)=a|x|+3x-1$의
역함수가 존재하도록 하는 모든 정수 a의 개수는?

① 1   ② 3   ③ 5
④ 7   ⑤ 9

509 빈출 👑

두 함수 $y=f(x)$와 $y=x$의 그래프가 그림과 같다. 함수 $f(x)$의
역함수를 $g(x)$라 할 때, $(f^{-1}\circ g)(c)+(f\circ g)^{-1}(b)$의 값은?

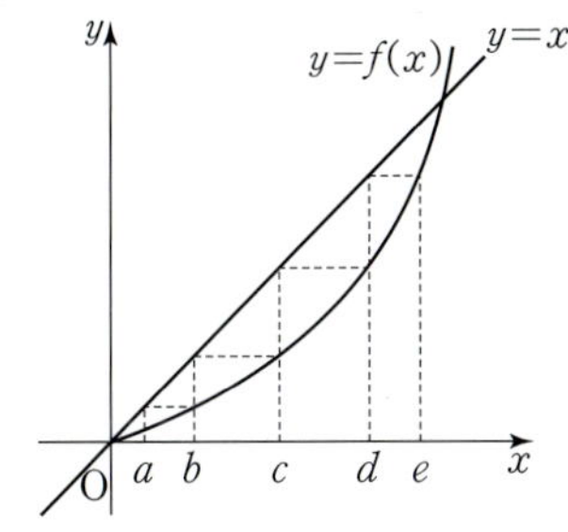

① $a+b$ ② $a+d$ ③ $b+c$
④ $b+d$ ⑤ $b+e$

510

함수 $f(x)=\dfrac{3}{2}x+4$의 역함수를 $g(x)$라 할 때, 두 함수
$y=f(x)$, $y=g(x)$의 그래프의 교점의 좌표는 $(a,\ b)$이다.
$a+b$의 값은?

① -2 ② -4 ③ -8
④ -16 ⑤ -32

511

일차함수 $y=f(x)$의 그래프와 그 역함수의 그래프가 모두
점 $(-2,\ 1)$을 지날 때, $f(3)$의 값은?

① -1 ② -2 ③ -3
④ -4 ⑤ -5

512

$x\leq 0$에서 정의된 함수 $f(x)=-(x-2)^2+8$의 역함수를
$g(x)$라 할 때, 함수 $g(x)$의 정의역의 원소 중 자연수의 개수는?

① 4   ② 5   ③ 6
④ 7   ⑤ 8

513

함수 $f(x)=x^2-6x+12 \ (x\geq3)$의 역함수를 $g(x)$라 할 때, 두 함수 $y=f(x)$, $y=g(x)$의 그래프의 두 교점 사이의 거리는?

① $\sqrt{2}$　　　② $2\sqrt{2}$　　　③ $3\sqrt{2}$
④ $4\sqrt{2}$　　　⑤ $5\sqrt{2}$

유형 05 함수의 개수

특정한 조건을 만족시키는 함수의 개수를 구하는 문제를 분류하였다.

유형 해결 TIP

두 집합 X, Y의 원소의 개수가 각각 m, $n \ (m\leq n)$일 때, 함수 $f : X \longrightarrow Y$에 대하여

(1) 함수 f의 개수: n^m
(2) 일대일함수 f의 개수: $_n\mathrm{P}_m$
(3) 일대일대응 f의 개수: $m!$ (단, $m=n$)
(4) 상수함수 f의 개수: n
(5) $x_1<x_2$일 때 $f(x_1)<f(x_2)$인 함수 f의 개수: $_n\mathrm{C}_m$

514 빈출

두 집합 $X=\{1,\ 2,\ 3\}$, $Y=\{1,\ 2,\ 3,\ 4\}$에 대하여 다음을 구하시오.

(1) X에서 Y로의 함수의 개수
(2) X에서 Y로의 일대일함수의 개수
(3) X에서 Y로의 상수함수의 개수
(4) X에서 X로의 항등함수의 개수
(5) X에서 X로의 일대일대응의 개수

515

두 집합 $X=\{1,\ 2,\ 3,\ 4\}$, $Y=\{1,\ 2,\ 3,\ 4,\ 5\}$에 대하여 다음 조건을 만족시키는 함수 $f : X \longrightarrow Y$의 개수는?

> (가) X의 임의의 두 원소 x_1, x_2에 대하여 $x_1\neq x_2$이면 $f(x_1)\neq f(x_2)$이다.
> (나) $f(1)\neq3$, $f(3)=2$

① 12　　　② 18　　　③ 24
④ 30　　　⑤ 36

516 빈출

두 집합 $X=\{1,\ 2,\ 3,\ 4,\ 5\}$, $Y=\{1,\ 2,\ 3,\ 4,\ 5,\ 6,\ 7,\ 8\}$에 대하여 다음 조건을 만족시키는 함수 $f : X \longrightarrow Y$의 개수는?

> (가) $f(2)=4$
> (나) 집합 X의 임의의 두 원소 x_1, x_2에 대하여 $x_1<x_2$이면 $f(x_1)<f(x_2)$이다.

① 12　　　② 14　　　③ 16
④ 18　　　⑤ 20

유형 01 함수의 뜻과 그래프

517

| 선행 **479** |

다음 〈보기〉 중 집합 $\{-2, -1, 0, 1, 2\}$에서
집합 $\{-3, -2, -1, 0, 1, 2, 3\}$으로의 함수인 것의 개수는?

(단, $[x]$는 x보다 크지 않은 최대의 정수이다.)

〈보 기〉

ㄱ. $f(x)=x^2-4$

ㄴ. $g(x)=\sqrt{x^2+1}$

ㄷ. $h(x)=\left[-\dfrac{4x^2}{5}\right]$

ㄹ. $i(x)=\begin{cases} 2x+1 \ (x\leq 0) \\ x-4 \ (x>0) \end{cases}$

ㅁ. $j(x)=|1-x|$

① 1 　　② 2 　　③ 3
④ 4 　　⑤ 5

518

공집합이 아닌 집합 X를 정의역으로 하는 두 함수
$$f(x)=|4x|, \ g(x)=x^2$$
에 대하여 $f=g$가 되도록 하는 모든 집합 X의 개수는?

① 3 　　② 4 　　③ 5
④ 6 　　⑤ 7

519

집합 $S=\{n \mid 1\leq n\leq 50,\ n$은 3의 배수$\}$의 공집합이 아닌
부분집합 X에 대하여 정의역이 X인 함수 f가
$$f(n)=(n$을 7로 나눈 나머지)$$
일 때, 함수 f의 치역이 $\{1, 2, 3, 4\}$가 되도록 하는 집합 X의
개수를 구하시오.

520

2 이상의 자연수에서 정의된 함수 $f(x)$가 다음을 만족시킬 때,
$f(240)$의 값은?

㉮ p가 소수일 때, $f(p)=p$이다.
㉯ 2 이상의 두 자연수 m, n에 대하여
　$f(mn)=f(m)+f(n)-1$이다.

① 10 　　② 11 　　③ 12
④ 13 　　⑤ 14

521

함수 $f(x)$가 다음 조건을 만족시킨다.

㉮ $f(x)=-|x|+1 \ (-2\leq x\leq 2)$
㉯ 모든 실수 x에 대하여 $f(x+4)=f(x)$이다.

방정식 $f(x)=\dfrac{1}{n}x$의 서로 다른 실근의 개수가 7이 되도록 하는
자연수 n의 값을 구하시오.

522

함수 f가 임의의 두 실수 x, y에 대하여
$$f(x-y)=f(x)-f(y)$$
를 만족시키고, $f(1)=4$일 때 $f(33)$의 값을 구하시오.

523

함수 $f(x)$가 0이 아닌 모든 실수 x에 대하여
$$\frac{1}{x^2}f(-x)-xf\left(\frac{1}{x}\right)=6x$$
를 만족시킬 때, $f(2)$의 값은?

① -30 ② -27 ③ -24
④ -21 ⑤ -18

524

집합 $X=\{x\,|\,a\le x\le b\}$를 정의역으로 하는 함수
$y=|x+2|+2|x-3|$의 치역이 $\{y\,|\,5\le y\le 13\}$일 때,
실수 a, b에 대하여 $a+b$의 최솟값은?

① -1 ② 0 ③ 1
④ 2 ⑤ 3

525

집합 $X=\{1,\ 2,\ 3,\ 4,\ 5,\ 6,\ 7,\ 8\}$에 대하여 함수 $f:X\longrightarrow X$가
다음 조건을 만족시킨다.

> ㈎ 함수 f의 치역의 원소의 개수는 7이다.
> ㈏ $f(1)+f(2)+f(3)+f(4)+f(5)+f(6)+f(7)+f(8)$
> $=40$
> ㈐ 함수 f의 치역의 원소 중 최댓값과 최솟값의 차는 6이다.

자연수 k에 대하여 $f(x)=k$를 만족시키는 집합 X의 원소 x의
개수가 2일 때, k의 값을 구하시오.

유형 **02** 일대일함수, 일대일대응, 항등함수, 상수함수

526 빈출 👑

집합 $X=\{1,\ 2,\ 3,\ 6\}$에 대하여 X에서 X로의 세 함수
f, g, h가 다음 조건을 만족시킬 때, $f(2)+g(3)+h(6)$의 값은?

> ㈎ f는 일대일대응, g는 항등함수, h는 상수함수이다.
> ㈏ $f(1)=g(2)=h(3)$
> ㈐ $f(1)f(6)=f(3)$

① 6 ② 7 ③ 8
④ 9 ⑤ 10

527

다음 〈보기〉는 집합 $X=\{1,\ 2,\ 3,\ 4\}$에서 X로의 함수이다.
〈보기〉에서 상수함수의 개수를 p, 항등함수의 개수를 q,
일대일함수의 개수를 r, 일대일대응의 개수를 s라 하자.
$p+q+r+s$의 값은?

(단, $[x]$는 x보다 크지 않은 최대의 정수이다.)

<보 기>

ㄱ. $y=5-x$
ㄴ. $y=(x$를 5로 나눈 나머지$)$
ㄷ. $y=|x|+|x-6|-3$
ㄹ. $y=\left[\dfrac{x-1}{4}\right]+1$
ㅁ. $y=\begin{cases} x+1 & (x\text{는 홀수}) \\ x & (x\text{는 짝수}) \end{cases}$

① 6 ② 7 ③ 8
④ 9 ⑤ 10

528

| 선행 518 |

공집합이 아닌 집합 X를 정의역으로 하는 함수
$$f(x)=x^3-x^2-4x-3$$
이 항등함수가 되도록 하는 모든 집합 X의 개수는?

① 3 ② 4 ③ 5
④ 6 ⑤ 7

529

교육청 변형

집합 $X=\{0,\ 1,\ 2\}$에 대하여 X에서 X로의 함수
$$f(x)=\begin{cases} 2x+2 & (x<1) \\ x^2+ax+b & (x\geq1) \end{cases}$$
가 상수함수일 때, ab의 값은? (단, $a,\ b$는 상수이다.)

① -11 ② -12 ③ -13
④ -14 ⑤ -15

530

집합 $X=\{-2,\ 0,\ 2\}$에 대하여 X에서 X로의 함수
$f(x)=ax^2+bx-2$가 일대일대응일 때, $4(|a|+|b|)$의 값은?

(단, $a,\ b$는 상수이다.)

① 1 ② 2 ③ 3
④ 4 ⑤ 5

531 빈출

실수 전체의 집합 R에서 R로의 함수
$$f(x)=\begin{cases} x^2-4x+3b & (x<2) \\ (2a-1)x-b+1 & (x\geq2) \end{cases}$$
가 일대일대응이 되도록 하는 정수 b의 최댓값은?

(단, a는 실수이다.)

① 0 ② 1 ③ 2
④ 3 ⑤ 4

532 서술형

실수 전체의 집합 R에서 R로의 함수
$$f(x)=\begin{cases} ax+2 & (x<1) \\ x^2-ax+b & (x\geq1) \end{cases}$$
가 일대일대응이 되도록 하는 실수 $a,\ b$에 대하여 점 $(a,\ b)$가
나타내는 도형의 방정식을 구하고, 좌표평면 위에 도형을
나타내시오.

533

두 집합 $X=\{x\,|\,x\geq k\}$, $Y=\{y\,|\,y\geq 3\}$에 대하여 함수
$f:X\longrightarrow Y$가 $f(x)=x^2-2x+4$일 때, 다음 물음에 답하시오.

(1) 함수 f가 일대일함수가 되도록 하는 실수 k의 값의 범위를 구하시오.

(2) 함수 f의 공역과 치역이 같도록 하는 실수 k의 값의 범위를 구하시오.

(3) 함수 f가 일대일대응이 되도록 하는 실수 k의 값을 구하시오.

534 빈출

다음 물음에 답하시오.

(1) 두 집합 $X=\{x\,|\,x\leq k\}$, $Y=\{y\,|\,y\leq 2\}$에 대하여 X에서 Y로의 함수 $f(x)=-x^2+4x-1$이 일대일대응이 되도록 하는 실수 k의 값을 구하시오.

(2) 집합 $X=\{x\,|\,x\geq k\}$에서 X로의 함수 $f(x)=x^2+2x-6$이 일대일대응이 되도록 하는 실수 k의 값을 구하시오.

유형 03 합성함수

535

두 함수 $f(x)=|x-1|-1$, $g(x)=-2x^2+4x+15$에 대하여 $-2\leq x\leq 4$에서 함수 $(g\circ f)(x)$의 최댓값과 최솟값의 합은?

① 25　　　　② 26　　　　③ 27

④ 28　　　　⑤ 29

536

집합 $X=\{0,\,1\}$에서 정의된 두 함수
$$f(x)=3x+8,\ g(x)=ax^2-bx-2a+b$$
에 대하여 합성함수 $(f\circ g)(x)$가 정의될 때, 모든 $a+b$의 값의 합은? (단, a, b는 실수이다.)

① -4　　　　② -2　　　　③ 0

④ 2　　　　⑤ 4

537

자연수 전체의 집합 N에서 N으로의 세 함수
$$f(n)=(7^n\text{의 일의 자리의 수})$$
$$g(n)=(9^n\text{의 일의 자리의 수})$$
$$h(n)=(n^6\text{을 5로 나눈 나머지})+1$$
에 대하여 $(f\circ g)(25)+(h\circ f)(75)$의 값을 구하시오.

538

집합 $X=\{1, 2, 3, 4\}$에 대하여 함수 $f : X \longrightarrow X$를

$$f(x)=\begin{cases} (x+3)\text{의 양의 약수의 개수} & (x \neq 2) \\ 1 & (x=2) \end{cases}$$

로 정의한다. 함수 $g : X \longrightarrow X$에 대하여 $f \circ g = g \circ f$이고, $g(1)=4$일 때, $(g \circ g)(3)+g(4)$의 값은?

① 2   ② 3   ③ 4

④ 5   ⑤ 6

539

| 선행 496 |

집합 $X=\{1, 2, 3, 4\}$에서 X로의 두 함수 f, g가 일대일대응이고, $f(1)=3$, $g(2)=4$, $(f \circ g)(1)=1$, $(g \circ f)(4)=2$를 만족시킬 때, $g(3)+(g \circ f)(2)$의 값은?

① 4   ② 5   ③ 6

④ 7   ⑤ 8

540

교육청 기출

음이 아닌 정수 전체의 집합에서 정의된 함수 f가 음이 아닌 정수 n과 $0 \leq k \leq 9$인 정수 k에 대하여 다음 조건을 만족시킨다.

㈎ $f(0)=0$
㈏ $f(10n+k)=f(n)+k$

〈보기〉에서 옳은 것만을 있는 대로 고른 것은?

─〈보 기〉─
ㄱ. $f(100)=1$
ㄴ. $(f \circ f)(999)=9$
ㄷ. $f(n)$이 6의 배수이면 n은 6의 배수이다.

① ㄱ   ② ㄷ   ③ ㄱ, ㄴ

④ ㄴ, ㄷ   ⑤ ㄱ, ㄴ, ㄷ

541

두 집합 $X=\{1, 2, 3, 4\}$, $Y=\{3, 4, 5, 6\}$에 대하여 두 함수 $f : X \longrightarrow Y$, $g : Y \longrightarrow X$가 모두 일대일대응이고, 다음 조건을 만족시킨다.

㈎ $f(2)=6$, $g(3)=2$
㈏ 집합 X의 모든 원소 x에 대하여 $(f \circ g \circ f)(x)=x+2$이다.
㈐ 집합 Y의 어떤 원소 x에 대하여 $g(x)=x$이다.

$(g \circ f \circ g)(k)=1$을 만족시키는 실수 k의 값은?

① 2   ② 3   ③ 4

④ 5   ⑤ 6

542 빈출 ♔

| 선행 491 |

집합 $X=\{1, 2, 3\}$에 대하여 함수 $f : X \longrightarrow X$가 그림과 같을 때, $f^{100}(1)-f^{200}(3)$의 값을 구하시오.

(단, $f^1=f$이고, 모든 자연수 n에 대하여 $f^{n+1}=f \circ f^n$이다.)

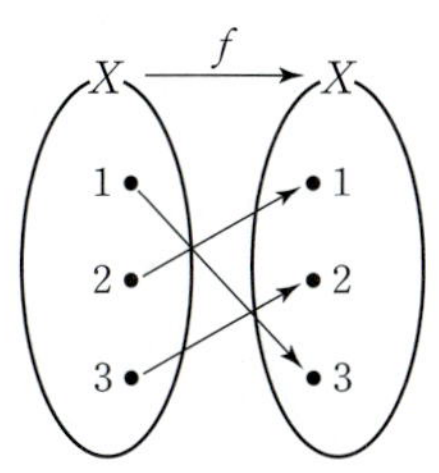

543

$0 \le x \le 1$에서 정의된 함수 $y = f(x)$의 그래프가 그림과 같다.

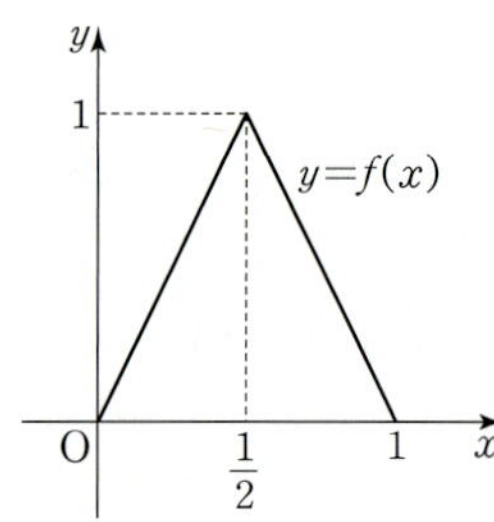

$f^1 = f$, $f^{n+1} = f \circ f^n$ $(n = 1, 2, 3, \cdots)$이라 할 때,

$f\left(\dfrac{5}{7}\right) + f^2\left(\dfrac{5}{7}\right) + f^3\left(\dfrac{5}{7}\right) + \cdots + f^{16}\left(\dfrac{5}{7}\right)$의 값은?

① $\dfrac{60}{7}$ ② $\dfrac{62}{7}$ ③ $\dfrac{64}{7}$

④ $\dfrac{66}{7}$ ⑤ $\dfrac{68}{7}$

544

집합 $X = \{1, 2, 3, 4\}$에 대하여 함수 $f : X \longrightarrow X$가 그림과 같다.

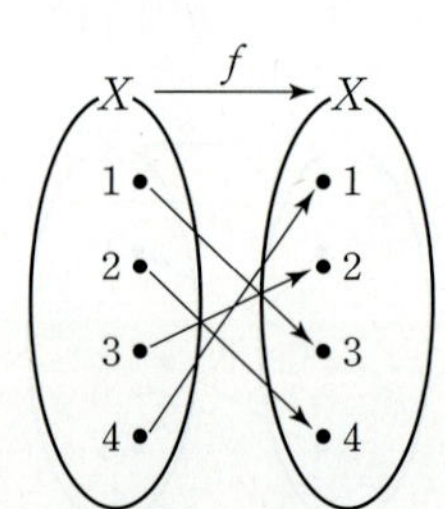

$f^1 = f$, $f^{n+1} = f \circ f^n$ $(n = 1, 2, 3, \cdots)$이라 할 때, $f^{33}(a) + f^{99}(b)$의 값이 최대가 되도록 하는 상수 a, b에 대하여 $2a + b$의 값을 구하시오.

545

실수 전체의 집합에서 정의된 함수

$$f(x) = \begin{cases} -x & (x < 0) \\ x - 1 & (x \ge 0) \end{cases}$$

에 대하여 $f^{300}(50)$의 값은?

(단, $f^1 = f$이고, 모든 자연수 n에 대하여 $f^{n+1} = f \circ f^n$이다.)

① -50 ② -1 ③ 0

④ 1 ⑤ 49

546

실수 전체의 집합을 R, 유리수 전체의 집합을 Q라 할 때, 함수 $f : R \longrightarrow R$이 다음과 같이 정의된다.

$$f(x) = \begin{cases} \sqrt{2} & (x \in Q) \\ 1 & (x \notin Q) \end{cases}$$

〈보기〉에서 옳은 것만을 있는 대로 고른 것은?

───〈보 기〉───
ㄱ. $(f \circ f \circ f)(x) = f(x)$
ㄴ. 함수 $g(x) = f(x + f(x))$의 치역의 원소의 개수는 2이다.
ㄷ. $x_1 \in R$, $x_2 \in R$이고 $f(x_1) \ne f(x_2)$이면 $f(x_1 x_2) = 1$이다.

① ㄱ   ② ㄴ   ③ ㄱ, ㄴ

④ ㄱ, ㄷ   ⑤ ㄴ, ㄷ

547

교육청 기출

함수 $f(x) = x^2 - 2x + a$가

$$(f \circ f)(2) = (f \circ f)(4)$$

를 만족시킬 때, $f(6)$의 값은? (단, a는 상수이다.)

① 21 ② 22 ③ 23

④ 24 ⑤ 25

548 서술형 | 선행 544 |

집합 $X=\{1, 2, 3, 4, 5\}$에 대하여 함수 $f : X \longrightarrow X$가 그림과 같을 때, 물음에 답하시오.

(단, $f^1=f$이고, 모든 자연수 n에 대하여 $f^{n+1}=f \circ f^n$이다.)

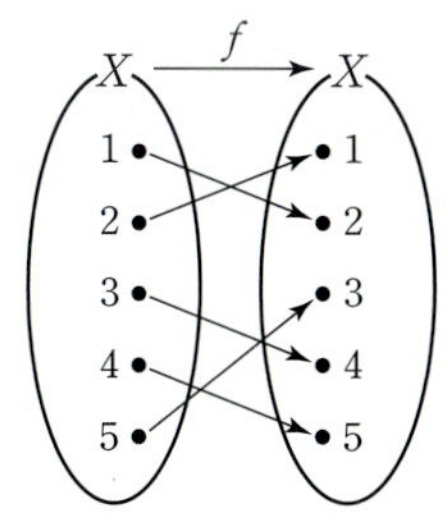

(1) f^m이 항등함수가 되도록 하는 자연수 m의 최솟값을 구하고, 그 과정을 서술하시오.

(2) $f^{1000}(a)+f^{2000}(b)=4$를 만족시키는 상수 a, b의 순서쌍 (a, b)를 모두 구하고, 그 과정을 서술하시오.

549 교육청 기출

실수 전체의 집합에서 정의된 함수

$$f(x)=\begin{cases} 2x+2 & (x<2) \\ x^2-7x+16 & (x \geq 2) \end{cases}$$

에 대하여 $(f \circ f)(a)=f(a)$를 만족시키는 모든 실수 a의 값의 합을 구하시오.

550

그림과 같이 꼭짓점의 좌표가 $(-2, 6)$인 이차함수 $y=f(x)$의 그래프와 직선 $y=g(x)$가 점 $(3, 0)$에서 만나고, 직선 $y=g(x)$의 y절편이 1일 때, 〈보기〉에서 옳은 것만을 있는 대로 고른 것은?

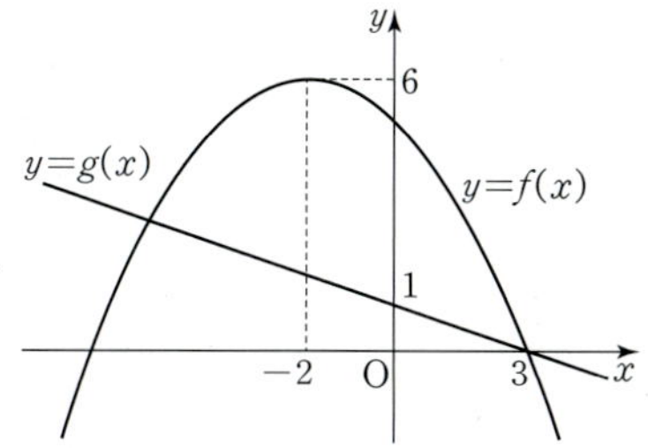

<보 기>

ㄱ. 방정식 $(f \circ g)(x)=0$의 서로 다른 실근의 개수는 2이다.

ㄴ. 방정식 $\{f(x)\}^2=\{g(x)\}^2$의 서로 다른 실근의 개수는 4이다.

ㄷ. 방정식 $(f \circ f)(x)=0$의 모든 실근의 합은 -8이다.

① ㄱ   ② ㄴ   ③ ㄱ, ㄷ

④ ㄴ, ㄷ   ⑤ ㄱ, ㄴ, ㄷ

551

그림과 같이 함수 $y=f(x)$의 그래프와 직선 $y=x$가 서로 다른 네 점에서 만난다. 집합 $X=\{x \mid (f \circ f)(x)=f(x),\ x$는 실수$\}$에 대하여 $n(X)$의 값을 구하시오.

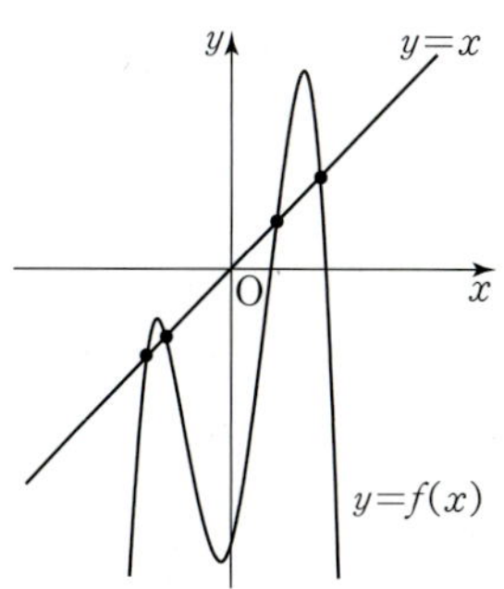

552

$0 \leq x \leq 4$에서 정의된 함수 $y=f(x)$의 그래프가 그림과 같을 때, 방정식 $(f \circ f)(x)=5-f(x)$를 만족시키는 서로 다른 실근의 합은?

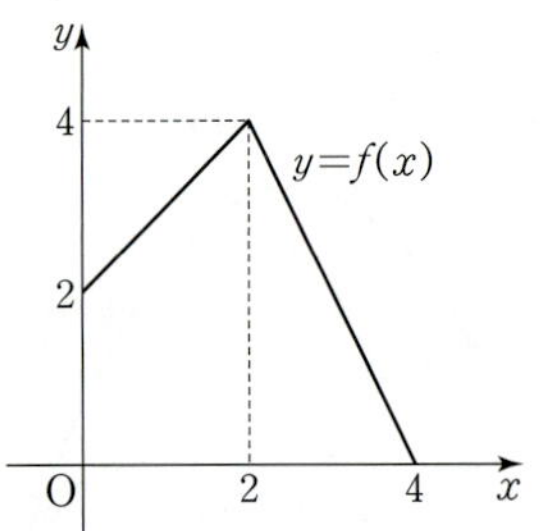

① $\dfrac{25}{4}$ ② $\dfrac{27}{4}$ ③ $\dfrac{29}{4}$

④ $\dfrac{31}{4}$ ⑤ $\dfrac{33}{4}$

553

두 함수 f, g가
$$f(x)=x^2-2kx+4k-1, \quad g(x)=x^2-x-2$$
일 때, $(g \circ f)(x) \leq 0$을 만족시키는 실수 x가 존재하지 않도록 하는 정수 k의 값은?

① -4 ② -2 ③ 0

④ 2 ⑤ 4

554

$0 \leq x \leq 4$에서 정의된 두 함수 $y=f(x)$, $y=g(x)$의 그래프가 그림과 같을 때, 함수 $y=(f \circ g)(x)$의 그래프와 x축, y축 및 직선 $x=4$로 둘러싸인 도형의 넓이는?

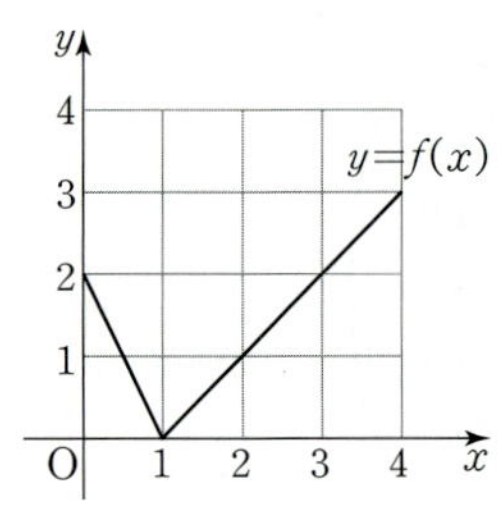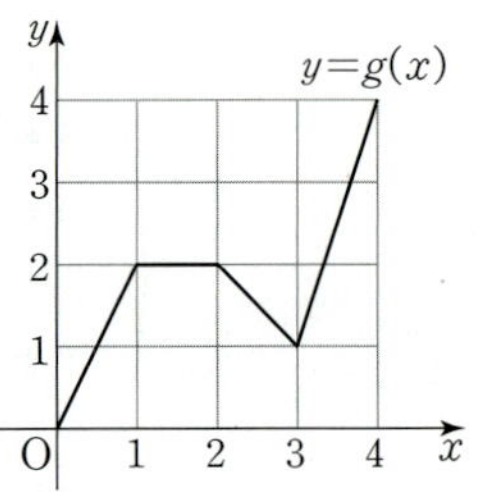

① $\dfrac{13}{4}$ ② $\dfrac{15}{4}$ ③ $\dfrac{17}{4}$

④ $\dfrac{19}{4}$ ⑤ $\dfrac{21}{4}$

555

집합 $A=\{x \mid 0 \leq x \leq 1\}$에서 정의된 함수
$$f(x)=\begin{cases} 1-2x & \left(0 \leq x < \dfrac{1}{2}\right) \\ 2x-1 & \left(\dfrac{1}{2} \leq x \leq 1\right) \end{cases}$$
에 대하여 함수 $h(x)=(f \circ f \circ f)(x)$라 하자. 집합 A의 부분집합 B에 대하여 $B=\left\{x \mid h(x)=\dfrac{1}{4}, x \text{는 실수}\right\}$라 할 때, 집합 B의 모든 원소의 합을 구하시오.

556

| 선행 550 |

실수 전체의 집합에서 정의된 두 함수
$$f(x)=2-|x^2-2|, \quad g(x)=|x-1|+1$$
에 대하여 $h=g\circ f$라 할 때, 방정식
$$2\{h(x)\}^3-11\{h(x)\}^2+19h(x)-10=0$$
의 서로 다른 실근의 개수를 구하시오.

유형 04 역함수

557 서술형 ✎

| 선행 499, 503 |

역함수가 존재하는 함수 $f(x)$에 대하여 $f(3x-2)=2x+a$이고 $f^{-1}(4)=-5$일 때, $f(10)+f^{-1}(10)$의 값을 구하고, 그 과정을 서술하시오. (단, a는 상수이다.)

558

역함수가 존재하는 함수 $f(x)$에 대하여 $f^{-1}(2)=-3$이고, 모든 실수 x에 대하여 $f(1-x)=h(x)$라 할 때, $h^{-1}(2)$의 값은?

① 0 ② 1 ③ 2
④ 3 ⑤ 4

559 서술형 ✎

| 선행 506 |

함수 $f(x)$의 역함수를 $g(x)$라 할 때, $f(2x-5)$의 역함수를 $g(x)$를 이용하여 나타내고, 그 과정을 서술하시오.

560

실수 전체의 집합에서 정의된 두 함수 f, g가 일대일대응이고, 다음 조건을 만족시킬 때, $f^{-1}(4)$의 값을 구하시오.

> (가) $(g^{-1}\circ f)(2x-1)=5x-3$
> (나) $g(7)=4$

561

| 선행 502 |

함수
$$f(x)=\begin{cases} -2x+7 & (x<2) \\ -\dfrac{1}{2}(x-2)^2+3 & (x\geq 2) \end{cases}$$
일 때, 임의의 실수 x에 대하여 $(f\circ g)(x)=x$를 만족시키는 함수 $g(x)$에 대하여 $(g\circ g\circ g)(5)$의 값은?

① $\dfrac{1}{2}$ ② 1 ③ $\dfrac{3}{2}$
④ 2 ⑤ $\dfrac{5}{2}$

562

교육청 기출

함수 f에 대하여
$$f^2(x)=f(f(x)),\ f^3(x)=f(f^2(x)),\ \cdots$$
로 정의하자. 집합 $X=\{1,\ 2,\ 3\}$에 대하여 함수 $f:X\longrightarrow X$가 두 조건
$$f(1)=3,\ f^3=I\ (I\text{는 항등함수})$$
를 만족시킨다. 함수 f의 역함수를 g라 할 때, $g^{10}(2)+g^{11}(3)$의 값은?

① 6   ② 5   ③ 4
④ 3   ⑤ 2

563

집합 $X=\{1,\ 2,\ 3,\ 4\}$에 대하여 함수 $f:X\longrightarrow X$가 일대일대응이고,
$$(f\circ f)(2)=1,\ (f^{-1}\circ f^{-1})(3)=3$$
일 때, $2f(1)+f^{-1}(4)$의 값은?

① 4   ② 5   ③ 6
④ 7   ⑤ 8

564

두 함수 $f,\ g$에 대하여 〈보기〉에서 옳은 것만을 있는 대로 고르시오.

〈보 기〉

ㄱ. 함수 f가 일대일함수인 것은 함수 f가 일대일대응이기 위한 필요조건이다.

ㄴ. 함수 f의 역함수가 존재할 때, 두 함수 $f\circ f^{-1}$와 $f^{-1}\circ f$는 항상 같다.

ㄷ. 두 함수 $f:X\longrightarrow Y,\ g:Y\longrightarrow Z$에 대하여 함수 $f\circ g:Y\longrightarrow Y$가 정의되기 위한 필요충분조건은 $X=Z$이다.

ㄹ. 합성함수 $g\circ f$가 정의될 때, 이 합성함수의 정의역은 함수 f의 정의역과 같다.

ㅁ. 두 함수 $f:X\longrightarrow Y,\ g:Y\longrightarrow Z$의 역함수가 모두 존재할 때, 합성함수 $g\circ f$의 역함수가 존재한다.

565

| 선행 **507** |

두 함수 $f(x),\ g(x)$에 대하여 $f(x)=3x-2$이고, $(f^{-1}\circ g)(1-x)=2x+1$일 때, 두 함수 $y=f(x),\ y=g(x)$의 그래프와 y축으로 둘러싸인 부분의 넓이를 구하시오.

566
| 선행 507 |

함수 $f(x)$의 역함수 $g(x)$에 대하여 $f(4x-3-2g(x))=x$일 때, 방정식 $f(x)g(x)=0$의 모든 실근의 합은?

① $-\dfrac{3}{4}$ ② $-\dfrac{1}{4}$ ③ $\dfrac{1}{4}$

④ $\dfrac{3}{4}$ ⑤ $\dfrac{5}{4}$

567

함수 $f(x)=x-3$과 두 집합 $X=\{x\,|\,a\leq x\leq b\}$,

$Y=\{y\,|\,0\leq y\leq 9\}$에 대하여 X에서 Y로의 함수

$g(x)=f(x-3)f(|x-3|)$의 역함수가 존재할 때,

$a+b$의 최댓값을 구하시오. (단, a, b는 실수이다.)

568
| 선행 513 |

함수 $y=x^2-4x+k\ (x\geq 2)$의 그래프와 그 역함수의 그래프가 한 점 P에서 만난다. $\overline{\mathrm{OP}}=6\sqrt{2}$일 때, 상수 k의 값을 구하시오.

(단, O는 원점이다.)

569

역함수를 가지는 함수 $y=f(x)$의 그래프가 그림과 같을 때, 방정식

$$\{f^{-1}(3x+1)\}^2=f^{-1}(3x+1)f(3x+1)$$

의 모든 실근의 합은? (단, 함수 $y=f(x)$의 그래프는 직선 $y=x$와 두 점에서 만난다.)

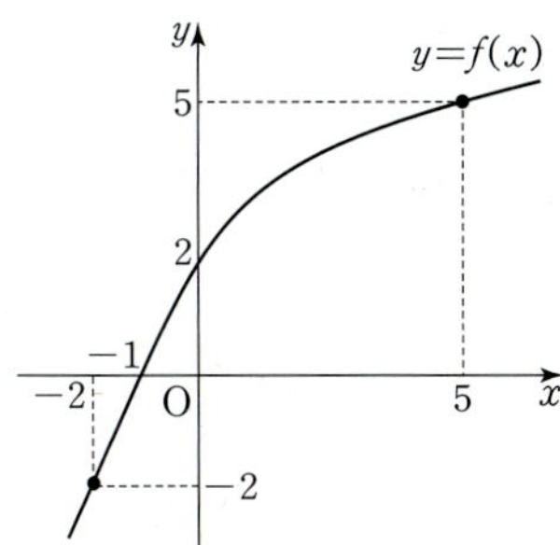

① $\dfrac{1}{3}$ ② $\dfrac{2}{3}$ ③ 1

④ $\dfrac{4}{3}$ ⑤ $\dfrac{5}{3}$

570

함수 $f(x)=\begin{cases} \dfrac{1}{2}x+\dfrac{5}{2} & (x<1) \\ 2x+1 & (x\geq 1) \end{cases}$ 과 실수 t에 대하여 함수 $g(x)$를

$$g(x)=f^{-1}(x-t)-t$$

라 할 때, 방정식 $(g\circ g)(x)=x$의 실근이 존재하도록 하는 실수 t의 최댓값은?

① -1 ② -2 ③ -3

④ -4 ⑤ -5

571

집합 $X=\{1, 2, 3, 4, 5, 6, 7\}$에 대하여 함수 $f : X \longrightarrow X$가 다음 조건을 만족시킬 때, $f(1)+2f^{-1}(4)+3f(4)$의 값은?

> (가) 집합 X의 임의의 두 원소 x_1, x_2에 대하여 $x_1 \neq x_2$이면 $f(x_1) \neq f(x_2)$이다.
> (나) $1 \leq x \leq 3$일 때, $(f \circ f)(x)-f^{-1}(x)=-2x$이다.

① 23   ② 24   ③ 25
④ 26   ⑤ 27

572

함수 $f(x)=\begin{cases} x^2-4x+6 & (x<2) \\ kx+2-2k & (x\geq 2) \end{cases}$에 대하여 역함수 $f^{-1}(x)$가 존재한다. $\{x\,|\,f(x)=f^{-1}(x)\}=\{2, \alpha, \alpha+6\}$일 때, $16(k^2+\alpha^2)$의 값을 구하시오. (단, k는 상수이다.)

573

| 선행 510 |

함수 $f(x)=x-3+\left|\dfrac{1}{2}x-3\right|$과 그 역함수 $g(x)$에 대하여 두 함수 $y=f(x)$, $y=g(x)$의 그래프로 둘러싸인 부분의 넓이를 구하시오.

574 빈출

그림과 같이 함수 $y=f(x)$의 그래프 위의 점 $A(3, 1)$을 지나는 x축과 평행한 직선이 함수 $y=f^{-1}(x)$의 그래프와 만나는 점을 B라 하자. 함수 $y=f^{-1}(x)$의 그래프 위의 점 C와 함수 $y=f(x)$의 그래프 위의 점 D에 대하여 두 선분 AC, BD가 직선 $y=x$에 수직이다. $2f^{-1}(1)+f(1)=1$일 때, 사각형 ACBD의 넓이를 구하시오.

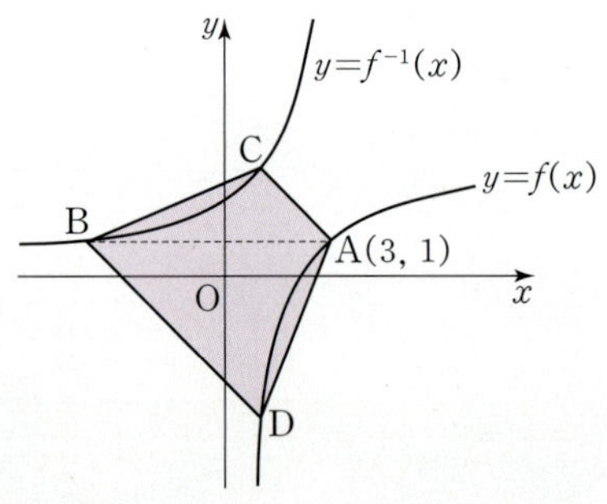

575

집합 $X=\{-2, -1, 0, 1, 2\}$에서 X로의 함수 f에 대하여 $f(-x)=f(x)$를 만족시키는 함수 f의 개수는?

① 25   ② 50   ③ 60
④ 75   ⑤ 125

576

집합 $X=\{1, 2, 3, 4\}$에 대하여 함수 f가 X에서 X로의 함수일 때,
$$\{f(1)-3\}\{f(2)-2\}\{f(3)-2\}=0$$
을 만족시키는 함수 f의 개수를 구하시오.

577

| 선행 515 |

두 집합
$$X=\{1, 2, 3, 4\},\ Y=\{1, 2, 3, 4, 5, 6, 7\}$$
에 대하여 다음 조건을 만족시키는 함수 $f : X \longrightarrow Y$의 개수를 구하시오.

> (가) $f(1)+f(2)+f(3)$은 홀수이다.
> (나) $x_1 \in X$, $x_2 \in X$에 대하여 $x_1 \neq x_2$이면 $f(x_1) \neq f(x_2)$이다.

578

두 집합
$$A=\{-1, 0, 1\},\ B=\{x \mid -4 \leq x \leq 4,\ x는\ 정수\}$$
에 대하여 함수 $f : A \longrightarrow B$가 집합 A의 임의의 서로 다른 두 원소 x, y에 대하여 다음을 만족시킬 때, 함수 f의 개수는?

> (가) $f(x) \neq f(y)$
> (나) $f(xy)=f(x)f(y)$

① 6   ② 7   ③ 8
④ 9   ⑤ 10

579

집합 $X=\{1, 2, 3, 4\}$에 대하여 다음 조건을 만족시키는 함수 $f : X \longrightarrow X$의 개수는?

> 집합 X의 어떤 두 원소 a, $b(a \neq b)$에 대하여 $f(a)=f(b)$이다.

① 230   ② 232   ③ 234
④ 236   ⑤ 238

580 빈출

두 집합 $X=\{1, 2, 3, 4, 5\}$, $Y=\{1, 2, 3\}$에 대하여 치역이 공역과 같은 함수 $f : X \longrightarrow Y$의 개수를 구하시오.

581

두 집합 $X=\{1, 2, 3, 4, 5\}$, $Y=\{1, 2, 3, 4, 5, 6\}$에 대하여
함수 $f : X \longrightarrow Y$가 다음 조건을 만족시킬 때, 함수 f의 개수는?

> (가) 집합 X의 임의의 두 원소 x_1, x_2에 대하여 $f(x_1)=f(x_2)$이면
> 　　$x_1=x_2$이다.
> (나) $f(3)=6$
> (다) $f(1)<f(4)$, $f(2)<f(4)$

① 40　　　　　② 50　　　　　③ 60
④ 70　　　　　⑤ 80

582 빈출

집합 $X=\{1, 2, 3, 4, 5, 6\}$에서 X로의 함수 f에 대하여
$f(5)=6$이고, $(f \circ f)(x)=x$를 만족시키는 서로 다른 함수 f의
개수는?

① 6　　　　　② 7　　　　　③ 8
④ 9　　　　　⑤ 10

583

　　　　　　　　　　　　　　　　　　　　| 선행 516 |

집합 $X=\{1, 2, 3, 4, 5\}$에서 집합
$Y=\{1, 2, 3, 4, 5, 6, 7, 8, 9\}$로의 함수 f 중에서 다음 조건을
만족시키는 함수의 개수는?

> (가) $f(n)+1 \leq f(n+1)$ ($n=1, 2, 3, 4$)
> (나) $f(4)=f(1)+5$

① 20　　　　　② 24　　　　　③ 28
④ 32　　　　　⑤ 36

584

집합 $X=\{1, 2, 3, 4, 5\}$에 대하여 X에서 X로의 함수 f 중에서
다음 조건을 만족시키는 함수의 개수는?

> (가) 함수 f는 일대일대응이다.
> (나) $f(f(3))=3$
> (다) 집합 X의 어떤 원소 x에 대하여 $f(x)=2x$이다.

① 11　　　　　② 13　　　　　③ 15
④ 17　　　　　⑤ 19

스키마 schema로 풀이 흐름 알아보기

$0 \le x \le 4$에서 정의된 함수 $y=f(x)$의 그래프가 오른쪽 그림과 같을 때,
조건 ①
방정식 $(f \circ f)(x)=5-f(x)$를 만족시키는 서로 다른 실근의 합은?
조건 ② ______ 답

① $\dfrac{25}{4}$ ② $\dfrac{27}{4}$ ③ $\dfrac{29}{4}$ ④ $\dfrac{31}{4}$ ⑤ $\dfrac{33}{4}$

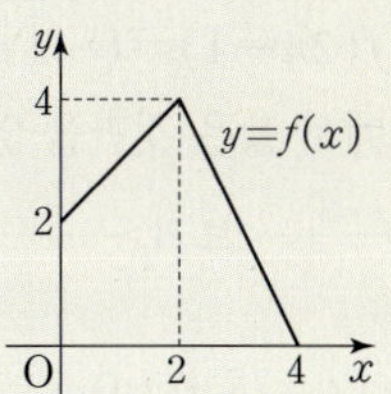

▶ 주어진 조건 은 무엇인지? 구하는 답 은 무엇인지? 이 둘을 어떻게 연결할지?

1 단계

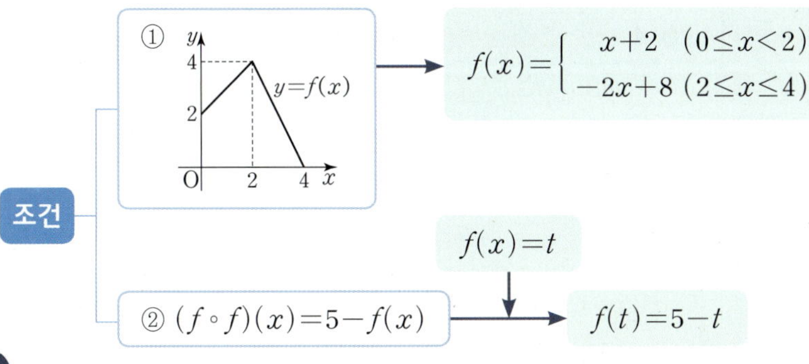

$$f(x)=\begin{cases} x+2 & (0 \le x < 2) \\ -2x+8 & (2 \le x \le 4) \end{cases}$$

$f(x)=t$

$f(t)=5-t$

주어진 그래프에 의하여
$$f(x)=\begin{cases} x+2 & (0 \le x < 2) \\ -2x+8 & (2 \le x \le 4) \end{cases}$$
이고, 방정식
$f(f(x))=5-f(x)$에서
$f(x)=t$라 하면
$f(t)=5-t$이다.

2 단계

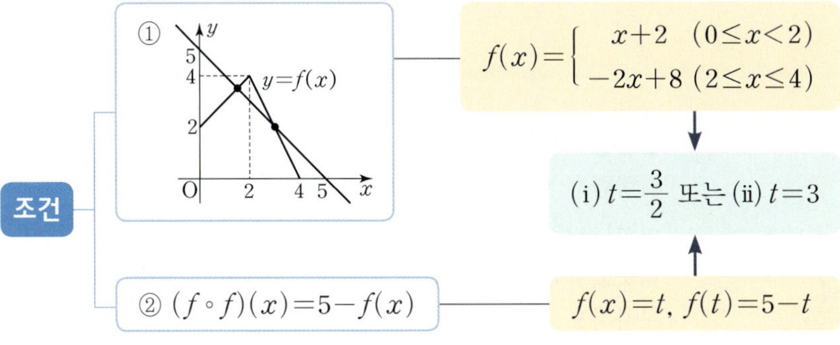

$$f(x)=\begin{cases} x+2 & (0 \le x < 2) \\ -2x+8 & (2 \le x \le 4) \end{cases}$$

(i) $t=\dfrac{3}{2}$ 또는 (ii) $t=3$

$f(x)=t,\ f(t)=5-t$

$0 \le t < 2$일 때
$t+2=5-t$이므로 $t=\dfrac{3}{2}$
$2 \le t \le 4$일 때
$-2t+8=5-t$이므로 $t=3$
즉, $t=\dfrac{3}{2}$ 또는 $t=3$이므로
$f(x)=\dfrac{3}{2}$ 또는 $f(x)=3$이다.

3 단계

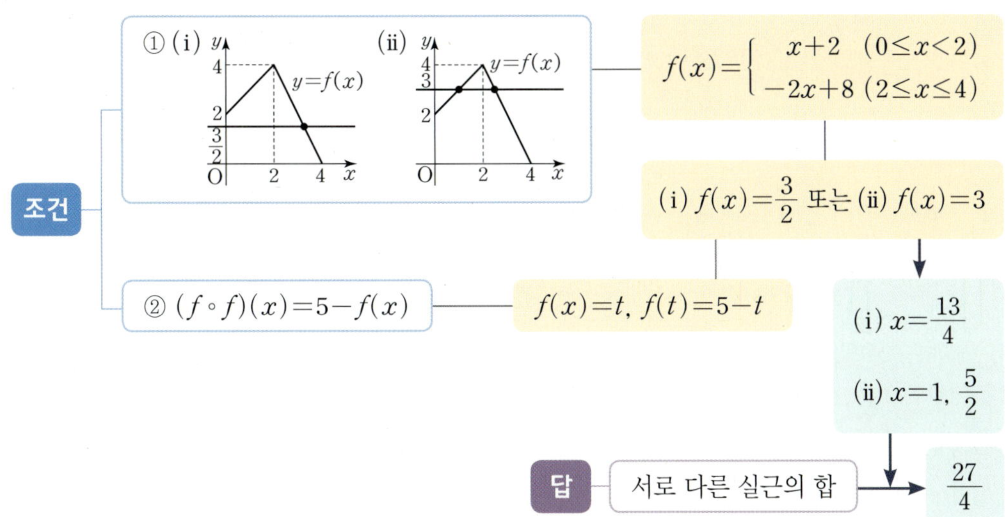

$$f(x)=\begin{cases} x+2 & (0 \le x < 2) \\ -2x+8 & (2 \le x \le 4) \end{cases}$$

(i) $f(x)=\dfrac{3}{2}$ 또는 (ii) $f(x)=3$

$f(x)=t,\ f(t)=5-t$

(i) $x=\dfrac{13}{4}$

(ii) $x=1,\ \dfrac{5}{2}$

답 ── 서로 다른 실근의 합 ── $\dfrac{27}{4}$

(i) 방정식 $f(x)=\dfrac{3}{2}$의 해는
$-2x+8=\dfrac{3}{2}$에서 $x=\dfrac{13}{4}$
(ii) 방정식 $f(x)=3$의 해는
$x+2=3$에서 $x=1$
$-2x+8=3$에서 $x=\dfrac{5}{2}$
(i), (ii)에서 서로 다른 실근의
합은
$\dfrac{13}{4}+1+\dfrac{5}{2}=\dfrac{27}{4}$이다.

585

함수 f가 모든 자연수 n에 대하여

$$f(2n)=f(n),\ f(2n-1)=(-1)^n$$

을 만족시킬 때, 〈보기〉에서 옳은 것만을 있는 대로 고른 것은?

〈보기〉

ㄱ. $f(100)=-1$

ㄴ. $f(1)+f(2)+f(3)+\cdots+f(10)=-4$

ㄷ. n이 홀수이면 $f(n)=f(n+8)$이다.

① ㄱ   ② ㄱ, ㄴ   ③ ㄱ, ㄷ

④ ㄴ, ㄷ   ⑤ ㄱ, ㄴ, ㄷ

586

함수 $f(x)$가

$$f(x)=\frac{3}{2}|x|-\frac{1}{2}x-1$$

일 때, 방정식 $f(f(f(x)))=f(x)+1$의 서로 다른 실근의 개수를 구하시오.

587

$0\le x\le 3$에서 정의된 두 함수 $y=f(x)$와 $y=(g\circ f)(x)$의 그래프가 그림과 같다.

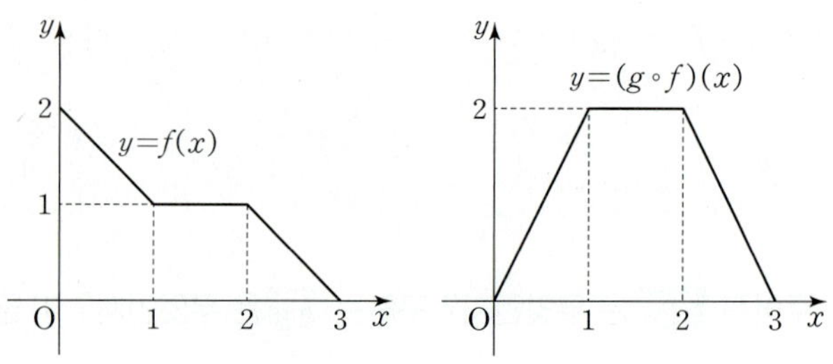

$0\le x\le 2$에서 정의된 함수 $y=g(x)$에 대하여 방정식 $(g\circ g)(x)=x$의 서로 다른 실근의 개수는?

① 1   ② 2   ③ 3

④ 4   ⑤ 5

588

다항함수 $f(x)$가 다음 조건을 만족시킬 때, 함수 $g(x)=x^2+3x+1$에 대하여 함수 $(g\circ f)(x)$는 $x=m$에서 최솟값 n을 가진다. 실수 $m,\ n$에 대하여 $6m+4n$의 값을 구하시오.

(가) 모든 실수 x에 대하여 $f(f(x))=x$이다.

(나) $f(-1)=2$

589

| 선행 518 |

공집합이 아닌 집합 X를 정의역으로 하는 두 함수
$$f(x)=x^2+2x,\ g(x)=x^3-ax^2+ax+2a$$
에 대하여 $f=g$가 되도록 하는 집합 X의 개수는 k이고, $f=g$가
되도록 하는 각 집합 X의 모든 원소의 합은 8이다. 상수 a, k에
대하여 $a+k$의 값을 구하시오.

590

양수 a에 대하여 집합 X를 정의역으로 하는 함수
$$f(x)=\begin{cases} x^2-3x+a & (x<4) \\ a+2 & (x\geq4) \end{cases}$$
가 항등함수일 때, 집합 X의 원소의 개수의 최댓값을 $g(a)$라
하자. $g(1)+g(2)+g(3)+g(4)+g(5)$의 값을 구하시오.

591

| 선행 581 |

집합 $X=\{1,\ 2,\ 3,\ 4\}$에서 집합 $Y=\{1,\ 2,\ 3,\ 4,\ 5\}$로의 함수
f에 대하여 두 집합 A, B를
$$A=\{f\,|\,f(2)\leq f(3)\},$$
$$B=\{f\,|\,x_1,\ x_2\in X$일 때$,\ x_1\neq x_2$이면$\ f(x_1)\neq f(x_2)$이다.$\}$$
로 정의할 때, $n(A\cup B)$의 값은?

① 345 ② 375 ③ 405
④ 435 ⑤ 465

592

| 선행 537 |

정의역과 공역이 자연수 전체의 집합인 두 함수 f, g를
$$f(x)=(2^x$의 일의 자리의 수$),\ g(x)=kx$$
로 정의할 때, 다음 물음에 답하시오.

(1) 함수 $g\circ f$의 치역의 모든 원소의 합이 300이 되는 상수 k의 값을
구하시오.

(2) $n(\{(f\circ g)(x)\,|\,x$는 자연수$\})=2$를 만족시키는 20 이하의
자연수 k의 값의 합을 구하시오.

593

자연수 a에 대하여 집합 $S=\{n\,|\,1\leq n\leq a,\ n$은 11의 배수$\}$의 공집합이 아닌 부분집합 X와 집합 $Y=\{n\,|\,0\leq n\leq 8,\ n$은 정수$\}$가 있다. 함수 $f:X\longrightarrow Y$를

$$f(n)=(n을\ 9로\ 나눈\ 나머지)$$

라 할 때, 함수 $f(n)$의 역함수가 존재하도록 하는 집합 X의 개수는 32이다. a의 최댓값과 최솟값의 합을 구하시오.

594

집합 $A=\{1,\ 2\}$에서 A로의 세 함수 $f,\ g,\ h$에 대하여 합성함수 $h\circ g\circ f$가 상수함수가 되도록 하는 세 함수 $f,\ g,\ h$의 순서쌍 $(f,\ g,\ h)$의 개수는?

① 48 ② 56 ③ 64
④ 72 ⑤ 80

595

함수 $f(x)=\begin{cases} -x^2+2x+a-3 & (x<1) \\ 2x^2-4x+a & (x\geq 1) \end{cases}$ 과 그 역함수 $g(x)$에 대하여 방정식 $f(x)=g(x)$가 서로 다른 세 실근을 갖도록 하는 실수 a의 값의 범위를 구하시오.

596

양의 실수 전체의 집합에서 정의된 함수 $f(x)$가 다음 조건을 만족시킬 때, $f(2015)$의 값을 구하시오.

> ㈎ $f(x)=1-|x-2|$ $(1\leq x\leq 3)$
> ㈏ 모든 양의 실수 x에 대하여 $f(3x)=3f(x)$이다.

597

함수 $f(x)$가 임의의 두 실수 x, y에 대하여 다음 조건을
만족시킨다.

> (가) $f(x) \geq 2x$
> (나) $f(x+y) \geq f(x)+f(y)$

$f(10)$의 값은?

① 5   ② 10   ③ 15
④ 20   ⑤ 25

598

실수 전체의 집합에서 정의된 함수 f가 임의의 두 실수 x, y에
대하여
$$f(x+y)=f(x)f(y)-f(x-y)$$
를 만족시키고 $f(1)=1$일 때, $f(999)$의 값은?

① -2 ② -1 ③ 0
④ 1 ⑤ 2

599

역함수가 존재하는 함수 f가 임의의 두 실수 x, y에 대하여
$f(x+y)=f(x)f(y)$를 만족시키고 $f(1)=2$일 때, 〈보기〉에서
옳은 것만을 있는 대로 고른 것은?

> ──〈보 기〉──
> ㄱ. $f(0)=0$
> ㄴ. $f(5)=32$
> ㄷ. 임의의 두 양수 a, b에 대하여
> $f^{-1}(ab)=f^{-1}(a)+f^{-1}(b)$이다.

① ㄴ   ② ㄷ   ③ ㄱ, ㄴ
④ ㄴ, ㄷ   ⑤ ㄱ, ㄴ, ㄷ

600

함수 f에 대하여 $f^2(x)=f(f(x))$, $f^3(x)=f(f(f(x)))$, …라
하자. 집합 $X=\{1, 2, 3, 4, 5\}$에 대하여 다음 조건을 만족시키는
함수 $f : X \longrightarrow X$의 개수를 n이라 할 때, $n+f(5)$의 최댓값을
구하시오.

> (가) $f(1)=3$, $f(2)=5$
> (나) 집합 X의 모든 원소 x에 대하여 $f^5(x)=x$

601

두 집합 $X=\{1,\ 2,\ 3,\ 4,\ 5,\ 6\}$, $Y=\{1,\ 3,\ 5,\ 7\}$에 대하여 다음 조건을 만족시키는 함수 $f:X \longrightarrow Y$의 개수를 구하시오.

(가) $f(1) \leq f(2) < f(4) < f(6)$

(나) Y의 모든 원소 y에 대하여 $(f \circ g)(y)=g(y)$를 만족시키는 함수 $g:Y \longrightarrow X$의 개수는 16이다.

602

| 선행 582 |

집합 $X=\{1,\ 2,\ 3,\ 4,\ 5\}$에 대하여 다음 조건을 만족시키는 함수 $f:X \longrightarrow X$의 개수는?

(가) $f(5)=4$

(나) $(f \circ f)(1)=1$, $(f \circ f \circ f)(5)=3$

① 15 ② 16 ③ 17
④ 18 ⑤ 19

603

두 함수 $f(x)=-2x^2+4x-a$, $g(x)=x^2+2x+a$에 대하여 방정식 $f(x)=g(x)$가 서로 다른 두 실근 α, β $(\alpha<\beta)$를 가질 때, 두 함수 $h_1(x)$, $h_2(x)$를

$$h_1(x)=\begin{cases} f(x) & (x<\alpha) \\ g(x) & (x \geq \alpha) \end{cases},\ h_2(x)=\begin{cases} f(x) & (x<\beta) \\ g(x) & (x \geq \beta) \end{cases}$$

라 하자. 두 함수 $h_1(x)$, $h_2(x)$의 역함수가 모두 존재하도록 하는 실수 a의 값의 범위가 $p \leq a < q$일 때, $p+q$의 값은?

(단, p, q는 상수이다.)

① $-\dfrac{1}{6}$ ② $-\dfrac{1}{3}$ ③ $-\dfrac{1}{2}$
④ $-\dfrac{2}{3}$ ⑤ $-\dfrac{5}{6}$

604

교육청 변형

두 이차함수 $f(x)=x^2-4x-3$, $g(x)=x^2+2x+a$가 있다. x에 대한 방정식 $f(g(x))=f(x)$의 서로 다른 실근의 개수가 2가 되도록 하는 정수 a의 개수는?

① 3 ② 4 ③ 5
④ 6 ⑤ 7

605

실수 전체의 집합 R에 대하여 함수 $f : R \longrightarrow R$의 역함수 f^{-1}가 존재하고, 임의의 두 실수 x, y에 대하여 $f(x+y)=f^{-1}(x)+f^{-1}(y)$를 만족시킬 때, 〈보기〉에서 옳은 것의 개수를 구하시오.

〈보 기〉

ㄱ. $f(f(a)+f(b))=a+b$

ㄴ. $f(1)=1$일 때, $f(4)-f(3)=1$이다.

ㄷ. $f^{-1}(a+b)=f(a)+f(b)$

ㄹ. $\dfrac{f^{-1}(a)+f^{-1}(-a)}{2}=f^{-1}(0)$

606

$0 \leq x \leq 1$에서 정의된 함수 $y=f(x)$가 다음 조건을 만족시킬 때, $f\left(\dfrac{14}{15}\right)$의 값을 구하시오.

(가) $f(1-x)=1-f(x)$

(나) $f\left(\dfrac{x}{3}\right)=\dfrac{f(x)}{2}$

(다) $x_1 < x_2$이면 $f(x_1) \leq f(x_2)$이다.

607

함수 $y=f(x)$의 그래프는 점 $(a,\ a)\ (a>0)$를 지나고 기울기가 1보다 큰 직선이다. 함수 $g(x)$는

$$g(x)=\begin{cases} f(x) & (x<a) \\ f^{-1}(x) & (x\geq a) \end{cases}$$

이고, $h(x)=x+a$일 때, 〈보기〉에서 옳은 것만을 있는 대로 고른 것은?

———————〈보 기〉———————

ㄱ. 방정식 $g(x)=(h\circ h^{-1})(x)$의 해는 $x=a$뿐이다.

ㄴ. 방정식 $g(h(x))=h(g(x))$의 서로 다른 실근의 개수는 3이다.

ㄷ. 모든 실수 x에 대하여
  $(h\circ g\circ h^{-1})(x)\leq(h\circ g^{-1}\circ h^{-1})(x)$이다.

① ㄱ   ② ㄴ   ③ ㄱ, ㄷ
④ ㄴ, ㄷ   ⑤ ㄱ, ㄴ, ㄷ

608

교육청 기출

최고차항의 계수가 양수인 이차함수 $f(x)$에 대하여 함수 $g(x)$를 다음과 같이 정의하자.

$$g(x)=\begin{cases} -x+4 & (x<-2) \\ f(x) & (-2\leq x\leq 1) \\ -x-2 & (x>1) \end{cases}$$

함수 $g(x)$의 치역이 실수 전체의 집합이고, 함수 $g(x)$의 역함수가 존재할 때, 〈보기〉에서 옳은 것만을 있는 대로 고른 것은?

———————〈보 기〉———————

ㄱ. $f(-2)+f(1)=3$

ㄴ. $g(0)=-1$, $g(1)=-3$이면 곡선 $y=f(x)$의 꼭짓점의
  x좌표는 $\dfrac{5}{2}$이다.

ㄷ. 곡선 $y=f(x)$의 꼭짓점의 x좌표가 -2이면 $g^{-1}(1)=0$이다.

① ㄱ   ② ㄴ   ③ ㄱ, ㄴ
④ ㄱ, ㄷ   ⑤ ㄱ, ㄴ, ㄷ

이전 학습 내용

- **유리수** 중1

두 정수 a, b $(b\neq 0)$를 이용하여 $\dfrac{a}{b}$ 꼴로 나타낼 수 있는 수

- **반비례 관계 $y=\dfrac{a}{x}$ $(a\neq 0)$의 그래프** 중1

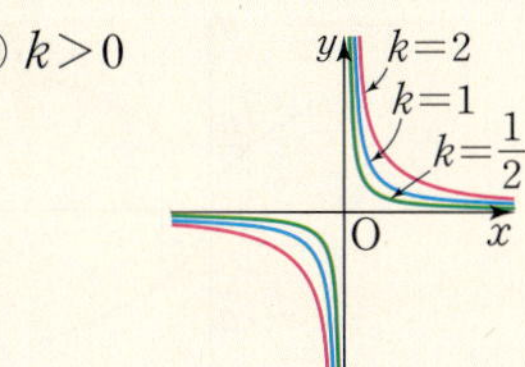

$a>0$	$a<0$
제1, 3사분면 지남	제2, 4사분면 지남

- **도형의 평행이동** Ⅰ 도형의 방정식_04 도형의 이동

도형 $f(x, y)=0$을 x축의 방향으로 a만큼, y축의 방향으로 b만큼 평행이동한 도형은 $f(x-a, y-b)=0$이다.

- **도형의 대칭이동** Ⅰ 도형의 방정식_04 도형의 이동

도형 $f(x, y)=0$을 (1)~(4)의 조건에 대하여 대칭이동한 도형의 방정식은 다음과 같다.

(1) x축: $f(x, -y)=0$

(2) y축: $f(-x, y)=0$

(3) 원점: $f(-x, -y)=0$

(4) 직선 $y=\pm x$: $f(\pm y, \pm x)=0$

- **역함수 구하기** 01 함수

$y=f(x)\Longleftrightarrow x=f^{-1}(y)\Rightarrow y=f^{-1}(x)$

(함수 f의 치역)$=$(역함수 f^{-1}의 정의역)

- **유리식** ·········· 유형 01 유리식

1. 유리식

두 다항식 A, B $(B\neq 0)$에 대하여 $\dfrac{A}{B}$ 꼴로 나타낸 식이다.

특히, 다항식 A는 $\dfrac{A}{1}$로 나타낼 수 있으므로 다항식도 유리식이다.

2. 유리식의 성질

다항식 A, B, C $(B\neq 0, C\neq 0)$에 대하여

(1) $\dfrac{A}{B}=\dfrac{A\times C}{B\times C}$
(2) $\dfrac{A}{B}=\dfrac{A\div C}{B\div C}$

3. 유리식의 사칙연산

다항식 A, B, C, D $(C\neq 0, D\neq 0)$에 대하여

(1) $\dfrac{A}{C}\pm\dfrac{B}{C}=\dfrac{A\pm B}{C}$, $\dfrac{A}{C}\pm\dfrac{B}{D}=\dfrac{AD\pm BC}{CD}$

(2) $\dfrac{A}{C}\times\dfrac{B}{D}=\dfrac{AB}{CD}$, $\dfrac{A}{C}\div\dfrac{B}{D}=\dfrac{A}{C}\times\dfrac{D}{B}=\dfrac{AD}{BC}$ $(B\neq 0)$

- **유리함수와 그래프** ·········· 유형 02 유리함수와 그래프

1. 유리함수

함수 $y=f(x)$에서 $f(x)$가 x에 대한 유리식인 함수이다.

특히, $f(x)$가 x에 대한 다항식이면 다항함수라 한다.

2. 유리함수의 그래프

(1) 함수 $y=\dfrac{k}{x}$ $(k\neq 0)$의 그래프

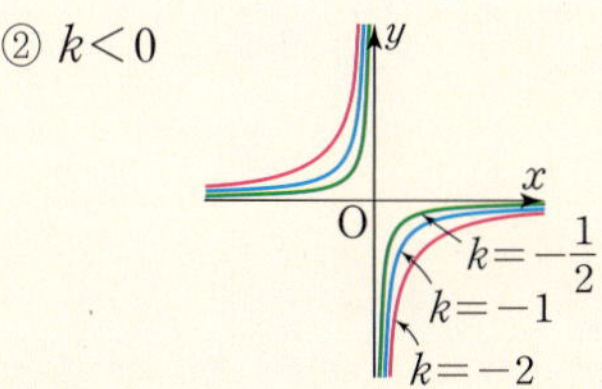

① $k>0$ ② $k<0$

(2) 함수 $y=\dfrac{ax+b}{cx+d}$ $(ad-bc\neq 0, c\neq 0)$의 그래프

함수 $y=\dfrac{k}{x}$의 그래프를 x축의 방향으로 p만큼, y축의 방향으로 q만큼 → 함수 $y=\dfrac{k}{x-p}+q$의 그래프이므로

함수 $y=\dfrac{ax+b}{cx+d}$의 그래프는 $y=\dfrac{k}{x-p}+q$ 꼴로 변형하여 그린다.

	$y=\dfrac{k}{x}$	$y=\dfrac{k}{x-p}+q$	$y=\dfrac{ax+b}{cx+d}$
정의역	$\{x\|x\neq 0$인 실수$\}$	$\{x\|x\neq p$인 실수$\}$	$\left\{x\middle\|x\neq -\dfrac{d}{c}$인 실수$\right\}$
치역	$\{y\|y\neq 0$인 실수$\}$	$\{y\|y\neq q$인 실수$\}$	$\left\{y\middle\|y\neq \dfrac{a}{c}$인 실수$\right\}$
점근선	$x=0, y=0$	$x=p, y=q$	$x=-\dfrac{d}{c}, y=\dfrac{a}{c}$
대칭성	원점, 직선 $y=\pm x$	점 (p, q), 직선 $y=\pm(x-p)+q$	점 $\left(-\dfrac{d}{c}, \dfrac{a}{c}\right)$, 직선 $y=\pm\left(x+\dfrac{d}{c}\right)+\dfrac{a}{c}$
역함수	$y=\dfrac{k}{x}$	$y=\dfrac{k}{x-q}+p$	$y=\dfrac{-dx+b}{cx-a}$

Ⅲ 함수와 그래프

이전 학습 내용

· 실수 체계 중3

$$실수 \begin{cases} 유리수 \begin{cases} 정수 \\ 정수가\ 아닌\ 유리수 \end{cases} \\ \boxed{무리수}: 순환하지\ 않는\ 무한소수 \end{cases}$$

예 $\sqrt{2}$, π

· 제곱근의 성질 중3

$a>0$, $b>0$일 때,

(1) $(\pm\sqrt{a})^2=a$, $\sqrt{(\pm a)^2}=a$

(2) $\sqrt{a}\sqrt{b}=\sqrt{ab}$, $\dfrac{\sqrt{a}}{\sqrt{b}}=\sqrt{\dfrac{a}{b}}$

· 분모의 유리화 중3

$a>0$, $b>0$일 때,

(1) $\dfrac{\sqrt{a}}{\sqrt{b}}=\dfrac{\sqrt{ab}}{b}$

(2) $\dfrac{c}{\sqrt{a}\pm\sqrt{b}}=\dfrac{c(\sqrt{a}\mp\sqrt{b})}{a-b}$ (단, $a\neq b$)

현재 학습 내용

· 무리식 ──────────── 유형 03 무리식

1. 무리식

근호 안에 문자를 포함하는 식 중 유리식으로 나타낼 수 없는 식이다.

2. 제곱근의 성질

(1) $\sqrt{A^2}=|A|=\begin{cases} A & (A\geq 0) \\ -A & (A<0) \end{cases}$

(2) $A>0$, $B>0$일 때, $\sqrt{A}\sqrt{B}=\sqrt{AB}$, $\dfrac{\sqrt{A}}{\sqrt{B}}=\sqrt{\dfrac{A}{B}}$

3. 무리식의 분모의 유리화

(1) $\dfrac{C}{\sqrt{A}}=\dfrac{C\sqrt{A}}{A}$

(2) $\dfrac{C}{\sqrt{A}\pm\sqrt{B}}=\dfrac{C(\sqrt{A}\mp\sqrt{B})}{A-B}$ (단, $A\neq B$)

· 무리함수와 그래프 ──────────── 유형 04 무리함수와 그래프

1. 무리함수

함수 $y=f(x)$에서 $f(x)$가 x에 대한 무리식일 때, 이 함수를 무리함수라 한다.

2. 무리함수의 그래프

(1) 함수 $y=\sqrt{ax}$, $y=\sqrt{-ax}$, $y=-\sqrt{ax}$, $y=-\sqrt{-ax}$ $(a>0)$의 그래프

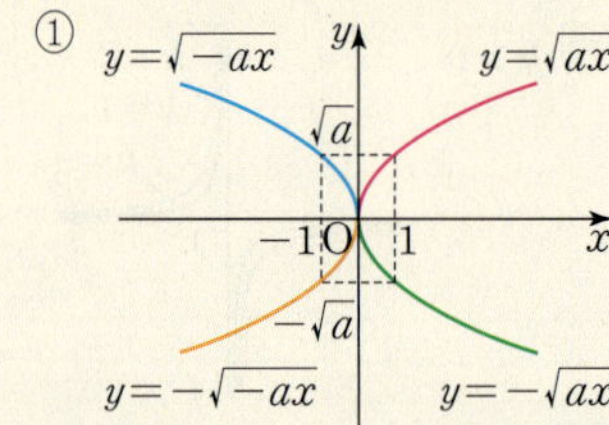
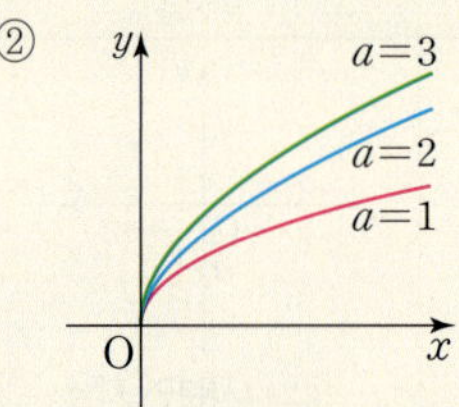

$a>0$	$y=\sqrt{ax}$	$y=\sqrt{-ax}$	$y=-\sqrt{ax}$	$y=-\sqrt{-ax}$
정의역	$\{x\|x\geq 0\}$	$\{x\|x\leq 0\}$	$\{x\|x\geq 0\}$	$\{x\|x\leq 0\}$
치역	$\{y\|y\geq 0\}$	$\{y\|y\geq 0\}$	$\{y\|y\leq 0\}$	$\{y\|y\leq 0\}$
역함수	$y=\dfrac{x^2}{a}(x\geq 0)$	$y=-\dfrac{x^2}{a}(x\geq 0)$	$y=\dfrac{x^2}{a}(x\leq 0)$	$y=-\dfrac{x^2}{a}(x\leq 0)$

(2) 함수 $y=\sqrt{ax+b}+c$ $(a\neq 0)$의 그래프

함수 $y=\sqrt{ax}$의 그래프 $\xrightarrow[\text{$y$축의 방향으로 q만큼}]{\text{x축의 방향으로 p만큼}}$ 함수 $y=\sqrt{a(x-p)}+q$의 그래프이므로

함수 $y=\sqrt{ax+b}+c$의 그래프는 $y=\sqrt{a(x-p)}+q$ 꼴로 변형하여 그린다.

$a>0$	$y=\sqrt{ax}$	$y=\sqrt{a(x-p)}+q$	$y=\sqrt{ax+b}+c$
정의역	$\{x\|x\geq 0\}$	$\{x\|x\geq p\}$	$\left\{x\middle\|x\geq -\dfrac{b}{a}\right\}$
치역	$\{y\|y\geq 0\}$	$\{y\|y\geq q\}$	$\{y\|y\geq c\}$
역함수	$y=\dfrac{x^2}{a}\ (x\geq 0)$	$y=\dfrac{(x-q)^2}{a}+p\ (x\geq q)$	$y=\dfrac{(x-c)^2}{a}-\dfrac{b}{a}\ (x\geq c)$

STEP 1 교과서를 정복하는 핵심 유형

유형 01 유리식

유리식의 연산을 통하여 식을 간단히 하는 문제, 비를 이용하여
유리식을 계산하는 문제, 유리식과 관련된 실생활 문제를 분류하였다.

유형 해결 TIP

유리식의 계산은 유리수의 계산과 같은 방법으로 한다.

609

$\dfrac{x-1}{x} \div \dfrac{x^3+1}{x^2-2x} \times \dfrac{x+1}{x^2-3x+2}$ 을 계산한 것은?

① $\dfrac{1}{x(x-1)}$ 　　② $\dfrac{1}{x^2-x+1}$ 　　③ $\dfrac{x+1}{x(x-2)}$

④ $\dfrac{x-1}{x^2-x+1}$ 　　⑤ $\dfrac{x^2-x+1}{x^2(x-2)}$

610

$x \neq -3$, $x \neq 2$인 모든 실수 x에 대하여 등식

$$\dfrac{a}{x-2} + \dfrac{b}{x+3} = \dfrac{5x}{x^2+x-6}$$

가 항상 성립할 때, 실수 a, b에 대하여 a^2+b^2의 값을
구하시오.

611

자연수 n에 대하여 $f(n) = \dfrac{(n+1)^2}{n(n+2)}$이라 할 때,

$f(1) \times f(2) \times f(3) \times \cdots \times f(100) = \dfrac{q}{p}$ 이다. $p+q$의 값을
구하시오. (단, p와 q는 서로소인 자연수이다.)

유형 02 유리함수와 그래프

유리함수의 그래프의 성질을 묻는 문제, 최대·최소를 구하는 문제,
직선과의 위치 관계를 묻는 문제 등 유리함수와 그 그래프를 이용하는
문제를 분류하였다.

유형 해결 TIP

유리함수의 그래프에 대한 문제는 함수를 $y = \dfrac{k}{x-p} + q$

(p, q, k는 상수, $k \neq 0$) 꼴로 변형하여 두 점근선의 방정식
$x=p$, $y=q$와 k의 값의 부호를 통하여 빠르게 그 그래프의 개형을
파악하고 풀이하도록 하자.

612

〈보기〉에서 다항함수의 개수는 a, 유리함수의 개수는 b일 때,
정수 a, b의 합 $a+b$의 값은?

〈보 기〉

ㄱ. $y=2x+3$ 　　　ㄴ. $y=\dfrac{3x-2}{x}$

ㄷ. $y=\sqrt{2x-1}$ 　　ㄹ. $y=\dfrac{-x+4}{2}$

ㅁ. $y=\dfrac{2x}{x^2+1}$

① 3 　　　② 4 　　　③ 5

④ 6 　　　⑤ 7

613 빈출

유리함수 $y = \dfrac{2x-7}{x+3}$의 그래프의 점근선의 방정식이

$x=a$, $y=b$일 때, $a+b$의 값은? (단, a, b는 실수이다.)

① -3 　　　② -1 　　　③ 1

④ 3 　　　⑤ 5

614

두 유리함수 $y=\dfrac{(b+1)x}{x+4a}$, $y=\dfrac{bx+a}{ax+1}$의 그래프의 점근선이

모두 같을 때, 양수 a, b의 합 $a+b$의 값은? (단, $b\neq a^2$)

① $\dfrac{1}{2}$ ② $\dfrac{3}{2}$ ③ $\dfrac{5}{2}$

④ $\dfrac{7}{2}$ ⑤ $\dfrac{9}{2}$

615 빈출

유리함수 $y=\dfrac{4x+3}{x+2}$의 그래프를 x축의 방향으로 a만큼,

y축의 방향으로 b만큼 평행이동하면 유리함수 $y=\dfrac{c}{x}$의 그래프와

겹쳐질 때, 실수 a, b, c에 대하여 $a+b+c$의 값은?

① -9 ② -8 ③ -7

④ -6 ⑤ -5

616 빈출

〈보기〉의 함수 중 그 그래프가 평행이동하여 함수

$y=\dfrac{3}{x-2}+1$의 그래프와 겹쳐지는 것만을 있는 대로 고른 것은?

<보 기>

ㄱ. $y=\dfrac{x-3}{x}$ ㄴ. $y=\dfrac{2x+1}{x-1}$

ㄷ. $y=\dfrac{6x+3}{2x-1}$

① ㄱ   ② ㄴ   ③ ㄷ

④ ㄴ, ㄷ   ⑤ ㄱ, ㄴ, ㄷ

617 빈출

유리함수 $y=\dfrac{ax+b}{x+c}$의 그래프가 그림과 같을 때, 상수 a, b, c에

대하여 $a+b+c$의 값을 구하시오. (단, 점선은 점근선이다.)

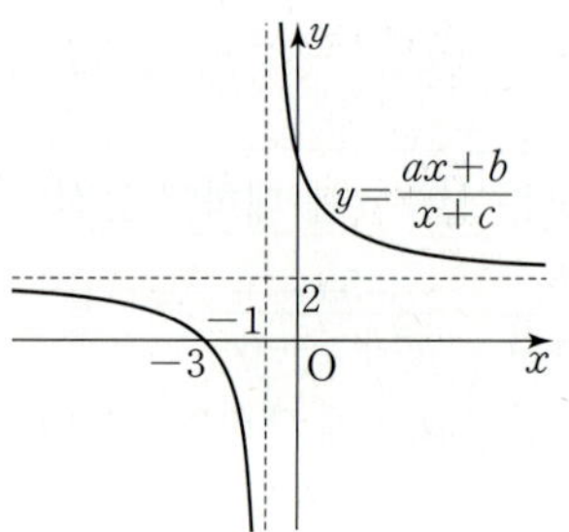

618

유리함수 $y=\dfrac{3-2x}{x+1}$의 그래프에 대한 설명 중 옳은 것은?

① 함수의 정의역과 치역은 -1이 아닌 실수 전체의 집합이다.

② 점근선의 방정식은 $x=-1$, $y=\dfrac{3}{2}$이다.

③ 점 $(1, 2)$에 대하여 대칭이다.

④ 제2사분면을 지난다.

⑤ 함수 $y=\dfrac{5}{x}$의 그래프를 x축의 방향으로 -1만큼,

y축의 방향으로 2만큼 평행이동한 그래프이다.

619

두 유리함수 $y=\dfrac{kx-2}{x+1}$ 와 $y=\dfrac{5x+1}{x+2}$ 의 그래프의 점근선으로 둘러싸인 부분의 넓이가 7이 되도록 하는 모든 실수 k의 값의 곱은?

① -30 ② -24 ③ -18
④ -12 ⑤ -6

620

유리함수 $y=\dfrac{px+q}{x+r}$ 의 그래프가 다음 조건을 만족시킬 때, 상수 p, q, r에 대하여 $p+q+r$의 값을 구하시오.

> (가) 점 $(1,\ 3)$을 지난다.
> (나) 두 직선 $y=x+10$, $y=-x+2$에 대하여 대칭이다.

621

유리함수 $y=\dfrac{3x-1}{x+1}$ 의 역함수가 $y=\dfrac{ax+b}{x+c}$ 일 때, 상수 a, b, c에 대하여 $a\times b\times c$의 값은?

① -1 ② -2 ③ -3
④ -4 ⑤ -5

622 빈출 서술형

함수 $f(x)=\dfrac{ax}{x-1}$ $(a\neq 0)$의 그래프를 x축의 방향으로 3만큼, y축의 방향으로 b만큼 평행이동하면 함수 $y=f^{-1}(x)$의 그래프와 일치한다. 상수 a, b에 대하여 $f(a-b)$의 값을 구하고, 그 과정을 서술하시오.

623 빈출

$0\leq x\leq 2$에서 함수 $f(x)=\dfrac{3x+1}{x+1}$ 의 최댓값을 M, 최솟값을 m이라 할 때, $M-m$의 값은?

① $\dfrac{1}{3}$ ② $\dfrac{2}{3}$ ③ 1
④ $\dfrac{4}{3}$ ⑤ $\dfrac{5}{3}$

624 빈출

$a\leq x\leq b$에서 정의된 함수 $f(x)=\dfrac{2-x}{x+3}$ 의 최댓값이 4, 최솟값이 0일 때, $a+b$의 값은? (단, a, b는 상수이고, $a<b$이다.)

① -2 ② -1 ③ 0
④ 1 ⑤ 2

625

정의역이 $\{x \mid -1 \le x \le 2\}$인 함수 $f(x) = \dfrac{2x+k}{x-3}$의 치역이 집합 $\{y \mid -4 \le y \le -2\}$를 포함하도록 하는 정수 k의 개수는?

① 8   ② 9   ③ 10

④ 11   ⑤ 12

626

유리함수 $y = \dfrac{8}{x}$의 그래프 위를 움직이는 점 P와 원점 사이의 거리의 최솟값은?

① 2   ② 4   ③ 6

④ 8   ⑤ 10

627

유리함수 $y = \dfrac{3}{x-a} - 1$의 그래프가 제1사분면을 지나지 않도록 하는 실수 a의 값의 범위는?

① $a \le -3$ ② $a \le -2$ ③ $a \le -1$

④ $a \ge 2$ ⑤ $a \ge 3$

유형 03 무리식

무리식의 연산을 통하여 식을 간단히 하는 문제, 무리식의 값이 실수일 조건, 무리식과 관련된 실생활 문제를 분류하였다.

유형 해결 TIP

무리식의 계산은 무리수의 계산과 같은 방법으로 한다.
무리식의 값이 실수이려면 (근호 안에 있는 식의 값) ≥ 0임에 유의하자.

628

무리식 $\dfrac{x}{\sqrt{x+9}+3} + \dfrac{x}{\sqrt{x+9}-3}$를 계산한 것은? (단, $x \ne 0$)

① $\sqrt{x+9} - 3$ ② $\sqrt{x+9}$ ③ $\dfrac{\sqrt{x+9}}{x}$

④ $\sqrt{x+9} + 3$ ⑤ $2\sqrt{x+9}$

629 빈출 👑

$\sqrt{|x+3|-3} + \sqrt{4-|x-1|}$의 값이 실수가 되도록 하는 정수 x의 개수는?

① 7   ② 6   ③ 5

④ 4   ⑤ 3

무리함수의 그래프의 성질을 묻는 문제, 최대·최소를 구하는 문제,
역함수와의 위치 관계, 직선과의 위치 관계를 묻는 문제 등
무리함수와 그 그래프를 이용하는 문제를 분류하였다.

유형해결 TIP

무리함수의 그래프에 대한 문제는 함수를 $y=a\sqrt{b(x-p)}+q$
($a\neq0$, $b\neq0$, p, q는 상수) 꼴로 변형하여 함수의 그래프 위의 점
(p, q)와 a, b의 값의 부호를 통하여 빠르게 그 그래프의 개형을
파악하고 풀이하도록 하자.

630

무리함수 $y=\sqrt{ax}$ ($a\neq0$)의 그래프에 대한 설명으로 옳지 <u>않은</u>
것은?

① $a>0$이면 이 함수의 정의역과 치역은 0 이상의 실수 전체의
  집합이다.

② $a<0$이면 이 함수의 정의역은 $\{x\,|\,x\leq0\}$이고 치역은
  $\{y\,|\,y\geq0\}$이다.

③ $a<0$이면 지나는 사분면은 제2사분면뿐이다.

④ 함수 $y=\dfrac{x^2}{a}$ ($x\geq0$)의 그래프와 직선 $y=x$에 대하여 대칭이다.

⑤ $|a|$의 값이 커질수록 그래프는 y축에서 멀어진다.

631

무리함수 $y=\sqrt{-2x+k}-1$의 그래프가 두 점 $(-1, 1)$, $(1, 2)$를
이은 선분과 만나도록 하는 정수 k의 개수는? (단, $k\geq2$)

① 2   ② 4   ③ 6
④ 8   ⑤ 10

632 빈출

함수 $y=\sqrt{-4x+12}+5$의 그래프는 함수 $y=2\sqrt{x}$의 그래프를
y축에 대하여 대칭이동한 후 x축의 방향으로 a만큼, y축의
방향으로 b만큼 평행이동한 것이다. 상수 a, b에 대하여 $a+b$의
값은?

① 2   ② 4   ③ 6
④ 8   ⑤ 10

633

〈보기〉에서 함수 $y=\sqrt{x}$의 그래프를 평행이동 또는 대칭이동하여
겹쳐질 수 있는 그래프의 식만을 있는 대로 고르시오.

〈보 기〉

ㄱ. $y=x^2\ (x\geq0)$ ㄴ. $y=1+\sqrt{-x}$
ㄷ. $y=\sqrt{2x-1}$ ㄹ. $y=-\sqrt{x+4}$
ㅁ. $y=3\sqrt{x}+1$ ㅂ. $y=\sqrt{x+5}-2$
ㅅ. $y=\dfrac{1}{2}\sqrt{4x-1}$

634 빈출

무리함수 $y=\sqrt{ax+b}+c$의 그래프가 그림과 같을 때,
$a+b+c$의 값을 구하시오. (단, a, b, c는 상수이다.)

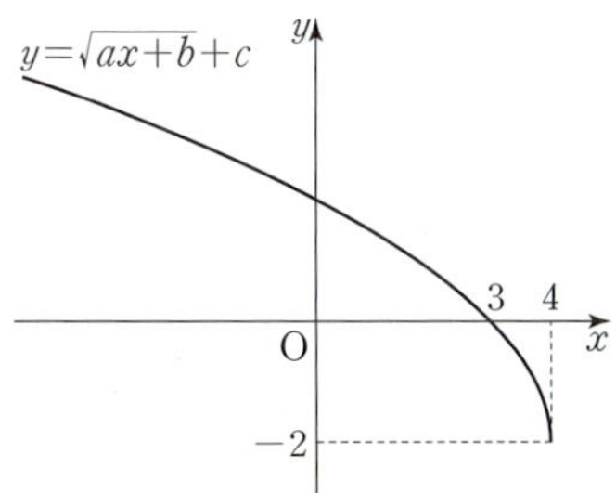

635

$x>2$인 모든 실수에서 정의된 두 함수

$$f(x)=\dfrac{x+1}{x-2},\ g(x)=\sqrt{2x-4}$$

에 대하여 $(f\circ g^{-1})^{-1}\!\left(\dfrac{7}{6}\right)$의 값은?

① 4   ② 5   ③ 6
④ 7   ⑤ 8

636

〈보기〉의 무리함수 중 그 그래프가 제2사분면을 지나는 것만을 있는 대로 고른 것은?

<보 기>

ㄱ. $y=\sqrt{x+4}-2$ ㄴ. $y=\sqrt{-x+3}-2$

ㄷ. $y=-\sqrt{2-x}+3$ ㄹ. $y=-\sqrt{x-1}+4$

① ㄴ   ② ㄱ, ㄹ   ③ ㄴ, ㄷ

④ ㄱ, ㄴ, ㄷ   ⑤ ㄴ, ㄷ, ㄹ

637

이차함수 $y=ax^2+bx+c$의 그래프가 그림과 같을 때, 무리함수 $y=\sqrt{ax-c}+b$의 그래프를 바르게 나타낸 것은?

(단, a, b, c는 상수이다.)

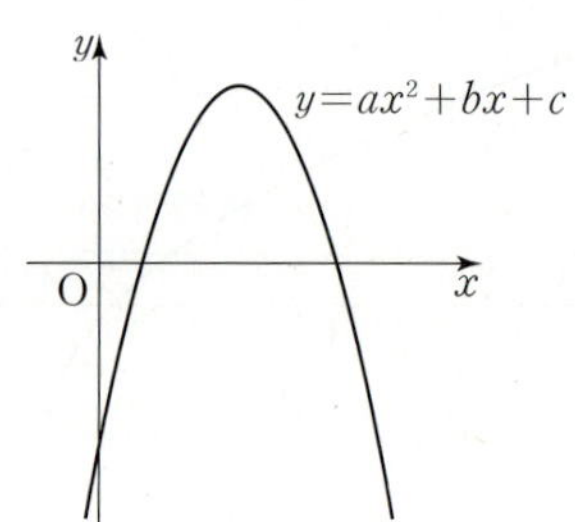

① 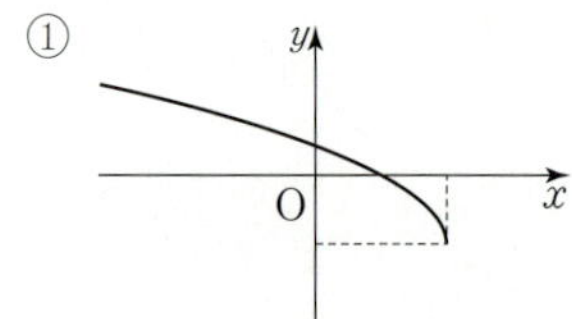 ② 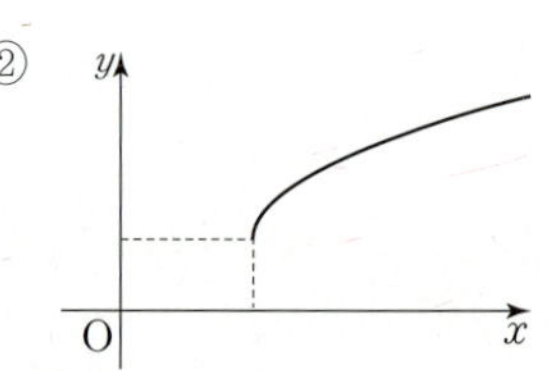

③ 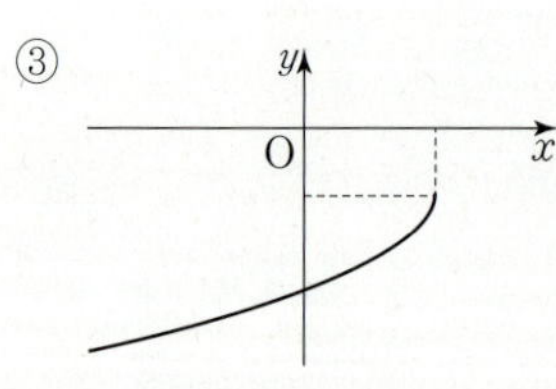 ④ 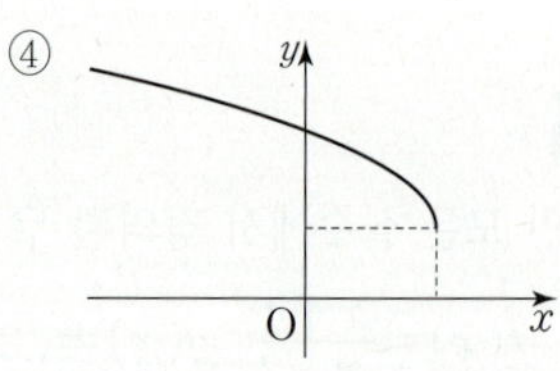

⑤ 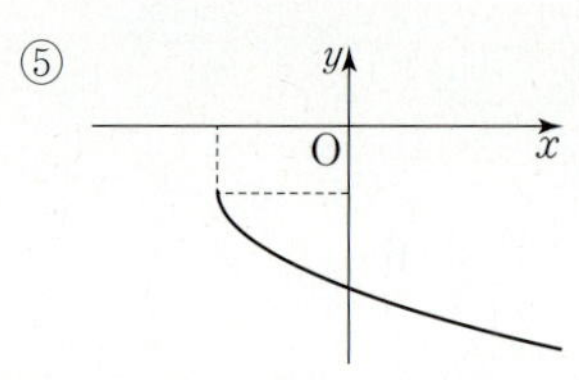

638 빈출

정의역이 $\{x\,|\,-5\leq x\leq 3\}$인 함수 $y=\sqrt{a-x}+2$의 최솟값이 3일 때, 최댓값은? (단, a는 상수이다.)

① 2   ② 3   ③ 4

④ 5   ⑤ 6

639

집합 $X=\{x\,|\,x\leq a\}$에서 집합 $Y=\{y\,|\,y\geq 2a\}$로의 함수 $y=\sqrt{6-2x}$가 역함수를 갖기 위한 실수 a의 값을 구하시오.

640

함수 $y=\sqrt{x-1}$의 그래프와 직선 $y=mx$는 점 (a, b)에서 접한다. 상수 m, a, b에 대하여 $m+a+b$의 값은?

① 2   ② $\dfrac{5}{2}$ ③ 3

④ $\dfrac{7}{2}$ ⑤ 4

641

다음 등식을 만족시키는 모든 실수 x의 값의 곱은?

$$\frac{1}{x(x+1)}+\frac{2}{(x+1)(x+3)}+\frac{3}{(x+3)(x+6)}=\frac{3}{4}$$

① -4 ② -6 ③ -8
④ -10 ⑤ -12

642

$(x-1)(x-3)\neq0$인 모든 실수 x에 대하여 등식

$$\frac{x-1}{1-\dfrac{2}{x-1}}=ax+b+\frac{c}{x-3}$$

가 성립할 때, 상수 a, b, c에 대하여 $a+b+c$의 값은?

① 2 ② 4 ③ 6
④ 8 ⑤ 10

643

유리식 $\dfrac{3a^2+5a+2}{a+6}$의 값이 정수가 되도록 하는 자연수 a의

최댓값과 최솟값의 합은?

① 72 ② 74 ③ 76
④ 78 ⑤ 80

644

0이 아닌 실수 a, b, c에 대하여

$\dfrac{2b+c}{a}=\dfrac{a+c}{2b}=\dfrac{a+2b}{c}$일 때, $\dfrac{a^3+b^3+c^3}{abc}$의 값을 구하시오.

(단, $a+2b+c\neq0$이다.)

645

어떤 물질의 밀도 d, 질량 m, 부피 v 사이에는 관계식 $d=\dfrac{m}{v}$이

성립한다. 두 물질 A, B의 밀도가 각각 a, b이고 질량의 비가

3 : 4이다. 두 물질 A, B의 부피의 합이 20일 때, 물질 A의

부피는?

① $\dfrac{15ab}{3a+2b}$ ② $\dfrac{30ab}{3a+4b}$ ③ $\dfrac{30ab}{4a+3b}$
④ $\dfrac{60b}{3a+4b}$ ⑤ $\dfrac{60b}{4a+3b}$

646

선행 **618**

유리함수 $y=\dfrac{2x+k}{x-3}$ $(k>0)$의 그래프에 대하여 〈보기〉에서

옳은 것만을 있는 대로 고른 것은?

〈보 기〉
ㄱ. 두 직선 $x=3$, $y=2$와 만나지 않는다.
ㄴ. 직선 $y=-x+5$에 대하여 대칭이다.
ㄷ. 모든 사분면을 지난다.

① ㄴ ② ㄱ, ㄴ ③ ㄱ, ㄷ
④ ㄴ, ㄷ ⑤ ㄱ, ㄴ, ㄷ

647

두 일차함수 $y=f(x)$, $y=g(x)$의 그래프는 그림과 같다.

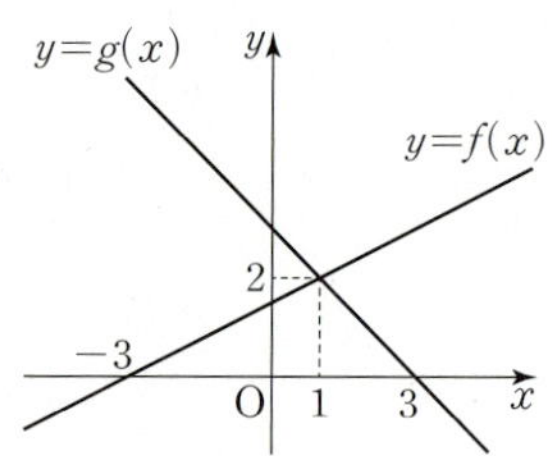

함수 $y=\dfrac{g(x)}{f(x)}$의 그래프의 개형으로 옳은 것은?

① 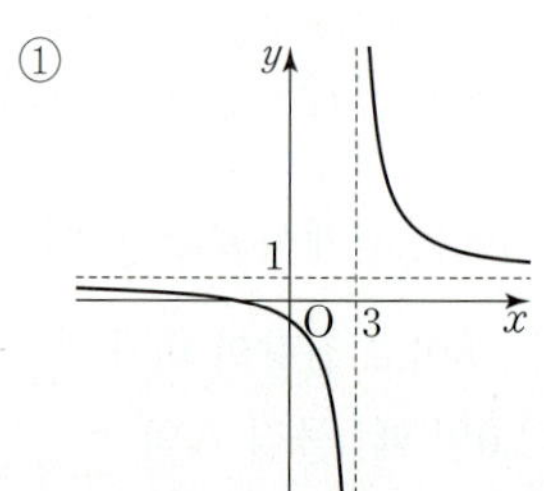 ② 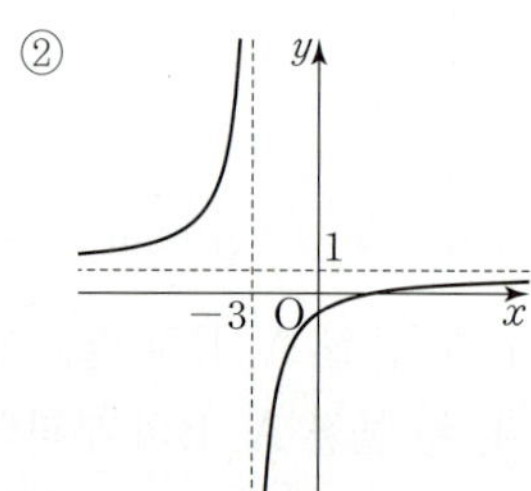

③ 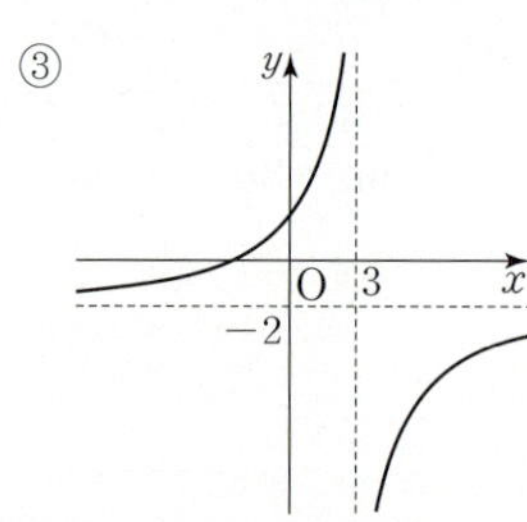 ④ 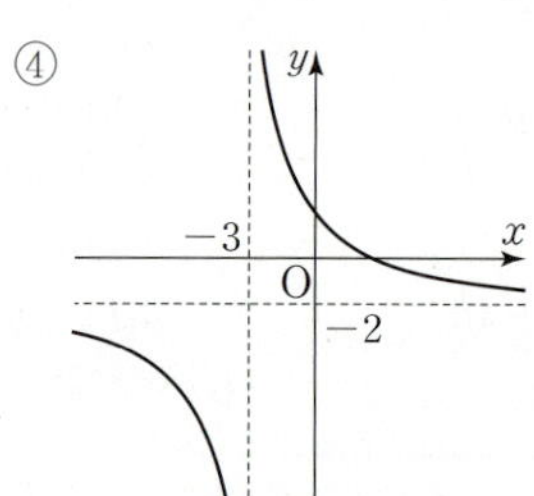

⑤ 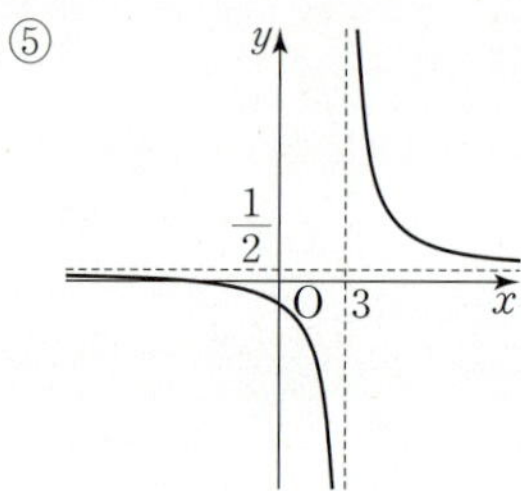

648 빈출

함수 $f(x)=\dfrac{x}{x+1}$에 대하여

$$f_1(x)=f(x),$$
$$f_{n+1}(x)=(f \circ f_n)(x) \ (n=1,\ 2,\ 3,\ \cdots)$$

라 정의할 때, $f_{1000}(1)$의 값을 구하시오.

649

$x\neq 0$, $x\neq 2$인 모든 실수 x에서 정의된 함수 $f(x)=-\dfrac{4}{x}+2$에 대하여 함수 $f^{500}(x)$의 역함수를 $g(x)$라 할 때, $g(-1)$의 값을 구하시오.

(단, $f^1=f$이고, 모든 자연수 n에 대하여 $f^{n+1}=f^n \circ f$이다.)

650 빈출

유리함수 $y=\dfrac{ax+b}{cx+d}$ $(ad-bc\neq 0)$의 그래프가 그림과 같다.

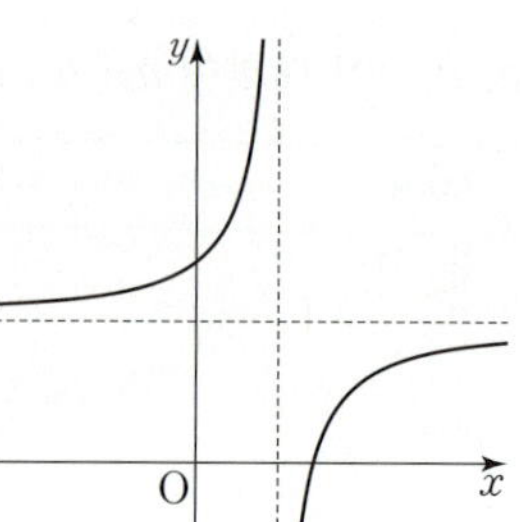

〈보기〉에서 옳은 것의 개수는?

〈보 기〉
ㄱ. $ac<0$ ㄴ. $bd>0$ ㄷ. $(a-b)(c-d)>0$ ㄹ. $ad-bc>0$

① 0 ② 1 ③ 2
④ 3 ⑤ 4

651

교육청 기출

그림과 같이 함수 $y=\dfrac{1}{x}$의 제1사분면 위의 점 A에서 x축과 y축에 평행한 직선을 그어 $y=\dfrac{k}{x}$ $(k>0)$와 만나는 점을 각각 B, C라 하자. 삼각형 ABC의 넓이가 50일 때, k의 값을 구하시오.

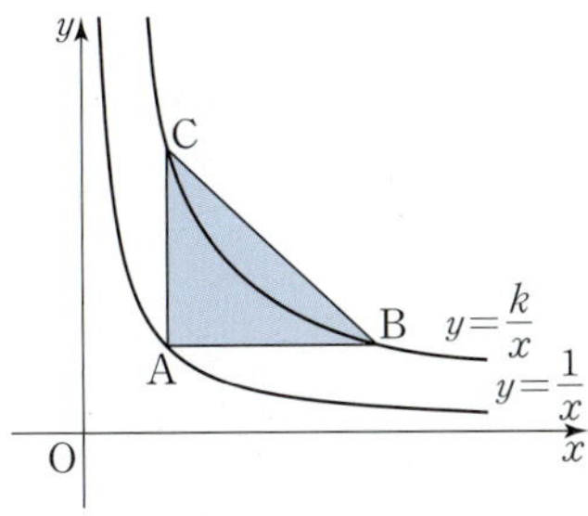

652

함수 f가 1이 아닌 모든 실수 x에 대하여 $f\left(\dfrac{x+1}{x-1}\right)=2x+1$일 때, 함수 f의 역함수 $y=f^{-1}(x)$의 그래프가 x축, y축과 만나는 점을 각각 A, B라 하자. 삼각형 OAB의 넓이는? (단, O는 원점이다.)

① 1 ② $\dfrac{1}{2}$ ③ $\dfrac{1}{4}$

④ $\dfrac{1}{6}$ ⑤ $\dfrac{1}{8}$

653

$x\geq 4$에서 정의된 함수 $f(x)=\dfrac{3x}{x-1}$와 $3<x\leq 4$에서 정의된 함수 $g(x)$가 $x\geq 4$인 모든 실수 x에 대하여

$$(g\circ f)(x)=\dfrac{x-4}{2x+1}$$

를 만족할 때, $g\left(\dfrac{1}{2}f^{-1}\left(\dfrac{7}{2}\right)\right)$의 값을 구하시오.

654

선행 626

점 $P(-1,\ 4)$와 함수 $y=\dfrac{4x+13}{x+1}$의 그래프 위의 점 Q에 대하여 점 P를 중심으로 하고 점 Q를 지나는 원의 넓이의 최솟값은?

① 10π ② 14π ③ 18π

④ 22π ⑤ 26π

655

실수 k에 대하여 함수 $y=\left|\dfrac{3x-2}{x+1}\right|$의 그래프와 직선 $y=k$의 교점의 개수를 $f(k)$라 할 때,
$f(0)+f(1)+f(2)+\cdots+f(10)$의 값을 구하시오.

656 서술형 ✎

| 선행 627 |

함수 $y=\dfrac{-2x+k}{x-3}$의 그래프가 좌표평면에서 제1, 3, 4사분면을 지나고, 제2사분면은 지나지 않도록 하는 실수 k의 값의 범위를 구하고, 그 과정을 서술하시오.

657

| 선행 624 |

함수 $y=\dfrac{2x+2}{x-1}$의 치역이 $\{y\,|\,y\leq -1$ 또는 $y\geq 3\}$일 때, 정의역에 속하는 모든 정수의 개수는?

① 4 ② 5 ③ 6
④ 7 ⑤ 8

658

정의역이 $\{x\,|\,x<1\}$인 함수 $f(x)=\dfrac{5x+k}{x-3}$의 치역의 원소 중 정수의 개수가 6이 되도록 하는 모든 정수 k의 값의 합을 구하시오.

659 서술형 ✎

| 선행 626 |

함수 $y=\dfrac{2x+2}{x+3}$의 그래프 위의 한 점 P에서 이 유리함수의 그래프의 두 점근선에 내린 수선의 발을 각각 Q, R이라 할 때, $\overline{\text{QR}}^2$의 최솟값을 구하고, 그 과정을 서술하시오.

660 선생님 Pick! 교육청 기출

$x>0$에서 정의된 함수 $y=\dfrac{2}{x}$의 그래프를 x축의 방향으로 1만큼, y축의 방향으로 2만큼 평행이동한 그래프 위의 점 P에서 x축, y축에 내린 수선의 발을 각각 Q, R이라 할 때, 직사각형 ROQP의 넓이의 최솟값은? (단, O는 원점이다.)

① 8 ② $\dfrac{25}{3}$ ③ 9
④ 10 ⑤ $\dfrac{32}{3}$

661

함수 $y=\dfrac{2x-3}{x+1}$의 그래프의 두 점근선의 교점을 A라 하고,

직선 $y=mx-2m+1$ $(m>0)$과 두 점근선의 교점을 각각

B, C라 할 때, 삼각형 ABC의 넓이의 최솟값을 구하시오.

662

유리함수 $f(x)=\dfrac{-2x+a}{x+b}$ $(a>0)$가 $x\neq-b$인 모든 실수 x에

대하여 $(f\circ f)(x)=x$를 만족시킨다. 함수 $y=f(x)$의 그래프

위의 점 A에서 함수 $y=f(x)$의 그래프의 두 점근선에 내린

수선의 발을 각각 B, C라 할 때, 삼각형 ABC의 넓이가 5이다.

상수 a, b에 대하여 $a+b$의 값을 구하시오.

663

유리함수 $f(x)=\dfrac{3x+b}{x+a}$가 다음 조건을 만족시킨다.

> (가) 1, 3이 아닌 모든 실수 x에 대하여
> $f^{-1}(x)=f(x-2)-2$이다.
> (나) 함수 $y=f(x)$의 그래프를 평행이동하면 함수 $y=\dfrac{2}{x}$의
> 그래프와 일치한다.

$a+b$의 값은? (단, a, b는 상수이다.)

① -2 ② -1 ③ 0

④ 1 ⑤ 2

664

유리함수 $f(x)=\dfrac{a}{x+b}+c$에 대하여 〈보기〉에서 옳은 것만을

있는 대로 고른 것은? (단, a, b, c는 실수이고, $a\neq0$이다.)

> ───〈보 기〉───
> ㄱ. $f(4)=f^{-1}(4)$이면 $b+c=0$이다.
> ㄴ. 함수 $y=f(x)$의 그래프가 직선 $y=x$에 대하여 대칭이고,
> $f(0)=0$이면 $a=c^2$이다.
> ㄷ. $a>0$이면 $-b$가 아닌 임의의 두 실수 x_1, x_2에 대하여
> $x_1<x_2$이면 $f(x_1)>f(x_2)$이다.

① ㄱ   ② ㄴ   ③ ㄱ, ㄴ

④ ㄴ, ㄷ   ⑤ ㄱ, ㄴ, ㄷ

665

함수 $f(x)=\dfrac{4x}{x-4}$의 그래프에 대한 설명 중 〈보기〉에서 옳은

것만을 있는 대로 고른 것은?

> ───〈보 기〉───
> ㄱ. $x\neq4$인 모든 실수 x에 대하여 $(f\circ f)(x)=x$이다.
> ㄴ. $m<0$일 때, 직선 $mx-y+4-4m=0$과 만나지 않는다.
> ㄷ. $a<4<b$일 때, 두 점 A$(a, f(a))$, B$(b, f(b))$에 대하여
>   선분 AB의 길이의 최솟값은 $8\sqrt{2}$이다.

① ㄱ   ② ㄴ   ③ ㄱ, ㄴ

④ ㄴ, ㄷ   ⑤ ㄱ, ㄴ, ㄷ

666

두 집합

$$A=\left\{(x,\,y)\,\middle|\,y=\frac{-2x-1}{x+1}\right\},$$
$$B=\{(x,\,y)\,|\,y=kx-k-6\}$$

에 대하여 $A\cap B\neq\varnothing$일 때, 실수 k의 값의 범위는?

① $-5<k<-1$

② $-4\leq k\leq-1$

③ $k\leq-5$ 또는 $-2\leq k<0$

④ $k\leq-4$ 또는 $-1\leq k<0$

⑤ $k\leq-4$ 또는 $k\geq-1$

667

그림과 같이 함수 $y=\dfrac{4}{x}\ (x>0)$의 그래프 위의 두 점 A, B에 대하여 직선 AB의 기울기가 -1이고, $\overline{OA}\times\overline{OB}=16$을 만족시킨다. 선분 AB의 길이는? (단, O는 원점이다.)

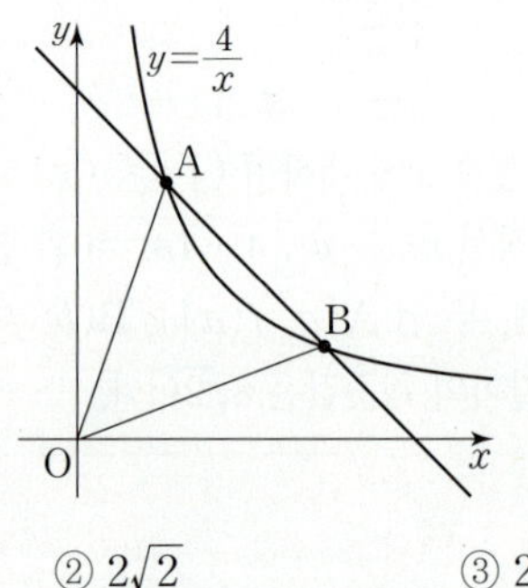

① 2 ② $2\sqrt{2}$ ③ $2\sqrt{3}$

④ 4 ⑤ $2\sqrt{5}$

668

교육청 기출

그림과 같이 도형 $xy-2x-2y=k$가 직선 $x+y=8$과 만나는 두 점을 P, Q라 하자. 두 점 P, Q의 x좌표의 곱이 14일 때, $\overline{OP}\times\overline{OQ}$의 값을 구하시오. (단, $k<0$이고, O는 원점이다.)

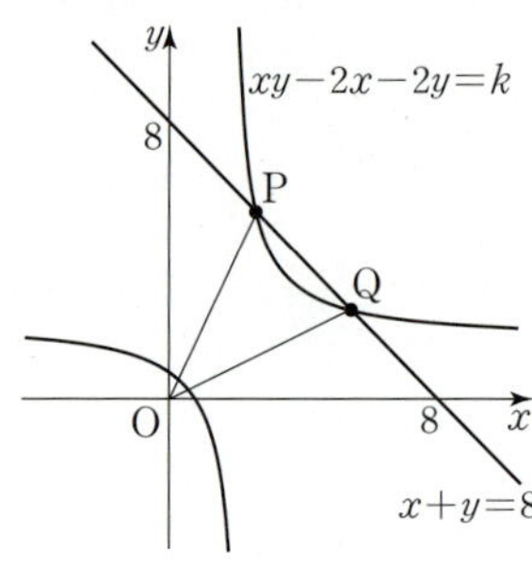

669

교육청 기출

그림과 같이 점 $A(-2,\,2)$와 곡선 $y=\dfrac{2}{x}$ 위의 두 점 B, C가 다음 조건을 만족시킨다.

> ㈎ 점 B와 점 C는 직선 $y=x$에 대하여 대칭이다.
> ㈏ 삼각형 ABC의 넓이는 $2\sqrt{3}$이다.

점 B의 좌표를 $(\alpha,\,\beta)$라 할 때, $\alpha^2+\beta^2$의 값은? (단, $\alpha>\sqrt{2}$)

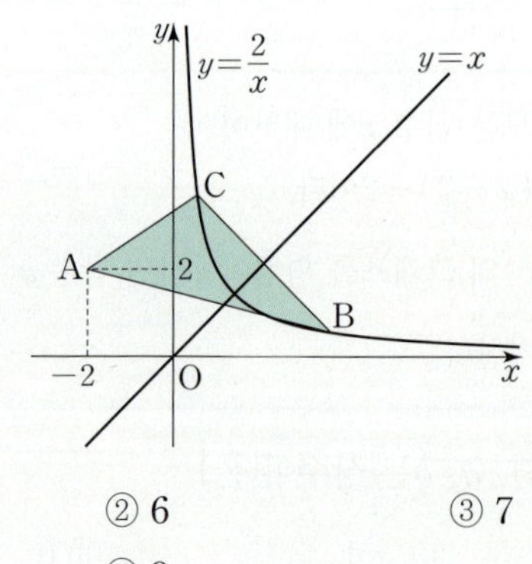

① 5 ② 6 ③ 7

④ 8 ⑤ 9

670 빈출

$\overline{AB}=5$, $\overline{BC}=\overline{CD}=\overline{DA}=3$인 등변사다리꼴 ABCD에서 선분 CD 위를 움직이는 점을 F라 하고, 두 직선 AF, BC의 교점을 E라 하자. $\overline{CE}=x\left(0<x<\dfrac{9}{2}\right)$라 하고 삼각형 ADF의 넓이를 $S(x)$라 할 때, 함수 $S(x)$의 식으로 옳은 것은?

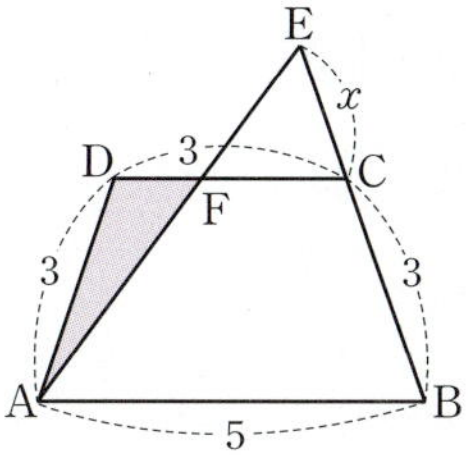

① $S(x)=\dfrac{-2\sqrt{2}x+9\sqrt{2}}{x+3}$ ② $S(x)=\dfrac{-\sqrt{2}x+9\sqrt{2}}{x+3}$

③ $S(x)=\dfrac{9\sqrt{2}}{x+3}$ ④ $S(x)=\dfrac{\sqrt{2}x+9\sqrt{2}}{x+3}$

⑤ $S(x)=\dfrac{2\sqrt{2}x+9\sqrt{2}}{x+3}$

671

함수 $f(x)=\dfrac{a}{x+6}+2b$에 대하여 함수 $y=\left|f(x-2a)+\dfrac{a}{3}\right|$의 그래프가 y축에 대하여 대칭일 때, $f(6ab)$의 값은?

(단, a, b는 상수이고, $a\neq0$이다.)

① -3 ② -2 ③ -1

④ 0 ⑤ 1

672

$x=\sqrt{2}$일 때, $\dfrac{\sqrt{x+1}+\sqrt{x-1}}{\sqrt{x+1}-\sqrt{x-1}}$의 값은?

① $\sqrt{2}$ ② $\dfrac{1+\sqrt{2}}{2}$ ③ 2

④ $1+\sqrt{2}$ ⑤ $2+\sqrt{2}$

673

자연수 n에 대하여 $\sqrt{n^2+2n}$의 소수부분을 $f(n)$이라 할 때, $\dfrac{2n}{f(n)}$의 정수부분은?

① n ② $n+1$ ③ $2n$

④ $2n+1$ ⑤ $3n$

674

길이가 L인 현의 장력과 밀도를 각각 T, ρ라 하고 주파수를 w라 할 때, 다음 식이 성립한다고 한다.

$$w=\dfrac{1}{2L}\sqrt{\dfrac{T}{\rho}}$$

길이가 같은 두 현 A, B가 있다. A의 장력이 B의 장력의 3배, A의 주파수가 B의 주파수의 $\dfrac{1}{2}$배일 때, A의 밀도는 B의 밀도의 n배이다. n의 값을 구하시오.

유형 04 무리함수와 그래프

675

자연수 n에 대하여 직선 $x=n$이 x축, 두 곡선 $y=\sqrt{2x-1}$, $y=\sqrt{2x+1}$과 만나는 점을 각각 A_n, B_n, C_n이라 하자. $l_n=\overline{\mathrm{A}_n\mathrm{C}_{n+1}}-\overline{\mathrm{A}_n\mathrm{B}_{n+1}}$이라 할 때, $l_1+l_2+l_3+\cdots+l_m>2\sqrt{2}$를 만족시키는 자연수 m의 최솟값은?

① 7 ② 8 ③ 9
④ 10 ⑤ 11

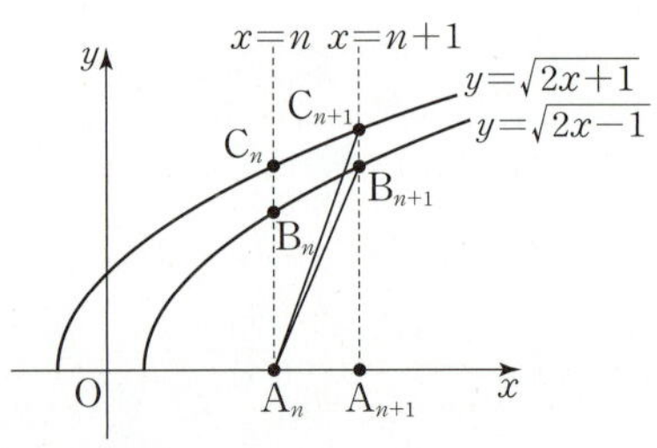

676

| 선행 637 |

유리함수 $y=\dfrac{ax+b}{cx+2}$의 그래프가 그림과 같을 때, 무리함수 $y=-\sqrt{a-bx}+c$의 그래프가 지나는 모든 사분면은?

(단, a, b, c는 상수이다.)

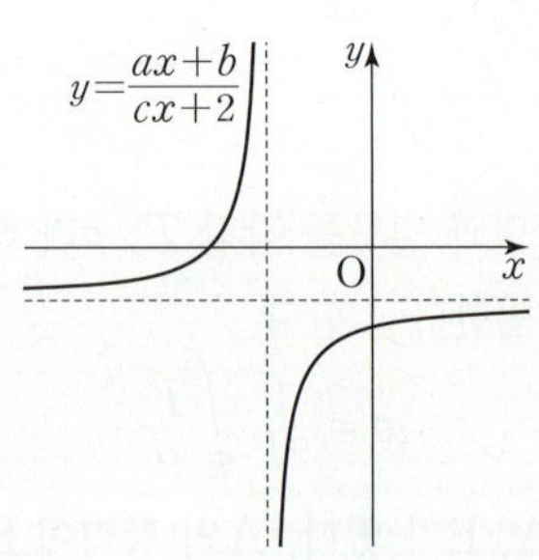

① 제1, 2사분면 ② 제1, 4사분면
③ 제2, 3사분면 ④ 제3, 4사분면
⑤ 제1, 2, 4사분면

677

k가 0이 아닌 실수일 때, 무리함수
$$y=4-\sqrt{kx+1}$$
에 대한 설명 중 〈보기〉에서 옳은 것만을 있는 대로 고른 것은?

〈보 기〉

ㄱ. 치역은 $\{y\,|\,y\leq 4\}$이다.

ㄴ. $k>0$일 때, 정의역은 $\left\{x\,\middle|\,x\leq -\dfrac{1}{k}\right\}$이다.

ㄷ. $k<0$일 때, 그래프는 제4사분면을 지나지 않는다.

① ㄴ ② ㄱ, ㄴ ③ ㄱ, ㄷ
④ ㄴ, ㄷ ⑤ ㄱ, ㄴ, ㄷ

678

그림과 같이 점 $\mathrm{A}(a,\,0)$ $(a>0)$을 지나고, x축과 수직인 직선이 곡선 $y=3\sqrt{x}$와 만나는 점을 B라 하자. 선분 AB를 한 변으로 하는 정사각형 ABCD의 한 꼭짓점 C가 곡선 $y=\sqrt{2x}$ 위에 있을 때, a의 값은?

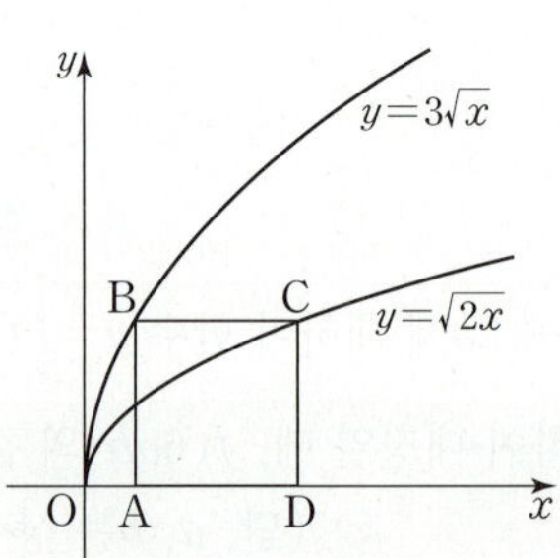

① $\dfrac{16}{25}$ ② $\dfrac{25}{36}$ ③ $\dfrac{36}{49}$
④ $\dfrac{49}{64}$ ⑤ $\dfrac{64}{81}$

679

무리함수 $f(x)=\sqrt{ax+3a}\ (a\neq 0)$의 그래프가 그림과 같은
네 점 A$(-4, 6)$, B$(-5, 4)$, C$(1, 2)$, D$(2, 4)$를 꼭짓점으로
하는 사각형 ABCD와 만나지 않도록 하는 정수 a의 개수를
구하시오.

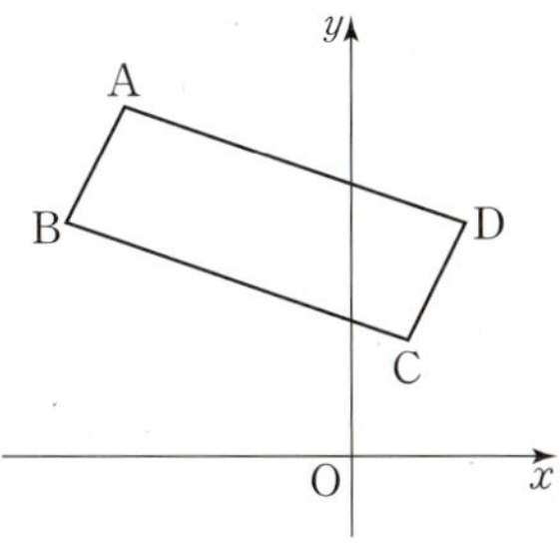

680 빈출 👑 교육청 기출 | 선행 637 |

그림은 무리함수 $y=a\sqrt{bx+c}$의 그래프의 개형이다. 유리함수
$y=\dfrac{b}{x+a}+c$의 그래프의 개형은?

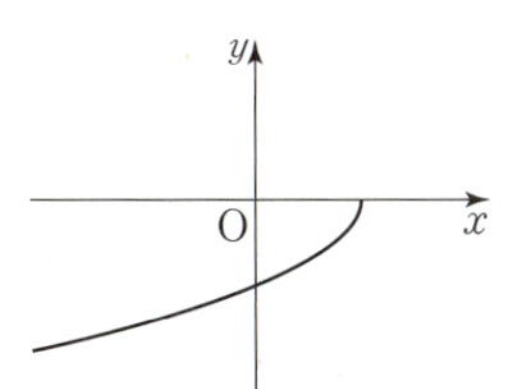

① 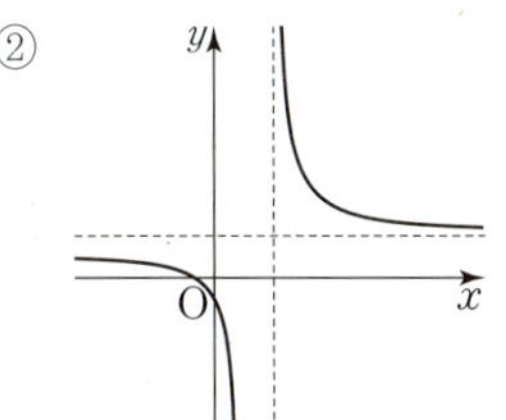 ②

③ 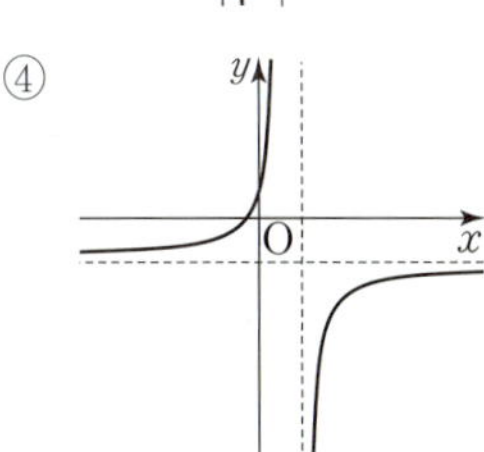 ④

⑤ 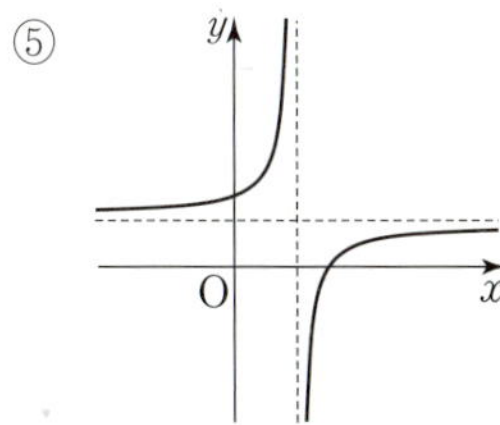

681 교육청 변형

함수 $y=3\sqrt{x}$의 그래프 위의 점 A를 지나고 x축, y축에 각각
평행한 직선이 함수 $y=\sqrt{x}$의 그래프와 만나는 점을 각각 B, C라
하자. 삼각형 ACB가 직각이등변삼각형일 때, 삼각형 ACB의
넓이는? (단, 점 A는 제1사분면에 있다.)

① $\dfrac{1}{20}$ ② $\dfrac{1}{16}$ ③ $\dfrac{1}{12}$

④ $\dfrac{1}{8}$ ⑤ $\dfrac{1}{4}$

682

두 곡선 $y=\sqrt{x}+3$, $y=\sqrt{x-3}$ 및 두 직선
$y=-x+3$, $y=-x+15$로 둘러싸인 부분의 넓이를 구하시오.

683

실수 k에 대하여 곡선 $y=x^2$과 직선 $y=-x+k$가 서로 다른 두 점 A, B에서 만날 때, 선분 AB의 길이를 $f(k)$라 하자. 함수 $y=f(x)$의 그래프의 개형은?

① 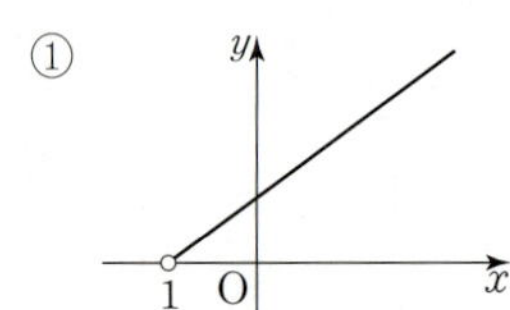

② 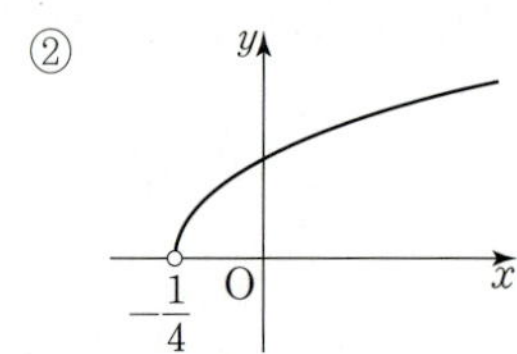

③ 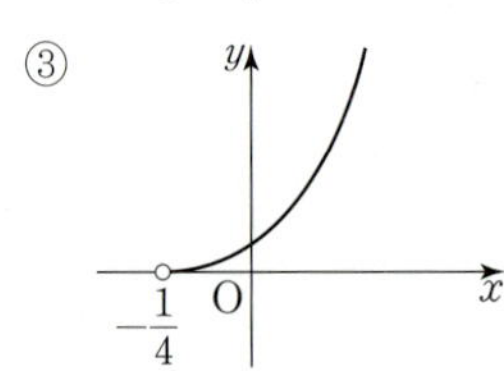

④ 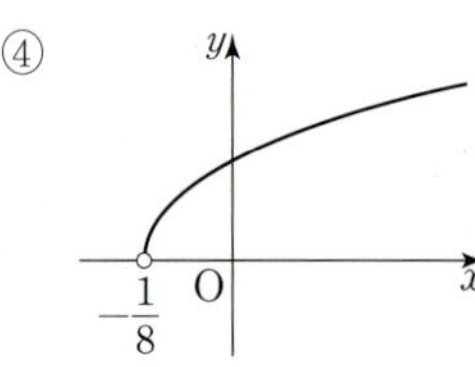

⑤ 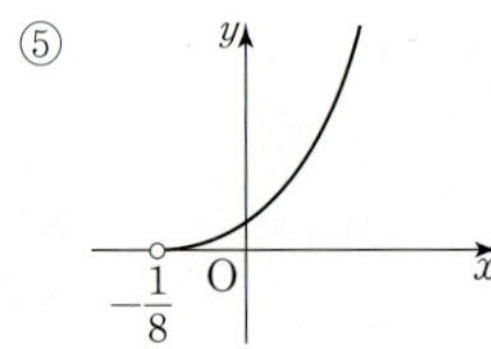

684

$x>-3$인 모든 실수에서 정의된 두 함수
$$f(x)=\sqrt{x+3}-1,\ g(x)=\frac{2x+4}{x+3}$$
에 대하여 함수 $y=(g\circ f)(x)$의 치역은?

① $\{y\,|\,y<2\}$　　② $\{y\,|\,1<y<2\}$　　③ $\{y\,|\,1\le y<2\}$

④ $\{y\,|\,y>2\}$　　⑤ $\{y\,|\,2<y<3\}$

685

두 집합 A, B가
$$A=\left\{(x,\,y)\,\middle|\,y=-\frac{12}{x}+4\right\},$$
$$B=\{(x,\,y)\,|\,y=\sqrt{-x+k}-k\}$$
일 때, $n(A\cap B)=1$을 만족시키는 실수 k의 값의 범위는 $a\le k<b$이다. 상수 a, b의 곱 $a\times b$의 값은?

① -12　　　　② -10　　　　③ -8

④ -6　　　　⑤ -4

686

| 선행 623, 638 |

두 함수 $f(x)$, $g(x)$가
$$f(x)=\frac{1}{2}x^2+x+\frac{1}{2}\ (x\le-1),$$
$$g(x)=\frac{a}{x+1}+b$$
이고, $\{f^{-1}(x)\,|\,2\le x\le8\}=\{g(x)\,|\,1\le x\le3\}$일 때, $a+b$의 최솟값과 최댓값의 곱을 구하시오. (단, a, b는 실수이다.)

687

실수 전체의 집합에서 정의된 함수 f가

$$f(x)=\begin{cases} \dfrac{2x+3}{x-2} & (x>3) \\ \sqrt{3-x}+a & (x\leq3) \end{cases}$$

일 때, 함수 f는 다음 조건을 만족시킨다.

> (개) 함수 f의 치역은 $\{y\,|\,y>2\}$이다.
> (내) 임의의 두 실수 x_1, x_2에 대하여 $x_1\neq x_2$이면
> $f(x_1)\neq f(x_2)$이다.

$f(2)f(k)=40$일 때, 상수 k의 값은? (단, a는 상수이다.)

① $\dfrac{3}{2}$ ② $\dfrac{5}{2}$ ③ $\dfrac{7}{2}$

④ $\dfrac{9}{2}$ ⑤ $\dfrac{11}{2}$

688

 | 선행 683 |

무리함수 $f(x)=\sqrt{2x-k}+1$의 그래프와 역함수 $y=f^{-1}(x)$의 그래프의 두 교점 사이의 거리가 $2\sqrt{2}$일 때, 실수 k의 값을 구하시오.

689

자연수 n에 대하여 함수 $f(x)=\sqrt{x+n^2}-n$ $(x\geq0)$의 그래프와 역함수 $y=f^{-1}(x)$의 그래프가 직선 $y=-x+4n+6$과 만나는 점을 각각 P_n, Q_n이라 할 때, $\overline{\mathrm{P}_m\mathrm{Q}_m}=22\sqrt{2}$가 되도록 하는 자연수 m의 값은?

① 3 ② 4 ③ 5

④ 6 ⑤ 7

690

| 선행 640 |

두 집합

$$A=\{(x,\,y)\,|\,y=-\sqrt{2x-5}-2\},$$
$$B=\{(x,\,y)\,|\,kx+y=0\}$$

에 대하여 $n(A\cap B)=2$가 되도록 하는 실수 k의 값의 범위는?

① $\dfrac{1}{5}<k\leq\dfrac{4}{5}$ ② $\dfrac{4}{5}\leq k<1$

③ $\dfrac{1}{5}\leq k<1$ ④ $-1<k\leq-\dfrac{4}{5}$

⑤ $-\dfrac{4}{5}\leq k<-\dfrac{1}{5}$

691

실수 a에 대하여 두 함수
$$y=\sqrt{|x|+x},\ y=|x+a|$$
의 그래프의 교점의 개수를 $g(a)$라 하자. $g(a)=3$인 a의 값의 범위가 $m<a<n$일 때, m^2+4n^2의 값은?

(단, m, n은 실수이다.)

① 1   ② 2   ③ 3

④ 4   ⑤ 5

692

실수 k에 대하여 $A_k=\{x\,|\,\sqrt{3|x|+x}=2x+k\}$라 하고, $B=\{k\,|\,n(A_k)=3\}$, $C=\{k\,|\,a<k<b\}$라 할 때, $B=C$가 되도록 하는 상수 a, b에 대하여 $a+b$의 값은?

① $\dfrac{1}{32}$ ② $\dfrac{1}{16}$ ③ $\dfrac{1}{8}$

④ $\dfrac{1}{4}$ ⑤ $\dfrac{1}{2}$

693

함수 $y=\sqrt{x-k}$의 그래프가 함수 $y=\dfrac{8x+15}{x+1}$의 그래프와 한 점에서 만나고, 직선 $y=x+2$와 서로 다른 두 점에서 만나도록 하는 실수 k의 값의 범위가 $m<k<n$일 때, $\dfrac{n}{m}$의 값은?

(단, m, n은 상수이다.)

① $\dfrac{11}{12}$ ② $\dfrac{12}{13}$ ③ $\dfrac{13}{14}$

④ $\dfrac{14}{15}$ ⑤ $\dfrac{15}{16}$

694 빈출 | 선행 **690** |

무리함수 $f(x)=4\sqrt{x+2}+k$의 그래프와 그 역함수의 그래프가 서로 다른 두 점에서 만나도록 하는 정수 k의 개수는?

① 1   ② 2   ③ 3

④ 4   ⑤ 5

695

좌표평면 위의 두 곡선

$$y=-\sqrt{kx+3k}+6,\ y=\sqrt{-kx+3k}-6$$

에 대하여 두 곡선이 서로 다른 두 점에서 만나도록 하는 실수 k의
최댓값은?

① 16   ② 18   ③ 20

④ 22   ⑤ 24

696

함수 $f(x)=\sqrt{x-3}$에 대하여 그림과 같이 함수 $y=f(x)$의
그래프 위의 점 A, 함수 $y=f^{-1}(x)$의 그래프 위의 점 B,
직선 $y=x$ 위의 두 점 C, D에 대하여 사각형 ADBC가
정사각형이 되도록 하였을 때, 정사각형 ADBC의 넓이의
최솟값을 구하시오.

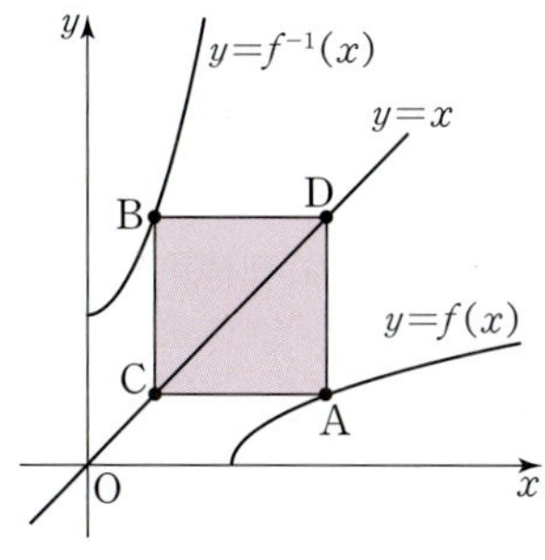

697

그림과 같이 직선 $y=-x+k\ (-4\leq k\leq2)$가 두 함수
$y=\sqrt{x+4}$, $y=x^2-4\ (x\geq0)$의 그래프와 만나는 점을 각각
A, B라 할 때, 선분 AB의 길이의 최댓값은?

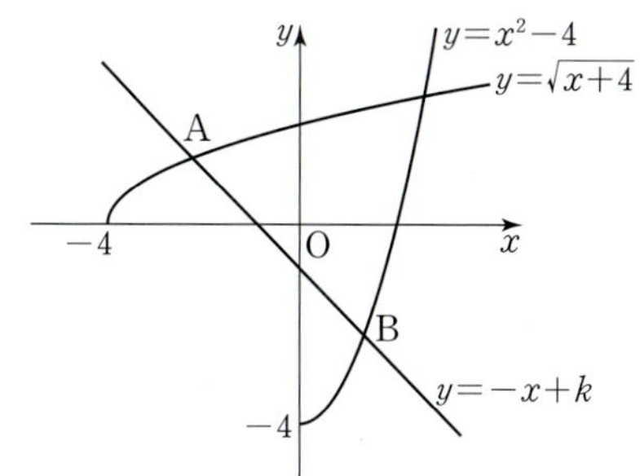

① $\dfrac{17}{12}$ ② $\dfrac{17\sqrt{2}}{4}$ ③ $\dfrac{17}{4}$

④ $\dfrac{17\sqrt{2}}{8}$ ⑤ $\dfrac{17}{8}$

698 서술형

곡선 $y=\sqrt{4-x}$가 x축, y축과 만나는 점을 각각 A, B 하고,
점 P가 제1사분면에서 곡선 위를 움직인다고 할 때,
다음 물음에 답하시오. (단, O는 원점이다.)

(1) 사각형 OAPB의 넓이의 최댓값을 구하고, 그 과정을
서술하시오.

(2) 사각형 OAPB의 넓이가 최대일 때, 점 P의 좌표를 구하고,
그 과정을 서술하시오.

스키마 schema로 풀이 흐름 알아보기

유형 **04** 무리함수와 그래프 **690**

두 집합 $\underline{A=\{(x,\,y)\,|\,y=-\sqrt{2x-5}-2\},\ B=\{(x,\,y)\,|\,kx+y=0\}}$ 에 대하여
　　　　　　　　　　　　　　조건 ①

$\underline{n(A\cap B)=2}$ 가 되도록 하는 실수 $\underline{k}$ 의 값의 범위는?
　조건 ②　　　　　　　　　　　　　　답

① $\dfrac{1}{5}<k\le\dfrac{4}{5}$　　② $\dfrac{4}{5}\le k<1$　　③ $\dfrac{1}{5}\le k<1$　　④ $-1<k\le-\dfrac{4}{5}$　　⑤ $-\dfrac{4}{5}\le k<-\dfrac{1}{5}$

▶ 주어진 조건 은 무엇인지? 구하는 답 은 무엇인지? 이 둘을 어떻게 연결할지?

1 단계

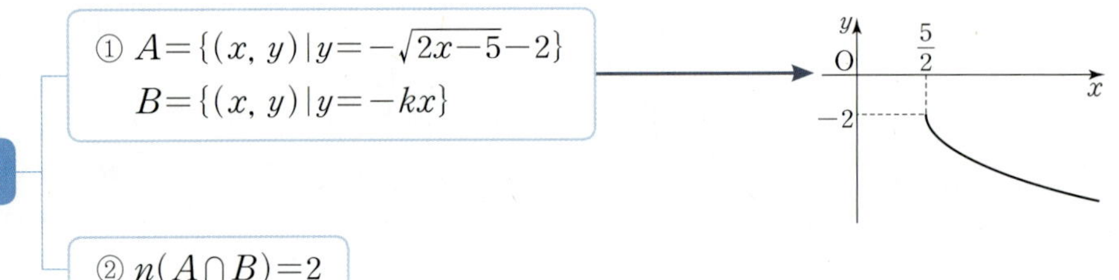

① $A=\{(x,\,y)\,|\,y=-\sqrt{2x-5}-2\}$
　$B=\{(x,\,y)\,|\,y=-kx\}$

조건

② $n(A\cap B)=2$

조건 ①에서 함수
$$y=-\sqrt{2x-5}-2=-\sqrt{2\left(x-\dfrac{5}{2}\right)}-2$$
의 그래프는 점 $\left(\dfrac{5}{2},\,-2\right)$ 를 지나고,
오른쪽 아래로 내려가는 무리함수의
그래프이고, 직선 $kx+y=0$,
즉 $y=-kx$ 는 기울기가 $-k$ 이고
원점을 지나는 직선이다.

2 단계

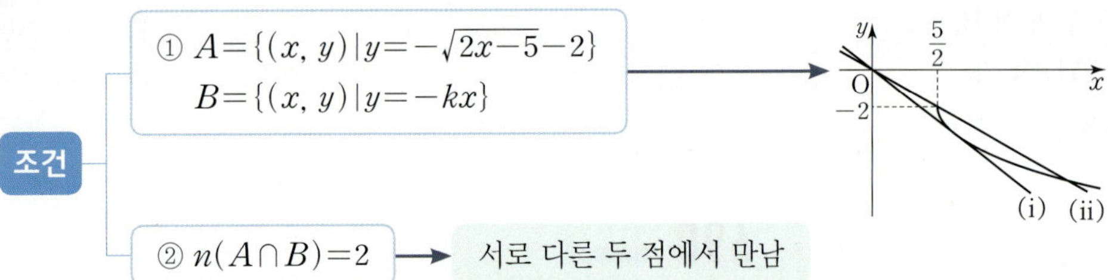

① $A=\{(x,\,y)\,|\,y=-\sqrt{2x-5}-2\}$
　$B=\{(x,\,y)\,|\,y=-kx\}$

조건

② $n(A\cap B)=2$ → 서로 다른 두 점에서 만남

조건 ②에서 $n(A\cap B)=2$ 이므로
두 그래프는 서로 다른 두 점에서
만나야 한다. 그림과 같이 함수
$y=-\sqrt{2x-5}-2$ 의 그래프와
직선 $y=-kx$ 의 교점의 개수는
다음과 같은 경우를 기준으로
교점의 개수가 달라진다.
(i) 직선이 곡선에 접할 때
(ii) 직선이 점 $\left(\dfrac{5}{2},\,-2\right)$ 를 지날 때

3 단계

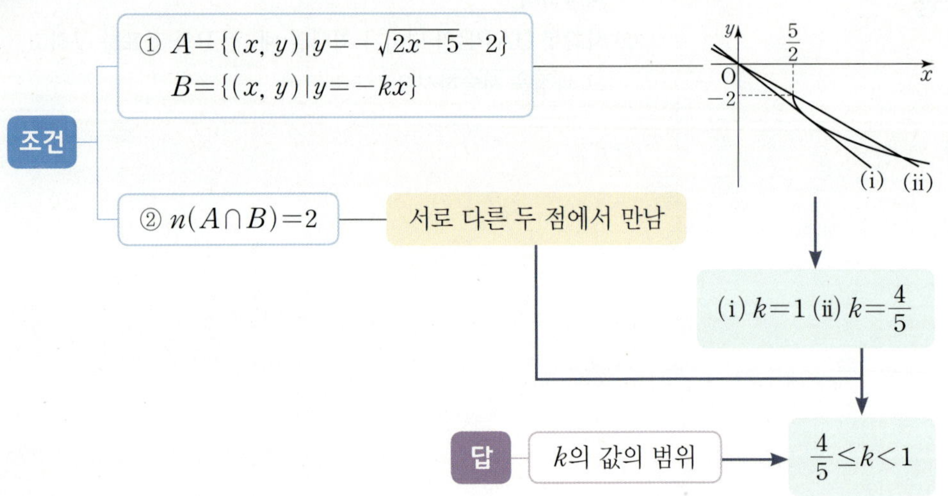

① $A=\{(x,\,y)\,|\,y=-\sqrt{2x-5}-2\}$
　$B=\{(x,\,y)\,|\,y=-kx\}$

조건

② $n(A\cap B)=2$ — 서로 다른 두 점에서 만남

(i) $k=1$ (ii) $k=\dfrac{4}{5}$

답　k 의 값의 범위 → $\dfrac{4}{5}\le k<1$

(i) $-kx=-\sqrt{2x-5}-2$ 에서
　이차방정식
　$2x-5=(kx-2)^2$ 의 판별식을
　D 라 하면
$$\dfrac{D}{4}=(2k+1)^2-9k^2=0$$
　$\therefore k=-\dfrac{1}{5}$ 또는 $k=1$
　이때 $-k<0$, 즉 $k>0$ 이므로
　$k=1$

(ii) $-2=-\dfrac{5}{2}k$ 에서 $k=\dfrac{4}{5}$

(i), (ii)에서 $\dfrac{4}{5}\le k<1$ 이다.

STEP 3 내신 최상위권 굳히기를 위한 최고난도 유형

699

직선 $y=\dfrac{1}{2}x+k$가 함수 $y=\dfrac{3}{x}\ (x>0)$의 그래프와 만나는 점을
A라 하고, 함수 $y=\dfrac{3}{x-4}+m\ (x>4)$의 그래프와 만나는 점을
B라 할 때, 실수 k의 값에 관계없이 $\overline{\text{AB}}=n$으로 일정하다.
상수 $m,\ n$에 대하여 $m\times n$의 값은?

① $4\sqrt{3}$　　　　② $4\sqrt{5}$　　　　③ $6\sqrt{3}$
④ $6\sqrt{5}$　　　　⑤ $8\sqrt{5}$

700

| 선행 655 |

함수 $y=\dfrac{3x+8}{|x+1|-1}$의 그래프와 직선 $y=k$가 한 점에서
만나도록 하는 정수 k의 개수는?

① 6　　　　② 7　　　　③ 8
④ 9　　　　⑤ 10

701

함수 $y=f(x)$의 그래프와 곡선 $y=\dfrac{1}{2}\left(\dfrac{1}{x-2}-1\right)\ (x>2)$은
직선 $y=x$에 대하여 대칭이고, 함수 $y=\dfrac{1}{2}x^2+\dfrac{3}{2}\ (x\geq0)$의
역함수가 $g(x)$이다. $h=g\circ f$라 할 때,
$h(1)\times h(2)\times\cdots\times h(120)$의 값을 구하시오.

702

함수 $y=\sqrt{3+x}+\sqrt{3-x}$의 최댓값을 a, 최솟값을 b라 할 때,
ab의 값은?

① $4\sqrt{2}$　　　　② $4\sqrt{3}$　　　　③ $6\sqrt{2}$
④ $6\sqrt{3}$　　　　⑤ $8\sqrt{2}$

703

교육청 기출

그림과 같이 제1사분면에 있는 곡선 $y=\dfrac{2}{x}$ 위의 서로 다른

두 점 $\mathrm{A}\left(a,\dfrac{2}{a}\right)$, $\mathrm{B}\left(b,\dfrac{2}{b}\right)$에 대하여 직선 AB가 x축과 만나는

점을 C, 선분 AB의 중점을 D라 하자.

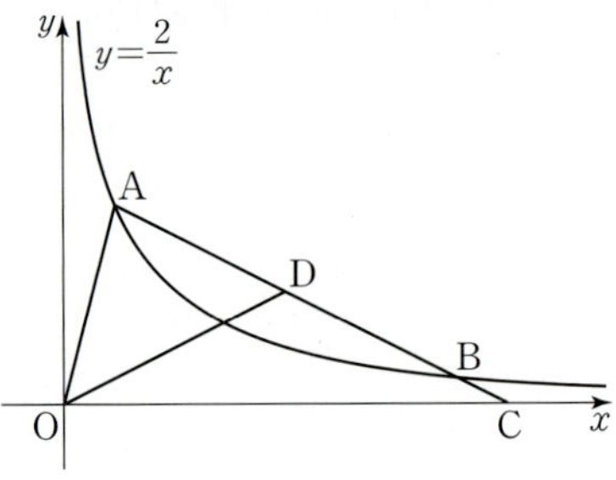

〈보기〉에서 옳은 것만을 있는 대로 고른 것은?

(단, $a<b$이고, O는 원점이다.)

> ㄱ. 점 C의 x좌표는 $a+b$이다.
> ㄴ. 두 직선 AB와 OD의 기울기의 합은 0이다.
> ㄷ. $\overline{\mathrm{AB}}=2\overline{\mathrm{OA}}$일 때, $\angle\mathrm{AOC}=\dfrac{3}{2}\angle\mathrm{AOD}$이다.

① ㄱ ② ㄷ ③ ㄱ, ㄴ
④ ㄴ, ㄷ ⑤ ㄱ, ㄴ, ㄷ

704

양수 a, b, c에 대하여 두 함수 $f(x)=\sqrt{x}$, $g(x)=\sqrt{ax}$는
다음 조건을 만족시킨다.

> (가) $f(b)=g(c)$
> (나) $3(\sqrt{2}-1)\{f(c)-g(b)\}=-2\sqrt{6}\left\{g(c)-f\left(\dfrac{b}{2}\right)\right\}$

$g(ab)=18$일 때, $f(b+c-a)$의 값은?

① 6 ② $3\sqrt{5}$ ③ $3\sqrt{6}$
④ $3\sqrt{7}$ ⑤ $6\sqrt{2}$

705

| 선행 691 |

곡선 $y=\sqrt{2x+3}$과 함수 $y=x+|x-a|$의 그래프가 서로 다른
두 점에서 만날 때, 실수 a의 값의 범위를 구하시오.

706

교육청 기출

함수 $f(x)$는 다음 조건을 만족시킨다.

> (가) $-2\le x\le 2$에서 $f(x)=x^2+2$이다.
> (나) 모든 실수 x에 대하여 $f(x)=f(x+4)$이다.

두 함수 $y=f(x)$, $y=\dfrac{ax}{x+2}$의 그래프가 무수히 많은 점에서

만나도록 하는 정수 a의 값의 합은?

① 14 ② 16 ③ 18
④ 20 ⑤ 22

707

그림과 같이 함수 $f(x)=\sqrt{x-2}$와 그 역함수 $f^{-1}(x)$에 대하여 기울기가 -1인 직선 l이 곡선 $y=f(x)$와 점 P에서 만나고 직선 l이 곡선 $y=f^{-1}(x)$와 점 Q에서 만난다.

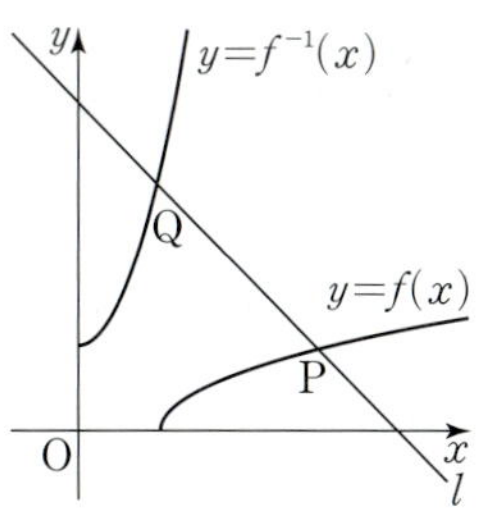

다음은 삼각형 OPQ의 외접원의 넓이가 $\dfrac{25}{2}\pi$일 때, 점 P의 y좌표를 구하는 과정이다. (단, O는 원점이다.)

점 P의 y좌표를 $a\,(a\geq0)$이라 하면
점 P의 좌표는 $($ ㉮ $,\ a)$이다.
두 곡선 $y=f(x)$와 $y=f^{-1}(x)$는 직선 $y=x$에 대하여 서로 대칭이고 두 직선 l과 $y=x$는 서로 수직이므로 두 점 P와 Q는 직선 $y=x$에 대하여 서로 대칭이다.
그러므로 삼각형 OPQ의 외접원의 중심을 C라 하면
점 C는 직선 $y=x$ 위에 있다.
삼각형 OPQ의 외접원의 넓이가 $\dfrac{25}{2}\pi$일 때,
점 C의 좌표는 $($ ㉯ $,$ ㉯ $)$이고,
$\overline{CP}=\overline{CO}$에서 $a=$ ㉰ 이다.
따라서 점 P의 y좌표는 ㉰ 이다.

위의 ㉮에 알맞은 식을 $g(a)$라 하고, ㉯, ㉰에 알맞은 수를 각각 m, n이라 할 때, $m+g(n)$의 값은?

① 8 ② $\dfrac{33}{4}$ ③ $\dfrac{17}{2}$

④ $\dfrac{35}{4}$ ⑤ 9

708

최고차항의 계수가 양수인 이차함수 $f(x)$와 $x<6$에서 정의된 함수 $g(x)=3-\dfrac{6}{x-6}$이 있다. 4보다 작은 실수 t에 대하여 $t\leq x\leq t+2$에서 함수 $(f\circ g)(x)$의 최솟값을 $h(t)$라 할 때, $h(t)$는 다음 조건을 만족시킨다.

㉮ $h(t)=\begin{cases} f(g(t+2)) & (t<2) \\ 8 & (2\leq t<4) \end{cases}$

㉯ $h(-2)=10$

$f(10)$의 값을 구하시오.

709

직선 $y=kx$와 함수 $y=\dfrac{2|x|-2}{|x-1|}$의 그래프가 만나지 않도록 하는 실수 k의 값의 범위를 구하시오.

710

| 선행 693 |

함수 $f(x)=\left|\dfrac{-6}{x-1}+3\right|$ 에 대하여 함수 $y=f(x)$의 그래프와 함수 $y=-\sqrt{k-x}+3$의 그래프가 만나지 않도록 하는 실수 k의 값의 범위는 $k<\alpha$이고, 함수 $y=f(x)$의 그래프와 직선 $y=m(x-4)-1$이 서로 다른 세 점에서 만나도록 하는 실수 m의 값의 범위는 $m<\beta$일 때, $\alpha+\beta$의 값은?

(단, α, β는 상수이다.)

① $\dfrac{1}{2}$ ② 1 ③ $\dfrac{3}{2}$

④ 2 ⑤ $\dfrac{5}{2}$

711

| 선행 659 |

그림과 같이 함수 $y=-\dfrac{3}{x+2}$의 그래프 위의 점 P에서 x축과 평행한 직선을 그어 직선 $y=x+2$와 만나는 점을 Q라 하고, 점 P에서 직선 $y=x+2$에 내린 수선의 발을 R이라 하자. 선분 PQ의 길이가 최소일 때, 삼각형 PQR의 넓이를 구하시오.

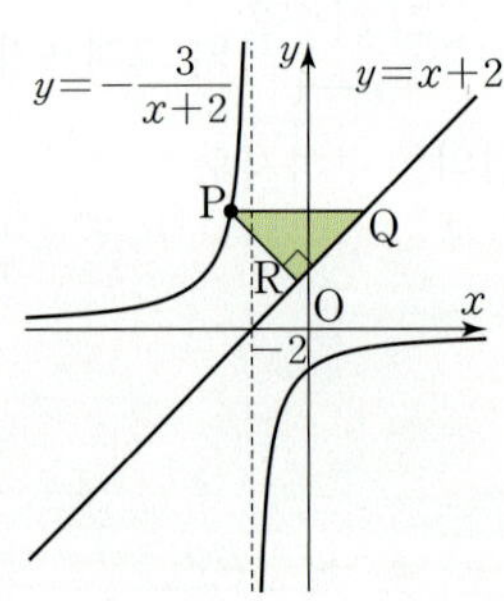

712

두 집합

$$A=\{(x,\,y)\,|\,y=\sqrt{x-[x]}-[x],\ x\geq 0\},$$
$$B=\{(x,\,y)\,|\,y=kx+2\}$$

에 대하여 $n(A\cap B)=2$를 만족시키는 실수 k의 값의 범위는 $a\leq k<b$이다. 상수 a, b에 대하여 a^2+b^2의 값을 구하시오.

(단, $[x]$는 x보다 크지 않은 최대의 정수이다.)

713

0이 아닌 두 실수 a, b에 대하여 함수 $f(x)$를

$$f(x)=\begin{cases} \dfrac{x}{2} & (|x|<2) \\[2mm] \dfrac{2a-2b-5}{8} & (x=-2) \\[2mm] \dfrac{2a+2b+3}{8} & (x=2) \\[2mm] a+\dfrac{b}{x} & (|x|>2) \end{cases}$$

라 하자. 어떤 정수 k에 대하여 함수 $y=f(x)$의 그래프와 직선 $y=x+k$가 만나는 점의 개수가 5일 때, $f(a+b+k)$의 값은?

① $\dfrac{35}{26}$ ② $\dfrac{37}{26}$ ③ $\dfrac{3}{2}$

④ $\dfrac{41}{26}$ ⑤ $\dfrac{43}{26}$

714

| 선행 687 |

실수 전체의 집합에서 정의된 함수

$$f(x)=\begin{cases}\dfrac{-2x+9}{x-5} & (ax+b<0)\\[2mm]\sqrt{ax+b}+c & (ax+b\geq0)\end{cases}$$

에 대하여 집합 $A_k=\{x\,|\,f(x)=k\}$라 하자.

모든 실수 k에 대하여 $n(A_k)=1$을 만족시킬 때, $\dfrac{b}{a}+c$의 값은?

(단, a, b, c는 상수이고, $a\neq0$이다.)

① -7 ② -3 ③ -1

④ 3 ⑤ 7

715

자연수 n과 실수 a에 대하여 실수 전체의 집합에서 정의된 함수

$$f(x)=\begin{cases}\sqrt{-x+2n}+3 & (x\leq2)\\[2mm]-\dfrac{4}{x+n}+a & (x>2)\end{cases}$$

는 다음 조건을 만족시킨다.

㉮ 어떤 실수 k에 대하여 함수 $f(x)$의 치역은 $\{y\,|\,y>k\}$이고, 함수 $f(x)$는 역함수가 존재한다.
㉯ 함수 $y=f(x)$의 그래프는 직선 $y=2x$와 서로 만나지 않는다.

$(2a-3n)^2$의 값을 구하시오.

716

함수 $f(x)=\left|\dfrac{3x-5}{x-1}+k\right|$에 대하여 다음 명제가 참이 되도록 하는 실수 k의 값의 범위를 구하시오.

$1<x_1<x_2<2$인 어떤 실수 x_1, x_2에 대하여 $f(x_1)<5<f(x_2)$이다.

717

| 선행 **626** |

직선 $y=-x+2$ 위를 움직이는 점 P에 대하여 다음 조건을 만족시키는 함수 $y=\dfrac{a}{x}$의 그래프 위의 점 Q의 개수가 3일 때, 1보다 큰 양수 a의 값을 구하시오.

> 선분 PQ의 중점을 M이라 할 때,
> 점 M과 원점 사이의 거리의 최솟값은 $2\sqrt{2}$이다.

718

함수 $y=\sqrt{x+2}$의 그래프 위에 있고 제2사분면에 있는 점과 함수 $y=\sqrt{2-x}$의 그래프 위에 있고 제1사분면에 있는 점 및 x축 위의 두 점을 꼭짓점으로 하는 직사각형의 둘레의 길이의 최댓값을 l이라 하고, 이때의 직사각형의 넓이를 S라 할 때, $\dfrac{8S}{l}$의 값은?

① $\dfrac{31}{33}$ ② $\dfrac{32}{33}$ ③ 1

④ $\dfrac{33}{32}$ ⑤ $\dfrac{33}{31}$

719

두 함수 $y=\sqrt{x+36}$, $y=-\sqrt{x}+6$의 그래프와 x축으로 둘러싸인 도형의 내부와 경계에 포함되는 점 중 x좌표, y좌표가 모두 정수인 점의 개수를 구하시오.

720 빈출

$1 \leq x \leq 6$인 임의의 실수 x에 대하여 부등식

$$ax - 1 \leq \frac{3x}{x+2} \leq bx - 1$$

이 성립할 때, 실수 a의 최댓값과 실수 b의 최솟값의 곱은?

① $\dfrac{13}{12}$ ② $\dfrac{5}{4}$ ③ $\dfrac{17}{12}$

④ $\dfrac{19}{12}$ ⑤ $\dfrac{7}{4}$

721

다음 조건을 만족시키는 정수 m, n의 모든 순서쌍 (m, n)의 개수는?

> (가) $|m| \leq 30$, $|n| \leq 30$, $mn \neq 0$
>
> (나) $\left\{ x \,\middle|\, \dfrac{n}{x^2 - m^2} - \dfrac{m-1}{x+m} = \dfrac{1}{x-m}, x \text{는 실수} \right\} = \varnothing$

① 20   ② 24   ③ 28

④ 32   ⑤ 36

722

자연수 n에 대하여 $\dfrac{1}{1} + \dfrac{1}{2} + \dfrac{1}{3} + \cdots + \dfrac{1}{n} = A$라 할 때,

$$\dfrac{1}{1 \times n} + \dfrac{1}{2 \times (n-1)} + \dfrac{1}{3 \times (n-2)} + \cdots + \dfrac{1}{n \times 1}$$

의 값을 A로 나타낸 것은?

① $\dfrac{A}{n}$ ② $\dfrac{2A}{n}$ ③ $\dfrac{3A}{n}$

④ $\dfrac{A}{n+1}$ ⑤ $\dfrac{2A}{n+1}$

723

함수 $f(x)=\sqrt{6x-3}+2$에 대하여 집합 $\{x\,|\,x\geq2\}$에서 정의된 함수

$$g(x)=\begin{cases} f(x) & (f(x)<f^{-1}(x)\text{인 경우}) \\ f^{-1}(x) & (f(x)\geq f^{-1}(x)\text{인 경우}) \end{cases}$$

가 있다. 함수 $y=g(x)$의 그래프와 직선 $y=x+k$가 만나는 서로 다른 점의 개수를 $h(k)$라 하자. $h(k)=3$을 만족시키는 실수 k의 값의 범위를 구하시오.

724

함수 $f(x)=\dfrac{bx}{x-a}$ $(a>0,\ b\neq0)$에 대하여 함수 $g(x)$를

$$g(x)=\begin{cases} f(x) & (x<a) \\ f(x+2a)+a & (x\geq a) \end{cases}$$

라 하자. 실수 t에 대하여 함수 $y=g(x)$의 그래프와 직선 $y=t$의 교점의 개수를 $h(t)$라 하면, 상수 k에 대하여

$$\{t\,|\,h(t)=1\}=\{t\,|\,-9\leq t\leq-8\}\cup\{t\,|\,t\geq k\}$$

이다. $a\times b\times g(-k)$의 값을 구하시오. (단, a, b는 상수이다.)

Ⅰ 도형의 방정식

01 평면좌표

STEP 1 교과서를 정복하는 핵심 유형

001 3	002 ②	003 풀이 참조	
004 ④	005 ⑤	006 ②	007 ④
008 ⑤	009 ③	010 ③	011 ④
012 ③	013 $(5, -5)$	014 ③	015 10
016 8	017 (1) 5 (2) 20		018 ⑤

STEP 2 내신 실전문제 체화를 위한 심화 유형

019 ③	020 ③	021 ②	022 ④
023 $\left(\dfrac{2}{7}, 0\right), (0, -2)$		024 풀이 참조	
025 ④	026 ②	027 풀이 참조	
028 ⑤	029 ③	030 $\dfrac{3}{4}$	
031 P, B, A, C, Q		032 ⑤	033 ⑤
034 풀이 참조		035 ①	036 171
037 ③	038 ③	039 ③	040 ⑤
041 16	042 15	043 13	044 ①

STEP 3 내신 최상위권 굳히기를 위한 최고난도 유형

045 ①	046 ②	047 ⑤	048 12
049 12	050 ③	051 ②	052 ⑤
053 59			

02 직선의 방정식

STEP 1 교과서를 정복하는 핵심 유형

054 풀이 참조		055 ④	056 ③
057 ①	058 ②	059 5	060 ④
061 ⑤	062 ①	063 ②	064 ③
065 풀이 참조		066 ①	067 ③
068 ④	069 ②	070 ④	071 ④
072 $3x-4y+13=0,\ 3x-4y-17=0$			

STEP 2 내신 실전문제 체화를 위한 심화 유형

073 ③	074 7	075 $\dfrac{31}{10}$	076 -4
077 ⑤	078 (1) 41 (2) -7		
079 $y=\dfrac{11}{3}x,\ y=\dfrac{9}{7}x$		080 ⑤	081 ④
082 $2\sqrt{2}$	083 9	084 ①	085 ④
086 ④	087 (1) $x=8-\sqrt{35}$ (2) $y=x-2+\sqrt{10}$		
088 ④	089 50	090 $\left(\dfrac{7}{3}, \dfrac{7}{3}\right)$	091 ⑤
092 ②	093 ⑤	094 ④	095 3
096 1	097 ④	098 ④	099 8
100 17	101 ④	102 풀이 참조	
103 풀이 참조		104 ②	105 ①
106 3	107 $-\dfrac{25}{4}$	108 15	109 $\dfrac{27}{2}$
110 ⑤	111 $x+3y-4=0,\ 3x-y-2=0$		
112 $3x-4y-9=0,\ 3x-4y+31=0$			

STEP 3 내신 최상위권 굳히기를 위한 최고난도 유형

113 ④	114 $\dfrac{16}{5}$	115 ①	
116 0, 1, -3, -5		117 ④	118 130
119 ①	120 $y=-\dfrac{4}{3}x+\dfrac{2}{3}$		121 2
122 $x=-1,\ 3x-4y+3=0$			

03 원의 방정식

STEP 1 교과서를 정복하는 핵심 유형

123	③	**124**	③	**125**	②	**126**	①
127	②	**128**	⑤	**129**	④	**130**	③
131	⑤	**132**	②	**133**	②		
134	풀이 참조			**135**	②	**136**	③
137	④	**138**	⑤	**139**	②		
140	풀이 참조			**141**	④	**142**	⑤
143	③	**144**	④				

STEP 2 내신 실전문제 체화를 위한 심화 유형

145 풀이 참조　**146** ③　**147** ③

148 ①　**149** ②　**150** $4\sqrt{2}$

151 (1) 40π (2) 16π　**152** 5　**153** ②

154 $x^2+y^2=4$　**155** ⑤　**156** 49

157 20　**158** $4\pi+26$　**159** ③　**160** ③

161 ⑤　**162** ①　**163** ②　**164** ②

165 $-\dfrac{42}{5}$　**166** ①　**167** ④　**168** ③

169 $8-2\sqrt{5}$　**170** ⑤　**171** $6\sqrt{2}$

172 $y=\dfrac{1}{4}x+\dfrac{1}{2},\ y=-4x-8$　**173** ①

174 26　**175** $\dfrac{12\sqrt{15}}{5}$　**176** ④　**177** $\dfrac{\sqrt{6}}{6}$

178 $\dfrac{\sqrt{3}}{3}$　**179** 1　**180** $8\sqrt{2}$　**181** $\dfrac{75}{4}$

182 8　**183** ⑤　**184** ②

STEP 3 내신 최상위권 굳히기를 위한 최고난도 유형

185 ⑤　**186** ⑤　**187** ④

188 $B\left(\dfrac{3}{8},\ \dfrac{9\sqrt{7}}{8}\right)$　**189** 22　**190** 200

191 -2　**192** $-\dfrac{6}{7}$　**193** ④　**194** ②

195 17　**196** ③　**197** 풀이 참조

198 $\dfrac{2}{3}\pi$　**199** 49

200 $\left(x+\dfrac{1}{4}\right)^2+y^2=\dfrac{1}{16}\ (x<0,\ y>0)$

04 도형의 이동

STEP 1 교과서를 정복하는 핵심 유형

201	④	**202**	③	**203**	④	**204**	10
205	①	**206**	-12	**207**	③	**208**	②
209	6	**210**	풀이 참조			**211**	③
212	③	**213**	3	**214**	②	**215**	④
216	④	**217**	③	**218**	④		

219 (1) $\sqrt{29}$ (2) $\left(\dfrac{8}{3},\ \dfrac{8}{3}\right)$

STEP 2 내신 실전문제 체화를 위한 심화 유형

220	②	**221**	②	**222**	②	**223**	④
224	①	**225**	4	**226**	8	**227**	10
228	④	**229**	풀이 참조			**230**	④
231	②	**232**	23	**233**	④	**234**	ㄱ, ㄹ
235	③	**236**	②	**237**	④	**238**	$\dfrac{18}{5}$
239	10	**240**	①	**241**	풀이 참조		
242	$x+3y-14=0$			**243**	18	**244**	④
245	②	**246**	1	**247**	②	**248**	$4\sqrt{13}$
249	②	**250**	45				

STEP 3 내신 최상위권 굳히기를 위한 최고난도 유형

251	⑤	**252**	③	**253**	④	**254**	③
255	⑤	**256**	②	**257**	333	**258**	③
259	11	**260**	$\dfrac{2}{3}$	**261**	③		

01 집합

STEP 1 교과서를 정복하는 핵심 유형

262 ④ 　**263** (1) $A=\{2, 3, 5, 7\}$ 　(2) $\not\subset$, $\in$, $\not\subset$, $\in$

264 ⑤ 　**265** 19 　**266** ③ 　**267** ④

268 (1) $A\subset B$ 　(2) $A=B$ 　(3) $B\subset A$ 　**269** ③

270 ③ 　**271** ② 　**272** ⑤ 　**273** ④

274 ⑤ 　**275** ④ 　**276** ⑤

277 (1) $\{5, 6\}$ 　(2) $\{5, 6, 7, 9\}$ 　**278** ③ 　**279** ③

280 ④ 　**281** 18 　**282** ④ 　**283** ③

284 ③ 　**285** ② 　**286** ① 　**287** 11

288 ② 　**289** ③ 　**290** 47 　**291** ⑤

292 15 　**293** ② 　**294** ① 　**295** ③

296 ③ 　**297** 4 　**298** 48 　**299** ④

STEP 2 내신 실전문제 체화를 위한 심화 유형

300 7 　**301** ④ 　**302** 131 　**303** ①

304 ⑤ 　**305** 풀이 참조 　**306** ②

307 ① 　**308** ① 　**309** ② 　**310** 22

311 풀이 참조 　**312** 54 　**313** ⑤

314 21 　**315** ② 　**316** ⑤ 　**317** ③

318 $-\dfrac{9}{2}$ 　**319** ③ 　**320** ②

321 $\{-1, 1, 6, 6i\}$ 　**322** 풀이 참조

323 ④ 　**324** ① 　**325** (1) 30 　(2) 48

326 ⑤ 　**327** 43

328 (1) $M=25$, $m=10$ 　(2) $M=16$, $m=3$ 　**329** 30

330 ③ 　**331** 9 　**332** ① 　**333** ③

334 16 　**335** ④ 　**336** 8 　**337** ③

338 64 　**339** 232 　**340** 31 　**341** 18

342 ③ 　**343** ③ 　**344** 5 　**345** 96

STEP 3 내신 최상위권 굳히기를 위한 최고난도 유형

346 ③ 　**347** ③ 　**348** ③ 　**349** ⑤

350 ③ 　**351** ④ 　**352** 72 　**353** ③

354 ④ 　**355** ④ 　**356** ⑤ 　**357** ①

358 풀이 참조 　**359** 114 　**360** ③

361 ④ 　**362** ④ 　**363** ④ 　**364** $7+\sqrt{15}$

365 189 　**366** ② 　**367** 63

02 명제

STEP 1 교과서를 정복하는 핵심 유형

368 ③	**369** 풀이 참조			**370** ③	
371 15	**372** ④	**373** 34		**374** ④	
375 ④	**376** ①	**377** ③		**378** ②	
379 16	**380** 풀이 참조			**381** ③	
382 ②	**383** ㄴ, ㄹ	**384** 풀이 참조			
385 ④	**386** ②	**387** ④		**388** ④	
389 ④	**390** ③	**391** 풀이 참조			
392 ④	**393** ④	**394** ④			
395 (1) 4 (2) 12		**396** ③		**397** ⑤	
398 ②	**399** ⑤	**400** ③		**401** 20	

STEP 2 내신 실전문제 체화를 위한 심화 유형

402 ③	**403** ②	**404** ㄴ, ㄷ, ㅁ	**405** ②
406 ④	**407** ④	**408** $1<k<3$	**409** ⑤
410 ④	**411** ②	**412** ④	**413** ④
414 ③	**415** ②	**416** $3\leq k\leq 11$	
417 ④	**418** ③	**419** ②	**420** ③
421 ③	**422** 4	**423** ④	**424** ①
425 ③	**426** ⑤	**427** 54	**428** ③
429 ③	**430** ③	**431** 풀이 참조	
432 풀이 참조		**433** ②	
434 풀이 참조		**435** 풀이 참조	
436 ④	**437** ④	**438** ⑤	**439** 풀이 참조
440 ③	**441** ①	**442** ③	**443** 풀이 참조
444 ①	**445** 풀이 참조		**446** ②
447 ③	**448** 16	**449** ②	**450** ④
451 ④	**452** 8	**453** 5	**454** ③

STEP 3 내신 최상위권 굳히기를 위한 최고난도 유형

455 ⑤	**456** ⑤	**457** ③	**458** ④
459 ④	**460** ③	**461** 9	**462** ⑤
463 ③	**464** 풀이 참조		**465** 풀이 참조
466 ④	**467** $\dfrac{25}{4}$	**468** ①	**469** ⑤
470 $\sqrt{3}$	**471** ⑤	**472** ③	**473** 4
474 ②	**475** 16	**476** ⑤	

Ⅲ 함수와 그래프

01 함수

STEP 1 교과서를 정복하는 핵심 유형

477 ②	**478** ⑤	**479** ⑤	**480** ③
481 ③	**482** ④	**483** ④	**484** ⑤
485 풀이 참조		**486** ⑤	**487** 4
488 ④	**489** ④	**490** ⑤	**491** ③
492 (1) 22 (2) 2 (3) 10		**493** 2	**494** ②
495 ④	**496** ③	**497** ⑤	**498** ①
499 (1) 2 (2) 4 (3) 3 (4) 2 (5) -8			**500** ④
501 ①	**502** ③	**503** 7	**504** ⑤
505 (1) $h(x)=-2x+5$ (2) $h(x)=-2x+1$			
506 $h^{-1}(x)=3x-13$		**507** ②	**508** ③
509 ⑤	**510** ④	**511** ③	**512** ①
513 ①	**514** (1) 64 (2) 24 (3) 4 (4) 1 (5) 6		
515 ②	**516** ①		

STEP 2 내신 실전문제 체화를 위한 심화 유형

517 ③	**518** ⑤	**519** 189	**520** ②
521 7	**522** 132	**523** ②	**524** ④
525 5	**526** ①	**527** ②	**528** ①
529 ②	**530** ⑤	**531** ②	**532** 풀이 참조
533 (1) $k\geq 1$ (2) $k\leq 1$ (3) 1	**534** (1) 1 (2) 2		
535 ②	**536** ①	**537** 12	**538** ③
539 ②	**540** ③	**541** ②	**542** 2
543 ③	**544** 5	**545** ②	**546** ①
547 ①	**548** 풀이 참조		**549** 6
550 ③	**551** 12	**552** ②	**553** ④
554 ②	**555** 4	**556** 11	**557** 풀이 참조
558 ⑤	**559** 풀이 참조		**560** 3
561 ③	**562** ②	**563** ③	**564** ㄱ, ㄹ, ㅁ
565 $\dfrac{9}{2}$	**566** ②	**567** 15	**568** -6
569 ②	**570** ①	**571** ⑤	**572** 4
573 36	**574** 32	**575** ⑤	**576** 148
577 384	**578** ②	**579** ②	**580** 150
581 ①	**582** ⑤	**583** ⑤	**584** ④

585	⑤	586	3	587	④	588	10
589	8	590	11	591	④		
592	(1) 15 (2) 50			593	318	594	②
595	$\dfrac{11}{4}<a<\dfrac{25}{8}$			596	172	597	④
598	①	599	④	600	6	601	25
602	③	603	②	604	④	605	4
606	$\dfrac{7}{8}$	607	③	608	⑤		

02 유리함수와 무리함수

609	②	610	13	611	152	612	④
613	②	614	②	615	③	616	④
617	9	618	④	619	②	620	19
621	③	622	풀이 참조			623	④
624	③	625	④	626	②	627	①
628	⑤	629	②	630	⑤	631	⑤
632	④	633	ㄱ, ㄴ, ㄹ, ㅂ, ㅅ			634	10
635	③	636	③	637	④	638	④
639	1	640	④				

641	③	642	③	643	③	644	$\dfrac{17}{4}$
645	⑤	646	⑤	647	④	648	$\dfrac{1}{1001}$
649	6	650	④	651	11	652	④
653	$\dfrac{1}{5}$	654	③	655	20		
656	풀이 참조			657	②	658	-60
659	풀이 참조			660	①	661	6
662	8	663	①	664	②	665	⑤
666	⑤	667	④	668	36	669	④
670	①	671	②	672	④	673	②
674	12	675	④	676	②	677	③
678	③	679	7	680	⑤	681	④
682	36	683	②	684	②	685	①
686	-9	687	⑤	688	2	689	③
690	②	691	①	692	⑤	693	④
694	④	695	⑤	696	$\dfrac{121}{16}$	697	②
698	풀이 참조						

699	②	700	②	701	9	702	③
703	⑤	704	②				
705	$-\dfrac{13}{4}<a\le-3$ 또는 $0\le a<3$					706	④
707	③	708	16	709	$-2\le k<-6+4\sqrt{2}$		
710	②	711	3	712	13	713	②
714	①	715	8	716	$k>4$	717	9
718	①	719	259	720	①	721	⑤
722	⑤	723	$-3<k\le-\dfrac{3}{2}$			724	192

MEMO

유형 + 내신

고쟁이

고득점 쟁취를 이루자!

유 형 + 내 신

고쟁이

공통수학2

| 정답과 풀이 |

이투스북

유 형 + 내 신
고
쟁이
수학 개념과 원리를 꿰뚫는
내신 대비 집중 훈련서
공통수학2
정답과 풀이

01 평면좌표

001
답 3

두 점 $A(2, t)$, $B(1-t, 1)$에 대하여
$$\overline{AB}=\sqrt{\{(1-t)-2\}^2+(1-t)^2}$$
$$=\sqrt{(t+1)^2+(t-1)^2}$$
$$=\sqrt{2t^2+2}=\sqrt{20}$$
이므로 $2t^2+2=20$
$t^2=9$, $t=\pm3$
$\therefore t=3\ (\because t>0)$

002
답 ②

세 점 $A(4, -1)$, $B(0, 1)$, $C(1, a)$에 대하여
$$\overline{AB}=\sqrt{(0-4)^2+\{1-(-1)\}^2}=\sqrt{20}$$
$$\overline{BC}=\sqrt{(1-0)^2+(a-1)^2}=\sqrt{a^2-2a+2}$$
$\overline{AB}=2\overline{BC}$에서 $\overline{AB}^2=4\overline{BC}^2$이므로
$20=4(a^2-2a+2)$
$a^2-2a-3=0$, $(a+1)(a-3)=0$
$\therefore a=-1$ 또는 $a=3$
따라서 모든 실수 a의 값의 합은
$(-1)+3=2$

003
답 풀이 참조

점 P는 x축 위의 점이므로 $P(a, 0)$이라 하자.
이때 점 P가 두 점 A, B에서 같은 거리에 있으므로 $\overline{AP}=\overline{BP}$이다.
두 점 $A(2, -1)$, $B(-3, 4)$에 대하여
$$\overline{AP}=\sqrt{(a-2)^2+\{0-(-1)\}^2}=\sqrt{(a-2)^2+1}$$
$$\overline{BP}=\sqrt{\{a-(-3)\}^2+(0-4)^2}=\sqrt{(a+3)^2+16}$$
$\overline{AP}=\overline{BP}$에서 $\overline{AP}^2=\overline{BP}^2$이므로
$(a-2)^2+1=(a+3)^2+16$
$a^2-4a+5=a^2+6a+25$
$10a=-20$, $a=-2$
$\therefore \overline{OP}=|a|=2$

채점 요소	배점
점 P의 좌표 놓기	10 %
두 점 사이의 거리를 이용하여 $\overline{AP}$, $\overline{BP}$에 대한 식 세우기	40 %
점 P의 x좌표 구하기	40 %
선분 OP의 길이 구하기	10 %

004
답 ④

점 $P(a, b)$가 직선 $y=2x-3$ 위의 점이므로

$$b=2a-3 \qquad \cdots\cdots \ \text{㉠}$$
따라서 $P(a, 2a-3)$이다.
이때 점 P에서 두 점 A, B에 이르는 거리가 같으므로
$\overline{AP}=\overline{BP}$이다.
두 점 $A(5, -2)$, $B(2, 3)$에 대하여
$$\overline{AP}=\sqrt{(a-5)^2+\{(2a-3)-(-2)\}^2}=\sqrt{5a^2-14a+26}$$
$$\overline{BP}=\sqrt{(a-2)^2+\{(2a-3)-3\}^2}=\sqrt{5a^2-28a+40}$$
$\overline{AP}=\overline{BP}$에서 $\overline{AP}^2=\overline{BP}^2$이므로
$5a^2-14a+26=5a^2-28a+40$
$14a=14 \qquad \therefore a=1$, $b=-1\ (\because \text{㉠})$
$\therefore a+b=0$

005
답 ⑤

세 점 $A(-1, 1)$, $B(1, 4)$, $C(4, 2)$에 대하여
$$\overline{AB}=\sqrt{\{1-(-1)\}^2+(4-1)^2}=\sqrt{13}$$
$$\overline{BC}=\sqrt{(4-1)^2+(2-4)^2}=\sqrt{13}$$
$$\overline{CA}=\sqrt{\{4-(-1)\}^2+(2-1)^2}=\sqrt{26}$$
즉, $\overline{AB}^2+\overline{BC}^2=\overline{CA}^2$이고, $\overline{AB}=\overline{BC}$이다.

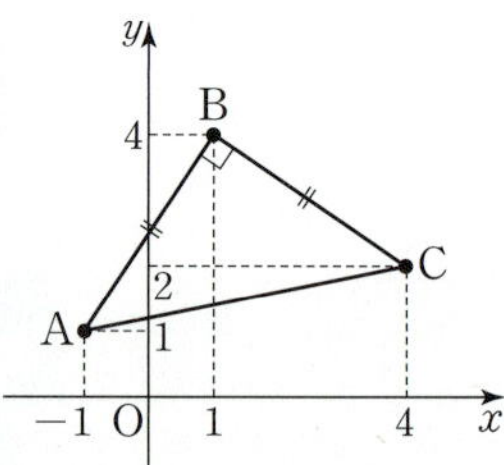

따라서 삼각형 ABC는 $\angle B=90°$인 직각이등변삼각형이다.

006
답 ②

삼각형 ABC가 정삼각형이므로 $\overline{AB}=\overline{BC}=\overline{CA}$이다.

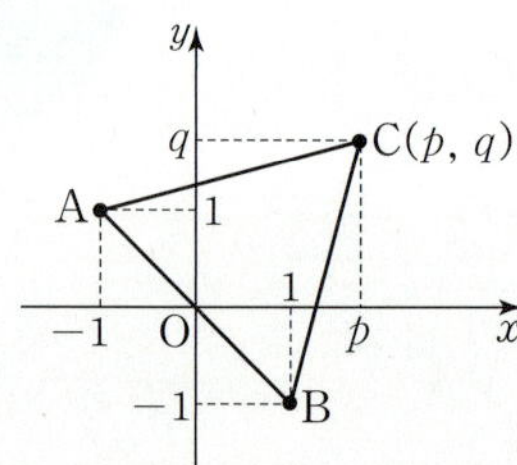

세 점 $A(-1, 1)$, $B(1, -1)$, $C(p, q)$에 대하여
$$\overline{AB}=\sqrt{\{1-(-1)\}^2+\{(-1)-1\}^2}=\sqrt{8}$$
$$\overline{BC}=\sqrt{(p-1)^2+\{q-(-1)\}^2}=\sqrt{(p-1)^2+(q+1)^2}$$
$$\overline{CA}=\sqrt{\{p-(-1)\}^2+(q-1)^2}=\sqrt{(p+1)^2+(q-1)^2}$$
$\overline{BC}^2=\overline{AB}^2$에서 $(p-1)^2+(q+1)^2=8 \qquad \cdots\cdots \ \text{㉠}$
$\overline{CA}^2=\overline{AB}^2$에서 $(p+1)^2+(q-1)^2=8 \qquad \cdots\cdots \ \text{㉡}$
㉠$-$㉡에서 $-4p+4q=0 \qquad \therefore p=q$
이를 ㉠에 대입하면
$(p-1)^2+(p+1)^2=8$
$(p^2-2p+1)+(p^2+2p+1)=8$
$p^2=3$, $p=\sqrt{3}\ (\because p>0)$, $q=\sqrt{3}$
$\therefore p+q=2\sqrt{3}$

 　　　　　　　　　　　　　　　　　　　 답 ④

세 점을 각각 A$(-4, 2)$, B$(4, 6)$, C$(8, -2)$, 외심을
P(a, b)라 하면 삼각형의 외심에서 각 꼭짓점까지의 거리는
모두 같으므로 $\overline{AP}=\overline{BP}=\overline{CP}$이다.

$\overline{AP}=\sqrt{\{a-(-4)\}^2+(b-2)^2}$
$\quad\ \ =\sqrt{(a+4)^2+(b-2)^2}$
$\overline{BP}=\sqrt{(a-4)^2+(b-6)^2}$
$\overline{CP}=\sqrt{(a-8)^2+\{b-(-2)\}^2}$
$\quad\ \ =\sqrt{(a-8)^2+(b+2)^2}$

(i) $\overline{AP}^2=\overline{BP}^2$에서
$\quad (a+4)^2+(b-2)^2=(a-4)^2+(b-6)^2$
$\quad 16a+8b=32$
$\quad \therefore\ 2a+b=4$ 　　　　　　　　　　 …… ㉠

(ii) $\overline{BP}^2=\overline{CP}^2$에서
$\quad (a-4)^2+(b-6)^2=(a-8)^2+(b+2)^2$
$\quad 8a-16b=16$
$\quad \therefore\ a-2b=2$ 　　　　　　　　　　 …… ㉡

(i), (ii)에서 ㉠, ㉡을 연립하여 풀면
$a=2$, $b=0$
$\therefore\ a+b=2$

다른 풀이

'**유형 03** 선분의 내분'을 학습한 이후 중점의 좌표를 이용하여 다음과
같이 풀이할 수 있다.
A$(-4, 2)$, B$(4, 6)$, C$(8, -2)$라 할 때,
$\overline{AB}=\sqrt{\{4-(-4)\}^2+(6-2)^2}=4\sqrt{5}$
$\overline{BC}=\sqrt{(8-4)^2+\{(-2)-6\}^2}=4\sqrt{5}$
$\overline{CA}=\sqrt{\{(-4)-8\}^2+\{2-(-2)\}^2}=4\sqrt{10}$
에서 $\overline{AB}^2+\overline{BC}^2=\overline{CA}^2$이므로
삼각형 ABC는 $\angle B=90°$인 직각삼각형이다.

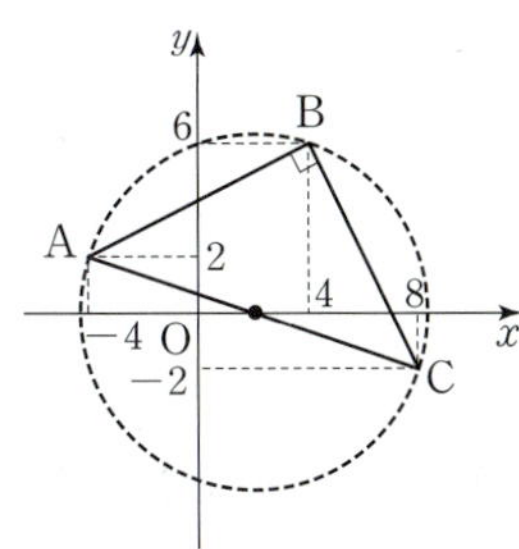

따라서 삼각형 ABC의 외심은 선분 AC의 중점이므로 …… TIP
점 (a, b)는 $\left(\dfrac{(-4)+8}{2}, \dfrac{2+(-2)}{2}\right)$, 즉 $(2, 0)$이다.
$\therefore\ a+b=2$

TIP

직각삼각형의 외심은 빗변의 중점에 위치한다.

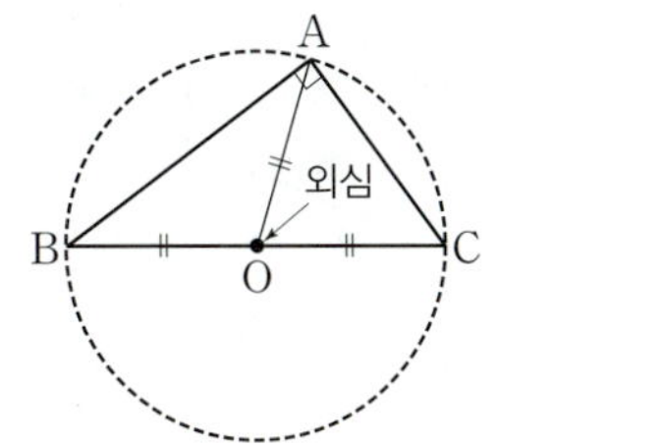

 　　　　　　　　　　　　　　　　　　　 답 ⑤

점 A에서 선분 BC에 내린 수선의 발을 H라 하자.

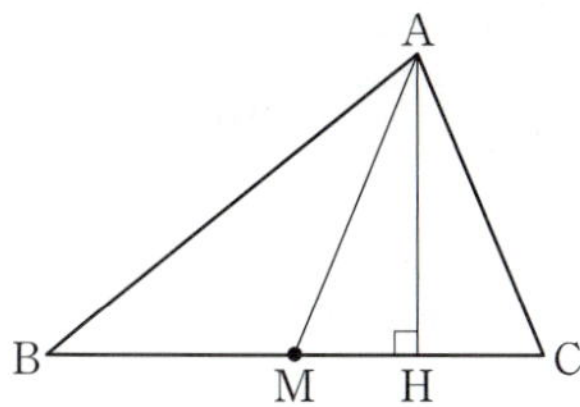

직각삼각형 ABH에서
$\overline{AB}^2=\overline{BH}^2+\overline{AH}^2$
$\quad =(\boxed{\overline{BM}+\overline{MH}})^2+\overline{AH}^2$
$\quad =\overline{BM}^2+2\times\overline{BM}\times\overline{MH}+\overline{MH}^2+\overline{AH}^2$
$\quad =\overline{BM}^2+2\overline{BM}\times\overline{MH}+(\boxed{\overline{AM}})^2$ 　 …… ㉠

직각삼각형 AHC에서
$\overline{AC}^2=\overline{CH}^2+\overline{AH}^2$
$\quad =(\boxed{\overline{CM}-\overline{MH}})^2+\overline{AH}^2$
$\quad =\overline{CM}^2-2\times\overline{CM}\times\overline{MH}+\overline{MH}^2+\overline{AH}^2$
$\quad =\overline{CM}^2-2\overline{CM}\times\overline{MH}+(\boxed{\overline{AM}})^2$ 　 …… ㉡

㉠, ㉡을 변끼리 더하면
$\overline{AB}^2+\overline{AC}^2$
$=\overline{BM}^2+\overline{CM}^2+2\overline{BM}\times\overline{MH}-2\overline{CM}\times\overline{MH}+2\times\overline{AM}^2$
$=2\times\overline{BM}^2+2\times\overline{AM}^2\ (\because\ \overline{BM}=\overline{CM})$
$=2(\overline{AM}^2+\overline{BM}^2)$

TIP

중선정리

삼각형 ABC에서 변 BC의 중점을 M이라 할 때,
$\overline{AB}^2+\overline{AC}^2=2(\overline{AM}^2+\overline{BM}^2)$
이 성립하고, 이를 중선정리라 한다.

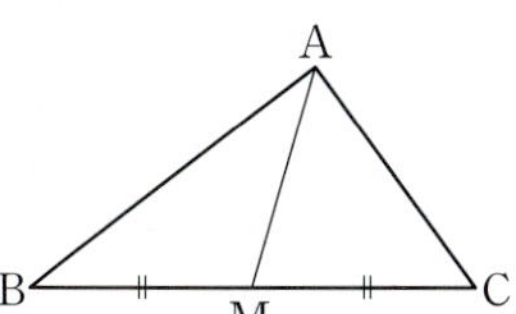

 　　　　　　　　　　　　　　　　　　　 답 ③

직선 BC를 x축으로 하고 점 M이 원점이 되도록 삼각형 ABC를
좌표평면 위에 놓으면 $\overline{BC}=4$이므로
B$(-2, 0)$, C$(2, 0)$
이때 A(a, b)라 하자.

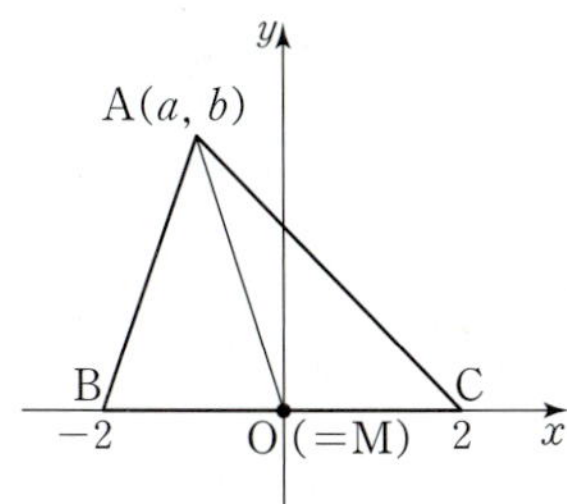

$\overline{AB}=\sqrt{10}$이므로 $(a+2)^2+b^2=10$ $\qquad$ ······ ㉠
$\overline{CA}=3\sqrt{2}$이므로 $(a-2)^2+b^2=18$ $\qquad$ ······ ㉡
㉠$-$㉡에서 $8a=-8$ $\qquad \therefore a=-1$
이를 ㉠에 대입하면 $b^2=9$
$\therefore \overline{AM}=\sqrt{a^2+b^2}=\sqrt{(-1)^2+9}=\sqrt{10}$

다른 풀이

삼각형 ABC는 다음 그림과 같다.

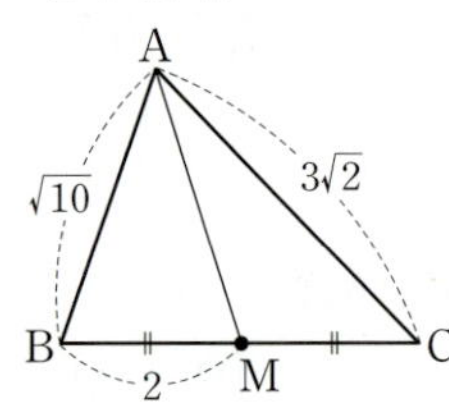

삼각형 ABC에서 중선정리에 의하여
$\overline{AB}^2+\overline{AC}^2=2(\overline{AM}^2+\overline{BM}^2)$이 성립하므로
$(\sqrt{10})^2+(3\sqrt{2})^2=2(\overline{AM}^2+2^2)$
$\overline{AM}^2=10$
$\therefore \overline{AM}=\sqrt{10}\ (\because \overline{AM}>0)$

010 $\qquad$ 답 ③

① 선분 AE의 중점은 C이다. (참)

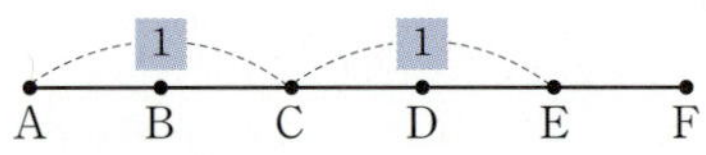

② 선분 AF를 $3:2$로 내분하는 점은 D이다. (참)

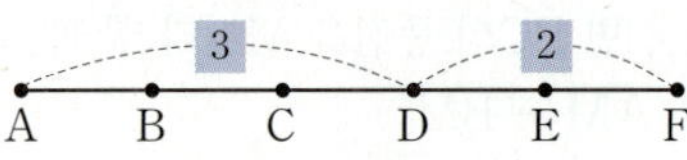

③ 선분 BE를 $2:1$로 내분하는 점은 D이다. (거짓)

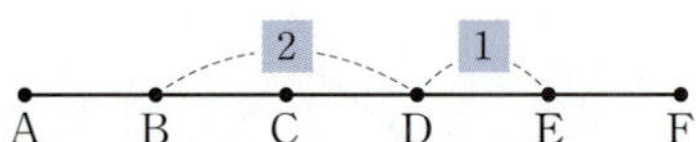

④ 선분 BF를 $3:1$로 내분하는 점은 E이다. (참)

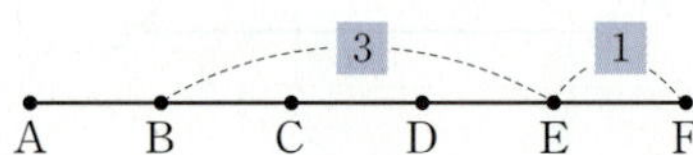

⑤ 선분 AE를 $1:3$으로 내분하는 점은 B이다. (참)

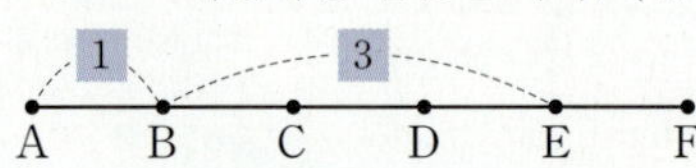

따라서 옳지 않은 것은 ③이다.

011 $\qquad$ 답 ④

선분 AB를 $2:1$로 내분하는 점 P의 좌표는
$\left(\dfrac{2\times5+1\times2}{2+1},\ \dfrac{2\times2+1\times(-4)}{2+1}\right)$, 즉 $(4,\ 0)$
선분 AP의 중점의 좌표는
$\left(\dfrac{2+4}{2},\ \dfrac{(-4)+0}{2}\right)$, 즉 $(3,\ -2)$
$\therefore a+b=1$

012 $\qquad$ 답 ③

네 점 A, B, P, Q를 수직선 위에 나타내면 다음 그림과 같다.

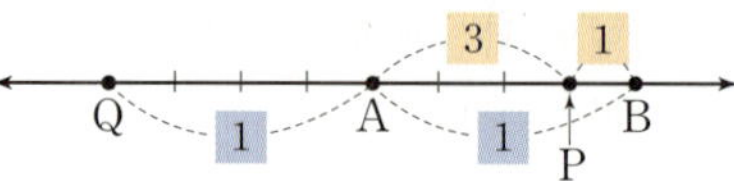

$\overline{BP}=a\ (a>0)$라 하면
점 P는 선분 AB를 $3:1$로 내분하는 점이므로
$\overline{AP}=3a,\ \overline{AB}=4a$
점 A는 선분 BQ의 중점이므로
$\overline{AQ}=\overline{AB}=4a$
$\therefore \overline{PQ}=\overline{AP}+\overline{AQ}=3a+4a=7a$
따라서 $\overline{PQ}=t\overline{AB}$에서 $7a=4at$이므로
$t=\dfrac{7a}{4a}=\dfrac{7}{4}$

013 $\qquad$ 답 $(5,\ -5)$

두 점 A$(1,\ 3)$, B$(4,\ -3)$에 대하여
선분 AB를 $2:1$로 내분하는 점 P의 좌표는
$\left(\dfrac{2\times4+1\times1}{2+1},\ \dfrac{2\times(-3)+1\times3}{2+1}\right)$
$\therefore$ P$(3,\ -1)$
선분 AQ의 중점이 B이므로
점 Q의 좌표를 $(a,\ b)$라 하면
선분 AQ의 중점의 좌표는
$\left(\dfrac{1+a}{2},\ \dfrac{3+b}{2}\right)$
이 점이 B$(4,\ -3)$과 일치하므로
$\dfrac{1+a}{2}=4,\ \dfrac{3+b}{2}=-3$에서 $a=7,\ b=-9$
따라서 점 Q의 좌표는 $(7,\ -9)$이므로
선분 PQ의 중점의 좌표는
$\left(\dfrac{3+7}{2},\ \dfrac{(-1)+(-9)}{2}\right)$
$\therefore (5,\ -5)$

참고

좌표평면 위의 두 점 A, B에 대하여 선분 AB를 $m:n$으로
내분하는 점을 P라 하자.
세 점 A, P, B에서
x축에 내린 수선의 발을 각각 A$'$, P$'$, B$'$이라 하고,
y축에 내린 수선의 발을 각각 A$''$, P$''$, B$''$이라 하면
평행선의 성질에 의하여 다음이 성립한다.
$\overline{AP}:\overline{PB}=\overline{A'P'}:\overline{P'B'}=\overline{A''P''}:\overline{P''B''}$
$\qquad\qquad =m:n$

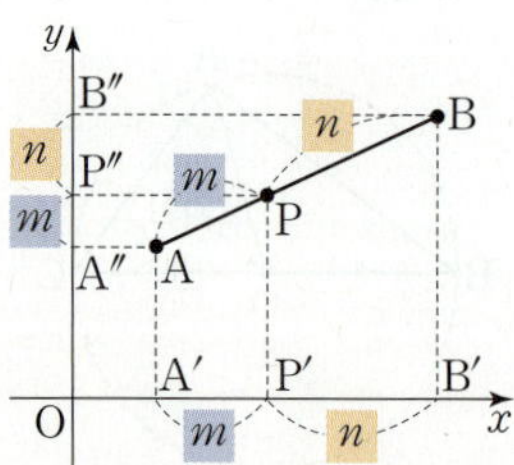

014　　　　　　　　　　　　　　　　　　　　탑 ③

두 점 $A(2, 2)$, $B(10, 4)$에 대하여 선분 AB를 $1 : k$로 내분하는
점의 좌표는

$$\left(\frac{1 \times 10 + k \times 2}{1 + k}, \frac{1 \times 4 + k \times 2}{1 + k} \right)$$

$$\therefore \left(\frac{10 + 2k}{1 + k}, \frac{4 + 2k}{1 + k} \right)$$

이 점이 직선 $y = 2x - 4$ 위에 있으므로

$$\frac{4 + 2k}{1 + k} = 2 \times \frac{10 + 2k}{1 + k} - 4$$

$$4 + 2k = 2(10 + 2k) - 4(1 + k)$$

$$4 + 2k = 20 + 4k - 4 - 4k$$

$$2k = 12$$

$$\therefore k = 6$$

015　　　　　　　　　　　　　　　　　　　　탑 10

세 점 $A(-1, 2)$, $B(p, 3)$, $C(5, 1)$에 대하여
삼각형 ABC의 무게중심의 좌표는

$$\left(\frac{(-1) + p + 5}{3}, \frac{2 + 3 + 1}{3} \right)$$　　　…… **TIP**

$$\therefore \left(\frac{p + 4}{3}, 2 \right)$$

이 점이 점 $(4, q)$와 일치하므로

$$\frac{p + 4}{3} = 4 에서 p = 8, q = 2$$

$$\therefore p + q = 10$$

TIP

삼각형의 무게중심의 좌표

좌표평면 위의 세 점 $A(x_1, y_1)$, $B(x_2, y_2)$, $C(x_3, y_3)$에 대하여
삼각형 ABC의 무게중심의 좌표는

$$\left(\frac{x_1 + x_2 + x_3}{3}, \frac{y_1 + y_2 + y_3}{3} \right)$$

[증명]
삼각형의 무게중심은 세 중선의 길이를 꼭짓점으로부터 각각
$2 : 1$로 내분한다.
이때 선분 BC의 중점을 M, 무게중심을 G라 하면
$M\left(\frac{x_2 + x_3}{2}, \frac{y_2 + y_3}{2} \right)$이고, 무게중심 G는 선분 AM을 $2 : 1$로
내분하는 점이므로 그 좌표는

$$\left(\frac{2 \times \frac{x_2 + x_3}{2} + 1 \times x_1}{2 + 1}, \frac{2 \times \frac{y_2 + y_3}{2} + 1 \times y_1}{2 + 1} \right)$$

$$\therefore \left(\frac{x_1 + x_2 + x_3}{3}, \frac{y_1 + y_2 + y_3}{3} \right)$$

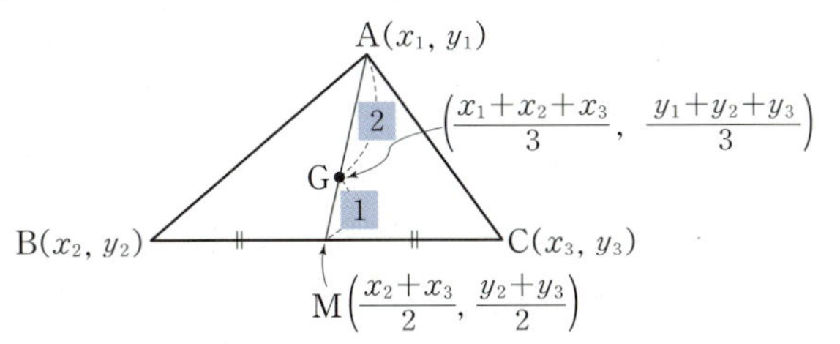

016　　　　　　　　　　　　　　　　　　　　탑 8

다음 그림과 같이 선분 AG의 연장선이 선분 BC와 만나는 점을
M이라 하자.

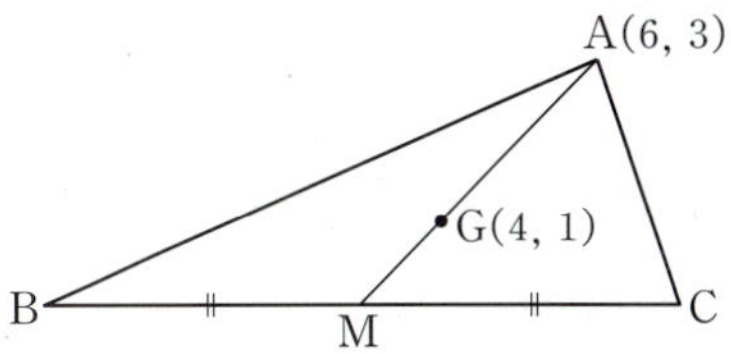

$$\overline{AG} = \sqrt{(6-4)^2 + (3-1)^2} = 2\sqrt{2} 이고, \overline{AM} = \frac{3}{2}\overline{AG} = 3\sqrt{2}$$

이때 $\overline{AB}^2 = 58$, $\overline{AC}^2 = 10$이므로
삼각형 ABC에서 중선정리에 의하여
$$\overline{AB}^2 + \overline{AC}^2 = 2(\overline{AM}^2 + \overline{BM}^2), \quad 58 + 10 = 2(18 + \overline{BM}^2)$$
$$18 + \overline{BM}^2 = 34 에서 \overline{BM}^2 = 16이므로 \overline{BM} = 4 \ (\because \overline{BM} > 0)$$
$$\therefore \overline{BC} = 2\overline{BM} = 8$$

017　　　　　　　　　　　　　　　　　　　탑 (1) 5　(2) 20

(1) 평행사변형의 두 대각선은 서로 다른 것을 이등분하므로
　　선분 AC의 중점과 선분 BD의 중점이 일치한다.

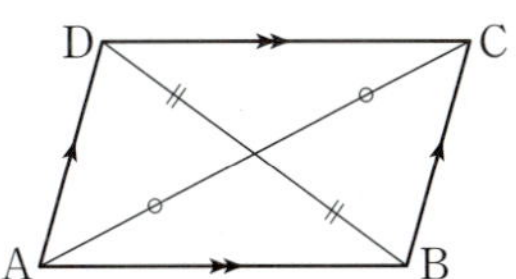

　　선분 AC의 중점의 좌표는

$$\left(\frac{1 + 3}{2}, \frac{a + (-2)}{2} \right), 즉 \left(2, \frac{a - 2}{2} \right)$$

　　선분 BD의 중점의 좌표는

$$\left(\frac{b + 5}{2}, \frac{0 + 4}{2} \right), 즉 \left(\frac{b + 5}{2}, 2 \right)$$

　　두 점이 일치하므로
$$a = 6, \ b = -1$$
$$\therefore a + b = 5$$

(2) 마름모는 모든 변의 길이가 서로 같으므로
$$\overline{AB} = \overline{AD}$$

$$\sqrt{(p-1)^2 + \{6 - (-1)\}^2} = \sqrt{(6-1)^2 + \{4 - (-1)\}^2}$$

$$p^2 - 2p + 50 = 50, \ p(p-2) = 0에서$$

$$p = 2 \ (\because p > 0)$$　　　…… ㉠

마름모의 두 대각선은 서로 다른 것을 이등분하므로
선분 AC의 중점과 선분 BD의 중점이 일치한다.

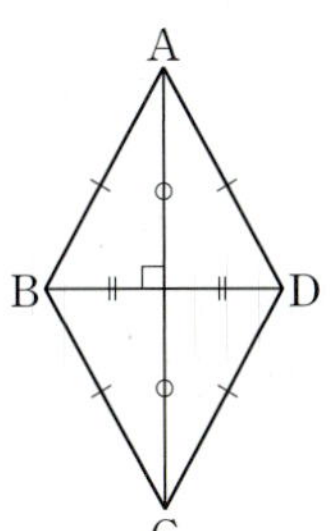

선분 AC의 중점의 좌표는

$$\left(\frac{1 + q}{2}, \frac{-1 + r}{2} \right)$$

선분 BD의 중점의 좌표는
$\left(\dfrac{p+6}{2}, \dfrac{6+4}{2}\right)$, 즉 $(4, 5)(\because \text{㉠})$
두 점이 일치하므로 $q=7$, $r=11$
$\therefore p+q+r=2+7+11=20$

018   탑 ⑤

선분 AB를 $1:2$로 내분하는 점은
$D\left(\dfrac{1\times 2+2\times(-1)}{1+2}, \dfrac{1\times 5+2\times 1}{1+2}\right)$ $\therefore D\left(0, \dfrac{7}{3}\right)$
선분 BC를 $1:2$로 내분하는 점은
$E\left(\dfrac{1\times 5+2\times 2}{1+2}, \dfrac{1\times(-3)+2\times 5}{1+2}\right)$ $\therefore E\left(3, \dfrac{7}{3}\right)$
선분 CA를 $1:2$로 내분하는 점은
$F\left(\dfrac{1\times(-1)+2\times 5}{1+2}, \dfrac{1\times 1+2\times(-3)}{1+2}\right)$ $\therefore F\left(3, -\dfrac{5}{3}\right)$
따라서 삼각형 DEF의 무게중심의 좌표는
$\left(\dfrac{0+3+3}{3}, \dfrac{\frac{7}{3}+\frac{7}{3}+\left(-\frac{5}{3}\right)}{3}\right)$, 즉 $(2, 1)$이다.

다른 풀이

세 변 AB, BC, CA를 각각 $1:2$로 내분하는 점 D, E, F에 대하여
삼각형 DEF의 무게중심은 삼각형 ABC의 무게중심과 일치한다.
       …… **TIP**

따라서 삼각형 DEF의 무게중심의 좌표는
$\left(\dfrac{(-1)+2+5}{3}, \dfrac{1+5+(-3)}{3}\right)$, 즉 $(2, 1)$이다.

TIP

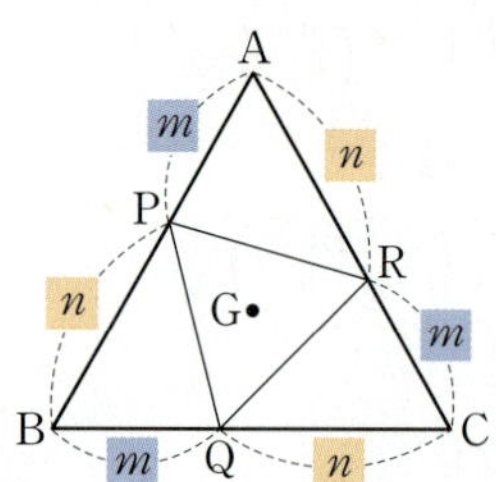

세 변 AB, BC, CA를 각각 $m:n$ $(m>0,\ n>0)$으로 내분하는
세 점을 꼭짓점으로 하는 삼각형의 무게중심과 삼각형 ABC의
무게중심은 일치한다.
[증명]
$A(x_1, y_1)$, $B(x_2, y_2)$, $C(x_3, y_3)$이라 하면
삼각형 ABC의 무게중심 G는
$G\left(\dfrac{x_1+x_2+x_3}{3}, \dfrac{y_1+y_2+y_3}{3}\right)$이다.
이때 세 변 AB, BC, CA를 $m:n$ $(m>0,\ n>0)$으로
내분하는 점을 각각 P, Q, R이라 하면
$P\left(\dfrac{mx_2+nx_1}{m+n}, \dfrac{my_2+ny_1}{m+n}\right)$
$Q\left(\dfrac{mx_3+nx_2}{m+n}, \dfrac{my_3+ny_2}{m+n}\right)$
$R\left(\dfrac{mx_1+nx_3}{m+n}, \dfrac{my_1+ny_3}{m+n}\right)$
이므로 삼각형 PQR의 무게중심 G'도
$G'\left(\dfrac{x_1+x_2+x_3}{3}, \dfrac{y_1+y_2+y_3}{3}\right)$이다.

019   탑 ③

점 P의 좌표를 a라 하면 $\overline{AP}+\overline{BP}\leq 7$에서
$|a+1|+|a-2|\leq 7$이다.
(i) $a<-1$일 때
   $-(a+1)-(a-2)\leq 7$, $-2a\leq 6$, $a\geq -3$이므로
   $-3\leq a<-1$
(ii) $-1\leq a<2$일 때
   $(a+1)-(a-2)\leq 7$, $3\leq 7$이므로
   $-1\leq a<2$
(iii) $a\geq 2$일 때
   $(a+1)+(a-2)\leq 7$, $2a\leq 8$, $a\leq 4$이므로
   $2\leq a\leq 4$

$$\begin{array}{ccccc} & A & B & \\ \overset{\bullet}{-3} & \overset{\bullet}{-1} & \overset{\bullet}{2} & \overset{\bullet}{4} & x \end{array}$$

(i)~(iii)에 의하여 $-3\leq a\leq 4$이므로 점 P가 나타내는
도형의 길이는
$4-(-3)=7$

020   탑 ③

점 P는 직선 $y=x-2$ 위의 점이므로
$P(a, a-2)$라 하면
$\overline{AP}^2+\overline{BP}^2=\{(a+1)^2+(a-3)^2\}+\{(a-1)^2+(a-5)^2\}$
$=4a^2-16a+36=4(a-2)^2+20$
따라서 $a=2$, 즉 점 P의 좌표가 $(2, 0)$일 때,
$\overline{AP}^2+\overline{BP}^2$은 최솟값 20을 갖는다.

021   탑 ②

세 점 $A(1, -1)$, $B(-3, 4)$, $C(5, 6)$에 대하여
$\overline{PA}^2+\overline{PB}^2+\overline{PC}^2$이 최소가 될 때는 점 P가 삼각형 ABC의
무게중심일 때이므로 점 P의 좌표 (a, b)는   …… **TIP**
$\left(\dfrac{1+(-3)+5}{3}, \dfrac{(-1)+4+6}{3}\right)$, 즉 $(1, 3)$
따라서 $a=1$, $b=3$이고 최솟값 m은
$m=\overline{PA}^2+\overline{PB}^2+\overline{PC}^2$
$=[(1-1)^2+\{(-1)-3\}^2]+[\{(-3)-1\}^2+(4-3)^2]$
$\qquad\qquad\qquad\qquad\qquad +\{(5-1)^2+(6-3)^2\}$
$=16+17+25=58$
$\therefore a+b+m=1+3+58=62$

TIP

좌표평면 위의 한 직선 위에 있지 않은 서로 다른 세 점 A, B, C
에 대하여 $\overline{AP}^2+\overline{BP}^2+\overline{CP}^2$이 최솟값을 가질 때, 점 P는
삼각형 ABC의 무게중심이다.

[증명]
$A(x_1, y_1)$, $B(x_2, y_2)$, $C(x_3, y_3)$이라 하고, $P(a, b)$라 하면
$\overline{AP}^2+\overline{BP}^2+\overline{CP}^2$
$=\{(a-x_1)^2+(b-y_1)^2\}+\{(a-x_2)^2+(b-y_2)^2\}$
$\qquad\qquad\qquad\qquad+\{(a-x_3)^2+(b-y_3)^2\}$
$=3a^2-2(x_1+x_2+x_3)a+3b^2-2(y_1+y_2+y_3)b$
$\qquad\qquad\qquad+x_1^2+x_2^2+x_3^2+y_1^2+y_2^2+y_3^2$
$=3\left(a-\dfrac{x_1+x_2+x_3}{3}\right)^2+3\left(b-\dfrac{y_1+y_2+y_3}{3}\right)^2$
$\qquad\qquad-\dfrac{(x_1+x_2+x_3)^2}{3}-\dfrac{(y_1+y_2+y_3)^2}{3}$
$\qquad\qquad+x_1^2+x_2^2+x_3^2+y_1^2+y_2^2+y_3^2$
이므로 $a=\dfrac{x_1+x_2+x_3}{3}$, $b=\dfrac{y_1+y_2+y_3}{3}$일 때 최솟값을 갖는다.

즉, 점 P의 좌표가 $\left(\dfrac{x_1+x_2+x_3}{3}, \dfrac{y_1+y_2+y_3}{3}\right)$일 때 최솟값을 가지므로 점 P가 삼각형 ABC의 무게중심일 때,
$\overline{AP}^2+\overline{BP}^2+\overline{CP}^2$은 최솟값을 갖는다.

022   답 ④

$A(-3, 2)$, $B(1, 4)$, $C(x, y)$라 하면
$\sqrt{x^2+y^2+6x-4y+13}+\sqrt{x^2+y^2-2x-8y+17}$
$=\sqrt{(x+3)^2+(y-2)^2}+\sqrt{(x-1)^2+(y-4)^2}$
$=\overline{AC}+\overline{BC}\geq\overline{AB}$
$\qquad=\sqrt{(-3-1)^2+(2-4)^2}$
$\qquad=\sqrt{20}=2\sqrt{5}$

023   답 $\left(\dfrac{2}{7}, 0\right)$, $(0, -2)$

정류장을 설치할 곳을 나타내는 점을 P라 하면
점 P는 x축 또는 y축 위의 점이므로
$P(a, 0)$ 또는 $P(0, b)$라 할 수 있고,
$A(4, 1)$, $B(-3, 2)$라 하면 $\overline{AP}=\overline{BP}$이어야 한다.
(ⅰ) $P(a, 0)$일 때
$\overline{AP}^2=\overline{BP}^2$에서 $(a-4)^2+1^2=(a+3)^2+2^2$
$a=\dfrac{2}{7}$이므로 $P\left(\dfrac{2}{7}, 0\right)$
(ⅱ) $P(0, b)$일 때
$\overline{AP}^2=\overline{BP}^2$에서 $4^2+(b-1)^2=3^2+(b-2)^2$
$b=-2$이므로 $P(0, -2)$
(ⅰ), (ⅱ)에 의하여 정류장을 설치할 수 있는 곳의 좌표는
$\left(\dfrac{2}{7}, 0\right)$, $(0, -2)$이다.

024   답 풀이 참조

두 도로를 좌표평면 위에 놓으면 t분 후
갑의 위치는 점 $(0, -720+40t)$,
을의 위치는 점 $(960-40t, 0)$이다.

두 점 사이의 거리는
$\sqrt{(960-40t)^2+(-720+40t)^2}$
$=40\sqrt{(t-24)^2+(t-18)^2}$
$=40\sqrt{2t^2-84t+900}$
$=40\sqrt{2(t-21)^2+18}$
이므로 $t=21$일 때, 최솟값 $120\sqrt{2}$를 갖는다.
따라서 $a=21$, $b=120\sqrt{2}$이다.

채점 요소	배점
갑, 을의 위치를 좌표로 놓기	30 %
갑과 을 사이의 거리에 대한 식 세우기	30 %
갑과 을 사이의 거리의 최솟값 구하기	30 %
a, b의 값 구하기	10 %

025   답 ④

정삼각형 ABC의 무게중심을 G, 선분 BC의 중점을 M이라 하자.

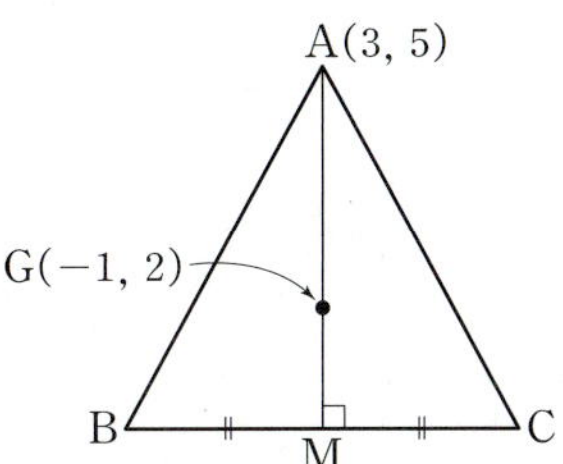

$A(3, 5)$, $G(-1, 2)$에 대하여
$\overline{AG}=\sqrt{(-4)^2+(-3)^2}=5$
이때 $\overline{AG}:\overline{GM}=2:1$이므로 $\overline{AG}:\overline{AM}=2:3$이다.
$\therefore \overline{AM}=\dfrac{3}{2}\overline{AG}=\dfrac{3}{2}\times5=\dfrac{15}{2}$
$\overline{AM}$은 정삼각형 ABC의 높이이므로
$\overline{AM}=\dfrac{\sqrt{3}}{2}\overline{AB}$에서 $\cdots\cdots$ TIP
$\dfrac{15}{2}=\dfrac{\sqrt{3}}{2}\overline{AB}$
$\therefore \overline{AB}=5\sqrt{3}$
따라서 정삼각형 ABC의 둘레의 길이는
$3\times5\sqrt{3}=15\sqrt{3}$

TIP

정삼각형의 높이와 넓이

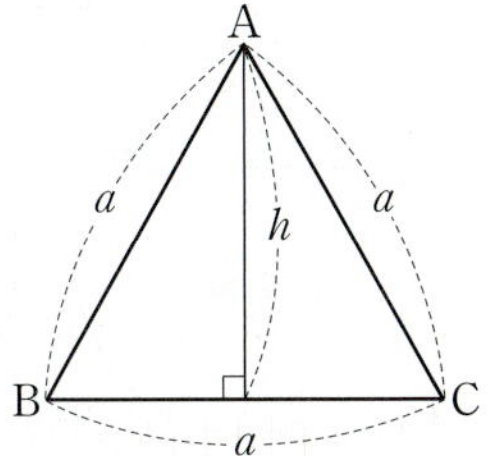

한 변의 길이가 a인 정삼각형 ABC의 높이를 h, 넓이를 S라 하면
$h=\sqrt{a^2-\left(\dfrac{1}{2}a\right)^2}=\dfrac{\sqrt{3}}{2}a$
$S=\dfrac{1}{2}ah=\dfrac{1}{2}\times a\times\dfrac{\sqrt{3}}{2}a=\dfrac{\sqrt{3}}{4}a^2$

— $\boxed{\text{답}}$ ②

삼각형 ABC의 외심을 $P(-1, -1)$이라 하면
삼각형 ABC의 외접원의 반지름의 길이는
$\overline{PA}=\sqrt{3^2+2^2}=\sqrt{13}$이다. …… **TIP 1**
한편, 삼각형 ABC의 외심이 변 BC 위에 있으므로
삼각형 ABC는 $\angle A=90°$인 직각삼각형이고,
선분 BC의 중점이 P이다. …… **TIP 2**

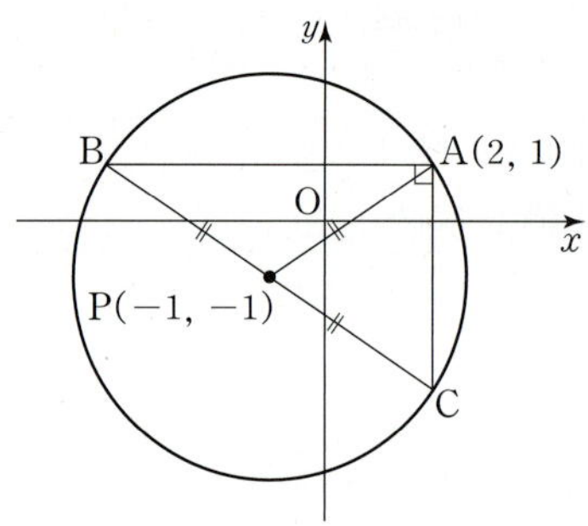

따라서 $\overline{PA}=\overline{PB}=\overline{PC}=\sqrt{13}$이고, $\overline{BC}=2\overline{PB}=2\sqrt{13}$이므로
$\overline{AB}^2+\overline{AC}^2=\overline{BC}^2=(2\sqrt{13})^2=52$

TIP 1

삼각형의 외심

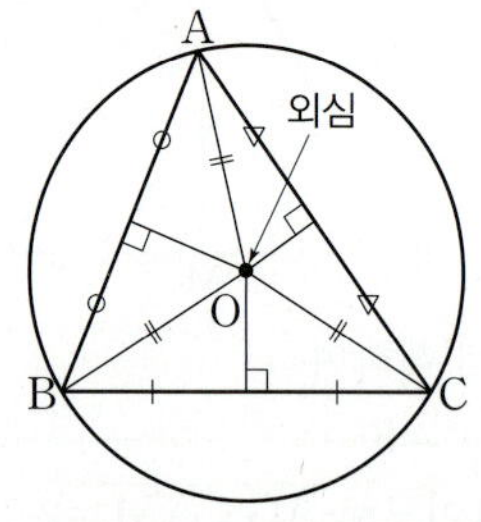

① 뜻: 삼각형의 세 꼭짓점이 한 원 위에 있을 때, 이 원을
　　삼각형의 외접원이라 하고, 외접원의 중심을
　　외심(O)이라 한다.
② 성질: 삼각형의 외심에서 세 꼭짓점에 이르는 거리는 같다.
　　즉, 외접원의 반지름의 길이는 $\overline{OA}=\overline{OB}=\overline{OC}$이다.
③ 작도: 삼각형의 세 변의 수직이등분선이 만나는 점이
　　'삼각형의 외심'이다.

TIP 2

삼각형의 외심의 위치

예각삼각형의 외심은 삼각형의 내부에 존재하고,
둔각삼각형의 외심은 삼각형의 외부에 존재한다.
또한 직각삼각형의 외심은 빗변의 중점에 위치한다.

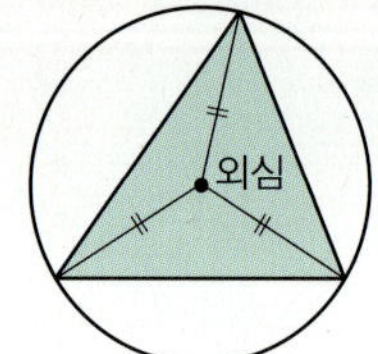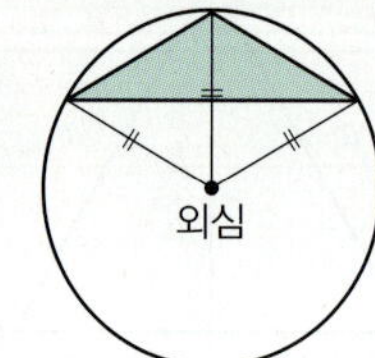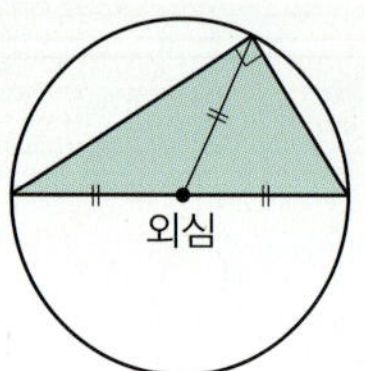

— $\boxed{\text{답}}$ 풀이 참조

세 점 $A(-1, -1)$, $B(0, -k)$, $C(2, -2)$에 대하여

$\overline{AB}=\sqrt{(-1)^2+(k-1)^2}=\sqrt{k^2-2k+2}$
$\overline{BC}=\sqrt{2^2+(k-2)^2}=\sqrt{k^2-4k+8}$
$\overline{CA}=\sqrt{3^2+(-1)^2}=\sqrt{10}$
이므로 삼각형 ABC가 이등변삼각형이 되는 경우는 다음과 같다.
(i) $\overline{AB}=\overline{BC}$일 때
　$\overline{AB}^2=\overline{BC}^2$에서
　$k^2-2k+2=k^2-4k+8$
　$2k=6$이므로 $k=3$

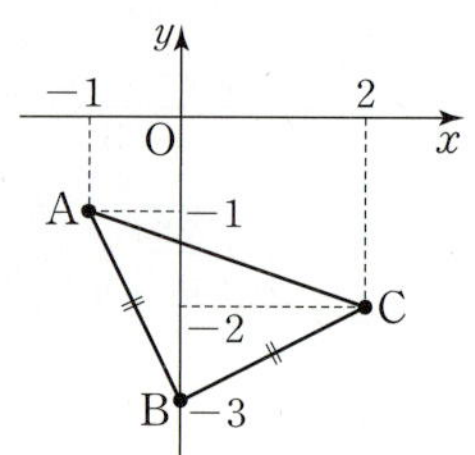

(ii) $\overline{BC}=\overline{CA}$일 때
　$\overline{BC}^2=\overline{CA}^2$에서
　$k^2-4k+8=10$, $k^2-4k-2=0$
　$\therefore k=2\pm\sqrt{6}$
　즉, 조건을 만족시키는 정수 k의 값이 존재하지 않는다.
(iii) $\overline{CA}=\overline{AB}$일 때
　$\overline{CA}^2=\overline{AB}^2$에서
　$k^2-2k+2=10$
　$k^2-2k-8=0$, $(k+2)(k-4)=0$
　$\therefore k=-2$ 또는 $k=4$

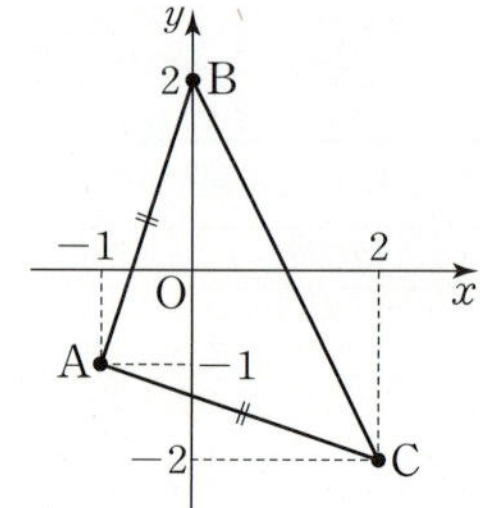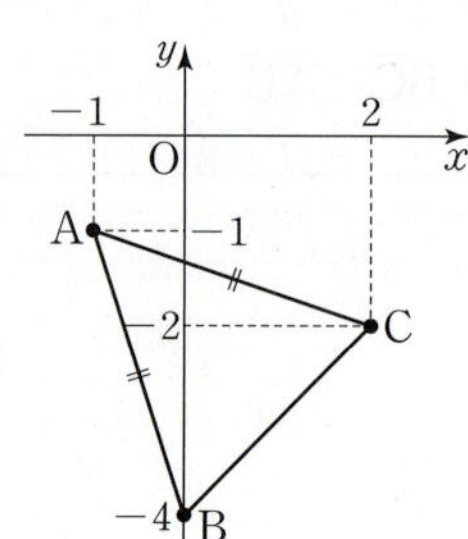

(i)~(iii)에서 구하는 모든 정수 k의 값의 합은
$(-2)+3+4=5$이다.

채점 요소	배점
두 점 사이의 거리를 이용하여 세 변의 길이 구하기	20%
$\overline{AB}=\overline{BC}$가 되도록 하는 k의 값 구하기	25%
$\overline{BC}=\overline{CA}$가 되도록 하는 k의 값이 존재하지 않음을 보이기	25%
$\overline{CA}=\overline{AB}$가 되도록 하는 k의 값 구하기	25%
모든 정수 k의 값의 합 구하기	5%

— $\boxed{\text{답}}$ ⑤

삼각형 ABC의 외심에서 각 꼭짓점까지의 거리는 모두 같으므로
$\overline{PA}=\overline{PB}=\overline{PC}$에서
$\sqrt{a^2+(b-1)^2}=\sqrt{(a-1)^2+b^2}=\sqrt{(a-8)^2+(b-1)^2}$
(i) $\sqrt{a^2+(b-1)^2}=\sqrt{(a-1)^2+b^2}$일 때
　양변을 제곱하여 정리하면
　$a^2+b^2-2b+1=a^2+b^2-2a+1$, 즉 $-2b=-2a$에서
　$a=b$ …… ㉠

(ii) $\sqrt{a^2+(b-1)^2}=\sqrt{(a-8)^2+(b-1)^2}$일 때

　양변을 제곱하여 정리하면

　$a^2+b^2-2b+1=a^2+b^2-16a-2b+65$

　즉, $16a=64$에서 $a=4$, $b=4$ $(\because \bigcirc)$

(i), (ii)에서 P$(4, 4)$이다.

다음 그림과 같이 삼각형 ABQ에서

선분 BQ는 외접원의 지름이므로 $\angle A=90°$

점 P는 선분 BQ의 중점이므로 점 Q의 좌표는 $(7, 8)$이다.

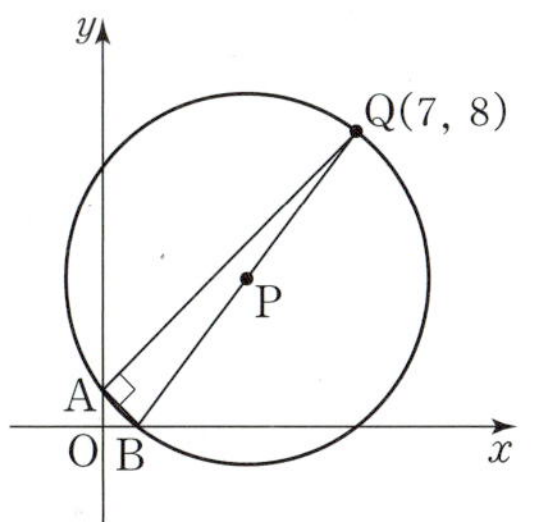

따라서 삼각형 ABQ의 넓이는

$$\frac{1}{2}\times\overline{AB}\times\overline{AQ}=\frac{1}{2}\times\sqrt{1^2+1^2}\times\sqrt{7^2+7^2}$$
$$=\frac{1}{2}\times\sqrt{2}\times7\sqrt{2}=7$$

$$\therefore abS=4\times4\times7$$
$$=112$$

029   답 ③

좌표평면 위에 점 D를 원점, 선분 BC를 x축이 되도록 놓고
B$(-a, 0)$, C$(3a, 0)$, A(p, q) $(a>0, p>0, q>0)$라 하면
다음 그림과 같다.   ······ TIP

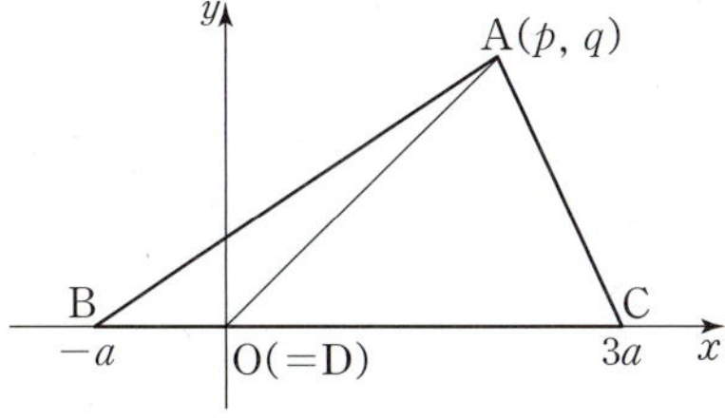

$\overline{AB}=5$, $\overline{AC}=3$, $\overline{AD}=\sqrt{15}$이므로

$(p+a)^2+q^2=25$ ······ ㉠

$(p-3a)^2+q^2=9$ ······ ㉡

$p^2+q^2=15$ ······ ㉢

㉠－㉢을 하면 $2ap+a^2=10$ ······ ㉣

㉡－㉢을 하면 $-6ap+9a^2=-6$에서

$2ap-3a^2=2$ ······ ㉤

㉣－㉤을 하면 $4a^2=8$에서 $a^2=2$

$\therefore a=\sqrt{2}$ $(\because a>0)$

$\therefore \overline{BC}=4a=4\sqrt{2}$

다른 풀이

선분 BC의 중점을 M이라 하면 선분 BM의 중점이 D이므로
다음 그림과 같다.

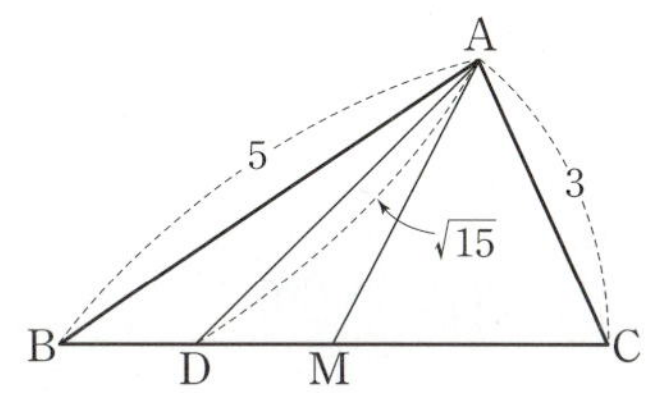

$\overline{AM}=m$, $\overline{BM}=2a$ $(m>0, a>0)$라 하면

삼각형 ABC에서 중선정리에 의하여

$\overline{AB}^2+\overline{AC}^2=2(\overline{AM}^2+\overline{BM}^2)$

$5^2+3^2=2\{m^2+(2a)^2\}$

$\therefore m^2+4a^2=17$ ······ ㉠

삼각형 ABM에서 중선정리에 의하여

$\overline{AB}^2+\overline{AM}^2=2(\overline{AD}^2+\overline{BD}^2)$

$5^2+m^2=2\{(\sqrt{15})^2+a^2\}$

$\therefore m^2-2a^2=5$ ······ ㉡

㉠, ㉡을 연립하여 풀면 $a=\sqrt{2}$, $m=3$이다.

$\therefore \overline{BC}=4a=4\sqrt{2}$

> **TIP**
>
> 좌표축을 이용하여 주어진 도형의 성질을 설명할 때,
> 좌표축을 어떻게 설정하여도 도형의 성질은 변하지 않는다.
> 따라서 계산이 편리하도록
> 주어진 도형의 꼭짓점 또는 변의 중점이 원점이 되도록
> 설정하거나 x축이나 y축을 주어진 도형의 한 변 또는
> 대칭축이 되도록 설정하자.

> **참고**
>
> ㉣에서 $p=2\sqrt{2}$이고, 이를 ㉢에 대입하면 $q=\sqrt{7}$이므로
> 점 A의 좌표는 $(2\sqrt{2}, \sqrt{7})$이다.

030   답 $\dfrac{3}{4}$

$\overline{BD}=3\overline{DC}$에서 $\overline{BD}:\overline{DC}=3:1$이므로
변 BC 위의 점 D는 선분 BC를 $3:1$로 내분하는 점이다.
직선 BC를 x축으로 하고, 점 D가 원점이 되도록
삼각형 ABC를 좌표평면 위에 놓고,
A(a, b), B$(-3c, 0)$, C$(c, 0)$ $(c>0)$라 하면
다음 그림과 같다.

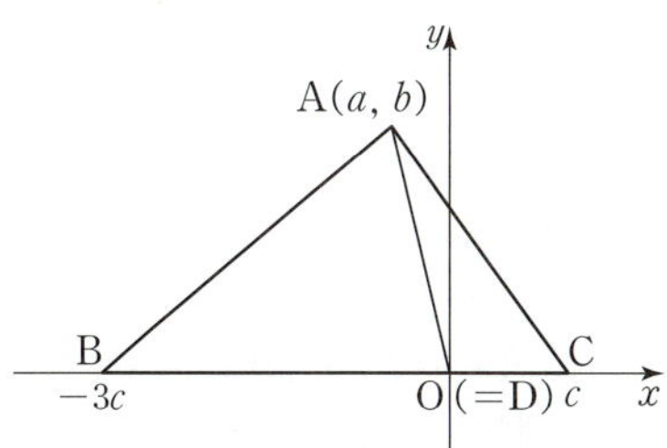

$3\overline{AD}^2+\overline{BD}^2=k(\overline{AB}^2+3\overline{AC}^2)$에서

$3(a^2+b^2)+(-3c)^2=k[(a+3c)^2+b^2+3\{(a-c)^2+b^2\}]$

$3a^2+3b^2+9c^2=k(4a^2+4b^2+12c^2)$

$\therefore k=\dfrac{3a^2+3b^2+9c^2}{4a^2+4b^2+12c^2}=\dfrac{3}{4}$ $(\because a^2+b^2+3c^2\neq0)$

031

답 P, B, A, C, Q

두 점 $P(\sqrt{2})$, $Q(\sqrt{3})$에 대하여

점 $A\left(\dfrac{\sqrt{2}+\sqrt{3}}{2}\right)$은 선분 PQ의 중점이다.

점 $B\left(\dfrac{3\sqrt{2}+\sqrt{3}}{4}\right)$, 즉 $B\left(\dfrac{3\sqrt{2}+\sqrt{3}}{3+1}\right)$은 선분 PQ를 $1:3$으로

내분하는 점이다.

점 $C\left(\dfrac{\sqrt{2}+3\sqrt{3}}{4}\right)$, 즉 $C\left(\dfrac{\sqrt{2}+3\sqrt{3}}{1+3}\right)$은 선분 PQ를 $3:1$로

내분하는 점이다.

따라서 5개의 점을 수직선 위에 나타내면 다음 그림과 같다.

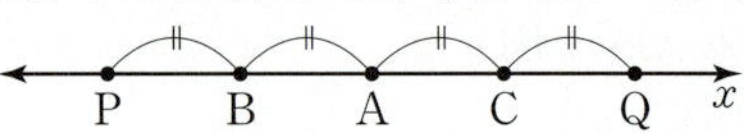

따라서 다섯 개의 점 P, Q, A, B, C의 위치를 왼쪽부터 순서대로
나열하면 P, B, A, C, Q이다.

032

답 ⑤

점 A, B, C, D, E를 직선 위에 나타내면 다음 그림과 같다.

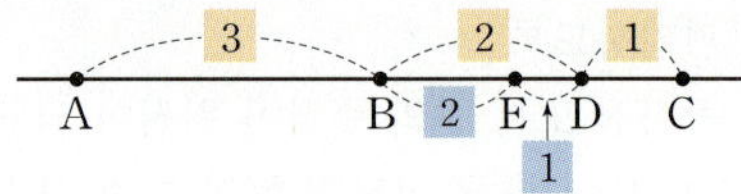

$$\overline{AE}=\overline{AB}+\overline{BE}=\frac{3}{2}\overline{BD}+\frac{2}{3}\overline{BD}=\frac{13}{6}\overline{BD}=\frac{13}{2}\overline{DE}$$

$$\overline{CE}=\overline{CD}+\overline{DE}=\frac{1}{2}\overline{BD}+\overline{DE}=\frac{3}{2}\overline{DE}+\overline{DE}=\frac{5}{2}\overline{DE}$$

$$\therefore \frac{\overline{AE}}{\overline{CE}}=\frac{13}{5}$$

033

답 ⑤

두 점 $A(-5,\ 1)$, $B(1,\ -3)$에 대하여

선분 AB를 $(1-t):t\ (0<t<1)$로 내분하는 점의 좌표는

$$\left(\frac{(1-t)\times 1+t\times(-5)}{(1-t)+t},\ \frac{(1-t)\times(-3)+t\times 1}{(1-t)+t}\right)$$

$$\therefore (-6t+1,\ 4t-3)$$

이 점이 제3사분면에 있기 위해서는

$-6t+1<0$이고 $4t-3<0$이어야 한다.

따라서 $\dfrac{1}{6}<t<\dfrac{3}{4}$이므로 $a=\dfrac{1}{6}$, $b=\dfrac{3}{4}$이다.

$$\therefore a+b=\frac{11}{12}$$

034

답 풀이 참조

$3\overline{AC}=2\overline{BC}$에서 $\overline{AC}:\overline{BC}=2:3$이므로 점 C는

선분 AB를 $2:3$으로 내분하는 점 또는

선분 CB를 $2:1$로 내분하는 점이 A가 되도록 하는 점이다.

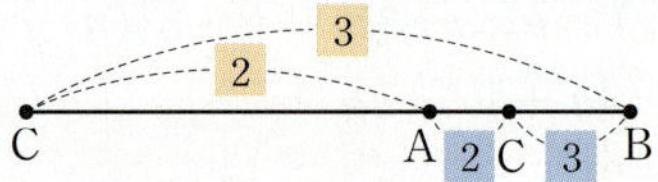

두 점 $A(-1,\ 3)$, $B(4,\ 8)$에 대하여

(ⅰ) 선분 AB를 $2:3$으로 내분하는 점이 C인 경우

$$\left(\frac{2\times 4+3\times(-1)}{2+3},\ \frac{2\times 8+3\times 3}{2+3}\right),\ \text{즉}\ (1,\ 5)$$

(ⅱ) 선분 CB를 $2:1$로 내분하는 점이 A인 경우

점 C의 좌표를 $(a,\ b)$라 하면 선분 CB를 $2:1$로 내분하는 점의
좌표는

$$\left(\frac{2\times 4+1\times a}{2+1},\ \frac{2\times 8+1\times b}{2+1}\right),\ \text{즉}\ \left(\frac{8+a}{3},\ \frac{16+b}{3}\right)$$

이 점이 $A(-1,\ 3)$과 일치하므로

$$\frac{8+a}{3}=-1,\ \frac{16+b}{3}=3\text{에서}\ a=-11,\ b=-7$$

$$\therefore (-11,\ -7)$$

따라서 구하는 점 C의 좌표는 $(1,\ 5)$, $(-11,\ -7)$이다.

채점 요소	배점
$3\overline{AC}=2\overline{BC}$에서 $\overline{AC}:\overline{BC}=2:3$임을 파악하기	10%
선분 AB를 $2:3$으로 내분하는 점이 C일 때, 점 C의 좌표 구하기	45%
선분 CB를 $2:1$로 내분하는 점이 A일 때, 점 C의 좌표 구하기	45%

035

답 ①

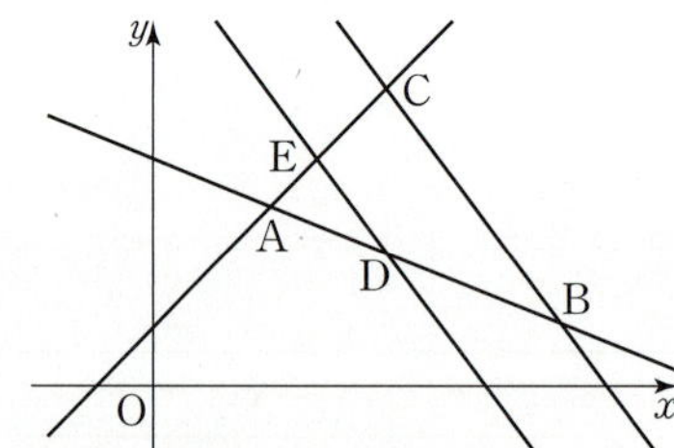

직선 BC와 직선 DE가 서로 평행하므로
삼각형 ABC와 삼각형 ADE는 서로 닮음이다.
삼각형 ABC와 삼각형 ADE의 넓이의 비가
$25:4$이므로 $\overline{AB}:\overline{AD}=5:2$
또한 점 D의 x좌표가 점 A의 x좌표보다 크므로
점 D는 선분 AB를 $2:3$으로 내분하는 점이다.
따라서 점 D의 좌표는

$$\left(\frac{2\times 7+3\times 2}{2+3},\ \frac{2\times 1+3\times 3}{2+3}\right),\ \text{즉}\ \left(4,\ \frac{11}{5}\right)$$

$$\therefore a+b=\frac{31}{5}$$

036

답 171

삼각형 ABC의 내부의 점 D에 대하여
세 삼각형 ABD, BCD, CAD의 넓이가 서로 같으므로
점 D는 삼각형 ABC의 무게중심이다.

세 점 $A(2,\ -1)$, $B(a,\ 2)$, $C(b,\ -4)$에 대하여
삼각형 ABC의 무게중심의 좌표는

$$\left(\frac{2+a+b}{3},\ \frac{-1+2-4}{3}\right)\quad \therefore \left(\frac{2+a+b}{3},\ -1\right)$$

이 점이 $D(5,\ ab)$와 일치하므로 $a+b=13$, $ab=-1$

$$\therefore a^2+b^2=(a+b)^2-2ab=13^2-2\times(-1)=171$$

❶ 삼각형 ABC에 대하여 세 변 AB, BC, CA의 중점을 각각
P, Q, R이라 하고 삼각형 ABC의 무게중심을 G라 하면
6개의 삼각형 APG, BPG, BQG, CQG, CRG, ARG의
넓이는 모두 같으므로 세 삼각형 ABG, BCG, CAG의
넓이는 서로 같다.

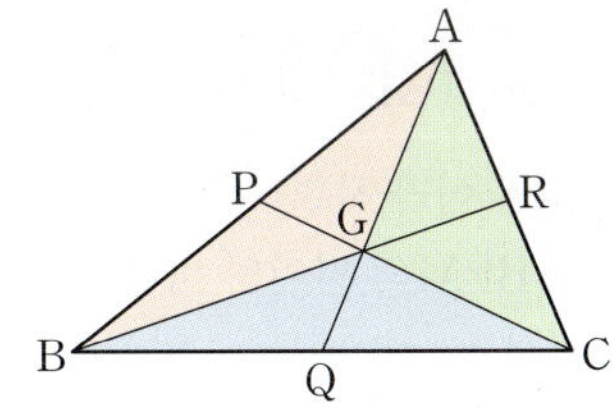

[증명]
삼각형 ABQ에서 $\overline{AG} : \overline{GQ} = 2 : 1$이므로
두 삼각형 ABG, BQG의 넓이의 비가 $2 : 1$이다.
삼각형 ABG에서 $\overline{AP} = \overline{BP}$이므로 두 삼각형 APG, BPG의
넓이가 서로 같다.
따라서 세 삼각형 APG, BPG, BQG의 넓이가 서로 같다.
마찬가지 방법으로 세 삼각형 ARG, CRG, CQG의 넓이가
서로 같다.
또한 $\overline{BQ} = \overline{CQ}$에서 두 삼각형 ABQ, ACQ의 넓이가 서로
같으므로 6개의 삼각형 APG, BPG, BQG, CQG, CRG,
ARG의 넓이는 서로 같다.

❷ 삼각형 ABC 내부의 점 G에 대하여 세 삼각형 ABG, BCG,
CAG의 넓이가 서로 같으면 점 G는 삼각형 ABC의
무게중심이다.

[증명]
직선 AG가 선분 BC와 만나는 점을 Q, 직선 BG가 선분
AC와 만나는 점을 R, 직선 CG가 선분 AB와 만나는 점을
P라 하자.
두 삼각형 ABG, BQG의 넓이의 비와 두 삼각형 ACG,
CQG의 넓이의 비는 $\overline{AG} : \overline{GQ}$와 같고, 이때 두 삼각형
ABG, ACG의 넓이가 서로 같으므로 두 삼각형 BQG,
CQG의 넓이가 서로 같다.
따라서 삼각형 GBC에서 $\overline{BQ} = \overline{CQ}$이므로 점 Q는 선분 BC의
중점이다.
마찬가지 방법으로 선분 AB의 중점이 P이고, 선분 AC의
중점이 R이다. 삼각형 ABC의 세 중선의 교점이 G이므로
점 G는 삼각형 ABC의 무게중심이다.

037   답 ③

$3\overline{AB} = 2\overline{BC}$에서 $\overline{AB} : \overline{BC} = 2 : 3$이고
B 지점은 A 지점과 C 지점 사이에 위치하므로
점 B는 선분 AC를 $2 : 3$으로 내분하는 점이다.

$$\text{A} \overset{2}{\underset{-2p}{\rule{2cm}{0.4pt}}} \text{B } \text{X} \overset{3}{\underset{0\ \ x}{\rule{2cm}{0.4pt}}} \text{C}_{3p}$$

따라서 직선도로를 수직선으로, 점 B를 원점으로 생각하면
$\text{A}(-2p)$, $\text{B}(0)$, $\text{C}(3p)$ $(p>0)$로 놓을 수 있다.
보관 창고의 위치를 $\text{X}(x)$라 하면
운반 비용은 $\overline{XA}^2 + \overline{XB}^2 + \overline{XC}^2$의 값에 비례하므로

$\overline{XA}^2 + \overline{XB}^2 + \overline{XC}^2 = (x+2p)^2 + x^2 + (x-3p)^2$
$\qquad\qquad\qquad\quad = 3x^2 - 2px + 13p^2$
$\qquad\qquad\qquad\quad = 3\left(x - \dfrac{p}{3}\right)^2 + \dfrac{38}{3}p^2$

에서 운반 비용은 $x = \dfrac{p}{3}$일 때 최소이다.

$$\text{A} \underset{-2p}{\rule{1cm}{0.4pt}} \quad \underset{\substack{0\ \text{X}\\ \frac{p}{3}}}{\text{B}} \quad \underset{3p}{\text{C}}$$

따라서 $\overline{BC} = 9\overline{BX}$에서 $\overline{BX} : \overline{CX} = 1 : 8$이므로
보관 창고의 위치는 선분 BC를 $1 : 8$로 내분하는 점이다.

038   답 ③

수직선 위에 B의 처음 위치를 점 B로 나타내면 다음 그림과 같다.

$$\underset{\text{B}\ 30\ \text{R}}{\overset{270}{\underset{180}{\rule{5cm}{0.4pt}}}} \quad \text{P} \quad \text{Q}$$

B의 속력이 A의 속력의 1.5배이므로 B가 결승점까지 270 m를
달리는 동안 A는 180 m를 달린다.
따라서 B에서 Q까지의 거리가 270 m, R에서 P까지의 거리가
180 m이다.
$\overline{RP} = 180$, $\overline{RQ} = 240$, $\overline{PQ} = 60$이므로
점 P는 선분 RQ를 $180 : 60 = 3 : 1$로 내분한다.
$\therefore m - n = 3 - 1 = 2$

039   답 ③

두 점 B, C의 좌표를 각각 (p_1, q_1), (p_2, q_2)라 하면
선분 AB의 중점의 좌표 (x_1, y_1)은 $\left(\dfrac{3+p_1}{2}, \dfrac{-1+q_1}{2}\right)$이고,
선분 AC의 중점의 좌표 (x_2, y_2)는 $\left(\dfrac{3+p_2}{2}, \dfrac{-1+q_2}{2}\right)$이다.
$x_1 + x_2 = \dfrac{3+p_1}{2} + \dfrac{3+p_2}{2}$에서 $6 = \dfrac{6+p_1+p_2}{2}$이므로
$p_1 + p_2 = 6$
$y_1 + y_2 = \dfrac{-1+q_1}{2} + \dfrac{-1+q_2}{2}$에서 $-1 = \dfrac{-2+q_1+q_2}{2}$이므로
$q_1 + q_2 = 0$
따라서 삼각형 ABC의 무게중심의 좌표는
$\left(\dfrac{3+p_1+p_2}{3}, \dfrac{-1+q_1+q_2}{3}\right)$이므로 $\left(\dfrac{3+6}{3}, \dfrac{-1+0}{3}\right)$
즉, $\left(3, -\dfrac{1}{3}\right)$이다.
$\therefore a = 3$, $b = -\dfrac{1}{3}$
$\therefore a + b = 3 + \left(-\dfrac{1}{3}\right) = \dfrac{8}{3}$

040   답 ⑤

두 점 P, Q를 직선 AB 위에 나타내면 다음 그림과 같다.

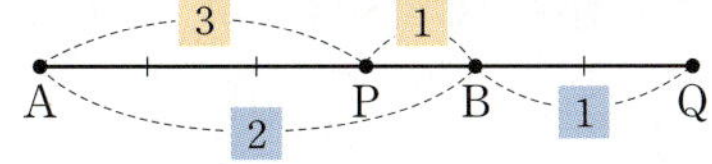

ㄱ. $\overline{AP}=3\overline{PB}=\overline{PQ}$이므로 점 P는 선분 AQ의 중점이다. (참)

ㄴ. $\overline{AB}=4\overline{PB}$, $\overline{AQ}=6\overline{PB}$이므로 $\overline{AB}:\overline{AQ}=4:6=2:3$이다.

따라서 $3\overline{AB}=2\overline{AQ}$ (참)

ㄷ. $\overline{AB}=4\overline{PB}$이고 $\overline{PQ}=3\overline{PB}$이므로 $\overline{AB}:\overline{PQ}=4:3$이다.

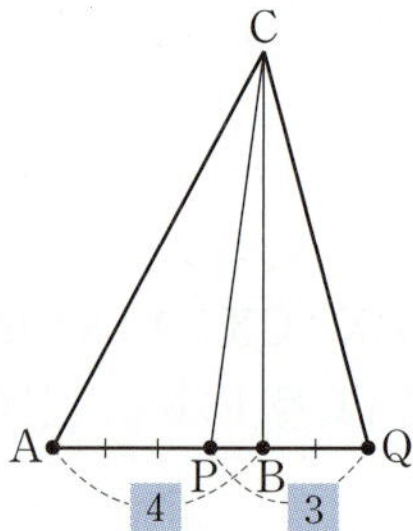

따라서 직선 AB 위에 있지 않은 점 C에 대하여
두 삼각형 ABC와 PQC의 넓이의 비는 $4:3$이다. (참)

따라서 옳은 것은 ㄱ, ㄴ, ㄷ이다.

041   답 16

삼각형 ABC와 세 점 D, E, F를 나타내면 다음 그림과 같다.

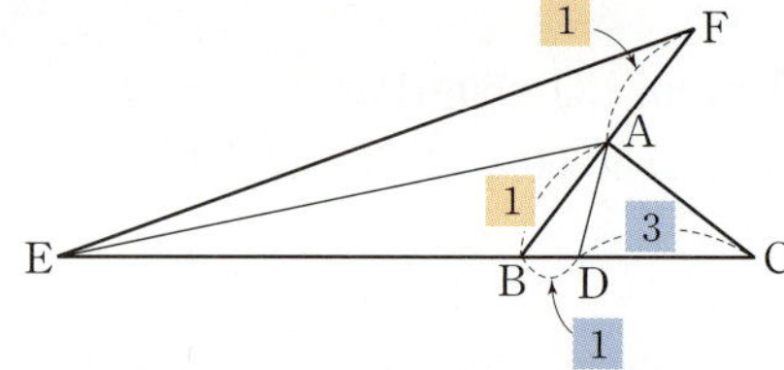

(삼각형 ABC의 넓이)$=S$라 하자.

점 D는 선분 BC를 $1:3$으로 내분하는 점이므로

(삼각형 ABD의 넓이)$=\dfrac{1}{4}S$ ······ ㉠

점 B는 선분 EC를 $2:1$로 내분하는 점이므로

(삼각형 AEB의 넓이)$=2S$

점 A는 선분 BF의 중점이므로

(삼각형 FEB의 넓이)$=4S$ ······ ㉡

(삼각형 FEB의 넓이)$=k\times$(삼각형 ABD의 넓이)에서

㉠, ㉡에 의하여 $4S=k\times\dfrac{1}{4}S$ ∴ $k=16$

042   답 15

각 B의 이등분선이 변 AC와 만나는 점이 P이므로
$\overline{AB}:\overline{BC}=\overline{AP}:\overline{CP}$이다.   ······ TIP

세 점 $A(-3,1)$, $B(-1,5)$, $C(2,-1)$에 대하여
$\overline{AB}=\sqrt{2^2+4^2}=2\sqrt{5}$, $\overline{BC}=\sqrt{3^2+6^2}=3\sqrt{5}$

이므로 $\overline{AP}:\overline{CP}=\overline{AB}:\overline{BC}=2:3$이다.

따라서 점 P는 선분 AC를 $2:3$으로 내분하는 점이므로

$P\left(\dfrac{2\times2+3\times(-3)}{2+3},\dfrac{2\times(-1)+3\times1}{2+3}\right)$, 즉 $P\left(-1,\dfrac{1}{5}\right)$

다음 그림과 같이 선분 BG의 연장선이 선분 AC와 만나는 점을
M이라 하면 점 M은 선분 AC의 중점이고, 그 좌표는

$\left(\dfrac{(-3)+2}{2},\dfrac{1+(-1)}{2}\right)$, 즉 $\left(-\dfrac{1}{2},0\right)$이다.

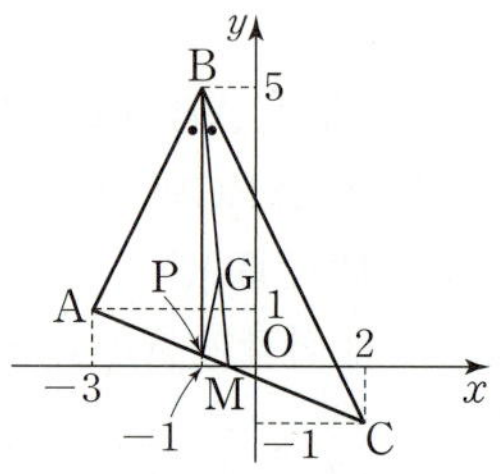

이때 $\overline{AC}=\sqrt{5^2+2^2}=\sqrt{29}$, $\overline{PM}=\sqrt{\left(\dfrac{1}{2}\right)^2+\left(\dfrac{1}{5}\right)^2}=\dfrac{\sqrt{29}}{10}$이므로

삼각형 BPM의 넓이를 S_3이라 하면
삼각형 ABC와 삼각형 BPM의 넓이의 비는
$\overline{AC}:\overline{PM}=10:1$이므로 $S_1=10S_3$

삼각형 BPM과 삼각형 BPG의 넓이의 비는
$\overline{BM}:\overline{BG}=3:2$이므로 $S_2=\dfrac{2}{3}S_3$

$\therefore \dfrac{S_1}{S_2}=\dfrac{10S_3}{\dfrac{2}{3}S_3}=15$

> **TIP**
>
> **각의 이등분선의 성질**
>
> 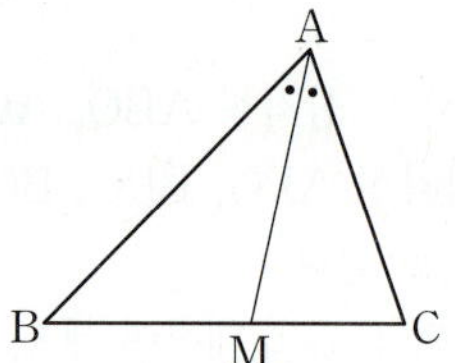
>
> 삼각형 ABC에서 선분 AM이 각 A의 이등분선일 때,
> $\overline{AB}:\overline{AC}=\overline{BM}:\overline{CM}$이다.

043   답 13

삼각형 ABC의 세 내각의 이등분선의 교점이
삼각형 ABC의 내심 I이므로   ······ TIP
직선 AI는 삼각형 ABC의 내각 BAC를 이등분한다.

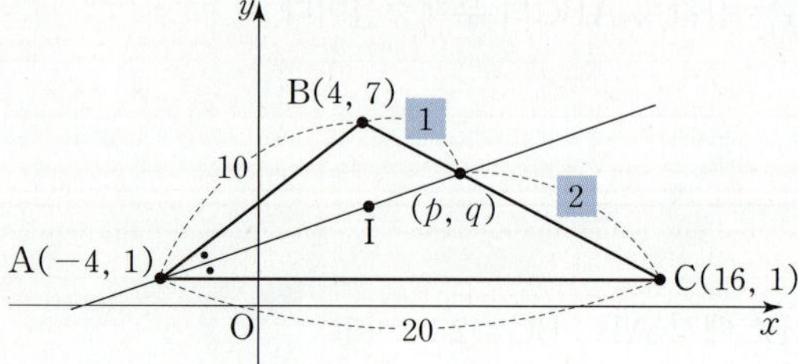

세 점 $A(-4,1)$, $B(4,7)$, $C(16,1)$에 대하여
$\overline{AB}=\sqrt{8^2+6^2}=10$, $\overline{AC}=|16-(-4)|=20$

이므로 $\overline{AB}:\overline{AC}=1:2$이다.

따라서 각의 이등분선의 성질에 의하여 두 직선 AI와 BC가
만나는 점 (p,q)는 선분 BC를 $1:2$로 내분하는 점과 같다.

따라서 점 (p,q)는 $\left(\dfrac{1\times16+2\times4}{1+2},\dfrac{1\times1+2\times7}{1+2}\right)$

즉, $(8,5)$이므로 $p+q=13$

삼각형의 내심

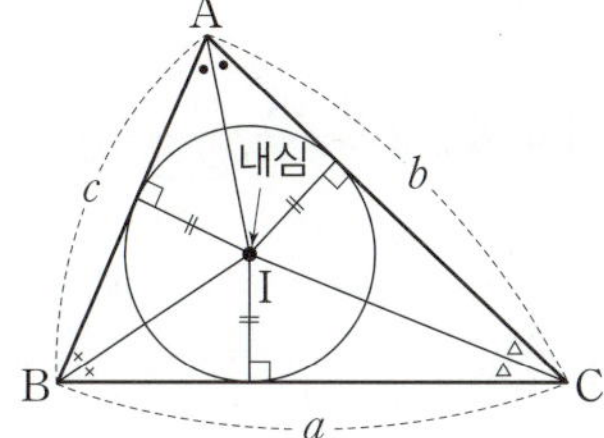

① 정의 : 삼각형의 세 변에 접하는 원을 삼각형의 내접원이라 하고, 내접원의 중심을 내심(I)이라 한다.

② 성질 : 삼각형의 내심에서 세 변에 이르는 거리는 내접원의 반지름의 길이 r로 같다.

$$(\text{삼각형 ABC의 넓이})=\frac{1}{2}r(a+b+c)$$

③ 작도 : 삼각형의 세 내각의 이등분선이 만나는 점이 '삼각형의 내심'이다.

044   답 ①

조건 (개)에서 점 P는 제1사분면 위의 점이고
조건 (내)에서 $\overline{OP}:\overline{OA}=1:2$이므로
직선 OA 위의 점 P는 선분 OA를 $1:1$로 내분하는 점, 즉 중점이다.

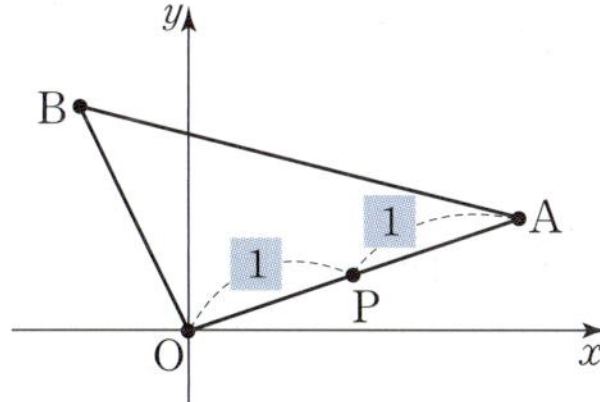

따라서 점 P의 좌표는 $\left(\dfrac{0+6}{2},\ \dfrac{0+2}{2}\right)$, 즉 $(3,\ 1)$이다.

조건 (개)에서 점 Q는 제2사분면 위의 점이고
조건 (대)에서 $\overline{OQ}:\overline{OB}=3:2$이므로
점 B는 선분 OQ를 $2:1$로 내분한다.

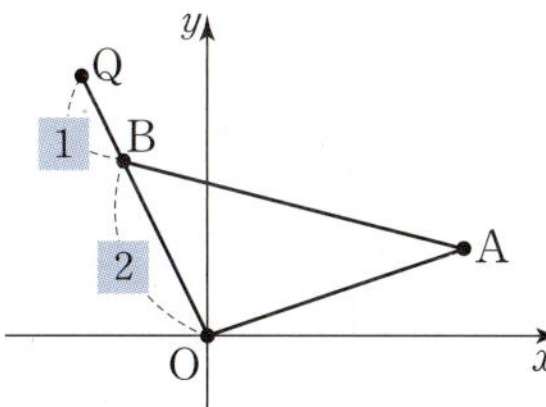

점 Q의 좌표를 $(a,\ b)$라 하면
선분 OQ를 $2:1$로 내분하는 점의 좌표는
$\left(\dfrac{2\times a+1\times0}{2+1},\ \dfrac{2\times b+1\times0}{2+1}\right)$, 즉 $\left(\dfrac{2a}{3},\ \dfrac{2b}{3}\right)$
이 점이 $B(-2,\ 4)$와 일치하므로
$\dfrac{2a}{3}=-2,\ \dfrac{2b}{3}=4$에서 $a=-3,\ b=6$
따라서 점 Q의 좌표는 $(-3,\ 6)$이다.
두 점 $P(3,\ 1)$, $Q(-3,\ 6)$에 대하여 직선 PQ의 방정식은
$$y=\frac{6-1}{(-3)-3}(x-3)+1$$
따라서 $5x+6y=21$이므로 $m=5,\ n=6$
$$\therefore\ m+n=11$$

045   답 ①

좌표평면 위에 지점 O를 원점, 동서 방향을 x축, 남북 방향을 y축이라 하고 두 학생 A, B의 위치를 각각 두 점 A, B라 하자.

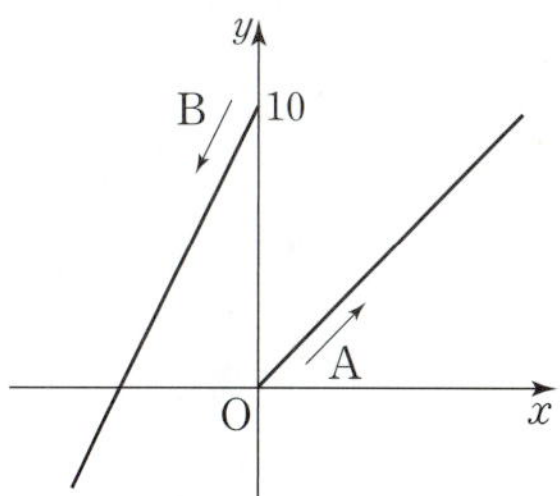

학생 A는 원점에서 출발하여 직선 $y=x$를 따라 움직이므로 t시간 후 A의 위치를 $P(a,\ a)$라 하면
$\overline{OP}=a\sqrt{2}=2\sqrt{2}\times t$에서 $a=2t$
즉, $P(2t,\ 2t)$이다.
한편, 학생 B는 점 $(0,\ 10)$에서 출발하여
t시간마다 x축 방향으로 $-t$만큼, y축 방향으로 $-2t$만큼 움직이므로 t시간 후 B의 위치를 Q라 하면
$Q(-t,\ 10-2t)$이다.
t시간 후 두 사람 사이의 거리는
$$\overline{PQ}=\sqrt{(3t)^2+(4t-10)^2}=\sqrt{25t^2-80t+100}$$
$$=\sqrt{25\left(t-\frac{8}{5}\right)^2+36}$$
이므로 $\dfrac{8}{5}$시간 후 두 사람 사이의 거리가 6 km로 최소이다.

따라서 $x=\dfrac{8}{5}\times60=96,\ y=6$이다.
$$\therefore\ x+y=96+6=102$$

046   답 ②

다음 그림과 같이 직각삼각형 ABC에서
$\overline{AC}:\overline{AB}=2:\sqrt{3}$이므로 $\overline{AC}=4$이다.

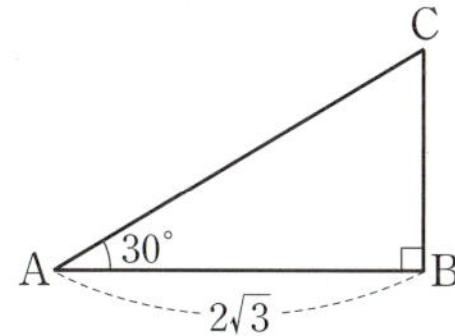

$\overline{CR}:\overline{AR}=m:n$이므로 삼각형 ABC와 세 점 P, Q, R을 나타내면 다음 그림과 같다.

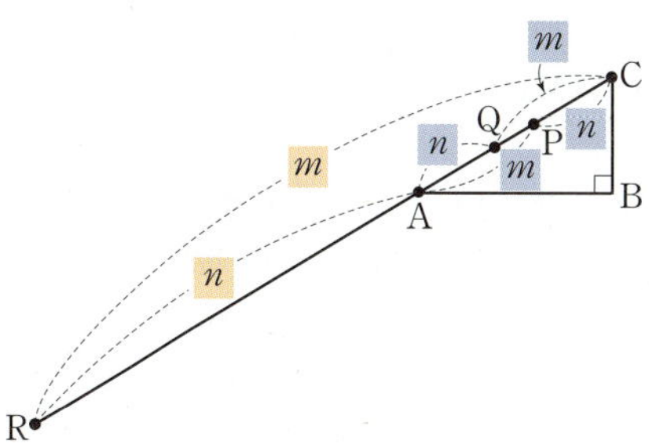

$\overline{AC}:\overline{AQ}=(m+n):n$, $\overline{AC}:\overline{CP}=(m+n):n$에서
$\overline{AQ}=\overline{CP}$
따라서 $\overline{AC}=\overline{PQ}+2\overline{AQ}$이므로
$$4=\frac{4}{5}+2\overline{AQ}\quad\therefore\ \overline{AQ}=\frac{8}{5}$$

즉, $n:m=\overline{AQ}:\overline{CQ}=\dfrac{8}{5}:\dfrac{12}{5}=2:3$이므로

$\overline{AR}:\overline{AC}=2:1$

$\therefore \overline{AR}=2\overline{AC}=2\times4=8$

047   답 ⑤

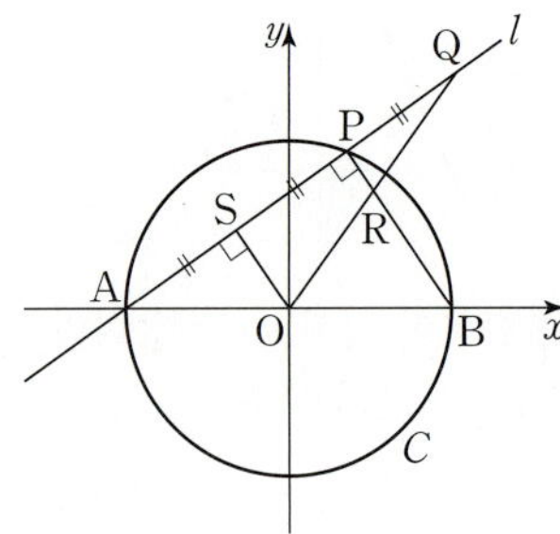

원의 중심 O에서 선분 AP에 내린 수선의 발을 S라 하자.

선분 AP가 원 C의 현이므로 $\overline{AS}=\overline{SP}$

점 P는 선분 AQ를 $2:1$로 내분하는 점이므로

$\overline{AS}=\overline{SP}=\overline{PQ}$

∠APB는 호 AB에 대한 원주각이고,

선분 AB는 원의 지름이므로 ∠APB$=90°$

두 삼각형 QSO와 QPR에서

∠QSO$=$∠QPR$=90°$, ∠Q는 공통이므로

두 삼각형 QSO와 QPR은 닮음비가 $2:1$인 닮은 도형이다.

따라서 점 R은 선분 OQ의 중점이다.

삼각형 OBR의 넓이는

$\dfrac{9}{26}=\dfrac{1}{2}\times1\times(\text{점 R의 } y\text{좌표})$

이므로 점 R의 y좌표는 $\dfrac{9}{13}$이고

점 Q의 y좌표는 $\dfrac{18}{13}$이다.

점 P는 선분 AQ를 $2:1$로 내분하는 점이므로

점 P의 y좌표는 $\dfrac{2\times\dfrac{18}{13}+1\times0}{2+1}=\dfrac{12}{13}$

048   답 12

$\overline{AB}=\overline{BC}$이므로 $\sqrt{4^2+8^2}=\sqrt{(a-8)^2+b^2}$

$\therefore (a-8)^2+b^2=80$ ...... ㉠

삼각형 ABC와 삼각형 PQC에서

두 점 P, Q가 두 선분 AC, BC를 각각 $1:2$로 내분하므로

$\overline{AC}:\overline{PC}=\overline{BC}:\overline{QC}=3:2$

∠C가 공통이므로

삼각형 ABC와 삼각형 PQC는 닮은 도형이고 닮음비는 $3:2$이다.

따라서 다음 그림과 같이 직선 CG가 두 선분 PQ, AB와 만나는 점을 각각 M, N이라 하면 $\overline{CM}:\overline{CN}=2:3$이다.

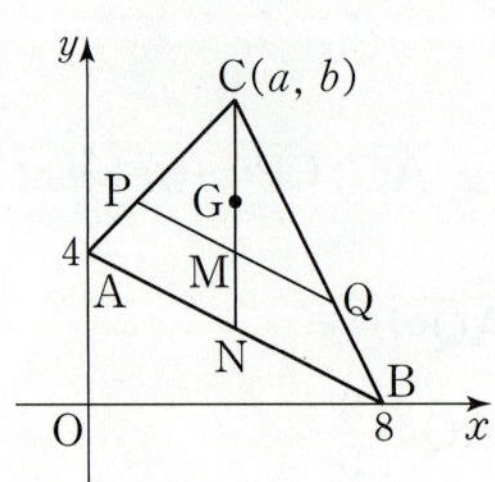

$\overline{CG}=\dfrac{8}{3}$에서 $\overline{CM}=\dfrac{3}{2}\overline{CG}=\dfrac{3}{2}\times\dfrac{8}{3}=4$

$\therefore \overline{CN}=\dfrac{3}{2}\overline{CM}=\dfrac{3}{2}\times4=6$

선분 AB의 중점 N의 좌표는 $\left(\dfrac{0+8}{2},\dfrac{4+0}{2}\right)$, 즉 $(4, 2)$이므로

$\overline{CN}=\sqrt{(a-4)^2+(b-2)^2}=6$

$(a-4)^2+(b-2)^2=36$ ...... ㉡

㉠$-$㉡을 하면

$-8a+4b=0$, $b=2a$이고, 이를 ㉠에 대입하면

$(a-8)^2+(2a)^2=80$, $5a^2-16a-16=0$,

$(5a+4)(a-4)=0$에서 $a=4(\because a>0)$이고 $b=8$

$\therefore a+b=12$

049   답 12

y축이 선분 AB를 $m:n$으로 내분하므로

선분 AB를 $m:n$으로 내분하는 점의 x좌표가 0이다.

$\dfrac{-2m+an}{m+n}=0$ $\quad\therefore 2m=an$ ...... ㉠

x축이 선분 AC를 $m:n$으로 내분하므로

선분 AC를 $m:n$으로 내분하는 점의 y좌표가 0이다.

$\dfrac{-2m+bn}{m+n}=0$ $\quad\therefore 2m=bn$ ...... ㉡

㉠, ㉡을 연립하면 $an=bn$, 즉 $a=b$ $(\because n\neq0)$이므로

점 A는 직선 $y=x$ 위의 점이다.

이때 a, b가 5 이하의 자연수이므로

삼각형 ABC의 넓이는 점 A의 좌표가 $(1, 1)$일 때 최소이고, $(5, 5)$일 때 최대이다.

다음 그림과 같이 선분 BC의 중점을 M이라 할 때 삼각형 ABC의 넓이는 $\dfrac{1}{2}\times\overline{BC}\times\overline{AM}$이다. ...... ㉢

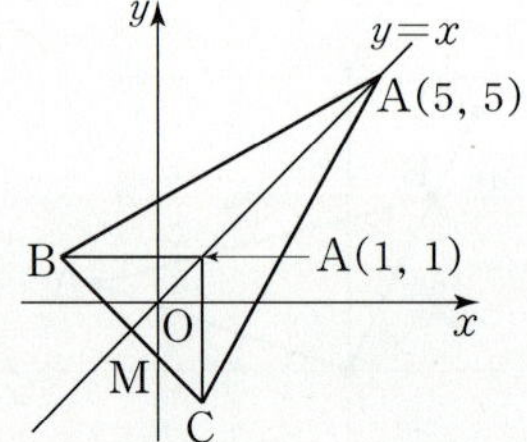

점 M의 좌표는 $\left(\dfrac{(-2)+1}{2},\dfrac{1+(-2)}{2}\right)$, 즉 $\left(-\dfrac{1}{2},-\dfrac{1}{2}\right)$이고,

$\overline{BC}=\sqrt{3^2+3^2}=3\sqrt{2}$이다.

점 A의 좌표가 $(1, 1)$일 때, $\overline{AM}=\sqrt{\left(\dfrac{3}{2}\right)^2+\left(\dfrac{3}{2}\right)^2}=\dfrac{3}{2}\sqrt{2}$이므로

㉢에서 $S_1=\dfrac{1}{2}\times3\sqrt{2}\times\dfrac{3}{2}\sqrt{2}=\dfrac{9}{2}$

점 A의 좌표가 $(5, 5)$일 때, $\overline{AM}=\sqrt{\left(\dfrac{11}{2}\right)^2+\left(\dfrac{11}{2}\right)^2}=\dfrac{11}{2}\sqrt{2}$이므로

㉢에서 $S_2=\dfrac{1}{2}\times3\sqrt{2}\times\dfrac{11}{2}\sqrt{2}=\dfrac{33}{2}$

$\therefore S_2-S_1=\dfrac{33}{2}-\dfrac{9}{2}=12$

050
답 ③

두 점 B, C의 좌표가 각각 $(0, 0)$, $(6, 0)$, 점 A가 제1사분면 위에
오도록 삼각형 ABC를 좌표평면 위에 놓자.

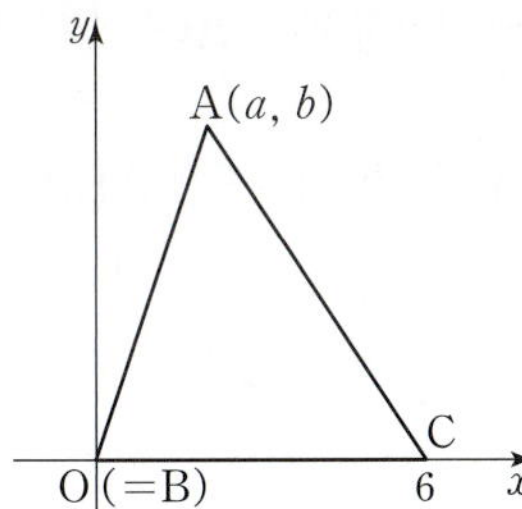

점 A의 좌표를 (a, b) $(a>0, b>0)$라 하면
$\overline{AB}=\sqrt{a^2+b^2}=2\sqrt{10}$이므로
$$a^2+b^2=40 \qquad \cdots\cdots \text{㉠}$$
$\overline{AC}=\sqrt{(a-6)^2+b^2}=2\sqrt{13}$이므로
$$(a-6)^2+b^2=52 \qquad \cdots\cdots \text{㉡}$$
㉠$-$㉡에서 $12a-36=-12$이므로 $a=2$이고,
이를 ㉠에 대입하면 $b=6 \ (\because b>0)$
$\therefore \text{A}(2, 6)$

ㄱ. $m=n$일 때, 점 P는 선분 BC의 중점이므로
$\quad$ P$(3, 0)$
$\quad \therefore \overline{AP}=\sqrt{(3-2)^2+(0-6)^2}=\sqrt{37}$ (참)

ㄴ. $\overline{AB}=\overline{AP}$일 때, 점 A에서 선분 BC에 내린 수선의 발을 H라
하면 H$(2, 0)$이다.

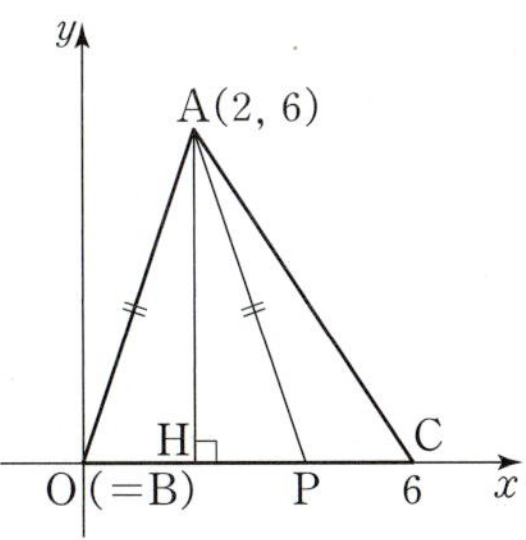

이때 삼각형 ABP가 이등변삼각형이므로
$\overline{BH}=\overline{HP}$에서 P$(4, 0)$이다.
즉, $\overline{BP}:\overline{PC}=4:2=2:1$이므로
$m=2, n=1 \quad \therefore m-n=1$ (거짓)

ㄷ. 점 P의 좌표를 $(p, 0)$ $(p>0)$이라 하면
$\overline{AP}=\sqrt{(p-2)^2+(0-6)^2}=3\sqrt{5}$에서
$p^2-4p+40=45$
$p^2-4p-5=0, (p-5)(p+1)=0$
즉, $p=5 \ (\because p>0)$이므로 P$(5, 0)$이다.
$\overline{BP}:\overline{PC}=5:1$이므로
$m=5, n=1 \qquad \therefore m+2n=7$ (참)
따라서 옳은 것은 ㄱ, ㄷ이다.

051
답 ②

직선 AG가 선분 BC와 만나는 점을 M이라 하면
선분 BC의 중점이 M이고,
$\overline{AG}:\overline{GM}=2:1$이므로 $\overline{GM}=2\sqrt{2}$이다.

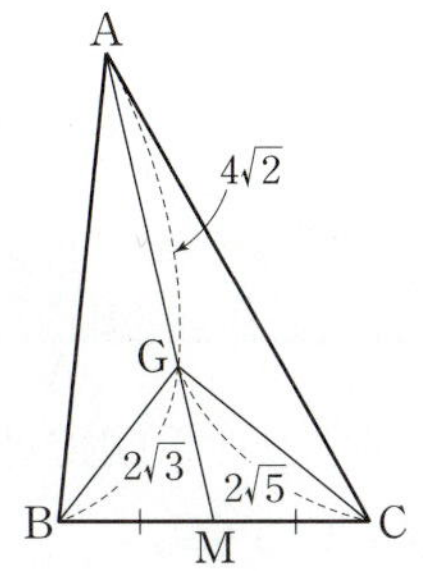

삼각형 BCG에서 중선정리에 의하여
$\overline{BG}^2+\overline{CG}^2=2(\overline{GM}^2+\overline{BM}^2)$
$(2\sqrt{3})^2+(2\sqrt{5})^2=2\{(2\sqrt{2})^2+\overline{BM}^2\}$
$32=2(8+\overline{BM}^2) \qquad \therefore \overline{BM}=2\sqrt{2} \ (\because \overline{BM}>0)$
이때 삼각형 BCG에서 $\overline{GM}=\overline{BM}=\overline{CM}$이므로
삼각형 BCG는 $\angle BGC=90°$인 직각삼각형이다.
$\therefore$ (삼각형 BCG의 넓이)$=\dfrac{1}{2}\times 2\sqrt{3}\times 2\sqrt{5}=2\sqrt{15}$
$\therefore$ (삼각형 ABC의 넓이)$=3\times$(삼각형 BCG의 넓이)
$\qquad\qquad\qquad\qquad\quad =3\times 2\sqrt{15}$
$\qquad\qquad\qquad\qquad\quad =6\sqrt{15}$

052
답 ⑤

세 점 A, E, D에서 직선 BC에 내린 수선의 발을 각각 A′, E′,
D′이라 하고, 점 A를 지나고 직선 AA′에 수직인 직선이 두 선분
EE′, DD′과 만나는 점을 각각 F, G라 하자.

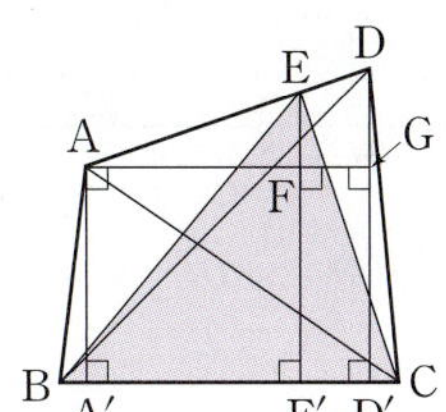

삼각형 ABC의 넓이와 삼각형 DBC의 넓이의 비가 $2:3$이므로
$\overline{AA'}:\overline{DD'}=2:3$이다. $\qquad\cdots\cdots$ **TIP**
$\overline{AA'}=\overline{GD'}$이므로 $\overline{GD'}:\overline{DD'}=2:3$에서 $\overline{DG}:\overline{GD'}=1:2$이다.
즉, $\overline{DG}:\overline{AA'}=1:2 \qquad\cdots\cdots$ ㉠
한편, 선분 AD를 $3:1$로 내분하는 점이 E이므로
$\overline{AE}:\overline{AD}=3:4$에서 $\overline{EF}:\overline{DG}=3:4 \qquad\cdots\cdots$ ㉡
㉠, ㉡에 의하여
$$\overline{EF}=\frac{3}{4}\overline{DG}=\frac{3}{4}\times\frac{1}{2}\times\overline{AA'}=\frac{3}{8}\overline{AA'}$$이므로
$$\overline{EE'}=\overline{EF}+\overline{FE'}=\frac{3}{8}\overline{AA'}+\overline{AA'}=\frac{11}{8}\overline{AA'}$$
$\therefore$ (삼각형 EBC의 넓이)$=\dfrac{11}{8}\times$(삼각형 ABC의 넓이)
$$=\frac{11}{8}\times 2=\frac{11}{4}$$

다른 풀이

다음 그림과 같이 두 직선 AD와 BC의 교점을 O라 하고,
세 점 A, E, D에서 선분 BC 위에 내린 수선의 발을 각각
A′, E′, D′이라 하자.

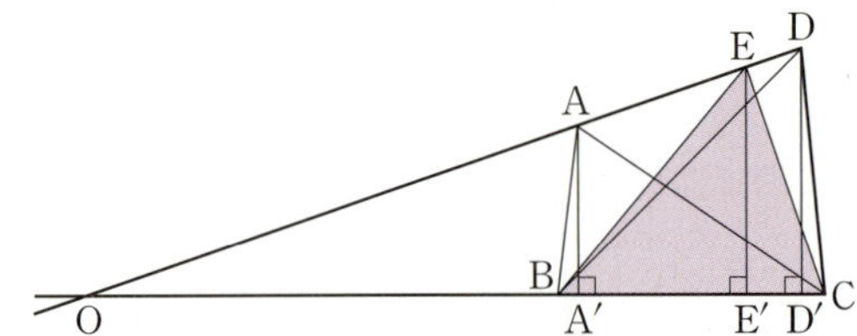

삼각형 ABC의 넓이는 2이고 삼각형 DBC의 넓이는 3이므로
$$\overline{OA'} : \overline{OD'} = \overline{AA'} : \overline{DD'} = 2 : 3$$이고,
점 E는 선분 AD를 $3 : 1$로 내분하는 점이므로
$$\overline{A'E'} : \overline{E'D'} = \overline{AE} : \overline{ED} = 3 : 1$$이다.

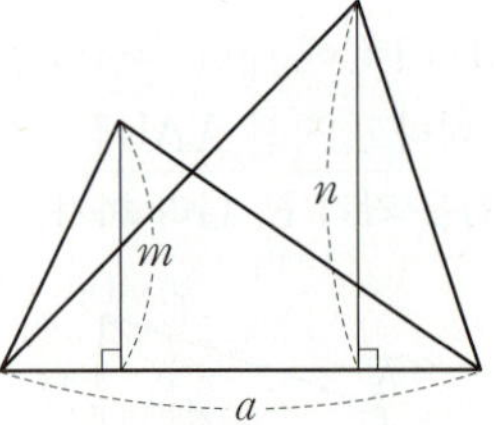

수직선 위에 네 점 O, A′, E′, D′을
O(0), A′(2), E′(p), D′(3)이라 놓으면
$$p = \frac{3 \times 3 + 1 \times 2}{3 + 1} = \frac{11}{4}$$

$$\therefore \overline{AA'} : \overline{EE'} = \overline{OA'} : \overline{OE'} = 2 : \frac{11}{4}$$

따라서 구하는 삼각형 EBC의 넓이는
$$2 \times \frac{11}{8} = \frac{11}{4}$$

TIP

밑변의 길이가 같은 삼각형의 넓이

밑변의 길이가 서로 같은 삼각형의 높이의 비가 $m : n$이면
두 삼각형의 넓이의 비도 $m : n$이다.

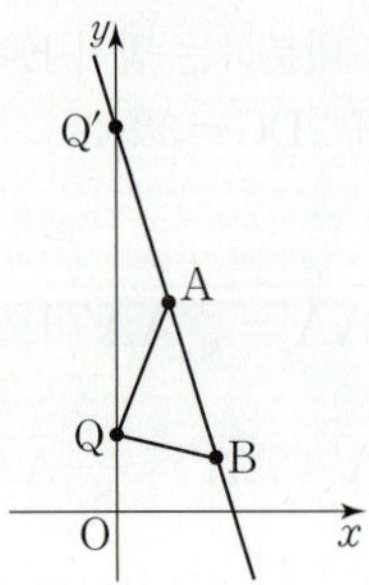

$$\frac{1}{2}am : \frac{1}{2}an = m : n$$

053 目 59

직선 AB와 y축의 교점을 Q′이라 하자.

y축 위의 점 Q에 대하여
(i) 점 Q가 점 Q′에 위치하지 않을 때
 삼각형 ABQ에 대하여
 $\overline{AQ} < \overline{AB} + \overline{BQ}$에서 $\overline{AQ} - \overline{BQ} < \overline{AB}$이고,
 $\overline{AQ} + \overline{AB} > \overline{BQ}$에서 $\overline{AQ} - \overline{BQ} > -\overline{AB}$이므로
 $-\overline{AB} < \overline{AQ} - \overline{BQ} < \overline{AB}$에서
 $|\overline{AQ} - \overline{BQ}| < \overline{AB}$

(ii) 점 Q가 점 Q′에 위치할 때
 $|\overline{AQ} - \overline{BQ}| = |\overline{AQ'} - \overline{BQ'}| = |-\overline{AB}| = \overline{AB}$

(i), (ii)에 의하여
 $|\overline{AQ} - \overline{BQ}| \leq \overline{AB}$

따라서 점 Q가 점 Q′에 위치할 때, $|\overline{AQ} - \overline{BQ}|$는 최댓값 $\overline{AB}$를 갖는다.

두 점 A(1, 4), B(2, 1)을 지나는 직선 AB의 방정식은
$$y - 4 = \frac{1 - 4}{2 - 1}(x - 1) \qquad \therefore y = -3x + 7$$

즉, 점 Q′의 y좌표는 7이므로 $a = 7$이다.
또한 $\overline{AB} = \sqrt{1^2 + (-3)^2} = \sqrt{10}$이므로
$$b = \sqrt{10}$$
$$\therefore a^2 + b^2 = 7^2 + (\sqrt{10})^2 = 59$$

054 ·· 답 풀이 참조

(1) 두 점 $(5, -4)$, $(5, 4)$를 지나는 직선의 방정식은 $x=5$이다.

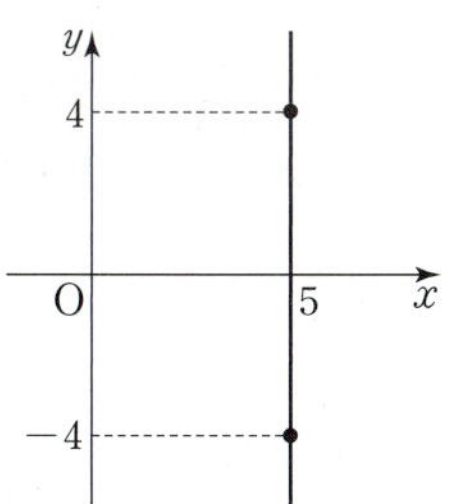

(2) y축에 수직인 직선의 방정식은 $y=k$ (k는 상수)이다.
따라서 점 $(1, -2)$를 지나고 y축에 수직인 직선의 방정식은
$y=-2$이다.

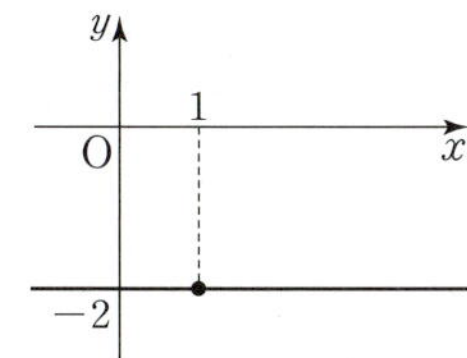

(3) 기울기가 4이고, 점 $(-2, -1)$을 지나는 직선의 방정식은
$y-(-1)=4\{x-(-2)\}$에서 $y=4x+7$이다.

(4) 두 점 $(3, -2)$, $(1, 8)$을 지나는 직선의 기울기는
$$\frac{8-(-2)}{1-3}=-5$$
따라서 기울기가 -5이고, 점 $(3, -2)$를 지나는 직선의
방정식은 $y-(-2)=-5(x-3)$에서 $y=-5x+13$이다.

(5) 직선이 x축의 양의 방향과 이루는 각의 크기가 $60°$이므로
직선의 기울기는 $\tan 60°=\sqrt{3}$이다.
따라서 기울기가 $\sqrt{3}$이고, 점 $(1, 4)$를 지나는 직선의 방정식은
$y-4=\sqrt{3}(x-1)$에서 $y=\sqrt{3}x+4-\sqrt{3}$이다.

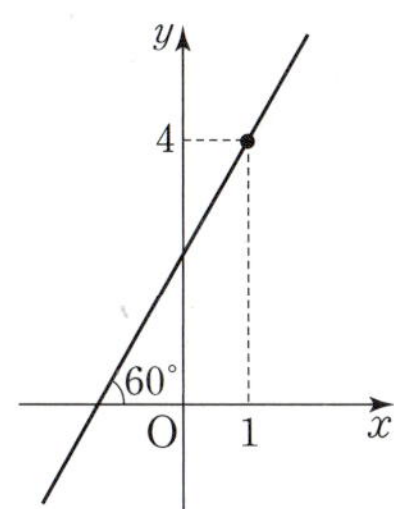

055 ·· 답 ④

선분 AB를 $2:1$로 내분하는 점 P의 좌표는
$$P\left(\frac{2\times5+1\times(-1)}{2+1}, \frac{2\times0+1\times3}{2+1}\right)$$에서 $P(3, 1)$
선분 BC의 중점 Q의 좌표는
$$Q\left(\frac{5+(-3)}{2}, \frac{0+(-2)}{2}\right)$$에서 $Q(1, -1)$
두 점 $P(3, 1)$, $Q(1, -1)$을 지나는 직선의 기울기는

$$\frac{1-(-1)}{3-1}=1$$
이므로 기울기가 1이고 한 점 $P(3, 1)$을 지나는 직선의 방정식은
$y-1=x-3$에서 $y=x-2$이고
이 직선의 x절편은 $x-2=0$에서 $x=2$이다.

056 ·· 답 ③

직선 $x+\dfrac{y}{2}=1$이 x축과 만나는 점은 $A(1, 0)$,

직선 $\dfrac{x}{3}-\dfrac{y}{4}=1$이 y축과 만나는 점은 $B(0, -4)$이므로

두 점 A, B를 지나는 직선의 방정식은
$$\frac{x}{1}+\frac{y}{-4}=1, \text{ 즉 } 4x-y-4=0\text{이다.}$$

> **TIP**
>
> 0이 아닌 두 실수 a, b에 대하여
> x절편이 a이고, y절편이 b인 직선의 방정식은
> $$\frac{x}{a}+\frac{y}{b}=1\text{이다.}$$
> [증명]
> 두 점 $(a, 0)$, $(0, b)$를 지나는 직선의 방정식은
> $$y=\frac{0-b}{a-0}x+b=-\frac{b}{a}x+b\text{에서 }\frac{b}{a}x+y=b$$
> 양변을 각각 b로 나누면 $\dfrac{x}{a}+\dfrac{y}{b}=1$이다.

057 ·· 답 ①

$2x+3y-4=0$, $3x-2y+7=0$을 연립하여 풀면
$x=-1$, $y=2$이므로
두 직선 $2x+3y-4=0$, $3x-2y+7=0$의 교점의 좌표는
$(-1, 2)$이다.
따라서 두 점 $(-1, 2)$, $(3, 0)$을 지나는 직선의 방정식은
$$y=\frac{0-2}{3-(-1)}(x-3), \ y=-\frac{1}{2}(x-3)$$
$$\therefore x+2y-3=0$$

다른 풀이

두 직선 $2x+3y-4=0$, $3x-2y+7=0$의 교점을 지나는
직선의 방정식을 ······· **TIP**
$2x+3y-4+k(3x-2y+7)=0$이라 하자. ······· ㉠
이 직선이 점 $(3, 0)$을 지나므로

$6-4+k(9+7)=0$, $2+16k=0$ $\quad \therefore k=-\dfrac{1}{8}$

$k=-\dfrac{1}{8}$을 ㉠에 대입하면 구하는 직선의 방정식은

$$2x+3y-4-\frac{1}{8}(3x-2y+7)=0$$
$$13x+26y-39=0$$
$$\therefore x+2y-3=0$$

058 · 답 ②

세 점 $(-2, -4)$, $(a-2, 2)$, $(a-1, 2a+1)$이 한 직선 위에
있으므로 두 점 $(-2, -4)$, $(a-2, 2)$를 지나는 직선의 기울기와
두 점 $(a-2, 2)$, $(a-1, 2a+1)$을 지나는 직선의 기울기는 서로
같다.

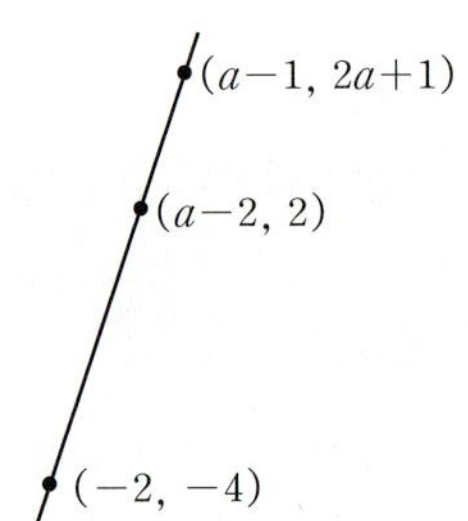

즉, $\dfrac{2-(-4)}{a-2-(-2)}=\dfrac{2a+1-2}{a-1-(a-2)}$에서 $\dfrac{6}{a}=2a-1$

양변에 각각 a를 곱하면
$6=a(2a-1)$, $2a^2-a-6=0$, $(2a+3)(a-2)=0$
$\therefore a=2$ ($\because a>0$)

다른 풀이

두 점 $(-2, -4)$, $(a-2, 2)$를 지나는 직선의 방정식은
$y-(-4)=\dfrac{2-(-4)}{a-2-(-2)}\{x-(-2)\}$

$\therefore y+4=\dfrac{6}{a}(x+2)$

이때 이 직선이 점 $(a-1, 2a+1)$을 지나므로
$2a+5=\dfrac{6}{a}(a+1)$

양변에 각각 a를 곱하면
$2a^2+5a=6a+6$, $2a^2-a-6=0$
$(2a+3)(a-2)=0$
$\therefore a=2$ ($\because a>0$)

059 · 답 5

$(k+1)x+(2k+1)y+(k+2)=0$에서
$(x+y+2)+k(x+2y+1)=0$
이 직선이 실수 k의 값에 관계없이 항상 지나는 점의 좌표는 k에
대한 항등식을 만족시키므로
$x+y+2=0$, $x+2y+1=0$
두 식을 연립하여 풀면 $x=-3$, $y=1$
즉, 점 P의 좌표는 $(-3, 1)$이다.

이때 점 P가 삼각형 OAB의 무게중심 $\left(\dfrac{a-4}{3}, \dfrac{4+b}{3}\right)$와
일치하므로
$\dfrac{a-4}{3}=-3$에서 $a=-5$, $\dfrac{4+b}{3}=1$에서 $b=-1$이다.
$\therefore ab=(-5)\times(-1)=5$

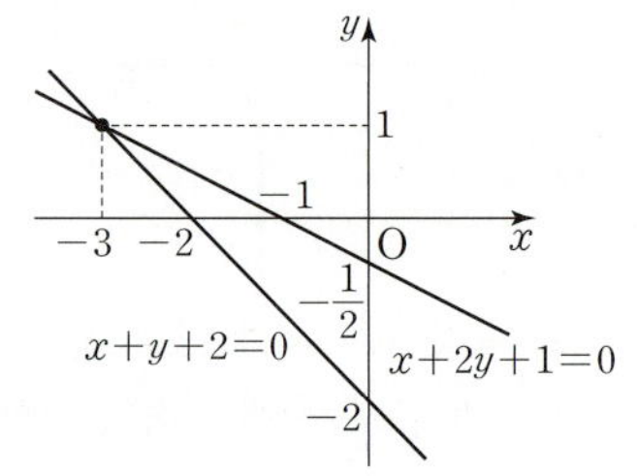

060 · 답 ④

점 A를 지나는 직선 중 삼각형 ABC의 넓이를 이등분하는 직선은
선분 BC의 중점을 지나야 한다.
선분 BC의 중점을 M이라 하면 점 M의 좌표는
$\left(\dfrac{(-4)+6}{2}, \dfrac{1+3}{2}\right)$, 즉 $(1, 2)$이다.

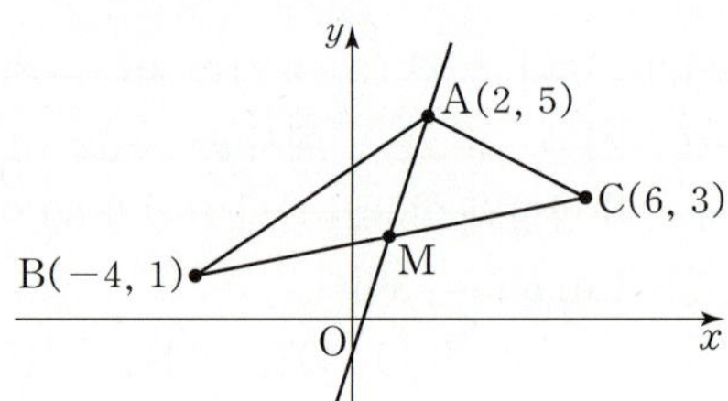

따라서 직선 AM의 방정식은
$y-2=\dfrac{5-2}{2-1}(x-1)$, $y=3x-1$
$\therefore 3x-y-1=0$

061 · 답 ⑤

직선 $2x-y+7=0$, 즉 $y=2x+7$에 평행한 직선은
이 직선과 기울기가 같으므로 기울기가 2이다.
점 $(-1, 3)$을 지나므로 구하는 직선의 방정식은
$y-3=2\{x-(-1)\}$
$\therefore y=2x+5$

다른 풀이

직선 $2x-y+7=0$에 평행한 직선의 방정식을
$2x-y+k=0$ (k는 실수, $k\neq7$)이라 하면 · · · · · TIP
이 직선이 점 $(-1, 3)$을 지나므로
$-2-3+k=0$ $\therefore k=5$
따라서 구하는 직선의 방정식은
$2x-y+5=0$에서 $y=2x+5$이다.

TIP

직선 $ax+by+c=0$에 평행한 직선의 방정식을
$ax+by+k=0$ (k는 실수, $k\neq c$)으로 놓을 수 있다.
[증명]
직선 $ax+by+c=0$에 평행한 직선의 방정식을
$a'x+b'y+c'=0$이라 하면 $\dfrac{a'}{a}=\dfrac{b'}{b}\neq\dfrac{c'}{c}$이다.

이때 $\dfrac{a'}{a}=\dfrac{b'}{b}=m$ ($m\neq0$)이라 하면
$a'=am$, $b'=bm$, $c'\neq cm$이므로
직선 $a'x+b'y+c'=0$은
$amx+bmy+km=0$ (k는 실수, $k\neq c$)에서
$ax+by+k=0$이다.

062 · 답 ①

직선 $3x-y+2=0$, 즉 $y=3x+2$와 수직인 직선의 기울기는
$-\dfrac{1}{3}$이다. · · · · · · **TIP 1**

점 $(2,\ 1)$을 지나므로 직선의 방정식은
$$y-1=-\dfrac{1}{3}(x-2)\qquad\therefore\ y=-\dfrac{1}{3}x+\dfrac{5}{3}$$

따라서 구하는 직선의 y절편은 $\dfrac{5}{3}$이다.

다른 풀이

직선 $3x-y+2=0$과 수직인 직선의 방정식을
$x+3y+k=0$ (k는 실수)이라 하면 · · · · · · **TIP 2**
점 $(2,\ 1)$을 지나므로
$$2+3+k=0\qquad\therefore\ k=-5$$

따라서 직선 $x+3y-5=0$에서 구하는 직선의 y절편은 $\dfrac{5}{3}$이다.

TIP 1

서로 수직인 두 직선의 기울기를 각각 m, m'이라 하면
$mm'=-1$이므로 $m'=-\dfrac{1}{m}$이다.

TIP 2

직선 $ax+by+c=0$과 수직인 직선의 방정식을
$bx-ay+k=0$ (k는 실수)으로 놓을 수 있다.
[증명]
직선 $ax+by+c=0$과 수직인 직선의 방정식을
$a'x+b'y+c'=0$이라 하면 $aa'+bb'=0$이다.
$aa'=-bb'$에서 $\dfrac{a'}{b}=\dfrac{-b'}{a}=m$ ($m\neq0$)이라 하면
$a'=bm$, $b'=-am$이므로 직선 $a'x+b'y+c'=0$은
$bmx-amy+c'=0$에서 $bx-ay+\dfrac{c'}{m}=0$이다.

$\dfrac{c'}{m}$은 실수이므로 k라 하면 $bx-ay+k=0$이다.

063 · 답 ②

세 직선이 한 점에서 만나지 않고 세 직선 중 두 직선이 서로

수직일 때 세 직선으로 둘러싸인 도형이 직각삼각형이 된다.
두 직선 $2x-y=0$과 $x+y-1=0$은 서로 수직이 아니므로
직선 $ax-y+3=0$이 직선 $2x-y=0$ 또는 직선 $x+y-1=0$과
수직일 때, 세 직선으로 둘러싸인 도형이 직각삼각형이 된다.
(i) 직선 $ax-y+3=0$이 직선 $2x-y=0$과 수직일 때
　두 직선의 기울기가 각각 a, 2이므로
$$2a=-1\qquad\therefore\ a=-\dfrac{1}{2}$$
　세 직선이 한 점에서 만나지 않으므로 세 직선으로 둘러싸인
　도형은 직각삼각형이다.
(ii) 직선 $ax-y+3=0$이 직선 $x+y-1=0$과 수직일 때
　두 직선의 기울기가 각각 a, -1이므로
$$-a=-1\qquad\therefore\ a=1$$
　세 직선이 한 점에서 만나지 않으므로 세 직선으로 둘러싸인
　도형은 직각삼각형이다.
(i), (ii)에서 모든 상수 a의 값의 합은
$$\left(-\dfrac{1}{2}\right)+1=\dfrac{1}{2}$$

064 · 답 ③

직선 $y=ax+2$에서 $ax-y+2=0$
직선 $ax-y+2=0$이 직선 $bx-3y-3=0$과 수직이므로
$a\times b+(-1)\times(-3)=0\qquad\therefore\ ab=-3$
또한 직선 $ax-y+2=0$이 직선 $(b-2)x+y-4=0$과 평행하므로
$\dfrac{a}{b-2}=\dfrac{-1}{1}\neq\dfrac{2}{-4}$에서 $a=-(b-2)$, 즉 $a+b=2$
$\therefore\ a^2+b^2=(a+b)^2-2ab=2^2-2\times(-3)=10$

다른 풀이

직선 $bx-3y-3=0$은 $y=\dfrac{b}{3}x-1$이므로 기울기가 $\dfrac{b}{3}$이다.

따라서 직선 $y=ax+2$가 이 직선과 수직일 때,
$a\times\dfrac{b}{3}=-1$에서 $ab=-3$이다.

직선 $(b-2)x+y-4=0$은 $y=(2-b)x+4$이므로
기울기가 $2-b$이다.
따라서 직선 $y=ax+2$가 이 직선과 평행할 때,
$a=2-b$에서 $a+b=2$이다.
$\therefore\ a^2+b^2=(a+b)^2-2ab=2^2-2\times(-3)=10$

065 · 답 풀이 참조

선분 AB의 수직이등분선은 직선 AB와 수직이고, 선분 AB의
중점을 지나므로 다음 그림과 같다.

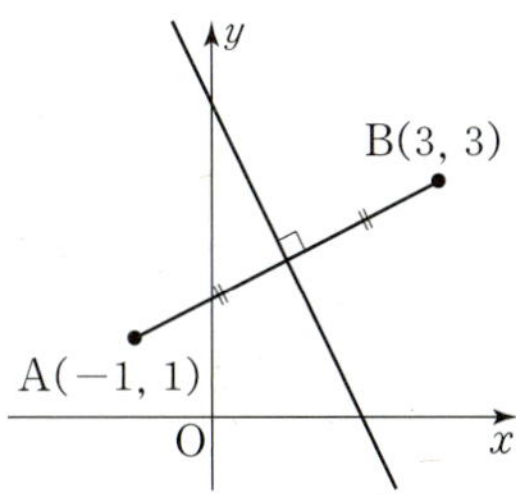

직선 AB의 기울기는 $\dfrac{3-1}{3-(-1)}=\dfrac{1}{2}$이므로
이 직선과 수직인 직선의 기울기는 -2이다.

선분 AB의 중점의 좌표는

$\left(\dfrac{(-1)+3}{2}, \dfrac{1+3}{2}\right)$, 즉 $(1, 2)$이므로

선분 AB의 수직이등분선의 방정식은

$y-2=-2(x-1)$에서 $y=-2x+4$이다.

채점 요소	배점
직선 AB와 수직인 직선의 기울기 구하기	30 %
선분 AB의 중점의 좌표 구하기	30 %
수직이등분선의 방정식 구하기	40 %

066 　　　　　　　　　　　　　　　　　　　답 ①

점 $A(0, 4)$에서 직선 $2x-3y-1=0$에 내린 수선의 발을 H라 하자.

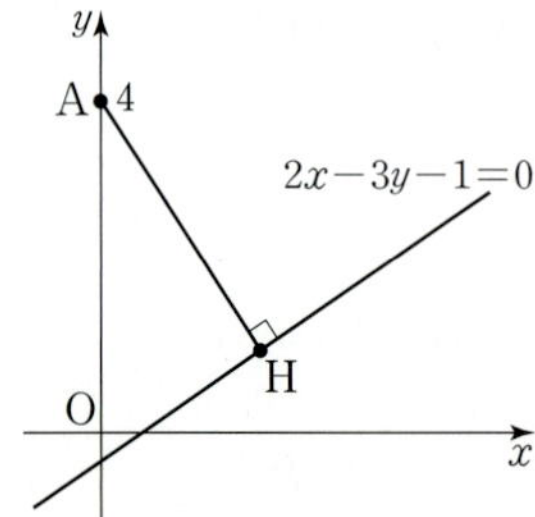

점 H는 점 A를 지나고 직선 $2x-3y-1=0$과 수직인 직선과 직선 $2x-3y-1=0$의 교점이다.

직선 $2x-3y-1=0$의 기울기가 $\dfrac{2}{3}$이므로

이 직선과 수직인 직선의 기울기는 $-\dfrac{3}{2}$이다.

따라서 점 $A(0, 4)$를 지나고 기울기가 $-\dfrac{3}{2}$인 직선의 방정식은

$y=-\dfrac{3}{2}x+4$에서 $3x+2y-8=0$이다.

이때 점 $H(a, b)$는 두 직선 $2x-3y-1=0$, $3x+2y-8=0$의 교점이므로

$2a-3b-1=0$, $3a+2b-8=0$

두 식을 연립하여 풀면

$a=2$, $b=1$

$\therefore a+b=3$

다른 풀이

점 A를 지나고 직선 $2x-3y-1=0$과 수직인 직선의 방정식을 다음과 같이 구할 수 있다.

직선 $2x-3y-1=0$과 수직인 직선의 방정식을

$3x+2y+k=0$ (k는 실수)이라 하면

이 직선이 점 $A(0, 4)$를 지나므로

$k+8=0$　　　$\therefore k=-8$

$\therefore 3x+2y-8=0$

067 　　　　　　　　　　　　　　　　　　　답 ③

두 점 $A(-1, 3)$, $B(2, -3)$으로부터 떨어진 거리가 같은 점이 나타내는 도형은 선분 AB의 중점을 지나고 직선 AB와 수직인 직선이다.

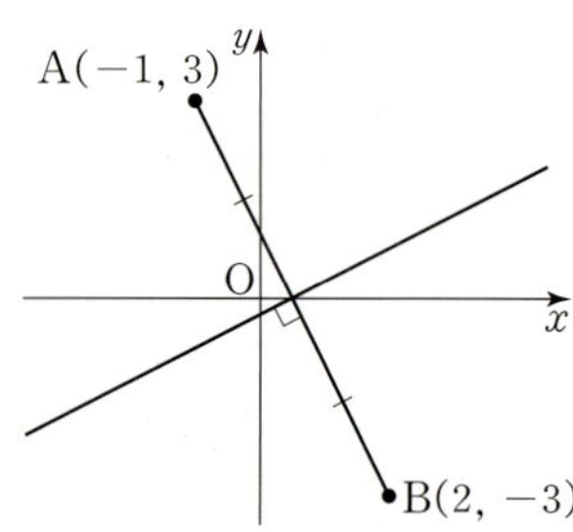

두 점 $A(-1, 3)$, $B(2, -3)$의 중점의 좌표는

$\left(\dfrac{(-1)+2}{2}, \dfrac{3+(-3)}{2}\right)$, 즉 $\left(\dfrac{1}{2}, 0\right)$이고,

직선 AB의 기울기는 $\dfrac{(-3)-3}{2-(-1)}=-2$이므로

이 직선과 수직인 직선의 기울기는 $\dfrac{1}{2}$이다.

따라서 구하는 직선의 방정식은

$y=\dfrac{1}{2}\left(x-\dfrac{1}{2}\right), y=\dfrac{1}{2}x-\dfrac{1}{4}$

$\therefore 2x-4y-1=0$

다른 풀이

점 $P(x, y)$는 두 점 $A(-1, 3)$, $B(2, -3)$으로부터 같은 거리에 있는 점이다.

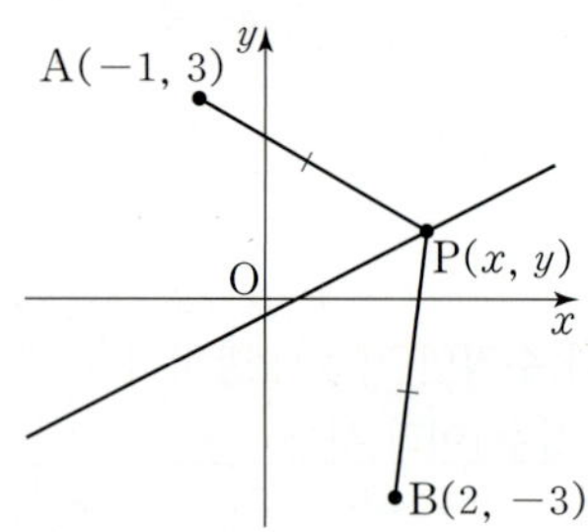

$\overline{PA}=\overline{PB}$이므로 $\overline{PA}^2=\overline{PB}^2$에서

$(x+1)^2+(y-3)^2=(x-2)^2+(y+3)^2$

$2x-6y+10=-4x+6y+13$

$6x-12y-3=0$

$\therefore 2x-4y-1=0$

068 　　　　　　　　　　　　　　　　　　　답 ④

점 $(-1, -2)$와 직선 $3x-4y-a+2=0$ 사이의 거리가 2이므로

$\dfrac{|3\times(-1)-4\times(-2)-a+2|}{\sqrt{3^2+(-4)^2}}=2$

$\dfrac{|-a+7|}{5}=2$, $|-a+7|=10$에서

$-a+7=\pm10$

$\therefore a=-3$ 또는 $a=17$

따라서 모든 상수 a의 값의 합은 $(-3)+17=14$이다.

069 　　　　　　　　　　　　　　　　　　　답 ②

$x+ky-2(k-1)=0$에서 $x+2+(y-2)k=0$ 　　　…… ㉠

이 직선이 k의 값에 관계없이 항상 지나는 점의 좌표는

k에 대한 항등식 ㉠을 만족시키므로 $x+2=0$, $y-2=0$에서

$x=-2$, $y=2$, 즉 $P(-2, 2)$이다.

점 $P(-2, 2)$와 직선 $x-3y+a=0$ 사이의 거리는
$$\frac{|(-2)-3\times2+a|}{\sqrt{1^2+(-3)^2}}=\sqrt{10}$$이므로
$|a-8|=10$에서 $a-8=\pm10$
$\therefore a=-2$ 또는 $a=18$
따라서 모든 실수 a의 값의 곱은 $(-2)\times18=-36$이다.

070

직선 $x-3y+1=0$ 위의 임의의 점과 직선 $x-3y+5=0$ 사이의
거리를 구하면 된다. ...... **TIP**

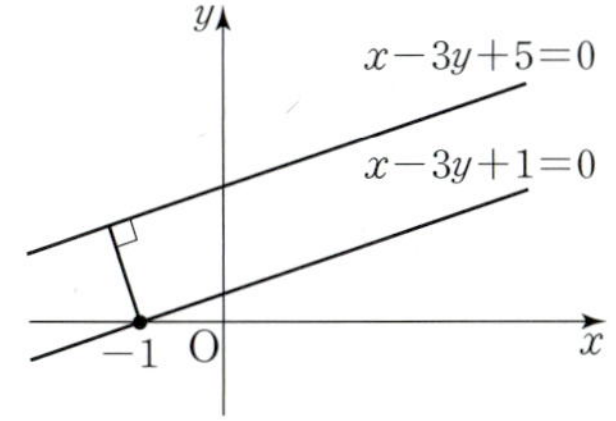

직선 $x-3y+1=0$이 점 $(-1, 0)$을 지나므로
점 $(-1, 0)$과 직선 $x-3y+5=0$ 사이의 거리를 구하면
$$\frac{|(-1)-3\times0+5|}{\sqrt{1^2+(-3)^2}}=\frac{4}{\sqrt{10}}=\frac{2\sqrt{10}}{5}$$

TIP

평행한 두 직선 $ax+by+c=0$, $ax+by+c'=0$ 사이의 거리는
$$\frac{|c-c'|}{\sqrt{a^2+b^2}}$$와 같다.

071

두 점 $(-3, -2)$, $(1, 6)$을 지나는 직선의 방정식은
$$y-6=\frac{6-(-2)}{1-(-3)}(x-1)$$에서 $2x-y+4=0$이다.

직선 $2x-y+4=0$ 위를 움직이는 점 P에 대하여 $\overline{OP}$의 최솟값은
점 $O(0, 0)$과 직선 $2x-y+4=0$ 사이의 거리와 같으므로
구하는 값은
$$\frac{|2\times0-0+4|}{\sqrt{2^2+(-1)^2}}=\frac{4}{\sqrt{5}}=\frac{4\sqrt{5}}{5}$$

072

직선 $3x-4y+1=0$에 평행한 직선의 방정식을
$3x-4y+a=0$ (a는 실수, $a\neq1$)이라 하자.
점 $(2, 1)$과 직선 $3x-4y+a=0$ 사이의 거리가 3이므로
$$\frac{|3\times2-4\times1+a|}{\sqrt{3^2+(-4)^2}}=3$$
$$\frac{|a+2|}{5}=3$$에서 $|a+2|=15$, $a+2=\pm15$
$\therefore a=-17$ 또는 $a=13$
따라서 구하는 직선의 방정식은
$3x-4y-17=0$, $3x-4y+13=0$이다.

073

직선 $ax+by+c=0$, 즉 $y=-\dfrac{a}{b}x-\dfrac{c}{b}$의 그래프에서
이 직선의 기울기와 y절편이 모두 양수이므로
$-\dfrac{a}{b}>0$에서 $\dfrac{a}{b}<0$ ...... ㉠
$-\dfrac{c}{b}>0$에서 $\dfrac{c}{b}<0$ ...... ㉡
㉡에서 $\dfrac{b}{c}<0$이므로 $\dfrac{a}{b}\times\dfrac{b}{c}=\dfrac{a}{c}>0$ ...... ㉢
이때 직선 $bx-ay+c=0$, 즉 $y=\dfrac{b}{a}x+\dfrac{c}{a}$에서
$\dfrac{b}{a}<0$, $\dfrac{c}{a}>0$이므로 ($\because$ ㉠, ㉢)
직선 $bx-ay+c=0$의 개형은 다음 그림과 같다.

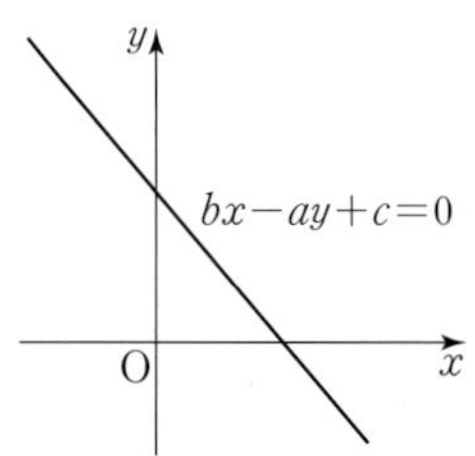

따라서 직선 $bx-ay+c=0$이 지나지 않는 사분면은
제3사분면이다.

074

두 점 $A(-14, -12)$, $B(10, 4)$를 지나는 직선의 방정식은
$$y-4=\frac{4-(-12)}{10-(-14)}(x-10), 즉 y=\frac{2}{3}(x-10)+4$$
선분 AB 위에 있는 점 중 x좌표와 y좌표가 모두 정수이려면
$-14<x<10$이고 $x-10=3k$ (k는 정수)를 만족시켜야 한다.
따라서 이를 만족시키는 x좌표는 -11, -8, -5, $\cdots$, 7에서
7개이므로 구하는 점의 개수는 7이다.

075

$(k+1)x+(2-k)y-4k-1=0$에서
$(x+2y-1)+k(x-y-4)=0$ ...... ㉠
두 식 $x+2y-1=0$, $x-y-4=0$을 연립하여 풀면
$x=3$, $y=-1$이므로 직선이 k의 값에 관계없이 점 $B(3, -1)$을
지난다.
삼각형 ABC가 직선에 의하여 나누어진 두 개의 도형의 넓이의
비가 $1:2$가 되려면, 다음 그림과 같이 직선이 선분 AC를 $1:2$
또는 $2:1$로 내분하는 점을 지나야 한다.

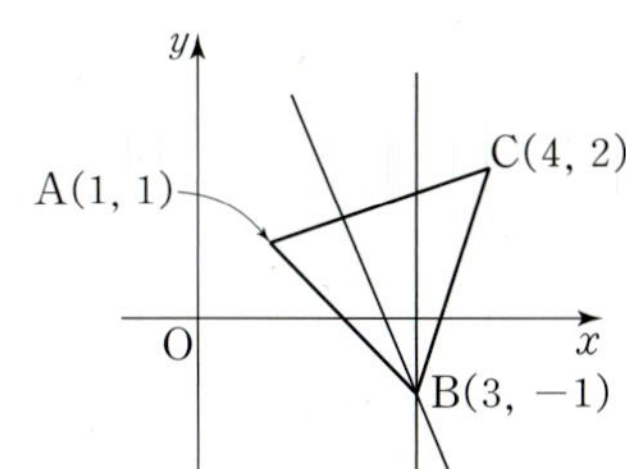

(i) 직선이 선분 AC를 $1:2$로 내분하는 점을 지날 때
　　선분 AC를 $1:2$로 내분하는 점의 좌표는

$$\left(\frac{1\times4+2\times1}{1+2},\ \frac{1\times2+2\times1}{1+2}\right),\ \text{즉}\ \left(2,\ \frac{4}{3}\right)$$

이를 ㉠에 대입하면

$$\left(2+\frac{8}{3}-1\right)+\left(2-\frac{4}{3}-4\right)k=0,\ -\frac{10}{3}k=-\frac{11}{3}$$

$$\therefore\ k=\frac{11}{10}$$

(ⅱ) 직선이 선분 AC를 2 : 1로 내분하는 점을 지날 때

선분 AC를 2 : 1로 내분하는 점의 좌표는

$$\left(\frac{2\times4+1\times1}{2+1},\ \frac{2\times2+1\times1}{2+1}\right),\ \text{즉}\ \left(3,\ \frac{5}{3}\right)$$

이를 ㉠에 대입하면

$$\left(3+\frac{10}{3}-1\right)+\left(3-\frac{5}{3}-4\right)k=0,\ -\frac{8}{3}k=-\frac{16}{3}$$

$$\therefore\ k=2$$

(ⅰ), (ⅱ)에서 모든 실수 k의 값의 합은

$$\frac{11}{10}+2=\frac{31}{10}$$

076   답 -4

직선 $mx-y-3m-1=0$, 즉 $y=m(x-3)-1$은 m의 값에 관계없이 항상 점 $(3,\ -1)$을 지나므로, 직선 $y=m(x-3)-1$이 사각형 ABCD와 오직 한 점에서 만날 때는 점 D 또는 점 B를 지날 때이다.

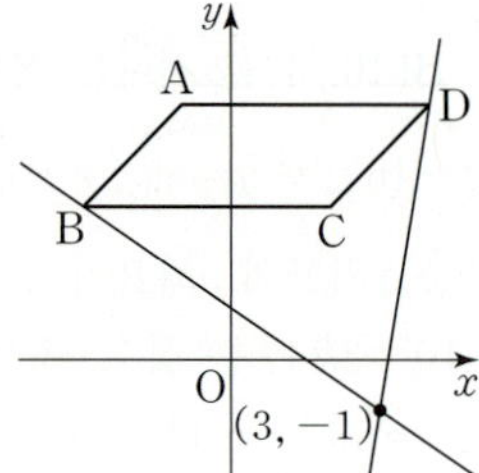

(ⅰ) 직선이 점 D를 지날 때

두 점 $(3,\ -1)$, $(4,\ 5)$를 지나는 직선의 기울기는

$$\frac{5-(-1)}{4-3}=6$$

(ⅱ) 직선이 점 B를 지날 때

두 점 $(3,\ -1)$, $(-3,\ 3)$을 지나는 직선의 기울기는

$$\frac{3-(-1)}{(-3)-3}=-\frac{2}{3}$$

(ⅰ), (ⅱ)에서 실수 m의 값의 범위는 $m\geq6$ 또는 $m\leq-\dfrac{2}{3}$이므로

$$p=6,\ q=-\frac{2}{3}$$

$$\therefore\ pq=6\times\left(-\frac{2}{3}\right)=-4$$

077   답 ⑤

직선 $l : kx+3y-5k=0$이라 하자.

$k(x-5)+3y=0$에서 직선 l은 k의 값에 관계없이 항상 점 $(5,\ 0)$을 지난다.

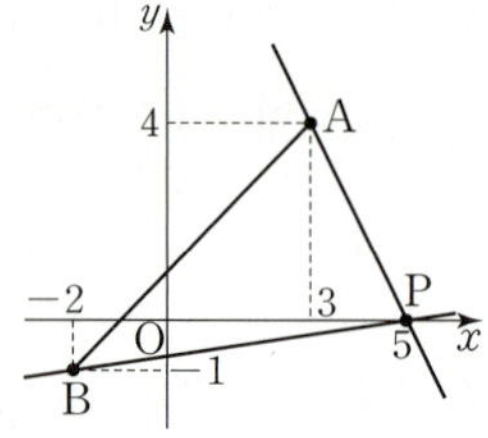

$P(5,\ 0)$이라 하면 직선 l이 선분 AB와 만나기 위해서는 직선 l의 기울기가 직선 AP의 기울기보다 크거나 같고, 직선 BP의 기울기보다 작거나 같아야 한다.

직선 AP의 기울기는 $\dfrac{0-4}{5-3}=-2$,

직선 BP의 기울기는 $\dfrac{0-(-1)}{5-(-2)}=\dfrac{1}{7}$,

직선 l의 기울기는 $-\dfrac{k}{3}$이므로

$$-2\leq-\frac{k}{3}\leq\frac{1}{7}\qquad\therefore\ -\frac{3}{7}\leq k\leq6$$

078   답 (1) 41   (2) -7

(1) 정사각형 ABCD의 한 변의 길이가 5이므로 $\overline{AB}=5$이고, $\overline{OA}=4$이므로 직각삼각형 AOB에서 $\overline{OB}=3$, 즉 $B(3,\ 0)$이다.

점 C에서 x축에 내린 수선의 발을 C',

점 D에서 y축에 내린 수선의 발을 D'이라 하면

세 삼각형 AOB, BC′C, DD′A는 서로 합동이다.

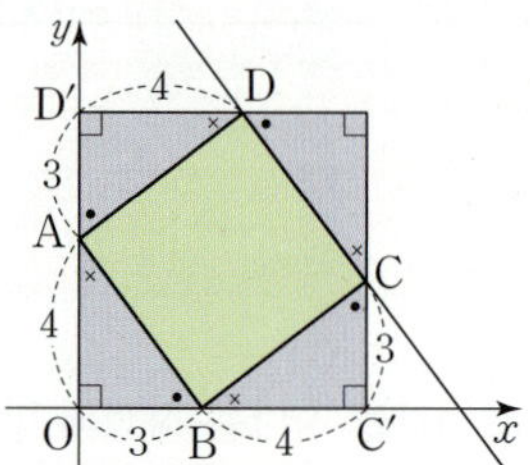

따라서 두 점 C, D의 좌표는 각각 $(7,\ 3)$, $(4,\ 7)$이다.

구하는 직선 CD의 방정식은

$$y-3=\frac{7-3}{4-7}(x-7),\ \text{즉}\ 4x+3y-37=0\text{이므로}$$

$$a=4,\ b=-37$$

$$\therefore\ a-b=41$$

(2) 직선이 정사각형 ABCD의 넓이를 이등분하려면 사각형 ABCD의 두 대각선의 교점을 지나야 한다. ⋯⋯ **TIP**

정사각형의 두 대각선은 서로 다른 것을 이등분하므로 선분 AC의 중점이 대각선의 교점과 같다.

선분 AC의 중점의 좌표는 $\left(\dfrac{0+7}{2},\ \dfrac{4+3}{2}\right)$, 즉 $\left(\dfrac{7}{2},\ \dfrac{7}{2}\right)$

따라서 두 점 $\left(1,\ -\dfrac{3}{2}\right)$, $\left(\dfrac{7}{2},\ \dfrac{7}{2}\right)$을 지나는 직선의 방정식은

$$y-\left(-\frac{3}{2}\right)=\frac{\frac{7}{2}-\left(-\frac{3}{2}\right)}{\frac{7}{2}-1}(x-1),\ y=2(x-1)-\frac{3}{2}$$

즉, $y=2x-\dfrac{7}{2}$이므로 $m=2,\ n=-\dfrac{7}{2}$

$$\therefore\ mn=2\times\left(-\frac{7}{2}\right)=-7$$

다른 풀이

(1) 두 점 C, D 중 한 점의 좌표만 구해서 직선 CD의 방정식을 다음과 같이 구할 수 있다.

직선 AB의 기울기가 $-\dfrac{4}{3}$이므로 직선 CD의 기울기도 $-\dfrac{4}{3}$이고,

점 C(7, 3)을 지나는 직선 CD의 방정식은

$y-3=-\dfrac{4}{3}(x-7)$, $4x+3y-37=0$이다.

$a=4,\ b=-37$

$\therefore a-b=41$

TIP

직선 l이 정사각형 ABCD의 두 대각선의 교점을 지나면 직선 l은 정사각형 ABCD의 넓이를 이등분한다.

[증명]

다음 그림과 같이 정사각형 ABCD의 두 대각선의 교점을 M이라 할 때, 이 점을 지나는 직선 l이 정사각형 ABCD와 만나는 두 점을 각각 P, Q라 하자.

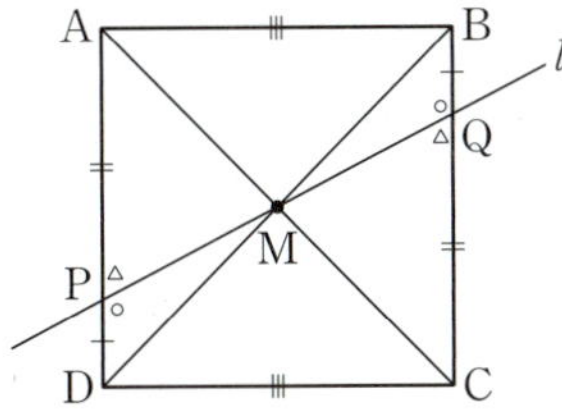

$\angle PMD=\angle QMB$, $\angle MDP=\angle MBQ$, $\overline{DM}=\overline{BM}$에서 두 삼각형 DMP, BMQ는 합동이다. (ASA합동)
따라서 두 사각형 APQB, CQPD의 넓이는 삼각형 ABD의 넓이와 같으므로 직선 l은 정사각형 ABCD의 넓이를 이등분한다.
같은 방식으로 평행사변형, 마름모, 직사각형에서도 이 내용이 성립한다.

079   답 $y=\dfrac{11}{3}x,\ y=\dfrac{9}{7}x$

A(-1, 3)이므로 점 C가 제1사분면 위에 있도록 정사각형 OABC를 그리면 다음 그림과 같다.

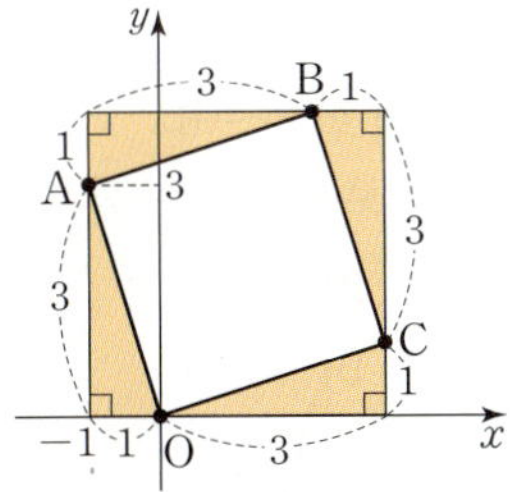

이때 두 점 A, C를 각각 지나고 x축에 수직인 직선 및 점 B를 지나고 y축에 수직인 직선을 그렸을 때, 세 직선과 x축으로 둘러싸인 정사각형과 정사각형 OABC에 의해 만들어지는 색칠한 네 삼각형이 서로 합동이므로 두 점 B, C의 좌표는 각각 $(2, 4)$, $(3, 1)$이다.

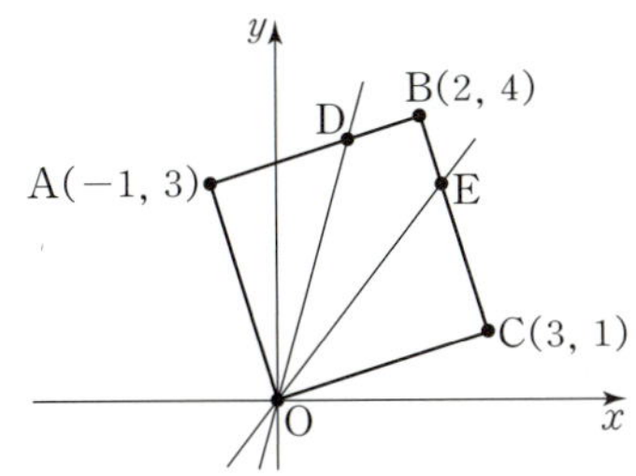

점 O를 지나면서 정사각형 OABC의 넓이를 3등분하는 두 직선이 선분 AB, BC와 만나는 점을 각각 D, E라 하자.
$\overline{OA}=\sqrt{10}$이므로 정사각형 OABC의 넓이는 10이다.
$\overline{AD}=k$라 하면 삼각형 OAD의 넓이는 정사각형 OABC의

넓이의 $\dfrac{1}{3}$이므로

$\dfrac{1}{2}\times\sqrt{10}\times k=\dfrac{1}{3}\times 10$ $\therefore k=\dfrac{2\sqrt{10}}{3}$

따라서 점 D는 선분 AB를 2 : 1로 내분하는 점이고,
마찬가지로 점 E는 선분 BC를 1 : 2로 내분하는 점이다.

점 D의 좌표는 $\left(\dfrac{2\times 2+1\times(-1)}{2+1},\ \dfrac{2\times 4+1\times 3}{2+1}\right)$ $\therefore$ D$\left(1,\ \dfrac{11}{3}\right)$

점 E의 좌표는 $\left(\dfrac{1\times 3+2\times 2}{1+2},\ \dfrac{1\times 1+2\times 4}{1+2}\right)$ $\therefore$ E$\left(\dfrac{7}{3},\ 3\right)$

직선 OD의 방정식은 $y=\dfrac{11}{3}x$,

직선 OE의 방정식은 $y=\dfrac{9}{7}x$이다.

따라서 구하는 두 직선의 방정식은 $y=\dfrac{11}{3}x,\ y=\dfrac{9}{7}x$이다.

080   답 ⑤

선분 AC와 선분 BD의 교점을 Q라 하자.
$\overline{PA}+\overline{PC}\geq\overline{AC}$, $\overline{PB}+\overline{PD}\geq\overline{BD}$이고,
$\overline{AC}=\overline{QA}+\overline{QC}$, $\overline{BD}=\overline{QB}+\overline{QD}$이므로
$\overline{PA}+\overline{PB}+\overline{PC}+\overline{PD}\geq\overline{QA}+\overline{QB}+\overline{QC}+\overline{QD}$이다.

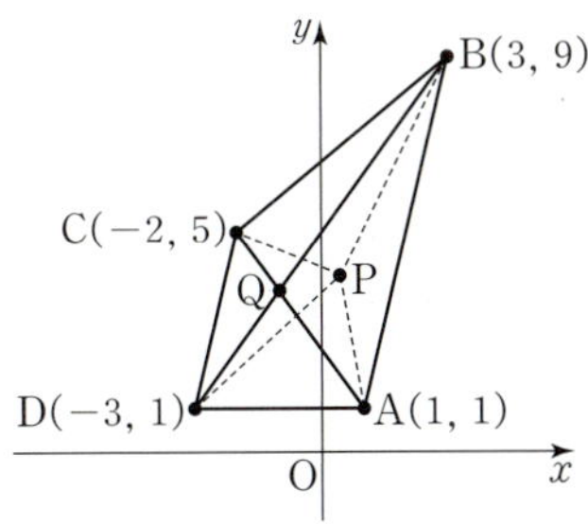

따라서 $\overline{PA}+\overline{PB}+\overline{PC}+\overline{PD}$는 점 P가 점 Q에 위치할 때, 최솟값을 갖는다.
직선 AC의 방정식은

$y-1=\dfrac{5-1}{(-2)-1}(x-1)$ $\therefore y=-\dfrac{4}{3}x+\dfrac{7}{3}$ …… ㉠

직선 BD의 방정식은

$y-1=\dfrac{9-1}{3-(-3)}\{x-(-3)\}$ $\therefore y=\dfrac{4}{3}x+5$ …… ㉡

㉠, ㉡을 연립하여 풀면 $x=-1,\ y=\dfrac{11}{3}$

따라서 구하는 점 P의 좌표는 $\left(-1,\ \dfrac{11}{3}\right)$이다.

081   답 ④

$l:(k-1)x+(2k+1)y-6k=0$ …… ㉠

ㄱ. $k=1$일 때, ㉠에서 $3y-6=0$, 즉 $y=2$이다.
　　따라서 직선 l은 x축에 평행하다. (참)

ㄴ. $k=-1$일 때, ㉠에서 $-2x-y+6=0$, 즉 $2x+y-6=0$이다.
　　직선 l과 직선 $2x+y+3=0$이 평행하므로 만나지 않는다. (참)

ㄷ. ㉠에서 $-x+y+k(x+2y-6)=0$ …… ㉡
　　$-x+y=0$, $x+2y-6=0$에서 두 식을 연립하여 풀면
　　$x=2$, $y=2$
　　이므로 k의 값에 관계없이 항상 지나는 점의 좌표는 $(2, 2)$이다.
　　따라서 직선 l은 k의 값에 관계없이 항상 점 $(2, 2)$를 지나므로
　　제1사분면을 반드시 지난다. (참)
ㄹ. ㉡에서 직선 $x+2y-6=0$을 만드는 실수 k는 존재하지 않는다.
　　따라서 직선 l은 두 직선 $x+2y-6=0$, $x-y=0$의 교점을
　　지나는 직선 중 직선 $x+2y-6=0$을 제외한 직선을 나타낸다.

(거짓)

따라서 옳은 것은 ㄱ, ㄴ, ㄷ의 3개이다.

082   📖 $2\sqrt{2}$

직선 l_1의 기울기를 a $(a>0)$라 하면 조건 ㈎에 의하여 직선 l_2의
기울기는 $4a$이다.
이때 직선 $x=1$이 x축 및 두 직선 l_1, l_2와 만나는 점을 각각
A, B, C라 하자.

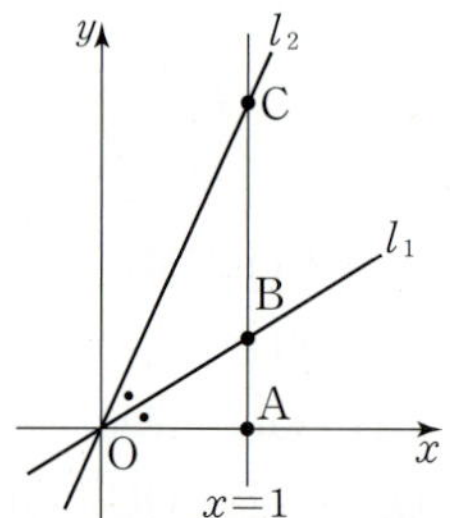

$\overline{AB}=a$, $\overline{AC}=4a$이므로 $\overline{AB}:\overline{BC}=1:3$이다.
조건 ㈏에 의하여 각 AOC의 이등분선이 직선 l_1이므로
$\overline{OA}:\overline{OC}=\overline{AB}:\overline{BC}=1:3$
$\therefore \overline{OC}=3 \ (\because \overline{OA}=1)$
따라서 직각삼각형 OAC에서 피타고라스 정리에 의하여
$\overline{OA}^2+\overline{AC}^2=\overline{OC}^2$이므로 $1+(4a)^2=9$
$a^2=\dfrac{1}{2}$ $\therefore a=\dfrac{\sqrt{2}}{2} \ (\because a>0)$
$\therefore$ (직선 l_2의 기울기)$=4a=2\sqrt{2}$

083   📖 9

점 A를 지나는 직선 l이 직사각형 APQR과 삼각형 ABC의 넓이를
각각 이등분하려면 다음 그림과 같이 직사각형의 대각선의 중점과
삼각형의 변 BC의 중점을 모두 지나야 한다.

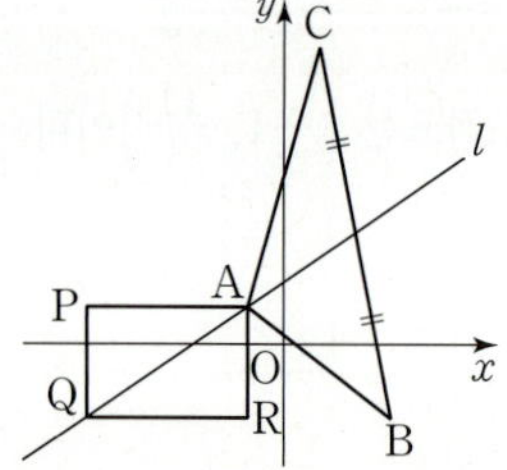

이때 직선 l이 직사각형의 한 꼭짓점 A를 지나므로 점 Q를 지나면
두 대각선의 교점을 지나게 된다.
직사각형의 가로와 세로의 길이의 비가 $3:2$이므로 직선 l의
기울기가 $\dfrac{2}{3}$이고 점 A$(-1, 1)$을 지나므로 직선 l의 방정식은

$y-1=\dfrac{2}{3}\{x-(-1)\}$, 즉 $y=\dfrac{2}{3}x+\dfrac{5}{3}$

선분 BC의 중점의 좌표는 $\left(\dfrac{a+3}{2}, \dfrac{b-2}{2}\right)$이고

직선 l이 이 점을 지나므로 대입하면

$\dfrac{b-2}{2}=\dfrac{2}{3}\times\dfrac{a+3}{2}+\dfrac{5}{3}$, $3(b-2)=2(a+3)+10$

$\therefore 2a-3b+22=0$
위의 식을 만족시키는 두 자연수 a, b의 최솟값은 $a=1$, $b=8$이다.
따라서 구하는 $a+b$의 최솟값은 9이다.

084   📖 ①

조건 ㈎에서 직선 l이 삼각형 OAB의 점 O를 지나므로
두 조건 ㈏, ㈐에서 점 P는 선분 AB를 $2:1$ 또는 $1:2$로 내분하는
점이어야 한다.
(i) 점 P가 선분 AB를 $2:1$로 내분하는 점일 때

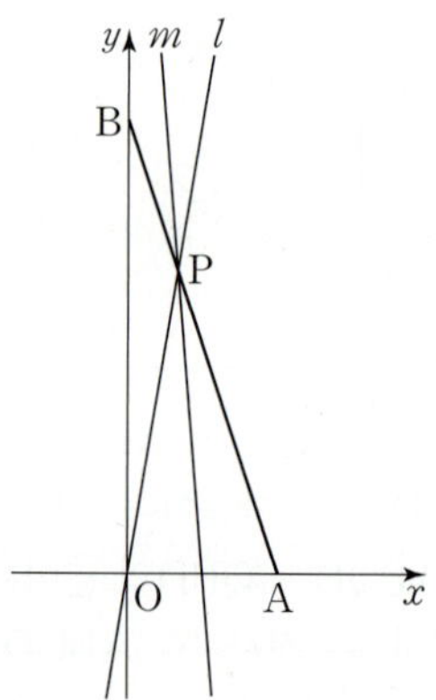

점 P의 좌표는 $\left(\dfrac{2\times0+1\times2}{2+1}, \dfrac{2\times6+1\times0}{2+1}\right)$, 즉 $\left(\dfrac{2}{3}, 4\right)$이므로

직선 l의 기울기는 $\dfrac{4-0}{\frac{2}{3}-0}=6$

조건 ㈐에서 직선 m은 삼각형 OAP의 넓이를 이등분하므로
선분 OA의 중점 $(1, 0)$을 지난다.

따라서 직선 m의 기울기는 $\dfrac{4-0}{\frac{2}{3}-1}=-12$이므로

두 직선 l, m의 기울기의 합은 -6
(ii) 점 P가 선분 AB를 $1:2$로 내분하는 점일 때

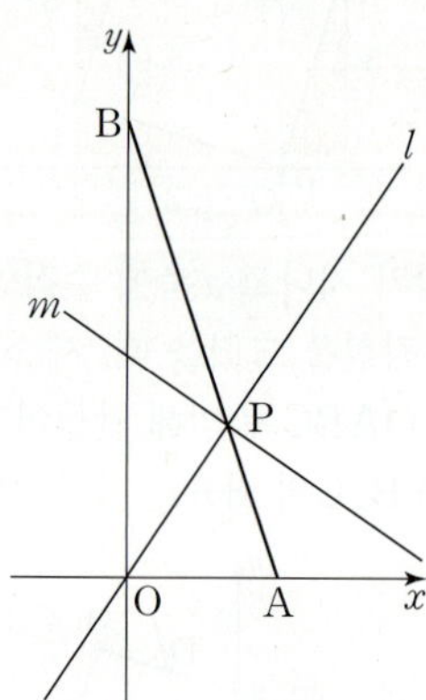

점 P의 좌표는 $\left(\dfrac{1\times0+2\times2}{1+2}, \dfrac{1\times6+2\times0}{1+2}\right)$, 즉 $\left(\dfrac{4}{3}, 2\right)$이므로

직선 l의 기울기는 $\dfrac{2-0}{\frac{4}{3}-0}=\dfrac{3}{2}$

조건 ㈐에서 직선 m은 삼각형 OPB의 넓이를 이등분하므로
선분 OB의 중점 $(0, 3)$을 지난다.

따라서 직선 m의 기울기는 $\dfrac{2-3}{\frac{4}{3}-0}=-\dfrac{3}{4}$이므로

두 직선 l, m의 기울기의 합은 $\dfrac{3}{4}$

(i), (ii)에서 두 직선 l, m의 기울기의 합의 최댓값은 $\dfrac{3}{4}$

085   답 ④

점 (a, b)가 직선 $3x+4y-2=0$ 위를 움직이므로
$3a+4b-2=0$에서 $b=-\dfrac{3}{4}a+\dfrac{1}{2}$이다.

이때 점 $(a+b,\ a-b)$는 점 $\left(\dfrac{1}{4}a+\dfrac{1}{2},\ \dfrac{7}{4}a-\dfrac{1}{2}\right)$이므로

$$\begin{cases} \dfrac{1}{4}a+\dfrac{1}{2}=X & \cdots\cdots ㉠ \\ \dfrac{7}{4}a-\dfrac{1}{2}=Y & \cdots\cdots ㉡ \end{cases}$$

라 하자.

㉠에서 $a=4X-2$, ㉡에서 $a=\dfrac{4}{7}Y+\dfrac{2}{7}$이므로

$4X-2=\dfrac{4}{7}Y+\dfrac{2}{7}$ $\therefore\ 7X-Y-4=0$

따라서 구하는 도형의 방정식은 $7x-y-4=0$이다.

다른 풀이 1

점 (a, b)가 직선 $3x+4y-2=0$ 위를 움직이므로
$3a+4b-2=0$ $\cdots\cdots ㉠$
점 $(a+b,\ a-b)$에서 $a+b=X$, $a-b=Y$라 하면
$a=\dfrac{X+Y}{2}$, $b=\dfrac{X-Y}{2}$이므로 이를 ㉠에 대입하면
$\dfrac{3(X+Y)}{2}+\dfrac{4(X-Y)}{2}-2=0$
$3(X+Y)+4(X-Y)-4=0$
$\therefore\ 7X-Y-4=0$
따라서 구하는 도형의 방정식은 $7x-y-4=0$이다.

다른 풀이 2

점 (a, b)가 직선 $3x+4y-2=0$ 위의 임의의 점이므로
이 직선 위의 두 점 $\left(0,\ \dfrac{1}{2}\right)$, $\left(\dfrac{2}{3},\ 0\right)$에 대하여
점 $(a+b,\ a-b)$가 나타내는 직선은
두 점 $\left(0+\dfrac{1}{2},\ 0-\dfrac{1}{2}\right)$, $\left(\dfrac{2}{3}+0,\ \dfrac{2}{3}-0\right)$
즉, 두 점 $\left(\dfrac{1}{2},\ -\dfrac{1}{2}\right)$, $\left(\dfrac{2}{3},\ \dfrac{2}{3}\right)$를 지난다.
따라서 구하는 도형의 방정식은
$y+\dfrac{1}{2}=\dfrac{\frac{2}{3}-\left(-\frac{1}{2}\right)}{\frac{2}{3}-\frac{1}{2}}\left(x-\dfrac{1}{2}\right)$, $y+\dfrac{1}{2}=7\left(x-\dfrac{1}{2}\right)$

$\therefore\ 7x-y-4=0$

086   답 ④

직선 AB의 방정식은 $y-(-1)=\dfrac{2-(-1)}{(-1)-2}(x-2)$에서
$y=-x+1$
점 P가 직선 AB 위의 점이므로 $P(a,\ -a+1)$이라 하고, 점 Q의
좌표를 $(X,\ Y)$라 하면 점 Q가 두 점 $(a,\ -a+1)$, $(4, 3)$을 이은
선분을 $2 : 1$로 내분한다.

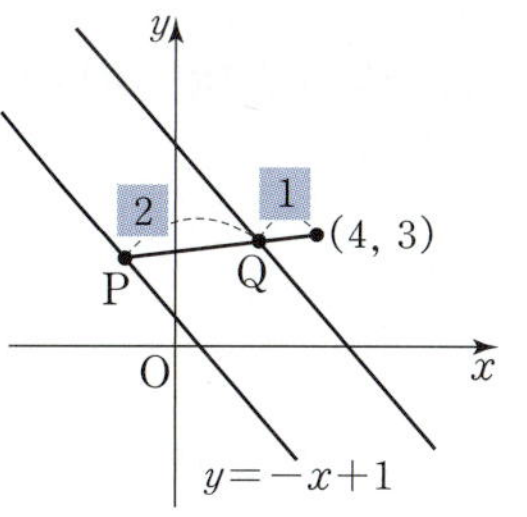

즉, 점 $(X,\ Y)$는 $\left(\dfrac{2\times4+1\times a}{2+1},\ \dfrac{2\times3+1\times(-a+1)}{2+1}\right)$이므로

$\left(\dfrac{8+a}{3},\ \dfrac{-a+7}{3}\right)$

$X=\dfrac{8+a}{3}$에서 $a=3X-8$이고,

$Y=\dfrac{-a+7}{3}$에서 $a=-3Y+7$이므로

$3X-8=-3Y+7$ $\therefore\ X+Y-5=0$
따라서 구하는 도형의 방정식은 $x+y-5=0$이다.

087   답 (1) $x=8-\sqrt{35}$ (2) $y=x-2+\sqrt{10}$

⑴ 삼각형 ABC를 좌표평면 위에 나타내면 다음 그림과 같다.

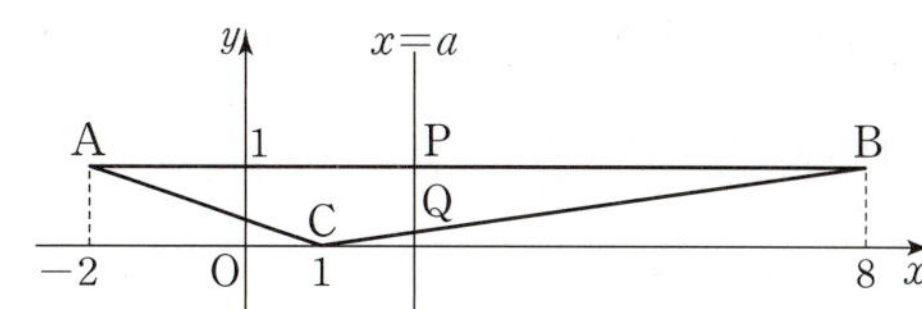

삼각형 ABC의 밑변을 AB라 하면
$\overline{AB}=8-(-2)=10$이고, 높이는 1이므로

삼각형 ABC의 넓이는 $\dfrac{1}{2}\times10\times1=5$이다.

삼각형 ABC의 넓이를 이등분하고, x축에 수직인 직선의
방정식을 $x=a$ (a는 실수)라 하자.
$1<a<8$이므로   **TIP 1**
직선 $x=a$가 두 선분 AB, BC와 만나는 점을 각각 P, Q라 하면
삼각형 BPQ의 넓이가 $\dfrac{5}{2}$이어야 한다.

직선 BC의 방정식은 $y=\dfrac{1-0}{8-1}(x-1)$에서 $y=\dfrac{1}{7}(x-1)$이므로

점 Q의 좌표는 $\left(a,\ \dfrac{1}{7}(a-1)\right)$이고, 점 P의 좌표는 $(a, 1)$이다.

$\overline{PQ}=1-\dfrac{1}{7}(a-1)=\dfrac{8-a}{7}$이고,

$\overline{BP}=8-a$이므로

$(\text{삼각형 BPQ의 넓이})=\dfrac{1}{2}\times\overline{BP}\times\overline{PQ}$

$\qquad\qquad\qquad\qquad\qquad =\dfrac{1}{2}\times(8-a)\times\dfrac{8-a}{7}$

$\qquad\qquad\qquad\qquad\qquad =\dfrac{(8-a)^2}{14}$

즉, $\dfrac{(8-a)^2}{14}=\dfrac{5}{2}$이므로 $(a-8)^2=35$

$\therefore a=8-\sqrt{35}$ $(\because 1<a<8)$

따라서 구하는 직선의 방정식은 $x=8-\sqrt{35}$이다.

(2) 삼각형 ABC의 밑변을 변 AB로 두면 높이는 점 C의 y좌표와 같으므로 넓이는

$$\triangle \mathrm{ABC}=\frac{1}{2}\times 4\times 4=8 \qquad \cdots\cdots\ \unicode{x1D4D5}$$

구하는 기울기가 1인 직선의 방정식을 $y=x+k$ $(k$는 실수$)$라 하고, 직선 $y=x+k$가 두 선분 BC, AB와 만나는 점을 각각 P, Q라 하자.

이때 $-2<k<2$이다. $\qquad\cdots\cdots\ \unicode{x24C1}$

$\qquad\qquad\cdots\cdots$ **TIP 2**

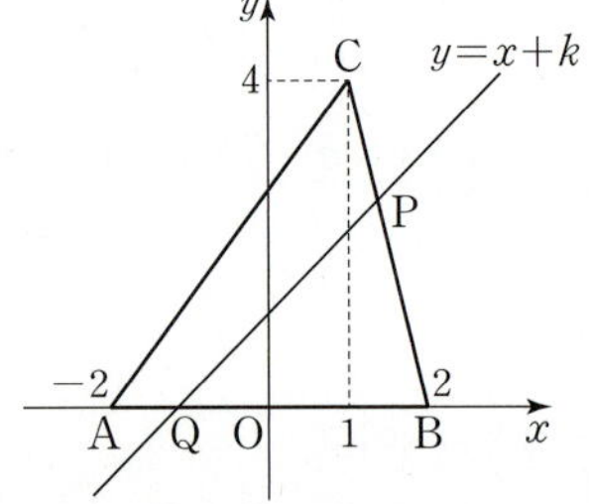

직선 BC의 방정식은 $y=\dfrac{0-4}{2-1}(x-2)$, $y=-4x+8$이고

점 P의 좌표를 구하면 $-4x+8=x+k$, $5x=8-k$에서

$x=\dfrac{8-k}{5}$이고 $y=\dfrac{8+4k}{5}$, 즉 $\mathrm{P}\left(\dfrac{8-k}{5},\ \dfrac{8+4k}{5}\right)$

직선 $y=x+k$가 x축과 만나는 점을 Q라 할 때, 점 Q의 좌표를 구하면 $x+k=0$에서 $x=-k$, 즉 $\mathrm{Q}(-k,\ 0)$

따라서 삼각형 PQB의 밑변을 변 QB로 두면 높이는 점 P의 y좌표와 같으므로 넓이는

(삼각형 PQB의 넓이)$=\dfrac{1}{2}\times$(삼각형 ABC의 넓이)$=4$ $(\because \unicode{x1D4D5})$

이므로

$\dfrac{1}{2}\times\{2-(-k)\}\times\dfrac{8+4k}{5}=4$, $(k+2)^2=10$, $k+2=\pm\sqrt{10}$

$\therefore k=-2+\sqrt{10}$ $(\because \unicode{x24C1})$

따라서 구하는 직선의 방정식은 $y=x-2+\sqrt{10}$이다.

다른 풀이

(1) 직선 PQ의 방정식을 다음과 같이 구할 수 있다.

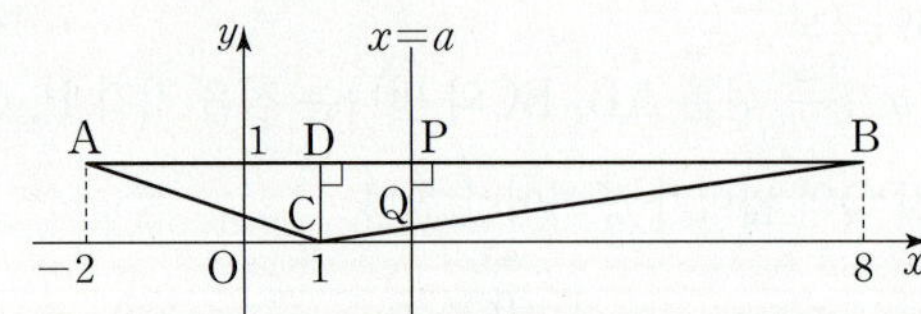

직선 $x=1$이 선분 AB와 만나는 점을 D라 하면 두 삼각형 BPQ, BDC는 닮음이다.

삼각형 BDC의 넓이는 $\dfrac{1}{2}\times 7\times 1=\dfrac{7}{2}$이므로

두 삼각형 BPQ, BDC의 넓이의 비는 $\dfrac{5}{2}:\dfrac{7}{2}=5:7$

즉, 두 삼각형 BPQ, BDC의 닮음비는 $\sqrt{5}:\sqrt{7}$이다.

$\overline{\mathrm{BP}}:\overline{\mathrm{BD}}=\sqrt{5}:\sqrt{7}$에서 $\overline{\mathrm{BP}}=\dfrac{\sqrt{5}}{\sqrt{7}}$, $\overline{\mathrm{BD}}=\dfrac{\sqrt{5}}{\sqrt{7}}\times 7=\sqrt{35}$

따라서 $a=8-\sqrt{35}$이므로

구하는 직선의 방정식은 $x=8-\sqrt{35}$이다.

088
$\qquad\qquad$ 답 ④

직선 $(k^2+2k-3)x+(k+3)y=2$에서

$(k+3)(k-1)x+(k+3)y=2$

직선 $(k+3)(k-1)x+(k+3)y=2$와

직선 $(k-4)x+(k-1)y=-1$이 서로 수직이 되는 경우는 다음과 같다.

(ⅰ) $k+3\neq 0$, $k-1\neq 0$일 때

두 직선의 기울기는 각각

$\dfrac{(k+3)(k-1)}{-(k+3)}=-(k-1)$, $\dfrac{k-4}{-(k-1)}$이므로

두 직선이 서로 수직이려면

$-(k-1)\times\dfrac{k-4}{-(k-1)}=-1$에서

$k-4=-1$ $\qquad\therefore k=3$

(ⅱ) $k+3=0$ 또는 $k-1=0$일 때

$k=-3$이면 $(k+3)(k-1)x+(k+3)y=2$는 직선의 방정식이 아니다.

$k=1$이면 두 직선은 각각 $y=\dfrac{1}{2}$, $x=\dfrac{1}{3}$이므로 서로 수직이다.

(ⅰ), (ⅱ)에서 두 직선이 서로 수직이 되는 모든 실수 k의 값의 합은 $3+1=4$이다.

089
$\qquad\qquad$ 답 50

마름모 ABCD에서 두 대각선 AC, BD는 서로를 수직이등분한다.

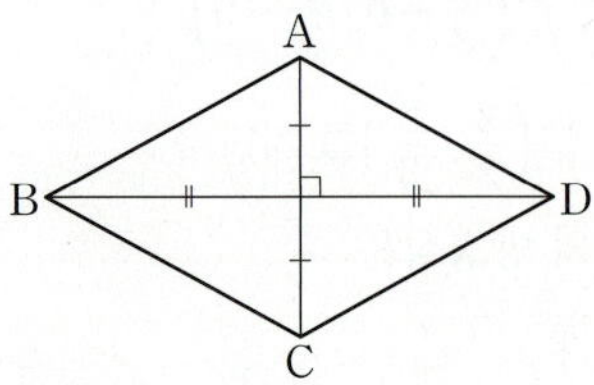

두 선분 AC, BD의 중점이 서로 같으므로

점 $\left(\dfrac{-2+q}{2},\ \dfrac{9}{2}\right)$과 점 $\left(\dfrac{p+1}{2},\ \dfrac{4+r}{2}\right)$이 일치한다.

$-2+q=p+1$에서 $q=p+3$ $\qquad\qquad$ …… ㉠
$9=4+r$에서 $r=5$
또한 두 직선 AC, BD는 서로 수직이므로 두 직선의 기울기의 곱이 -1이다.
$\dfrac{8-1}{q-(-2)}\times\dfrac{r-4}{1-p}=-1$에서 $(q+2)(p-1)=7$ $(\because r=5)$
㉠을 대입하면 $(p+5)(p-1)=7$
$p^2+4p-12=0$, $(p+6)(p-2)=0$
$\therefore p=2$ $(\because p>0)$, $q=5$
$\therefore pqr=2\times5\times5=50$

090 $\qquad\qquad\qquad$ 답 $\left(\dfrac{7}{3},\ \dfrac{7}{3}\right)$

세 꼭짓점 O, A, B에서 대변에 내린 수선의 발을 각각 O′, A′, B′이라 하자.

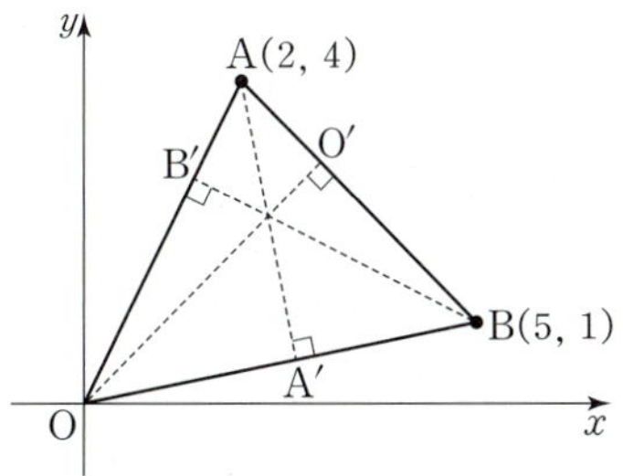

직선 AB의 기울기가 $\dfrac{1-4}{5-2}=-1$이므로

직선 AB와 수직인 직선 OO′의 기울기는 1이다.
즉, 직선 OO′의 방정식은 $y=x$
직선 OA의 기울기가 $\dfrac{4}{2}=2$이므로

직선 OA와 수직인 직선 BB′의 방정식은
$y-1=-\dfrac{1}{2}(x-5)$ $\quad\therefore y=-\dfrac{1}{2}x+\dfrac{7}{2}$
두 직선 OO′, BB′의 교점의 x좌표는
$x=-\dfrac{1}{2}x+\dfrac{7}{2}$에서 $x=\dfrac{7}{3}$

따라서 구하는 점의 좌표는 $\left(\dfrac{7}{3},\ \dfrac{7}{3}\right)$이다. $\quad$ …… **TIP**

> **TIP**
>
> 삼각형의 세 꼭짓점에서 각각의 대변에 그은 수선은 한 점에서 만나므로 삼각형의 세 꼭짓점 중 두 꼭짓점에서 각각 대변에 내린 두 수선의 교점을 구하면 된다.
> 한편, 직선 AA′의 방정식은 $y=-5x+14$이고,
> 점 $\left(\dfrac{7}{3},\ \dfrac{7}{3}\right)$은 직선 AA′ 위에 있음을 알 수 있다.

091 $\qquad\qquad\qquad$ 답 ⑤

두 직선 $(k+4)x+2(k+2)y+1=0$,
$(4-k)x+4(k+2)y+2=0$이 서로 평행하려면
(i) $k\neq-2$, $k\neq4$일 때
$\dfrac{k+4}{4-k}=\dfrac{2(k+2)}{4(k+2)}\neq\dfrac{1}{2}$이어야 한다.
이때 $\dfrac{2(k+2)}{4(k+2)}=\dfrac{1}{2}$이므로 조건을 만족시키지 않는다.

(ii) $k=4$일 때
두 직선은 각각 $8x+12y+1=0$, $24y+2=0$에서
$8x+12y+1=0$, $y=-\dfrac{1}{12}$이므로 서로 평행하지 않다.

(iii) $k=-2$일 때
두 직선은 각각 $2x+1=0$, $6x+2=0$에서
$x=-\dfrac{1}{2}$, $x=-\dfrac{1}{3}$이므로 서로 평행하다.

(i)~(iii)에서 $k=-2$이고, 이때 두 직선 사이의 거리는
$m=\left|\left(-\dfrac{1}{3}\right)-\left(-\dfrac{1}{2}\right)\right|=\dfrac{1}{6}$이다.

$\therefore k+m=(-2)+\dfrac{1}{6}=-\dfrac{11}{6}$

092 $\qquad\qquad\qquad$ 답 ②

ㄱ. $a=-1$일 때 직선 l은 $y=-x+1$이고, 직선 m은 $y=4x+5$이다.
방정식 $-x+1=4x+5$에서
$x=-\dfrac{4}{5}$, $y=-\left(-\dfrac{4}{5}\right)+1=\dfrac{9}{5}$
즉, 두 직선 l, m이 점 $\left(-\dfrac{4}{5},\ \dfrac{9}{5}\right)$에서 만나므로 제2사분면에서 만난다. (참)

ㄴ. $a=0$일 때, 직선 l은 $y=2$, 직선 m은 $x=-2$이므로 두 직선 l, m은 서로 수직이다.
$a\neq0$일 때, 두 직선 l, m의 기울기가 각각 a, $-\dfrac{4}{a}$이고,
그 곱은 $a\times\left(-\dfrac{4}{a}\right)=-4\neq-1$이므로 수직이 아니다.
따라서 두 직선이 수직이 되도록 하는 a의 값은 0으로 오직 하나이다. (참)

ㄷ. ㄴ에서 $a\neq0$일 때, 두 직선 l, m의 기울기가 각각 a, $-\dfrac{4}{a}$
이므로 두 직선이 서로 평행하기 위해서는
$a=-\dfrac{4}{a}$, 즉 $a^2=-4$이어야 하지만 이를 만족시키는 실수 a의
값은 존재하지 않는다. (거짓)
따라서 옳은 것은 ㄱ, ㄴ이다.

093 $\qquad\qquad\qquad$ 답 ⑤

삼각형 ABC의 무게중심을 G라 할 때 점 G의 좌표는
$\left(\dfrac{4+1+(-2)}{3},\ \dfrac{3+5+(-2)}{3}\right)$, 즉 $(1,\ 2)$
점 G를 지나는 직선의 방정식은
$y-2=k(x-1)$ $\quad\therefore y=k(x-1)+2$ (k는 상수) $\quad$ …… ㉠
이때 이 직선과 점 A 사이의 거리가 최대가 될 때는 직선
$y=k(x-1)+2$와 직선 AG가 수직일 때이다. $\quad$ …… **TIP**
직선 AG의 기울기가 $\dfrac{3-2}{4-1}=\dfrac{1}{3}$이므로 $\dfrac{1}{3}k=-1$에서 $k=-3$
이를 ㉠에 대입하면 직선의 방정식은
$y=-3(x-1)+2$ $\quad\therefore y=-3x+5$
따라서 구하는 직선의 x절편은
$-3x+5=0$ $\quad\therefore x=\dfrac{5}{3}$

직선 $y=k(x-1)+2$가 직선 AG와 수직이 아닌 경우
점 A와 직선 $y=k(x-1)+2$ 사이의 거리는 선분 AG를
빗변으로 하는 직각삼각형의 빗변이 아닌 한 변의 길이가 된다.

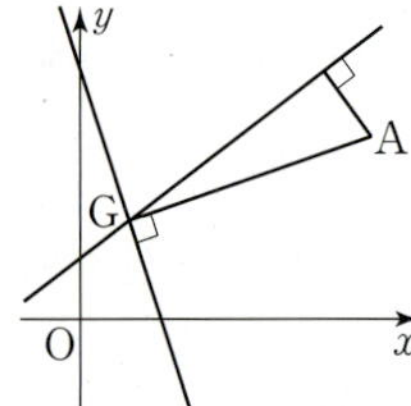

따라서 점 A와 직선 $y=k(x-1)+2$ 사이의 거리는
직선 AG와 직선 $y=k(x-1)+2$가 서로 수직일 때
선분 AG의 길이를 최댓값으로 갖는다.

094 ④

$A(0,\ 1)$, $l:2x+(k-1)y+6=0$이라 하고,
점 A를 지나는 직선과 직선 l이 x축 위에서 수직으로 만나는 점을 B
라 하자.

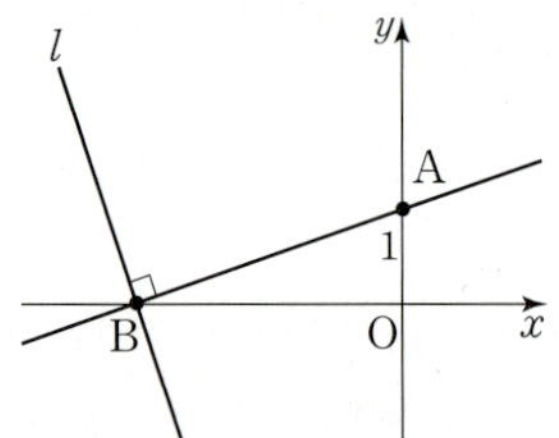

$2x+(k-1)y+6=0$에 $y=0$을 대입하면 $x=-3$이므로
$B(-3,\ 0)$이다.
즉, 직선 AB와 직선 l은 점 $(-3,\ 0)$에서 수직으로 만난다.
직선 AB의 기울기는 $\dfrac{1}{3}$이므로
직선 l의 기울기는 -3이다.
$l:2x+(k-1)y+6=0$에서 $y=-\dfrac{2}{k-1}x-\dfrac{6}{k-1}$이므로
$-\dfrac{2}{k-1}=-3$, $k-1=\dfrac{2}{3}$
$\therefore k=\dfrac{5}{3}$

위의 풀이에서 문제의 조건을 만족시키는 직선 l의 방정식은
$3x+y+9=0$이고, 직선 AB의 방정식은 $x-3y+3=0$이다.

095 3

선분 AB와 직선 $y=2x+1$이 수직으로 만나는 점이 P이므로
점 A에서 직선 $y=2x+1$에 내린 수선의 발이 P이다.

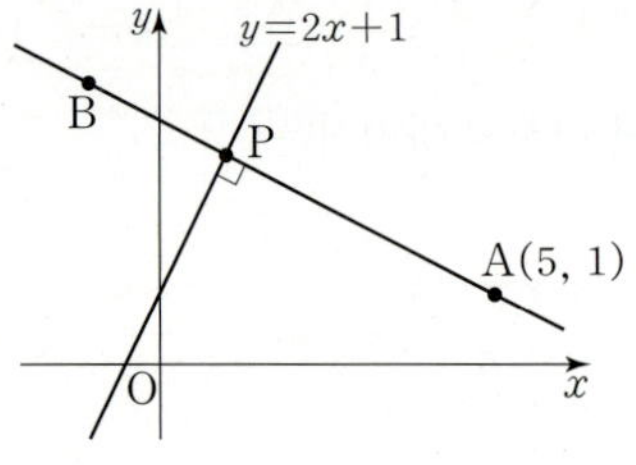

직선 AP와 직선 $y=2x+1$이 서로 수직이므로
직선 AP의 방정식은
$y-1=-\dfrac{1}{2}(x-5)$
$\therefore x+2y-7=0$
두 직선 $x+2y-7=0$, $y=2x+1$의 교점이 P이므로
두 식을 연립하여 풀면 $x=1$, $y=3$에서 $P(1,\ 3)$이다.
$\overline{AP}:\overline{BP}=2:1$이고, 점 P가 선분 AB 위에 존재하므로
점 P는 선분 AB를 $2:1$로 내분하는 점이다.
선분 AB를 $2:1$로 내분하는 점의 좌표는
$\left(\dfrac{2\times a+1\times 5}{2+1},\ \dfrac{2\times b+1\times 1}{2+1}\right)$, 즉 $\left(\dfrac{2a+5}{3},\ \dfrac{2b+1}{3}\right)$이므로
$\dfrac{2a+5}{3}=1$, $\dfrac{2b+1}{3}=3$에서
$a=-1$, $b=4$ $\therefore a+b=3$

096 1

다음 그림과 같이 직선 AB는 점 P를 지나고 직선 QR과 평행하고,
직선 BC는 점 Q를 지나고 직선 PR과 평행하다.

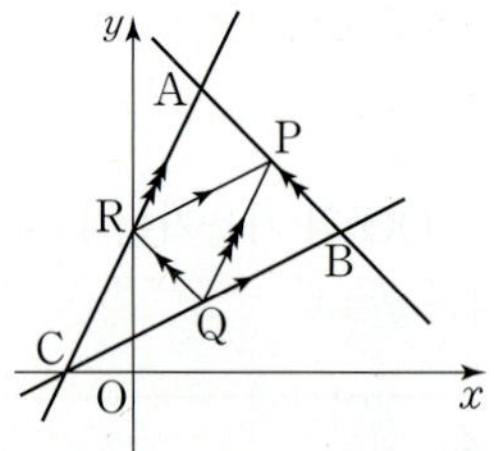

직선 QR의 기울기는 -1이므로 직선 AB의 방정식은
$y-3=-(x-2)$에서 $y=-x+5$이고,
직선 PR의 기울기는 $\dfrac{1}{2}$이므로 직선 BC의 방정식은
$y-1=\dfrac{1}{2}(x-1)$에서 $y=\dfrac{1}{2}x+\dfrac{1}{2}$이다.
두 직선 AB, BC가 만나는 점 B의 좌표는
$-x+5=\dfrac{1}{2}x+\dfrac{1}{2}$에서 $x=3$이고 $y=2$, 즉 $B(3,\ 2)$이므로
$a=3$, $b=2$ $\therefore a-b=3-2=1$

097 ④

$\overline{AP}=\overline{BP}$이면 삼각형 PAB는 이등변삼각형이고,
선분 AB의 수직이등분선이 함수 $y=x^2+2x+4$의 그래프와
제1사분면에서 만나는 점이 P이다.

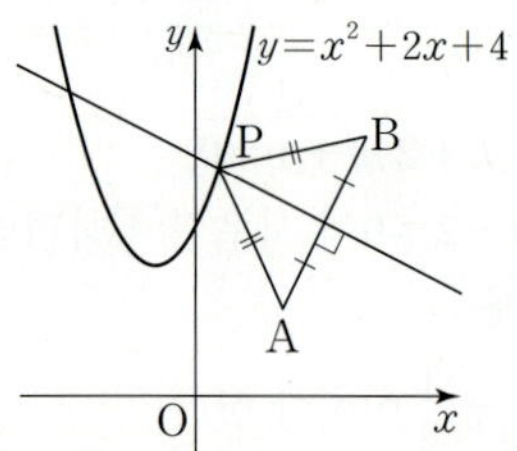

선분 AB의 중점의 좌표는 $\left(\dfrac{2+4}{2},\ \dfrac{2+6}{2}\right)$, 즉 $(3,\ 4)$이고,

직선 AB의 기울기는 $\dfrac{6-2}{4-2}=2$이므로 수직이등분선의 기울기는 $-\dfrac{1}{2}$이다.

따라서 선분 AB의 수직이등분선의 방정식은

$y-4=-\dfrac{1}{2}(x-3)$, 즉 $y=-\dfrac{1}{2}x+\dfrac{11}{2}$이고

이 직선이 함수 $y=x^2+2x+4$의 그래프와 만나는 점 P의 좌표는

$-\dfrac{1}{2}x+\dfrac{11}{2}=x^2+2x+4$, $2x^2+4x+8=-x+11$

$2x^2+5x-3=0$, $(2x-1)(x+3)=0$에서

$x=\dfrac{1}{2}$ $(\because x>0)$이고 $y=\dfrac{21}{4}$, 즉 $\mathrm{P}\left(\dfrac{1}{2},\ \dfrac{21}{4}\right)$이므로

$a=\dfrac{1}{2}$, $b=\dfrac{21}{4}$ $\qquad \therefore a+b=\dfrac{1}{2}+\dfrac{21}{4}=\dfrac{23}{4}$

098   답 ④

삼각형 OAB의 넓이를 이등분하고 선분 AB와 평행한 직선이 두 선분 OA, OB와 만나는 점을 각각 C, D라 하면 두 삼각형 OCD, OAB는 닮음이다.

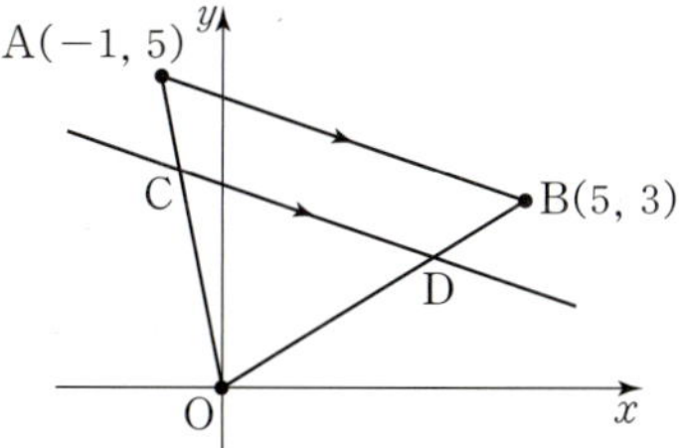

이때 두 삼각형의 넓이의 비가 $1:2$이므로
두 삼각형의 닮음비는 $1:\sqrt{2}$이어야 한다.

따라서 선분 OA를 $1:(\sqrt{2}-1)$로 내분하는 점이 C이므로
점 C의 좌표는

$\left(\dfrac{1\times(-1)+(\sqrt{2}-1)\times0}{1+(\sqrt{2}-1)},\ \dfrac{1\times5+(\sqrt{2}-1)\times0}{1+(\sqrt{2}-1)}\right)$

$\therefore \left(-\dfrac{\sqrt{2}}{2},\ \dfrac{5\sqrt{2}}{2}\right)$

직선 AB의 기울기는 $\dfrac{3-5}{5-(-1)}=-\dfrac{1}{3}$이므로

직선 AB와 평행한 직선 CD의 방정식은

$y-\dfrac{5\sqrt{2}}{2}=-\dfrac{1}{3}\left\{x-\left(-\dfrac{\sqrt{2}}{2}\right)\right\}$

따라서 이 직선의 y절편은 $-\dfrac{\sqrt{2}}{6}+\dfrac{5\sqrt{2}}{2}=\dfrac{7\sqrt{2}}{3}$이다.

099   답 8

삼각형 ABC는 $\overline{AB}=\overline{AC}$인 이등변삼각형이므로 다음 그림과 같이 점 A와 변 BC의 중점을 지나는 직선은 변 BC의 수직이등분선과 같다.

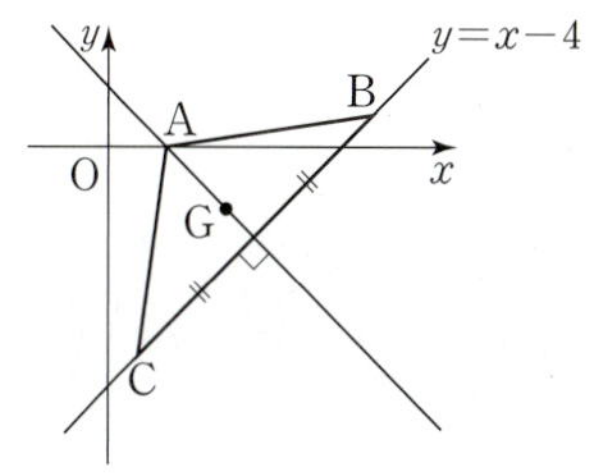

직선 BC의 기울기가 1이므로 직선 AG의 기울기는 -1이고,
점 $\mathrm{G}(2,\ -1)$을 지나므로 직선 AG의 방정식은

$y-(-1)=-(x-2)$, 즉 $y=-x+1$이다.

두 점 B, C가 직선 $y=x-4$ 위의 점이므로
$\mathrm{B}(p,\ p-4)$, $\mathrm{C}(q,\ q-4)$ $(p>q)$라 하자.

직선 AG와 직선 BC가 만나는 점이 선분 BC의 중점이므로 중점의 좌표는

$-x+1=x-4$, $2x=5$, $x=\dfrac{5}{2}$이고 $y=-\dfrac{3}{2}$, 즉 $\left(\dfrac{5}{2},\ -\dfrac{3}{2}\right)$

따라서 $\dfrac{p+q}{2}=\dfrac{5}{2}$에서 $p+q=5$ $\qquad \cdots\cdots$ ㉠

이때 $\overline{BC}=4\sqrt{2}$이므로 $\sqrt{(p-q)^2+\{(p-4)-(q-4)\}^2}=4\sqrt{2}$

$(p-q)\sqrt{2}=4\sqrt{2}$ $(\because p>q)$에서 $p-q=4$ $\qquad \cdots\cdots$ ㉡

㉠, ㉡을 연립하여 풀면 $p=\dfrac{9}{2}$, $q=\dfrac{1}{2}$이고

$\mathrm{B}\left(\dfrac{9}{2},\ \dfrac{1}{2}\right)$, $\mathrm{C}\left(\dfrac{1}{2},\ -\dfrac{7}{2}\right)$이다.

이때 $\mathrm{A}(r,\ s)$라 하면 삼각형 ABC의 무게중심 G의 좌표가 $(2,\ -1)$이므로

$\dfrac{1}{3}\left(\dfrac{9}{2}+\dfrac{1}{2}+r\right)=2$에서 $r+5=6$, $r=1$

$\dfrac{1}{3}\left\{\dfrac{1}{2}+\left(-\dfrac{7}{2}\right)+s\right\}=-1$에서 $s-3=-3$, $s=0$

따라서 두 점 $\mathrm{A}(1,\ 0)$, $\mathrm{B}\left(\dfrac{9}{2},\ \dfrac{1}{2}\right)$을 지나는 직선의 방정식은

$y=\dfrac{\dfrac{1}{2}-0}{\dfrac{9}{2}-1}(x-1)$, $y=\dfrac{1}{7}(x-1)$ $\qquad \therefore x-7y-1=0$

따라서 $a=1$, $b=-7$이므로
$a-b=1-(-7)=8$

100   답 17

두 직선 $kx-y=0$, $x+ky=0$의 기울기는 각각 k, $-\dfrac{1}{k}$이므로

$k\times\left(-\dfrac{1}{k}\right)=-1$에서 두 직선은 서로 수직이다.

$\angle$AOB를 이등분하는 직선이 선분 AB를 수직이등분하므로
삼각형 OAB는 직각이등변삼각형이고,
선분 AB의 수직이등분선의 방정식은 $y=2x$이다.

두 직선 $y=-\dfrac{1}{2}x+5$, $y=2x$가 만나는 점을 M이라 하면 점 M의 좌표는

$-\dfrac{1}{2}x+5=2x$, $\dfrac{5}{2}x=5$, $x=2$이고 $y=4$, 즉 $\mathrm{M}(2,\ 4)$이다.

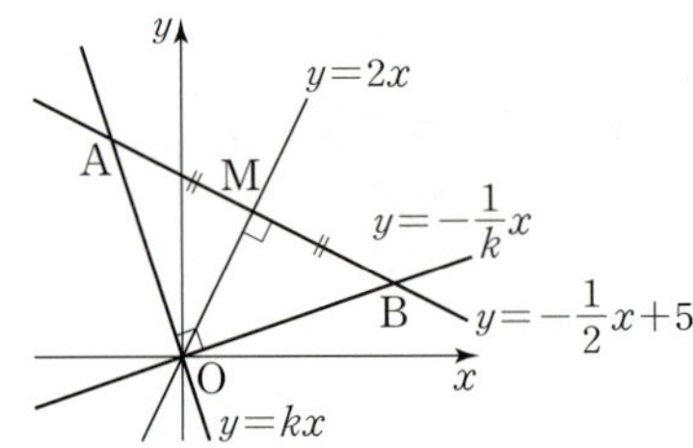

두 직선 $y=kx$, $y=-\dfrac{1}{2}x+5$가 만나는 점 A의 x좌표는

$kx=-\dfrac{1}{2}x+5$, $\left(k+\dfrac{1}{2}\right)x=5$, $x=\dfrac{10}{2k+1}$이고,

두 직선 $y=-\dfrac{1}{k}x$, $y=-\dfrac{1}{2}x+5$가 만나는 점 B의 x좌표는

$-\dfrac{1}{k}x=-\dfrac{1}{2}x+5$, $\left(\dfrac{1}{2}-\dfrac{1}{k}\right)x=5$, $x=\dfrac{10k}{k-2}$

이때 선분 AB의 중점이 M이므로

$\dfrac{1}{2}\left(\dfrac{10}{2k+1}+\dfrac{10k}{k-2}\right)=2$, $\dfrac{5}{2k+1}+\dfrac{5k}{k-2}=2$,

$5(k-2)+5k(2k+1)=2(k-2)(2k+1)$,

$10k^2+10k-10=4k^2-6k-4$

$3k^2+8k-3=0$, $(3k-1)(k+3)=0$에서 $k=-3$ $(\because k<0)$

이때 삼각형 OAB는 직각이등변삼각형이므로

$\overline{OM}=\overline{AM}=\overline{BM}$이다.

따라서 삼각형 OAB의 넓이는

$S=\dfrac{1}{2}\times\overline{AB}\times\overline{OM}=\dfrac{1}{2}\times 2\times\overline{OM}^2=\left(\sqrt{2^2+4^2}\right)^2=20$

$\therefore k+S=(-3)+20=17$

101

두 직선 $x+2y=0$, $2x-y=0$은 각각 $y=-\dfrac{1}{2}x$, $y=2x$이므로

서로 수직이고, 모두 원점을 지난다.

직선 $kx-y+6k+3=0$에서 $(x+6)k-(y-3)=0$이므로

이 직선은 k의 값에 관계없이 항상 점 $(-6, 3)$을 지나고,

기울기가 양수 k인 직선이다.

따라서 주어진 세 직선으로 둘러싸인 부분은 다음 그림과 같다.

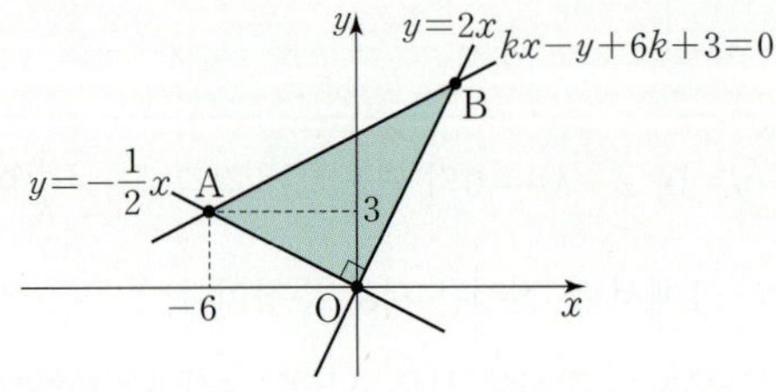

$A(-6, 3)$이라 하면 점 A는 직선 $y=-\dfrac{1}{2}x$ 위의 점이다.

두 직선 $y=2x$, $kx-y+6k+3=0$이 만나는 점을

$B(a, 2a)$라 하면

$\overline{OA}=\sqrt{(-6)^2+3^2}=3\sqrt{5}$

$\overline{OB}=\sqrt{a^2+(2a)^2}=\sqrt{5}\,|a|$

삼각형 AOB의 넓이가 30이므로

$\dfrac{1}{2}\times\overline{OA}\times\overline{OB}=\dfrac{1}{2}\times 3\sqrt{5}\times\sqrt{5}\,|a|=30$

$\therefore |a|=4$

점 B가 직선 $kx-y+6k+3=0$ 위의 점이므로

점 B의 좌표가 $(4, 8)$일 때, $k=\dfrac{1}{2}$

점 B의 좌표가 $(-4, -8)$일 때, $k=-\dfrac{11}{2}$

$\therefore k=\dfrac{1}{2}$ $(\because k>0)$

102

세 직선을 각각 $l\colon x+y=2$, $m\colon x-y=4$, $n\colon 3x-ky=4$라 하자.

직선 n은 k의 값에 관계없이 항상 점 $\left(\dfrac{4}{3}, 0\right)$을 지나고,

두 직선 l, m을 좌표평면 위에 나타내면 다음 그림과 같다.

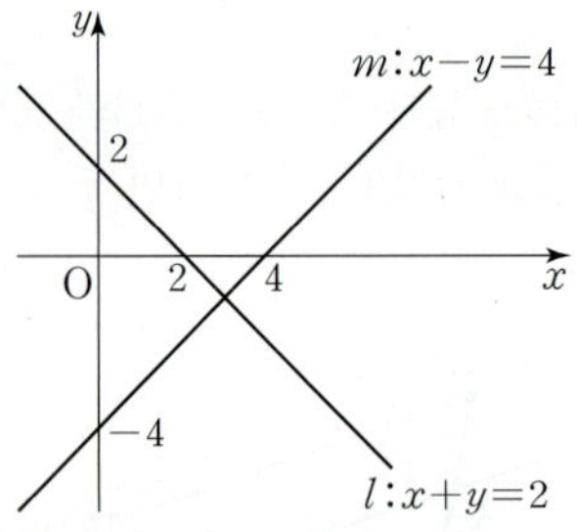

$k=0$일 때, 직선 $n\colon x=\dfrac{4}{3}$이므로 다음 그림과 같이 세 직선

l, m, n은 삼각형을 이룬다.

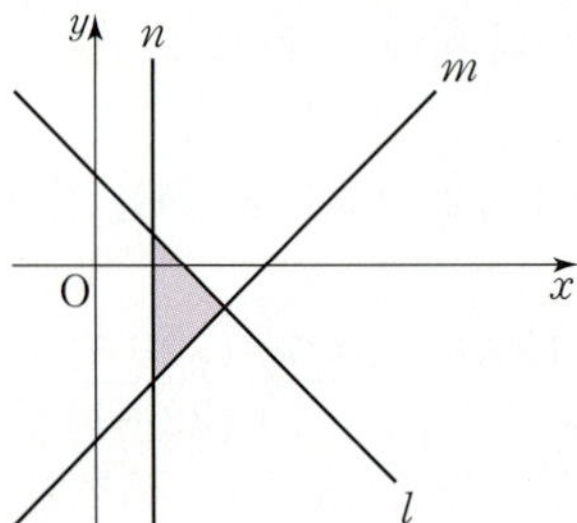

$k\neq 0$일 때, 세 직선 l, m, n의 기울기는 각각 -1, 1, $\dfrac{3}{k}$이고,

두 직선 l, m은 서로 평행하지 않으므로

세 직선 l, m, n이 삼각형을 이루지 않는 경우는 다음과 같다.

(i) 직선 n이 직선 l 또는 직선 m에 평행한 경우

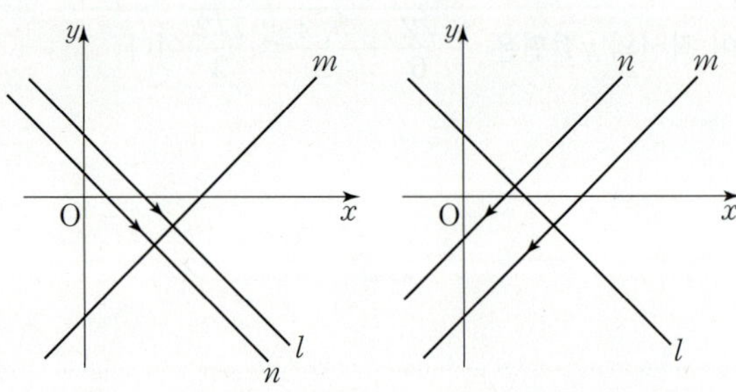

직선 n이 직선 l에 평행할 때, $\dfrac{3}{k}=-1$에서 $k=-3$

직선 n이 직선 m에 평행할 때, $\dfrac{3}{k}=1$에서 $k=3$

(ii) 직선 n이 두 직선 l, m의 교점을 지나는 경우

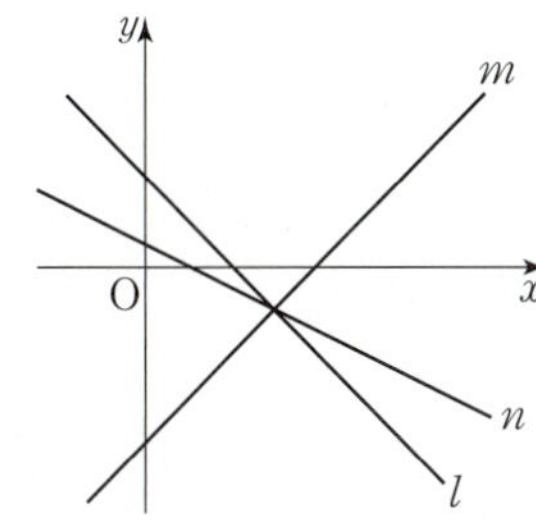

$x+y=2$, $x-y=4$를 연립하여 풀면 $x=3$, $y=-1$이므로
두 직선 l, m의 교점의 좌표는 $(3, -1)$이다.
직선 $3x-ky=4$가 점 $(3, -1)$을 지나므로
$9+k=4$
$\therefore k=-5$

(i), (ii)에서 구하는 모든 실수 k의 값의 곱은
$(-3)\times3\times(-5)=45$이다.

채점 요소	배점
$k=0$일 때에 대하여 확인하기	10%
어느 두 직선이 평행한 경우의 k의 값 구하기	40%
세 직선이 한 점에서 만나는 경우의 k의 값 구하기	40%
모든 실수 k의 값의 곱 구하기	10%

103   답 풀이 참조

(i) $a\neq0$, $b\neq0$일 때, 직선 $l: ax+by+c=0$의 기울기는

$\boxed{-\dfrac{a}{b}}$ 이고, 점 P에서 직선 l에 내린 수선의 발을

$H(x_2, y_2)$라 하면 직선 PH와 직선 l이 수직이므로

$\boxed{-\dfrac{a}{b}}\times\dfrac{y_2-y_1}{x_2-x_1}=-1$이다.

이 식을 정리하여 $\dfrac{x_2-x_1}{a}=\dfrac{y_2-y_1}{b}=k$ (k는 상수) $\quad\cdots\cdots$ ㉠

라 하면
$\overline{PH}=\sqrt{(x_2-x_1)^2+(y_2-y_1)^2}=\sqrt{(ak)^2+(bk)^2}$
$\quad=|k|\times\boxed{\sqrt{a^2+b^2}}$ $\quad\cdots\cdots$ ㉡

한편, 점 H가 직선 l 위의 점이므로 $ax_2+by_2+c=0$이다.
㉠에 의하여 $a(x_1+ak)+b(y_1+bk)+c=0$이므로

$k=\boxed{-\dfrac{ax_1+by_1+c}{a^2+b^2}}$

이를 ㉡에 대입하여 정리하면

$\overline{PH}=\boxed{\dfrac{|ax_1+by_1+c|}{\sqrt{a^2+b^2}}}$ $\quad\cdots\cdots$ ㉢

(ii) $a=0$, $b\neq0$ 또는 $a\neq0$, $b=0$일 때, 직선 $ax+by+c=0$은 x축
   또는 y축에 평행하고 이때에도 ㉢이 성립한다.
따라서
(가) $-\dfrac{a}{b}$, (나) $\sqrt{a^2+b^2}$, (다) $-\dfrac{ax_1+by_1+c}{a^2+b^2}$, (라) $\dfrac{|ax_1+by_1+c|}{\sqrt{a^2+b^2}}$ 이다.

104   답 ②

다음 그림과 같이 직선 $y=3x$와 x축의 양의 방향이 이루는 각을

이등분하는 직선이 점 $(2, k)$를 지나므로
점 $(2, k)$와 직선 $3x-y=0$ 사이의 거리는
점 $(2, k)$와 x축 사이의 거리 k와 같다.

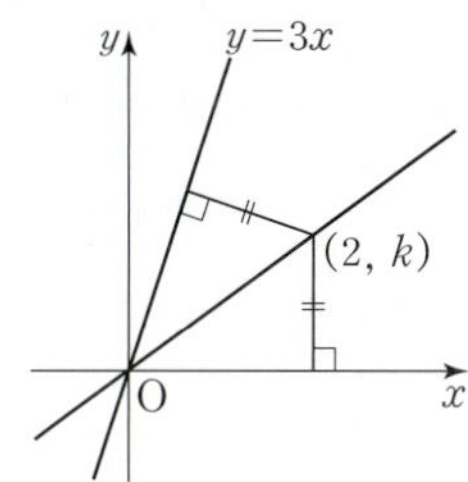

$\dfrac{|3\times2-k|}{\sqrt{3^2+(-1)^2}}=k$, $|6-k|=k\sqrt{10}$에서
$6-k=\pm k\sqrt{10}$이다.
$6-k=k\sqrt{10}$에서
$(\sqrt{10}+1)k=6$, $k=\dfrac{6}{\sqrt{10}+1}$ $\quad\therefore k=\dfrac{2(\sqrt{10}-1)}{3}$
$6-k=-k\sqrt{10}$에서
$(\sqrt{10}-1)k=-6$, $k=-\dfrac{6}{\sqrt{10}-1}$ $\quad\therefore k=-\dfrac{2(\sqrt{10}+1)}{3}$

점 $(2, k)$가 제1사분면 위의 점이므로 $k=\dfrac{2(\sqrt{10}-1)}{3}$이다.

105   답 ①

이차함수 $y=x^2-4x+6$의 그래프 위의 점에서 직선 $y=2x+k$에
이르는 거리의 최솟값이 $\sqrt{5}$이면 곡선 $y=x^2-4x+6$의 접선 중
직선 $y=2x+k$와 평행한 직선을 l이라 할 때, 직선 l과 직선
$y=2x+k$ 사이의 거리가 $\sqrt{5}$이다.

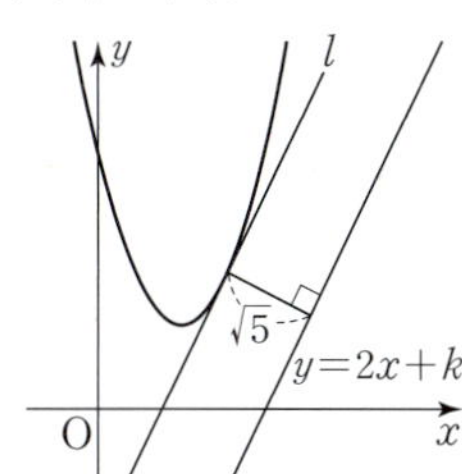

직선 l의 방정식을 $y=2x+a$ (a는 상수)라 할 때 이차방정식
$x^2-4x+6=2x+a$, 즉 $x^2-6x+6-a=0$이 중근을 가지므로
판별식을 D라 하면
$\dfrac{D}{4}=(-3)^2-(6-a)=0$ $\quad\therefore a=-3$

즉, 직선 l의 방정식은 $y=2x-3$이다.
직선 l 위의 점 $(0, -3)$과 직선 $2x-y+k=0$ 사이의 거리가
$\sqrt{5}$이므로
$\dfrac{|3+k|}{\sqrt{2^2+(-1)^2}}=\sqrt{5}$, $|k+3|=5$이고
$k+3=\pm5$에서 $k=2$ 또는 $k=-8$
이때 직선 $y=2x+k$는 직선 l보다 아래에 있어야 하므로
$k=-8$이다.

106   답 3

직선 $k(x+y)-x+3y+4=0$에서
$(k-1)x+(k+3)y+4=0$

원점 $(0, 0)$과 직선 $(k-1)x+(k+3)y+4=0$ 사이의 거리는
$$\frac{4}{\sqrt{(k-1)^2+(k+3)^2}} \qquad \cdots\cdots\ \text{㉠}$$
이 값이 최대가 되려면 분모가 최소가 되어야 한다.
즉, $(k-1)^2+(k+3)^2=2k^2+4k+10=2(k+1)^2+8$에서
$k=-1$일 때, ㉠의 최댓값은 $\dfrac{4}{\sqrt{8}}=\sqrt{2}$이다.
따라서 $a=-1$, $b=\sqrt{2}$이므로
$a^2+b^2=1+2=3$

다른 풀이

직선 $k(x+y)-x+3y+4=0$이 k의 값에 관계없이 항상
성립하려면 $x+y=0$, $-x+3y+4=0$
두 식을 연립하여 풀면 $x=1$, $y=-1$
즉, 주어진 직선은 k의 값에 관계없이 항상 점 $(1, -1)$을 지난다.

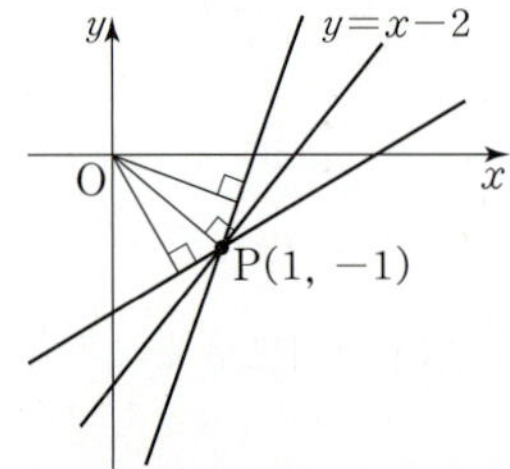

$\mathrm{P}(1, -1)$이라 하고, 점 P를 지나는 직선을 l이라 하면
직선 l이 직선 OP와 수직일 때, 원점과 직선 l 사이의 거리가
최대이고, 이때의 최댓값은 $\overline{\mathrm{OP}}=\sqrt{2}$이므로 $b=\sqrt{2}$이다.
직선 OP의 기울기가 -1이므로 직선 OP와 수직일 때 직선 l의
방정식은 $y-(-1)=x-1$, 즉 $x-y-2=0$이다.
두 직선 $(k-1)x+(k+3)y+4=0$과 $x-y-2=0$이 일치해야
하므로 $\dfrac{k-1}{1}=\dfrac{k+3}{-1}=\dfrac{4}{-2}$에서
$k=-1$ $\qquad \therefore a=-1$
$\therefore a^2+b^2=1+2=3$

107
답 $-\dfrac{25}{4}$

선분 AB의 길이는 평행한 두 직선 $y=-\dfrac{1}{2}x+3$, $y=-\dfrac{1}{2}x-1$
사이의 거리와 같다.
직선 $y=-\dfrac{1}{2}x+3$ 위의 점 $(0, 3)$과 직선 $x+2y+2=0$ 사이의
거리는
$$\frac{|2\times3+2|}{\sqrt{1^2+2^2}}=\frac{8}{\sqrt{5}}$$
직선 l은 두 직선 $y=-\dfrac{1}{2}x+3$, $y=-\dfrac{1}{2}x-1$과 수직으로 만나므로
기울기가 2인 직선이다.
직선 l의 방정식을 $y=2x+k$ (k는 상수)라 하면
삼각형 OAB에서 밑변을 선분 AB로 두면 높이는 원점과 직선 l
사이의 거리와 같다. 삼각형 OAB의 넓이가 2이므로
$$\frac{1}{2}\times\frac{8}{\sqrt{5}}\times\frac{|k|}{\sqrt{2^2+(-1)^2}}=2,\ \frac{4}{5}|k|=2,\ |k|=\frac{5}{2}\text{에서}$$
$k=\dfrac{5}{2}$ 또는 $k=-\dfrac{5}{2}$

따라서 구하는 가능한 모든 y절편의 곱은 $\dfrac{5}{2}\times\left(-\dfrac{5}{2}\right)=-\dfrac{25}{4}$이다.

108
답 15

삼각형 ABC의 무게중심이 $\mathrm{G}(6, b)$이므로
$$\frac{(-1)+2+a}{3}=b\text{에서 } a=3b-1 \qquad \cdots\cdots\ \text{㉠}$$
다음 그림과 같이 변 AB의 중점을 M, 두 점 G, C에서 선분 AB에
내린 수선의 발을 각각 P, Q라 하자.

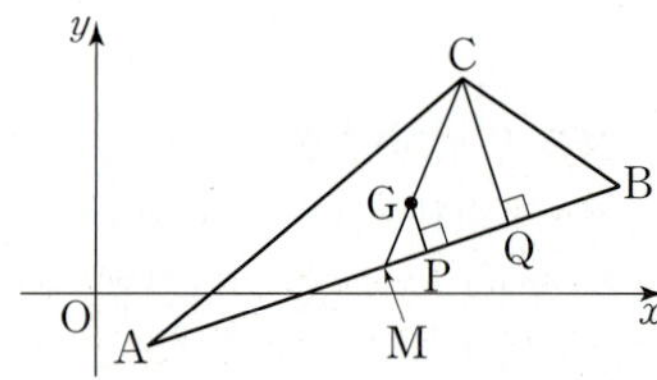

두 직각삼각형 GMP, CMQ는 서로 닮음이고, 무게중심 G는
선분 CM을 $2:1$로 내분하는 점이므로 이때 닮음비는 $1:3$이다.
$\overline{\mathrm{GP}}=\sqrt{10}$에서 $\overline{\mathrm{CQ}}=3\sqrt{10}$이고, 직선 AB의 방정식은
$$y-(-1)=\frac{2-(-1)}{10-1}(x-1),\ y=\frac{1}{3}x-\frac{4}{3} \qquad \therefore x-3y-4=0$$
점 C와 직선 $x-3y-4=0$ 사이의 거리가 $3\sqrt{10}$이므로
$$\frac{|7-3a-4|}{\sqrt{1^2+(-3)^2}}=3\sqrt{10},\ |3-3a|=30,$$
$|1-a|=10$에서 $1-a=\pm10$
$a=11$ $(\because a>0)$이고 $b=4$ $(\because \text{㉠})$
$\therefore a+b=11+4=15$

다른 풀이

직선 AB의 방정식은 $y-(-1)=\dfrac{2-(-1)}{10-1}(x-1)$
$y=\dfrac{1}{3}x-\dfrac{4}{3}$, 즉 $x-3y-4=0$
점 G와 직선 AB 사이의 거리가 $\sqrt{10}$이므로
$$\frac{|6-3b-4|}{\sqrt{1^2+(-3)^2}}=\sqrt{10},\ |2-3b|=10\text{에서 } 2-3b=\pm10$$
$b=-\dfrac{8}{3}$ 또는 $b=4$
무게중심 $\mathrm{G}(6, b)$는 삼각형 내부에 있어야 하므로 $b=4$
$\dfrac{(-1)+2+a}{3}=4$이므로 $a=11$
$\therefore a+b=11+4=15$

109
답 $\dfrac{27}{2}$

삼각형 ABC에서 밑변을 선분 AB라 하면
$\overline{\mathrm{AB}}=\sqrt{\{5-(-1)\}^2+(2-5)^2}=3\sqrt{5}$이고,
삼각형 ABC의 높이는 점 C와 직선 AB 사이의 거리이다.
두 점 $\mathrm{A}(-1, 5)$, $\mathrm{B}(5, 2)$를 지나는 직선의 방정식은
$$y-2=\frac{2-5}{5-(-1)}(x-5)$$
$\therefore x+2y-9=0$
점 $\mathrm{C}(2, -1)$과 직선 $x+2y-9=0$ 사이의 거리는
$$\frac{|2-2-9|}{\sqrt{1^2+2^2}}=\frac{9}{\sqrt{5}}$$
따라서 구하는 삼각형 ABC의 넓이는
$$\frac{1}{2}\times3\sqrt{5}\times\frac{9}{\sqrt{5}}=\frac{27}{2}$$

$P(5, 5)$, $Q(5, -1)$, $R(-1, -1)$이라 하면

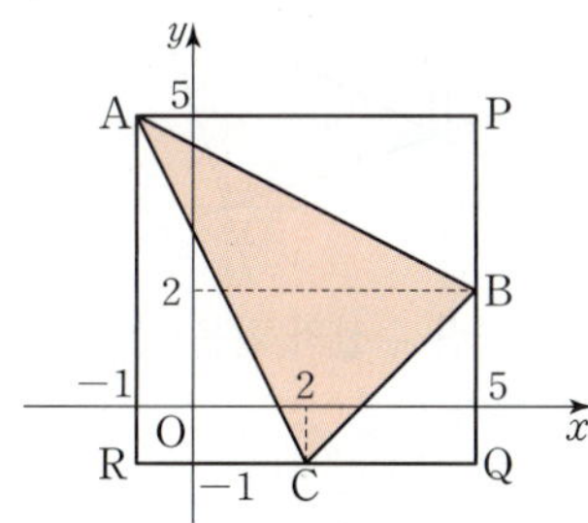

(삼각형 ABC의 넓이)
= (사각형 ARQP의 넓이) − (삼각형 APB의 넓이)
        − (삼각형 BQC의 넓이) − (삼각형 ARC의 넓이)

$= 36 - 9 - \dfrac{9}{2} - 9$

$= \dfrac{27}{2}$

세 점 $A(-1, 5)$, $B(5, 2)$, $C(2, -1)$에 대하여
(삼각형 ABC의 넓이)

$= \dfrac{1}{2}\begin{vmatrix} -1 & 5 & 2 & -1 \\ 5 & 2 & -1 & 5 \end{vmatrix}$ ...... **TIP**

$= \dfrac{1}{2}|(-2-5+10)-(25+4+1)|$

$= \dfrac{27}{2}$

TIP

세 점 $A(x_1, y_1)$, $B(x_2, y_2)$, $C(x_3, y_3)$을 꼭짓점으로 하는
삼각형의 넓이는

$\dfrac{1}{2}|(x_1y_2+x_2y_3+x_3y_1)-(x_2y_1+x_3y_2+x_1y_3)|$이다.

[증명]
삼각형 ABC의 밑변을 AB라 하면
$\overline{AB}=\sqrt{(x_2-x_1)^2+(y_2-y_1)^2}$이고,
두 점 $A(x_1, y_1)$, $B(x_2, y_2)$를 지나는 직선의 방정식

$y-y_1=\dfrac{y_2-y_1}{x_2-x_1}(x-x_1)$에서

$(y_2-y_1)x-(x_2-x_1)y-x_1y_2+x_2y_1=0$이므로
점 $C(x_3, y_3)$과 직선 AB 사이의 거리는

$\dfrac{|(y_2-y_1)x_3-(x_2-x_1)y_3-x_1y_2+x_2y_1|}{\sqrt{(y_2-y_1)^2+(x_2-x_1)^2}}$

$= \dfrac{|x_3y_2+x_1y_3+x_2y_1-x_3y_1-x_2y_3-x_1y_2|}{\sqrt{(y_2-y_1)^2+(x_2-x_1)^2}}$

따라서 삼각형 ABC의 넓이는

$\dfrac{1}{2}\times\overline{AB}\times\dfrac{|x_3y_2+x_1y_3+x_2y_1-x_3y_1-x_2y_3-x_1y_2|}{\sqrt{(y_2-y_1)^2+(x_2-x_1)^2}}$

$= \dfrac{1}{2}|(x_1y_2+x_2y_3+x_3y_1)-(x_2y_1+x_3y_2+x_1y_3)|$

이다.
이때 다음과 같은 방법을 이용하여 공식을 쉽게 이용할 수 있다.

$\dfrac{1}{2}\begin{vmatrix} x_1 & x_2 & x_3 & x_1 \\ y_1 & y_2 & y_3 & y_1 \end{vmatrix}$ ↖ 방향의 두 수의 곱을 모두 더한 것에서
                   ↗ 방향의 두 수의 곱을 모두 더한 것을 뺀다.

$\Rightarrow \dfrac{1}{2}|(x_1y_2+x_2y_3+x_3y_1)-(x_2y_1+x_3y_2+x_1y_3)|$

두 점 $(6, 0)$, $(0, 3)$을 지나는 직선 l의 방정식은
$x+2y-6=0$

정사각형 ABCD의 넓이가 $\dfrac{81}{5}$이므로

정사각형 ABCD의 한 변의 길이는 $\dfrac{9}{\sqrt{5}}$

점 $A(a, 6)$과 직선 l 사이의 거리는 정사각형 ABCD의 한 변의
길이와 같으므로

$\dfrac{|a+12-6|}{\sqrt{1^2+2^2}}=\dfrac{9}{\sqrt{5}}$

즉, $|a+6|=9$이므로
$a=3$ ($\because a>0$)

두 직선 $2x+y-3=0$, $x-2y+1=0$이 이루는 각을
이등분하는 직선 위의 점을 $P(a, b)$라 하면
점 P와 두 직선 $2x+y-3=0$, $x-2y+1=0$ 사이의 거리가 서로
같다.

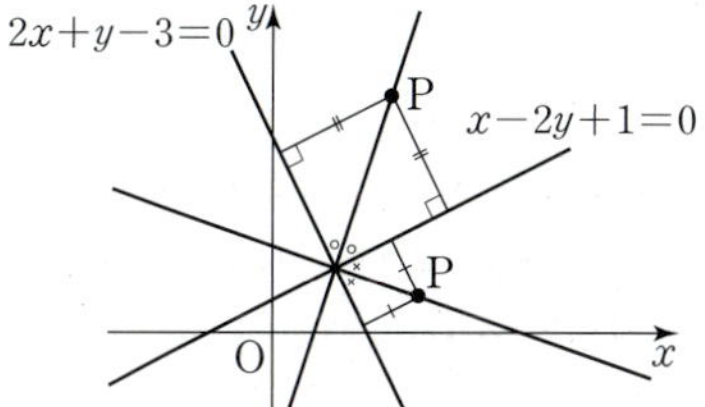

즉, $\dfrac{|2a+b-3|}{\sqrt{2^2+1^2}}=\dfrac{|a-2b+1|}{\sqrt{1^2+(-2)^2}}$에서

$|2a+b-3|=|a-2b+1|$

(i) $2a+b-3=a-2b+1$인 경우
   $a+3b-4=0$이므로 각의 이등분선의 방정식은
   $x+3y-4=0$

(ii) $2a+b-3=-(a-2b+1)$인 경우
   $3a-b-2=0$이므로 각의 이등분선의 방정식은
   $3x-y-2=0$

(i), (ii)에서 구하는 직선의 방정식은
$x+3y-4=0$, $3x-y-2=0$이다.

참고

두 직선이 이루는 각을 이등분하는 직선은 두 직선으로부터
떨어진 거리가 같은 점들로 이루어져 있다.
두 직선이 이루는 각을 이등분하는 직선은 2개이고, 그 두
직선은 항상 서로 수직이다.

$A(-1, 2)$, $B(3, 5)$에서 $\overline{AB}=\sqrt{\{3-(-1)\}^2+(5-2)^2}=5$
이때 삼각형 ABP의 넓이가 10이므로

$10=\dfrac{1}{2}\times5\times4$에서 선분 AB를 밑변으로 하는 삼각형 ABP의

높이는 4이어야 한다.

즉, 점 P와 직선 AB 사이의 거리가 4이므로 점 P가 나타내는
도형은 직선 AB와 평행하고 직선 AB와의 거리가 4인 직선이다.

직선 AB의 기울기는 $\dfrac{5-2}{3-(-1)}=\dfrac{3}{4}$이므로 점 P가 나타내는

직선의 방정식을 $3x-4y+k=0$ (k는 상수)이라 하자.
점 A와 이 직선 사이의 거리가 4이어야 하므로

$$\dfrac{|-3-8+k|}{\sqrt{3^2+(-4)^2}}=4,\ |k-11|=20,\ k-11=\pm20$$

$$\therefore k=-9\ \text{또는}\ k=31$$

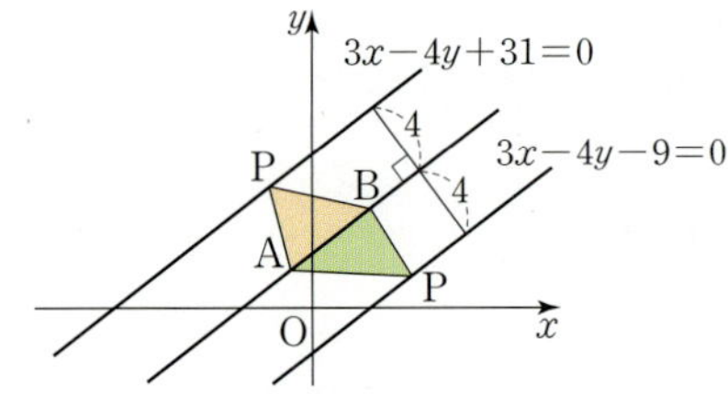

따라서 구하는 도형의 방정식은
$3x-4y-9=0,\ 3x-4y+31=0$이다.

113   답 ④

$\overline{\mathrm{OA}}=2\overline{\mathrm{AC}}$에서 $\overline{\mathrm{OA}}:\overline{\mathrm{AC}}=2:1$이므로
두 점 A, C를 $\mathrm{A}(2a,\,0)$, $\mathrm{C}(3a,\,0)$ $(a>0)$이라 하자.
이때 직선 l_1의 기울기가 -3이므로 점 $\mathrm{B}(0,\,b)$라 하면

$$\dfrac{0-b}{2a-0}=-3 \qquad \therefore b=6a$$

$$\therefore \mathrm{B}(0,\,6a)$$

한편, 두 삼각형 ACP와 BDP의 넓이가 서로 같으므로
두 삼각형 AOB, COD의 넓이가 서로 같다.

$$(\text{삼각형 AOB의 넓이})=\dfrac{1}{2}\times\overline{\mathrm{OA}}\times\overline{\mathrm{OB}}$$
$$=\dfrac{1}{2}\times 2a\times 6a$$
$$=6a^2 \qquad \cdots\cdots\ \text{㉠}$$

점 $\mathrm{D}(0,\,d)$라 하면

$$(\text{삼각형 COD의 넓이})=\dfrac{1}{2}\times\overline{\mathrm{OC}}\times\overline{\mathrm{OD}}$$
$$=\dfrac{1}{2}\times 3a\times d$$
$$=\dfrac{3ad}{2} \qquad \cdots\cdots\ \text{㉡}$$

㉠=㉡에서 $6a^2=\dfrac{3ad}{2}$이므로 $d=4a$

$$\therefore \mathrm{D}(0,\,4a)$$

따라서 직선 l_2의 기울기는

$$\dfrac{0-4a}{3a-0}=-\dfrac{4}{3}$$

114   답 $\dfrac{16}{5}$

두 직선 $y=3x$, $y=-\dfrac{1}{3}x$는 원점에서 수직으로 만난다.

이 두 직선이 직선 $y=mx+2$와 만나는 점을 각각 A, B라 하면
삼각형 AOB가 이등변삼각형일 때 삼각형 AOB는 $\overline{\mathrm{OA}}=\overline{\mathrm{OB}}$인
직각이등변삼각형이므로 이를 좌표평면에 나타내면 다음 그림과
같다.

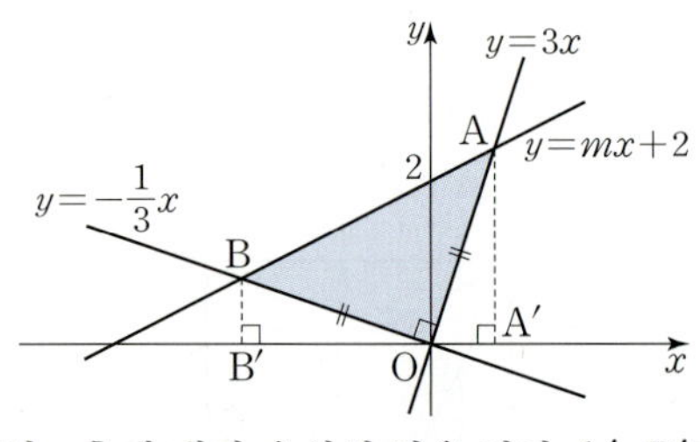

두 점 A, B에서 x축에 내린 수선의 발을 각각 A′, B′이라 하면
두 삼각형 OA′A, BB′O가 합동이므로
점 A의 좌표를 $(a,\,3a)$ $(a>0)$라 하면 점 B의 좌표는 $(-3a,\,a)$이다.

직선 AB의 기울기가 $\dfrac{3a-a}{a-(-3a)}=\dfrac{1}{2}$이므로 $m=\dfrac{1}{2}$

점 $\mathrm{A}(a,\,3a)$가 직선 $y=\dfrac{1}{2}x+2$ 위의 점이므로

$$3a=\dfrac{1}{2}a+2,\ \dfrac{5}{2}a=2 \qquad \therefore a=\dfrac{4}{5}$$

따라서 $\overline{\mathrm{OA}}=\sqrt{a^2+(3a)^2}=\sqrt{10}\,a=\dfrac{4\sqrt{10}}{5}$이므로
구하는 삼각형 AOB의 넓이는

$$\dfrac{1}{2}\overline{\mathrm{OA}}\times\overline{\mathrm{OB}}=\dfrac{1}{2}\overline{\mathrm{OA}}^2=\dfrac{1}{2}\times\left(\dfrac{4\sqrt{10}}{5}\right)^2=\dfrac{16}{5}$$

115   답 ①

직사각형 ABCD의 네 꼭짓점을 좌표평면 위의 네 점
$\mathrm{A}(0,\,8)$, $\mathrm{B}(0,\,0)$, $\mathrm{C}(16,\,0)$, $\mathrm{D}(16,\,8)$로 나타내고
점 P의 좌표를 $(x,\,y)$라 하면
점 P가 직사각형 내부 및 둘레 위의 점이므로
$$0\le x\le 16,\ 0\le y\le 8\text{이다.} \qquad \cdots\cdots\ \text{㉠}$$
$\overline{\mathrm{AP}}^2-\overline{\mathrm{CP}}^2=16$이므로
$$x^2+(y-8)^2-\{(x-16)^2+y^2\}=16$$
$$-16y+64+32x-256=16$$
$$\therefore y=2x-13$$

이때 ㉠에 의하여 점 P가 나타내는 도형은 두 점 $\left(\dfrac{13}{2},\,0\right)$, $\left(\dfrac{21}{2},\,8\right)$
을 잇는 선분이므로 좌표평면 위에 나타내면 다음 그림과 같다.

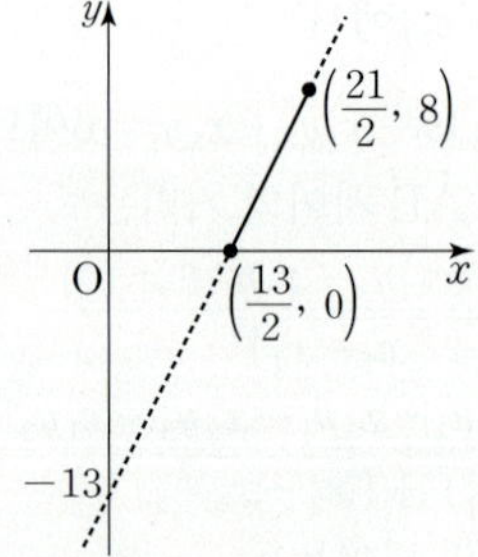

따라서 점 P가 나타내는 도형의 길이는
$\sqrt{4^2+8^2}=4\sqrt{5}$이다.

116   답 $0,\ 1,\ -3,\ -5$

(i) $a=0$일 때,
두 직선 $x+ay-12=0$, $3x-ay+4=0$은 각각
$x=12$, $x=-\dfrac{4}{3}$로 서로 평행하다.

이때 세 직선 $x+y=0$, $x=12$, $x=-\dfrac{4}{3}$에 의하여 좌표평면은
6개의 부분으로 나누어진다.

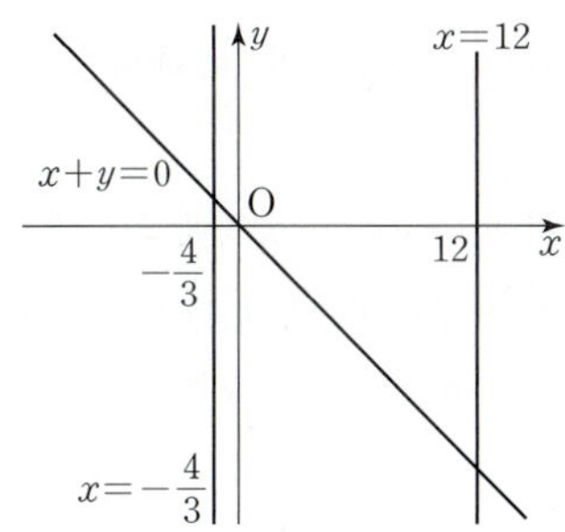

(ii) $a\neq0$일 때,

세 직선 $x+y=0$, $x+ay-12=0$, $3x-ay+4=0$에 의하여
좌표평면이 6개의 부분으로 나누어지는 경우는 다음과 같다.

...... **TIP**

ⓐ 세 직선 중 두 직선만 서로 평행한 경우

세 직선 $x+y=0$, $x+ay-12=0$, $3x-ay+4=0$의

기울기는 각각 -1, $-\dfrac{1}{a}$, $\dfrac{3}{a}$이고, $-\dfrac{1}{a}\neq\dfrac{3}{a}$이므로

$-1=-\dfrac{1}{a}$일 때 $a=1$

$-1=\dfrac{3}{a}$일 때 $a=-3$

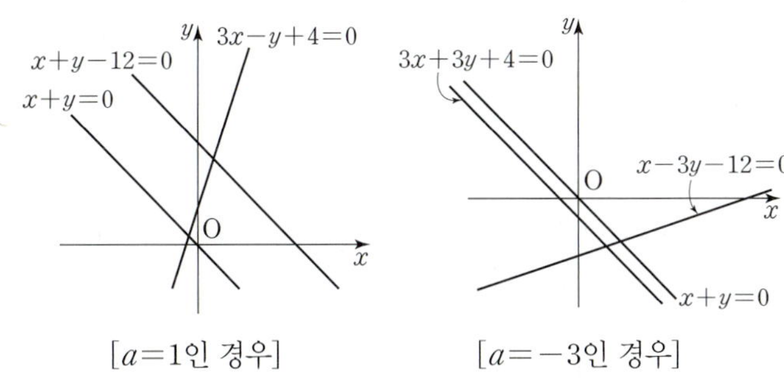

[$a=1$인 경우]　　　　[$a=-3$인 경우]

ⓑ 세 직선이 한 점에서 만나는 경우

두 직선 $x+ay-12=0$, $3x-ay+4=0$의 교점 $\left(2, \dfrac{10}{a}\right)$이

직선 $x+y=0$ 위의 점이어야 하므로

$2+\dfrac{10}{a}=0$에서 $a=-5$

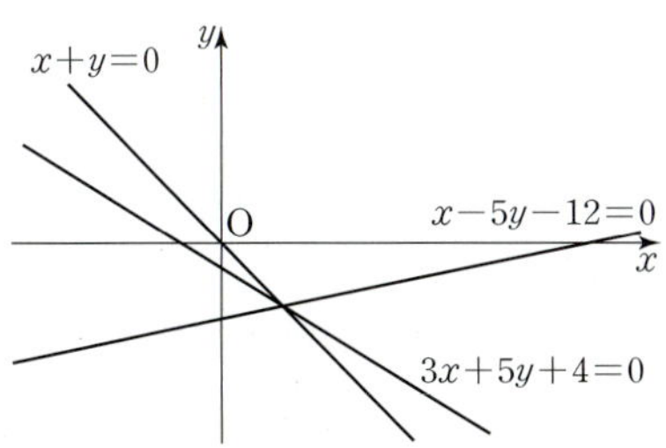

(i), (ii)에서 모든 실수 a의 값은 0, 1, -3, -5이다.

TIP

한 평면 위에 있는 서로 다른 세 직선의 위치 관계에 따라 평면이
나누어지는 부분의 개수는 다음과 같다.
(i) 세 직선이 모두 서로 평행한 경우
　　평면이 나누어지는 부분의 개수는 4이다.
(ii) 세 직선 중 두 직선만 서로 평행한 경우
　　평면이 나누어지는 부분의 개수는 6이다.

(iii) 세 직선이 한 점에서 만나는 경우
　　평면이 나누어지는 부분의 개수는 6이다.
(iv) 세 직선 중 두 직선이 각각 서로 다른 한 점에서 만나는 경우
　　평면이 나누어지는 부분의 개수는 7이다.

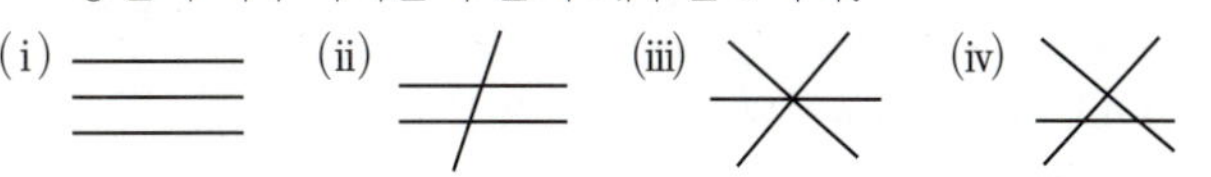

117　　　　　　　　　　　　　　　　　　　　　답 ④

두 직선 $2x-y+3=0$, $x-y+1=0$의 교점을 P라 할 때,
$\overline{AC}=\overline{BD}=\sqrt{2}$이고, 두 직선 AC, BD는 서로 평행하므로
$\angle PAC=\angle PBD$이다.
따라서 두 삼각형 PAC, PBD는 서로 합동이다.

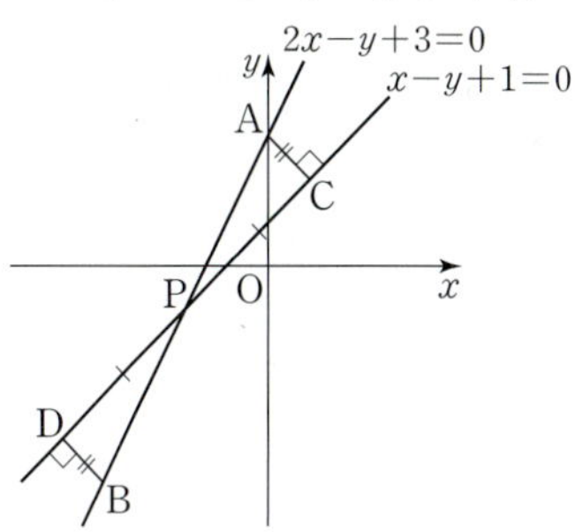

점 $A(a, 2a+3)$이라 하면
점 A와 직선 $x-y+1=0$ 사이의 거리가 $\sqrt{2}$이므로
$\dfrac{|a-(2a+3)+1|}{\sqrt{1^2+(-1)^2}}=\sqrt{2}$, $|-a-2|=2$, $|a+2|=2$에서
$a+2=\pm2$
$a+2=2$일 때 $a=0$, $2a+3=3$이고
$a+2=-2$일 때 $a=-4$, $2a+3=-5$
따라서 $A(0, 3)$, $B(-4, -5)$이다.
두 직선 $x-y+1=0$, $2x-y+3=0$의 교점 P의 좌표는
$x+1=2x+3$에서 $x=-2$이고 $y=-1$, 즉 $P(-2, -1)$이다.
$\overline{PA}=\sqrt{\{0-(-2)\}^2+\{3-(-1)\}^2}=2\sqrt{5}$
이므로 직각삼각형 PCA에서
$\overline{PC}^2=\overline{PA}^2-\overline{AC}^2=(2\sqrt{5})^2-(\sqrt{2})^2=18$에서 $\overline{PC}=3\sqrt{2}$
사각형 ADBC는 마주 보는 두 쌍의 변이 평행한 평행사변형이므로
사각형 ADBC의 넓이는 삼각형 ACD의 넓이의 2배이다.
따라서 구하는 넓이는
$2\times\dfrac{1}{2}\times\overline{CD}\times\overline{AC}=2\overline{PC}\times\overline{AC}=2\times3\sqrt{2}\times\sqrt{2}=12$

118　　　　　　　　　　　　　　　　　　　　　답 130

사각형 OAEF의 넓이와 삼각형 DEF의 넓이의 합은 삼각형
OAD의 넓이이고, 사각형 BCFD의 넓이와 삼각형 DEF의
넓이의 합은 삼각형 CEB의 넓이이다.
즉, 삼각형 OAD의 넓이는 삼각형 CEB의 넓이보다 4만큼 크다.
$\overline{OA}=\overline{CB}=4$이므로

삼각형 OAD의 넓이는 $\dfrac{1}{2}\times4\times\overline{DA}$이고,

삼각형 CEB의 넓이는 $\dfrac{1}{2}\times4\times\overline{BE}$이다.

$\dfrac{1}{2}\times4\times\overline{\mathrm{DA}}=\dfrac{1}{2}\times4\times\overline{\mathrm{BE}}+4$에서 $\overline{\mathrm{DA}}=\overline{\mathrm{BE}}+2$

따라서 $\overline{\mathrm{BE}}=k\,(k>0)$라 하면 $\overline{\mathrm{DA}}=k+2$이므로

직선 OD의 기울기는 $\dfrac{k+2}{4}$이고, 직선 CE의 기울기는 $-\dfrac{k}{4}$

두 직선 OD, CE의 기울기의 곱이 $-\dfrac{7}{9}$이므로

$\dfrac{k+2}{4}\times\left(-\dfrac{k}{4}\right)=-\dfrac{7}{9}$, $9k(k+2)=112$

$9k^2+18k-112=0$, $(3k+14)(3k-8)=0$에서 $k=\dfrac{8}{3}\,(\because k>0)$

직선 OD의 방정식은 $y=\dfrac{7}{6}x$이고,

직선 CE의 방정식은 $y=-\dfrac{2}{3}x+5$

두 직선이 만나는 점은 $\dfrac{7}{6}x=-\dfrac{2}{3}x+5$, $7x=-4x+30$, $11x=30$

$x=\dfrac{30}{11}$이고 $y=\dfrac{35}{11}$에서 $\mathrm{F}\left(\dfrac{30}{11},\ \dfrac{35}{11}\right)$이다.

따라서 $a=\dfrac{30}{11}$, $b=\dfrac{35}{11}$이므로

$22(a+b)=22\times\left(\dfrac{30}{11}+\dfrac{35}{11}\right)=130$

119   답 ①

직선 l_1이 제1사분면 위의 점 $(1, 2)$를 지나고 기울기가
음수이므로 직선 l_1의 x절편과 y절편이 모두 양수이다.

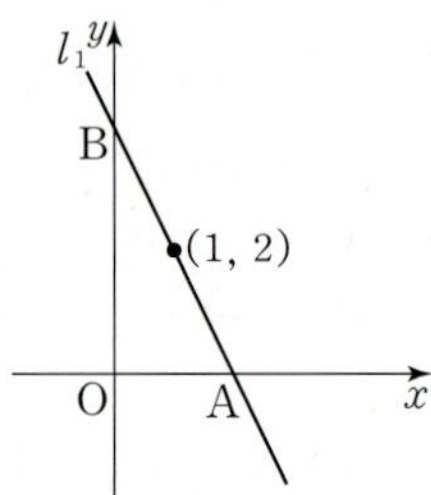

직선 l_1의 방정식을 $y=m(x-1)+2\,(m<0)$이라 하면

x절편이 $1-\dfrac{2}{m}$, y절편이 $2-m$이므로

(삼각형 OAB의 넓이)$=\dfrac{1}{2}\times\left(1-\dfrac{2}{m}\right)\times(2-m)$

$\qquad\qquad\qquad\qquad\quad=-\dfrac{(m-2)^2}{2m}=4$

$-(m-2)^2=8m$, $m^2+4m+4=0$, $(m+2)^2=0$

$\therefore m=-2$

따라서 직선 l_1의 방정식은 $y=-2x+4$이다.

두 직선 l_1, l_2의 교점을 P, 직선 l_2가 y축과 만나는 점을
Q$(0, k)$라 하면 직선 l_2가 삼각형 OAB의 넓이를 이등분하므로
$0<k<4$이다.   TIP

이때 삼각형 PQB의 넓이는 2가 되어야 한다.

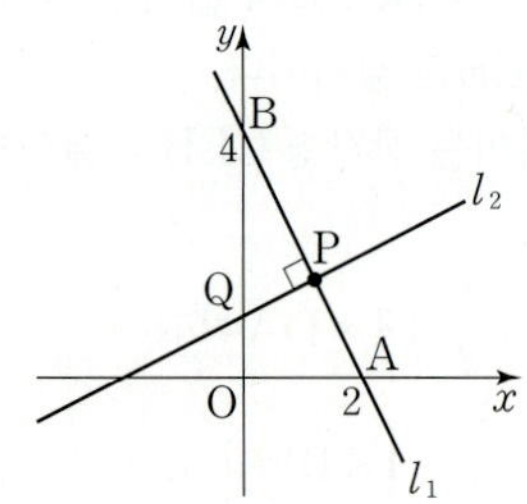

두 삼각형 OAB, PQB가 서로 닮음이므로
$\overline{\mathrm{QP}}:\overline{\mathrm{BP}}=\overline{\mathrm{AO}}:\overline{\mathrm{BO}}=1:2$이다.

$\overline{\mathrm{QP}}=p\,(p$는 실수)라 하면 $\overline{\mathrm{BP}}=2p$이므로

(삼각형 PQB의 넓이)$=\dfrac{1}{2}\times p\times2p=2$에서

$p=\sqrt{2}\,(\because p>0)$이다.

직각삼각형 PQB에서 피타고라스 정리에 의하여

$\overline{\mathrm{BQ}}=\sqrt{(\sqrt{2})^2+(2\sqrt{2})^2}=\sqrt{10}$이므로 $\overline{\mathrm{OQ}}=4-\sqrt{10}$

따라서 구하는 직선 l_2의 y절편은 $4-\sqrt{10}$이다.

> **TIP**
>
> 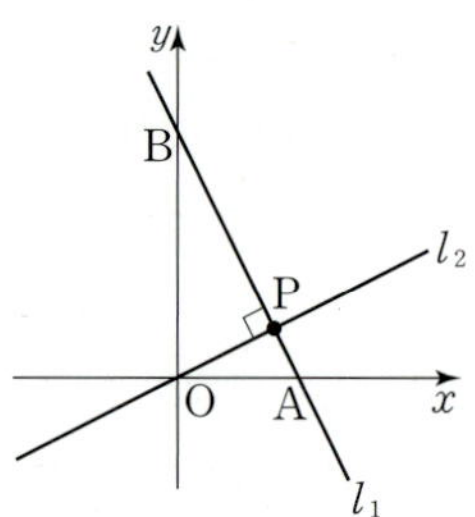
>
> 만약 l_2가 원점을 지나는 직선이면 삼각형 OPB의 넓이는
>
> 삼각형 OAB의 넓이의 $\dfrac{1}{2}$보다 크다.
>
> 따라서 직선 l_2가 삼각형 OAB의 넓이를 이등분하려면
> 직선 l_2가 점 B에 더 가까워져야 하므로 직선 l_2의 y절편 k가
> $0<k<4$이어야 함을 알 수 있다.

120   답 $y=-\dfrac{4}{3}x+\dfrac{2}{3}$

$\overline{\mathrm{AC}}=\sqrt{2^2+4^2}=2\sqrt{5}$, $\overline{\mathrm{BC}}=\sqrt{(-2)^2+1^2}=\sqrt{5}$에서

삼각형 ABC의 넓이는 $\dfrac{1}{2}\times2\sqrt{5}\times\sqrt{5}=5$이므로

삼각형 APQ의 넓이는 $\dfrac{1}{5}\times5=1$이다.

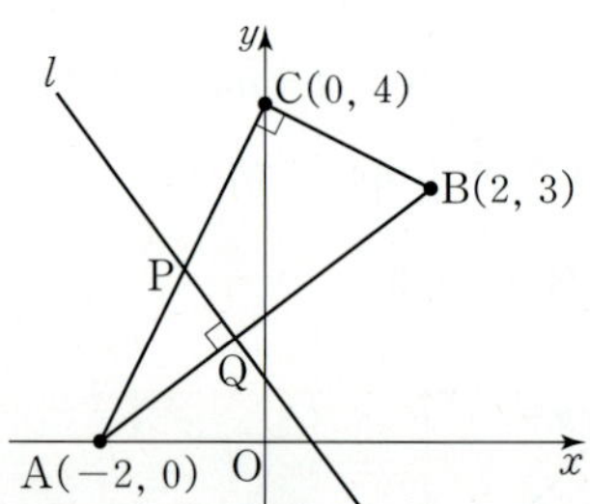

두 삼각형 ABC, APQ가 서로 닮음이므로
$\overline{\mathrm{AQ}}:\overline{\mathrm{PQ}}=\overline{\mathrm{AC}}:\overline{\mathrm{BC}}=2:1$이다.

$\overline{\mathrm{PQ}}=a$, $\overline{\mathrm{AQ}}=2a\,(a$는 실수)라 하면 삼각형 APQ의 넓이는

$\dfrac{1}{2}\times a\times2a=a^2=1$이므로

$a=1\,(\because a>0)$ ⊙

따라서 $\overline{\mathrm{AQ}}=2$이므로 점 A와 직선 l 사이의 거리가 2이다.

직선 AB의 기울기가 $\dfrac{3-0}{2-(-2)}=\dfrac{3}{4}$이므로

직선 l의 기울기는 $-\dfrac{4}{3}$이다.

$l:y=-\dfrac{4}{3}x+k$, 즉 $4x+3y-3k=0\,(k$는 실수)이라 하면

점 A$(-2, 0)$과 직선 l 사이의 거리는 $\dfrac{|-8-3k|}{\sqrt{4^2+3^2}}=2$에서

$|3k+8|=10,\ 3k+8=\pm10$

$\therefore k=\dfrac{2}{3}\ (\because k>0)$

따라서 직선 l의 방정식은

$y=-\dfrac{4}{3}x+\dfrac{2}{3}$ ...... TIP

다른 풀이

㉠ 이후의 풀이를 다음과 같이 할 수 있다.

$\overline{AQ}=2$이고, $\overline{AB}=\sqrt{(2\sqrt{5})^2+(\sqrt{5})^2}=5$이므로

$\overline{BQ}=3$이다.

즉, 점 Q는 선분 AB를 $2:3$으로 내분하는 점이므로

점 Q의 좌표는 $\left(\dfrac{4+(-6)}{2+3},\ \dfrac{6+0}{2+3}\right)$

$\therefore Q\left(-\dfrac{2}{5},\ \dfrac{6}{5}\right)$

한편, 직선 AB의 기울기가 $\dfrac{3-0}{2-(-2)}=\dfrac{3}{4}$이므로

직선 l의 기울기는 $-\dfrac{4}{3}$이다.

따라서 직선 l의 방정식은

$y-\dfrac{6}{5}=-\dfrac{4}{3}\left\{x-\left(-\dfrac{2}{5}\right)\right\}$

$\therefore y=-\dfrac{4}{3}x+\dfrac{2}{3}$

TIP

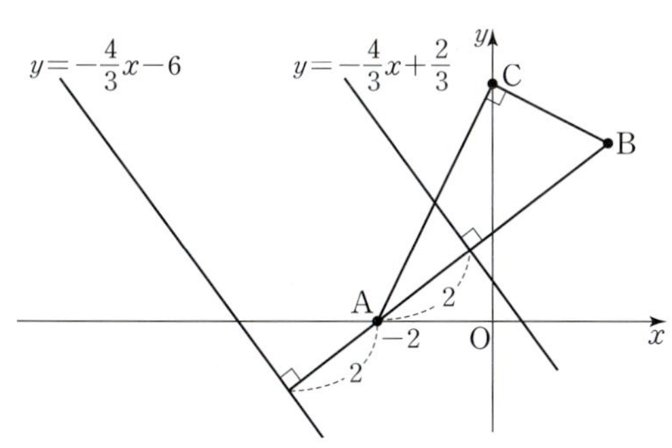

기울기가 $-\dfrac{4}{3}$이고 점 $(-2,\ 0)$에서 거리가 2인 직선은

위의 그림과 같이 두 개가 존재하며 이 중 삼각형 ABC와 만나는

직선 l의 방정식은 $y=-\dfrac{4}{3}x+\dfrac{2}{3}$이다.

121   답 2

삼각형의 내심은 삼각형의 세 내각의 이등분선의 교점이고, 세
내각의 이등분선은 항상 한 점에서 만나므로 세 내각 중 두 내각의
이등분선을 각각 구해서 두 직선의 교점의 좌표를 구하면 된다.

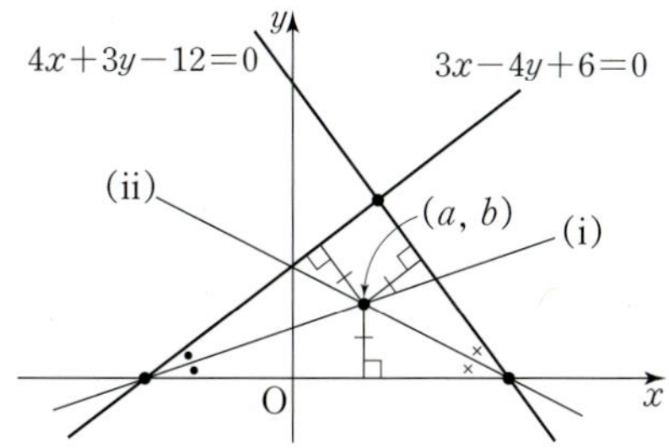

(i) 두 직선 $y=0$, $3x-4y+6=0$에 이르는 거리가 같은 점
$(x,\ y)$가 나타내는 도형의 방정식은

$|y|=\dfrac{|3x-4y+6|}{\sqrt{3^2+(-4)^2}}$ ...... TIP

$|3x-4y+6|=5|y|$

$\therefore x-3y+2=0$ 또는 $3x+y+6=0$

이 중 내심 $(a,\ b)$를 지나는 직선의 기울기는 양수이므로

$x-3y+2=0$

(ii) 두 직선 $y=0$, $4x+3y-12=0$에 이르는 거리가 같은 점
$(x,\ y)$가 나타내는 도형의 방정식은

$|y|=\dfrac{|4x+3y-12|}{\sqrt{4^2+3^2}}$

$|4x+3y-12|=5|y|$

$\therefore 2x-y-6=0$ 또는 $x+2y-3=0$

이 중 내심 $(a,\ b)$를 지나는 직선의 기울기는 음수이므로

$x+2y-3=0$

(i), (ii)에서 두 내각의 이등분선 $x-3y+2=0$과 $x+2y-3=0$을
연립하여 풀면 $x=1,\ y=1$

따라서 내심의 좌표는 $(1,\ 1)$이다.

즉, $a=1,\ b=1$이므로 $a+b=2$

다른 풀이

두 직선 $3x-4y+6=0$, $4x+3y-12=0$이 서로 수직이므로
주어진 세 직선으로 둘러싸인 삼각형은 직각삼각형이고,
이를 좌표평면 위에 나타내면 다음 그림과 같다.

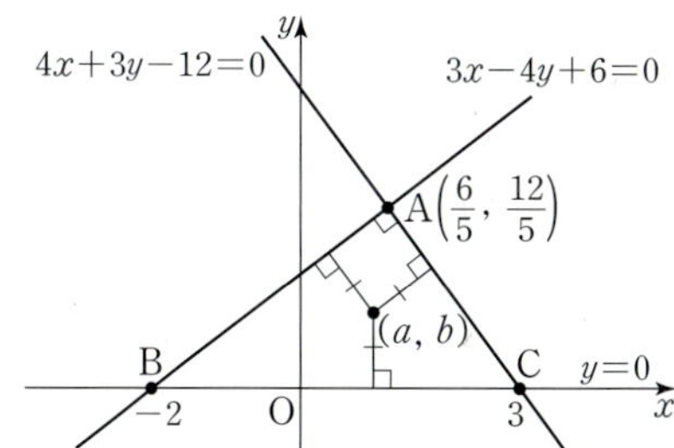

두 직선 $3x-4y+6=0$, $4x+3y-12=0$의 교점의 좌표는
$\left(\dfrac{6}{5},\ \dfrac{12}{5}\right)$이고,

두 직선 $3x-4y+6=0$, $4x+3y-12=0$의 x절편은
각각 -2, 3이므로

$A\left(\dfrac{6}{5},\ \dfrac{12}{5}\right)$, $B(-2,\ 0)$, $C(3,\ 0)$이라 하면

$\overline{AB}=\sqrt{\left(\dfrac{16}{5}\right)^2+\left(\dfrac{12}{5}\right)^2}=4,$

$\overline{AC}=\sqrt{\left(\dfrac{9}{5}\right)^2+\left(-\dfrac{12}{5}\right)^2}=3,$

$\overline{BC}=5$이다.

즉, 삼각형 ABC의 넓이는

$\dfrac{1}{2}\times\overline{AB}\times\overline{AC}=\dfrac{1}{2}\times4\times3=6$

한편, 내심 $(a,\ b)$에서 변 BC에 이르는 거리가 $|b|$이므로
내접원의 반지름의 길이가 $|b|$이다.

따라서 삼각형 ABC의 넓이는

$\dfrac{1}{2}\times|b|\times(\overline{AB}+\overline{BC}+\overline{CA})=\dfrac{1}{2}\times|b|\times(4+5+3)$

$\hspace{5cm}=6|b|$

이므로 $6|b|=6$에서 $b=1\ (\because b>0)$

내심을 I라 하고, 점 I에서 세 선분 AB, BC, CA에 내린
수선의 발을 각각 D, E, F라 하면
$\overline{ID}=\overline{IE}=\overline{IF}=1$이다.

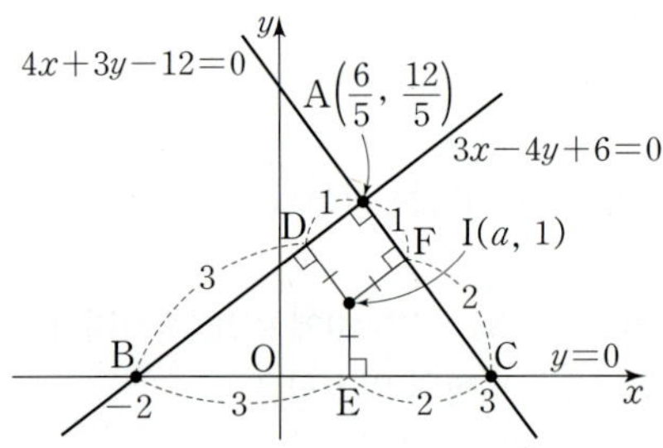

사각형 ADIF가 정사각형이므로 $\overline{AD}=1$에서
$\overline{BE}=\overline{BD}=3$이므로 $a=-2+3=1$
$\therefore a+b=1+1=2$

TIP

각의 이등분선 위의 점을 $P(x, y)$라 하면 점 P와 두 직선
$y=0$, $3x-4y+6=0$ 사이의 거리가 서로 같으므로
$|y|=\dfrac{|3x-4y+6|}{\sqrt{3^2+(-4)^2}}$이다.

참고

삼각형의 내심에서 세 변에 이르는 거리가 서로 같으므로
점 (a, b)와 세 직선 사이의 거리를 각각 같다고 하면
$|b|=\dfrac{|3a-4b+6|}{5}=\dfrac{|4a+3b-12|}{5}$이고,
이는 결국 본 풀이와 동일한 과정으로 풀 수 있다.

122 ..... 🖐 $x=-1, 3x-4y+3=0$

직선 l이 조건을 만족시키는 경우는 다음과 같다.
(ⅰ) 직선 l이 x축 또는 y축과 평행한 직선인 경우
두 점 A, B의 x좌표의 차가 $2-(-3)=5$이므로
다음 그림과 같이 직선 l이 $x=-1$일 때 조건을 만족시킨다.

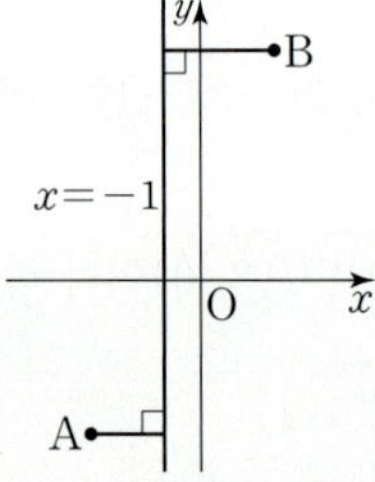

(ⅱ) 직선 l이 x축 또는 y축과 평행한 직선이 아닌 경우
다음 그림과 같이 두 점 A, B에서 직선 l에 내린 수선의 발을
각각 P, Q라 하고, 직선 l과 평행하고 점 B를 지나는 직선 l_1에
대하여 점 A에서 직선 l_1에 내린 수선의 발을 R이라 하면
$\overline{AR}=5$이다.

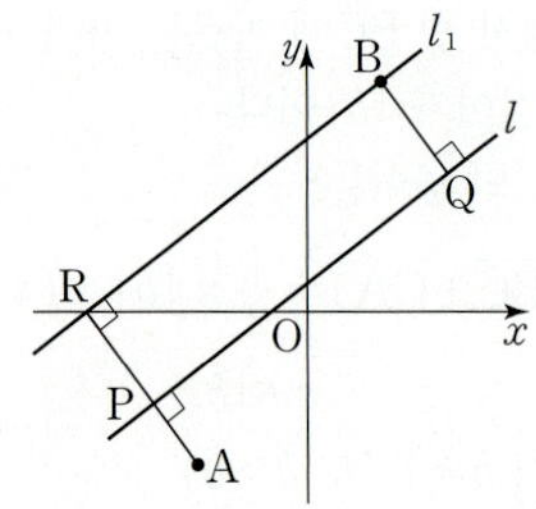

직선 l_1이 점 B를 지나므로 직선의 방정식은
$y-6=a(x-2)$ (a는 상수)
즉, $ax-y-2a+6=0$ ..... ㉠
이 직선과 점 A 사이의 거리가 5이므로
$\dfrac{|a\times(-3)-1\times(-4)-2a+6|}{\sqrt{a^2+(-1)^2}}=5,$
$|-5a+10|=5\sqrt{a^2+1}, \ |-a+2|^2=a^2+1$
$a^2-4a+4=a^2+1, \ 4a=3 \quad \therefore a=\dfrac{3}{4}$

이를 ㉠에 대입하면 직선 l_1의 방정식은 $3x-4y+18=0$이다.
직선 l은 직선 l_1과 평행하므로 직선 l의 방정식을
$3x-4y+b=0$ (b는 상수)이라 하면 ..... ㉡
점 B와 직선 l 사이의 거리가 3이므로
$\dfrac{|3\times2-4\times6+b|}{\sqrt{3^2+(-4)^2}}=3, \ |b-18|=15$
$b-18=\pm15$에서 $b=33$ 또는 $b=3$
이때 직선 l은 직선 l_1보다 아래에 존재해야 하므로 $b=3$
이를 ㉡에 대입하면 직선 l의 방정식은 $3x-4y+3=0$이다.
(ⅰ), (ⅱ)에서 직선 l의 방정식은
$x=-1, \ 3x-4y+3=0$

123 ······ 답 ③

$x^2+y^2+6x-2y+6=0$에서
$(x^2+6x+9)+(y^2-2y+1)=10-6$
$\therefore (x+3)^2+(y-1)^2=4$
이 원의 중심의 좌표가 $(-3, 1)$이고 반지름의 길이는 2이므로
$m=-3$, $n=1$, $r=2$
$\therefore m+n+r=0$

124 ······ 답 ③

ㄱ. 좌표평면 위의 한 점 $(2, -3)$으로부터 거리가 2인 모든 점으로
   이루어진 도형은 중심의 좌표가 $(2, -3)$이고 반지름의 길이가
   2인 원이다.

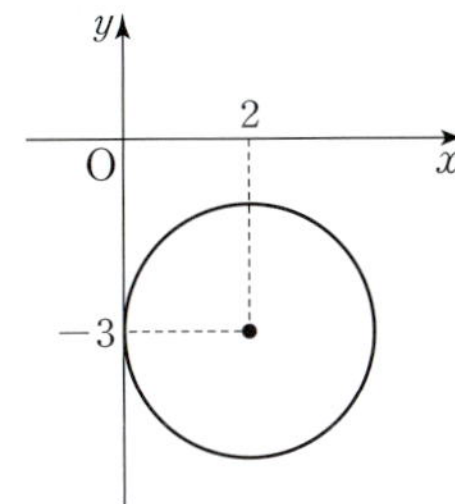

즉, 도형의 방정식은 $(x-2)^2+(y+3)^2=4$이다. (참)
ㄴ. 중심이 원점인 원의 방정식을 $x^2+y^2=a\ (a>0)$라 하면
   이 원은 점 $(\sqrt{3}, 3)$을 지나므로 $3+9=a$에서 $a=12$이다.

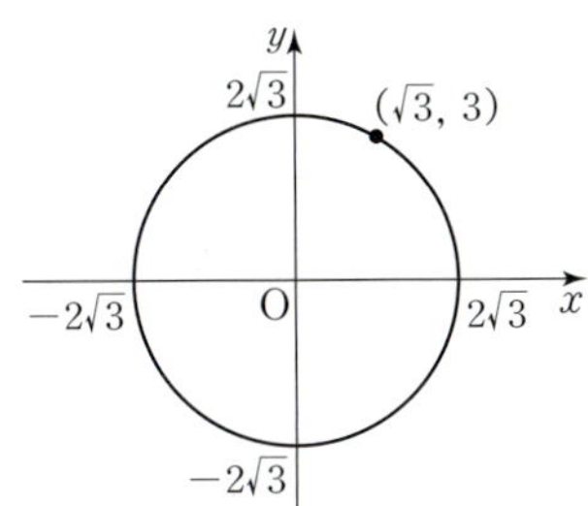

즉, 원의 방정식은 $x^2+y^2=12$이다. (참)
ㄷ. $x^2+y^2+4x-4y=0$에서
   $(x+2)^2+(y-2)^2=8$
   즉, 구하는 원의 중심의 좌표는 $(-2, 2)$이다.

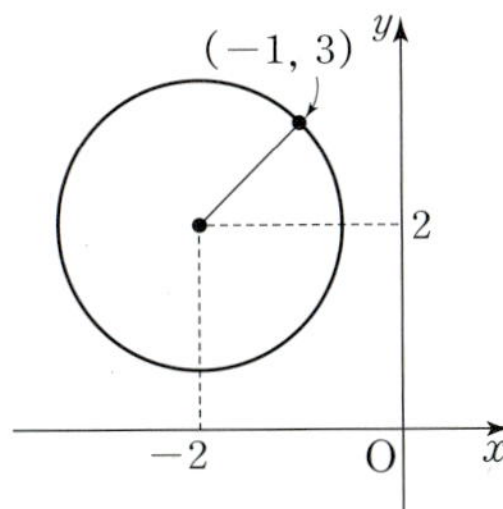

중심이 점 $(-2, 2)$이고 점 $(-1, 3)$을 지나는 원의 반지름의
길이는 두 점 $(-2, 2)$, $(-1, 3)$ 사이의 거리와 같으므로
$\sqrt{1^2+1^2}=\sqrt{2}$이다. (거짓)
따라서 옳은 것은 ㄱ, ㄴ이다.

125 ······ 답 ②

$x^2+y^2+4ax-4y+5a^2-2a-11=0$에서
$(x^2+4ax+4a^2)+(y^2-4y+4)=-a^2+2a+15$
$\therefore (x+2a)^2+(y-2)^2=-(a+3)(a-5)$
이 방정식이 좌표평면 위의 원을 나타내려면
$-(a+3)(a-5)>0$을 만족시켜야 한다.
즉, $(a+3)(a-5)<0$에서 $-3<a<5$이므로
자연수 a의 최댓값은 4이다.

126 ······ 답 ①

두 점 $A(-3, 4)$, $B(-1, -2)$가 지름의 양 끝점이면
원의 중심은 선분 AB의 중점이므로 그 좌표는
$\left(\dfrac{(-3)+(-1)}{2}, \dfrac{4+(-2)}{2}\right)$, 즉 $(-2, 1)$이다.

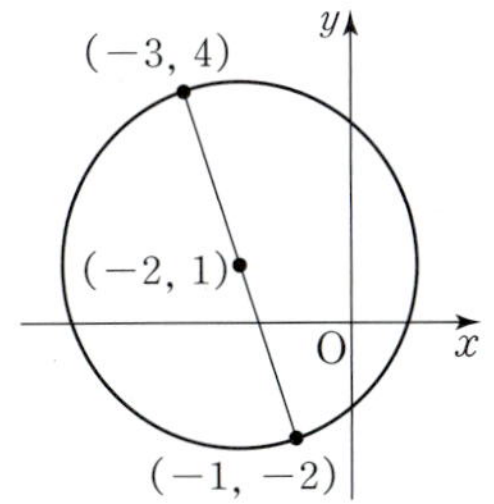

원의 반지름의 길이는 원의 중심인 점 $(-2, 1)$과
원 위의 점 $(-3, 4)$ 사이의 거리와 같으므로
$\sqrt{1^2+(-3)^2}=\sqrt{10}$이다.
따라서 중심이 점 $(-2, 1)$이고 반지름의 길이가 $\sqrt{10}$인 원의
방정식은
$(x+2)^2+(y-1)^2=10$
$\therefore x^2+y^2+4x-2y-5=0$
즉, $a=4$, $b=-2$, $c=-5$이므로 $a+b+c=-3$

127 ······ 답 ②

원의 방정식을 $x^2+y^2+Ax+By+C=0\ (A, B, C$는 상수$)$라
하면 이 원이 세 점 $(1, 3)$, $(2, 0)$, $(-2, 2)$를 지나므로
$x=1$, $y=3$을 대입하면 $A+3B+C+10=0$
$x=2$, $y=0$을 대입하면 $2A+C+4=0$
$x=-2$, $y=2$를 대입하면 $-2A+2B+C+8=0$
세 식을 연립하여 풀면 $A=0$, $B=-2$, $C=-4$
즉, $x^2+y^2-2y-4=0$에서 $x^2+(y-1)^2=5$
이 원의 중심은 점 $(0, 1)$이고 반지름의 길이는 $\sqrt{5}$이다.
$\therefore a+b+r^2=6$

다른 풀이

$A(1, 3)$, $B(2, 0)$, $C(-2, 2)$라 하고, 이를 좌표평면에 나타내면
다음 그림과 같다.

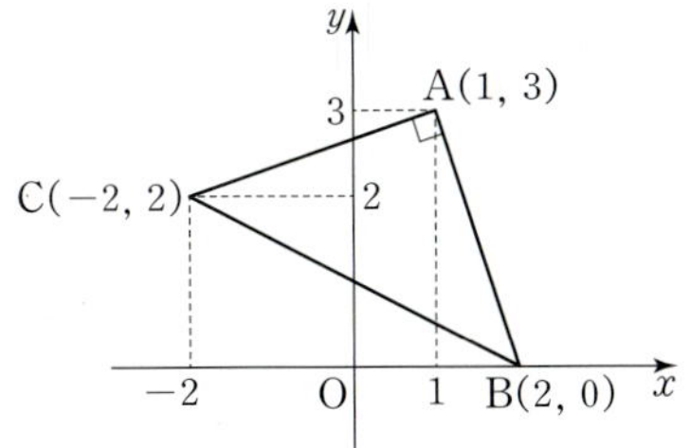

직선 AB의 기울기는 -3이고, 직선 AC의 기울기는 $\dfrac{1}{3}$이다.

두 직선의 기울기의 곱이 $(-3)\times\dfrac{1}{3}=-1$이므로

두 직선 AB, AC는 서로 수직이다.
따라서 선분 BC가 세 점 A, B, C를 지나는 원의 지름이므로
이 원의 중심은 선분 BC의 중점과 같다.
$\left(\dfrac{2+(-2)}{2},\ \dfrac{0+2}{2}\right)$, 즉 $(0,\ 1)$에서 $a=0$, $b=1$

반지름의 길이는 두 점 $(0,\ 1)$, $(2,\ 0)$ 사이의 거리와 같으므로
$r=\sqrt{2^2+(-1)^2}=\sqrt5$에서 $r^2=5$
$\therefore a+b+r^2=0+1+5=6$

128   目 ⑤

중심의 좌표가 $(-3,\ -2)$이고 y축에 접하는 원은 다음 그림과
같다.

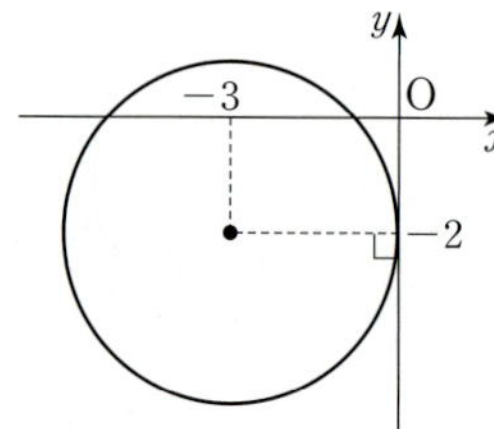

원의 반지름의 길이는 원의 중심의 x좌표의 절댓값과 같으므로
3이다.
따라서 구하는 원의 방정식은
$(x+3)^2+(y+2)^2=9$

129   目 ④

원의 둘레의 길이가 6π이므로 원의 반지름의 길이는 3이다.
x축과 y축에 동시에 접하고 중심이 제4사분면 위에 있으며 반지름의
길이가 3인 원은 다음 그림과 같으므로 중심의 좌표는 $(3,\ -3)$
이다.   ······ TIP

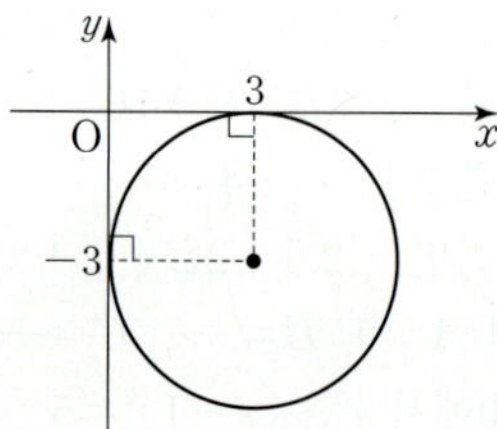

따라서 구하는 원의 방정식은
$(x-3)^2+(y+3)^2=9$에서 $x^2+y^2-6x+6y+9=0$이므로
$a=-6$, $b=6$, $c=9$
$\therefore 2a+b+c=3$

> **TIP**
>
> 원의 중심의 좌표를 $(a,\ b)$라 할 때,
> 원이 x축에 접하므로 $|b|=$ (반지름의 길이)$=3$,
> 원이 y축에 접하므로 $|a|=$ (반지름의 길이)$=3$이다.
> 이때 원의 중심이 제4사분면 위에 있으므로 $a>0$, $b<0$에서
> $a=3$, $b=-3$이다.
> 따라서 원의 중심의 좌표는 $(3,\ -3)$이다.

130   目 ③

원 $(x+1)^2+(y-3)^2=25$는 중심의 좌표가 $(-1,\ 3)$이고,
반지름의 길이가 5이다.
원 $(x-1)^2+(y+1)^2=25$는 중심의 좌표가 $(1,\ -1)$이고,
반지름의 길이가 5이다.
두 원의 중심을 각각 $C_1(-1,\ 3)$, $C_2(1,\ -1)$이라 하고,
두 선분 C_1C_2, PQ의 교점을 R이라 하면 다음 그림과 같다.

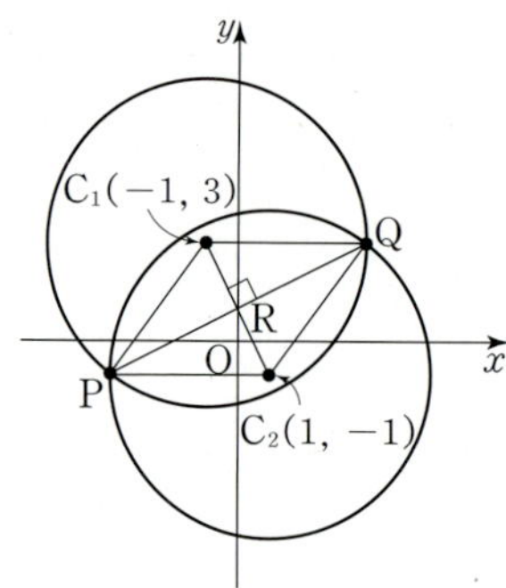

두 원의 반지름의 길이가 같으므로 사각형 C_1PC_2Q는 마름모이다.
따라서 두 선분 C_1C_2, PQ는 서로 수직이등분한다.
$\overline{C_1C_2}=\sqrt{2^2+(-4)^2}=2\sqrt5$에서 $\overline{C_1R}=\sqrt5$
직각삼각형 C_1PR에서 피타고라스 정리에 의하여
$\overline{PR}=\sqrt{5^2-(\sqrt5)^2}=2\sqrt5$
$\therefore \overline{PQ}=2\times\overline{PR}=4\sqrt5$

131   目 ⑤

두 원 $x^2+y^2+2x-9=0$, $x^2+y^2-10x-6y+9=0$의
교점을 지나는 원의 방정식은   ······ TIP
$x^2+y^2+2x-9+k(x^2+y^2-10x-6y+9)=0\ (k\neq-1)$ ······ ㉠

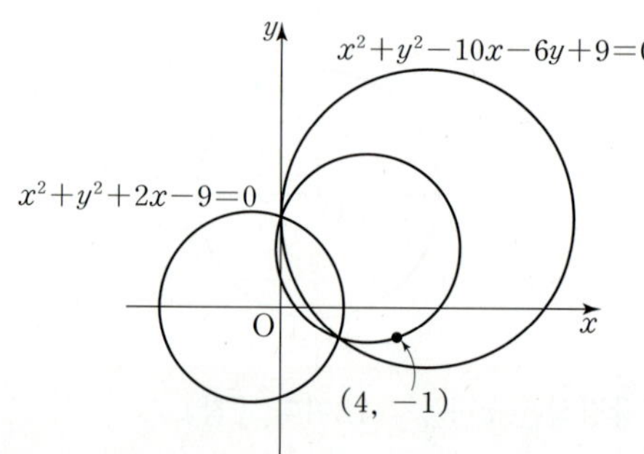

이 원이 점 $(4,\ -1)$을 지나므로
$x=4$, $y=-1$을 ㉠에 대입하면
$16-8k=0$에서 $k=2$
$k=2$를 ㉠에 대입하면 구하는 원의 방정식은
$x^2+y^2+2x-9+2(x^2+y^2-10x-6y+9)=0$
$x^2+y^2-6x-4y+3=0$
$\therefore (x-3)^2+(y-2)^2=10$
따라서 이 원의 반지름의 길이가 $\sqrt{10}$이므로
구하는 원의 넓이는 10π이다.

> **TIP**
>
> 두 등식
> $x^2+y^2+ax+by+c=0$ ······ ㉠
> $x^2+y^2+a'x+b'y+c'=0$ ······ ㉡

을 모두 만족시키는 x, y는 방정식
$$x^2+y^2+ax+by+c+k(x^2+y^2+d'x+b'y+c')=0$$
$$(k\neq-1) \quad\quad \cdots\cdots \text{ⓒ}$$
의 해이므로 두 원 ㉠, ㉡이 서로 다른 두 교점을 가질 때,
이 두 교점을 지나는 원의 방정식은 ㉢으로 나타낼 수 있다.
이때 $k=0$이면 원 ㉠을 나타내므로 방정식 ㉢은 원 ㉡을 제외한
모든 원을 나타낼 수 있다.

132 ──────────────────────── 답 ②

원 $(x-2)^2+(y+1)^2=2$의 중심을 C라 하면
C$(2,\ -1)$이고, 반지름의 길이가 $\sqrt{2}$이다.

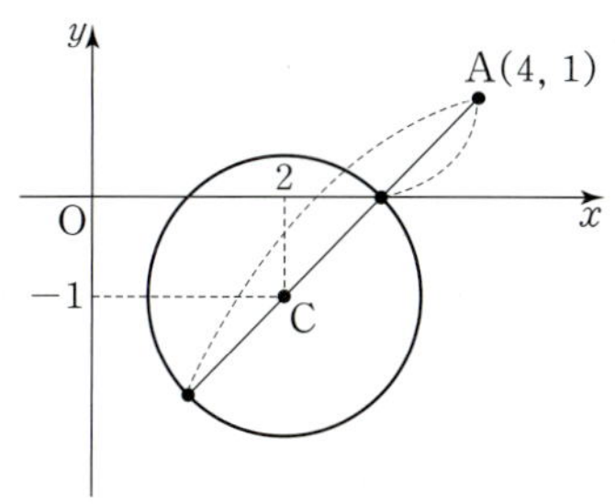

점 A$(4,\ 1)$과 원 위의 점 P에 대하여 선분 AP의 길이는
선분 AC의 길이에서 반지름의 길이를 더한 값을
최댓값으로 갖고,
선분 AC의 길이에서 반지름의 길이를 뺀 값을
최솟값으로 갖는다. ┄┄┄┄ **TIP**
이때 $\overline{AC}=\sqrt{2^2+2^2}=2\sqrt{2}$이므로 $\overline{AP}$의
최댓값은 $2\sqrt{2}+\sqrt{2}=3\sqrt{2}$이고,
최솟값은 $2\sqrt{2}-\sqrt{2}=\sqrt{2}$이다.
따라서 구하는 값은 $3\sqrt{2}\times\sqrt{2}=6$이다.

TIP

원 밖의 점 A와 원 위의 점 P에 대하여 $\overline{AP}$의
최댓값과 최솟값은 다음과 같이 구할 수 있다.

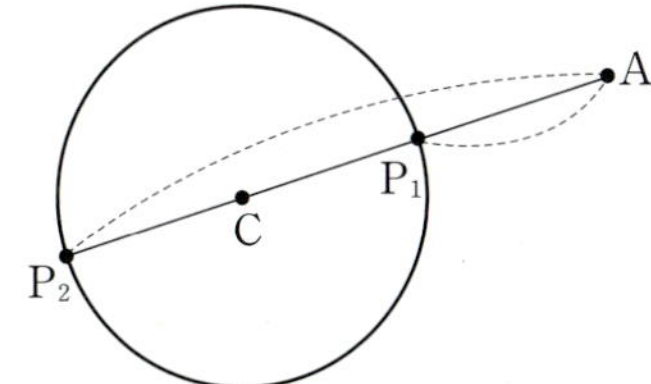

원의 중심을 C라 하고, 점 C와 점 A를 이은 직선이
원과 만나는 두 점 중 점 A에 가까운 점을 P_1,
먼 점을 P_2라 하면 $P=P_1$일 때 $\overline{AP}$는 최소이고,
$P=P_2$일 때 $\overline{AP}$는 최대이다.
즉, 원의 반지름의 길이를 r이라 하면 $\overline{AP}$의
최솟값은 $\overline{AP_1}=\overline{AC}-\overline{CP_1}=\overline{AC}-r$이고,
최댓값은 $\overline{AP_2}=\overline{AC}+\overline{CP_2}=\overline{AC}+r$이다.
따라서 $\overline{AP}$는 점 A와 원의 중심 사이의 거리에서
반지름의 길이를 뺀 값을 최솟값으로 갖고,
반지름의 길이를 더한 값을 최댓값으로 갖는다.

133 ──────────────────────── 답 ②

점 P의 좌표를 $(x,\ y)$라 하면
$\overline{AP}:\overline{BP}=1:2$에서 $2\overline{AP}=\overline{BP}$이므로
$$2\sqrt{x^2+(y-1)^2}=\sqrt{x^2+(y+5)^2}$$
양변을 각각 제곱하면
$$4(x^2+y^2-2y+1)=x^2+y^2+10y+25$$
$$x^2+y^2-6y-7=0$$
$$\therefore\ x^2+(y-3)^2=16$$

134 ──────────────────────── 답 풀이 참조

원 $x^2+y^2=3$의 중심 $(0,\ 0)$과 직선 $x-y+k=0$ 사이의 거리를
d라 하면 $d=\dfrac{|k|}{\sqrt{1^2+(-1)^2}}=\dfrac{|k|}{\sqrt{2}}$이다.

(1) 원 $x^2+y^2=3$과 직선 $y=x+k$가 서로 다른 두 점에서 만나려면
원의 중심과 직선 사이의 거리 d가 반지름의 길이 $\sqrt{3}$보다 작아야
한다.

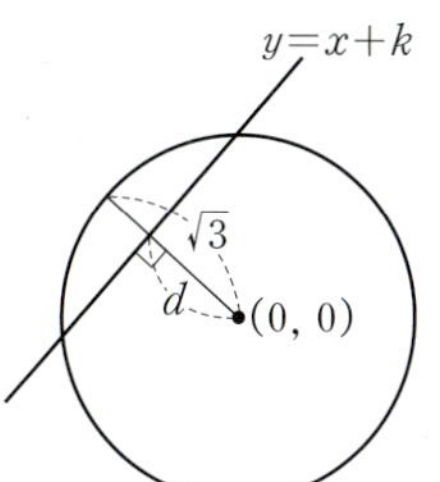

$d=\dfrac{|k|}{\sqrt{2}}<\sqrt{3}$에서 $|k|<\sqrt{6}$
$\therefore\ -\sqrt{6}<k<\sqrt{6}$

(2) 원 $x^2+y^2=3$과 직선 $y=x+k$가 한 점에서 만나려면 원의 중심과
직선 사이의 거리 d가 반지름의 길이 $\sqrt{3}$과 같아야 한다.

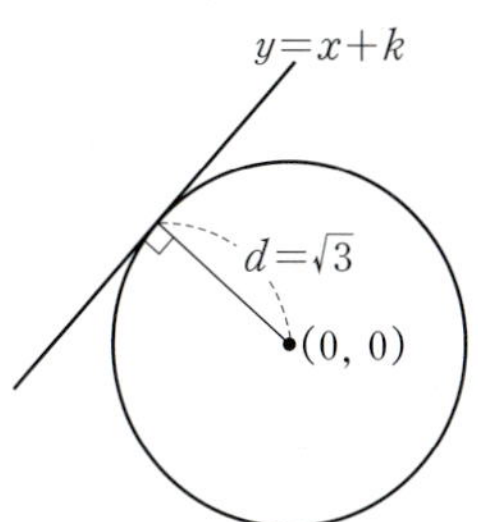

$d=\dfrac{|k|}{\sqrt{2}}=\sqrt{3}$에서 $|k|=\sqrt{6}$
$\therefore\ k=-\sqrt{6}$ 또는 $k=\sqrt{6}$

(3) 원 $x^2+y^2=3$과 직선 $y=x+k$가 만나지 않으려면 원의 중심과
직선 사이의 거리 d가 반지름의 길이 $\sqrt{3}$보다 커야 한다.

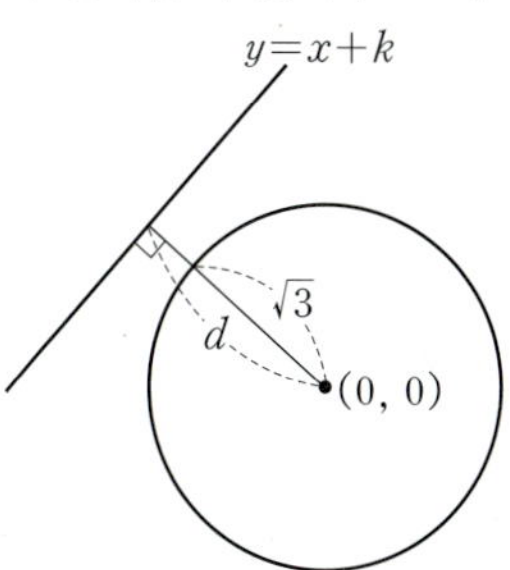

$d=\dfrac{|k|}{\sqrt{2}}>\sqrt{3}$에서 $|k|>\sqrt{6}$
$\therefore\ k<-\sqrt{6}$ 또는 $k>\sqrt{6}$

직선의 방정식 $y=x+k$를 원의 방정식 $x^2+y^2=3$에 대입한
이차방정식 $x^2+(x+k)^2=3$, 즉 $2x^2+2kx+k^2-3=0$의 판별식을
D라 하면
$$\frac{D}{4}=k^2-2(k^2-3)=-k^2+6$$

(1) 원 $x^2+y^2=3$과 직선 $y=x+k$가 서로 다른 두 점에서 만나려면
방정식 $x^2+(x+k)^2=3$이 서로 다른 두 실근을 가져야 하므로
$$\frac{D}{4}=-k^2+6>0$$에서 $k^2<6$
$$\therefore -\sqrt{6}<k<\sqrt{6}$$

(2) 원 $x^2+y^2=3$과 직선 $y=x+k$가 한 점에서 만나려면 방정식
$x^2+(x+k)^2=3$이 중근을 가져야 하므로
$$\frac{D}{4}=-k^2+6=0$$에서 $k^2=6$
$$\therefore k=-\sqrt{6} \text{ 또는 } k=\sqrt{6}$$

(3) 원 $x^2+y^2=3$과 직선 $y=x+k$가 만나지 않으려면 방정식
$x^2+(x+k)^2=3$의 실근이 존재하지 않아야 하므로
$$\frac{D}{4}=-k^2+6<0$$에서 $k^2>6$
$$\therefore k<-\sqrt{6} \text{ 또는 } k>\sqrt{6}$$

135　　답 ②

원 $(x-2)^2+(y+1)^2=10$은 중심의 좌표가 $(2,\ -1)$이고,
반지름의 길이가 $\sqrt{10}$이다.
이 원이 직선 $y=3x+k$와 한 점에서 만나려면
원의 중심 $(2,\ -1)$과 직선 $3x-y+k=0$ 사이의 거리가
원의 반지름의 길이 $\sqrt{10}$과 같아야 하므로
$$\frac{|7+k|}{\sqrt{3^2+(-1)^2}}=\sqrt{10}$$
$$|k+7|=10$$
$$k+7=\pm10$$
$$\therefore k=-17 \text{ 또는 } k=3$$
따라서 모든 실수 k의 값의 합은 -14이다.

136　　답 ③

$x^2+y^2-4x+6y+8=0$에서
$(x-2)^2+(y+3)^2=5$
즉, 주어진 원의 중심의 좌표는 $(2,\ -3)$이다.
직선 $4x+3y+k=0$이 원과 만나는 두 점 A, B에 대하여
선분 AB의 길이는 선분 AB가 원의 지름이 될 때 최대이다.

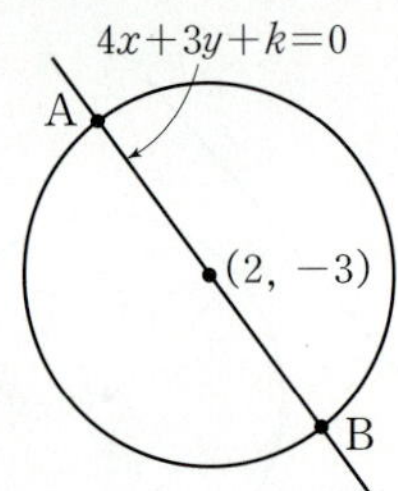

선분 AB가 지름이 되려면 직선 $4x+3y+k=0$이 원의 중심인
점 $(2,\ -3)$을 지나야 하므로
$$8-9+k=0$$
$$\therefore k=1$$

137　　답 ④

원 $(x+1)^2+(y-3)^2=9$는 중심의 좌표가 $(-1,\ 3)$이고,
반지름의 길이가 3이다.
원의 중심을 C라 하면 다음 그림과 같이 삼각형 ABC는 빗변의
길이가 $\overline{AC}$인 직각삼각형이다.

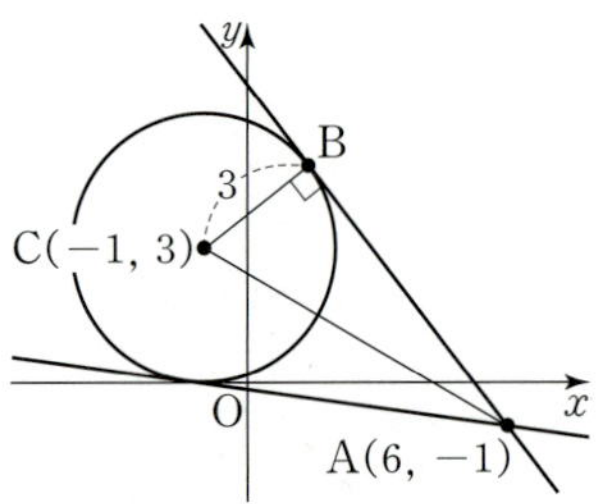

$\overline{AC}=\sqrt{7^2+(-4)^2}=\sqrt{65}$, $\overline{BC}=3$이므로
피타고라스 정리에 의하여
$$\overline{AB}=\sqrt{(\sqrt{65})^2-3^2}=\sqrt{56}=2\sqrt{14}$$

원 밖의 점과 원 밖의 점에서 원에 그은 두 접선의 두 접점까지의
거리는 서로 같다. 따라서 원 밖의 점 A에서 그은 두 접선의
접점 중 어느 것을 점 B로 잡아도 선분 AB의 길이는 같다.

138　　답 ⑤

원 $x^2+y^2=10$ 위의 점 $(3,\ 1)$에서의 접선의 방정식은
$3x+y=10$이다.
$$\therefore y=-3x+10$$

139　　답 ②

직선 $2x-y+3=0$, 즉 $y=2x+3$은 기울기가 2인 직선이므로
이 직선에 수직인 직선의 기울기는 $-\dfrac{1}{2}$이다.
원 $x^2+y^2=20$의 반지름의 길이는 $\sqrt{20}=2\sqrt{5}$이므로
원 $x^2+y^2=20$에 접하고 기울기가 $-\dfrac{1}{2}$인 직선의 방정식은
$$y=-\frac{1}{2}x\pm2\sqrt{5}\times\sqrt{\frac{1}{4}+1} \qquad \therefore y=-\frac{1}{2}x\pm5$$
이 직선이 점 $(1,\ k)$를 지나므로 $k=-\dfrac{1}{2}\pm5$
$$\therefore k=\frac{9}{2} \ (\because k>0)$$

직선 $2x-y+3=0$과 수직인 직선의 방정식을
$x+2y+a=0$ (a는 상수)이라 하자.
이 직선이 원 $x^2+y^2=20$에 접하므로 원의 중심 $(0,\ 0)$과
이 직선 사이의 거리가 원의 반지름의 길이 $2\sqrt{5}$와 같다.
즉, $\dfrac{|a|}{\sqrt{1^2+2^2}}=2\sqrt{5}$에서 $|a|=10$ $\qquad \therefore a=\pm10$
따라서 직선 $x+2y\pm10=0$이 점 $(1,\ k)$를 지나므로
$$1+2k\pm10=0$$
$$\therefore k=\frac{9}{2} \ (\because k>0)$$

140

답 풀이 참조

점 $(3, -1)$에서 원 $x^2+y^2=5$에 그은 접선의 방정식을

$$y=m(x-3)-1 \quad (m\text{은 상수}) \qquad \cdots\cdots\ \bigcirc$$

이라 하면 원의 중심 $(0, 0)$과 직선 $mx-y-3m-1=0$ 사이의
거리가 원의 반지름의 길이 $\sqrt{5}$와 같으므로

$$\frac{|-3m-1|}{\sqrt{m^2+(-1)^2}}=\sqrt{5}\text{에서}$$

$$|-3m-1|=\sqrt{5(m^2+1)}$$

양변을 각각 제곱하면

$$(3m+1)^2=5(m^2+1),\ 2m^2+3m-2=0$$

$$(2m-1)(m+2)=0$$

$$\therefore m=\frac{1}{2} \text{ 또는 } m=-2$$

이 값을 $\bigcirc$에 각각 대입하면 구하는 접선의 방정식은

$$y=\frac{1}{2}x-\frac{5}{2},\ y=-2x+5\text{이다.}$$

채점 요소	배점
점 $(3, -1)$을 지나는 직선의 방정식 세우기	20%
접선의 방정식에서 미지수 구하기	60%
접선의 방정식 구하기	20%

다른 풀이

점 $(3, -1)$에서 원 $x^2+y^2=5$에 그은 접선의 접점의 좌표를
(x_1, y_1)이라 하면 접선의 방정식은

$$x_1x+y_1y=5 \qquad \cdots\cdots\ \bigcirc$$

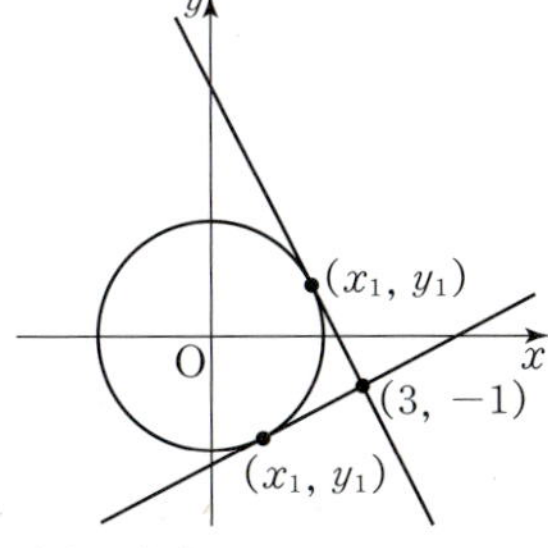

이 접선이 점 $(3, -1)$을 지나므로

$$3x_1-y_1=5 \qquad \cdots\cdots\ \bigcirc$$

또한 점 (x_1, y_1)이 원 위의 점이므로

$$x_1{}^2+y_1{}^2=5 \qquad \cdots\cdots\ \boxdot$$

$\bigcirc$에서 $y_1=3x_1-5$를 $\boxdot$에 대입하면

$$x_1{}^2+(3x_1-5)^2=5,\ 10x_1{}^2-30x_1+20=0$$

$$x_1{}^2-3x_1+2=0,\ (x_1-1)(x_1-2)=0$$

$$\therefore x_1=1,\ y_1=-2 \text{ 또는 } x_1=2,\ y_1=1$$

이 값을 $\bigcirc$에 각각 대입하면 구하는 접선의 방정식은

$$x-2y=5,\ 2x+y=5\text{이다.}$$

141

답 ④

점 $(2, 0)$에서 원 $(x-2)^2+(y-3)^2=1$에 그은 접선의 방정식을
$y=m(x-2)\ (m\text{은 상수})$라 하면
원의 중심 $(2, 3)$과 직선 $mx-y-2m=0$ 사이의 거리가
원의 반지름의 길이 1과 같으므로

$$\frac{|2m-3-2m|}{\sqrt{m^2+(-1)^2}}=1,\ \sqrt{m^2+1}=3$$

$$m^2=8 \quad \therefore m=\pm 2\sqrt{2}$$

따라서 두 접선의 기울기의 곱은

$$2\sqrt{2}\times(-2\sqrt{2})=-8$$

142

답 ⑤

점 $A(3, 0)$과 원 $x^2+y^2=1$ 위의 점 B에 대하여 두 점을 이은
직선의 기울기가 최대일 때는 다음 그림과 같이 직선 AB가
제4사분면에서 원 $x^2+y^2=1$과 접할 때이다.

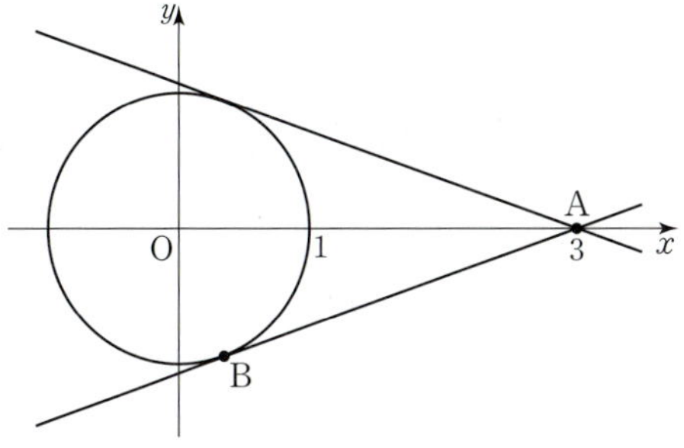

원과 제4사분면에서 접하는 직선의 기울기를 $m\ (m>0)$이라
하면 접선의 방정식은 $y=m(x-3)$이다.
따라서 원의 중심 $(0, 0)$과 직선 $mx-y-3m=0$ 사이의 거리가
원의 반지름의 길이 1과 같으므로

$$\frac{|-3m|}{\sqrt{m^2+(-1)^2}}=1\text{에서 } |3m|=\sqrt{m^2+1}$$

양변을 각각 제곱하면

$$9m^2=m^2+1,\ m^2=\frac{1}{8}$$

$$\therefore m=\frac{1}{2\sqrt{2}}=\frac{\sqrt{2}}{4} \ (\because m>0)$$

참고

점 A가 x축 위의 점이고 원 $x^2+y^2=1$이 x축에 대하여
대칭이므로 점 A에서 원에 그은 두 접선도 x축에 대하여
대칭이다.
이때 점 A에서 원에 그은 두 접선 중
접점이 제4사분면에 있는 접선의 기울기가 $\dfrac{\sqrt{2}}{4}$이므로

접점이 제1사분면에 있는 접선의 기울기는 $-\dfrac{\sqrt{2}}{4}$이다.

따라서 직선 AB의 기울기를 k라 하면 k의 값의 범위는

$$-\frac{\sqrt{2}}{4}\le k\le\frac{\sqrt{2}}{4}\text{이다.}$$

143

답 ③

원 $x^2+y^2=5$ 위의 점 $(2, 1)$에서의 접선의 방정식은
$2x+y=5$이다.
이 직선이 원 $x^2+y^2=15$와 만나는 두 점의 x좌표는
두 식 $y=-2x+5,\ x^2+y^2=15$를 연립한 이차방정식
$x^2+(-2x+5)^2=15$의 해와 같다.

정리하면 $5x^2-20x+10=0$ $\therefore x^2-4x+2=0$
이 이차방정식의 두 실근이 α, β이므로
이차방정식의 근과 계수의 관계에 의하여
$\alpha+\beta=4$, $\alpha\beta=2$
$\therefore \alpha^2+\beta^2=(\alpha+\beta)^2-2\alpha\beta=12$

144 답 ④

원 $x^2+y^2=10$ 위의 점 $(3, -1)$에서의 접선 l_2의 방정식은
$3x-y=10$, 즉 $y=3x-10$이고,
직선 l_1의 기울기도 3이므로 두 직선 l_1, l_2는 서로 평행하다.

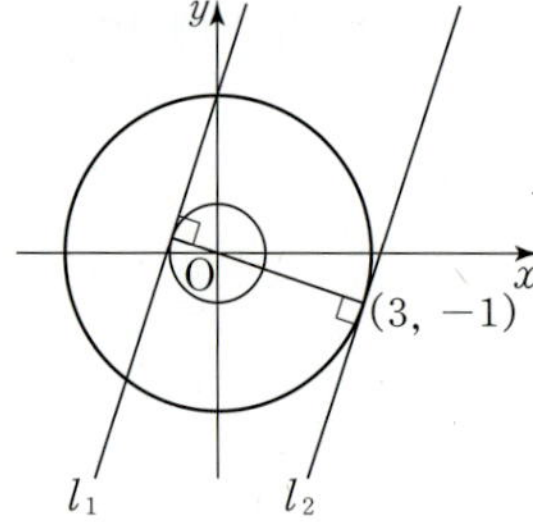

두 직선 l_1, l_2 사이의 거리는 원점에서 두 직선 l_1, l_2로 각각 내린
두 수선의 길이의 합과 같고, 이는 두 원의 반지름의 길이의 합과
같으므로 구하는 값은 $1+\sqrt{10}$이다.

145 답 풀이 참조

원의 넓이를 이등분하는 직선은 원의 중심을 지나야 하고,
직사각형의 넓이를 이등분하는 직선은 직사각형의 두 대각선의
교점을 지나야 한다.

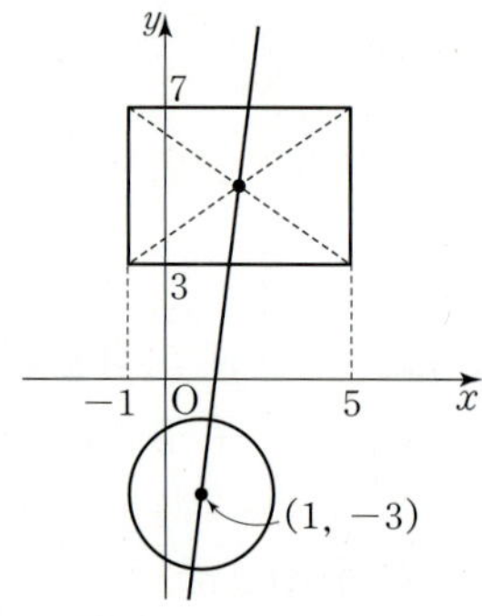

$x^2+y^2-2x+6y+6=0$에서
$(x-1)^2+(y+3)^2=4$
즉, 주어진 원의 중심의 좌표는 $(1, -3)$이다.
네 직선 $x=-1$, $x=5$, $y=3$, $y=7$로 둘러싸인
직사각형의 두 대각선의 교점의 좌표는
$\left(\dfrac{(-1)+5}{2}, \dfrac{3+7}{2}\right)$, 즉 $(2, 5)$이다.
따라서 구하는 직선은 두 점 $(1, -3)$, $(2, 5)$를 지나는
직선이므로 직선의 방정식은
$y+3=\dfrac{5-(-3)}{2-1}(x-1)$
$\therefore y=8x-11$

채점 요소	배점
주어진 원의 중심의 좌표 구하기	30%
주어진 직사각형의 대각선의 교점의 좌표 구하기	30%
원과 직사각형의 넓이를 모두 이등분하는 직선의 방정식 구하기	40%

146 답 ③

$x^2+y^2-6x+4y-12=0$에서 $(x-3)^2+(y+2)^2=25$이고
두 직선 $y=ax$와 $y=bx+c$에 의하여 원의 넓이가 4등분 되려면
두 직선이 모두 원의 중심을 지나고 두 직선이 서로 수직이어야
한다.
직선 $y=ax$가 원의 중심 $(3, -2)$를 지나므로 대입하면
$-2=3a$에서 $a=-\dfrac{2}{3}$, 이때 직선의 방정식은 $y=-\dfrac{2}{3}x$이다.
직선 $y=bx+c$는 직선 $y=-\dfrac{2}{3}x$와 수직이므로 $b=\dfrac{3}{2}$이고
원의 중심 $(3, -2)$를 지나므로 대입하면
$-2=\dfrac{3}{2}\times3+c$, $c=-\dfrac{13}{2}$
이때 직선의 방정식은 $y=\dfrac{3}{2}x-\dfrac{13}{2}$이다.
$\therefore a\times b\times c=\left(-\dfrac{2}{3}\right)\times\dfrac{3}{2}\times\left(-\dfrac{13}{2}\right)$
$=\dfrac{13}{2}$

147 답 ③

$A(-2, 5)$, $B(0, -1)$이라 하자.
두 점 A, B를 지나는 원은 중심에서 두 점 A, B까지의 거리가 서로
같으므로 원의 중심이 그리는 도형은 선분 AB의 수직이등분선의
일부이다.

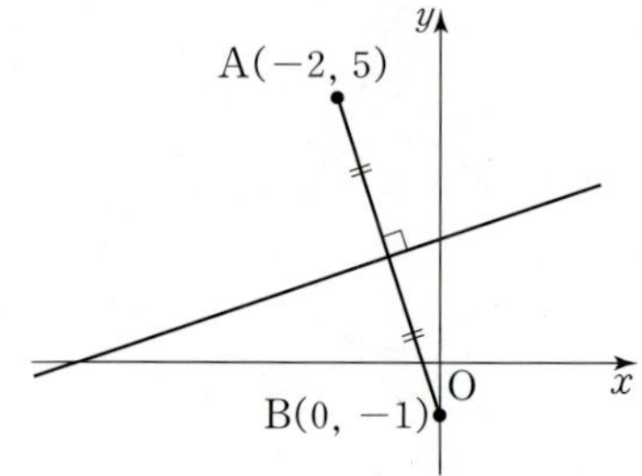

선분 AB의 중점의 좌표는
$\left(\dfrac{(-2)+0}{2}, \dfrac{5+(-1)}{2}\right)$ $\therefore (-1, 2)$
직선 AB의 기울기가 $\dfrac{(-1)-5}{0-(-2)}=-3$이므로 선분 AB의
수직이등분선의 방정식은
$y-2=\dfrac{1}{3}(x+1)$ $\therefore x-3y+7=0$
이 직선의 x절편이 -7, y절편이 $\dfrac{7}{3}$이므로 원의 중심이
제2사분면 위에 있을 때 원의 중심이 그리는 도형은 다음 그림과
같다.

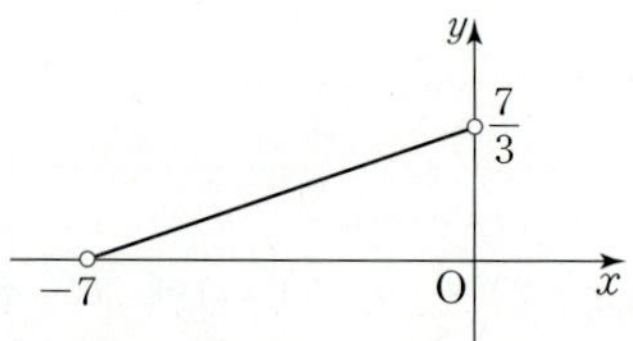

따라서 원의 중심이 그리는 도형의 길이는
$\sqrt{7^2+\left(\dfrac{7}{3}\right)^2}=\dfrac{7\sqrt{10}}{3}$

148

두 직선 $2x-y-6=0$, $y=2$의 교점의 좌표는 $(4, 2)$
두 직선 $x+2y+2=0$, $y=2$의 교점의 좌표는 $(-6, 2)$
두 직선 $2x-y-6=0$, $x+2y+2=0$의 교점의 좌표는
두 식을 연립하여 풀면 $x=2$, $y=-2$이므로 $(2, -2)$이다.
A$(4, 2)$, B$(-6, 2)$, C$(2, -2)$라 하면 다음 그림과 같다.

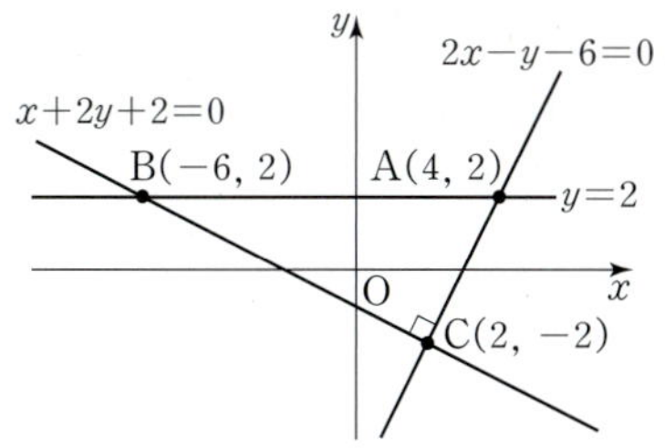

이때 두 직선 $2x-y-6=0$, $x+2y+2=0$은 서로 수직이므로
삼각형 ABC는 $\angle$ACB$=90°$인 직각삼각형이다.
따라서 외접원의 중심은 선분 AB의 중점인 점 $(-1, 2)$이고,
반지름의 길이는 두 점 $(-1, 2)$, $(4, 2)$ 사이의 거리와
같으므로 5이다.
따라서 외접원의 방정식은 $(x+1)^2+(y-2)^2=25$이므로
$a=-1$, $b=2$, $r=25$
$\therefore a+b+r=26$

149

방정식 $\dfrac{a}{2}x^2+y^2-4x+6y+b=0$이 원을 나타내므로
x^2의 계수와 y^2의 계수가 같아야 한다.

즉, $\dfrac{a}{2}=1$에서 $a=2$

$x^2+y^2-4x+6y+b=0$에서
$(x-2)^2+(y+3)^2=13-b$ $\quad$ …… ㉠
이므로 중심의 좌표는 $(2, -3)$이다.
원의 중심을 O$'(2, -3)$이라 하고, 다음 그림과 같이
점 O$'$에서 선분 AB에 내린 수선의 발을 H라 하자.

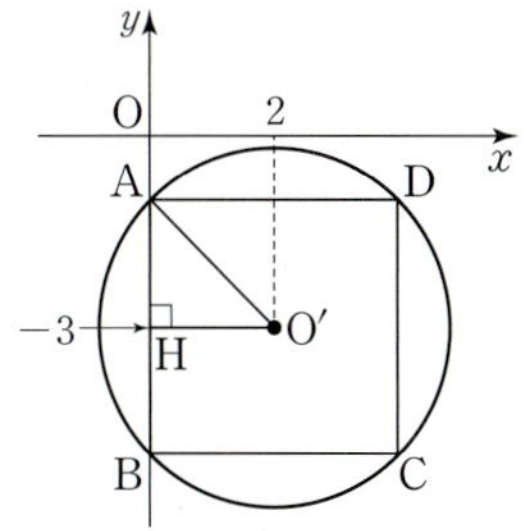

정사각형 ABCD가 원에 내접하므로
네 삼각형 ABO$'$, BCO$'$, CDO$'$, DAO$'$이 서로 합동이다.
$\angle$O$'$AH$=45°$이므로 삼각형 O$'$AH는 직각이등변삼각형이고,
$\overline{\text{O}'\text{H}}=2$이므로
$\overline{\text{AO}'}=\sqrt{2}\times\overline{\text{O}'\text{H}}=2\sqrt{2}$
즉, 원의 반지름의 길이가 $2\sqrt{2}$이므로 ㉠에서
$13-b=(2\sqrt{2})^2$ $\quad$ $\therefore b=5$
$\therefore a+b=2+5=7$

150

점 $(-1, 2)$를 지나면서 x축과 y축에 모두 접하는 원의 중심은
다음 그림과 같이 제2사분면 위에 있다.

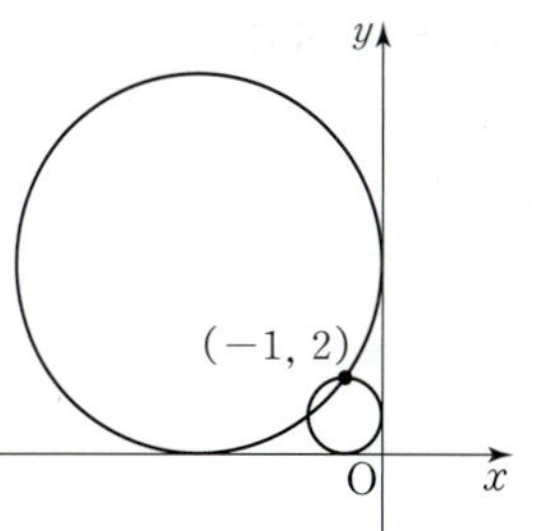

따라서 원의 반지름의 길이를 r $(r>0)$이라 하면
중심의 좌표는 $(-r, r)$이므로 원의 방정식은
$(x+r)^2+(y-r)^2=r^2$
이 원이 점 $(-1, 2)$를 지나므로
$(-1+r)^2+(2-r)^2=r^2$
$r^2-6r+5=0$, $(r-1)(r-5)=0$ $\quad$ $\therefore r=1$ 또는 $r=5$
따라서 구하는 두 원의 중심의 좌표는 각각 $(-1, 1)$,
$(-5, 5)$이므로 두 원의 중심 사이의 거리는 $\sqrt{(-4)^2+4^2}=4\sqrt{2}$
이다.

151

(1) x축, y축에 동시에 접하는 원의 중심의 좌표는
(a, a) 또는 $(a, -a)$로 놓을 수 있다. $\quad$ …… **TIP**
원의 중심이 직선 $x+2y-6=0$ 위에 있으므로
중심의 좌표가 (a, a)일 때, $a+2a-6=0$에서 $a=2$
중심의 좌표가 $(a, -a)$일 때, $a-2a-6=0$에서 $a=-6$
$a=2$일 때, 원의 반지름의 길이는 2이므로 원의 넓이는
$\pi\times2^2=4\pi$
$a=-6$일 때, 원의 반지름의 길이는 6이므로 원의 넓이는
$\pi\times6^2=36\pi$
따라서 구하는 모든 원의 넓이의 합은 $4\pi+36\pi=40\pi$이다.

(2) x축, y축에 동시에 접하는 원의 중심의 좌표는
(a, a) 또는 $(a, -a)$로 놓을 수 있다.

(i) 원의 중심의 좌표가 (a, a)일 때
원의 중심이 곡선 $y=x^2-x-3$ 위의 점이므로 대입하면
$a=a^2-a-3$, $a^2-2a-3=(a+1)(a-3)=0$
$a=-1$ 또는 $a=3$
$a=-1$일 때, 원의 반지름의 길이는 1이므로 원의 넓이는
$\pi\times1^2=\pi$
$a=3$일 때, 원의 반지름의 길이는 3이므로 원의 넓이는
$\pi\times3^2=9\pi$

(ii) 원의 중심의 좌표가 $(a, -a)$일 때
원의 중심이 곡선 $y=x^2-x-3$ 위의 점이므로 대입하면
$-a=a^2-a-3$, $a^2-3=(a+\sqrt{3})(a-\sqrt{3})=0$
$a=-\sqrt{3}$ 또는 $a=\sqrt{3}$
이때 반지름의 길이가 모두 $\sqrt{3}$이므로 원의 넓이는
$\pi\times(\sqrt{3})^2=3\pi$

(i), (ii)에서 조건을 만족시키는 모든 원의 넓이의 합은
$\pi+9\pi+3\pi+3\pi=16\pi$

x축, y축에 동시에 접하는 원의 중심이
제1사분면 또는 제3사분면 위에 있을 때
이 원의 중심의 좌표는 $(a,\,a)$로 놓을 수 있고
제2사분면 또는 제4사분면 위에 있을 때
이 원의 중심의 좌표는 $(a,\,-a)$로 놓을 수 있다.

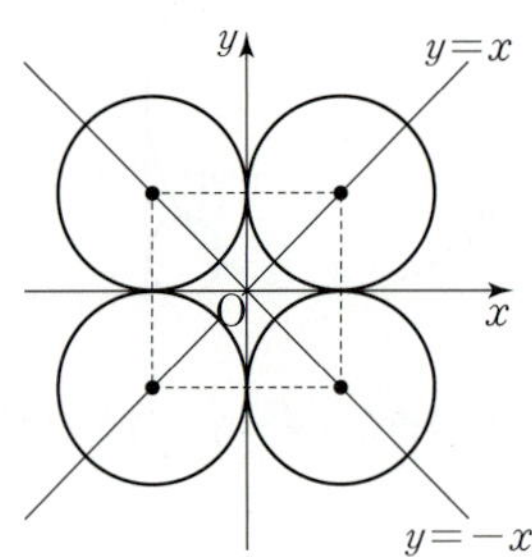

152

$\quad$ 🖪 5

두 점 $\mathrm{A}(-3,\,0)$, $\mathrm{B}(1,\,0)$의 중점의 좌표는
$\left(\dfrac{(-3)+1}{2},\,0\right)$, 즉 $(-1,\,0)$
이고, 이 점과 점 $\mathrm{B}(1,\,0)$ 사이의 거리는 $1-(-1)=2$이므로
원의 중심의 좌표가 $(-1,\,0)$이고 반지름의 길이가 2이다.
따라서 원의 방정식은 $(x+1)^2+y^2=4$이고, $\quad\cdots\cdots$ ㉠
x의 값의 범위는 $-3\le x\le1$이다.
$$y^2-2x=\{4-(x+1)^2\}-2x\;(\because\text{㉠})$$
$$=-x^2-4x+3=-(x+2)^2+7$$
$-3\le x\le1$일 때 $x=-2$에서 최댓값 7을 갖고,
$x=1$에서 최솟값 -2를 갖는다.
따라서 구하는 최댓값과 최솟값의 합은 $7+(-2)=5$

153

$\quad$ 답 ②

$x^2+y^2-2(a+1)x+2(a-1)y=2a+3$에서
$$\{x-(a+1)\}^2+\{y+(a-1)\}^2=(a+1)^2+(a-1)^2+2a+3$$
$$=2a^2+2a+5$$
즉, 중심의 좌표가 $(a+1,\,-a+1)$이고 반지름의 길이가
$\sqrt{2a^2+2a+5}$인 원이다. $\quad\cdots\cdots$ ㉠

ㄱ. 원의 반지름의 길이는 $\sqrt{2a^2+2a+5}$이고,
$\quad 2a^2+2a+5=2\left(a+\dfrac{1}{2}\right)^2+\dfrac{9}{2}$에서

$\quad a=-\dfrac{1}{2}$일 때, 최솟값 $\dfrac{9}{2}$를 갖는다.

$\quad$ 따라서 원의 넓이의 최솟값은 $\pi\times\left(\sqrt{\dfrac{9}{2}}\right)^2=\dfrac{9}{2}\pi$이다. (참)

ㄴ. 원이 x축과 접하면 중심의 y좌표의 절댓값이 반지름의 길이와
$\quad$ 같으므로 ㉠에서 $|-a+1|=\sqrt{2a^2+2a+5}$
$\quad$ 양변을 각각 제곱하면
$\quad a^2-2a+1=2a^2+2a+5$, $a^2+4a+4=0$, $(a+2)^2=0$에서
$\quad a=-2$이다. (참)

ㄷ. 원의 중심의 좌표를 $(x,\,y)$라 하면 ㉠에서
$\quad x=a+1$, $y=-a+1$에서 $y=-(x-1)+1=-x+2$이다.
$\quad$ 즉, 원의 중심 $(x,\,y)$는 항상 직선 $y=-x+2$ 위에 있다.

직선 $y=-x+2$의 x절편은 2이고, y절편은 2이므로 이 직선과
x축, y축으로 둘러싸인 삼각형의 넓이는 $\dfrac{1}{2}\times2\times2=2$이다.
$\qquad\qquad\qquad\qquad\qquad\qquad\qquad\qquad$ (거짓)

따라서 옳은 것은 ㄱ, ㄴ이다.

154

$\quad$ 답 $x^2+y^2=4$

$\mathrm{B}(x_1,\,y_1)$이라 하면 선분 AB를 $2:1$로 내분하는 점의 좌표는
$\left(\dfrac{2x_1-6}{3},\,\dfrac{2y_1}{3}\right)$
점 P의 좌표를 $(x,\,y)$라 하면
$x=\dfrac{2x_1-6}{3},\;y=\dfrac{2y_1}{3}$
$\therefore\;x_1=\dfrac{3x+6}{2},\;y_1=\dfrac{3}{2}y\qquad\cdots\cdots$ ㉠
이때 점 B가 원 $x^2+y^2-6x=0$ 위의 점이므로
$x_1{}^2+y_1{}^2-6x_1=0$
$\left(\dfrac{3x+6}{2}\right)^2+\left(\dfrac{3}{2}y\right)^2-6\times\dfrac{3x+6}{2}=0\;(\because\text{㉠})$
$(x+2)^2+y^2-4(x+2)=0\qquad\therefore\;x^2+y^2=4$
따라서 구하는 도형의 방정식은 $x^2+y^2=4$이다.

원 $C_1:x^2+y^2-6x=0$이라 하면
$C_1:(x-3)^2+y^2=9$
이 원은 중심의 좌표가 $(3,\,0)$이고 반지름의 길이가 3이다.
점 $\mathrm{A}(-6,\,0)$과 원 C_1 위의 점 B에 대하여
선분 AB를 $2:1$로 내분하는 점이 나타내는 도형을 C_2라 하면
두 도형 C_1, C_2는 닮음비가 $3:2$인 닮은 도형이다.

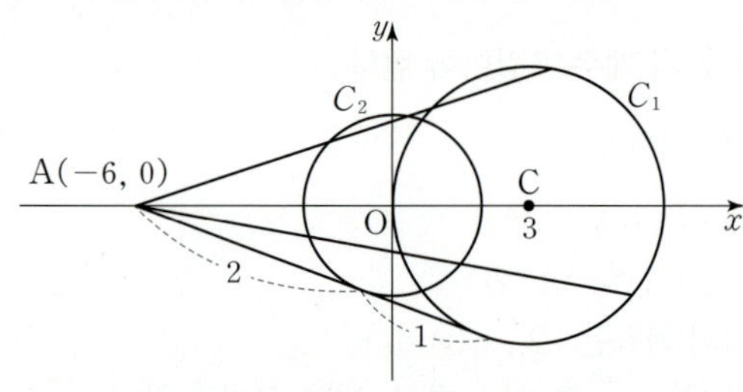

원 C_1의 반지름의 길이가 3이므로 원 C_2의 반지름의 길이는 2이고,
원 C_1의 중심을 $\mathrm{C}(3,\,0)$이라 하면
원 C_2의 중심은 선분 AC를 $2:1$로 내분하는 점이므로 좌표는
$(0,\,0)$이다.
따라서 구하는 원 C_2의 방정식은 $x^2+y^2=4$이다.

155

$\quad$ 답 ⑤

점 P의 좌표를 $(x_1,\,y_1)$, 점 G의 좌표를 $(x,\,y)$라 하면
$x=\dfrac{5+(-2)+x_1}{3},\;y=\dfrac{(-2)+(-4)+y_1}{3}$이므로
$x_1=3x-3,\;y_1=3y+6\qquad\cdots\cdots$ ㉠
이때 점 P가 원 $x^2+y^2=4$ 위의 점이므로
$x_1{}^2+y_1{}^2=4$
즉, $(3x-3)^2+(3y+6)^2=4\;(\because\text{㉠})$이므로
$(x-1)^2+(y+2)^2=\dfrac{4}{9}$

따라서 점 G가 나타내는 도형은 반지름의 길이가 $\dfrac{2}{3}$인 원이므로

그 길이는 $\dfrac{4}{3}\pi$이다.

156   답 49

두 점 $A(-1, 0)$, $B(1, 0)$에 대하여 점 $P(a, b)$가
$\overline{PA}^2 + \overline{PB}^2 = 10$을 만족시키므로
$(a+1)^2 + b^2 + (a-1)^2 + b^2 = 10$, $2a^2 + 2b^2 = 8$
$\therefore a^2 + b^2 = 4$
따라서 점 P는 중심이 원점이고 반지름의 길이가
2인 원 위의 점이다.
이때 $(a-3)^2 + (b+4)^2$은 두 점 (a, b), $(3, -4)$ 사이의
거리의 제곱과 같다.

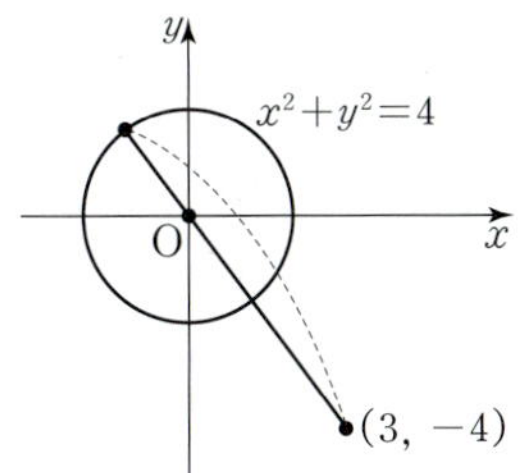

점 $(3, -4)$와 원 $x^2 + y^2 = 4$ 위의 점 (a, b) 사이의 거리의 최댓값은
원의 중심 $(0, 0)$과 점 $(3, -4)$ 사이의 거리에 반지름의 길이 2를
더한 값이므로
$\sqrt{3^2 + (-4)^2} + 2 = 7$
따라서 $(a-3)^2 + (b+4)^2$의 최댓값은 $7^2 = 49$이다.

> **참고**
>
> 중선정리를 이용하여 다음과 같이 해석할 수도 있다.
> 원점을 O라 하면 선분 AB의 중점은 O이므로
> 삼각형 PAB에서 중선정리를 이용하면
> $\overline{PA}^2 + \overline{PB}^2 = 2(\overline{PO}^2 + \overline{OA}^2)$
> 따라서 주어진 조건에 의하여
> $2(\overline{PO}^2 + \overline{OA}^2) = 10$, $\overline{PO}^2 + \overline{OA}^2 = 5$
> $\overline{PO}^2 + 1 = 5$ $\therefore \overline{PO}^2 = 4$
> 즉, 점 P는 원점을 중심으로 하고 반지름의 길이가 2인 원 위의
> 점이다.

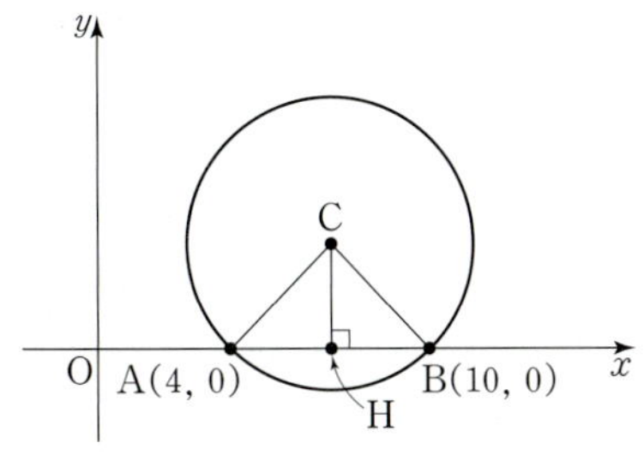

157   답 20

원의 중심을 C라 하고, 원의 중심에서 x축에 내린 수선의 발을
H라 하자.

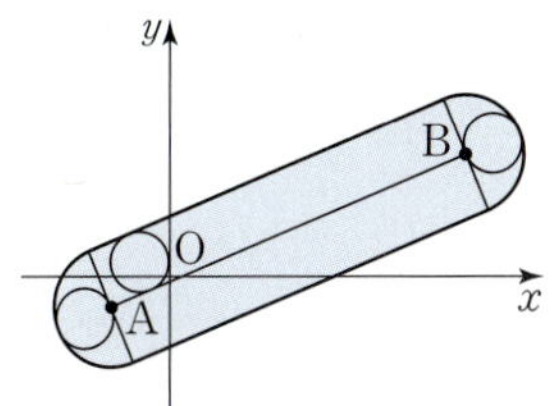

$\overline{AC} = \overline{BC}$인 이등변삼각형 ABC에서
점 H는 선분 AB의 중점이므로 점 H의 좌표는
$\left(\dfrac{4+10}{2}, 0\right)$ $\therefore H(7, 0)$
$\overline{AH} = 3$, $\overline{AC} = 5$이므로 직각삼각형 AHC에서 피타고라스 정리에
의하여 $\overline{CH} = \sqrt{5^2 - 3^2} = 4$이다.
$\therefore C(7, 4)$
이때 점 $O(0, 0)$과 원의 중심 $C(7, 4)$ 사이의 거리는
$\sqrt{7^2 + 4^2} = \sqrt{65}$이므로
점 $O(0, 0)$과 원 위의 점 P 사이의 거리를 k라 할 때,
$\sqrt{65} - 5 \leq k \leq \sqrt{65} + 5$
따라서 자연수 k의 값은 4, 5, 6, $\cdots$, 13이고,
각 값에 대하여 점 P가 2개씩 존재하므로
구하는 점 P의 개수는 $10 \times 2 = 20$이다.

158   답 $4\pi + 26$

선분 AB와 적어도 한 점에서 만나면서 반지름의 길이가 1인 원이
나타내는 도형은 다음 그림과 같다.

이 도형은 가로의 길이가 $\overline{AB} = \sqrt{(-2-10)^2 + (-1-4)^2} = 13$이고
세로의 길이가 4인 직사각형과 반지름의 길이가 2인 두 반원으로
이루어진다.
직사각형의 가로인 두 변의 길이의 합은 $13 \times 2 = 26$이고,
두 반원의 호의 길이의 합은 $2 \times \left(\dfrac{1}{2} \times 4\pi\right) = 4\pi$
따라서 구하는 도형의 둘레의 길이는 $4\pi + 26$이다.

159   답 ③

점 P의 좌표를 (x, y)라 하면 $\overline{PA} : \overline{PB} = m : n$에서
$\sqrt{(x+4)^2 + y^2} : \sqrt{(x-4)^2 + y^2} = m : n$
$m^2(x-4)^2 + m^2 y^2 = n^2(x+4)^2 + n^2 y^2$
$(m^2 - n^2)x^2 - 8(m^2 + n^2)x + 16(m^2 - n^2) + (m^2 - n^2)y^2 = 0$

$\qquad\qquad\qquad\qquad\qquad\qquad\qquad \cdots\cdots\ \ominus$

ㄱ. $m = n$이면 $m^2 - n^2 = 0$이므로 $\ominus$에서
$\quad -8(m^2 + n^2)x = 0$ $\therefore x = 0$ $(\because m > 0, n > 0)$
$\quad$ 즉, 점 P가 나타내는 도형 C는 선분 AB의 수직이등분선이다.

$\qquad\qquad\qquad\qquad\qquad\qquad\qquad\qquad$ (거짓)

ㄴ. $m < n$이면 $\ominus$에서
$\quad x^2 - \dfrac{8(m^2 + n^2)}{m^2 - n^2}x + 16 + y^2 = 0$ $\qquad\qquad \cdots\cdots\ \bigcirc$

$\quad f(x) = x^2 - \dfrac{8(m^2 + n^2)}{m^2 - n^2}x + 16$이라 하고, 방정식 $f(x) = 0$의
$\quad$ 서로 다른 두 실근을 α, β $(\alpha < \beta)$라 하면 $\bigcirc$은 두 점 $(\alpha, 0)$,
$\quad (\beta, 0)$을 이은 선분을 지름으로 하는 원이다.

이때
$$f(-4)=16-\frac{8(m^2+n^2)}{m^2-n^2}\times(-4)+16$$
$$=32\left(1+\frac{m^2+n^2}{m^2-n^2}\right)<0\ (\because m^2-n^2<0)$$

즉, $\alpha<-4<\beta$이므로 도형 C의 내부에 점 A가 존재한다. (참)

ㄷ. $m=3$, $n=1$이면 ㉠에서
$$8x^2-80x+128+8y^2=0,\ x^2-10x+16+y^2=0$$
$$\therefore (x-5)^2+y^2=9$$

즉, 도형 C는 점 $(5,\ 0)$을 중심으로 하고 반지름의 길이가 3인 원이다.

이때 원 $x^2+(y-5)^2=1$ 위의 점 Q에 대하여 $\overline{PQ}$의 최댓값은 두 원의 중심 사이의 거리에 두 원의 반지름의 길이를 각각 더한 값과 같다.

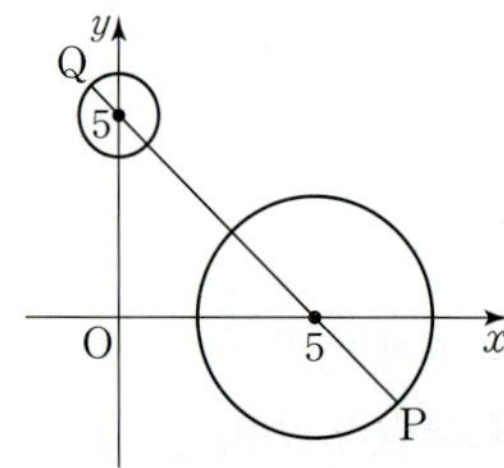

따라서 $\overline{PQ}$의 최댓값은 $\sqrt{5^2+5^2}+1+3=4+5\sqrt{2}$이다. (참)

따라서 옳은 것은 ㄴ, ㄷ이다.

160   답 ③

두 지점 A, B를 각각 좌표평면 위의 두 점 A$(0,\ 0)$, B$(8,\ 0)$으로 놓고, 지점 P를 점 P$(a,\ b)$라 하자.

지점 A에서 출발하는 배의 속력이 지점 B에서 출발하는 배의 속력보다 3배 빠르므로 $\overline{AP}=3\overline{BP}$이다.

즉, $\sqrt{a^2+b^2}=3\sqrt{(a-8)^2+b^2}$이므로

양변을 각각 제곱하면 $a^2+b^2=9(a^2-16a+64+b^2)$

$a^2-18a+b^2+72=0$ $\therefore (a-9)^2+b^2=9$

따라서 점 P가 나타내는 도형은 원 $(x-9)^2+y^2=9$이다.

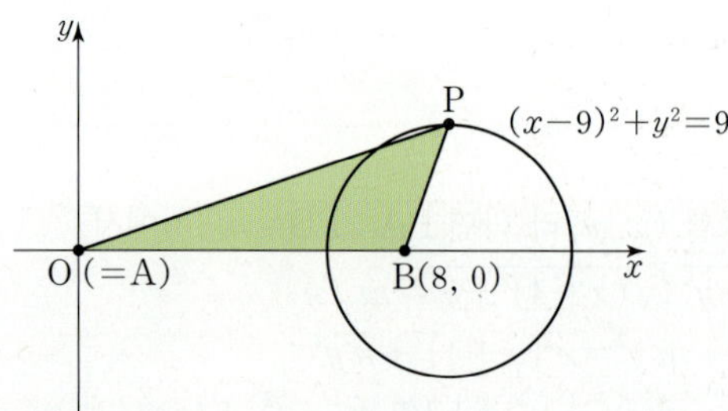

이때 삼각형 ABP에서 선분 AB를 밑변으로 놓으면 높이가 최대일 때 넓이도 최대가 된다.

삼각형 ABP의 높이는 점 P의 y좌표의 절댓값과 같으므로 점 P의 좌표가 $(9,\ 3)$ 또는 $(9,\ -3)$일 때 최댓값 3을 갖는다.

따라서 삼각형 ABP의 넓이의 최댓값은

$\dfrac{1}{2}\times8\times3=12\,(\mathrm{km}^2)$이다.

161   답 ⑤

평행한 두 직선 $2x-y+1=0$, $px-y+q=0$은 기울기가 같으므로 $p=2$이다.

다음 그림과 같이 평행한 두 직선에 동시에 접하는 원의 지름의 길이는 두 직선 사이의 거리와 같다.

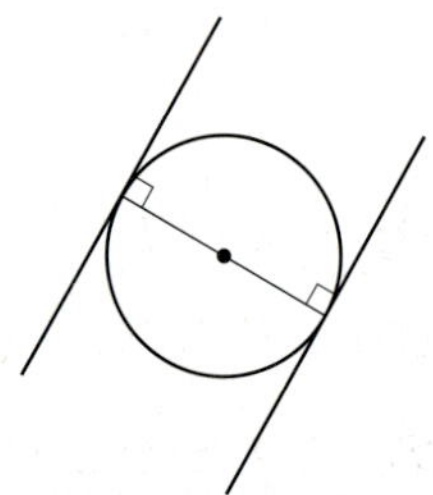

원의 넓이가 5π이므로 반지름의 길이는 $\sqrt{5}$이고, 지름의 길이는 $2\sqrt{5}$이다.

직선 $2x-y+1=0$ 위의 점 $(0,\ 1)$과 직선 $2x-y+q=0$ 사이의 거리가 $2\sqrt{5}$이므로

$$\frac{|-1+q|}{\sqrt{2^2+(-1)^2}}=2\sqrt{5}$$
$$\frac{|q-1|}{\sqrt{5}}=2\sqrt{5},\ |q-1|=10$$
$$\therefore q=11\ (\because q>0)$$
$$\therefore p+q=2+11=13$$

162   답 ①

$x^2+y^2-6x-4y+4=0$에서 $(x-3)^2+(y-2)^2=9$이므로 중심의 좌표가 $(3,\ 2)$이고 반지름의 길이가 3이다.

원의 중심을 O′이라 하고, 다음 그림과 같이 원과 직선 $y=2x+k$가 만나는 두 점을 A, B, 점 O′에서 직선 AB에 내린 수선의 발을 H라 하자.

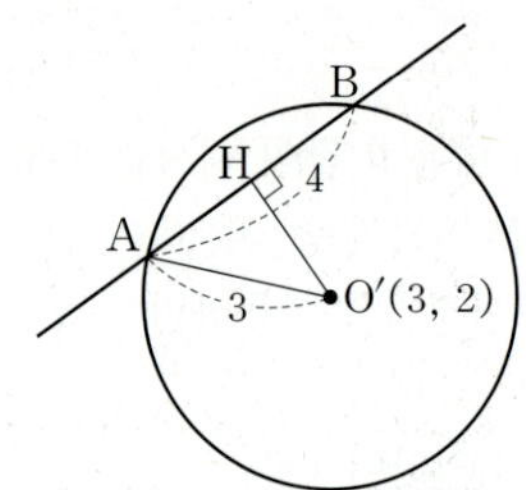

$\overline{AB}=4$이므로 $\overline{AH}=2$,

$\overline{AO'}=3$이므로 직각삼각형 AHO′에서 피타고라스 정리에 의하여

$$\overline{O'H}=\sqrt{3^2-2^2}=\sqrt{5}$$

이때 $\overline{O'H}$는 점 O′$(3,\ 2)$와 직선 $y=2x+k$, 즉 $2x-y+k=0$ 사이의 거리와 같으므로

$$\overline{O'H}=\frac{|6-2+k|}{\sqrt{2^2+(-1)^2}}=\frac{|k+4|}{\sqrt{5}}$$

즉, $\dfrac{|k+4|}{\sqrt{5}}=\sqrt{5}$에서 $|k+4|=5$이므로

$k=1$ 또는 $k=-9$

따라서 모든 실수 k의 값의 합은 -8이다.

163   답 ②

점 A$(1,\ k)$라 하고, 원 $(x-3)^2+(y+1)^2=9$의 중심을 B$(3,\ -1)$, 점 A$(1,\ k)$에서 원에 그은 두 접선이 원과 만나는 두 점을 각각 C, D라 하자.

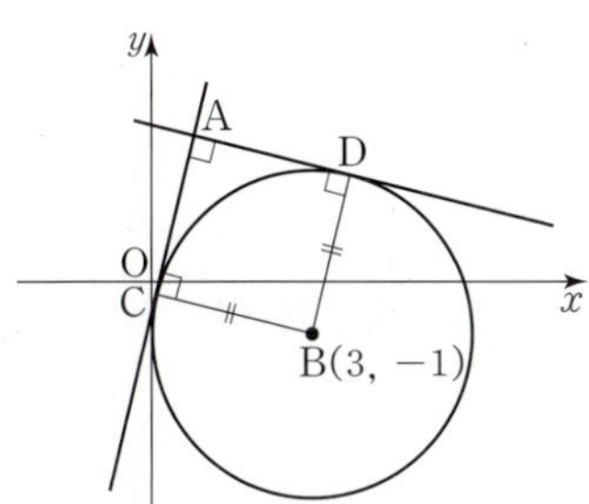

이때 사각형 ACBD의 네 각이 모두 직각이고, $\overline{BC}=\overline{BD}=3$이므로
사각형 ACBD는 정사각형이다.
따라서 $\overline{AB}=3\sqrt{2}$이므로 $\sqrt{(-2)^2+(k+1)^2}=3\sqrt{2}$
양변을 각각 제곱하면 $(-2)^2+(k+1)^2=18$
$(k+1)^2=14$, $k+1=\sqrt{14}$ $(\because k>0)$
$\therefore k=\sqrt{14}-1$

164   답 ②

$x^2+y^2-6x-2y+6=0$에서 $(x-3)^2+(y-1)^2=4$이므로
중심의 좌표는 $(3,\ 1)$이고 반지름의 길이가 2이다.
중심을 C$(3,\ 1)$이라 하고, 다음 그림과 같이 선분 CP와 선분 AB의
교점을 H라 하자.

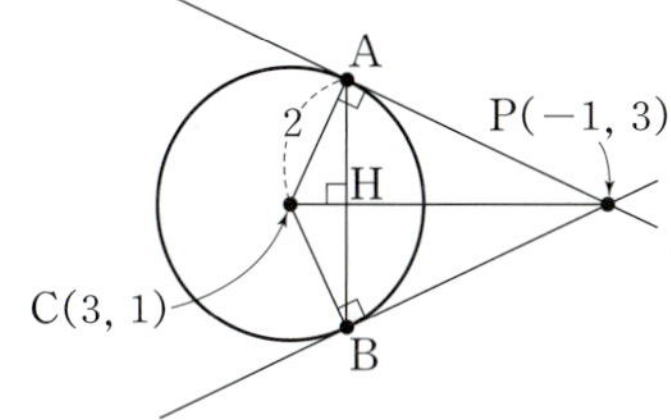

$\overline{CP}=\sqrt{4^2+(-2)^2}=2\sqrt{5}$, $\overline{AC}=2$이므로 직각삼각형 ACP에서
피타고라스 정리에 의하여
$\overline{AP}=\sqrt{(2\sqrt{5})^2-2^2}=4$
$\overline{CP}:\overline{AP}=2\sqrt{5}:4$, 즉 $\overline{CP}:\overline{AP}=\sqrt{5}:2$
두 삼각형 ACP, HAP가 닮음이므로 넓이의 비는 $5:4$이다.
이때 삼각형 ACP의 넓이가 $\dfrac{1}{2}\times4\times2=4$이므로

삼각형 HAP의 넓이는 $4\times\dfrac{4}{5}=\dfrac{16}{5}$

따라서 삼각형 PAB의 넓이는
$2\times\dfrac{16}{5}=\dfrac{32}{5}$

165   답 $-\dfrac{42}{5}$

$C_2:x^2+y^2+10x-16y+80=0$에서 $C_2:(x+5)^2+(y-8)^2=9$
원 C_2의 중심을 B, 점 A의 좌표를 $(a,\ 0)$이라 하자.

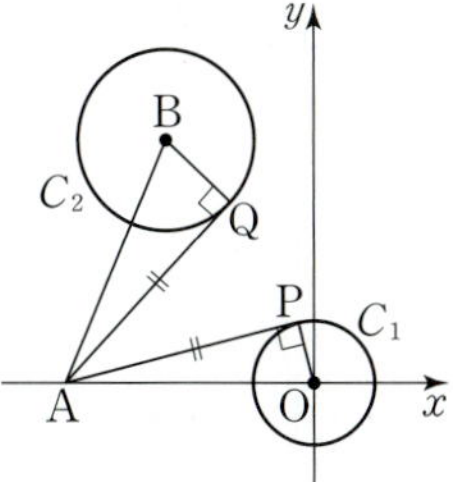

$\overline{AO}=|a|$, $\overline{AB}=\sqrt{(a+5)^2+(-8)^2}=\sqrt{a^2+10a+89}$이고,
$\overline{OP}=2$, $\overline{BQ}=3$이므로

$\overline{AP}=\sqrt{\overline{AO}^2-\overline{OP}^2}=\sqrt{|a|^2-2^2}=\sqrt{a^2-4}$,
$\overline{AQ}=\sqrt{\overline{AB}^2-\overline{BQ}^2}=\sqrt{a^2+10a+89-3^2}=\sqrt{a^2+10a+80}$
이때 $\overline{AP}=\overline{AQ}$이므로
$\sqrt{a^2-4}=\sqrt{a^2+10a+80}$에서 양변을 각각 제곱하면
$a^2-4=a^2+10a+80$, $10a=-84$
$\therefore a=-\dfrac{42}{5}$

166   답 ①

$C_1:x^2+y^2+4ax-2ay-3=0$,
$C_2:x^2+y^2-6x+2y+3=0$이라 하자.
원 C_1이 원 C_2의 둘레를 이등분할 때, 두 원의 교점을 이은 선분이
원 C_2의 지름이므로 두 원의 교점을 지나는 직선이 원 C_2의
중심을 지난다.

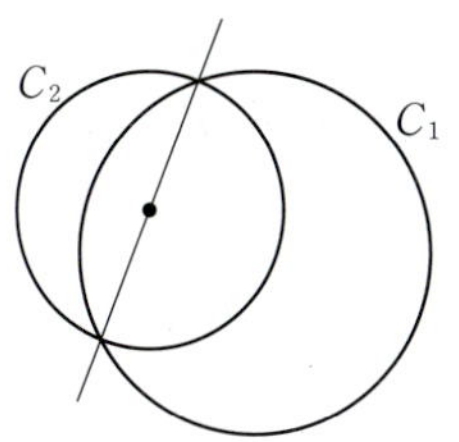

원 $C_2:x^2+y^2-6x+2y+3=0$에서
$(x-3)^2+(y+1)^2=7$이므로 중심의 좌표가 $(3,\ -1)$이다.
두 원의 교점을 지나는 직선의 방정식은
$(x^2+y^2+4ax-2ay-3)-(x^2+y^2-6x+2y+3)=0$
$(4a+6)x-(2a+2)y-6=0$
$\therefore (2a+3)x-(a+1)y-3=0$
이 직선이 점 $(3,\ -1)$을 지나므로
$3(2a+3)+(a+1)-3=0$, $7a+7=0$
$\therefore a=-1$

167   답 ④

직선 l을 $y=ax+b$ $(a,\ b$는 실수, $a\neq0)$라 하면
직선 l이 곡선 $y=-\dfrac{1}{2}x^2$에 접하므로 이차방정식
$-\dfrac{1}{2}x^2=ax+b$, 즉 $x^2+2ax+2b=0$이 중근을 가진다.
이 이차방정식의 판별식을 D라 하면
$\dfrac{D}{4}=a^2-2b=0$, $a^2=2b$ ……㉠
직선 $y=ax+b$가 원 $x^2+(y-2)^2=4$에 접하므로 원의 중심
$(0,\ 2)$와 직선 $y=ax+b$ 사이의 거리는 원의 반지름의 길이와 같다.
$\dfrac{|-2+b|}{\sqrt{a^2+(-1)^2}}=2$, $|b-2|=2\sqrt{a^2+1}$에서 양변을 각각 제곱하면
$b^2-4b+4=4(2b+1)$ $(\because ㉠)$
$b^2-12b=b(b-12)=0$에서 $b=0$ 또는 $b=12$
$b=0$일 때, $a=0$이므로 조건을 만족시키지 않는다.
$b=12$일 때, $a^2=24$이므로 $a=2\sqrt{6}$ 또는 $a=-2\sqrt{6}$
따라서 구하는 직선 l의 모든 기울기의 곱은
$2\sqrt{6}\times(-2\sqrt{6})=-24$

168   답 ③

$x^2+y^2+16x-10y+8=0$에서 $(x+8)^2+(y-5)^2=81$이므로
중심이 점 $(-8,\ 5)$이고 반지름의 길이가 9이다.

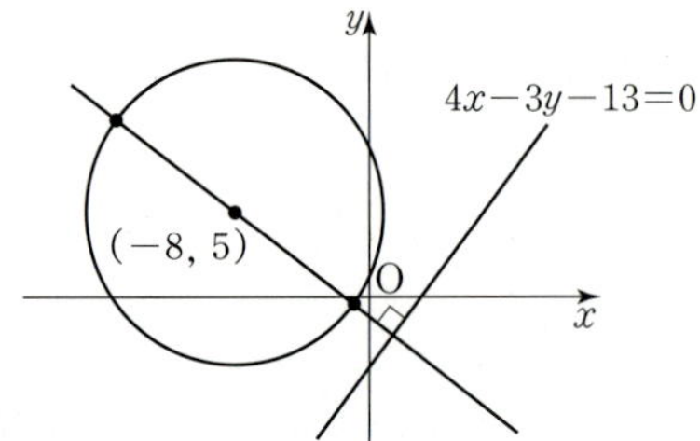

원 위의 점 A와 직선 $4x-3y-13=0$ 사이의 거리는
원의 중심 $(-8,\ 5)$와 직선 $4x-3y-13=0$ 사이의 거리에
반지름의 길이를 더한 값을 최댓값으로 갖고,
반지름의 길이를 뺀 값을 최솟값으로 갖는다.
원의 중심 $(-8,\ 5)$와 직선 $4x-3y-13=0$ 사이의 거리는
$$\frac{|-32-15-13|}{\sqrt{4^2+(-3)^2}}=\frac{60}{5}=12$$이므로
구하는 최댓값은 $12+9=21$이고, 최솟값은 $12-9=3$이다.
따라서 최댓값과 최솟값의 합은
$21+3=24$이다.

169   답 $8-2\sqrt{5}$

삼각형 PAB의 밑변을 선분 AB라 하면
$\overline{AB}=\sqrt{2^2+(-4)^2}=2\sqrt{5}$로 일정하다.
삼각형 PAB의 높이는 점 P와 직선 AB 사이의 거리이므로
원 위의 점 P와 직선 AB 사이의 거리가 최소일 때,
삼각형 PAB의 넓이가 최소이다.

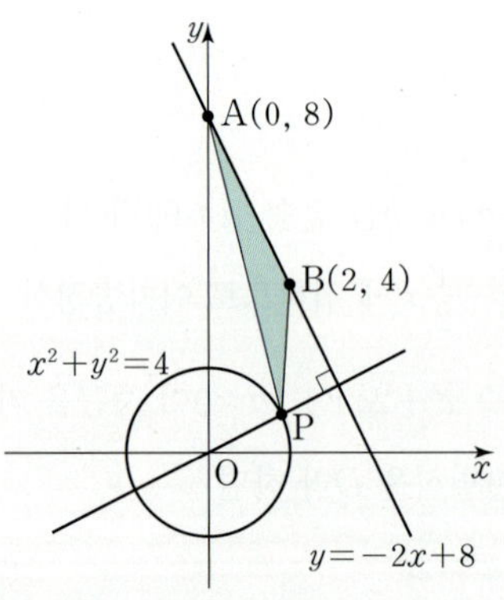

직선 AB의 방정식은
$$y=\frac{4-8}{2-0}x+8 \qquad \therefore y=-2x+8$$
원 위의 점 P와 직선 AB 사이의 거리의 최솟값은
원의 중심 $(0,\ 0)$과 직선 $2x+y-8=0$ 사이의 거리에서
반지름의 길이 2를 뺀 값이므로
$$\frac{|-8|}{\sqrt{2^2+1^2}}-2=\frac{8}{\sqrt{5}}-2$$
따라서 삼각형 PAB의 넓이의 최솟값은
$$\frac{1}{2}\times 2\sqrt{5}\times\left(\frac{8}{\sqrt{5}}-2\right)=8-2\sqrt{5}$$

170   답 ⑤

원 $(x+2)^2+(y+3)^2=25$의 중심 $A(-2,\ -3)$과 직선 $y=kx$
사이의 거리가 최대일 때, 현 PQ의 길이가 최소이다.
이때 점 A와 직선 $y=kx$ 사이의 거리가 최대일 때는 직선 OA와
직선 $y=kx$가 서로 수직일 때이다.

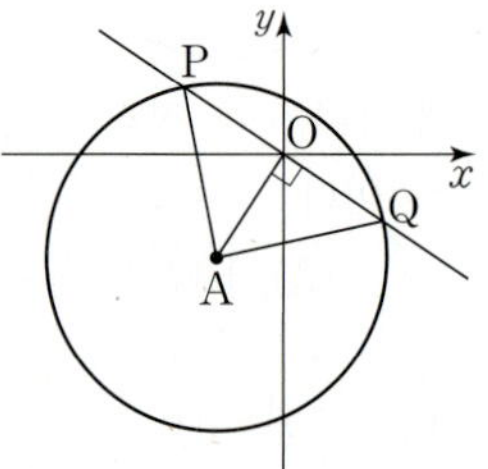

$\overline{OA}=\sqrt{2^2+3^2}=\sqrt{13}$, $\overline{AP}=5$에서
$\overline{OP}=\sqrt{\overline{AP}^2-\overline{OA}^2}=\sqrt{5^2-(\sqrt{13})^2}=2\sqrt{3}$
따라서 $\overline{PQ}=2\overline{OP}=4\sqrt{3}$이고, 삼각형 APQ의 둘레의 길이는
$4\sqrt{3}+2\times 5=10+4\sqrt{3}$

171   답 $6\sqrt{2}$

$x^2+y^2-4x+2y+1=0$에서 $(x-2)^2+(y+1)^2=4$이고,
이 원에 접하는 접선들 중 서로 수직인 두 직선의 교점 P가 그리는
도형은 중심이 원 $(x-2)^2+(y+1)^2=4$의 중심과 일치하고
반지름의 길이가 $2\sqrt{2}$인 원이다.

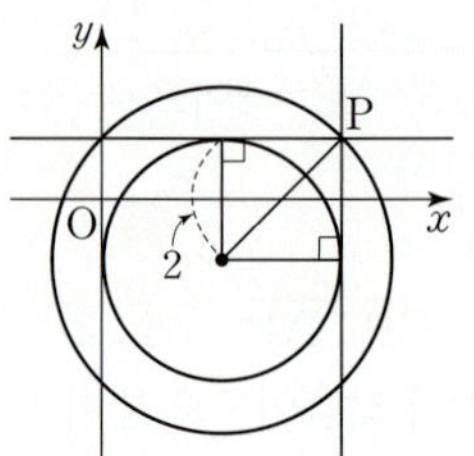

따라서 점 P가 나타내는 도형의 방정식은
$(x-2)^2+(y+1)^2=8$
이고, 이 원과 직선 $y=x+5$ 사이의 거리의 최댓값은 원의 중심과
직선 사이의 거리에서 반지름의 길이를 더한 값과 같으므로
$$\frac{|2+1+5|}{\sqrt{1^2+(-1)^2}}+2\sqrt{2}=6\sqrt{2}$$

172   답 $y=\frac{1}{4}x+\frac{1}{2},\ y=-4x-8$

다음 그림과 같이 점 $(-2,\ 0)$에서 원 $(x-2)^2+(y-1)^2=4$에
그은 두 접선이 이루는 각을 이등분하는 두 직선 중 한 직선은
원의 중심을 지난다.

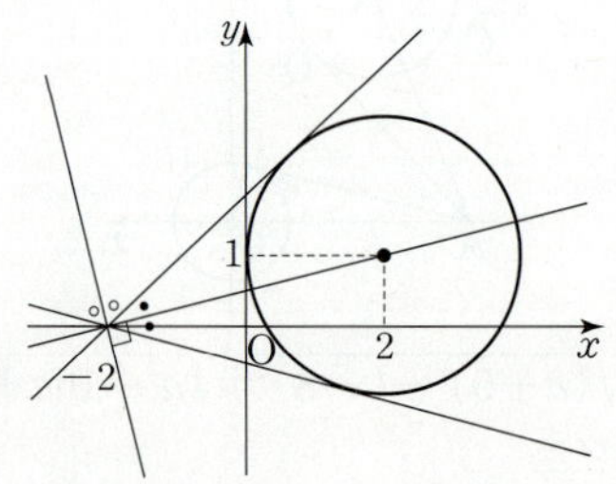

즉, 이 직선은 점 $(-2, 0)$과 원의 중심 $(2, 1)$을 지나므로
직선의 방정식은
$$y = \frac{1-0}{2-(-2)}(x+2) \qquad \therefore y = \frac{1}{4}x + \frac{1}{2}$$
두 접선이 이루는 각을 이등분하는 다른 한 직선은
직선 $y = \frac{1}{4}x + \frac{1}{2}$과 수직이면서 점 $(-2, 0)$을 지나므로
직선의 방정식은
$$y = -4(x+2) \qquad \therefore y = -4x - 8$$
따라서 구하는 두 직선의 방정식은
$$y = \frac{1}{4}x + \frac{1}{2}, \; y = -4x - 8$$

173 .... 답 ①

원의 중심을 $C(a, b)$라 하면 점 P의 좌표는 $(a, 0)$이다.
점 P를 지나고 기울기가 2인 직선의 방정식은
$y = 2(x-a)$, 즉 $2x - y - 2a = 0$이다.
이때 $\overline{QR} = \overline{PS} = 6$이므로 원의 중심에서 y축 사이의 거리와 원의
중심에서 직선 $2x - y - 2a = 0$ 사이의 거리가 서로 같다.
$$a = \frac{|2a - b - 2a|}{\sqrt{2^2 + (-1)^2}}, \; b = \sqrt{5}a \; (\because b > 0) \qquad \cdots\cdots \; \text{㉠}$$

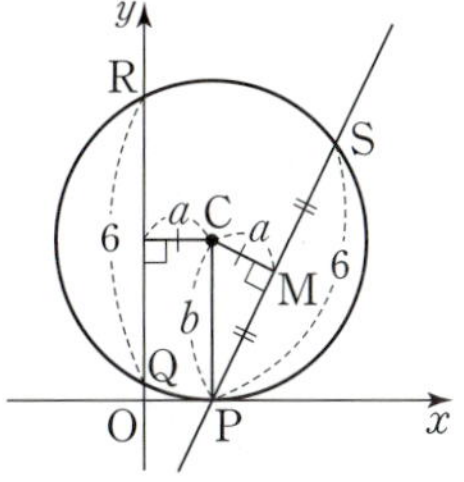

점 C에서 직선 PS에 내린 수선의 발을 M이라 할 때
$\overline{PM} = 3$이고 삼각형 CPM에서
$b^2 = a^2 + 3^2$, $(\sqrt{5}a)^2 = a^2 + 9 \; (\because \text{㉠})$
$4a^2 = 9$에서 $a = \frac{3}{2} \; (\because a > 0)$이고 $b = \frac{3\sqrt{5}}{2}$
$$\therefore a^2 + b^2 = \left(\frac{3}{2}\right)^2 + \left(\frac{3\sqrt{5}}{2}\right)^2 = \frac{27}{2}$$

174 .... 답 26

삼각형 ABP의 밑변을 선분 AB라 할 때,
$$\overline{AB} = \sqrt{5^2 + (-1)^2} = \sqrt{26}$$
으로 일정하므로 점 P와 직선 AB 사이의 거리가 최대일 때
삼각형의 넓이가 최대이다.
따라서 다음 그림과 같이 직선 AB와 평행한 원의 접선 중
제1사분면에서 원과 접하는 접선의 접점이 P가 될 때,
삼각형 ABP의 넓이가 최대이다.

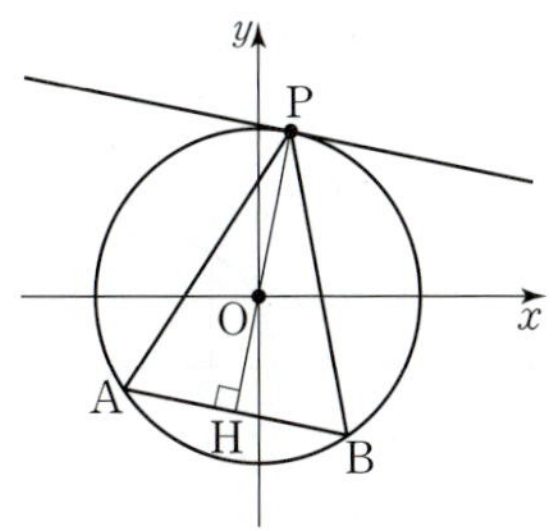

점 P에서 직선 AB에 내린 수선의 발을 H라 하면 직선 PH는
점 P에서의 접선과 수직이므로 원의 중심인 원점을 지난다.
이때 이등변삼각형 OAB에서 점 H는 선분 AB의 중점이므로
점 H의 좌표는
$$\left(\frac{-3+2}{2}, \frac{-2+(-3)}{2}\right)$$
$$\therefore \left(-\frac{1}{2}, -\frac{5}{2}\right)$$
$\overline{OH} = \sqrt{\left(-\frac{1}{2}\right)^2 + \left(-\frac{5}{2}\right)^2} = \frac{\sqrt{26}}{2}$이고,
$\overline{PH} = \overline{OP} + \overline{OH}$이므로
$$\overline{PH} = \sqrt{13} + \frac{\sqrt{26}}{2}$$
따라서 삼각형 ABP의 넓이의 최댓값은
$$\frac{1}{2} \times \overline{AB} \times \overline{PH} = \frac{1}{2} \times \sqrt{26} \times \left(\sqrt{13} + \frac{\sqrt{26}}{2}\right)$$
$$= \frac{13}{2}(1 + \sqrt{2})$$
이므로 $p = 2$, $q = 13$
$$\therefore pq = 26$$

다른 풀이

삼각형 ABP의 밑변을 선분 AB라 할 때,
$$\overline{AB} = \sqrt{5^2 + (-1)^2} = \sqrt{26}$$
으로 일정하므로 점 P와 직선 AB 사이의 거리가 최대일 때,
삼각형의 넓이가 최대이다.
따라서 다음 그림과 같이 직선 AB와 평행한 원의 접선 중
제1사분면에서 원과 접하는 접선의 접점이 P가 될 때, 삼각형의
넓이가 최대이다.

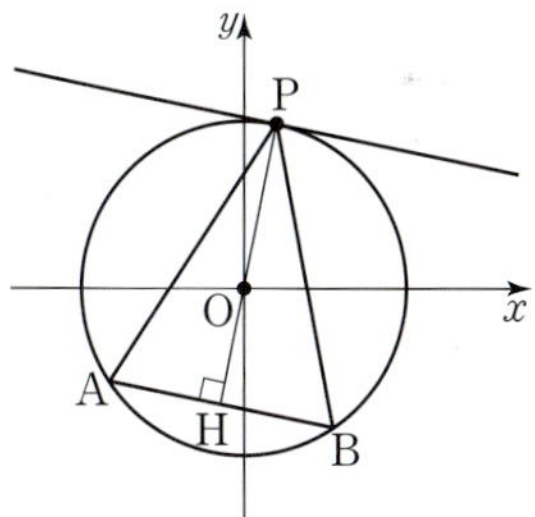

두 점 $A(-3, -2)$, $B(2, -3)$을 지나는 직선 AB의 기울기는
$$\frac{-3-(-2)}{2-(-3)} = -\frac{1}{5}$$
기울기가 $-\frac{1}{5}$인 원 $x^2 + y^2 = 13$의 접선의 방정식은
$$y = -\frac{1}{5}x \pm \sqrt{13} \times \sqrt{\left(-\frac{1}{5}\right)^2 + 1} \text{에서}$$
$$y = -\frac{1}{5}x + \frac{13\sqrt{2}}{5}$$
정리하면 $x + 5y - 13\sqrt{2} = 0$
점 $A(-3, -2)$에서 이 직선까지의 거리는
$$\frac{|-3 - 10 - 13\sqrt{2}|}{\sqrt{1^2 + 5^2}} = \frac{13 + 13\sqrt{2}}{\sqrt{26}}$$
따라서 삼각형 ABP의 넓이의 최댓값은
$$\frac{1}{2} \times \overline{AB} \times \overline{PH} = \frac{1}{2} \times \sqrt{26} \times \frac{13 + 13\sqrt{2}}{\sqrt{26}} = \frac{13}{2}(1 + \sqrt{2})$$
이므로 $p = 2$, $q = 13$
$$\therefore pq = 26$$

주어진 도형을 원의 중심을 원점으로 좌표평면에 나타내면
원의 방정식은 $x^2+y^2=36$이고, 네 점 A, B, C, D의 좌표는
$A(-6, 6)$, $B(6, 6)$, $C(6, -6)$, $D(-6, -6)$이다.
선분 AD를 $1:2$로 내분하는 점 P의 좌표는 $(-6, 2)$이므로
두 점 $P(-6, 2)$, $B(6, 6)$을 지나는 직선의 방정식은
$$y-6=\frac{6-2}{6-(-6)}(x-6),\ \ \text{즉}\ x-3y+12=0\text{이다.}$$

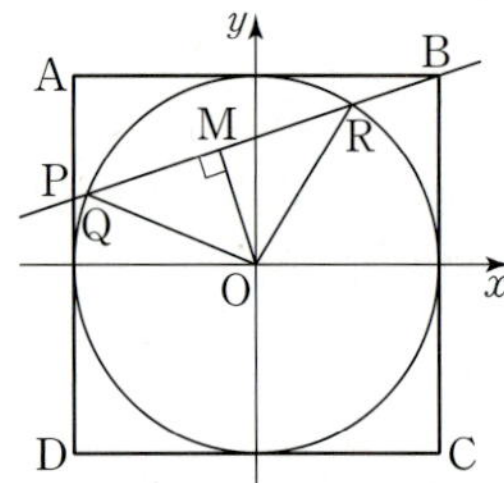

원점에서 직선 BP에 내린 수선의 발을 M이라 하면
$\overline{OM}$은 원점과 직선 BP 사이의 거리와 같으므로
$$\overline{OM}=\frac{|12|}{\sqrt{1^2+(-3)^2}}=\frac{12}{\sqrt{10}}$$

삼각형 OMQ에서
$$\overline{QM}=\sqrt{\overline{OQ}^2-\overline{OM}^2}=\sqrt{6^2-\left(\frac{12}{\sqrt{10}}\right)^2}=\sqrt{\frac{108}{5}}=\frac{6\sqrt{15}}{5}$$

$$\therefore\ \overline{QR}=2\times\overline{QM}=\frac{12\sqrt{15}}{5}$$

176 $\textcircled{\tiny 답}\ ④$

ㄱ. $k=0$일 때, $C:x^2+(y-1)^2=4$에서 원의 중심이 점 $(0, 1)$이고,
　직선 $l:y=mx+1$은 m의 값에 관계없이 점 $(0, 1)$을 지난다.
　따라서 직선 l은 원 C의 넓이를 이등분한다. (참)
ㄴ. $k=3$일 때, $C:(x-3)^2+(y-1)^2=4$이고,
　직선 l과 원이 접할 때를 구하면
$$\frac{|3m-1+1|}{\sqrt{m^2+(-1)^2}}=2,\ |3m|=2\sqrt{m^2+1}\text{에서 양변을 각각 제곱하면}$$
$$9m^2=4(m^2+1),\ 5m^2=4\text{에서}\ m=\frac{2\sqrt{5}}{5}\ \text{또는}\ m=-\frac{2\sqrt{5}}{5}$$
　이므로 원 C와 직선 l이 만나기 위한 실수 m의 값의 범위는
$$-\frac{2\sqrt{5}}{5}\leq m\leq\frac{2\sqrt{5}}{5}\text{이다.}$$
　따라서 실수 m의 최댓값은 $\dfrac{2}{5}\sqrt{5}$이다. (거짓)
ㄷ. $m=2$일 때, 직선 l의 방정식은 $y=2x+1$이고
　직선 l이 원 C와 만나는 두 점 A, B와 원의 중심 C에 대하여
　삼각형 ABC가 정삼각형이면 $\overline{AB}$는 원의 반지름의 길이와
　같으므로 $\overline{AB}=2$이다.

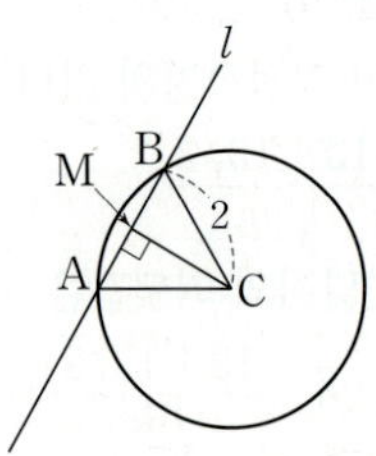

점 C에서 직선 l에 내린 수선의 발을 M이라 할 때,
$\overline{CB}=2$, $\overline{BM}=1$이므로

삼각형 CBM에서 $\overline{CM}=\sqrt{2^2-(-1)^2}=\sqrt{3}$이다.
점 C와 직선 l 사이의 거리는 $\overline{CM}=\dfrac{|2k-1+1|}{\sqrt{2^2+(-1)^2}}=\sqrt{3}$,
$|2k|=\sqrt{15}$에서 $k=\dfrac{\sqrt{15}}{2}$ 또는 $k=-\dfrac{\sqrt{15}}{2}$이다.
따라서 모든 실수 k의 값의 곱은
$$\frac{\sqrt{15}}{2}\times\left(-\frac{\sqrt{15}}{2}\right)=-\frac{15}{4}\text{이다. (참)}$$
따라서 옳은 것은 ㄱ, ㄷ이다.

177 $\textcircled{\tiny 답}\ \dfrac{\sqrt{6}}{6}$

점 $(5, 2)$를 지나는 직선과 주어진 도형의 둘레가 서로 다른 세
점에서 만나려면 직선이 제1사분면 위의 두 원 $x^2+y^2=10$,
$x^2+(y-2)^2=10$의 교점을 지나거나 직선이 제4사분면에서
원 $x^2+(y-2)^2=10$과 접할 때이다.

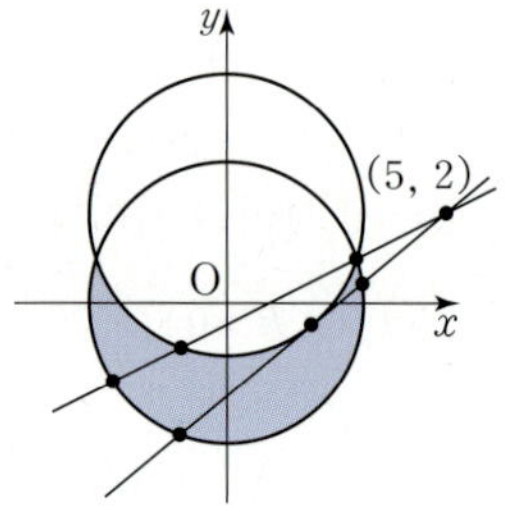

(i) 직선이 제1사분면 위의 두 원 $x^2+y^2=10$, $x^2+(y-2)^2=10$의
　교점을 지날 때
　$x^2+(y-2)^2=10$에서 $x^2+y^2-4y-6=0$이고, $x^2+y^2-10=0$과
　연립하여 풀면 $4y-4=0$에서 $y=1$, $x=3$이다.
　즉, 직선이 두 점 $(3, 1)$, $(5, 2)$를 지나므로 기울기는
$$\frac{2-1}{5-3}=\frac{1}{2}\text{이다.}$$
(ii) 직선이 제4사분면에서 원 $x^2+(y-2)^2=10$과 접할 때
　점 $(5, 2)$를 지나는 직선의 방정식은
　$y-2=k(x-5)$, 즉 $kx-y-5k+2=0\ (k>0)$이고,
　이 직선이 원 $x^2+(y-2)^2=10$에 접하므로
$$\frac{|-2-5k+2|}{\sqrt{k^2+(-1)^2}}=\sqrt{10},\ |-5k|=\sqrt{10(k^2+1)}\text{에서 양변을}$$
　각각 제곱하면
$$25k^2=10(k^2+1),\ 3k^2=2\text{에서}\ k=\frac{\sqrt{6}}{3}\ (\because\ k>0)\text{이다.}$$

(i), (ii)에서 구하는 직선의 모든 기울기의 곱은 $\dfrac{1}{2}\times\dfrac{\sqrt{6}}{3}=\dfrac{\sqrt{6}}{6}$이다.

178 $\textcircled{\tiny 답}\ \dfrac{\sqrt{3}}{3}$

$\dfrac{d-b}{c-a}$는 직선 PQ의 기울기와 같고, 직선 PQ의 기울기가 최대가 될
때는 직선이 다음 그림과 같이 두 원에 동시에 접할 때이다.

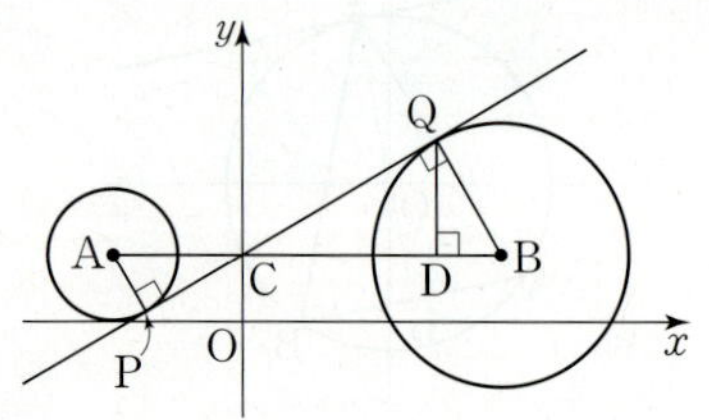

두 원 $(x+2)^2+(y-1)^2=1$, $(x-4)^2+(y-1)^2=4$의 중심을 각각
A, B라 하고, 두 직선 AB, PQ의 교점을 C, 점 Q에서 직선 AB에
내린 수선의 발을 D라 하자.
두 삼각형 APC, BQC는 서로 닮음이고 닮음비는
$\overline{AP}:\overline{BQ}=1:2$이다.
$\overline{AB}=4-(-2)=6$에서 $\overline{AC}:\overline{BC}=1:2$이므로
$\overline{AC}=2$이고, 삼각형 APC에서
$\overline{PC}=\sqrt{\overline{AC}^2-\overline{AP}^2}=\sqrt{2^2-1^2}=\sqrt{3}$이다.
이때 두 삼각형 APC, QDC도 서로 닮음이므로 구하는 기울기의
최댓값은 $\dfrac{\overline{QD}}{\overline{CD}}=\dfrac{\overline{AP}}{\overline{PC}}=\dfrac{1}{\sqrt{3}}=\dfrac{\sqrt{3}}{3}$이다.

179  답 1

$x^2+y^2-4x-12y+20=0$에서 $(x-2)^2+(y-6)^2=20$
이 원과 함수 $y=k|x|$의 그래프가 서로 다른 두 점에서만 만나려면
다음 그림과 같이 실수 k의 값이 양수이면서 제1사분면에서 원과
접할 때보다 크고, 제2사분면에서 원과 접할 때보다 작아야 한다.

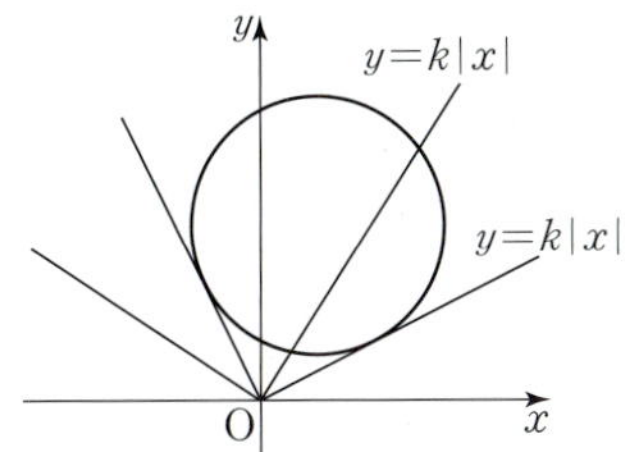

(i) 원과 함수 $y=k|x|$의 그래프가 제1사분면에서 접할 때
　제1사분면에서 함수 $y=k|x|$는 $y=kx$이고,
　원의 중심 $(2,6)$과 직선 $y=kx$ $(k>0)$ 사이의 거리가 반지름의
　길이와 같다.
　$\dfrac{|2k-6|}{\sqrt{k^2+(-1)^2}}=\sqrt{20}$, $|k-3|=\sqrt{5(k^2+1)}$에서 양변을 각각
　제곱하면
　$k^2-6k+9=5k^2+5$, $4k^2+6k-4=0$,
　$2k^2+3k-2=(2k-1)(k+2)=0$
　$\therefore k=\dfrac{1}{2}$ $(\because k>0)$

(ii) 원과 함수 $y=k|x|$의 그래프가 제2사분면에서 접할 때
　제2사분면에서 함수 $y=k|x|$는 $y=-kx$이고,
　원의 중심 $(2,6)$과 직선 $y=-kx$ $(k>0)$ 사이의 거리가
　반지름의 길이와 같다.
　$\dfrac{|2k+6|}{\sqrt{k^2+1}}=\sqrt{20}$, $|k+3|=\sqrt{5(k^2+1)}$에서 양변을 각각 제곱하면
　$k^2+6k+9=5k^2+5$, $4k^2-6k-4=0$,
　$2k^2-3k-2=(2k+1)(k-2)=0$
　$\therefore k=2$ $(\because k>0)$

(i), (ii)에서 실수 k의 값의 범위는 $\dfrac{1}{2}<k<2$이다.

$\therefore \alpha\times\beta=\dfrac{1}{2}\times2=1$

180 답 $8\sqrt{2}$

$x^2+y^2+4x=0$에서 $(x+2)^2+y^2=4$이므로
중심의 좌표는 $(-2,0)$이고 반지름의 길이가 2이다.

$x^2+y^2+10x+24=0$에서 $(x+5)^2+y^2=1$이므로
중심의 좌표는 $(-5,0)$이고 반지름의 길이가 1이다.
두 원의 중심을 각각 $O_1(-2,0)$, $O_2(-5,0)$이라 하고,
두 원이 직선 l과 만나는 점을 각각 A, B,
직선 l이 x축, y축과 만나는 점을 각각 C, D라 하자.

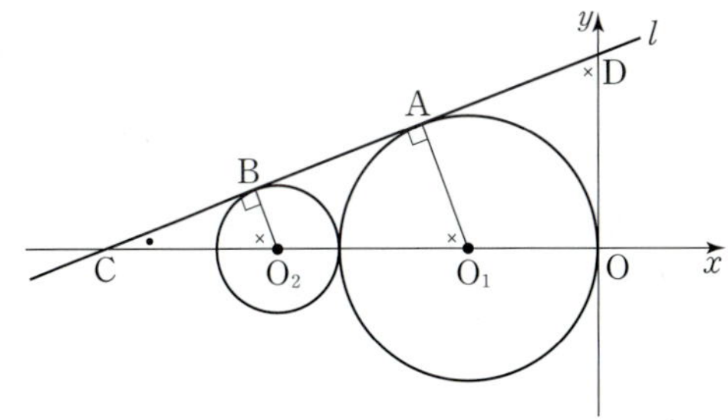

두 삼각형 CBO_2, CAO_1은 닮음이고,
$\overline{O_2B}=1$, $\overline{O_1A}=2$이므로
두 삼각형 CBO_2, CAO_1의 닮음비는 $1:2$이다.
$\therefore \overline{CO_2}=\overline{O_2O_1}=3$
$\therefore \overline{CO}=\overline{CO_2}+\overline{O_2O_1}+\overline{O_1O}$
$\qquad =3+3+2=8$
직각삼각형 CBO_2에서 피타고라스 정리에 의하여
$\overline{CB}=\sqrt{3^2-1^2}=2\sqrt{2}$
두 삼각형 CBO_2, COD가 닮음이므로
$\overline{CB}:\overline{CO}=\overline{O_2B}:\overline{DO}$에서
$2\sqrt{2}:8=1:\overline{DO}$
$\therefore \overline{DO}=\dfrac{8}{2\sqrt{2}}=2\sqrt{2}$
따라서 구하는 삼각형 COD의 넓이는
$\dfrac{1}{2}\times\overline{CO}\times\overline{DO}=\dfrac{1}{2}\times8\times2\sqrt{2}$
$\qquad\qquad\qquad =8\sqrt{2}$

181 답 $\dfrac{75}{4}$

점 $(5,0)$에서 원 $x^2+y^2=9$에 그은 접선의 방정식을
$y=a(x-5)$ $(a$는 상수$)$라 하면 …… ㉠
원의 중심 $(0,0)$과 직선 $ax-y-5a=0$ 사이의 거리가 원의
반지름의 길이와 같다.
즉, $\dfrac{|-5a|}{\sqrt{a^2+(-1)^2}}=3$에서 $|-5a|=3\sqrt{a^2+1}$
양변을 각각 제곱하면 $25a^2=9(a^2+1)$
$16a^2=9$, $a^2=\dfrac{9}{16}$이므로 $a=\pm\dfrac{3}{4}$
이 값을 ㉠에 대입하면 두 접선의 방정식은 각각
$y=\dfrac{3}{4}(x-5)$, $y=-\dfrac{3}{4}(x-5)$이다.
따라서 두 접선과 y축으로 둘러싸인 부분은 다음 그림과 같다.

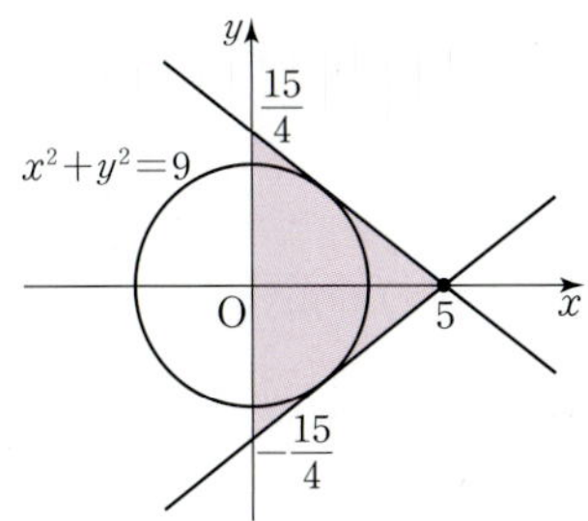

두 접선의 y절편이 각각 $-\dfrac{15}{4}$, $\dfrac{15}{4}$이고, x절편은 5이므로

두 접선과 y축으로 둘러싸인 부분은 밑변의 길이가

$\dfrac{15}{4}-\left(-\dfrac{15}{4}\right)=\dfrac{15}{2}$이고 높이가 5인 삼각형이다.

따라서 구하는 부분의 넓이는

$\dfrac{1}{2}\times\dfrac{15}{2}\times5=\dfrac{75}{4}$이다.

다른 풀이

점 $P(5,\,0)$이라 하고, 점 P에서 원 $x^2+y^2=9$에 그은 한 접선이
y축과 만나는 점을 A, 원과 만나는 접점을 Q라 하자.

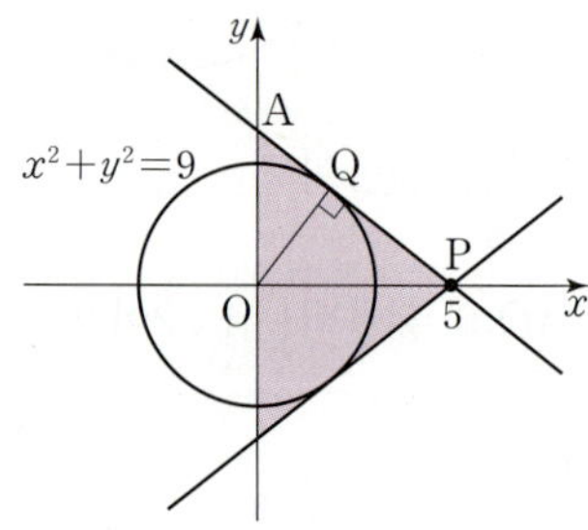

$\overline{OP}=5$, $\overline{OQ}=3$이므로 직각삼각형 QOP에서
피타고라스 정리에 의하여
$\overline{PQ}=\sqrt{5^2-3^2}=4$
두 삼각형 AOP, OQP가 닮음이므로
$\overline{OP}:\overline{PQ}=\overline{OA}:\overline{OQ}$에서
$5:4=\overline{OA}:3$ $\therefore \overline{OA}=\dfrac{15}{4}$

삼각형 AOP의 넓이는 $\dfrac{1}{2}\times5\times\dfrac{15}{4}=\dfrac{75}{8}$이므로

구하는 부분의 넓이는 $2\times\dfrac{75}{8}=\dfrac{75}{4}$이다.

182   📖 8

원 $x^2+y^2=16$ 위의 점 $(2\sqrt{3},\,2)$에서의 접선의 방정식은
$2\sqrt{3}x+2y=16$, 즉 $\sqrt{3}x+y-8=0$
이 접선이 원 $(x+5\sqrt{3})^2+(y-8)^2=r^2$과 만나려면
원의 중심인 점 $(-5\sqrt{3},\,8)$과 직선 $\sqrt{3}x+y-8=0$ 사이의 거리를
d라 할 때,
d가 반지름의 길이인 r $(r>0)$보다 작거나 같아야 한다.
$d=\dfrac{|\sqrt{3}\times(-5\sqrt{3})+1\times8-8|}{\sqrt{(\sqrt{3})^2+1^2}}=\dfrac{15}{2}\leq r$에서
자연수 r의 최솟값은 8이다.

183   📖 ⑤

점 $(0,\,5)$에서 원 $x^2+y^2=5$에 그은 기울기가 음수인 접선 l의
방정식을 $y=mx+5$ $(m<0)$라 하면
원의 중심 $(0,\,0)$과 직선 $mx-y+5=0$ 사이의 거리가 원의
반지름의 길이와 같으므로
$\dfrac{|5|}{\sqrt{m^2+(-1)^2}}=\sqrt{5}$에서 $5=\sqrt{5(m^2+1)}$
양변을 각각 제곱하면 $m^2+1=5$ $\therefore m=-2$ $(\because m<0)$
따라서 직선 $l:y=-2x+5$이다.

x축, y축 및 직선 l에 동시에 접하면서 중심이 제1사분면 위에
있는 두 원은 다음 그림과 같다.

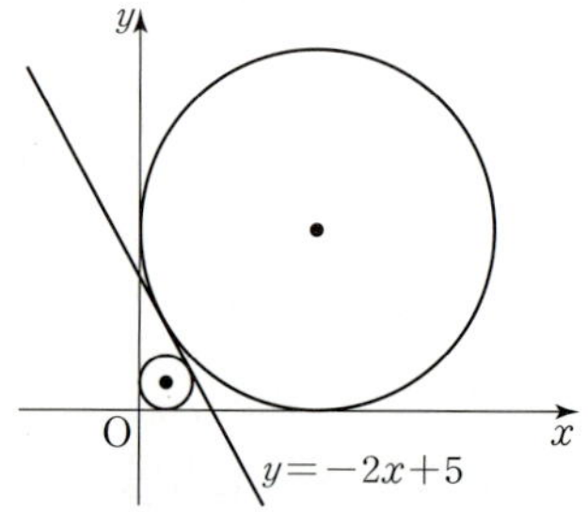

x축, y축에 동시에 접하므로 원의 중심의 좌표를 $(r,\,r)$ $(r>0)$이라
하면 이 원의 반지름의 길이는 r이다.
또한 직선 l에 접하므로 원의 중심 $(r,\,r)$과
직선 $2x+y-5=0$ 사이의 거리가 반지름의 길이 r과 같다.
즉, $\dfrac{|2r+r-5|}{\sqrt{2^2+1^2}}=r$에서 $|3r-5|=\sqrt{5}r$
양변을 각각 제곱하면
$9r^2-30r+25=5r^2$ $\therefore 4r^2-30r+25=0$
이차방정식의 근과 계수의 관계에 의하여 두 실근의 합은
$\dfrac{30}{4}=\dfrac{15}{2}$

따라서 구하는 두 원의 반지름의 길이의 합은 $\dfrac{15}{2}$이다.

184   📖 ②

두 원 $x^2+y^2=9$, $(x-4)^2+(y-2)^2=17$의 교점 A, B를 지나는
직선의 방정식은
$(x-4)^2+(y-2)^2-17-(x^2+y^2-9)=0$
$-8x-4y+12=0$ $\therefore 2x+y-3=0$
$2x+y-3=0$, $x^2+y^2=9$를 연립하면
$x^2+(-2x+3)^2=9$, $5x^2-12x=0$, $x(5x-12)=0$
$\therefore x=0$ 또는 $x=\dfrac{12}{5}$

이를 $2x+y-3=0$에 각각 대입하면 $y=3$, $y=-\dfrac{9}{5}$이므로

두 점 A, B의 좌표는 $(0,\,3)$, $\left(\dfrac{12}{5},\,-\dfrac{9}{5}\right)$이다.

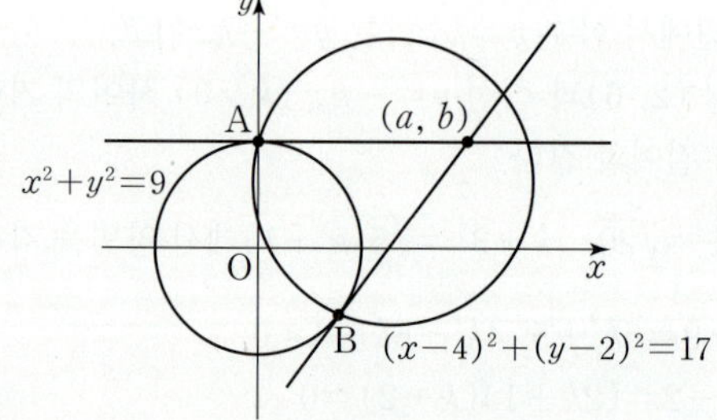

두 점 A, B가 모두 원 $x^2+y^2=9$ 위의 점이므로
점 $(0,\,3)$에서의 접선의 방정식은
$3y=9$에서 $y=3$ …… ㉠
점 $\left(\dfrac{12}{5},\,-\dfrac{9}{5}\right)$에서의 접선의 방정식은

$\dfrac{12}{5}x-\dfrac{9}{5}y=9$에서 $4x-3y=15$ …… ㉡

㉠, ㉡을 연립하여 풀면 $x=6$, $y=3$이므로 두 접선의 교점의 좌표는
$(6,\,3)$이다.
$\therefore a+b=6+3=9$

185
탑 ⑤

점 P의 좌표를 (a, b)라 할 때,

$\overline{AP}^2 + \overline{BP}^2$

$= a^2 + (b-5)^2 + (a-2)^2 + (b-3)^2$

$= 2a^2 + 2b^2 - 4a - 16b + 38$

$= 2\{(a-1)^2 + (b-4)^2\} + 4$ ...... ㉠

이때 $(a-1)^2 + (b-4)^2$은

두 점 (a, b), $(1, 4)$ 사이의 거리의 제곱과 같으므로

원 $x^2 + y^2 + 4x + 3 = 0$ 위의 점과 점 $(1, 4)$ 사이의 거리가

최대일 때 ㉠은 최댓값을 갖고,

최소일 때 ㉠은 최솟값을 갖는다.

원 $x^2 + y^2 + 4x + 3 = 0$에서 $(x+2)^2 + y^2 = 1$이므로

중심의 좌표가 $(-2, 0)$이고 반지름의 길이가 1이다.

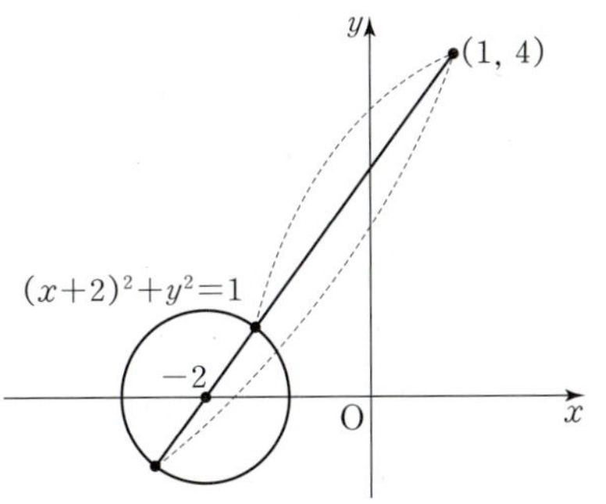

원의 중심 $(-2, 0)$과 점 $(1, 4)$ 사이의 거리는 $\sqrt{3^2 + 4^2} = 5$

즉, 원 위의 점과 점 $(1, 4)$ 사이의 거리의

최댓값은 $5+1=6$이고, 최솟값은 $5-1=4$이다.

따라서 ㉠의 최댓값은 $2 \times 6^2 + 4 = 76$이고,

최솟값은 $2 \times 4^2 + 4 = 36$이다.

따라서 구하는 $\overline{AP}^2 + \overline{BP}^2$의 최댓값과 최솟값의 합은

$76 + 36 = 112$이다.

186
탑 ⑤

$x^2 + y^2 - 6x - 2y = 0$에서 ...... ㉠

$(x-3)^2 + (y-1)^2 = 10$

즉, 주어진 원은 중심의 좌표가 $(3, 1)$이고 반지름의 길이가

$\sqrt{10}$이다.

㉠에 $y=0$을 대입하면 $x^2 - 6x = 0$에서

$x=0$ 또는 $x=6$

A$(0, 0)$, B$(6, 0)$이라 하면 다음 그림과 같다.

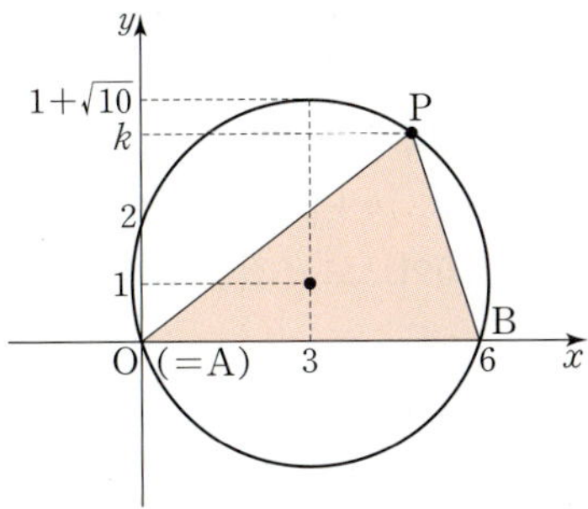

$\overline{AB} = 6$이고, 점 P의 y좌표를 k라 하면

(삼각형 ABP의 넓이)$= \dfrac{1}{2} \times 6 \times k = 3k$

따라서 $3k$가 자연수이어야 한다.

한편, 제1사분면 위의 점 P에 대하여 점 P의 y좌표의 범위는

$0 < k \leq 1 + \sqrt{10}$

이때 ㉠에 $x=0$을 대입하면 $y^2 - 2y = 0$에서

$y=0$ 또는 $y=2$

즉, y좌표가 k인 점 P의 개수는

$0 < k \leq 2$일 때 1개, $2 < k < 1 + \sqrt{10}$일 때 2개이다.

(i) $0 < k \leq 2$, 즉 $0 < 3k \leq 6$일 때

가능한 자연수 $3k$의 값은 $1, 2, \cdots, 6$

이때 점 P는 각각 1개씩이므로 총 6개이다.

(ii) $2 < k < 1 + \sqrt{10}$, 즉 $6 < 3k < 3 + 3\sqrt{10}$일 때

가능한 자연수 $3k$의 값은 $7, 8, \cdots, 12$

이때 점 P는 각각 2개씩이므로 총 $2 \times 6 = 12$(개)이다.

따라서 구하는 점 P의 개수는

$6 + 12 = 18$이다.

187
탑 ④

점 $(n, 0)$에서 원 $x^2 + y^2 = 1$에 그은 접선 중 제1사분면에서 원과

접하는 접선의 접점의 좌표가 (x_n, y_n)이므로

이 접선의 방정식을 $x_n x + y_n y = 1$이라 하자.

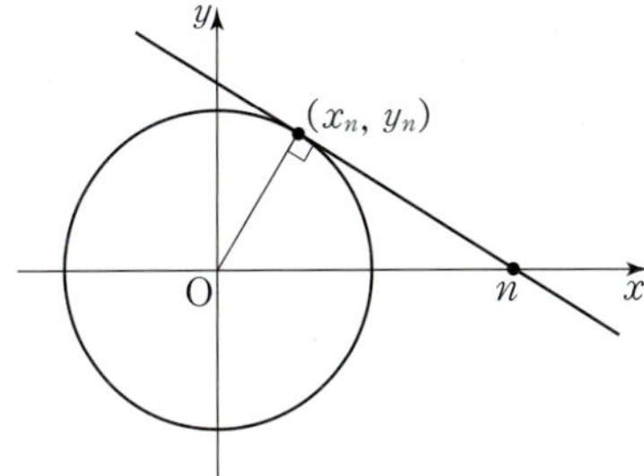

직선 $x_n x + y_n y = 1$이 점 $(n, 0)$을 지나므로

$x_n n = 1$ ∴ $x_n = \dfrac{1}{n}$

또한 점 (x_n, y_n)이 원 $x^2 + y^2 = 1$ 위의 점이므로

$x_n^2 + y_n^2 = 1$

∴ $y_n = \sqrt{1 - x_n^2}$ $(∵ y_n > 0)$

$\qquad = \sqrt{1 - \left(\dfrac{1}{n}\right)^2} = \sqrt{\dfrac{n^2-1}{n^2}} = \sqrt{\dfrac{(n-1)(n+1)}{n^2}}$

∴ $y_2 \times y_3 \times y_4 \times \cdots \times y_9$

$\qquad = \sqrt{\dfrac{1 \times 3}{2^2}} \times \sqrt{\dfrac{2 \times 4}{3^2}} \times \sqrt{\dfrac{3 \times 5}{4^2}} \times \cdots \times \sqrt{\dfrac{8 \times 10}{9^2}}$

$\qquad = \sqrt{\dfrac{1}{2} \times \dfrac{10}{9}} = \dfrac{\sqrt{5}}{3}$ ...... **TIP**

다른 풀이

점 A$(n, 0)$이라 하고, 점 A에서 원에 그은 접선 중 원과

제1사분면에서 접하는 접선의 접점을 B$_n(x_n, y_n)$, 점 B$_n$에서

x축에 내린 수선의 발을 H라 하자.

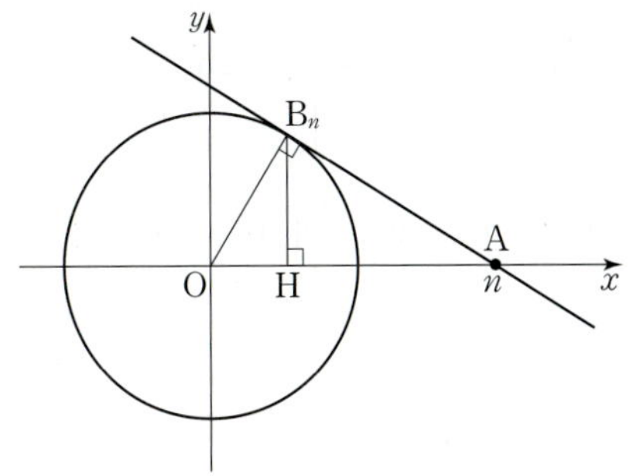

$\overline{OA}=n$, $\overline{OB_n}=1$이므로 직각삼각형 AB_nO에서
$\overline{AB_n}=\sqrt{n^2-1}$이다.
두 직각삼각형 OB_nA, OHB_n이 닮음이므로
$\overline{OA}:\overline{AB_n}=\overline{OB_n}:\overline{B_nH}$
즉, $n:\sqrt{n^2-1}=1:y_n$이므로

$$y_n=\frac{\sqrt{n^2-1}}{n}=\sqrt{\frac{n^2-1}{n^2}}$$
$$=\sqrt{\frac{(n-1)(n+1)}{n^2}}$$

$\therefore y_2\times y_3\times y_4\times\cdots\times y_9$
$$=\sqrt{\frac{1\times3}{2^2}}\times\sqrt{\frac{2\times4}{3^2}}\times\sqrt{\frac{3\times5}{4^2}}\times\cdots\times\sqrt{\frac{8\times10}{9^2}}$$
$$=\sqrt{\frac{1}{2}\times\frac{10}{9}}=\frac{\sqrt5}{3}$$

TIP

제곱근 안에서 분자와 분모가 규칙적으로 소거되므로 다음과 같이 계산할 수 있다.
$$\sqrt{\frac{1\times3}{2^2}}\times\sqrt{\frac{2\times4}{3^2}}\times\sqrt{\frac{3\times5}{4^2}}\times\cdots\times\sqrt{\frac{8\times10}{9^2}}$$
$$=\sqrt{\frac{1\times3}{2\times2}\times\frac{2\times4}{3\times3}\times\frac{3\times5}{4\times4}\times\cdots\times\frac{8\times10}{9\times9}}$$
$$=\sqrt{\frac{1}{2}\times\frac{10}{9}}=\sqrt{\frac{5}{9}}=\frac{\sqrt5}{3}$$

188   답 $B\left(\dfrac{3}{8},\dfrac{9\sqrt7}{8}\right)$

원점에서 점 S까지의 거리가 $3+1=4$이므로 점 S는
원 $x^2+y^2=16$ 위에 있다.
원 $x^2+y^2=9$ 위의 점 $(3,0)$에서의 접선의 방정식은
$x=3$이므로 $x^2+y^2=16$에 $x=3$을 대입하면
$y^2=7$에서 $y=\pm\sqrt7$
$\therefore S(3,\sqrt7)$ ($\because$ S는 제1사분면 위의 점)
점 B의 좌표를 (x_1,y_1)이라 하면 점 B는 원 $x^2+y^2=9$ 위의
점이므로
$x_1{}^2+y_1{}^2=9$ ······ ㉠
점 $B(x_1,y_1)$에서의 접선의 방정식은
$x_1x+y_1y=9$
이 접선이 점 $S(3,\sqrt7)$을 지나므로
$3x_1+\sqrt7y_1=9$ ······ ㉡
㉡에서 $y_1=\dfrac{9-3x_1}{\sqrt7}$을 ㉠에 대입하면
$x_1{}^2+\left(\dfrac{9-3x_1}{\sqrt7}\right)^2=9$
$8x_1{}^2-27x_1+9=0$, $(x_1-3)(8x_1-3)=0$
$\therefore x_1=3$ 또는 $x_1=\dfrac{3}{8}$
이때 점 $B(x_1,y_1)$은 점 $(3,0)$이 아닌 다른 접점이므로
$x_1=\dfrac{3}{8}$, $y_1=\dfrac{9\sqrt7}{8}$
$\therefore B\left(\dfrac{3}{8},\dfrac{9\sqrt7}{8}\right)$

189   답 22

$C(0,-2)$라 하면 다음 그림과 같이 호 ACB를 포함하는 원은
원 $x^2+(y+3)^2=16$과 직선 AB에 대하여 대칭이다.

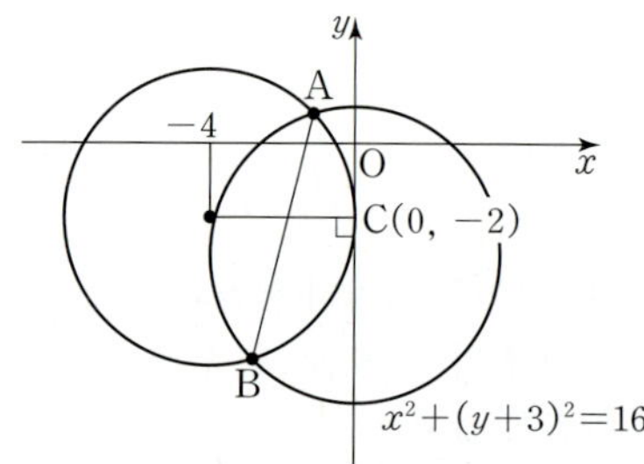

호 ACB를 포함하는 원은 점 $C(0,-2)$에서 y축에 접하므로
중심의 y좌표는 -2이다.
또한 이 원은 원 $x^2+(y+3)^2=16$과 직선 AB에 대하여 대칭이므로
반지름의 길이는 4이다.
원이 y축에 접할 때, 중심의 x좌표의 절댓값이 반지름의 길이와
같으므로 중심의 x좌표는 -4이다.
따라서 호 ACB를 포함하는 원은 중심의 좌표가 $(-4,-2)$이고
반지름의 길이가 4이므로 원의 방정식은
$(x+4)^2+(y+2)^2=16$
직선 AB는 두 원 $x^2+(y+3)^2=16$, $(x+4)^2+(y+2)^2=16$의
교점을 지나는 직선이므로 직선의 방정식은
$\{x^2+(y+3)^2-16\}-\{(x+4)^2+(y+2)^2-16\}=0$
$-8x+2y-11=0$ $\therefore y=4x+\dfrac{11}{2}$
따라서 $m=4$, $n=\dfrac{11}{2}$이므로
$m\times n=22$

190   답 200

원의 중심이 이차함수 $y=x^2$의 그래프 위에 있으므로
원의 중심의 좌표를 (k,k^2)이라 하자.
이 원이 y축에 접하므로 반지름의 길이는 $|k|$이다.
이 원이 직선 $y=\sqrt3x-2$에 접하므로 원의 중심 (k,k^2)에서
직선 $\sqrt3x-y-2=0$까지의 거리가 원의 반지름의
길이와 같다.
즉, $\dfrac{|\sqrt3k-k^2-2|}{\sqrt{(\sqrt3)^2+(-1)^2}}=|k|$에서
$|\sqrt3k-k^2-2|=2|k|$
(i) $\sqrt3k-k^2-2=2k$인 경우
이차방정식 $k^2+(2-\sqrt3)k+2=0$의 판별식을 D_1이라 할 때,
$D_1=(2-\sqrt3)^2-8<0$이므로 조건을 만족시키는 실수 k의 값이
존재하지 않는다.
(ii) $\sqrt3k-k^2-2=-2k$인 경우
이차방정식 $k^2+(-2-\sqrt3)k+2=0$의 판별식을 D_2라 할 때,
$D_2=(-2-\sqrt3)^2-8>0$이므로 두 실근이 존재하고
두 실근의 곱은 2이다.
(i), (ii)에서 조건을 만족시키는 두 원의 반지름의 길이 a, b의 곱은
$ab=2$이다.
$\therefore 100ab=200$

191
답 −2

$y=kx+2k+2$에서 $y=k(x+2)+2$이므로 이 직선은 k의 값에 관계없이 점 $(-2, 2)$를 지나고, 이 점은 원 $x^2+(y-2)^2=4$ 위의 점이다.

점 B의 x좌표가 점 A의 x좌표보다 크므로 점 A의 좌표가 $(-2, 2)$이고, $S_1=S_2$이므로 $\overline{AB}=\overline{OB}$이어야 한다.

따라서 선분 OA의 수직이등분선과 원 $x^2+(y-2)^2=4$의 교점이 B가 되어야 한다.

선분 OA의 중점의 좌표는 $\left(\dfrac{-2}{2}, \dfrac{2}{2}\right)$, 즉 $(-1, 1)$이고,

직선 OA의 기울기는 $\dfrac{-2}{2}=-1$이므로 수직이등분선의 기울기는 1이다.

점 $(-1, 1)$을 지나고 기울기가 1인 직선의 방정식은 $y-1=x-(-1)$, 즉 $y=x+2$이다.

직선 $y=x+2$와 원 $x^2+(y-2)^2=4$가 만나는 점의 좌표를 구하면 $x^2+x^2=4$, $x^2=2$에서 $x=\sqrt{2}$ 또는 $x=-\sqrt{2}$

따라서 점 B의 좌표는 $(\sqrt{2}, 2+\sqrt{2})$ 또는 $(-\sqrt{2}, 2-\sqrt{2})$이다.

(i) 점 B의 좌표가 $(\sqrt{2}, 2+\sqrt{2})$일 때

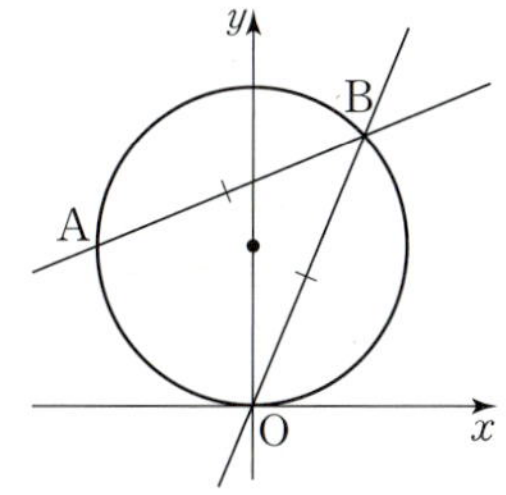

직선 AB는 두 점 $(-2, 2)$, $(\sqrt{2}, 2+\sqrt{2})$를 지나므로 k의 값은 $\dfrac{(2+\sqrt{2})-2}{\sqrt{2}-(-2)}=\dfrac{\sqrt{2}}{2+\sqrt{2}}=\sqrt{2}-1$

(ii) 점 B의 좌표가 $(-\sqrt{2}, 2-\sqrt{2})$일 때

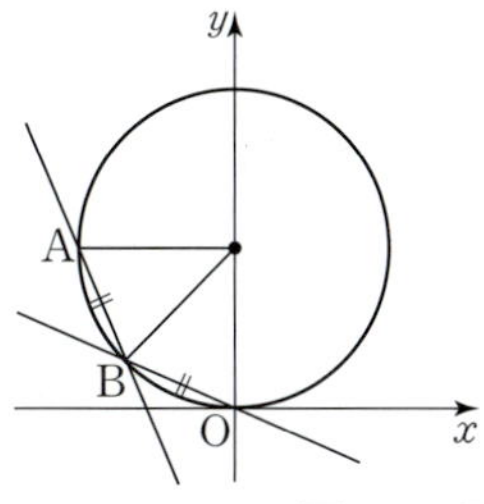

직선 AB는 두 점 $(-2, 2)$, $(-\sqrt{2}, 2-\sqrt{2})$를 지나므로 k의 값은 $\dfrac{(2-\sqrt{2})-2}{-\sqrt{2}-(-2)}=\dfrac{-\sqrt{2}}{2-\sqrt{2}}=-\sqrt{2}-1$

(i), (ii)에서 모든 실수 k의 값의 합은 $(\sqrt{2}-1)+(-\sqrt{2}-1)=-2$

192
답 −6/7

점 P와 원 위의 두 점 A, B에 대하여 $\overline{PA}=\overline{PB}=3\sqrt{2}$이므로 두 점 A, B는 중심이 점 P이고 반지름의 길이가 $3\sqrt{2}$인 원 위의 점이다.

즉, 두 점 A, B는 원 $(x-3)^2+y^2=10$과 원 $(x+3)^2+(y-2)^2=18$의 교점이다.

두 원 $(x-3)^2+y^2=10$과 $(x+3)^2+(y-2)^2=18$의 교점을 지나는 직선의 방정식은

$(x-3)^2+y^2-10-\{(x+3)^2+(y-2)^2-18\}=0$
$-12x+4y+4=0$ ∴ $y=3x-1$

$y=3x-1$과 $(x-3)^2+y^2=10$을 연립하여 풀면
$(x-3)^2+(3x-1)^2=10$, $10x^2-12x=0$

$x(5x-6)=0$이므로 $x=0$ 또는 $x=\dfrac{6}{5}$

이를 $y=3x-1$에 각각 대입하면 $y=-1$, $y=\dfrac{13}{5}$

따라서 $A\left(\dfrac{6}{5}, \dfrac{13}{5}\right)$, $B(0, -1)$이다.

직선 PA의 기울기는 $\dfrac{\dfrac{13}{5}-2}{\dfrac{6}{5}-(-3)}=\dfrac{\dfrac{3}{5}}{\dfrac{21}{5}}=\dfrac{1}{7}$이고,

직선 PB의 기울기는 $\dfrac{-1-2}{0-(-3)}=-1$이므로

두 직선의 기울기의 합은
$\dfrac{1}{7}+(-1)=-\dfrac{6}{7}$

193
답 ④

$C_1 : (x+1)^2+(y-2)^2=10$
$C_2 : (x-2)^2+(y+1)^2=k$ ...... ㉠

라 하고, 두 원의 중심을 각각 $O_1(-1, 2)$, $O_2(2, -1)$이라 하자.

두 원이 만나는 두 점 A, B에 대하여 $\overline{AB}$의 중점을 M이라 하면 점 M은 직선 O_1O_2 위에 존재하므로 원 C_1 위에 $\overline{AB}=2\sqrt{2}$가 되는 경우를 나타내면 다음 그림과 같은 두 가지 경우가 생긴다.

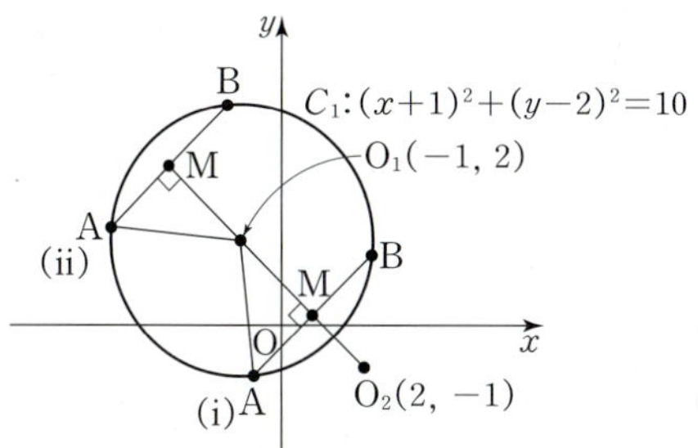

$\overline{AB}=2\sqrt{2}$에서 $\overline{AM}=\sqrt{2}$

원 C_1의 반지름의 길이는 $\overline{O_1A}=\sqrt{10}$

직각삼각형 AMO_1에서 피타고라스 정리에 의하여
$\overline{O_1M}=\sqrt{(\sqrt{10})^2-(\sqrt{2})^2}=2\sqrt{2}$

또한 두 원의 중심 사이의 거리는
$\overline{O_1O_2}=\sqrt{3^2+(-3)^2}=3\sqrt{2}$

한편, ㉠에서 k의 값은 원 C_2의 반지름의 길이의 제곱과 같으므로 직각삼각형 AMO_2에서 피타고라스 정리에 의하여
$k=\overline{AO_2}^2=\overline{AM}^2+\overline{MO_2}^2=2+\overline{MO_2}^2$

(i) $\overline{MO_2}=\overline{O_1O_2}-\overline{O_1M}=3\sqrt{2}-2\sqrt{2}=\sqrt{2}$이면
  $k=2+2=4$

(ii) $\overline{MO_2}=\overline{O_1O_2}+\overline{O_1M}=3\sqrt{2}+2\sqrt{2}=5\sqrt{2}$이면
  $k=2+50=52$

(i), (ii)에서 모든 실수 k의 값의 합은 $4+52=56$이다.

원 위의 세 점 A, B, P에 대하여 호 AB에 대한 원주각이
$\angle APB=45°$이므로 호 AB에 대한 중심각은 $\angle ACB=90°$이고,
삼각형 ABC는 $\overline{AC}=\overline{BC}$인 직각이등변삼각형이다.
주어진 원의 반지름의 길이를 $r\,(r>0)$이라 하면 삼각형 ABC에서
$\overline{AB}^2=\overline{BC}^2+\overline{AC}^2=2r^2$이다.
이때 선분 AB의 길이는 $\overline{AB}=\sqrt{4^2+8^2}=4\sqrt5$이므로
$2r^2=80$에서 $r=\sqrt{40}=2\sqrt{10}$　　　……㉠
원의 중심 C에서 선분 AB에 내린 수선의 발을 M이라 하면 직선
CM은 선분 AB의 수직이등분선이다.

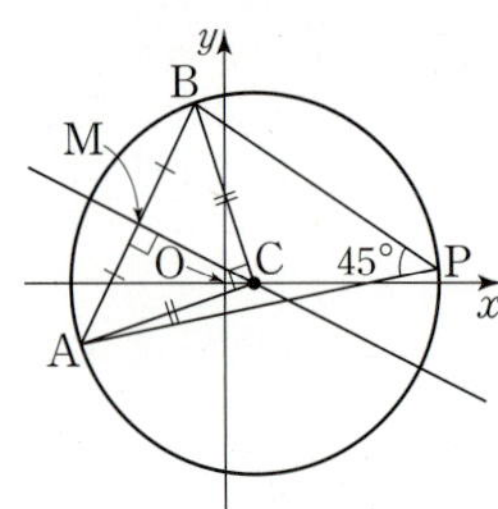

선분 AB의 중점 M의 좌표는
$\left(\dfrac{-5+(-1)}{2},\ \dfrac{-2+6}{2}\right)$, 즉 $(-3,\,2)$
이고, 직선 AB의 기울기가 $\dfrac{6-(-2)}{-1-(-5)}=2$이므로

직선 CM의 기울기는 $-\dfrac12$이다. 따라서 직선 CM의 방정식은

$y-2=-\dfrac12(x+3)$, 즉 $y=-\dfrac12 x+\dfrac12$

이고, 점 C가 이 직선 위에 있으므로 $C\left(a,\ -\dfrac12 a+\dfrac12\right)$이라 하면
원의 방정식은
$(x-a)^2+\left(y+\dfrac12 a-\dfrac12\right)^2=40\ (\because ㉠)$
점 $A(-5,\,-2)$가 이 원 위의 점이므로
$(-5-a)^2+\left(-2+\dfrac12 a-\dfrac12\right)^2=40$

$(a+5)^2+\dfrac14(a-5)^2=40$

$4(a^2+10a+25)+(a^2-10a+25)=160$
$5a^2+30a-35=0$
$a^2+6a-7=(a+7)(a-1)=0$
에서 $a=-7$ 또는 $a=1$이다.
$a=-7$일 때, $C(-7,\,4)$이고
$k=\overline{OC}^2=(-7)^2+4^2=65$
$a=1$일 때, $C(1,\,0)$이고 $k=\overline{OC}^2=1$
따라서 구하는 모든 k의 값의 합은
$65+1=66$이다.

삼각형 ABC에서 변 BC의 중점을 $M(a,\,b)$, 삼각형 ABC의
무게중심을 G라 하자.

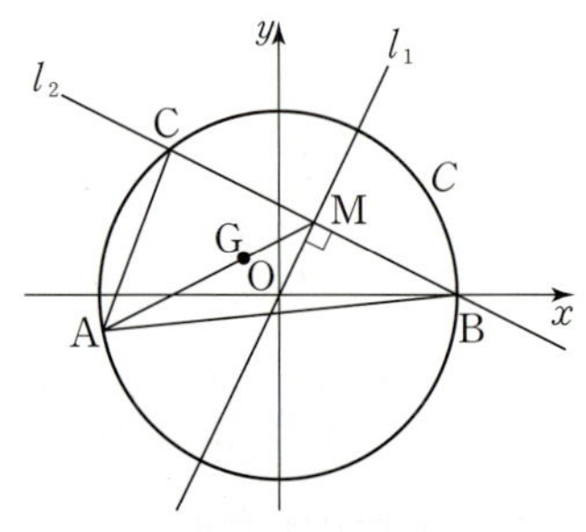

조건 ㈎에서 점 G의 좌표는 $(-1,\,1)$이고,
이 점은 선분 AM을 $2:1$로 내분하는 점이다.
$\dfrac{2\times a+1\times(-5)}{2+1}=\dfrac{2a-5}{3}=-1$에서 $a=1$,
$\dfrac{2\times b+1\times(-1)}{2+1}=\dfrac{2b-1}{3}=1$에서 $b=2$
이므로 점 M의 좌표는 $(1,\,2)$
원점 O, $M(1,\,2)$를 지나는 직선을 l_1이라 하면
$l_1:y=2x$
점 $M(1,\,2)$를 지나고 직선 l_1과 수직인 직선을 l_2라 하면
$l_2:y=-\dfrac12(x-1)+2=-\dfrac12 x+\dfrac52$

중심이 원점 O이고 세 점 $A(-5,\,-1)$, B, C를 지나는 원을 C라
하면 원의 중심에서 현에 내린 수선은 그 현을 수직이등분하므로
삼각형 ABC의 두 점 B, C는 직선 l_2와 원 C가 만나는 점이다.
이때 $\overline{OB}=\overline{OA}=\sqrt{26}$, $\overline{OM}=\sqrt5$이고
삼각형 OMB는 직각삼각형이므로 $\overline{BM}=\sqrt{21}$
$\therefore \overline{BC}=2\overline{BM}=2\sqrt{21}$
점 $A(-5,\,-1)$과 직선 $l_2:x+2y-5=0$ 사이의 거리를 h라 하면
$h=\dfrac{|1\times(-5)+2\times(-1)-5|}{\sqrt{1^2+2^2}}=\dfrac{12\sqrt5}{5}$
따라서 삼각형 ABC의 넓이는
$\dfrac12\times\overline{BC}\times h=\dfrac12\times2\sqrt{21}\times\dfrac{12\sqrt5}{5}=\dfrac{12}{5}\sqrt{105}$
이므로 $p=5$, $q=12$이다.
$\therefore p+q=5+12=17$

P 지점을 좌표평면 위의 원점, 동쪽 방향, 북쪽 방향을 각각
x축, y축의 양의 방향으로 놓으면 레이더 화면은
원 $x^2+y^2=1300$의 내부를 나타낸다.
배가 서 있던 지점, 즉 P 지점에서 서쪽으로 40 km 떨어진 지점을
점 $(-40,\,0)$이라 하면
배가 이동하는 경로를 나타내는 직선의 기울기는
$\tan 60°=\sqrt3$이다.
따라서 배는 직선 $y=\sqrt3(x+40)$, 즉 $\sqrt3 x-y+40\sqrt3=0$을 따라
움직인다.
다음 그림과 같이 원 $x^2+y^2=1300$과 직선 $\sqrt3 x-y+40\sqrt3=0$이
만나는 두 점을 각각 A, B라 하면 배가 레이더 화면에 나타나면서
이동한 거리는 $\overline{AB}$이다.
원의 중심 O에서 직선 AB에 내린 수선의 발을 H라 하자.

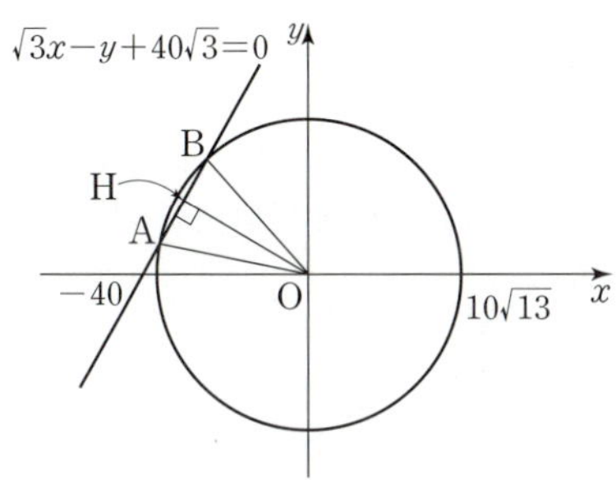

$\overline{\text{AO}}=10\sqrt{13}$이고, 점과 직선 사이의 거리에 의하여

$$\overline{\text{OH}}=\frac{|40\sqrt{3}|}{\sqrt{(\sqrt{3})^2+(-1)^2}}=20\sqrt{3}$$이므로

직각삼각형 AHO에서 피타고라스 정리에 의하여

$$\overline{\text{AH}}=\sqrt{(10\sqrt{13})^2-(20\sqrt{3})^2}$$
$$=\sqrt{1300-1200}=10$$

$\therefore \overline{\text{AB}}=2\overline{\text{AH}}=20$

따라서 배가 레이더 화면에 나타나며 이동한 거리가 20 km이고,
배의 속력은 시속 4 km이므로
배가 레이더 화면에 보였다가 사라질 때까지 걸리는 시간은
$\dfrac{20}{4}=5$(시간)이다.

다른 풀이

레이더가 나타내는 화면은 P 지점을 중심으로 하고 반지름의 길이가
$10\sqrt{13}$인 원의 내부이다.
P 지점으로부터 서쪽으로 40 km만큼 떨어진 지점이 배가 서 있던
지점이고, 이 지점을 점 Q라 하자.
배의 진행 방향은 동쪽 방향과 60°를 이루므로 배가 이동하는 경로를
나타내면 다음 그림과 같다.

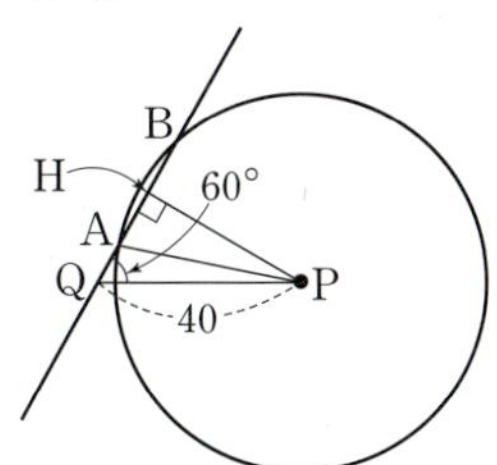

배가 이동하는 경로를 나타내는 직선이 원과 만나는 두 점을 A, B라
하고, 점 P에서 직선 AB에 내린 수선의 발을 H라 하면
직각삼각형 PHQ에서 $\angle\text{PQH}=60°$이므로 $\overline{\text{PH}}=20\sqrt{3}$이고,
$\overline{\text{PA}}=10\sqrt{13}$이므로
직각삼각형 PHA에서 피타고라스 정리에 의하여
$$\overline{\text{AH}}=\sqrt{(10\sqrt{13})^2-(20\sqrt{3})^2}=10$$
$\therefore \overline{\text{AB}}=2\overline{\text{AH}}=20$

따라서 배가 레이더 화면에 나타나며 이동한 거리가 20 km이고,
배의 속력은 시속 4 km이므로
배가 레이더 화면에 보였다가 사라질 때까지 걸리는 시간은
$\dfrac{20}{4}=5$(시간)이다.

197 ᐧᐧᐧᐧᐧᐧᐧᐧᐧᐧᐧᐧᐧᐧᐧᐧᐧᐧᐧᐧᐧᐧᐧᐧᐧᐧᐧᐧᐧᐧᐧᐧ 답 풀이 참조

x축, y축에 모두 접하는 원의 중심의 좌표는
(a, a) 또는 $(a, -a)$로 놓을 수 있고,
이때 원의 반지름의 길이는 $|a|$이다. (단, a는 실수)

(i) 중심의 좌표가 (a, a)인 경우
   이 원이 직선 $3x-4y+6=0$에 접하므로 원의 중심 (a, a)와
   직선 $3x-4y+6=0$ 사이의 거리가 원의 반지름의 길이와 같다.
   즉, $\dfrac{|3a-4a+6|}{\sqrt{3^2+(-4)^2}}=|a|$에서
   $$|-a+6|=5|a|$$
   $-a+6=5a$일 때, $a=1$이므로 중심의 좌표는 $(1, 1)$이다.
   $-a+6=-5a$일 때, $a=-\dfrac{3}{2}$이므로 중심의 좌표는 $\left(-\dfrac{3}{2}, -\dfrac{3}{2}\right)$
   이다.

(ii) 중심의 좌표가 $(a, -a)$인 경우
   이 원이 직선 $3x-4y+6=0$에 접하므로 원의 중심 $(a, -a)$와
   직선 $3x-4y+6=0$ 사이의 거리가 원의 반지름의 길이와 같다.
   즉, $\dfrac{|3a+4a+6|}{\sqrt{3^2+(-4)^2}}=|a|$에서
   $$|7a+6|=5|a|$$
   $7a+6=5a$일 때, $a=-3$이므로 중심의 좌표는 $(-3, 3)$이다.
   $7a+6=-5a$일 때, $a=-\dfrac{1}{2}$이므로 중심의 좌표는 $\left(-\dfrac{1}{2}, \dfrac{1}{2}\right)$
   이다.

(i), (ii)에서 구하는 모든 원의 중심의 좌표는
$(1, 1)$, $\left(-\dfrac{3}{2}, -\dfrac{3}{2}\right)$, $(-3, 3)$, $\left(-\dfrac{1}{2}, \dfrac{1}{2}\right)$이다.

채점 요소	배점
x축, y축에 모두 접하는 원의 중심의 좌표 놓기	20 %
중심이 점 (a, a)인 경우에 중심의 좌표 구하기	40 %
중심이 점 $(a, -a)$인 경우에 중심의 좌표 구하기	40 %

참고

조건을 만족시키는 네 원은 다음 그림과 같다.

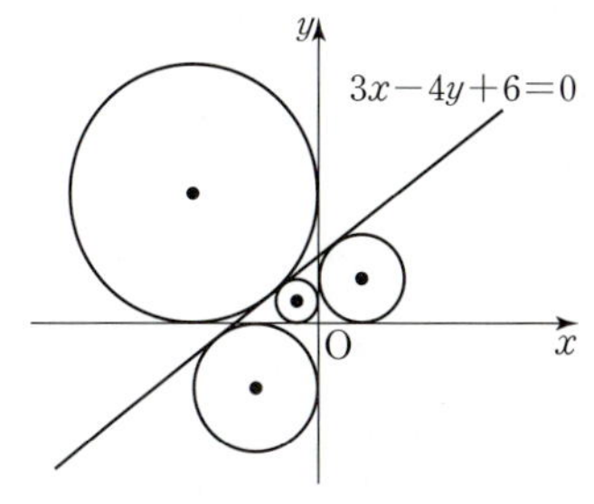

198 ᐧᐧᐧᐧᐧᐧᐧᐧᐧᐧᐧᐧᐧᐧᐧᐧᐧᐧᐧᐧᐧᐧᐧᐧᐧᐧᐧᐧᐧᐧᐧᐧ 답 $\dfrac{2}{3}\pi$

$ac+bd=0$에서 $\dfrac{bd}{ac}=-1$ $(\because ac\neq 0)$, 즉 $\dfrac{b}{a}\times\dfrac{d}{c}=-1$이므로
원점 O에 대하여 직선 OA와 직선 OB가 서로 수직이다.
원점을 지나는 직선을 $y=kx$ (k는 실수)라 할 때,
직선 $y=kx$와 원 $(x+3\sqrt{3})^2+(y-3)^2=9$가 접할 때를 구해 보면
$$\dfrac{|-3\sqrt{3}k-3|}{\sqrt{k^2+(-1)^2}}=3, \ |\sqrt{3}k+1|=\sqrt{k^2+1}$$에서 양변을 각각 제곱하면
$$3k^2+2\sqrt{3}k+1=k^2+1, \ k^2+\sqrt{3}k=k(k+\sqrt{3})=0$$에서
$k=0$ 또는 $k=-\sqrt{3}$

따라서 직선 $y=kx$와 원 $(x+3\sqrt{3})^2+(y-3)^2=9$가 만나기 위한
실수 k의 값의 범위는 $-\sqrt{3}\leq k\leq 0$이고, 이때 직선 $y=kx$와 수직인
직선의 기울기는 $\dfrac{1}{\sqrt{3}}$보다 크거나 같으므로 점 A가 그리는 도형은
다음 그림과 같다.

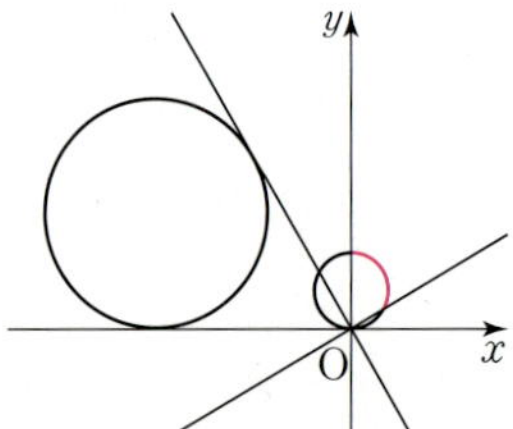

이때 직선 $y=\dfrac{1}{\sqrt{3}}x$와 x축의 양의 방향이 이루는 각의 크기는
$30°$이므로 y축의 양의 방향과 이루는 각의 크기가 $60°$이다.
따라서 원 $x^2+y^2=1$ 위의 점 A가 나타내는 도형은 중심각의
크기가 $120°$이고 반지름의 길이가 1인 호이다.

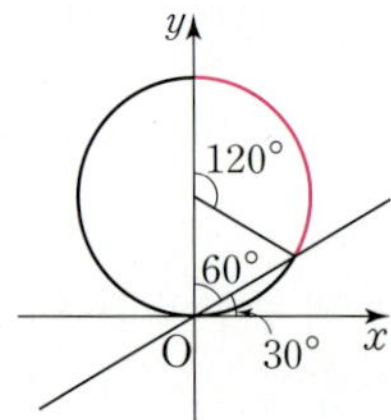

따라서 구하는 도형의 길이는 $2\pi\times1\times\dfrac{120°}{360°}=\dfrac{2}{3}\pi$이다.

199

원점에서 직선 $l:ax+by+1=0$까지의 거리가 1이므로
$$\frac{|1|}{\sqrt{a^2+b^2}}=1 \qquad \therefore a^2+b^2=1 \qquad \cdots\cdots \ \bigcirc$$

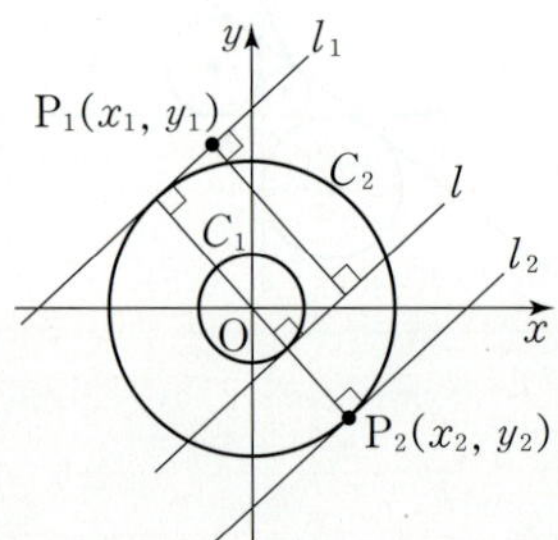

점 $P_1(x_1,\,y_1)$에서 직선 l까지의 거리는 두 원 C_1, C_2의 반지름의
길이의 합과 같으므로
$$\frac{|ax_1+by_1+1|}{\sqrt{a^2+b^2}}=2\sqrt{2}+1$$
$\therefore |ax_1+by_1+1|=2\sqrt{2}+1 \ (\because \bigcirc) \qquad \cdots\cdots \ \bigcirc$
점 $P_2(x_2,\,y_2)$에서 직선 l까지의 거리는 두 원 C_1, C_2의 반지름의
길이의 차와 같으므로
$$\frac{|ax_2+by_2+1|}{\sqrt{a^2+b^2}}=2\sqrt{2}-1$$
$\therefore |ax_2+by_2+1|=2\sqrt{2}-1 \ (\because \bigcirc) \qquad \cdots\cdots \ \bigcirc$
$\bigcirc$, $\bigcirc$에서
$|ax_1+by_1+1|\times|ax_2+by_2+1|=(2\sqrt{2}+1)(2\sqrt{2}-1)=7$
$\therefore (ax_1+by_1+1)^2(ax_2+by_2+1)^2=7^2=49$

200

점 $P(-2,\,a)$에서 원 $x^2+y^2=1$에 그은 두 접선의 접점 Q, R과
선분 QR의 중점 M을 좌표평면에 나타내면 다음 그림과 같다.

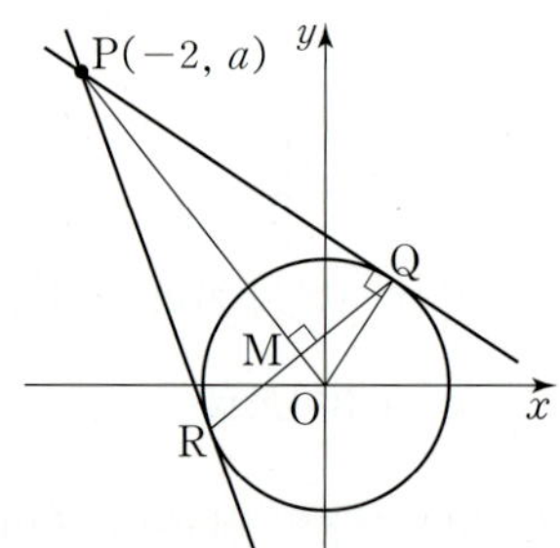

$\overline{OP}=\sqrt{(-2)^2+a^2}=\sqrt{a^2+4}$, $\overline{OQ}=1$이고,
두 삼각형 OPQ, OQM이 닮음이므로
$\overline{OP}:\overline{OQ}=\overline{OQ}:\overline{OM}$
즉, $\sqrt{a^2+4}:1=1:\overline{OM}$에서
$$\overline{OM}=\frac{1}{\sqrt{a^2+4}} \qquad\qquad \cdots\cdots \ \bigcirc$$
$\therefore \overline{PM}=\overline{OP}-\overline{OM}$
$$=\sqrt{a^2+4}-\frac{1}{\sqrt{a^2+4}}=\frac{a^2+3}{\sqrt{a^2+4}} \qquad \cdots\cdots \ \bigcirc$$
$\bigcirc$, $\bigcirc$에서
$$\overline{OM}:\overline{PM}=\frac{1}{\sqrt{a^2+4}}:\frac{a^2+3}{\sqrt{a^2+4}}=1:(a^2+3)$$
이므로 점 M은 선분 OP를 $1:(a^2+3)$으로 내분하는 점이다.
따라서 두 점 $O(0,\,0)$, $P(-2,\,a)$에 대하여 점 M의 좌표는
$$\left(\frac{-2}{a^2+4},\ \frac{a}{a^2+4}\right)$$
$x=\dfrac{-2}{a^2+4}$, $y=\dfrac{a}{a^2+4}$라 두면 $\qquad \cdots\cdots \ \bigcirc$
양의 실수 a에 대하여 $x<0$, $y>0$이므로
점 M은 제2사분면 위의 점이다.
이때 $\left(\dfrac{-2}{a^2+4}\right)^2+\left(\dfrac{a}{a^2+4}\right)^2=\dfrac{1}{a^2+4}$이므로
$$x^2+y^2=-\frac{x}{2} \ (\because \bigcirc)$$
$$\left(x^2+\frac{x}{2}+\frac{1}{16}\right)+y^2=\frac{1}{16}$$
$$\therefore \left(x+\frac{1}{4}\right)^2+y^2=\frac{1}{16}$$
따라서 점 M이 그리는 도형의 방정식은
$\left(x+\dfrac{1}{4}\right)^2+y^2=\dfrac{1}{16} \ (x<0,\,y>0)$이다.

점 M이 나타내는 도형 $\left(x+\dfrac{1}{4}\right)^2+y^2=\dfrac{1}{16} \ (x<0,\,y>0)$을
좌표평면 위에 나타내면 다음 그림과 같다.

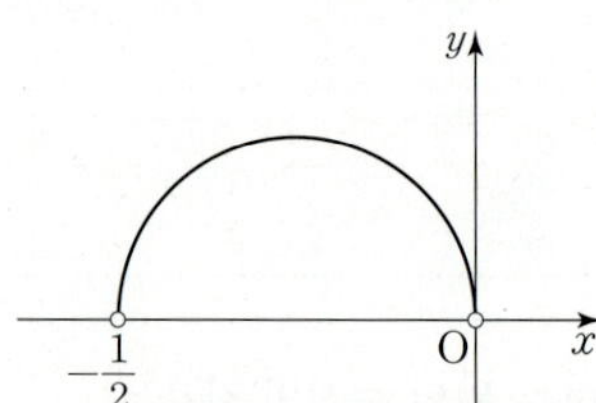

201

답 ④

평행이동 $(x, y) \rightarrow (x+a, y+b)$에 의하여
점 $(1, 3)$은 점 $(1+a, 3+b)$로 옮겨진다.
점 $(1+a, 3+b)$가 점 $(4, 1)$과 일치하므로
$a=3, b=-2$
$\therefore a+b=1$

202

답 ③

점 $(2, 3)$이 점 $(-1, 5)$로 옮겨지므로
x축의 방향으로 -3만큼, y축의 방향으로 2만큼 평행이동한
것이다.
이 평행이동에 의하여 점 $(2, 4)$로 옮겨지는 점의 좌표를
(a, b)라 하면 점 $(a-3, b+2)$가 점 $(2, 4)$와 일치하므로
$a=5, b=2$
따라서 구하는 점의 좌표는 $(5, 2)$이다.

다른 풀이

점 $(2, 3)$이 점 $(-1, 5)$로 옮겨지므로
x축의 방향으로 -3만큼, y축의 방향으로 2만큼 평행이동한
것이다.
이 평행이동에 의하여 점 $(2, 4)$로 옮겨지는 점은
점 $(2, 4)$를 x축의 방향으로 3만큼, y축의 방향으로 -2만큼
평행이동한 점과 같다. …… **TIP**
따라서 구하는 점의 좌표는 $(2+3, 4-2)$, 즉 $(5, 2)$이다.

> **TIP**
>
> 점 A가 x축의 방향으로 a만큼, y축의 방향으로 b만큼
> 평행이동한 점이 B일 때, 점 B가 x축의 방향으로 $-a$만큼,
> y축의 방향으로 $-b$만큼 평행이동한 점은 A이다.

203

답 ④

직선 $2x+y+k=0$을 x축의 방향으로 -3만큼, y축의 방향으로
2만큼 평행이동한 직선 l의 방정식은
$2(x+3)+(y-2)+k=0$, 즉 $2x+y+k+4=0$이고,
직선 l이 점 $(-2, -2)$를 지나므로 대입하면
$-4-2+k+4=0$
$\therefore k=2$

204

답 10

평행이동 $(x, y) \rightarrow (x-1, y+4)$는
x축의 방향으로 -1만큼, y축의 방향으로 4만큼 평행이동하는
것이다.
이 평행이동에 의하여 직선 $y=2x-1$은
$y-4=2(x+1)-1$, 즉 $y=2x+5$로 옮겨진다. …… **참고**
따라서 $a=2, b=5$이므로
$a \times b=10$이다.

> **참고**
>
> 직선 $y=mx+n$을
> x축의 방향으로 a만큼, y축의 방향으로 b만큼 평행이동하면
> 직선 $y-b=m(x-a)+n$이다.
> 따라서 직선을 평행이동하여도 '기울기'는 변하지 않는다.

205

답 ①

점 $(1, 4)$가 점 $(3, 3)$으로 옮겨지므로 x축의 방향으로 2만큼,
y축의 방향으로 -1만큼 평행이동한 것이다.
이 평행이동에 의하여 직선 $y=mx+n$이 옮겨지는 직선의 방정식은
$y+1=m(x-2)+n$ $\quad \therefore y=mx-2m+n-1$
이 직선이 직선 $y=3x-6$과 수직이므로 $m=-\dfrac{1}{3}$
또한 이 직선이 직선 $y=3x-6$과 x축이 만나는 점 $(2, 0)$을
지나므로
$0=2m-2m+n-1$ $\quad \therefore n=1$
$\therefore m+n=\left(-\dfrac{1}{3}\right)+1=\dfrac{2}{3}$

다른 풀이

직선 $y=3x-6$이 x축과 점 $(2, 0)$에서 만나므로
직선 $y=3x-6$과 x축 위의 한 점 $(2, 0)$에서 수직으로 만나는
직선의 방정식은 $y=-\dfrac{1}{3}(x-2)$ …… ㉠
점 $(1, 4)$가 점 $(3, 3)$으로 옮겨질 때, x축의 방향으로 2만큼,
y축의 방향으로 -1만큼 평행이동한 것이므로
직선 ㉠을 x축의 방향으로 -2만큼, y축의 방향으로 1만큼
평행이동한 직선이 $y=mx+n$이다. …… **TIP**
$y-1=-\dfrac{1}{3}x$, 즉 $y=-\dfrac{1}{3}x+1$에서
$m=-\dfrac{1}{3}, n=1$
$\therefore m+n=\dfrac{2}{3}$

> **TIP**
>
> x축의 방향으로 a만큼, y축의 방향으로 b만큼 평행이동시키는
> 평행이동에 의하여 도형 A가 도형 A'으로 옮겨질 때,
> x축의 방향으로 $-a$만큼, y축의 방향으로 $-b$만큼
> 평행이동시키는 평행이동에 의하여 도형 A'이 도형 A로
> 옮겨진다.

206

답 -12

$x^2+y^2-2x+4y-6=0$에서
$(x-1)^2+(y+2)^2=11$ …… ㉠
$x^2+y^2+6x-2y-1=0$에서
$(x+3)^2+(y-1)^2=11$ …… ㉡
㉠을 x축의 방향으로 p만큼, y축의 방향으로 q만큼 평행이동한
원의 방정식은
$(x-p-1)^2+(y-q+2)^2=11$
이는 ㉡과 일치하므로 $-p-1=3, -q+2=-1$에서
$p=-4, q=3$ $\quad \therefore p \times q=(-4) \times 3=-12$

원 $x^2+y^2=r^2$을
x축의 방향으로 a만큼, y축의 방향으로 b만큼 평행이동하면
원 $(x-a)^2+(y-b)^2=r^2$이다.
따라서 원을 평행이동하여도 '반지름의 길이'는 변하지 않고
원이 평행이동한 방향과 원의 중심이 평행이동한 방향이
서로 같다.
이를 이용하면 원의 중심의 평행이동만으로 원의 평행이동을
알 수 있다.
이 문제에서 원의 중심이 점 $(1, -2)$에서 점 $(-3, 1)$로 옮겨진
것으로부터 원이 x축의 방향으로 -4만큼, y축의 방향으로 3만큼
평행이동한 것임을 알 수 있다.

207   답 ③

포물선 $y=x^2-4x+1=(x-2)^2-3$을
x축의 방향으로 p만큼, y축의 방향으로 q만큼 평행이동하면
$y=(x-p-2)^2-3+q$
이 포물선이 $y=x^2+1$과 같다고 하면
$-p-2=0$, $-3+q=1$에서 $p=-2$, $q=4$이다.
즉, x축의 방향으로 -2만큼, y축의 방향으로 4만큼 평행이동한
것이다.
이 평행이동에 의하여 직선 $l : x-y-2=0$을 평행이동하면
$(x+2)-(y-4)-2=0$이므로
$l' : x-y+4=0$이다.
직선 l 위의 점 $(0, -2)$와 직선 $l' : x-y+4=0$ 사이의 거리를
구하면 평행한 두 직선 l과 l' 사이의 거리는
$\dfrac{|0-(-2)+4|}{\sqrt{2}}=3\sqrt{2}$이다.

포물선 $y=a(x-b)^2+c$를
x축의 방향으로 m만큼, y축의 방향으로 n만큼 평행이동하면
포물선 $y=a(x-m-b)^2+c+n$이다.
따라서 포물선을 평행이동하여도 '이차항의 계수'는 변하지 않고
포물선이 평행이동한 방향과 꼭짓점이 평행이동한 방향이 서로
같다.
이를 이용하면 포물선의 꼭짓점의 평행이동만으로 포물선의
평행이동을 알 수 있다.
이 문제에서 포물선의 꼭짓점이 점 $(2, -3)$에서 점 $(0, 1)$로
옮겨진 것으로부터 포물선이 x축의 방향으로 -2만큼, y축의
방향으로 4만큼 평행이동한 것임을 알 수 있다.

208   답 ②

점 $A(3, 1)$을 x축에 대하여 대칭이동하면 $B(3, -1)$
점 $B(3, -1)$을 직선 $y=x$에 대하여 대칭이동하면 $C(-1, 3)$
따라서 삼각형 ABC의 무게중심의 좌표는
$\left(\dfrac{3+3-1}{3}, \dfrac{1-1+3}{3}\right)=\left(\dfrac{5}{3}, 1\right)$

209   답 6

점 $P(a, b)$가 제1사분면에 있는 직선 $y=x+2$ 위의 점이므로
$b=a+2$에서 $P(a, a+2)$ $(a>0)$이다.

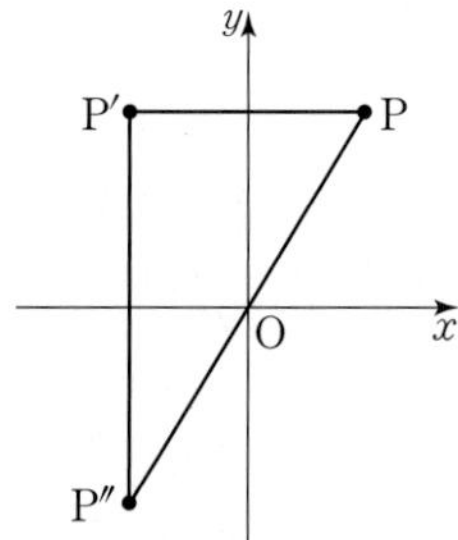

점 P를 y축에 대하여 대칭이동한 점이 $P'(-a, a+2)$,
원점에 대하여 대칭이동한 점이 $P''(-a, -a-2)$이므로
삼각형 $PP'P''$은 $\angle PP'P''=90°$인 직각삼각형이다.
따라서 삼각형 $PP'P''$의 넓이는
$\dfrac{1}{2}\times\overline{PP'}\times\overline{P'P''}=\dfrac{1}{2}\times 2a\times 2(a+2)$
$\qquad\qquad\qquad\qquad =2a(a+2)=16$
$a^2+2a-8=0$, $(a+4)(a-2)=0$
$\therefore a=2 \; (\because a>0)$, $b=4$
$\therefore a+b=6$

210   답 풀이 참조

(1) 함수 $y=f(x)$의 그래프를 x축의 방향으로 -2만큼,
   y축의 방향으로 -1만큼 평행이동하면
   $y=f(x+2)-1$이므로 그래프는 다음 그림과 같다.

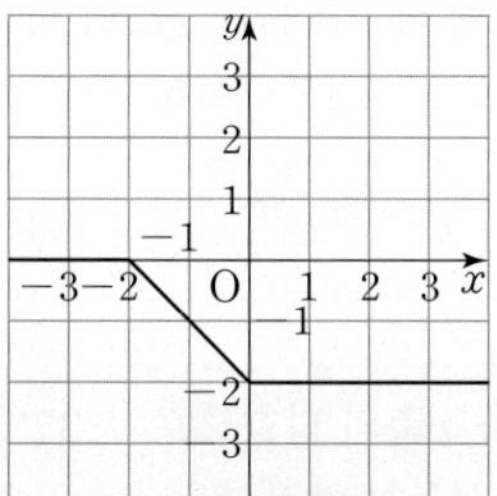

(2) $y=f(2-x)$에서 $y=f(-(x-2))$이다.
   함수 $y=f(x)$의 그래프를 y축에 대하여 대칭이동하면
   $y=f(-x)$이고, 이를 x축의 방향으로 2만큼 평행이동하면
   $y=f(-(x-2))$이므로 그래프는 다음 그림과 같다.

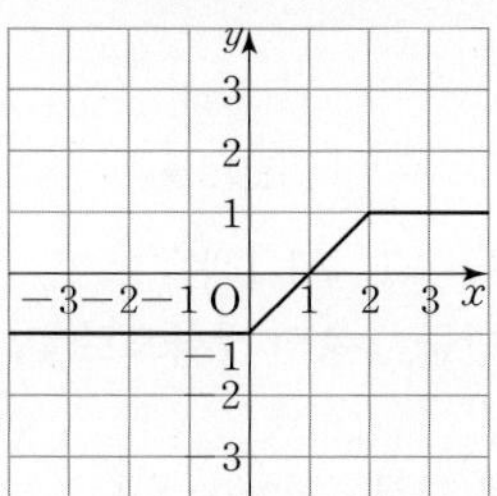

(3) 함수 $y=f(x)$의 그래프를 x축에 대하여 대칭이동하면
   $y=-f(x)$이고, 이를 x축의 방향으로 -1만큼 평행이동하면
   $y=-f(x+1)$이므로 그래프는 다음 그림과 같다.

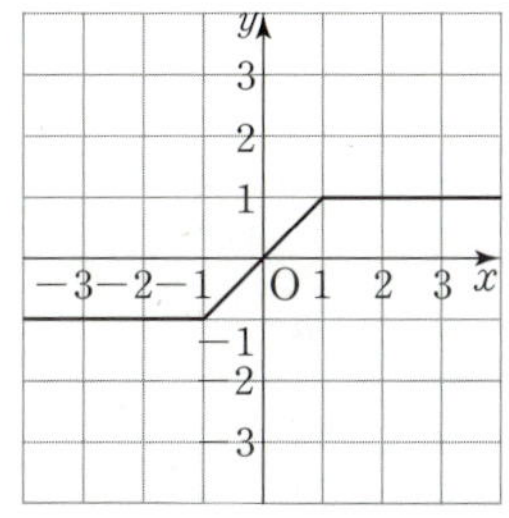

(4) $y=-f(1-x)$에서 $y=-f(-(x-1))$이다.

함수 $y=f(x)$의 그래프를 원점에 대하여 대칭이동하면
$y=-f(-x)$이고, 이를 x축의 방향으로 1만큼 평행이동하면
$y=-f(-(x-1))$이므로 그래프는 다음 그림과 같다.

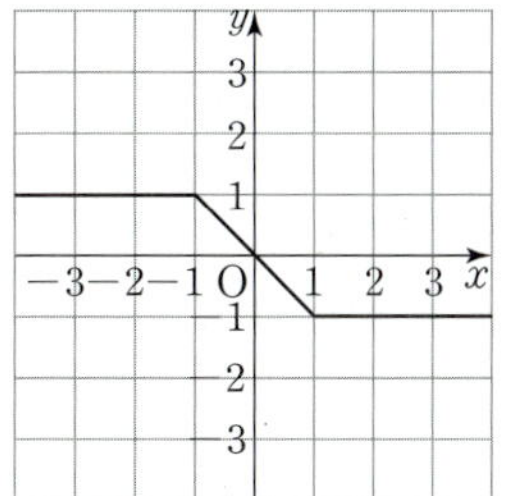

다른 풀이

참고1, 참고2를 이용하면 다음과 같이 해석할 수 있다.

(2) 함수 $y=f(2-x)$의 그래프는 함수 $y=f(x)$의 그래프를 직선
$x=1$에 대하여 대칭이동한 것이므로 다음 그림과 같다.

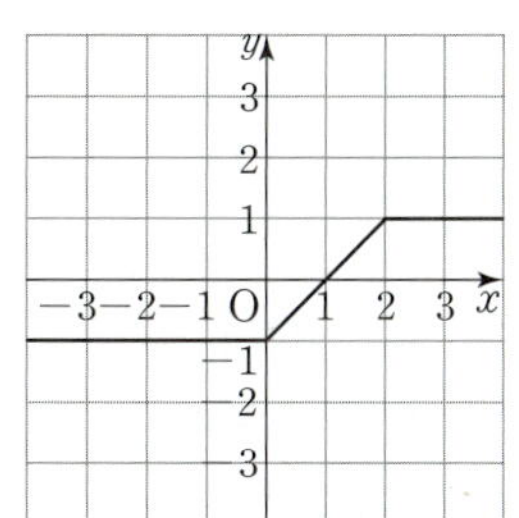

(4) $y=-f(1-x)$에서 $0-y=f(1-x)$이다.

즉, 함수 $y=-f(1-x)$의 그래프는 함수 $y=f(x)$의

그래프를 점 $\left(\dfrac{1}{2},\ 0\right)$에 대하여 대칭이동한 것이므로 다음 그림과

같다.

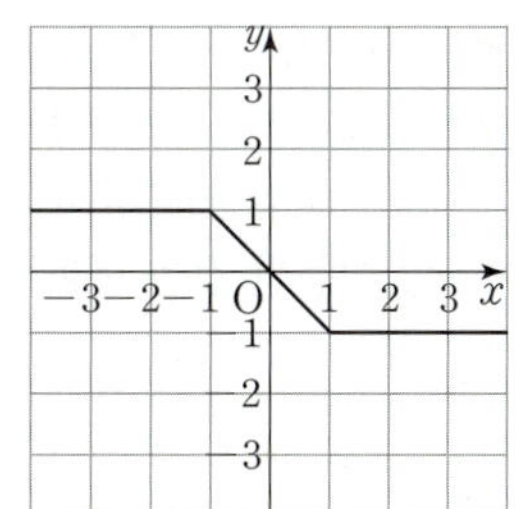

참고1

직선 $x=a$ 또는 직선 $y=b$에 대한 대칭이동

(1) 점 $(x,\ y)$를 직선 $x=a$에 대하여 대칭이동한 점의 좌표는
$(2a-x,\ y)$이다.

(2) 점 $(x,\ y)$를 직선 $y=b$에 대하여 대칭이동한 점의 좌표는
$(x,\ 2b-y)$이다.

(3) 방정식 $f(x,\ y)=0$이 나타내는 도형을 직선 $x=a$에 대하여
대칭이동한 도형의 방정식은 $f(2a-x,\ y)=0$이다.

(4) 방정식 $f(x,\ y)=0$이 나타내는 도형을 직선 $y=b$에 대하여
대칭이동한 도형의 방정식은 $f(x,\ 2b-y)=0$이다.

[증명]

(3) 방정식 $f(x,\ y)=0$이 나타내는 도형 위의 점 $(x,\ y)$를
직선 $x=a$에 대하여 대칭이동한 점의 좌표를 $(x',\ y')$이라
하면

$$\dfrac{x+x'}{2}=a,\ y=y' \qquad\cdots\cdots\ \bigcirc$$

즉, $x=2a-x',\ y=y'$이므로 $f(2a-x',\ y')=0$이다.
따라서 점 $(x',\ y')$은 방정식 $f(2a-x,\ y)=0$이 나타내는
도형 위에 있다.

(1) $\bigcirc$에서 $x'=2a-x,\ y'=y$이므로 점 $(x,\ y)$를 직선 $x=a$에
대하여 대칭이동한 점의 좌표는 $(2a-x,\ y)$이다.

참고2

점 $(a,\ b)$에 대한 대칭이동

(1) 점 $(x,\ y)$를 점 $(a,\ b)$에 대하여 대칭이동한 점의 좌표는
$(2a-x,\ 2b-y)$이다.

(2) 방정식 $f(x,\ y)=0$이 나타내는 도형을 점 $(a,\ b)$에 대하여
대칭이동한 도형의 방정식은 $f(2a-x,\ 2b-y)=0$이다.

[증명]

(2) 방정식 $f(x,\ y)=0$이 나타내는 도형 위의 점 $(x,\ y)$를
점 $(a,\ b)$에 대하여 대칭이동한 점의 좌표를
$(x',\ y')$이라 하면

$$\dfrac{x+x'}{2}=a,\ \dfrac{y+y'}{2}=b \qquad\cdots\cdots\ \bigcirc\!\!\bigcirc$$

즉, $x=2a-x',\ y=2b-y'$이므로
$f(2a-x',\ 2b-y')=0$이다.
따라서 점 $(x',\ y')$은 방정식 $f(2a-x,\ 2b-y)=0$이
나타내는 도형 위에 있다.

(1) $\bigcirc\!\!\bigcirc$에서 $x'=2a-x,\ y'=2b-y$이므로 점 $(x,\ y)$를
점 $(a,\ b)$에 대하여 대칭이동한 점의 좌표는
$(2a-x,\ 2b-y)$이다.

211   답 ③

직선 $2x-y+1=0$을 x축의 방향으로 -3만큼 평행이동하면
$2(x+3)-y+1=0$
$\therefore\ 2x-y+7=0$
이 직선을 직선 $y=x$에 대하여 대칭이동하면
$2y-x+7=0$
$\therefore\ x-2y-7=0$
이 직선이 원 $x^2+y^2-2ax+4y+a^2=0$의 넓이를 이등분하려면
이 원의 중심을 지나야 한다.
이때 $x^2+y^2-2ax+4y+a^2=0$에서
$(x-a)^2+(y+2)^2=4$이므로 이 원의 중심의 좌표는 $(a,\ -2)$이다.
$a-2\times(-2)-7=0$
$\therefore\ a=3$

212   답 ③

$x^2+y^2-4x+2y+3=0$에서 $(x-2)^2+(y+1)^2=2$이므로
원 C_1의 중심의 좌표는 $(2,\ -1)$이고 반지름의 길이가 $\sqrt{2}$이다.

원 C_1을 직선 $y=x$에 대하여 대칭이동한
원 C_2의 중심의 좌표는 $(-1, 2)$이고
반지름의 길이는 $\sqrt{2}$이다. .....

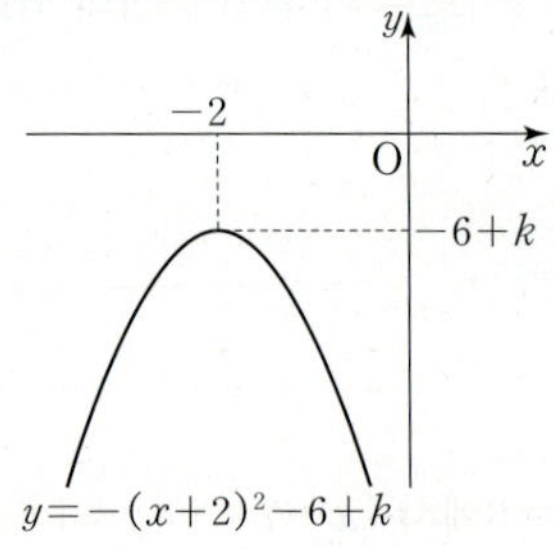

두 원의 중심 사이의 거리는 $\sqrt{3^2+(-3)^2}=3\sqrt{2}$이고,
두 원 위를 각각 움직이는 두 점 P, Q 사이의 거리의 최댓값은
두 원의 중심 사이의 거리와 두 원의 반지름의 길이의 합과 같으므로
$3\sqrt{2}+\sqrt{2}+\sqrt{2}=5\sqrt{2}$이다.

> **참고**
>
> 원 $C_1 : (x-2)^2+(y+1)^2=2$를 직선 $y=x$에 대하여
> 대칭이동한 원 C_2의 방정식은
> $(x+1)^2+(y-2)^2=2$

213   답 3

직선 l의 기울기를 m이라 하면
점 $(1, -3)$을 지나고 기울기가 m인 직선의 방정식은
$y+3=m(x-1)$ $\qquad \therefore y=mx-m-3$
이 직선을 x축에 대하여 대칭이동하면
$-y=mx-m-3$ $\qquad \therefore y=-mx+m+3$
이 직선을 x축의 방향으로 -4만큼 평행이동하면
$y=-m(x+4)+m+3$ $\qquad \therefore y=-mx-3m+3$
이 직선을 y축에 대하여 대칭이동하면
$y=mx-3m+3$
이 직선이 처음 직선 $y=mx-m-3$과 일치하므로
$-3m+3=-m-3$
$\therefore m=3$

214   답 ②

곡선 $y=x^2-4x+10=(x-2)^2+6$을
원점에 대하여 대칭이동하면
$-y=(-x-2)^2+6$ $\quad \therefore y=-(x+2)^2-6$
이를 y축의 방향으로 k만큼 평행이동하면
$y=-(x+2)^2-6+k$
이 이차함수의 그래프가 x축과 만나지 않으려면 다음 그림과 같이
$-6+k<0$을 만족시켜야 한다.

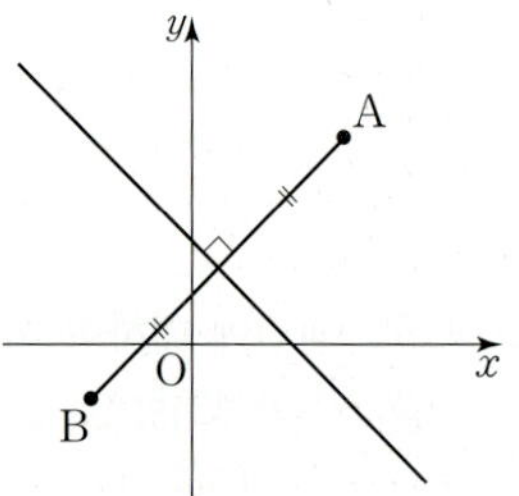

따라서 $k<6$이므로 자연수 k는 1, 2, 3, 4, 5의 5개이다.

215   답 ④

$A(3, 4)$, $B(p, q)$라 하면 두 점 A, B가 직선 $y=-x+2$에 대하여
대칭이므로 직선 $y=-x+2$는 선분 AB를 수직이등분한다.

직선 AB가 직선 $y=-x+2$와 수직이므로
직선 AB의 기울기는 $\dfrac{q-4}{p-3}=1$에서
$q-4=p-3$ $\qquad \therefore p-q=-1$ ..... ㉠
또한 직선 $y=-x+2$가 선분 AB의 중점 $\left(\dfrac{p+3}{2}, \dfrac{q+4}{2}\right)$를
지나므로
$\dfrac{q+4}{2}=-\dfrac{p+3}{2}+2$, $q+4=-(p+3)+4$
$\therefore p+q=-3$ ..... ㉡
㉠, ㉡을 연립하여 풀면
$p=-2$, $q=-1$
$\therefore p^2+q^2=5$

> **다른 풀이**

점 $(3, 4)$와 직선 $y=-x+2$를 y축의 방향으로 -2만큼
평행이동하면 각각 점 $(3, 2)$와 직선 $y=-x$이다.
점 $(3, 2)$를 직선 $y=-x$에 대하여 대칭이동한 점의 좌표는
$(-2, -3)$이고, 점 $(-2, -3)$을 다시 y축의 방향으로 2만큼
평행이동하면 구하는 점이고 그 좌표는 $(-2, -1)$이다.
$\therefore p=-2$, $q=-1$
$\therefore p^2+q^2=5$

> **TIP**
>
> 점을 직선 $y=mx+n$에 대하여 대칭이동한 점을 구할 때,
> $m=\pm1$인 경우는 **다른 풀이** 와 같이 풀 수 있다.
> 점과 직선을 y축의 방향으로 $-n$만큼 평행이동하여
> 직선 $y=\pm x$에 대한 대칭이동을 이용한 후 다시 y축의 방향으로
> n만큼 평행이동하여 대칭이동한 점을 구할 수 있다.

216   답 ④

직선 $y=2x$ 위의 점 $A(x_1, y_1)$을 점 $(2, 1)$에 대하여 대칭이동한
점을 $B(x_2, y_2)$라 하면
선분 AB의 중점의 좌표는 $(2, 1)$이다.
$\dfrac{x_1+x_2}{2}=2$, $\dfrac{y_1+y_2}{2}=1$에서 $x_1=4-x_2$, $y_1=2-y_2$ ..... ㉠
이때 점 A는 직선 $y=2x$ 위의 점이므로 $y_1=2x_1$
이 식에 ㉠을 대입하면 $2-y_2=2(4-x_2)$
$\therefore y_2=2x_2-6$
따라서 점 B는 직선 $y=2x-6$ 위의 점이므로
$a=2$, $b=-6$에서 $a+b=2+(-6)=-4$이다.

217

$\textbf{답}$ ③

점 A에서 y축 위의 점 P를 거쳐 점 B까지 가는 거리는
$\overline{AP}+\overline{PB}$이다.
점 $B(-1,\ -2)$를 y축에 대하여 대칭이동한 점을 B′이라 하면
$B'(1,\ -2)$이고, $\overline{BP}=\overline{B'P}$이다.

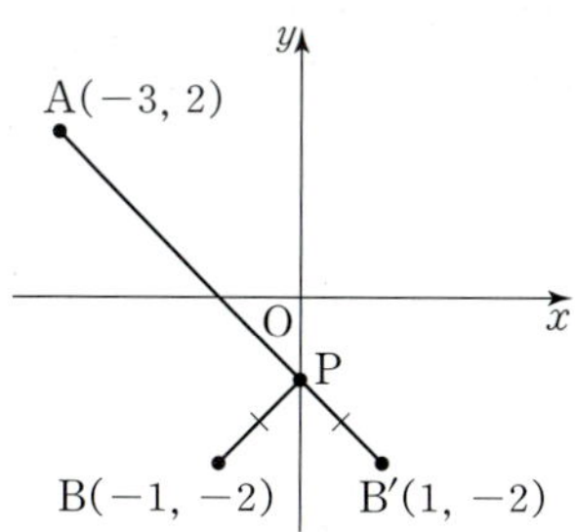

$\overline{AP}+\overline{PB}=\overline{AP}+\overline{PB'}$이고, 세 점 A, P, B′이 일직선 위에
있을 때 이 값이 최소이므로
$$\overline{AP}+\overline{PB'}\geq\overline{AB'}$$
$$=\sqrt{4^2+(-4)^2}$$
$$=4\sqrt{2}$$

$\cdots\cdots$ **TIP**

따라서 구하는 최단 거리는 $4\sqrt{2}$이다.

TIP

점 P가 선분 AB′ 위에 있지 않을 때, 삼각형 APB′에서
$\overline{AP}+\overline{PB'}>\overline{AB'}$이고, 점 P가 선분 AB′ 위에 있을 때,
$\overline{AP}+\overline{PB'}=\overline{AB'}$이다.

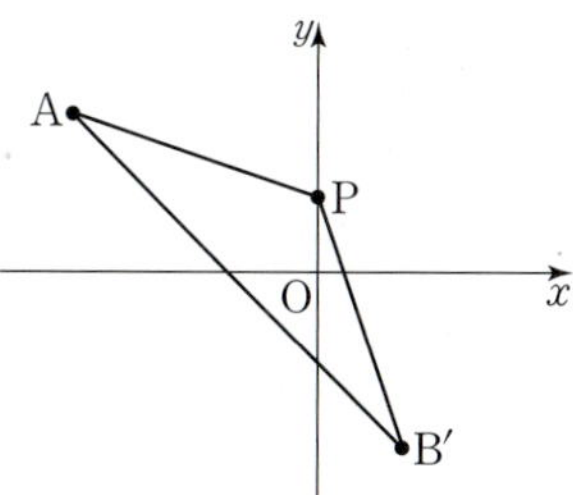

따라서 $\overline{AP}+\overline{PB'}\geq\overline{AB'}$이고,
세 점 A, P, B′이 일직선 위에 있을 때
$\overline{AP}+\overline{PB'}$이 $\overline{AB'}$으로 최솟값을 갖는다.

218

$\textbf{답}$ ④

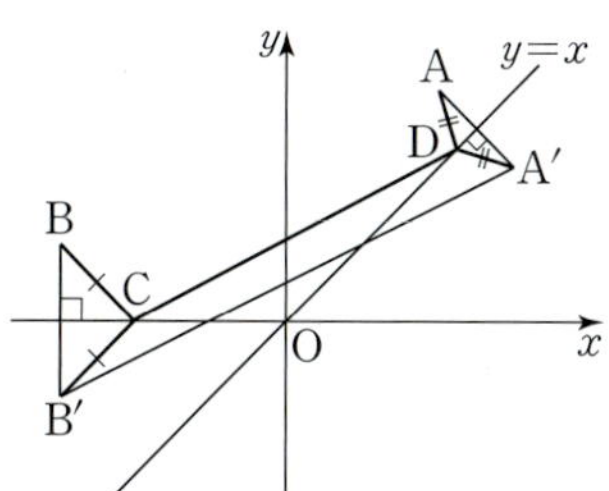

점 A를 직선 $y=x$에 대하여 대칭이동한 점을 A′이라 하면
점 A′의 좌표는 $(3,\ 2)$
점 B를 x축에 대하여 대칭이동한 점을 B′이라 하면
점 B′의 좌표는 $(-3,\ -1)$
이때 $\overline{AD}=\overline{A'D}$, $\overline{BC}=\overline{B'C}$이므로
$$\overline{AD}+\overline{CD}+\overline{BC}=\overline{A'D}+\overline{DC}+\overline{CB'}$$
$$\geq\overline{A'B'}$$

$$=\sqrt{(-6)^2+(-3)^2}$$
$$=3\sqrt{5}$$

따라서 $\overline{AD}+\overline{CD}+\overline{BC}$의 최솟값은 $3\sqrt{5}$이다.

219

$\textbf{답}$ (1) $\sqrt{29}$ (2) $\left(\dfrac{8}{3},\ \dfrac{8}{3}\right)$

(1) 점 A를 직선 $y=x$에 대하여 대칭이동한 점을 A′이라 하면
$A'(1,\ 2)$

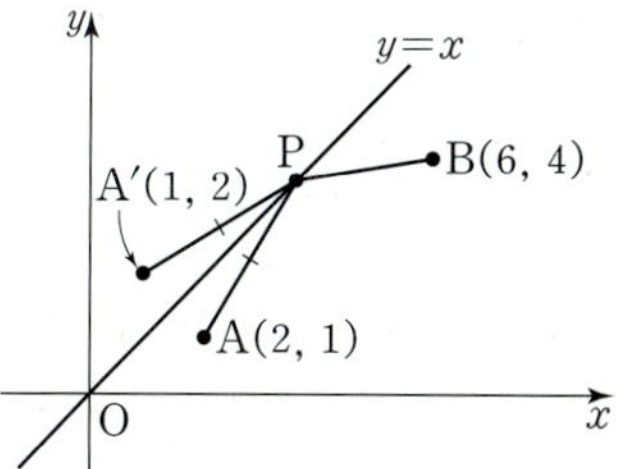

$\overline{AP}=\overline{A'P}$이므로 $\overline{AP}+\overline{BP}=\overline{A'P}+\overline{BP}$이고,
세 점 A′, P, B가 일직선 위에 있을 때
이 값이 최소이므로
$$\overline{A'P}+\overline{BP}\geq\overline{A'B}$$
$$=\sqrt{5^2+2^2}=\sqrt{29}$$

$\cdots\cdots$ ㉠

따라서 $\overline{AP}+\overline{BP}$의 최솟값은 $\sqrt{29}$이다.

(2) ㉠에서 점 P가 직선 A′B 위에 있을 때 $\overline{AP}+\overline{BP}$가 최소이므로
점 P는 직선 A′B와 직선 $y=x$의 교점이다.
직선 A′B의 방정식은
$$y=\frac{4-2}{6-1}(x-1)+2$$
$$\therefore\ y=\frac{2}{5}x+\frac{8}{5}$$

직선 A′B와 직선 $y=x$의 교점의 x좌표는
$\dfrac{2}{5}x+\dfrac{8}{5}=x$에서 $x=\dfrac{8}{3}$

따라서 구하는 점 P의 좌표는 $\left(\dfrac{8}{3},\ \dfrac{8}{3}\right)$이다.

220

$\textbf{답}$ ②

점 P를 점 $A(3,\ 8)$에서 시작하여 주어진 규칙에 따라
이동시켜 보면 다음과 같다.

$$A(3,\ 8)\ \underset{(가)}{\longrightarrow}\ (6,\ 8)\ \underset{(가)}{\longrightarrow}\ (9,\ 8)\ \underset{(나)}{\longrightarrow}\ (9,\ 10)$$
$$\underset{(가)}{\longrightarrow}\ (12,\ 10)\ \underset{(나)}{\longrightarrow}\ B(12,\ 12)$$

따라서 점 B의 x좌표와 y좌표는 모두 12이므로
구하는 합은 $12+12=24$이다.

221

$\textbf{답}$ ②

$x^2+y^2+2x-6y-6=0$에서 $(x+1)^2+(y-3)^2=16$
즉, 원의 중심의 좌표는 $(-1,\ 3)$이고 반지름의 길이가 4이다.
이 원을 x축의 방향으로 k만큼, y축의 방향으로 -2만큼
평행이동한 원의 중심의 좌표는 $(k-1,\ 1)$이고 반지름의 길이는
4이다.

$\cdots\cdots$ **참고**

이 원이 직선 $3x+4y+10=0$과 접하므로 원의 중심에서 직선까지의
거리가 반지름의 길이와 같다.

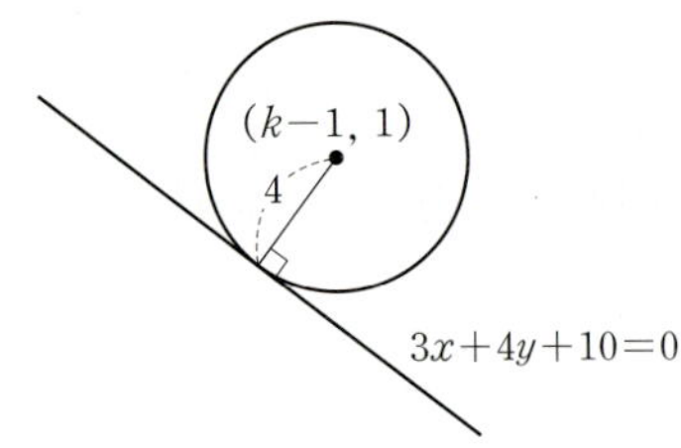

즉, $\dfrac{|3\times(k-1)+4\times1+10|}{\sqrt{3^2+4^2}}=4$에서

$|3k+11|=20$

$\therefore k=3$ 또는 $k=-\dfrac{31}{3}$

따라서 구하는 모든 상수 k의 값의 곱은

$3\times\left(-\dfrac{31}{3}\right)=-31$

> **참고**
>
> 원 $(x+1)^2+(y-3)^2=16$을 x축의 방향으로 k만큼,
> y축의 방향으로 -2만큼 평행이동한 원의 방정식은
> $(x-k+1)^2+(y-1)^2=16$이다.

222   답 ②

$x^2+y^2-2x+6y+6=0$에서 $(x-1)^2+(y+3)^2=4$

이 원을 x축의 방향으로 -2만큼, y축의 방향으로 5만큼

평행이동하면 $C:(x+1)^2+(y-2)^2=4$

원 C와 직선 $x+y-3=0$을 좌표평면에 나타내면 다음 그림과 같다.

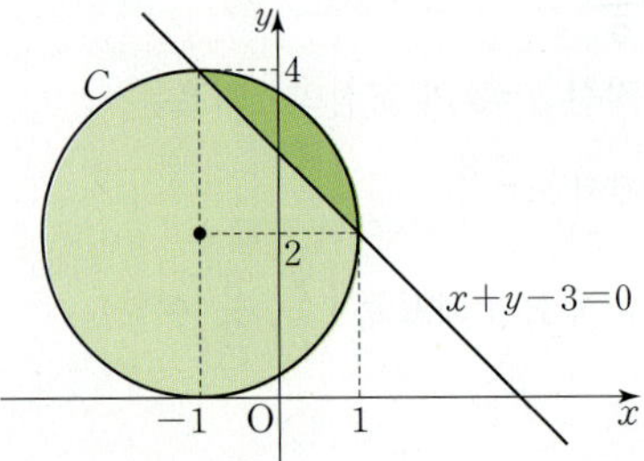

따라서 두 부분의 넓이의 차는 다음 그림과 같이 반지름의 길이가
2인 반원의 넓이와 직각을 낀 두 변의 길이가 $2\sqrt{2}$인
직각이등변삼각형의 넓이의 합과 같다.

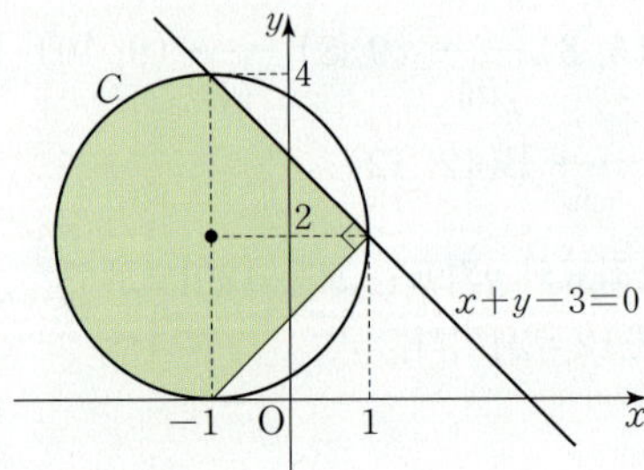

따라서 구하는 넓이의 차는

$\dfrac{1}{2}\times4\pi+\dfrac{1}{2}\times(2\sqrt{2})^2=2\pi+4$

223   답 ④

원 $x^2+y^2=2$에 접하고 기울기가 m인 직선의 방정식은
$y=mx\pm\sqrt{2}\times\sqrt{m^2+1}$이다.

이때 두 직선 중 한 직선을 y축의 방향으로 6만큼 평행이동한
직선이 다른 한 직선이 되므로
직선 $y=mx-\sqrt{2(m^2+1)}$을 y축의 방향으로 6만큼 평행이동한
것이 직선 $y=mx+\sqrt{2(m^2+1)}$과 같아야 한다.
즉, $y=mx-\sqrt{2(m^2+1)}+6$이 $y=mx+\sqrt{2(m^2+1)}$과 같으므로
$-\sqrt{2(m^2+1)}+6=\sqrt{2(m^2+1)}$에서
$\sqrt{2(m^2+1)}=3$, $2(m^2+1)=9$

$\therefore m^2=\dfrac{7}{2}$

224   답 ①

$x^2+y^2-6x+8=0$에서
$(x-3)^2+y^2=1$
이 원은 중심의 좌표가 $(3,\ 0)$이고 반지름의 길이가 1이다.
이 원을 x축의 방향으로 a만큼, y축의 방향으로 b만큼 평행이동한
원을 C라 하면 원 C의 중심의 좌표가 $(a+3,\ b)$이고, 반지름의
길이는 1이다.   …… **참고**

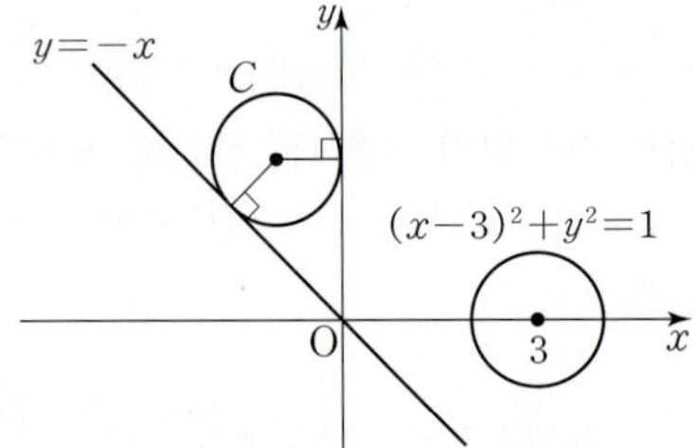

원 C가 y축에 접하므로 중심의 x좌표의 절댓값이 반지름의 길이와
같다. 이때 중심이 제2사분면 위에 있으므로
$a+3=-1$ $\therefore a=-4$
또한 원 C가 직선 $y=-x$에 접하므로
원의 중심 $(-1,\ b)$와
직선 $y=-x$ 사이의 거리가 원의 반지름의 길이와 같다.
따라서 $\dfrac{|-1+b|}{\sqrt{1^2+1^2}}=1$에서 $|b-1|=\sqrt{2}$

$\therefore b=\sqrt{2}+1\ (\because b>0)$

$\therefore a+b=(-4)+(\sqrt{2}+1)=-3+\sqrt{2}$

> **참고**
>
> 원 $(x-3)^2+y^2=1$을 x축의 방향으로 a만큼, y축의 방향으로
> b만큼 평행이동한 원의 방정식은
> $(x-a-3)^2+(y-b)^2=1$이다.

225   답 4

포물선 $y=x^2+2ax+2a^2=(x+a)^2+a^2$을
포물선 $y=x^2+a^2-a$로 옮기는 평행이동에 의하여
꼭짓점이 점 $(-a,\ a^2)$에서 점 $(0,\ a^2-a)$로 옮겨진다.
즉, 주어진 평행이동은 x축의 방향으로 a만큼, y축의 방향으로
$-a$만큼 평행이동한 것이다.
원 $C_1:x^2+(y-5)^2=9$는 중심의 좌표가 $(0,\ 5)$이고, 반지름의
길이가 3이다.
이 원을 x축의 방향으로 a만큼, y축의 방향으로 $-a$만큼 평행이동한

원의 중심의 좌표는 $(a,\ 5-a)$이고, 반지름의 길이는 3이다.

두 원 C_1, C_2의 중심을 각각 O_1, O_2라 하고, 두 선분 O_1O_2, AB가 만나는 점을 H라 하자.

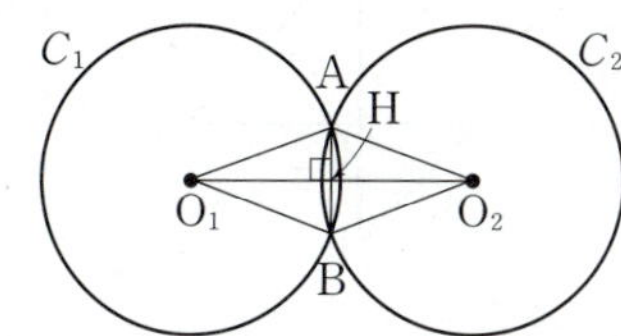

사각형 AO_1BO_2가 마름모이므로 두 선분 O_1O_2와 AB는 서로 다른 것을 수직이등분한다.

$\overline{AB}=2$에서 $\overline{AH}=1$이고, $\overline{AO_1}=3$이므로 직각삼각형 AHO_1에서 피타고라스 정리에 의하여

$\overline{O_1H}=\sqrt{3^2-1^2}=2\sqrt{2}$

즉, $\overline{O_1O_2}=2\times\overline{O_1H}=4\sqrt{2}$이다.

한편, $O_1(0,\ 5)$, $O_2(a,\ 5-a)$에서

$\overline{O_1O_2}=\sqrt{a^2+(-a)^2}=\sqrt{2}\,a\ (\because a>0)$

이므로 $\sqrt{2}\,a=4\sqrt{2}$

$\therefore a=4$

참고

> 원 $C_1:x^2+(y-5)^2=9$를 x축의 방향으로 a만큼, y축의
> 방향으로 $-a$만큼 평행이동한 원의 방정식은
> $C_2:(x-a)^2+(y+a-5)^2=9$이다.

226   답 8

삼각형 OAB의 내접원은 x축과 y축에 동시에 접하고 중심이 제2사분면에 존재하므로 원의 방정식을 $(x+a)^2+(y-a)^2=a^2\ (a>0)$이라 하자.

$\overline{AB}=\sqrt{3^2+4^2}=5$이므로 삼각형 OAB의 넓이는

$\dfrac{1}{2}\times3\times4=\dfrac{1}{2}a(3+4+5)$ $\therefore a=1$

따라서 원의 방정식은 $(x+1)^2+(y-1)^2=1$이다.

이때 점 $A(-4,\ 0)$이 점 $A'(2,\ 1)$로 옮겨지므로 세 점 $O(0,\ 0)$, $A(-4,\ 0)$, $B(0,\ 3)$과 내접원은 각각 x축의 방향으로 6만큼, y축의 방향으로 1만큼 평행이동한다.

따라서 삼각형 $O'A'B'$의 내접원의 방정식은

$\{(x-6)+1\}^2+\{(y-1)-1\}^2=1$, $(x-5)^2+(y-2)^2=1$

따라서 $p=5$, $q=2$, $r=1$이다.

$\therefore p+q+r=5+2+1=8$

227   답 10

점 P가 점 $(5,\ 2)$에서 출발하여 규칙에 따라 다음과 같이 이동한다.

$P(5,\ 2)\xrightarrow{\text{(가)}}(2,\ 5)\xrightarrow{\text{(가)}}(6,\ -1)\xrightarrow{\text{(나)}}(6,\ 1)$

$\xrightarrow{\text{(가)}}(1,\ 6)\xrightarrow{\text{(가)}}(5,\ 0)$

따라서 점 P는 5번 이동하고 점 $(5,\ 0)$에서 멈추므로

$n=5$, $a=5$, $b=0$이다.

$\therefore a+b+n=5+0+5=10$

228   답 ④

ㄱ. 직선 $x=2$를 x축에 대하여 대칭이동하면 직선 $x=2$이므로 자기 자신과 일치한다.

ㄴ. $|x|+|y|=4$를 x축에 대하여 대칭이동하면

$\quad |x|+|-y|=4$ $\therefore |x|+|y|=4$

$\quad$즉, 자기 자신과 일치한다.

ㄷ. $y=x^2+2|x|-3$을 x축에 대하여 대칭이동하면

$\quad -y=x^2+2|x|-3$ $\therefore y=-x^2-2|x|+3$

$\quad$즉, 자기 자신과 일치하지 않는다.

ㄹ. $x^2+y^2-3x+1=0$을 x축에 대하여 대칭이동하면

$\quad x^2+(-y)^2-3x+1=0$ $\therefore x^2+y^2-3x+1=0$

$\quad$즉, 자기 자신과 일치한다.

따라서 x축에 대하여 대칭이동시켰을 때 자기 자신과 일치하는 도형의 방정식은 ㄱ, ㄴ, ㄹ이다.

229   답 풀이 참조

직선 $2x+y-3=0$을 직선 $y=x$에 대하여 대칭이동하면

$2y+x-3=0$ $\therefore x+2y-3=0$

이 직선을 x축의 방향으로 k만큼 평행이동하면

$(x-k)+2y-3=0$에서 $x+2y-k-3=0$이다.

이 직선이 원 $(x-2)^2+y^2=5$와 만나므로 원의 중심인 점 $(2,\ 0)$과 직선 $x+2y-k-3=0$ 사이의 거리가 원의 반지름의 길이 $\sqrt{5}$보다 작거나 같아야 한다.

즉, $\dfrac{|2-k-3|}{\sqrt{1^2+2^2}}\le\sqrt{5}$이므로

$|k+1|\le5$, $-5\le k+1\le5$

$\therefore -6\le k\le4$

채점 요소	배점
직선 $y=x$에 대하여 대칭이동한 직선의 방정식 구하기	25%
x축의 방향으로 k만큼 평행이동한 직선의 방정식 구하기	25%
직선이 원과 만날 조건을 이용하여 실수 k의 값의 범위 구하기	50%

230   답 ④

점 $P(a,\ b)$가 직선 $y=-2x+3$ 위의 점이므로

$b=-2a+3\ (a<0)$ $\qquad\cdots\cdots$ ㉠

이고, $Q(b,\ a)$, $R(-a,\ -b)$이다.

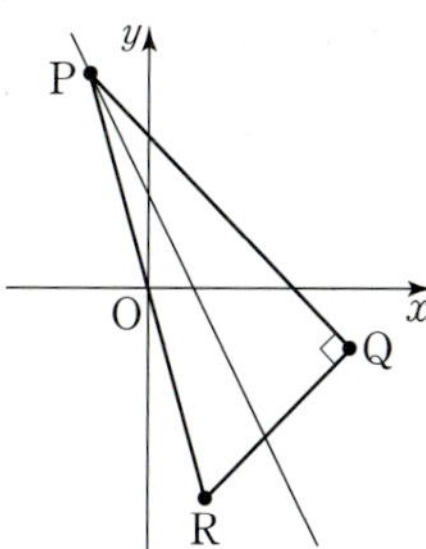

$\overline{PQ}=\sqrt{(b-a)^2+(a-b)^2}=\sqrt{2}\,|a-b|$

$\overline{QR}=\sqrt{(b+a)^2+(a+b)^2}=\sqrt{2}\,|a+b|$

$\overline{PR}=\sqrt{(-2a)^2+(-2b)^2}=2\sqrt{a^2+b^2}$

에서 $\overline{PR}^2=\overline{PQ}^2+\overline{QR}^2$이므로 삼각형 PQR은

$\angle PQR=90°$인 직각삼각형이다. $\qquad\cdots\cdots$ 참고

따라서 삼각형 PQR의 넓이는

$$\frac{1}{2}\times\overline{PQ}\times\overline{QR}=\frac{1}{2}\times\sqrt{2}\,|a-b|\times\sqrt{2}\,|a+b|$$
$$=|a^2-b^2|$$
$$=|a^2-(-2a+3)^2|\ (\because \textcircled{\footnotesize{㉠}})$$
$$=|3a^2-12a+9|=45$$

즉, $|a^2-4a+3|=15$에서 $a^2-4a+3=\pm15$

(i) $a^2-4a+3=-15$일 때

$a^2-4a+18=0$의 실근은 존재하지 않는다.

(ii) $a^2-4a+3=15$일 때

$a^2-4a-12=0$, $(a+2)(a-6)=0$이므로

$a=-2\ (\because a<0)$

(i), (ii)에서 $a=-2$이므로 ㉠에서 $b=7$

$\therefore a+b=5$

x축 또는 y축 또는 직선 $y=\pm x$ 위에 있지 않은 점 A에 대하여 점 A를 x축, y축, 원점에 대하여 대칭이동한 점을 각각 B, C, D라 하고, 점 A를 직선 $y=x$에 대하여 대칭이동한 점을 E, 직선 $y=-x$에 대하여 대칭이동한 점을 F라 하면 다음 그림과 같이 사각형 ABDC, AEDF는 모두 직사각형이다.

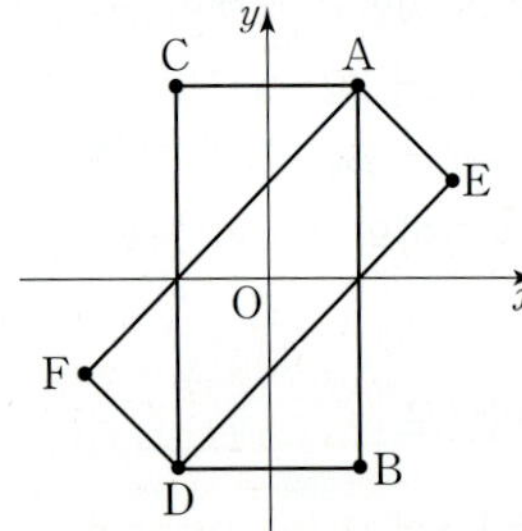

두 직선 AB, CD는 x축에 수직이고, 두 직선 AC, BD는 y축에 수직이므로 사각형 ABDC는 직사각형이다.

두 직선 AE, FD는 직선 $y=x$에 수직이고, 두 직선 AF, ED는 직선 $y=-x$에 수직이므로 사각형 AEDF는 직사각형이다.

231   답 ②

곡선 $y=x^2+3x$를 x축의 방향으로 a만큼 평행이동하면

곡선 $y=(x-a)^2+3(x-a)$이다.

두 점 P, Q가 직선 $y=-x$ 위의 점이므로

점 P의 좌표를 $(k, -k)\ (k<0)$라 하면

이와 원점에 대하여 대칭인 점은 $Q(-k, k)$이다.

$(x-a)^2+3(x-a)=-x$에서

방정식 $x^2+(4-2a)x+a^2-3a=0$의 두 근이 k, $-k$이므로

이차방정식의 근과 계수의 관계에 의하여

두 근의 합은 $k+(-k)=2a-4$에서 $a=2$

두 근의 곱은 $k\times(-k)=a^2-3a=-2$

따라서 두 점 P, Q의 x좌표의 곱은 -2이다.

232   답 23

두 점 $A(11, k)$, $B(1, 5)$를 직선 $y=x$에 대하여 대칭이동한 점은 각각 $A'(k, 11)$, $B'(5, 1)$이고, $\overline{AP}=\overline{A'P}$, $\overline{BP}=\overline{B'P}$이므로 두 삼각형 APA', BPB'은 이등변삼각형이다.

즉, 직선 $y=x$가 두 선분 AA', BB'의 수직이등분선이므로 점 P는 직선 $y=x$ 위의 점이다.

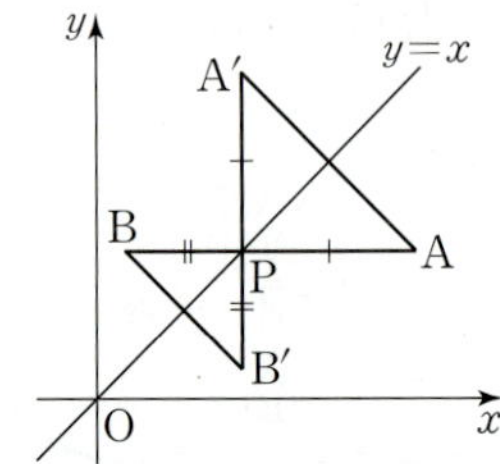

이때 두 삼각형 APA', BPB'은 닮음이고, 넓이의 비가 $9:4$이므로 닮음비는 $3:2$이다.

$\overline{AA'}:\overline{BB'}=3:2$에서

$\sqrt{(11-k)^2+(k-11)^2}:\sqrt{(-4)^2+4^2}=3:2$

$\sqrt{2}(11-k):4\sqrt{2}=3:2\ (\because 11-k>0)$이므로

$12\sqrt{2}=2\sqrt{2}(11-k)$, $6=11-k$ $\therefore k=5$

즉, $A(11, 5)$, $A'(5, 11)$이다.

따라서 직선 AB의 방정식은 $y=5$이므로

직선 $y=x$와 만나는 점의 좌표는 $P(5, 5)$이고,

선분 AA'의 중점을 M이라 하면 그 좌표는

$\left(\dfrac{11+5}{2}, \dfrac{5+11}{2}\right)$, 즉 $(8, 8)$이다.

따라서 삼각형 APA'의 넓이는

$$m=\frac{1}{2}\times\overline{AA'}\times\overline{PM}=\frac{1}{2}\times\sqrt{6^2+(-6)^2}\times\sqrt{3^2+3^2}$$
$$=\frac{1}{2}\times6\sqrt{2}\times3\sqrt{2}=18$$

$\therefore k+m=5+18=23$

233   답 ④

서로 다른 두 점 A, B가 직선 $y=x$에 대하여 대칭이므로

$A(p, q)$, $B(q, p)\ (p\neq q)$라 하자.

두 점 A, B가 포물선 $y=x^2-2x-2$ 위에 있으므로

$q=p^2-2p-2$ …… ㉠

$p=q^2-2q-2$ …… ㉡

㉠에서 ㉡을 변끼리 빼면

$q-p=(p^2-q^2)-2(p-q)$

$(p+q)(p-q)-(p-q)=0$

즉, $(p+q-1)(p-q)=0$이므로

$p=q$ 또는 $p+q=1$

이때 $p=q$이면 두 점 A, B가 서로 같으므로 $p\neq q$

따라서 $p+q=1$이다.

$q=1-p$를 ㉠에 대입하면 $1-p=p^2-2p-2$에서

$p^2-p-3=0$

마찬가지로 $p=1-q$를 ㉡에 대입하면

$q^2-q-3=0$

따라서 p, q가 이차방정식 $x^2-x-3=0$의 두 근이므로

이차방정식의 근과 계수의 관계에 의하여

$p+q=1$, $pq=-3$

$$\therefore \overline{AB}=\sqrt{(q-p)^2+(p-q)^2}=\sqrt{2(p-q)^2}$$
$$=\sqrt{2}\times\sqrt{(p+q)^2-4pq}$$
$$=\sqrt{2}\times\sqrt{13}=\sqrt{26}$$

234
답 ㄱ, ㄹ

ㄱ. 도형 $f(x+4, y+3)=0$은 도형 $f(x, y)=0$을
x축의 방향으로 -4만큼, y축의 방향으로 -3만큼
평행이동한 것이므로 다음 그림과 같다.

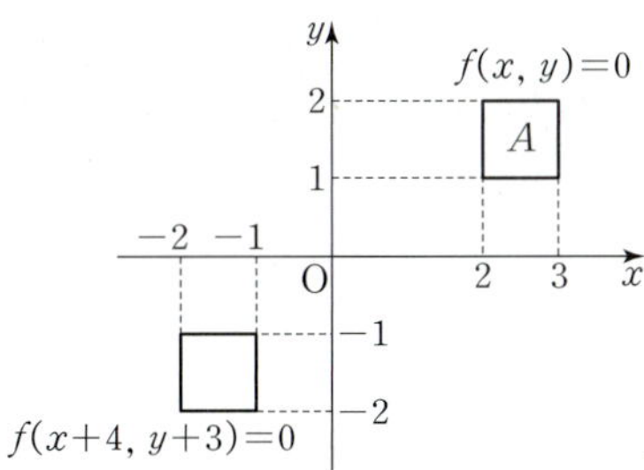

따라서 도형 $f(x+4, y+3)=0$은 도형 B와 같다.

ㄴ. 도형 $f(-x+2, y+3)=0$에서
$f(-(x-2), y+3)=0$
즉, 이 도형은 도형 $f(x, y)=0$을 y축에 대하여 대칭이동한 후
x축의 방향으로 2만큼, y축의 방향으로 -3만큼 평행이동한
것이므로 다음 그림과 같다.

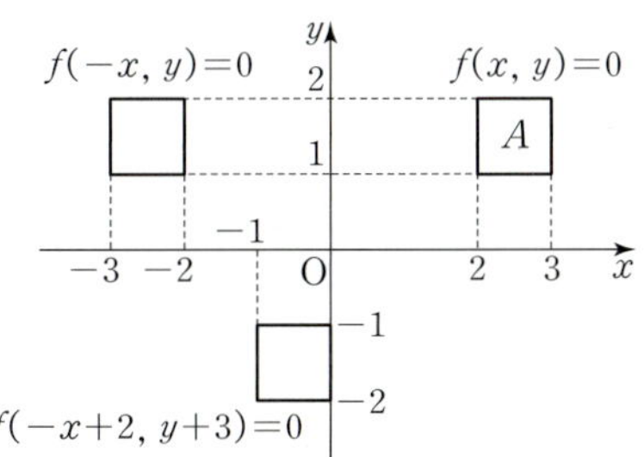

따라서 도형 $f(-x+2, y+3)=0$은 도형 B와 같지 않다.

ㄷ. 도형 $f(-x, -y+1)=0$에서
$f(-x, -(y-1))=0$
즉, 이 도형은 도형 $f(x, y)=0$을 원점에 대하여 대칭이동한 후
y축의 방향으로 1만큼 평행이동한 것이므로 다음 그림과 같다.

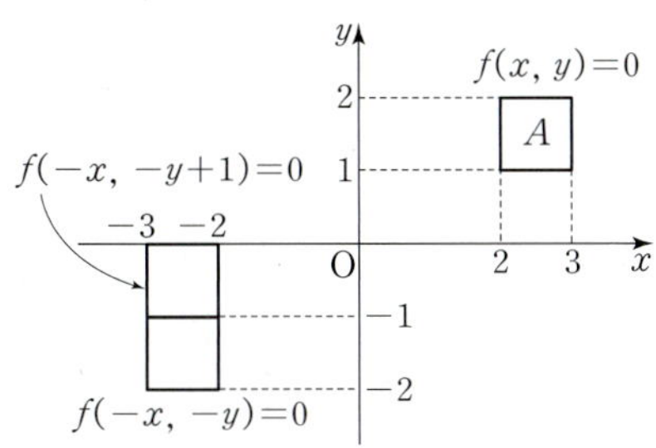

따라서 도형 $f(-x, -y+1)=0$은 도형 B와 같지 않다.

ㄹ. 도형 $f(y+4, x+3)=0$은
도형 $f(x, y)=0$을 직선 $y=x$에 대하여 대칭이동한 후
x축의 방향으로 -3만큼, y축의 방향으로 -4만큼 평행이동한
것이므로 다음 그림과 같다.

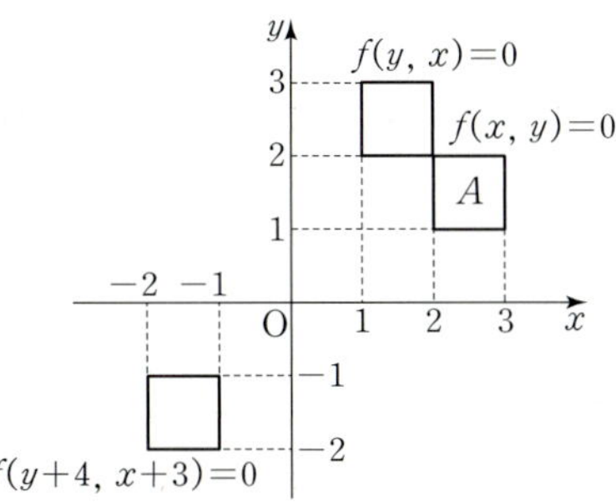

따라서 도형 $f(y+4, x+3)=0$은 도형 B와 같다.
따라서 도형 B를 나타내는 방정식으로 옳은 것은 ㄱ, ㄹ이다.

235
답 ③

도형 $f(4-x, y)=0$에서 $f(-(x-4), y)=0$이므로
도형 $f(x, y)=0$을 y축에 대하여 대칭이동한 후 x축의 방향으로
4만큼 평행이동한 것이다.
도형 $f(4-x, -y)=0$은 도형 $f(4-x, y)=0$을 x축에 대하여
대칭이동한 것이다.
도형 $f(y, x)=0$은 도형 $f(x, y)=0$을 직선 $y=x$에 대하여
대칭이동한 것이다. ...... TIP
즉, 세 도형으로 둘러싸인 부분은 다음 그림과 같다.

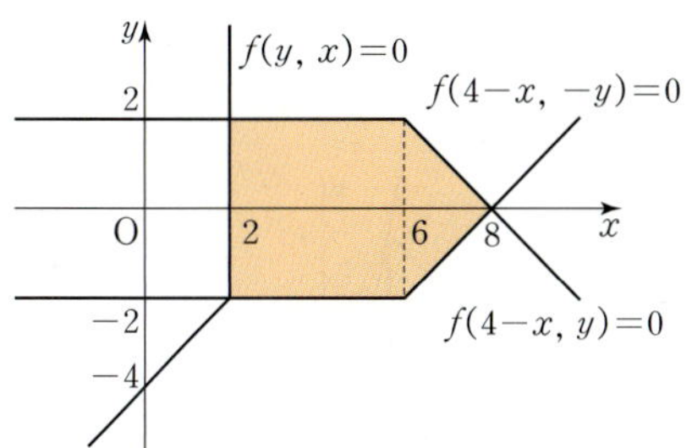

따라서 구하는 부분의 넓이는 한 변의 길이가 4인 정사각형과 밑변의
길이가 4이고 높이가 2인 삼각형의 넓이의 합과 같으므로
$4 \times 4 + \dfrac{1}{2} \times 4 \times 2 = 20$이다.

다른 풀이

다음과 같이 해석하여 그래프를 나타낼 수 있다.
도형 $f(4-x, y)=0$은 도형 $f(x, y)=0$을 직선 $x=2$에 대하여
대칭이동한 것이다.
도형 $f(4-x, -y)=0$은 도형 $f(x, y)=0$을 점 $(2, 0)$에 대하여
대칭이동한 것이다.

TIP

주어진 도형을 직선 $y=x$에 대하여 대칭이동한 도형을 그릴 때,
도형 위의 특정한 점을 대칭이동한 점을 먼저 구한 후 그래프를
그리면 좀 더 편리하다.
예를 들어 도형 $f(x, y)=0$ 위의 두 점 $(-4, 0)$, $(-2, 2)$를
직선 $y=x$에 대하여 대칭이동한 점 $(0, -4)$, $(2, -2)$를
먼저 찾고 두 점을 지나는 도형 $f(y, x)=0$을 그린다.

236
답 ②

원 $x^2+(y+2)^2=1$을 x축의 방향으로 a만큼,
y축의 방향으로 b만큼 평행이동하면
$(x-a)^2+\{(y-b)+2\}^2=1$, 즉
$(x-a)^2+\{y-(b-2)\}^2=1$이므로 도형 C는 중심의
좌표가 $(a, b-2)$이고 반지름의 길이가 1인 원이다.
이때 $a^2+b^2=4b$, 즉 $a^2+(b-2)^2=4$에서 점 $(a, b-2)$는
원 $x^2+y^2=4$ 위의 점이므로 원 C는 다음 그림과 같이 색칠된
부분에 존재한다.

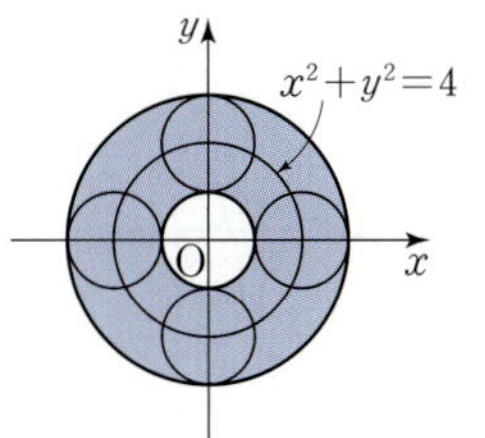

원 $x^2+y^2=4$의 반지름의 길이는 2이고 원 C의 반지름의 길이는 1이므로
원점과 도형 C 위의 점 P 사이의 거리의 최댓값은 $2+1=3$
원점과 도형 C 위의 점 P 사이의 거리의 최솟값은 $2-1=1$
따라서 구하는 최댓값과 최솟값의 곱은 $3\times1=3$이다.

237 답 ④

도형 $f(y+1,\ -x-3)=0$은 도형 $f(x,\ y)=0$을 직선 $y=x$에 대하여 대칭이동한 후 y축에 대하여 대칭이동한 다음, x축의 방향으로 -3만큼, y축의 방향으로 -1만큼 평행이동한 것이므로 다음 그림과 같다.

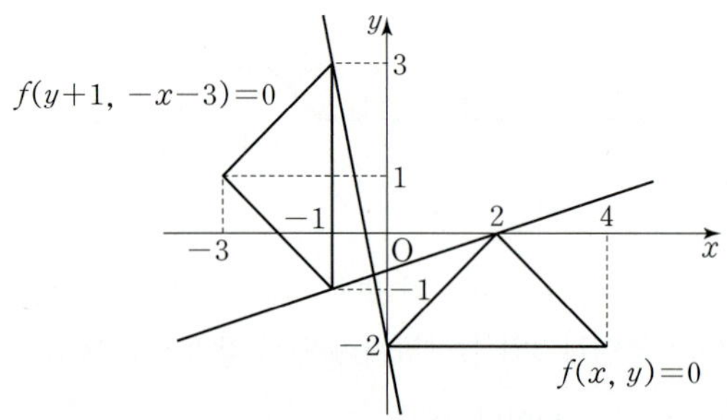

$\dfrac{d-b}{c-a}$는 두 점 $(a,\ b)$, $(c,\ d)$를 지나는 직선의 기울기이므로

점 $(a,\ b)$가 점 $(0,\ -2)$, 점 $(c,\ d)$가 점 $(-1,\ 3)$일 때 최소이고,

점 $(a,\ b)$가 점 $(2,\ 0)$, 점 $(c,\ d)$가 점 $(-1,\ -1)$일 때 최대이다.

따라서 최솟값은 $\dfrac{3-(-2)}{(-1)-0}=-5$, 최댓값은 $\dfrac{(-1)-0}{(-1)-2}=\dfrac{1}{3}$이므로

구하는 합은 $(-5)+\dfrac{1}{3}=-\dfrac{14}{3}$

238 답 $\dfrac{18}{5}$

$\dfrac{b+c}{a+d}=\dfrac{b-(-c)}{a-(-d)}$에서 두 점 $(a,\ b)$, $(-d,\ -c)$를 지나는

직선의 기울기와 같다. 점 $(-d,\ -c)$는 점 $Q(c,\ d)$를 원점에 대하여 대칭이동한 후 직선 $y=x$에 대하여 대칭이동한 점과 같다.
점 Q가 원 $x^2+y^2+8x+4y+16=0$, 즉 $(x+4)^2+(y+2)^2=4$ 위의 점이므로 원의 중심 $(-4,\ -2)$를 원점에 대하여 대칭이동하면 점 $(4,\ 2)$이고, 이 점을 직선 $y=x$에 대하여 대칭이동하면 점 $(2,\ 4)$이다.
즉, 점 $(-d,\ -c)$는 중심의 좌표가 $(2,\ 4)$이고 반지름의 길이가 2인 원 $(x-2)^2+(y-4)^2=4$ 위의 점이다.
따라서 두 점 $(a,\ b)$, $(-d,\ -c)$를 지나는 직선의 기울기는 다음 그림과 같이 직선이 두 원의 중심 $(-4,\ -2)$, $(2,\ 4)$를 잇는 선분의 중점 $\left(\dfrac{-4+2}{2},\ \dfrac{-2+4}{2}\right)$, 즉 $(-1,\ 1)$을 지나며 두 원에 동시에 접할 때, 최댓값 또는 최솟값을 갖는다.

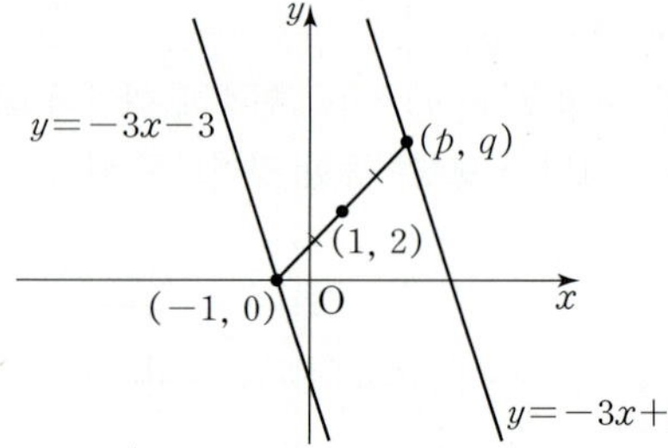

점 $(-1,\ 1)$을 지나는 직선의 방정식은
$y-1=k(x+1)$ (k는 상수), 즉 $kx-y+k+1=0$이고,
이 직선이 원 $(x+4)^2+(y+2)^2=4$에 접하므로
$\dfrac{|-4k+2+k+1|}{\sqrt{k^2+(-1)^2}}=2$에서
$3|-k+1|=2\sqrt{k^2+1}$의 양변을 각각 제곱하면
$9k^2-18k+9=4k^2+4$, $5k^2-18k+5=0$에서 근의 공식에 의하여
$k=\dfrac{9\pm\sqrt{9^2-25}}{5}=\dfrac{9\pm2\sqrt{14}}{5}$

따라서 $\dfrac{9-2\sqrt{14}}{5}\le\dfrac{b+c}{a+d}\le\dfrac{9+2\sqrt{14}}{5}$이므로

$M=\dfrac{9+2\sqrt{14}}{5}$, $m=\dfrac{9-2\sqrt{14}}{5}$이다.

$\therefore M+m=\dfrac{18}{5}$

239 답 10

직선을 어떤 점에 대하여 대칭이동하였을 때 직선의 기울기는 변하지 않으므로 ┈┈┈ **TIP**
직선 $y=-3x-3$을 점 $(1,\ 2)$에 대하여 대칭이동한 직선 l의
방정식 $y=ax+b$에서
$a=-3$
$\therefore l:y=-3x+b$ ┈┈┈ ㉠

점 $(-1,\ 1)$을 지나는 직선의 방정식은
직선 $y=-3x-3$ 위의 한 점 $(-1,\ 0)$을 점 $(1,\ 2)$에 대하여
대칭이동한 점이 직선 l 위의 점이므로 이 점의 좌표를 $(p,\ q)$라
하면 두 점 $(-1,\ 0)$과 $(p,\ q)$를 이은 선분의 중점이 점 $(1,\ 2)$이다.

즉, 점 $\left(\dfrac{p-1}{2},\ \dfrac{q}{2}\right)$가 점 $(1,\ 2)$와 일치하므로

$p=3$, $q=4$
따라서 직선 l이 점 $(3,\ 4)$를 지나므로 $x=3$, $y=4$를
㉠에 대입하면
$4=-9+b$ $\therefore b=13$
$\therefore a+b=10$

다른 풀이

도형 $f(x,\ y)=0$을 점 $(a,\ b)$에 대하여 대칭이동한 도형의 방정식은
$f(2a-x,\ 2b-y)=0$이다.
즉, 직선 $y=-3x-3$을 점 $(1,\ 2)$에 대하여 대칭이동한 직선의
방정식은 $4-y=-3(2-x)-3$
따라서 $y=-3x+13$이므로
$a=-3$, $b=13$
$\therefore a+b=10$

직선 l을 점 (p, q)에 대하여 대칭이동한 직선을 l'이라 하자.
점 (p, q)를 원점으로 옮기는 평행이동에 의하여 두 직선 l, l'을
평행이동하여도 두 직선 l, l'의 기울기는 변하지 않는다.
이때 두 직선 l, l'을 평행이동한 두 직선은 원점에 대하여
대칭이므로 두 직선의 기울기는 같다.
따라서 두 직선 l, l'의 기울기는 서로 같다.

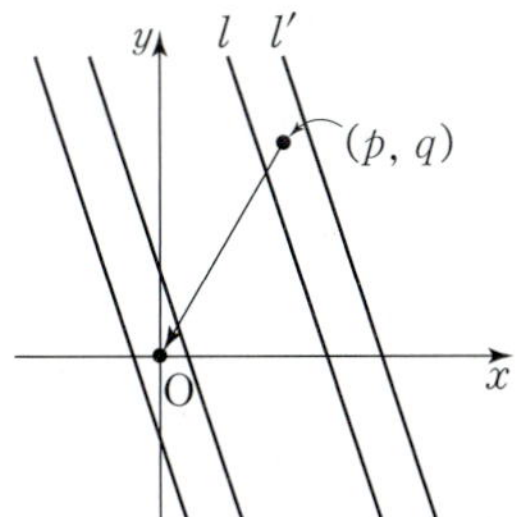

240 답 ①

이차함수 $y=x^2+1$의 그래프의 꼭짓점을 $A(0, 1)$이라 하고,
이 그래프와 점 $(2, -1)$에 대하여 대칭인 이차함수의 그래프의
꼭짓점을 $B(p, q)$라 하자.

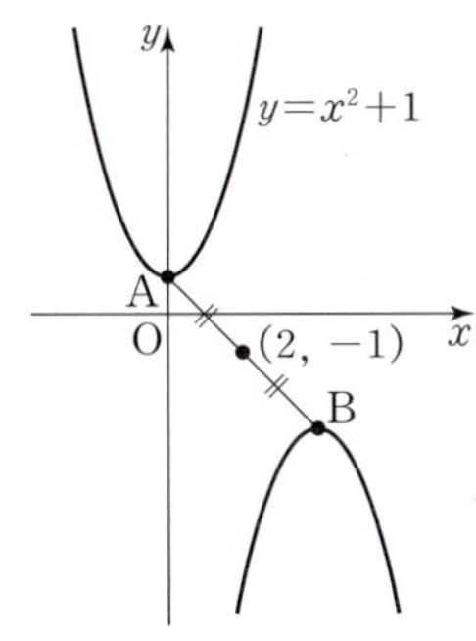

선분 AB의 중점이 점 $(2, -1)$이므로
점 $\left(\dfrac{p}{2}, \dfrac{q+1}{2}\right)$이 점 $(2, -1)$과 일치한다.
$\therefore p=4, q=-3$
또한 이차함수 $y=x^2+1$의 그래프를 점 $(2, -1)$에 대하여
대칭이동한 그래프를 갖는 이차함수의 이차항의 계수는 -1이다.

......

따라서 대칭인 이차함수는 $y=-(x-4)^2-3$이다.
이차함수 $y=x^2+1$의 그래프를 원점에 대하여 대칭이동하면
$y=-x^2-1$
이 그래프를 x축의 방향으로 4만큼, y축의 방향으로 -2만큼
평행이동하면 $y=-(x-4)^2-3$이 되므로
$a=4, b=-2$
$\therefore a+b=2$

다른 풀이

도형 $f(x, y)=0$을 점 (a, b)에 대하여 대칭이동한 도형의 방정식은
$f(2a-x, 2b-y)=0$이다.
이차함수 $y=x^2+1$의 그래프를 점 $(2, -1)$에 대하여 대칭이동하면
$-2-y=(4-x)^2+1$ $\therefore y=-(x-4)^2-3$
이차함수 $y=x^2+1$의 그래프를 원점에 대하여 대칭이동하면
$y=-x^2-1$이고, 이 그래프를 x축의 방향으로 4만큼, y축의
방향으로 -2만큼 평행이동하면 $y=-(x-4)^2-3$이 되므로

$a=4, b=-2$
$\therefore a+b=2$

이차함수 $y=p(x+q)^2+r$의 그래프를 점 (m, n)에 대하여
대칭이동한 그래프를 갖는 이차함수를
$y=p'(x+q')^2+r'$이라 하자.
점 (m, n)을 원점으로 옮기는 평행이동에 의하여
두 곡선 $y=p(x+q)^2+r$, $y=p'(x+q')^2+r'$은 각각
$y=p(x+m+q)^2+r-n$, $y=p'(x+m+q')^2+r'-n$으로
옮겨지고, 이 두 곡선은 원점에 대하여 서로 대칭이다.
곡선 $y=p(x+m+q)^2+r-n$을 원점에 대하여 대칭이동하면
$-y=p(-x+m+q)^2+r-n$
$\therefore y=-p(x-m-q)^2-r+n$
이 곡선이 $y=p'(x+m+q')^2+r'-n$과 같으므로
$p'=-p$이다.
즉, 두 이차함수의 그래프가 어떤 점에 대하여 대칭일 때,
두 이차함수의 이차항의 계수는 서로 절댓값이 같으면서
부호가 반대인 수이다.

241 답 풀이 참조

$x^2+y^2+6x+4y+4=0$에서 $(x+3)^2+(y+2)^2=9$
$x^2+y^2+2x-12y+k=0$에서 $(x+1)^2+(y-6)^2=37-k$
이때 두 원이 직선에 대하여 서로 대칭이므로 두 원의 반지름의
길이는 서로 같다.
따라서 $9=37-k$에서 $k=28$이다.
두 원의 중심을 각각 $O_1(-3, -2)$, $O_2(-1, 6)$이라 하면
두 점이 직선 $y=mx+n$에 대하여 대칭이므로
직선 $y=mx+n$은 선분 O_1O_2의 수직이등분선이다.

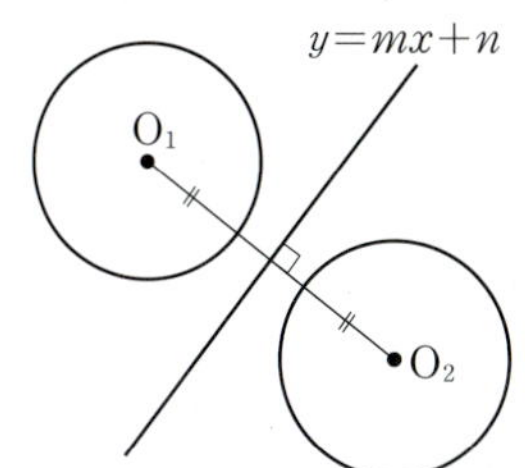

선분 O_1O_2의 중점이 $\left(\dfrac{(-3)+(-1)}{2}, \dfrac{(-2)+6}{2}\right)$,

즉 $(-2, 2)$이고, 직선 O_1O_2의 기울기가 $\dfrac{6-(-2)}{(-1)-(-3)}=4$이므로

선분 O_1O_2의 수직이등분선의 방정식은

$y-2=-\dfrac{1}{4}(x+2)$ $\therefore y=-\dfrac{1}{4}x+\dfrac{3}{2}$

따라서 $m=-\dfrac{1}{4}$, $n=\dfrac{3}{2}$이므로

$k\times m\times n=28\times\left(-\dfrac{1}{4}\right)\times\dfrac{3}{2}=-\dfrac{21}{2}$

채점 요소	배점
직선에 대하여 대칭인 두 원의 반지름의 길이를 이용하여 k의 값 구하기	30%
직선에 대하여 대칭인 두 원의 중심을 이은 선분을 수직이등분하는 직선의 방정식 구하기	60%
$k\times m\times n$의 값 구하기	10%

242

$l : 3x-y-2=0$, $m : x-2y+6=0$이라 하고,
직선 l을 직선 m에 대하여 대칭이동한 직선을 n이라 하자.

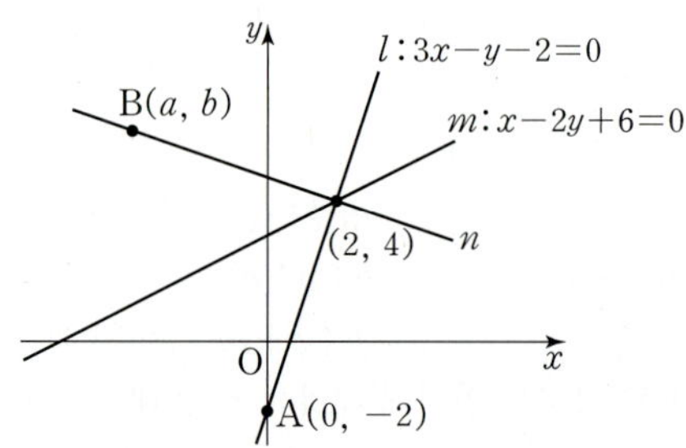

두 직선 l, m의 교점의 좌표가 $(2, 4)$이므로 직선 n도 점 $(2, 4)$를
지난다.
또한 직선 l 위의 한 점 $A(0, -2)$를 직선 m에 대하여 대칭이동한
점을 $B(a, b)$라 하면 직선 n이 점 B를 지난다.
점 B의 좌표를 구해 보면 다음과 같다.
두 점 A, B가 직선 m에 대하여 대칭이므로 직선 m이 선분 AB를
수직이등분한다.
직선 AB가 직선 $m : x-2y+6=0$과 수직이므로 직선 AB의

기울기는 $\dfrac{b+2}{a}=-2$

$\therefore 2a+b=-2$ $\qquad\qquad$ ...... ㉠

또한 직선 $m : x-2y+6=0$이 선분 AB의 중점인 점 $\left(\dfrac{a}{2}, \dfrac{b-2}{2}\right)$를

지나므로

$\dfrac{a}{2}-2\times\dfrac{b-2}{2}+6=0$

$\therefore a-2b=-16$ $\qquad\qquad$ ...... ㉡

㉠, ㉡을 연립하여 풀면 $a=-4$, $b=6$이므로
$B(-4, 6)$
따라서 직선 n은 두 점 $(2, 4)$, $(-4, 6)$을 지나므로 직선 n의
방정식은

$y=\dfrac{4-6}{2-(-4)}(x-2)+4$

$\therefore x+3y-14=0$

다른 풀이

직선 $3x-y-2=0$ 위의 점을 직선 $x-2y+6=0$에 대하여
대칭이동한 점의 자취의 방정식이 구하는 직선의 방정식이다.
직선 $3x-y-2=0$ 위의 점을 $A(x_1, y_1)$이라 하고,
이 점을 직선 $x-2y+6=0$에 대하여 대칭이동한 점을 $B(x, y)$라
하면 선분 AB의 수직이등분선이 직선 $x-2y+6=0$이다.
직선 $x-2y+6=0$의 기울기가 $\dfrac{1}{2}$이므로

직선 AB의 기울기는 $\dfrac{y-y_1}{x-x_1}=-2$

$\therefore 2x+y-2x_1-y_1=0$ $\qquad\qquad$ ...... ㉢

직선 $x-2y+6=0$이 선분 AB의 중점 $\left(\dfrac{x+x_1}{2}, \dfrac{y+y_1}{2}\right)$을

지나므로

$\dfrac{x+x_1}{2}-2\times\dfrac{y+y_1}{2}+6=0$

$\therefore x-2y+x_1-2y_1+12=0$ $\qquad\qquad$ ...... ㉣

㉢, ㉣을 연립하여 x_1항을 소거하면

$4x-3y-5y_1+24=0$ $\qquad \therefore y_1=\dfrac{4x-3y+24}{5}$

㉢, ㉣을 연립하여 y_1항을 소거하면

$3x+4y-5x_1-12=0$ $\qquad \therefore x_1=\dfrac{3x+4y-12}{5}$

이때 점 (x_1, y_1)이 직선 $3x-y-2=0$ 위의 점이므로

$3\times\dfrac{3x+4y-12}{5}-\dfrac{4x-3y+24}{5}-2=0$

$\therefore x+3y-14=0$

243

$A(2, -1)$, $B(0, 5)$라 하고, 두 점이 겹치도록 모눈종이를
접었을 때 접은 선이 되는 직선을 l이라 하면 두 점 A, B는 직선 l에
대하여 서로 대칭이다.

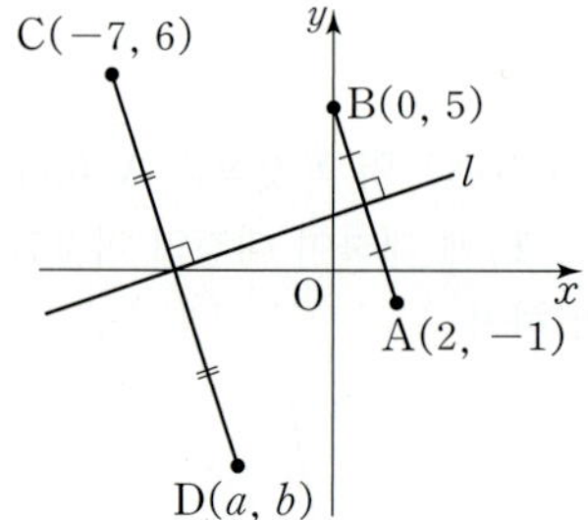

따라서 직선 l은 선분 AB의 수직이등분선이다.

선분 AB의 중점의 좌표는 $\left(\dfrac{0+2}{2}, \dfrac{5+(-1)}{2}\right)$, 즉 $(1, 2)$이고,

직선 AB의 기울기가 -3이므로 직선 l의 방정식은

$y=\dfrac{1}{3}(x-1)+2$ $\qquad \therefore l : x-3y+5=0$

$C(-7, 6)$이라 하면 모눈종이를 접을 때 점 C와 겹치는 점은
직선 l에 대하여 대칭인 점이다.
이 점을 $D(a, b)$라 하면 직선 l이 선분 CD를 수직이등분한다.

직선 l의 기울기가 $\dfrac{1}{3}$이므로 직선 CD의 기울기는

$\dfrac{b-6}{a-(-7)}=-3$

$b-6=-3(a+7)$ $\qquad \therefore 3a+b=-15$ $\qquad$ ...... ㉠

직선 $l : x-3y+5=0$이 선분 CD의 중점 $\left(\dfrac{a-7}{2}, \dfrac{b+6}{2}\right)$을

지나므로

$\dfrac{a-7}{2}-3\times\dfrac{b+6}{2}+5=0$ $\qquad \therefore a-3b=15$ $\qquad$ ...... ㉡

㉠, ㉡을 연립하여 풀면

$a=-3$, $b=-6$

$\therefore ab=18$

244

점 $P(6, 4)$를 x축에 대하여 대칭이동한 점을 P'이라 하면
$P'(6, -4)$이고, 원점 $O(0, 0)$을 직선 $y=6$에 대하여 대칭이동한
점을 O'이라 하면 $O'(0, 12)$이다.

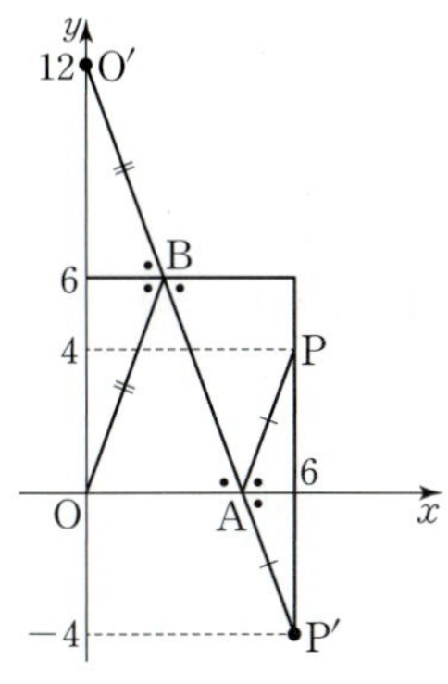

위의 그림과 같이 빛이 반사되는 점을 각각 A, B라 하면
$\overline{PA}=\overline{P'A}$, $\overline{BO}=\overline{BO'}$이고, 입사각과 반사각의 크기가 서로
같으므로 네 점 P', A, B, O'은 일직선 위에 있다.
따라서 빛이 움직인 거리는
$$\overline{PA}+\overline{AB}+\overline{BO}=\overline{P'A}+\overline{AB}+\overline{BO'}$$
$$=\overline{P'O'}=\sqrt{(-6)^2+16^2}=2\sqrt{73}$$

245   답 ②

직사각형 ABCD를
$A(0, 140)$, $B(0, 0)$, $C(280, 0)$, $D(280, 140)$
이 되도록 좌표평면 위에 놓고 당구공이 변 BC, CD, DA와
부딪힌 점을 각각 Q, R, S라 하자.

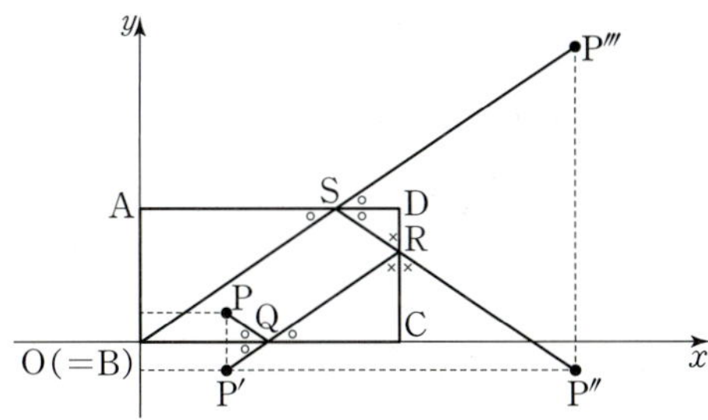

당구공의 처음 위치를 점 P라 하면 $P(110, 20)$이다.
점 P를 x축에 대하여 대칭이동한 점을 P'이라 하면
$P'(110, -20)$
점 P'을 직선 $x=280$에 대하여 대칭이동한 점을 P''이라 하면
$P''(450, -20)$
점 P''을 직선 $y=140$에 대하여 대칭이동한 점을 P'''이라 하면
$P'''(450, 300)$
따라서 당구공이 움직인 거리는
$$\overline{PQ}+\overline{QR}+\overline{RS}+\overline{SB}=\overline{P'Q}+\overline{QR}+\overline{RS}+\overline{SB}$$
$$=\overline{P''R}+\overline{RS}+\overline{SB}$$
$$=\overline{P'''S}+\overline{SB}$$
$$=\overline{P'''B}$$
$$=\overline{OP'''}$$
$$=\sqrt{450^2+300^2}=150\sqrt{13}\,(\text{cm})$$

246   답 1

점 $A(0, 4)$를 x축에 대하여 대칭이동한 점을 A'이라 하면
$A'(0, -4)$
점 $B(5, 3)$을 직선 $y=x$에 대하여 대칭이동한 점을 B'이라 하면
$B'(3, 5)$

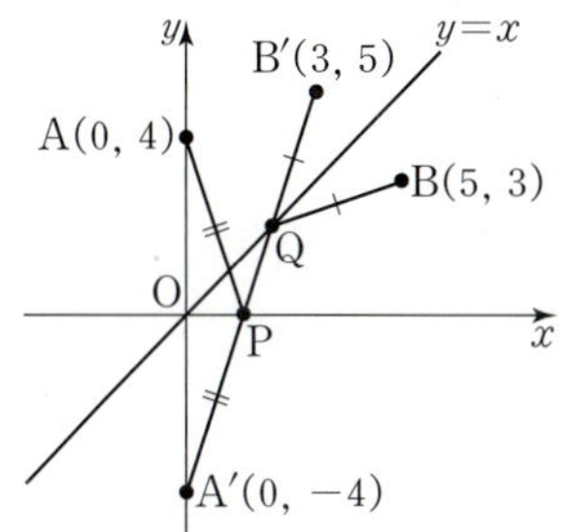

$\overline{AP}=\overline{A'P}$, $\overline{QB}=\overline{QB'}$이므로
$\overline{AP}+\overline{PQ}+\overline{QB}=\overline{A'P}+\overline{PQ}+\overline{QB'}$이고, 네 점 A', P, Q, B'이
일직선 위에 있을 때 이 값이 최소이다.
따라서 $\overline{AP}+\overline{PQ}+\overline{QB}$가 최솟값을 가질 때 직선 PQ의 방정식은
직선 A'B'의 방정식과 같으므로
$$y=\frac{5-(-4)}{3-0}x-4에서 \ y=3x-4$$
따라서 $-3x+y+4=0$이므로
$a=-3$, $b=4$
$\therefore a+b=1$

247   답 ②

점 $C(p, p)$는 직선 $y=x$ 위의 점이다.

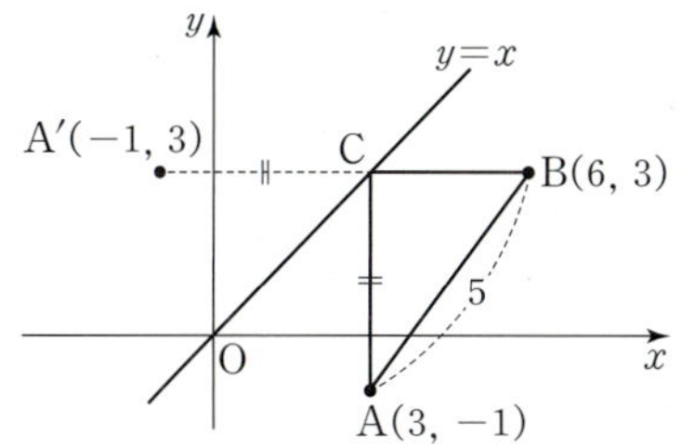

삼각형 ABC에서 $\overline{AB}=\sqrt{3^2+4^2}=5$로 일정하므로
$\overline{BC}+\overline{CA}$가 최소일 때, 삼각형 ABC의 둘레의 길이가 최소이다.
점 A를 직선 $y=x$에 대하여 대칭이동한 점을 A'이라 하면
$A'(-1, 3)$
$\overline{BC}+\overline{CA}=\overline{BC}+\overline{CA'}$이고 세 점 A', C, B가 일직선 위에
있을 때 이 값이 최소이다.
이때 두 점 A', B를 지나는 직선의 방정식은 $y=3$이므로
삼각형 ABC의 둘레의 길이가 최소일 때 $C(3, 3)$이고,
이때 $\angle BCA=90°$이므로 삼각형 ABC의 넓이는
$$\frac{1}{2}\times\overline{BC}\times\overline{AC}=\frac{1}{2}\times 3\times 4=6$$이다.

248   답 $4\sqrt{13}$

점 R을 x축에 대하여 대칭이동한 점을 R'이라 하면 점 R'은 직선
$y=-2$ 위에 있고, $\overline{PR}=\overline{PR'}$, $\overline{RQ}=\overline{R'Q}$이다.
또한 점 A를 직선 $y=-2$에 대하여 대칭이동한 점을 $A'(-2, -7)$
이라 하면 $\overline{AR'}=\overline{A'R'}$이다.

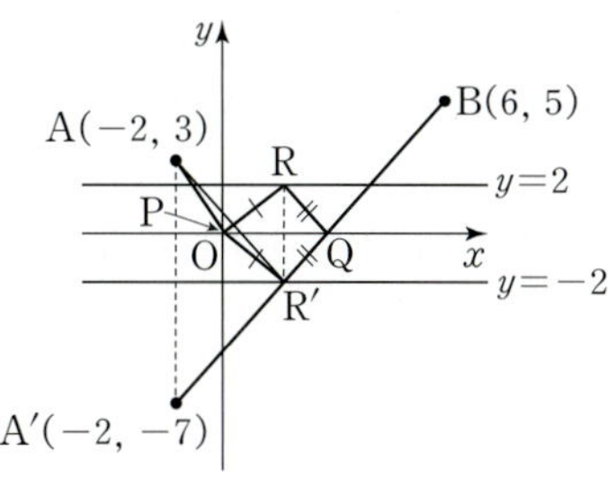

$$\overline{AP}+\overline{PR}+\overline{RQ}+\overline{QB}=\overline{AP}+\overline{PR'}+\overline{R'Q}+\overline{QB}$$
$$\geq\overline{AR'}+\overline{R'B}=\overline{A'R'}+\overline{R'B}\geq\overline{A'B}$$

따라서 $\overline{AP}+\overline{PR}+\overline{RQ}+\overline{QB}$의 최솟값은

$$\overline{A'B}=\sqrt{\{6-(-2)\}^2+\{5-(-7)\}^2}=\sqrt{64+144}=4\sqrt{13}$$

249   답 ②

네 점 A, B, C, D를 각각 $A(0, 80)$, $B(0, 0)$, $C(50, 0)$, $D(50, 80)$이 되도록 좌표평면 위에 놓자.

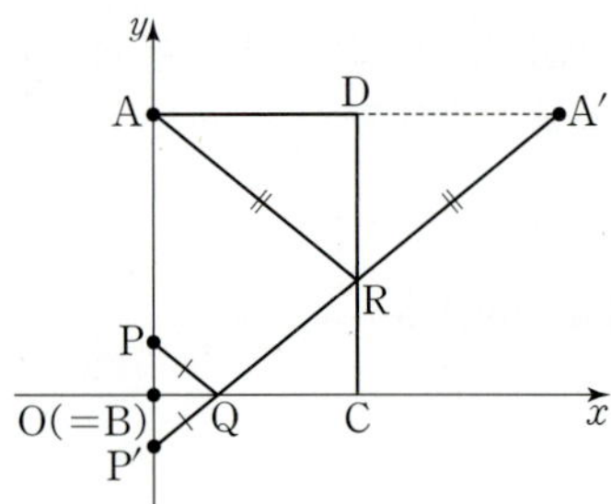

선분 AB를 $3:1$로 내분하는 점 P의 좌표는 $(0, 20)$이고,

점 $P(0, 20)$을 x축에 대하여 대칭이동한 점을 P′이라 하면
$P'(0, -20)$

점 $A(0, 80)$을 직선 $x=50$에 대하여 대칭이동한 점을 A′이라 하면
$A'(100, 80)$

이때 $\overline{PQ}=\overline{P'Q}$이고 $\overline{RA}=\overline{RA'}$이므로
$\overline{PQ}+\overline{QR}+\overline{RA}=\overline{P'Q}+\overline{QR}+\overline{RA'}$이고,
네 점 P′, Q, R, A′이 일직선 위에 있을 때 이 값이 최소이다.

$$\therefore \ \overline{P'Q}+\overline{QR}+\overline{RA'}\geq\overline{P'A'}$$
$$=\sqrt{100^2+100^2}$$
$$=100\sqrt{2}$$

따라서 구하는 최솟값은 $100\sqrt{2}$이다.

250   답 45

점 $A(-1, 0)$을 y축에 대하여 대칭이동한 점을 A′이라 하면
$A'(1, 0)$이다.

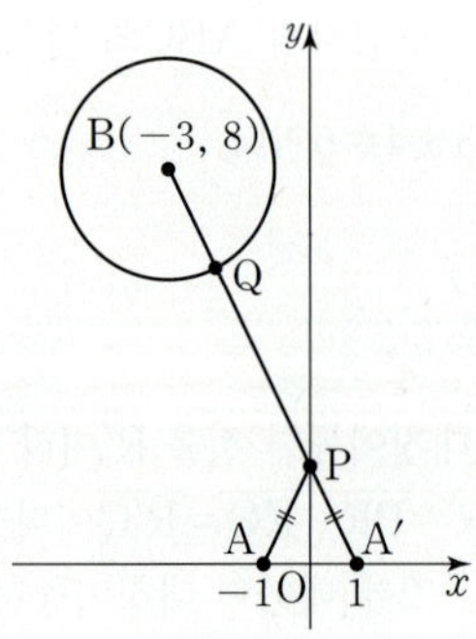

$\overline{AP}+\overline{PQ}=\overline{A'P}+\overline{PQ}$이고, 세 점 A′, P, Q가 일직선 위에 있을 때 이 값이 최소이므로 $\overline{A'P}+\overline{PQ}\geq\overline{A'Q}$

이때 점 Q가 원의 중심과 점 A′을 이은 선분 위에 있을 때 $\overline{A'Q}$가 최소이다.

원의 중심을 $B(-3, 8)$이라 하면 구하는 최솟값은 $\overline{A'B}$에서 원의 반지름의 길이를 뺀 것과 같으므로
$$k=\sqrt{4^2+(-8)^2}-\sqrt{5}=3\sqrt{5}$$
$$\therefore \ k^2=45$$

251   답 ⑤

지점 O가 원점, 직선도로 l이 x축이 되도록 좌표평면 위에 놓으면
직선도로 m은 직선 $y=x$를 나타내고,
정류소 A의 좌표는 $A(3, 1)$이다.

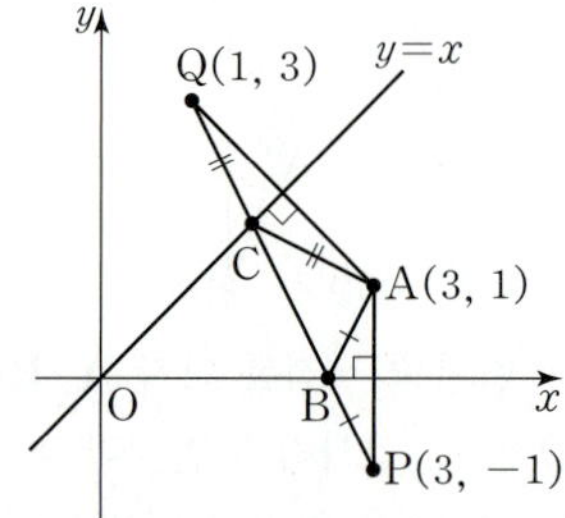

점 A를 x축에 대하여 대칭이동한 점을 P라 하면
$P(3, -1)$

점 A를 직선 $y=x$에 대하여 대칭이동한 점을 Q라 하면
$Q(1, 3)$

$\overline{AB}=\overline{PB}$, $\overline{CA}=\overline{CQ}$이므로 만들려는 도로의 길이는
$\overline{AB}+\overline{BC}+\overline{CA}=\overline{PB}+\overline{BC}+\overline{CQ}$이고,
네 점 P, B, C, Q가 일직선 위에 있을 때 이 값이 최소이다.

따라서 $\overline{PB}+\overline{BC}+\overline{CQ}$가 최솟값을 가질 때, 직선 BC의 방정식은
직선 PQ의 방정식과 같으므로

$$y=\frac{3-(-1)}{1-3}(x-3)-1 \qquad \therefore \ y=-2x+5$$

따라서 직선 $y=-2x+5$와 x축이 만나는 점은 $B\left(\dfrac{5}{2}, 0\right)$,

직선 $y=-2x+5$와 직선 $y=x$의 교점은 $C\left(\dfrac{5}{3}, \dfrac{5}{3}\right)$이므로

도로의 길이가 최소일 때 두 정류소 B와 C 사이의 거리는

$$\overline{BC}=\sqrt{\left(\frac{5}{3}-\frac{5}{2}\right)^2+\left(\frac{5}{3}-0\right)^2}=\frac{5\sqrt{5}}{6}$$

252   답 ③

건물 A의 위치가 점 $A(0, 0)$, 도로의 위, 아래 경계선이
각각 직선 $y=10$, $y=20$이 되도록 좌표평면 위에 놓고, 건물 B의
위치를 점 B라 하면 점 B의 y좌표는 $10+10+5=25$이므로
$B(b, 25)\ (b>0)$이라 하자.

$\overline{AB}=5\sqrt{41}$이므로 $\sqrt{b^2+25^2}=5\sqrt{41}$에서
$b^2+25^2=25\times41$, $b^2=25\times16=20^2$
$$\therefore \ b=20 \ (\because \ b>0)$$

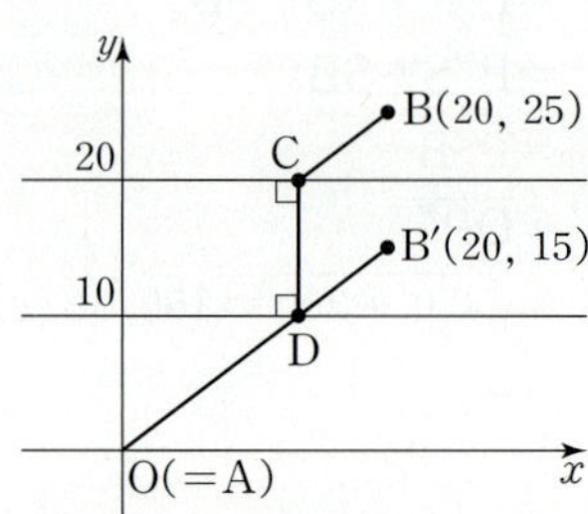

횡단보도가 도로의 경계선과 만나는 두 점을 각각 C, D라 하면
횡단보도는 도로와 수직이므로 $\overline{CD}=10$이다.

이때 건물 A에서 이 횡단보도를 거쳐 건물 B로 이동하는 거리는
$$\overline{AD}+\overline{DC}+\overline{BC}=\overline{AD}+10+\overline{BC} \qquad\qquad \cdots\cdots \ \ominus$$
이므로 $\overline{AD}+\overline{BC}$가 최소일 때 최솟값을 갖는다.

선분 BC를 점 C가 점 D로 옮겨지도록 평행이동할 때, 즉 y축의 방향으로 -10만큼 평행이동할 때, 점 $B(20, 25)$가 이동되는 점을 B'이라 하면
$B'(20, 15)$
이때 $\overline{BC}=\overline{B'D}$이므로
$\overline{AD}+\overline{BC}=\overline{AD}+\overline{B'D}$
세 점 A, D, B'이 일직선 위에 있을 때 이 값이 최소이므로
$$\overline{AD}+\overline{B'D}\geq\overline{AB'}$$
$$=\sqrt{20^2+15^2}=25$$
따라서 ㉠에서 구하는 최솟값은
$25+10=35(m)$

253   답 ④

다음 그림과 같이 점 P를 직선 OB에 대하여 대칭이동한 점을 P', 직선 OA에 대하여 대칭이동한 점을 P''이라 하자.

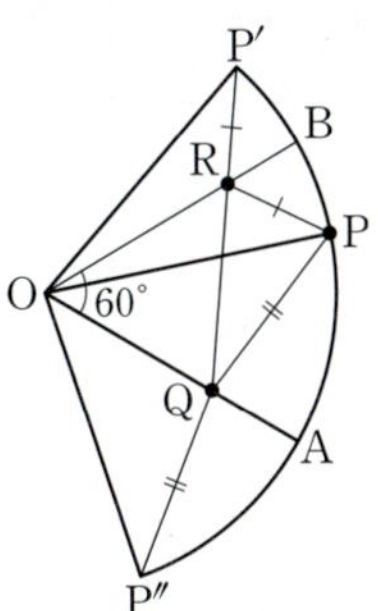

$\overline{PR}=\overline{P'R}$, $\overline{PQ}=\overline{P''Q}$이므로 삼각형 PQR의 둘레의 길이는
$\overline{PQ}+\overline{QR}+\overline{RP}=\overline{P''Q}+\overline{QR}+\overline{RP'}$이다.
네 점 P', R, Q, P''이 일직선 위에 있을 때 이 값이 최소이므로
$$\overline{P''Q}+\overline{QR}+\overline{RP'}\geq\overline{P'P''}$$
이때 $\angle P'OB=\angle POB$, $\angle POA=\angle P''OA$이므로
$\angle P'OP''=2(\angle POB+\angle POA)=120°$

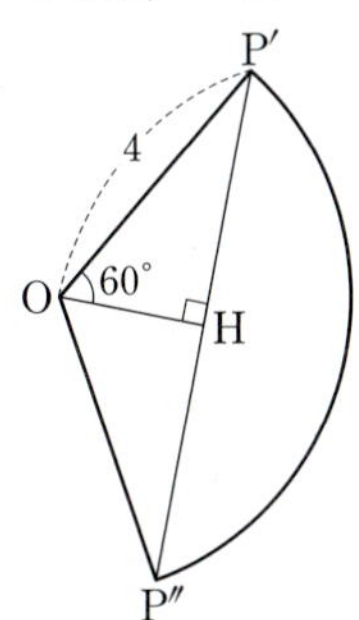

점 O에서 선분 P'P''에 내린 수선의 발을 H라 할 때,
$\angle P'OH=60°$, $\overline{OP'}=4$이므로 $\overline{P'H}=2\sqrt{3}$
$\therefore \overline{P'P''}=2\overline{P'H}=4\sqrt{3}$
따라서 구하는 최솟값은 $4\sqrt{3}$이다.

254   답 ③

두 점 A, B의 좌표를 각각 (a, a), (b, b) $(b>a)$라 하면
$$\overline{AB}=\sqrt{(b-a)^2+(b-a)^2}$$
$$=\sqrt{2}|b-a|=2\sqrt{2}$$
에서 $b-a=2$ $(\because b>a)$이므로
$b=a+2$
즉, 점 $A(a, a)$에 대하여 $B(a+2, a+2)$이다.

또한 사각형 ACDB에서 $\overline{AB}=2\sqrt{2}$, $\overline{CD}=\sqrt{6^2+2^2}=2\sqrt{10}$으로 각각 일정하므로 사각형의 둘레의 길이는 $\overline{AC}+\overline{BD}$가 최소일 때 최솟값을 갖는다.

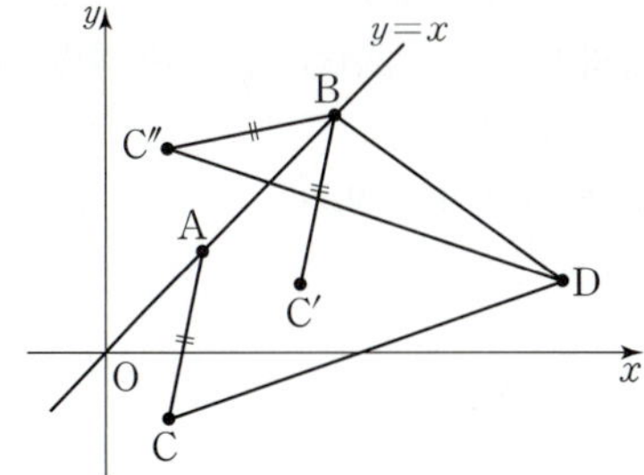

선분 AC를 점 $A(a, a)$가 점 $B(a+2, a+2)$로 옮겨지도록 평행이동하면 x축의 방향으로 2만큼, y축의 방향으로 2만큼 평행이동하는 것과 같으므로 점 $C(1, -1)$이 이동되는 점을 C'이라 하면 $C'(3, 1)$이다.
또한 점 C'을 직선 $y=x$에 대하여 대칭이동한 점을 C''이라 하면 $C''(1, 3)$이다.
$\overline{AC}+\overline{BD}=\overline{BC'}+\overline{BD}=\overline{BC''}+\overline{BD}$이고, 세 점 B, C'', D가 일직선 위에 있을 때 이 값이 최소이므로
$$\overline{BC''}+\overline{BD}\geq\overline{C''D}=\sqrt{6^2+(-2)^2}=2\sqrt{10}$$
따라서 사각형 ACDB의 둘레의 길이의 최솟값은
$2\sqrt{2}+2\sqrt{10}+2\sqrt{10}=2\sqrt{2}+4\sqrt{10}$이다.

255   답 ⑤

원 $(x-2)^2+y^2=16$은 중심의 좌표가 $(2, 0)$이고 반지름의 길이가 4이고, 원의 중심인 점 $(2, 0)$을 x축의 방향으로 -2만큼 평행이동한 후 직선 $y=x$에 대하여 대칭이동하면 점 $(0, 0)$이므로 점 Q는 원 $x^2+y^2=16$ 위의 점이다.
이때 직선 AB의 방정식은
$$y-(-\sqrt{3})=\frac{\sqrt{3}-(-\sqrt{3})}{3-1}(x-1), \quad \sqrt{3}x-y-2\sqrt{3}=0 \quad\cdots\cdots ㉠$$
이고, 선분 AB를 밑변으로 할 때 삼각형 ABQ의 높이는 점 Q에서 직선 AB에 내린 수선이 원점을 지날 때 최대이다.

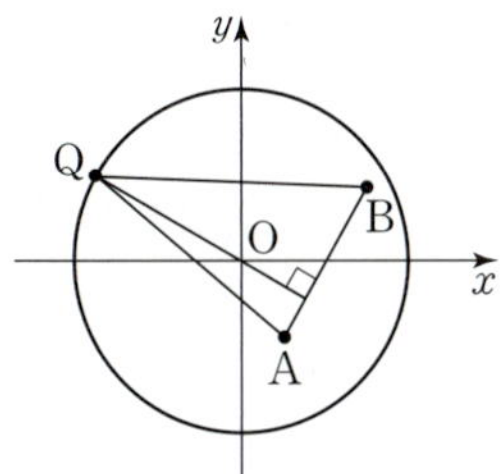

원 $x^2+y^2=16$의 중심 $(0, 0)$과 직선 $\sqrt{3}x-y-2\sqrt{3}=0$ 사이의 거리는
$$\frac{|-2\sqrt{3}|}{\sqrt{(\sqrt{3})^2+(-1)^2}}=\sqrt{3}$$
따라서 삼각형 ABQ의 넓이의 최댓값 S은
$$S=\frac{1}{2}\times\overline{AB}\times(\sqrt{3}+4)$$
$$=\frac{1}{2}\times\sqrt{2^2+(2\sqrt{3})^2}\times(\sqrt{3}+4)=2(\sqrt{3}+4)$$
㉠에서 직선 AB의 기울기가 $\sqrt{3}$이므로 직선 AB와 수직이고 원점을 지나는 직선의 방정식은 $y=-\frac{1}{\sqrt{3}}x$이고, 이 직선이 원 $x^2+y^2=16$과 제2사분면에서 만나는 점이 Q이므로

$x^2+\left(-\dfrac{1}{\sqrt{3}}x\right)^2=16$, $\dfrac{4}{3}x^2=16$, $x^2=12$, $x=-2\sqrt{3}$ $(\because x<0)$이고
$y=2$, 즉 $Q(-2\sqrt{3},\ 2)$이다.
점 Q를 직선 $y=x$에 대하여 대칭이동한 점의 좌표는 $(2,\ -2\sqrt{3})$
이고, 이 점을 x축의 방향으로 2만큼 평행이동하면 $(4,\ -2\sqrt{3})$이다.
즉, 이 점이 P이므로 $a=4$이다.
$\therefore a+S=4+2(\sqrt{3}+4)=12+2\sqrt{3}$

256   달 ②

점 $A(5-2a,\ a)$를 y축에 대하여 대칭이동하면
점 $(2a-5,\ a)$이다.
이 점을 직선 $y=x$에 대하여 대칭이동하면
점 $B(a,\ 2a-5)$이다.
이때 $\overline{OA}=\overline{OB}=\sqrt{a^2+(2a-5)^2}$이고,
(직선 OA의 기울기)×(직선 OB의 기울기)
$=\dfrac{a}{5-2a}\times\dfrac{2a-5}{a}=-1$
이므로 삼각형 AOB는 $\angle AOB=90°$인 직각이등변삼각형이다.

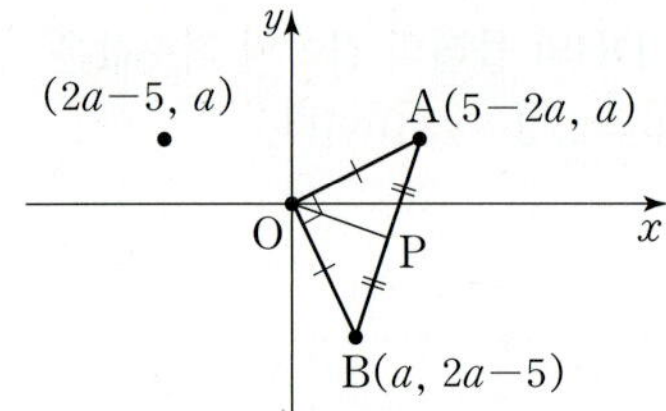

따라서 삼각형 OAB의 외심 P는 선분 AB의 중점이므로
(삼각형 OBP의 넓이)$=\dfrac{1}{2}\times$(삼각형 OAB의 넓이)
$$=\dfrac{1}{2}\times\dfrac{1}{2}\times\overline{OB}^2$$
$$=\dfrac{1}{4}\times\overline{OB}^2 \qquad\cdots\cdots\ \bigcirc$$

따라서 $\overline{OB}$가 최소일 때, 삼각형 OBP의 넓이가 최솟값을 갖는다.
점 $B(a,\ 2a-5)$는 직선 $y=2x-5$ 위의 점이고,
점 $O(0,\ 0)$에서 직선 $2x-y-5=0$까지의 거리는
$$\dfrac{|-5|}{\sqrt{2^2+(-1)^2}}=\sqrt{5}$$
따라서 $\overline{OB}$의 최솟값은 $\sqrt{5}$이므로 삼각형 OBP의 넓이의 최솟값은
$\dfrac{1}{4}\times(\sqrt{5})^2=\dfrac{5}{4}$ $(\because\ \bigcirc)$이다.

다른 풀이

$B(a,\ 2a-5)$이므로 $\bigcirc$에서 삼각형 OBP의 넓이는
$$\dfrac{1}{4}\times\overline{OB}^2=\dfrac{1}{4}\{a^2+(2a-5)^2\}=\dfrac{5}{4}(a-2)^2+\dfrac{5}{4}$$
에서 $a=2$일 때, 최솟값 $\dfrac{5}{4}$를 갖는다.

257   달 333

점 P는 점 $(1,\ 2)$를 x축에 대하여 대칭이동하면 점 $(1,\ -2)$이고,
이 점을 다시 y축에 대하여 대칭이동하면 점 $(-1,\ -2)$이고,
이 점을 다시 원점에 대하여 대칭이동하면 점 $(1,\ 2)$이므로
세 점 $(1,\ -2)$, $(-1,\ -2)$, $(1,\ 2)$를 차례로 반복해서 이동한다.

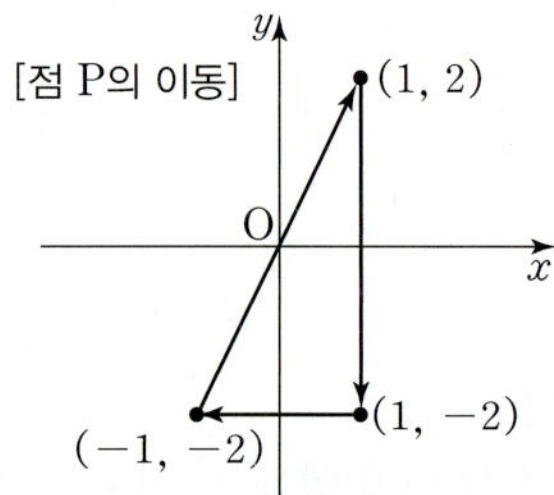

점 Q는 점 $(1,\ 2)$를 직선 $y=x$에 대하여 대칭이동하면
점 $(2,\ 1)$이고,
이 점을 다시 y축에 대하여 대칭이동하면 점 $(-2,\ 1)$이고,
이 점을 다시 직선 $y=x$에 대하여 대칭이동하면 점 $(1,\ -2)$이고,
이 점을 다시 x축에 대하여 대칭이동하면 점 $(1,\ 2)$이므로
네 점 $(2,\ 1)$, $(-2,\ 1)$, $(1,\ -2)$, $(1,\ 2)$를 차례로 반복해서
이동한다.

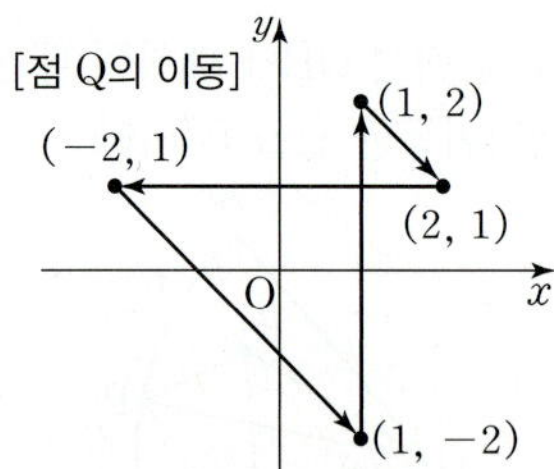

따라서 두 점 P, Q는 점 $(1,\ 2)$의 위치 또는 점 $(1,\ -2)$의 위치에서
일치한다.
(i) 점 $(1,\ 2)$의 위치에서 일치하는 경우
　　점 P는 3, 6, 9, $\cdots$번 이동했을 때 점 $(1,\ 2)$의 위치에 위치하고,
　　점 Q는 4, 8, 12, $\cdots$번 이동했을 때 점 $(1,\ 2)$의 위치에
　　위치하므로
　　자연수 k에 대하여 $12k$번째마다 두 점 P, Q가 일치한다.
　　이때 $2000=12\times166+8$이므로
　　2000번 중 166번은 점 $(1,\ 2)$의 위치에서 일치한다.
(ii) 점 $(1,\ -2)$의 위치에서 일치하는 경우
　　점 P는 1, 4, 7, 10, $\cdots$번 이동했을 때 점 $(1,\ -2)$의 위치에
　　위치하고,
　　점 Q는 3, 7, 11, $\cdots$번 이동했을 때 점 $(1,\ -2)$의 위치에
　　위치하므로
　　두 점이 각각 7번 이동했을 때 점 $(1,\ -2)$의 위치로 일치하고,
　　이후 12번째마다 일치한다.
　　즉, 자연수 k에 대하여 $12k-5$번째마다 두 점 P, Q가
　　일치하므로 2000번 중 167번 일치한다.
(i), (ii)에 의하여 두 점이 일치하는 횟수는
$166+167=333$

258   달 ③

두 점 A, B의 x좌표를 각각 a, b라 하면 두 점이
이차함수 $y=x^2-2x+2$의 그래프 위의 점이므로
$A(a,\ a^2-2a+2)$, $B(b,\ b^2-2b+2)$이다. (단, $a\ne b$)

두 점 A, B가 직선 $y=-\dfrac{1}{2}x+12$에 대하여 대칭이므로

직선 $y=-\dfrac{1}{2}x+12$가 선분 AB를 수직이등분한다.

직선 AB가 직선 $y=-\dfrac{1}{2}x+12$와 수직이므로

직선 AB의 기울기는

$$\frac{(b^2-2b+2)-(a^2-2a+2)}{b-a}=\frac{(b^2-a^2)-2(b-a)}{b-a}$$
$$=a+b-2=2\ (\because a\neq b)$$

$$\therefore a+b=4 \qquad\cdots\cdots\ \bigcirc$$

또한 직선 $y=-\dfrac{1}{2}x+12$가 선분 AB의 중점

$\left(\dfrac{a+b}{2},\ \dfrac{a^2+b^2-2a-2b+4}{2}\right)$를 지나므로

$$\frac{a^2+b^2-2a-2b+4}{2}=-\frac{1}{2}\times\frac{a+b}{2}+12$$
$$2\{a^2+b^2-2(a+b)+4\}=-(a+b)+48$$

이 식에 $\bigcirc$을 대입하면 $2(a^2+b^2-4)=44$

$$\therefore a^2+b^2=26 \qquad\cdots\cdots\ \bigcirc\!\bigcirc$$

$\bigcirc$, $\bigcirc\!\bigcirc$을 연립하여 풀면 $a=5$, $b=-1$ 또는 $a=-1$, $b=5$

따라서 두 점 A, B의 좌표는 $(-1,\ 5)$, $(5,\ 17)$이므로

$$\overline{AB}=\sqrt{6^2+12^2}=6\sqrt{5}$$

다른 풀이

두 점 A, B가 직선 $y=-\dfrac{1}{2}x+12$에 대하여 대칭이므로

직선 $y=-\dfrac{1}{2}x+12$가 선분 AB를 수직이등분한다.

직선 $y=-\dfrac{1}{2}x+12$와 수직인 직선 AB의 방정식을

$y=2x+k\ (k$는 상수$)$라 하면 두 점 A, B는 포물선 $y=x^2-2x+2$와

직선 $y=2x+k$의 교점이다.

두 점 A, B의 x좌표를 각각 a, b라 하면

방정식 $x^2-2x+2=2x+k$, 즉 $x^2-4x+2-k=0 \qquad\cdots\cdots\ \bigcirc$

의 두 근이 a, b이다.

이차방정식의 근과 계수의 관계에 의하여 $a+b=4 \qquad\cdots\cdots\ \bigcirc\!\bigcirc$

한편, 두 직선 $y=-\dfrac{1}{2}x+12$, $y=2x+k$의 교점의 x좌표는

$-\dfrac{1}{2}x+12=2x+k$에서 $x=\dfrac{2}{5}(12-k)$

이때 두 직선의 교점은 선분 AB의 중점과 같으므로

$\dfrac{2}{5}(12-k)=\dfrac{a+b}{2}=2\ (\because \bigcirc\!\bigcirc)$에서 $k=7$

이를 $\bigcirc$에 대입하면

$$x^2-4x-5=0,\ (x-5)(x+1)=0$$
$$\therefore a=5,\ b=-1\ \text{또는}\ a=-1,\ b=5$$

따라서 두 점 A, B의 좌표는 $(-1,\ 5)$, $(5,\ 17)$이므로

$$\overline{AB}=\sqrt{6^2+12^2}=6\sqrt{5}$$

259   답 11

다음 그림과 같이 $A(0,\ 6)$, $B(0,\ 0)$, $C(6,\ 0)$, $D(6,\ 6)$이 되도록

사각형 ABCD를 좌표평면 위에 놓으면

$E(2,\ 6)$, $F(6,\ 2)$

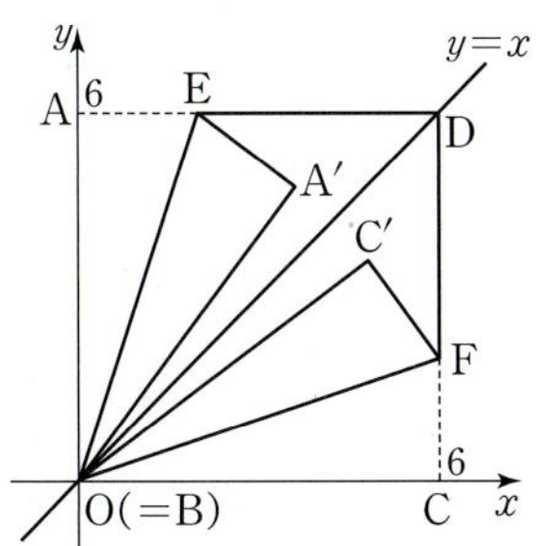

직선 BE의 방정식은 $y=3x$이고, 점 A$'$은 점 A를 직선 BE에

대하여 대칭이동한 점이므로 직선 BE는 선분 AA$'$을

수직이등분한다.

A$'(a,\ b)$라 하면 직선 AA$'$이 직선 $y=3x$와 수직이므로

직선 AA$'$의 기울기는

$$\frac{b-6}{a}=-\frac{1}{3}$$

$$\therefore a+3b=18 \qquad\cdots\cdots\ \bigcirc$$

또한 직선 $y=3x$가 선분 AA$'$의 중점 $\left(\dfrac{a}{2},\ \dfrac{b+6}{2}\right)$을 지나므로

$$\frac{b+6}{2}=3\times\frac{a}{2}$$

$$\therefore 3a-b=6 \qquad\cdots\cdots\ \bigcirc\!\bigcirc$$

$\bigcirc$, $\bigcirc\!\bigcirc$을 연립하여 풀면 $a=\dfrac{18}{5}$, $b=\dfrac{24}{5}$이므로

$$A'\left(\frac{18}{5},\ \frac{24}{5}\right)$$

한편, 직선 BD의 방정식은 $y=x$이고, 두 점 A$'$과 C$'$은

직선 $y=x$에 대하여 대칭이므로

$$C'\left(\frac{24}{5},\ \frac{18}{5}\right)$$

따라서 $\overline{A'C'}=\sqrt{\left(\dfrac{6}{5}\right)^2+\left(-\dfrac{6}{5}\right)^2}=\dfrac{6\sqrt{2}}{5}$이므로

$$p=5,\ q=6$$
$$\therefore p+q=11$$

260   답 $\dfrac{2}{3}$

점 B가 원점이고, $A(0,\ 1)$, $C(2,\ 0)$, $D(2,\ 1)$이 되도록 좌표평면

위에 직사각형 ABCD를 놓고, 점 E의 좌표를 $(2,\ a)$라 하자.

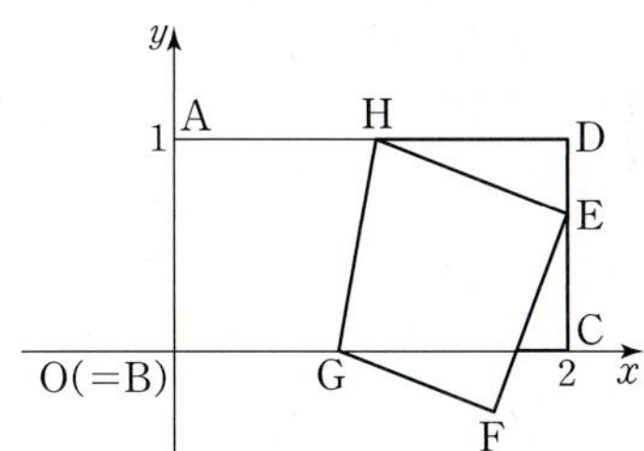

점 A가 점 E와 직선 GH에 대하여 대칭이므로 직선 GH는

선분 AE의 수직이등분선이다.

직선 AE의 기울기가 $\dfrac{a-1}{2}$이고, 선분 AE의 중점의 좌표가

$\left(1,\ \dfrac{a+1}{2}\right)$이므로 직선 GH의 방정식은

$$y=\frac{-2}{a-1}(x-1)+\frac{a+1}{2}$$

직선 GH 위의 점 G의 y좌표가 0이므로

$0=\dfrac{-2}{a-1}(x-1)+\dfrac{a+1}{2}$에서

$$x=-\frac{a+1}{2}\times\frac{a-1}{-2}+1=\frac{a^2+3}{4}$$

$$\therefore \overline{BG}=\frac{a^2+3}{4}$$

직선 GH 위의 점 H의 y좌표가 1이므로

$1=\dfrac{-2}{a-1}(x-1)+\dfrac{a+1}{2}$에서

$$x=\frac{1-a}{2}\times\frac{a-1}{-2}+1=\frac{(a-1)^2}{4}+1$$

$$\therefore \overline{AH}=\frac{a^2-2a+5}{4}$$

이때 사다리꼴 EFGH의 넓이는 사다리꼴 ABGH의 넓이와 같으므로

$$\frac{1}{2}\times(\overline{BG}+\overline{AH})\times\overline{AB}=\frac{1}{2}\times\left(\frac{a^2+3}{4}+\frac{a^2-2a+5}{4}\right)\times 1$$
$$=\frac{a^2-a+4}{4}=\frac{17}{18}$$

즉, $18(a^2-a+4)=4\times17$에서 $9a^2-9a+2=0$

$(3a-1)(3a-2)=0$

$$\therefore a=\frac{1}{3} \text{ 또는 } a=\frac{2}{3}$$

$$\therefore \overline{CE}=a=\frac{2}{3}\left(\because \overline{CE}>\frac{1}{2}\right)$$

261   답 ③

세 점 O, A, B를 x축의 방향으로 t만큼 평행이동한 점을 각각 O_1, A', B'이라 하면

$O_1(t, 0)$, $A'(t, 2)$, $B'(-2+t, 0)$

세 점 O, C, D를 y축의 방향으로 $2t$만큼 평행이동한 점을 각각 O_2, C', D'이라 하면

$O_2(0, 2t)$, $C'(0, -2+2t)$, $D'(2, 2t)$

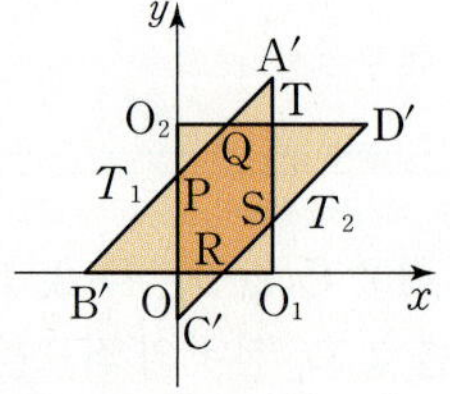

두 삼각형 T_1, T_2의 내부의 공통부분이 육각형 모양이 되려면 선분 $A'B'$이 두 선분 O_2C', O_2D'과 A', B'이 아닌 두 점에서 만나야 한다. 또한 선분 $C'D'$이 두 선분 O_1B', O_1A'과 C', D'이 아닌 두 점에서 만나야 한다. ⋯⋯ TIP

선분 $A'B'$이 두 선분 O_2C', O_2D'과 만나는 점을 각각 P, Q 하고, 선분 $C'D'$이 두 선분 O_1B', O_1A'과 만나는 점을 각각 R, S 하면

$P(0, 2-t)$, $Q(3t-2, 2t)$, $R(2-2t, 0)$, $S(t, 3t-2)$

따라서 조건을 만족시키는 육각형이 만들어지려면

(점 P의 y좌표)<(점 O_2의 y좌표)<(점 A'의 y좌표)

이어야 하므로 $2-t<2t<2$이고,

$2-t<2t$에서 $t>\frac{2}{3}$, $2t<2$에서 $t<1$

즉, 두 부등식을 모두 만족시키는 t의 값의 범위는 $\frac{2}{3}<t<1$이다.

또한

(점 C'의 y좌표)<(점 O_1의 y좌표)<(점 S의 y좌표)

이어야 하므로 $-2+2t<0<3t-2$이고,

$-2+2t<0$에서 $t<1$, $0<3t-2$에서 $t>\frac{2}{3}$이므로

위와 마찬가지로 $\frac{2}{3}<t<1$이다. 따라서 $a=\frac{2}{3}$이다.

이때 두 선분 $A'O_1$, O_2D'의 교점을 T라 하고 육각형의 넓이를

$f(t)\left(\frac{2}{3}<t<1\right)$라 하면

$f(t)=($직사각형 OO_1TO_2의 넓이$)-($삼각형 O_1SR의 넓이$)$
$\qquad\qquad -($삼각형 O_2PQ의 넓이$)$

$$=t\times2t-2\times\frac{1}{2}(3t-2)^2$$
$$=-7t^2+12t-4$$
$$=-7\left(t-\frac{6}{7}\right)^2+\frac{8}{7}$$

따라서 $f(t)$는 $t=\frac{6}{7}$일 때 최대이고, 이때 최댓값은 $M=\frac{8}{7}$이다.

$$\therefore a+M=\frac{2}{3}+\frac{8}{7}=\frac{38}{21}$$

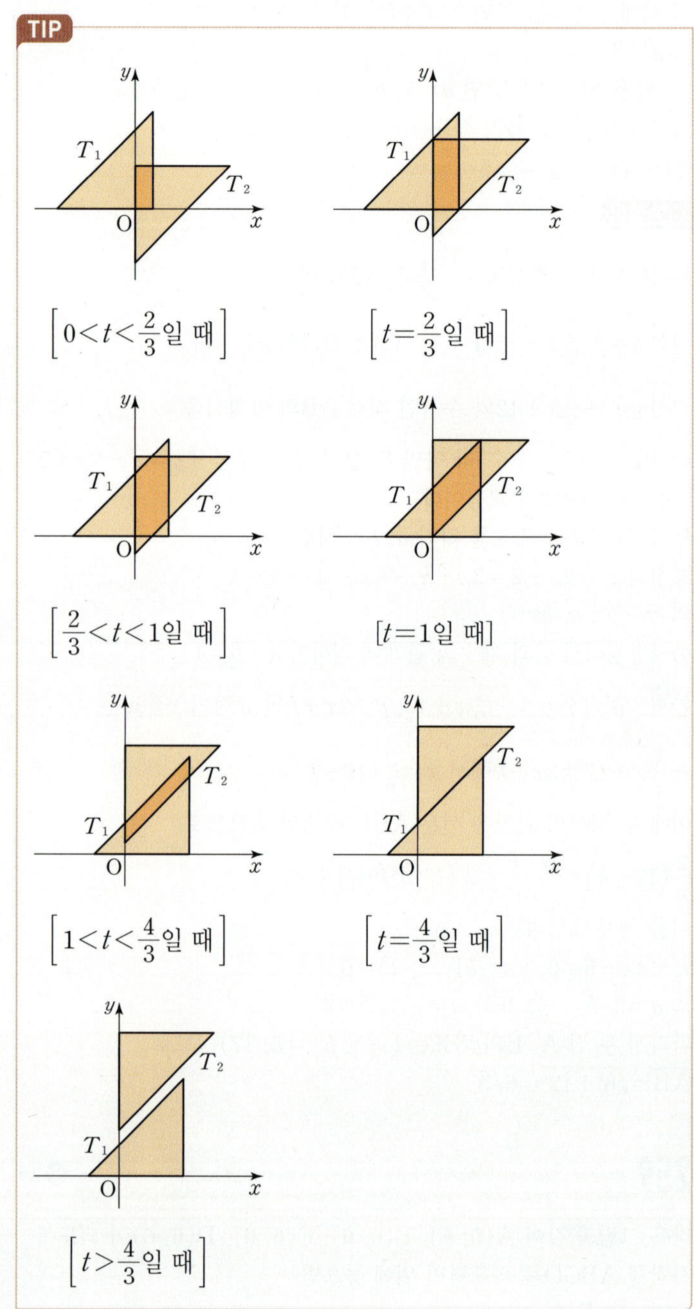

01 집합

262   답 ④

ㄱ. '큰 자연수의 모임'은 그 대상을 분명하게 결정할 수 없으므로
    집합이 아니다.

ㄴ. '수학을 잘하는 학생들의 모임'은 그 대상을 분명하게 결정할 수
    없으므로 집합이 아니다.

ㄷ. '가장 작은 자연수'는 1이므로 그 대상을 분명히 알 수 있다.
    즉, '가장 작은 자연수의 모임'은 집합이다.

ㄹ. '100에 가까운 수의 모임'은 그 대상을 분명하게 결정할 수
    없으므로 집합이 아니다.

ㅁ. '1보다 작은 소수'는 없으므로 그 대상을 분명히 알 수 있다.
    즉, '1보다 작은 소수의 모임'은 집합이다.   ······ **TIP**

따라서 집합인 것은 ㄷ, ㅁ이다.

> **TIP**
>
> '1보다 작은 소수의 모임'은 원소가 하나도 없으므로 공집합이다.

263   답 (1) $A=\{2, 3, 5, 7\}$ (2) $\notin, \in, \notin, \in$

(1) 10 이하의 소수는 2, 3, 5, 7이다.
    $\therefore A=\{2, 3, 5, 7\}$

(2) (1)에 의하여

    1은 집합 A의 원소가 아니므로 $1 \boxed{\notin} A$,

    2는 집합 A의 원소이므로 $2 \boxed{\in} A$,

    4는 집합 A의 원소가 아니므로 $4 \boxed{\notin} A$,

    7은 집합 A의 원소이므로 $7 \boxed{\in} A$

    따라서 □ 안에 알맞은 것은 순서대로 $\notin, \in, \notin, \in$이다.

264   답 ⑤

① 6의 양의 약수는 1, 2, 3, 6이므로
    $\{x | x는 6의 양의 약수\}=\{1, 2, 3, 6\}$

② $1<x<6$인 짝수 x는 2, 4이므로
    $\{x | 1<x<6, x는 짝수\}=\{2, 4\}$

③ 방정식 $x(x-2)(x-4)(x-6)=0$의 해는
    $x=0$ 또는 $x=2$ 또는 $x=4$ 또는 $x=6$이므로
    $\{x | x(x-2)(x-4)(x-6)=0\}=\{0, 2, 4, 6\}$

④ 6보다 작은 홀수 n은 1, 3, 5이므로
    $n=1$일 때, $2n=2$
    $n=3$일 때, $2n=6$
    $n=5$일 때, $2n=10$
    $\therefore \{x | x=2n, n은 6보다 작은 홀수\}=\{2, 6, 10\}$

---

⑤ $-1 \leq x \leq 1$인 정수 x는 -1, 0, 1이므로
    $x=-1$일 때, $2x+4=2$
    $x=0$일 때, $2x+4=4$
    $x=1$일 때, $2x+4=6$
    $\therefore \{2x+4 | -1 \leq x \leq 1, x는 정수\}=\{2, 4, 6\}$

따라서 집합 $\{2, 4, 6\}$을 조건제시법으로 바르게 나타낸 것은
⑤이다.

265   답 19

집합 A의 원소는 0, 1의 2개이므로 $n(A)=2$

집합 B에서 $|x| \leq 5$, 즉 $-5 \leq x \leq 5$를 만족시키는 정수 x는
$-5, -4, -3, -2, -1, 0, 1, 2, 3, 4, 5$의 11개이므로
$n(B)=11$

집합 C에서 12의 양의 약수는 1, 2, 3, 4, 6, 12의 6개이므로
$n(C)=6$

$\therefore n(A)+n(B)+n(C)=2+11+6=19$

266   답 ③

① 집합 $\{0\}$의 원소는 0의 1개이므로 $n(\{0\})=1$이다. (참)

② 공집합 $\varnothing$의 원소는 존재하지 않으므로 $n(\varnothing)=0$이다. (참)

③ 집합 $\{\varnothing\}$의 원소는 $\varnothing$의 1개이므로 $n(\{\varnothing\})=1 \neq 0$이다. (거짓)

④ 집합 $\{\varnothing, \{\varnothing\}\}$의 원소는 $\varnothing$, $\{\varnothing\}$의 2개이므로
    $n(\{\varnothing, \{\varnothing\}\})=2$이다. (참)

⑤ 집합 $\{1, 2\}$의 원소는 1, 2의 2개이므로 $n(\{1, 2\})=2$
    집합 $\{1, 2, 3\}$의 원소는 1, 2, 3의 3개이므로
    $n(\{1, 2, 3\})=3$
    $\therefore n(\{1, 2\})-n(\{1, 2, 3\})=2-3=-1$ (참)

따라서 옳지 않은 것은 ③이다.

267   답 ④

집합 A의 모든 원소가 집합 B의 원소일 때, 집합 A는 집합 B의
부분집합이다.

따라서 ① $\varnothing$, ② $\{2\}$, ③ $\{1, 3\}$, ⑤ $\{1, 2, 3\}$은
모두 집합 $\{1, 2, 3\}$의 부분집합이다.

④ $\{1, 4\}$에서 $4 \notin \{1, 2, 3\}$이므로 집합 $\{1, 4\}$는 집합 $\{1, 2, 3\}$의
    부분집합이 아니다.

> **참고**
>
> 집합 $\{1, 2, 3\}$의 부분집합을 모두 나열하면
> $\varnothing$, $\{1\}$, $\{2\}$, $\{3\}$, $\{1, 2\}$, $\{2, 3\}$, $\{1, 3\}$, $\{1, 2, 3\}$이다.

268   답 (1) $A \subset B$ (2) $A=B$ (3) $B \subset A$

(1) $A=\{x | x^2-1=0\}=\{-1, 1\}$, $B=\{-1, 0, 1\}$이므로
    $A \subset B$

(2) $A=\{2, 3, 5\}$, $B=\{x | x는 5 이하의 소수\}=\{2, 3, 5\}$이므로
    $A=B$

(3) $A=\{x | x는 2의 배수인 자연수\}$,

$B=\{x\,|\,x$는 6의 배수인 자연수$\}$에서 모든 6의 배수는 2의 배수이므로
$B\subset A$

269   달 ③

ㄱ. 0은 $\varnothing$의 원소가 아니므로 $0\notin\varnothing$ (거짓)
ㄴ. 공집합은 모든 집합의 부분집합이므로 $\varnothing\subset\{0\}$ (참)
ㄷ. 1은 집합 $\{1, 2, 3\}$의 원소이므로 $1\in\{1, 2, 3\}$ (거짓)
ㄹ. 모든 집합은 자기 자신의 부분집합이므로 $\{1\}\subset\{1\}$ (참)
따라서 옳은 것은 ㄴ, ㄹ이다.

270   달 ③

① $\varnothing$은 집합 A의 원소이므로 $\varnothing\in A$ (참)
② $\varnothing$은 집합 A의 부분집합이므로 $\varnothing\subset A$ (참)
③ $\{1\}$은 집합 A의 원소가 아니므로 $\{1\}\notin A$ (거짓)
④ $\{1, 2\}$는 집합 A의 원소이므로 $\{1, 2\}\in A$ (참)
⑤ $\{1, 2\}$는 집합 A의 부분집합이므로 $\{1, 2\}\subset A$ (참)
따라서 옳지 않은 것은 ③이다.

271   달 ②

두 집합 $A=\{1, 12, a\}$, $B=\{1, 5, a+b\}$에 대하여
$A=B$이므로 $5\in B$에서 $5\in A$이어야 한다.
따라서 $a=5$이므로 $B=\{1, 5, b+5\}$
또한 $12\in A$에서 $12\in B$이어야 하므로
$b+5=12$에서 $b=7$
$\therefore a\times b=5\times 7=35$

272   달 ⑤

$A\subset B$이므로 $B=\{x\,|\,x^2+ax+b=0\}$에서
이차방정식 $x^2+ax+b=0$의 두 근이 -1, 3이다.
근과 계수의 관계에 의하여
$-a=(-1)+3$에서 $a=-2$이고
$b=(-1)\times 3=-3$이다.
$\therefore a\times b=(-2)\times(-3)=6$

273   달 ④

$x\in A$, $y\in A$일 때, $x+y$의 값은 다음 표와 같다.

+	-1	0	1
-1	-2	-1	0
0	-1	0	1
1	0	1	2

즉, $B=\{-2, -1, 0, 1, 2\}$
$x\in A$, $y\in A$일 때, $x\times y$의 값은 다음 표와 같다.

×	-1	0	1
-1	1	0	-1
0	0	0	0
1	-1	0	1

즉, $C=\{-1, 0, 1\}$
따라서 세 집합 A, B, C의 포함 관계는 $A=C\subset B$이다.

274   달 ⑤

① $U^C=\varnothing$ (참)
② $A\cap A^C=\varnothing$ (참)
③ 합집합에 대한 교환법칙이 성립하므로
    $A\cup B=B\cup A$ (참)
④ $A\cup A^C=U$ (참)
⑤ 여집합과 차집합의 성질에 의하여
    $A-B=A\cap B^C$ (거짓)
따라서 항상 성립하는 것이 아닌 것은 ⑤이다.

275   달 ④

① $A\cup B=\{x\,|\,x\in A$ 또는 $x\in B\}$ (거짓)
② $A\cap B=\{x\,|\,x\in A$ 그리고 $x\in B\}$ (거짓)
③ $A^C=\{x\,|\,x\in U$ 그리고 $x\notin A\}$ (거짓)
④ $A-B=\{x\,|\,x\in A$ 그리고 $x\notin B\}$ (참)
⑤ $(A\cap B)^C=A^C\cup B^C=\{x\,|\,x\notin A$ 또는 $x\notin B\}$ (거짓)
따라서 옳은 것은 ④이다.

276   달 ⑤

주어진 집합을 벤 다이어그램으로 나타내면 다음 그림과 같다.

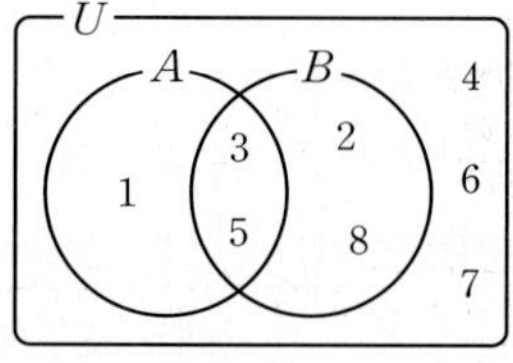

① $A\cup B=\{1, 2, 3, 5, 8\}$ (참)
② $A\cap B=\{3, 5\}$ (참)
③ $B^C=\{1, 4, 6, 7\}$ (참)
④ $A-B=\{1\}$ (참)
⑤ $A^C\cap B^C=(A\cup B)^C=\{4, 6, 7\}\neq\{2, 8\}$ (거짓)
따라서 옳지 않은 것은 ⑤이다.

277   달 (1) $\{5, 6\}$ (2) $\{5, 6, 7, 9\}$

$A=\{1, 3, 5, 6\}$, $B=\{1, 3, 7, 9\}$이므로
이를 벤 다이어그램으로 나타내면 다음 그림과 같다.

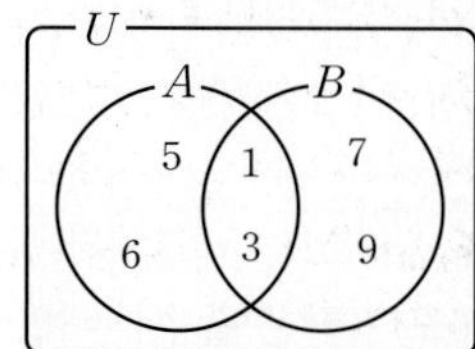

(1) $A \cap (A \cap B)^c = A - (A \cap B)$
$\qquad\qquad\qquad = \{1, 3, 5, 6\} - \{1, 3\}$
$\qquad\qquad\qquad = \{5, 6\}$
(2) $(A-B) \cup (B-A) = \{5, 6\} \cup \{7, 9\}$ …… TIP
$\qquad\qquad\qquad\qquad = \{5, 6, 7, 9\}$

> **TIP**
>
> **대칭차집합**
> 두 집합 A, B에 대하여 집합
> $(A-B) \cup (B-A)$
> 를 '대칭차집합'이라 하고
> 다음이 항상 성립한다.
> $(A-B) \cup (B-A) = (A \cup B) - (A \cap B)$

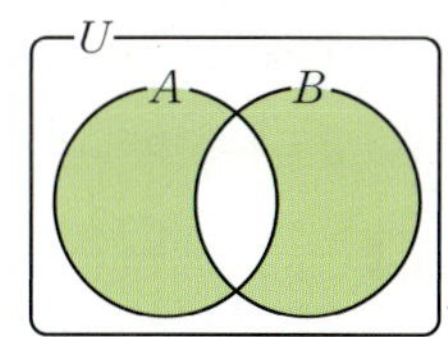

278 답 ③

$A \subset B$이므로 이를 벤 다이어그램으로 나타내면 다음 그림과 같다.

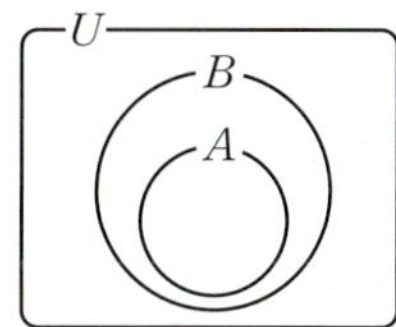

① $A \cap B = A$ (거짓) 　② $A \cup B = B$ (거짓)

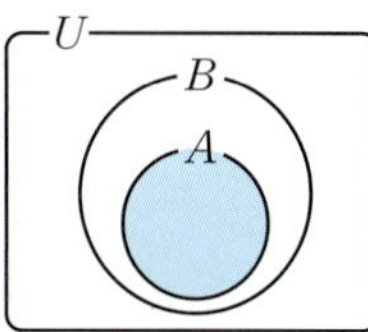
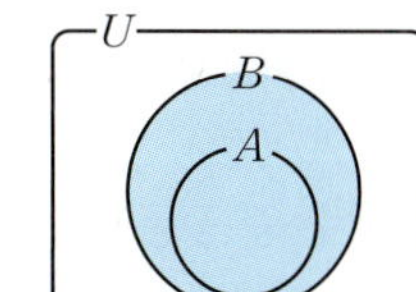

③ $A^c \cup B = U$ (참) 　④ $B - A \neq \varnothing$ (거짓)

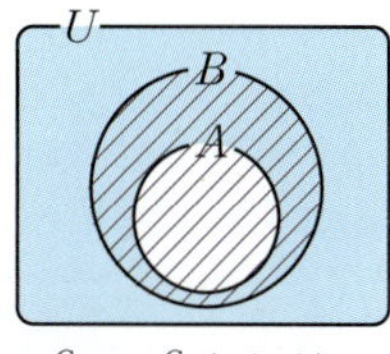
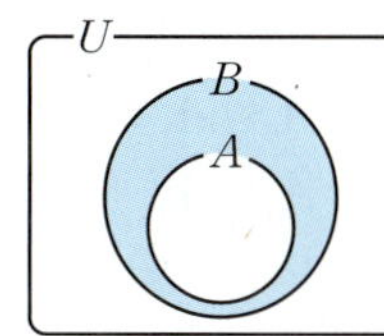

⑤ $B^c \subset A^c$ (거짓)

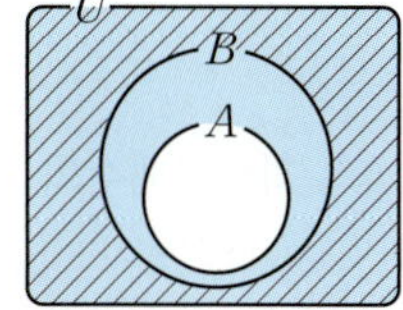

따라서 항상 옳은 것은 ③이다.

> **TIP**
>
> **'집합 A는 집합 B의 부분집합이다.'의 여러 가지 표현**
> $A \subset B$, $B^c \subset A^c$,
> $A \cap B = A$, $A \cup B = B$,
> $A - B = \varnothing$, $A \cap B^c = \varnothing$,
> $A^c \cup B = U$, $B^c - A^c = \varnothing$,
> 두 집합 A와 B^c는 서로소이다.

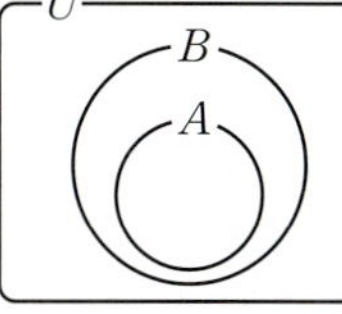

279 답 ③

두 집합 A, B가 서로소이므로 이를 벤 다이어그램으로 나타내면
다음 그림과 같다.

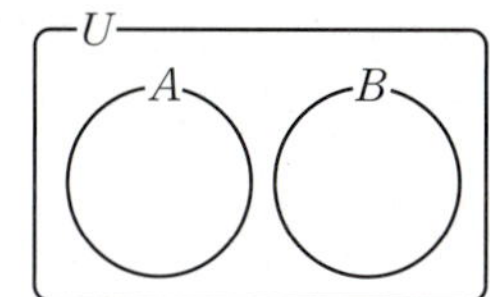

ㄱ. $A \cap B = \varnothing$ (참)

ㄴ. $A \cup B \neq U$ (거짓)

ㄷ. $A - B = A$ (참)

ㄹ. 벤 다이어그램에서

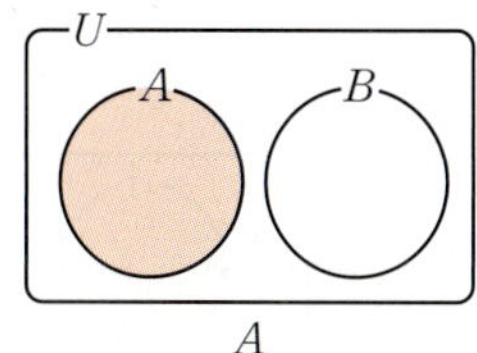
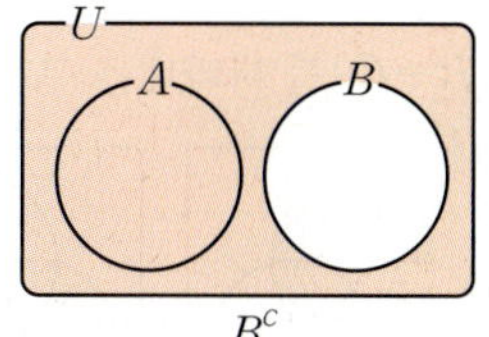

　　이므로 $A \subset B^c$ (참)

ㅁ. $A^c \subset (B-A)$에서 $B-A=B$이므로 $A^c \subset B$
　　그런데 벤 다이어그램에서

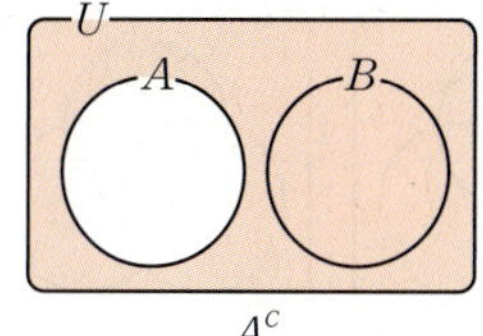
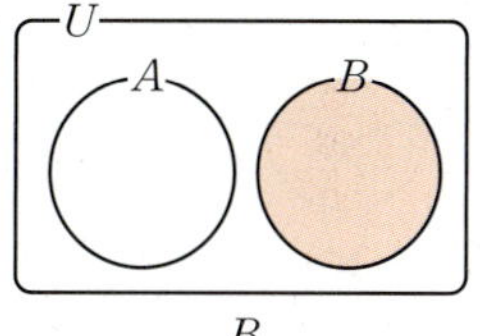

　　이므로 $A^c \not\subset B$ (거짓)

따라서 옳은 것은 ㄱ, ㄷ, ㄹ의 3개이다.

> **TIP**
>
> **'두 집합 A, B는 서로소이다.'의 여러 가지 표현**
> $A \cap B = \varnothing$,
> $A - B = A$, $B - A = B$,
> $A \subset B^c$, $B \subset A^c$,
> $n(A \cap B) = 0$,
> $n(A \cup B) = n(A) + n(B)$

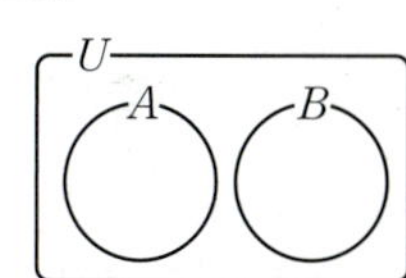

280 답 ④

$A - (B \cap C)$
$= A \cap (B \cap C)^c$ …… 여집합과 차집합의 성질
$= A \cap (\boxed{B^c \cup C^c})$ …… 드모르간의 법칙
$= (A \cap B^c) \cup (A \cap C^c)$ …… $\boxed{\text{집합의 연산에 대한 분배법칙}}$
$= (A-B) \cup (A-C)$ …… 여집합과 차집합의 성질
㈎ $B^c \cup C^c$, ㈏ 집합의 연산에 대한 분배법칙이다.

281 답 18

집합의 연산에 대한 분배법칙을 이용하면
$A \cap (B \cup C) = (A \cap B) \cup (A \cap C)$
$\qquad\qquad\quad = \{1, 2, 3, 5, 7\}$

따라서 구하는 모든 원소의 합은
$1+2+3+5+7=18$

282

$\text{답}\ ④$

각각 벤 다이어그램으로 나타내면 다음 그림과 같다.
① $A-(B\cap C)$를 나타내는 부분은

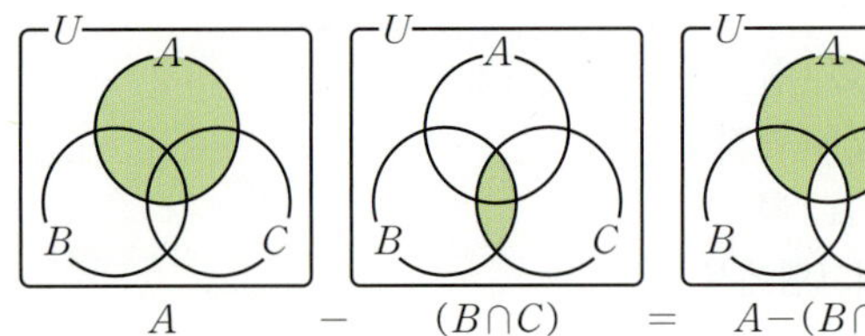

$$A \quad - \quad (B\cap C) \quad = \quad A-(B\cap C)$$

② $A\cap(B-C)$를 나타내는 부분은

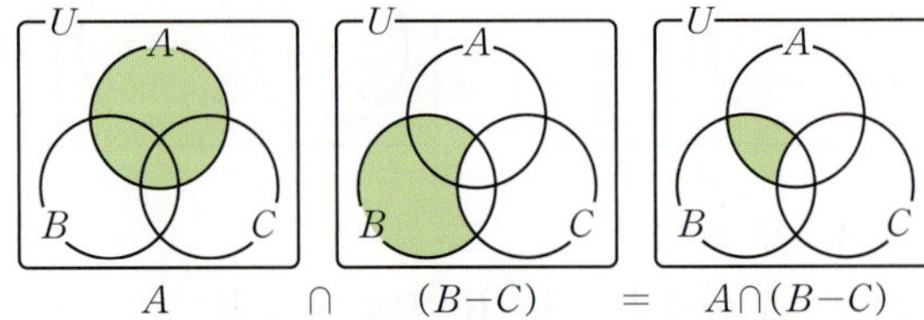

$$A \quad \cap \quad (B-C) \quad = \quad A\cap(B-C)$$

③ $A-(B-C)$를 나타내는 부분은

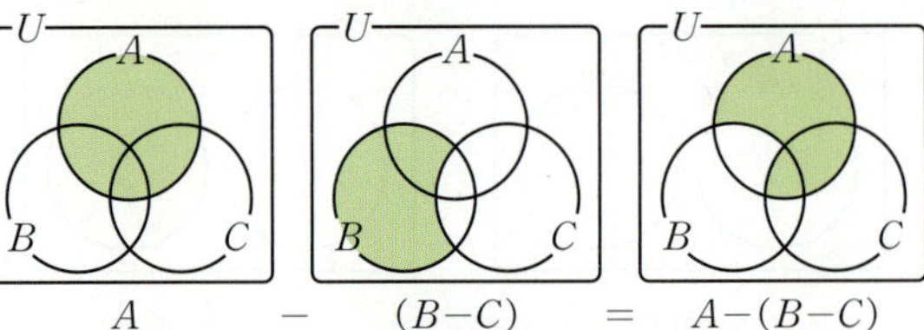

$$A \quad - \quad (B-C) \quad = \quad A-(B-C)$$

④ $(A-B)\cap(A-C)$를 나타내는 부분은

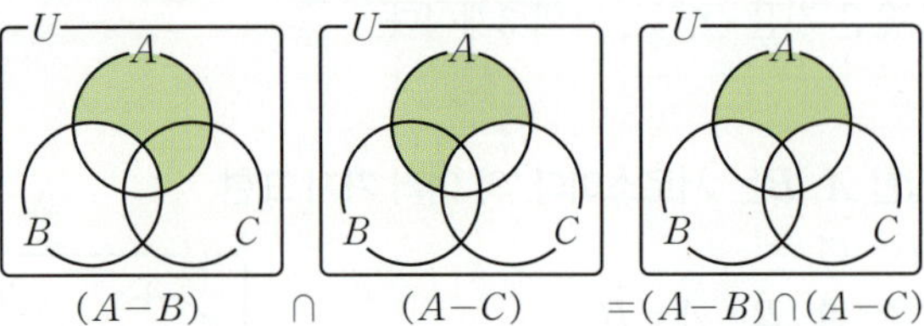

$$(A-B) \quad \cap \quad (A-C) \quad =(A-B)\cap(A-C)$$

⑤ $(A\cup C)\cap B^C=(A\cup C)-B$를 나타내는 부분은

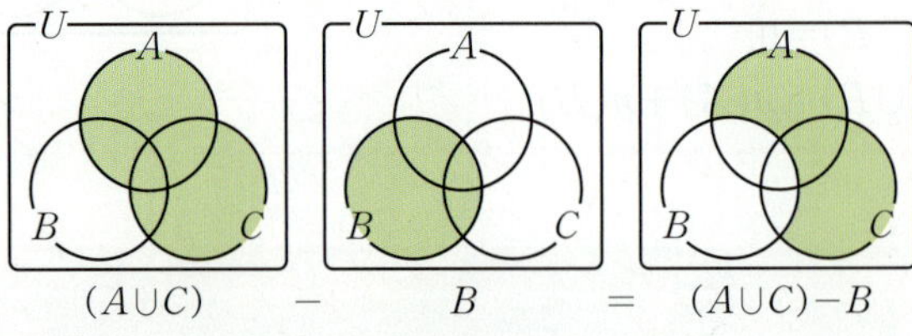

$$(A\cup C) \quad - \quad B \quad = \quad (A\cup C)-B$$

따라서 색칠한 부분을 바르게 나타낸 것은 ④이다.

283
$\text{답}\ ③$

$A^C\cap B=B\cap A^C=B-A=\{6,\ 8\}$,
$A^C\cap B^C=(A\cup B)^C=\{4,\ 7,\ 10\}$이므로
이를 벤 다이어그램으로 나타내면 다음 그림과 같다.

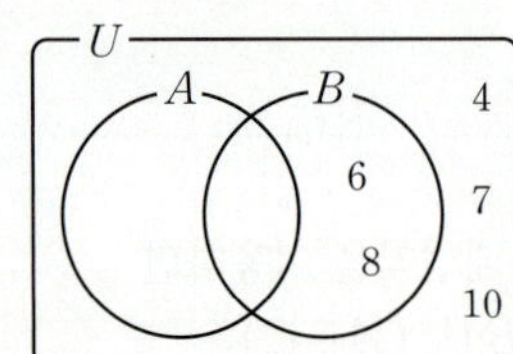

$\therefore A=\{1,\ 2,\ 3,\ 5,\ 9\}$

284
$\text{답}\ ③$

6의 양의 약수는 모두 12의 양의 약수이다.
즉, $A_6\subset A_{12}$이므로 $A_6\cup A_{12}=A_{12}$
$\therefore p=12$
12의 양의 약수이면서 18의 양의 약수인 수는
12와 18의 최대공약수인 6의 양의 약수와 같으므로 ······ **TIP**
$A_{12}\cap A_{18}=A_6$ $\therefore q=6$
$\therefore p+q=12+6=18$

> **TIP**
>
> 두 자연수 a, b에 대하여 a, b의 양의 공약수는 a, b의
> 최대공약수의 양의 약수이다.
> 따라서 12의 양의 약수와 18의 양의 약수 중 공통인 수는 12와
> 18의 최대공약수인 6의 양의 약수이다.

> **참고**
>
> 자연수 n에 대하여 $A_n=\{x\,|\,x$는 n의 양의 약수$\}$일 때,
> 세 자연수 p, q, r에 대하여
> ❶ q가 p의 배수이면 $A_p\subset A_q$이므로
> $A_p\cup A_q=A_q$, $A_p\cap A_q=A_p$이다.
> ❷ $A_p\cap A_q=A_r$일 때, r은 p와 q의 최대공약수이다.

285
$\text{답}\ ②$

ㄱ. 4의 배수는 2의 배수이므로 $A_4\subset A_2$
   따라서 $A_2\cup A_4=A_2$ (참)
ㄴ. 2의 배수와 3의 배수 중 공통인 수는
   6의 배수이므로 ······ **TIP**
   $A_2\cap A_3=A_6$ (참)
ㄷ. $A_2\cap(A_3\cup A_4)=(A_2\cap A_3)\cup(A_2\cap A_4)$
   $=A_6\cup A_4\ (\because A_4\subset A_2)$
   $=A_4\cup A_6$
   이때 $2\in A_2\cup A_6$이지만 $2\notin A_4\cup A_6$이므로
   $A_4\cup A_6\neq A_2\cup A_6$ (거짓)
따라서 옳은 것은 ㄱ, ㄴ이다.

> **TIP**
>
> 두 자연수 a, b에 대하여 a, b의 공배수는 a, b의 최소공배수의
> 배수이다.
> 따라서 2의 배수와 3의 배수 중 공통인 수는 2와 3의
> 최소공배수인 6의 배수이다.

> **참고**
>
> 자연수 n에 대하여 $A_n=\{x\,|\,x$는 n의 배수인 자연수$\}$일 때,
> 세 자연수 p, q, r에 대하여
> ❶ q가 p의 배수이면 $A_q\subset A_p$이므로
> $A_p\cup A_q=A_p$, $A_p\cap A_q=A_q$이다.
> ❷ $A_p\cap A_q=A_r$일 때, r은 p와 q의 최소공배수이다.

286   답 ①

$$n(A-B)=n(A\cup B)-n(B)$$
$$=24-18=6$$

287   답 11

두 집합 A, B가 서로소이므로 $A\cap B=\varnothing$
$$\therefore n(A\cap B)=0$$
$$n(A\cup B)=n(A)+n(B)$$
$$=13+26$$
$$=39$$
이므로
$$n(A^C\cap B^C)=n((A\cup B)^C)$$
$$=n(U)-n(A\cup B)$$
$$=50-39$$
$$=11$$

288   답 ②

$$n(A^C\cup B^C)=n((A\cap B)^C)$$
$$=n(U)-n(A\cap B)$$
이므로 $24=30-n(A\cap B)$에서
$$n(A\cap B)=6$$
$$\therefore n(A\cup B)=n(A)+n(B)-n(A\cap B)$$
$$=10+15-6=19$$

289   답 ③

수학자 유클리드를 아는 학생의 집합을 A,
수학자 페르마를 아는 학생의 집합을 B라 하면
수학자 유클리드 또는 수학자 페르마를 아는 학생의 집합은
$A\cup B$이고, 두 수학자를 모두 아는 학생의 집합은 $A\cap B$이다.
이때 주어진 조건에 의하여
$n(A)=18$, $n(B)=12$, $n(A\cup B)=23$이므로
$n(A\cup B)=n(A)+n(B)-n(A\cap B)$에서
$$23=18+12-n(A\cap B)$$
$$\therefore n(A\cap B)=7$$
따라서 두 수학자를 모두 아는 학생 수는 7이다.

290   답 47

100 이하의 3의 배수는 3×1, 3×2, $\cdots$, 3×33이므로
$$n(A)=33$$
100 이하의 5의 배수는 5×1, 5×2, $\cdots$, 5×20이므로
$$n(B)=20$$
3과 5의 최소공배수는 15이고
100 이하의 15의 배수는 15×1, 15×2, $\cdots$, 15×6이므로
$$n(A\cap B)=6$$
$$\therefore n(A\cup B)=n(A)+n(B)-n(A\cap B)$$
$$=33+20-6=47$$

291   답 ⑤

$A=\{2, 3, 5, 7, 11, 13\}$이므로
집합 A의 모든 부분집합의 개수는 $2^6=64$이다.

292   답 15

집합 $\{1, 2, 3, \{1, 2\}\}$의 원소는 1, 2, 3, $\{1, 2\}$의 4개이므로 집합
$\{1, 2, 3, \{1, 2\}\}$의 진부분집합의 개수는 $2^4-1=15$이다.

293   답 ②

4를 원소로 갖는 집합 A의 부분집합은
집합 $\{1, 2, 3\}$의 부분집합에 4를 원소로 추가한 것과 같으므로
구하는 부분집합의 개수는 집합 $\{1, 2, 3\}$의 부분집합의 개수와 같다.
따라서 구하는 부분집합의 개수는 $2^3=8$이다.

294   답 ①

집합 $\{a, c\}$와 서로소이기 위해서는
a, c를 원소로 갖지 않아야 한다.
집합 $\{a, b, c, d, e\}$의 부분집합 중
a, c를 원소로 갖지 않는 부분집합의 개수는
집합 $\{b, d, e\}$의 부분집합의 개수와 같다.
따라서 구하는 집합의 개수는 $2^3=8$이다.

295   답 ③

$A=\{-2, -1, 0, 1, 2, 3, 4\}$의 부분집합 중
두 원소 0, 4는 속하고, 원소 -1은 속하지 않는 것은
집합 $\{-2, 1, 2, 3\}$의 부분집합에
0, 4를 원소로 추가한 것과 같다.
따라서 구하는 부분집합의 개수는 집합 $\{-2, 1, 2, 3\}$의
부분집합의 개수와 같으므로 $2^4=16$이다.

296   답 ③

집합 X의 원소 중 홀수는 1, 3, 5, 7, 9의 5개이므로
이 중 3개를 선택하는 방법의 수는 $_5C_3=10$
또한 2개 이상의 짝수를 원소로 가지므로 구하는 부분집합의 개수는
$10\times(_4C_2+_4C_3+_4C_4)=10\times(6+4+1)=110$이다.

297   답 4

$B-A=\{2, 3, 8\}$이므로
$(B-A)\subset X\subset B$를 만족시키는 집합 X의 개수는
세 원소 2, 3, 8을 모두 원소로 가지는 집합 B의 부분집합의 개수와
같다.

즉, 집합 X에는 집합 B의 원소 중 2, 3, 8을 제외한 나머지 원소 4, 7이 속할 수도 있고 속하지 않을 수도 있다.
따라서 구하는 집합 X의 개수는 집합 $\{4, 7\}$의 부분집합의 개수와 같으므로 $2^2=4$이다.

298   답 48

$A=\{1, 2, 3, 6, 9, 18\}$이므로
집합 A의 부분집합의 개수는 $2^6=64$
한편, 집합 A의 부분집합 중
소수를 한 개도 원소로 갖지 않는 집합의 개수는
집합 $\{1, 6, 9, 18\}$의 부분집합의 개수와 같으므로 $2^4=16$
따라서 구하는 부분집합의 개수는 $64-16=48$이다.

299   답 ④

다음과 같이 전체집합의 각각의 원소 1, 2, 3, $\cdots$, 10은
세 집합 ㉠ A, ㉡ $B-A$, ㉢ $U-B$ 중 한 곳에 속하게 된다.

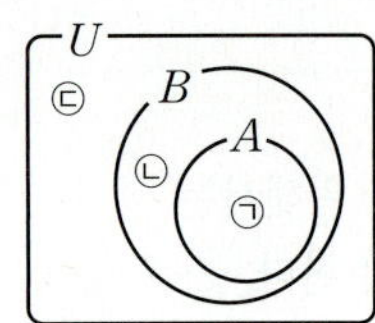

따라서 구하는 순서쌍 (A, B)의 개수는
$$\underbrace{3\times3\times3\times\cdots\times3}_{3\text{이 }10\text{개}}=3^{10}\text{이다.}$$

300   답 7

$A=\{a\,|\,a=2n^2+1, n\leq3$인 자연수$\}$에서
$n\leq3$인 자연수 n은 1, 2, 3이다.
$n=1$일 때, $a=2\times1^2+1=3$
$n=2$일 때, $a=2\times2^2+1=9$
$n=3$일 때, $a=2\times3^2+1=19$
$\therefore A=\{3, 9, 19\}$
$B=\{b\,|\,b$는 a를 5로 나누었을 때의 나머지, $a\in A\}$에서
$a=3$일 때, 3을 5로 나누었을 때의 나머지는 3
$a=9$일 때, 9를 5로 나누었을 때의 나머지는 4
$a=19$일 때, 19를 5로 나누었을 때의 나머지는 4
$\therefore B=\{3, 4\}$
따라서 집합 B의 모든 원소의 합은 $3+4=7$

301   답 ④

$\sqrt{10}$ 이하의 자연수는 1, 2, 3의 3개이므로 $n(A_{10})=3$
$\sqrt{20}$ 이하의 자연수는 1, 2, 3, 4의 4개이므로 $n(A_{20})=4$
$n(A_k)=n(A_{10})+n(A_{20})$
$\qquad\quad=3+4=7$
이므로 $\sqrt{k}$ 이하의 자연수의 개수가 7이려면 $7\leq\sqrt{k}<8$이어야 한다.
따라서 $49\leq k<64$를 만족시키는 자연수 k는 49, 50, $\cdots$, 63의 15개이다.

302   답 131

a, b, c, d는 서로 다른 양수이므로 $a<b<c<d$라 하면
가장 작은 두 수의 합과 곱이 각각 7, 12이므로
$a+b=7$, $a\times b=12$에서 $a=3$, $b=4$
또한 가장 큰 두 수의 합과 곱이 각각 14, 45이므로
$c+d=14$, $c\times d=45$에서 $c=5$, $d=9$
$\therefore a^2+b^2+c^2+d^2=3^2+4^2+5^2+9^2=131$

303   답 ①

집합 A는 자연수 전체의 집합의 부분집합이므로
$a\in A$, $b\in A$에서 a, b는 자연수이고, $b-a\in A$에서 $b>a$이다.
따라서 집합 B에서 $\sqrt{a}<\sqrt{b}<\sqrt{a+b}<\sqrt{4a+4b}$
이때 집합 B에서 가장 큰 원소는 10이므로
$\sqrt{4a+4b}=2\sqrt{a+b}=10$에서 $\sqrt{a+b}=5$, $a+b=25$이다.
이때 집합 B는 자연수 전체의 집합의 부분집합이므로
$\sqrt{a}\in B$, $\sqrt{b}\in B$에서 $\sqrt{a}$, $\sqrt{b}$는 자연수이므로 a, b는 제곱수이다.
$\therefore a=9$, $b=16$ ($\because a+b=25$, $b>a$)
따라서 $A=\{9, 16, 7, 5\}$, $B=\{3, 4, 5, 10\}$이므로
$X=\{9, 16, 7\}$이고, 집합 X의 모든 원소의 합은
$9+16+7=32$이다.

304   답 ⑤

두 집합 $A=\{1, a^2-a\}$, $B=\{2, a^2-3\}$에 대하여
$A\subset B$이고 $B\subset A$이면 $A=B$이다.
이때 $1\in A$이므로 $1\in B$이어야 한다.
즉, $a^2-3=1$에서 $a^2=4$
$\therefore a=-2$ 또는 $a=2$
(ⅰ) $a=-2$일 때,
$\quad A=\{1, 6\}$, $B=\{2, 1\}$이므로 $A\neq B$이다.
(ⅱ) $a=2$일 때,
$\quad A=\{1, 2\}$, $B=\{2, 1\}$이므로 $A=B$이다.
(ⅰ), (ⅱ)에 의하여 $a=2$이다.

> **참고**
>
> 결국 이 문제는 연립방정식 $\begin{cases} a^2-3=1 \\ a^2-a=2 \end{cases}$ 의 해를 구하는 것이다.

305   답 풀이 참조

$A=\{1, 2-a\}$, $B=\{3, a-4, 2a-5\}$에서
$A\subset B$이므로 $1\in A$에서 $1\in B$이어야 한다.
(ⅰ) $a-4=1$일 때,
$\quad a=5$이므로 $A=\{1, -3\}$, $B=\{3, 1, 5\}$
$\quad$ 따라서 $A\not\subset B$이다.
(ⅱ) $2a-5=1$일 때,
$\quad a=3$이므로 $A=\{1, -1\}$, $B=\{3, -1, 1\}$
$\quad$ 따라서 $A\subset B$이다.
(ⅰ), (ⅱ)에 의하여 $a=3$이다.

$x+12=2(33-x)$에서 $3x=54$
$\therefore x=18$
즉, 집합 $A-B$의 모든 원소의 합이 18이므로
$A-B=\{4, 6, 8\}$이고 $A=\{4, 5, 6, 7, 8\}$이다.
따라서 집합 A의 원소가 아닌 것은 2이다.

309 답 ②

$A\cap B=\{-3, 1\}$에서 $-3\in A$
(i) $k-1=-3$인 경우
　$k=-2$이므로 $A=\{-3, 1, 7\}$, $B=\{-3, 9, 1\}$이고
　$A\cap B=\{-3, 1\}$이다.
(ii) $k^2-3k-3=-3$인 경우
　$k(k-3)=0$에서 $k=0$ 또는 $k=3$
　$k=0$이면, $A=\{-1, 1, -3\}$, $B=\{-3, 1, 5\}$이므로
　$A\cap B=\{-3, 1\}$이다.
　$k=3$이면, $A=\{2, 1, -3\}$, $B=\{-3, 4, 11\}$이므로
　$A\cap B\ne\{-3, 1\}$이다.
(i), (ii)에서 $A\cap B=\{-3, 1\}$을 만족시키는 실수 k는 -2, 0이므로
최댓값은 0, 최솟값은 -2이다.
따라서 최댓값과 최솟값의 차는 $0-(-2)=2$이다.

310 답 22

집합 $B-A$의 모든 원소의 합을 k라 하자.
$A\cup B^C=(A^C\cap B)^C=(B-A)^C$이고
조건 ㈎에서 집합 $A\cup B^C$의 모든 원소의 합은 $6k$이므로
전체집합 U의 모든 원소의 합은 $7k$이다.
$7k=1+2+4+8+16+32=63$　$\therefore k=9$
집합 $B-A$의 모든 원소의 합이 9이므로 $B-A=\{1, 8\}$
한편, $A\cap(B-A)=\varnothing$이므로 $A\subset(B-A)^C=\{2, 4, 16, 32\}$
이때 $A\cup B=A\cup(B-A)$이므로
$n(A\cup B)=n(A)+n(B-A)$이고
조건 ㈏에서 $n(A\cup B)=5$이므로 $n(A)=3$
따라서 집합 A의 모든 원소의 합의 최솟값은
$A=\{2, 4, 16\}$일 때 $2+4+16=22$

311 답 풀이 참조

$A-B=A$이므로 두 집합 A, B는 서로소, 즉 $A\cap B=\varnothing$이어야 한다.
이때 $|x-a|<2$, $-2<x-a<2$에서
$a-2<x<a+2$이므로 $A=\{x\mid a-2<x<a+2\}$이다.
따라서 $2a-5\le a-2$이고 $a+2\le a^2-a-1$이어야 한다.
$2a-5\le a-2$에서 $a\le 3$
$a+2\le a^2-a-1$에서 $a^2-2a-3\ge 0$, $(a-3)(a+1)\ge 0$이므로
$a\le -1$ 또는 $a\ge 3$
따라서 a의 값의 범위는 $a\le -1$ 또는 $a=3$이다.

채점 요소	배점
두 집합 A, B가 서로소임을 설명하기	30%
두 부등식 $2a-5\le a-2$, $a+2\le a^2-a-1$을 풀기	40%
a의 값의 범위를 구하기	30%

 답 54

$A_9 \cap A_{15}$는 9의 배수이면서 15의 배수인 자연수의 집합이므로 9와 15의 공배수의 집합이다.

9와 15의 최소공배수가 45이므로 $A_9 \cap A_{15} = A_{45}$이다.

따라서 $A_m \subset A_{45}$에서 m은 45의 배수이어야 하므로 m의 최솟값은 45이다.

$(A_{18} \cup A_{45}) \subset A_n$이려면 $A_{18} \subset A_n$, $A_{45} \subset A_n$이어야 하므로 n은 18의 약수이면서 45의 약수이어야 한다.

18과 45의 최대공약수가 9이므로 n의 최댓값은 9이다.

따라서 구하는 합은 $45+9=54$이다.

참고

자연수 n에 대하여 $A_n = \{x \mid x$는 n의 배수인 자연수$\}$일 때, 세 자연수 p, q, r에 대하여

❶ $A_r \subset (A_p \cap A_q)$일 때, r은 p와 q의 공배수이다.

❷ $(A_p \cup A_q) \subset A_r$일 때, r은 p와 q의 공약수이다.

 답 ⑤

$y = \left[\dfrac{k}{x}\right]$에서 $x \geq 1$이므로

$x=1$일 때 $y=[k]=k$이고

x의 값이 커지면 $\dfrac{k}{x}$의 값은 작아지므로

$A_k = \left\{ y \mid y = \left[\dfrac{k}{x}\right], \ x \geq 1 \right\} = \{0, 1, 2, \cdots, k\}$이다.

ㄱ. $A_5 = \{0, 1, 2, 3, 4, 5\}$이므로 $n(A_5)=6$이다. (참)

ㄴ. $A_8 = \{0, 1, 2, \cdots, 8\}$, $A_6 = \{0, 1, 2, \cdots, 6\}$에서 $A_6 \subset A_8$이므로 $A_8 \cap A_6 = A_6$이다. (참)

ㄷ. $A_l = \{0, 1, 2, \cdots, l\}$, $A_m = \{0, 1, 2, \cdots, m\}$이므로 $n(A_l - A_m)=4$이기 위해서는 $l=m+4$
따라서 $A_m \subset A_l$이므로 $A_l \cup A_m = A_l$에서
$n(A_l \cup A_m) = n(A_l) = 15$ $\therefore l=14$
따라서 $m=10$이므로 $l+m=14+10=24$이다. (참)

따라서 옳은 것은 ㄱ, ㄴ, ㄷ이다.

 답 21

집합 A_k의 원소는 연속하는 $(2k+1)$개의 자연수이므로
조건 ㈎에서 $n(A_k - A_{k+1})=2$이고,
조건 ㈏에서 $a_k < a_{k+1}$이기 위해서는 $a_k + 2 = a_{k+1}$이어야 한다.

$a_2=4$이므로 $a_1+2=4$에서 $a_1=2$
$a_3 = a_2+2$에서 $a_3=6$
$a_4 = a_3+2$에서 $a_4=8$
$a_5 = a_4+2$에서 $a_5=10$
$\vdots$
$a_{10} = a_9+2$에서 $a_{10}=20$
이때 $n(A_{10})=21$이므로 집합 A_{10}의 가장 큰 원소는 40이다.
따라서 $A_{10} \cap A_m = \varnothing$을 만족시키려면 $a_m > 40$이어야 한다.
$a_k = 2k$이므로 $a_{20}=40$이고 $a_{21}=42$
따라서 $A_{10} \cap A_m = \varnothing$을 만족시키는 자연수 m의 최솟값은 21이다.

 답 ②

ㄱ. $\{(A \cup B) \cap (A \cap B^C)\} \cup (A^C \cap B)$
$= \{(A \cup B) \cap (A-B)\} \cup (B-A)$
$= (A-B) \cup (B-A)$
좌변과 우변을 각각 벤 다이어그램으로 나타내면

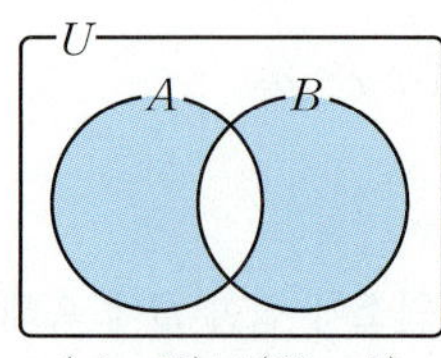 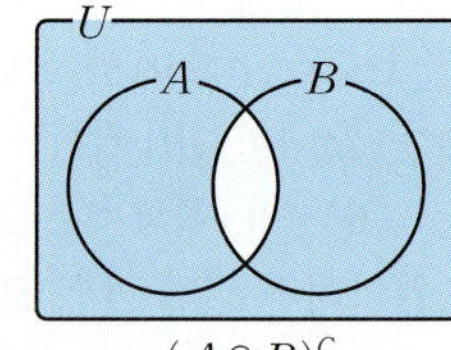

$$(A-B) \cup (B-A) \quad \neq \quad (A \cap B)^C$$

이므로 $(A-B) \cup (B-A) \neq (A \cap B)^C$ (거짓)

ㄴ. $(A-B) \cap (A-C) = A-(B \cup C)$의 좌변을 벤 다이어그램으로 나타내면

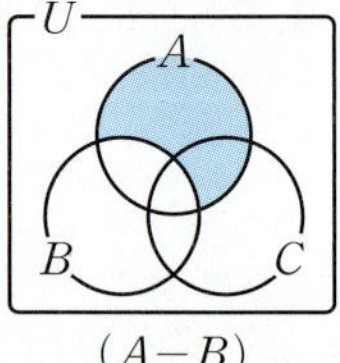 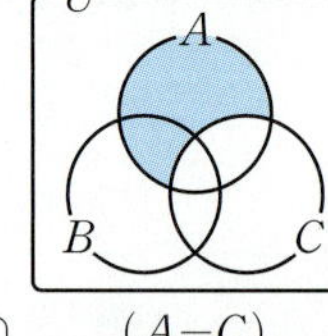 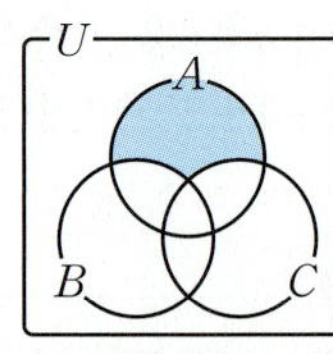

$$(A-B) \quad \cap \quad (A-C) \quad = (A-B) \cap (A-C)$$

이고 우변을 벤 다이어그램으로 나타내면

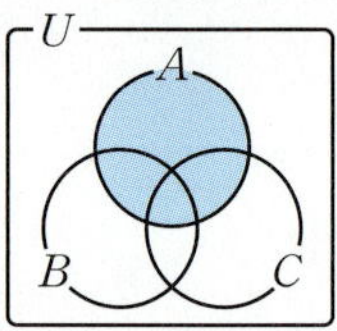 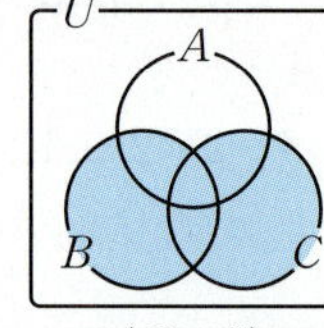 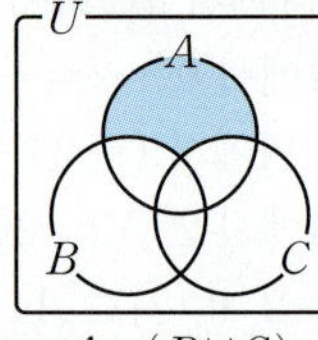

$$A \quad - \quad (B \cup C) \quad = A-(B \cup C)$$

이므로 $(A-B) \cap (A-C) = A-(B \cup C)$ (참)

ㄷ. 좌변은 $(A-B^C)-C = (A \cap B)-C$이고 우변은
$A-(B^C-C) = A-(B^C \cap C^C) = A-(B \cup C)^C = A \cap (B \cup C)$
좌변과 우변을 각각 벤 다이어그램으로 나타내면

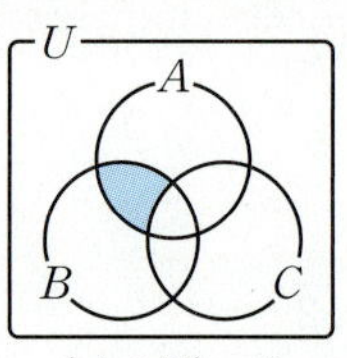 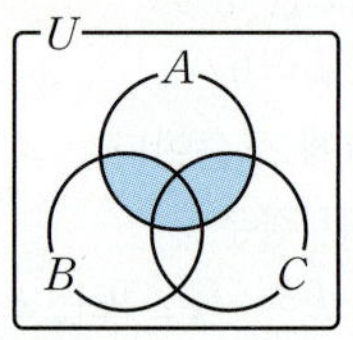

$$(A \cap B)-C \quad \neq \quad A \cap (B \cup C)$$

이므로 $(A \cap B)-C \neq A \cap (B \cup C)$ (거짓)

ㄹ. $\{(A \cup B) \cap (A^C \cup B)\} \cap \{(B^C \cap C) \cup (B \cup C)^C\}$
$= \{(A \cap A^C) \cup B\} \cap \{(B^C \cap C) \cup (B^C \cap C^C)\}$
$= (\varnothing \cup B) \cap \{B^C \cap (C \cup C^C)\}$
$= B \cap (B^C \cap U)$
$= B \cap B^C = \varnothing$ (거짓)

따라서 옳은 것은 ㄴ의 1개이다.

 답 ⑤

$(A \cup B) \cap (A-B)^C = (A \cup B) \cap (A \cap B^C)^C$
$\qquad\qquad\qquad = (A \cup B) \cap (A^C \cup B)$
$\qquad\qquad\qquad = (A \cap A^C) \cup B$
$\qquad\qquad\qquad = \varnothing \cup B = B$

이므로 $B = A \cap B$에서 $B \subset A$이다.

이를 벤 다이어그램으로 나타내면 다음 그림과 같다.

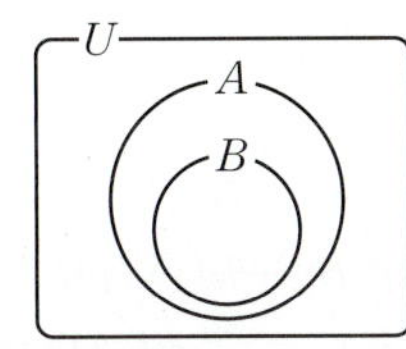

① $A \not\subset B$ (거짓)
② $A \neq B^C$ (거짓)
③ $A \cup B = A$ (거짓)
④ $A - B \neq \varnothing$ (거짓)
⑤ $A^C \cap B = \varnothing$이므로 두 집합 A^C와 B는 서로소이다. (참)
따라서 항상 옳은 것은 ⑤이다.

다른 풀이

$(A \cup B) \cap (A-B)^C$를 다음과 같이 정리할 수도 있다.
$$(A \cup B) \cap (A-B)^C = (A \cup B) - (A-B) \quad \cdots\cdots \ \bigcirc$$
이를 벤 다이어그램으로 나타내면 다음 그림과 같다.

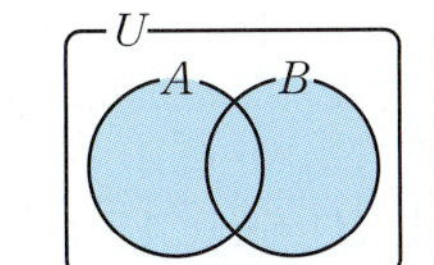 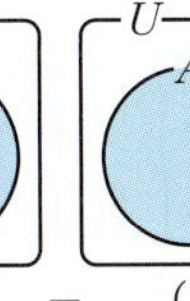 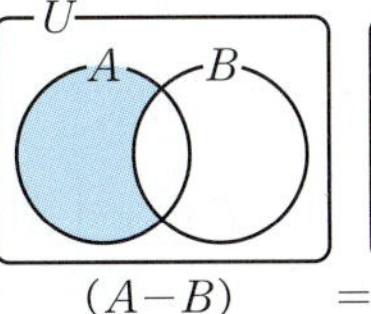 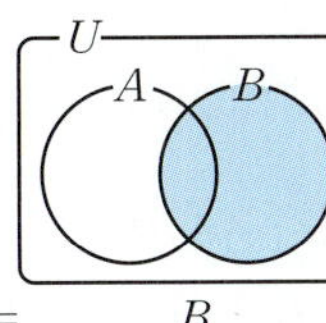

즉, $\bigcirc$에서 $(A \cup B) - (A-B) = B$이다.
이후는 본풀이와 동일하다.

317   답 ③

조건 ㈎에서
$$A \cap (C \cup A^C) = (A \cap C) \cup (A \cap A^C)$$
$$= A \cap C = \varnothing$$
이므로 두 집합 A, C는 서로소이다.
조건 ㈏에서
$$\{(A-C) \cup (B-C)\} \cup \{C-(A \cup B)^C\}$$
$$= \{(A \cap C^C) \cup (B \cap C^C)\} \cup \{C \cap (A \cup B)\}$$
$$= \{(A \cup B) \cap C^C\} \cup \{C \cap (A \cup B)\}$$
$$= (A \cup B) \cap (C^C \cup C)$$
$$= A \cup B = B$$
이므로 $A \subset B$이다.
ㄱ. $A \subset C^C$이므로 $A \cap C^C = A$이다. (참)
ㄴ. $(A \cap C^C) \cup (A^C \cap B)$
  $= (A-C) \cup (B-A)$
  $= A \cup (B-A) = B$ (참)
ㄷ. $C^C \cap (B \cup C) = (C^C \cap B) \cup (C^C \cap C)$
  $= (B-C) \cup \varnothing$
  $= B-C$
  이때 $B-C = B$이기 위해서는 두 집합 B, C가 서로소이어야
  하지만 이는 알 수 없다. (거짓)
따라서 옳은 것은 ㄱ, ㄴ이다.

318   답 $-\dfrac{9}{2}$

$x^2 + 3x - 18 = (x+6)(x-3) \leq 0$에서 $B = \{x \mid -6 \leq x \leq 3\}$이므로
두 조건 ㈎, ㈏를 동시에 만족시키는 집합 A를 수직선 위에
나타내면 다음 그림과 같다.

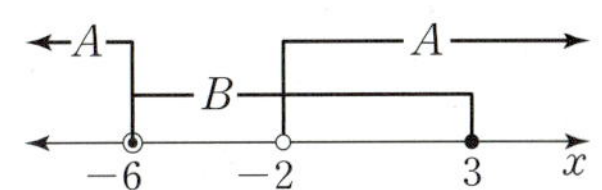

조건을 만족시키는 집합 A는
$$A = \{x \mid ax^2 + bx - 6 < 0\} = \{x \mid (x+6)(x+2) > 0\}$$
따라서 부등식 $ax^2 + bx - 6 < 0$에서 $a < 0$이고
양변을 a로 나누면 $x^2 + \dfrac{b}{a}x - \dfrac{6}{a} > 0$
$$x^2 + \dfrac{b}{a}x - \dfrac{6}{a} = (x+6)(x+2)$$
$$x^2 + \dfrac{b}{a}x - \dfrac{6}{a} = x^2 + 8x + 12$$
에서 $-\dfrac{6}{a} = 12$이므로 $a = -\dfrac{1}{2}$이고,
$\dfrac{b}{a} = 8$이므로 $b = -4$이다.
$$\therefore \ a + b = \left(-\dfrac{1}{2}\right) + (-4) = -\dfrac{9}{2}$$

319   답 ③

① $A \triangle U = (A-U) \cup (U-A) = \varnothing \cup A^C = A^C$ (참)
② $A \triangle A^C = (A-A^C) \cup (A^C-A) = A \cup A^C = U$ (참)
③ $A \triangle \varnothing = (A-\varnothing) \cup (\varnothing-A) = A \cup \varnothing = A$ (거짓)
④ $A^C \triangle B^C = (A^C-B^C) \cup (B^C-A^C)$
  $= (A^C \cap B) \cup (B^C \cap A)$
  $= (B-A) \cup (A-B)$
  $= (A-B) \cup (B-A) = A \triangle B$ (참)
⑤ $A \triangle B = A$이면 $(A-B) \cup (B-A) = A$ $\quad \cdots\cdots \ \bigcirc$
  이때 $(B-A) \not\subset A$이므로 $B-A = \varnothing$이어야 한다.
  $\therefore \ B \subset A$ $\quad\quad\quad\quad\quad\quad\quad \cdots\cdots \ \bigcirc$
  $\bigcirc$에서 $(A-B) \cup \varnothing = A$, 즉 $A-B = A$이므로
  $A \cap B = \varnothing$
  이때 $\bigcirc$에 의하여 $A \cap B = B$이므로 $B = \varnothing$이다. (참)
따라서 옳지 않은 것은 ③이다.

320   답 ②

$n(A \cap B) = 2$이므로 집합 $A \cap B$는 $\{2, 5\}$ 또는 $\{2, 6\}$ 또는 $\{5, 6\}$
이다.
(i) $A \cap B = \{2, 5\}$일 때
  2, 5는 k의 약수이고 6은 k의 약수가 아닌 30 이하의 자연수 k는
  10, 20이다.
  $k = 10$인 경우, $A = \{1, 2, 5, 10\}$이고 $A-B = \{1, 10\}$이므로
  집합 $A-B$의 모든 원소의 합은 $1 + 10 = 11$
  $k = 20$인 경우, $A = \{1, 2, 4, 5, 10, 20\}$이고
  $A-B = \{1, 4, 10, 20\}$이므로
  집합 $A-B$의 모든 원소의 합은 $1 + 4 + 10 + 20 = 35$
(ii) $A \cap B = \{2, 6\}$일 때
  2, 6은 k의 약수이고 5는 k의 약수가 아닌 30 이하의 자연수 k는
  6, 12, 18, 24이다.
  $k = 6$인 경우, $A = \{1, 2, 3, 6\}$이고 $A-B = \{1, 3\}$이므로
  집합 $A-B$의 모든 원소의 합은 $1 + 3 = 4$
  $k = 12$인 경우, $A = \{1, 2, 3, 4, 6, 12\}$이고

$A-B=\{1, 3, 4, 12\}$이므로 집합 $A-B$의 모든 원소의 합은
$1+3+4+12=20$
$k=18$인 경우, $A=\{1, 2, 3, 6, 9, 18\}$이고
$A-B=\{1, 3, 9, 18\}$이므로 집합 $A-B$의 모든 원소의 합은
$1+3+9+18=31$
$k=24$인 경우, $A=\{1, 2, 3, 4, 6, 8, 12, 24\}$이고
$A-B=\{1, 3, 4, 8, 12, 24\}$이므로 집합 $A-B$의 모든 원소의 합은
$1+3+4+8+12+24=52$
(iii) $A \cap B=\{5, 6\}$일 때
　　5, 6은 k의 약수이고 2는 k의 약수가 아닌 자연수 k는 존재하지 않는다.
(i)~(iii)에 의하여 집합 $A-B$의 모든 원소의 합이 홀수가 되는 자연수 k의 값의 합은 $10+20+18=48$

321 답 $\{-1, 1, 6, 6i\}$

$z_1=a+bi$에 대하여
$z_1+\overline{z_1}=a+bi+(a-bi)=2a$, $z_1-\overline{z_1}=a+bi-(a-bi)=2bi$,
$z_1\overline{z_1}=(a+bi)(a-bi)=a^2+b^2$, $\dfrac{\overline{z_1}}{z_1}=\dfrac{a-bi}{a+bi}=\dfrac{a^2-b^2-2abi}{a^2+b^2}$
이므로 $A=\left\{2a, 2bi, a^2+b^2, \dfrac{a^2-b^2-2abi}{a^2+b^2}\right\}$
$z_2=b+ai$에 대하여
$z_2+\overline{z_2}=b+ai+(b-ai)=2b$, $z_2-\overline{z_2}=b+ai-(b-ai)=2ai$,
$z_2\overline{z_2}=(b+ai)(b-ai)=a^2+b^2$, $\dfrac{\overline{z_2}}{z_2}=\dfrac{b-ai}{b+ai}=\dfrac{b^2-a^2-2abi}{a^2+b^2}$
이므로 $B=\left\{2b, 2ai, a^2+b^2, \dfrac{b^2-a^2-2abi}{a^2+b^2}\right\}$
$A \cap B=\{0, 9\}$이므로 $a^2+b^2=0$ 또는 $a^2+b^2=9$이다.
이때 $a^2+b^2=0$이면 $a=b=0$에서 $z_1=z_2=0$이므로 조건을 만족하지 않는다.
따라서 $a^2+b^2=9$이고, $0 \in (A \cap B)$이기 위해서는 $a=0$ 또는 $b=0$이어야 한다.
$a=0$이라 하면 $b=3$이고
$A=\{0, 6i, 9, -1\}$, $B=\{6, 0, 9, 1\}$
$\therefore (A \cup B) \cap (A^C \cup B^C)=(A \cup B) \cap (A \cap B)^C$
$\qquad\qquad\qquad\qquad\quad=(A \cup B)-(A \cap B)$
$\qquad\qquad\qquad\qquad\quad=\{-1, 0, 1, 6, 9, 6i\}-\{0, 9\}$
$\qquad\qquad\qquad\qquad\quad=\{-1, 1, 6, 6i\}$

322 답 풀이 참조

주어진 학급의 학생 전체의 집합을 U,
그중 축구를 좋아하는 학생의 집합을 A,
농구를 좋아하는 학생의 집합을 B라 하면
축구와 농구를 모두 좋아하지 않는 학생의 집합은 $A^C \cap B^C$이므로
주어진 조건에 의하여
$n(U)=32$, $n(A)=20$, $n(B)=13$, $n(A^C \cap B^C)=7$이다.
(1) 축구와 농구 중 적어도 하나를 좋아하는 학생의 집합은
　　$A \cup B$이므로
　　$n(A \cup B)=n(U)-n((A \cup B)^C)$
　　$\qquad\qquad\quad=n(U)-n(A^C \cap B^C)$
　　$\qquad\qquad\quad=32-7=25$

따라서 축구와 농구 중 적어도 하나를 좋아하는 학생 수는 25이다.
(2) 축구와 농구를 모두 좋아하는 학생의 집합은 $A \cap B$이므로
　　$n(A \cup B)=n(A)+n(B)-n(A \cap B)$에서
　　$25=20+13-n(A \cap B)$　　$\therefore n(A \cap B)=8$
　　따라서 축구와 농구를 모두 좋아하는 학생 수는 8이다.
(3) 농구만 좋아하는 학생의 집합은 $B-A$이므로
　　$n(B-A)=n(B)-n(A \cap B)$
　　$\qquad\qquad\ =13-8=5$
　　따라서 농구만 좋아하는 학생 수는 5이다.

채점 요소	배점
축구와 농구 중 적어도 하나를 좋아하는 학생 수 구하기	30%
축구와 농구를 모두 좋아하는 학생 수 구하기	30%
농구만 좋아하는 학생 수 구하기	40%

323 답 ④

$A^C \cup B=(A \cap B^C)^C=(A-B)^C$에서 $S(A, B)=n((A-B)^C)$
ㄱ. A와 B가 서로소이면
　　$S(A, B)=n((A-B)^C)=n(A^C)$
　　$S(B, A)=n((B-A)^C)=n(B^C)$
　　이므로 $n(A^C) \neq n(B^C)$이다. (거짓)
ㄴ. $n((B-A)^C)=n(U)-n(B-A)$
　　$\qquad\qquad\qquad=n(U)-\{n(B)-n(A \cap B)\}$
　　$n((A-B)^C)=n(U)-n(A-B)$
　　$\qquad\qquad\qquad=n(U)-\{n(A)-n(A \cap B)\}$
　　$S(B, A)-S(A, B)$
　　$=n(U)-n(B)+n(A \cap B)-\{n(U)-n(A)+n(A \cap B)\}$
　　$=n(A)-n(B)$
　　$=n(A \cap B)-n(A \cup B)\ (\because A \subset B)$ (참)
ㄷ. $S(A, B) \geq S(B, A)$에서
　　$n((A-B)^C) \geq n((B-A)^C)$이다. 이때
　　$n((A-B)^C)=n(U)-\{n(A)-n(A \cap B)\}$
　　$n((B-A)^C)=n(U)-\{n(B)-n(A \cap B)\}$
　　이므로
　　$n(U)-\{n(A)-n(A \cap B)\} \geq n(U)-\{n(B)-n(A \cap B)\}$
　　$n(A) \leq n(B)$이다. (참)
따라서 옳은 것은 ㄴ, ㄷ이다.

324 답 ①

(i) $n(A \cap B)$의 값이 최대인 경우
　　$B \subset A$일 때이므로
　　$n(A \cap B)$의 최댓값은
　　$n(B)=19$

(ii) $n(A \cap B)$의 값이 최소인 경우
　　$A \cup B=U$일 때이므로
　　$n(A \cap B)$의 최솟값은
　　$n(A)+n(B)-n(A \cup B)$
　　$=23+19-36=6$

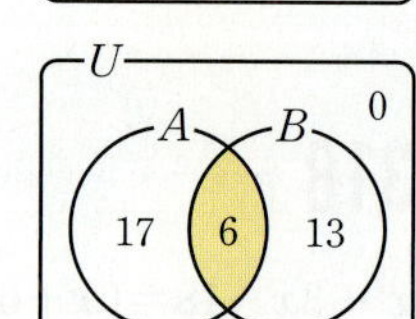

(i), (ii)에 의하여 구하는 최댓값과 최솟값의 합은 $19+6=25$이다.

전체집합 U의 두 부분집합 A, B에 대하여
$n(A\cap B)$의 최댓값과 최솟값은 다음과 같이 정해진다.

$n(A\cap B)$의 최댓값

$n(A\cap B)\leq n(A)$, $n(A\cap B)\leq n(B)$이므로
$n(A\cap B)$의 최댓값은 $n(A)$, $n(B)$ 중 크지 않은 값이다.

❶ $n(A)\leq n(B)$인 경우
$n(A\cap B)$의 최댓값은 $n(A)$이다.
이때 $A\subset B$이다.

❷ $n(B)\leq n(A)$인 경우
$n(A\cap B)$의 최댓값은 $n(B)$이다.
이때 $B\subset A$이다.

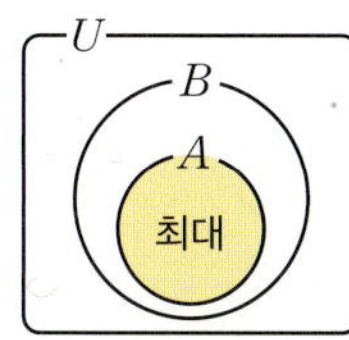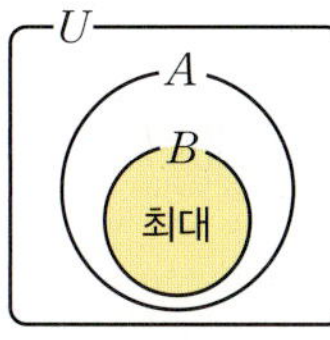

❶ $n(A)\leq n(B)$　❷ $n(B)\leq n(A)$

$n(A\cap B)$의 최솟값

$n(A\cup B)\leq n(U)$이므로
$n(A)+n(B)-n(A\cap B)\leq n(U)$이다.
$n(A\cap B)\geq n(A)+n(B)-n(U)$에서

❶ $n(A)+n(B)\geq n(U)$인 경우
$n(A\cap B)$의 최솟값은 $n(A)+n(B)-n(U)$이다.
이때 $A\cup B=U$이다.

❷ $n(A)+n(B)\leq n(U)$인 경우
$n(A\cap B)$의 최솟값은 0이다.
이때 $A\cap B=\varnothing$이다.

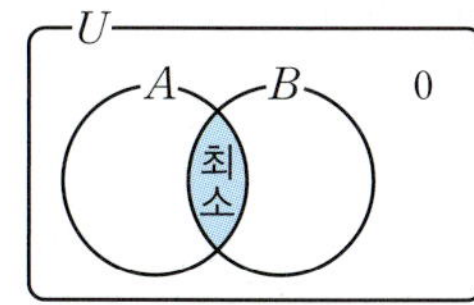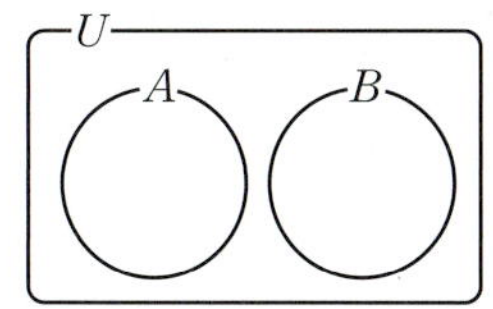

❶ $n(A)+n(B)\geq n(U)$　❷ $n(A)+n(B)\leq n(U)$

325

$\qquad$ (1) 30　(2) 48

주어진 놀이동산 입장객의 전체의 집합을 U,
그중 회전목마를 이용한 입장객의 집합을 A,
롤러코스터를 이용한 입장객의 집합을 B라 하면
주어진 조건에 의하여
$n(U)=50$, $n(A)=26$, $n(B)=28$이다.

(1) 두 놀이기구를 모두 이용한 입장객의 집합은 $A\cap B$이므로
(i) $n(A\cap B)$의 값이 최대인 경우
$A\subset B$일 때이므로
$n(A\cap B)$의 최댓값은
$n(A)=26$

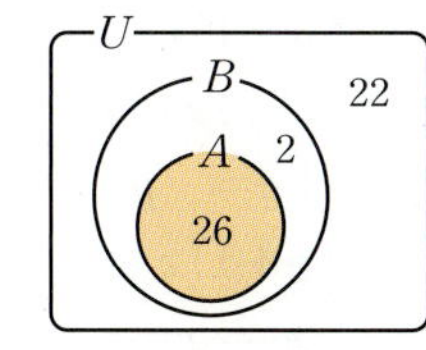

(ii) $n(A\cap B)$의 값이 최소인 경우
$A\cup B=U$일 때이므로
$n(A\cap B)$의 최솟값은
$n(A)+n(B)-n(A\cup B)$
$=26+28-50=4$

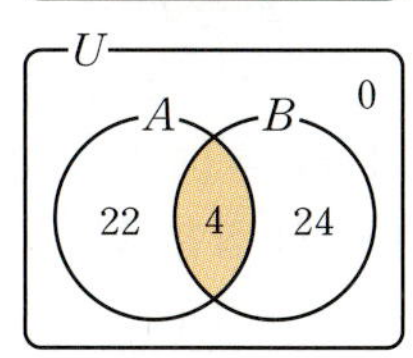

(i), (ii)에 의하여 구하는 최댓값과 최솟값의 합은 $26+4=30$이다.

(2) 롤러코스터만 이용한 입장객의 집합은
$$n(B-A)=n(B)-n(A\cap B)$$
$$\qquad\qquad =28-n(A\cap B) \qquad \cdots\cdots \bigcirc$$
이때 (1)에서 $4\leq n(A\cap B)\leq 26$이므로
$\bigcirc$에서 $2\leq n(B-A)\leq 24$이다.
따라서 $n(B-A)$의 최댓값은 24, 최솟값은 2이므로
구하는 곱은 $24\times 2=48$이다.

326

$\qquad$ 답 ⑤

주어진 100명의 소비자 전체의 집합을 U,
그중 음료수 A를 선호하는 사람의 집합을 A,
음료수 B를 선호하는 사람의 집합을 B라 하면
주어진 조건에 의하여
$n(U)=100$, $n(A)=56$, $n(B)=28$이다.
이때 두 음료수 중 어느 것도 선호하지 않는 사람의 집합은
$A^c\cap B^c=(A\cup B)^c$이므로
$$n(A^c\cap B^c)=n(U)-n(A\cup B)$$
$$\qquad\qquad\qquad =100-n(A\cup B)$$

(i) $n(A^c\cap B^c)$의 값이 최대인 경우
$n(A\cup B)$의 값이 최소이어야 하므로
$B\subset A$일 때이다.
즉, $n(A\cup B)$의 최솟값은
$n(A)=56$이므로
$M=100-56=44$

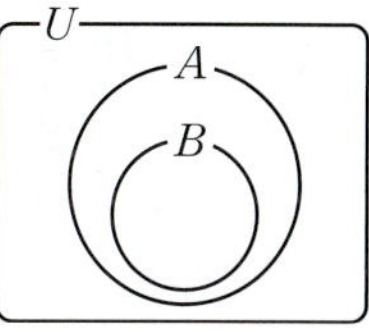

(ii) $n(A^c\cap B^c)$의 값이 최소인 경우
$n(A\cup B)$의 값이 최대이어야 하므로
$A\cap B=\varnothing$일 때이다.
즉, $n(A\cup B)$의 최댓값은
$n(A)+n(B)=56+28=84$
이므로 $m=100-84=16$

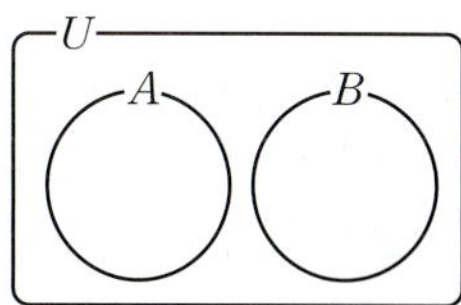

(i), (ii)에 의하여 $M-m=44-16=28$

전체집합 U의 두 부분집합 A, B에 대하여
$n(A\cup B)$의 최댓값과 최솟값은 다음과 같이 정해진다.

$n(A\cup B)$의 최댓값

$n(A\cup B)=n(A)+n(B)-n(A\cap B)$이므로
$n(A\cap B)$가 최솟값을 가질 때,
$n(A\cup B)$는 최댓값을 갖는다.

❶ $n(A)+n(B)\geq n(U)$인 경우
$n(A\cup B)$의 최댓값은 $n(U)$이다.
이때 $A\cup B=U$이다.

❷ $n(A)+n(B)\leq n(U)$인 경우
$n(A\cup B)$의 최댓값은 $n(A)+n(B)$이다.
이때 $A\cap B=\varnothing$이다.

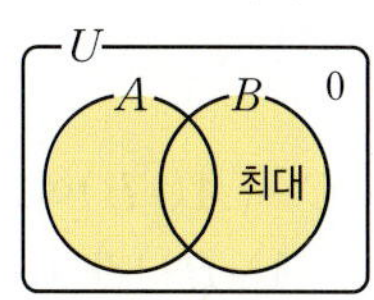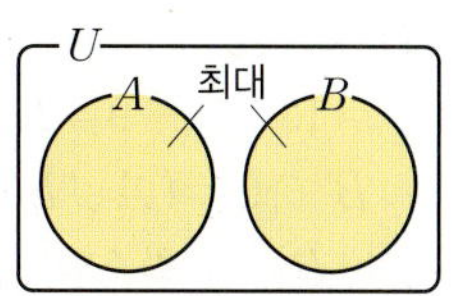

❶ $n(A)+n(B)\geq n(U)$　❷ $n(A)+n(B)\leq n(U)$

$n(A)\le n(A\cup B)$, $n(B)\le n(A\cup B)$이므로
$n(A\cup B)$의 최솟값은 $n(A)$, $n(B)$ 중 작지 않은 값이다.

❶ $n(A)\le n(B)$인 경우
  $n(A\cup B)$의 최솟값은 $n(B)$이다.
  이때 $A\subset B$이다.

❷ $n(B)\le n(A)$인 경우
  $n(A\cup B)$의 최솟값은 $n(A)$이다.
  이때 $B\subset A$이다.

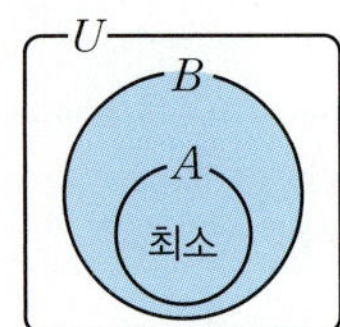
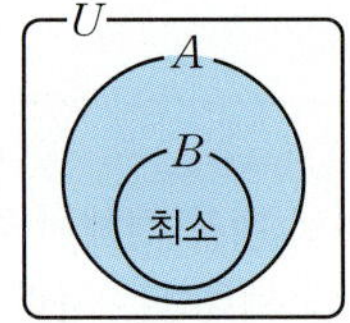

327   탑 43

$n(A)=5$, $n(B)=7$이므로 $n(A\cap B)$의 값은
$A\cup B=U$일 때 최솟값
$n(A)+n(B)-n(U)=5+7-10=2$를 갖고
$A\subset B$일 때 최댓값 $n(A)=5$를 갖는다.
$\therefore 2\le n(A\cap B)\le 5$
집합 U의 모든 원소가 자연수이므로
$A\cap B$의 모든 원소의 합은
$n(A\cap B)=5$이고 집합 $A\cap B(=A)$의 원소 5개가
6, 7, 8, 9, 10일 때 최댓값을 갖고,
$n(A\cap B)=2$이고 집합 $A\cap B$의 원소 2개가
1, 2일 때 최솟값을 갖는다.
즉, $M=6+7+8+9+10=40$, $m=1+2=3$이므로
$M+m=40+3=43$

328   탑 (1) $M=25$, $m=10$ (2) $M=16$, $m=3$

(1) $A^C\cap B^C\cap C=(A\cup B)^C\cap C=C-(A\cup B)$이므로
  $n(A\cup B)$가 최소일 때 $n(C-(A\cup B))$가 최대이다.
  $A\subset B$일 때 $n(A\cup B)$가 최소이므로 최솟값은
  $n(A\cup B)=n(B)=19$
  따라서 $n(C-(A\cup B))$의 최댓값은
  $M=n(A\cup B\cup C)-n(A\cup B)=44-19=25$
  $n(A\cup B)$가 최대일 때 $n(C-(A\cup B))$가 최소이다.
  $A\cap B=\varnothing$일 때, $n(A\cup B)$가 최대이므로 최댓값은
  $n(A\cup B)=n(A)+n(B)=15+19=34$
  따라서 $n(C-(A\cup B))$의 최솟값은
  $m=n(A\cup B\cup C)-n(A\cup B)=44-34=10$
(2) $n(A\cup B)=n(A)+n(B)-n(A\cap B)$
  $\qquad\quad =13+18-9=22$
  이고 $A^C\cap B^C\cap C=(A\cup B)^C\cap C=C-(A\cup B)$이므로
  $n(C\cap(A\cup B))$가 최소일 때 $n(C-(A\cup B))$가 최대이고,
  $n(C\cap(A\cup B))$가 최대일 때 $n(C-(A\cup B))$가 최소이다.

$n(A\cap B\cap C)=5$에서 $5\le n(C\cap(A\cup B))\le 18$이므로
$n(C-(A\cup B))$의 최댓값과 최솟값은
$M=n(C)-n(C\cap(A\cup B))=21-5=16$
$m=n(C)-n(C\cap(A\cup B))=21-18=3$

329   탑 30

첫째 날 봉사활동을 한 학생의 집합을 A,
둘째 날 봉사활동을 한 학생의 집합을 B,
셋째 날 봉사활동을 한 학생의 집합을 C라 하면
주어진 조건에 의하여
$n(A)=23$, $n(B)=15$, $n(C)=17$, $n(A\cap B\cap C)=5$,
$n(A\cup B\cup C)=40$
이때 집합의 원소의 개수를 벤 다이어그램으로 나타내면 다음 그림과
같다.

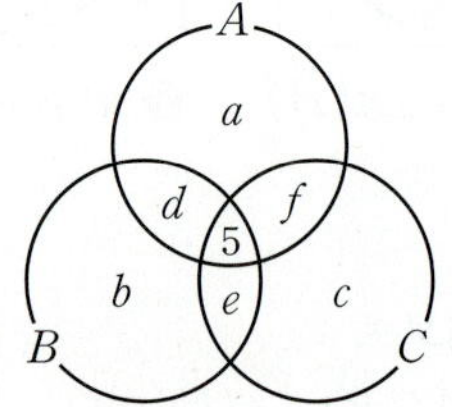

$n(A\cup B\cup C)=n(A)+n(B)+n(C)$
$\qquad\qquad\qquad -n(A\cap B)-n(B\cap C)-n(C\cap A)$
$\qquad\qquad\qquad +n(A\cap B\cap C)$
에서 $40=23+15+17-(d+5)-(e+5)-(f+5)+5$이므로
$d+e+f=5$
$\therefore a+b+c=n(A\cup B\cup C)-(d+e+f)-5$
$\qquad\qquad\ =40-5-5=30$
따라서 하루만 봉사활동을 한 학생 수는 30이다.

330   탑 ③

$x^2-x-2=(x-2)(x+1)=0$에서
$x=2$ 또는 $x=-1$
$n(A\cup B)=5$, $n(A\cap B)=3$이므로
두 방정식 $x^2+px+q=0$, $x^2+qx+p=0$은 각각 서로 다른 두
실근을 갖고, 서로 공통인 실근을 하나 갖는다.
두 방정식의 양변을 각각 빼면
$(p-q)x=p-q$에서 $x=1$ $(\because p\ne q)$
이를 방정식 $x^2+px+q=0$에 대입하면
$1+p+q=0$ $\cdots\cdots$ ㉠
㉠에서 $p=-q-1$이므로 방정식 $x^2+px+q=0$에 대입하면
$x^2-(q+1)x+q=(x-1)(x-q)=0$이므로
$x=1$ 또는 $x=q$
㉠에서 $q=-p-1$이므로 방정식 $x^2+qx+p=0$에 대입하면
$x^2-(p+1)x+p=(x-1)(x-p)=0$이므로
$x=1$ 또는 $x=p$
즉, $A=\{-1,\ 1,\ 2,\ q\}$, $B=\{-1,\ 1,\ 2,\ p\}$이고
$A\cup B=\{-1,\ 1,\ 2,\ p,\ q\}$ (단, $p,\ q\ne -1,\ 1,\ 2$)
따라서 집합 $A\cup B$의 모든 원소의 합은
$(-1)+1+2+p+q=1$ $(\because$ ㉠$)$

331

방문한 45개의 음식점 전체의 집합을 U,
기준 ㈎, ㈏, ㈐를 만족시키는 음식점의 집합을 각각 A, B, C라 하면
주어진 조건에 의하여
$n(U)=45$, $n(A)=36$, $n(B)=25$, $n(C)=23$이고,
×표시를 받은 음식점의 집합은 $(A\cup B\cup C)^C$이므로
$n((A\cup B\cup C)^C)=4$
이때 집합의 원소의 개수를 벤 다이어그램으로 나타내면 다음 그림과
같다.

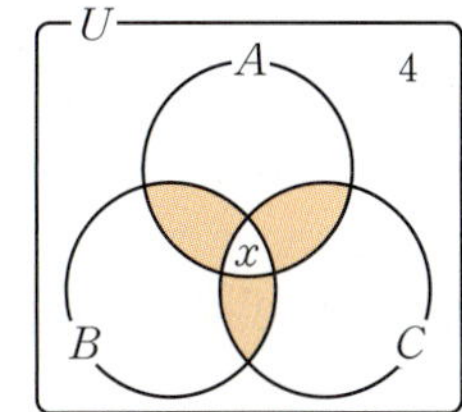

별점 2개를 받은 음식점의 수는 25이므로
색칠한 부분의 원소의 개수는 25이고,
별점 3개를 받은 음식점의 수를 x라 하면 $x=n(A\cap B\cap C)$이므로
$n(A\cup B\cup C)=n(A)+n(B)+n(C)-25-2x$ ······ **TIP**
$n(A\cup B\cup C)=n(U)-n((A\cup B\cup C)^C)=45-4=41$이므로
$41=36+25+23-25-2x$ ∴ $x=9$
따라서 별점 3개를 받은 음식점의 개수는 9이다.

TIP

집합의 원소의 개수를 벤 다이어그램에
그림과 같이 나타내면 별점 2개를 받은
음식점의 수는 $a+b+c=25$이다.
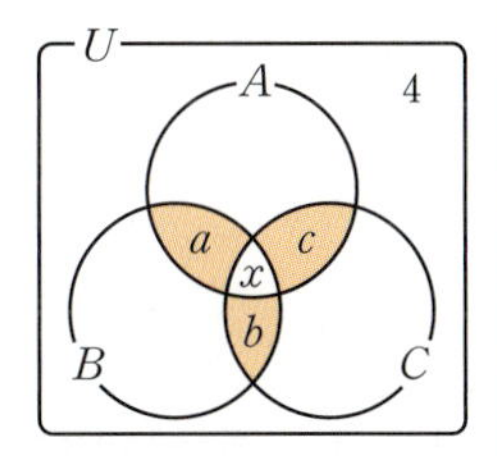
$x=n(A\cap B\cap C)$라 하면
$n(A\cup B\cup C)$
$=n(A)+n(B)+n(C)$
$\quad-n(A\cap B)-n(B\cap C)-n(C\cap A)+n(A\cap B\cap C)$
$=n(A)+n(B)+n(C)-(a+x)-(b+x)-(c+x)+x$
$=n(A)+n(B)+n(C)-(a+b+c)-2x$
가 성립한다.

332

주어진 독서동아리 학생 전체의 집합을 U,
'심청전', '춘향전', '구운몽'을 읽은 학생의 집합을 각각 A, B, C라
하면 주어진 조건에 의하여
$n(U)=50$, $n(A)=33$, $n(B)=32$, $n(C)=27$
이때 집합의 원소의 개수를 벤 다이어그램으로 나타내면 다음 그림과
같다.

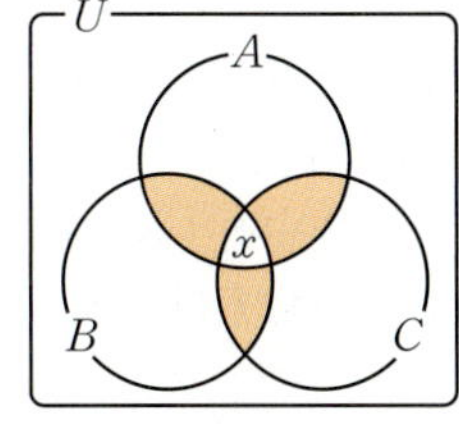

세 권 중 두 권만 읽은 학생이 30명이므로
색칠한 부분의 원소의 개수는 30이고,

세 권을 모두 읽은 학생 수를 x라 하면 $x=n(A\cap B\cap C)$이므로
$n(A\cup B\cup C)=n(A)+n(B)+n(C)-30-2x$
$\qquad\qquad\qquad=33+32+27-30-2x$
$\qquad\qquad\qquad=62-2x$
이때 $n(A\cup B\cup C)\leq n(U)$이므로
$62-2x\leq50$에서 $x\geq6$
따라서 세 권을 모두 읽은 학생 수의 최솟값은 6이다.

> **참고**
>
> $n(A\cap B\cap C)$의 값이 최소인 경우는 $A\cup B\cup C=U$일 때이다.

333

집합 A의 원소의 개수가 n일 때
집합 A의 진부분집합의 개수는 2^n-1이므로
조건 ㈎에서 $2^n-1=7$, $2^n=8=2^3$ ∴ $n=3$
조건 ㈏에 의하여 집합 A의 원소의 최댓값은 15이므로
$A=\{13,\ 14,\ 15\}$일 때, 집합 A의 모든 원소의 합이 최대가 된다.
따라서 구하는 최댓값은 $13+14+15=42$이다.

334

$A=\{1,\ 3,\ 5,\ 7,\ 9,\ 11,\ 13,\ 15\}$이고,
$B=\{x\,|\,x$는 7^n의 일의 자리의 수, n은 자연수$\}$에서
$n=1,\ 2,\ 3,\ 4,\ 5,\ \cdots$일 때,
7^n의 일의 자리의 수는 $7,\ 9,\ 3,\ 1$이 이 순서대로 반복되므로
$B=\{1,\ 3,\ 7,\ 9\}$이다.
이때 $A\cup X=A$에서 $X\subset A$이고, $B\cap X=B$에서 $B\subset X$이므로
$B\subset X\subset A$를 만족시키는 집합 X는
집합 A의 부분집합 중 집합 B의 네 원소 1, 3, 7, 9를 모두 원소로
가지는 부분집합이다.
따라서 구하는 집합 X의 개수는 집합 $\{5,\ 11,\ 13,\ 15\}$의 부분집합의
개수와 같으므로 $2^4=16$이다.

335

주어진 벤 다이어그램에 의하여
$A\cup B=\{1,\ 2,\ 3,\ 4,\ 5,\ 6,\ 7\}$, $A\cap B=\{2,\ 5\}$
$(A\cup B)\cap X=X$에서 $X\subset(A\cup B)$이고,
$(A\cap B)\cup X=X$에서 $(A\cap B)\subset X$이므로
$(A\cap B)\subset X\subset(A\cup B)$를 만족시키는 집합 X는
집합 $A\cup B$의 부분집합 중 두 원소 2, 5를 모두 원소로 가지는
부분집합이다.
따라서 구하는 집합 X의 개수는 집합 $\{1,\ 3,\ 4,\ 6,\ 7\}$의 부분집합의
개수와 같으므로 $2^5=32$이다.

336

$A=\{1,\ 3,\ 5,\ 7,\ 9\}$, $B=\{1,\ 3,\ 9\}$에 대하여
$A=B\cup C$를 만족시키기 위해서

집합 C는 집합 A의 원소 중 5, 7을 모두 원소로 가져야 하고,
나머지 세 원소 1, 3, 9는 가질 수도 있고 가지지 않을 수도 있다.
따라서 구하는 집합 C의 개수는 집합 $\{1, 3, 9\}$의 부분집합의 개수와
같으므로 $2^3=8$이다.

337 답 ③

집합 U의 진부분집합의 개수는 $2^5-1=31$
한편, $\{1, 2, 4\} \cap X \neq \varnothing$이므로 집합 X는 원소 1, 2, 4 중 적어도
하나의 원소를 가져야 한다.
집합 U의 부분집합 중에서
원소 1, 2, 4 중 한 개도 가지지 않은 집합의 개수는
집합 $\{3, 5\}$의 부분집합의 개수와 같으므로 $2^2=4$
따라서 구하는 집합 U의 진부분집합 X의 개수는 $31-4=27$이다.

338 답 64

$A \cup C=B \cup C$가 성립하기 위해서는
$(A-B) \subset C$, $(B-A) \subset C$가 성립해야 한다.
$A=\{1, 3, 5, 7, 9\}$, $B=\{3, 6, 9\}$에서
$A-B=\{1, 5, 7\}$, $B-A=\{6\}$이므로
집합 C는 세 원소 1, 5, 7과 원소 6을 모두 원소로 가져야 한다.
즉, 집합 $\{2, 3, 4, 8, 9, 10\}$의 부분집합에 1, 5, 6, 7을 원소로
추가한 것과 같다.
따라서 집합 C의 개수는 집합 $\{2, 3, 4, 8, 9, 10\}$의 부분집합의
개수와 같으므로 $2^6=64$이다.

339 답 232

전체집합 U와 두 부분집합 A, B에 대하여 다음 그림과 같이 각각의
원소가 포함되는 부분은 ㉠, ㉡, ㉢, ㉣ 중 하나이다.

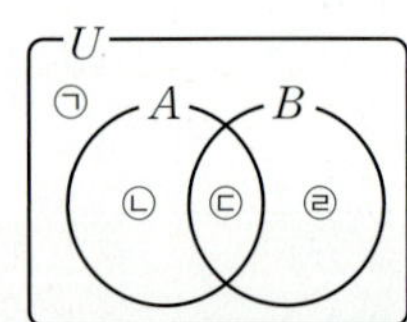

원소 6은 반드시 ㉢에 속하고
나머지 원소 1, 2, 3, 4, 5는 각각 ㉠, ㉡, ㉣ 중 하나에 속하므로
$3 \times 3 \times 3 \times 3 \times 3=243$
이때 $n(A)<5$이므로 $n(A)=5$ 또는 $n(A)=6$인 경우를
제외시켜야 한다.
(i) $n(A)=5$인 경우
　6을 제외한 5개의 원소 중 ㉡에 포함될 4개의 원소를
　선택하는 방법의 수는 $_5C_4=5$이고,
　나머지 1개의 원소는 ㉠, ㉣ 중 하나에 속하므로 $5 \times 2=10$
(ii) $n(A)=6$인 경우
　6을 제외한 5개의 원소가 모두 ㉡에 포함되므로 경우의 수는 1이다.
(i), (ii)에서 $n(A)=5$ 또는 $n(A)=6$인 경우의 수는 $10+1=11$
따라서 두 집합 A, B의 순서쌍 (A, B)의 개수는
$243-11=232$이다.

340 답 31

집합 A는 자연수 전체의 집합의 부분집합이므로
x가 집합 A의 원소이면 x는 자연수이고,
$\dfrac{36}{x}$도 집합 A의 원소이므로 $\dfrac{36}{x}$도 자연수이다.
따라서 x는 36의 약수이어야 하므로
1, 2, 3, 4, 6, 9, 12, 18, 36이 될 수 있다.
이때 주어진 조건에 의하여
$\{1, 36\} \subset A$ 또는 $\{2, 18\} \subset A$ 또는 $\{3, 12\} \subset A$ 또는 $\{4, 9\} \subset A$
또는 $\{6\} \subset A$이므로
1과 36, 2와 18, 3과 12, 4와 9를 각각 한 개의 원소로 생각하면
집합 A의 개수는 원소가 5개인 집합의 공집합이 아닌 부분집합의
개수와 같다.
따라서 구하는 집합 A의 개수는 $2^5-1=31$이다.

341 답 18

$x^2<2x+3$에서 $x^2-2x-3=(x-3)(x+1)<0$이므로
$A=\{x \mid -1<x<3\}$에서 $A^C=\{x \mid x \leq -1 \text{ 또는 } x \geq 3\}$
$4x^2+(2-2k)x>k$에서
$4x^2+(2-2k)x-k=(2x-k)(2x+1)>0$이므로
$B=\left\{x \mid x<-\dfrac{1}{2} \text{ 또는 } x>\dfrac{k}{2}\right\}$

이때 $A^C-B \neq \varnothing$이려면 다음 그림과 같이 $\dfrac{k}{2} \geq 3$, 즉 $k \geq 6$이어야
한다.

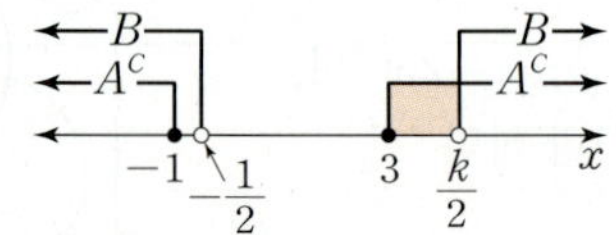

따라서 $A^C-B=\left\{x \mid 3 \leq x \leq \dfrac{k}{2}\right\}$이다.
집합 A^C-B의 원소의 개수가 n이면 부분집합의 개수는 2^n이고,
$2^6=64$, $2^7=128$에서 $2^n \geq 100$을 만족시키려면 $n \geq 7$이다.
즉, $\dfrac{k}{2} \geq 9$, $k \geq 18$에서 자연수 k의 최솟값은 18이다.

342 답 ③

ㄱ. $A=\{x \mid x$는 10 이하의 홀수$\}=\{1, 3, 5, 7, 9\}$의 원소 중
　소수는 3, 5, 7이므로 $S(A)=3$이다. (거짓)
ㄴ. 전체집합 U의 원소 중 소수는 2, 3, 5, 7, 11, 13의 6개이다.
　따라서 $S(A)$의 최댓값은 6이고, 최솟값은 0이므로
　최댓값과 최솟값의 합은 6이다. (참)
ㄷ. 전체집합 U에서 소수를 제외한 나머지 원소의 개수가 9이므로
　소수를 원소로 가지지 않는 부분집합의 개수는 2^9이다.
　이 부분집합에 소수 2, 3, 5, 7, 11, 13 중 하나를 원소로
　추가하여 집합 A를 만들면 $S(A)=1$이므로
　$S(A)=1$인 집합 A의 개수는
　$2^9 \times 6=2^9 \times 2 \times 3=2^{10} \times 3$이다. (참)
ㄹ. $S(A \cup B)=0$이면 집합 $A \cup B$의 원소 중 소수가 존재하지
　않는다.
　즉, 전체집합 U의 두 부분집합 A, B가 모두 소수를 원소로
　가지지 않는다.

ㄷ에서 소수를 원소로 가지지 않는 부분집합의 개수는 2^9이고,
이 중 집합 A, B를 하나씩 선택하면 되므로
집합 A, B의 모든 순서쌍 (A, B)의 개수는
$2^9 \times 2^9 = 2^{18}$이다. (거짓)
따라서 옳은 것은 ㄴ, ㄷ의 2개이다.

343   답 ③

$\{(A-B) \cup (B-A)\}^C = \varnothing$에서
$(A-B) \cup (B-A) = U$이다.
이때 집합 $(A-B) \cup (B-A)$가 나타내는 부분을
벤 다이어그램으로 나타내면 다음 그림과 같다.

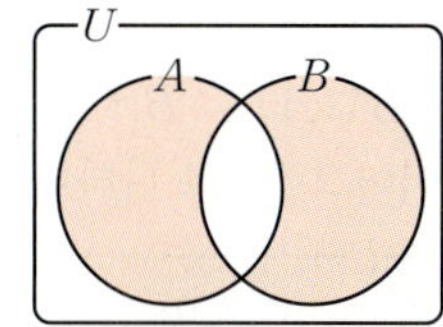

$(A-B) \cup (B-A) = U$이려면 $A \cap B = \varnothing$이고,
$(A \cup B)^C = \varnothing$이어야 하므로
전체집합의 모든 원소는 두 집합 A 또는 B 중 하나에만 속해야
하고, 두 집합 A, B는 공집합이 아니므로 적어도 하나 이상의
원소를 가져야 한다.
따라서 구하는 순서쌍 (A, B)의 개수는
$2^7 - 2 = 126$

344   답 5

집합 A의 원소의 크기를 비교하면 $1 > \dfrac{1}{2} > \dfrac{1}{2^2} > \dfrac{1}{2^3} > \dfrac{1}{2^4}$이다.

(ⅰ) $a_k = 1$일 때,
집합 A_k는 $\{1\}$의 1개뿐이다.
따라서 $a_k = 1$인 k의 개수는 1이다.

(ⅱ) $a_k = \dfrac{1}{2}$일 때,

집합 A_k는 $\dfrac{1}{2}$을 원소로 갖고 $\dfrac{1}{2^2}$, $\dfrac{1}{2^3}$, $\dfrac{1}{2^4}$을 원소로 갖지 않는

부분집합이므로 집합 A_k의 개수는 집합 $\{1\}$의 부분집합의 개수와
같다.

따라서 $a_k = \dfrac{1}{2}$인 k의 개수는 2^1이다.

(ⅲ) $a_k = \dfrac{1}{2^2}$일 때,

집합 A_k는 $\dfrac{1}{2^2}$을 원소로 갖고 $\dfrac{1}{2^3}$, $\dfrac{1}{2^4}$을 원소로 갖지 않는

부분집합이므로 집합 A_k의 개수는 집합 $\left\{1, \dfrac{1}{2}\right\}$의 부분집합의

개수와 같다.

따라서 $a_k = \dfrac{1}{2^2}$인 k의 개수는 2^2이다.

(ⅳ) $a_k = \dfrac{1}{2^3}$일 때,

집합 A_k는 $\dfrac{1}{2^3}$을 원소로 갖고 $\dfrac{1}{2^4}$을 원소로 갖지 않는

부분집합이므로 집합 A_k의 개수는 집합 $\left\{1, \dfrac{1}{2}, \dfrac{1}{2^2}\right\}$의

부분집합의 개수와 같다.

따라서 $a_k = \dfrac{1}{2^3}$인 k의 개수는 2^3이다.

(ⅴ) $a_k = \dfrac{1}{2^4}$일 때,

집합 A_k는 $\dfrac{1}{2^4}$을 원소로 갖는 부분집합이므로 집합 A_k의 개수는

집합 $\left\{1, \dfrac{1}{2}, \dfrac{1}{2^2}, \dfrac{1}{2^3}\right\}$의 부분집합의 개수와 같다.

따라서 $a_k = \dfrac{1}{2^4}$인 k의 개수는 2^4이다.

(ⅰ)~(ⅴ)에 의하여
$a_1 + a_2 + a_3 + \cdots + a_{31}$
$= (1 \times 1) + \left(\dfrac{1}{2} \times 2^1\right) + \left(\dfrac{1}{2^2} \times 2^2\right) + \left(\dfrac{1}{2^3} \times 2^3\right) + \left(\dfrac{1}{2^4} \times 2^4\right)$
$= 5$

> **참고**
>
> 집합 $A = \left\{1, \dfrac{1}{2}, \dfrac{1}{2^2}, \dfrac{1}{2^3}, \dfrac{1}{2^4}\right\}$의 공집합이 아닌 서로 다른
> 부분집합의 개수는 $2^5 - 1 = 31$이므로 A_1, A_2, A_3, $\cdots$, A_{31}과
> 같이 표기할 수 있다.

345   답 96

$A = \{x \mid x는 20 이하의 소수\}$에서
$A = \{2, 3, 5, 7, 11, 13, 17, 19\}$
한편, 모든 자연수 x에 대하여 $(x-5)^2 \geq 0$이므로
$(x-5)^2(x^2 - 17x + 30) < 0$에서 $x \neq 5$이고
$x^2 - 17x + 30 = (x-2)(x-15) < 0$에서
$B = \{x \mid 2 < x < 5, \ 5 < x < 15\}$
조건 ㈎에서 $X \subset A$이고 조건 ㈏에서 $(A-B) \subset X$이다.
이때 $A - B = \{2, 5, 17, 19\} \subset X$이므로
$\{2, 5, 17, 19\} \subset X \subset \{2, 3, 5, 7, 11, 13, 17, 19\}$
이를 만족시키는 집합 X의 개수는 $2^{8-4} = 2^4 = 16$에서 $m = 16$이다.
집합 X는 2, 5, 17, 19를 모두 원소로 갖고,
3, 7, 11, 13 중 a개 $(0 \leq a \leq 4)$를 선택하고 원소로 추가하여
부분집합을 만들면 되므로
원소의 개수가 $(a+4)$인 집합 X의 개수는 $_4\mathrm{C}_a$이다.
$\therefore n(X_1) + n(X_2) + n(X_3) + \cdots + n(X_m)$
$= {}_4\mathrm{C}_0 \times 4 + {}_4\mathrm{C}_1 \times 5 + {}_4\mathrm{C}_2 \times 6 + {}_4\mathrm{C}_3 \times 7 + {}_4\mathrm{C}_4 \times 8$
$= 4 + 20 + 36 + 28 + 8 = 96$

346   답 ③

ㄱ. $\{\varnothing\}$은 집합 A의 원소이므로 $\{\varnothing\} \in A$ (참)

ㄴ. 집합 A의 원소는 $\varnothing$, $\{\varnothing\}$, $\{\varnothing, \{\varnothing\}\}$의 3개이므로 집합 A의
진부분집합의 개수는 $2^3 - 1 = 7$이다. (참)

ㄷ. $A \cup \{A\} = \{\varnothing, \{\varnothing\}, \{\varnothing, \{\varnothing\}\}, A\}$이므로 집합 $A \cup \{A\}$의
원소는 $\varnothing$, $\{\varnothing\}$, $\{\varnothing, \{\varnothing\}\}$, A의 4개이다.
따라서 $n(A \cup \{A\}) = 4$ (거짓)

따라서 옳은 것은 ㄱ, ㄴ이다.

347
답 ③

집합 $P(A)=\{X\,|\,X\subset A\}$의 원소는 집합 A의 모든 부분집합이다.

ㄱ. $A\subset B$이면 집합 A의 모든 부분집합은 집합 B의 부분집합이므로
$P(A)\subset P(B)$ (참)

ㄴ. 집합 A의 부분집합이면서 집합 B의 부분집합인 것은 집합
$A\cap B$의 부분집합과 같다.
따라서 $P(A\cap B)=P(A)\cap P(B)$ (참)

ㄷ. $A=\{1,\,2\}$, $B=\{2,\,3\}$이라 하면
$\{1,\,3\}\in P(A\cup B)$이지만
$\{1,\,3\}\notin P(A)$, $\{1,\,3\}\notin P(B)$이므로
$P(A\cup B)\neq P(A)\cup P(B)$ (거짓)

따라서 옳은 것은 ㄱ, ㄴ이다.

348
답 ③

조건 ㈎, ㈏에 의하여

$\dfrac{1}{2}\in A$에서 $\dfrac{\frac{1}{2}-1}{\frac{1}{2}}=-1\in A$, $-1\in A$에서 $\dfrac{-1-1}{-1}=2\in A$,

$2\in A$에서 $\dfrac{2-1}{2}=\dfrac{1}{2}\in A$이다.

$\therefore \left\{\dfrac{1}{2},\,-1,\,2\right\}\subset A$

ㄱ. $2\in A$ (참)

ㄴ. $a\in A$이면 $\dfrac{a-1}{a}\in A$이고, $\dfrac{a-1}{a}\in A$에서

$\dfrac{\frac{a-1}{a}-1}{\frac{a-1}{a}}=\dfrac{-1}{a-1}\in A$,

$\dfrac{-1}{a-1}\in A$에서 $\dfrac{\frac{-1}{a-1}-1}{\frac{-1}{a-1}}=a\in A$이다.

즉, $a\in A$이면 $\dfrac{a-1}{a}\in A$, $\dfrac{-1}{a-1}\in A$이다.

이때 $a=\dfrac{a-1}{a}$이면 $a^2=a-1$에서 $a^2-a+1=0$

$\dfrac{a-1}{a}=\dfrac{-1}{a-1}$이면 $(a-1)^2=-a$에서 $a^2-a+1=0$

$a=\dfrac{-1}{a-1}$이면 $a(a-1)=-1$에서 $a^2-a+1=0$

이고, $a^2-a+1=0$에서 근의 공식에 의하여

$a=\dfrac{1\pm\sqrt{(-1)^2-4}}{2}=\dfrac{1\pm\sqrt{3}\,i}{2}$이므로

$n(A)=5$, 즉 3의 배수가 아니려면

$A=\left\{\dfrac{1}{2},\,-1,\,2,\,\dfrac{1+\sqrt{3}\,i}{2},\,\dfrac{1-\sqrt{3}\,i}{2}\right\}$이어야 한다.

따라서 $n(A)=5$이면 집합 A의 모든 원소의 곱은

$\dfrac{1}{2}\times(-1)\times2\times\dfrac{1-\sqrt{3}\,i}{2}\times\dfrac{1+\sqrt{3}\,i}{2}=-1$이다. (참)

ㄷ. ㄴ에 의하여 $a\in A$이면 $\dfrac{a-1}{a}\in A$, $\dfrac{-1}{a-1}\in A$이다.

이때 $a\times\dfrac{a-1}{a}\times\dfrac{-1}{a-1}=-1$이므로

$n(A)$가 3의 배수이면서
홀수이면 집합 A의 모든 원소의 곱은 -1,
짝수이면 집합 A의 모든 원소의 곱은 1이다. (거짓)

따라서 옳은 것은 ㄱ, ㄴ이다.

349
답 ⑤

ㄱ. $A*B=(A\cap B)\cup(A\cup B)^C$
$=(B\cap A)\cup(B\cup A)^C=B*A$ (참)

ㄴ. 집합 $A*B$를 벤 다이어그램으로 나타내면 다음 그림과 같다.

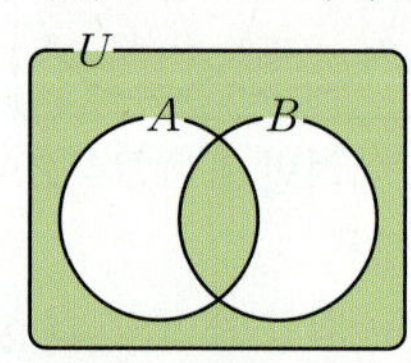

두 집합 $(A*B)*C$와 $A*(B*C)$를 각각
벤 다이어그램으로 나타내면

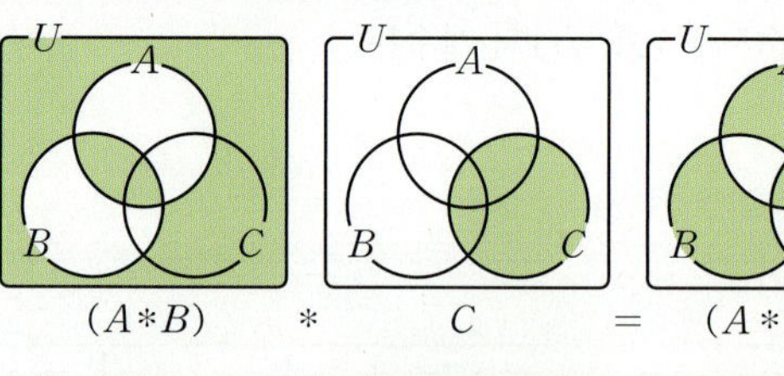

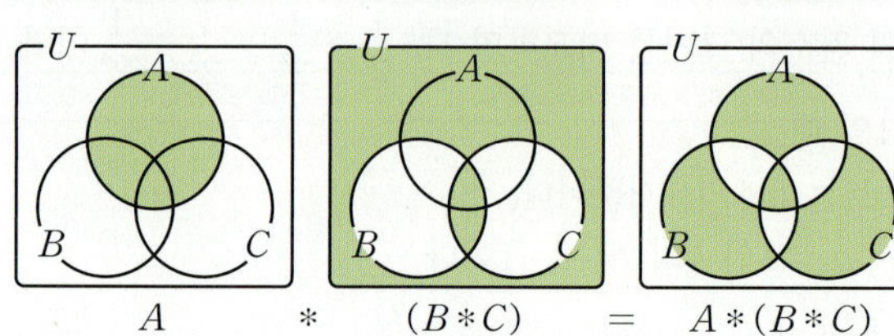

이므로 $(A*B)*C=A*(B*C)$ (참)

ㄷ. $A*A=(A\cap A)\cup(A\cup A)^C=A\cup A^C=U$
$A*A*A=U*A=(U\cap A)\cup(U\cup A)^C$
$=A\cup U^C=A\cup\varnothing=A$
$A*A*A*A=A*A=U$
$\vdots$

이므로 자연수 n에 대하여
$\underbrace{A*A*\cdots*A}_{A가\ (2n-1)개}=A$, $\underbrace{A*A*\cdots*A}_{A가\ 2n개}=U$이다.

즉, $\underbrace{A*A*\cdots*A}_{A가\ 99개}=A$ (참)

따라서 옳은 것은 ㄱ, ㄴ, ㄷ이다.

> **참고**
>
> 문제에서 주어진 연산 $A*B=(A\cap B)\cup(A\cup B)^C$에서
> $(A*B)^C=\{(A\cap B)\cup(A\cup B)^C\}^C$
> $=(A\cap B)^C\cap(A\cup B)$
> $=(A\cup B)-(A\cap B)$
> 이므로 $A*B$는 두 집합 A, B의 대칭차집합의 여집합을
> 의미한다.

350

답 ③

ㄱ. 집합 A_9는 9와 서로소인 모든 자연수를 원소로 갖는다. 이때 $9=3^2$이므로 9와 서로소인 자연수는 3과 서로소인 자연수와 같다. 즉, $A_9=A_3$이고 집합 B_3은 3의 배수인 모든 자연수를 원소로 가지므로 $A_9 \cup B_3=N$이다. (참)

ㄴ. $B_{12} \cap B_p=B_{36}$을 만족시키려면 12와 p의 최소공배수가 36이어야 한다.
36의 약수는 1, 2, 3, 4, 6, 9, 12, 18, 36이고, 이 중 12와 최소공배수가 36인 자연수는 9, 18, 36이다.
따라서 자연수 p의 합은 $9+18+36=63$이다. (참)

ㄷ. $A_2 \cap A_3 \cap A_8$에서 $8=2^3$이므로 $A_8=A_2$이다.
즉, $A_2 \cap A_3 \cap A_8=A_2 \cap A_3$이다.
집합 $A_2 \cap A_3$은 2와 3 모두와 서로소인 자연수를 원소로 가지므로 자연수 q는 2와 3만을 소인수로 가지는 자연수이다.
따라서 30 이하의 자연수 q는 2×3, $2^2\times3$, 2×3^2, $2^3\times3$의 4개이다. (거짓)

따라서 옳은 것은 ㄱ, ㄴ이다.

351

답 ④

집합 $(A\odot B)\odot C$를 벤 다이어그램으로 나타내면 다음 그림과 같다.

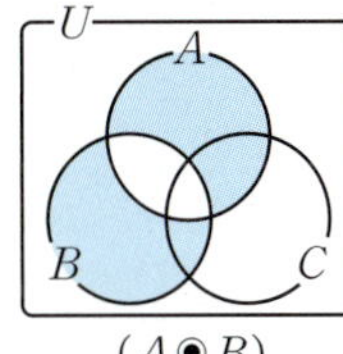 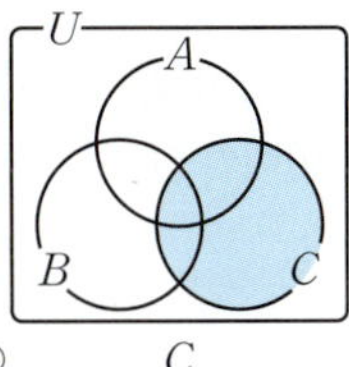 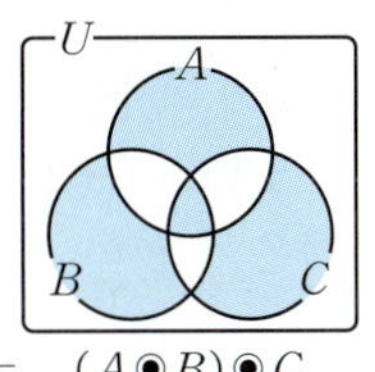

$n(A)$는 3의 배수인 100 이하의 자연수의 개수이므로
$n(A)=33$
$n(B)$는 4의 배수인 100 이하의 자연수의 개수이므로
$n(B)=25$
$n(C)$는 5의 배수인 100 이하의 자연수의 개수이므로
$n(C)=20$
$n(A\cap B)$는 12의 배수인 100 이하의 자연수의 개수이므로
$n(A\cap B)=8$
$n(B\cap C)$는 20의 배수인 100 이하의 자연수의 개수이므로
$n(B\cap C)=5$
$n(C\cap A)$는 15의 배수인 100 이하의 자연수의 개수이므로
$n(C\cap A)=6$
$n(A\cap B\cap C)$는 60의 배수인 100 이하의 자연수의 개수이므로
$n(A\cap B\cap C)=1$이다.
집합의 원소의 개수를 벤 다이어그램으로 나타내면 다음 그림과 같다.

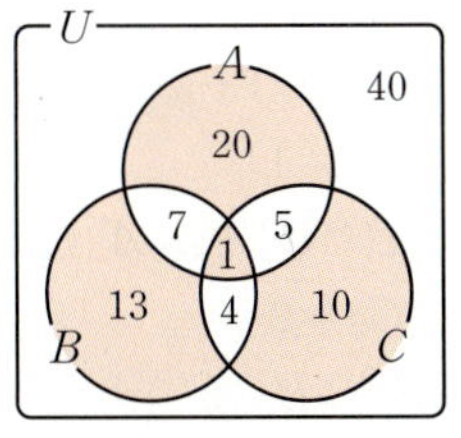

따라서 구하는 집합 $(A\odot B)\odot C$의 원소의 개수는
$20+13+10+1=44$이다.

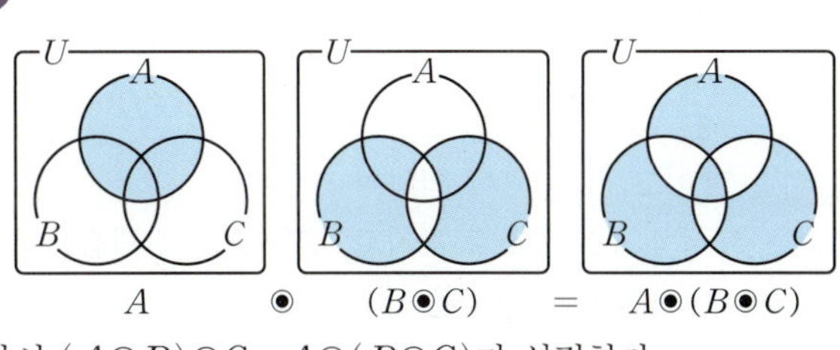

따라서 $(A\odot B)\odot C=A\odot(B\odot C)$가 성립한다.

352

답 72

조건 (나)에 의하여 $12\in A$이므로
$A=\{a, b, c, d, 12\}$ (a, b, c, d는 12가 아닌 서로 다른 네 자연수)라 하면
$B=\{ak, bk, ck, dk, 12k\}$
조건 (다)에서 $a+b+c+d+12=25$,
$a+b+c+d=13$ …… ㉠
이고, $A\cap B=\{12, a\}$라 할 때, 집합 $A\cup B$의 모든 원소의 합은
$(a+b+c+d+12)+k(a+b+c+d+12)-(12+a)=157$
$25+25k-12-a=157$ $(\because ㉠)$
$25k=144+a$이다.   …… ㉡
이때 $b+c+d$의 값이 최소, 즉 $b=1$, $c=2$, $d=3$인 경우를 생각하면 ㉠에서 $a=7$이므로
a, b, c, d가 서로 다른 네 자연수일 때 ㉠을 만족시키기 위해서는 a는 7 이하의 자연수이다.
또한 ㉡에서 좌변은 자연수이고, $ak\in B$에서 ak는 자연수이므로 우변 $144+a$는 25의 배수이다. $\therefore a=6$, $k=6$ …… TIP
이때 $b+c+d=7$을 만족하는 서로 다른 세 자연수 b, c, d는 크기가 작은 수부터 크기순으로 나열하면 1, 2, 4이다.
따라서 $A=\{1, 2, 4, 6, 12\}$, $B=\{6, 12, 24, 36, 72\}$이고 집합 B의 원소 중 최댓값은 72이다.

$25k$는 자연수이므로 $k>0$이고 어떤 자연수 n에 대하여 $k=\dfrac{n}{25}$ 꼴로 나타낼 수 있다. 이때 k가 자연수가 아니면 ak가 자연수이기 위해서는 $a\le7$에서 $a=5$이어야 하고, ㉡에 $a=5$를 대입하면 $25k=149$에서 $k=\dfrac{149}{25}$이다. 하지만 이 경우
$ak=5\times\dfrac{149}{25}=\dfrac{149}{5}$에서 ak는 자연수가 아니게 된다.
따라서 k는 자연수이어야 한다.
즉, ㉡에서 좌변은 25의 배수이므로 우변인 $144+a$가 25의 배수가 되도록 하는 a의 값은 6으로 유일하고, 이 경우 $25k=150$에서 $k=6$이다.

353

답 ③

집합 B의 원소는 자연수이므로 조건 (가)에서
$1\in A$이면 $\dfrac{-1+9}{2}=4\in B$, $2\in A$이면 $\dfrac{2+8}{2}=5\in B$,
$3\in A$이면 $\dfrac{-3+9}{2}=3\in B$, $4\in A$이면 $\dfrac{4+8}{2}=6\in B$,

$5 \in A$이면 $\dfrac{-5+9}{2}=2 \in B$, $6 \in A$이면 $\dfrac{6+8}{2}=7 \in B$,

$7 \in A$이면 $\dfrac{-7+9}{2}=1 \in B$, $8 \in A$이면 $\dfrac{8+8}{2}=8 \in B$이다.

$A-B=\{4,\ 7\}$이고, 조건 ㈏에 의하여
집합 A는 반드시 4, 7을 원소로 가지고, 집합 B는 전체집합에서
4, 7을 제외한 나머지 모든 원소를 원소로 가지므로
$B=\{1,\ 2,\ 3,\ 5,\ 6,\ 8\}$이다.
이때 집합 B가 4, 7을 원소로 가지지 않으려면 $1 \notin A$, $6 \notin A$이다.
따라서 집합 A의 원소의 개수가 최대일 때
$A=\{2,\ 3,\ 4,\ 5,\ 7,\ 8\}$이고, $A \cap B=\{2,\ 3,\ 5,\ 8\}$이다.
또한 집합 A의 원소의 개수가 최소일 때
$A=\{4,\ 7\}$이고, $A \cap B=\varnothing$이다.
따라서 $S(A \cap B)$의 최댓값은 $2+3+5+8=18$이고, 최솟값은
0이므로 최댓값과 최솟값의 합은 $18+0=18$이다.

354   답 ④

조건 ㈎에서 $A \cap B=\{4,\ 6,\ 8\}$이고

$\dfrac{x+k}{2}=4$에서 $x=8-k$, $\dfrac{x+k}{2}=6$에서 $x=12-k$

$\dfrac{x+k}{2}=8$에서 $x=16-k$이므로

$B=\left\{\left.\dfrac{x+k}{2}\ \right|\ x \in A\right\}$에서

$(8-k) \in A$, $(12-k) \in A$, $(16-k) \in A$이다.
이때 집합 A의 원소는 모두 자연수이므로 $k<8$이고
$n(A)=5$이므로 $(8-k) \in \{4,\ 6,\ 8\}$ 또는 $(12-k) \in \{4,\ 6,\ 8\}$
또는 $(16-k) \in \{4,\ 6,\ 8\}$
따라서 k는 8보다 작은 짝수인 자연수이다.
(i) $k=2$일 때,
    $A=\{4,\ 6,\ 8,\ 10,\ 14\}$, $B=\{3,\ 4,\ 5,\ 6,\ 8\}$이고,
    $(A-B) \cup (B-A)=\{3,\ 5,\ 10,\ 14\}$에서 모든 원소의 합은
    32이다.
(ii) $k=4$일 때,
    $n(A)=n(B)=5$이므로 $\alpha \notin \{4,\ 6,\ 8,\ 12\}$, $\beta \notin \{4,\ 5,\ 6,\ 8\}$인
    두 자연수 α, β $(\alpha \neq \beta)$에 대하여
    $A=\{4,\ 6,\ 8,\ 12,\ \alpha\}$, $B=\{4,\ 5,\ 6,\ 8,\ \beta\}$라 하면
    $\beta=\dfrac{\alpha+4}{2}=\dfrac{\alpha}{2}+2$
    이때 $A-B=\{12,\ \alpha\}$, $B-A=\{5,\ \beta\}$이므로
    $12+\alpha+5+\beta=17+\alpha+\left(\dfrac{\alpha}{2}+2\right)=\dfrac{3}{2}\alpha+19=24$에서
    $\dfrac{3}{2}\alpha=5$ $\therefore\ \alpha=\dfrac{10}{3}$
    이때 α는 자연수가 아니므로 조건을 만족시킬 수 없다.
(iii) $k=6$일 때,
    $A=\{2,\ 4,\ 6,\ 8,\ 10\}$, $B=\{4,\ 5,\ 6,\ 7,\ 8\}$이고,
    $(A-B) \cup (B-A)=\{2,\ 5,\ 7,\ 10\}$에서 모든 원소의 합은
    24이다.
(i)~(iii)에 의하여 조건을 만족시키는 자연수 k의 값은 6이고,
$A=\{2,\ 4,\ 6,\ 8,\ 10\}$, $B=\{4,\ 5,\ 6,\ 7,\ 8\}$이므로
집합 B의 모든 원소의 합은 30이다.

355   답 ④

ㄱ. $A=\{1,\ 2\}$, $B=\{6\}$이면 $S(A)<S(B)$이지만 $A \subset B$가
   성립하지 않는다. (거짓)

ㄴ. $A^{C}=B$이면 $A \cap B=\varnothing$이고 $A \cup B=U$이므로
   $S(A)+S(B)=S(U)=21$이다. (참)

ㄷ. $A=\{1,\ 2,\ 4\}$일 때, $S(A)=7$이므로
   $S(A) \leq S(B)$에서 $7 \leq S(B)$를 만족시켜야 한다.
   이때 $S(U)=21$이므로 $0 \leq S(B) \leq 21$이고 구하는 집합 B의
   개수는 전체집합 U의 모든 부분집합의 개수 $2^6=64$에서
   $0 \leq S(B)<7$인 집합 B의 개수를 빼면 되므로 집합 B의 원소의
   개수를 기준으로 생각해 보면 다음과 같다.
   (i) $n(B)=0$일 때,
      가능한 집합 B는 $\varnothing$의 1개
   (ii) $n(B)=1$일 때,
      가능한 집합 B는 $\{1\}$, $\{2\}$, $\{3\}$, $\{4\}$, $\{5\}$, $\{6\}$의 6개
   (iii) $n(B)=2$일 때,
      가능한 집합 B는 $\{1,\ 2\}$, $\{1,\ 3\}$, $\{1,\ 4\}$, $\{1,\ 5\}$, $\{2,\ 3\}$,
      $\{2,\ 4\}$의 6개
   (iv) $n(B)=3$일 때,
      가능한 집합 B는 $\{1,\ 2,\ 3\}$의 1개
   (v) $n(B) \geq 4$일 때,
      $S(B)$의 최솟값은 $B=\{1,\ 2,\ 3,\ 4\}$일 때 10이므로 가능한
      집합 B가 존재하지 않는다.
   (i)~(v)에 의하여 구하는 집합 B의 개수는
   $64-(1+6+6+1)=50$이다. (참)
따라서 옳은 것은 ㄴ, ㄷ이다.

356   답 ⑤

ㄱ. $n(A \cap B \cap C)=0$이고 $n(B \cap C)=2$이면
   $n(A^{C} \cap B \cap C)=2$
   이때 $n(B-A) \geq n(A^{C} \cap B \cap C)=2$이므로
   $n(B-A)=1$을 만족시키지 않는다.
   $\therefore\ n(A \cap B \cap C) \neq 0$ (참)
ㄴ.

$n(A \cap B \cap C)=2$이면
$n(B \cap C)=n(A \cap B \cap C)+n(A^{C} \cap B \cap C)$
이므로 $n(A^{C} \cap B \cap C)=0$
$n(B-A)=n(A^{C} \cap B \cap C)+n(A^{C} \cap B \cap C^{C})=1$
이므로 $n(A^{C} \cap B \cap C^{C})=1$
$n(C-A)=n(A^{C} \cap B \cap C)+n(A^{C} \cap B^{C} \cap C)=2$
이므로 $n(A^{C} \cap B^{C} \cap C)=2$
$n(A \cap B \cap C)+n(A^{C} \cap B \cap C^{C})+n(A^{C} \cap B^{C} \cap C)$
$=5=n(U)$
따라서 $n(C)=n(A \cap B \cap C)+n(A^{C} \cap B^{C} \cap C)=4$ (참)

ㄷ.

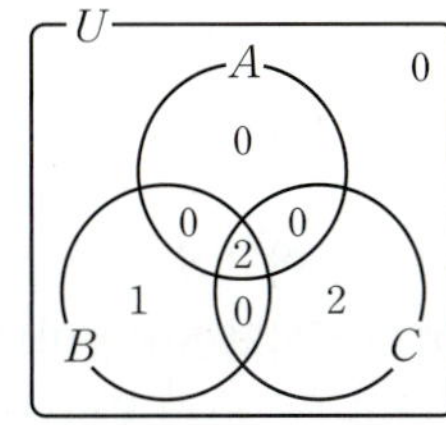

$n(B\cap C)=2$이므로 ㄱ에 의하여
$n(A\cap B\cap C)=1$ 또는 $n(A\cap B\cap C)=2$

(i) $n(A\cap B\cap C)=2$일 때

　ㄴ에 의하여

　$n(A)=n(A\cap B\cap C)=2$

　$n(B)=n(A\cap B\cap C)+n(A^C\cap B\cap C^C)=3$

　$n(A)\times n(B)\times n(C)=2\times3\times4=24$

(ii) $n(A\cap B\cap C)=1$일 때

　$n(B\cap C)=2$에서 $n(A^C\cap B\cap C)=1$

　$n(B-A)=1$에서 $n(A^C\cap B\cap C^C)=0$

　$n(C-A)=2$에서 $n(A^C\cap B^C\cap C)=1$

　각 집합의 원소의 개수를 벤 다이어그램에 나타내면 다음
　그림과 같다.

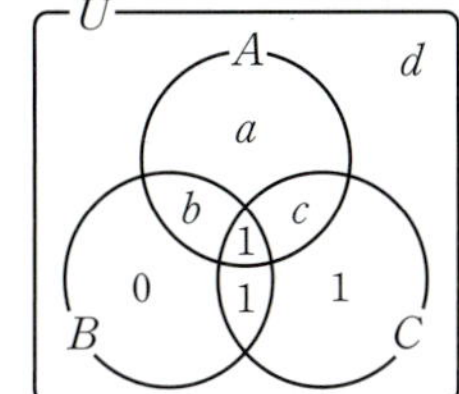

$n(A)=a+b+c+1$

$n(B)=b+2$

$n(C)=c+3$

이고 $a+b+c+d=2$이다.

$n(A)\times n(B)\times n(C)$의 값이 최소가 되기 위해서는

$a=b=c=0,\ d=2$

이때 $n(A)\times n(B)\times n(C)=1\times2\times3=6$

$n(A)\times n(B)\times n(C)$의 값이 최대가 되기 위해서는

$a=d=0,\ b+c=2$

ⓐ $b=2,\ c=0$일 때

　$n(A)\times n(B)\times n(C)=3\times4\times3=36$

ⓑ $b=1,\ c=1$일 때

　$n(A)\times n(B)\times n(C)=3\times3\times4=36$

ⓒ $b=0,\ c=2$일 때

　$n(A)\times n(B)\times n(C)=3\times2\times5=30$

(i), (ii)에 의하여 $n(A)\times n(B)\times n(C)$의 최댓값은 36,
최솟값은 6이다.

따라서 $n(A)\times n(B)\times n(C)$의 최댓값과 최솟값의 합은
42이다. （참）

따라서 옳은 것은 ㄱ, ㄴ, ㄷ이다.

357 ────────────────────────────── 답 ①

주어진 학교 전교생 전체의 집합을 U,
국어, 영어, 수학을 보충 수업으로 신청한 학생의 집합을 각각
$A,\ B,\ C$, 전체 학생 수를 x라 하면
주어진 조건에 의하여

$n(U)=x,\ n(A)=0.6x,\ n(B)=0.3x,\ n(C)=0.2x,$
$n(A\cap B\cap C)=0.1x$이다.

집합의 원소의 개수를 벤 다이어그램으로 나타내면 다음 그림과
같다.

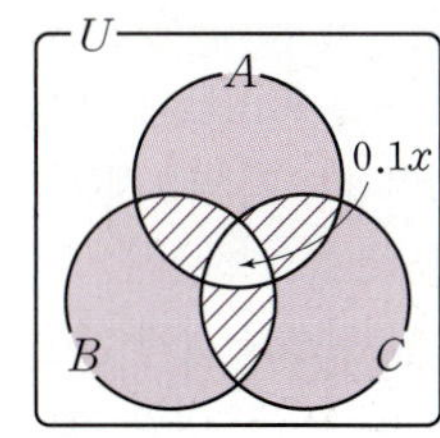

이때 오직 한 과목만 신청한 학생은 전교생의 50 %이므로
색칠한 부분의 원소의 개수는 $0.5x$이고,
두 과목만 신청한 학생 수를 y라 하면
빗금 친 부분의 원소의 개수가 y이다.

$0.5x=n(A)+n(B)+n(C)-2y-3\times n(A\cap B\cap C)$
$\qquad=0.6x+0.3x+0.2x-2y-3\times0.1x$

$\therefore\ y=0.15x$ ‥‥‥ ㉠

$n(A\cup B\cup C)=n(A)+n(B)+n(C)-y-2\times n(A\cap B\cap C)$
$\qquad=0.6x+0.3x+0.2x-0.15x-0.2x\ (\because ㉠)$
$\qquad=0.75x$

이때 어느 과목도 신청하지 않은 학생이 140명이므로
$n((A\cup B\cup C)^C)=n(U)-n(A\cup B\cup C)$에서
$140=x-0.75x\qquad\therefore\ x=560$

따라서 두 과목만 신청한 학생 수는
$y=0.15\times560=84$이다. $(\because ㉠)$

358 ────────────────────────── 답 풀이 참조

(1) 집합 $U=\{1,\ 2,\ x,\ 4,\ 5\}$의 부분집합 중 원소의 개수가 2인
　부분집합은
　$\{1,\ 2\},\ \{1,\ x\},\ \{1,\ 4\},\ \{1,\ 5\},$
　$\{2,\ x\},\ \{2,\ 4\},\ \{2,\ 5\},$
　$\{x,\ 4\},\ \{x,\ 5\},$
　$\{4,\ 5\}$의 10개이다.
　$\therefore\ n=10$

(2) 집합 U의 부분집합 중 1이 속하고 원소의 개수가 2인 부분집합의
　개수는 4이다.
　마찬가지로 $2,\ x,\ 4,\ 5$가 각각 속하고 원소의 개수가 2인
　부분집합의 개수도 4이므로
　$s_1+s_2+s_3+\cdots+s_n=4\times(1+2+x+4+5)$
　$4(x+12)=120$
　$\therefore\ x=18$

채점 요소	배점
원소의 개수가 2인 부분집합을 나열하여 n의 값 구하기	30%
1, 2, x, 4, 5를 각각 원소로 갖고 원소의 개수가 2인 부분집합의 개수가 4임을 구하기	40%
x의 값 구하기	30%

다른 풀이

(1) 집합 $U=\{1,\ 2,\ x,\ 4,\ 5\}$의 부분집합 중 원소의 개수가 2인
　부분집합은 $_5C_2=10$개이다.
　$\therefore\ n=10$

359

(i) 최대인 원소가 1일 때,
원소의 개수가 2 이상인 부분집합은 존재하지 않는다.

(ii) 최대인 원소가 2일 때,
2를 원소로 갖고 3, 4, 5를 원소로 갖지 않는 부분집합 중 원소의
개수가 2 이상인 집합은 $\{1, 2\}$의 1개뿐이다.

(iii) 최대인 원소가 3일 때,
3을 원소로 갖고 4, 5를 원소로 갖지 않는 부분집합 중 원소의
개수가 2 이상인 집합의 개수는 집합 $\{1, 2\}$의 부분집합 중
공집합이 아닌 집합의 개수와 같다.
따라서 $2^2-1=3$(개)

(iv) 최대인 원소가 4일 때,
4를 원소로 갖고 5를 원소로 갖지 않는 부분집합 중 원소의
개수가 2 이상인 집합의 개수는 집합 $\{1, 2, 3\}$의 부분집합 중
공집합이 아닌 집합의 개수와 같다.
따라서 $2^3-1=7$(개)

(v) 최대인 원소가 5일 때,
5를 원소로 갖는 부분집합 중 원소의 개수가 2 이상인 집합의
개수는 집합 $\{1, 2, 3, 4\}$의 부분집합 중 공집합이 아닌 집합의
개수와 같다.
따라서 $2^4-1=15$(개)

(i)~(v)에 의하여 각 집합의 원소 중 최대인 것을 모두 더한 값은
$1\times0+2\times1+3\times3+4\times7+5\times15=114$

> **참고**
>
> 집합 $U=\{1, 2, 3, 4, 5\}$의 부분집합 중 원소의 개수가 2 이상인
> 집합 X의 개수는 다음과 같이 구할 수 있다.
> 집합 U의 모든 부분집합은 $2^5=32$(개),
> 집합 U의 원소의 개수가 1인 부분집합은
> $\{1\}$, $\{2\}$, $\{3\}$, $\{4\}$, $\{5\}$의 5개,
> 집합 U의 원소의 개수가 0인 부분집합은 $\varnothing$의 1개이므로 집합
> X의 개수는 $32-(5+1)=26$이다.

360

$A\cup C=B\cup C$를 만족시키려면
$(A-B)\subset C$, $(B-A)\subset C$를 만족시켜야 한다.
$n((A-B)\cup(B-A))=k$이면
집합 C는 $(A-B)\cup(B-A)$의 k개의 원소를 모두 원소로 갖는
U의 부분집합이고, 집합 C의 개수는 2^{8-k}이므로
$2^{8-k}=16=2^4$에서 $k=4$
즉, $n(A\cap B)=2$이어야 하고 $1\in(A\cap B)$이므로
a, b 중 하나는 2, 4, 6, 8 중 하나의 값, 다른 하나는 3, 5, 7 중
하나의 값을 가져야 하고, 선택된 값 중 작은 값이 a, 큰 값이 b이다.
($\because a<b$)
따라서 구하는 순서쌍 (a, b)의 개수는 $4\times3=12$이다.

361

주어진 조건에 의하여

(i) $\varnothing\in X$이면 $S-\varnothing=S\in X$

(ii) $\{a\}\in X$이면 $\{b, c\}\in X$이고 $\{a\}\cup\{b, c\}=S\in X$이므로
$\varnothing\in X$

(iii) $\{b\}\in X$이면 $\{a, c\}\in X$이고 $S\in X$이므로 $\varnothing\in X$

(iv) $\{c\}\in X$이면 $\{a, b\}\in X$이고 $S\in X$이므로 $\varnothing\in X$

(v) $\{a\}\in X$, $\{b\}\in X$이면 $\{a, b\}\in X$이므로 $\{c\}\in X$
따라서 집합 S의 모든 부분집합이 X의 원소이다.
마찬가지로 $\{b\}\in X$, $\{c\}\in X$일 때와 $\{c\}\in X$, $\{a\}\in X$일 때도
집합 S의 모든 부분집합이 X의 원소이다.

(i)~(v)에 의하여 조건을 만족시키는 집합 X는
$\{\varnothing, S\}$, $\{\varnothing, \{a\}, \{b, c\}, S\}$,
$\{\varnothing, \{b\}, \{a, c\}, S\}$, $\{\varnothing, \{c\}, \{a, b\}, S\}$,
$\{\varnothing, \{a\}, \{b\}, \{c\}, \{a, b\}, \{b, c\}, \{a, c\}, S\}$의 5개이다.

> **참고**
>
> 집합 S의 임의의 부분집합 A에 대하여 $A\in X$이면
> 조건 ㈎에 의하여 $(S-A)\in X$이고
> 조건 ㈏에 의하여 $A\cup(S-A)=S\in X$이다.
> 따라서 다시 조건 ㈎에 의하여 $S-S=\varnothing\in X$이다.
> 즉, 집합 X는 두 집합 $\varnothing$, S를 항상 원소로 갖는다.

362

$x^3-1=(x-1)(x^2+x+1)=0$이고
이차방정식 $x^2+x+1=0$의 근은 $x=\dfrac{-1\pm\sqrt{3}i}{2}$이므로
$$A=\left\{1, \frac{-1+\sqrt{3}i}{2}, \frac{-1-\sqrt{3}i}{2}\right\}$$
$i^n+\dfrac{1}{i^n}$에서 자연수 k에 대하여

$n=4k-3$일 때 $i^{4k-3}=i$이므로 $i+\dfrac{1}{i}=i-i=0$

$n=4k-2$일 때 $i^{4k-2}=-1$이므로 $-1-1=-2$

$n=4k-1$일 때 $i^{4k-1}=-i$이므로 $-i-\dfrac{1}{i}=-i+i=0$

$n=4k$일 때 $i^{4k}=1$이므로 $1+1=2$
따라서 $B=\{0, -2, 2\}$이다.
$z^2=\bar{z}$에서 $z^4=(z^2)^2=\bar{z}^2=\overline{z^2}=\bar{\bar{z}}=z$
$z^4-z=z(z^3-1)=z(z-1)(z^2+z+1)=0$이므로
집합 A를 구하는 과정을 이용하면
$$C=\left\{0, 1, \frac{-1+\sqrt{3}i}{2}, \frac{-1-\sqrt{3}i}{2}\right\}$$이다.
$$\therefore A\cup B\cup C=\left\{-2, 0, 1, 2, \frac{-1+\sqrt{3}i}{2}, \frac{-1-\sqrt{3}i}{2}\right\}$$
이 중 적어도 하나의 실수를 원소로 갖는 부분집합의 개수는
모든 부분집합의 개수에서 허수만을 원소로 갖는 부분집합의 개수를
빼주면 되므로
$2^6-2^2=60$

363

ㄱ. 모든 자연수는 1을 약수로 가지므로
$n(A_{10}\cap A_m)=1$이면 $A_{10}\cap A_m=\{1\}$이다.

즉, 자연수 m이 10과 서로소이면 $n(A_{10} \cap A_m)=1$이다.
예를 들어 $m=9$이면 $A_9=\{1,\,3,\,9\}$이고
$A_{10}=\{1,\,2,\,5,\,10\}$이므로
$n(A_{10} \cap A_9)=1$이지만 이때 9는 소수가 아니다. (거짓)

ㄴ. $A_{21}=\{1,\,3,\,7,\,21\}$이므로 $n(A_{21}-A_m)=1$이면
$n(A_{21} \cap A_m)=3$이다.
이때 집합 $A_{21} \cap A_m$은 1을 반드시 원소로 가지므로 집합 A_m이
3, 7, 21 중 2개만 원소로 가져야 한다.
하지만 집합 A_m이 3, 7을 모두 원소로 가지면 21도 반드시
원소로 가지고,
21을 원소로 가지면 반드시 3, 7도 원소로 가지므로
어떠한 경우도 집합 A_m이 3, 7, 21 중 2개만 원소로 가질 수
없다. (참)

ㄷ. $n(A_m)$이 홀수, 즉 m의 양의 약수의 개수가 홀수이면 m은
제곱수이다.
또한 $A_6=\{1,\,2,\,3,\,6\}$이므로 $n(A_6-A_m)=2$이면
$n(A_6 \cap A_m)=2$
따라서 m은 제곱수이면서 2, 3 중 하나만 인수로 가져야 하므로
이를 만족시키는 200 이하의 자연수 m은
$2^2,\,3^2,\,4^2,\,8^2,\,9^2,\,10^2,\,14^2$의 7개이다. (참)

따라서 옳은 것은 ㄴ, ㄷ이다.

364   답 $7+\sqrt{15}$

집합 A의 원소를 좌표평면 위에 나타내면 곡선 $y=(x-a)^2-3$이고
집합 B의 원소를 좌표평면 위에 나타내면 직선 $y=1$이므로
이차방정식 $(x-a)^2-3=1$에서
$(x-a)^2=4$, $x-a=\pm2$
$\therefore x=a+2$ 또는 $x=a-2$
따라서 $\mathrm{P}(a-2,\,1)$, $\mathrm{Q}(a+2,\,1)$이라 하면
삼각형 OPQ가 이등변삼각형이 되는 경우는 다음과 같다.
(i) $\overline{\mathrm{OP}}=\overline{\mathrm{OQ}}$인 경우
다음 그림과 같이 곡선 $y=(x-a)^2-3$의 대칭축이 y축일
때이므로 $a=0$이다.

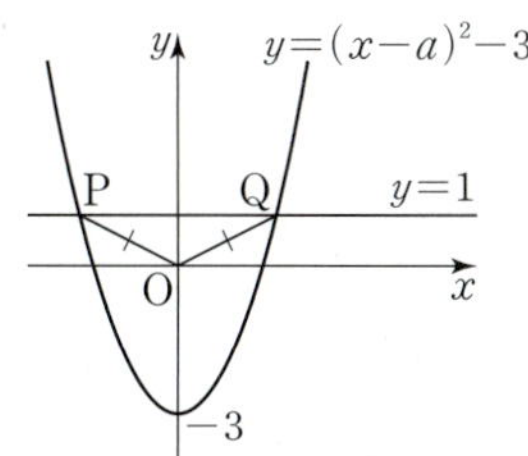

(ii) $\overline{\mathrm{OP}}=\overline{\mathrm{PQ}}$인 경우
$\overline{\mathrm{OP}}=\sqrt{(a-2)^2+1^2}$, $\overline{\mathrm{PQ}}=(a+2)-(a-2)=4$이므로
$\sqrt{(a-2)^2+1^2}=4$, $(a-2)^2+1=16$, $(a-2)^2=15$
$a-2=\pm\sqrt{15}$에서 $a=2+\sqrt{15}$ 또는 $a=2-\sqrt{15}$이다.

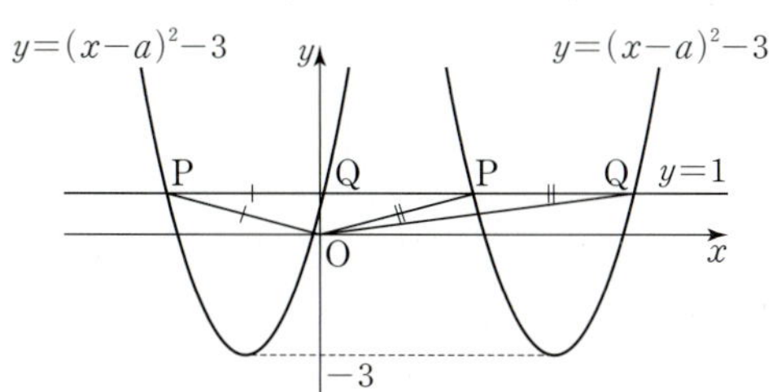

(iii) $\overline{\mathrm{OQ}}=\overline{\mathrm{PQ}}$인 경우
$\overline{\mathrm{OQ}}=\sqrt{(a+2)^2+1^2}$이므로
$\sqrt{(a+2)^2+1^2}=4$, $(a+2)^2+1=16$, $(a+2)^2=15$
$a+2=\pm\sqrt{15}$에서 $a=-2+\sqrt{15}$ 또는 $a=-2-\sqrt{15}$이다.

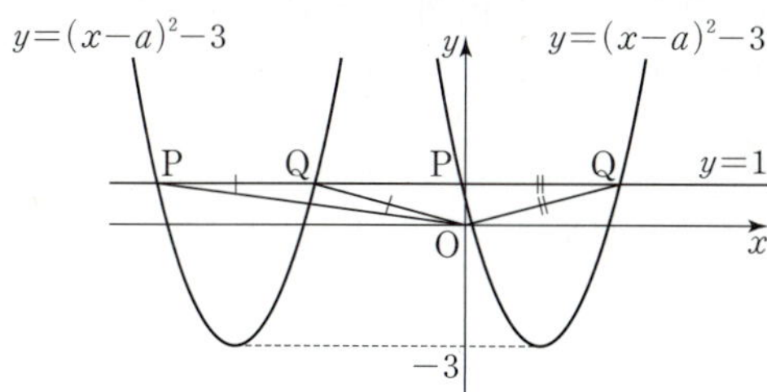

(i)~(iii)에 의하여 조건을 만족시키는 실수 a의 개수는 $m=5$이고,
최댓값은 $S=2+\sqrt{15}$이다.
$\therefore m+S=5+(2+\sqrt{15})=7+\sqrt{15}$

365   답 189

$n(A) \times n((A \cup B)^C)=15$에서 $n(A)$는 15의 양의 약수이다.
(i) $n(A)=1$일 때
$A=\{2\}$이므로 $k=2$ 또는 $k=3$
$k=2$이면 $U=\{1,\,2\}$, $B=\{1,\,2\}$에서
$(A \cup B)^C=\varnothing$, $n((A \cup B)^C)=0$이므로 조건을 만족시키지
않는다.
$k=3$이면 $U=\{1,\,2,\,3\}$, $B=\{1,\,3\}$에서
$(A \cup B)^C=\varnothing$, $n((A \cup B)^C)=0$이므로 조건을 만족시키지
않는다.
(ii) $n(A)=3$일 때
$A=\{2,\,4,\,6\}$이므로 $k=6$ 또는 $k=7$
$k=6$이면 $U=\{1,\,2,\,3,\,\cdots,\,6\}$, $B=\{1,\,2,\,3,\,6\}$에서
$(A \cup B)^C=\{5\}$, $n((A \cup B)^C)=1$이므로 조건을 만족시키지
않는다.
$k=7$이면 $U=\{1,\,2,\,3,\,\cdots,\,7\}$, $B=\{1,\,7\}$에서
$(A \cup B)^C=\{3,\,5\}$, $n((A \cup B)^C)=2$이므로 조건을 만족시키지
않는다.
(iii) $n(A)=5$일 때
$A=\{2,\,4,\,6,\,8,\,10\}$이므로 $k=10$ 또는 $k=11$
$k=10$이면 $U=\{1,\,2,\,3,\,\cdots,\,10\}$, $B=\{1,\,2,\,5,\,10\}$에서
$(A \cup B)^C=\{3,\,7,\,9\}$, $n((A \cup B)^C)=3$이므로 조건을
만족시킨다.
$k=11$이면 $U=\{1,\,2,\,3,\,\cdots,\,11\}$, $B=\{1,\,11\}$에서
$(A \cup B)^C=\{3,\,5,\,7,\,9\}$, $n((A \cup B)^C)=4$이므로 조건을
만족시키지 않는다.
(iv) $n(A)=15$일 때
$A=\{2,\,4,\,\cdots,\,30\}$이므로 $k=30$ 또는 $k=31$
$k=30$이면
$U=\{1,\,2,\,3,\,\cdots,\,30\}$, $B=\{1,\,2,\,3,\,5,\,6,\,10,\,15,\,30\}$에서
$(A \cup B)^C=\{7,\,9,\,11,\,13,\,17,\,19,\,21,\,23,\,25,\,27,\,29\}$,
$n((A \cup B)^C)=11$이므로 조건을 만족시키지 않는다.
$k=31$이면 $U=\{1,\,2,\,3,\,\cdots,\,31\}$, $B=\{1,\,31\}$에서
$(A \cup B)^C=\{3,\,5,\,7,\,\cdots,\,29\}$, $n((A \cup B)^C)=14$이므로
조건을 만족시키지 않는다.

(i)~(iv)에서 두 집합 A, B가 조건을 만족시키도록 하는 k는

$k=10$이고

$U=\{1, 2, 3, \cdots, 10\}$, $A=\{2, 4, 6, 8, 10\}$, $B=\{1, 2, 5, 10\}$,

$(A\cup B)^C=\{3, 7, 9\}$이므로

집합 $(A\cup B)^C=\{3, 7, 9\}$의 모든 원소의 곱은

$3\times7\times9=189$

다른 풀이

1보다 큰 자연수 k에 대하여

k가 홀수일 때 $n(A)=\dfrac{k-1}{2}$

k가 짝수일 때 $n(A)=\dfrac{k}{2}$

이고 $1\in B$, $k\in B$이므로 $n(A\cup B)\geq\dfrac{k}{2}+1$이다.

$$n((A\cup B)^C)=n(U)-n(A\cup B)$$
$$\leq k-\left(\dfrac{k}{2}+1\right)=\dfrac{k}{2}-1$$

따라서 $n(A)>n((A\cup B)^C)$이다.

이때 $15=5\times3=15\times1$이므로

본풀이에서 $n(A)=5$ 또는 $n(A)=15$인 경우만 생각해보면 된다.

366   🔲 ②

$[kx]$는 자연수이므로 $[kx]=kx$이기 위해선 kx의 값이 자연수이어야 한다.

즉, 자연수 a에 대하여 $kx=a$에서 $x=\dfrac{a}{k}$ 꼴이다.

$$\therefore A_k=\left\{\dfrac{a}{k}\,\middle|\,a는\ 자연수\right\}$$
$$=\left\{\dfrac{1}{k}, \dfrac{2}{k}, \dfrac{3}{k}, \cdots, 1, \dfrac{k+1}{k}, \cdots, 2, \dfrac{2k+1}{k}, \cdots\right\}$$

ㄱ. 모든 자연수는 두 집합 A_m, A_n의 원소이므로

    $A_m\cap A_n\neq\varnothing$ (거짓)

ㄴ. m이 n의 약수이면 어떤 자연수 h에 대하여 $n=mh$가

    성립하므로

$$A_m=\left\{\dfrac{1}{m}, \dfrac{2}{m}, \dfrac{3}{m}, \cdots\right\}=\left\{\dfrac{h}{mh}, \dfrac{2h}{mh}, \dfrac{3h}{mh}, \cdots\right\},$$
$$A_n=\left\{\dfrac{1}{n}, \dfrac{2}{n}, \dfrac{3}{n}, \cdots\right\}=\left\{\dfrac{1}{mh}, \dfrac{2}{mh}, \dfrac{3}{mh}, \cdots\right\}$$

    따라서 $A_m\subset A_n$이므로 집합 A_m은 집합 A_n의

    부분집합이다. (참)

ㄷ. $A_2=\left\{\dfrac{1}{2}, 1, \dfrac{3}{2}, 2, \cdots\right\}$, $A_3=\left\{\dfrac{1}{3}, \dfrac{2}{3}, 1, \dfrac{4}{3}, \dfrac{5}{3}, 2, \cdots\right\}$,

$$A_6=\left\{\dfrac{1}{6}, \dfrac{1}{3}, \dfrac{1}{2}, \dfrac{2}{3}, \dfrac{5}{6}, 1, \cdots\right\}$$

    이때 $\dfrac{1}{6}\notin A_2$, $\dfrac{1}{6}\notin A_3$이므로

    $A_2\cup A_3\neq A_6$이다. (거짓)   **참고**

따라서 옳은 것은 ㄴ이다.

참고

m과 n의 최소공배수가 l이면 ㄴ에 의하여

$A_m\subset A_l$, $A_n\subset A_l$이므로 $(A_m\cup A_n)\subset A_l$이 항상 성립한다.

367

조건 ㉮, ㉯, ㉰를 만족시키는 두 집합 A, B에 대하여
$S(A)-S(B)$의 값이 최대가 되려면 $S(A)$의 값이 최대이고
$S(B)$의 값이 최소이어야 한다.

9로 나눈 나머지가 같은 원소들로 이루어진 부분집합을 표로
나타내면 다음과 같다.

나머지	부분집합	나머지	부분집합
1	$\{1, 10, 19\}$	8	$\{8, 17\}$
2	$\{2, 11, 20\}$	7	$\{7, 16\}$
3	$\{3, 12\}$	6	$\{6, 15\}$
4	$\{4, 13\}$	5	$\{5, 14\}$
0	$\{9\}$	0	$\{18\}$

나머지의 합이 0 또는 9가 되는 두 부분집합 중 한 집합의 원소들만
집합 A에 속할 수 있다.

따라서 $S(A)$가 최대가 되려면 집합 U의 부분집합 $\{1, 10, 19\}$,
$\{2, 11, 20\}$, $\{6, 15\}$, $\{5, 14\}$, $\{18\}$의 원소 중 큰 수부터 차례대로
집합 A의 원소가 되어야 한다.

조건 ㉮에서 $n(A)=8$이므로
$S(A)$가 최대가 되기 위해 가능한 집합 A는
$\{6, 10, 11, 14, 15, 18, 19, 20\}$ $\cdots\cdots$ ㉠

10으로 나눈 나머지가 같은 원소들로 이루어진 부분집합을 표로
나타내면 다음과 같다.

나머지	부분집합	나머지	부분집합
1	$\{1, 11\}$	9	$\{9, 19\}$
2	$\{2, 12\}$	8	$\{8, 18\}$
3	$\{3, 13\}$	7	$\{7, 17\}$
4	$\{4, 14\}$	6	$\{6, 16\}$
5	$\{5\}$	5	$\{15\}$
0	$\{10\}$	0	$\{20\}$

나머지의 합이 0 또는 10이 되는 두 부분집합 중 한 집합의 원소들만
집합 B에 속할 수 있다.

따라서 $S(B)$가 최소가 되려면 집합 U의 부분집합 $\{1, 11\}$, $\{2, 12\}$,
$\{3, 13\}$, $\{4, 14\}$, $\{5\}$, $\{10\}$의 원소 중 작은 수부터 차례대로 집합
B의 원소가 되어야 한다.

조건 ㉮에서 $n(B)=8$이므로
$S(B)$가 최소가 되기 위해 가능한 집합 B는
$\{1, 2, 3, 4, 5, 10, 11, 12\}$ $\cdots\cdots$ ㉡

㉠, ㉡에서 조건 ㉮의 $n(A\cap B)=1$을 만족시키려면 10, 11은
동시에 집합 $A\cap B$에 속할 수 없다.

$10\in B$, $11\in B$이면 $10\notin A$ 또는 $11\notin A$이다.

이때 1, 2, 5 중 적어도 하나가 집합 A에 속해야 하므로
$n(A\cap B)\neq1$이 되어 조건 ㉮를 만족시키지 않는다.

$S(B)$가 최소가 되려면 $10\in B$, $11\notin B$이어야 한다.

따라서 $A=\{6, 10, 11, 14, 15, 18, 19, 20\}$,
$B=\{1, 2, 3, 4, 5, 10, 12, 13\}$일 때
$S(A)-S(B)$의 최댓값은 63이다.

02 명제

368
답 ③

명제는 참, 거짓을 명확히 판별할 수 있는 문장이나 식이고, 조건은 변수의 값에 따라 참, 거짓이 정해지는 문장이나 식이다.
ㄱ. '$1+2<5$'는 참이므로 명제이다.
ㄴ. '$3x-2=1$'은 x의 값에 따라 참, 거짓이 정해지므로 조건이다. 따라서 명제가 아니다.
ㄷ. '$x=1$이면 $2x+1=4$이다.'는 거짓이므로 명제이다.
ㄹ. '한국에서 가장 아름다운 곳은 제주도이다.'에서 아름답다는 그 기준이 명확하지 않으므로 참, 거짓을 정할 수 없다. 따라서 명제가 아니다.
ㅁ. '삼각형의 세 내각의 크기의 합은 $360°$이다.'는 거짓이므로 명제이다.
따라서 명제인 것은 ㄱ, ㄷ, ㅁ으로 3개이다.

369
답 풀이 참조

(1) $P=\{1, 2, 3, 6\}$, $Q=\{1, 2, 3, 4, 6, 12\}$
(2) (1)에서 $P\subset Q$가 성립하므로 명제 '$p \to q$'는 참이다.
즉, 명제 'x가 6의 약수이면 x는 12의 약수이다.'는 참이다.

370
답 ③

① [반례] 3은 3의 배수이지만 6의 배수가 아니다. (거짓)
② [반례] $x=-1$일 때 $x^2=1$이지만 $x\neq1$이다. (거짓)
③ 조건 $x-2>0$에서 $x>2$, 조건 $2x+1>3$에서 $x>1$이므로 $x-2>0$이면 $2x+1>3$이다. (참)
④ [반례] $x=1$, $y=1$일 때 $xy=1$로 홀수이지만 $x+y=2$로 짝수이다. (거짓) ······ TIP 1
⑤ [반례] 한 쌍의 대변만 평행한 사다리꼴은 평행사변형이 아니다. (거짓) ······ TIP 2
따라서 참인 명제는 ③이다.

TIP 1
홀수, 짝수의 연산

(홀수)+(홀수)=(짝수)	(홀수)×(홀수)=(홀수)
(홀수)+(짝수)=(홀수)	(홀수)×(짝수)=(짝수)
(짝수)+(짝수)=(짝수)	(짝수)×(짝수)=(짝수)

따라서 xy가 홀수이면 x, y가 모두 홀수이므로 $x+y$는 짝수이다.

TIP 2
사각형의 포함 관계

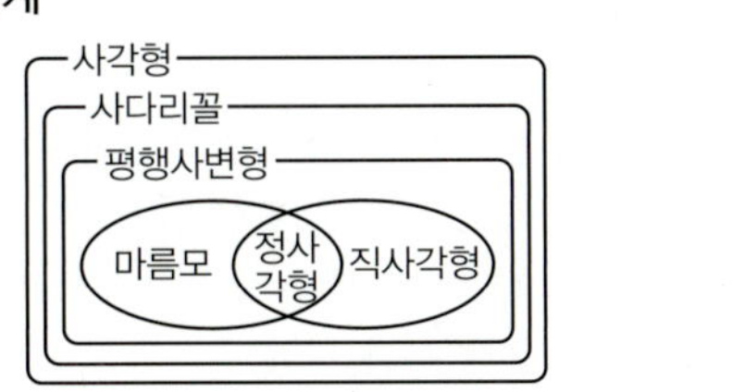

371
답 15

명제 $p \to q$가 거짓임을 보이려면 집합 P의 원소 중에서 집합 Q의 원소가 아닌 것을 찾으면 된다.

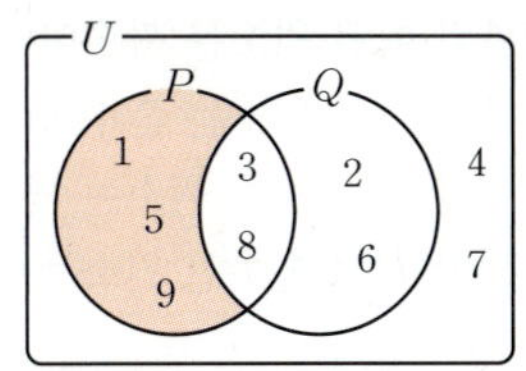

따라서 $P\cap Q^C=P-Q=\{1, 5, 9\}$이므로 구하는 모든 원소의 합은
$1+5+9=15$

372
답 ④

명제 $p \to \sim q$가 참이면 $P\subset Q^C$이다.

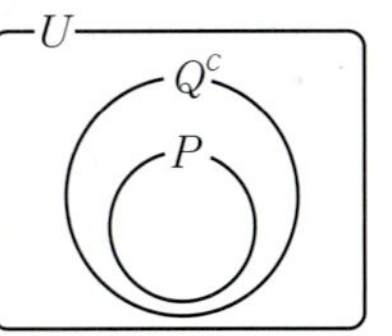

① $P\cup Q\neq P$ ② $P-Q=P$ ③ $Q-P=Q$
④ $P\cap Q=\varnothing$ ⑤ $P\cup Q^C=Q^C$
따라서 항상 옳은 것은 ④이다.

373
답 34

두 조건 p, q의 진리집합을 각각 P, Q라 하자.
명제 $p \to \sim q$가 거짓임을 보이는 원소는 조건 p를 만족시키면서 조건 q를 만족시켜야 하므로 집합 $P\cap Q$의 원소이다.
양의 약수의 개수가 3이려면 x가 소수의 제곱이어야 하므로 $P=\{4, 9, 25\}$이다.
$x^2-10x+16=(x-2)(x-8)$에서
$Q=\{x\,|\,x<2$ 또는 $x>8\}$이다.
따라서 $P\cap Q=\{9, 25\}$이므로
구하는 모든 원소의 합은
$9+25=34$

374
답 ④

두 조건 $p: 1<x\leq6$, $q: 2\leq x<5$의 진리집합을 각각 P, Q라 하자.
조건 '$\sim p$ 또는 q'의 부정은 'p 그리고 $\sim q$'이고 그 진리집합은 $P\cap Q^C$이다.
이때 $\sim q: x<2$ 또는 $x\geq5$이므로 이를 수직선 위에 나타내면 다음 그림과 같다.

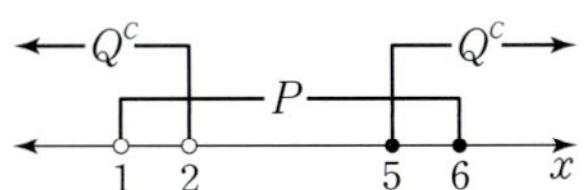

따라서 조건 '$\sim p$ 또는 q'의 부정은 '$1<x<2$ 또는 $5\leq x\leq6$'이다.

375
달 ④

주어진 벤 다이어그램에서
$A=\{1, 2, 3, 5\}$, $B=\{2, 4\}$이다.
① $2\in A$이므로 집합 A의 어떤 원소는 짝수이다. (참)
② $1\in A$이므로 집합 A의 어떤 원소는 홀수이다. (참)
③ $B=\{2, 4\}$이므로 집합 B의 모든 원소는 짝수이다. (참)
④ $B=\{2, 4\}$이므로 집합 B에 홀수인 원소는 존재하지 않는다.
(거짓)

⑤ $2\in B$이므로 집합 B의 어떤 원소는 짝수이다. (참)
따라서 거짓인 명제는 ④이다.

> **TIP**
>
> ❶ '모든 x에 대하여 p이다.'
>   이는 '전체집합의 모든 원소가 조건 p를 만족시킨다.'는
>   것과 같다. 따라서 '모든 x에 대하여 p이다.'가 거짓임을
>   보이려면 조건 p를 거짓이 되게 하는 적어도 하나의 원소 x가
>   전체집합에 속한다는 것을 보이면 된다.
> ❷ '어떤 x에 대하여 p이다.'
>   이는 'p인 x가 존재한다.'는 것과 같다. 따라서 '어떤 x에
>   대하여 p이다.'가 거짓임을 보이려면 전체집합의 모든 원소가
>   조건 p를 거짓이 되게 한다는 것을 보이면 된다.

376
달 ①

ㄱ. '모든 x에 대하여 $p(x)$이다.'가 참이면 $P=U$이다. (참)
ㄴ. '어떤 x에 대하여 $p(x)$이다.'가 거짓이면 $P=\varnothing$이다. (거짓)
ㄷ. '모든 x에 대하여 $\sim p(x)$이다.'의 부정은
   '어떤 x에 대하여 $p(x)$이다.'이고,
   이 명제가 참이면 $P\neq\varnothing$이다. (거짓)
따라서 항상 옳은 것은 ㄱ이다.

377
달 ③

ㄱ. [반례] $x=0$일 때, $x^2=0$이다. (거짓)
ㄴ. $x^2-4x+4=(x-2)^2\leq0$에서 $x=2$이다.
   즉, $x=2$일 때, $x^2-4x+4\leq0$이다. (참)
ㄷ. 실수는 $x>0$ 또는 $x=0$ 또는 $x<0$이다.
   $x>0$일 때, $|x|^2=x^2$
   $x=0$일 때, $|0|^2=0^2$
   $x<0$일 때, $|x|^2=(-x)^2=x^2$
   이므로 모든 실수 x에 대하여 $|x|^2=x^2$이다. (참)
ㄹ. $x^2+x+1=\left(x+\dfrac{1}{2}\right)^2+\dfrac{3}{4}>0$에서
   모든 실수 x에 대하여 $x^2+x+1>0$이므로
   $x^2+x+1=0$을 만족시키는 실수 x는 존재하지 않는다. (거짓)
ㅁ. $x^2+2x+3=(x+1)^2+2>0$이므로
   모든 실수 x에 대하여 $x^2+2x+3>0$이다. (참)
따라서 참인 명제는 ㄴ, ㄷ, ㅁ으로 3개이다.

> **참고**
>
> 〈보기〉의 ㄱ~ㅁ에서 '모든 실수 x에 대하여', '어떤 실수 x에
> 대하여'가 없다면 명제가 아닌 조건이다.
> 일반적으로 조건 p는 명제가 아니지만 전체집합에 대하여 조건 p
> 앞에 '모든'이나 '어떤'이 있으면 참, 거짓을 판별할 수 있는
> 명제가 된다.

378
달 ②

주어진 명제 '우리 반의 모든 학생의 수학 점수는 80점 미만이다.'의
부정은 '우리 반의 어떤 학생의 수학 점수는 80점 이상이다.'이므로
이와 같은 것은 '② 우리 반에 수학 점수가 80점 이상인 학생이
있다.'이다.

> **참고**
>
> ①과 ③, 주어진 명제와 ⑤는 각각 서로 동일한 명제이고,
> ④의 부정은 ①과 ③이다.

379
달 16

주어진 명제의 부정 '어떤 실수 x에 대하여 $x^2+8x+k\leq0$이다.'가
참이 되기 위해선

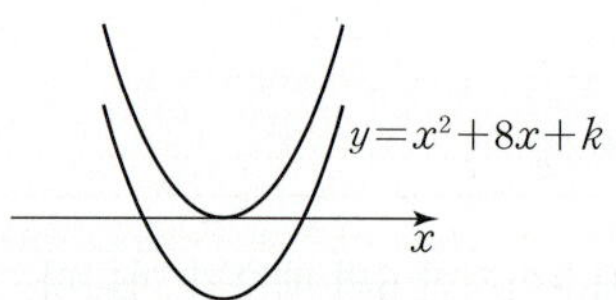

이차방정식 $x^2+8x+k=0$의 판별식을 D라 할 때
$\dfrac{D}{4}=16-k\geq0$이어야 한다.

따라서 $k\leq16$이므로 k의 최댓값은 16이다.

380
달 풀이 참조

(1) 역: 이등변삼각형은 정삼각형이다. (거짓)
   대우: 이등변삼각형이 아니면 정삼각형이 아니다. (참)
(2) 역: 두 실수 a, b에 대하여 $a=0$이고 $b=0$이면 $a+b=0$이다.
(참)

   대우: 두 실수 a, b에 대하여 $a\neq0$ 또는 $b\neq0$이면 $a+b\neq0$이다.
(거짓)

   [반례] $a=-1$, $b=1$이면 $a\neq0$ 또는 $b\neq0$이지만
   $a+b=(-1)+1=0$이다.
(3) 역: 두 실수 a, b에 대하여 $a\neq0$이고 $b\neq0$이면 $ab\neq0$이다. (참)
   대우: 두 실수 a, b에 대하여 $a=0$ 또는 $b=0$이면 $ab=0$이다.
(참)

> **TIP**
>
> ❶ 명제와 그 역의 참, 거짓은 일치하지 않을 수도 있다.
> ❷ 명제와 그 대우의 참, 거짓은 항상 일치한다.
>   따라서 주어진 명제와 그 대우 중 참, 거짓 판별이 더 간단한
>   것의 참, 거짓을 판별하자.

381

답 ③

주어진 명제의 역과 참, 거짓은 다음과 같다.
① 역: $x^2=y^2$이면 $x=y$이다. (거짓)
　　[반례] $x=-1$, $y=1$일 때, $x^2=y^2$이지만 $x\neq y$이다.
② 역: $x^2=9$이면 $x^2-6x+9=0$이다. (거짓)
　　[반례] $x=-3$일 때, $(-3)^2=9$이지만
　　　　　　$(-3)^2-6\times(-3)+9\neq0$이다.
③ 역: $x^2\leq1$이면 $x\leq1$이다. (참)
　　[증명] $x^2\leq1$이면 $x^2-1=(x+1)(x-1)\leq0$에서
　　　　　　$-1\leq x\leq1$이므로 $x\leq1$이다.
④ 역: $x+y>0$이면 $x>0$, $y>0$이다. (거짓)
　　[반례] $x=2$, $y=-1$일 때, $x+y=2+(-1)>0$이지만
　　　　　　$y<0$이다.
⑤ 역: $-2\leq x\leq4$이면 $-1\leq x<2$이다. (거짓)
　　[반례] $x=-2$
따라서 역이 참인 명제는 ③이다.

382

답 ②

① $\sim(\sim q)=q$이므로 진리집합은 Q이다. (참)
② $P\cap Q=Q$이면 $Q\subset P$이므로 명제 $q\to p$가 참이다.
　　대우 명제는 $\sim p\to\sim q$이다. (거짓)
③ $P\cup U=P$이면 $P=U$이므로 '모든 실수 x에 대하여 p이다.'는
　　참이다. (참)
④ 명제 $p\to\sim q$가 참이면 $P\subset Q^C$이므로 $Q\subset P^C$이다. (참)
⑤ '어떤 실수 x에 대하여 p가 아니다.'가 참이면 $P^C\neq\varnothing$이므로
　　$U-P=P^C\neq\varnothing$이다. (참)
따라서 옳지 않은 것은 ②이다.

383

답 ㄴ, ㄹ

두 명제 $p\to\sim q$, $\sim p\to r$이 참이므로
그 대우인 $q\to\sim p$, $\sim r\to p$도 각각 참이다.
즉, 두 명제 $q\to\sim p$와 $\sim p\to r$이 참이므로
$q\to r$과 그 대우인 $\sim r\to\sim q$도 참이다.
ㄱ. 명제 $p\to q$는 참인지 알 수 없다.
ㄴ. 명제 $q\to\sim p$는 참이다.
ㄷ. 명제 $p\to\sim r$은 참인지 알 수 없다.
ㄹ. 명제 $\sim r\to\sim q$는 참이다.
따라서 반드시 참인 명제는 ㄴ, ㄹ이다.

TIP

삼단논법: '$p\to q$, $q\to r$이 참이면 $p\to r$이 참이다.'
조건 p, q, r의 진리집합을 각각 P, Q, R이라 할 때,
　명제 $p\to q$가 참이면 $P\subset Q$,
　명제 $q\to r$이 참이면 $Q\subset R$
　즉, $P\subset Q\subset R$에서 $P\subset R$이다.
　따라서 명제 $p\to r$이 참이다.
이와 같은 방법으로 주어진 참인 명제에서 새로운 참인 명제를
이끌어 낼 수 있다.

전체집합 U에 대하여 문제에서 주어진 세 조건 p, q, r의
진리집합을 각각 P, Q, R이라 하면 그 포함 관계는 다음 그림과
같다.

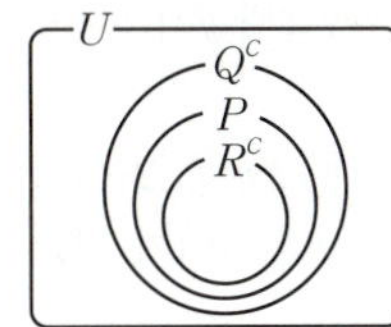

이를 이용하여 주어진 명제들의 참, 거짓을 파악할 수 있다.

384

답 풀이 참조

다음과 같이 주어진 조건을 p, q라 하고, 그 진리집합을 각각
P, Q라 하자.
(1) p: $x>0$, q: $|x|=x\Longleftrightarrow x\geq0$
　　이므로 $P\subset Q$
　　따라서 p는 q이기 위한 $\boxed{충분}$ 조건이다.
(2) p: $|x+3|=2$, q: $x=-1$
　　이때 $|x+3|=2$에서 $x+3=2$ 또는 $x+3=-2$
　　즉, $x=-1$ 또는 $x=-5$이므로 $Q\subset P$
　　따라서 p는 q이기 위한 $\boxed{필요}$ 조건이다.
(3) p: $x+yi=0$, q: $x=0$이고 $y=0$
　　이므로 $P=Q$
　　따라서 p는 q이기 위한 $\boxed{필요충분}$ 조건이다.
(4) p: $|x|=|y|\Longleftrightarrow x=y$ 또는 $x=-y$,
　　q: $x^2=y^2\Longleftrightarrow x=y$ 또는 $x=-y$
　　이므로 $P=Q$
　　따라서 p는 q이기 위한 $\boxed{필요충분}$ 조건이다.
(5) p: $x^2>1\Longleftrightarrow x<-1$ 또는 $x>1$, q: $x>1$
　　이므로 $Q\subset P$
　　따라서 p는 q이기 위한 $\boxed{필요}$ 조건이다.
(6) p: $\angle A=\angle B$,
　　q: 삼각형 ABC가 이등변삼각형
　　　　$\Longleftrightarrow \angle A=\angle B$ 또는 $\angle B=\angle C$ 또는 $\angle C=\angle A$
　　이므로 $P\subset Q$
　　따라서 p는 q이기 위한 $\boxed{충분}$ 조건이다.

385

답 ④

두 조건 p, q의 진리집합을 각각 P, Q라 하자.
이때 p는 q이기 위한 충분조건이지만 필요조건이 아니려면
$P\subset Q$이지만 $P\neq Q$이어야 한다.
① p: $xz=yz\Longleftrightarrow x=y$ 또는 $z=0$
　　이므로 $Q\subset P$
　　즉, p는 q이기 위한 필요조건이다.
② $P=\{1, 2, 4, 8, 16\}$, $Q=\{1, 2, 4\}$
　　이므로 $Q\subset P$
　　즉, p는 q이기 위한 필요조건이다.

③ q: $x^2=x \Longleftrightarrow x=0$ 또는 $x=1$
 이므로 $P=Q$
 즉, p는 q이기 위한 필요충분조건이다.
④ x와 y가 모두 유리수이면 xy는 유리수이다.
 하지만 xy가 유리수일 때, x와 y가 모두 유리수가 아닐 수도
 있다.
 [반례] $x=\sqrt{2}$, $y=\sqrt{2}$일 때, $xy=\sqrt{2}\times\sqrt{2}=2$
 즉, $P\subset Q$, $P\neq Q$이므로 p는 q이기 위한 충분조건이지만
 필요조건이 아니다.
⑤ p: $|x|\leq 3 \Longleftrightarrow -3\leq x\leq 3$
 이므로 $Q\subset P$
 즉, p는 q이기 위한 필요조건이다.
따라서 구하는 것은 ④이다.

386   🔂 ②

p가 q이기 위한 필요충분조건이므로
부등식 $x^2+ax+b\leq 0$의 해가 $-2\leq x\leq 1$이다.
$x^2+ax+b=(x+2)(x-1)\leq 0$이므로
$x^2+x-2\leq 0$
에서 $a=1$, $b=-2$이다.
$\therefore a^2+b^2=5$

387   🔂 ④

ㄱ. $P\neq Q$이므로 p는 q이기 위한 필요충분조건이 아니다. (거짓)
ㄴ. $R\subset P^C$이므로 r은 $\sim p$이기 위한 충분조건이다. (참)
ㄷ. $R\subset Q$에서 $Q^C\subset R^C$이므로 $\sim r$은 $\sim q$이기 위한 필요조건이다.
　　　　　　　　　　　　　　　　　　　　　　　　 (참)

따라서 옳은 것은 ㄴ, ㄷ이다.

388   🔂 ④

p는 $\sim q$이기 위한 충분조건이므로 $P\subset Q^C$
q는 $\sim r$이기 위한 필요조건이므로 $R^C\subset Q$에서 $Q^C\subset R$
즉, $P\subset Q^C\subset R$이 성립한다.
이를 벤 다이어그램으로 나타내면 다음 그림과 같다.

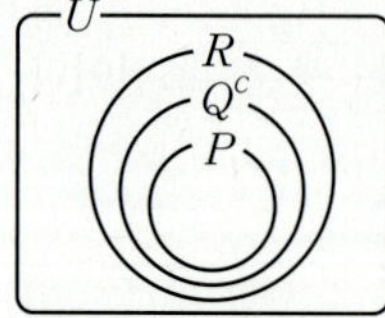

① $P\subset R$ (참)
② $P\cap Q=\varnothing$ (참)
③ $P\cap Q^C=P$ (참)
④ $R-Q=R\cap Q^C=Q^C$ (거짓)
⑤ $Q\cup R=U$ (참)
따라서 옳지 않은 것은 ④이다.

389   🔂 ④

명제와 그 대우는 참, 거짓이 일치한다.

따라서 주어진 명제 대신 그 대우인
④ '두 자연수 m, n에 대하여 m, n이 모두 짝수이면 $m+n$이
 짝수이다.'
를 증명하면 된다.

390   🔂 ③

주어진 명제를 $\boxed{\text{대우}}$ 를 이용해서 증명하자.
x, y가 모두 홀수이면
$x=2a+1$, $y=2b+1$ (a, b는 음이 아닌 정수)
로 나타낼 수 있으므로
$xy=(2a+1)(2b+1)$
$\quad =2(2ab+a+b)+1$
이때 $2ab+a+b$가 $\boxed{\text{0 또는 자연수}}$ 이므로
xy는 $\boxed{\text{홀수}}$ 이다.   ······ **TIP**
따라서 주어진 명제의 $\boxed{\text{대우}}$ 가 참이므로 주어진 명제도 참이다.
㈎ 대우, ㈏ 0 또는 자연수, ㈐ 홀수

TIP

> (i) $a=b=0$일 때, $2ab+a+b=0$이므로
> $2(2ab+a+b)+1=0+1=1$은 홀수이다.
> (ii) $a=0$, $b\neq 0$ 또는 $a\neq 0$, $b=0$ 또는 $a\neq 0$, $b\neq 0$일 때,
> $2ab+a+b$는 자연수이므로
> $2(2ab+a+b)$는 짝수이고, $2(2ab+a+b)+1$은 홀수이다.

391   🔂 풀이 참조

(1) 주어진 명제의 대우는
 '자연수 n에 대하여 n이 홀수이면 n^2은 홀수이다.'이다.
(2) 주어진 명제의 대우인
 '자연수 n에 대하여 n이 홀수이면 n^2은 홀수이다.'를 증명해 보자.
 n이 홀수이면
 $n=2k-1$ (k는 자연수)로 나타낼 수 있으므로
 $n^2=(2k-1)^2=4k^2-4k+1=2(2k^2-2k)+1$
 이때 $2k^2-2k$는 0 또는 자연수이므로
 $2(2k^2-2k)+1$은 홀수이다.
 즉, n^2은 홀수이다.
 따라서 주어진 명제의 대우가 참이므로 주어진 명제도 참이다.

채점 요소	배점
주어진 명제의 대우를 구하기	20%
대우를 이용하여 주어진 명제가 참임을 증명하기	80%

참고

> (2)에서 $n=2k+1$ (k는 음이 아닌 정수)로 놓으면 다음과 같이
> 증명할 수 있다.
> $n^2=(2k+1)^2=4k^2+4k+1=2(2k^2+2k)+1$
> 이때 $2k^2+2k$는 0 또는 자연수이므로
> $2(2k^2+2k)+1$은 홀수이다.
> 즉, n^2은 홀수이다.

392

답 ④

주어진 명제의 대우는

'세 자연수 a, b, c에 대하여 a, b, c가 $\boxed{\text{모두 홀수}}$이면 $a^2+b^2\neq c^2$이다.'

이때 세 자연수 a, b, c가 $\boxed{\text{모두 홀수}}$이면

a^2, b^2, c^2도 모두 홀수이다.

a^2+b^2은 $\boxed{\text{짝수}}$, c^2은 $\boxed{\text{홀수}}$이므로 $a^2+b^2\neq c^2$이다.

따라서 주어진 명제의 대우가 참이므로 주어진 명제도 참이다.

㈎ 모두 홀수, ㈏ 짝수, ㈐ 홀수

> **참고**
>
> 자연수 a, b, c가 모두 홀수이면
> $a=2x-1$, $b=2y-1$, $c=2z-1$ (x, y, z는 자연수)
> $(2x-1)^2+(2y-1)^2=(2z-1)^2$에서
> 좌변은 $(2x-1)^2+(2y-1)^2=2(2x^2+2y^2-2x-2y+1)$이므로
> 짝수이고,
> 우변은 $(2z-1)^2=2(2z^2-2z)+1$이므로 홀수이다.
> 따라서 $a^2+b^2=c^2$을 만족시키는
> 자연수 a, b, c는 존재하지 않는다.

393

답 ④

ㄱ. [반례] $a=0$, $b=0$일 때, $|a|+|b|=0$이므로 $|a|+|b|>0$은 절대부등식이 아니다.

ㄴ. 모든 실수 a에 대하여 $a^2-a+1=\left(a-\dfrac{1}{2}\right)^2+\dfrac{3}{4}>0$이 항상

성립하므로 절대부등식이다.

ㄷ. 모든 실수 a, b에 대하여

$$a^2-ab+b^2=\left(a-\frac{1}{2}b\right)^2+\frac{3}{4}b^2\geq 0$$

(단, 등호는 $a=b=0$일 때 성립한다.)

즉, $a^2+b^2\geq ab$가 항상 성립하므로 절대부등식이다.

따라서 절대부등식은 ㄴ, ㄷ이다.

394

답 ④

$a>0$, $b>0$이므로 $a=(\sqrt{a})^2$, $b=(\sqrt{b})^2$, $\sqrt{ab}=\sqrt{a}\sqrt{b}$이다.

$$\begin{aligned}
\frac{a+b}{2}-\sqrt{ab}&=\frac{a+b-2\sqrt{ab}}{2}\\
&=\frac{(\sqrt{a})^2-2\sqrt{a}\sqrt{b}+(\sqrt{b})^2}{2}\\
&=\frac{\boxed{(\sqrt{a}-\sqrt{b})^2}}{2}\geq 0 \quad \cdots\cdots ㉠
\end{aligned}$$

이므로 $\dfrac{a+b}{2}-\sqrt{ab}\geq 0$

따라서 $\dfrac{a+b}{2}\boxed{\geq}\sqrt{ab}$이다.

(단, 등호는 ㉠에서 $\sqrt{a}=\sqrt{b}$, 즉 $\boxed{a=b}$일 때 성립한다.)

㈎ $\geq$, ㈏ $(\sqrt{a}-\sqrt{b})^2$, ㈐ $a=b$

395

답 (1) 4　(2) 12

⑴ $x>0$, $y>0$이므로 산술평균과 기하평균의 관계에 의하여

$2\sqrt{xy}\leq x+y=4$, $\sqrt{xy}\leq 2$, $xy\leq 4$

(단, 등호는 $x=y$일 때 성립한다.)

따라서 xy의 최댓값은 4이다.

⑵ $x>0$, $y>0$이므로 산술평균과 기하평균의 관계에 의하여

$3x+4y\geq 2\sqrt{3x\times 4y}=2\sqrt{36}=12$ ($\because xy=3$)

(단, 등호는 $3x=4y$일 때 성립한다.)

따라서 $3x+4y$의 최솟값은 12이다.

396

답 ③

$x>0$, $y>0$이므로 $xy>0$이다.

산술평균과 기하평균의 관계에 의하여

$$\begin{aligned}
\left(2x+\frac{3}{y}\right)\left(2y+\frac{3}{x}\right)&=4xy+6+6+\frac{9}{xy}\\
&=4xy+\frac{9}{xy}+12\\
&\geq 2\sqrt{4xy\times\frac{9}{xy}}+12=24
\end{aligned}$$

(단, 등호는 $4xy=\dfrac{9}{xy}$, 즉 $xy=\dfrac{3}{2}$일 때 성립한다.) $\cdots\cdots$ TIP

따라서 $\left(2x+\dfrac{3}{y}\right)\left(2y+\dfrac{3}{x}\right)$의 최솟값은 24이다.

> **TIP**
>
> $4xy=\dfrac{9}{xy}$에서 $(2xy)^2=3^2$이므로 $xy=\dfrac{3}{2}$이다. ($\because xy>0$)

397

답 ⑤

$a>0$, $b>0$이므로 산술평균과 기하평균의 관계에 의하여

$$\begin{aligned}
(a+b)\left(\frac{1}{a}+\frac{4}{b}\right)&=1+\frac{4a}{b}+\frac{b}{a}+4\\
&\geq 5+2\sqrt{\frac{4a}{b}\times\frac{b}{a}}=9
\end{aligned}$$

(단, 등호는 $\dfrac{4a}{b}=\dfrac{b}{a}$, 즉 $2a=b$일 때 성립한다.) $\cdots\cdots$ TIP

따라서 $(a+b)\left(\dfrac{1}{a}+\dfrac{4}{b}\right)$의 최솟값은 9이다.

> **TIP**
>
> $\dfrac{4a}{b}=\dfrac{b}{a}$에서 $4a^2=b^2$이므로 $b=2a$ 또는 $b=-2a$이다.
>
> 이때 $a>0$, $b>0$이므로 $2a=b$이다.

398

답 ②

주어진 삼각형은 빗변의 길이가 6인 직각삼각형이므로

밑변의 길이와 높이를 x, y ($x>0$, $y>0$)라 하면

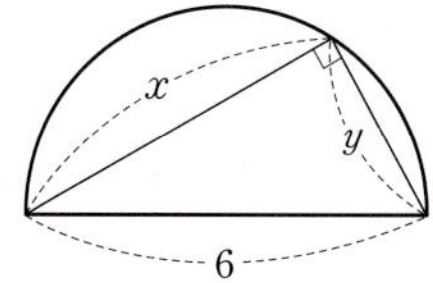

피타고라스 정리에 의하여 $x^2+y^2=36$ ...... ㉠

이고, 직각삼각형의 넓이는 $\dfrac{1}{2}xy$이다.

산술평균과 기하평균의 관계에 의하여
$x^2+y^2 \geq 2\sqrt{x^2 y^2}=2xy$ ($\because x>0$, $y>0$)
(단, 등호는 $x^2=y^2$, 즉 $x=y$일 때 성립한다.)

즉, $2xy \leq 36$ ($\because$ ㉠)이므로 양변을 4로 나누면 $\dfrac{1}{2}xy \leq 9$

따라서 이 삼각형의 넓이의 최댓값은 9이다.

> **참고**
>
> 등호는 $x=y$일 때 성립하므로 ㉠에 대입하면
> $2x^2=36$, $x^2=18$ $\therefore x=3\sqrt{2}$ ($\because x>0$)
> 따라서 $x=y=3\sqrt{2}$일 때, 이 삼각형의 넓이는 최댓값 9를
> 갖는다.

399 · 답 ⑤

$(a^2+b^2)(x^2+y^2)-(ax+by)^2$
$=(a^2x^2+a^2y^2+b^2x^2+b^2y^2)-(a^2x^2+2abxy+b^2y^2)$
$=a^2y^2-2abxy+b^2x^2$
$=\boxed{(ay-bx)^2}$

이때 a, b, x, y는 실수이므로
$(ay-bx)^2 \geq 0$ ...... ㉠

따라서 $(a^2+b^2)(x^2+y^2) \boxed{\geq} (ax+by)^2$이다.
(단, 등호는 ㉠에서 $ay-bx=0$, 즉 $\boxed{ay=bx}$일 때 성립한다.)

(개) $\geq$, (내) $(ay-bx)^2$, (대) $ay=bx$

400 · 답 ③

$a^2+b^2=5$이므로 코시-슈바르츠 부등식에 의하여
$(1^2+2^2)(a^2+b^2) \geq (a+2b)^2$
$5 \times 5 \geq (a+2b)^2$
(단, 등호는 $2a=b$일 때 성립한다.)
$\therefore -5 \leq a+2b \leq 5$ ...... TIP

따라서 $a+2b$의 최댓값은 $M=5$, 최솟값은 $m=-5$이므로
$M-m=5-(-5)=10$

> **TIP**
>
> 양수 k에 대하여 x에 대한 부등식 $x^2 \leq k^2$의 해는
> $x^2-k^2=(x+k)(x-k) \leq 0$에서 $-k \leq x \leq k$이다.
> 따라서 $(a+2b)^2 \leq 5^2$에서 $-5 \leq a+2b \leq 5$이다.

401 · 답 20

연못의 가로의 길이와 세로의 길이를 각각
a, b ($a>0$, $b>0$)라 하면
지름의 길이가 $5\sqrt{2}$이므로 $a^2+b^2=50$,
연못의 둘레의 길이는 $2a+2b$이다.
코시-슈바르츠 부등식에 의하여
$(2a+2b)^2 \leq (2^2+2^2)(a^2+b^2)=8 \times 50=400$
(단, 등호는 $a=b$일 때 성립한다.)

$\therefore 0 < 2a+2b \leq 20$ ...... TIP
따라서 구하는 최댓값은 20이다.

> **TIP**
>
> $(2a+2b)^2 \leq 20^2$에서 $-20 \leq 2a+2b \leq 20$이다.
> 이때 $a>0$, $b>0$이므로 $0 < 2a+2b \leq 20$이다.

402 · 답 ③

조건 '집합 X의 원소 중 10보다 작은 수는 많아야 4개이다.'의
의미는 집합 X의 원소 중 10보다 작은 수가 0개~4개일 수
있다는 것이므로 그 부정은 집합 X의 원소 중 10보다 작은 수가 5개
이상임을 의미한다.
즉, 주어진 조건의 부정은
'③ 집합 X의 원소 중 적어도 5개는 10보다 작다.'이다.

403 · 답 ②

ㄱ. $x<y<0$이면 $xy>0$이므로 $x<y$의 양변을 xy로 나누면
$\dfrac{1}{x} > \dfrac{1}{y}$이다. (참) ...... TIP

ㄴ. [반례] $x=-2$, $y=1$일 때, $(-2)^2>1^2$이지만 $-2<1$이다.
(거짓)

ㄷ. $x^2+y^2=0$이면 $x=0$이고 $y=0$이므로 $|x|+|y|=0$이다. (참)

ㄹ. 주어진 명제의 대우는 '$x^2-5x+6=0$이면 $x=3$이다.'이다.
이때 $x^2-5x+6=(x-2)(x-3)=0$에서
$x=2$ 또는 $x=3$이므로 $x=2$가 반례이다. (거짓)

ㅁ. [반례] $x=0$, $y=2$일 때, $x+y \geq 2$이지만 $x<1$이다. (거짓)
따라서 참인 명제는 ㄱ, ㄷ이다.

> **TIP**
>
> x, y가 실수일 때
> ❶ $0<x<y$이면 $\dfrac{1}{x} > \dfrac{1}{y}$이다.
> ❷ $x<y<0$이면 $\dfrac{1}{x} > \dfrac{1}{y}$이다.
> ❸ $x<0<y$이면 $\dfrac{1}{x} < \dfrac{1}{y}$이다.

404 · 답 ㄴ, ㄷ, ㅁ

ㄱ. $n(A)=0$이면 집합 A의 원소가 존재하지 않으므로 $A=\varnothing$이다.
(참)

ㄴ. [반례] $A=\{1\}$, $B=\{2\}$일 때,
$n(A)=n(B)$이지만 $A \neq B$이다. (거짓)

ㄷ. $A \subset B$인 경우는 다음과 같다.
(i) $A \subset B$이지만 $A \neq B$인 경우 $n(A)<n(B)$이다.
(ii) $A=B$인 경우 $n(A)=n(B)$이다.
(i), (ii)에 의하여 $n(A) \leq n(B)$이다. (거짓)

ㄹ. ㄷ에서 $A \subset B$이면 $n(A) \leq n(B)$이므로
$n(A) \leq n(B)$이고 $n(A) \geq n(B)$이면 $n(A)=n(B)$이다.
ㄷ의 (ii)에 의하여 $A=B$이다. (참)

ㅁ. $n(A-B)=0$이면 $A-B=\varnothing$에서 $A \subset B$이므로
$n(A) \leq n(B)$이다. (거짓)
따라서 거짓인 명제는 ㄴ, ㄷ, ㅁ이다.

405 　답 ②

$P=\{2, 3, 5, 7\}$이고 명제 $\sim p \longrightarrow q$가 참이 되려면
$P^C \subset Q$이므로 $P^C=\{1, 4, 6, 8, 9, 10\}$에서
집합 Q는 6개의 원소를 반드시 포함해야 하므로
가능한 집합 Q의 개수는 $2^{10-6}=2^4=16$이다.

406 　답 ④

두 조건 p, q의 진리집합을 각각 P, Q라 하면
$P=\{x \,|\, x \leq 2$ 또는 $x \geq 5\}$, $Q=\{x \,|\, -3 \leq x \leq k\}$이다.
명제 $\sim q \longrightarrow p$의 반례가 될 수 있는 값은
Q^C의 원소이면서 집합 P의 원소가 아니어야 하므로 집합
$Q^C-P=Q^C \cap P^C$의 원소이다.
$Q^C=\{x \,|\, x < -3$ 또는 $x > k\}$이고 $P^C=\{x \,|\, 2 < x < 5\}$이므로

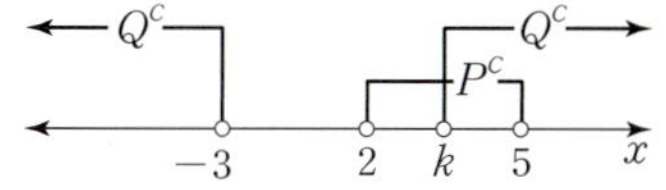

따라서 집합 $Q^C \cap P^C$에 정수인 원소가 $x=4$뿐이려면
$3 \leq k < 4$이어야 한다.

407 　답 ④

명제 $p \longrightarrow q$가 참이 되려면 $-3 \leq x \leq 1$에서 함수
$y=ax^2+4ax-9$의 최댓값이 0보다 작거나 같아야 한다.
$y=ax^2+4ax-9$
$\quad =a(x+2)^2-4a-9$
실수 a의 범위에 따라 나누어 생각하면 다음과 같다.
(i) $a=0$일 때
　함수 $y=-9 \leq 0$이므로 조건을 만족한다.
(ii) $a>0$일 때
　$-3 \leq x \leq 1$에서 함수 $y=a(x+2)^2-4a-9$는 $x=1$일 때
　최대이므로
　$9a-4a-9 \leq 0$, $5a \leq 9$, $a \leq \dfrac{9}{5}$
　따라서 $0 < a \leq \dfrac{9}{5}$이므로 정수 a는 1의 1개이다.
(iii) $a<0$일 때
　$-3 \leq x \leq 1$에서 함수 $y=a(x+2)^2-4a-9$는 $x=-2$일 때
　최대이므로
　$-4a-9 \leq 0$, $4a \geq -9$, $a \geq -\dfrac{9}{4}$
　따라서 $-\dfrac{9}{4} \leq a < 0$이므로 정수 a는 -1, -2의 2개이다.
(i)～(iii)에서 구하는 정수 a의 개수는
$1+1+2=4$

408 　답 $1 < k < 3$

조건 q에서 $x^2-8x+15>0$, $(x-3)(x-5)>0$
이므로 $Q=\{x \,|\, x<3$ 또는 $x>5\}$이다.
조건 p에 대하여 $\sim p$는 $x^2-(4k+2)x+3k^2+2k \geq 0$
$(x-k)\{x-(3k+2)\} \geq 0$이다.　$\cdots\cdots$ ㉠
실수 k의 값의 범위에 따라 다음과 같이 나누어 생각할 수 있다.
(i) $k=3k+2$일 때
　$k=-1$이고 ㉠에서 $(x+1)^2 \geq 0$이다.
　집합 P^C는 실수 전체의 집합이므로 $P^C \subset Q$를 만족시킬 수 없다.
(ii) $k<3k+2$일 때
　$k>-1$이고 ㉠에서 $x \leq k$ 또는 $x \geq 3k+2$이다.
　$P^C \subset Q$이려면 $k<3$이고, $3k+2>5$이므로
　실수 k의 값의 범위는 $1 < k < 3$이다.
(iii) $k>3k+2$일 때
　$k<-1$이고 ㉠에서 $x \leq 3k+2$ 또는 $x \geq k$이다.
　$P^C \subset Q$이려면 $3k+2<3$이고 $k>5$이다.
　이를 만족시키는 실수 k는 존재하지 않는다.
(i)～(iii)에서 구하는 실수 k의 값의 범위는
$1 < k < 3$이다.

409 　답 ⑤

$P \cap (Q^C \cup R)=(P \cap Q^C) \cup (P \cap R)$
$\qquad\qquad\qquad =(P-Q) \cup (P \cap R)=\varnothing$
이므로 $P-Q=\varnothing$, $P \cap R=\varnothing$이어야 한다.
즉, $P \subset Q$이고 두 집합 P와 R은 서로소이다.
이를 벤 다이어그램으로 나타내면 다음 그림과 같다.

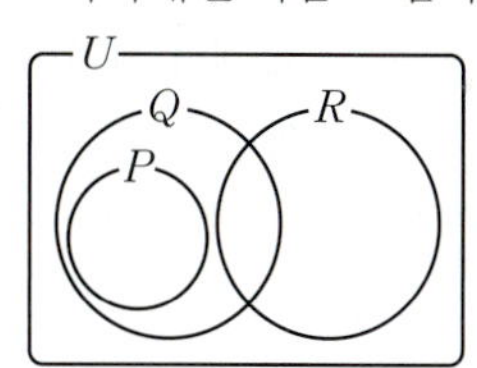

ㄱ. 주어진 정보로 두 집합 Q와 R의 포함 관계는 알 수 없다. (거짓)
ㄴ. 두 집합 P와 R은 서로소이므로 $R \subset P^C$이다.
　　즉, 명제 $r \longrightarrow \sim p$는 참이다. (참)
ㄷ. $P \cap R^C=P \subset Q$이므로 명제 (p이고 $\sim r$) $\longrightarrow q$는 참이다. (참)
따라서 반드시 참인 것은 ㄴ, ㄷ이다.

다른 풀이

$P \cap (Q^C \cup R)=\varnothing$이므로 두 집합 P와 $Q^C \cup R$은 서로소이다.
이를 벤 다이어그램으로 나타내면 다음 그림과 같다.

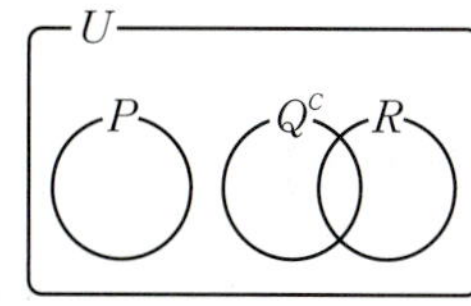

이후 풀이는 본풀이와 같다.

참고

$P \cap (Q^C \cup R)=\varnothing$이 성립할 때, 반드시 참인 명제는
$P \subset Q$에서 $p \longrightarrow q$, $Q^C \subset P^C$에서 $\sim q \longrightarrow \sim p$,
$P \subset R^C$에서 $p \longrightarrow \sim r$, $R \subset P^C$에서 $r \longrightarrow \sim p$이다.

410

답 ③

명제 $p \longrightarrow q$가 참이므로 $P \subset Q$
명제 $\sim p \longrightarrow q$가 참이므로 $P^C \subset Q$
명제 $\sim r \longrightarrow p$가 참이므로 $R^C \subset P$이다.
이때 $P \subset Q$, $P^C \subset Q$에서 $(P \cup P^C) = U \subset Q$ $\therefore Q = U$
이를 벤 다이어그램으로 나타내면 다음 그림과 같다.

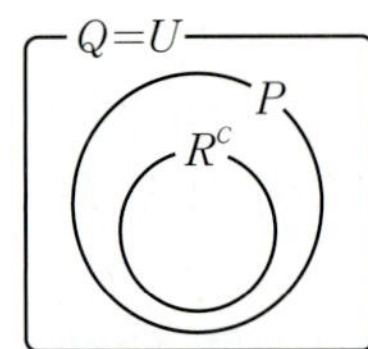

ㄱ. $P^C \subset Q$ (참)
ㄴ. $R - P^C = R \cap P \neq \varnothing$ (거짓)
ㄷ. $(R^C \cup P^C) \subset U = Q$ (참)
따라서 옳은 것은 ㄱ, ㄷ이다.

411

답 ②

명제 '$\sim r$이면 $\sim p$이고 $\sim q$이다.'가 거짓임을 보이는 원소는 집합 R^C에 속하면서 $P^C \cap Q^C$에 속하지 않아야 하므로

$$R^C \cap (P^C \cap Q^C)^C = R^C \cap (P \cup Q)$$
$$= (P \cup Q) \cap R^C$$
$$= (P \cup Q) - R$$

따라서 주어진 명제가 거짓임을 보이는 원소는
집합 $(P \cup Q) - R$의 원소이다.

다른 풀이

명제 '$\sim r$이면 $\sim p$이고 $\sim q$이다.'의 대우는
'p 또는 q이면 r이다.'이므로 이 명제가 거짓임을 보이는 원소는
$P \cup Q$에 속하면서 R에 속하지 않아야 한다.
따라서 주어진 명제가 거짓임을 보이는 원소는
집합 $(P \cup Q) \cap R^C = (P \cup Q) - R$의 원소이다.

412

답 ④

세 학생이 간 곳을 ○, 가지 않은 곳을 ×로 표기하여 문제의 상황을
나타내면 다음과 같다.

	독서실	농구장	극장
영훈		○	
인수		×	
민지			×

주어진 상황에 모순이 없으려면 각 행(가로)과 열(세로)마다 ○가
1개, ×가 2개씩 표시되어야 한다.
(i) 영훈이의 말이 참인 경우

	독서실	농구장	극장
영훈		○	
인수		○	
민지			○

인수와 민지의 말은 거짓이므로 영훈이와 인수는 농구장에 갔고,
민지는 극장에 갔다.

이때 농구장에 간 사람이 두 명이므로 모순이다.
따라서 영훈이의 말은 거짓이다.
(ii) 인수의 말이 참인 경우

	독서실	농구장	극장
영훈		×	
인수		×	
민지		×	○

영훈이와 민지의 말은 거짓이므로 영훈이와 인수는 농구장에
가지 않았고, 민지는 극장에 갔다.
이때 농구장에 간 사람이 아무도 없으므로 모순이다.
따라서 인수의 말은 거짓이다.
(iii) 민지의 말이 참인 경우

	독서실	농구장	극장
영훈	×	×	○
인수	×	○	×
민지	○	×	×

영훈이와 인수의 말은 거짓이므로 영훈이는 농구장에 가지
않았고, 인수는 농구장에 갔고, 민지는 극장에 가지 않았다.
이때 민지는 독서실, 영훈이는 극장에 간 것이 되며,
모순이 없으므로 민지의 말은 참이다.
(i)~(iii)에 의하여 민지의 말이 참이어야 하므로 독서실, 농구장,
극장에 간 사람을 차례대로 나타내면 민지, 인수, 영훈이다.

413

답 ④

주어진 명제의 부정은
'$x \in U$, $y \in U$인 모든 x, y에 대하여 $|x-y| \leq 2$이다.'이고

$|x-y|$	-1	0	1
-1	0	1	2
0	1	0	1
1	2	1	0

이므로 주어진 명제의 부정은 참이다.

414

답 ③

$p: n \leq x \leq n+3$, $q: -2 < x \leq 3$이라 하고
두 조건 p, q의 진리집합을 각각 P, Q라 하면
주어진 명제가 참이려면 $P \cap Q \neq \varnothing$이어야 한다.

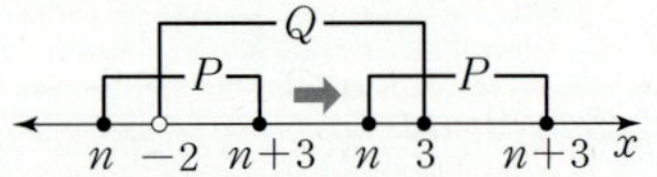

따라서 $-2 < n+3$이고 $n \leq 3$이어야 하므로
$-5 < n \leq 3$이어야 한다.
이를 만족시키는 정수 n은 $-4, -3, -2, -1, 0, 1, 2, 3$의
8개이다.

415

답 ②

명제 '모든 실수 x에 대하여 $x^2 + 2ax + 5 > 0$이다.'가 거짓이려면 그
부정인 '어떤 실수 x에 대하여 $x^2 + 2ax + 5 \leq 0$이다.'가 참이어야
한다.

이차방정식 $x^2+2ax+5=0$의 판별식을 D_1이라 하면
$$\frac{D_1}{4}=a^2-5\geq0,\ (a+\sqrt{5})(a-\sqrt{5})\geq0$$에서
$$a\leq-\sqrt{5}\ 또는\ a\geq\sqrt{5} \qquad\cdots\cdots\ \bigcirc$$
또한 명제 '어떤 실수 x에 대하여 $x^2-ax+2a\leq0$이다.'가 거짓이려면
그 부정인 '모든 실수 x에 대하여 $x^2-ax+2a>0$이다.'가 참이어야
한다.
이차방정식 $x^2-ax+2a=0$의 판별식을 D_2라 하면
$$D_2=a^2-8a<0,\ a(a-8)<0$$에서
$$0<a<8 \qquad\cdots\cdots\ \bigcirc$$
$\bigcirc$, $\bigcirc$에서 $\sqrt{5}\leq a<8$을 만족시키는 정수 a는 3, 4, 5, 6, 7의
5개이다.

416 $\qquad\qquad\qquad\qquad\qquad\qquad\qquad$ 탑 $3\leq k\leq11$

주어진 명제의 부정은 다음과 같다.
모든 실수 x에 대하여 $\sqrt{(x^2-x)k-(3x^2-3x-2)}$의 값은
실수이다.
이 명제가 참이 되려면 모든 실수 x에 대하여
$$(x^2-x)k-(3x^2-3x-2)\geq0$$
즉, $(k-3)x^2-(k-3)x+2\geq0$을 만족해야 한다.
이차항의 계수에 따라 다음과 같이 나누어 생각할 수 있다.
(i) $k-3=0$일 때
　　주어진 부등식은 $2\geq0$으로 성립한다.
(ii) $k-3>0$일 때
　　$k>3$이고, 주어진 부등식에서 좌변을
　　$f(x)=(k-3)x^2-(k-3)x+2$라 하면 이차함수 $y=f(x)$의
　　그래프는 아래로 볼록하므로 조건을 만족시키려면 함수
　　$y=f(x)$의 그래프가 x축과 접하거나 만나지 않아야 한다.
　　이차방정식 $(k-3)x^2-(k-3)x+2=0$의 판별식을 D라 하면
　　$D=(k-3)^2-8(k-3)=(k-3)(k-11)\leq0$
　　이므로 $3<k\leq11\ (\because\ k>3)$이다.
(iii) $k-3<0$일 때
　　주어진 부등식에서 좌변을
　　$f(x)=(k-3)x^2-(k-3)x+2$라 하면 이차함수 $y=f(x)$의
　　그래프는 위로 볼록하므로 모든 실수 x에 대하여 $f(x)\geq0$을
　　만족시키는 실수 k의 값이 존재하지 않는다.
(i)~(iii)에서 조건을 만족시키는 실수 k의 값의 범위는
$3\leq k\leq11$이다.

417 $\qquad\qquad\qquad\qquad\qquad\qquad\qquad\qquad\qquad$ 답 ③

명제 ㈎에서 집합 A의 원소이지만 집합 B의 원소는 아닌 것이
존재하므로 $A-B\neq\varnothing$, 즉 $A\not\subset B$이다.
또한 명제 ㈏에서 집합 B의 원소 중 집합 C의 원소가 존재하지
않으므로 $B\cap C=\varnothing$, 즉 두 집합 B와 C는 서로소이다.
따라서 두 명제 ㈎와 ㈏가 참이 되도록 하는 것은

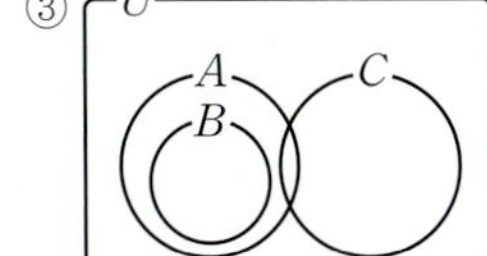

이다. $\qquad\qquad\qquad\qquad\qquad\qquad\qquad\qquad\qquad\cdots\cdots$ **TIP**

418 $\qquad\qquad\qquad\qquad\qquad\qquad\qquad\qquad\qquad$ 답 ④

명제와 그 대우의 참, 거짓은 일치하므로 주어진 명제와 그 역이
모두 참인 것을 구하면 된다.
ㄱ. 명제: $a+1=0$이면 $a^3+1=0$이다. (참)
　　　[증명] $a=-1$이면 $a^3+1=(-1)^3+1=0$
　　역: $a^3+1=0$이면 $a+1=0$이다. (참)
　　　[증명] $a^3+1=(a+1)(a^2-a+1)=0$
　　　　a는 실수이므로 $a+1=0$ $\qquad\cdots\cdots$ 참고
ㄴ. 명제: $a+b>0$, $ab>0$이면 $a>0$, $b>0$이다. (참)
　　　[증명] $ab>0$에서 $a>0$, $b>0$ 또는 $a<0$, $b<0$이고,
　　　　　이때 $a+b>0$이므로 $a>0$, $b>0$이다.
　　역: $a>0$, $b>0$이면 $a+b>0$, $ab>0$이다. (참)
ㄷ. 명제: $a^2+b^2>0$이면 $a\neq0$ 또는 $b\neq0$이다. (참)
　　　[증명] 대우는 '$a=0$, $b=0$이면 $a^2+b^2\leq0$이다.'이고
　　　　대우가 참이므로 명제도 참이다.
　　역: $a\neq0$ 또는 $b\neq0$이면 $a^2+b^2>0$이다. (참)
　　　[증명] 대우는 '$a^2+b^2\leq0$이면 $a=0$, $b=0$이다.'이고,
　　　　대우가 참이므로 명제도 참이다.
ㄹ. 명제: $ab=0$이면 $a^2+ab+2b^2=0$이다. (거짓)
　　　[반례] $a=1$, $b=0$일 때, $ab=1\times0=0$이지만
　　　　$a^2+ab+2b^2=1+0+0\neq0$이므로 거짓이다.
　　역: $a^2+ab+2b^2=0$이면 $ab=0$이다. (참)
　　　[증명] $a^2+ab+2b^2=\left(a+\dfrac{b}{2}\right)^2+\dfrac{7}{4}b^2=0$에서
　　　　$a+\dfrac{b}{2}=0$, $b=0$이므로 $a=b=0$ $\quad\therefore\ ab=0$
ㅁ. 명제: $ab+1>a+b>2$이면 $a>1$, $b>1$이다. (참)
　　　[증명] $ab+1>a+b$에서
　　　　$ab-a-b+1=(a-1)(b-1)>0$
　　　　$a>1$, $b>1$ 또는 $a<1$, $b<1$
　　　　이때 $a+b>2$이므로 $a>1$, $b>1$
　　역: $a>1$, $b>1$이면 $ab+1>a+b>2$이다. (참)
　　　[증명] $a>1$, $b>1$이면 $a+b>2$이고,
　　　　$ab+1-(a+b)=(a-1)(b-1)>0$
　　　　$\therefore\ ab+1>a+b>2$
따라서 역과 대우가 모두 참인 것은 ㄱ, ㄴ, ㄷ, ㅁ으로 4개이다.

참고

ㄱ에서 a가 실수라는 조건이 없으면
방정식 $a^2-a+1=0$의 두 허근이 반례가 되어
명제 '$a^3+1=0$이면 $a+1=0$이다.'는 거짓이다.

419 $\qquad\qquad\qquad\qquad\qquad\qquad\qquad\qquad\qquad$ 답 ②

명제 '모음이 적힌 카드의 뒷면에는 짝수가 적혀 있다.'가 참임을
확인하기 위해서는

모음이 적힌 카드 뒷면에 짝수가 적혀 있는지,
그 대우인 홀수가 적힌 카드 뒷면에 자음이 적혀 있는지
확인해야 한다.
따라서 $\boxed{a}$, $\boxed{1}$ 을 확인해야 한다.

420
답 ③

㈎에 의하여 A는 범인이 아니다.
㈏에 의하여 B가 범인이면 C도 범인이다.
㈏의 대우에 의하여 공범이 없으면 B는 범인이 아니고
㈐에 의하여 A, B, C 중 한 사람은 범인이므로 C가 범인이다.
이를 범인이면 ○, 범인이 아니면 ×로 표기하여 정리하면 다음과
같다.

A	B	C
×	○	○
×	×	○

따라서 C는 반드시 범인이다.

421
답 ③

네 조건 p, q, r, s를 각각 다음과 같이 정의하자.
p: 제품이 10대, 20대에게 선호도가 높다.
q: 제품의 가격이 싸다.
r: 제품의 기능이 많다.
s: 제품의 판매량이 많다.
㈎, ㈏, ㈐에 의하여 알 수 있는 참인 명제는 다음과 같다.
㈎ $p \longrightarrow s$, ㈏ $q \longrightarrow s$, ㈐ $r \longrightarrow p$
각 선지가 나타내는 명제는 다음과 같다.
① $r \longrightarrow \sim q$ ② $\sim q \longrightarrow \sim s$ ③ $\sim s \longrightarrow \sim r$
④ $p \longrightarrow r$ ⑤ $p \longrightarrow \sim q$
㈎와 ㈐에 의하여 $r \longrightarrow s$가 참이므로 그 대우인 $\sim s \longrightarrow \sim r$도 참이다.
따라서 항상 옳은 것은 ③이다.

422
답 4

두 조건 p, q의 진리집합을 각각 P, Q라 하면
p가 q이기 위한 충분조건이므로 $P \subset Q$이다.
따라서 $Q^C \subset P^C$이다.
$Q^C = \{1\}$, $P^C = \{x \mid x^2 + ax - 5 = 0\}$이므로
$x^2 + ax - 5 = 0$에 $x = 1$을 대입하면
$1 + a - 5 = 0$ $\therefore a = 4$

423
답 ④

두 조건 p, q의 진리집합을 각각 P, Q라 하면
p가 q이기 위한 필요충분조건이기 위해서는 $P = Q$이어야 한다.
ㄱ. p: $|x-y| = |x+y|$에서
  $|x-y| = |x+y|$의 양변을 제곱하면
  $(x-y)^2 = (x+y)^2$, $x^2 - 2xy + y^2 = x^2 + 2xy + y^2$
  $\therefore xy = 0 \Longleftrightarrow x = 0$ 또는 $y = 0$
  즉, $P = Q$이므로 p는 q이기 위한 필요충분조건이다.

ㄴ. p: $|x| + |y| = |x+y|$에서
  $|x| + |y| = |x+y|$의 양변을 제곱하면
  $|x|^2 + 2|x||y| + |y|^2 = (x+y)^2$
  $x^2 + 2|xy| + y^2 = x^2 + 2xy + y^2$, $|xy| = xy$
  $\therefore xy \geq 0$
  즉, $Q \subset P$이므로 p는 q이기 위한 필요조건이다.

ㄷ. p: $|x+y| < |x-y|$에서
  $|x+y| \geq 0$, $|x-y| \geq 0$이므로
  $|x+y|$, $|x-y|$와 $|x+y|^2$, $|x-y|^2$의 대소 관계는 같다.
  $|x+y|^2 - |x-y|^2 = (x+y)^2 - (x-y)^2 = 4xy < 0$이므로
  $xy < 0$
  즉, $P = Q$이므로 p는 q이기 위한 필요충분조건이다.
따라서 p가 q이기 위한 필요충분조건인 것은 ㄱ, ㄷ이다.

424
답 ①

$\sim q$가 p이기 위한 필요조건이 되려면
명제 $p \longrightarrow \sim q$가 참이어야 하므로
그 대우인 $q \longrightarrow \sim p$가 참이면 된다.
두 조건 p, q의 진리집합을 각각 P, Q라 할 때,
$Q \subset P^C$이어야 한다.
$x^2 - 2x - 15 = (x-5)(x+3) \leq 0$에서
$P^C = \{x \mid -3 \leq x \leq 5\}$
$x^2 = a$, $x^2 - a = (x - \sqrt{a})(x + \sqrt{a}) = 0$에서
$Q = \{x \mid x = \sqrt{a}$ 또는 $x = -\sqrt{a}\}$
따라서 $\sqrt{a} \leq 3$에서 $a \leq 9$이므로
자연수 a는 1, 2, 3, $\cdots$, 9의 9개이다.

425
답 ②

세 조건 p, q, r의 진리집합을 각각 P, Q, R이라 하자.
p가 q이기 위한 충분조건이기 위해서는 $P \subset Q$이어야 하고,
p가 r이기 위한 필요조건이기 위해서는 $R \subset P$이어야 하므로
이를 수직선 위에 나타내면 다음 그림과 같다.

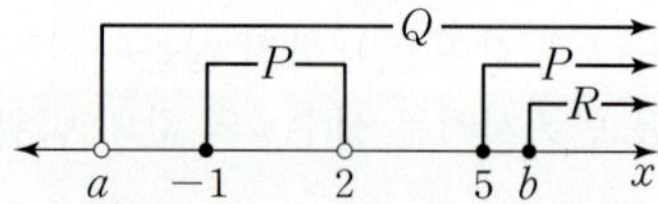

조건을 만족시키기 위해서는
$a < -1$이고 $b \geq 5$이어야 하므로
정수 a의 최댓값은 -2이고 정수 b의 최솟값은 5이다.
따라서 구하는 합은 $-2 + 5 = 3$이다.

426
답 ⑤

ㄱ. $A \cap B = A$는 $A \subset B$이기 위한 필요충분조건이고
  $A \cup B = B$는 $A \subset B$이기 위한 필요충분조건이다.
  즉, p는 q이기 위한 필요충분조건이다.

ㄴ. $A = B^C$이면 $A \cup B = B^C \cup B = U$이다.
  $A \cup B = U$일 때 $A \cap B \neq \varnothing$인 경우도 있으므로 $A \neq B^C$이다.
  즉, p는 q이기 위한 충분조건이지만 필요조건은 아니다.

ㄷ. $A{\subset}B$ 또는 $A{\subset}C$이면 $A{\subset}(B{\cup}C)$이다.

한편, $A{\subset}(B{\cup}C)$이어도 다음 벤 다이어그램처럼 $A{\subset}B$ 또는 $A{\subset}C$가 아닐 수도 있다.

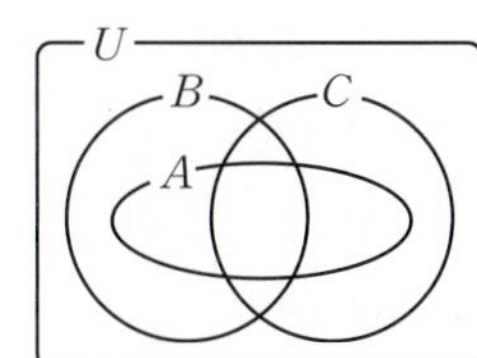

즉, p는 q이기 위한 충분조건이지만 필요조건은 아니다.

따라서 구하는 것은 ㄴ, ㄷ이다.

427   冨 54

p가 q이기 위한 필요조건이면 명제 $q \rightarrow p$가 참이므로 $Q{\subset}P$이다.

따라서 집합 Q의 개수는 집합 P의 부분집합의 개수와 같다.

이 개수가 $128=2^7$이므로 $n(P)=7$이다.

36의 양의 약수는 1, 2, 3, 4, 6, 9, 12, 18, 36이므로 $n(P)=7$에서 $P=\{1,\ 2,\ 3,\ 4,\ 6,\ 9,\ 12\}$이고 $12 \leq n < 18$이다.   ⋯⋯ ㉠

p가 q이기 위한 충분조건이면 명제 $p \rightarrow q$가 참이므로 $P{\subset}Q$이다.

따라서 집합 Q의 개수는 전체집합 U의 부분집합 중 집합 P의 원소를 모두 갖는 집합의 개수와 같다.

즉, 집합 P^C의 부분집합의 개수와 같고, 이 개수가 $64=2^6$이므로 $n(P^C)=6$이다.

$n(U)=n(P)+n(P^C)=7+6=13$이므로 자연수 n의 값은 13이고 이는 ㉠을 만족시킨다.

따라서 $P^C=\{5,\ 7,\ 8,\ 10,\ 11,\ 13\}$이므로 집합 P^C의 모든 원소의 합은

$5+7+8+10+11+13=54$

428   冨 ③

두 조건 p, q의 진리집합을 각각 P, Q라 하자.

ㄱ. $a=-1$이면 $-(x-1)^2 \geq 0$에서 $x=1$이므로 $P=\{1\}$이다.

$b=-1$이면 $x<2$이므로 $Q=\{x|x<2\}$이다.

$P{\subset}Q$이므로 명제 'p이면 q이다.'는 참이다. (참)

ㄴ. $\sim p$: $a(x+a)(x-1)<0$이고 $-1<a<0$이면 $0<-a<1$이다.

따라서 $P^C=\{x|x<-a$ 또는 $x>1\}$이고, b가 자연수이면 $1-b \leq 0$이므로 수직선에 나타내면 다음 그림과 같다.

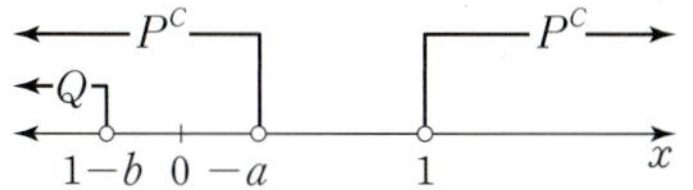

$Q{\subset}P^C$이므로 명제 'q이면 $\sim p$이다.'는 참이다. (참)

ㄷ. a가 음의 정수이면 $a(x+a)(x-1) \geq 0$에서 $a=-1$이면 $P=\{1\}$이고,

$a \leq -2$이면 $P=\{x|1 \leq x \leq -a\}$이다.

$b=-5$이면 q: $x<6$에서 $Q=\{x|x<6\}$이고,

q가 p이기 위한 필요조건이 되려면 다음 그림과 같이 $P{\subset}Q$를

만족해야 한다.

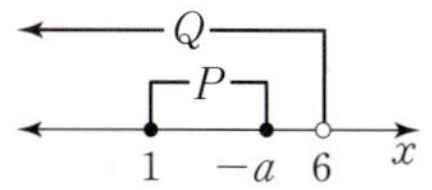

따라서 $-a<6$, 즉 $a>-6$에서 음의 정수 a의 최솟값은 -5이다. (거짓)

따라서 옳은 것은 ㄱ, ㄴ이다.

429   冨 ③

$\sqrt{2}$가 보기 유리수 ‖라 가정하면

$\sqrt{2}=\dfrac{n}{m}$ ⋯⋯ ㉠

을 만족시키는 ‖서로소‖인 두 자연수 m, n이 존재한다.

㉠의 양변을 각각 제곱하여 정리하면

$n^2=2m^2$ ⋯⋯ ㉡

이때 $2m^2$은 2의 배수이다.

n^2이 2의 배수이므로 n은 ‖2‖의 배수이다.   ⋯⋯ TIP

$n=2k$ (k는 자연수)라 하면 ㉡에서

$4k^2=2m^2$, $m^2=$ ‖$2k^2$‖

이때 m^2이 2의 배수이므로 m은 ‖2‖의 배수이다.

즉, m, n이 모두 ‖2‖의 배수이므로

m, n이 ‖서로소‖라는 조건에 ‖모순‖이다.

따라서 $\sqrt{2}$는 유리수가 아니다.

㉮ 유리수, ㉯ 서로소, ㉰ 2, ㉱ $2k^2$, ㉲ 모순

TIP

명제 '자연수 n에 대하여 n^2이 2의 배수이면 n은 2의 배수이다.'는 문제 391에서 증명한 명제이다.

430   冨 ③

a, b가 모두 ‖홀수‖라 가정하고,

이차방정식 $x^2+ax-b=0$의 자연수인 근을 m이라 하면

이차방정식의 근과 계수의 관계에 의하여

(다른 한 근)$=-m-a$

$-b=m \times (-m-a)$이므로

$b=m \times ($ ‖$m+a$‖ $)$이다.   ⋯⋯ ㉠

(ⅰ) m이 홀수일 때

㉠에서 ‖$m+a$‖는 짝수이므로 우변은 짝수이고 좌변은 ‖홀수‖이므로 모순이다.

(ⅱ) m이 짝수일 때

㉠에서 m이 짝수이므로 우변은 짝수이고 좌변은 ‖홀수‖이므로 모순이다.

(ⅰ), (ⅱ)에 의하여 이차방정식 $x^2+ax-b=0$이 자연수인 해를 가진다는 가정에 모순이다.

따라서 이차방정식 $x^2+ax-b=0$이 자연수인 해를 가지면 a, b 중 적어도 하나는 ‖짝수‖이다.

㉮ 홀수, ㉯ $m+a$, ㉰ 짝수

431 달 풀이 참조

주어진 명제의 역은 '두 자연수 x, y에 대하여 x^3+y^3이 홀수이면
x, y 중 적어도 하나가 짝수이다.'이므로
이 명제의 대우인 '두 자연수 x, y에 대하여 x, y가 모두 홀수이면
x^3+y^3이 짝수이다.'가 참임을 증명하면 된다.
x, y가 모두 홀수이므로
$x=2m-1$, $y=2n-1$ (m, n은 자연수)이라 하자.
$$x^3+y^3=(2m-1)^3+(2n-1)^3$$
$$=(8m^3-12m^2+6m-1)+(8n^3-12n^2+6n-1)$$
$$=2\{4(m^3+n^2)-6(m^2+n^2)+3(m+n)-1\}$$
즉, x^3+y^3은 2의 배수이므로 짝수이다.
따라서 주어진 명제의 역인 '두 자연수 x, y에 대하여 x^3+y^3이
홀수이면 x, y 중 적어도 하나가 짝수이다.'도 참이다.

채점 요소	배점
주어진 명제의 역을 구하기	20%
대우를 이용하여 주어진 명제의 역이 참임을 증명하기	80%

432 달 풀이 참조

(1) 주어진 명제의 대우는 '자연수 n에 대하여 n이 3의 배수가 아니면
  n^2은 3의 배수가 아니다.'이다.
  n이 3의 배수가 아니면
  자연수 k에 대하여 $n=3k-1$ 또는 $n=3k-2$이다.
  (i) $n=3k-1$일 때
  $$n^2=(3k-1)^2=9k^2-6k+1$$
  $$=3(3k^2-2k)+1$$
  이므로 n^2은 3의 배수가 아니다.
  (ii) $n=3k-2$일 때
  $$n^2=(3k-2)^2=9k^2-12k+4$$
  $$=3(3k^2-4k+1)+1$$
  이므로 n^2은 3의 배수가 아니다.
  (i), (ii)에 의하여 n^2은 3의 배수가 아니다.
  따라서 주어진 명제의 대우가 참이므로 주어진 명제도 참이다.

(2) $\sqrt{3}$을 유리수라 가정하면
  $$\sqrt{3}=\frac{n}{m}$$ (m, n은 서로소인 자연수)이다.
  이 식의 양변을 제곱하여 정리하면
  $$n^2=3m^2 \qquad\qquad \cdots\cdots \text{㉠}$$
  이때 n^2은 3의 배수이므로 n은 3의 배수이다.
  $n=3k$ (k는 자연수)라 하면 ㉠에서
  $$9k^2=3m^2,\; m^2=3k^2$$
  이때 m^2이 3의 배수이므로 m은 3의 배수이다.
  즉, m, n이 모두 3의 배수이므로 서로소라는 조건에 모순이다.
  따라서 $\sqrt{3}$은 유리수가 아니다.

채점 요소	배점
대우를 이용하여 (1)의 명제가 참임을 증명하기	50%
(1)의 명제와 귀류법을 이용하여 (2)의 명제가 참임을 증명하기	50%

433 답 ②

$$(|a|+|b|)^2-|a+b|^2=|a|^2+2|a||b|+|b|^2-|a+b|^2$$
$$=a^2+2|ab|+b^2-(a^2+2ab+b^2)$$
$$=\boxed{2(|ab|-ab)}$$
이때 $\boxed{|ab|\geq ab}$ 이므로 $\boxed{2(|ab|-ab)} \geq 0$
따라서 $(|a|+|b|)^2\geq|a+b|^2$이고,
$|a|+|b|\geq0$, $|a+b|\geq0$이므로 $|a|+|b|\geq|a+b|$이다.
(단, 등호는 $|ab|=ab$, 즉 $\boxed{ab\geq0}$ 일 때 성립한다.)
㈎ $2(|ab|-ab)$, ㈏ $|ab|\geq ab$, ㈐ $ab\geq0$

> **TIP**
>
> 두 양수 x, y에 대하여
> $x\geq y$이면 $x^2\geq y^2$이고, $x^2\geq y^2$이면 $x\geq y$이다.
> $x<y$이면 $x^2<y^2$이고, $x^2<y^2$이면 $x<y$이다.
> 따라서 x, y가 양수일 때,
> x, y의 대소 관계는 x^2, y^2의 대소 관계와 같다.

434 달 풀이 참조

$$(\sqrt{x}+\sqrt{y})^2-(\sqrt{x+y})^2$$
$$=(\sqrt{x})^2+2\sqrt{x}\sqrt{y}+(\sqrt{y})^2-(\sqrt{x+y})^2$$
$$=x+2\sqrt{xy}+y-x-y \;(\because\; x\geq0,\, y\geq0)$$
$$=2\sqrt{xy}\geq0 \qquad\qquad \cdots\cdots \text{㉠}$$
이므로 $(\sqrt{x}+\sqrt{y})^2\geq(\sqrt{x+y})^2$이다.
이때 $\sqrt{x}+\sqrt{y}\geq0$, $\sqrt{x+y}\geq0$이므로 $\sqrt{x}+\sqrt{y}\geq\sqrt{x+y}$이다.
㉠에서 등호는 $xy=0$, 즉 $x=0$ 또는 $y=0$일 때 성립한다.

채점 요소	배점
주어진 부등식이 성립함을 증명하기	80%
등호가 성립할 때의 x, y의 조건 구하기	20%

435 달 풀이 참조

$x>3$에서 $x-3>0$이므로
산술평균과 기하평균의 관계에 의하여
$$4x+\frac{4}{x-3}=4(x-3)+\frac{4}{x-3}+12$$
$$\geq2\sqrt{4(x-3)\times\frac{4}{x-3}}+12$$
$$=2\times4+12=20$$
이때 등호는 $4(x-3)=\frac{4}{x-3}$일 때 성립하므로
$(x-3)^2=1$에서 $x=4$ $(\because\; x>3)$
따라서 $4x+\dfrac{4}{x-3}$는 $x=4$일 때 최솟값 20을 갖는다.

채점 요소	배점
$4x+\dfrac{4}{x-3}$ 변형하기	20%
최솟값 구하기	50%
최솟값을 가질 때 x의 값 구하기	30%

산술평균과 기하평균의 관계를 이용하여

식 $f(x)+\dfrac{k}{g(x)}$ (k는 상수)의 최솟값을 구할 때,

역수의 곱을 이용할 수 있도록 식을 변형한다.

이때 변형하기 어려운 분모 $g(x)$를 기준으로

변형하기 쉬운 $f(x)$ 부분을 $g(x)$ 꼴로 바꾸는 것이 중요하다.

만약 $x>-1$일 때,

$\dfrac{2}{x+1}+\dfrac{x}{8}$ 의 최솟값을 구해야 하는 경우

$\dfrac{2}{x+1}$ 의 분모 $x+1$을 기준으로

$\dfrac{x}{8}$ 를 $\dfrac{x+1}{8}-\dfrac{1}{8}$ 로 바꾸면

산술평균과 기하평균의 관계에 의하여

$$\dfrac{2}{x+1}+\dfrac{x}{8}=\dfrac{2}{x+1}+\dfrac{x+1}{8}-\dfrac{1}{8}$$
$$\geq 2\sqrt{\dfrac{2}{x+1}\times\dfrac{x+1}{8}}-\dfrac{1}{8}=2\times\dfrac{1}{2}-\dfrac{1}{8}=\dfrac{7}{8}$$

(단, 등호는 $x=3$일 때 성립한다.)

로 최솟값을 구할 수 있다.

436 ⋯⋯⋯⋯⋯⋯⋯⋯⋯⋯⋯⋯⋯⋯⋯⋯⋯ 답 ④

주어진 부등식 $5x^2+4y^2+9\geq 4x(y-3)$에서

$5x^2+4y^2+9-4xy+12x\geq 0$임을 보이면 된다.

$5x^2+4y^2+9-4xy+12x$

$=(x^2-4xy+4y^2)+(4x^2+12x+9)$

$=(x-2y)^2+\boxed{(2x+3)^2}$

이고, $(x-2y)^2\geq 0$, $\boxed{(2x+3)^2}\geq 0$이므로

$(x-2y)^2+\boxed{(2x+3)^2}\geq 0$이다.

따라서 두 실수 x, y에 대하여 부등식

$5x^2+4y^2+9\geq 4x(y-3)$

이 성립한다.

$\left(\text{단, 등호는 } x=2y, \; x=-\dfrac{3}{2}\text{일 때,}\right.$

즉 $x=\boxed{-\dfrac{3}{2}}$, $y=\boxed{-\dfrac{3}{4}}$일 때 성립한다.$\Big)$

따라서 $f(x)=(2x+3)^2$, $\alpha=-\dfrac{3}{2}$, $\beta=-\dfrac{3}{4}$이다.

$\therefore f(2)+12(\alpha+\beta)=7^2+12\times\left(-\dfrac{9}{4}\right)=22$

437 ⋯⋯⋯⋯⋯⋯⋯⋯⋯⋯⋯⋯⋯⋯⋯⋯⋯ 답 ④

이차방정식 $x^2-2\sqrt{5}x+k=0$의 판별식을 D라 하면

$\dfrac{D}{4}=(-\sqrt{5})^2-k<0$이므로 $k>5$

$k-5>0$이므로 산술평균과 기하평균의 관계에 의하여

$k+5+\dfrac{9}{k-5}=k-5+\dfrac{9}{k-5}+10$

$\geq 2\sqrt{(k-5)\times\dfrac{9}{k-5}}+10=16$

이때 등호는 $k-5=\dfrac{9}{k-5}$일 때 성립하므로

$(k-5)^2=9$에서 $k=8$ ($\because k>5$)

따라서 이차방정식 $x^2-2\sqrt{5}x+k=0$이 허근을 가질 때,

$k+5+\dfrac{9}{k-5}$ 는 $k=8$일 때 최솟값 16을 가지므로

$a=8$, $b=16$이다.

$\therefore a+b=8+16=24$

438 ⋯⋯⋯⋯⋯⋯⋯⋯⋯⋯⋯⋯⋯⋯⋯⋯⋯ 답 ⑤

ㄱ. [반례] $a=2$, $b=-3$일 때,

$|a+b|=|2+(-3)|=1$,

$|a-b|=|2-(-3)|=5$

에서 $1<5$이다. (거짓) ⋯⋯ 참고 1

ㄴ. $|a-b|\geq 0$, $|a|+|b|\geq 0$이므로

$|a-b|^2$과 $(|a|+|b|)^2$의 크기를 비교하면 된다.

$|a-b|^2-(|a|+|b|)^2$

$=(a^2-2ab+b^2)-(a^2+2|a||b|+b^2)$

$=-2(ab+|ab|)\leq 0$

(단, 등호는 $|ab|=-ab$, 즉 $ab\leq 0$일 때 성립한다.)

$\therefore |a-b|\leq |a|+|b|$ (참)

ㄷ. $a>b>0$에서 $\sqrt{a-b}>0$, $\sqrt{a}-\sqrt{b}>0$이므로

$(\sqrt{a-b})^2$과 $(\sqrt{a}-\sqrt{b})^2$의 크기를 비교하면 된다.

$(\sqrt{a-b})^2-(\sqrt{a}-\sqrt{b})^2$

$=(a-b)-(a-2\sqrt{a}\sqrt{b}+b)$

$=2\sqrt{b}(\sqrt{a}-\sqrt{b})>0$

$\therefore \sqrt{a-b}>\sqrt{a}-\sqrt{b}$ (참)

ㄹ. (i) $|a|<|b|$일 때

$|a|-|b|<0$, $|a-b|>0$이므로

$|a|-|b|<|a-b|$가 성립한다.

(ii) $|a|\geq |b|$일 때

$|a|-|b|\geq 0$, $|a-b|\geq 0$이므로

$(|a|-|b|)^2$과 $|a-b|^2$의 크기를 비교하면 된다.

$(|a|-|b|)^2-|a-b|^2$

$=(|a|^2-2|a||b|+|b|^2)-(a-b)^2$

$=a^2-2|ab|+b^2-(a^2-2ab+b^2)$

$=2(ab-|ab|)$

이때 $|ab|\geq ab$이므로 $2(ab-|ab|)\leq 0$

$\therefore |a|-|b|\leq |a-b|$

(단, 등호는 $|a|\geq |b|$이고 $|ab|=ab$일 때, 즉

$a\leq b\leq 0$ 또는 $a\geq b\geq 0$일 때 성립한다.)

(i), (ii)에 의하여 $|a|-|b|\leq |a-b|$ (참)

따라서 항상 성립하는 것은 ㄴ, ㄷ, ㄹ이다.

참고 1

$|a+b|^2-|a-b|^2=(a^2+2ab+b^2)-(a^2-2ab+b^2)=4ab$

이므로

$ab\geq 0$일 때 $|a+b|\geq |a-b|$,

$ab<0$일 때 $|a+b|<|a-b|$가 성립한다.

절대부등식 '$|a|-|b|\le|a+b|$'도 'ㄹ'과 유사한 방법으로
다음과 같이 증명할 수 있다.

(i) $|a|<|b|$인 경우

$|a|-|b|<0$, $|a+b|\ge0$이므로

$|a|-|b|<|a+b|$

(ii) $|a|\ge|b|$인 경우

$|a|-|b|\ge0$, $|a+b|\ge0$이므로

$(|a|-|b|)^2$과 $|a+b|^2$의 크기를 비교하면 된다.

$(|a|-|b|)^2-|a+b|^2$

$=(|a|^2-2|a||b|+|b|^2)-(a+b)^2$

$=-2(|ab|+ab)\le0$

(단, 등호는 $|ab|=-ab$, 즉 $ab\le0$일 때 성립한다.)

$\therefore |a|-|b|\le|a+b|$

(i), (ii)에 의하여 $|a|-|b|\le|a+b|$이다.

---

439 답 풀이 참조

(1) 잘못된 부분: ④

①의 등호가 성립할 때는 $2x=y$이고

②의 등호가 성립할 때는 $\dfrac{2}{x}=\dfrac{1}{y}$에서 $x=2y$이다.

$2x=y$이면서 $x=2y$를 동시에 만족시키는 두 양수 x, y는
존재하지 않으므로 ③에서 등호는 성립하지 않는다.
따라서 최솟값은 8이 될 수 없다.

(2) $(2x+y)\left(\dfrac{2}{x}+\dfrac{1}{y}\right)=4+\dfrac{2x}{y}+\dfrac{2y}{x}+1$

$\qquad\qquad\qquad\quad=2\left(\dfrac{x}{y}+\dfrac{y}{x}\right)+5$

$\qquad\qquad\qquad\quad\ge2\times2\sqrt{\dfrac{x}{y}\times\dfrac{y}{x}}+5=9$

따라서 $(2x+y)\left(\dfrac{2}{x}+\dfrac{1}{y}\right)$의 최솟값은 9이고

등호는 $\dfrac{x}{y}=\dfrac{y}{x}$, $x^2=y^2$, 즉 $x=y$일 때 성립한다.

$\hfill(\because x>0,\ y>0)$

채점 요소	배점
처음으로 잘못된 부분이 ④임을 찾기	20%
$2x=y$, $x=2y$를 만족시키는 x, y가 존재하지 않음을 설명하기	30%
올바른 최솟값 구하기	30%
최솟값을 가질 때 x, y의 조건 구하기	20%

TIP

③에서 두 양수 x, y에 대하여 부등식 $(2x+y)\left(\dfrac{2}{x}+\dfrac{1}{y}\right)\ge8$이

항상 성립하는 것은 맞지만 $(2x+y)\left(\dfrac{2}{x}+\dfrac{1}{y}\right)=8$을

만족시키는 두 실수 x, y가 존재하는 것은 보장하지 않는다.
두 양수 a, b에 대하여 산술평균과 기하평균의 관계인
$a+b\ge2\sqrt{ab}$ (단, 등호는 $a=b$일 때 성립)를 이용하여
최솟값 또는 최댓값을 구할 때 다음을 확인해야 한다.

---

❶ $a+b$의 최솟값을 구할 때
  ab가 상수인지, $a=b$가 가능한지 확인한다.
❷ ab의 최댓값을 구할 때
  $a+b$가 상수인지, $a=b$가 가능한지 확인한다.

---

440 답 ③

$a>0$, $b>0$이므로
산술평균과 기하평균의 관계에 의하여

$(5a+3b)\left(\dfrac{5}{a}+\dfrac{3}{b}\right)=25+\left(\dfrac{15a}{b}+\dfrac{15b}{a}\right)+9$

$\qquad\qquad\qquad\qquad=34+15\left(\dfrac{a}{b}+\dfrac{b}{a}\right)$

$\qquad\qquad\qquad\qquad\ge34+15\times2\sqrt{\dfrac{a}{b}\times\dfrac{b}{a}}$

$\qquad\qquad\qquad\qquad=34+30=64$

$\left(\text{단, 등호는 }\dfrac{a}{b}=\dfrac{b}{a},\ a^2=b^2,\ \text{즉 }a=b\text{일 때 성립한다.}\right)$

$(\because a>0,\ b>0)$

이때 $5a+3b=4$이므로

$(5a+3b)\left(\dfrac{5}{a}+\dfrac{3}{b}\right)\ge64$에서

$4\left(\dfrac{5}{a}+\dfrac{3}{b}\right)\ge64\qquad\therefore \dfrac{5}{a}+\dfrac{3}{b}\ge16$

따라서 $\dfrac{5}{a}+\dfrac{3}{b}$의 최솟값은 16이다.

---

441 답 ①

$a>0$, $b>0$에서 $2a+1>0$, $3b+1>0$이므로
산술평균과 기하평균의 관계에 의하여

$\{(2a+1)+(3b+1)\}\left(\dfrac{1}{2a+1}+\dfrac{1}{3b+1}\right)$

$=1+\left(\dfrac{2a+1}{3b+1}+\dfrac{3b+1}{2a+1}\right)+1$

$\ge2+2\sqrt{\dfrac{2a+1}{3b+1}\times\dfrac{3b+1}{2a+1}}=4$

(단, 등호는 $(2a+1)^2=(3b+1)^2$, 즉 $2a=3b$일 때 성립한다.)

$(\because 2a+1>0,\ 3b+1>0)$

이때 $\dfrac{1}{2a+1}+\dfrac{1}{3b+1}=\dfrac{1}{5}$이므로

$\{(2a+1)+(3b+1)\}\left(\dfrac{1}{2a+1}+\dfrac{1}{3b+1}\right)\ge4$에서

$(2a+3b+2)\times\dfrac{1}{5}\ge4$, $2a+3b+2\ge20$

$\therefore 2a+3b\ge18$

따라서 $2a+3b$의 최솟값은 18이다.

---

442 답 ②

$a>0$, $b>0$이므로 직선 $\dfrac{x}{a}+\dfrac{y}{b}=1$과 x축, y축으로 둘러싸인

삼각형의 넓이는 $\dfrac{1}{2}ab$이다. TIP

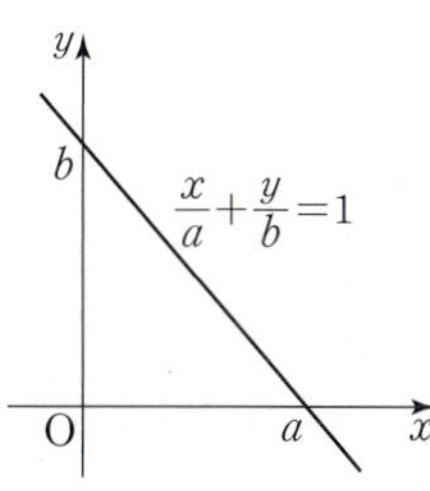

이때 직선 $\dfrac{x}{a}+\dfrac{y}{b}=1$이 점 $(3,\ 5)$를 지나므로

$\dfrac{3}{a}+\dfrac{5}{b}=1$

산술평균과 기하평균의 관계에 의하여

$1=\dfrac{3}{a}+\dfrac{5}{b}\geq2\sqrt{\dfrac{3}{a}\times\dfrac{5}{b}}=2\sqrt{\dfrac{15}{ab}}$

$\left(\text{단, 등호는 }\dfrac{3}{a}=\dfrac{5}{b}\text{일 때 성립한다.}\right)$

즉, $\sqrt{ab}\geq2\sqrt{15}$이므로 $ab\geq60$

따라서 $\dfrac{1}{2}ab\geq30$이므로 구하는 넓이의 최솟값은 30이다.

TIP

직선 $\dfrac{x}{a}+\dfrac{y}{b}=1$의 x절편은 a, y절편은 b이다.

443   답 풀이 참조

$x^2+\dfrac{16}{9x^2+3}=x^2+\dfrac{\dfrac{16}{9}}{x^2+\dfrac{1}{3}}$

$\qquad=\left(x^2+\dfrac{1}{3}\right)+\dfrac{16}{9}\times\dfrac{1}{x^2+\dfrac{1}{3}}-\dfrac{1}{3}$

$\qquad\geq2\sqrt{\left(x^2+\dfrac{1}{3}\right)\times\left(\dfrac{16}{9}\times\dfrac{1}{x^2+\dfrac{1}{3}}\right)}-\dfrac{1}{3}=\dfrac{7}{3}$

등호는 $x^2+\dfrac{1}{3}=\dfrac{16}{9}\times\dfrac{1}{x^2+\dfrac{1}{3}}$에서

$\left(x^2+\dfrac{1}{3}\right)^2=\dfrac{16}{9}$, $x^2+\dfrac{1}{3}=\dfrac{4}{3}$, $x^2=1$

즉, $x=-1$ 또는 $x=1$일 때 성립한다.

따라서 주어진 식은 $x=-1$ 또는 $x=1$일 때, 최솟값 $\dfrac{7}{3}$을 갖는다.

444   답 ①

$\sqrt{\dfrac{2x^2+2x+4}{x+2}}$에서

$\dfrac{2x^2+2x+4}{x+2}=\dfrac{2(x^2+x+2)}{x+2}$

$\qquad\qquad=\dfrac{2(x+2)(x-1)+8}{x+2}$

$\qquad\qquad=2x-2+\dfrac{8}{x+2}$

$\qquad\qquad=2(x+2)+\dfrac{8}{x+2}-6$ $\qquad$ …… ㉠

이고 $x>-2$이므로 산술평균과 기하평균의 관계에 의하여

$2(x+2)+\dfrac{8}{x+2}\geq2\sqrt{2(x+2)\times\dfrac{8}{x+2}}=8$

$\left(\text{단, 등호는 }2(x+2)=\dfrac{8}{x+2}\text{, 즉 }x=0\text{일 때 성립한다.}\right)$

따라서 ㉠에서 구하는 최솟값은

$\sqrt{\dfrac{2x^2+2x+4}{x+2}}=\sqrt{2(x+2)+\dfrac{8}{x+2}-6}\geq\sqrt{2}$

에서 $\sqrt{2}$이다.

$\therefore a+b=0+\sqrt{2}=\sqrt{2}$

445   답 풀이 참조

$a+b=6$ $\qquad$ …… ㉠

이므로 코시-슈바르츠 부등식에 의하여

$(\sqrt{a}+\sqrt{3b})^2\leq\{1^2+(\sqrt{3})^2\}\{(\sqrt{a})^2+(\sqrt{b})^2\}$

$\qquad\qquad\qquad=4(a+b)=24\ (\because\ ㉠)$

즉, $0<\sqrt{a}+\sqrt{3b}\leq2\sqrt{6}$이므로 최댓값은 $2\sqrt{6}$이다. $(\because\ a>0,\ b>0)$

이때 등호는 $\sqrt{3a}=\sqrt{b}$, 즉 $3a=b$일 때 성립하므로

㉠에 대입하면 $4a=6$에서 $a=\dfrac{3}{2}$, $b=\dfrac{9}{2}$

따라서 $\sqrt{a}+\sqrt{3b}$는 $a=\dfrac{3}{2}$, $b=\dfrac{9}{2}$일 때, 최댓값 $2\sqrt{6}$을 갖는다.

채점 요소	배점
$\sqrt{a}+\sqrt{3b}$의 최댓값 구하기	70%
최댓값을 가질 때의 a, b의 값 구하기	30%

446   답 ②

$3x+4y=5$ $\qquad$ …… ㉠

이므로 코시-슈바르츠 부등식에 의하여

$(1^2+2^2)\{(3x)^2+(2y)^2\}\geq(1\times3x+2\times2y)^2=25$에서

$9x^2+4y^2\geq5$, 즉 $9x^2+4y^2$의 최솟값은 $m=5$

이때 등호는 $6x=2y$, 즉 $3x=y$일 때 성립하므로

㉠에 대입하면 $y=1$, $x=\dfrac{1}{3}$

따라서 $a=\dfrac{1}{3}$, $b=1$이므로

$\dfrac{m}{ab}=\dfrac{5}{\dfrac{1}{3}\times1}=15$

447   답 ③

ㄱ. $x>0$, $y>0$이고 $x+y=4$이므로

산술평균과 기하평균의 관계에 의하여

$x+y\geq2\sqrt{xy}$ (단, 등호는 $x=y$일 때 성립한다.)

$\therefore 4\geq2\sqrt{xy}$, $\sqrt{xy}\leq2$ (참)

ㄴ. 코시-슈바르츠 부등식에 의하여

$(\sqrt{x}+\sqrt{y})^2\leq(1^2+1^2)\{(\sqrt{x})^2+(\sqrt{y})^2\}$

$\qquad\qquad\qquad=2(x+y)=8\ (\because\ x+y=4)$

(단, 등호는 $x=y$일 때 성립한다.)

$\therefore \sqrt{x}+\sqrt{y}\leq2\sqrt{2}$ (참)

ㄷ. [반례] $x=1$, $y=3$이면 $x+y=4$이지만
$$\frac{1}{\sqrt{x}}+\frac{1}{\sqrt{y}}=1+\frac{1}{\sqrt{3}}>\sqrt{2}\ (거짓)$$ …… **TIP**
따라서 옳은 것은 ㄱ, ㄴ이다.

다른 풀이

ㄴ. ㄱ에서 $\sqrt{xy}\le 2$이므로
$$(\sqrt{x}+\sqrt{y})^2=x+y+2\sqrt{xy}$$
$$=4+2\sqrt{xy}$$
$$\le 4+2\times 2=8$$
이때 $\sqrt{x}+\sqrt{y}>0$이므로 $\sqrt{x}+\sqrt{y}\le 2\sqrt{2}$ (참)

TIP

$a=1+\dfrac{1}{\sqrt{3}}$, $b=\sqrt{2}$라 하면 $a^2-b^2=\dfrac{2\sqrt{3}-2}{3}>0$이므로
$a^2>b^2$에서 $a>b$이다.

448 · 답 16

$a^2>0$, $b^2>0$, $c^2>0$, $d^2>0$이므로
산술평균과 기하평균의 관계에 의하여
$$\sqrt{a^2b^2}\le\frac{a^2+b^2}{2}=1에서\ |ab|\le 1,\ -1\le ab\le 1$$
$$\sqrt{c^2d^2}\le\frac{c^2+d^2}{2}=9에서\ |cd|\le 9,\ -9\le cd\le 9$$
(단, 등호는 $|a|=|b|=1$, $|c|=|d|=3$일 때 성립한다.)
$-1+(-9)\le ab+cd\le 1+9$에서
$-10\le ab+cd\le 10$이므로 $M_1=10$
한편, 코시―슈바르츠 부등식에 의하여
$$(ac+bd)^2\le(a^2+b^2)(c^2+d^2)$$
$(ac+bd)^2\le 2\times 18=6^2$ (단, 등호는 $ad=bc$일 때 성립한다.)
$-6\le ac+bd\le 6$이므로 $M_2=6$
$\therefore M_1+M_2=10+6=16$

449 · 답 ②

원의 중심이 선분 BD 위에 있으면 선분 BD가 이 원의 지름이므로
$\angle A=\angle C=90°$이고, 두 삼각형 BAD, BCD는 각각
직각삼각형이다.
$\overline{AB}=1$, $\overline{AD}=7$이므로
$$\overline{BD}^2=1^2+7^2=50$$ …… ㉠
$\overline{BC}=x$, $\overline{CD}=y$라 하면 ㉠에 의하여
$$x^2+y^2=50$$ …… ㉡
따라서 코시―슈바르츠 부등식에 의하여
$$(1^2+1^2)(x^2+y^2)\ge(x+y)^2에서$$
$(x+y)^2\le 100$ ($\because$ ㉡)
$\therefore 0<x+y\le 10$ ($\because x+y>0$)
(단, 등호는 $x=y=5$일 때 성립한다.)
따라서 사각형 ABCD의 둘레의 길이는 $x+y+8\le 18$이므로
구하는 최댓값은 18이다.

450 · 답 ④

코시―슈바르츠 부등식에 의하여
$$(1^2+1^2+1^2)(a^2+b^2+c^2)\ge(a+b+c)^2=36$$
$$a^2+b^2+c^2\ge 12$$
(단, 등호는 $a=b=c=2$일 때 성립한다.)
따라서 $a^2+b^2+c^2$의 최솟값은 12이다.

TIP

코시―슈바르츠 부등식의 일반화
자연수 n에 대하여
$a_1,\ a_2,\ \cdots,\ a_n,\ x_1,\ x_2,\ \cdots,\ x_n$이 실수일 때,
$$\{(a_1)^2+(a_2)^2+\cdots+(a_n)^2\}\{(x_1)^2+(x_2)^2+\cdots+(x_n)^2\}$$
$$\ge(a_1x_1+a_2x_2+\cdots+a_nx_n)^2$$
$\left(\text{단, 등호는 }\dfrac{x_1}{a_1}=\dfrac{x_2}{a_2}=\cdots=\dfrac{x_n}{a_n}\text{일 때 성립한다.}\right)$

451 · 답 ④

코시―슈바르츠 부등식에 의하여
$$\{(\sqrt{2})^2+(\sqrt{3})^2+2^2\}\{(\sqrt{2}x)^2+(\sqrt{3}y)^2+z^2\}\ge(2x+3y+2z)^2$$
에서
$$(2x+3y+2z)^2\le 9\times 16=12^2$$
$\left(\text{단, 등호는 }x=y=\dfrac{z}{2}\text{일 때 성립한다.}\right)$
따라서 $-12\le 2x+3y+2z\le 12$이므로
$2x+3y+2z$의 최댓값은 12이다.

452 · 답 8

$x-1>0$, $y-2>0$, $z-3>0$이므로
$$\left(1+\frac{y-2}{x-1}\right)\left(1+\frac{z-3}{y-2}\right)\left(1+\frac{x-1}{z-3}\right)$$
$$=1+\frac{z-3}{x-1}+\frac{x-1}{y-2}+\frac{y-2}{z-3}+\frac{y-2}{x-1}+\frac{z-3}{y-2}+\frac{x-1}{z-3}+1$$
$$=2+\left(\frac{z-3}{x-1}+\frac{x-1}{z-3}\right)+\left(\frac{x-1}{y-2}+\frac{y-2}{x-1}\right)+\left(\frac{y-2}{z-3}+\frac{z-3}{y-2}\right)$$
$$\ge 2+2\sqrt{\frac{z-3}{x-1}\times\frac{x-1}{z-3}}+2\sqrt{\frac{x-1}{y-2}\times\frac{y-2}{x-1}}+2\sqrt{\frac{y-2}{z-3}\times\frac{z-3}{y-2}}$$
$$=2+2+2+2=8$$
(단, 등호는 $x-1=y-2=z-3$일 때 성립한다.)
따라서 $\left(1+\dfrac{y-2}{x-1}\right)\left(1+\dfrac{z-3}{y-2}\right)\left(1+\dfrac{x-1}{z-3}\right)$의 최솟값은 8이다.

453 · 답 5

$\sim q$가 p이기 위한 필요조건이 되려면
명제 $p\longrightarrow\ \sim q$가 참이어야 하므로
그 대우인 $q\longrightarrow\ \sim p$가 참이면 된다.
두 조건 p, q의 진리집합을 각각 P, Q라 할 때,
$Q\subset P^C$이어야 한다.
조건 p에서 코시―슈바르츠 부등식에 의하여
$$(2^2+3^2)\{(2x)^2+(5y)^2\}\ge(4x+15y)^2$$이고,

이때 등호는 $\dfrac{2x}{2}=\dfrac{5y}{3}$, 즉 $3x=5y$일 때 성립한다.

따라서 조건 p를 만족시키려면 등호가 성립할 때를 제외해주면 되므로

$P=\{(x,\ y)\,|\,3x\neq5y\}$이고 $P^C=\{(x,\ y)\,|\,3x=5y\}$

$(x-a)^2+(y-b)^2=0$에서 $x=a$이고 $y=b$이므로 $Q=\{(a,\ b)\}$

따라서 구하는 순서쌍 $(a,\ b)$는 $3a=5b$를 만족시키는 순서쌍이므로

$(0,\ 0)$, $(5,\ 3)$, $(10,\ 6)$, $(15,\ 9)$, $(20,\ 12)$의 5개이다.

454   🅰 ③

$b+c=x$, $c+a=y$, $a+b=z$라 하자.

세 식의 양변을 각각 더하면

$2(a+b+c)=x+y+z$에서

$a+b+c=\boxed{\dfrac{1}{2}}(x+y+z)$이므로

$a=\dfrac{1}{2}(y+z-x)$, $b=\dfrac{1}{2}(z+x-y)$, $c=\dfrac{1}{2}(x+y-z)$

이다. 따라서

$\dfrac{a}{b+c}+\dfrac{b}{c+a}+\dfrac{c}{a+b}$

$=\dfrac{1}{2}\left(\dfrac{y+z-x}{x}+\dfrac{z+x-y}{y}+\dfrac{x+y-z}{z}\right)$

$=\dfrac{1}{2}\left(\dfrac{y}{x}+\dfrac{z}{x}+\dfrac{z}{y}+\dfrac{x}{y}+\dfrac{x}{z}+\dfrac{y}{z}\right)+\left(\boxed{-\dfrac{3}{2}}\right)$

$\geq\dfrac{1}{2}\left(2\sqrt{\dfrac{y}{x}\times\dfrac{x}{y}}+2\sqrt{\dfrac{z}{y}\times\dfrac{y}{z}}+2\sqrt{\dfrac{x}{z}\times\dfrac{z}{x}}\right)+\left(\boxed{-\dfrac{3}{2}}\right)$

$=\boxed{1}\left(\sqrt{\dfrac{y}{x}\times\dfrac{x}{y}}+\sqrt{\dfrac{z}{y}\times\dfrac{y}{z}}+\sqrt{\dfrac{x}{z}\times\dfrac{z}{x}}\right)+\left(\boxed{-\dfrac{3}{2}}\right)$

$=\dfrac{3}{2}$ (단, 등호는 $x=y=z$일 때 성립한다.)

따라서 세 양수 a, b, c에 대하여 주어진 부등식이 성립한다.

(개) $\dfrac{1}{2}$, (내) $-\dfrac{3}{2}$, (대) 1

455   🅰 ⑤

q가 p이기 위한 충분조건이지만 필요조건은 아니고,

q가 r이기 위한 필요조건이지만 충분조건이 아니므로

$m\neq24$, $n\neq24$이고, 두 명제 $q\longrightarrow p$, $r\longrightarrow q$가 참이다.

세 조건 p, q, r의 진리집합이 각각 A_m, A_{24}, A_n이므로

$A_{24}\subset A_m$, $A_n\subset A_{24}$ …… ㉠

㉠에서 m은 24의 배수이고, n은 24의 양의 약수이므로

m의 최솟값은 48이고, n의 최댓값은 12이다.

따라서 구하는 값은 $48+12=60$이다.

456   🅰 ⑤

명제 $p\longrightarrow\sim q$의 역이 참이므로 명제 $\sim q\longrightarrow p$가 참이다.

두 조건 p, q의 진리집합을 각각 P, Q라 하자.

조건 p에서

$\dfrac{\sqrt{x+2}}{\sqrt{x-5}}=-\sqrt{\dfrac{x+2}{x-5}}$이므로 $x-5<0$, $x+2\geq0$에서

$P=\{x\,|\,-2\leq x<5\}$

이때 명제 $\sim q\longrightarrow p$가 참이면 $Q^C\subset P$가 성립하므로

조건 $\sim q$에서

$x^2-2x<a+1$, $x^2-2x-(a+1)<0$

이차함수 $f(x)=x^2-2x-(a+1)$이라 하면 함수 $y=f(x)$의 그래프의 대칭축은 직선 $x=1$이므로

$f(-2)\geq0$이다.

$f(-2)=7-a\geq0$에서 $a\leq7$

따라서 구하는 실수 a의 최댓값은 7이다.

457   🅰 ③

세 조건 p, q, r의 진리집합을 각각 P, Q, R이라 하면

(i) 조건 p에서 $\dfrac{1}{x}+\dfrac{1}{y}=1$의 양변에 각각 xy를 곱하면

    $x+y=xy$이고, $x\neq0$, $y\neq0$이므로

    $P=\{(x,\ y)\,|\,x+y=xy,\ xy\neq0\}$

(ii) 조건 q에서 $(x-1)(y-1)=1$, $xy-x-y+1=1$

    $xy=x+y$이므로 $Q=\{(x,\ y)\,|\,x+y=xy\}$

(iii) 조건 r에서 $2(x+y)=2xy$

    $x+y=xy$이고, x, y는 길이이므로 $x>0$, $y>0$

    $R=\{(x,\ y)\,|\,x+y=xy,\ x>0,\ y>0\}$

(i)~(iii)에서 $R\subset P\subset Q$이므로 전체집합을 U라 하고 벤 다이어그램으로 나타내면 다음 그림과 같다.

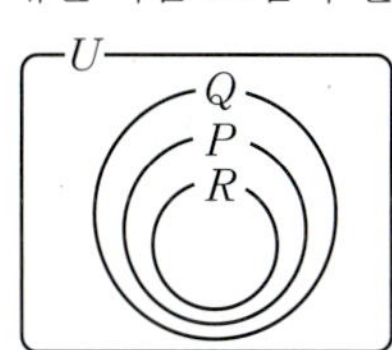

ㄱ. 명제 $q\longrightarrow p$의 역은 $p\longrightarrow q$이고 $P\subset Q$이므로 명제 $p\longrightarrow q$는 참이다.

ㄴ. 명제 $\sim r\longrightarrow\sim q$의 역은 $\sim q\longrightarrow\sim r$이고 $R\subset Q$에서 $Q^C\subset R^C$이므로 명제 $\sim q\longrightarrow\sim r$은 참이다.

ㄷ. 명제 $\sim p\longrightarrow r$의 역은 $r\longrightarrow\sim p$이고 $R\subset P$이므로 명제 $r\longrightarrow\sim p$는 거짓이다.

따라서 역이 참인 명제는 ㄱ, ㄴ이다.

458   🅰 ④

$\left(\dfrac{3a}{4}+2b+\dfrac{5c}{2}\right)\left(\dfrac{1}{3a+2b}+\dfrac{1}{3b+5c}\right)$

$=\left(\dfrac{3a+2b}{4}+\dfrac{3b+5c}{2}\right)\left(\dfrac{1}{3a+2b}+\dfrac{1}{3b+5c}\right)$

$=\dfrac{1}{4}+\dfrac{1}{2}+\dfrac{3a+2b}{4(3b+5c)}+\dfrac{3b+5c}{2(3a+2b)}$

$=\dfrac{3}{4}+\dfrac{3a+2b}{4(3b+5c)}+\dfrac{3b+5c}{2(3a+2b)}$

$\geq\dfrac{3}{4}+2\sqrt{\dfrac{3a+2b}{4(3b+5c)}\times\dfrac{3b+5c}{2(3a+2b)}}$

$=\dfrac{3}{4}+2\times\dfrac{1}{2\sqrt{2}}=\dfrac{3}{4}+\dfrac{\sqrt{2}}{2}$

$\left(단,\ 등호는\ \dfrac{3a+2b}{4(3b+5c)}=\dfrac{3b+5c}{2(3a+2b)}\ 일\ 때\ 성립한다.\right)$

따라서 구하는 최솟값은 $\dfrac{3}{4}+\dfrac{\sqrt{2}}{2}$이다.

459

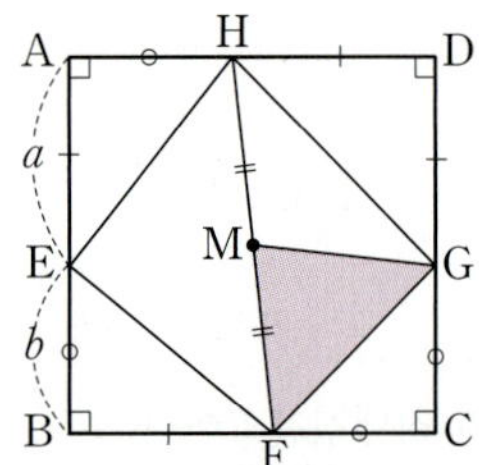

두 삼각형 AEH와 BFE에서

$\angle A = \angle B = 90°$, $\overline{AH} = \overline{BE}$, $\overline{AE} = \overline{BF}$이므로

$\triangle AEH \equiv \triangle BFE$ (SAS 합동)

$\therefore \angle AEH + \angle BEF = 90°$, $\overline{EH} = \overline{FE}$

따라서 삼각형 EFH는 직각이등변삼각형이다.

또한 삼각형 GFC와 삼각형 GDH는 직각이등변삼각형이므로

$\angle FGH = 90°$이고 삼각형 FGH는 직각삼각형이다.

$\overline{GH} = \sqrt{a^2 + a^2} = \sqrt{2}a$, $\overline{FG} = \sqrt{b^2 + b^2} = \sqrt{2}b$이므로

삼각형 FGH의 넓이는 $\dfrac{1}{2} \times \sqrt{2}a \times \sqrt{2}b = ab$

이때 선분 GM은 삼각형 FGH의 넓이를 이등분하므로

삼각형 FGM의 넓이는 $\dfrac{1}{2}ab$

한편, $\overline{EH} = \sqrt{a^2 + b^2}$이고 선분 FH는 직각이등변삼각형 EFH의

빗변이므로

$\overline{FH} = \sqrt{2} \times \sqrt{a^2 + b^2}$

이때 $\overline{FH} = 4\sqrt{6}$이므로 $4\sqrt{6} = \sqrt{2} \times \sqrt{a^2 + b^2}$

$\therefore a^2 + b^2 = 48$ ……… ㉠

$a > 0$, $b > 0$, $a^2 > 0$, $b^2 > 0$이므로

산술평균과 기하평균의 관계에 의하여

$a^2 + b^2 \geq 2\sqrt{a^2 b^2}$, $48 \geq 2ab$ ($\because$ ㉠)

$\therefore \dfrac{1}{2}ab \leq 12$ (단, 등호는 $a^2 = b^2$, 즉 $a = b$일 때 성립한다.)

따라서 삼각형 FGM의 넓이의 최댓값은 12이다.

460

답 ③

조건 ㈎에서 $P \subset R$

조건 ㈏에서 $S^C \cap R = R - S \neq \varnothing$

조건 ㈐에서 $Q \subset S^C$, 즉 $Q \cap S = \varnothing$

조건 ㈑에서 $P \cap S \neq \varnothing$

따라서 이를 벤 다이어그램으로 나타내면 다음 그림과 같다.

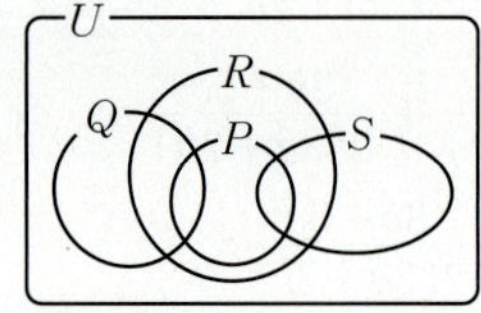

ㄱ. 조건 ㈎에서 $P \subset R$이므로 $R \cup P^C = U$이다. 따라서 집합 U의 모든 원소에 대하여 r 또는 $\sim p$이다. (참)

ㄴ. 두 조건 ㈏, ㈑에서 $R - S \neq \varnothing$, $P \cap S \neq \varnothing$이다. 두 집합 $R - S$, $P \cap S$는 모두 집합 R의 부분집합이면서 서로소이므로 집합 R은 적어도 2개의 원소를 갖는다. 따라서 조건 r을 만족시키는 집합 U의 원소는 적어도 2개 존재한다.

(참)

ㄷ. 집합 X의 원소는 두 조건 $\sim q$, $\sim s$를 만족시켜야 하므로

$X = Q^C \cap S^C = (Q \cup S)^C$이고

집합 Y는 두 조건 r, $\sim s$를 만족시켜야 하므로

$Y = R \cap S^C = R - S$이다.

[반례] $U = \{1, 2, 3, 4, 5\}$, $P = S = \{1\}$, $Q = \{2, 4\}$,

$R = \{1, 2, 3\}$이면

$X = \{3, 5\}$, $Y = \{2, 3\}$이므로 $Y \not\subset X$ (거짓)

따라서 옳은 것은 ㄱ, ㄴ이다.

461

답 9

두 조건 p, q의 진리집합을 각각 P, Q라 하면

p가 q이기 위한 필요충분조건이므로 $P = Q$이다.

따라서 $P^C = Q^C$

이때 $p : x^2 - 4 \neq 0$에서 $P^C = \{-2, 2\}$이므로

$Q^C = \{-2, 2\}$이다.

즉, x에 대한 방정식 $x^4 + (k-5)x^2 - 4k + 4 = 0$의

실근은 -2 또는 2뿐이어야 한다.

$x^4 + (k-5)x^2 - 4k + 4 = 0$에서

$(x^2 - 4)(x^2 + k - 1) = 0$ $\therefore x^2 = 4$ 또는 $x^2 = 1 - k$

즉, $1 - k = 4$에서 $k = -3$이거나

$1 - k < 0$에서 $k > 1$이어야 한다. …… **TIP**

따라서 이를 만족시키는 10보다 작은 정수 k는

-3, 2, 3, 4, 5, 6, 7, 8, 9의 9개이다.

> **TIP**
>
> $x^2 = 1 - k$가 실근을 가지면 $x = \pm 2$뿐이어야 하므로 실근을 가질 때는 $1 - k = 4$이어야 하고,
> 아니면 허근을 가져야 하므로 $1 - k < 0$이어야 한다.

462

답 ⑤

ㄱ. $x^2 + y^2 + z^2 - xy - yz - zx$

$= \dfrac{1}{2}\{(x-y)^2 + (y-z)^2 + (z-x)^2\} \geq 0$

(단, 등호는 $x = y = z$일 때 성립한다.)

$\therefore x^2 + y^2 + z^2 \geq xy + yz + zx$ (거짓)

ㄴ. $x^3 + y^3 + z^3 - 3xyz$

$= \dfrac{1}{2}(x+y+z)\{(x-y)^2 + (y-z)^2 + (z-x)^2\} \geq 0$

($\because x + y + z > 0$)

(단, 등호는 $x = y = z$일 때 성립한다.)

$\therefore x^3 + y^3 + z^3 \geq 3xyz$ (참)

ㄷ. 산술평균과 기하평균의 관계에 의하여

$x + y \geq 2\sqrt{xy}$, $y + z \geq 2\sqrt{yz}$, $z + x \geq 2\sqrt{zx}$이므로

$(x+y)(y+z)(z+x) \geq 2\sqrt{xy} \times 2\sqrt{yz} \times 2\sqrt{zx}$

$= 8xyz$

(단, 등호는 $x = y = z$일 때 성립한다.)

$\therefore (x+y)(y+z)(z+x) \geq 8xyz$ (참)

따라서 항상 성립하는 것은 ㄴ, ㄷ이다.

463 ···· 답 ③

$\sqrt{n^2-1}$이 유리수라 가정하면

$\sqrt{n^2-1}=\dfrac{q}{p}$ (p, q는 서로소인 자연수)로 놓을 수 있다.

이 식의 양변을 제곱해서 정리하면

$p^2(n^2-1)=q^2$이다.

p는 q^2의 약수이고, p, q는 서로소인 자연수이므로

$p=1$이다.

따라서 $n^2-1=q^2$이므로

$n^2=\boxed{q^2+1}$ 이다.

자연수 k에 대하여

(i) $q=2k$일 때

$(2k)^2<n^2<\boxed{(2k+1)^2}$인 자연수 n이 존재하지 않는다.

(ii) $q=2k+1$일 때

$\boxed{(2k+1)^2}<n^2<(2k+2)^2$인 자연수 n이 존재하지 않는다.

(i), (ii)에 의하여 $\sqrt{n^2-1}=\dfrac{q}{p}$ (p, q는 서로소인 자연수)를

만족시키는 자연수 n은 존재하지 않는다.

따라서 $\sqrt{n^2-1}$은 유리수가 아니다.

㉮ $f(q)=q^2+1$, ㉯ $g(k)=(2k+1)^2$

$\therefore f(2)+g(3)=5+49=54$

464 ···· 답 풀이 참조

주어진 명제의 대우는

'$m>n$을 만족시키는 두 자연수 m, n에 대하여 m과 n이 서로소가

아니면 $m-n$과 $m+n$은 서로소가 아니다.'이다.

m과 n이 서로소가 아니므로

m과 n의 최대공약수를 k라 할 때, k는 1이 아닌 자연수이고,

$m=k\times m_0$, $n=k\times n_0$이다.

(단, m_0, n_0은 서로소인 두 자연수이고, $m_0>n_0$이다.)

이때 $m-n=k(m_0-n_0)$, $m+n=k(m_0+n_0)$이므로

$m-n$과 $m+n$은 모두 k의 배수이다.

즉, $m-n$과 $m+n$은 서로소가 아니다.

따라서 주어진 명제의 대우가 참이므로 주어진 명제도 참이다.

채점 요소	배점
주어진 명제의 대우 구하기	20%
대우를 이용하여 주어진 명제가 참임을 증명하기	80%

465 ···· 답 풀이 참조

$y^2-3x=2$를 만족시키는 정수 x, y가 존재한다고 가정하자.

$3x=y^2-2$이고, y가 정수이므로 정수 k에 대하여

$y=3k$ 또는 $y=3k+1$ 또는 $y=3k+2$로 나타낼 수 있다.

(i) $y=3k$일 때

$3x=(3k)^2-2=9k^2-2$

$\qquad =3(3k^2-1)+1$

이므로 등식을 만족시키는 정수 x가 존재하지 않는다.

(ii) $y=3k+1$일 때

$3x=(3k+1)^2-2=9k^2+6k-1$

$\qquad =3(3k^2+2k-1)+2$

이므로 등식을 만족시키는 정수 x가 존재하지 않는다.

(iii) $y=3k+2$일 때

$3x=(3k+2)^2-2=9k^2+12k+2$

$\qquad =3(3k^2+4k)+2$

이므로 등식을 만족시키는 정수 x가 존재하지 않는다.

(i)~(iii)에서 조건을 만족시키는 정수 x가 존재하지 않으므로
모순이다.

따라서 $y^2-3x=2$를 만족시키는 정수 x, y는 존재하지 않는다.

채점 요소	배점
주어진 명제의 결론 부정하기	20%
$y=3k$, $y=3k+1$, $y=3k+2$인 경우로 각각 나누어 정수 x가 존재 하지 않는 모순을 찾아 증명하기	80%

466 ···· 답 ④

$\overline{AD}=x$, $\overline{AB}=y$라 하면 $xy=1200$ ······ ㉠

철수가 지불해야 하는 총비용은 $\dfrac{3}{2}x+2y$에 비례한다.

산술평균과 기하평균의 관계에 의하여

$\dfrac{3}{2}x+2y \geq 2\sqrt{\dfrac{3}{2}x\times 2y}=2\sqrt{3xy}=120$

이때 등호는 $\dfrac{3}{2}x=2y$, 즉 $y=\dfrac{3}{4}x$일 때 성립하므로

㉠에 대입하면 $\dfrac{3}{4}x^2=1200$ $\quad \therefore x=40$

따라서 철수가 지불해야 하는 총비용이 최소일 때,
B지점에서 C지점까지 설치할 울타리의 길이는 40이다.

467 ···· 답 $\dfrac{25}{4}$

주어진 식의 분모와 분자를 각각 인수분해하면

$\dfrac{24x^2+26xy+6y^2}{4x^2+4xy+y^2}=\dfrac{2(12x^2+13xy+3y^2)}{(2x+y)^2}$

$\qquad =\dfrac{2(3x+y)(4x+3y)}{(2x+y)^2}$

$\qquad =\dfrac{6x+2y}{2x+y}\times\dfrac{4x+3y}{2x+y}$

$\dfrac{6x+2y}{2x+y}>0$, $\dfrac{4x+3y}{2x+y}>0$이므로

산술평균과 기하평균의 관계에 의하여

$\dfrac{6x+2y}{2x+y}+\dfrac{4x+3y}{2x+y}\geq 2\sqrt{\dfrac{6x+2y}{2x+y}\times\dfrac{4x+3y}{2x+y}}$이고

이때 좌변은

$\dfrac{6x+2y}{2x+y}+\dfrac{4x+3y}{2x+y}=\dfrac{10x+5y}{2x+y}=\dfrac{5(2x+y)}{2x+y}=5$이므로

$5 \geq 2\sqrt{\dfrac{6x+2y}{2x+y} \times \dfrac{4x+3y}{2x+y}}$ 이고

양변을 각각 제곱하여 정리하면

$\dfrac{25}{4} \geq \dfrac{6x+2y}{2x+y} \times \dfrac{4x+3y}{2x+y}$

$\left(단, 등호는 \dfrac{6x+2y}{2x+y} = \dfrac{4x+3y}{2x+y}, \ 즉 \ 2x=y일 \ 때 \ 성립한다.\right)$

이므로 $\dfrac{24x^2+26xy+6y^2}{4x^2+4xy+y^2}$의 최댓값은 $\dfrac{25}{4}$이다.

468 답 ①

다음 그림과 같이 삼각형 ABC에 내접하는 직사각형을 DEFG라 하고 $\overline{DE}=x$, $\overline{DG}=y$라 하자.

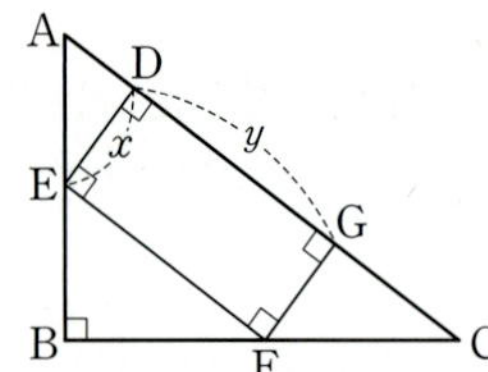

세 삼각형 ABC, ADE, FGC가 서로 닮음이므로

$6 : 8 = \overline{AD} : x = x : \overline{CG}$에서

$\overline{AD}=\dfrac{3}{4}x$, $\overline{CG}=\dfrac{4}{3}x$이고

삼각형 ABC가 직각삼각형이므로 $\overline{AC}=\sqrt{6^2+8^2}=10$에서

$\overline{AC}=\overline{AD}+\overline{DG}+\overline{CG}=\dfrac{3}{4}x+y+\dfrac{4}{3}x=10$

$\therefore \dfrac{25}{12}x+y=10$ $\qquad$ ...... ㉠

직사각형 DEFG의 넓이가 xy이고, $x>0$, $y>0$이므로

산술평균과 기하평균의 관계에 의하여

$10=\dfrac{25}{12}x+y \geq 2\sqrt{\dfrac{25}{12}xy}=5\sqrt{\dfrac{xy}{3}}$

$\left(단, 등호는 \dfrac{25}{12}x=y일 \ 때 \ 성립한다.\right)$ $\qquad$ ...... ㉡

$\sqrt{xy} \leq 2\sqrt{3}$, 즉 $xy \leq 12$이므로

직사각형 DEFG의 넓이의 최댓값은 $S=12$이고

㉠, ㉡을 연립하여 풀면 $x=\dfrac{12}{5}$, $y=5$이므로

그때의 둘레의 길이는 $l=2\left(\dfrac{12}{5}+5\right)=\dfrac{74}{5}$

$\therefore l-S=\dfrac{74}{5}-12=\dfrac{14}{5}$

469 답 ⑤

$\dfrac{9a^2+30ab+25b^2}{a^2+b^2}=\dfrac{(3a+5b)^2}{a^2+b^2}$이고

0이 아닌 두 실수 a, b에 대하여

코시-슈바르츠 부등식에 의하여

$(3^2+5^2)(a^2+b^2) \geq (3a+5b)^2$이므로

$3^2+5^2 \geq \dfrac{(3a+5b)^2}{a^2+b^2}$, $34 \geq \dfrac{(3a+5b)^2}{a^2+b^2}$

$\left(단, 등호는 \dfrac{a}{3}=\dfrac{b}{5}일 \ 때 \ 성립한다.\right)$

따라서 $\dfrac{9a^2+30ab+25b^2}{a^2+b^2}$의 최댓값은 34이다.

470 답 $\sqrt{3}$

직육면체의 세 모서리의 길이를 각각
a, b, c $(a>0, \ b>0, \ c>0)$라 하면
직육면체의 대각선의 길이는 $\sqrt{a^2+b^2+c^2}=6$이므로

$a^2+b^2+c^2=36$ $\qquad$ ...... ㉠

이 직육면체의 겉넓이는 $2(ab+bc+ca)$이다.

이때

$a^2+b^2+c^2-(ab+bc+ca)=\dfrac{1}{2}\{(a-b)^2+(b-c)^2+(c-a)^2\} \geq 0$

(단, 등호는 $a=b=c$일 때 성립한다.)

즉, $ab+bc+ca \leq a^2+b^2+c^2=36$

$2(ab+bc+ca) \leq 72$이므로 $M=72$이다.

등호는 $a=b=c$일 때 성립하므로 ㉠에 대입하면

$3a^2=36$, $a^2=12$ $\qquad \therefore a=2\sqrt{3}$

이때 직육면체의 모든 모서리의 길이의 합은

$k=4(a+b+c)=12a=24\sqrt{3}$이다.

$\therefore \dfrac{M}{k}=\dfrac{72}{24\sqrt{3}}=\sqrt{3}$

다른 풀이

직육면체의 세 모서리의 길이를 각각
a, b, c $(a>0, \ b>0, \ c>0)$라 하면
직육면체의 대각선의 길이는 $\sqrt{a^2+b^2+c^2}=6$이므로

$a^2+b^2+c^2=36$ $\qquad$ ...... ㉠

이 직육면체의 겉넓이는 $2(ab+bc+ca)$이다.

코시-슈바르츠 부등식에 의하여

$(ab+bc+ca)^2 \leq (a^2+b^2+c^2)(b^2+c^2+a^2)$
$\qquad\qquad\qquad =(a^2+b^2+c^2)^2=36^2$

(단, 등호는 $a=b=c$일 때 성립한다.)

$0<ab+bc+ca \leq 36$이므로 $M=72$이다.

이후 풀이는 본풀이와 같다.

471 답 ⑤

삼각형 ABC의 넓이는 세 삼각형 PAB, PBC, PAC의 넓이의 합과 같으므로

$\dfrac{1}{2} \times 6 \times 8 = \dfrac{1}{2}(8a+6b+10c)$에서

$4a+3b+5c=24$ $\qquad$ ...... ㉠

코시-슈바르츠 부등식에 의하여

$\{(\sqrt{4a})^2+(\sqrt{3b})^2+(\sqrt{5c})^2\}\left\{\left(\sqrt{\dfrac{4}{a}}\right)^2+\left(\sqrt{\dfrac{3}{b}}\right)^2+\left(\sqrt{\dfrac{5}{c}}\right)^2\right\}$
$\qquad\qquad\qquad\qquad\qquad\qquad \geq (4+3+5)^2$

(단, 등호는 $a=b=c$일 때 성립한다.)

$24 \times \left(\dfrac{4}{a}+\dfrac{3}{b}+\dfrac{5}{c}\right) \geq 12^2$ $(\because ㉠)$

$\therefore \dfrac{4}{a}+\dfrac{3}{b}+\dfrac{5}{c} \geq 6$

따라서 $\dfrac{4}{a}+\dfrac{3}{b}+\dfrac{5}{c}$의 최솟값은 6이다.

다른 풀이

삼각형 ABC의 넓이는 세 삼각형 PAB, PBC, PAC의 넓이의 합과 같으므로

$\dfrac{1}{2} \times 6 \times 8 = \dfrac{1}{2}(8a+6b+10c)$에서

$4a+3b+5c=24$ $\qquad\qquad$ …… ㉠

산술평균과 기하평균의 관계에 의하여

$(4a+3b+5c)\left(\dfrac{4}{a}+\dfrac{3}{b}+\dfrac{5}{c}\right)$

$=16+\dfrac{12a}{b}+\dfrac{20a}{c}+\dfrac{12b}{a}+9+\dfrac{15b}{c}+\dfrac{20c}{a}+\dfrac{15c}{b}+25$

$=50+12\left(\dfrac{a}{b}+\dfrac{b}{a}\right)+15\left(\dfrac{b}{c}+\dfrac{c}{b}\right)+20\left(\dfrac{a}{c}+\dfrac{c}{a}\right)$

$\geq 50+24+30+40=144 \ (\because a>0,\ b>0,\ c>0)$

(단, 등호는 $a=b=c$일 때 성립한다.)

이때 ㉠에 의하여 $24 \times \left(\dfrac{4}{a}+\dfrac{3}{b}+\dfrac{5}{c}\right) \geq 144$에서

$\dfrac{4}{a}+\dfrac{3}{b}+\dfrac{5}{c} \geq 6$

따라서 $\dfrac{4}{a}+\dfrac{3}{b}+\dfrac{5}{c}$의 최솟값은 6이다.

472 답 ③

$a+b=2$이므로 $b=2-a$

이때 a, b는 음이 아닌 실수이므로 $0 \leq a \leq 2$이다.

산술평균과 기하평균의 관계에 의하여

$\dfrac{1}{a+3}-\dfrac{b}{2a+12}=\dfrac{1}{a+3}-\dfrac{2-a}{2a+12}$

$=\dfrac{(2a+12)-(2-a)(a+3)}{(a+3)(2a+12)}$

$=\dfrac{a^2+3a+6}{2a^2+18a+36}$

$=\dfrac{(a^2+9a+18)-6a-12}{2a^2+18a+36}$

$=\dfrac{1}{2}-\dfrac{3(a+2)}{a^2+9a+18}$

$=\dfrac{1}{2}-\dfrac{3}{\dfrac{(a+2)(a+7)+4}{a+2}}$

$=\dfrac{1}{2}-\dfrac{3}{a+7+\dfrac{4}{a+2}}$

$=\dfrac{1}{2}-\dfrac{3}{a+2+\dfrac{4}{a+2}+5}$

$\geq \dfrac{1}{2}-\dfrac{3}{2\sqrt{4}+5}=\dfrac{1}{6}$

(단, 등호는 $(a+2)^2=4$, 즉 $a=0$일 때 성립한다.)

따라서 $\dfrac{1}{a+3}-\dfrac{b}{2a+12}$의 최솟값은 $\dfrac{1}{6}$이다.

473 답 4

$a+b+c=5$에서 $a+b=5-c$

$a^2+b^2+c^2=11$에서 $a^2+b^2=11-c^2$

코시-슈바르츠 부등식에 의하여

$(1^2+1^2)(a^2+b^2) \geq (a+b)^2$

$2(11-c^2) \geq (5-c)^2,\ 3c^2-10c+3 \leq 0$

$(3c-1)(c-3) \leq 0 \qquad \therefore \dfrac{1}{3} \leq c \leq 3$

따라서 $M=3$, $m=\dfrac{1}{3}$이므로

$M+3m=3+3\times\dfrac{1}{3}=4$

$a+b+c=5$ $\qquad\qquad$ …… ㉠

$a^2+b^2+c^2=11$ $\qquad\qquad$ …… ㉡

$(a+b+c)^2=a^2+b^2+c^2+2(ab+bc+ca)$에서

$5^2=11+2(ab+bc+ca)$

$ab+bc+ca=7$ $\qquad\qquad$ …… ㉢

$a^2 \geq 0$, $b^2 \geq 0$이므로

산술평균과 기하평균의 관계에 의하여

$a^2+b^2 \geq 2|ab|$ (단, 등호는 $a^2=b^2$일 때 성립한다.)

$11-c^2 \geq 2|7-bc-ca| \ (\because ㉡, ㉢)$

$\qquad = 2|7-c(a+b)|$

$\qquad = 2|7-c(5-c)| \ (\because ㉠)$

$\qquad = 2|c^2-5c+7|$

$\qquad = 2(c^2-5c+7) \qquad$ …… TIP

즉, $11-c^2 \geq 2(c^2-5c+7)$에서

$3c^2-10c+3 \leq 0,\ (3c-1)(c-3) \leq 0 \qquad \therefore \dfrac{1}{3} \leq c \leq 3$

따라서 $M=3$, $m=\dfrac{1}{3}$이므로

$M+3m=3+3\times\dfrac{1}{3}=4$

c에 대한 이차방정식 $c^2-5c+7=0$의 판별식을 D라 하면

$D=(-5)^2-4\times 1\times 7 < 0$이므로

모든 실수 c에 대하여 항상 $c^2-5c+7 > 0$이다.

따라서 $2|c^2-5c+7|=2(c^2-5c+7)$이다.

c뿐만 아니라 a, b의 최댓값과 최솟값도 각각 3, $\dfrac{1}{3}$이다.

474 답 ②

자연수 k에 대하여 $\dfrac{a_k}{k^2}>0$, $\dfrac{1}{a_k}>0$이므로

산술평균과 기하평균의 관계에 의하여

$\dfrac{a_k}{k^2}+\dfrac{1}{a_k} \geq \boxed{\dfrac{2}{k}}$ $\left(\text{단, 등호는 } \dfrac{a_k}{k^2}=\dfrac{1}{a_k}\text{일 때 성립한다.}\right)$

이다. 따라서 $k=1, 2, 3, \cdots, n$일 때,

$\dfrac{a_1}{1^2}+\dfrac{1}{a_1} \geq \dfrac{2}{1},\ \dfrac{a_2}{2^2}+\dfrac{1}{a_2} \geq \dfrac{2}{2},\ \dfrac{a_3}{3^2}+\dfrac{1}{a_3} \geq \dfrac{2}{3},\ \cdots,$

$\dfrac{a_n}{n^2}+\dfrac{1}{a_n} \geq \dfrac{2}{n}$

이므로

$\left(\dfrac{a_1}{1^2}+\dfrac{a_2}{2^2}+\dfrac{a_3}{3^2}+\cdots+\dfrac{a_n}{n^2}\right)+\left(\dfrac{1}{a_1}+\dfrac{1}{a_2}+\dfrac{1}{a_3}+\cdots+\dfrac{1}{a_n}\right)$

$\geq \boxed{2} \times \left(\dfrac{1}{1}+\dfrac{1}{2}+\dfrac{1}{3}+\cdots+\dfrac{1}{n}\right)$

한편, 서로 다른 n개의 자연수 a_1, a_2, a_3, $\cdots$, a_n에 대하여

$$\frac{1}{a_1}+\frac{1}{a_2}+\frac{1}{a_3}+\cdots+\frac{1}{a_n}\boxed{\leq}\frac{1}{1}+\frac{1}{2}+\frac{1}{3}+\cdots+\frac{1}{n}$$이므로

$$\frac{a_1}{1^2}+\frac{a_2}{2^2}+\frac{a_3}{3^2}+\cdots+\frac{a_n}{n^2}\geq 2\left(\frac{1}{1}+\frac{1}{2}+\frac{1}{3}+\cdots+\frac{1}{n}\right)$$
$$-\left(\frac{1}{a_1}+\frac{1}{a_2}+\frac{1}{a_3}+\cdots+\frac{1}{a_n}\right)$$
$$\geq\frac{1}{1}+\frac{1}{2}+\frac{1}{3}+\cdots+\frac{1}{n}$$

따라서 서로 다른 n개의 자연수 a_1, a_2, a_3, $\cdots$, a_n에 대하여 부등식

$$\frac{a_1}{1^2}+\frac{a_2}{2^2}+\frac{a_3}{3^2}+\cdots+\frac{a_n}{n^2}\geq\frac{1}{1}+\frac{1}{2}+\frac{1}{3}+\cdots+\frac{1}{n}$$

이 성립한다.

(개) $\dfrac{2}{k}$, (내) 2, (대) $\leq$

475   🔵 16

조건 p에서

$f(x)=2|x-n|-|x-2n|+2|x-3n|$이라 하면

$$f(x)=\begin{cases}-3x+6n & (x<n)\\ x+2n & (n\leq x<2n)\\ -x+6n & (2n\leq x<3n)\\ 3x-6n & (x\geq 3n)\end{cases}$$

이므로 그래프는 다음 그림과 같다.

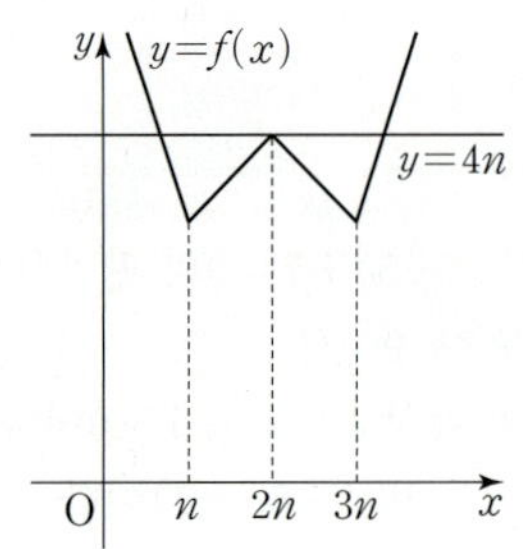

함수 $y=f(x)$의 그래프와 직선 $y=4n$이 $x=2n$일 때를 포함하여
서로 다른 세 점에서 만난다. 나머지 두 점은 $x<n$일 때와 $x\geq 3n$일
때이므로 각각 x좌표를 구하면

$-3x+6n=4n$에서 $x=\dfrac{2}{3}n$, $3x-6n=4n$에서 $x=\dfrac{10}{3}n$이다.

따라서 조건 p: $2|x-n|-|x-2n|+2|x-3n|<4n$을
만족시키는 실수 x의 값의 범위는

$\dfrac{2}{3}n<x<2n$ 또는 $2n<x<\dfrac{10}{3}n$이고,

조건 (개)에 의하여 집합 P의 원소 중 정수인 것의 개수가 6이어야
한다.

이때 함수 $y=f(x)$의 그래프가 직선 $x=2n$에 대하여 대칭이므로

부등식 $\dfrac{2}{3}n<x<2n$을 만족시키는 정수 x의 개수가 3이다.

따라서 $3<2n-\dfrac{2}{3}n\leq 4$, $9<4n\leq 12$이므로 자연수 n의 값은

3이다.

이때 조건 q의 진리집합을 Q라 하면 조건 (내)에서 $P\subset Q^C$이어야
한다.

조건 q에 대하여 $\sim q$는

$k-2|x-5|>6$, $2|x-5|<k-6$, $|x-5|<\dfrac{k-6}{2}$이고

$Q^C\neq\varnothing$이므로 $k>6$이고,

$Q^C=\left\{x\,\middle|\,-\dfrac{k-6}{2}+5<x<\dfrac{k-6}{2}+5\right\}$이다.

$P=\{x\,|\,2<x<6$ 또는 $6<x<10\}$이므로 $P\subset Q^C$이려면

$-\dfrac{k-6}{2}+5\leq 2$, $\dfrac{k-6}{2}+5\geq 10$이다.

$-\dfrac{k-6}{2}+5\leq 2$에서 $k-6\geq 6$, $k\geq 12$ ······ ㉠

$\dfrac{k-6}{2}+5\geq 10$에서 $k-6\geq 10$, $k\geq 16$ ······ ㉡

이므로 ㉠, ㉡을 모두 만족시키는 k의 값의 범위는 $k\geq 16$이다.

따라서 구하는 실수 k의 최솟값은 16이다.

476   🟢 ⑤

(규칙 1)에 의하여 맨 앞에 서는 사람은 반드시 거짓말을 하므로 네
학생 A, B, C, D 중 맨 앞에 올 수 있는 학생은 B 또는 C 또는
D이다.

(ⅰ) 맨 앞에 학생 B가 서 있는 경우

학생 B의 진술은 거짓이므로 두 번째에 서 있는 학생은 C이다.
하지만 두 번째에 학생 C가 서 있는 경우 두 학생 A, D의 진술은
모두 참이거나 모두 거짓이 되므로 (규칙 2), (규칙 3)을
만족시키지 못한다.

(ⅱ) 맨 앞에 학생 C가 서 있는 경우

(규칙 3)에 의하여 두 번째에 서 있는 사람은 참말을 하므로 학생
A 또는 B가 가능하다.
두 번째에 학생 A가 서 있는 경우 (규칙 2), (규칙 3)에 의하여
세 번째, 네 번째에 각각 학생 D, 학생 B가 서 있어야 한다.
두 번째에 학생 B가 서 있는 경우 두 학생 A, D의 진술은 모두
참이거나 모두 거짓이 되므로 (규칙 2), (규칙 3)을 만족시키지
못한다.
따라서 줄을 서는 가능한 경우는 C, A, D, B이다.

(ⅲ) 맨 앞에 학생 D가 서 있는 경우

(규칙 3)에 의하여 두 번째에 서 있는 사람은 참말을 하므로 학생
A 또는 B가 가능하다.
두 번째에 학생 A가 서 있는 경우 (규칙 2), (규칙 3)에 의하여
세 번째, 네 번째에 각각 학생 C, 학생 B가 서 있어야 한다.
두 번째에 학생 B가 서 있는 경우 세 번째에 서는 학생의 진술이
반드시 참이므로 (규칙 2)를 만족시키지 않는다.
따라서 줄을 서는 가능한 경우는 D, A, C, B이다.

(ⅰ)~(ⅲ)에 의하여 네 명의 학생 A, B, C, D가 줄을 서는 가능한
경우는 2가지이다.

ㄱ. 네 명의 학생 A, B, C, D가 줄을 서는 경우는 C, A, D, B 또는
    D, A, C, B이므로 학생 A는 반드시 참말을 한다. (참)

ㄴ. 네 명의 학생 A, B, C, D가 줄을 서는 2가지 경우 모두 맨 뒤에
    서 있는 학생은 B이다. (참)

ㄷ. 네 명의 학생 A, B, C, D가 줄을 서는 가능한 경우는
    2가지이다. (참)

따라서 옳은 것은 ㄱ, ㄴ, ㄷ이다.

III 함수와 그래프

01 함수

477 ·········· 답 ②

집합 X에서 집합 Y로의 대응이 함수이기 위해선
집합 X의 각 원소에 집합 Y의 원소가 오직 하나씩 대응해야 한다.
ㄱ. 집합 X의 원소 3에 대응하는 집합 Y의 원소가 없으므로
  함수가 아니다.
ㄴ. 1, 2에 c가 대응하고, 3, 4에 a가 대응한다.
  즉, 집합 X의 각 원소에 집합 Y의 원소가 오직 하나씩
  대응하므로 함수이다.
ㄷ. 집합 X의 원소 2에 대응하는 집합 Y의 원소가 a, c의
  2개이므로 함수가 아니다.
따라서 함수인 것은 ㄴ이다.

478 ·········· 답 ⑤

① 집합 X의 각 원소에 집합 Y의 원소가 오직 하나씩 대응하므로
  이 대응은 집합 X에서 집합 Y로의 함수이다. (참)
② 집합 X의 원소 1에 집합 Y의 원소 0이 대응하므로 $f(1)=0$이다.
  (참)
③ 함수 $f : X \longrightarrow Y$의 정의역은 X이다. (참)
④ 함수 $f : X \longrightarrow Y$의 공역은 Y이다. (참)
⑤ $f(1)=0$, $f(2)=2$, $f(3)=0$이므로
  함수 f의 함숫값 전체의 집합인 함수 f의 치역은 $\{0, 2\}$이다.
  (거짓)

따라서 옳지 않은 것은 ⑤이다.

479 ·········· 답 ⑤

① 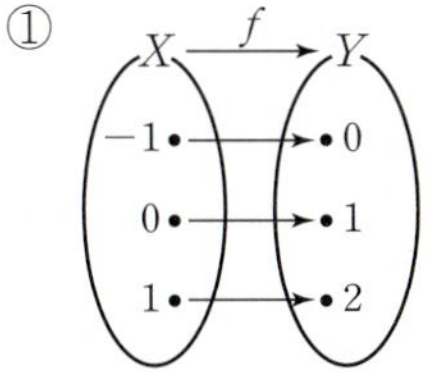 ② 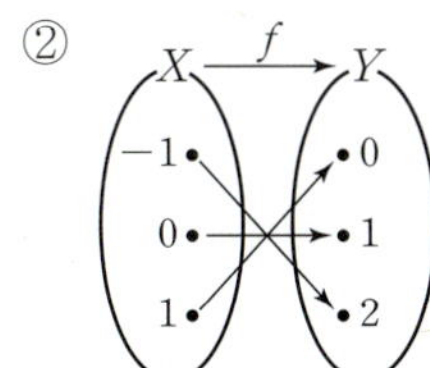

③ 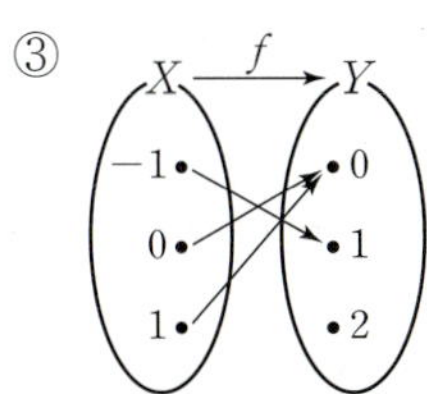 ④ 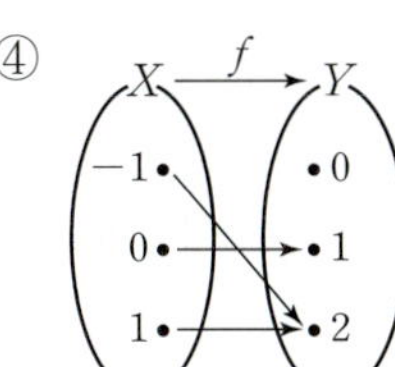

⑤ 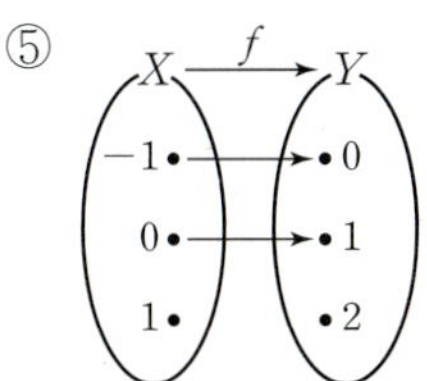

따라서 집합 X에서 집합 Y로의 함수가 아닌 것은 ⑤이다.

480 ·········· 답 ③

집합 X의 각 원소에 집합 Y의 원소가 오직 하나씩 대응할 때,
이 대응은 집합 X에서 집합 Y로의 함수이다.
$x \in X$, $y \in Y$라 하면

① 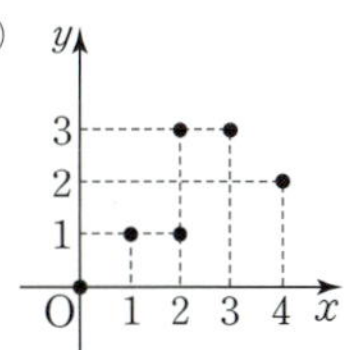

$x=2$에 대응하는 y의 값이 1과 3으로 2개이므로 함수가 아니다.

② 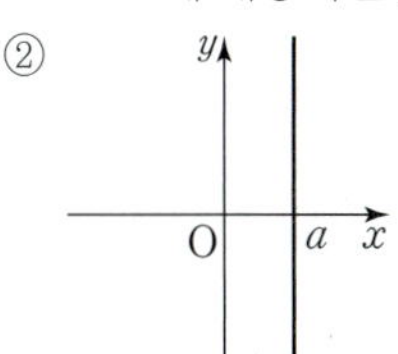

주어진 그래프를 방정식 $x=a$의 그래프라 하면 $x=a$에 대응하는
y의 값이 2개 이상이므로 함수가 아니다.

③ 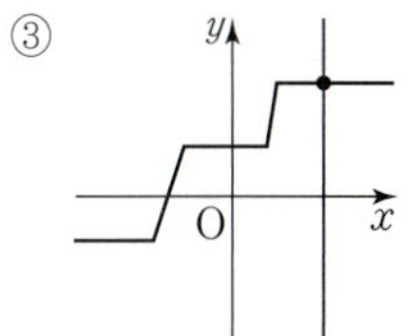

각 원소 x에 대응하는 y의 값이 오직 하나씩이므로 함수이다.

④ 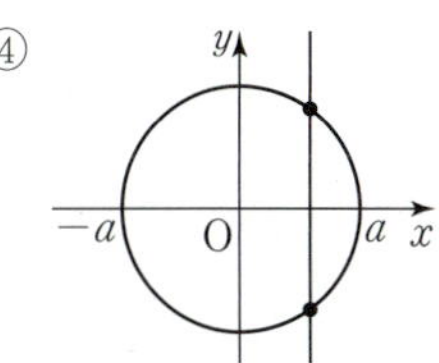

주어진 원의 반지름의 길이를 a라 하면 $-a<x<a$인 x에
대응하는 y의 값이 각각 2개씩이므로 함수가 아니다.

⑤ 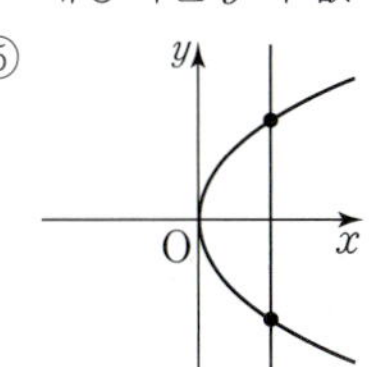

$x>0$인 x에 대응하는 y의 값이 각각 2개씩이므로 함수가 아니다.
따라서 함수의 그래프가 될 수 있는 것은 ③이다.

> **TIP**
>
> 함수이려면 정의역의 모든 원소에 공역의 원소가 하나씩
> 대응해야 하므로 함수의 그래프가 되려면 정의역의 모든 원소
> k에 대하여 그래프가 직선 $x=k$와 항상 단 한 개의 점에서만
> 만나야 한다.
> 따라서 y축과 평행한 직선이 그래프와 두 개 이상의 점에서
> 만나는 경우가 있으면 그 그래프는 함수의 그래프가 아니다.

481 ·········· 답 ③

a의 값의 범위에 따라 다음과 같이 나누어 생각할 수 있다.
(i) $a>0$일 때
  함수 f의 공역과 치역이 모두 집합 X가 되려면

$f(-2)=-2a+b=-2$, $f(3)=3a+b=3$
이어야 한다.
즉, $a=1$, $b=0$이므로 $a+b=1$
(ii) $a<0$일 때
　함수 f의 공역과 치역이 모두 집합 X가 되려면
　$f(-2)=-2a+b=3$, $f(3)=3a+b=-2$
　이어야 한다.
　즉, $a=-1$, $b=1$이므로 $a+b=0$
(i), (ii)에서 $a+b$의 최솟값은 0이다.

482 　　　　　　　　　　　　　　　　　　　　目 ④

정의역이 $\{-1, 0, 1\}$인 두 함수 f, g가 서로 같은 함수이려면
$f(-1)=g(-1)$, $f(0)=g(0)$, $f(1)=g(1)$을
모두 만족시켜야 한다.
ㄱ. $f(-1)=g(-1)=1$, $f(0)=g(0)=0$, $f(1)=g(1)=1$이므로
　$f=g$이다.
ㄴ. $f(1)=1$, $g(1)=3$에서 $f(1)\neq g(1)$이므로 $f\neq g$이다.
ㄷ. $f(-1)=g(-1)=2$, $f(0)=g(0)=1$, $f(1)=g(1)=0$이므로
　$f=g$이다.
따라서 두 함수 f, g가 서로 같은 함수인 것은 ㄱ, ㄷ이다.

483 　　　　　　　　　　　　　　　　　　　　目 ④

정의역이 $\{1, 2\}$인 두 함수 $f(x)=ax-1$, $g(x)=x^2+b$가
서로 같으려면 $f(1)=g(1)$, $f(2)=g(2)$이어야 한다.
$f(1)=a-1$, $g(1)=1+b$이므로
$a-1=1+b$에서 $a-b=2$ 　　　　　　　…… ㉠
$f(2)=2a-1$, $g(2)=4+b$이므로
$2a-1=4+b$에서 $2a-b=5$ 　　　　　…… ㉡
㉠, ㉡을 연립하여 풀면 $a=3$, $b=1$
$\therefore a+b=3+1=4$

484 　　　　　　　　　　　　　　　　　　　　目 ⑤

$y=x^2+2ax+5=(x+a)^2+5-a^2$에서 이차함수
$y=x^2+2ax+5$의 그래프는 꼭짓점이 $(-a, 5-a^2)$이고
아래로 볼록한 포물선이다.
이때 치역이 $\{y\,|\,1\leq y\leq b\}$이므로
$x=-a$에서 최솟값 1을 가진다.
$5-a^2=1$, $a^2=4$에서 $a=2$ ($\because a>0$)
즉, 정의역이 $\{x\,|\,-4\leq x\leq 3\}$이므로
이차함수의 축 $x=-2$에서 가장 먼 $x=3$에서 최댓값 b를 갖는다.
$b=(3+2)^2+1=26$
$\therefore a+b=2+26=28$

485 　　　　　　　　　　　　　　　　　　　目 풀이 참조

(1) 함수 $f:R\longrightarrow R$이 일대일함수이려면

정의역 R의 임의의 두 원소 x_1, x_2에 대하여
'$x_1\neq x_2$이면 $f(x_1)\neq f(x_2)$'
즉, '$f(x_1)=f(x_2)$이면 $x_1=x_2$' 　　…… TIP1
를 만족시켜야 한다.
따라서 x축에 평행한 직선과 주어진 함수의 그래프의 교점의
개수가 항상 1인 것을 찾으면 　　　　　…… TIP2
ㄱ, ㄷ, ㄹ, ㅂ이다.
(2) 공역이 R이므로 치역이 R인 그래프는 ㄱ, ㄴ, ㄹ, ㅂ이다.
(3) 함수 $f:R\longrightarrow R$이 일대일대응이려면 일대일함수이고
　치역과 공역이 같아야 한다. 　　　　　…… TIP3
　따라서 (1), (2)에 의하여 일대일대응은
　ㄱ, ㄹ, ㅂ이다.
(4) 함수 $f:R\longrightarrow R$이 항등함수이려면 $x\in R$에 대하여
　$f(x)=x$이므로 ㄱ이다.
(5) 함수 $f:R\longrightarrow R$이 상수함수이려면 $x\in R$에 대하여
　$f(x)=c$ (c는 상수)이므로 ㅁ이다.

> **TIP1**
> 명제 '$x_1\neq x_2$이면 $f(x_1)\neq f(x_2)$'의 대우는
> '$f(x_1)=f(x_2)$이면 $x_1=x_2$'이다.

> **TIP2**
> 함수 $f(x)$가 일대일함수의 그래프가 되려면 치역의 모든 원소
> k에 대하여 x축과 평행한 직선 $y=k$와 함수 $y=f(x)$의
> 그래프가 오직 한 점에서만 만나야 한다.

> **TIP3**
> 일대일대응이려면 일대일함수이면서 치역이 공역과 같아야
> 하므로 공역의 모든 원소에 대응되는 정의역의 원소가 단
> 하나씩 존재해야 한다.
> 따라서 일대일대응의 그래프는 공역의 모든 원소 k에 대하여
> 그래프가 직선 $y=k$와 오직 한 점에서만 만난다.

486 　　　　　　　　　　　　　　　　　　　　目 ⑤

집합 $X=\{x\,|\,x$는 양의 실수$\}$에 대하여 함수 $f:X\longrightarrow X$가
일대일대응이려면
정의역 X의 임의의 두 원소 x_1, x_2에 대하여 $x_1\neq x_2$이면
$f(x_1)\neq f(x_2)$, 즉 $f(x_1)=f(x_2)$이면 $x_1=x_2$이고
치역이 공역 $X=\{x\,|\,x$는 양의 실수$\}$와 같아야 한다.
① $f(x)=3$에서 $1\neq 2$이지만 $f(1)=f(2)=3$이므로 일대일대응이
　아니다.
② 함수 $f(x)=x+1$의 치역은 $\{x\,|\,x>1\}$이므로 일대일대응이
　아니다.
③ $f(x)=-2x$에서 $f(1)=-2\notin X$이므로 f는 함수가 아니다.
④ $f(x)=|x-2|$에서 $1\neq 3$이지만 $f(1)=f(3)=1$이므로
　일대일대응이 아니다.
⑤ $a\in X$인 임의의 a에 대하여 $f(a)=a^2+a>0$
　즉, $f(a)\in X$이므로 f는 함수이다.

정의역 X의 임의의 두 원소 x_1, x_2에 대하여
$f(x_1)=f(x_2)$이면 $x_1{}^2+x_1=x_2{}^2+x_2$,
$(x_1-x_2)(x_1+x_2+1)=0$이므로
$x_1=x_2$ $(\because x_1>0,\ x_2>0)$
또한 함수 $f(x)=x^2+x=x(x+1)$의 치역은
$X=\{x\,|\,x$는 양의 실수$\}$이므로 일대일대응이다.

487 ·· 답 4

$f(1)-f(3)=4$를 만족시키려면
$f(1)=5$, $f(3)=1$ 또는 $f(1)=7$, $f(3)=3$이어야 한다.
이때 $f(2)=5$이고 f가 일대일대응이므로 $f(1)\neq5$이다.
따라서 $f(1)=7$, $f(3)=3$이고, 이때 $f(4)=1$이다.

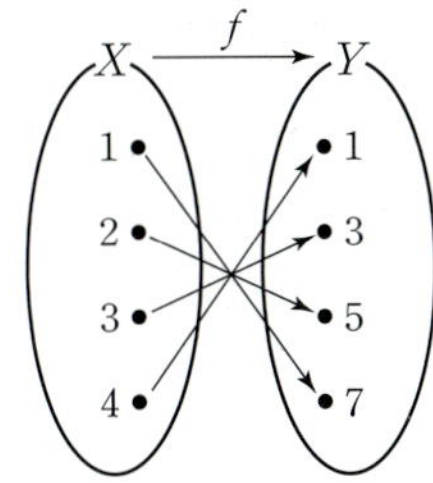

$\therefore f(3)+f(4)=3+1=4$

488 ·· 답 ④

① 함수 f가 일대일함수일 때, 공역과 치역이 같으면
　함수 f는 일대일대응이다. (참)
② 함수 f가 상수함수이면 치역인 집합 $\{f(x)\,|\,x\in X\}$의 원소의
　개수는 1이다. (참)
③ 함수 f가 항등함수이면 $f(x)=x$이므로 함수 f의
　치역은 정의역과 같다. (참)
④ 함수 f의 정의역의 임의의 두 원소 x_1, x_2에 대하여
　$f(x_1)=f(x_2)$일 때 $x_1=x_2$이면 함수 f는 일대일함수이다.
　이때 함수 f의 치역과 공역이 같지 않으면 함수 f는
　일대일대응이 아니다. (거짓) ······ **TIP1**
⑤ $n(X)=n(Y)$이고, (공역)=(치역) ······ ㉠
　이면 정의역과 치역의 원소의 개수가 같으므로 함수 f는
　일대일함수이고, ㉠에 의하여 일대일대응이다. (참) ······ **TIP2**
따라서 옳지 않은 것은 ④이다.

TIP1

명제 '일대일함수이면 일대일대응이다.'는 거짓이고,
그 역인 '일대일대응이면 일대일함수이다.'는 참이다.
즉, 일대일함수는 일대일대응이기 위한 필요조건이지만
충분조건은 아니다.

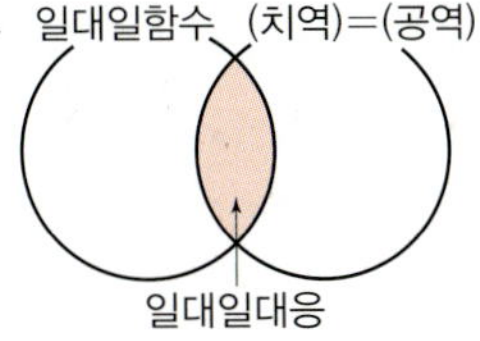

TIP2

유한집합 X에 대하여 함수 $f:X\longrightarrow Y$의 치역을 Z라 하면
$n(Z)\leq n(X)$이다.
이때 함수 f가 일대일함수이면 $n(Z)=n(X)$이다.

489 ·· 답 ④

함수 $f:R\longrightarrow R$이 일대일대응이려면 일대일함수이고 공역과
치역이 같아야 한다.
함수 $f(x)=\begin{cases}(a^2-5a)x & (x\leq0)\\ 2x & (x>0)\end{cases}$에서
$x>0$일 때, 함수 $y=2x$의 그래프가 다음 그림과 같고,
$x\leq0$일 때, 함수 $y=(a^2-5a)x$의 그래프는 원점을 지나는 직선이다.

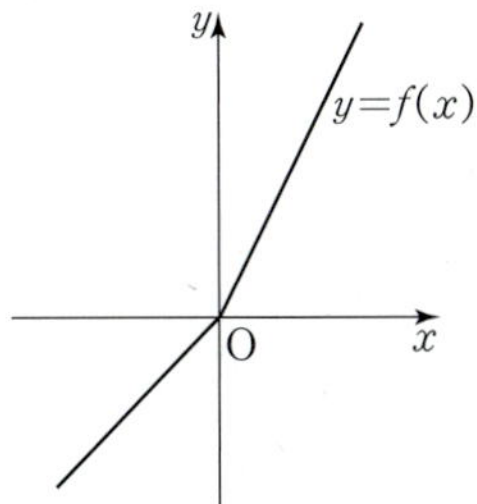

이때 함수 $f(x)$가 일대일대응이 되려면 $x\leq0$에서 직선
$y=(a^2-5a)x$의 기울기가 양수이어야 하므로 ······ **TIP**
$a^2-5a=a(a-5)>0$
$\therefore a<0$ 또는 $a>5$

TIP

직선 $y=(a^2-5a)x$의 기울기가 0인 경우(❶)와 기울기가
음수인 경우(❷)에 함수 $y=f(x)$의 그래프가 각각 다음 그림과
같으므로 일대일함수가 아니다. 따라서 일대일대응도 아니다.

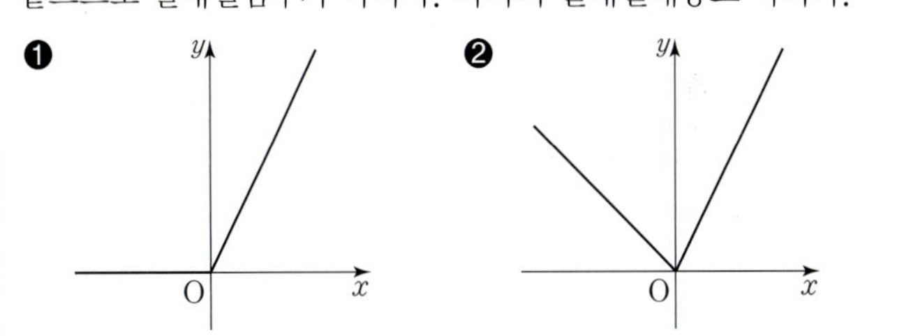

490 ·· 답 ⑤

함수 $y=ax+b$의 그래프는 $a<0$이므로 기울기가 음수인 직선이다.
함수 $f(x)=ax+b$가 X에서 Y로의 일대일대응이려면 치역이 공역
$Y=\{y\,|-6\leq y\leq10\}$과 같아야 하므로 함수 $y=f(x)$의 그래프는
다음 그림과 같다.

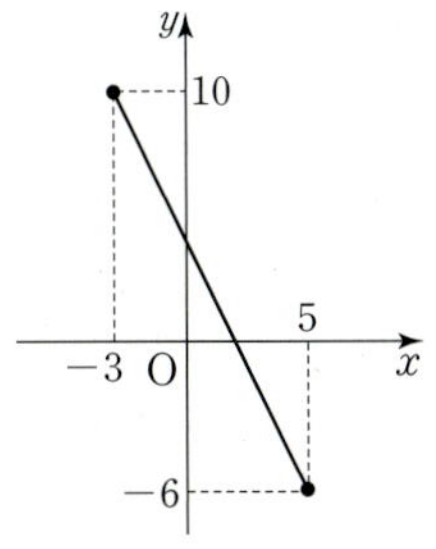

즉, $f(-3)=10$, $f(5)=-6$이어야 되므로

$-3a+b=10,\ 5a+b=-6$
두 식을 연립하여 풀면 $a=-2,\ b=4$
$\therefore a+b=(-2)+4=2$

491 팁 ③

$f(2)=5$이고, $g(5)=3$이므로
$(g\circ f)(2)=g(f(2))=g(5)=3$
$g(5)=3$이고, $f(3)=2$이므로
$(f\circ g)(5)=f(g(5))=f(3)=2$
$\therefore (g\circ f)(2)+(f\circ g)(5)=3+2=5$

492 팁 (1) 22 (2) 2 (3) 10

(1) $f(2)=5$이고, $g(5)=22$이므로
  $(g\circ f)(2)=g(f(2))=g(5)=22$
(2) $g(2)=1$이고, $f(1)=2$이므로
  $(f\circ g)(2)=f(g(2))=f(1)=2$
(3) $h(-1)=3,\ g(3)=6,\ f(6)=17$이므로
  $((f\circ g)\circ h)(-1)=(f\circ g)(h(-1))=f(g(h(-1)))$
$$=f(g(3))=f(6)=17$$
  $h(1)=1,\ g(1)=-2,\ f(-2)=-7$이므로
  $(f\circ(g\circ h))(1)=f((g\circ h)(1))=f(g(h(1)))$
$$=f(g(1))=f(-2)=-7$$
  $\therefore ((f\circ g)\circ h)(-1)+(f\circ(g\circ h))(1)$
$$=17+(-7)=10$$

참고

❶ 일반적으로 두 함수 $f,\ g$에 대하여 $g\circ f\neq f\circ g$이다.
   즉, 함수의 합성에 대하여 교환법칙이 성립하지 않는다.
❷ 세 함수 $f,\ g,\ h$에 대하여 $(f\circ g)\circ h=f\circ(g\circ h)$이다.
   즉, 함수의 합성에 대하여 결합법칙이 성립하므로
   $f\circ g\circ h$로 나타낼 수 있다.

493 팁 2

함수 $f\circ f$가 정의되려면 함수 f의 치역이 집합 X의 부분집합이어야
한다.
함수 f의 치역은 $\{x\,|\,-2\le x\le a^2-2\}$이므로
$\{x\,|\,-2\le x\le a^2-2\}\subset\{x\,|\,-a\le x\le a\}$가 되려면
$-a\le-2$에서 $a\ge2$ …… ㉠
$a\ge a^2-2,\ a^2-a-2\le0,\ (a-2)(a+1)\le0$
즉, $0<a\le2\ (\because a>0)$ …… ㉡
㉠, ㉡에 의하여 양수 a의 값은 2이다.

494 팁 ②

$(f\circ g)(x)=f(g(x))$
$$=3(-x+k)+2=-3x+3k+2$$
$(g\circ f)(x)=g(f(x))$
$$=-(3x+2)+k=-3x-2+k$$

$(f\circ g)(x)=(g\circ f)(x)$에서
$-3x+3k+2=-3x-2+k$
$3k+2=-2+k,\ 2k=-4$
$\therefore k=-2$

다른 풀이

$f\circ g=g\circ f$이면 모든 실수 a에 대하여
$(f\circ g)(a)=(g\circ f)(a)$이다.
따라서 $a=0$일 때, $(f\circ g)(0)=(g\circ f)(0)$임을 이용하면
$(f\circ g)(0)=f(g(0))=f(k)=3k+2$
$(g\circ f)(0)=g(f(0))=g(2)=-2+k$
에서 $3k+2=-2+k,\ 2k=-4$
$\therefore k=-2$

495 팁 ④

$(f\circ g)(5)=8$에서 $f(g(5))=8$
이때 함수 f가 일대일대응이고, $f(6)=8$이므로
$g(5)=6$이다. …… TIP
한편, $(f\circ g)(3)=f(g(3))=f(4)=9$이다.
$\therefore f(4)+g(5)=9+6=15$

TIP

함수 f가 일대일대응이면 함수 f는 일대일함수이므로
$f(a)=f(b)$이면 $a=b$이다.
즉, $f(a)=k,\ f(b)=k$이면 $a=b$이다.
따라서 $f(g(5))=8,\ f(6)=8$에서 $g(5)=6$이다.

496 팁 ③

$f(2)=3,\ g(3)=1$을 만족시키는 두 함수 $f,\ g$에 대하여
함수 $f\circ g$를 나타내면 다음 그림과 같다.

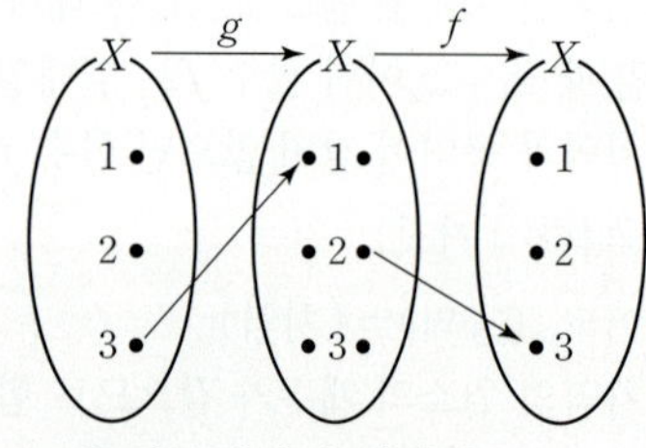

이때 $(f\circ g)(1)=1$을 만족시키기 위해서
$g(1)=1$이면 g가 일대일대응을 만족시키지 않게 되고,
$g(1)=2$이면 $(f\circ g)(1)=3$이 되므로
$g(1)=3,\ f(3)=1$이어야 한다.
따라서 조건을 만족시키는 함수 $f\circ g$는 다음 그림과 같다.

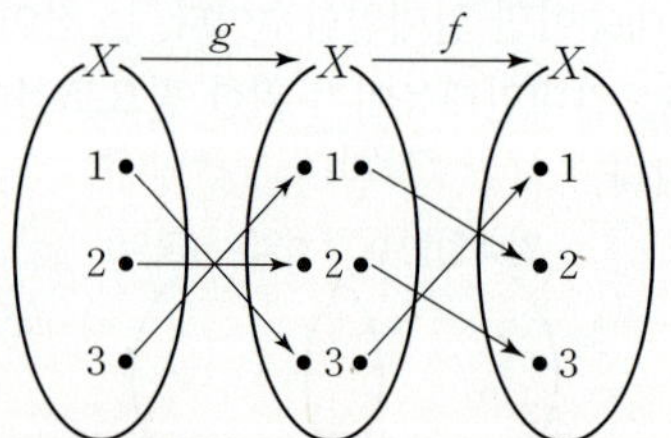

$(f\circ g)(2)=f(g(2))=f(2)=3,\ f(3)=1$이므로
$(f\circ g)(2)+f(3)=3+1=4$

497

❷ ⑤

어떤 함수의 역함수가 존재하기 위한 필요충분조건은 그 함수가
일대일대응인 것이다.

ㄱ. $f(x)=|x|+1$

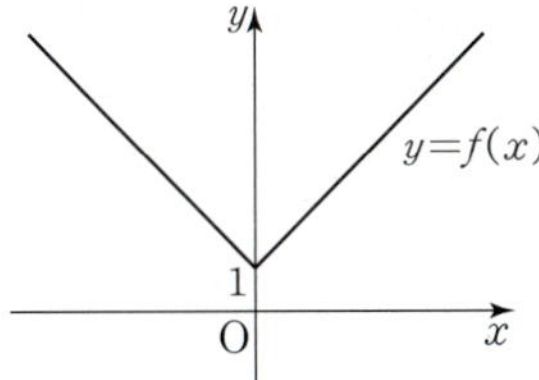

함수 $f(x)$는 일대일대응이 아니므로 역함수가 존재하지 않는다.

ㄴ. $g(x)=\begin{cases} 1-2x & (x<0) \\ 1-x & (x\geq0) \end{cases}$

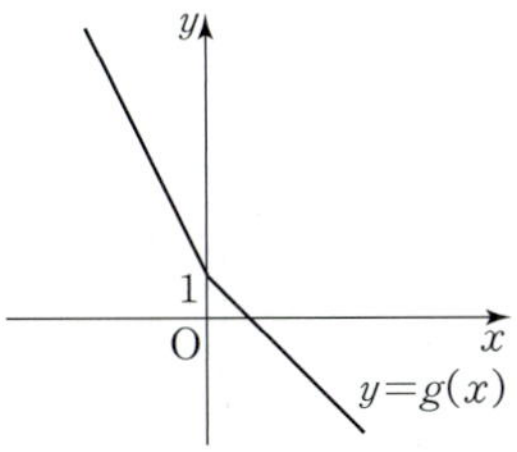

함수 $g(x)$는 일대일대응이므로 역함수가 존재한다.

ㄷ. $h(x)=\begin{cases} 1-x^2 & (x\leq0) \\ 1+x & (x>0) \end{cases}$

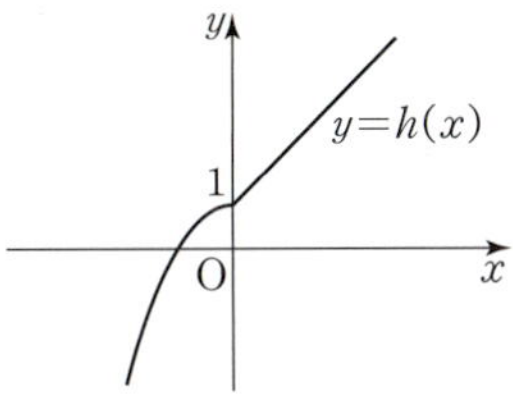

함수 $h(x)$는 일대일대응이므로 역함수가 존재한다.
따라서 역함수가 존재하는 것은 ㄴ, ㄷ이다.

498

❷ ①

$f(1)=5$이므로 $f^{-1}(5)=1$이다. ⋯⋯ **TIP**

$f(3)=4$에서 $f^{-1}(4)=3$이므로
$(g^{-1}\circ f^{-1})(4)=g^{-1}(f^{-1}(4))=g^{-1}(3)$이고,
$g(4)=3$에서 $g^{-1}(3)=4$이므로 $(g^{-1}\circ f^{-1})(4)=4$이다.
$\therefore f^{-1}(5)+(g^{-1}\circ f^{-1})(4)=1+4=5$

TIP

주어진 두 함수 f, g는 모두 일대일대응이므로 모두 역함수가
존재한다.
함수 $f:X\longrightarrow Y$에 대하여 $f(a)=b$일 때, 역함수
$f^{-1}:Y\longrightarrow X$에서 $f^{-1}(b)=a$이므로 주어진 함수 f에서
화살표를 반대 방향으로 보내면 f^{-1}가 된다.
따라서 주어진 함수 f의 역함수 f^{-1}는 다음 그림과 같다.

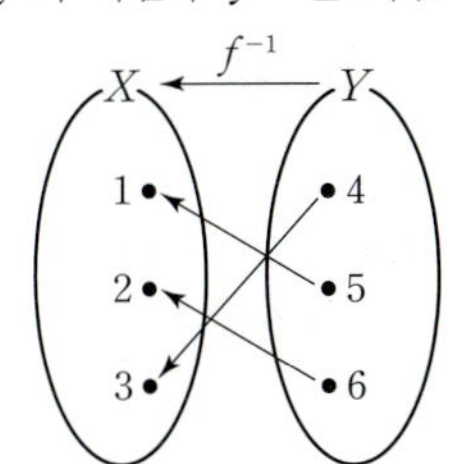

499

❷ (1) 2 (2) 4 (3) 3 (4) 2 (5) −8

(1) $f^{-1}(4)=a$라 하면 $f(a)=4$에서
    $3a-2=4$, $a=2$
    $\therefore f^{-1}(4)=2$

(2) $(f^{-1})^{-1}=f$이므로
    $(f^{-1})^{-1}(2)=f(2)=4$

(3) $f\circ f^{-1}=I$ (I는 항등함수)이므로
    $(f\circ f^{-1})(3)=I(3)=3$

(4) $(f\circ g)^{-1}=g^{-1}\circ f^{-1}$이므로
    $(f\circ g)^{-1}(1)=(g^{-1}\circ f^{-1})(1)$
    $\qquad\qquad\qquad =g^{-1}(f^{-1}(1))$ ⋯⋯ ㉠
    $f^{-1}(1)=k$라 하면 $f(k)=1$에서
    $3k-2=1$, $k=1$이므로
    ㉠에서 $g^{-1}(f^{-1}(1))=g^{-1}(1)=m$이라 하면 $g(m)=1$에서
    $-m+3=1$, $m=2$
    $\therefore (f\circ g)^{-1}(1)=2$

(5) $(f^{-1}\circ g)^{-1}=g^{-1}\circ(f^{-1})^{-1}=g^{-1}\circ f$이므로
    $(f\circ(f^{-1}\circ g)^{-1}\circ f^{-1})(5)$
    $=(f\circ g^{-1}\circ f\circ f^{-1})(5)$
    $=(f\circ g^{-1})(5)$ ($\because f\circ f^{-1}=I$, I는 항등함수)
    $=f(g^{-1}(5))$ ⋯⋯ ㉡
    $g^{-1}(5)=t$라 하면 $g(t)=5$에서
    $-t+3=5$, $t=-2$
    ㉡에서 $f(g^{-1}(5))=f(-2)=-8$
    $\therefore (f\circ(f^{-1}\circ g)^{-1}\circ f^{-1})(5)=-8$

다른 풀이

(4) $(f\circ g)(x)=f(-x+3)$
    $\qquad\qquad =3(-x+3)-2=-3x+7$
    이므로 $(f\circ g)^{-1}(1)=k$라 하면 $(f\circ g)(k)=1$에서
    $-3k+7=1$, $k=2$
    $\therefore (f\circ g)^{-1}(1)=2$

TIP

역함수의 성질

역함수가 존재하는 두 함수 $f:X\longrightarrow Y$, $g:Y\longrightarrow Z$와
두 항등함수 $I_X:X\longrightarrow X$, $I_Y:Y\longrightarrow Y$에 대하여

❶ $(f^{-1})^{-1}=f$

❷ $f^{-1}\circ f=I_X$, $f\circ f^{-1}=I_Y$
    $X=Y$이면 $f\circ f^{-1}=f^{-1}\circ f=I_X$이고,
    $X\neq Y$이면 $f\circ f^{-1}\neq f^{-1}\circ f$임에 주의하자.

❸ $(g\circ f)^{-1}=f^{-1}\circ g^{-1}$
    일반적으로 $(g\circ f)^{-1}\neq g^{-1}\circ f^{-1}$임에 주의하자.

500

❷ ④

(i) $f^{-1}(-2)=k$라 하면 $f(k)=-2$이다.
    주어진 그래프에 의하여 $f(0)=-2$이므로 $k=0$
    $\therefore f^{-1}(-2)=0$

(ii) $(f \circ g^{-1})^{-1}(0) = ((g^{-1})^{-1} \circ f^{-1})(0)$
$\qquad\qquad\quad = (g \circ f^{-1})(0)$
$\qquad\qquad\quad = g(f^{-1}(0))$ $\qquad$ …… ㉠
$f^{-1}(0) = m$이라 하면 $f(m) = 0$이다.
주어진 그래프에 의하여 $f(-1) = 0$이므로 $m = -1$
㉠에서 $g(f^{-1}(0)) = g(-1) = 1$
$\therefore f^{-1}(-2) + (f \circ g^{-1})^{-1}(0) = 0 + 1 = 1$

501 $\qquad\qquad\qquad\qquad\qquad\qquad\qquad$ 🔁 ①

$(f^{-1} \circ g)^{-1} \circ h = f$에서
$(f^{-1} \circ g) \circ (f^{-1} \circ g)^{-1} \circ h = (f^{-1} \circ g) \circ f$
$I \circ h = f^{-1} \circ g \circ f$ (I는 항등함수)
$\therefore h = f^{-1} \circ g \circ f$
$h(-2) = (f^{-1} \circ g \circ f)(-2) = f^{-1}(g(f(-2)))$
$\qquad\quad = f^{-1}(g(5)) = f^{-1}(11)$
$f^{-1}(11) = k$라 하면 $f(k) = 11$에서
$-2k + 1 = 11,\ k = -5$
$\therefore h(-2) = -5$

다른 풀이

$(f^{-1} \circ g)^{-1} \circ h = f$에서
$((f^{-1} \circ g)^{-1} \circ h)(-2) = f(-2)$
$(f^{-1} \circ g)^{-1}(h(-2)) = 5$
$(f^{-1} \circ g)(5) = h(-2)$
$(f^{-1} \circ g)(5) = f^{-1}(g(5)) = f^{-1}(11)$
이때 $f^{-1}(11) = k$라 하면 $f(k) = 11$에서
$-2k + 1 = 11,\ k = -5$
$\therefore h(-2) = -5$

502 $\qquad\qquad\qquad\qquad\qquad\qquad\qquad$ 🔁 ③

함수 $y = g(x)$의 그래프는 다음 그림과 같다.

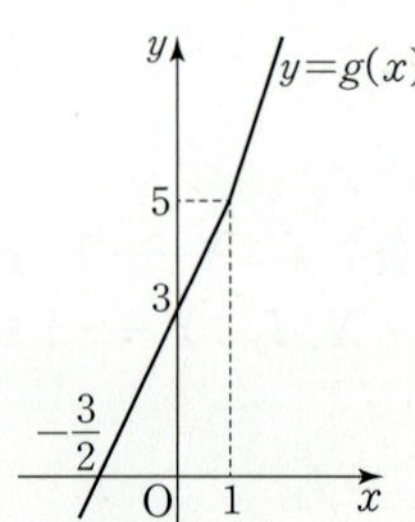

(i) $g^{-1}(2) = k$라 하면
$\quad g(k) = 2,\ k < 1$이므로 $\qquad$ …… **TIP**
$\quad 2k + 3 = 2,\ k = -\dfrac{1}{2}$
$\quad f(g^{-1}(2)) = f\left(-\dfrac{1}{2}\right) = 7$

(ii) $f^{-1}(g(2)) = f^{-1}(8) = m$이라 하면
$\quad f(m) = 8$이므로 $-2m + 6 = 8,\ m = -1$
$\therefore f(g^{-1}(2)) + f^{-1}(g(2)) = 7 + (-1) = 6$

TIP

함수 $y = g(x)$의 그래프에서 $g(x) \le 5$일 때 $x \le 1$이고, $g(x) > 5$일 때 $x > 1$이다.

503 $\qquad\qquad\qquad\qquad\qquad\qquad\qquad$ 🔁 7

$f^{-1}(5) = k$라 하면 $f(k) = 5$
$f\left(\dfrac{4x+1}{3}\right) = -2x + 15$에서
$-2x + 15 = 5$일 때, $x = 5$이므로 $k = \dfrac{4 \times 5 + 1}{3} = 7$
$\therefore f^{-1}(5) = 7$

다른 풀이

$\dfrac{4x+1}{3} = t$로 치환하면 $x = \dfrac{3t-1}{4}$이므로
$f(t) = -2 \times \dfrac{3t-1}{4} + 15 = -\dfrac{3}{2}t + \dfrac{31}{2}$
$f^{-1}(5) = k$라 하면 $f(k) = 5$이므로
$-\dfrac{3}{2}k + \dfrac{31}{2} = 5,\ k = 7$
$\therefore f^{-1}(5) = 7$

504 $\qquad\qquad\qquad\qquad\qquad\qquad\qquad$ 🔁 ⑤

함수 $y = ax + b$의 역함수를 구하면 다음과 같다.
$y = ax + b$를 x에 대하여 풀면 $x = \dfrac{y-b}{a}$이고,
x와 y를 서로 바꾸면 $y = \dfrac{x-b}{a}$이므로
역함수는 $y = \dfrac{x-b}{a}$이다.
이 함수가 $y = \dfrac{x-5}{2}$와 같으므로 $a = 2,\ b = 5$
$\therefore ab = 2 \times 5 = 10$

다른 풀이 1

함수 $y = \dfrac{x-5}{2}$의 역함수가 $y = ax + b$이다.
함수 $y = \dfrac{x-5}{2}$의 역함수를 구하면 다음과 같다.
$y = \dfrac{x-5}{2}$를 x에 대하여 풀면 $x = 2y + 5$이고,
x와 y를 서로 바꾸면 $y = 2x + 5$이다.
역함수가 $y = 2x + 5$이므로 $a = 2,\ b = 5$
$\therefore ab = 10$

다른 풀이 2

$f(x) = \dfrac{x-5}{2}$라 하면 $f^{-1}(x) = ax + b$이다.
$f(5) = 0,\ f(1) = -2$이므로 $f^{-1}(0) = 5,\ f^{-1}(-2) = 1$이다.
$f^{-1}(0) = b = 5,\ f^{-1}(-2) = -2a + b = 1$에서 $a = 2$
$\therefore ab = 10$

505 $\qquad\qquad$ 🔁 (1) $h(x) = -2x + 5$ $\quad$ (2) $h(x) = -2x + 1$

함수 $f(x)$는 역함수가 존재하므로 $f(x) = -x + 2$의 역함수를
구하면 다음과 같다.
$y = -x + 2$를 x에 대하여 풀면 $x = -y + 2$
x와 y를 서로 바꾸면 $y = -x + 2$이므로
$f^{-1}(x) = -x + 2$ $\qquad$ …… ㉠
(1) $f \circ h = g$에서 $h = f^{-1} \circ g$이다.

$$\begin{aligned}
\therefore\ h(x)&=(f^{-1}\circ g)(x)=f^{-1}(g(x))\\
&=f^{-1}(2x-3)=-(2x-3)+2\ (\because \text{㉠})\\
&=-2x+5
\end{aligned}$$

(2) $h\circ f=g$에서 $h=g\circ f^{-1}$이다.

$$\begin{aligned}
\therefore\ h(x)&=(g\circ f^{-1})(x)=g(f^{-1}(x))\\
&=g(-x+2)=2(-x+2)-3\ (\because \text{㉠})\\
&=-2x+1
\end{aligned}$$

다른 풀이

(1) $(f\circ h)(x)=f(h(x))=-h(x)+2$이므로
$(f\circ h)(x)=g(x)$에서
$-h(x)+2=2x-3$
$\therefore\ h(x)=-2x+5$

(2) $(h\circ f)(x)=h(f(x))=h(-x+2)$이므로
$(h\circ f)(x)=g(x)$에서
$h(-x+2)=2x-3$
$-x+2=t$라 하면 $x=2-t$이므로
$h(t)=2(2-t)-3=-2t+1$
$\therefore\ h(x)=-2x+1$

506   冒 $h^{-1}(x)=3x-13$

두 함수 $f(x)$, $g(x)$는 역함수가 존재하므로
$g=h\circ f$에서 $h=g\circ f^{-1}$이고,
$h^{-1}=(g\circ f^{-1})^{-1}=f\circ g^{-1}$이다.
함수 $g(x)=x+4$의 역함수를 구하면 다음과 같다.
$y=x+4$를 x에 대하여 풀면 $x=y-4$이고,
x와 y를 서로 바꾸면 $y=x-4$이므로
$g^{-1}(x)=x-4$이다.

$$\begin{aligned}
\therefore\ h^{-1}(x)&=(f\circ g^{-1})(x)=f(g^{-1}(x))\\
&=f(x-4)=3(x-4)-1=3x-13
\end{aligned}$$

다른 풀이

$g(x)=(h\circ f)(x)$에서 $x+4=h(3x-1)$
$3x-1=t$로 치환하면 $x=\dfrac{t+1}{3}$이므로

$h(t)=\dfrac{t+1}{3}+4=\dfrac{t+13}{3}$이다.

$h(x)=\dfrac{x+13}{3}$의 역함수를 구하면 다음과 같다.

$y=\dfrac{x+13}{3}$을 x에 대하여 풀면 $x=3y-13$이고,

x와 y를 서로 바꾸면 $y=3x-13$
$\therefore\ h^{-1}(x)=3x-13$

507   冒 ②

$g^{-1}\circ f^{-1}=(f\circ g)^{-1}$이므로 $(f\circ g)^{-1}(bx-6)=x$에서
$(f\circ g)(x)=bx-6$이다.

$$\begin{aligned}
(f\circ g)(x)&=f(g(x))=f(-x+2a)\\
&=2(-x+2a)-a=-2x+3a
\end{aligned}$$

이므로 $-2x+3a=bx-6$
따라서 $a=-2$, $b=-2$이므로
$a+b=(-2)+(-2)=-4$

508   冒 ③

함수 $f(x)$의 역함수가 존재하려면 함수 $f(x)$가 일대일대응이어야
한다.

$$f(x)=\begin{cases}(3-a)x-1 & (x<0)\\(a+3)x-1 & (x\geq 0)\end{cases}$$

에서 $y=(3-a)x-1$은 점 $(0,\ -1)$을 지나고 기울기가 $3-a$인
직선이고,
$y=(a+3)x-1$은 점 $(0,\ -1)$을 지나고 기울기가 $a+3$인
직선이다.
함수 $f(x)$가 일대일대응이려면 두 직선의 기울기의 부호가 모두
양수이거나 모두 음수이어야 하므로 두 직선의 기울기의 곱이
양수이어야 한다.
즉, $(3-a)(a+3)>0$이므로 $-3<a<3$
따라서 함수 $f(x)$의 역함수가 존재하도록 하는 정수 a는
$-2,\ -1,\ 0,\ 1,\ 2$의 5개이다.

509   冒 ⑤

$g=f^{-1}$이므로
$$\begin{aligned}
&(f^{-1}\circ g)(c)+(f\circ g)^{-1}(b)\\
&=(f^{-1}\circ f^{-1})(c)+(f\circ f^{-1})^{-1}(b)
\end{aligned}$$
이때 $f\circ f^{-1}=I$ (I는 항등함수)이므로
$(f\circ f^{-1})^{-1}(b)=I^{-1}(b)=I(b)=b$이다.
한편, 주어진 그래프는 다음 그림과 같다.

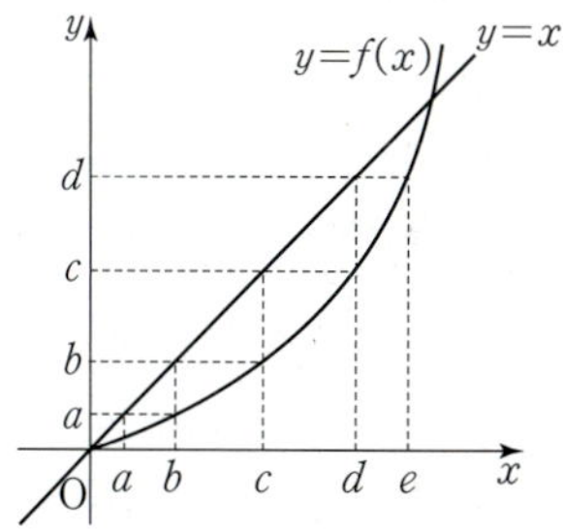

$f(d)=c$이므로 $f^{-1}(c)=d$이고,
$f(e)=d$이므로 $f^{-1}(d)=e$이다.
따라서 $(f^{-1}\circ f^{-1})(c)=f^{-1}(f^{-1}(c))=f^{-1}(d)=e$이다.
$\therefore\ (f^{-1}\circ g)(c)+(f\circ g)^{-1}(b)=e+b$

510   冒 ④

함수 $y=\dfrac{3}{2}x+4$의 그래프와 그 역함수의 그래프는 직선 $y=x$에

대하여 대칭이고, 이때 두 함수의 교점은 직선 $y=x$ 위에

존재한다.   **참고**

즉, 구하는 교점의 좌표는 직선 $y=\dfrac{3}{2}x+4$와 직선 $y=x$의 교점의

좌표와 같고, 방정식 $\dfrac{3}{2}x+4=x$에서 $x=-8$이므로 구하는 교점의

좌표는 $(-8,\ -8)$이다.
따라서 $a=-8$, $b=-8$이므로
$a+b=(-8)+(-8)=-16$

함수와 그 역함수의 그래프의 교점이 항상 직선 $y=x$ 위에 있는
것은 아니다.
함수 $y=f(x)$의 그래프가 직선 $y=x$에 대하여 대칭인 두 점
(a, b), (b, a) $(a \neq b)$를 지나면 $f(a)=b$, $f(b)=a$에서
$f^{-1}(b)=a$, $f^{-1}(a)=b$이므로 역함수 $y=f^{-1}(x)$의 그래프도
두 점 (a, b), (b, a)를 지난다.
즉, 두 함수 $y=f(x)$, $y=f^{-1}(x)$의 그래프가 직선 $y=x$ 위에
있지 않은 교점을 갖는다.
단, 함수와 그 역함수의 그래프가 직선 $y=x$ 위에 있지 않은
교점을 갖는 경우 함수 $y=f(x)$가 일대일대응이면서 직선
$y=x$에 대하여 대칭인 두 점 (a, b), $(b, a)(a \neq b)$를 모두
지나므로 함수 $f(x)$가 x의 값이 커질 때 y의 값도 커지면
이러한 경우는 발생하지 않는다.
따라서 함수의 그래프가 x의 값이 커질 때 y의 값도 커지는
형태이면 그 역함수의 그래프와의 교점은 함수의 그래프와
직선 $y=x$의 교점과 같다.
하지만 함수의 그래프가 x의 값이 커질 때 y의 값도 커지는
형태가 아닐 경우 그 역함수의 그래프와의 교점은 반드시
직선 $y=x$ 위에만 있다고 할 수 없음에 주의해야 한다.

511

답 ④

일차함수 $f(x)=ax+b$ $(a, b$는 실수)라 하면 함수 $y=f(x)$의
그래프가 점 $(-2, 1)$을 지나므로
$f(-2)=1$에서 $-2a+b=1$ ...... ㉠
함수 $y=f^{-1}(x)$의 그래프가 점 $(-2, 1)$을 지나므로
$f^{-1}(-2)=1$에서 $f(1)=-2$이므로 $a+b=-2$ ...... ㉡
㉠, ㉡을 연립하여 풀면 $a=-1$, $b=-1$이므로
$f(x)=-x-1$
$\therefore f(3)=-3-1=-4$

함수 $y=f(x)$의 그래프가 점 $(-2, 1)$을 지난다.
또한 함수 $y=f^{-1}(x)$의 그래프가 점 $(-2, 1)$을 지나므로
이와 직선 $y=x$에 대하여 대칭인 함수 $y=f(x)$의 그래프는
점 $(1, -2)$를 지난다.
따라서 함수 $y=f(x)$의 그래프는 두 점 $(-2, 1)$, $(1, -2)$를
지나는 직선이다.
즉, $f(x)=\dfrac{(-2)-1}{1-(-2)}\{x-(-2)\}+1=-x-1$
$\therefore f(3)=-4$

일차함수 $y=f(x)$의 그래프와 그 역함수 $y=f^{-1}(x)$의
그래프가 교점 (a, b)를 가지면 그 교점이 직선 $y=x$ 위에
존재하거나$(a=b$일 때) 함수 $y=f(x)$의 그래프가 기울기가
-1인 직선이다.$(a \neq b$일 때)
이 문제에서 교점 $(-2, 1)$이 직선 $y=x$ 위의 점이 아니므로
함수 $y=f(x)$의 그래프는 기울기가 -1인 직선이고, 점 $(-2, 1)$을
지나므로 $f(x)=-x-1$임을 알 수 있다.

512

답 ①

함수 $f(x)$의 역함수의 정의역은 함수 $f(x)$의 치역과 같다.
함수 $y=-(x-2)^2+8$ $(x \leq 0)$의 그래프가 다음 그림과 같으므로
$f(x) \leq 4$이다.

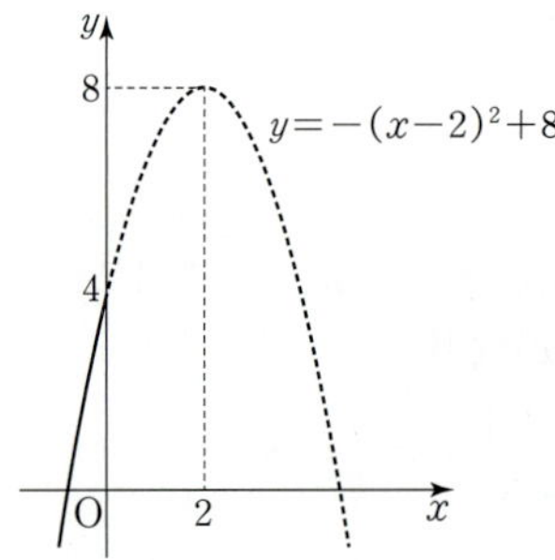

함수 $f(x)$의 치역이 $\{y \mid y \leq 4\}$이므로 함수 $g(x)$의 정의역은
$\{x \mid x \leq 4\}$이다.
따라서 함수 $g(x)$의 정의역의 원소 중 자연수는
$1, 2, 3, 4$로 4개이다.

일반적으로 함수의 공역은 실수 전체의 집합이고 역함수가
정의되기 위해서는 일대일대응이어야 하므로 치역이 실수 전체의
집합이 되어야 역함수가 존재한다고 생각할 수 있다.
하지만 공역은 반드시 실수 전체의 집합이어야 하는 것이
아니므로 일대일함수인 경우 공역을 치역과 일치시켜 역함수를
정의할 수 있다.

513

답 ①

함수 $y=f(x)$의 그래프와 그 역함수 $y=g(x)$의 그래프를 나타내면
다음 그림과 같다.

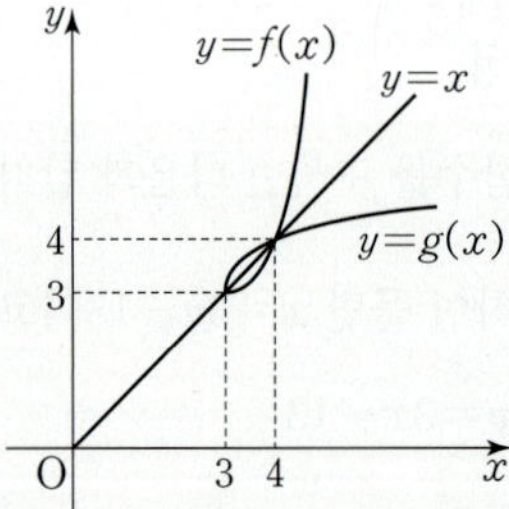

함수 $y=f(x)$의 그래프가 x의 값이 커질 때 y의 값도 커지는
형태이므로 역함수 $y=g(x)$의 그래프와의 교점은 직선 $y=x$ 위에
존재한다.
따라서 두 함수 $y=f(x)$, $y=g(x)$의 그래프의 교점은 함수
$y=f(x)$의 그래프와 직선 $y=x$의 교점과 같다.
$x^2-6x+12=x$에서
$x^2-7x+12=(x-3)(x-4)=0$
$\therefore x=3$ 또는 $x=4$
따라서 두 교점의 좌표는 $(3, 3)$, $(4, 4)$이므로
두 교점 사이의 거리는 $\sqrt{1^2+1^2}=\sqrt{2}$이다.

514

⑴ 함수가 되려면 정의역의 각 원소에 치역의 원소가 오직 하나씩
대응해야 한다. X의 원소 1, 2, 3에 하나씩 대응할 수 있는
Y의 원소가 각각 4가지이므로
구하는 X에서 Y로의 함수의 개수는
$4 \times 4 \times 4 = 64$이다.

⑵ 일대일함수이려면 정의역의 서로 다른 원소에 공역의 서로 다른
원소가 대응해야 하므로
1에 대응할 수 있는 수는 4가지,
2에 대응할 수 있는 수는 1에 대응하는 수를 제외한 3가지,
3에 대응할 수 있는 수는 1, 2에 대응하는 수를 제외한 2가지이다.
따라서 구하는 X에서 Y로의 일대일함수의 개수는
$4 \times 3 \times 2 = 24$이다.

⑶ X에서 Y로의 상수함수를 f라 할 때, 가능한 함수 f는
$f(x) = 1$ 또는 $f(x) = 2$ 또는 $f(x) = 3$ 또는 $f(x) = 4$로
4개이다.

⑷ X에서 X로의 함수 f가 항등함수일 때, $f(x) = x$로 함수 f는
1개이다.

⑸ X에서 X로의 함수가 일대일대응이려면 정의역의 서로 다른
원소에 공역의 서로 다른 원소가 하나씩 대응해야 하므로
1에 대응할 수 있는 수는 3가지,
2에 대응할 수 있는 수는 1에 대응하는 수를 제외한 2가지,
3에 대응할 수 있는 수는 1, 2에 대응하는 수를 제외한 1가지이다.
따라서 구하는 X에서 X로의 일대일대응의 개수는
$3 \times 2 \times 1 = 6$이다.

515

조건 ㈎에 의하여 함수 f는 일대일함수이므로
정의역의 서로 다른 원소에 공역의 서로 다른 원소가 대응해야 한다.
조건 ㈏에 의하여 $f(1) \neq 3$, $f(3) = 2$이므로
$f(1)$의 값은 1, 2, 3, 4, 5 중 2, 3을 제외한 3가지,
$f(2)$의 값은 1, 2, 3, 4, 5 중 $f(1)$의 값과 2를 제외한 3가지,
$f(4)$의 값은 1, 2, 3, 4, 5 중 $f(1)$, $f(2)$의 값과 2를 제외한 2가지
따라서 함수 f의 개수는 $3 \times 3 \times 2 = 18$이다.

516

두 조건 ㈎, ㈏에 의하여
$f(1) < 4$이므로 $f(1)$의 값을 정하는 경우의 수는 3
$4 < f(3) < f(4) < f(5)$이므로 5, 6, 7, 8 중 서로 다른 세 수를
선택하자.
선택된 세 수를 a, b, c $(a < b < c)$라 하면
$f(3) = a$, $f(4) = b$, $f(5) = c$라 하면 된다.
즉, $f(3)$, $f(4)$, $f(5)$의 값을 정하는 경우의 수는
$_4\mathrm{C}_3 = 4$
따라서 구하는 함수의 개수는 $3 \times 4 = 12$이다.

517

주어진 집합을 $X = \{-2, -1, 0, 1, 2\}$,
$Y = \{-3, -2, -1, 0, 1, 2, 3\}$이라 하자.

ㄱ. $f(-2) = f(2) = 0$, $f(-1) = f(1) = -3$, $f(0) = -4$이다.
　이때 $f(0) = -4$는 공역의 원소가 아니므로
　f는 X에서 Y로의 함수가 아니다.

ㄴ. $g(x) = \sqrt{x^2} + 1 = |x| + 1$이다.
　$g(-2) = g(2) = 3$, $g(-1) = g(1) = 2$, $g(0) = 1$이므로
　g는 X에서 Y로의 함수이다.

ㄷ. $h(-2) = h(2) = \left[-\dfrac{16}{5}\right] = -4$,
　$h(-1) = h(1) = \left[-\dfrac{4}{5}\right] = -1$, $h(0) = [0] = 0$
　이때 $h(-2) = h(2) = -4$는 공역의 원소가 아니므로
　h는 X에서 Y로의 함수가 아니다.

ㄹ. $i(-2) = -3$, $i(-1) = -1$, $i(0) = 1$, $i(1) = -3$, $i(2) = -2$
　이므로 i는 X에서 Y로의 함수이다.

ㅁ. $j(-2) = 3$, $j(-1) = 2$, $j(0) = 1$, $j(1) = 0$, $j(2) = 1$이므로
　j는 X에서 Y로의 함수이다.

따라서 함수인 것은 ㄴ, ㄹ, ㅁ으로 3개이다.

518

정의역이 X인 두 함수 $f(x) = |4x|$, $g(x) = x^2$이 서로 같으려면
정의역 X의 모든 원소 x에 대하여 $f(x) = g(x)$가 성립해야 한다.
방정식 $f(x) = g(x)$를 만족시키는 x의 값을 구하면
$$f(x) = |4x| = \begin{cases} -4x & (x < 0) \\ 4x & (x \geq 0) \end{cases}$$이므로

(ⅰ) $x < 0$일 때
　$-4x = x^2$에서 $x = -4$
(ⅱ) $x \geq 0$일 때
　$4x = x^2$에서 $x = 0$ 또는 $x = 4$
(ⅰ), (ⅱ)에 의하여 정의역 X의 원소로 가능한 것은 -4, 0, 4이다.
따라서 정의역 X는 집합 $\{-4, 0, 4\}$의 부분집합 중 공집합이 아닌
것이므로 구하는 집합 X의 개수는 $2^3 - 1 = 7$이다.

519

$f(3) = f(24) = f(45) = 3$, $f(6) = f(27) = f(48) = 6$,
$f(9) = f(30) = 2$, $f(12) = f(33) = 5$,
$f(15) = f(36) = 1$, $f(18) = f(39) = 4$,
$f(21) = f(42) = 0$
이므로
함수 f의 치역이 $\{1, 2, 3, 4\}$가 되려면
$\{3, 24, 45\} \cap X \neq \varnothing$, $\{9, 30\} \cap X \neq \varnothing$,
$\{15, 36\} \cap X \neq \varnothing$, $\{18, 39\} \cap X \neq \varnothing$,
$\{6, 12, 21, 27, 33, 42, 48\} \cap X = \varnothing$
이므로 구하는 집합 X의 개수는
$(2^3 - 1) \times (2^2 - 1) \times (2^2 - 1) \times (2^2 - 1) = 189$

520

답 ②

$240=2^4 \times 3 \times 5=16 \times 15$이고,
조건 ㈎에 의하여 $f(2)=2$, $f(3)=3$, $f(5)=5$이다.
조건 ㈏에 의하여
$f(15)=f(3)+f(5)-1=7$
$f(4)=f(2)+f(2)-1=3$이므로
$f(16)=f(4)+f(4)-1=5$
$\therefore f(240)=f(15 \times 16)=f(15)+f(16)-1$
$\qquad\qquad =7+5-1=11$

다른 풀이

조건 ㈏에 의하여 2 이상의 자연수 a_1, a_2, $\cdots$, a_n에 대하여
$f(a_1 \times a_2 \times \cdots \times a_n)$
$=f(a_1 \times a_2 \times \cdots \times a_{n-1})+f(a_n)-1$
$=f(a_1 \times a_2 \times \cdots \times a_{n-2})+f(a_{n-1})+f(a_n)-2$
$\qquad \vdots$
$=f(a_1)+f(a_2)+\cdots+f(a_n)-(n-1)$
따라서 $f(240)=f(2^4 \times 3 \times 5)=4 \times f(2)+f(3)+f(5)-5$이고,
조건 ㈎에 의하여 $f(2)=2$, $f(3)=3$, $f(5)=5$이므로
$f(240)=4 \times 2+3+5-5=11$

521

답 7

조건 ㈎에서 $f(x)=\begin{cases} x+1 & (-2 \le x < 0) \\ -x+1 & (0 \le x \le 2) \end{cases}$ 이고
조건 ㈏에서 함수 $y=f(x)$의 그래프는 4 간격으로 모양이 반복된다.
따라서 함수 $y=f(x)$의 그래프는 다음 그림과 같다.

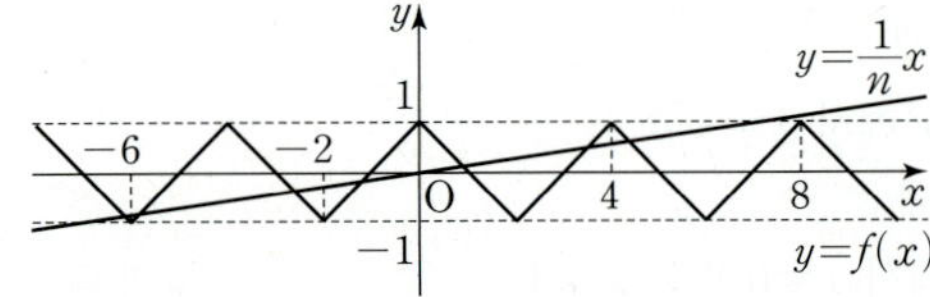

방정식 $f(x)=\dfrac{1}{n}x$의 서로 다른 실근의 개수가 7이 되려면
함수 $y=f(x)$의 그래프와 직선 $y=\dfrac{1}{n}x$의 교점의 개수가 7이어야 한다.
$g(x)=\dfrac{1}{n}x$라 하면
$g(-6)=-\dfrac{6}{n}>-1$에서 $n>6$이고
$g(8)=\dfrac{8}{n}>1$에서 $n<8$이어야 하므로
구하는 자연수 n의 값은 7이다.

522

답 132

$f(x-y)=f(x)-f(y)$ $\qquad$ ……㉠
㉠에 $x=0$, $y=0$을 대입하면 $f(0)=f(0)-f(0)=0$
㉠에 $x=0$, y 대신 $-y$를 대입하면 $f(y)=f(0)-f(-y)$에서
$f(-y)=-f(y)$이다. $\qquad$ ……㉡

㉠에 y 대신 $-y$를 대입하면
$f(x+y)=f(x)-f(-y)=f(x)+f(y)$ $(\because$ ㉡$)$
이므로
$f(2)=f(1+1)=f(1)+f(1)=2f(1)$
$f(3)=f(2+1)=f(2)+f(1)=3f(1)$
$f(4)=f(3+1)=f(3)+f(1)=4f(1)$
$\qquad \vdots$
따라서 $f(n)=nf(1)$ (n은 자연수)이다.
$\therefore f(33)=33f(1)=33 \times 4=132$

523

답 ②

주어진 등식의 양변에 $x=-2$를 대입하면
$\dfrac{1}{4}f(2)+2f\left(-\dfrac{1}{2}\right)=-12$
$f(2)+8f\left(-\dfrac{1}{2}\right)=-48$ $\qquad$ ……㉠

주어진 등식의 양변에 $x=\dfrac{1}{2}$을 대입하면
$4f\left(-\dfrac{1}{2}\right)-\dfrac{1}{2}f(2)=3$
$8f\left(-\dfrac{1}{2}\right)-f(2)=6$ $\qquad$ ……㉡
㉠에서 ㉡의 양변을 각각 빼면 $2f(2)=-54$
$\therefore f(2)=-27$

다른 풀이

주어진 등식의 양변에 x 대신 $-x$를 대입하면
$\dfrac{1}{x^2}f(x)+xf\left(-\dfrac{1}{x}\right)=-6x$
양변에 x^2을 각각 곱하면
$f(x)+x^3 f\left(-\dfrac{1}{x}\right)=-6x^3$ $\qquad$ ……㉠

주어진 등식의 양변에 x 대신 $\dfrac{1}{x}$을 대입하면
$x^2 f\left(-\dfrac{1}{x}\right)-\dfrac{1}{x}f(x)=\dfrac{6}{x}$
양변에 $-x$를 각각 곱하면
$f(x)-x^3 f\left(-\dfrac{1}{x}\right)=-6$ $\qquad$ ……㉡
㉠과 ㉡의 양변을 각각 더하면
$2f(x)=-6x^3-6$, $f(x)=-3x^3-3$
$\therefore f(2)=-24-3=-27$

524

답 ②

$y=|x+2|+2|x-3|$에서
(i) $x<-2$일 때
$\quad y=-(x+2)-2(x-3)=-3x+4$
(ii) $-2 \le x < 3$일 때
$\quad y=x+2-2(x-3)=-x+8$
(iii) $x \ge 3$일 때
$\quad y=x+2+2(x-3)=3x-4$
(i)~(iii)에서 주어진 함수의 그래프는 다음 그림과 같다.

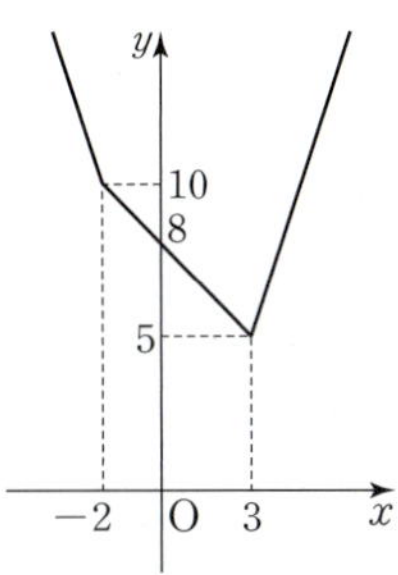

치역이 $\{y\,|\,5\leq y\leq 13\}$이므로 정의역에 3이 포함되어야 하고
$a+b$의 값이 최소가 되려면 $b=3$이고, $x=a$일 때 함숫값이 13이다.
$x=-2$일 때 $y=10$이므로 $a<-2$이다.
$-3a+4=13$, $3a=-9$에서 $a=-3$
따라서 $a+b$의 최솟값은 $(-3)+3=0$이다.

525   답 5

조건 ㈎에서 함수 f의 치역의 원소의 개수가 7이므로 집합 X의 원소
중 치역에 속하지 않는 원소가 1개 존재한다. 즉, 집합 X의 원소 중
6개는 정의역의 원소와 하나씩 대응하고 1개는 정의역의 원소 2개와
대응하며 1개는 정의역의 원소와 대응하지 않는다.
공역의 모든 원소의 합은 $1+2+3+4+5+6+7+8=36$이고
조건 ㈏에서
$f(1)+f(2)+f(3)+f(4)+f(5)+f(6)+f(7)+f(8)=40$
이므로 공역의 원소 중 정의역의 원소와 대응하지 않는 원소보다
정의역의 원소 2개와 대응하는 원소가 4 더 크다.
조건 ㈐에서 함수 f의 치역의 원소 중 최댓값과 최솟값의 차는
6이므로 치역의 원소 중 1과 8 중에 하나가 포함되지 않는다. 이때
8이 치역에 포함되지 않으면 조건 ㈏를 만족시키지 않으므로 치역에
1이 포함되지 않고, 정의역의 원소 2개와 대응하는 원소는 5가
되어야 한다.
따라서 $f(x)=k$를 만족시키는 집합 X의 원소 x의 개수가 2가
되려면 k는 5이어야 한다.

526   답 ①

조건 ㈎에 의하여 $g(x)=x$이고, $h(x)=k$ $(k\in X)$이므로 $g(3)=3$
조건 ㈏에서 $g(2)=2$이므로 $f(1)=2$, $h(3)=k=2$
따라서 $h(x)=2$이므로 $h(6)=2$
조건 ㈐에서 $2f(6)=f(3)$이고, 조건 ㈎에 의하여 함수 f는
일대일대응이므로 $f(6)=3$, $f(3)=6$이고, $f(2)=1$이다.
$\therefore f(2)+g(3)+h(6)=1+3+2=6$

527   답 ②

ㄱ. $f(x)=5-x$라 하면 다음 그림과 같다.

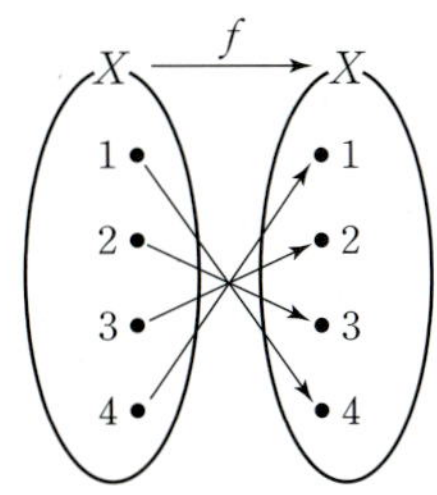

따라서 일대일함수이고, 일대일대응이다.

ㄴ. $g(x)=(x$를 5로 나눈 나머지)라 하면 다음 그림과 같다.

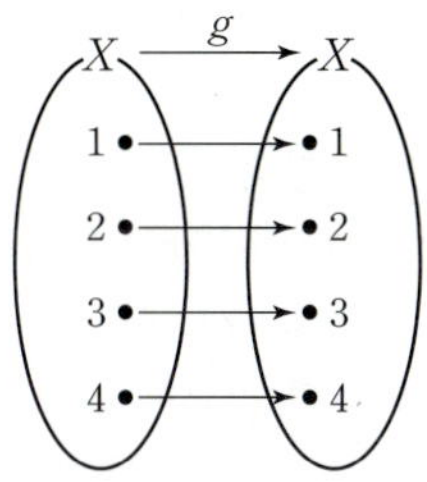

따라서 항등함수이고, 일대일함수, 일대일대응이다.

ㄷ. $h(x)=|x|+|x-6|-3$이라 하면
$x\in X$에 대하여 $x>0$, $x-6<0$이므로
$y=|x|+|x-6|-3=x-(x-6)-3=3$이다.

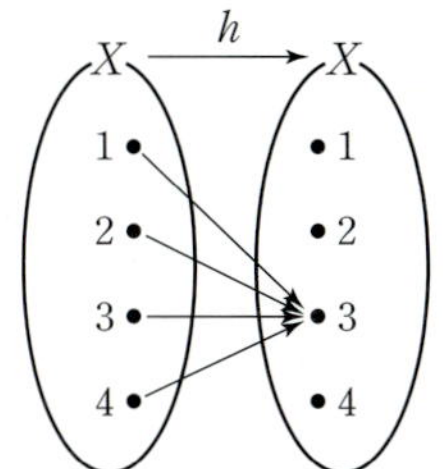

따라서 상수함수이다.

ㄹ. $i(x)=\left[\dfrac{x-1}{4}\right]+1$이라 하면

$x\in X$에 대하여 $0\leq\dfrac{x-1}{4}<1$이므로

$y=\left[\dfrac{x-1}{4}\right]+1=0+1=1$이다.

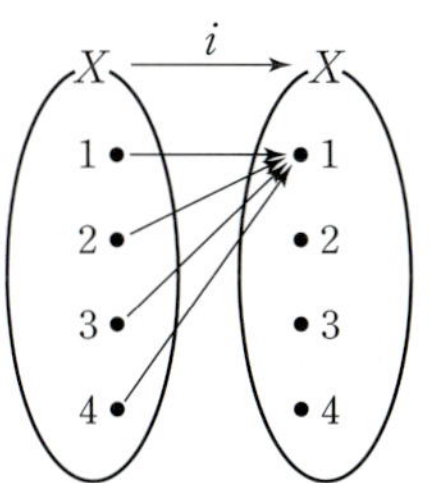

따라서 상수함수이다.

ㅁ. $j(x)=\begin{cases}x+1 & (x\text{는 홀수})\\ x & (x\text{는 짝수})\end{cases}$라 하면 다음 그림과 같다.

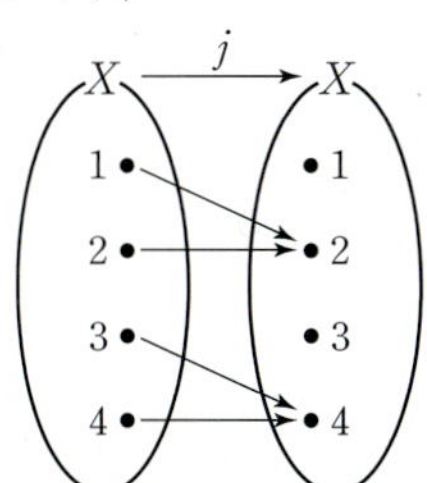

따라서 상수함수, 항등함수, 일대일함수, 일대일대응 어떤
것에도 해당되지 않는다.
따라서 〈보기〉에서
상수함수는 ㄷ, ㄹ이므로 $p=2$,
항등함수는 ㄴ이므로 $q=1$,
일대일함수는 ㄱ, ㄴ이므로 $r=2$,
일대일대응은 ㄱ, ㄴ이므로 $s=2$이다.
$\therefore p+q+r+s=2+1+2+2=7$

528   답 ①

함수 $f(x)=x^3-x^2-4x-3$이 항등함수이려면 집합 X의 각 원소
x에 대하여 $f(x)=x$이어야 한다.
$x^3-x^2-4x-3=x$에서 $x^3-x^2-5x-3=0$
$(x+1)^2(x-3)=0$ $\therefore x=-1$ 또는 $x=3$
즉, 정의역 X의 원소로 가능한 것은 -1, 3이다.
따라서 정의역 X는 집합 $\{-1,\ 3\}$의 부분집합 중 공집합이 아닌
것이므로 구하는 집합 X의 개수는 $2^2-1=3$이다.

529   답 ②

함수 $f(x)$는 상수함수이므로
$f(0)=f(1)=f(2)$
$f(0)=2$, $f(1)=1+a+b$, $f(2)=4+2a+b$이다.
$f(0)=f(1)$에서 $a+b=1$ ……… ㉠
$f(0)=f(2)$에서 $2a+b=-2$ ……… ㉡
㉠, ㉡에 의하여 $a=-3$, $b=4$
따라서 $ab=-12$

530   답 ⑤

함수 $f(x)$가 일대일대응이고 $f(0)=-2$이므로
$f(-2)=0$, $f(2)=2$ 또는 $f(-2)=2$, $f(2)=0$이다.
(i) $f(-2)=0$, $f(2)=2$일 때
    $f(-2)=4a-2b-2=0$ ……… ㉠
    $f(2)=4a+2b-2=2$ ……… ㉡
    ㉠, ㉡에서 $a=\dfrac{3}{4}$, $b=\dfrac{1}{2}$
(ii) $f(-2)=2$, $f(2)=0$일 때
    $f(-2)=4a-2b-2=2$ ……… ㉢
    $f(2)=4a+2b-2=0$ ……… ㉣
    ㉢, ㉣에서 $a=\dfrac{3}{4}$, $b=-\dfrac{1}{2}$
(i), (ii)에 의하여
$4(|a|+|b|)=5$

531   답 ②

함수 $f(x)=\begin{cases} x^2-4x+3b & (x<2) \\ (2a-1)x-b+1 & (x\geq2) \end{cases}$에서
$x<2$일 때 포물선 $y=x^2-4x+3b$의 축의 방정식은 $x=2$이고,
아래로 볼록한 모양이므로
$x<2$에서 함수 $y=f(x)$의 그래프는 다음 그림과 같다.

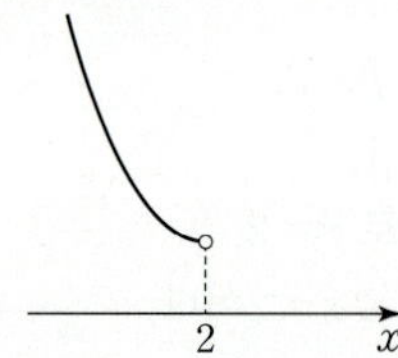

함수 $f(x)$가 일대일대응이기 위해서 일대일함수이어야 하므로
$x\geq2$에서 직선 $y=(2a-1)x-b+1$의 기울기는 음수이어야 한다.
$2a-1<0$에서 $a<\dfrac{1}{2}$ ……… ㉠

또한 치역이 공역과 같아야 하므로 치역이 실수 전체의 집합이 되기
위해서 $x=2$일 때 두 함수 $y=x^2-4x+3b$와
$y=(2a-1)x-b+1$의 함숫값이 같아야 한다.
즉, $-4+3b=4a-b-1$이므로 $4a-4b+3=0$에서 $b=a+\dfrac{3}{4}$

㉠에 의해서 $b=a+\dfrac{3}{4}<\dfrac{1}{2}+\dfrac{3}{4}=\dfrac{5}{4}$

따라서 정수 b의 최댓값은 1이다.

532   답 풀이 참조

함수 $f(x)=\begin{cases} ax+2 & (x<1) \\ x^2-ax+b & (x\geq1) \end{cases}$에서

$x\geq1$일 때 함수 $y=x^2-ax+b=\left(x-\dfrac{a}{2}\right)^2+b-\dfrac{a^2}{4}$이
일대일함수이기 위해서 꼭짓점의 x좌표는 1보다 작거나 같아야
하므로 $\dfrac{a}{2}\leq1$에서 $a\leq2$ ……… ㉠
이때 $x\geq1$에서 함수 $y=f(x)$의 그래프는 다음 그림과 같다.

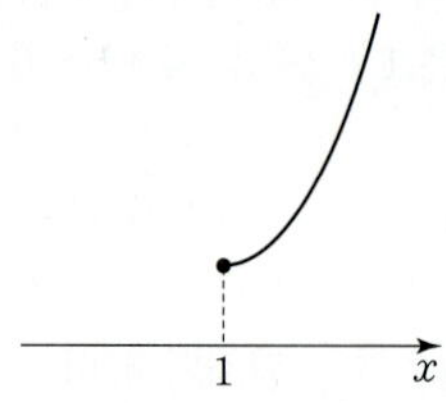

함수 $f(x)$가 일대일함수이려면 $x<1$에서 직선 $y=ax+2$의
기울기가 양수이어야 하므로
$a>0$ ……… ㉡
또한 치역이 공역과 같아야 하므로 치역이 실수 전체의 집합이 되기
위해서 $x=1$일 때 두 함수 $y=x^2-ax+b$와 $y=ax+2$의 함숫값이
같아야 한다.
즉, $1-a+b=a+2$이므로 $b=2a+1$ ……… ㉢
㉠, ㉡, ㉢에 의하여 점 $(a,\ b)$가 나타내는 도형의 방정식은
$b=2a+1$ $(0<a\leq2)$이고, 좌표평면 위에 도형을 나타내면 다음
그림과 같다.

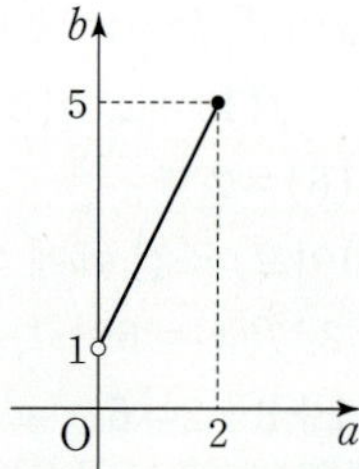

채점 요소	배점
일대일함수일 조건 구하기	40%
'(치역)=(공역)'일 조건 구하기	40%
도형의 방정식을 구하고, 도형 나타내기	20%

533   답 (1) $k\geq1$ (2) $k\leq1$ (3) 1

$f(x)=x^2-2x+4=(x-1)^2+3$에서
함수 $y=(x-1)^2+3$의 그래프가 다음 그림과 같다.

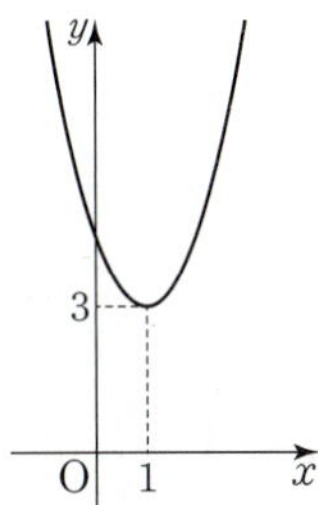

함수의 최솟값이 3이므로 치역은 $Y=\{y\,|\,y\geq3\}$의 부분집합이다.

따라서 함수 $f:X\longrightarrow Y$는 모든 실수 k에 대하여 정의된다.

(1) 함수 f가 일대일함수이려면 이차함수 그래프의 축의 방정식이 $x=1$이므로 $k\geq1$이어야 한다.

(2) $k\leq1$이면 함수 f의 치역은 $\{y\,|\,y\geq3\}$이다.

　　$k>1$이면 함수 f의 치역은 $\{y\,|\,y\geq f(k)\}$이고 이때 $f(k)>3$이므로 치역이 집합 Y와 같지 않다.

　　따라서 함수 f의 공역과 치역이 같으려면 $k\leq1$이어야 한다.

(3) 함수 f가 일대일대응이려면 (1), (2)를 모두 만족시켜야 하므로 $k=1$이다.

534 　답 (1) 1　(2) 2

(1) 정의역이 $X=\{x\,|\,x\leq k\}$인 함수 $f(x)=-x^2+4x-1$이 일대일함수이려면 이차함수 $y=-x^2+4x-1=-(x-2)^2+3$의 그래프의 축의 방정식이 $x=2$이므로 $k\leq2$이어야 한다. ······ ㉠

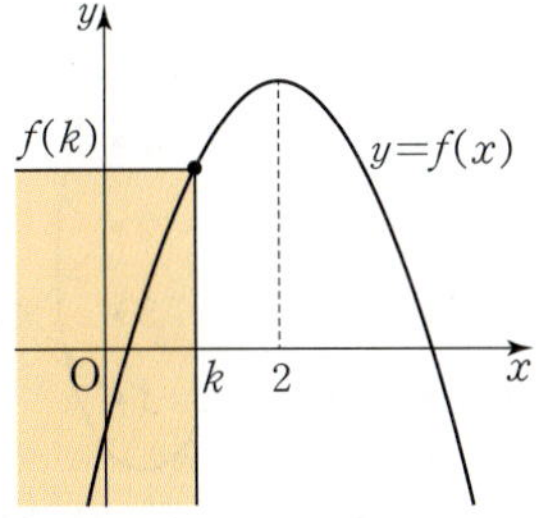

이때 치역은 $\{y\,|\,y\leq f(k)\}$이므로 치역이 공역 $Y=\{y\,|\,y\leq2\}$와 같으려면 $f(k)=2$이어야 한다.

$-k^2+4k-1=2$에서

$k^2-4k+3=0,\ (k-1)(k-3)=0$

$\therefore k=1\ (\because ㉠)$

(2) 정의역이 $X=\{x\,|\,x\geq k\}$인 함수 $f(x)=x^2+2x-6$이 일대일함수이려면 이차함수 $y=x^2+2x-6=(x+1)^2-7$의 그래프의 축의 방정식이 $x=-1$이므로 $k\geq-1$이어야 한다.

······ ㉡

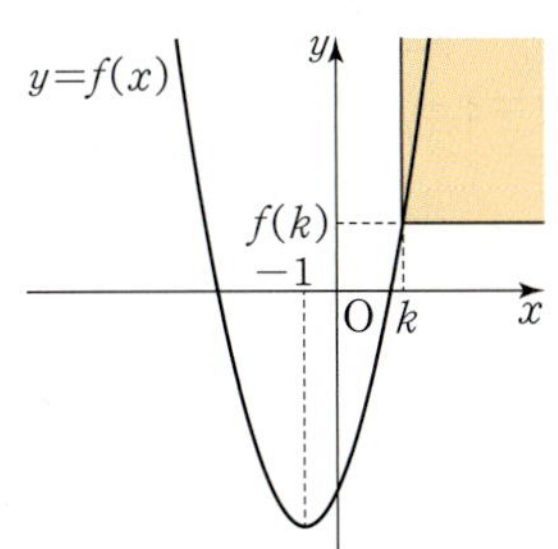

이때 치역은 $\{y\,|\,y\geq f(k)\}$이므로 치역이 공역 $X=\{x\,|\,x\geq k\}$와 같으려면 $f(k)=k$이어야 한다.

$k^2+2k-6=k$에서

$k^2+k-6=0,\ (k-2)(k+3)=0$

$\therefore k=2\ (\because ㉡)$

535 　답 ②

$g(x)=-2(x-1)^2+17$이므로

$x\geq1$일 때 $f(x)=x-1-1=x-2$이고

$g(f(x))=-2(x-3)^2+17$

$x<1$일 때 $f(x)=-x+1-1=-x$이고

$g(f(x))=-2(x+1)^2+17$

따라서 함수 $y=(g\circ f)(x)$의 그래프는 다음 그림과 같다.

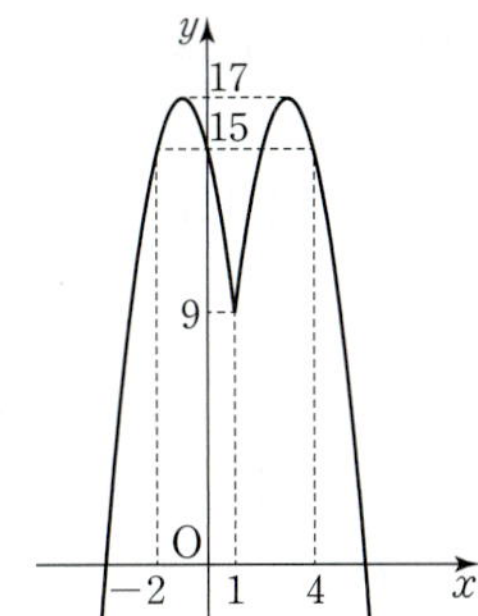

$g(f(1))=-2(-2)^2+17=9$,

$g(f(-2))=g(f(4))=-2(-1)^2+17=15$,

$g(f(-1))=g(f(3))=17$

이므로 $-2\leq x\leq4$에서 함수 $(g\circ f)(x)$의 최솟값은 9이고 최댓값은 17이다.

따라서 구하는 합은 $9+17=26$이다.

536 　답 ①

합성함수 $f\circ g$가 정의되기 위해서 함수 g의 치역이 함수 f의 정의역의 부분집합이어야 한다.

$g(0)=-2a+b$, $g(1)=-a$이므로 함수 g의 치역이 함수 f의 정의역 $\{0,\,1\}$의 부분집합이 되기 위해서 가능한 경우는 다음과 같다.

(i) $g(0)=g(1)=0$일 때

　　$-2a+b=0,\ -a=0$에서

　　$a=0,\ b=0$이므로 $a+b=0$

(ii) $g(0)=g(1)=1$일 때

　　$-2a+b=1,\ -a=1$에서

　　$a=-1,\ b=-1$이므로 $a+b=-2$

(iii) $g(0)=0,\ g(1)=1$일 때

　　$-2a+b=0,\ -a=1$에서

　　$a=-1,\ b=-2$이므로 $a+b=-3$

(iv) $g(0)=1,\ g(1)=0$일 때

　　$-2a+b=1,\ -a=0$에서

　　$a=0,\ b=1$이므로 $a+b=1$

(i)~(iv)에서 모든 $a+b$의 값의 합은

$0+(-2)+(-3)+1=-4$

537 　답 12

7^n(n은 자연수)의 일의 자리의 수는 7, 9, 3, 1의 네 수가 차례로 반복되므로

$f(1)=7,\ f(2)=9,\ f(3)=3,\ f(4)=1,\ f(5)=7,\ \cdots$이다.

9^n(n은 자연수)의 일의 자리의 수는 9, 1의 두 수가 차례로 반복되므로

n이 홀수일 때 $g(n)=9$이고, n이 짝수일 때 $g(n)=1$이다.

즉, $(f \circ g)(25)=f(g(25))=f(9)=f(4\times 2+1)=f(1)=7$

$(h \circ f)(75)=h(f(75))$

$\qquad\qquad =h(f(4\times 18+3))=h(f(3))$

$\qquad\qquad =h(3)$

$\qquad\qquad =(3^6$을 5로 나눈 나머지$)+1$

이때 3^n(n은 자연수)의 일의 자리의 수는 3, 9, 7, 1의 네 수가

차례로 반복되므로 3^6의 일의 자리의 수는 9이다.

따라서 3^6을 5로 나눈 나머지는 4이므로 ⋯⋯ **TIP**

$(h \circ f)(75)=4+1=5$이다.

$\therefore (f \circ g)(25)+(h \circ f)(75)=7+5=12$

TIP

어떤 자연수를 5로 나누면 십의 자리 이상은 5로
나누어떨어지므로 어떤 자연수를 5로 나눈 나머지는 일의 자리의
수를 5로 나눈 나머지와 같다.

538 　　　　　　　　　　　　　　　 답 ③

$f(1)=(4$의 양의 약수의 개수$)=3$,

$f(2)=1$,

$f(3)=(6$의 양의 약수의 개수$)=4$,

$f(4)=(7$의 양의 약수의 개수$)=2$

이므로 함수 f는 다음 그림과 같다.

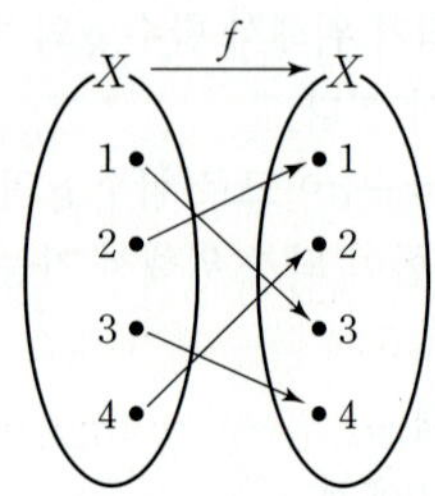

(ⅰ) $g(1)=4$이므로 $(f \circ g)(1)=f(g(1))=f(4)=2$이고,

$\quad (g \circ f)(1)=g(f(1))=g(3)$이다.

$\quad (f \circ g)(1)=(g \circ f)(1)$이므로

$\quad g(3)=2$이다.

(ⅱ) $g(3)=2$이므로 $(f \circ g)(3)=f(g(3))=f(2)=1$이고,

$\quad (g \circ f)(3)=g(f(3))=g(4)$이다.

$\quad (f \circ g)(3)=(g \circ f)(3)$이므로

$\quad g(4)=1$이다.

(ⅲ) $g(4)=1$이므로 $(f \circ g)(4)=f(g(4))=f(1)=3$이고,

$\quad (g \circ f)(4)=g(f(4))=g(2)$이다.

$\quad (f \circ g)(4)=(g \circ f)(4)$이므로

$\quad g(2)=3$이다.

(ⅰ)~(ⅲ)에서 함수 g는 다음 그림과 같다.

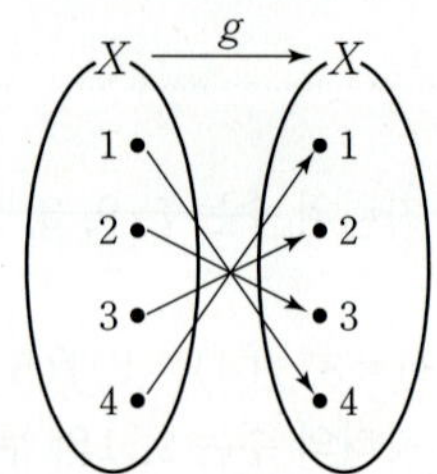

$\therefore (g \circ g)(3)+g(4)=g(2)+1=3+1=4$

539 　　　　　　　　　　　　　　　 답 ②

$f(1)=3$, $g(2)=4$이므로 다음 그림과 같다.

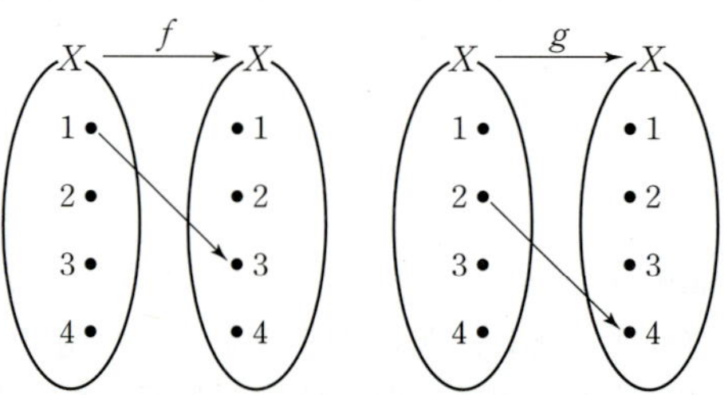

이때 $(f \circ g)(1)=1$, $(g \circ f)(4)=2$를 만족시키는 경우를 $f(4)$의
값에 따라 살펴보면 다음과 같다.

(ⅰ) $f(4)=1$이면

$\quad (g \circ f)(4)=2$에서 $g(1)=2$이므로

$\quad (f \circ g)(1)=1$에서 $f(2)=1$이다.

$\quad$ 따라서 $f(4)=1$, $f(2)=1$이 되어 함수 f가 일대일대응이라는

$\quad$ 조건을 만족시키지 않는다.

(ⅱ) $f(4)=2$이면

$\quad (g \circ f)(4)=g(2)=4$가 되어 $(g \circ f)(4)=2$를 만족시키지 않는다.

(ⅲ) $f(4)=3$이면

$\quad f(1)=3$이므로 함수 f가 일대일대응이라는 조건을

$\quad$ 만족시키지 않는다.

(ⅳ) $f(4)=4$이면

$\quad (g \circ f)(4)=2$에서 $g(4)=2$이다.

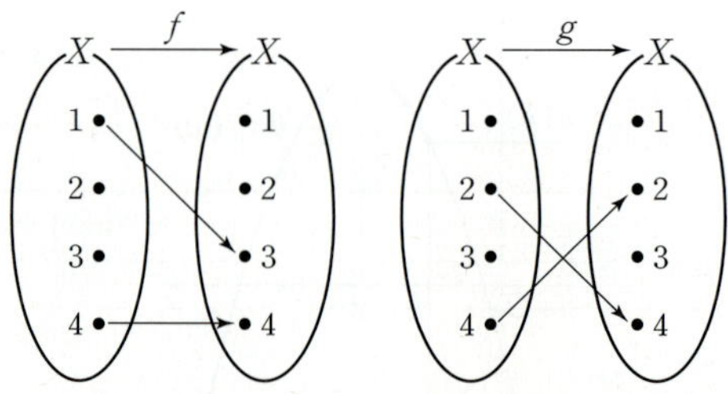

$\quad (f \circ g)(1)=1$에서 $g(1)=1$이면 $(f \circ g)(1)=3$이 되어

$\quad$ 조건을 만족시키지 않으므로 $g(1)=3$이고, $(f \circ g)(1)=1$에서

$\quad f(3)=1$이다.

(ⅰ)~(ⅳ)에서 두 함수 f, g는 다음 그림과 같다.

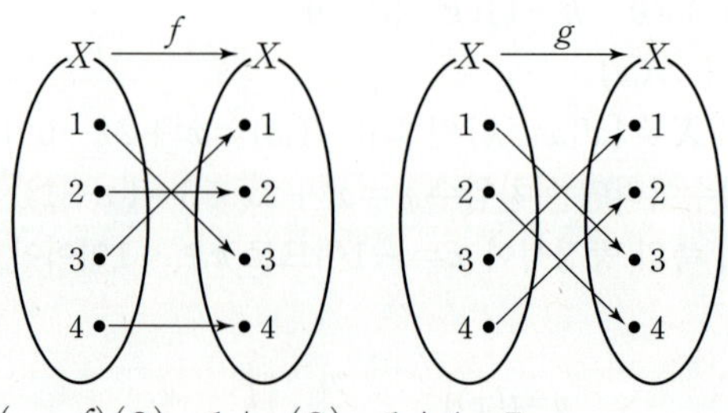

$\therefore g(3)+(g \circ f)(2)=1+g(2)=1+4=5$

540 　　　　　　　　　　　　　　　 답 ③

ㄱ. $f(100)=f(10\times 10+0)=f(10)+0$

$\qquad\qquad =f(10\times 1+0)=f(1)+0$

$\qquad\qquad =f(10\times 0+1)$

$\qquad\qquad =f(0)+1=1$ (참)

ㄴ. $f(999)=f(10\times 99+9)=f(99)+9$

$\qquad\qquad =f(10\times 9+9)+9=f(9)+9+9$

$$=f(10\times0+9)+9+9=f(0)+9+9+9$$
$$=9+9+9=27$$
$$\therefore\ (f\circ f)(999)=f(f(999))=f(27)$$
$$=f(10\times2+7)=f(2)+7$$
$$=f(10\times0+2)+7=f(0)+2+7$$
$$=2+7=9\ (참)$$

ㄷ. [반례] $n=15$일 때,
$$f(15)=f(10\times1+5)=f(1)+5$$
$$=f(10\times0+1)+5=f(0)+1+5$$
$$=1+5=6$$

이때 $f(15)=6$은 6의 배수이지만 15는 6의 배수가 아니다.
(거짓)

따라서 옳은 것은 ㄱ, ㄴ이다.

음이 아닌 정수 n에 대하여
$$n=a_m\times10^m+\cdots+a_2\times10^2+a_1\times10+a_0$$
$$(a_0,\ a_1,\ \cdots,\ a_m은\ 0\ 또는\ 한\ 자리\ 자연수)$$
일 때,
$$f(a_m\times10^m+\cdots+a_2\times10^2+a_1\times10+a_0)$$
$$=f(a_m\times10^{m-1}+\cdots+a_2\times10+a_1)+a_0$$
$$=f(a_m\times10^{m-2}+\cdots+a_2)+a_1+a_0$$
$$\vdots$$
$$=a_m+\cdots+a_2+a_1+a_0$$
$$\therefore\ f(n)=a_m+\cdots+a_2+a_1+a_0$$
따라서 $f(n)$은 n의 각 자리의 숫자를 모두 더한 값을
함숫값으로 가지는 함수이다.

541

답 ②

조건 ㈐에서 집합 Y의 어떤 원소 x에 대하여 $g(x)=x$이므로
$g(3)=3$ 또는 $g(4)=4$이다. 그런데 조건 ㈎에서 $g(3)=2$이므로
$g(4)=4$이다.
조건 ㈏에서
$$f(g(f(1)))=3 \qquad\qquad \cdots\cdots ㉠$$
$$f(g(f(2)))=4 \qquad\qquad \cdots\cdots ㉡$$
$$f(g(f(3)))=5 \qquad\qquad \cdots\cdots ㉢$$
$$f(g(f(4)))=6 \qquad\qquad \cdots\cdots ㉣$$
이고 조건 ㈎에서 $f(2)=6$이므로 ㉣에서
$g(f(4))=2$, $f(4)=3\ (\because\ g(3)=2)$
㉠에서 $g(f(1))=4$, $f(1)=4\ (\because\ g(4)=4)$
㉡에서 $g(f(2))=1$, $g(6)=1\ (\because\ f(2)=6)$
함수 f, g가 일대일대응이므로 $f(3)=5$, $g(5)=3$이고 두 함수
f, g는 다음 그림과 같다.

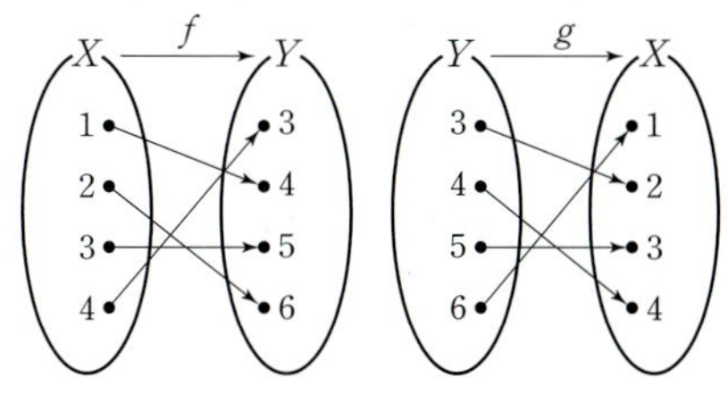

$(g\circ f\circ g)(k)=1$에서 $f(g(k))=6$, $g(k)=2$이므로 $k=3$이다.

542

답 2

$$f^1(1)=f(1)=3,$$
$$f^2(1)=(f\circ f)(1)=f(f(1))=f(3)=2,$$
$$f^3(1)=(f\circ f^2)(1)=f(f^2(1))=f(2)=1,$$
$$f^4(1)=(f\circ f^3)(1)=f(f^3(1))=f(1)=3,$$
$$\vdots$$
따라서 $f^n(1)$의 값은 3, 2, 1의 세 수가 차례로 반복되므로
$f^{100}(1)=f^{3\times33+1}(1)=f(1)=3$이다.
마찬가지 방법에 의하여
$$f^1(3)=f(3)=2,$$
$$f^2(3)=(f\circ f)(3)=f(f(3))=f(2)=1,$$
$$f^3(3)=(f\circ f^2)(3)=f(f^2(3))=f(1)=3,$$
$$f^4(3)=(f\circ f^3)(3)=f(f^3(3))=f(3)=2,$$
$$\vdots$$
따라서 $f^n(3)$의 값은 2, 1, 3의 세 수가 차례로 반복되므로
$f^{200}(3)=f^{3\times66+2}(3)=f^2(3)=1$이다.
$$\therefore\ f^{100}(1)-f^{200}(3)=3-1=2$$

$f(1)=3$, $f^2(1)=2$, $f^3(1)=1$
$f(2)=1$, $f^2(2)=3$, $f^3(2)=2$
$f(3)=2$, $f^2(3)=1$, $f^3(3)=3$이므로
$f^3=I$ (I는 항등함수)이다. $\cdots\cdots$ TIP
$$f^{100}(1)=f^{3\times33+1}(1)=f(1)=3$$
$$f^{200}(3)=f^{3\times66+2}(3)=f^2(3)=1$$
$$\therefore\ f^{100}(1)-f^{200}(3)=3-1=2$$

TIP

'$f^1=f$이고, 자연수 n에 대하여 $f^{n+1}=f\circ f^n$이다.'로 정의된
함수 f^n을 포함하는 문제는 합성함수에서 자주 출제된다.
이때 정의역의 한 원소에서 시작하여 차례로 대응하는 함숫값을
찾으면 반복되는 규칙을 쉽게 찾을 수 있다.
이 문제에서 $1\to3\to2\to1\to\cdots$이므로
$2\to1\to3\to2\to\cdots$, $3\to2\to1\to3\to\cdots$임을 알 수 있다.
즉, $f^3(1)=1$, $f^3(2)=2$, $f^3(3)=3$이므로
$f^3=I$ (I는 항등함수)이다.
이를 이용하면 $I^n=I$이므로
$f^{100}=f^{3\times33+1}=(f^3)^{33}\circ f=I^{33}\circ f=I\circ f=f$임을 알 수 있다.

543

답 ③

주어진 함수 $y=f(x)$의 그래프에서
$$f(x)=\begin{cases}2x & \left(0\le x<\dfrac{1}{2}\right)\\[2mm]-2x+2 & \left(\dfrac{1}{2}\le x\le1\right)\end{cases}\text{이다.}$$
$$f\left(\frac{5}{7}\right)=-2\times\frac{5}{7}+2=\frac{4}{7}$$
$$f^2\left(\frac{5}{7}\right)=f\left(\frac{4}{7}\right)=-2\times\frac{4}{7}+2=\frac{6}{7}$$
$$f^3\left(\frac{5}{7}\right)=f\left(\frac{6}{7}\right)=-2\times\frac{6}{7}+2=\frac{2}{7}$$

$$f^4\left(\frac{5}{7}\right)=f\left(\frac{2}{7}\right)=2\times\frac{2}{7}=\frac{4}{7}$$
$$\vdots$$

이므로 $f^n\left(\dfrac{5}{7}\right)$의 값은 $\dfrac{4}{7}$, $\dfrac{6}{7}$, $\dfrac{2}{7}$가 차례로 반복된다.

$16=3\times5+1$이므로
$$f\left(\frac{5}{7}\right)+f^2\left(\frac{5}{7}\right)+f^3\left(\frac{5}{7}\right)+\cdots+f^{16}\left(\frac{5}{7}\right)$$
$$=5\times\left(\frac{4}{7}+\frac{6}{7}+\frac{2}{7}\right)+\frac{4}{7}=\frac{64}{7}$$

544   답 5

$f(1)=3$, $f^2(1)=2$, $f^3(1)=4$, $f^4(1)=1$
$f(2)=4$, $f^2(2)=1$, $f^3(2)=3$, $f^4(2)=2$
$f(3)=2$, $f^2(3)=4$, $f^3(3)=1$, $f^4(3)=3$
$f(4)=1$, $f^2(4)=3$, $f^3(4)=2$, $f^4(4)=4$
에서 $f^4=I$ (I는 항등함수)이다.
$$f^{33}(a)+f^{99}(b)=f^{4\times8+1}(a)+f^{4\times24+3}(b)$$
$$=f(a)+f^3(b)$$
이 값이 최대가 되려면 $f(a)=f^3(b)=4$이어야 하므로
$a=2$, $b=1$
$\therefore 2a+b=2\times2+1=5$

545   답 ②

$f^1(50)=49$, $f^2(50)=48$, $f^3(50)=47$, $\cdots$, $f^{50}(50)=0$,
$f^{51}(50)=-1$, $f^{52}(50)=1$, $f^{53}(50)=0$, $f^{54}(50)=-1$, $\cdots$
이므로 $f^n(50)$의 값은 $n\geq51$일 때, -1, 1, 0의 세 수가 차례로 반복된다.
$300=50+250=50+3\times83+1$이므로
$$f^{300}(50)=f^{51}(50)=-1$$

546   답 ①

ㄱ. (i) $x\in Q$일 때, $f(x)=\sqrt{2}$이고
    $(f\circ f\circ f)(x)=f(f(f(x)))=f(f(\sqrt{2}))$
                     $=f(1)=\sqrt{2}$
  (ii) $x\notin Q$일 때, $f(x)=1$이고
    $(f\circ f\circ f)(x)=f(f(f(x)))=f(f(1))$
                     $=f(\sqrt{2})=1$
  (i), (ii)에 의하여 $(f\circ f\circ f)(x)=f(x)$이다. (참) ····· 참고
ㄴ. (i) $x\in Q$일 때, $f(x)=\sqrt{2}$이므로
    $x+f(x)=x+\sqrt{2}$는 무리수이다.
    따라서 $f(x+f(x))=1$이다.
  (ii) $x\notin Q$일 때, $f(x)=1$이므로
    $x+f(x)=x+1$은 무리수이다.
    따라서 $f(x+f(x))=1$이다.
  (i), (ii)에 의하여 모든 $x\in R$에 대하여 $f(x+f(x))=1$이므로
  함수 $g(x)$의 치역은 $\{1\}$로 원소의 개수는 1이다. (거짓)
ㄷ. $f(x_1)\neq f(x_2)$이므로 x_1, x_2 중 하나는 유리수이고, 하나는
  무리수이다.

이 중 x_1을 유리수라 할 때,
  $x_1\neq0$이면 x_1x_2는 무리수이므로 $f(x_1x_2)=1$이지만
  $x_1=0$이면 $x_1x_2=0$이므로 $f(x_1x_2)=\sqrt{2}$이다. (거짓)
따라서 옳은 것은 ㄱ이다.

> **참고**
>
> $f\circ f\circ f=f$라 해서 $f\circ f=I$ (I는 항등함수)가 아님에
> 주의하자.
> 함수 f의 역함수가 존재할 경우 $f\circ f\circ f=f$에서 $f\circ f=I$가
> 성립하지만, 함수 f의 역함수가 존재하지 않을 경우 $f\circ f=I$라
> 할 수 없다.

547   답 ①

$f(x)=x^2-2x+a$에서
$f(2)=2^2-4+a=a$
$f(4)=4^2-8+a=a+8$
$(f\circ f)(2)=(f\circ f)(4)$에서
$f(f(2))=f(f(4))$
$f(a)=f(a+8)$
이때 함수 $f(x)=x^2-2x+a$에서
$f(x)=(x-1)^2+a-1$
이므로 함수 $y=f(x)$의 그래프는 축이 직선 $x=1$이다.
$a\neq a+8$이므로 $f(a)=f(a+8)$이려면
$$\frac{a+(a+8)}{2}=1$$
$a=-3$
따라서 함수 $f(x)$가 $f(x)=x^2-2x-3$이므로
$f(6)=6^2-2\times6-3=21$

다른 풀이

$f(x)=x^2-2x+a$에서
$f(2)=2^2-4+a=a$
$f(4)=4^2-8+a=a+8$
$(f\circ f)(2)=(f\circ f)(4)$에서
$f(f(2))=f(f(4))$
$f(a)=f(a+8)$
$a^2-2a+a=(a+8)^2-2(a+8)+a$
$16a=-48$
$a=-3$
따라서 함수 $f(x)$가 $f(x)=x^2-2x-3$이므로
$f(6)=6^2-2\times6-3=21$

548   답 풀이 참조

(1) $f(1)=2$, $f^2(1)=1$
  $f(2)=1$, $f^2(2)=2$이므로
  $x=1$ 또는 $x=2$일 때 $f^2(x)=x$이다.
  $f(3)=4$, $f^2(3)=5$, $f^3(3)=3$
  $f(4)=5$, $f^2(4)=3$, $f^3(4)=4$
  $f(5)=3$, $f^2(5)=4$, $f^3(5)=5$이므로
  $x=3$ 또는 $x=4$ 또는 $x=5$일 때 $f^3(x)=x$이다.

따라서 f^m이 항등함수가 되도록 하는 자연수 m의 최솟값은
2와 3의 최소공배수인 6이다.
⑵ $f^6=I$ (I는 항등함수)이므로
$f^{1000}=f^{6\times166+4}=f^4$, $f^{2000}=f^{6\times333+2}=f^2$이고,
$f^{1000}(a)$와 $f^{2000}(b)$의 값은 모두 공역 $X=\{1,2,3,4,5\}$의
원소이므로 합이 4가 되는 경우는 다음과 같다.
　(i) $f^4(a)=1$, $f^2(b)=3$일 때 $a=1$, $b=4$
　(ii) $f^4(a)=2$, $f^2(b)=2$일 때 $a=2$, $b=2$
　(iii) $f^4(a)=3$, $f^2(b)=1$일 때 $a=5$, $b=1$
　(i)~(iii)에 의하여 구하는 모든 순서쌍 (a,b)는
　$(1,4)$, $(2,2)$, $(5,1)$이다.

채점 요소	배점
합성함수의 함숫값의 규칙성을 찾아 m의 최솟값 구하기	50%
조건을 만족시키는 순서쌍 (a,b) 모두 구하기	50%

549 　　답 6

$(f\circ f)(a)=f(a)$에서
$f(a)=t$로 치환하면 $f(t)=t$
$t<2$일 때 $2t+2=t$에서 $t=-2$이고,
$t\geq2$일 때 $t^2-7t+16=t$에서 $t=4$이다.
(i) $t=-2$일 때
　$f(a)=-2$에서
　$a<2$일 때, $2a+2=-2$에서 $a=-2$
　$a\geq2$일 때, $a^2-7a+16=-2$, 즉 $a^2-7a+18=0$
　방정식 $a^2-7a+18=0$의 판별식을 D라 하면
　$D=(-7)^2-4\times1\times18=-23<0$
　이므로 $a\geq2$일 때, $f(a)=-2$를 만족시키는
　실수 a의 값이 존재하지 않는다.
(ii) $t=4$일 때
　$f(a)=4$에서
　$a<2$일 때, $2a+2=4$에서 $a=1$
　$a\geq2$일 때, $a^2-7a+16=4$,
　$a^2-7a+12=(a-3)(a-4)=0$
　즉, $a=3$ 또는 $a=4$
(i), (ii)에 의하여 $(f\circ f)(a)=f(a)$를
만족시키는 모든 실수 a의 값의 합은
$(-2)+1+3+4=6$

550 　　답 ③

이차함수 $y=f(x)$의 그래프의 축의 방정식이 $x=-2$이므로
그래프가 x축과 만나는 두 점은 직선 $x=-2$에 대하여 대칭이다.
따라서 $f(3)=0$에서 $f(-7)=0$이다.

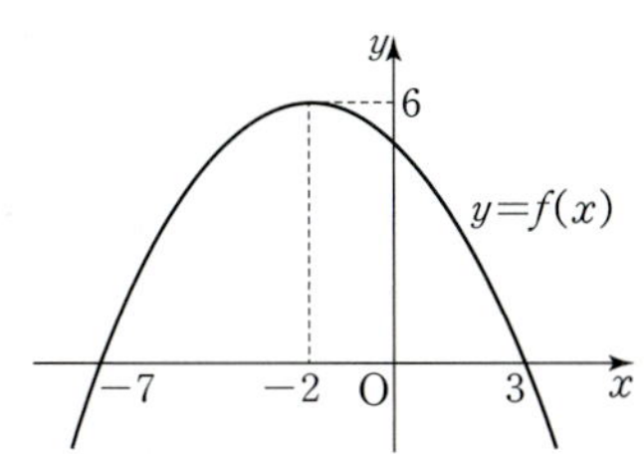

$\neg.$ $(f\circ g)(x)=f(g(x))=0$에서 $g(x)=k$라 하면
　방정식 $f(k)=0$에서 $k=-7$ 또는 $k=3$이므로
　$g(x)=-7$ 또는 $g(x)=3$
　$g(x)$가 일차함수이므로 두 방정식을 만족시키는 실수 x가 각각
　하나씩 존재한다.
　따라서 방정식 $(f\circ g)(x)=0$의 서로 다른 실근의 개수는
　2이다. (참)
$\bot.$ $\{f(x)\}^2=\{g(x)\}^2$에서 $\{f(x)\}^2-\{g(x)\}^2=0$
　$\{f(x)+g(x)\}\{f(x)-g(x)\}=0$이므로
　$f(x)=-g(x)$ 또는 $f(x)=g(x)$
　함수 $y=-g(x)$의 그래프는 함수 $y=g(x)$의 그래프를 x축에
　대하여 대칭이동한 것이므로 두 함수 $y=f(x)$, $y=g(x)$의
　그래프의 교점 또는 두 함수 $y=f(x)$, $y=-g(x)$의 그래프의
　교점은 다음 그림과 같이 세 개 존재한다.

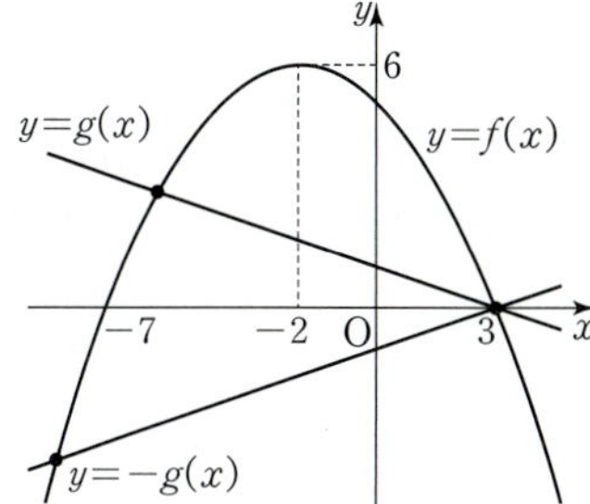

　따라서 방정식 $\{f(x)\}^2=\{g(x)\}^2$의 서로 다른 실근의 개수는
　3이다. (거짓)
$\sqsubset.$ $(f\circ f)(x)=f(f(x))=0$에서 $f(x)=t$라 하면
　방정식 $f(t)=0$에서 $t=-7$ 또는 $t=3$이므로
　$f(x)=-7$ 또는 $f(x)=3$
　방정식 $f(x)=-7$의 두 근의 합이 $2\times(-2)=-4$이고,
　마찬가지로 방정식 $f(x)=3$의 두 근의 합이 -4이다.
　따라서 방정식 $(f\circ f)(x)=0$의 모든 실근의 합은
　$(-4)+(-4)=-8$이다. (참)
따라서 옳은 것은 ㄱ, ㄷ이다.

> **참고**
>
> 주어진 그래프에서 함수 $f(x)$, $g(x)$의 식을 모두 구할 수 있다.
> $$f(x)=-\frac{6}{25}(x+2)^2+6,\ g(x)=-\frac{1}{3}x+1$$
> 함수식을 통하여 답을 구할 수도 있으나 식을 직접 구하지 않고
> 본풀이와 같이 답을 구하는 것이 훨씬 편리하다.

551 　　답 12

다음 그림과 같이 함수 $y=f(x)$의 그래프와 직선 $y=x$의 교점의
x좌표를 각각 a, b, c, d $(a<b<c<d)$라 하자.

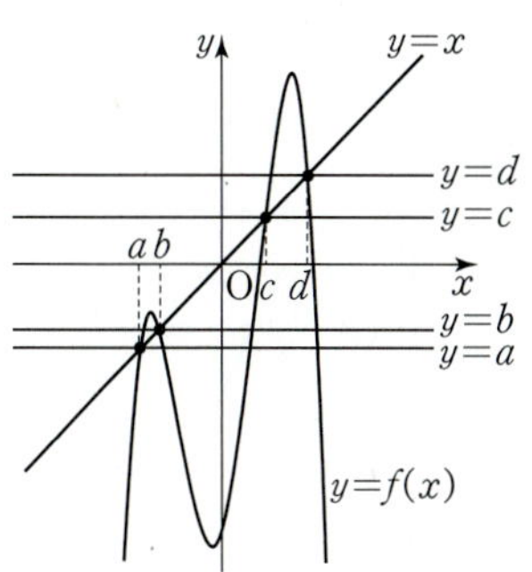

$(f \circ f)(x)=f(f(x))=f(x)$에서 $f(x)=k$라 하면
방정식 $f(k)=k$에서 $k=a$ 또는 $k=b$ 또는 $k=c$ 또는 $k=d$이므로
$f(x)=a$ 또는 $f(x)=b$ 또는 $f(x)=c$ 또는 $f(x)=d$이다.

(i) $f(x)=a$인 경우
　함수 $y=f(x)$의 그래프와 직선 $y=a$가 만나는 점의 개수가
　4이므로 방정식 $f(x)=a$를 만족시키는 서로 다른 x의 값의
　개수는 4이다.

(ii) $f(x)=b$인 경우
　함수 $y=f(x)$의 그래프와 직선 $y=b$가 만나는 점의 개수가
　4이므로 방정식 $f(x)=b$를 만족시키는 서로 다른 x의 값의
　개수는 4이다.

(iii) $f(x)=c$인 경우
　함수 $y=f(x)$의 그래프와 직선 $y=c$가 만나는 점의 개수가
　2이므로 방정식 $f(x)=c$를 만족시키는 서로 다른 x의 값의
　개수는 2이다.

(iv) $f(x)=d$인 경우
　함수 $y=f(x)$의 그래프와 직선 $y=d$가 만나는 점의 개수가
　2이므로 방정식 $f(x)=d$를 만족시키는 서로 다른 x의 값의
　개수는 2이다.

(i)~(iv)에서 방정식 $(f \circ f)(x)=f(x)$를 만족시키는 서로 다른
x의 값의 개수는 $4+4+2+2=12$이므로 $n(X)=12$

552 　　　　　　　　　　　　　　　　　　　　　 답 ②

주어진 함수 $f(x)$는
$$f(x)=\begin{cases} x+2 & (0 \le x < 2) \\ -2x+8 & (2 \le x \le 4) \end{cases}$$이다.
방정식 $f(f(x))=5-f(x)$에서 $f(x)=t$라 하면
방정식 $f(t)=5-t$에서

$0 \le t < 2$일 때, $t+2=5-t$이므로 $t=\dfrac{3}{2}$

$2 \le t \le 4$일 때, $-2t+8=5-t$이므로 $t=3$

즉, $t=\dfrac{3}{2}$ 또는 $t=3$이므로 $f(x)=\dfrac{3}{2}$ 또는 $f(x)=3$이다.

(i) $f(x)=\dfrac{3}{2}$일 때

　$2 \le x \le 4$일 때, $-2x+8=\dfrac{3}{2}$에서 $x=\dfrac{13}{4}$

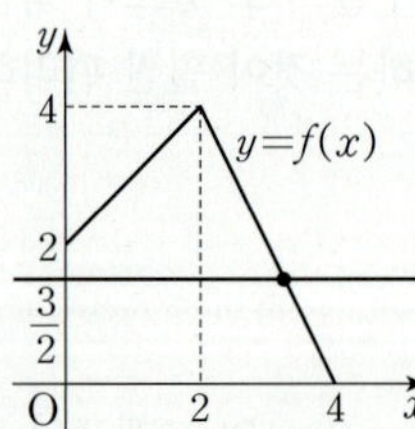

(ii) $f(x)=3$일 때
　$0 \le x < 2$일 때, $x+2=3$에서 $x=1$

　$2 \le x \le 4$일 때, $-2x+8=3$에서 $x=\dfrac{5}{2}$

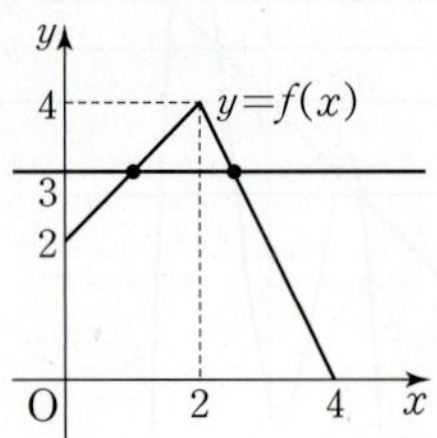

(i), (ii)에서 구하는 서로 다른 실근의 합은

$$\dfrac{13}{4}+1+\dfrac{5}{2}=\dfrac{27}{4}$$

553 　　　　　　　　　　　　　　　　　　　　　 답 ④

$(g \circ f)(x) \le 0$을 만족시키는 실수 x가 존재하지 않으므로
모든 실수 x에 대하여 $(g \circ f) > 0$이다.
$g(x)=x^2-x-2=(x-2)(x+1) > 0$에서
$x < -1$ 또는 $x > 2$이므로
모든 실수 x에 대하여 $g(f(x)) > 0$이려면
모든 실수 x에 대하여 $f(x) < -1$ 또는 $f(x) > 2$이어야 한다.
함수 $f(x)=x^2-2kx+4k-1$에서 이차항의 계수가 양수이므로
모든 실수 x에 대하여 $f(x) > 2$이어야 한다.
$f(x)=x^2-2kx+4k-1=(x-k)^2-k^2+4k-1$에서
함수 $y=f(x)$의 그래프의 꼭짓점의 y좌표는
$-k^2+4k-1$이므로
$-k^2+4k-1 > 2$, $k^2-4k+3 < 0$, $(k-1)(k-3) < 0$
즉, $1 < k < 3$이므로 구하는 정수 k의 값은 2이다.

554 　　　　　　　　　　　　　　　　　　　　　 답 ②

함수 $y=f(x)$의 그래프가 $x=1$일 때를 기준으로 함수식이

바뀌므로 방정식 $g(x)=1$의 두 근 $x=\dfrac{1}{2}$, $x=3$과 $y=g(x)$의

함수식이 바뀌는 $x=1$, $x=2$, $x=3$을 기준으로 x의 범위를 나누어
함수 $y=(f \circ g)(x)$의 그래프를 그리면 다음과 같다. 　…… **TIP**

(i) $0 \le x < \dfrac{1}{2}$일 때

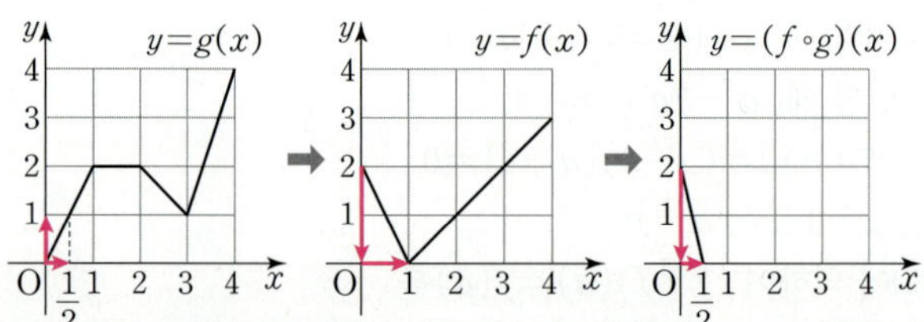

(ii) $\dfrac{1}{2} \le x < 1$일 때

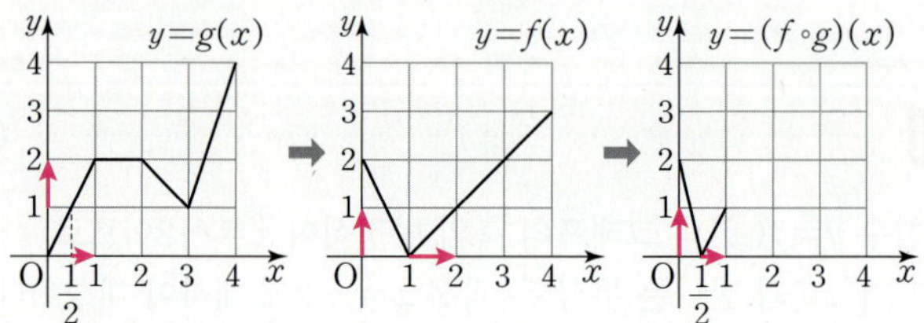

(iii) $1 \le x < 2$일 때

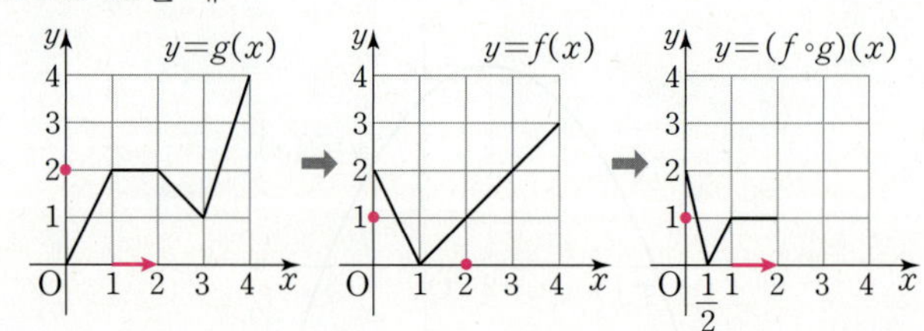

(iv) $2\leq x<3$일 때

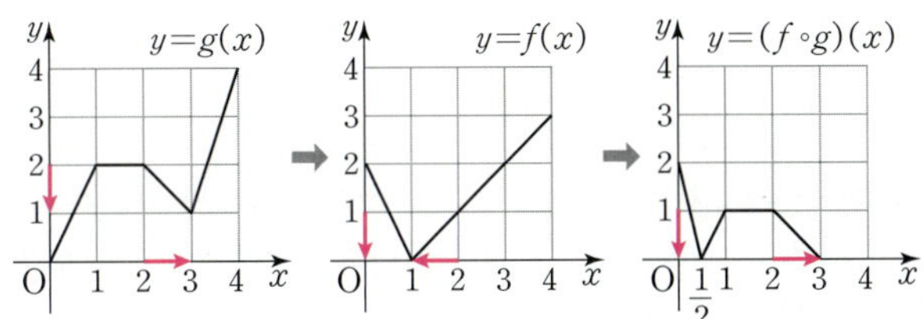

(v) $3\leq x\leq4$일 때

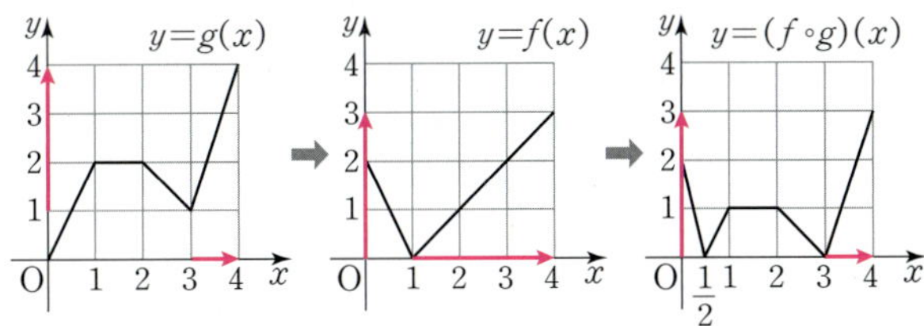

(ⅰ)~(ⅴ)에 의하여 함수 $y=(f\circ g)(x)$의 그래프는 다음 그림과 같다.

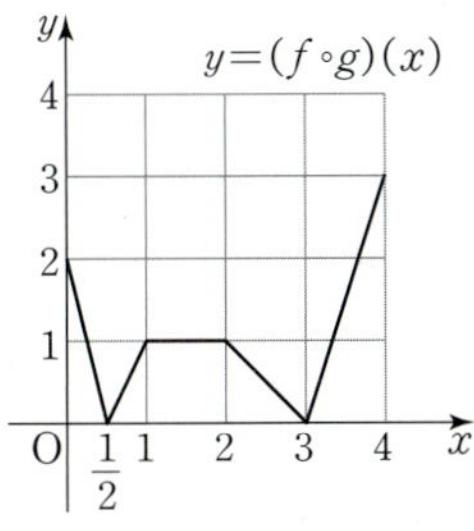

따라서 함수 $y=(f\circ g)(x)$의 그래프와 x축, y축 및 직선 $x=4$로 둘러싸인 도형의 넓이는

$$\frac{1}{2}+\frac{1}{4}+1+\frac{1}{2}+\frac{3}{2}$$

$$=\frac{15}{4}$$

TIP

합성함수의 그래프 그리기

다음 그림과 같이 두 함수 $y=f(x)$와 $y=g(x)$의 그래프가 주어졌을 때, 합성함수 $y=(g\circ f)(x)$의 그래프는 다음과 같은 방법으로 빨리 그릴 수 있다.

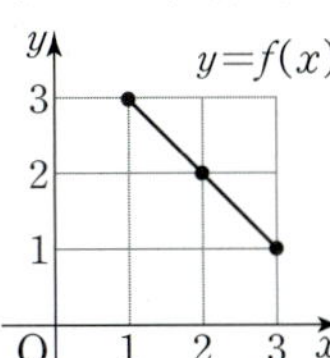 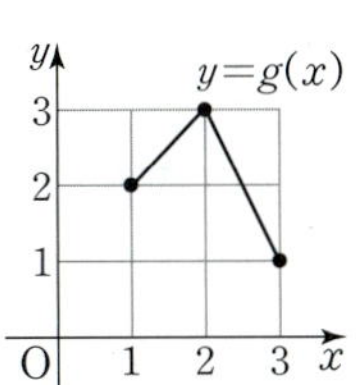

❶ $y=g(x)$의 식이 바뀌는 지점이 $x=2$이므로 방정식 $f(x)=2$의 해인 $x=2$를 기준으로 x의 값의 범위를 나눈다.

❷ $y=f(x)$에서 x의 값이 1에서 2로 커짐에 따라 y의 값이 3에서 2로 작아짐을 [그림 1]과 같이 화살표로 표시한다.

❸ f의 치역이 g의 정의역이 되므로, $y=g(x)$에서 x의 값이 3에서 2로 작아짐에 따라 g의 함숫값 y가 1에서 3으로 커짐을 [그림 2]와 같이 화살표로 나타낸다.

❹ 합성함수 $(g\circ f)(x)$의 정의역은 $f(x)$의 정의역과 같고, 치역은 $g(x)$의 치역과 같음을 고려하여 [그림 3]과 같이 [그림 1]의 x축과 [그림 2]의 y축에 표시해 놓은 화살표를 그리면 $1\leq x\leq2$에서 합성함수 $y=(g\circ f)(x)$의 그래프를 그릴 수 있다.

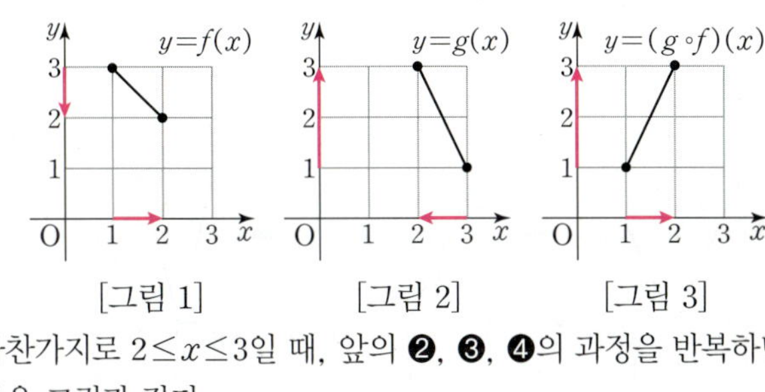

[그림 1]   [그림 2]   [그림 3]

마찬가지로 $2\leq x\leq3$일 때, 앞의 ❷, ❸, ❹의 과정을 반복하면 다음 그림과 같다.

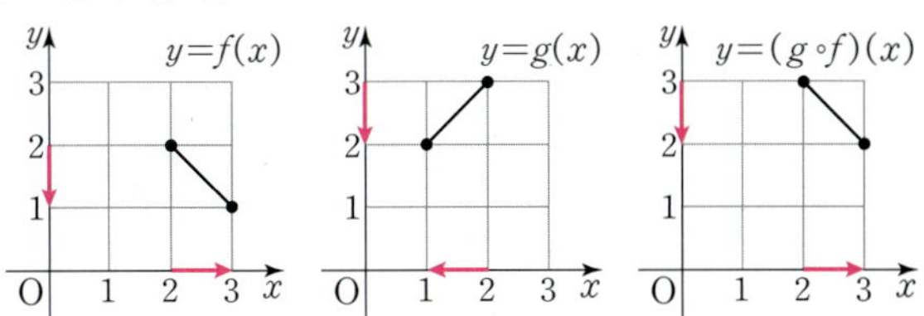

따라서 $1\leq x\leq3$에서 합성함수 $y=(g\circ f)(x)$의 그래프는 다음 그림과 같다.

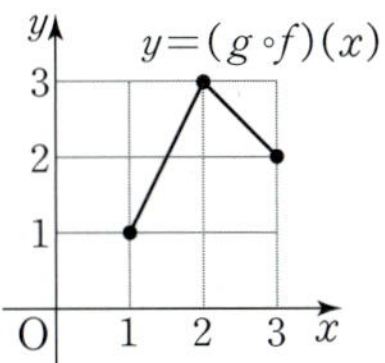

555 답 4

함수 $y=f(x)$의 그래프는 다음 그림과 같다.

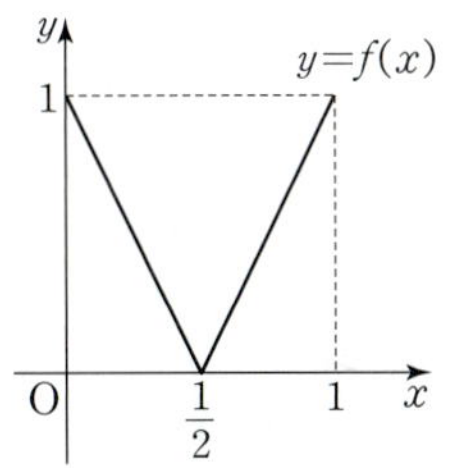

함수 $f(x)$에서 $x=\frac{1}{2}$일 때를 기준으로 함수식이 바뀌므로 방정식 $f(x)=\frac{1}{2}$의 두 근 $x=\frac{1}{4}$, $x=\frac{3}{4}$과 $f(x)$의 함수식이 바뀌는 $x=\frac{1}{2}$을 기준으로 x의 범위를 나누어 함수 $y=(f\circ f)(x)$의 그래프를 그리면 다음과 같다.

(ⅰ) $0\leq x<\frac{1}{4}$일 때

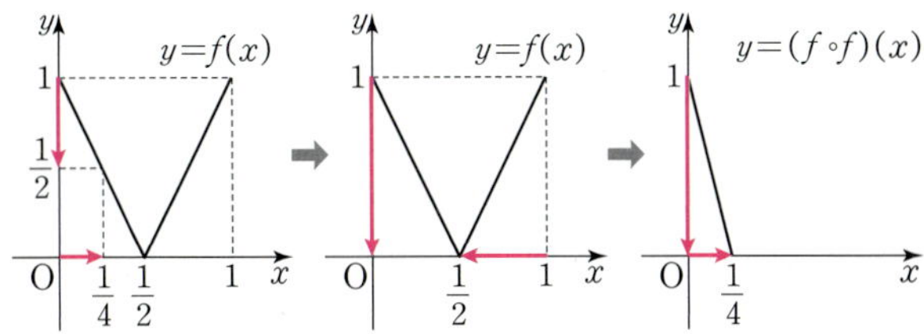

(ⅱ) $\frac{1}{4}\leq x<\frac{1}{2}$일 때

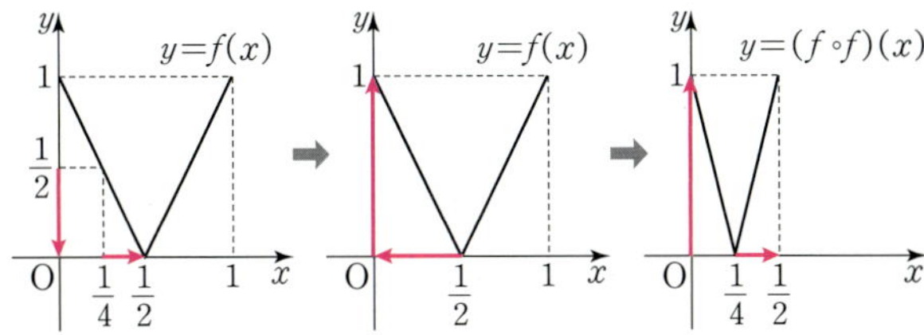

(iii) $\dfrac{1}{2} \leq x < \dfrac{3}{4}$일 때

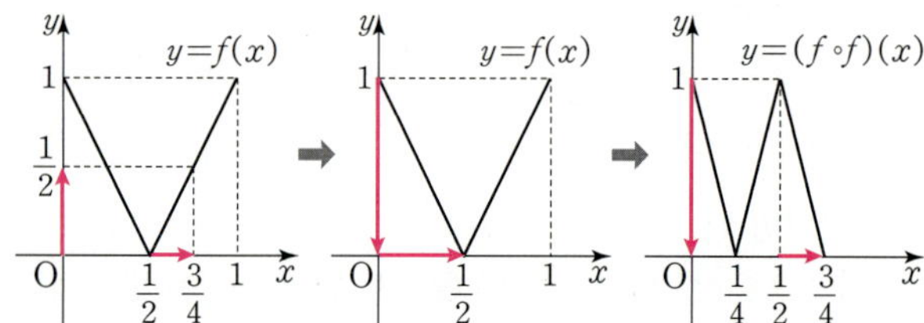

(iv) $\dfrac{3}{4} \leq x \leq 1$일 때

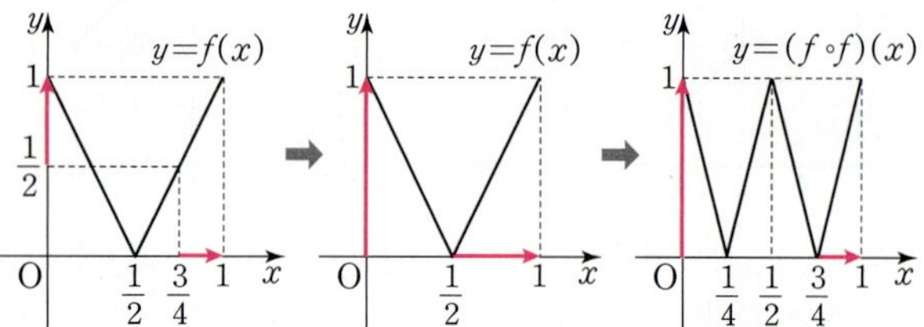

(i)~(iv)에 의하여 함수 $y=(f \circ f)(x)$의 그래프는 다음 그림과
같다.

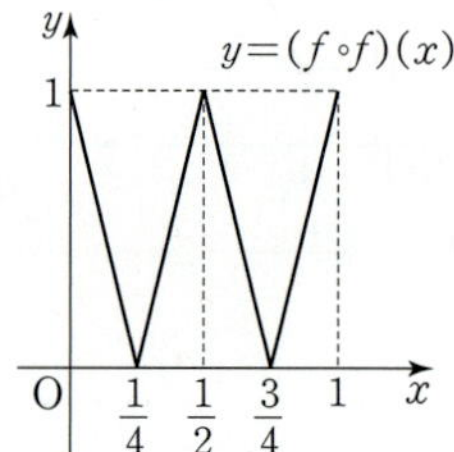

마찬가지 방법으로 함수 $y=(f \circ f \circ f)(x)$의 그래프는 다음 그림과
같다.

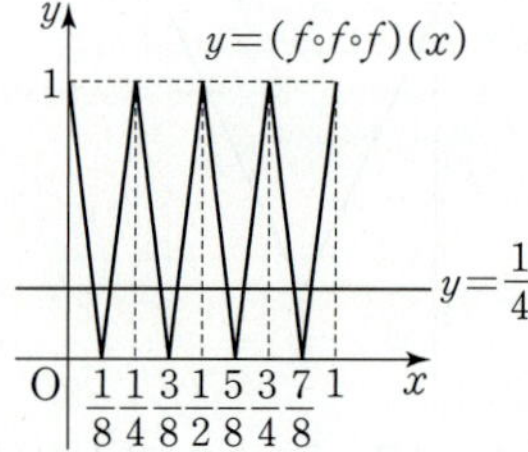

방정식 $h(x)=\dfrac{1}{4}$을 만족시키는 x의 값은 함수 $y=h(x)$의 그래프와

직선 $y=\dfrac{1}{4}$의 교점의 x좌표이고, 함수 $y=h(x)$의 그래프가

직선 $x=\dfrac{1}{2}$에 대하여 대칭이므로 구하는 모든 x의 값의 합은

$8 \times \dfrac{1}{2}=4$이다.

556   답 11

방정식 $2\{h(x)\}^3-11\{h(x)\}^2+19h(x)-10=0$에서
$\{h(x)-1\}\{h(x)-2\}\{2h(x)-5\}=0$이므로

$h(x)=1$ 또는 $h(x)=2$ 또는 $h(x)=\dfrac{5}{2}$이다.

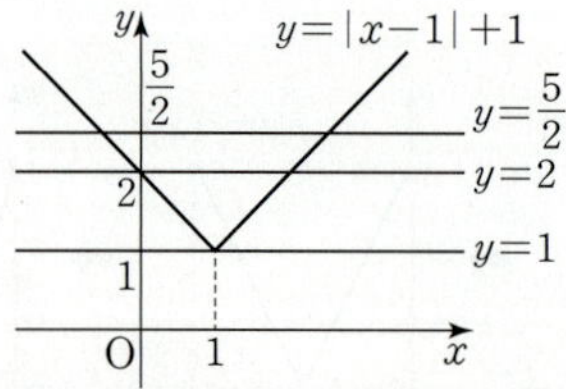

함수 $g(x)=|x-1|+1$의 그래프가 위의 그림과 같으므로

$h(x)=g(f(x))=1$일 때, $f(x)=1$ …… ㉠
$h(x)=g(f(x))=2$일 때, $f(x)=0$ 또는 $f(x)=2$ …… ㉡
$h(x)=g(f(x))=\dfrac{5}{2}$일 때, $f(x)=-\dfrac{1}{2}$ 또는 $f(x)=\dfrac{5}{2}$ …… ㉢

한편, $f(x)=2-|x^2-2|$에 대하여 함수 $y=f(x)$의 그래프는
$y=|x^2-2|$의 그래프를 x축에 대하여 대칭이동한 후 y축의 방향으로
2만큼 평행이동한 것이므로 다음 그림과 같다.

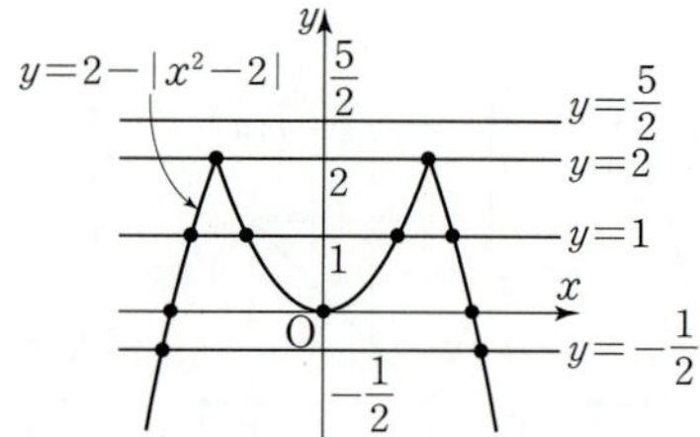

㉠에서 방정식 $f(x)=1$의 서로 다른 실근의 개수는 4,

㉡에서 방정식 $f(x)=0$의 서로 다른 실근의 개수는 3,

㉡에서 방정식 $f(x)=2$의 서로 다른 실근의 개수는 2,

㉢에서 방정식 $f(x)=-\dfrac{1}{2}$의 서로 다른 실근의 개수는 2,

㉢에서 방정식 $f(x)=\dfrac{5}{2}$의 서로 다른 실근의 개수는 0

따라서 구하는 서로 다른 실근의 개수는 $4+3+2+2=11$이다.

다른 풀이

방정식 $2\{h(x)\}^3-11\{h(x)\}^2+19h(x)-10=0$에서
$\{h(x)-1\}\{h(x)-2\}\{2h(x)-5\}=0$이므로

$h(x)=1$ 또는 $h(x)=2$ 또는 $h(x)=\dfrac{5}{2}$이다.

$h(x)=g(f(x))$
$\quad=|2-|x^2-2|-1|+1$
$\quad=||x^2-2|-1|+1$

(i) $-\sqrt{2} \leq x \leq \sqrt{2}$일 때
$\quad h(x)=|(-x^2+2)-1|+1=|x^2-1|+1$

(ii) $x<-\sqrt{2}$ 또는 $x>\sqrt{2}$일 때
$\quad h(x)=|x^2-3|+1$

(i), (ii)에서 함수 $y=h(x)$의 그래프는 다음 그림과 같다.

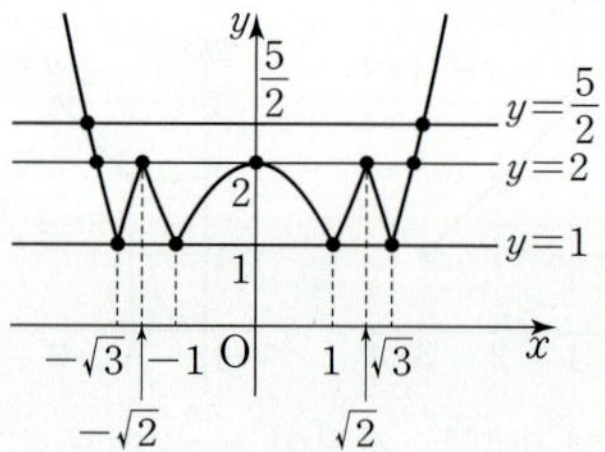

따라서 방정식 $h(x)=1$의 서로 다른 실근의 개수는 4,

방정식 $h(x)=2$의 서로 다른 실근의 개수는 5,

방정식 $h(x)=\dfrac{5}{2}$의 서로 다른 실근의 개수는 2이므로

구하는 서로 다른 실근의 개수는 $4+5+2=11$이다.

557   답 풀이 참조

$f^{-1}(4)=-5$에서 $f(-5)=4$이다.

$f(3x-2)=2x+a$에서   …… ㉠

$3x-2=-5$일 때 $x=-1$이므로 ㉠에 $x=-1$을 대입하면
$f(-5)=-2+a=4$에서 $a=6$이다.

따라서 $f(3x-2)=2x+6$ …… ㉡
$3x-2=10$일 때 $x=4$이므로 ㉡에 $x=4$를 대입하면
$f(10)=14$이다.
$f^{-1}(10)=k$라 하면 $f(k)=10$이고,
㉡에서 $2x+6=10$일 때 $x=2$이므로 ㉡에 $x=2$를 대입하면
$f(4)=10$에서 $f^{-1}(10)=4$이다.
$\therefore f(10)+f^{-1}(10)=14+4=18$

채점 요소	배점
a의 값 구하기	40%
$f(10)+f^{-1}(10)$의 값 구하기	60%

558   탑 ⑤

$h^{-1}(2)=k$라 하면 $h(k)=2$이다.   …… 참고
$f(1-x)=h(x)$에서 $x=k$를 대입하면
$f(1-k)=h(k)=2$ …… ㉠
이때 $f^{-1}(2)=-3$에서 $f(-3)=2$ …… ㉡
역함수를 가지는 함수 f는 일대일대응이므로
㉠, ㉡에서 $1-k=-3$, $k=4$, 즉 $h(4)=2$
$\therefore h^{-1}(2)=4$

다른 풀이

$y=f(1-x)$에서 x에 대하여 정리하면
$1-x=f^{-1}(y)$, $x=1-f^{-1}(y)$
x와 y를 서로 바꾸면 $y=1-f^{-1}(x)$이므로
$h(x)=f(1-x)$의 역함수는
$h^{-1}(x)=1-f^{-1}(x)$이다.
$\therefore h^{-1}(2)=1-f^{-1}(2)$
$\qquad\quad =1-(-3)=4$

> **참고**
>
> 함수 $f(x)$의 역함수가 존재하고 모든 실수 x에 대하여
> $f(1-x)=h(x)$가 성립하므로 함수 $h(x)$의 역함수도
> 존재한다.

559   탑 풀이 참조

함수 $y=f(x)$의 역함수가 $y=g(x)$이므로 $g(x)=f^{-1}(x)$이다.
함수 $f(2x-5)$의 역함수를 구하면 다음과 같다.
$y=f(2x-5)$를 x에 대하여 풀면
$2x-5=f^{-1}(y)$, $x=\dfrac{1}{2}f^{-1}(y)+\dfrac{5}{2}$
x와 y를 서로 바꾸면
$y=\dfrac{1}{2}f^{-1}(x)+\dfrac{5}{2}$, $y=\dfrac{1}{2}g(x)+\dfrac{5}{2}$
따라서 $f(2x-5)$의 역함수는 $\dfrac{1}{2}g(x)+\dfrac{5}{2}$이다.

채점 요소	배점
$y=f(2x-5)$를 x에 대하여 풀기	70%
함수 $f(2x-5)$의 역함수를 $g(x)$를 이용하여 나타내기	30%

다른 풀이

$h(x)=2x-5$라 하면   …… ㉠
$f(2x-5)=(f \circ h)(x)$이므로
$f(2x-5)$의 역함수는 $(f \circ h)^{-1}(x)$이다.
㉠에서 $h^{-1}(x)=\dfrac{1}{2}x+\dfrac{5}{2}$이고,
$f^{-1}(x)=g(x)$이므로
$(f \circ h)^{-1}(x)=(h^{-1} \circ f^{-1})(x)=(h^{-1} \circ g)(x)$
$\qquad\qquad\qquad =h^{-1}(g(x))=\dfrac{1}{2}g(x)+\dfrac{5}{2}$
따라서 $f(2x-5)$의 역함수는 $\dfrac{1}{2}g(x)+\dfrac{5}{2}$이다.

560   탑 3

조건 ㉮에서 $g^{-1}(f(2x-1))=5x-3$이므로
$g(g^{-1}(f(2x-1)))=g(5x-3)$
$f(2x-1)=g(5x-3)$
양변에 $x=2$를 대입하면
$f(3)=g(7)=4 \;(\because ㉯)$
$\therefore f^{-1}(4)=3$

다른 풀이

조건 ㉯에 의하여 $g^{-1}(4)=7$이다.   …… ㉠
조건 ㉮에서 $g^{-1}(f(2x-1))=5x-3$ …… ㉡
$5x-3=7$일 때 $x=2$이므로 ㉡에 $x=2$를 대입하면
$g^{-1}(f(3))=7$이다.   …… ㉢
함수 g^{-1}가 일대일대응이므로 ㉠, ㉢에서 $f(3)=4$이다.
$\therefore f^{-1}(4)=3$

561   탑 ③

함수 $y=f(x)$의 그래프는 다음 그림과 같다.

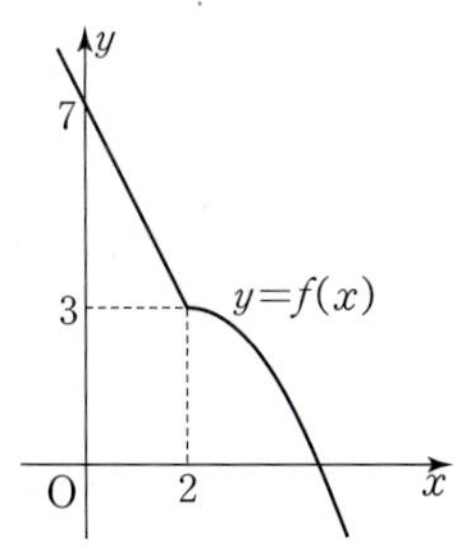

함수 $f(x)$가 일대일대응이므로 임의의 실수 x에 대하여
$(f \circ g)(x)=x$일 때, $g(x)=f^{-1}(x)$이다.
$(g \circ g \circ g)(5)=g(g(g(5)))$ …… ㉠
$g(5)=a$라 하면 $f(a)=5$, $a<2$이므로
$-2a+7=5$에서 $a=1$
㉠에서 $g(g(g(5)))=g(g(1))$ …… ㉡
$g(1)=b$라 하면 $f(b)=1$, $b>2$이므로
$-\dfrac{1}{2}(b-2)^2+3=1$에서 $(b-2)^2=4$, $b=4 \;(\because b>2)$
㉡에서 $g(g(1))=g(4)$
$g(4)=c$라 하면 $f(c)=4$, $c<2$이므로

$$-2c+7=4, \quad c=\frac{3}{2}$$

$$\therefore \ (g \circ g \circ g)(5)=g(g(g(5)))=g(g(1))=g(4)=\frac{3}{2}$$

562 　　　　　　　　　　　　　　　　　　　　　　　답 ②

$f(1)=3$이고, 함수 f가 일대일대응이므로
$f(2)=1$, $f(3)=2$ 또는 $f(2)=2$, $f(3)=1$이다.
(i) $f(2)=1$, $f(3)=2$일 때
　　$f(1)=3$, $f^2(1)=2$, $f^3(1)=1$
　　$f(2)=1$, $f^2(2)=3$, $f^3(2)=2$
　　$f(3)=2$, $f^2(3)=1$, $f^3(3)=3$
　　이므로 $f^3=I$가 성립한다.
(ii) $f(2)=2$, $f(3)=1$일 때
　　$f(1)=3$, $f^2(1)=1$, $f^3(1)=3$
　　이므로 $f^3 \neq I$가 되어 성립하지 않는다.
(i), (ii)에서 $f(1)=3$, $f(2)=1$, $f(3)=2$이므로
$g(1)=2$, $g(2)=3$, $g(3)=1$이고, $f^3=I$에서 $g^3=(f^{-1})^3=I$이다.
따라서 $g^{10}=g^{3\times3+1}=g$, $g^{11}=g^{3\times3+2}=g^2$이므로
$$g^{10}(2)+g^{11}(3)=g(2)+g(g(3))$$
$$=3+g(1)=3+2=5$$

563 　　　　　　　　　　　　　　　　　　　　　　　답 ③

$(f^{-1} \circ f^{-1})(3)=3$에서 $(f \circ f)^{-1}(3)=3$이므로
$(f \circ f)(3)=3$이다.
따라서 $(f \circ f)(2)=1$, $(f \circ f)(3)=3$을 만족시켜야 하므로 $f(2)$의
값에 따라 경우를 나누어 생각해 보자.
(i) $f(2)=1$인 경우
　　$(f \circ f)(2)=f(f(2))=f(1)=1$에서
　　$f(2)=1$, $f(1)=1$이 되어 f는 일대일대응이 아니므로
　　성립하지 않는다.
(ii) $f(2)=2$인 경우
　　$(f \circ f)(2)=f(f(2))=f(2)=2 \neq 1$이므로
　　성립하지 않는다.
(iii) $f(2)=3$인 경우
　　$(f \circ f)(2)=f(f(2))=f(3)=1$이고,
　　$(f \circ f)(3)=f(f(3))=f(1)=3$에서
　　$f(2)=3$, $f(1)=3$이 되어 f는 일대일대응이 아니므로
　　성립하지 않는다.
(iv) $f(2)=4$인 경우
　　$(f \circ f)(2)=f(f(2))=f(4)=1$이다.
　　이때 $f(3)=2$이면 $(f \circ f)(3)=f(f(3))=f(2)=4$이므로
　　$(f \circ f)(3)=3$이려면 $f(3)=3$이어야 한다.
　　따라서 함수 f는 다음 그림과 같다.

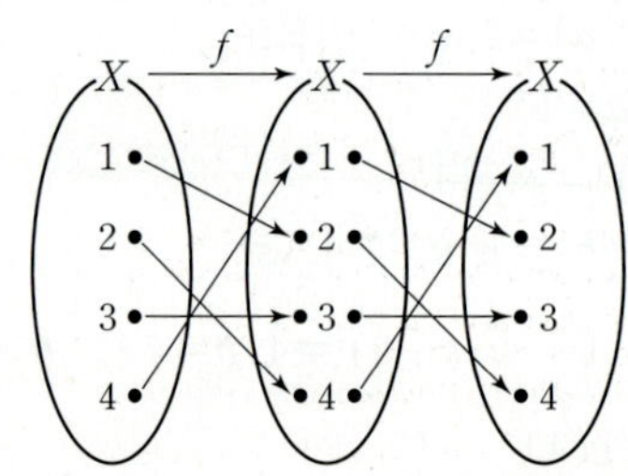

(i)~(iv)에서 조건을 만족시키는 함수 f는 (iv)와 같으므로

$$f(1)=2, \quad f^{-1}(4)=2$$

$$\therefore \ 2f(1)+f^{-1}(4)=2\times2+2=6$$

564 　　　　　　　　　　　　　　　　　　　　답 ㄱ, ㄹ, ㅁ

ㄱ. 일대일대응이면 일대일함수이므로 함수 f가 일대일함수인 것은
　　함수 f가 일대일대응이기 위한 필요조건이다. (참)
ㄴ. 함수 $f : X \longrightarrow Y$의 역함수가 존재할 때,
　　함수 $f \circ f^{-1}$는 Y에서 Y로의 항등함수이고,
　　함수 $f^{-1} \circ f$는 X에서 X로의 항등함수이다.
　　이때 $X \neq Y$이면 $f \circ f^{-1} \neq f^{-1} \circ f$이다. (거짓)
ㄷ. 두 함수 $f : X \longrightarrow Y$, $g : Y \longrightarrow Z$에 대하여
　　함수 $f \circ g : Y \longrightarrow Y$가 정의되기 위한 필요충분조건은
　　$g(Y) \subset X$이다. (거짓)
ㄹ. 두 함수 $f : X \longrightarrow Y$, $g : Z \longrightarrow W$에 대하여
　　$Y \subset Z$일 때, 합성함수 $g \circ f : X \longrightarrow W$가 정의되고, 함수 $g \circ f$의
　　정의역은 함수 f의 정의역과 같다. (참)
ㅁ. 두 함수 $f : X \longrightarrow Y$, $g : Y \longrightarrow Z$에 대하여
　　$g \circ f : X \longrightarrow Z$가 항상 정의된다.
　　두 함수 f, g의 역함수가 모두 존재하면 두 함수 f, g는 모두
　　일대일대응이므로 $x_1, x_2 \in X$인 임의의 x_1, x_2에 대하여
　　$g(f(x_1))=g(f(x_2))$이면 $f(x_1)=f(x_2)$, $x_1=x_2$이다.
　　즉, 함수 $g \circ f$도 일대일대응이므로
　　함수 $g \circ f$의 역함수가 존재한다. (참)
따라서 옳은 것은 ㄱ, ㄹ, ㅁ이다.

565 　　　　　　　　　　　　　　　　　　　　　답 $\dfrac{9}{2}$

$f^{-1}(g(1-x))=2x+1$에서
$g(1-x)=f(2x+1)$
$1-x=t$라 하면 $x=1-t$이므로
$g(t)=f(2(1-t)+1)=f(-2t+3)$
　　　$=3(-2t+3)-2=-6t+7$
이때 두 함수 $y=3x-2$, $y=-6x+7$의 그래프와 y축으로
둘러싸인 부분은 다음 그림과 같다.

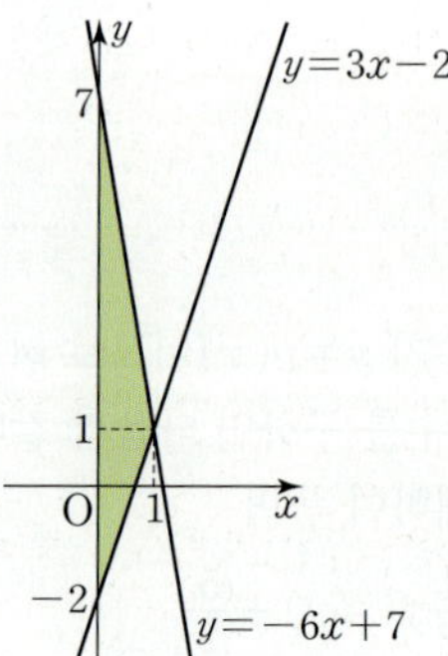

따라서 구하는 넓이는
$$\frac{1}{2} \times \{7-(-2)\} \times 1=\frac{9}{2}$$

566 　　　　　　　　　　　　　　　　　　　　　　　답 ②

$f(4x-3-2g(x))=x$에서 $f^{-1}(x)=4x-3-2g(x)$이고,
$f^{-1}(x)=g(x)$이므로 $3g(x)=4x-3$

$$\therefore g(x)=\frac{4}{3}x-1 \qquad \cdots\cdots \text{참고}$$

방정식 $f(x)g(x)=0$에서 $f(x)=0$ 또는 $g(x)=0$

(i) 방정식 $f(x)=0$의 실근을 α라 하면
   $f(\alpha)=0$이므로 $g(0)=\alpha$에서 $\alpha=-1$

(ii) 방정식 $g(x)=\frac{4}{3}x-1=0$의 실근은 $x=\frac{3}{4}$

따라서 구하는 모든 실근의 합은

$$(-1)+\frac{3}{4}=-\frac{1}{4}$$

참고

함수 $f(x)$는 $g(x)=\frac{4}{3}x-1$의 역함수이므로

$$f(x)=\frac{3}{4}(x+1)\text{이다.}$$

567   답 15

$$g(x)=(x-6)(|x-3|-3)$$
$$=\begin{cases} -x(x-6) & (x<3) \\ (x-6)^2 & (x\geq 3) \end{cases}$$

이므로 함수 $y=g(x)$의 그래프는 다음 그림과 같다.

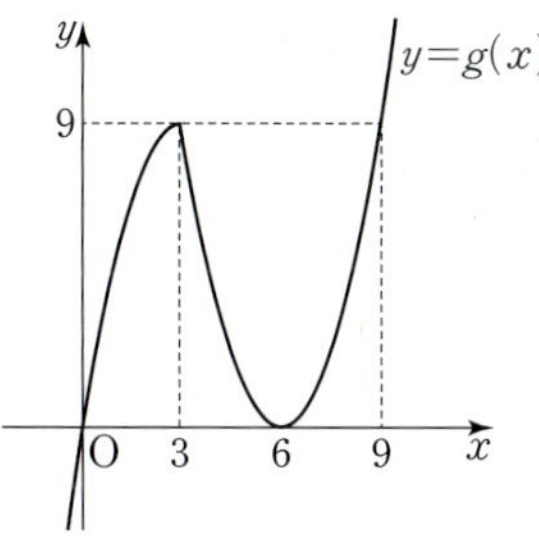

함수 $g(x)$의 역함수가 존재하려면 일대일대응이어야 하므로
$a=0,\ b=3$ 또는 $a=3,\ b=6$ 또는 $a=6,\ b=9$
따라서 $a+b$의 최댓값은 15이다.

568   답 -6

$x\geq 2$일 때 함수 $y=x^2-4x+k=(x-2)^2+k-4$의 그래프의
개형은 다음 그림과 같다.

함수의 그래프가 x의 값이 커질 때 y의 값도 커지는 형태이므로
함수의 그래프가 역함수의 그래프와 만나는 교점은 직선 $y=x$와의
교점과 같다.
따라서 점 P가 직선 $y=x$ 위에 존재하므로
$\overline{\text{OP}}=6\sqrt{2}$일 때, $\text{P}(6,6)$이다. $\qquad \cdots\cdots$ **TIP**

함수 $y=x^2-4x+k\ (x\geq 2)$의 그래프와 직선 $y=x$의 교점의
x좌표는 방정식 $x^2-4x+k=x$, 즉 $x^2-5x+k=0$의 해이므로
$x=6$이 방정식 $x^2-5x+k=0$의 해이다.
$36-30+k=0$
$\therefore k=-6$

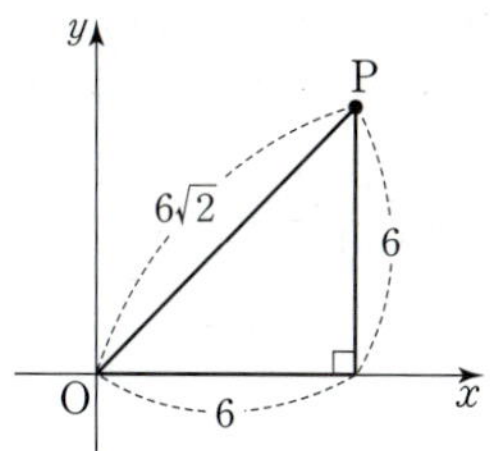

569   답 ②

방정식 $\{f^{-1}(3x+1)\}^2=f^{-1}(3x+1)f(3x+1)$에서
$f^{-1}(3x+1)\{f^{-1}(3x+1)-f(3x+1)\}=0$이므로
$f^{-1}(3x+1)=0$ 또는 $f^{-1}(3x+1)=f(3x+1)$이다.

(i) $f^{-1}(3x+1)=0$에서 $f(0)=3x+1$이고,
   주어진 그래프에서 $f(0)=2$이므로
   $$3x+1=2\text{에서 }x=\frac{1}{3}$$

(ii) $f^{-1}(3x+1)=f(3x+1)$에서
   $3x+1=t$라 하면 $f^{-1}(t)=f(t)$이다.
   함수 $y=f(x)$의 그래프가 x의 값이 커질 때 y의 값도 커지는
   형태이므로 함수 $y=f(x)$의 그래프가 역함수 $y=f^{-1}(x)$의
   그래프와 만나는 교점은 직선 $y=x$와의 교점과 같으므로 방정식
   $f^{-1}(t)=f(t)$의 해는 방정식 $f(t)=t$의 해와 같다.
   주어진 그래프에서 $f(-2)=-2$, $f(5)=5$이고, 함수 $y=f(x)$의
   그래프는 직선 $y=x$와 두 점에서 만나므로
   방정식 $f(t)=t$의 해는 $t=-2$ 또는 $t=5$이다.
   $3x+1=-2$에서 $x=-1$
   $$3x+1=5\text{에서 }x=\frac{4}{3}$$

(i), (ii)에서 구하는 모든 실근의 합은

$$\frac{1}{3}+(-1)+\frac{4}{3}=\frac{2}{3}$$

570   답 ①

함수 $y=f(x)$의 그래프는 다음 그림과 같다.

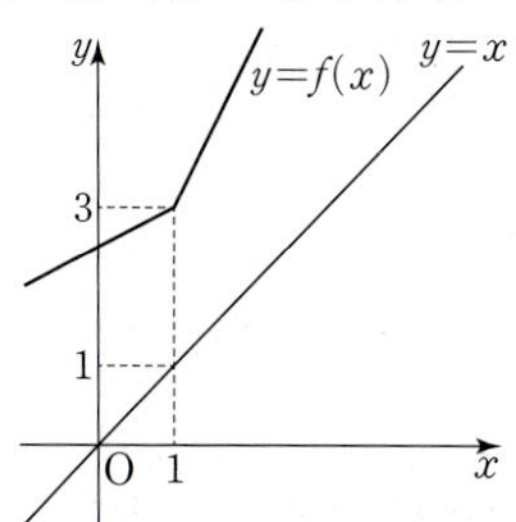

즉, 함수 $y=f(x)$는 x의 값이 커지면 y의 값도 커진다.
마찬가지로 함수 $g(x)=f^{-1}(x-t)-t$도 x의 값이 커지면 y의
값도 커진다.
따라서 방정식 $(g \circ g)(x)=x$, 즉 $g(x)=g^{-1}(x)$의 실근이
존재하려면
방정식 $g(x)=x$의 실근이 존재해야 한다.

$f^{-1}(x-t)-t=x$에서 $x-t=f(x+t)$이고
$x+t=p$라 하면 $x-t=p-2t$이므로
방정식 $x-t=f(x+t)$의 실근이 존재하려면
방정식 $f(p)=p-2t$의 실근이 존재해야 한다.
$h(p)=p-2t$라 할 때, $h(1)\geq 3$이어야 하므로
$1-2t\geq 3$에서 $t\leq -1$이다.
따라서 실수 t의 최댓값은 -1이다.

571   답 ⑤

조건 ㈎에서 함수 f는 일대일대응이고
조건 ㈏에서 $x=3$을 대입하면
$f(f(3))-f^{-1}(3)=-6$이고
$f^{-1}(3)=7$, $f(f(3))=1$이다.   …… ㉠
즉, $f(7)=3$이다.
조건 ㈏에서 $x=2$를 대입하면
$f(f(2))-f^{-1}(2)=-4$이고 ㉠이므로
$f^{-1}(2)=6$, $f(f(2))=2$이다.   …… ㉡
즉, $f(6)=2$이다.
또한 $f(f(2))=2$에서 $f(2)=6$이다.
조건 ㈏에서 $x=1$을 대입하면
$f(f(1))-f^{-1}(1)=-2$이고 ㉠, ㉡이므로
$f^{-1}(1)=5$, $f(f(1))=3$이다.
즉, $f(5)=1$이다.
또한 $f(f(1))=3$에서 $f(1)=7$ $(\because f(7)=3)$이고
$f(f(3))=1$에서 $f(3)=5$ $(\because f(5)=1)$이다.
따라서 $f(1)=7$, $f(2)=6$, $f(3)=5$, $f(5)=1$, $f(6)=2$,
$f(7)=3$이고 함수 f가 일대일대응이므로 $f(4)=4$이다.
$\therefore f(1)+2f^{-1}(4)+3f(4)=7+2\times 4+3\times 4=27$

572   답 4

함수 $f(x)$에 대하여 역함수 $f^{-1}(x)$가 존재하므로
함수 $f(x)$는 일대일대응이다.
$\{x\,|\,f(x)=f^{-1}(x)\}=\{2,\ \alpha,\ \alpha+6\}$이므로 함수 $y=f(x)$의
그래프와 역함수 $y=f^{-1}(x)$의 그래프의 교점의 개수가 3이고,
교점의 x좌표는 각각 2, α, $\alpha+6$이다.
$f(x)=x^2-4x+6$ $(x<2)$에서 $x^2-4x+6=(x-2)^2+2$이므로
함수 $y=f(x)$는 $x<2$에서 x의 값이 커지면 y의 값은 작아진다.
     …… ㉠
따라서 $f(x)=k(x-2)+2$ $(x\geq 2)$에서 k의 값은 음수이다.
$f(2)=2$이므로 함수 $y=f(x)$의 그래프와 직선 $y=x$의 교점은
$(2,\ 2)$이고
$\alpha<2$ …… ㉡

$f(\alpha)=f^{-1}(\alpha)=\beta$라 하면 ㉠, ㉡에 의하여 $\beta>2$이다.   …… ㉢
$f(\alpha)=\beta$에서 $f^{-1}(\beta)=\alpha$
$f^{-1}(\alpha)=\beta$에서 $f(\beta)=\alpha$
즉, $f(\beta)=f^{-1}(\beta)$이므로
$x=\beta$는 방정식 $f(x)=f^{-1}(x)$의 근이다.
㉢에 의하여 $\beta=\alpha+6$
$f(\alpha)=\alpha+6$에서
$\alpha^2-4\alpha+6=\alpha+6$, $\alpha^2-5\alpha=0$, $\alpha(\alpha-5)=0$
$\therefore \alpha=0$ $(\because ㉡)$
$f(\beta)=\alpha$, $f(\alpha+6)=\alpha$, 즉 $f(6)=4k+2=0$이므로
$k=-\dfrac{1}{2}$
$\therefore 16(k^2+\alpha^2)=16\left(\dfrac{1}{4}+0\right)=4$

573   답 36

$\dfrac{1}{2}x-3\geq 0$, 즉 $x\geq 6$일 때
$f(x)=x-3+\left(\dfrac{1}{2}x-3\right)=\dfrac{3}{2}x-6$
$\dfrac{1}{2}x-3<0$, 즉 $x<6$일 때
$f(x)=x-3-\left(\dfrac{1}{2}x-3\right)=\dfrac{1}{2}x$
이므로 함수 $y=f(x)$의 그래프와 그 역함수 $y=g(x)$의 그래프는
다음 그림과 같다.

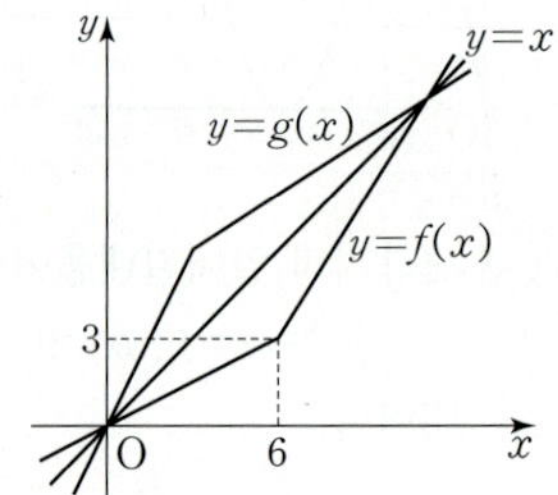

두 함수 $y=f(x)$, $y=g(x)$의 그래프가 만나는 한 교점은 두 직선
$y=\dfrac{1}{2}x$와 $y=x$의 교점인 $(0,\ 0)$이고,
다른 한 교점은 두 직선 $y=\dfrac{3}{2}x-6$과 $y=x$의 교점이므로
$\dfrac{3}{2}x-6=x$에서 $x=12$, 즉 $(12,\ 12)$이다.
두 교점 사이의 거리는 $12\sqrt{2}$이고,
점 $(6,\ 3)$과 직선 $y=x$ 사이의 거리는 $\dfrac{|6-3|}{\sqrt{1^2+(-1)^2}}=\dfrac{3\sqrt{2}}{2}$이므로
직선 $y=x$와 함수 $y=f(x)$의 그래프로 둘러싸인 부분의 넓이는
$\dfrac{1}{2}\times 12\sqrt{2}\times\dfrac{3\sqrt{2}}{2}=18$이다.
따라서 두 함수 $y=f(x)$, $y=g(x)$의 그래프로 둘러싸인 부분의
넓이는 $2\times 18=36$이다.

574   답 32

점 $A(3,\ 1)$이 함수 $y=f(x)$의 그래프 위의 점이므로
$f(3)=1$이고 $f^{-1}(1)=3$이다.

$2f^{-1}(1)+f(1)=1$에 대입하면

$f(1)=1-2f^{-1}(1)=1-2\times3=-5$에서 $f^{-1}(-5)=1$이므로

$B(-5,\ 1)$이다.

이때 두 선분 AC, BD가 직선 $y=x$에 수직이고, 두 함수 $y=f(x)$,

$y=f^{-1}(x)$의 그래프가 직선 $y=x$에 대하여 서로 대칭이므로

두 점 A, B를 직선 $y=x$에 대하여 대칭이동한 점이 각각 C, D이다.

즉, $C(1,\ 3)$, $D(1,\ -5)$이다.

사다리꼴 ACBD에서 $\overline{AC}=2\sqrt{2}$, $\overline{BD}=6\sqrt{2}$이고, 높이는 선분

AC의 중점 $(2,\ 2)$와 선분 BD의 중점 $(-2,\ -2)$ 사이의 거리와

같으므로 $4\sqrt{2}$이다.

따라서 사다리꼴 ACBD의 넓이는

$\dfrac{1}{2}\times(2\sqrt{2}+6\sqrt{2})\times4\sqrt{2}=32$ ...... **TIP**

> **TIP**
>
> 직선 AB가 x축에 평행하고, 두 직선 AB와 CD가 직선 $y=x$에
> 대하여 대칭이므로 직선 CD는 y축에 평행하다.
> 따라서 두 직선 AB, CD가 서로 수직이므로 사각형 ACBD의
> 넓이는 $\dfrac{1}{2}\times\overline{AB}\times\overline{CD}=\dfrac{1}{2}\times8\times8=32$로 구할 수도 있다.
>
> 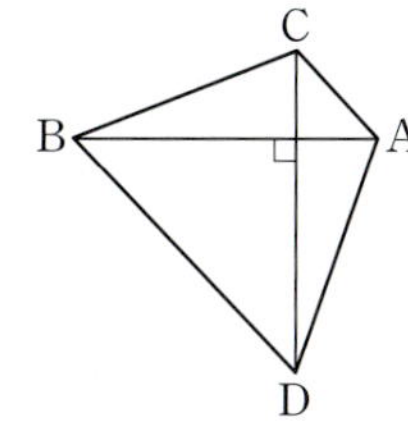

575   답 ⑤

$f(-x)=f(x)$를 만족시키려면

$f(-2)=f(2)$, $f(-1)=f(1)$을 만족시켜야 한다.

$f(-2)=f(2)$, $f(-1)=f(1)$, $f(0)$이 될 수 있는 값이 각각

-2, -1, 0, 1, 2로 5개씩이므로 조건을 만족시키는 함수 f의

개수는 $5\times5\times5=125$이다.

576   답 148

X에서 X로의 모든 함수의 개수는 4^4이므로

구하는 함수의 개수는 4^4에서

$\{f(1)-3\}\{f(2)-2\}\{f(3)-2\}\neq0$을 만족시키는 함수 f의

개수를 빼주면 된다.

$f(1)\neq3$, $f(2)\neq2$, $f(3)\neq2$일 때,

$f(1)$로 가능한 값은 1, 2, 4 중 하나이므로 3가지,

$f(2)$로 가능한 값은 1, 3, 4 중 하나이므로 3가지,

$f(3)$으로 가능한 값은 1, 3, 4 중 하나이므로 3가지,

$f(4)$로 가능한 값은 4가지이므로

함수의 개수는 4×3^3이다.

따라서 구하는 함수의 개수는

$4^4-4\times3^3=4(4^3-3^3)=4\times37=148$

$\{f(1)-3\}\{f(2)-2\}\{f(3)-2\}=0$을 만족시키려면

$f(1)=3$ 또는 $f(2)=2$ 또는 $f(3)=2$를 만족시켜야 한다.

$f(1)=3$을 만족시키는 함수의 집합을 A,

$f(2)=2$를 만족시키는 함수의 집합을 B,

$f(3)=2$를 만족시키는 함수의 집합을 C라 하면

구하는 함수 f의 개수는 $n(A\cup B\cup C)$이다.

$n(A)=n(B)=n(C)=4^3$

$n(A\cap B)=n(B\cap C)=n(C\cap A)=4^2$

$n(A\cap B\cap C)=4$이므로

$n(A\cup B\cup C)$

$=n(A)+n(B)+n(C)-n(A\cap B)-n(B\cap C)-n(C\cap A)$

$\qquad\qquad\qquad\qquad\qquad\qquad\quad+n(A\cap B\cap C)$

$=3\times4^3-3\times4^2+4=148$

577   답 384

조건 ㈏에 의하여 함수 f는 일대일함수이다.

조건 ㈎에서 $f(1)+f(2)+f(3)$이 홀수인 경우는 다음과 같다.

(ⅰ) $f(1)$, $f(2)$, $f(3)$이 모두 홀수인 경우

    $f(1)$로 가능한 값은 1, 3, 5, 7로 4개이고,

    $f(2)$로 가능한 값은 1, 3, 5, 7 중 $f(1)$을 제외한 3개이고,

    $f(3)$으로 가능한 값은 1, 3, 5, 7 중 $f(1)$, $f(2)$를 제외한

    2개이고,

    $f(4)$로 가능한 값은 1, 2, 3, $\cdots$, 7 중 $f(1)$, $f(2)$, $f(3)$을

    제외한 4개이므로

    함수 f의 개수는 $4\times3\times2\times4=96$이다.

(ⅱ) $f(1)$, $f(2)$, $f(3)$ 중 하나만 홀수인 경우

    $f(1)$이 홀수인 경우를 구해 보면 다음과 같다.

    $f(1)$로 가능한 값은 1, 3, 5, 7로 4개이고,

    $f(2)$로 가능한 값은 2, 4, 6으로 3개이고,

    $f(3)$으로 가능한 값은 2, 4, 6 중 $f(2)$를 제외한 2개이고,

    $f(4)$로 가능한 값은 1, 2, 3, $\cdots$, 7 중 $f(1)$, $f(2)$, $f(3)$을

    제외한 4개이므로

    함수 f의 개수는 $4\times3\times2\times4=96$이다.

    $f(2)$, $f(3)$이 홀수인 경우도 마찬가지이므로

    구하는 함수 f의 개수는 96×3이다.

(ⅰ), (ⅱ)에서 구하는 함수 f의 개수는

$96+96\times3=96\times4=384$

578   답 ②

조건 ㈎에서 $x\neq y$에 대하여 $f(x)\neq f(y)$이므로

함수 f는 일대일함수이다.

이때 조건 ㈏를 만족시키는 함수 f를 구하면 다음과 같다.

(ⅰ) $x=0$이고, $y=1$ 또는 $y=-1$일 때

    $f(0\times y)=f(0)f(y)$에서 $f(0)=f(0)f(y)$

    $f(0)\{f(y)-1\}=0$이므로

    $f(0)=0$ 또는 $f(y)=1$이다.

    $f(0)\neq0$이면 $f(1)=1$, $f(-1)=1$이어야 하므로 함수 f가

    일대일함수라는 조건에 모순이다.

    즉, $f(0)=0$이다.

(ii) $x=-1$, $y=1$일 때
$f(-1\times1)=f(-1)f(1)$에서 $f(-1)=f(-1)f(1)$
$f(-1)\{f(1)-1\}=0$이므로
$f(-1)=0$ 또는 $f(1)=1$이다.
(i)에서 $f(0)=0$이고, f가 일대일함수이므로 $f(-1)\neq0$이다.
즉, $f(1)=1$이다.
(i), (ii)에서 $f(0)=0$, $f(1)=1$이고,
$f(-1)$로 가능한 값은 -4, -3, -2, $\cdots$, 4의 9개 중 0, 1을
제외한 7개이다.
따라서 구하는 함수 f의 개수는 7이다.

579   답 ②

명제 '$a\neq b$인 어떤 $a\in X$, $b\in X$에 대하여 $f(a)=f(b)$이다.'의
부정 '$a\neq b$인 모든 $a\in X$, $b\in X$에 대하여 $f(a)\neq f(b)$이다.'를
만족시키는 함수 f는 일대일함수이다.
따라서 구하는 함수의 개수는 X에서 X로의 함수의 개수에서
X에서 X로의 일대일함수의 개수를 뺀 것과 같다.
X에서 X로의 함수의 개수는 4^4이고, X에서 X로의 일대일함수의
개수는 $4!$이므로
구하는 함수 f의 개수는 $4^4-4!=232$이다.

580   답 150

치역이 $\{1,\ 2,\ 3\}$이어야 하므로 정의역의 원소는 3개/1개/1개 또는
2개/2개/1개로 나누어 공역에 대응되어야 한다.
(i) 3개/1개/1개로 나누는 경우
$$_5C_3\times{}_2C_1\times{}_1C_1\times\frac{1}{2!}=10\times2\times1\times\frac{1}{2}=10$$
(ii) 2개/2개/1개로 나누는 경우
$$_5C_2\times{}_3C_2\times{}_1C_1\times\frac{1}{2!}=10\times3\times1\times\frac{1}{2}=15$$
(i), (ii)에서 정의역의 원소를 3묶음으로 나누는 방법의 수는
$10+15=25$이고,
이 세 묶음을 치역의 원소 1, 2, 3에 하나씩 대응시키는 방법의 수가
$3!=6$이므로 구하는 함수 f의 개수는
$25\times6=150$이다.

581   답 ①

조건 ㈐에서 $f(3)=6$이다.

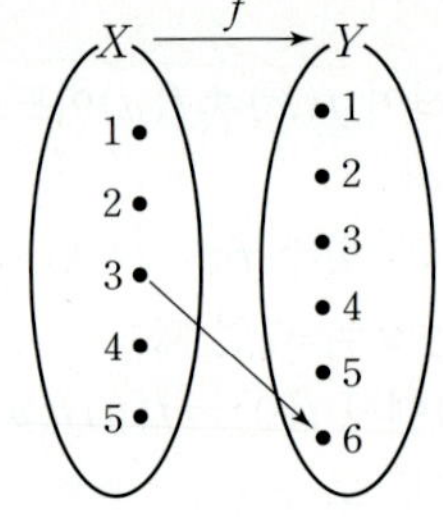

조건 ㈎에 의하여 함수 f는 일대일함수이다.
$f(4)=1$ 또는 $f(4)=2$이면 조건 ㈐를 만족시키지 못하므로
$f(4)\geq3$이고 $f(4)\neq6$이므로
$f(4)=3$ 또는 $f(4)=4$ 또는 $f(4)=5$이다.   …… **TIP**

$f(4)$의 값에 따라 함수 f의 개수를 구해 보면 다음과 같다.
(i) $f(4)=3$일 때
$f(1)$로 가능한 값은 1, 2로 2개
$f(2)$로 가능한 값은 1, 2 중 $f(1)$을 제외한 1개
$f(5)$로 가능한 값은 1, 2, 4, 5 중 $f(1)$, $f(2)$를 제외한
2개이므로
함수 f의 개수는 $2\times1\times2=4$
(ii) $f(4)=4$일 때
$f(1)$로 가능한 값은 1, 2, 3으로 3개
$f(2)$로 가능한 값은 1, 2, 3 중 $f(1)$을 제외한 2개
$f(5)$로 가능한 값은 1, 2, 3, 5 중 $f(1)$, $f(2)$를 제외한
2개이므로
함수 f의 개수는 $3\times2\times2=12$
(iii) $f(4)=5$일 때
$f(1)$로 가능한 값은 1, 2, 3, 4로 4개
$f(2)$로 가능한 값은 1, 2, 3, 4 중 $f(1)$을 제외한 3개
$f(5)$로 가능한 값은 1, 2, 3, 4 중 $f(1)$, $f(2)$를 제외한
2개이므로
함수 f의 개수는 $4\times3\times2=24$
(i)~(iii)에 의하여 구하는 함수 f의 개수는 $4+12+24=40$이다.

> **TIP**
>
> 함수 f가 일대일함수이므로 함숫값이 각각 서로 달라야 한다.
> 조건 ㈐에서 $f(1)<f(4)$, $f(2)<f(4)$이려면 $f(4)$의 값보다
> 작은 서로 다른 두 값 $f(1)$, $f(2)$가 존재해야 하므로 공역의
> 원소 1, 2, 3, 4, 5에서 $f(4)$의 값은 1과 2는 될 수 없다.
> 따라서 $f(4)\geq3$이어야 한다.

582   답 ⑤

$(f\circ f)(x)=x$이면 집합 X의 임의의 두 원소 a, b에 대하여
$f(a)=b$일 때 $f(b)=a$를 만족시켜야 한다.
즉, $f(a)=a$이거나 ($a=b$인 경우)
$f(a)=b$, $f(b)=a$이어야 한다. ($a\neq b$인 경우)   …… **TIP**
$f(5)=6$에서 $f(6)=5$이므로 5, 6에 대한 대응은 생각하지 않고
집합 X의 나머지 원소 1, 2, 3, 4에 대해서 이와 같은 조건을
만족시키는 함수 f의 개수를 구하면 다음과 같다.
(i) $f(a)=b$, $f(b)=a$ $(a\neq b)$를 만족시키는 두 수 a, b가 존재하지
않는 경우
$f(1)=1$, $f(2)=2$, $f(3)=3$, $f(4)=4$로 함수 f의 개수는
1이다.

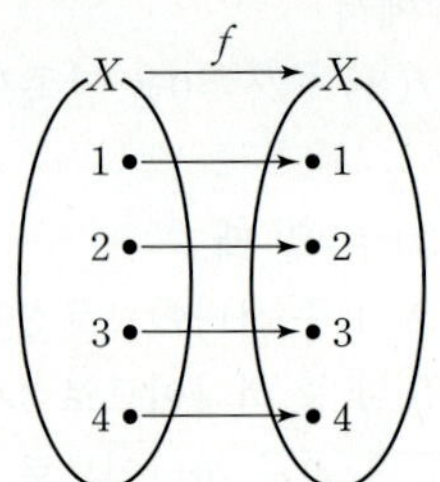

(ii) $f(a)=b$, $f(b)=a$ $(a\neq b)$를 만족시키는 두 수 a, b가 한 쌍
존재하는 경우
두 수 a, b가 될 수 있는 값은
$\{1,\ 2\}$, $\{1,\ 3\}$, $\{1,\ 4\}$, $\{2,\ 3\}$, $\{2,\ 4\}$, $\{3,\ 4\}$로

6가지이고, 이때 나머지 2개의 원소는 모두 자기 자신에게 대응되면
되므로 함수 f의 개수는 6이다.

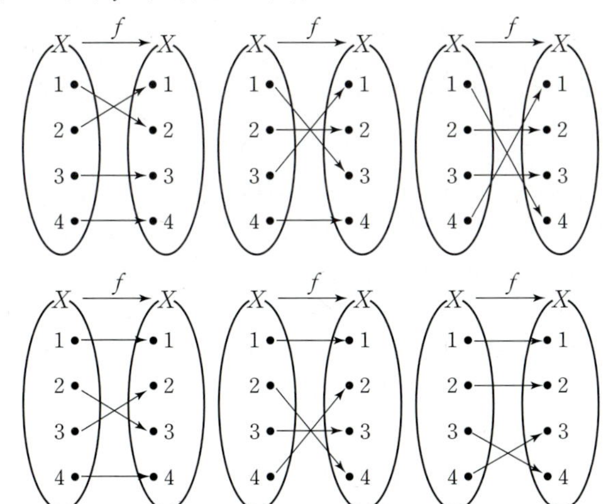

(iii) $f(a)=b$, $f(b)=a$ $(a \neq b)$를 만족시키는 두 수 a, b가 두 쌍
　　존재하는 경우
　　1, 2, 3, 4의 네 수를 두 원소씩 두 쌍으로 묶는 경우는
　　$\{1, 2\}$, $\{3, 4\}$ 또는 $\{1, 3\}$, $\{2, 4\}$ 또는 $\{1, 4\}$, $\{2, 3\}$의
　　3가지이므로 함수 f의 개수는 3이다.

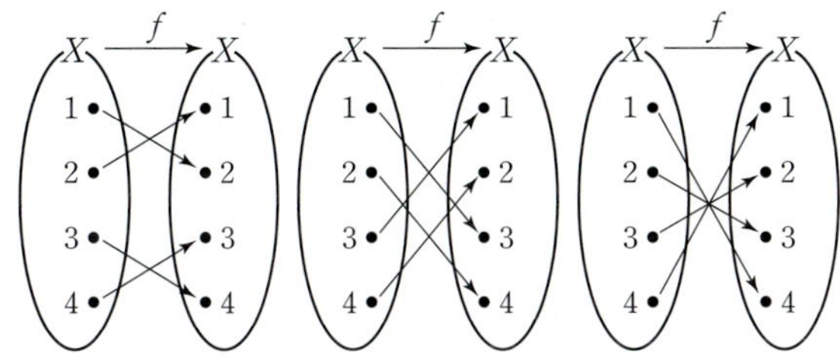

(i)~(iii)에서 구하는 함수 f의 개수는 $1+6+3=10$이다.

> **TIP**
>
> $(f \circ f)(x)=x$를 만족시키는 함수 f는 정의역의 모든 원소
> a에 대하여
> a는 자기 자신에 대응되거나 $(f(a)=a)$
> a가 자기 자신에 대응되지 않을 경우에 $b(b \neq a)$로 대응된다고
> 하면 b는 a로 대응된다. $(f(a)=b,\ f(b)=a)$

583 ·· 답 ⑤

조건 (개)에 의하여
$f(1)<f(2)<f(3)<f(4)<f(5)$
조건 (내)에서 $f(4)=f(1)+5$이므로
다음과 같이 나누어 생각할 수 있다.
(i) $f(1)=1$, $f(4)=6$일 때
　　$1<f(2)<f(3)<6$이므로
　　$f(2)$, $f(3)$의 값을 정하는 경우의 수는 $_4C_2=6$
　　$f(5)>6$에서 $f(5)$의 값은 7, 8, 9 중 하나이므로
　　$f(5)$의 값을 정하는 경우의 수는 3
　　따라서 함수 f의 개수는 $6 \times 3=18$
(ii) $f(1)=2$, $f(4)=7$일 때
　　$2<f(2)<f(3)<7$이므로
　　$f(2)$, $f(3)$의 값을 정하는 경우의 수는 $_4C_2=6$
　　$f(5)>7$에서 $f(5)$의 값은 8, 9 중 하나이므로
　　$f(5)$의 값을 정하는 경우의 수는 2
　　따라서 함수 f의 개수는 $6 \times 2=12$

(iii) $f(1)=3$, $f(4)=8$일 때
　　$3<f(2)<f(3)<8$이므로 $f(2)$, $f(3)$의 값을 정하는 경우의
　　수는 $_4C_2=6$
　　$f(5)>8$에서 $f(5)$의 값은 9이므로 $f(5)$의 값을 정하는 경우의
　　수는 1
　　따라서 함수 f의 개수는 $6 \times 1=6$
(i)~(iii)에 의하여 구하는 함수 f의 개수는
$18+12+6=36$

584 ·· 답 ④

조건 (대)에서 $f(1)=2$ 또는 $f(2)=4$이다.
(i) $f(1)=2$일 때
　　$f(3)=3$이면 $f(2)$, $f(4)$, $f(5)$의 값을 정하는 경우의 수는
　　$3!=6$
　　$f(3)=1$이면 $f(f(3))=f(1)=2 \neq 3$이므로
　　$f(3) \neq 1$이다.
　　$f(3)=4$이면 $f(f(3))=f(4)=3$이고
　　$f(2)$, $f(5)$의 값을 정하는 경우의 수는 $2!=2$
　　마찬가지로 $f(3)=5$이면 $f(5)=3$이고
　　$f(2)$, $f(4)$의 값을 정하는 경우의 수는 $2!=2$
　　따라서 함수 f의 개수는 $6+2 \times 2=10$
(ii) $f(2)=4$일 때
　　(i)의 경우와 마찬가지로 함수 f의 개수는
　　$6+2 \times 2=10$
(iii) $f(1)=2$, $f(2)=4$일 때
　　$f(3)=1$ 또는 $f(3)=3$ 또는 $f(3)=5$이다.
　　$f(3)=3$이면 $f(4)$, $f(5)$의 값을 정하는 경우의 수는 $2!=2$
　　$f(3)=1$이면 $f(f(3))=f(1)=2 \neq 3$이므로
　　$f(3) \neq 1$
　　$f(3)=5$이면 $f(f(3))=f(5)=3$이므로 $f(4)=1$
　　따라서 함수 f의 개수는 $2+1=3$
(i)~(iii)에서 구하는 함수 f의 개수는
$10+10-3=17$

585 ·· 답 ⑤

ㄱ. $f(2n)=f(n)$에 의하여
　　$f(100)=f(50)=f(25)$
　　$f(2n-1)=(-1)^n$에 의하여
　　$f(25)=f(2 \times 13-1)=(-1)^{13}=-1$ (참)
ㄴ. $f(2n-1)=(-1)^n$에서
　　$n=1$일 때 $f(1)=-1$,
　　$n=2$일 때 $f(3)=1$,
　　$n=3$일 때 $f(5)=-1$,
　　$n=4$일 때 $f(7)=1$,
　　$n=5$일 때 $f(9)=-1$이다.
　　$f(2n)=f(n)$에 의하여
　　$f(2)=f(1)=-1$,
　　$f(4)=f(2)=f(1)=-1$,

$$f(6)=f(3)=1,$$
$$f(8)=f(4)=f(2)=f(1)=-1,$$
$$f(10)=f(5)=-1$$
$$\therefore f(1)+f(2)+f(3)+\cdots+f(10)=-4 \ (\text{참})$$

ㄷ. n이 홀수이므로 $n=2k-1$ (k는 자연수)이라 하면
$$f(n)=f(2k-1)=(-1)^k$$
$$f(n+8)=f(2k+7)$$
$$=f(2(k+4)-1)=(-1)^{k+4}$$
이때 k가 홀수이면 $k+4$도 홀수이므로
$$f(n)=f(n+8)=-1$$
k가 짝수이면 $k+4$도 짝수이므로
$$f(n)=f(n+8)=1$$
$$\therefore f(n)=f(n+8) \ (\text{참})$$
따라서 옳은 것은 ㄱ, ㄴ, ㄷ이다.

586 답 3

$$f(x)=\begin{cases} -2x-1 & (x<0) \\ x-1 & (x\geq 0) \end{cases}$$ 이므로

함수 $y=f(x)$의 그래프는 다음 그림과 같다.

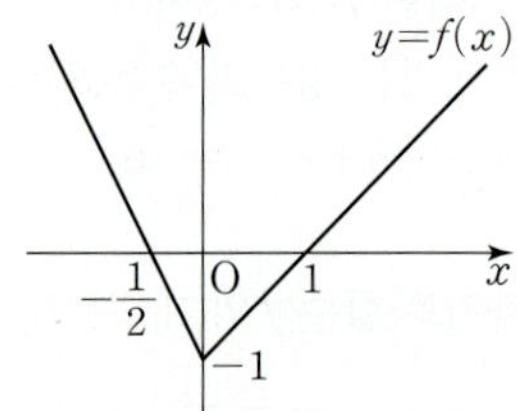

$$f(f(x))=\begin{cases} -2f(x)-1 & (f(x)<0) \\ f(x)-1 & (f(x)\geq 0) \end{cases}$$

에서

$$f(f(x))=\begin{cases} f(x)-1 & \left(x\leq -\dfrac{1}{2}\right) \\ -2f(x)-1 & \left(-\dfrac{1}{2}<x<1\right) \\ f(x)-1 & (x\geq 1) \end{cases}$$

즉, $$f(f(x))=\begin{cases} -2x-2 & \left(x\leq -\dfrac{1}{2}\right) \\ 4x+1 & \left(-\dfrac{1}{2}<x<0\right) \\ -2x+1 & (0\leq x<1) \\ x-2 & (x\geq 1) \end{cases}$$

이므로 함수 $y=f(f(x))$의 그래프는 다음 그림과 같다.

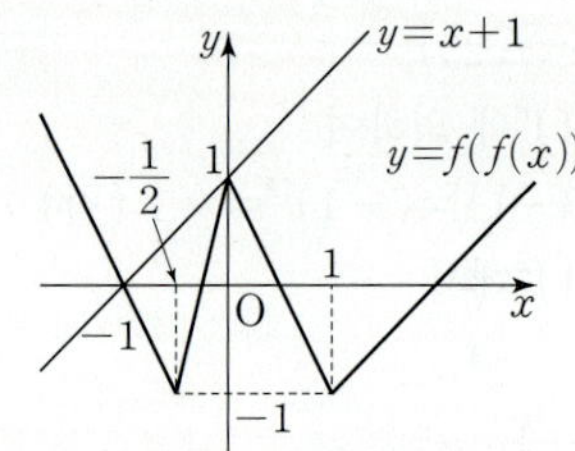

$f(f(f(x)))=f(x)+1$에서 $f(x)=t$라 하면
$$f(f(t))=t+1$$
즉, $t=-1$ 또는 $t=0$
방정식 $f(x)=-1$의 서로 다른 실근의 개수는 1이고
방정식 $f(x)=0$의 서로 다른 실근의 개수는 2이므로
방정식 $f(f(f(x)))=f(x)+1$의 서로 다른 실근의 개수는 3이다.

587 답 ④

함수 $f(x)$는 주어진 그래프에 의하여
$$f(x)=\begin{cases} 2-x & (0\leq x<1) \\ 1 & (1\leq x<2) \\ 3-x & (2\leq x\leq 3) \end{cases}$$
이고 함수 $y=(g\circ f)(x)$는 주어진 그래프에 의하여
$$(g\circ f)(x)=\begin{cases} 2x & (0\leq x<1) \\ 2 & (1\leq x<2) \\ 6-2x & (2\leq x\leq 3) \end{cases}$$

(i) $0\leq x<1$일 때, $1<f(x)\leq 2$이고
　　$g(f(x))=2x$이므로 $g(2-x)=2x$
　　$2-x=t$라 하면 $x=2-t$이다.
　　즉, $g(t)=2(2-t)=4-2t$에서
　　$g(x)=4-2x \ (1<x\leq 2)$이다.

(ii) $2\leq x\leq 3$일 때, $0\leq f(x)\leq 1$이고
　　$g(f(x))=6-2x$이므로 $g(3-x)=6-2x$
　　$3-x=t$라 하면 $x=3-t$이다.
　　즉, $g(t)=6-2(3-t)=2t$에서
　　$g(x)=2x \ (0\leq x\leq 1)$이다.

(i), (ii)에 의하여 $g(x)=\begin{cases} 2x & (0\leq x\leq 1) \\ 4-2x & (1<x\leq 2) \end{cases}$ 이고 그래프는 다음

그림과 같다.

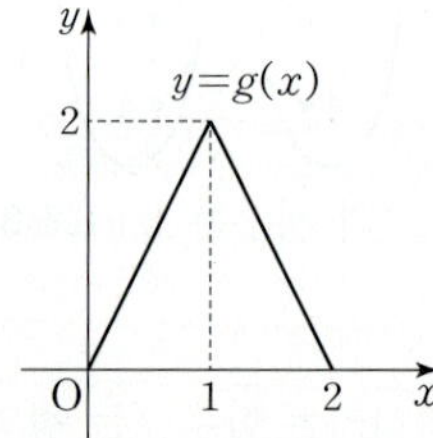

이때 방정식 $(g\circ g)(x)=x$의 서로 다른 실근의 개수는 함수
$y=(g\circ g)(x)$의 그래프와 직선 $y=x$의 교점의 개수와 같다.
함수 $g(x)$에서 $x=1$일 때를 기준으로 함수식이 바뀌므로 방정식
$g(x)=1$의 두 근 $x=\dfrac{1}{2}$, $x=\dfrac{3}{2}$과 $g(x)$의 함수식이 바뀌는 $x=1$을
기준으로 x의 범위를 나누어 함수 $y=(g\circ g)(x)$의 그래프를
그리면 다음 그림과 같다.

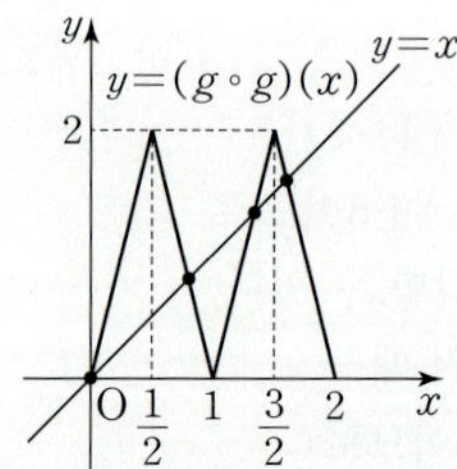

따라서 방정식 $(g\circ g)(x)=x$의 서로 다른 실근의 개수는 4이다.

588 답 10

다항함수 $f(x)$가 k차 (k는 자연수)일 때,
$f(f(x))$의 최고차항은 $(x^k)^k=x^{k^2}$항이므로 차수가 k^2이다.
따라서 조건 ㈎를 만족시키려면 $k^2=1$에서 $k=1$이므로
$f(x)$는 일차함수이다.

일차함수인 $f(x)$는 역함수가 존재하므로
$f(f(x))=x$에서 $f(x)=f^{-1}(x)$이다.
따라서 조건 ㈏에서 $f(-1)=2$이면 $f^{-1}(-1)=f(-1)=2$이므로
$f(2)=-1$이다.
$f(x)=ax+b$ (a, b는 실수)라 하면
$f(-1)=2$, $f(2)=-1$이므로
$-a+b=2$, $2a+b=-1$에서 $a=-1$, $b=1$
$\therefore f(x)=-x+1$
$g(x)=x^2+3x+1=\left(x+\dfrac{3}{2}\right)^2-\dfrac{5}{4}$에서
$g(f(x))=\left(-x+\dfrac{5}{2}\right)^2-\dfrac{5}{4}=\left(x-\dfrac{5}{2}\right)^2-\dfrac{5}{4}$이므로
함수 $(g\circ f)(x)$는 $x=\dfrac{5}{2}$일 때 최솟값 $-\dfrac{5}{4}$를 가진다.
따라서 $m=\dfrac{5}{2}$, $n=-\dfrac{5}{4}$이므로
$6m+4n=6\times\dfrac{5}{2}+4\times\left(-\dfrac{5}{4}\right)=10$

> **참고**
>
> 다항함수 $f(x)$가 모든 실수 x에 대하여 $f(f(x))=x$를
> 만족시키면 $f(x)$는 일차함수이고, 이때 $f(x)=f^{-1}(x)$이므로
> 함수 $y=f(x)$의 그래프가 직선 $y=x$에 대하여 대칭이다.
> 따라서 함수 $y=f(x)$는 $y=x$ 또는 기울기가 -1인 직선이다.
> 즉, 모든 실수 x에 대하여 $f(f(x))=x$를 만족시키는 다항함수
> $f(x)$는 다음의 2가지뿐이다.
> ❶ $f(x)=x$
> ❷ $f(x)=-x+k$ (k는 상수)

589   답 8

$f(x)=g(x)$가 되도록 하는 x의 값은
$x^2+2x=x^3-ax^2+ax+2a$에서
$x^3-(a+1)x^2+(a-2)x+2a=0$
$(x+1)(x-2)(x-a)=0$
$\therefore x=-1$ 또는 $x=2$ 또는 $x=a$
이때 $a=-1$ 또는 $a=2$일 경우 집합 X가 될 수 있는 집합은
$X=\{-1\}$, $X=\{2\}$, $X=\{-1, 2\}$이므로
각 집합 X의 모든 원소의 합은
$-1+2+(-1+2)=2$에서 주어진 조건을 만족시키지 않는다.
따라서 $a\neq-1$, $a\neq2$이고, 집합 X는 -1, 2, a 중에서 원소를
갖는 집합이므로 집합 X의 개수는 $k=2^3-1=7$이고, 각 집합은
$\{-1\}$, $\{2\}$, $\{a\}$, $\{-1, 2\}$, $\{-1, a\}$, $\{2, a\}$, $\{-1, 2, a\}$
이므로 각 집합의 모든 원소의 합은
$4\times(-1+2+a)=8$에서 $a=1$
$\therefore a+k=1+7=8$

590   답 11

$g(a)$의 값은 방정식 $f(x)=x$의 서로 다른 실근의 개수와 같다.
(i) $x<4$일 때
$\qquad f(x)=x$에서 $x^2-3x+a=x$

즉, $x^2-4x+a=0$
이때 이차방정식 $x^2-4x+a=0$의 판별식을 D라 하면
$\dfrac{D}{4}=4-a$이므로
$0<a<4$이면 $\dfrac{D}{4}>0$이고, 이차함수 $y=x^2-4x+a$의 축의
방정식은 $x=2$이므로
방정식 $x^2-4x+a=0$은 $x<4$에서 서로 다른 두 실근을 갖는다.
$a=4$이면 $\dfrac{D}{4}=0$이므로 방정식 $x^2-4x+a=0$은 중근을 갖는다.
$a>4$이면 $\dfrac{D}{4}<0$이므로 방정식 $x^2-4x+a=0$은 실근을 갖지
않는다.
(ii) $x\geq4$일 때
$\qquad f(x)=x$에서 $a+2=x$이므로
$\qquad a<2$이면 방정식 $f(x)=x$는 실근을 갖지 않는다.
$\qquad a\geq2$이면 방정식 $f(x)=x$는 오직 하나의 실근을 갖는다.
(i), (ii)에서 $g(a)$는 다음과 같다.
$$g(a)=\begin{cases}2 & (0<a<2)\\3 & (2\leq a<4)\\2 & (a=4)\\1 & (a>4)\end{cases}$$
$\therefore g(1)+g(2)+g(3)+g(4)+g(5)$
$\quad=2+3+3+2+1$
$\quad=11$

591   답 ④

$n(A\cup B)=n(A)+n(B)-n(A\cap B)$이다.
(i) $n(A)$는 $f(2)\leq f(3)$을 만족시키는 함수 f의 개수이다.
$\quad f(2)=1$일 때, $f(3)$으로 가능한 값은 1, 2, 3, 4, 5로 5개
$\quad f(2)=2$일 때, $f(3)$으로 가능한 값은 2, 3, 4, 5로 4개
$\quad f(2)=3$일 때, $f(3)$으로 가능한 값은 3, 4, 5로 3개
$\quad f(2)=4$일 때, $f(3)$으로 가능한 값은 4, 5로 2개
$\quad f(2)=5$일 때, $f(3)$으로 가능한 값은 5로 1개
$\quad$ 따라서 $f(2)$, $f(3)$의 값을 정하는 방법의 수는
$\quad 5+4+3+2+1=15$이고,
$\quad f(1)$, $f(4)$의 값을 정하는 방법의 수가 각각 5이므로
$\quad n(A)=15\times5\times5=375$
(ii) $n(B)$는 일대일함수인 f의 개수이므로
$\quad n(B)={}_5\mathrm{P}_4=5\times4\times3\times2=120$
(iii) $n(A\cap B)$는 $f(2)\leq f(3)$이면서 일대일함수인 f의 개수이다.
$\quad$ 즉, $f(2)<f(3)$이면서 일대일함수인 f의 개수이다.
$\quad 1\leq f(2)<f(3)\leq5$이므로
$\quad f(2)$, $f(3)$의 값을 정하는 방법의 수는
$\quad {}_5\mathrm{C}_2=10$이고,
$\quad f(1)$로 가능한 값은 1, 2, 3, 4, 5 중 $f(2)$, $f(3)$의 값을 제외한
3개,
$\quad f(4)$로 가능한 값은 1, 2, 3, 4, 5 중 $f(1)$, $f(2)$, $f(3)$의 값을
제외한 2개이므로
$\quad n(A\cap B)=10\times3\times2=60$
(i)~(iii)에서 $n(A\cup B)=375+120-60=435$

592

답 (1) 15 (2) 50

(1) 2^x의 일의 자리의 수는 네 수 2, 4, 8, 6이 차례로 반복된다.

따라서 함수 $(g \circ f)(x)$의 함숫값은

$g(f(1))=2k$, $g(f(2))=4k$, $g(f(3))=8k$, $g(f(4))=6k$가

차례로 반복되므로

함수 $g \circ f$의 치역은 $\{2k, 4k, 6k, 8k\}$ $(k \neq 0)$이고,

치역의 모든 원소의 합은 $2k+4k+6k+8k=20k$이다.

$20k=300$에서 $k=15$

(2) 함수 $(f \circ g)(x)=(2^{kx}$의 일의 자리의 수)이므로

자연수 m에 대하여

$k=1, 5, 9, \cdots, 4m-3$일 때,

함수 $f \circ g$의 치역은 $\{2, 4, 8, 6\}$,

$k=2, 6, 10, \cdots, 4m-2$일 때,

함수 $f \circ g$의 치역은 $\{4, 6\}$,

$k=3, 7, 11, \cdots, 4m-1$일 때,

함수 $f \circ g$의 치역은 $\{8, 4, 2, 6\}$,

$k=4, 8, 12, \cdots, 4m$일 때,

함수 $f \circ g$의 치역은 $\{6\}$이다.

즉, $n(\{(f \circ g)(x)\,|\,x$는 자연수$\})=2$를 만족시키는 자연수 k는 $k=4m-2$ (m은 자연수)이므로 조건을 만족시키는 20 이하의 자연수 k는 2, 6, 10, 14, 18이다.

따라서 구하는 합은 $2+6+10+14+18=50$이다.

593

답 318

함수 $f(n)$의 역함수가 존재하려면 일대일대응이어야 한다.

따라서 집합 X의 원소의 개수는 9이고

$x_1 \neq x_2$ $(x_1, x_2 \in X)$인 임의의 x_1, x_2에 대하여

$f(x_1) \neq f(x_2)$

즉, x_1, x_2를 9로 나눈 나머지가 서로 달라야 한다.

$f(11)=f(110)=2$, $f(22)=f(121)=4$,

$f(33)=f(132)=6$, $f(44)=f(143)=8$,

$f(55)=f(154)=1$, $f(66)=f(165)=3$,

$f(77)=5$, $f(88)=7$, $f(99)=0$

이므로 함수 $f(n)$의 역함수가 존재하도록 하는 집합 X의 개수가

$32=2^5$이 되려면

$154 \in X$이고 $165 \notin X$이어야 하므로

$154 \leq a < 165$

따라서 자연수 a의 최댓값과 최솟값의 합은

$164+154=318$

594

답 ②

합성함수 $h \circ g \circ f$가 상수함수가 되는 경우를 살펴보면 다음과 같다.

(i) 함수 h가 상수함수인 경우

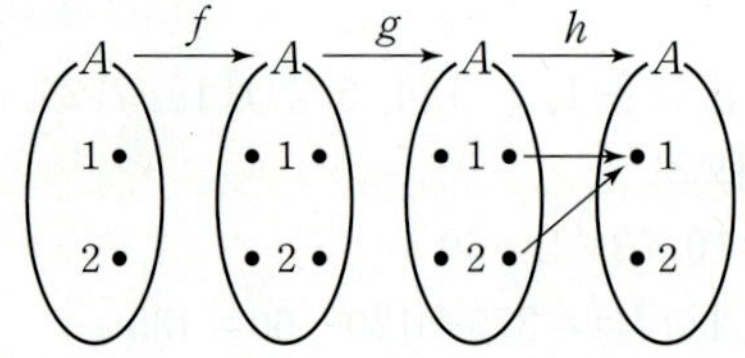

모든 함수 f, g에 대하여 $h \circ g \circ f$는 상수함수이다.

함수 h가 상수함수인 경우는 $h(x)=1$ 또는 $h(x)=2$의 2가지이고, 함수 f와 g의 개수는 각각 $2^2=4$이므로 구하는 함수의 개수는

$2 \times 4 \times 4=32$

(ii) 함수 h가 상수함수가 아닌 경우

함수 h는 $h(1)=1$, $h(2)=2$ 또는 $h(1)=2$, $h(2)=1$의 2가지이다.

ⓐ 함수 g가 상수함수인 경우

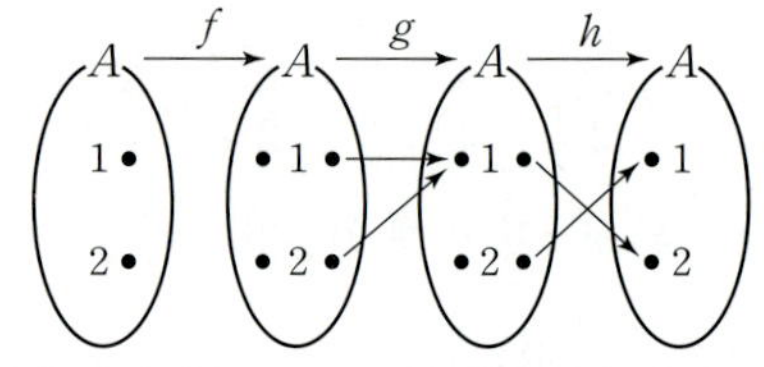

모든 함수 f에 대하여 $h \circ g \circ f$는 상수함수이다.

함수 g가 상수함수인 경우는 $g(x)=1$ 또는 $g(x)=2$의 2가지이고, 함수 f의 개수는 $2^2=4$이므로 구하는 함수의 개수는

$2 \times 2 \times 4=16$

ⓑ 함수 g가 상수함수가 아닌 경우

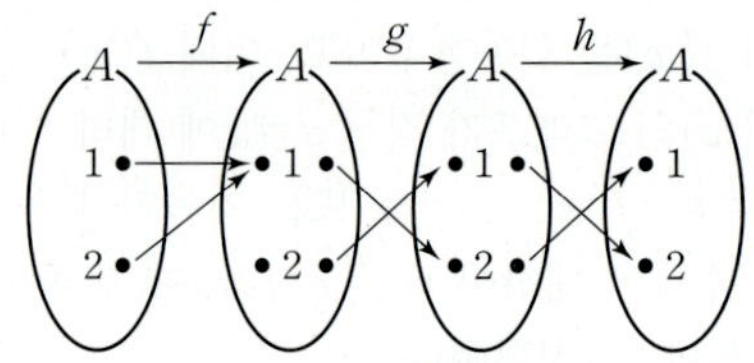

$h \circ g \circ f$가 상수함수이려면 f가 상수함수이어야 한다.

함수 g가 상수함수가 아닌 경우는

$g(1)=1$, $g(2)=2$ 또는 $g(1)=2$, $g(2)=1$의 2가지이고,

함수 f가 상수함수인 경우는 $f(x)=1$ 또는 $f(x)=2$의 2가지이므로 구하는 함수의 개수는

$2 \times 2 \times 2=8$

(i), (ii)에서 구하는 함수의 개수는

$32+16+8=56$

595

답 $\dfrac{11}{4} < a < \dfrac{25}{8}$

함수 $f(x)$에서

$x<1$일 때, $y=-(x-1)^2+a-2$의 그래프는 꼭짓점의 좌표가 $(1, a-2)$이고 위로 볼록하고,

$x \geq 1$일 때, $y=2(x-1)^2+a-2$의 그래프는 꼭짓점의 좌표가 $(1, a-2)$이고 아래로 볼록하다.

즉, 함수 $y=f(x)$의 그래프의 개형은 다음 그림과 같다.

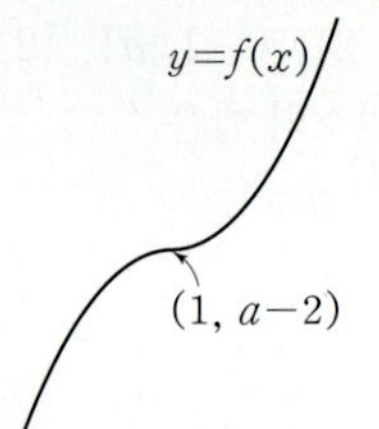

방정식 $f(x)=g(x)$가 서로 다른 세 실근을 가지려면 두 함수 $y=f(x)$, $y=g(x)$의 그래프가 서로 다른 세 점에서 만나야 한다.

이때 함수 $y=f(x)$의 그래프가 x의 값이 커질 때 y의 값도 커지는 형태이므로 함수의 그래프가 역함수의 그래프와 만나는 교점은 직선 $y=x$와의 교점과 같다.

즉, 함수 $y=f(x)$의 그래프와 직선 $y=x$가 서로 다른 세 점에서 만나야 한다.

(ⅰ) $x<1$에서 함수 $y=f(x)$의 그래프가 직선 $y=x$와 접할 때 이차방정식 $-x^2+2x+a-3=x$, 즉 $x^2-x-a+3=0$의 판별식을 D_1이라 하면 $D_1=1+4a-12=0$이므로 $a=\dfrac{11}{4}$

(ⅱ) $x\geq1$에서 함수 $y=f(x)$의 그래프가 직선 $y=x$와 접할 때 이차방정식 $2x^2-4x+a=x$, 즉 $2x^2-5x+a=0$의 판별식을 D_2라 하면 $D_2=25-8a=0$이므로 $a=\dfrac{25}{8}$

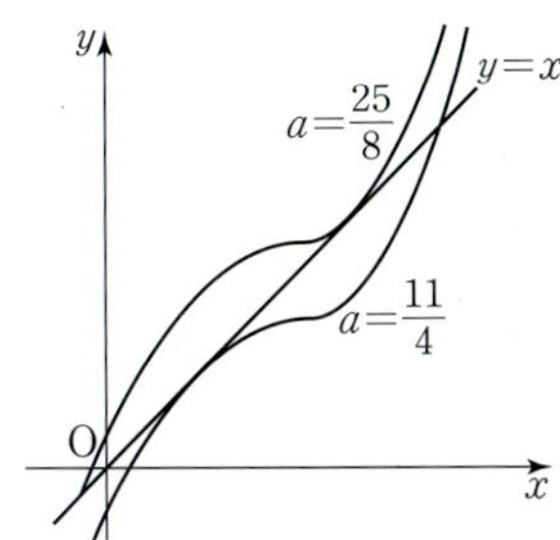

(ⅰ), (ⅱ)에 의하여 함수 $y=f(x)$의 그래프와 직선 $y=x$는

$a<\dfrac{11}{4}$ 또는 $a>\dfrac{25}{8}$일 때 한 점에서 만나고,

$a=\dfrac{11}{4}$ 또는 $a=\dfrac{25}{8}$일 때 두 점에서 만나고,

$\dfrac{11}{4}<a<\dfrac{25}{8}$일 때 세 점에서 만난다.

따라서 구하는 실수 a의 값의 범위는 $\dfrac{11}{4}<a<\dfrac{25}{8}$이다.

596   답 172

조건 ㈎에 의하여

$$f(x)=\begin{cases} x-1 & (1\leq x<2) \\ -x+3 & (2\leq x\leq3) \end{cases} \qquad \cdots\cdots \text{㉠}$$

조건 ㈏에 의하여

$$f(2015)=f\left(3\times\dfrac{2015}{3}\right)$$

$$=3f\left(\dfrac{2015}{3}\right)=3f\left(3\times\dfrac{2015}{3^2}\right)$$

$$=3^2f\left(\dfrac{2015}{3^2}\right)=3^2f\left(3\times\dfrac{2015}{3^3}\right)$$

$$\vdots$$

$$=3^6f\left(\dfrac{2015}{3^6}\right)$$

이때 $2\leq\dfrac{2015}{3^6}\leq3$이므로

$$f(2015)=3^6f\left(\dfrac{2015}{3^6}\right)=3^6\times\left(-\dfrac{2015}{3^6}+3\right)\ (\because \text{㉠})$$

$$=3^6\times\dfrac{172}{3^6}=172$$

597   답 ④

조건 ㈎에서 $x=0$을 대입하면

$$f(0)\geq0 \qquad \cdots\cdots \text{㉠}$$

조건 ㈏에서 $x=y=0$을 대입하면

$f(0)\geq f(0)+f(0)$에서

$$0\geq f(0) \qquad \cdots\cdots \text{㉡}$$

㉠, ㉡에 의하여

$$f(0)=0 \qquad \cdots\cdots \text{㉢}$$

조건 ㈎에서 x 대신 $-x$를 대입하면

$$f(-x)\geq-2x \qquad \cdots\cdots \text{㉣}$$

조건 ㈏에서 y 대신 $-x$를 대입하면

$f(0)\geq f(x)+f(-x)$, 즉 $0\geq f(x)+f(-x)$ $(\because \text{㉢})$

따라서 $f(x)\leq-f(-x)\leq2x$ $(\because \text{㉣})$

이므로 $f(x)=2x$이다.

$\therefore f(10)=20$

598   답 ①

$f(x+y)=f(x)f(y)-f(x-y)$에 $x=1$, $y=0$을 대입하면

$f(1)=f(1)f(0)-f(1)$이고, $f(1)=1$이므로 $f(0)=2$이다.

$$f(2)=f(1+1)=f(1)f(1)-f(1-1)$$
$$=f(1)-f(0)=1-2=-1$$
$$f(3)=f(2+1)=f(2)f(1)-f(2-1)$$
$$=f(2)-f(1)=(-1)-1=-2$$
$$f(4)=f(3+1)=f(3)f(1)-f(3-1)$$
$$=f(3)-f(2)=(-2)-(-1)=-1$$
$$f(5)=f(4+1)=f(4)f(1)-f(4-1)$$
$$=f(4)-f(3)=(-1)-(-2)=1$$
$$f(6)=f(5+1)=f(5)f(1)-f(5-1)$$
$$=f(5)-f(4)=1-(-1)=2$$
$$f(7)=f(6+1)=f(6)f(1)-f(6-1)$$
$$=f(6)-f(5)=2-1=1$$
$$\vdots$$

이므로 자연수 n에 대하여 $f(n)$의 값은 1, -1, -2, -1, 1, 2가 반복된다.

이때 $999=6\times166+3$이므로

$$f(999)=f(3)=-2$$

599   답 ④

$$f(x+y)=f(x)f(y) \qquad \cdots\cdots \text{㉠}$$

ㄱ. ㉠에 $x=1$, $y=0$을 대입하면

$f(1)=f(1)f(0)$에서 $f(1)=2$이므로

$2=2f(0)$에서 $f(0)=1$이다. (거짓)

ㄴ. $f(1)=2$이므로

$$f(2)=f(1+1)=f(1)f(1)=4$$
$$f(3)=f(2+1)=f(2)f(1)=8$$
$$f(4)=f(3+1)=f(3)f(1)=16$$
$$f(5)=f(4+1)=f(4)f(1)=32 \ (\text{참})$$

ㄷ. $f(x)=a$, $f(y)=b$라 하면

$x=f^{-1}(a)$, $y=f^{-1}(b)$이다.

㉠에서 $f(x+y)=f(x)f(y)=ab$이므로

$f^{-1}(ab)=x+y=f^{-1}(a)+f^{-1}(b)$이다. (참)

따라서 옳은 것은 ㄴ, ㄷ이다.

조건 ㈏에서 $f^5=I$ (I는 항등함수)
즉, $f \circ f^4=I$, $f^4 \circ f=I$
따라서 함수 f의 역함수가 f^4으로 존재하므로 함수 f는 일대일대응이다.
만약 $f^2(1)=1$이면 $f^5(1)=f(1)=3 \neq 1$이므로
$f^2(1) \neq 1$
마찬가지로 생각하면
$f^3(1) \neq 1$, $f^4(1) \neq 1$ ······ ㉠
따라서 다음과 같이 나누어 생각할 수 있다.
(i) $f(3)=2$인 경우
　　$f(5)=1$이면 $f^4(1)=1$이므로 모순이다. ($\because$ ㉠)
　　따라서 $f(5)=4$이므로 $f(4)=1$이다.
(ii) $f(3)=4$인 경우
　　$f(4)=1$이면 $f^3(1)=1$이므로 모순이다. ($\because$ ㉠)
　　따라서 $f(4)=2$이므로 $f(5)=1$이다.
(i), (ii)에 의하여 $n+f(5)$의 최댓값은
$2+4=6$

$f(x)=x$인 x의 값을 $x_1, x_2, \cdots, x_n$이라 하면
$f(x_1)=x_1$, $f(x_2)=x_2$, $\cdots$, $f(x_n)=x_n$
조건 ㈏에서 $f(g(y))=g(y)$
$g(y)$의 값은 $x_1, x_2, \cdots, x_n$ 중 하나이다.
함수 g의 정의역 Y의 원소의 개수가 4이므로
조건 ㈏를 만족시키는 함수 g의 개수는 n^4이고
$n^4=16$에서 $n=2$이다.
따라서 다음과 같이 나누어 생각할 수 있다.
(i) $f(1)=1$, $f(3)=3$, $f(5) \neq 5$일 때
　　조건 ㈎에서 $1 \leq f(2) < f(4) < f(6)$이므로
　　$f(2)$, $f(4)$, $f(6)$의 값을 정하는 경우의 수는
　　${}_4C_3=4$
　　$f(5)$의 값을 정하는 경우의 수는 3
　　따라서 함수 f의 개수는 $4 \times 3=12$
(ii) $f(1)=1$, $f(3) \neq 3$, $f(5)=5$일 때
　　조건 ㈎에서 $1 \leq f(2) < f(4) < f(6)$이므로
　　$f(2)$, $f(4)$, $f(6)$의 값을 정하는 경우의 수는
　　${}_4C_3=4$
　　$f(3)$의 값을 정하는 경우의 수는 3
　　따라서 함수 f의 개수는 $4 \times 3=12$
(iii) $f(1) \neq 1$, $f(3)=3$, $f(5)=5$일 때
　　조건 ㈎에서 $f(1)=3$이고
　　$3 \leq f(2) < f(4) < f(6)$이므로
　　$f(2)$, $f(4)$, $f(6)$의 값을 정하는 경우의 수는
　　${}_3C_3=1$
　　따라서 함수 f의 개수는 1
(i)~(iii)에서 구하는 함수 f의 개수는
$12+12+1=25$

$f(5)=4$이므로
조건 ㈏에서 $(f \circ f \circ f)(5)=(f \circ f)(4)=3$이다.
이때 $f(4)=4$ 또는 $f(4)=5$이면 $(f \circ f)(4)=4$가 되므로
$f(4)=1$ 또는 $f(4)=2$ 또는 $f(4)=3$이다.
$(f \circ f)(1)=1$이기 위한 조건으로 경우를 나누어 생각하면 다음과 같다.
(i) $f(1)=1$인 경우

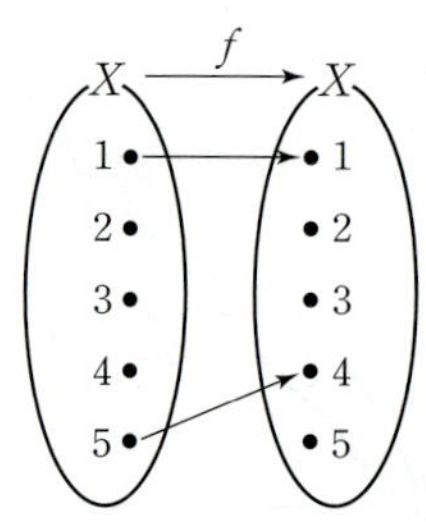

　　$(f \circ f)(4)=3$이 되려면 $f(4) \neq 1$이어야 한다.
　　$f(4)=2$, $f(2)=3$일 때 $f(3)$으로 가능한 값은
　　1, 2, 3, 4, 5로 5개이고,
　　$f(4)=3$, $f(3)=3$일 때 $f(2)$로 가능한 값은
　　1, 2, 3, 4, 5로 5개이므로
　　함수 f의 개수는 $5+5=10$이다.
(ii) $f(1)=2$, $f(2)=1$인 경우

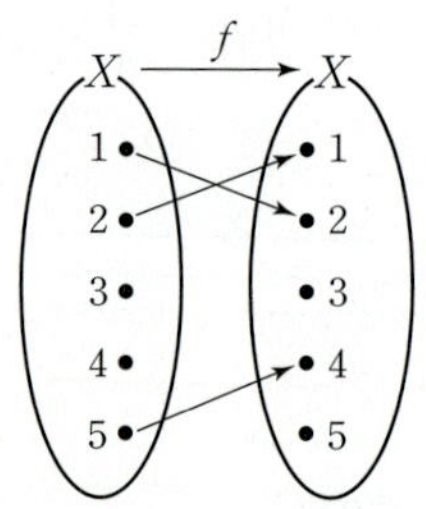

　　$(f \circ f)(4)=3$이 되려면 $f(4) \neq 1$, $f(4) \neq 2$이어야 한다.
　　$f(4)=3$, $f(3)=3$일 때 1개이므로
　　함수 f의 개수는 1이다.
(iii) $f(1)=3$, $f(3)=1$인 경우

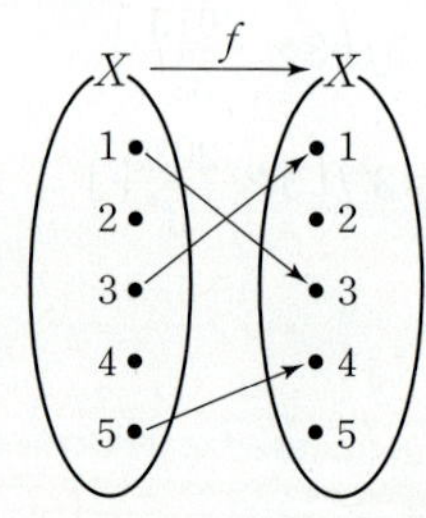

　　$(f \circ f)(4)=3$이 되려면 $f(4) \neq 3$이어야 한다.
　　$f(4)=1$일 때 $f(2)$로 가능한 값은
　　1, 2, 3, 4, 5로 5개이고,
　　$f(4)=2$, $f(2)=3$일 때 1개이므로
　　함수 f의 개수는 $5+1=6$이다.
(iv) $f(1)=4$, $f(4)=1$이면 $(f \circ f)(4)=4$이므로 조건을
　　만족시키지 못하고,
　　$f(1)=5$이면 $f(5)=4$에서 $(f \circ f)(1)=4$이므로 조건을
　　만족시키지 못한다.
(i)~(iv)에서 구하는 함수 f의 개수는
$10+1+6=17$이다.

$f(x)=g(x)$, 즉 $3x^2-2x+2a=0$이 서로 다른 두 실근을 가진다.
이차방정식 $3x^2-2x+2a=0$의 판별식을 D라 하면

$$\frac{D}{4}=1-6a>0 \text{에서 } a<\frac{1}{6} \qquad \cdots\cdots \text{㉠}$$

$f(x)=-2(x-1)^2+2-a$, $g(x)=(x+1)^2+a-1$이므로
함수 $y=f(x)$의 꼭짓점의 좌표는 $(1, 2-a)$
함수 $y=g(x)$의 꼭짓점의 좌표는 $(-1, a-1)$
함수 $f(x)$의 최고차항의 계수가 음수이고, 함수 $g(x)$의 최고차항의
계수가 양수이므로
함수 $y=h_1(x)$의 역함수가 존재하려면 x의 값이 커질 때, y의 값도
커져야 한다.
따라서 $a\geq-1$이어야 하므로

$$f(-1)\leq g(-1)\text{에서 } -6-a\leq a-1, \ a\geq-\frac{5}{2} \qquad \cdots\cdots \text{㉡}$$

마찬가지로 함수 $h_2(x)$의 역함수가 존재하려면
$\beta\leq1$이어야 하므로

$$f(1)\leq g(1)\text{에서 } 2-a\leq a+3, \ a\geq-\frac{1}{2} \qquad \cdots\cdots \text{㉢}$$

㉠~㉢에서 구하는 실수 a의 값의 범위는

$$-\frac{1}{2}\leq a<\frac{1}{6}$$

$$\therefore p+q=\left(-\frac{1}{2}\right)+\frac{1}{6}=-\frac{1}{3}$$

$f(g(x))=f(x)$에서
$\{g(x)\}^2-4\{g(x)\}-3=x^2-4x-3$
$\{g(x)\}^2-x^2-4\{g(x)-x\}=0$
$\{g(x)+x\}\{g(x)-x\}-4\{g(x)-x\}=0$
$\{g(x)-x\}\{g(x)+x-4\}=0$
따라서 $g(x)=x$ 또는 $g(x)=-x+4$이므로

$$x^2+2x+a=x\text{에서 } x^2+x+a=0 \qquad \cdots\cdots \text{㉠}$$
$$x^2+2x+a=-x+4\text{에서 } x^2+3x+a-4=0 \qquad \cdots\cdots \text{㉡}$$

이차방정식 ㉠의 판별식을 D_1이라 하면
$D_1=1-4a$
이차방정식 ㉡의 판별식을 D_2라 하면
$D_2=3^2-4(a-4)=25-4a$
이때 방정식 $f(g(x))=f(x)$의 서로 다른 실근의 개수가 2가 되는
경우는 다음과 같다.
(i) 방정식 ㉠은 서로 다른 두 실근을 갖고, 방정식 ㉡은 실근을 갖지
않는 경우

$$D_1>0\text{에서 } 1-4a>0, \ a<\frac{1}{4}$$
$$D_2<0\text{에서 } 25-4a<0, \ a>\frac{25}{4}$$

따라서 조건을 만족시키는 실수 a의 값은 존재하지 않는다.
(ii) 방정식 ㉠은 실근을 갖지 않고, 방정식 ㉡이 서로 다른 두 실근을
갖는 경우

$$D_1<0\text{에서 } 1-4a<0, \ a>\frac{1}{4}$$
$$D_2>0\text{에서 } 25-4a>0, \ a<\frac{25}{4}$$

따라서 조건을 만족시키는 실수 a의 값의 범위는 $\frac{1}{4}<a<\frac{25}{4}$
이다.
(iii) 두 방정식 ㉠, ㉡이 모두 중근을 갖는 경우

$$D_1=0\text{에서 } 1-4a=0, \ a=\frac{1}{4}$$
$$D_2=0\text{에서 } 25-4a=0, \ a=\frac{25}{4}$$

따라서 조건을 만족시키는 실수 a의 값은 존재하지 않는다.
(i)~(iii)에서 구하는 정수 a는 1, 2, 3, 4, 5, 6으로 6개이다.

$$f(x+y)=f^{-1}(x)+f^{-1}(y) \qquad \cdots\cdots \text{㉠}$$

ㄱ. ㉠에 $x=f(a)$, $y=f(b)$를 대입하면
$f(f(a)+f(b))=f^{-1}(f(a))+f^{-1}(f(b))=a+b$ (참)
ㄴ. $f(1)=1$이면 $f^{-1}(1)=1$이므로 ㉠에 $x=y=1$을 대입하면
$f(2)=f^{-1}(1)+f^{-1}(1)=1+1=2$이므로 $f^{-1}(2)=2$
㉠에 $x=1$, $y=2$를 대입하면
$f(3)=f^{-1}(1)+f^{-1}(2)=1+2=3$
㉠에 $x=y=2$를 대입하면
$f(4)=f^{-1}(2)+f^{-1}(2)=2+2=4$
$\therefore f(4)-f(3)=4-3=1$ (참)
ㄷ. $f(a)=p$, $f(b)=q$ (p, q는 실수)라 하면
$f^{-1}(p)=a$, $f^{-1}(q)=b$이다.
㉠에 $x=p$, $y=q$를 대입하면
$f(p+q)=f^{-1}(p)+f^{-1}(q)=a+b$이므로
$f^{-1}(a+b)=p+q=f(a)+f(b)$이다. (참)
ㄹ. ㉠에 $y=-x$를 대입하면

$$f(0)=f^{-1}(x)+f^{-1}(-x) \qquad \cdots\cdots \text{㉡}$$

㉠에 $x=y=0$을 대입하면

$$f(0)=f^{-1}(0)+f^{-1}(0)=2f^{-1}(0) \qquad \cdots\cdots \text{㉢}$$

㉡, ㉢에서
$f^{-1}(x)+f^{-1}(-x)=2f^{-1}(0)$

$$\therefore \frac{f^{-1}(a)+f^{-1}(-a)}{2}=f^{-1}(0) \text{ (참)}$$

따라서 옳은 것의 개수는 4이다.

조건 ㈎에 의하여 함수 $y=f(x)$의 그래프는

$$\text{점 }\left(\frac{1}{2}, \frac{1}{2}\right)\text{에 대하여 대칭이다.} \qquad \cdots\cdots \text{㉠}$$

조건 ㈏의 식에 $x=0$을 대입하면

$f(0)=\dfrac{f(0)}{2}$에서 $f(0)=0$이고, ㉠에 의하여 $f(1)=1$이다.

조건 ㈏의 식에 $x=1$을 대입하면

$f\left(\dfrac{1}{3}\right)=\dfrac{f(1)}{2}=\dfrac{1}{2}$이고, ㉠에 의하여 $f\left(\dfrac{2}{3}\right)=\dfrac{1}{2}$이다.

즉, 함수 $y=f(x)$의 그래프가

세 점 $\left(\dfrac{1}{3}, \dfrac{1}{2}\right)$, $\left(\dfrac{1}{2}, \dfrac{1}{2}\right)$, $\left(\dfrac{2}{3}, \dfrac{1}{2}\right)$을 지나므로

조건 ㈐에 의하여 $\dfrac{1}{3}\leq x\leq\dfrac{2}{3}$일 때, $f(x)=\dfrac{1}{2}$이다.

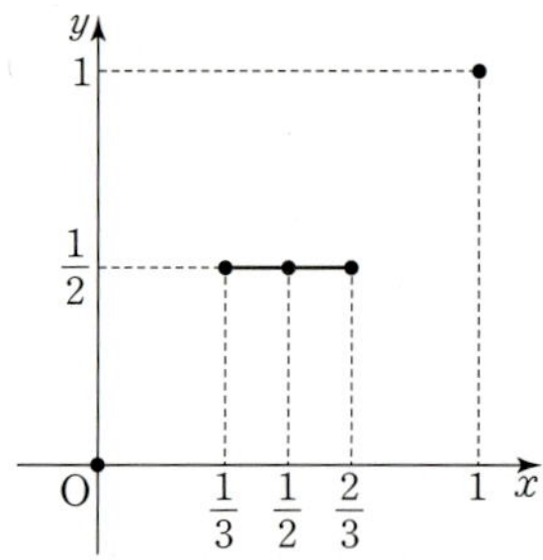

이때 조건 (나)에 의하여 $\dfrac{1}{9}\leq x\leq\dfrac{2}{9}$에서 $f(x)=\dfrac{1}{4}$이고,

다시 조건 (나)에 의하여 $\dfrac{1}{27}\leq x\leq\dfrac{2}{27}$에서 $f(x)=\dfrac{1}{8}$이다.

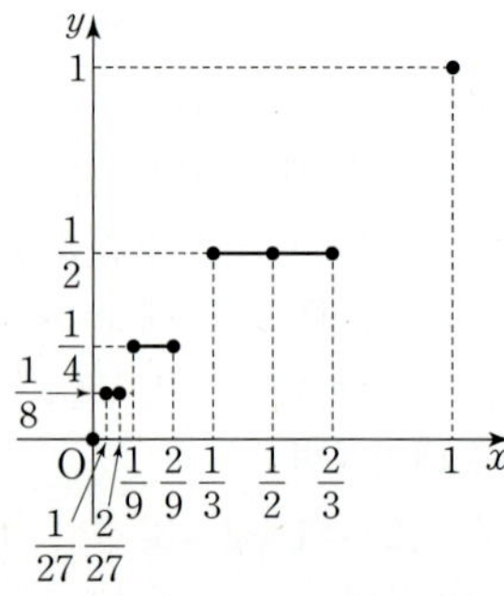

조건 (가)에 의하여 $f\left(\dfrac{14}{15}\right)=1-f\left(\dfrac{1}{15}\right)$이고,

$\dfrac{1}{27}\leq\dfrac{1}{15}\leq\dfrac{2}{27}$이므로 $f\left(\dfrac{1}{15}\right)=\dfrac{1}{8}$

$\therefore f\left(\dfrac{14}{15}\right)=1-\dfrac{1}{8}=\dfrac{7}{8}$

607   답 ③

함수 $y=f(x)$의 그래프가 점 $(a,\,a)$ $(a>0)$를 지나고 기울기가 1보다 큰 직선이므로 이와 직선 $y=x$에 대하여 대칭인 함수 $y=f^{-1}(x)$의 그래프는 점 $(a,\,a)$를 지나고 기울기가 1보다 작은 직선이다.

즉, 함수 $g(x)=\begin{cases} f(x) & (x<a) \\ f^{-1}(x) & (x\geq a)\end{cases}$의 그래프는 다음 그림과 같다.

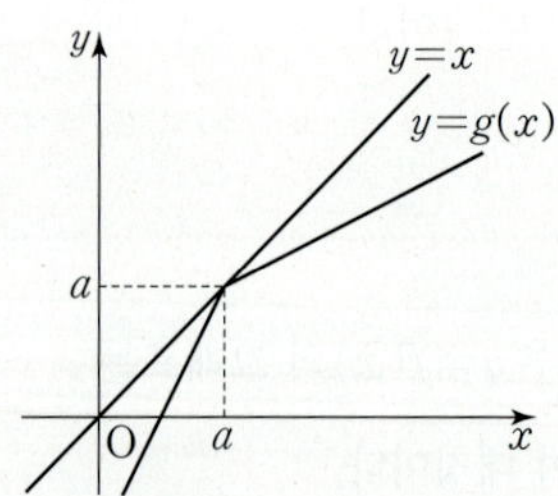

ㄱ. $(h\circ h^{-1})(x)=x$이므로 방정식 $g(x)=(h\circ h^{-1})(x)$의 해는 함수 $y=g(x)$의 그래프와 직선 $y=x$의 교점의 x좌표와 같다.
두 그래프가 점 $(a,\,a)$에서만 만나므로 방정식의 해는 $x=a$뿐이다. (참)

ㄴ. $g(h(x))=g(x+a)$, $h(g(x))=g(x)+a$이다.
함수 $y=g(x+a)$의 그래프는 함수 $y=g(x)$의 그래프를 x축의 방향으로 $-a$만큼 평행이동한 것이고,
함수 $y=g(x)+a$의 그래프는 함수 $y=g(x)$의 그래프를 y축의 방향으로 a만큼 평행이동한 것이므로
다음 그림과 같이 한 점에서만 만난다.   TIP

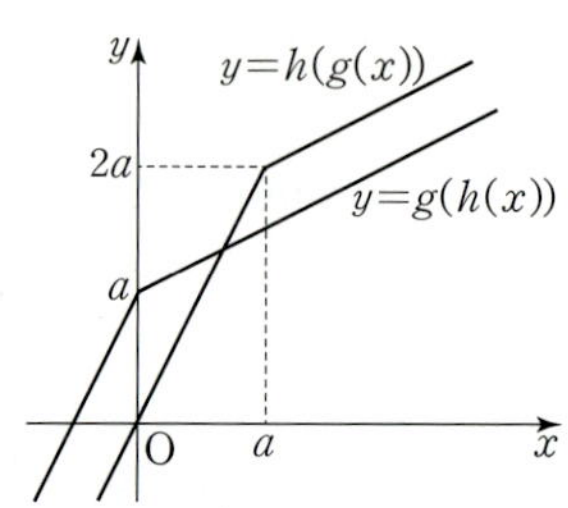

따라서 방정식 $g(h(x))=h(g(x))$의 해의 개수는 1이다. (거짓)

ㄷ. $h(x)=x+a$의 역함수는 $h^{-1}(x)=x-a$이므로
$(h\circ g\circ h^{-1})(x)=(h\circ g)(x-a)=h(g(x-a))$
$\qquad\qquad\qquad\qquad\quad =g(x-a)+a$
에서 이 함수의 그래프는 함수 $y=g(x)$의 그래프를 x축의 방향으로 a만큼, y축의 방향으로 a만큼 평행이동한 것이다.
$h\circ g^{-1}\circ h^{-1}=(h\circ g\circ h^{-1})^{-1}$
에서 함수 $y=(h\circ g^{-1}\circ h^{-1})(x)$가 함수 $y=(h\circ g\circ h^{-1})(x)$의 역함수이므로 두 함수의 그래프는 직선 $y=x$에 대하여 대칭이다.

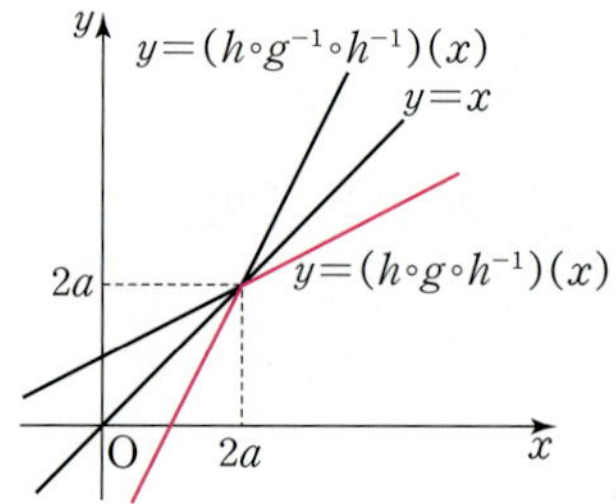

따라서 모든 실수 x에 대하여
$(h\circ g\circ h^{-1})(x)\leq(h\circ g^{-1}\circ h^{-1})(x)$이다. (참)
따라서 옳은 것은 ㄱ, ㄷ이다.

TIP

$x<0$에서 두 함수 $y=h(g(x))$, $y=g(h(x))$의 그래프가 평행하므로 만나지 않는다.
$0\leq x\leq a$에서 두 함수 $y=h(g(x))$, $y=g(h(x))$의 그래프는 한 점에서만 만난다.
$x>a$에서 두 함수 $y=h(g(x))$, $y=g(h(x))$의 그래프가 평행하므로 만나지 않는다.

608   답 ⑤

ㄱ. 함수 $g(x)$의 정의역과 치역이 모두 실수 전체의 집합이고 함수 $g(x)$의 역함수가 존재하므로 함수 $g(x)$는 일대일대응이다.
따라서 함수 $y=g(x)$의 그래프의 개형은 다음 그림과 같이 두 가지이다.

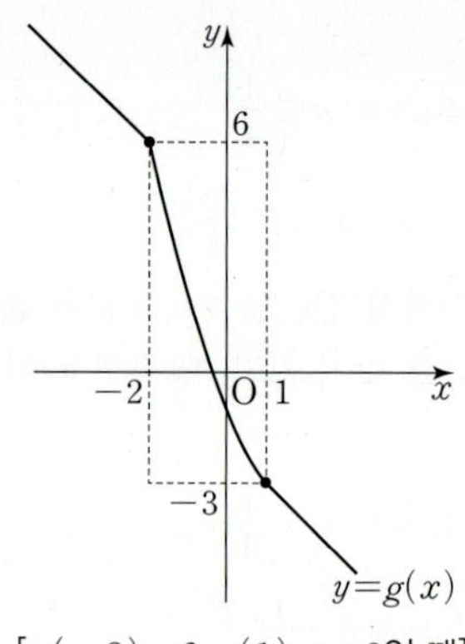

$[g(-2)=6,\ g(1)=-3$일 때$]$

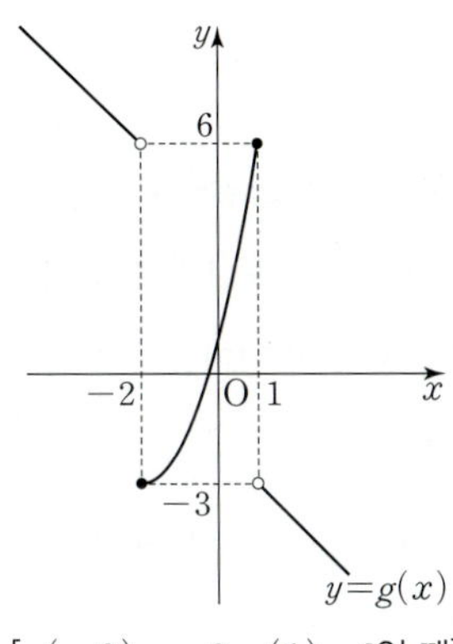

$[g(-2)=-3, g(1)=6$일 때$]$

따라서 $f(-2)+f(1)=g(-2)+g(1)=3$ (참)

ㄴ. $g(0)=f(0)=-1$에서
$f(x)=ax^2+bx-1$ (a는 양의 상수, b는 상수)
로 놓을 수 있다.
$g(1)=f(1)=-3$이면 $f(-2)=6$이므로
$a+b-1=-3$에서 $a+b=-2$ ······ ㉠
$4a-2b-1=6$에서 $4a-2b=7$ ······ ㉡

㉠, ㉡에 의하여 $a=\dfrac{1}{2}$, $b=-\dfrac{5}{2}$

따라서
$$f(x)=\frac{1}{2}x^2-\frac{5}{2}x-1=\frac{1}{2}\left(x-\frac{5}{2}\right)^2-\frac{33}{8}$$

이므로 곡선 $y=f(x)$의 꼭짓점의 x좌표는 $\dfrac{5}{2}$이다. (참)

ㄷ. 곡선 $y=f(x)$의 꼭짓점의 x좌표가 -2이므로
$f(x)=a(x+2)^2+p$ (a는 양의 상수, p는 상수)
라 할 수 있다.
이때 함수 $g(x)$가 일대일대응이므로
$f(-2)=-3$, $f(1)=6$이다.
$p=-3$, $9a+p=6$에서 $a=1$이므로
$f(x)=(x+2)^2-3$
따라서 $g(0)=f(0)=1$이므로 $g^{-1}(1)=0$ (참)
따라서 옳은 것은 ㄱ, ㄴ, ㄷ이다.

609   답 ②

$$\frac{x-1}{x}\div\frac{x^3+1}{x^2-2x}\times\frac{x+1}{x^2-3x+2}$$
$$=\frac{x-1}{x}\times\frac{x(x-2)}{(x+1)(x^2-x+1)}\times\frac{x+1}{(x-1)(x-2)}=\frac{1}{x^2-x+1}$$

610   답 13

주어진 등식의 좌변의 분모를 우변과 같게 하면
$$\frac{a}{x-2}+\frac{b}{x+3}=\frac{a(x+3)+b(x-2)}{(x-2)(x+3)}$$
$$=\frac{(a+b)x+(3a-2b)}{x^2+x-6}$$
$$\frac{(a+b)x+(3a-2b)}{x^2+x-6}=\frac{5x}{x^2+x-6}$$
에서 $a+b=5$, $3a-2b=0$이므로
$a=2$, $b=3$
$\therefore a^2+b^2=2^2+3^2=13$

611   답 152

$f(n)=\dfrac{(n+1)^2}{n(n+2)}$이므로
$f(1)\times f(2)\times f(3)\times\cdots\times f(100)$
$$=\frac{2^2}{1\times3}\times\frac{3^2}{2\times4}\times\frac{4^2}{3\times5}\times\cdots\times\frac{101^2}{100\times102}$$
$$=\frac{2}{1}\times\frac{101}{102}=\frac{101}{51}$$
따라서 $p=51$, $q=101$이므로
$p+q=152$이다.

612   답 ④

함수 $y=f(x)$에서 $f(x)$가 x에 대한 유리식일 때, 이 함수를
유리함수라 한다.
특히, $f(x)$가 x에 대한 다항식일 때, 이 함수를 다항함수라 한다.
따라서 ㄱ, ㄹ은 다항함수이므로 $a=2$
ㄱ, ㄴ, ㄹ, ㅁ은 유리함수이므로 $b=4$
$\therefore a+b=2+4=6$

613   답 ②

$$y=\frac{2x-7}{x+3}=\frac{2(x+3)-13}{x+3}=\frac{-13}{x+3}+2$$에서
점근선의 방정식은 $x=-3$, $y=2$이므로 ······ **TIP**
$a=-3$, $b=2$이다.
$\therefore a+b=(-3)+2=-1$

유리함수 $y=\dfrac{rx+s}{px+q}$ 의 그래프의 점근선의 방정식

유리함수 $y=\dfrac{rx+s}{px+q}\,(ps-qr\neq0,\ p\neq0)$ 의 그래프의 점근선의

방정식은 $x=-\dfrac{q}{p},\ y=\dfrac{r}{p}$ 이다.

즉, 점근선의 방정식은 다음과 같이 구할 수 있다.

$x=$ (분모를 0으로 만드는 x의 값),

$y=$ (분모, 분자의 x항의 계수의 비율)

[증명]

$$y=\frac{rx+s}{px+q}=\frac{\dfrac{r}{p}x+\dfrac{s}{p}}{x+\dfrac{q}{p}}$$

$$=\frac{\dfrac{r}{p}\left(x+\dfrac{q}{p}\right)-\dfrac{qr}{p^2}+\dfrac{s}{p}}{x+\dfrac{q}{p}}=\frac{-\dfrac{qr}{p^2}+\dfrac{s}{p}}{x+\dfrac{q}{p}}+\frac{r}{p}$$

따라서 유리함수 $y=\dfrac{2x-7}{x+3}$ 의 그래프의 점근선의 방정식은

$x=-3,\ y=2$ 임을 빠르게 구할 수 있다.

614   답 ②

$$\frac{(b+1)x}{x+4a}=\frac{(b+1)(x+4a)-4ab-4a}{x+4a}=\frac{-4ab-4a}{x+4a}+b+1$$

이므로 유리함수 $y=\dfrac{(b+1)x}{x+4a}$ 의 그래프의 두 점근선의 방정식은

$x=-4a,\ y=b+1$

$$\frac{bx+a}{ax+1}=\frac{\dfrac{b}{a}(ax+1)-\dfrac{b}{a}+a}{ax+1}=\frac{-\dfrac{b}{a}+a}{ax+1}+\frac{b}{a}$$ 이므로

유리함수 $y=\dfrac{bx+a}{ax+1}$ 의 그래프의 두 점근선의 방정식은

$x=-\dfrac{1}{a},\ y=\dfrac{b}{a}$

이때 두 유리함수 $y=\dfrac{(b+1)x}{x+4a},\ y=\dfrac{bx+a}{ax+1}$ 의 그래프의 점근선이

모두 같으므로

$-4a=-\dfrac{1}{a}$ 에서 $a^2=\dfrac{1}{4}$ $\therefore a=\dfrac{1}{2}\ (\because a>0)$ …… ㉠

$b+1=\dfrac{b}{a}$ 에서 ㉠에 의하여 $b+1=2b$ $\therefore b=1$

$\therefore a+b=\dfrac{1}{2}+1=\dfrac{3}{2}$

615   답 ③

함수 $y=\dfrac{4x+3}{x+2}=\dfrac{4(x+2)-5}{x+2}=\dfrac{-5}{x+2}+4$ 의 그래프를 x축의

방향으로 2만큼, y축의 방향으로 -4만큼 평행이동하면

$y=\dfrac{-5}{(x-2)+2}+4-4=\dfrac{-5}{x}$ 이므로

$a=2,\ b=-4,\ c=-5$

$\therefore a+b+c=2+(-4)+(-5)=-7$

616   답 ④

함수 $y=\dfrac{3}{x-2}+1$ 의 그래프는 함수 $y=\dfrac{3}{x}$ 의 그래프를 x축의

방향으로 2만큼, y축의 방향으로 1만큼 평행이동한 것이므로

〈보기〉의 함수의 그래프 중 평행이동하여 함수 $y=\dfrac{3}{x}$ 의 그래프와

겹쳐지는 것을 찾으면 된다.

ㄱ. 함수 $y=\dfrac{x-3}{x}=1-\dfrac{3}{x}$ 의 그래프는 함수 $y=\dfrac{3}{x}$ 의 그래프를

   y축에 대하여 대칭이동한 후 y축의 방향으로 1만큼 평행이동한

   것이다.

   따라서 평행이동만으로 함수 $y=\dfrac{3}{x}$ 의 그래프와 겹쳐질 수 없다.

ㄴ. 함수 $y=\dfrac{2x+1}{x-1}=\dfrac{2(x-1)+3}{x-1}=\dfrac{3}{x-1}+2$ 의 그래프는

   함수 $y=\dfrac{3}{x}$ 의 그래프를 x축의 방향으로 1만큼,

   y축의 방향으로 2만큼 평행이동한 것이다.

ㄷ. 함수

$$y=\frac{6x+3}{2x-1}=\frac{3(2x-1)+6}{2x-1}=\frac{6}{2x-1}+3=\frac{3}{x-\dfrac{1}{2}}+3$$

   의 그래프는 함수 $y=\dfrac{3}{x}$ 의 그래프를 x축의 방향으로 $\dfrac{1}{2}$만큼,

   y축의 방향으로 3만큼 평행이동한 것이다.

따라서 평행이동하여 함수 $y=\dfrac{3}{x}+1$ 의 그래프와 겹쳐지는 것은

ㄴ, ㄷ이다.

617   답 9

주어진 그래프에서 점근선이 두 직선 $x=-1,\ y=2$ 이므로

유리함수를 $y=\dfrac{k}{x+1}+2$ (k는 0이 아닌 상수)라 하자.

이 함수의 그래프가 점 $(-3,\ 0)$을 지나므로

$\dfrac{k}{-2}+2=0,\ k=4$

따라서 주어진 그래프를 나타내는 유리함수는

$y=\dfrac{4}{x+1}+2=\dfrac{4+2(x+1)}{x+1}=\dfrac{2x+6}{x+1}$ 이므로

$a=2,\ b=6,\ c=1$

$\therefore a+b+c=2+6+1=9$

다른 풀이

유리함수 $y=\dfrac{ax+b}{x+c}$ 의 점근선의 방정식은 $x=-c,\ y=a$ 이다.

주어진 그래프에서 점근선의 방정식이 $x=-1,\ y=2$ 이므로

$c=1,\ a=2$ 이다.

또한 함수 $y=\dfrac{2x+b}{x+1}$ 의 그래프가 점 $(-3,\ 0)$을 지나므로

$\dfrac{-6+b}{-2}=0,\ b=6$

$\therefore a+b+c=2+6+1=9$

618

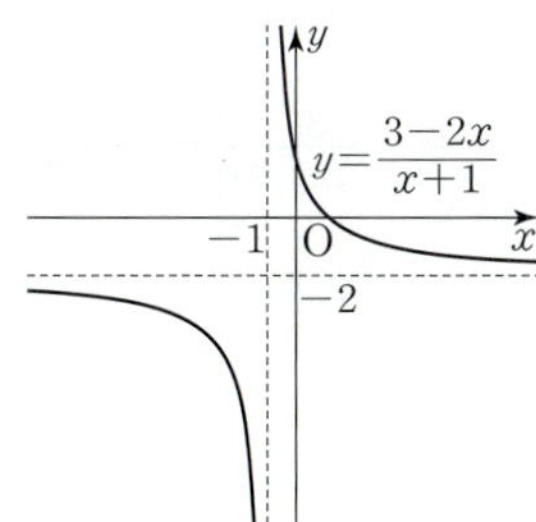

함수 $y=\dfrac{3-2x}{x+1}=\dfrac{-2(x+1)+5}{x+1}=\dfrac{5}{x+1}-2$의 그래프는 다음과 같다.

① 정의역은 $\{x\,|\,x\neq-1$인 모든 실수$\}$,
   치역은 $\{y\,|\,y\neq-2$인 모든 실수$\}$이다. (거짓)
② 점근선의 방정식은 $x=-1$, $y=-2$이다. (거짓)
③ 함수 $y=\dfrac{5}{x}$의 그래프는 점 $(0,\,0)$에 대하여 대칭이므로

   $y=\dfrac{5}{x+1}-2$의 그래프는 점 $(-1,\,-2)$에 대하여 대칭이다.

   (거짓)
④ 직선 $x=-1$이 점근선이므로 제2사분면을 지난다. (참)
⑤ 함수 $y=\dfrac{5}{x}$의 그래프를 x축의 방향으로 -1만큼,

   y축의 방향으로 -2만큼 평행이동한 그래프이다. (거짓)
따라서 옳은 것은 ④이다.

점근선이 두 직선 $x=-1$, $y=-2$이므로 제2, 3, 4사분면을 모두 지남을 알 수 있다. 이때 y절편을 구해 보면 $x=0$일 때 $y=3$이므로 y절편이 양수이다. 따라서 그래프가 제1사분면을 지남을 알 수 있으므로 그래프는 모든 사분면을 지난다.

619

함수 $y=\dfrac{kx-2}{x+1}$의 그래프의 두 점근선의 방정식은

$x=-1$, $y=k$이다.
함수 $y=\dfrac{5x+1}{x+2}$의 그래프의 두 점근선의 방정식은

$x=-2$, $y=5$이다.
네 직선 $x=-1$, $x=-2$, $y=k$, $y=5$로 둘러싸인 부분은 가로의 길이가 1, 세로의 길이가 $|k-5|$인 직사각형이고, 이 넓이가 7이므로 $|k-5|=7$에서 $k=12$ 또는 $k=-2$
따라서 모든 실수 k의 값의 곱은 -24이다.

620

조건 (내)의 두 직선 $y=x+10$, $y=-x+2$의 교점의 좌표는
$x+10=-x+2$에서 $x=-4$, $y=6$이므로 $(-4,\,6)$이다.
따라서 주어진 유리함수의 그래프는 점 $(-4,\,6)$에 대하여 대칭이다.

.... TIP

즉, 점근선의 방정식이 $x=-4$, $y=6$이므로 유리함수를
$y=\dfrac{6x+k}{x+4}$ (k는 상수)라 하면
조건 (개)에서 이 함수의 그래프가 점 $(1,\,3)$을 지나므로
$3=\dfrac{6+k}{5}$ $\qquad\therefore k=9$

즉, $y=\dfrac{6x+9}{x+4}$이므로 $p=6$, $q=9$, $r=4$
$\therefore p+q+r=6+9+4=19$

TIP

유리함수 $y=\dfrac{k}{x}$ (k는 상수)의 그래프는 두 직선

$y=x$, $y=-x$에 대하여 대칭이고, 두 점근선의 교점인
원점 $(0,\,0)$에 대하여 대칭이다.
이 유리함수의 그래프를 평행이동하면 유리함수의 그래프가
대칭이 되는 두 직선과 두 점근선의 교점도 평행이동되므로
유리함수의 그래프는 두 점근선의 교점에 대하여 대칭이고,
두 점근선의 교점을 지나면서 기울기가 1 또는 -1인 직선에
대해서도 대칭이다.

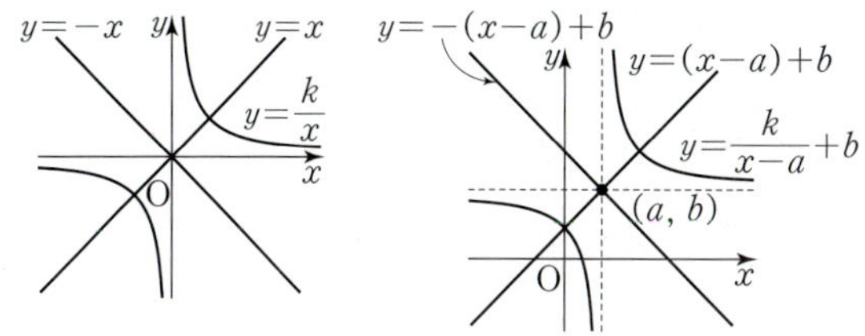

621

함수 $y=\dfrac{3x-1}{x+1}$의 역함수를 구하면 다음과 같다.

$y=\dfrac{3x-1}{x+1}$을 x에 대하여 풀면

$xy+y=3x-1$, $x(y-3)=-y-1$, $x=\dfrac{-y-1}{y-3}$이고,

x와 y를 서로 바꾸면 $y=\dfrac{-x-1}{x-3}$

따라서 역함수는 $y=\dfrac{-x-1}{x-3}$이므로 .... **TIP**

$a=-1$, $b=-1$, $c=-3$
$\therefore a\times b\times c=(-1)\times(-1)\times(-3)=-3$

TIP

유리함수 $y=\dfrac{rx+s}{px+q}$의 역함수

유리함수 $f(x)=\dfrac{rx+s}{px+q}$ ($ps-qr\neq0$, $p\neq0$)의

역함수는 $f^{-1}(x)=\dfrac{-qx+s}{px-r}$이다.

(즉, q와 r의 부호를 바꿔서 서로 자리를 바꾼다.)
[증명]

$y=\dfrac{rx+s}{px+q}$를 x에 대하여 풀면

$(px+q)y=rx+s$, $(py-r)x=-qy+s$

$x=\dfrac{-qy+s}{py-r}$이고 x와 y를 서로 바꾸면

$y=\dfrac{-qx+s}{px-r}$이므로 $f^{-1}(x)=\dfrac{-qx+s}{px-r}$이다.

이를 이용하여 함수 $y=\dfrac{3x-1}{x+1}$의 역함수는

$y=\dfrac{-x-1}{x-3}$임을 빠르게 구할 수 있다.

622 　　　　　　　　　　　　　　　　🔁 풀이 참조

함수 $f(x)$의 역함수를 구하면 다음과 같다.

$y=\dfrac{ax}{x-1}$를 x에 대하여 풀면

$xy-y=ax,\ x(y-a)=y,\ x=\dfrac{y}{y-a}$이고,

x와 y를 서로 바꾸면 $y=\dfrac{x}{x-a}$

따라서 역함수는 $y=\dfrac{x}{x-a}$이다.

한편, 함수 $y=f(x)$의 그래프를 x축의 방향으로 3만큼,
y축의 방향으로 b만큼 평행이동하면

$y=\dfrac{(a+b)x-3a-4b}{x-4}$이므로

$\dfrac{x}{x-a}=\dfrac{(a+b)x-3a-4b}{x-4}$에서

$a=4,\ a+b=1,\ -3a-4b=0 \qquad \therefore a=4,\ b=-3$

따라서 $f(x)=\dfrac{4x}{x-1}$이므로

$f(a-b)=f(7)=\dfrac{4\times 7}{7-1}=\dfrac{28}{6}=\dfrac{14}{3}$이다.

채점 요소	배점
함수 $f(x)$의 역함수 구하기	40 %
$a,\ b$의 값 구하기	40 %
$f(a-b)$의 값 구하기	20 %

623 　　　　　　　　　　　　　　　　🔁 ④

$f(x)=\dfrac{3x+1}{x+1}=\dfrac{3(x+1)-2}{x+1}=\dfrac{-2}{x+1}+3$

$0\leq x\leq 2$에서 함수 $y=-\dfrac{2}{x+1}+3$의 그래프가 다음 그림과 같다.

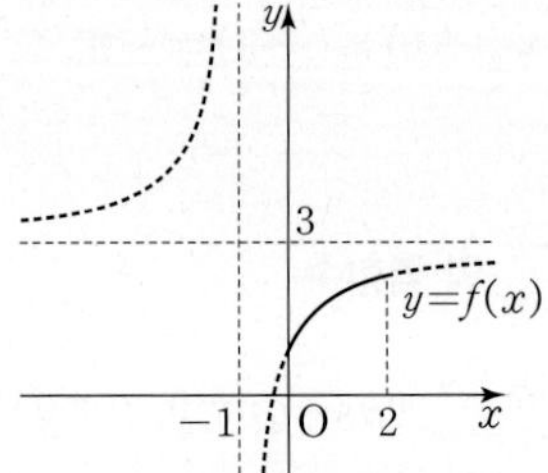

따라서 $x=0$에서 최솟값, $x=2$에서 최댓값을 갖는다.

$M=f(2)=-\dfrac{2}{2+1}+3=\dfrac{7}{3}$,

$m=f(0)=-\dfrac{2}{0+1}+3=1$

$\therefore M-m=\dfrac{7}{3}-1=\dfrac{4}{3}$

624 　　　　　　　　　　　　　　　　🔁 ③

함수 $y=\dfrac{2-x}{x+3}=\dfrac{5}{x+3}-1$의 그래프는 다음 그림과 같다.

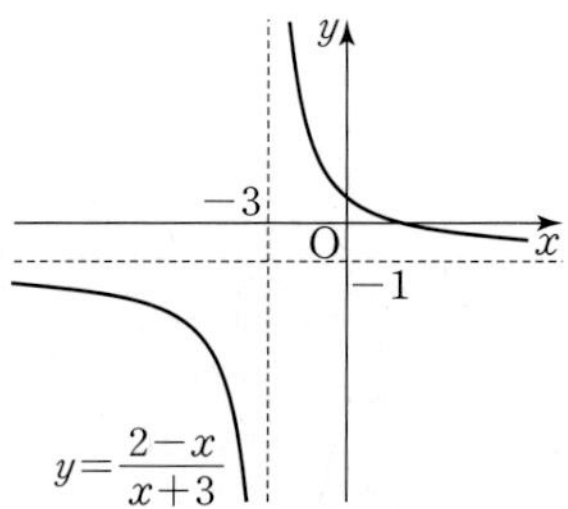

이때 최솟값이 -1보다 크므로 $-3<a$이고 $a\leq x\leq b$에서 함수
$f(x)$는 $f(a)$를 최댓값으로 갖고, $f(b)$를 최솟값으로 갖는다.

$\dfrac{2-a}{a+3}=4$에서 $2-a=4(a+3),\ 5a=-10 \qquad \therefore a=-2$

$\dfrac{2-b}{b+3}=0$에서 $2-b=0 \qquad \therefore b=2$

$\therefore a+b=0$

625 　　　　　　　　　　　　　　　　🔁 ④

함수 $y=\dfrac{2x+k}{x-3}=\dfrac{k+6}{x-3}+2$의 점근선의 방정식이

$x=3,\ y=2$이고 정의역이 $\{x\,|\,-1\leq x\leq 2\}$일 때 치역이 집합
$\{y\,|\,-4\leq y\leq -2\}$를 포함하려면 함수 $y=f(x)$의 그래프는 다음
그림과 같아야 한다.

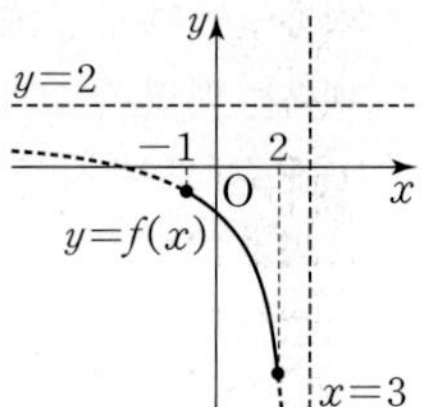

$x=-1$일 때 $f(x)$가 최대이고, $x=2$일 때 $f(x)$가 최소이므로
$f(-1)\geq -2$이고, $f(2)\leq -4$를 만족해야 한다.

$f(-1)=\dfrac{k-2}{-4}\geq -2$에서 $k\leq 10$이고

$f(2)=\dfrac{k+4}{-1}\leq -4$에서 $k\geq 0$이다.

따라서 $0\leq k\leq 10$에서 정수 k의 개수는 11이다.

626 　　　　　　　　　　　　　　　　🔁 ②

함수 $y=\dfrac{8}{x}$의 그래프 위의 점 P의 좌표를 $\left(a,\ \dfrac{8}{a}\right)$이라 하면

점 P와 원점 사이의 거리는 $\sqrt{(a-0)^2+\left(\dfrac{8}{a}-0\right)^2}=\sqrt{a^2+\dfrac{64}{a^2}}$이다.

이때 $a^2>0,\ \dfrac{64}{a^2}>0$이므로 산술평균과 기하평균의 관계에 의하여

$a^2+\dfrac{64}{a^2}\geq 2\sqrt{a^2\times\dfrac{64}{a^2}}=16$

(단, 등호는 $a^2=\dfrac{64}{a^2}$, 즉 $a=\pm 2\sqrt{2}$일 때 성립한다.)

따라서 $a^2+\dfrac{64}{a^2}$의 최솟값은 16이므로

$\sqrt{a^2+\dfrac{64}{a^2}}$의 최솟값은 4이다.

함수 $y=\dfrac{8}{x}$의 그래프 위의 점 P와 원점 사이의 거리가 최소가 될 때

점 P는 함수 $y=\dfrac{8}{x}$의 그래프와 직선 $y=x$의 교점이다. …… **TIP**

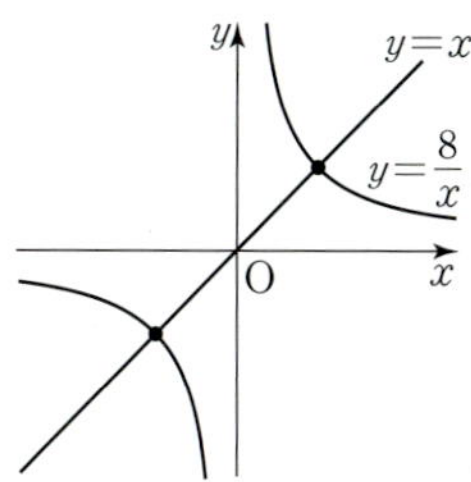

$\dfrac{8}{x}=x$에서 $x^2=8$

$\therefore x=2\sqrt{2}$ 또는 $x=-2\sqrt{2}$

즉, 점 P의 좌표가 $(2\sqrt{2},\ 2\sqrt{2})$ 또는 $(-2\sqrt{2},\ -2\sqrt{2})$일 때, 점 P와 원점 사이의 거리가 최소이다.

따라서 구하는 최솟값은 $\sqrt{(2\sqrt{2})^2+(2\sqrt{2})^2}=4$이다.

TIP

유리함수 $y=\dfrac{k}{x}$ $(k\neq0)$의 그래프 위의 점 P와 원점 사이의

거리가 최소일 때 점 P는 함수 $y=\dfrac{k}{x}$의 그래프와 직선 $y=x$

또는 직선 $y=-x$의 교점이다.

[증명]

유리함수 $y=\dfrac{k}{x}$ $(k>0)$의 그래프 위의 점 P의 좌표를

$\left(p,\ \dfrac{k}{p}\right)$라 하면 점 P와 원점 사이의 거리는 $\sqrt{p^2+\dfrac{k^2}{p^2}}$이다.

산술평균과 기하평균의 관계에 의하여

$p^2+\dfrac{k^2}{p^2}\geq2\sqrt{p^2\times\dfrac{k^2}{p^2}}=2k\ (\because k>0)$이고,

이때 등호는 $p^2=\dfrac{k^2}{p^2}$, 즉 $p=\pm\sqrt{k}$일 때 성립하므로 점 P의 좌표는

$(\sqrt{k},\ \sqrt{k})$ 또는 $(-\sqrt{k},\ -\sqrt{k})$이다.

유리함수 $y=\dfrac{k}{x}$ $(k<0)$에 대해서도 마찬가지로 구하면

점 P의 좌표는 $(\sqrt{-k},\ -\sqrt{-k})$ 또는 $(-\sqrt{-k},\ \sqrt{-k})$이다.

따라서 함수 $y=\dfrac{k}{x}$ $(k\neq0)$의 그래프 위의 점 P와 원점 사이의

거리가 최소일 때 점 P는 직선 $y=x$ 또는 직선 $y=-x$ 위의

점이다.

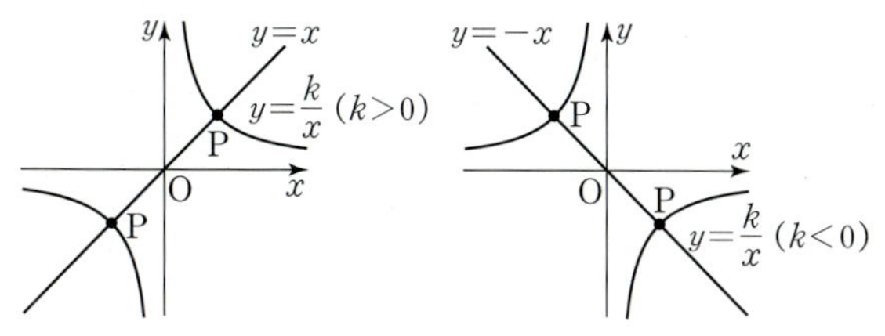

627 答 ①

유리함수 $y=\dfrac{3}{x-a}-1$의 그래프의 점근선의 방정식은

$x=a,\ y=-1$이다.

(i) $a\geq0$일 때

그래프가 다음 그림과 같으므로 항상 제1사분면을 지난다.

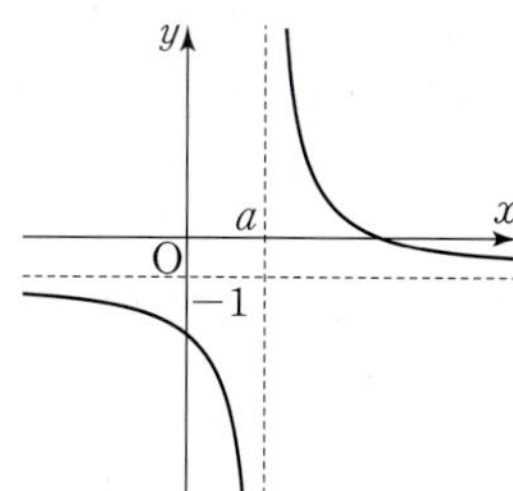

(ii) $a<0$일 때

그래프가 제1사분면을 지나지 않기 위해서는 다음 그림과 같이 $x=0$일 때 함숫값이 0 이하이어야 한다.

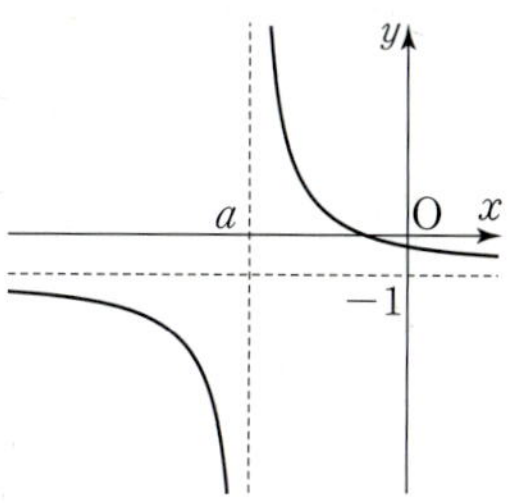

따라서 $\dfrac{3}{-a}-1\leq0,\ \dfrac{3}{a}\geq-1$

$3\leq-a\ (\because a<0)$ $\therefore a\leq-3$

(i), (ii)에서 구하는 a의 값의 범위는 $a\leq-3$이다.

628 答 ⑤

$\dfrac{x}{\sqrt{x+9}+3}+\dfrac{x}{\sqrt{x+9}-3}$

$=\dfrac{x(\sqrt{x+9}-3)+x(\sqrt{x+9}+3)}{(\sqrt{x+9}+3)(\sqrt{x+9}-3)}$

$=\dfrac{x(\sqrt{x+9}-3+\sqrt{x+9}+3)}{(\sqrt{x+9})^2-3^2}=\dfrac{2x\sqrt{x+9}}{x}$

$=2\sqrt{x+9}\ (\because x\neq0)$

629 答 ②

$\sqrt{|x+3|-3}+\sqrt{4-|x-1|}$의 값이 실수이려면 근호 안의 식의 값이 0 이상이어야 하므로

$|x+3|-3\geq0,\ 4-|x-1|\geq0$이다.

$|x+3|-3\geq0$에서 $|x+3|\geq3$, $x+3\leq-3$ 또는 $x+3\geq3$

$\therefore x\leq-6$ 또는 $x\geq0$ …… ㉠

$4-|x-1|\geq0$에서 $|x-1|\leq4$, $-4\leq x-1\leq4$

$\therefore -3\leq x\leq5$ …… ㉡

㉠, ㉡에서 $0\leq x\leq5$이므로

정수 x는 0, 1, 2, 3, 4, 5의 6개이다.

$|x+3|-3<0$이고 $4-|x-1|<0$일 때,

즉 $x=-5$, $x=-4$일 때를 생각해보자.

$x=-5$일 때,

$\sqrt{|x+3|-3}+\sqrt{4-|x-1|}=\sqrt{-1}+\sqrt{-2}=(1+\sqrt{2})i$

$x=-4$일 때,

$\sqrt{|x+3|-3}+\sqrt{4-|x-1|}=\sqrt{-2}+\sqrt{-1}=(1+\sqrt{2})i$

이므로 $\sqrt{|x+3|-3}+\sqrt{4-|x-1|}$의 값은 실수가 아니다.

630   답 ⑤

a의 값의 부호에 따른 무리함수 $y=\sqrt{ax}\ (a\neq0)$의 그래프는
다음 그림과 같다.

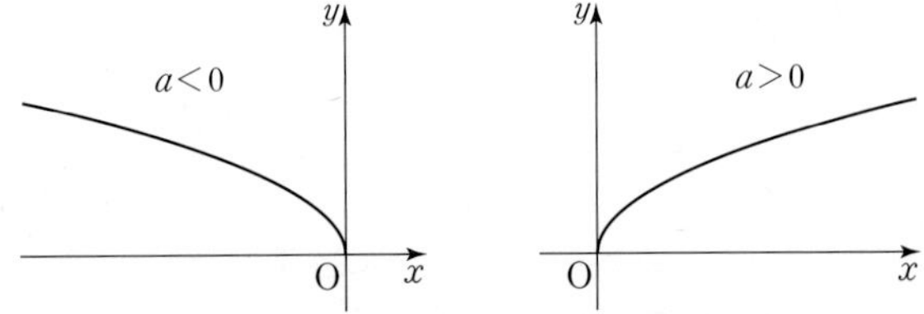

① $a>0$이면 이 함수의 정의역과 치역은 0 이상의 실수 전체의
집합이다. (참)

② $a<0$이면 이 함수의 정의역은 $\{x\,|\,x\leq0\}$이고 치역은
$\{y\,|\,y\geq0\}$이다. (참)

③ $a<0$이면 지나는 사분면은 제2사분면뿐이다. (참)

④ 두 함수의 그래프가 직선 $y=x$에 대하여 대칭이면 두 함수는
서로 역함수 관계이다. 즉, 무리함수 $y=\sqrt{ax}$의 역함수를 구하면
다음과 같다.

$y=\sqrt{ax}$를 x에 대하여 풀면 $y^2=ax$, $x=\dfrac{y^2}{a}$이고,

x와 y를 서로 바꾸면 $y=\dfrac{x^2}{a}$이다.

이때 $y=\sqrt{ax}\geq0$이므로 $y=\sqrt{ax}$의 역함수는 $y=\dfrac{x^2}{a}\ (x\geq0)$이다.

따라서 $y=\sqrt{ax}$의 그래프는 $y=\dfrac{x^2}{a}\ (x\geq0)$의 그래프와

직선 $y=x$에 대하여 대칭이다. (참)

⑤ $|a|$의 값이 커질수록 그래프는 x축에서 멀어지고, y축에
가까워진다. (거짓)

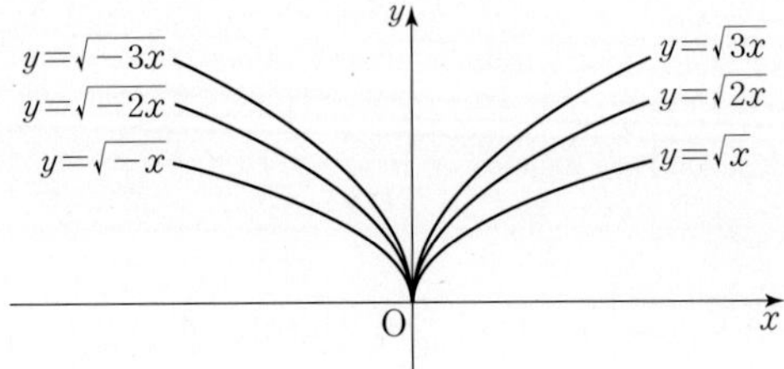

따라서 옳지 않은 것은 ⑤이다.

631   답 ⑤

무리함수 $y=\sqrt{-2x+k}-1$의 그래프는 점 $\left(\dfrac{k}{2},\,-1\right)$을 지나면서

왼쪽 위로 그려진다.

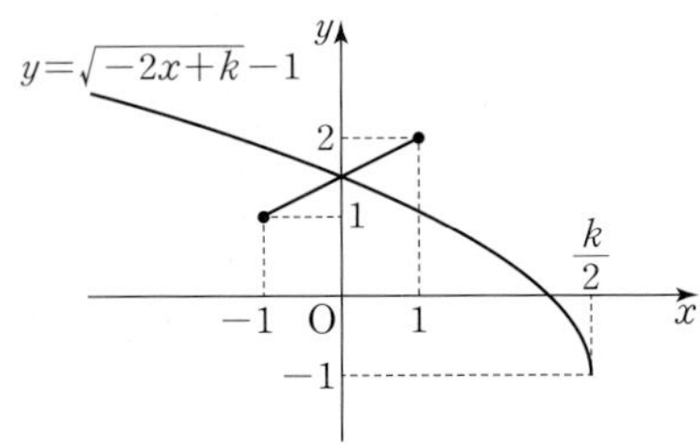

무리함수 $y=\sqrt{-2x+k}-1$의 그래프가 두 점 $(-1,\,1)$, $(1,\,2)$를
이은 선분과 만나기 위해서는 $f(x)=\sqrt{-2x+k}-1$이라 할 때
$f(-1)\geq1$, $f(1)\leq2$이어야 한다.

$f(-1)\geq1$에서 $\sqrt{2+k}-1\geq1$, $\sqrt{2+k}\geq2$

$2+k\geq4$ $\therefore k\geq2$

$f(1)\leq2$에서 $\sqrt{-2+k}-1\leq2$, $\sqrt{-2+k}\leq3$

$-2+k\leq9$ $\therefore k\leq11$

따라서 $2\leq k\leq11$이므로 정수 k의 개수는 10이다.

632   답 ④

$y=\sqrt{-4x+12}+5=2\sqrt{-(x-3)}+5$이므로 이 함수의 그래프는
함수 $y=2\sqrt{x}$의 그래프를 y축에 대하여 대칭이동한 후 x축의
방향으로 3만큼, y축의 방향으로 5만큼 평행이동한 것이다.

따라서 $a=3$, $b=5$이므로

$a+b=3+5=8$

633   답 ㄱ, ㄴ, ㄹ, ㅂ, ㅅ

ㄱ. 함수 $y=x^2\ (x\geq0)$의 그래프는 함수 $y=\sqrt{x}$의 그래프를 직선
$y=x$에 대하여 대칭이동한 것이다.

ㄴ. 함수 $y=1+\sqrt{-x}$의 그래프는 함수 $y=\sqrt{x}$의 그래프를 y축에
대하여 대칭이동한 후 y축의 방향으로 1만큼 평행이동한 것이다.

ㄷ. 함수 $y=\sqrt{2x-1}$의 그래프는 함수 $y=\sqrt{2x}$의 그래프를 x축의

방향으로 $\dfrac{1}{2}$만큼 평행이동한 것이므로 함수 $y=\sqrt{x}$의 그래프를

평행이동 또는 대칭이동하여 겹쳐질 수 없다.

ㄹ. 함수 $y=-\sqrt{x+4}$의 그래프는 함수 $y=\sqrt{x}$의 그래프를 x축의
방향으로 -4만큼 평행이동한 후 x축에 대하여 대칭이동한
것이다.

ㅁ. 함수 $y=3\sqrt{x}+1$의 그래프는 함수 $y=3\sqrt{x}=\sqrt{9x}$의 그래프를
y축의 방향으로 1만큼 평행이동한 것이므로 함수 $y=\sqrt{x}$의
그래프를 평행이동 또는 대칭이동하여 겹쳐질 수 없다.

ㅂ. 함수 $y=\sqrt{x+5}-2$의 그래프는 함수 $y=\sqrt{x}$의 그래프를 x축의
방향으로 -5만큼, y축의 방향으로 -2만큼 평행이동한 것이다.

ㅅ. 함수 $y=\dfrac{1}{2}\sqrt{4x-1}=\sqrt{x-\dfrac{1}{4}}$의 그래프는 함수 $y=\sqrt{x}$의

그래프를 x축의 방향으로 $\dfrac{1}{4}$만큼 평행이동한 것이다.

따라서 겹쳐질 수 있는 그래프의 식은 ㄱ, ㄴ, ㄹ, ㅂ, ㅅ이다.

634

답 10

주어진 그래프에서 정의역은 $\{x\,|\,x\leq 4\}$, 치역은 $\{y\,|\,y\geq -2\}$이므로
$$y=\sqrt{a(x-4)}-2 \ (a<0) \qquad \cdots\cdots \text{TIP}$$
라 하면 이 함수의 그래프가 점 $(3,\,0)$을 지나므로
$$0=\sqrt{a(3-4)}-2,\ 2=\sqrt{-a},\ a=-4$$
즉, $y=\sqrt{-4(x-4)}-2=\sqrt{-4x+16}-2$
이므로 $b=16,\ c=-2$
$$\therefore a+b+c=(-4)+16+(-2)=10$$

> **TIP**
>
> 함수 $y=\sqrt{ax+b}+c$의 정의역이 $\{x\,|\,x\leq 4\}$,
> 치역이 $\{y\,|\,y\geq -2\}$이므로 정의역이 $\{x\,|\,x\leq 0\}$,
> 치역이 $\{y\,|\,y\geq 0\}$인 무리함수 $y=\sqrt{ax}\ (a<0)$의 그래프를
> x축의 방향으로 4만큼, y축의 방향으로 -2만큼 평행이동한
> 것이라 할 수 있다. 따라서 주어진 무리함수의 식을
> $y=\sqrt{a(x-4)}-2\ (a<0)$로 놓을 수 있다.

> **참고**
>
> 양의 실수 a에 대하여
> 정의역이 $\{x\,|\,x\geq 0\}$, 치역이 $\{y\,|\,y\geq 0\}$인 무리함수는
> $$y=\sqrt{ax}$$
> 정의역이 $\{x\,|\,x\leq 0\}$, 치역이 $\{y\,|\,y\geq 0\}$인 무리함수는
> $$y=\sqrt{-ax}$$
> 정의역이 $\{x\,|\,x\geq 0\}$, 치역이 $\{y\,|\,y\leq 0\}$인 무리함수는
> $$y=-\sqrt{ax}$$
> 정의역이 $\{x\,|\,x\leq 0\}$, 치역이 $\{y\,|\,y\leq 0\}$인 무리함수는
> $$y=-\sqrt{-ax}$$
> 로 놓을 수 있다.

635

답 ③

$$(f\circ g^{-1})^{-1}\left(\frac{7}{6}\right)=(g\circ f^{-1})\left(\frac{7}{6}\right)=g\left(f^{-1}\left(\frac{7}{6}\right)\right) \qquad \cdots\cdots \ \bigcirc$$

이때 $f^{-1}\left(\dfrac{7}{6}\right)=k$라 하면 $f(k)=\dfrac{7}{6}$이므로

$\dfrac{k+1}{k-2}=\dfrac{7}{6}$에서 $7k-14=6k+6,\ k=20$

$\bigcirc$에서 $g\left(f^{-1}\left(\dfrac{7}{6}\right)\right)=g(20)=\sqrt{2\times 20-4}=6$

$$\therefore (f\circ g^{-1})^{-1}\left(\frac{7}{6}\right)=6$$

636

답 ③

ㄱ. 함수 $y=\sqrt{x+4}-2=\sqrt{x-(-4)}-2$의 그래프는 함수 $y=\sqrt{x}$의
그래프를 x축의 방향으로 -4만큼, y축의 방향으로 -2만큼
평행이동한 것이므로 점 $(-4,\,-2)$를 지나면서 오른쪽 위로
그려진다.
이때 y절편이 $\sqrt{0+4}-2=0$이므로 이 함수의 그래프는 다음
그림과 같이 제2사분면을 지나지 않는다.

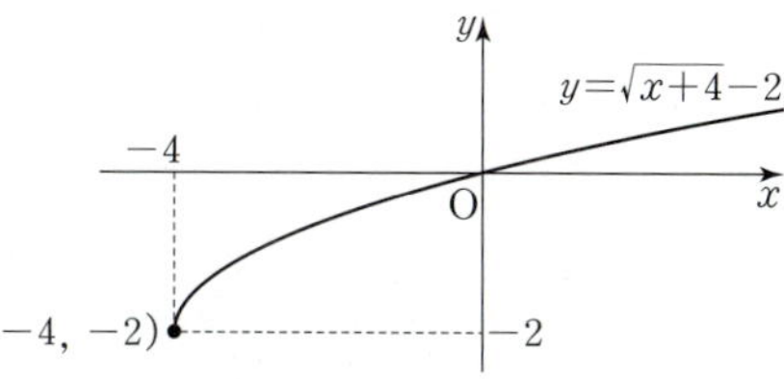

ㄴ. 함수 $y=\sqrt{-x+3}-2=\sqrt{-(x-3)}-2$의 그래프는 함수
$y=\sqrt{-x}$의 그래프를 x축의 방향으로 3만큼, y축의 방향으로
-2만큼 평행이동한 것이므로 점 $(3,\,-2)$를 지나면서 왼쪽 위로
그려진다.
이때 이 함수의 그래프는 다음 그림과 같이 제2사분면을 지난다.

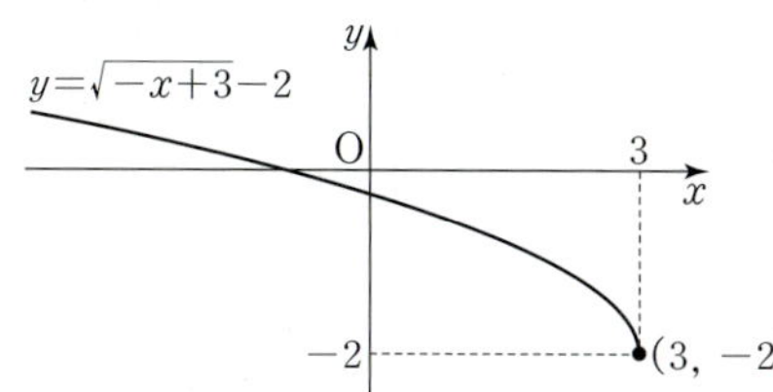

ㄷ. 함수 $y=-\sqrt{2-x}+3=-\sqrt{-(x-2)}+3$의 그래프는
함수 $y=-\sqrt{-x}$의 그래프를 x축의 방향으로 2만큼, y축의
방향으로 3만큼 평행이동한 것이므로 점 $(2,\,3)$을 지나면서
왼쪽 아래로 그려진다.
이때 y절편이 $-\sqrt{2-0}+3=-\sqrt{2}+3>0$이므로 이 함수의
그래프는 다음 그림과 같이 제2사분면을 지난다.

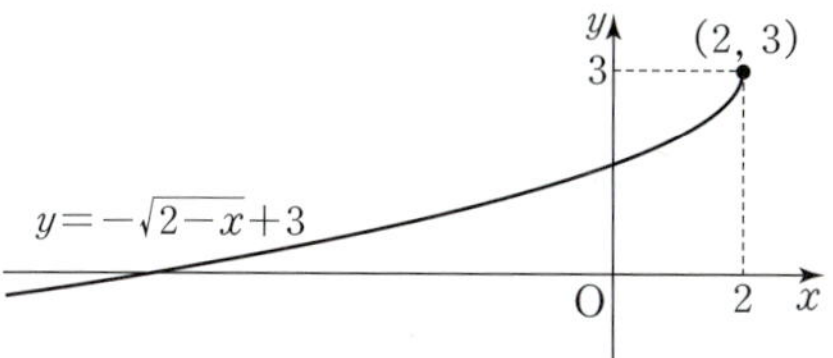

ㄹ. 함수 $y=-\sqrt{x-1}+4$의 그래프는 함수 $y=-\sqrt{x}$의 그래프를
x축의 방향으로 1만큼, y축의 방향으로 4만큼 평행이동한
것이므로 점 $(1,\,4)$를 지나면서 오른쪽 아래로 그려진다.
따라서 이 함수의 그래프는 다음 그림과 같이 제2사분면을
지나지 않는다.

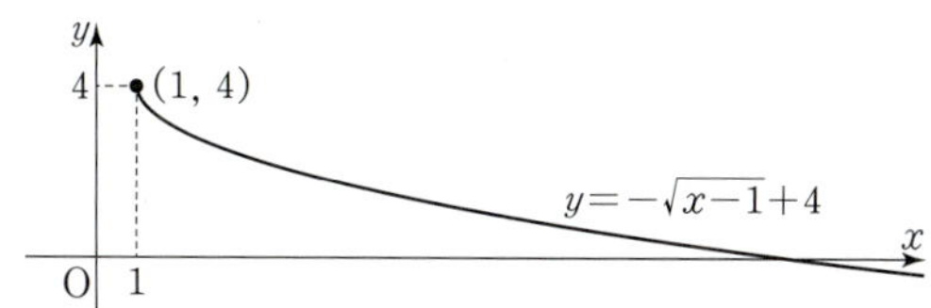

따라서 그래프가 제2사분면을 지나는 것은 ㄴ, ㄷ이다.

637

답 ④

주어진 이차함수의 그래프가 위로 볼록하므로 $a<0$이고,

축이 y축보다 오른쪽에 있으므로 $-\dfrac{b}{2a}>0$에서 $b>0$,

y절편이 음수이므로 $c<0$이다.

한편, 무리함수 $y=\sqrt{ax-c}+b$의 그래프는 $y=\sqrt{ax}$의 그래프를

x축의 방향으로 $\dfrac{c}{a}$만큼, y축의 방향으로 b만큼 평행이동한 것이다.

이때 $a<0$이므로 이 무리함수의 그래프는 점 $\left(\dfrac{c}{a},\,b\right)$를 지나면서

왼쪽 위로 그려지고, $\dfrac{c}{a}>0,\ b>0$이므로 그래프는 다음 그림과 같다.

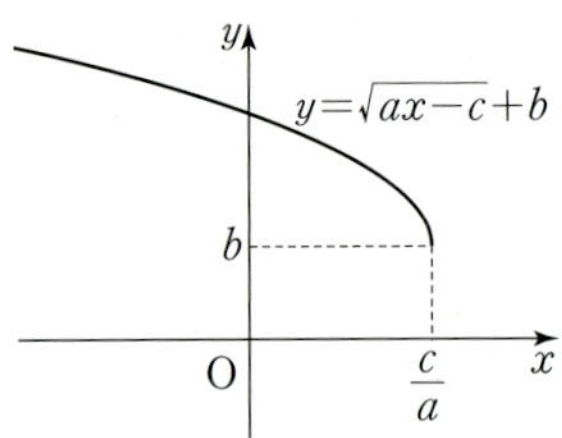

따라서 구하는 그래프는 ④이다.

638 답 ④

함수 $y=\sqrt{a-x}+2=\sqrt{-(x-a)}+2$의 그래프는 함수 $y=\sqrt{-x}$의
그래프를 x축의 방향으로 a만큼, y축의 방향으로 2만큼 평행이동한
것이므로 $-5\leq x\leq 3$에서 그래프의 개형은 다음 그림과 같다.

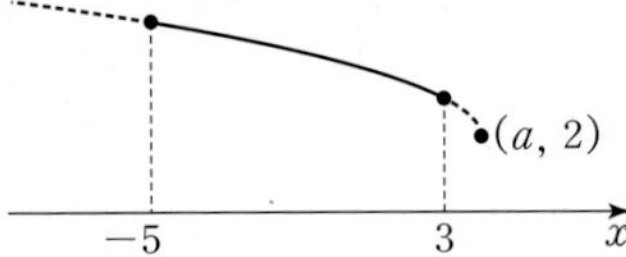

따라서 $x=3$일 때 최솟값 3을 갖고, $x=-5$일 때 최댓값을 갖는다.
$x=3$일 때 $y=\sqrt{a-3}+2=3$이므로 $\sqrt{a-3}=1$
양변을 각각 제곱하면 $a-3=1$, $a=4$
따라서 $x=-5$일 때 $y=\sqrt{4-(-5)}+2=5$이므로
구하는 최댓값은 5이다.

639 답 1

$f(x)=\sqrt{6-2x}\ (x\leq a)$라 하면 함수 $f(x)$가 역함수를 갖기 위해서는
$f(x)$는 집합 X에서 집합 Y로의 일대일대응이어야 한다. ⋯⋯ ㉠
이때 함수 $y=\sqrt{6-2x}$의 그래프는 점 $(3, 0)$을 지나면서 왼쪽 위로
그려지므로
㉠을 만족하기 위해서는 $f(a)=2a$이고
$f(a)\geq 0$, 즉 $\sqrt{6-2a}\geq 0$이므로 $f(a)=2a$에서 $a\geq 0$이다.
$\sqrt{6-2a}=2a$에서 $6-2a=4a^2$
$2a^2+a-3=0$, $(2a+3)(a-1)=0$
$\therefore a=1\ (\because a\geq 0)$

640 답 ④

함수 $y=\sqrt{x-1}$의 그래프와 직선 $y=mx$가 접하므로 다음 그림과
같이 $m>0$이고, x에 대한 방정식 $\sqrt{x-1}=mx$의 실근이 오직 하나
이다.

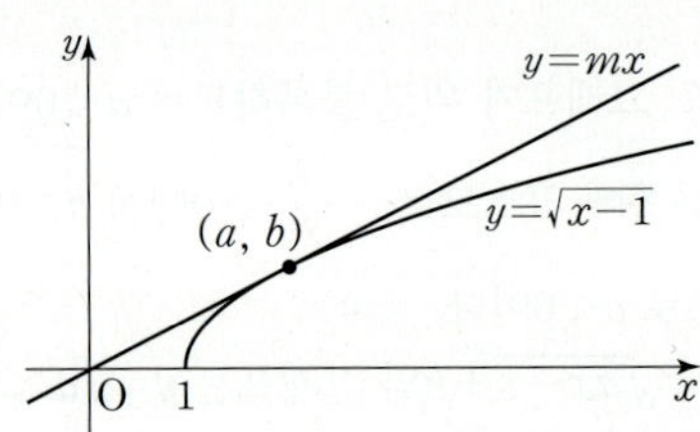

$\sqrt{x-1}=mx$의 양변을 각각 제곱하면 $x-1=m^2x^2$이고, 이차방정식
$m^2x^2-x+1=0$ ⋯⋯ ㉠
의 판별식을 D라 하면 $D=1-4m^2=0$이어야 하므로
$(1+2m)(1-2m)=0$ $\quad \therefore m=-\dfrac{1}{2}$ 또는 $m=\dfrac{1}{2}$

이때 $m>0$이므로 $m=\dfrac{1}{2}$

㉠에 대입하면 $\dfrac{1}{4}x^2-x+1=0$
$x^2-4x+4=0$, $(x-2)^2=0$
즉, $x=2$에서 접하므로 $a=2$, $b=\sqrt{2-1}=1$
$\therefore m+a+b=\dfrac{1}{2}+2+1=\dfrac{7}{2}$

641 답 ③

$$\dfrac{1}{x(x+1)}+\dfrac{2}{(x+1)(x+3)}+\dfrac{3}{(x+3)(x+6)}$$
$$=\left(\dfrac{1}{x}-\dfrac{1}{x+1}\right)+\dfrac{2}{2}\left(\dfrac{1}{x+1}-\dfrac{1}{x+3}\right)+\dfrac{3}{3}\left(\dfrac{1}{x+3}-\dfrac{1}{x+6}\right)$$

⋯⋯ TIP

$$=\dfrac{1}{x}-\dfrac{1}{x+6}=\dfrac{(x+6)-x}{x(x+6)}=\dfrac{6}{x(x+6)}$$

이므로 $\dfrac{6}{x(x+6)}=\dfrac{3}{4}$에서
$x(x+6)=8$, $x^2+6x-8=0$
이 이차방정식은 두 실근을 가지므로 근과 계수의 관계에 의하여
모든 실수 x의 값의 곱은 -8이다.

TIP

부분분수

$$\dfrac{1}{AB}=\dfrac{1}{B-A}\left(\dfrac{1}{A}-\dfrac{1}{B}\right)\ (\text{단},\ A\neq B)$$

[증명]

$$\dfrac{1}{B-A}\left(\dfrac{1}{A}-\dfrac{1}{B}\right)=\dfrac{1}{B-A}\times\dfrac{B-A}{AB}=\dfrac{1}{AB}$$

642 답 ③

$$\dfrac{x-1}{1-\dfrac{2}{x-1}}=\dfrac{x-1}{\dfrac{(x-1)-2}{x-1}}=\dfrac{(x-1)^2}{x-3}$$
$$=\dfrac{x^2-2x+1}{x-3}=\dfrac{(x-3)(x+1)+4}{x-3}$$
$$=x+1+\dfrac{4}{x-3}$$

$x+1+\dfrac{4}{x-3}=ax+b+\dfrac{c}{x-3}$에서
$a=1$, $b=1$, $c=4$
$\therefore a+b+c=1+1+4=6$

643 답 ③

$$\dfrac{3a^2+5a+2}{a+6}=\dfrac{(a+6)(3a-13)+80}{a+6}=\dfrac{80}{a+6}+3a-13$$

자연수 a에 대하여 이 값이 정수가 되려면 $a+6$이 80의 약수이어야
한다.
자연수 a에 대하여 $a+6>6$이고, 6보다 큰 80의 약수 중 최솟값은

8, 최댓값은 80이므로 자연수 a의 최솟값은 $a+6=8$에서 2, 최댓값은 $a+6=80$에서 74이다.
따라서 구하는 합은 $2+74=76$이다.

644
$$\text{탑}\ \frac{17}{4}$$

$\dfrac{2b+c}{a}=\dfrac{a+c}{2b}=\dfrac{a+2b}{c}=k$라 하면

$$\begin{cases} -ak+2b+c=0 \\ a-2bk+c=0 \\ a+2b-ck=0 \end{cases} \quad \cdots\cdots\ \text{㉠}$$

세 식의 양변을 각각 더하면
$(2-k)a+2(2-k)b+(2-k)c=0$
$(2-k)(a+2b+c)=0$이므로 $k=2$ ($\because\ a+2b+c\neq0$)
㉠에 대입하여 풀면 $a=2b=c$이므로 $\quad \cdots\cdots$ **TIP1**
$a:b:c=2:1:2$
따라서 $a=2t$, $b=t$, $c=2t\ (t\neq0)$라 하면
$$\frac{a^3+b^3+c^3}{abc}=\frac{8t^3+t^3+8t^3}{4t^3}=\frac{17}{4}$$

다른 풀이

$a+2b+c\neq0$이므로

$$\frac{2b+c}{a}=\frac{a+c}{2b}=\frac{a+2b}{c}=\frac{2(a+2b+c)}{a+2b+c}=2$$에서 $\quad \cdots\cdots$ **TIP2**

$2b+c=2a$, $a+c=4b$, $a+2b=2c$

세 식을 연립하여 풀면 $a=2b=c$이므로 $\quad \cdots\cdots$ **TIP1**
$a:b:c=2:1:2$
따라서 $a=2t$, $b=t$, $c=2t\ (t\neq0)$라 하면
$$\frac{a^3+b^3+c^3}{abc}=\frac{8t^3+t^3+8t^3}{4t^3}=\frac{17}{4}$$

TIP1

$2a-2b-c=0 \quad\cdots\cdots\ \text{㉠}$
$a-4b+c=0 \quad\cdots\cdots\ \text{㉡}$
$a+2b-2c=0 \quad\cdots\cdots\ \text{㉢}$
㉠+㉡을 하면 $3a-6b=0$에서 $a=2b$
㉡−㉢을 하면 $-6b+3c=0$에서 $c=2b$
따라서 $a=2b=c$이다.

TIP2

$\dfrac{a}{b}=\dfrac{c}{d}=\dfrac{e}{f}$일 때, $b+d+f\neq0$이면

$\dfrac{a}{b}=\dfrac{c}{d}=\dfrac{e}{f}=\dfrac{a+c+e}{b+d+f}$가 성립한다.

645
$$\text{탑}\ ⑤$$

두 물질 A, B의 부피를 각각 v_A, v_B라 하자.
두 물질 A, B의 질량을 각각 $3k$, $4k\ (k\neq0)$라 하면
$d=\dfrac{m}{v}$에서 $v=\dfrac{m}{d}$이므로
$v_A=\dfrac{3k}{a}$, $v_B=\dfrac{4k}{b}$이다.

$v_A+v_B=\dfrac{3k}{a}+\dfrac{4k}{b}=20$에서 $\dfrac{k(3b+4a)}{ab}=20$이므로

$k=\dfrac{20ab}{4a+3b}$

따라서 물질 A의 부피는
$$v_A=\frac{3k}{a}=\frac{3}{a}\times\frac{20ab}{4a+3b}=\frac{60b}{4a+3b}$$

646
$$\text{탑}\ ⑤$$

$y=\dfrac{2x+k}{x-3}=\dfrac{k+6}{x-3}+2\ (k>0)$의 그래프의 개형은 다음 그림과 같다.

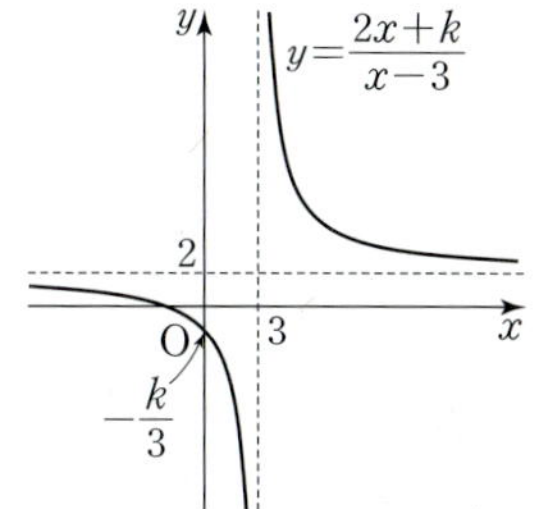

ㄱ. 점근선의 방정식이 $x=3$, $y=2$이므로 유리함수의 그래프는 두 직선 $x=3$, $y=2$와 만나지 않는다. (참)

ㄴ. 두 점근선의 교점이 $(3,\ 2)$이므로 이 유리함수의 그래프는 직선 $y=(x-3)+2=x-1$과 직선 $y=-(x-3)+2=-x+5$에 대하여 대칭이다. (참)

ㄷ. y절편이 $-\dfrac{k}{3}<0$이므로 이 함수의 그래프는 모든 사분면을 지난다. (참)

따라서 옳은 것은 ㄱ, ㄴ, ㄷ이다.

647
$$\text{탑}\ ④$$

일차함수 $y=f(x)$의 그래프는 두 점 $(-3,\ 0)$, $(1,\ 2)$를 지나므로
$$f(x)=\frac{2-0}{1-(-3)}(x+3)=\frac{1}{2}(x+3) \quad \cdots\cdots\ \text{㉠}$$
일차함수 $y=g(x)$의 그래프는 두 점 $(3,\ 0)$, $(1,\ 2)$를 지나므로
$$g(x)=\frac{2-0}{1-3}(x-3)=-x+3 \quad \cdots\cdots\ \text{㉡}$$
㉠, ㉡에 의하여
$$\frac{g(x)}{f(x)}=\frac{-x+3}{\dfrac{x+3}{2}}=\frac{-2x+6}{x+3}=\frac{12}{x+3}-2$$

따라서 함수 $y=\dfrac{g(x)}{f(x)}$의 그래프는 두 직선 $x=-3$, $y=-2$를 점근선으로 가지므로 그래프의 개형으로 옳은 것은 ④이다.

648
$$\text{탑}\ \frac{1}{1001}$$

$f_1(1)=f(1)=\dfrac{1}{2}$

$f_2(1)=(f\circ f_1)(1)=f\left(\dfrac{1}{2}\right)=\dfrac{\dfrac{1}{2}}{\dfrac{1}{2}+1}=\dfrac{1}{3}$

$$f_3(1)=(f\circ f_2)(1)=f\!\left(\frac{1}{3}\right)=\frac{\frac{1}{3}}{\frac{1}{3}+1}=\frac{1}{4}$$

$$f_4(1)=(f\circ f_3)(1)=f\!\left(\frac{1}{4}\right)=\frac{\frac{1}{4}}{\frac{1}{4}+1}=\frac{1}{5}$$

$$\vdots$$

이므로 $f_n(1)=\dfrac{1}{n+1}$ (n은 자연수)

$$\therefore f_{1000}(1)=\frac{1}{1001}$$

다른 풀이

$$f_1(x)=f(x)=\frac{x}{x+1}$$

$$f_2(x)=(f\circ f_1)(x)=\frac{\frac{x}{x+1}}{\frac{x}{x+1}+1}=\frac{x}{2x+1}$$

$$f_3(x)=(f\circ f_2)(x)=\frac{\frac{x}{2x+1}}{\frac{x}{2x+1}+1}=\frac{x}{3x+1}$$

$$\vdots$$

$$\therefore f_n(x)=\frac{x}{nx+1}\ (n\text{은 자연수})$$

따라서 $f_{1000}(x)=\dfrac{x}{1000x+1}$이므로 $f_{1000}(1)=\dfrac{1}{1001}$이다.

649   답 6

$$f(x)=-\frac{4}{x}+2=\frac{2x-4}{x}$$

$$f^2(x)=f(f(x))=\frac{2\times\frac{2x-4}{x}-4}{\frac{2x-4}{x}}=\frac{-4}{x-2}$$

$$f^3(x)=f^2(f(x))=\frac{-4}{\frac{2x-4}{x}-2}=x$$

이므로 $f^3=I$이다. (I는 항등함수)

$f^{500}=f^{3\times166+2}=f^2$이고, $f^3=f^2\circ f=I$에서

f^2의 역함수는 f이므로 $g=f$이다.

$$\therefore g(-1)=f(-1)=6$$

다른 풀이

$g=(f^{500})^{-1}=(f^{-1})^{500}$이므로   **TIP**

$g(-1)=(f^{-1})^{500}(-1)$이다.

$f(x)=-\dfrac{4}{x}+2=-1$에서 $x=\dfrac{4}{3}$이므로

$$f^{-1}(-1)=\frac{4}{3}$$

$f(x)=-\dfrac{4}{x}+2=\dfrac{4}{3}$에서 $x=6$이므로

$$(f^{-1})^2(-1)=f^{-1}\!\left(\frac{4}{3}\right)=6$$

$f(x)=-\dfrac{4}{x}+2=6$에서 $x=-1$이므로

$$(f^{-1})^3(-1)=f^{-1}(6)=-1$$

따라서 $\dfrac{4}{3}$, 6, -1의 세 수가 반복되고,

$500=3\times166+2$이므로

$$g(-1)=(f^{-1})^{500}(-1)=(f^{-1})^2(-1)=6$$

TIP

$$\begin{aligned}(f^{500})^{-1}&=(f\circ f\circ\cdots\circ f)^{-1}\\&=f^{-1}\circ f^{-1}\circ\cdots\circ f^{-1}\\&=(f^{-1})^{500}\end{aligned}$$

650   답 ④

유리함수 $y=\dfrac{ax+b}{cx+d}$의 그래프는 점근선을 가지므로 $c\neq0$이고

$$y=\frac{ax+b}{cx+d}=\frac{\frac{a}{c}(cx+d)-\frac{ad}{c}+b}{cx+d}=\frac{-\frac{ad}{c}+b}{cx+d}+\frac{a}{c}$$

ㄱ. 유리함수 $y=\dfrac{ax+b}{cx+d}$의 그래프는 직선 $y=\dfrac{a}{c}$를 점근선으로

갖는다.

이때 주어진 그래프에서 $\dfrac{a}{c}>0$이므로 a와 c의 부호는 서로

같다.

즉, $ac>0$이다. (거짓)

ㄴ. $y=\dfrac{ax+b}{cx+d}$에 $x=0$을 대입하면 $y=\dfrac{b}{d}$

이때 주어진 그래프에서 $\dfrac{b}{d}>0$이므로 b와 d의 부호는 서로

같다.

즉, $bd>0$이다. (참)

ㄷ. $y=\dfrac{ax+b}{cx+d}$에 $x=-1$을 대입하면 $y=\dfrac{-a+b}{-c+d}$

이때 주어진 그래프에서 $\dfrac{-a+b}{-c+d}>0$이므로 $-a+b$와

$-c+d$의 부호는 서로 같다.

즉, $(-a+b)(-c+d)=(a-b)(c-d)>0$이다. (참)

ㄹ. 유리함수 $y=\dfrac{ax+b}{cx+d}$의 그래프는 유리함수 $y=\dfrac{-\frac{ad}{c}+b}{cx}$의

그래프를 x축의 방향으로 $-\dfrac{d}{c}$만큼, y축의 방향으로 $\dfrac{a}{c}$만큼

평행이동한 것이다.

이때 주어진 그래프에 의하여

$c>0$일 때, $-\dfrac{ad}{c}+b<0$이므로 $ad-bc>0$이고

$c<0$일 때, $-\dfrac{ad}{c}+b>0$이므로 $ad-bc>0$이다.

즉, 모든 경우에 대하여 $ad-bc>0$이다. (참)

따라서 옳은 것은 ㄴ, ㄷ, ㄹ의 3개이다.

651   답 11

$A\!\left(a,\dfrac{1}{a}\right)(a>0)$이라 하면

점 C는 함수 $y=\dfrac{k}{x}$의 그래프 위의 점 중 x좌표가 a인 점이므로

$C\left(a, \dfrac{k}{a}\right)$이고,

점 B는 함수 $y=\dfrac{k}{x}$의 그래프 위의 점 중 y좌표가 $\dfrac{1}{a}$인 점이므로

$B\left(ka, \dfrac{1}{a}\right)$이다.

$\overline{AB}=|ka-a|=|a(k-1)|,$

$\overline{AC}=\left|\dfrac{k}{a}-\dfrac{1}{a}\right|=\left|\dfrac{k-1}{a}\right|$이므로

삼각형 ABC의 넓이는 $\dfrac{1}{2}\times|a(k-1)|\times\left|\dfrac{k-1}{a}\right|=50$에서

$(k-1)^2=100,\ k-1=\pm10$

$\therefore k=11\ (\because\ k>0)$

652

답 ④

함수 $y=f^{-1}(x)$의 그래프가 x축, y축과 만나는 점을 각각
$A(a, 0)$, $B(0, b)$라 할 때, 두 점 $(0, a)$, $(b, 0)$이 함수
$y=f(x)$의 그래프 위의 점이므로 $f(0)=a$, $f(b)=0$이다.

(i) $f(0)=a$인 a의 값을 구하면

$f\left(\dfrac{x+1}{x-1}\right)=2x+1$에서

$\dfrac{x+1}{x-1}=0$일 때, $x=-1$이므로

$f(0)=2\times(-1)+1=-1$에서 $a=-1$

(ii) $f(b)=0$인 b의 값을 구하면

$f\left(\dfrac{x+1}{x-1}\right)=2x+1$에서

$2x+1=0$일 때, $x=-\dfrac{1}{2}$이므로

$b=\dfrac{-\dfrac{1}{2}+1}{-\dfrac{1}{2}-1}=-\dfrac{1}{3}$

따라서 $A(-1, 0)$, $B\left(0, -\dfrac{1}{3}\right)$이므로 삼각형 OAB의 넓이는

$\dfrac{1}{2}\times1\times\dfrac{1}{3}=\dfrac{1}{6}$이다.

참고

$f\left(\dfrac{x+1}{x-1}\right)=2x+1$에서 $t=\dfrac{x+1}{x-1}$이라 하고,

x에 대하여 정리하면 $x=\dfrac{t+1}{t-1}$이다.

즉, $f(t)=2\times\dfrac{t+1}{t-1}+1=\dfrac{3t+1}{t-1}$이므로

$f(x)=\dfrac{3x+1}{x-1}$이다.

653

답 $\dfrac{1}{5}$

$(g\circ f)(x)=g(f(x))=g\left(\dfrac{3x}{x-1}\right)$이므로 $\dfrac{3x}{x-1}=t\ (3<t\le4)$로
놓으면

$t=\dfrac{3x}{x-1}=\dfrac{3(x-1)+3}{x-1}=\dfrac{3}{x-1}+3$

$t-3=\dfrac{3}{x-1},\ x-1=\dfrac{3}{t-3}$

$x=\dfrac{3}{t-3}+1=\dfrac{t}{t-3}$

따라서 $(g\circ f)(x)=\dfrac{x-4}{2x+1}$에서

$g(t)=\dfrac{\dfrac{t}{t-3}-4}{2\times\dfrac{t}{t-3}+1}=\dfrac{\dfrac{-3t+12}{t-3}}{\dfrac{3t-3}{t-3}}=\dfrac{-t+4}{t-1}$

한편, $f^{-1}\left(\dfrac{7}{2}\right)=k$라 하면 $f(k)=\dfrac{7}{2}$이므로

$\dfrac{3k}{k-1}=\dfrac{7}{2},\ 6k=7(k-1)\qquad\therefore k=7$

$\therefore g\left(\dfrac{1}{2}f^{-1}\left(\dfrac{7}{2}\right)\right)=g\left(\dfrac{7}{2}\right)$

$=\dfrac{-\dfrac{7}{2}+4}{\dfrac{7}{2}-1}=\dfrac{1}{5}$

654

답 ③

$f(x)=\dfrac{4x+13}{x+1}=\dfrac{9}{x+1}+4$라 하면 점 $P(-1, 4)$는 함수
$y=f(x)$의 그래프의 두 점근선의 교점이다.

점 P를 지나고 기울기가 1인 직선의 방정식은 $y-4=x+1$,
$y=x+5$이고 점 P를 지나고 기울기가 -1인 직선의 방정식은
$y-4=-(x+1)$, $y=-x+3$이므로 함수 $y=f(x)$의 그래프가
두 직선 $y=x+5$, $y=-x+3$에 대하여 대칭이다.

따라서 점 P를 중심으로 하고 점 Q를 지나는 원의 넓이가 최소일
때는 다음 그림과 같이 함수 $y=f(x)$의 그래프와 직선 $y=x+5$의
두 교점이 원의 지름의 양 끝이 될 때이다.

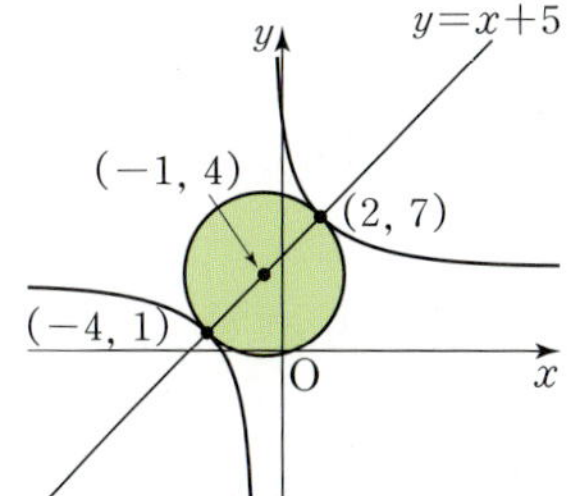

$x+5=\dfrac{4x+13}{x+1}$에서 $(x+5)(x+1)=4x+13$

$x^2+2x-8=0,\ (x+4)(x-2)=0$

따라서 $x=-4$ 또는 $x=2$이므로 함수 $y=f(x)$의 그래프와 직선
$y=x+5$의 두 교점의 좌표는 $(-4, 1)$, $(2, 7)$이다.

이때 반지름의 길이는 원의 중심 $P(-1, 4)$와 점 $(2, 7)$ 사이의
거리와 같으므로 $\sqrt{\{2-(-1)\}^2+(7-4)^2}=3\sqrt{2}$

따라서 원의 넓이의 최솟값은 $\pi\times(3\sqrt{2})^2=18\pi$이다.

655

답 20

함수 $y=\left|\dfrac{3x-2}{x+1}\right|$의 그래프는 함수 $y=\dfrac{3x-2}{x+1}$의 그래프에서
$y<0$인 부분을 x축에 대하여 대칭이동한 그래프이다.

함수 $y=\dfrac{3x-2}{x+1}=\dfrac{-5}{x+1}+3$의 그래프의 점근선의 방정식은

$x=-1$, $y=3$이므로

함수 $y=\left|\dfrac{3x-2}{x+1}\right|$의 그래프는 다음 그림과 같고, k의 값에 따라

$f(k)$의 값을 구하면 다음과 같다.

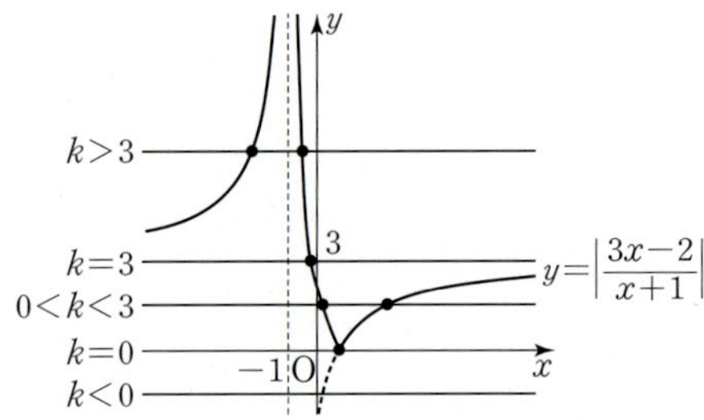

(i) $k<0$일 때

함수 $y=\left|\dfrac{3x-2}{x+1}\right|$의 그래프와 직선 $y=k$가 만나지 않으므로

$f(k)=0$

(ii) $k=0$ 또는 $k=3$일 때

함수 $y=\left|\dfrac{3x-2}{x+1}\right|$의 그래프와 직선 $y=k$가 한 점에서 만나므로

$f(k)=1$

(iii) $0<k<3$ 또는 $k>3$일 때

함수 $y=\left|\dfrac{3x-2}{x+1}\right|$의 그래프와 직선 $y=k$가 두 점에서 만나므로

$f(k)=2$

(i)~(iii)에서 구하는 값은

$f(0)+f(1)+f(2)+\cdots+f(10)=1\times2+2\times9=20$

656 　　　　　　　　　　　　　　　　　　　　📘 풀이 참조

함수 $y=\dfrac{-2x+k}{x-3}=\dfrac{k-6}{x-3}-2$의 그래프의 점근선의 방정식은

$x=3$, $y=-2$이다.

이때 $k-6=0$, 즉 $k=6$이면 주어진 함수는 $y=-2$이므로
제1, 2사분면을 지나지 않는다.

따라서 조건을 만족시키지 않으므로 $k-6\neq0$이다.

(i) $k-6>0$, 즉 $k>6$일 때

함수의 그래프는 다음 그림과 같이 항상 제1, 3, 4사분면을
지나고, 제2사분면은 지나지 않으므로 $k>6$일 때 항상 조건을
만족시킨다.

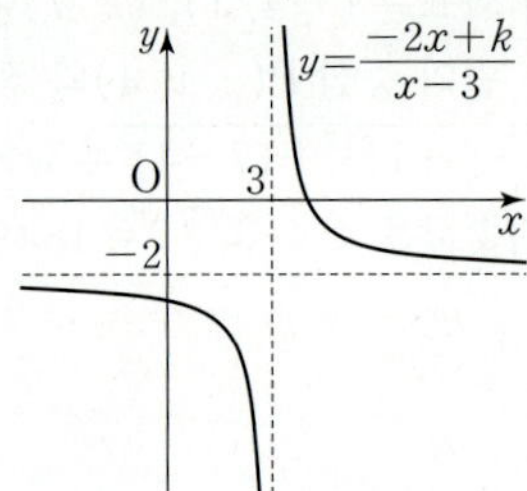

(ii) $k-6<0$, 즉 $k<6$일 때

함수의 그래프는 제1, 3, 4사분면을 항상 지나고, 이때
제2사분면을 지나지 않으려면 다음 그림과 같이 y절편이 0보다
작거나 같아야 한다.

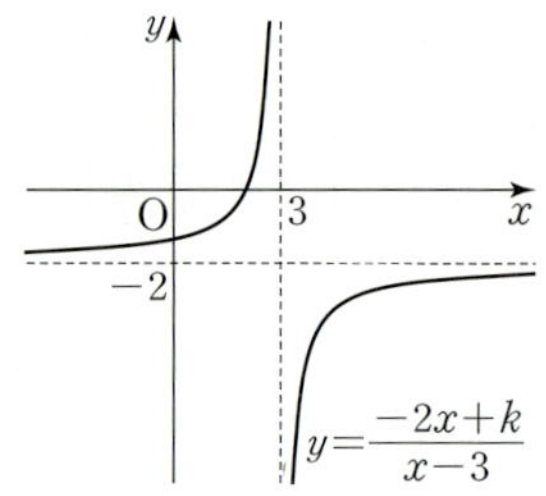

즉, $\dfrac{k}{-3}\leq0$에서 $k\geq0$이다.

따라서 조건을 만족시키는 k의 값의 범위는 $0\leq k<6$이다.

(i), (ii)에서 구하는 실수 k의 값의 범위는 $0\leq k<6$ 또는 $k>6$이다.

채점 요소	배점
$k-6\neq0$임을 구하기	20%
$k-6>0$일 때 조건을 만족시키는 k의 값의 범위 구하기	30%
$k-6<0$일 때 조건을 만족시키는 k의 값의 범위 구하기	30%
실수 k의 값의 범위 구하기	20%

657 　　　　　　　　　　　　　　　　　　　　　📗 ②

치역이 $\{y\,|\,y\leq-1$ 또는 $y\geq3\}$인 함수 $y=\dfrac{2x+2}{x-1}=\dfrac{4}{x-1}+2$의

그래프는 다음 그림과 같다.

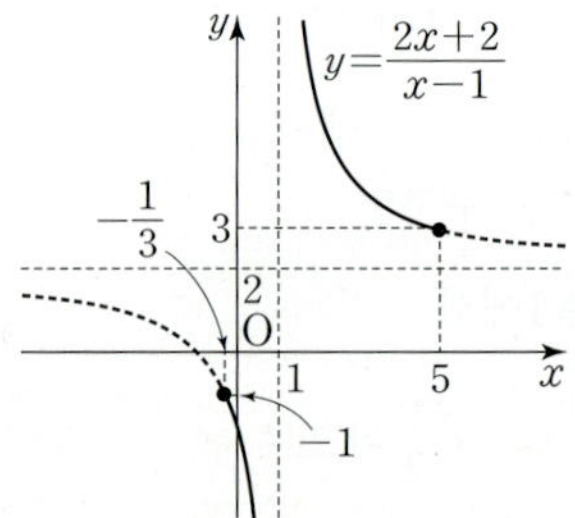

$y=-1$일 때 $\dfrac{2x+2}{x-1}=-1$에서 $2x+2=-x+1$, $x=-\dfrac{1}{3}$

$y=3$일 때 $\dfrac{2x+2}{x-1}=3$에서 $2x+2=3x-3$, $x=5$이므로

$y\leq-1$일 때 $-\dfrac{1}{3}\leq x<1$이고,

$y\geq3$일 때 $1<x\leq5$이다.

따라서 치역이 $\{y\,|\,y\leq-1$ 또는 $y\geq3\}$일 때

정의역은 $\left\{x\,\middle|\,-\dfrac{1}{3}\leq x<1$ 또는 $1<x\leq5\right\}$이므로

정의역에 속하는 정수는 0, 2, 3, 4, 5의 5개이다.

658 　　　　　　　　　　　　　　　　　　　　　📗 -60

유리함수 $y=\dfrac{5x+k}{x-3}=\dfrac{k+15}{x-3}+5$의 그래프의 점근선의 방정식이

$x=3$, $y=5$이므로 $x<1$에서 함수의 그래프의 개형은
다음과 같은 두 가지이다.

(i)　　　　　　　　　　　(ii)

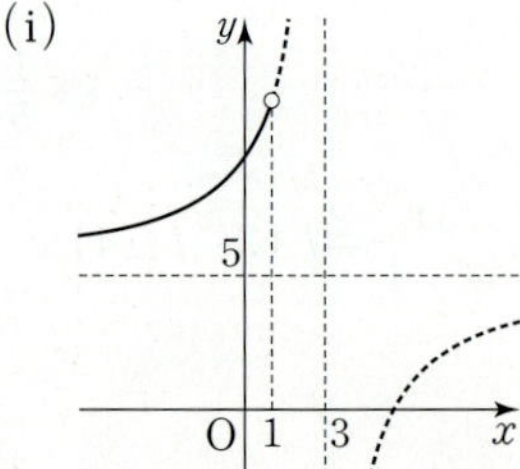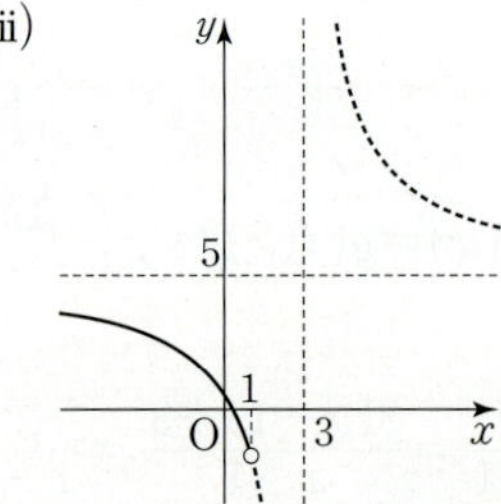

(i) $k+15<0$, 즉 $k<-15$일 때

$x<1$에서 치역은 $\{y\,|\,5<y<f(1)\}$이고,

이때 치역의 원소 중 정수의 개수가 6이려면 정수는

6, 7, 8, 9, 10, 11이 포함되어야 하므로

$11<f(1)\le12$이어야 한다.

$11<\dfrac{5+k}{-2}\le12$에서 $-29\le k<-27$이므로

조건을 만족시키는 정수 k는 -29, -28이다.

(ii) $k+15>0$, 즉 $k>-15$일 때

$x<1$에서 치역은 $\{y\,|\,f(1)<y<5\}$이고,

이때 치역의 원소 중 정수의 개수가 6이려면 정수는

4, 3, 2, 1, 0, -1이 포함되어야 하므로

$-2\le f(1)<-1$이어야 한다.

$-2\le\dfrac{5+k}{-2}<-1$에서 $-3<k\le-1$이므로

조건을 만족시키는 정수 k는 -2, -1이다.

(i), (ii)에서 조건을 만족시키는 모든 정수 k의 값의 합은
$(-29)+(-28)+(-2)+(-1)=-60$이다.

659   풀이 참조

유리함수 $y=\dfrac{2x+2}{x+3}=\dfrac{-4}{x+3}+2$의 그래프의 점근선의 방정식은

$x=-3$, $y=2$이다.

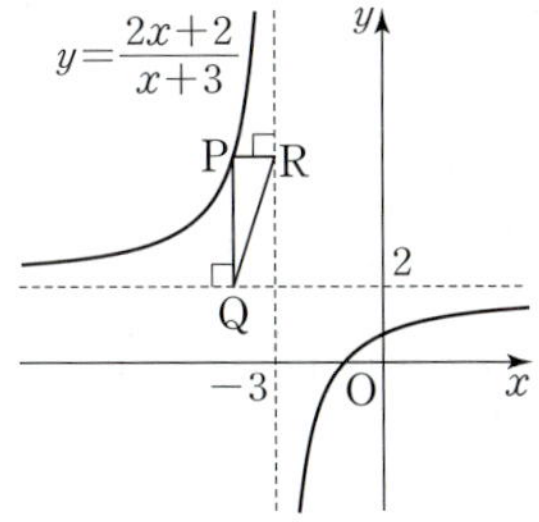

$\mathrm{P}\left(a,\ \dfrac{-4}{a+3}+2\right)$라 하면

$\mathrm{Q}(a,\,2)$, $\mathrm{R}\left(-3,\ \dfrac{-4}{a+3}+2\right)$로 나타낼 수 있다.

$\overline{\mathrm{QR}}^2=(a+3)^2+\left(\dfrac{-4}{a+3}\right)^2$이고,

산술평균과 기하평균의 관계에 의하여

$(a+3)^2+\left(\dfrac{-4}{a+3}\right)^2\ge2\sqrt{(a+3)^2\times\left(\dfrac{-4}{a+3}\right)^2}=8$

$\left(\text{단, 등호는 }(a+3)^2=\left(\dfrac{-4}{a+3}\right)^2,\ \text{즉 }a=-5\ \text{또는 }a=-1\text{일 때}\right.$
성립한다.$\bigg)$

따라서 구하는 $\overline{\mathrm{QR}}^2$의 최솟값은 8이다.

채점 요소	배점
유리함수의 그래프의 점근선의 방정식 구하기	20%
두 점 Q, R의 좌표 표현하기	30%
$\overline{\mathrm{QR}}^2$의 최솟값 구하기	50%

다른 풀이

유리함수 $y=\dfrac{2x+2}{x+3}=\dfrac{-4}{x+3}+2$의 그래프를 평행이동하여도

$\overline{\mathrm{QR}}^2$의 값은 변하지 않으므로 함수의 그래프를 유리함수 $y=-\dfrac{4}{x}$의

그래프와 일치하도록 평행이동시키자.

점 P, Q, R이 이동된 점을 각각 P′, Q′, R′이라 하면 함수

$y=-\dfrac{4}{x}$의 그래프 위의 점 P′에서 x축, y축에 내린 수선의 발이 각각

Q′, R′이고, $\overline{\mathrm{QR}}^2=\overline{\mathrm{Q'R'}}^2$이다.

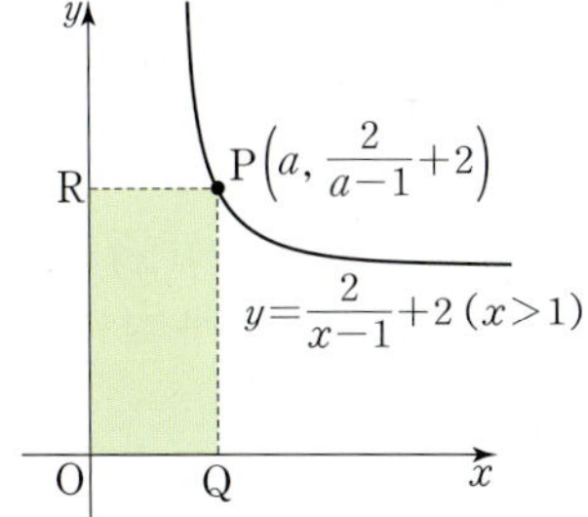

직사각형 $\mathrm{OR'P'Q'}$에서 $\overline{\mathrm{Q'R'}}=\overline{\mathrm{OP'}}$이고, 함수 $y=-\dfrac{4}{x}$의 그래프와

직선 $y=-x$의 교점이 P′일 때 $\overline{\mathrm{OP'}}$이 최소이다.

$-\dfrac{4}{x}=-x$에서 $x=\pm2$이므로

P′$(2,\,-2)$ 또는 P′$(-2,\,2)$일 때 $\overline{\mathrm{OP'}}^2$의 값은 8로 최소이다.

따라서 구하는 $\overline{\mathrm{QR}}^2$의 최솟값은 8이다.

660   ①

함수 $y=\dfrac{2}{x}\ (x>0)$의 그래프를 x축의 방향으로 1만큼,

y축의 방향으로 2만큼 평행이동하면 $y=\dfrac{2}{x-1}+2\ (x>1)$이므로

점 P의 좌표를 $\left(a,\ \dfrac{2}{a-1}+2\right)\ (a>1)$라 하자.

직사각형 ROQP의 넓이는

$a\times\left(\dfrac{2}{a-1}+2\right)=\dfrac{2a}{a-1}+2a=\dfrac{2(a-1)+2}{a-1}+2a$

$\qquad=\dfrac{2}{a-1}+2a+2$

$\qquad=\dfrac{2}{a-1}+2(a-1)+4$

이고, 산술평균과 기하평균의 관계에 의하여

$\dfrac{2}{a-1}+2(a-1)+4\ge2\sqrt{\dfrac{2}{a-1}\times2(a-1)}+4=8$

$\left(\text{단, 등호는 }\dfrac{2}{a-1}=2(a-1),\ \text{즉 }a=2\text{일 때 성립한다.}\right)$

따라서 직사각형 ROQP의 넓이의 최솟값은 8이다.

661   6

유리함수 $y=\dfrac{2x-3}{x+1}=\dfrac{-5}{x+1}+2$의 그래프의 두 점근선의 방정식은

$x=-1$, $y=2$이므로 $\mathrm{A}(-1,\,2)$이다.

직선 $y=mx-2m+1=m(x-2)+1$은 점 $(2, 1)$을 지나고, $m>0$이므로 삼각형 ABC는 다음 그림과 같다.

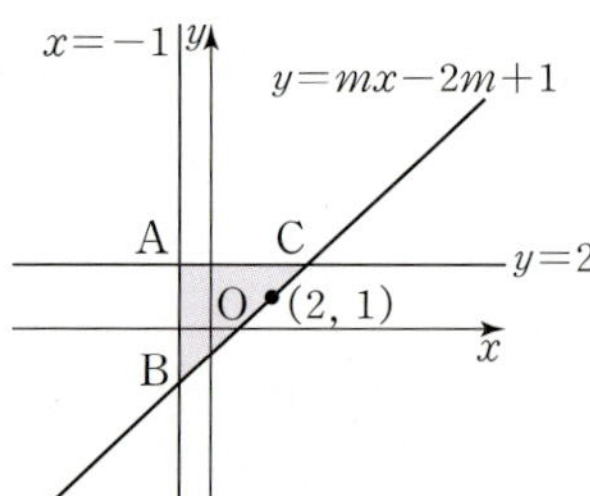

직선 $y=mx-2m+1$과 직선 $x=-1$의 교점은 $B(-1, -3m+1)$이고, 직선 $y=mx-2m+1$과 직선 $y=2$의 교점은 $mx-2m+1=2$에서 $x=\dfrac{2m+1}{m}=\dfrac{1}{m}+2$이므로 $C\left(\dfrac{1}{m}+2, 2\right)$이다.

이때 삼각형 ABC의 넓이는
$$\frac{1}{2}\times\overline{AB}\times\overline{AC}=\frac{1}{2}\times\{2-(-3m+1)\}\times\left\{\frac{1}{m}+2-(-1)\right\}$$
$$=\frac{1}{2}(3m+1)\left(\frac{1}{m}+3\right)$$
$$=\frac{1}{2}\left(9m+\frac{1}{m}+6\right)$$

이고, 산술평균과 기하평균의 관계에 의하여
$$\frac{1}{2}\left(9m+\frac{1}{m}+6\right)\geq\frac{1}{2}\left(2\sqrt{9m\times\frac{1}{m}}+6\right)=6$$

(단, 등호는 $9m=\dfrac{1}{m}$, 즉 $m=\dfrac{1}{3}$일 때 성립한다.)

따라서 삼각형 ABC의 넓이의 최솟값은 6이다.

662 ····· 답 8

$x\neq-b$인 모든 실수 x에 대하여 $(f\circ f)(x)=x$이므로 $f(x)=f^{-1}(x)$이고, 두 점근선의 교점이 직선 $y=x$ 위에 존재한다. ····· TIP 1

함수 $y=f(x)$의 그래프의 점근선의 방정식이 $x=-b$, $y=-2$이므로 $b=2$이다.
$$\therefore f(x)=\frac{-2x+a}{x+2}=\frac{a+4}{x+2}-2 \quad\cdots\cdots ㉠$$

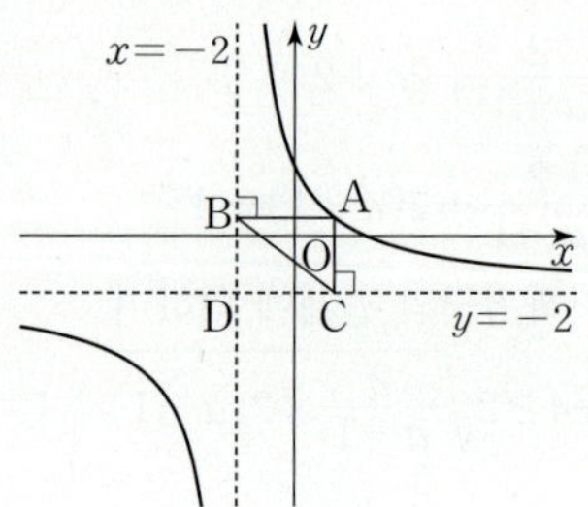

점 A가 함수 $y=f(x)$의 그래프 위의 점이므로 $A(t, f(t))$라 하면
$$(\text{삼각형 ABC의 넓이})=\frac{1}{2}\times|f(t)+2|\times|t+2|=5 \quad\cdots\cdots ㉡$$

이때 ㉠에서 $f(t)+2=\dfrac{a+4}{t+2}$
$\{f(t)+2\}(t+2)=a+4$이므로 ㉡에 대입하면
$$\frac{1}{2}|a+4|=5, \ a=6 \ (\because a>0) \quad\cdots\cdots \text{TIP 2}$$
$$\therefore a+b=6+2=8$$

'유리함수 $f(x)=\dfrac{k}{x-a}+b$가 $b=a$를 만족시킨다.'의 다른 표현

❶ 두 점근선의 교점 (a, b)가 직선 $y=x$ 위에 있다.

❷ 함수 $y=f(x)$의 그래프가 직선 $y=x$에 대하여 대칭이다.

❸ $x\neq a$인 모든 실수 x에 대하여 $f(x)=f^{-1}(x)$이다.

❹ $x\neq a$인 모든 실수 x에 대하여 $(f\circ f)(x)=x$이다.

TIP 2

유리함수 $y=\dfrac{k}{x-a}+b \ (a, b, k\text{는 상수})$의 그래프 위의

점 P에서 두 점근선 $x=a$, $y=b$에 내린 수선의 발을 각각 Q, R이라 할 때, 삼각형 PQR의 넓이는 항상 일정하다.

[증명]

$P(p, q)$라 하면 $Q(a, q)$, $R(p, b)$이므로 $\overline{PQ}=|a-p|$, $\overline{PR}=|b-q|$에서 삼각형 PQR의 넓이는
$$\frac{1}{2}\times\overline{PQ}\times\overline{PR}=\frac{1}{2}|(a-p)(b-q)|\text{이고,} \quad\cdots\cdots ㉢$$

이때 점 $P(p, q)$가 $y=\dfrac{k}{x-a}+b$의 그래프 위의 점이므로 $q=\dfrac{k}{p-a}+b$에서 $(q-b)(p-a)=k$이다.

따라서 ㉢에서 삼각형 PQR의 넓이는 $\dfrac{1}{2}|k|$로 일정하다.

663 ····· 답 ①

함수 $f(x)$의 역함수를 구하면 다음과 같다.

$y=\dfrac{3x+b}{x+a}$를 x에 대하여 풀면
$$xy+ay=3x+b, \ x(y-3)=-ay+b, \ x=\frac{-ay+b}{y-3}\text{이고,}$$

x와 y를 서로 바꾸면 $y=\dfrac{-ax+b}{x-3}$

따라서 역함수는 $y=\dfrac{-ax+b}{x-3}$이다.

한편, 함수 $y=f(x-2)-2$의 그래프는 함수 $y=f(x)$의 그래프를 x축의 방향으로 2만큼, y축의 방향으로 -2만큼 평행이동한 것과 같으므로
$$y=\frac{3(x-2)+b}{(x-2)+a}-2=\frac{x-2+b-2a}{x+a-2}$$

따라서 조건 ㈎에 의하여 $\dfrac{-ax+b}{x-3}=\dfrac{x-2+b-2a}{x+a-2}$이므로 $a=-1$

$f(x)=\dfrac{3x+b}{x-1}$로 놓으면
$$\frac{3x+b}{x-1}=\frac{3(x-1)+3+b}{x-1}=\frac{3+b}{x-1}+3$$

이므로 함수 $y=f(x)$의 그래프를 x축의 방향으로 -1만큼, y축의 방향으로 -3만큼 평행이동하면 함수 $y=\dfrac{3+b}{x}$의 그래프와 같다.

따라서 조건 ㈏에 의하여 $\dfrac{3+b}{x}=\dfrac{2}{x}$ $\quad\therefore b=-1$
$$\therefore a+b=-2$$

664

답 ②

ㄱ. [반례] 함수 $f(x)=\dfrac{8}{x}+2$의 그래프는 점 $(4,\,4)$를 지나므로

$f(4)=f^{-1}(4)=4$이지만 $b=0,\ c=2$이다.

따라서 $b+c\neq0$이다. (거짓)

ㄴ. 유리함수 $y=f(x)$의 그래프가 직선 $y=x$에 대하여 대칭이면

두 점근선의 교점 $(-b,\,c)$가 직선 $y=x$ 위에 있으므로

$c=-b$이다.

$f(0)=\dfrac{a}{b}+c=0$에서 $a=-bc=c^2$이다. (참)

ㄷ. $a>0$일 때 함수 $y=f(x)$의 그래프의 개형은 다음 그림과 같다.

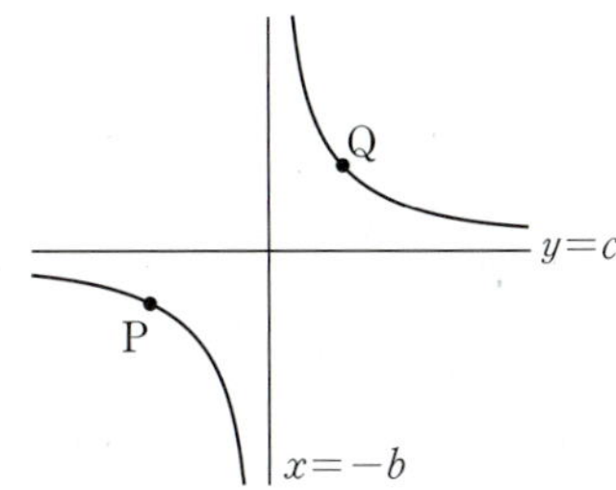

두 점 $\mathrm{P}(x_1,\,f(x_1))$, $\mathrm{Q}(x_2,\,f(x_2))$에 대하여

$x_1<-b<x_2$이면 $f(x_1)<f(x_2)$이다. (거짓) ······ 참고

따라서 옳은 것은 ㄴ이다.

$x_1<x_2<-b$ 또는 $-b<x_1<x_2$이면 $f(x_1)>f(x_2)$이다.

665

답 ⑤

함수 $f(x)=\dfrac{4x}{x-4}=\dfrac{4(x-4)+16}{x-4}=\dfrac{16}{x-4}+4$의 그래프는

다음 그림과 같다.

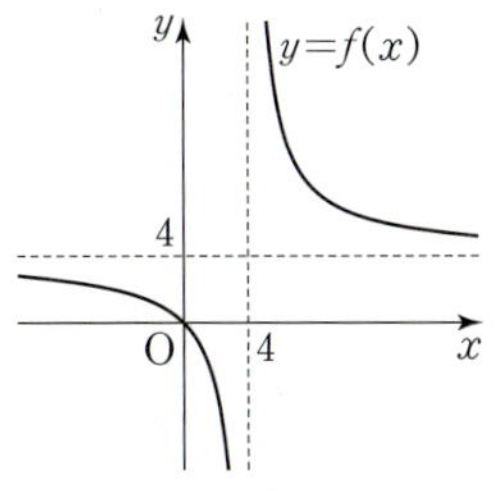

ㄱ. 함수 f의 역함수가 존재하므로 $(f\circ f)(x)=x$일

필요충분조건은 $f(x)=f^{-1}(x)$이다.

$f(x)=\dfrac{4x}{x-4}$에서 $f^{-1}(x)=\dfrac{4x}{x-4}$이므로

$f(x)=f^{-1}(x)$이다. 따라서 $(f\circ f)(x)=x$이다. (참)

ㄴ. 직선 $mx-y+4-4m=0$은 $y=m(x-4)+4$이므로

점 $(4,\,4)$를 지나고 기울기가 m인 직선이다.

이때 점 $(4,\,4)$는 함수 $y=f(x)$의 그래프의 두 점근선의

교점이므로 $m<0$일 때 직선과 함수 $y=f(x)$의 그래프는

만나지 않는다. (참) ······ TIP

ㄷ. 함수의 그래프가 직선 $y=-(x-4)+4$에 대하여 대칭이므로

곡선 위의 두 점 A, B 사이의 거리가 최소가 될 때는

점 $(4,\,4)$를 지나고 기울기가 1인 직선 $y=x$와 곡선이 만나는

두 점이 A, B일 때이다.

$\dfrac{4x}{x-4}=x$에서 $x(x-4)=4x,\ x^2-8x=0,\ x(x-8)=0$

$\therefore\ x=0$ 또는 $x=8$

따라서 $\mathrm{A}(0,\,0)$, $\mathrm{B}(8,\,8)$일 때 $\overline{\mathrm{AB}}=8\sqrt{2}$로 최소이다. (참)

따라서 옳은 것은 ㄱ, ㄴ, ㄷ이다.

직선 $y=m(x-4)+4$와 유리함수 $y=\dfrac{4x}{x-4}$의 그래프의 위치

관계는 다음과 같다.

❶ $m<0$일 때 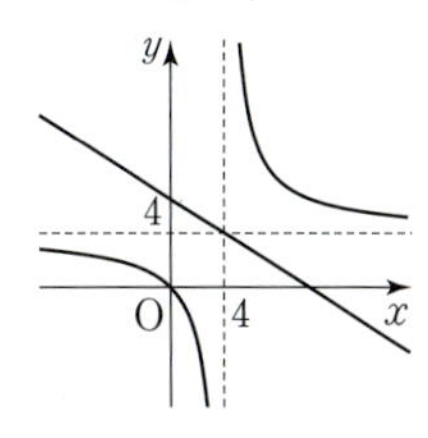   ❷ $m=0$일 때 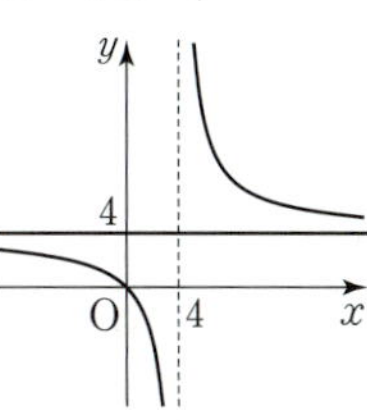

만나지 않는다.   만나지 않는다.

❸ $m>0$일 때

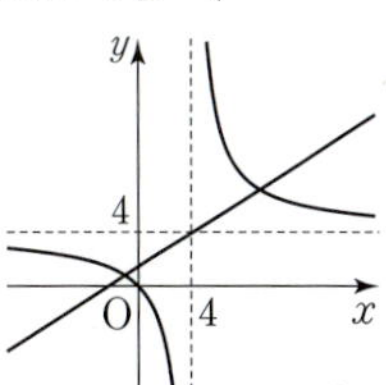

서로 다른 두 점에서 만난다.

666

답 ⑤

두 집합 A, B에 대하여 $A\cap B\neq\varnothing$이려면 함수

$y=\dfrac{-2x-1}{x+1}$의 그래프와 직선 $y=kx-k-6$이 적어도

한 점에서 만나야 한다.

이때 함수 $y=\dfrac{-2x-1}{x+1}=\dfrac{1}{x+1}-2$의 그래프는 다음 그림과 같다.

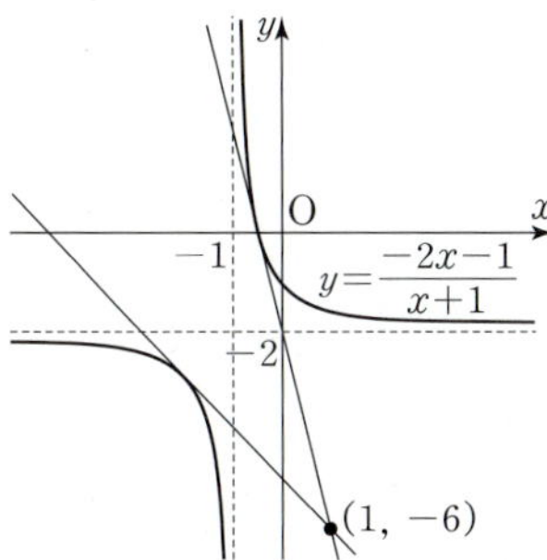

$y=kx-k-6=k(x-1)-6$은 기울기가 k이고,

점 $(1,\,-6)$을 지나는 직선이므로 그림과 같이 두 그래프가

만나는 교점의 개수는 직선이 곡선에 접할 때를 기준으로 달라진다.

곡선 $y=\dfrac{-2x-1}{x+1}$과 직선 $y=kx-k-6$이 접할 때,

$\dfrac{-2x-1}{x+1}=kx-k-6$에서 $kx^2-4x-k-5=0$이고,

이 이차방정식의 판별식을 D라 하면

$\dfrac{D}{4}=(-2)^2-k(-k-5)=0$이므로

$k^2+5k+4=0,\ (k+4)(k+1)=0$ $\therefore\ k=-4$ 또는 $k=-1$

따라서 두 그래프가 적어도 한 점에서 만나도록 하는

실수 k의 값의 범위는 $k\leq-4$ 또는 $k\geq-1$이다. ······ TIP

곡선 $y=\dfrac{-2x-1}{x+1}$ 과 직선 $y=kx-k-6$의 위치 관계는
다음과 같다.

❶ $-4<k<-1$일 때 만나지 않는다.

❷ $k=-4$ 또는 $k=-1$ 또는 $k=0$일 때 한 점에서 만난다.

❸ $k<-4$ 또는 $-1<k<0$ 또는 $k>0$일 때 두 점에서 만난다.

667

답 ④

함수 $y=\dfrac{4}{x}$의 그래프는 직선 $y=x$에 대하여 대칭이므로
그래프 위의 두 점 A, B에 대하여 직선 AB의 기울기가 -1일 때,
두 점 A, B는 직선 $y=x$에 대하여 대칭이다.

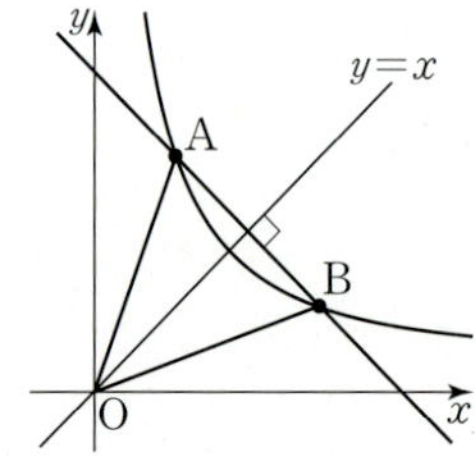

따라서 $\mathrm{A}(a,\ b)\ (0<a<b)$라 하면 $\mathrm{B}(b,\ a)$이고,
두 점이 곡선 $y=\dfrac{4}{x}$ 위의 점이므로 $ab=4$이다.

$\overline{\mathrm{OA}}=\overline{\mathrm{OB}}=\sqrt{a^2+b^2}$이므로 $\overline{\mathrm{OA}}\times\overline{\mathrm{OB}}=a^2+b^2=16$

이때 $\overline{\mathrm{AB}}=\sqrt{2(a-b)^2}$이고,

$(a-b)^2=a^2+b^2-2ab=16-8=8$이므로

$\overline{\mathrm{AB}}=\sqrt{2\times8}=4$

668

답 36

$xy-2x-2y=k$를 정리하면 $(x-2)y=2x+k$이고,

$x\ne2$일 때 $y=\dfrac{2x+k}{x-2}$이다.

유리함수 $y=\dfrac{2x+k}{x-2}=\dfrac{k+4}{x-2}+2$의 그래프의 점근선의 방정식은

$x=2,\ y=2$이므로 유리함수의 그래프는 직선 $y=x$에 대하여 대칭이다.

이때 직선 $x+y=8$의 기울기가 -1이므로 직선이 유리함수의
그래프와 만나는 두 점 P, Q는 직선 $y=x$에 대하여 대칭이다.

점 P의 좌표를 $(a,\ b)$라 하면 점 Q의 좌표는 $(b,\ a)$이므로

$ab=14$이다.

또한 두 점 P, Q가 직선 $x+y=8$ 위의 점이므로 $a+b=8$이다.

$\overline{\mathrm{OP}}=\overline{\mathrm{OQ}}=\sqrt{a^2+b^2}$이므로

$\overline{\mathrm{OP}}\times\overline{\mathrm{OQ}}=a^2+b^2$

$\qquad\qquad\qquad=(a+b)^2-2ab$

$\qquad\qquad\qquad=8^2-2\times14=36$

$(x-2)y=2x+k$에서 $x=2$일 때 y의 값이 존재하면
$k=-4$이다.

이때 $(x-2)y=2x-4$에서 $x=2$일 때 항상 등식을 만족시키고,

$x\ne2$일 때 $y=2$이므로 이 도형은 두 직선 $x=2$, $y=2$를
나타낸다. 이 도형이 직선 $x+y=8$과 만나는 두 점은 각각
$(2,\ 6)$, $(6,\ 2)$이고, 두 점의 x좌표의 곱은 12이므로 조건을
만족시키지 않는다.

따라서 $k\ne-4$이다.

669

답 ④

조건 ㈎에 의하여 점 $\mathrm{B}(\alpha,\ \beta)$와 점 C는 직선 $y=x$에 대하여
대칭이므로 $\mathrm{C}(\beta,\ \alpha)$이고, 직선 BC는 점 $\mathrm{B}(\alpha,\ \beta)$를 지나고
기울기가 -1이므로 직선의 방정식은 $x+y-\alpha-\beta=0$

한편, 점 $\mathrm{A}(-2,\ 2)$에서 직선 BC에 내린 수선의 발을 H라 하면

$\overline{\mathrm{BC}}=\sqrt{2(\alpha-\beta)^2}=\sqrt{2}(\alpha-\beta)$

$\overline{\mathrm{AH}}=\dfrac{|(-2)+2-\alpha-\beta|}{\sqrt{1^2+1^2}}=\dfrac{\alpha+\beta}{\sqrt{2}}$

조건 ㈏에 의하여 삼각형 ABC의 넓이는 $2\sqrt{3}$이므로

$\dfrac{1}{2}\times\overline{\mathrm{BC}}\times\overline{\mathrm{AH}}=\dfrac{1}{2}\times\sqrt{2}(\alpha-\beta)\times\dfrac{\alpha+\beta}{\sqrt{2}}=2\sqrt{3}$에서

$\alpha^2-\beta^2=4\sqrt{3}$

또한 점 B는 곡선 $y=\dfrac{2}{x}$ 위의 점이므로 $\beta=\dfrac{2}{\alpha}$, 즉 $\alpha\beta=2$

$(\alpha^2+\beta^2)^2=(\alpha^2-\beta^2)^2+4\alpha^2\beta^2$

$\qquad\qquad\ =(4\sqrt{3})^2+4\times2^2=64$

$\therefore\ \alpha^2+\beta^2=8$

670

답 ①

두 삼각형 ABE와 FCE는 서로 닮음이므로

$\overline{\mathrm{AB}}:\overline{\mathrm{FC}}=\overline{\mathrm{BE}}:\overline{\mathrm{CE}}$에서 $5:\overline{\mathrm{FC}}=(x+3):x$

$\therefore\ \overline{\mathrm{FC}}=\dfrac{5x}{x+3}$

이때 $\overline{\mathrm{CD}}=3$이므로

$\overline{\mathrm{DF}}=\overline{\mathrm{CD}}-\overline{\mathrm{FC}}=3-\dfrac{5x}{x+3}=\dfrac{-2x+9}{x+3}$

한편, 점 D에서 직선 AB에 내린 수선의 발을 H라 하면
사각형 ABCD는 등변사다리꼴이므로 $\overline{\mathrm{AH}}=1$

따라서 직각삼각형 AHD에서

$\overline{\mathrm{DH}}=\sqrt{3^2-1^2}=\sqrt{8}=2\sqrt{2}$

$\therefore\ S(x)=\dfrac{1}{2}\times\dfrac{-2x+9}{x+3}\times2\sqrt{2}$

$\qquad\qquad=\dfrac{-2\sqrt{2}x+9\sqrt{2}}{x+3}$

671

답 ②

곡선 $y=\left|f(x-2a)+\dfrac{a}{3}\right|$는 곡선 $y=f(x-2a)+\dfrac{a}{3}$의 x축 아래에
그려진 부분을 x축에 대하여 대칭이동한 것이고, 이 곡선이 y축에
대하여 대칭이려면 곡선 $y=f(x-2a)+\dfrac{a}{3}$의 점근선의 방정식은
$x=0$, $y=0$이 되어야 한다.

$f(x)=\dfrac{a}{x+6}+2b$에서

$f(x-2a)+\dfrac{a}{3}=\dfrac{a}{x-2a+6}+2b+\dfrac{a}{3}$

곡선 $y=f(x-2a)+\dfrac{a}{3}$의 점근선의 방정식은

$x=2a-6,\ y=2b+\dfrac{a}{3}$이고

이 점근선의 방정식이 $x=0,\ y=0$이 되어야 하므로

$2a-6=0$에서 $a=3$

$2b+\dfrac{a}{3}=0$에서 $2b+1=0,\ b=-\dfrac{1}{2}$

따라서 $f(x)=\dfrac{3}{x+6}-1$이므로

$f(6ab)=f(-9)=\dfrac{3}{(-9)+6}-1=-2$

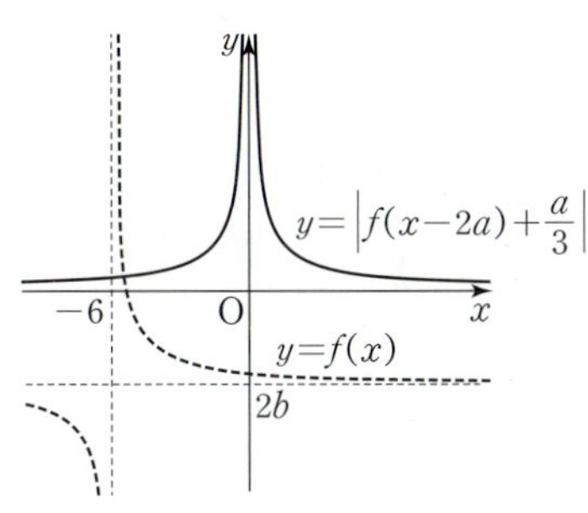

672   답 ④

$x=\sqrt{2}$일 때 $x+1>0,\ x-1>0$이므로

$\dfrac{\sqrt{x+1}+\sqrt{x-1}}{\sqrt{x+1}-\sqrt{x-1}}=\dfrac{(\sqrt{x+1}+\sqrt{x-1})^2}{(\sqrt{x+1}-\sqrt{x-1})(\sqrt{x+1}+\sqrt{x-1})}$

$\qquad\qquad\qquad\quad =\dfrac{x+1+2\sqrt{x^2-1}+x-1}{x+1-(x-1)}$

$\qquad\qquad\qquad\quad =\dfrac{2x+2\sqrt{x^2-1}}{2}=x+\sqrt{x^2-1}$

따라서 $x=\sqrt{2}$를 대입하면 구하는 값은

$\sqrt{2}+\sqrt{(\sqrt{2})^2-1}=1+\sqrt{2}$이다.

673   답 ③

$\sqrt{n^2}<\sqrt{n^2+2n}<\sqrt{n^2+2n+1}$이므로

$n<\sqrt{n^2+2n}<n+1$에서

$\sqrt{n^2+2n}$의 정수부분은 n이고, $\qquad\cdots\cdots$ ㉠

소수부분은 $f(n)=\sqrt{n^2+2n}-n$이다.

$\dfrac{2n}{f(n)}=\dfrac{2n}{\sqrt{n^2+2n}-n}=\dfrac{2n(\sqrt{n^2+2n}+n)}{(n^2+2n)-n^2}$

$\qquad =\sqrt{n^2+2n}+n$

이므로 ㉠에 의하여 $\dfrac{2n}{f(n)}$의 정수부분은 $2n$이다.

674   답 12

B의 장력을 T_B, 밀도를 ρ_B, 주파수를 w_B라 하면

$w_B=\dfrac{1}{2L}\sqrt{\dfrac{T_B}{\rho_B}}$ $\qquad\cdots\cdots$ ㉠

A의 장력은 $3T_B$, 밀도는 $n\rho_B$, 주파수는 $\dfrac{1}{2}w_B$이므로

$\dfrac{1}{2}w_B=\dfrac{1}{2L}\sqrt{\dfrac{3T_B}{n\rho_B}}$ $\qquad\cdots\cdots$ ㉡

㉠을 ㉡으로 양변을 각각 나누면

$2=\sqrt{\dfrac{n}{3}},\ \dfrac{n}{3}=4$

$\therefore\ n=12$

675   답 ④

$A_n(n,\,0),\ B_n(n,\,\sqrt{2n-1}),\ C_n(n,\,\sqrt{2n+1})$이므로

$\overline{A_nA_{n+1}}=1,\ \overline{A_{n+1}B_{n+1}}=\sqrt{2(n+1)-1}=\sqrt{2n+1}$

$\overline{A_{n+1}C_{n+1}}=\sqrt{2(n+1)+1}=\sqrt{2n+3}$

따라서 피타고라스 정리에 의하여

$\overline{A_nB_{n+1}}=\sqrt{2n+2},\ \overline{A_nC_{n+1}}=\sqrt{2n+4}$

이므로 $l_n=\sqrt{2n+4}-\sqrt{2n+2}=\sqrt{2(n+1)+2}-\sqrt{2n+2}$이다.

$l_1+l_2+l_3+\cdots+l_m$

$=(\sqrt{2\times2+2}-\sqrt{2\times1+2})+(\sqrt{2\times3+2}-\sqrt{2\times2+2})$

$\quad+(\sqrt{2\times4+2}-\sqrt{2\times3+2})+\cdots+(\sqrt{2\times(m+1)+2}-\sqrt{2\times m+2})$

$=\sqrt{2\times(m+1)+2}-\sqrt{2\times1+2}$

$=\sqrt{2m+4}-2$

$l_1+l_2+l_3+\cdots+l_m>2\sqrt{2}$에서 $\sqrt{2m+4}-2>2\sqrt{2}$

$\sqrt{2m+4}>2\sqrt{2}+2$

양변을 제곱하면

$2m+4>12+8\sqrt{2},\ 2m>8+8\sqrt{2}$ $\qquad\therefore\ m>4+4\sqrt{2}$

이를 만족시키는 자연수 m의 최솟값은 10이다. $\qquad\cdots\cdots$ TIP

> **TIP**
>
> $m>4+4\sqrt{2}$에서 $m-4>4\sqrt{2}$이고 양변을 제곱하면
> $(m-4)^2>32$이므로 자연수 m의 최솟값은 10이다.

676   답 ②

유리함수 $y=\dfrac{ax+b}{cx+2}$의 그래프의 점근선의 방정식은

$x=-\dfrac{2}{c},\ y=\dfrac{a}{c}$이고, 주어진 그래프에 의하여

$-\dfrac{2}{c}<0,\ \dfrac{a}{c}<0$에서 $c>0,\ a<0$이다.

이때 함수 $y=\dfrac{ax+b}{cx+2}$의 그래프의 y절편이 음수이므로

$\dfrac{b}{2}<0$에서 $b<0$이다.

한편, 무리함수 $y=-\sqrt{a-bx}+c=-\sqrt{-b\left(x-\dfrac{a}{b}\right)}+c$의

그래프는 $y=-\sqrt{-bx}$의 그래프를 x축의 방향으로 $\dfrac{a}{b}$만큼,

y축의 방향으로 c만큼 평행이동한 것이다.

이때 $-b>0,\ \dfrac{a}{b}>0,\ c>0$이므로 무리함수의 그래프는

점 $\left(\dfrac{a}{b},\,c\right)$를 지나면서 오른쪽 아래로 그려진다.

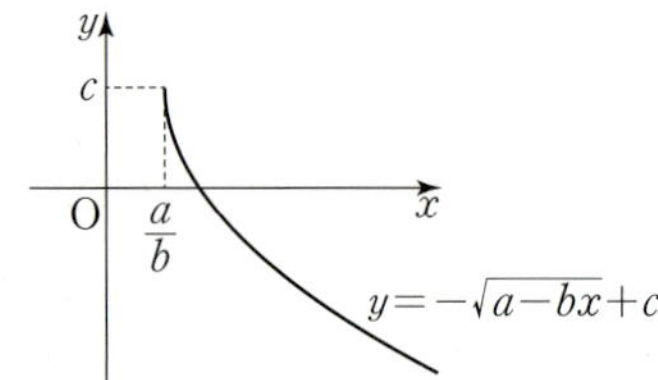

따라서 지나는 사분면은 제1, 4사분면이다.

677
답 ③

함수 $y=4-\sqrt{kx+1}=-\sqrt{k\left(x+\dfrac{1}{k}\right)}+4$의 그래프는

함수 $y=-\sqrt{kx}$의 그래프를

x축의 방향으로 $-\dfrac{1}{k}$만큼,

y축의 방향으로 4만큼 평행이동한 것이다.

ㄱ. $4-\sqrt{kx+1}\leq 4$이므로 k의 값에 관계없이 치역은
　　$\{y\,|\,y\leq 4\}$이다. (참)

ㄴ. $k>0$일 때, $kx+1\geq 0$에서 $x\geq -\dfrac{1}{k}$이므로 정의역은

　　$\left\{x\,\middle|\,x\geq -\dfrac{1}{k}\right\}$이다. (거짓)

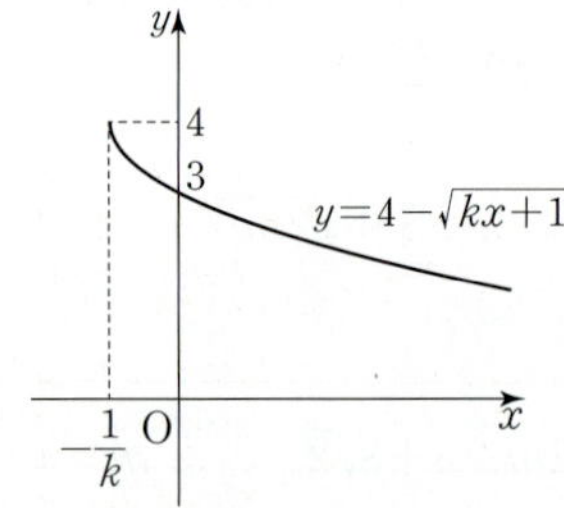

ㄷ. 함수 $y=4-\sqrt{kx+1}$의 그래프의 y절편은 3이고 $k<0$일 때,
　　$-\dfrac{1}{k}>0$이므로 그래프는 제4사분면을 지나지 않는다. (참)

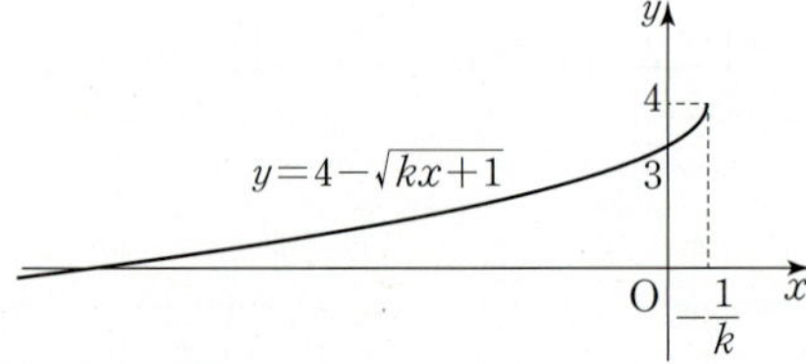

따라서 옳은 것은 ㄱ, ㄷ이다.

678
답 ③

$A(a,\,0)$이므로 $B(a,\,3\sqrt{a})$이다.

점 C의 x좌표를 t라 하면

$\sqrt{2t}=3\sqrt{a}$이므로

$2t=9a,\ t=\dfrac{9}{2}a$

따라서 $D\left(\dfrac{9}{2}a,\,0\right)$이다.

$\overline{AB}=3\sqrt{a},\ \overline{AD}=\dfrac{9}{2}a-a=\dfrac{7}{2}a$에서

$\overline{AB}=\overline{AD}$이므로

$3\sqrt{a}=\dfrac{7}{2}a,\ 7a=6\sqrt{a},\ 49a^2=36a,\ a(49a-36)=0$

$\therefore a=\dfrac{36}{49}\ (\because a>0)$

679
답 7

함수 $y=\sqrt{ax+3a}=\sqrt{a(x+3)}$의 그래프는 점 $(-3,\,0)$을 지난다.

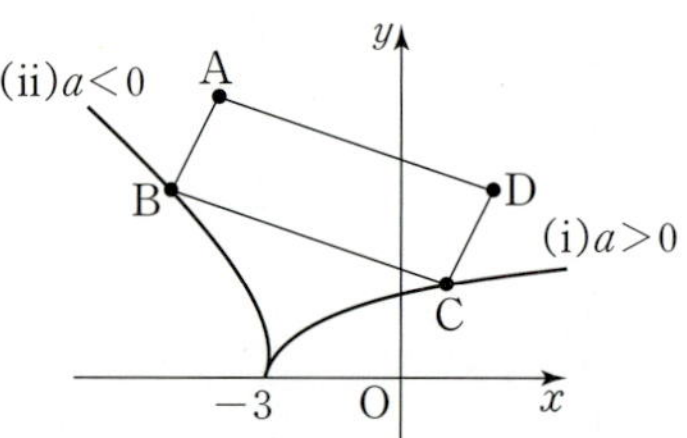

사각형 ABCD와 만나지 않으려면

(i) $a>0$일 때, 함수 $y=\sqrt{a(x+3)}$의 그래프가 점 C(1, 2)보다
　　아래에 위치해야 하므로
　　$f(1)=\sqrt{4a}<2$에서 $4a<4,\ a<1$
　　따라서 $0<a<1$이다.

(ii) $a<0$일 때, 함수 $y=\sqrt{a(x+3)}$의 그래프가 점 B$(-5,\,4)$보다
　　아래에 위치해야 하므로
　　$f(-5)=\sqrt{-2a}<4$에서 $-2a<16,\ a>-8$
　　따라서 $-8<a<0$이다.

(i), (ii)에서 $-8<a<0$ 또는 $0<a<1$이므로

정수 a는 $-7,\ -6,\ -5,\ -4,\ -3,\ -2,\ -1$의 7개이다.

680
답 ⑤

무리함수 $y=a\sqrt{bx+c}$의 치역이 $\{y\,|\,y\leq 0\}$이므로

$a<0$　　　　　　　　　　　　　　……㉠

$y=a\sqrt{bx+c}=a\sqrt{b\left(x+\dfrac{c}{b}\right)}$의 그래프는 $y=a\sqrt{bx}$의 그래프를

x축의 방향으로 $-\dfrac{c}{b}$만큼 평행이동한 것이므로

$-\dfrac{c}{b}>0$, 즉 $\dfrac{c}{b}<0$

한편, $y=a\sqrt{bx}$의 그래프에서 정의역은 $\{x\,|\,x\leq 0\}$이므로

$b<0$　　　　　　　　　　　　　　……㉡

따라서 $c>0$　　　　　　　　　　　……㉢

유리함수 $y=\dfrac{b}{x+a}+c$의 그래프는 함수 $y=\dfrac{b}{x}$의 그래프를

x축의 방향으로 $-a$만큼, y축의 방향으로 c만큼 평행이동한 것이고,

$-a>0,\ c>0$이므로

㉠, ㉡, ㉢에 의하여 유리함수 $y=\dfrac{b}{x+a}+c$의 그래프로 알맞은 것은

⑤이다.

681
답 ④

점 A의 좌표를 $(a,\,3\sqrt{a})\ (a>0)$라 하면 C$(a,\,\sqrt{a})$이고,

$3\sqrt{a}=\sqrt{x}$에서 $x=9a$이므로 B$(9a,\,3\sqrt{a})$이다.

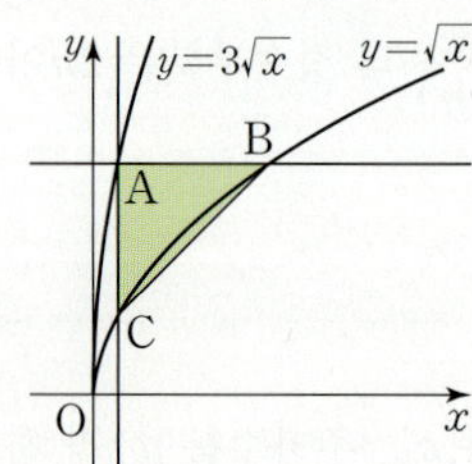

직각이등변삼각형 ACB에서 빗변이 아닌 두 변 AB, AC의 길이가

각각 $9a-a=8a$, $3\sqrt{a}-\sqrt{a}=2\sqrt{a}$ 이고

$\overline{AB}=\overline{AC}$ 이므로 $8a=2\sqrt{a}$ 에서

$(4a)^2=a$, $a(16a-1)=0$

$\therefore a=\dfrac{1}{16}$ $(\because a>0)$

따라서 삼각형 ACB의 넓이는

$\dfrac{1}{2}\times(8a)^2=\dfrac{1}{2}\times\dfrac{1}{4}=\dfrac{1}{8}$

682   📖 36

두 곡선 $y=\sqrt{x}+3$, $y=\sqrt{x-3}$ 이 직선 $y=-x+15$와 만나는 점을

각각 A, D라 하고 직선 $y=-x+3$과 만나는 점을 각각 B, C라

하자.

$\sqrt{x}+3=-x+15$ $(x\le15)$ 에서

$x=(-x+12)^2$, $x^2-25x+144=0$, $(x-9)(x-16)=0$

따라서 $x=9$ $(\because x\le15)$ 이므로

$A(9, 6)$ 이다.

$\sqrt{x-3}=-x+15$ $(x\le15)$ 에서

$x-3=(-x+15)^2$, $x^2-31x+228=0$, $(x-12)(x-19)=0$

따라서 $x=12$ $(\because x\le15)$ 이므로

$D(12, 3)$ 이다.

이때 두 곡선 $y=\sqrt{x}+3$, $y=\sqrt{x-3}$ 및 두 직선

$y=-x+3$, $y=-x+15$로 둘러싸인 부분은 다음 그림과 같다.

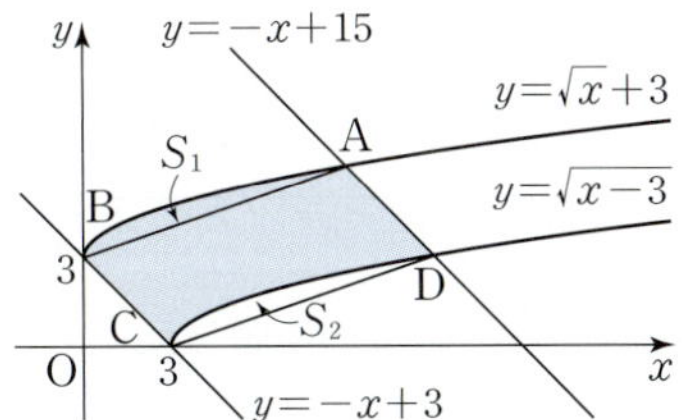

이때 곡선 $y=\sqrt{x}+3$과 직선 AB로 둘러싸인 부분의 넓이를 S_1,

곡선 $y=\sqrt{x-3}$과 직선 CD로 둘러싸인 부분의 넓이를 S_2라 하자.

함수 $y=\sqrt{x}+3$의 그래프를

x축의 방향으로 3만큼, y축의 방향으로 -3만큼 평행이동하면

곡선 $y=\sqrt{x-3}$과 일치하므로 $S_1=S_2$이다. 즉, 둘러싸인 부분의

넓이는 평행사변형 ABCD의 넓이와 같다.

두 점 B, C의 좌표는 $B(0, 3)$, $C(3, 0)$ 이므로

$\overline{BC}=\sqrt{3^2+3^2}=3\sqrt{2}$

직선 $y=-x+15$와 직선 $y=-x+3$ 사이의 거리는

점 $(0, 15)$에서 직선 $x+y-3=0$까지의 거리와 같으므로

$\dfrac{|15-3|}{\sqrt{1^2+1^2}}=6\sqrt{2}$

따라서 ABCD의 넓이는 $3\sqrt{2}\times6\sqrt{2}=36$이다.

683   답 ②

곡선 $y=x^2$과 직선 $y=-x+k$가 서로 다른 두 점에서 만나므로

이차방정식 $x^2=-x+k$, 즉 $x^2+x-k=0$의 판별식을 D라 하면

$D=1+4k>0$에서 $k>-\dfrac{1}{4}$이다.

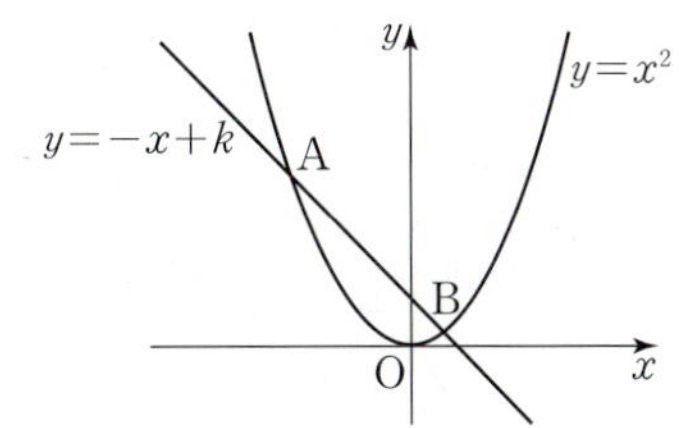

방정식 $x^2+x-k=0$의 두 실근을 α, β라 하면   …… ㉠

두 점 A, B의 좌표가 $(\alpha, -\alpha+k)$, $(\beta, -\beta+k)$이므로

선분 AB의 길이는 $\sqrt{(\alpha-\beta)^2+(-\alpha+\beta)^2}=\sqrt{2(\alpha-\beta)^2}$ …… ㉡

㉠에서 이차방정식의 근과 계수의 관계에 의하여

$\alpha+\beta=-1$, $\alpha\beta=-k$이므로

$(\alpha-\beta)^2=(\alpha+\beta)^2-4\alpha\beta=1+4k$

㉡에 대입하면 $f(k)=\sqrt{2(1+4k)}$ $\left(k>-\dfrac{1}{4}\right)$이고,

함수 $y=f(x)$의 그래프의 개형은 다음 그림과 같다.

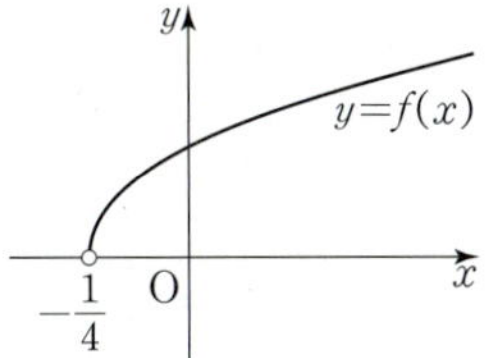

따라서 그래프로 알맞은 것은 ②이다.

684   답 ②

함수 $f(x)=\sqrt{x+3}-1$에 대하여 함수 $y=f(x)$의 그래프는

함수 $y=\sqrt{x}$의 그래프를 x축의 방향으로 -3만큼,

y축의 방향으로 -1만큼 평행이동한 것이므로

정의역이 $\{x\,|\,x>-3\}$일 때, 치역은 $\{y\,|\,y>-1\}$이다.

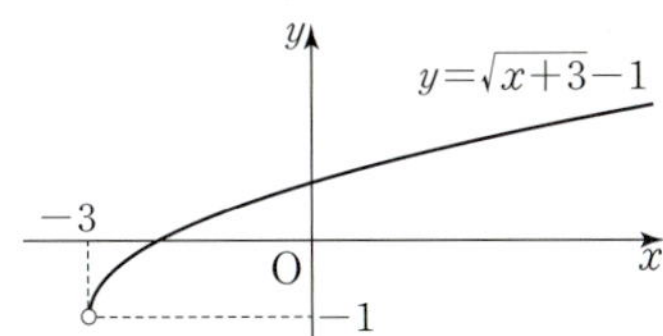

$g(x)=\dfrac{2x+4}{x+3}=\dfrac{-2}{x+3}+2$이므로 $x>-3$에서 정의된 함수

$y=g(x)$의 그래프는 다음 그림과 같다.

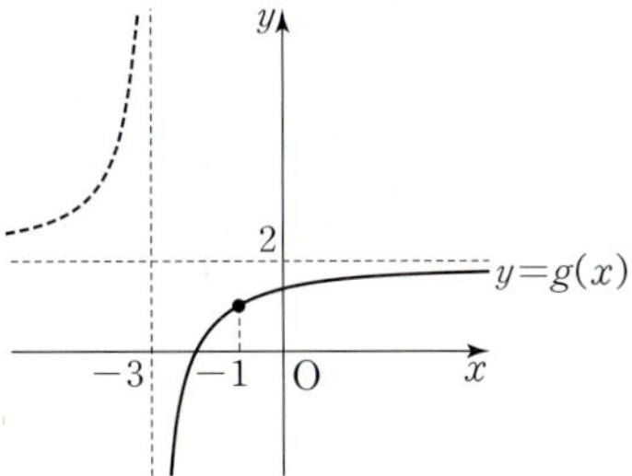

$x>-1$에서 $g(-1)<g(x)<2$이고, $g(-1)=1$이므로 $x>-3$에서

정의된 함수 $y=(g\circ f)(x)$의 치역은 $\{y\,|\,1<y<2\}$이다.

685   답 ①

함수 $y=-\dfrac{12}{x}+4$의 그래프는 함수 $y=-\dfrac{12}{x}$의 그래프를 y축의

방향으로 4만큼 평행이동한 것이므로 그래프는 다음 그림과 같다.

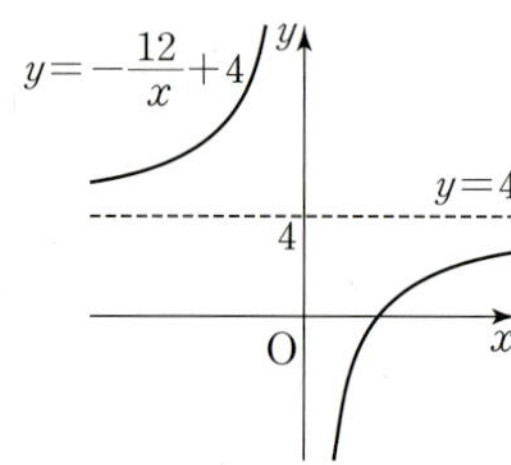

한편, 함수 $y=\sqrt{-x+k}-k$의 그래프는 점 $(k, -k)$를 지나면서 왼쪽 위로 그려지므로

다음 그림과 같이 함수 $y=-\dfrac{12}{x}+4$의 그래프에 의하여 좌표평면이 나누어지는 세 영역을 각각 ①, ②, ③이라 할 때, 점 $(k, -k)$가 영역 ① 또는 두 영역 ①, ②의 경계에 있을 때 $n(A\cap B)=2$ 영역 ② 또는 두 영역 ②, ③의 경계에 있을 때 $n(A\cap B)=1$

$\qquad\qquad\qquad\qquad\qquad\qquad\qquad\qquad$ ……… ㉠

영역 ③에 있을 때 $n(A\cap B)=0$이다.

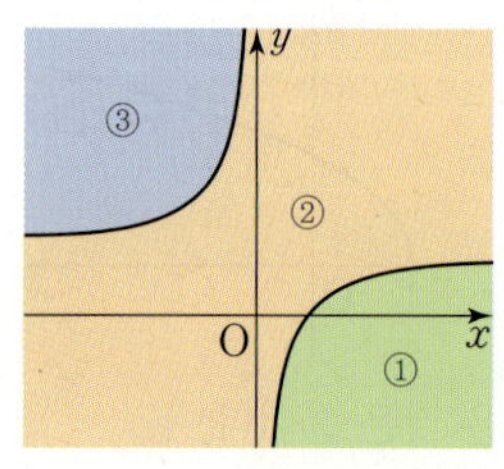

이때 점 $(k, -k)$는 직선 $y=-x$ 위에 존재하므로

$-\dfrac{12}{x}+4=-x$에서 $12-4x=x^2$, $x^2+4x-12=0$

$(x+6)(x-2)=0$ $\therefore x=-6$ 또는 $x=2$

㉠에 의하여 $n(A\cap B)=1$을 만족시키는 실수 k의 값의 범위는 $-6\le k<2$이다.

$\therefore a\times b=(-6)\times 2=-12$

686 $\qquad\qquad\qquad\qquad\qquad\qquad\qquad\qquad$ 目 -9

함수 $f(x)$의 역함수를 구하면 다음과 같다.

$y=\dfrac{1}{2}x^2+x+\dfrac{1}{2}$ $(x\le -1)$에서 $2y=(x+1)^2$

$x+1=-\sqrt{2y}$ $(\because x\le -1)$, $x=-\sqrt{2y}-1$

x와 y를 서로 바꾸면 $y=-\sqrt{2x}-1$

$\therefore f^{-1}(x)=-\sqrt{2x}-1$

함수 $y=f^{-1}(x)$는 x의 값이 커질 때 y의 값은 작아지므로

$2\le x\le 8$에서 $f^{-1}(2)\ge f^{-1}(x)\ge f^{-1}(8)$

즉, $-5\le f^{-1}(x)\le -3$이므로

$\{f^{-1}(x)\,|\,2\le x\le 8\}=\{x\,|\,-5\le x\le -3\}$

한편, $g(x)=\dfrac{a}{x+1}+b$에서

(i) $a>0$이면 $1\le x\le 3$에서 $g(3)\le g(x)\le g(1)$이므로

$\quad \dfrac{a}{4}+b\le g(x)\le \dfrac{a}{2}+b$

따라서 $\dfrac{a}{4}+b=-5$, $\dfrac{a}{2}+b=-3$을 만족시켜야 하므로

두 식을 연립하여 풀면 $a=8$, $b=-7$

(ii) $a<0$이면 $1\le x\le 3$에서 $g(1)\le g(x)\le g(3)$이므로

$\quad \dfrac{a}{2}+b\le g(x)\le \dfrac{a}{4}+b$

따라서 $\dfrac{a}{2}+b=-5$, $\dfrac{a}{4}+b=-3$을 만족시켜야 하므로

두 식을 연립하여 풀면 $a=-8$, $b=-1$

(iii) $a=0$이면 모든 실수 x에 대하여 $g(x)=b$이므로

조건을 만족시키지 못한다.

(i)~(iii)에서 $a+b$의 최솟값은 $(-8)+(-1)=-9$이고, $a+b$의 최댓값은 $8+(-7)=1$이다.

따라서 구하는 값은 $(-9)\times 1=-9$이다.

다른 풀이

$\{f^{-1}(x)\,|\,2\le x\le 8\}$을 다음과 같이 구할 수 있다.

$f^{-1}(x)=t$라 하면 $x=f(t)$이므로

$\{f^{-1}(x)\,|\,2\le x\le 8\}=\{x\,|\,2\le f(x)\le 8\}$이다.

$2\le \dfrac{1}{2}x^2+x+\dfrac{1}{2}\le 8$에서 $4\le x^2+2x+1\le 16$

$4\le (x+1)^2\le 16$, $-4\le x+1\le -2$ $(\because x\le -1)$

$-5\le x\le -3$

$\therefore \{f^{-1}(x)\,|\,2\le x\le 8\}=\{x\,|\,-5\le x\le -3\}$

687 $\qquad\qquad\qquad\qquad\qquad\qquad\qquad\qquad$ 目 ⑤

(i) $x>3$일 때 $f(x)=\dfrac{2x+3}{x-2}=\dfrac{7}{x-2}+2$이므로

$\quad x>3$에서 함수 $y=f(x)$의 그래프가 다음 그림과 같다.

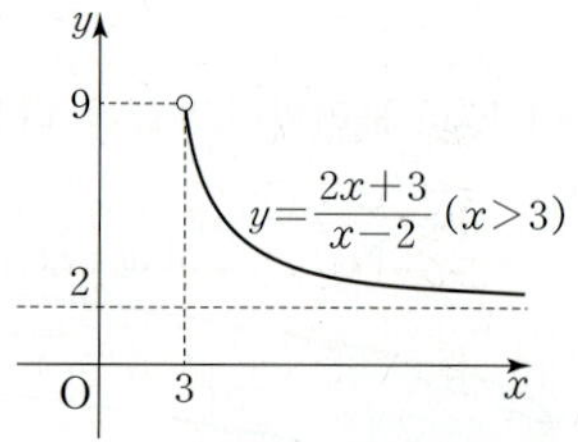

(ii) $x\le 3$일 때 $f(x)=\sqrt{-(x-3)}+a$이므로

$\quad x\le 3$에서 $y=f(x)$의 그래프의 개형은 다음 그림과 같다.

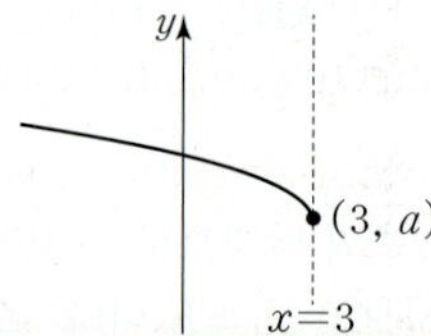

조건 ㈎에서 함수 f의 치역이 $\{y\,|\,y>2\}$이어야 하므로

(i), (ii)에서 함수 $y=f(x)$의 그래프에 의하여

$2<a\le 9$이어야 한다.

또한 조건 ㈏에 의하여 함수 f가 일대일함수이어야 하므로 $a\ge 9$이어야 한다.

따라서 $a=9$이고 이때 함수 $y=f(x)$의 그래프는 다음 그림과 같다.

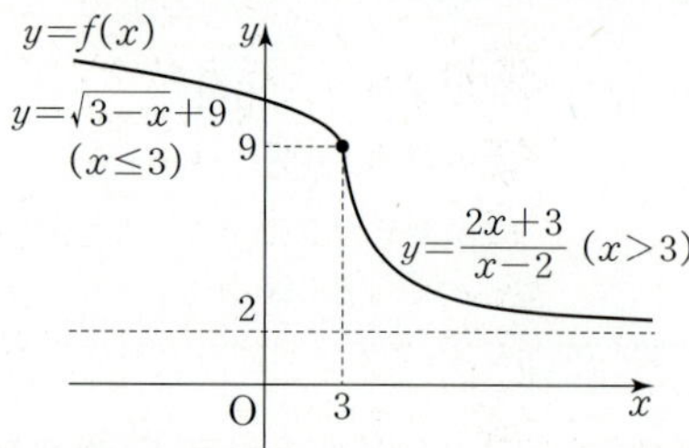

$f(2)=1+9=10$이므로

$f(2)f(k)=40$에서 $f(k)=4$이다.

$f(k)=4$일 때, $k>3$이므로

$f(k)=\dfrac{2k+3}{k-2}=4$에서

$2k+3=4k-8$ $\therefore k=\dfrac{11}{2}$

688

답 2

무리함수 $f(x)$는 x의 값이 커질 때 함숫값이 커지므로 무리함수
$y=f(x)$의 그래프와 역함수 $y=f^{-1}(x)$의 그래프의 두 교점은
무리함수 $y=f(x)$의 그래프와 직선 $y=x$의 두 교점과 같다.

$\sqrt{2x-k}+1=x$에서

$2x-k=(x-1)^2$, $x^2-4x+k+1=0$ $\cdots\cdots$ ㉠

방정식 $x^2-4x+k+1=0$의 두 실근을 α, β라 하면

함수 $y=f(x)$의 그래프와 직선 $y=x$의 두 교점의 좌표는

$(\alpha,\ \alpha)$, $(\beta,\ \beta)$이므로 두 점 사이의 거리는

$\sqrt{(\alpha-\beta)^2+(\alpha-\beta)^2}=\sqrt{2(\alpha-\beta)^2}$

이때 두 점 사이의 거리가 $2\sqrt{2}$이므로

$\sqrt{2(\alpha-\beta)^2}=2\sqrt{2}$, $(\alpha-\beta)^2=4$ $\cdots\cdots$ ㉡

이차방정식 ㉠의 근과 계수의 관계에 의하여

$\alpha+\beta=4$, $\alpha\beta=k+1$이므로

$(\alpha-\beta)^2=(\alpha+\beta)^2-4\alpha\beta$

$\qquad\qquad=4^2-4(k+1)=12-4k$ $\cdots\cdots$ ㉢

㉡, ㉢에서

$12-4k=4$ $\therefore k=2$

689

답 ③

$f(x)=x$에서 $\sqrt{x+n^2}-n=x$, $x+n^2=(x+n)^2$

$x^2+(2n-1)x=0$ $\therefore x=0$ 또는 $x=1-2n$

이때 자연수 n에 대하여 $1-2n<0$이므로

함수 $y=f(x)$ $(x\geq0)$의 그래프와 역함수 $y=f^{-1}(x)$의 그래프는
다음 그림과 같다.

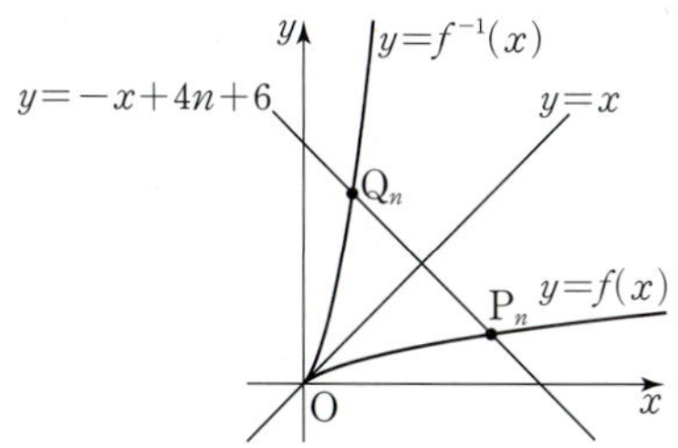

이때 두 곡선 $y=f(x)$와 $y=f^{-1}(x)$의 그래프는 직선 $y=x$에
대하여 서로 대칭이고

직선 $y=-x+4n+6$ 또한 직선 $y=x$에 대하여 서로 대칭이므로
두 점 P_n, Q_n은 직선 $y=x$에 대하여 서로 대칭이다.

따라서 점 P_n의 좌표를 $(\alpha,\ \beta)$라 하면 점 Q_n의 좌표는 $(\beta,\ \alpha)$이고
선분 P_nQ_n의 길이는 $\sqrt{2}\times(\alpha-\beta)$이다.

$f(x)=-x+4n+6$에서 $\sqrt{x+n^2}-n=-x+4n+6$

$\sqrt{x+n^2}=-x+5n+6$, $x+n^2=(-x+5n+6)^2$

$x+n^2=x^2-(10n+12)x+25n^2+60n+36$

$x^2-(10n+13)x+24n^2+60n+36=0$

$(x-4n-4)(x-6n-9)=0$

$\therefore x=4n+4$ 또는 $x=6n+9$

이때 직선 $y=-x+4n+6$의 x절편은 $4n+6$이므로 $\alpha<4n+6$

$\therefore \alpha=4n+4$

따라서 $\beta=2$이므로 $\overline{P_nQ_n}=\sqrt{2}\times(4n+4-2)=\sqrt{2}(4n+2)$이다.

$\overline{P_mQ_m}=22\sqrt{2}$에서 $4m+2=22$

$\therefore m=5$

690

답 ②

함수 $y=-\sqrt{2x-5}-2=-\sqrt{2\left(x-\dfrac{5}{2}\right)}-2$의 그래프는

함수 $y=-\sqrt{2x}$의 그래프를 x축의 방향으로 $\dfrac{5}{2}$만큼,

y축의 방향으로 -2만큼 평행이동한 것이므로 다음 그림과 같다.

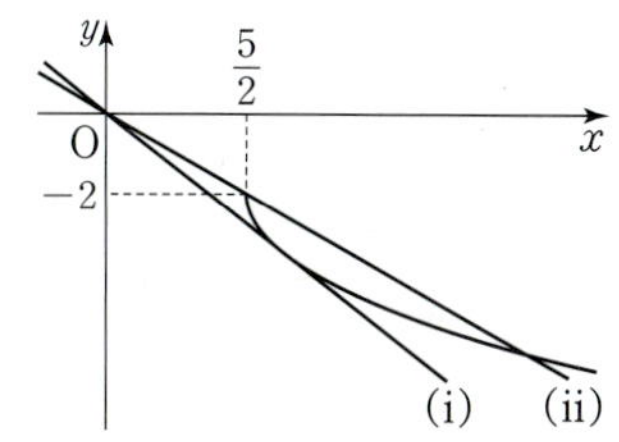

직선 $kx+y=0$, $y=-kx$는 기울기가 $-k$이고 원점을 지나고,
$n(A\cap B)=2$이므로 두 그래프가 두 점에서 만나야 한다.

이때 두 그래프는 다음과 같은 경우를 기준으로 교점의 개수가
달라진다.

(i) 두 그래프가 접할 때

$-kx=-\sqrt{2x-5}-2$에서 $\sqrt{2x-5}=kx-2$

양변을 각각 제곱하면

$2x-5=(kx-2)^2$

이차방정식 $k^2x^2-2(2k+1)x+9=0$의 판별식을 D라 하면

$\dfrac{D}{4}=(2k+1)^2-9k^2=0$이므로 $-5k^2+4k+1=0$

$(5k+1)(k-1)=0$

$\therefore k=-\dfrac{1}{5}$ 또는 $k=1$

이때 두 그래프가 접할 때 직선의 기울기는 음수이므로

$-k<0$, 즉 $k>0$에서 $k=1$

(ii) 직선 $y=-kx$가 점 $\left(\dfrac{5}{2},\ -2\right)$를 지날 때

$-2=-\dfrac{5}{2}k$ $\therefore k=\dfrac{4}{5}$

(i), (ii)에서 함수의 그래프와 직선이 두 점에서 만나도록 하는

k의 값의 범위는 $\dfrac{4}{5}\leq k<1$이다. $\cdots\cdots$ **TIP**

> **TIP**
>
> 곡선 $y=-\sqrt{2x-5}-2$와 직선 $kx+y=0$의 위치 관계는
> 다음과 같다.
>
> ❶ $k\leq0$ 또는 $k>1$일 때 만나지 않는다.
>
> ❷ $0<k<\dfrac{4}{5}$ 또는 $k=1$일 때 한 점에서 만난다.
>
> ❸ $\dfrac{4}{5}\leq k<1$일 때 두 점에서 만난다.

691

답 ①

함수 $y=\sqrt{|x|+x}$는 $x\geq0$일 때 $y=\sqrt{2x}$, $x<0$일 때 $y=0$이므로
그래프가 다음 그림과 같다.

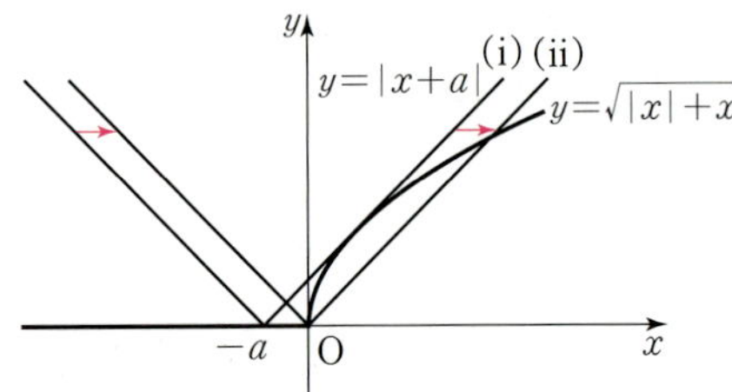

이때 두 함수 $y=|x+a|$와 $y=\sqrt{|x|+x}$의 그래프는 다음과 같은
경우를 기준으로 교점의 개수가 달라진다.

(i) 두 함수 $y=\sqrt{|x|+x}$, $y=|x+a|$의 그래프가 접할 때
  즉, 직선 $y=x+a$가 곡선 $y=\sqrt{2x}$와 접하면
  $$\sqrt{2x}=x+a$$
  양변을 각각 제곱하면
  $$2x=(x+a)^2$$
  이차방정식 $x^2+2(a-1)x+a^2=0$의 판별식을 D라 하면
  $$\frac{D}{4}=(a-1)^2-a^2=0$$이므로
  $$-2a+1=0 \qquad \therefore a=\frac{1}{2}$$

(ii) 함수 $y=|x+a|$의 그래프가 점 $(0,\ 0)$을 지날 때
  $$a=0$$

(i), (ii)에 의하여 $g(a)=3$인 a의 값의 범위는

$0<a<\dfrac{1}{2}$이다. ...... **TIP**

따라서 $m=0$, $n=\dfrac{1}{2}$이므로 $m^2+4n^2=0^2+4\times\left(\dfrac{1}{2}\right)^2=1$

TIP

함수 $y=|x+a|$의 그래프를 이동시켜보면서 함수 $y=\sqrt{|x|+x}$
의 그래프와 만나는 교점의 개수를 살펴보면 다음과 같다.

❶ $a>\dfrac{1}{2}$일 때

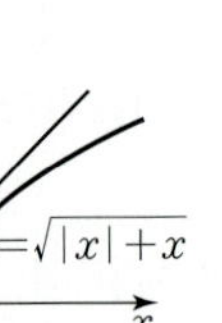

한 점에서 만난다.

❷ $a=\dfrac{1}{2}$일 때

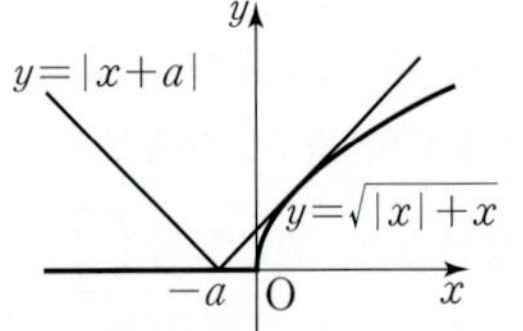

두 점에서 만난다.

❸ $0<a<\dfrac{1}{2}$일 때

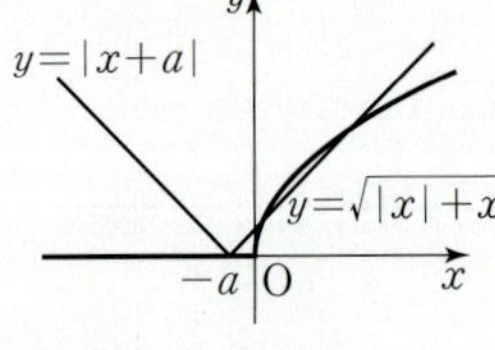

세 점에서 만난다.

❹ $a\leq0$일 때

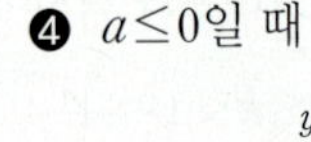

두 점에서 만난다.

692

답 ⑤

집합 $A_k=\{x\,|\,\sqrt{3|x|+x}=2x+k\}$는 함수 $y=\sqrt{3|x|+x}$의
그래프와 직선 $y=2x+k$의 교점의 x좌표를 원소로 하는 집합이다.
따라서 $n(A_k)=3$이면 두 함수의 그래프의 서로 다른 교점의 개수가
3이므로 집합 $B=\{k\,|\,n(A_k)=3\}$은 함수 $y=\sqrt{3|x|+x}$의 그래프
와 직선 $y=2x+k$가 서로 다른 세 점에서 만나도록 하는 모든 k의

값의 집합이다.

함수 $y=\sqrt{3|x|+x}=\begin{cases} 2\sqrt{x} & (x\geq0) \\ \sqrt{-2x} & (x<0) \end{cases}$이므로 그래프가 다음 그림과
같다.

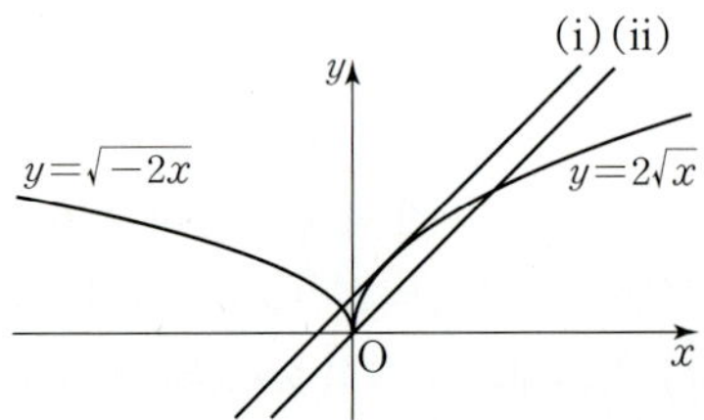

이때 직선 $y=2x+k$는 기울기가 2이고, y절편이 k이므로
두 그래프는 다음과 같은 경우를 기준으로 교점의 개수가 달라진다.

(i) 직선 $y=2x+k$가 함수 $y=2\sqrt{x}$의 그래프와 접할 때
  $2x+k=2\sqrt{x}$의 양변을 각각 제곱하면
  $$(2x+k)^2=4x$$
  이차방정식 $4x^2+2(2k-2)x+k^2=0$의 판별식을 D라 하면
  $$\frac{D}{4}=(2k-2)^2-4k^2=0,\ -8k+4=0 \qquad \therefore k=\frac{1}{2}$$

(ii) 직선 $y=2x+k$가 점 $(0,\ 0)$을 지날 때
  $$k=0$$

(i), (ii)에 의하여 두 그래프가 세 점에서 만나도록 하는

k의 값의 범위는 $0<k<\dfrac{1}{2}$ ...... **TIP**

$B=\left\{k\,\Big|\,0<k<\dfrac{1}{2}\right\}$, $C=\{k\,|\,a<k<b\}$이고,

이때 $B=C$이므로 $a=0$, $b=\dfrac{1}{2}$

$$\therefore a+b=0+\frac{1}{2}=\frac{1}{2}$$

TIP

곡선 $y=\sqrt{3|x|+x}$와 직선 $y=2x+k$의 위치 관계는
다음과 같다.

❶ $k<0$ 또는 $k>\dfrac{1}{2}$일 때 한 점에서 만난다.

❷ $k=0$ 또는 $k=\dfrac{1}{2}$일 때 두 점에서 만난다.

❸ $0<k<\dfrac{1}{2}$일 때 세 점에서 만난다.

693

답 ④

함수 $y=\sqrt{x-k}$의 그래프는 함수 $y=\sqrt{x}$의 그래프를
x축의 방향으로 k만큼 평행이동한 것이다.

함수 $y=\dfrac{8x+15}{x+1}=\dfrac{7}{x+1}+8$의 그래프는 다음 그림과 같다.

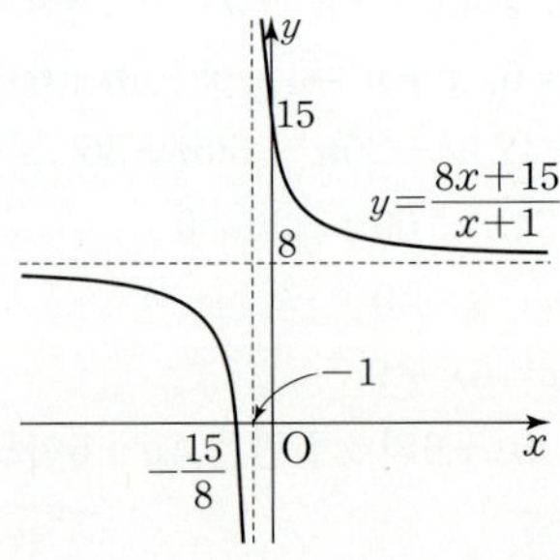

이때 함수 $y=\dfrac{8x+15}{x+1}$의 그래프가 x축과 만나는 점의 x좌표는

$0=\dfrac{8x+15}{x+1}$에서 $x=-\dfrac{15}{8}$이므로 함수 $y=\sqrt{x-k}$의 그래프가

함수 $y=\dfrac{8x+15}{x+1}$의 그래프와 한 점에서 만나려면 $k>-\dfrac{15}{8}$ ······ ㉠

이어야 한다. ······ **TIP**

한편, 함수 $y=\sqrt{x-k}$의 그래프와 직선 $y=x+2$는
다음과 같은 경우를 기준으로 교점의 개수가 달라진다.

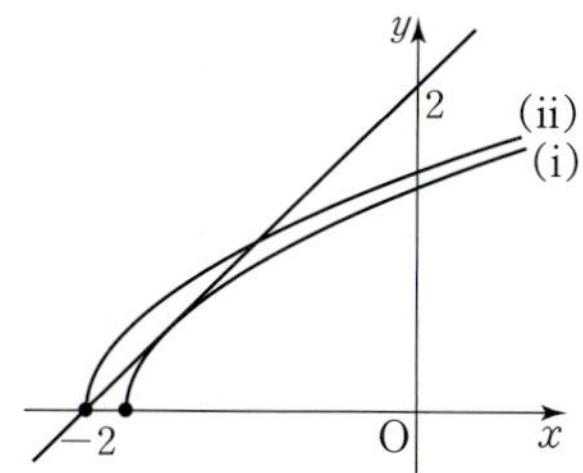

(i) 함수 $y=\sqrt{x-k}$의 그래프가 직선 $y=x+2$와 접할 때
　$x+2=\sqrt{x-k}$의 양변을 각각 제곱하면 $(x+2)^2=x-k$
　이차방정식 $x^2+3x+k+4=0$의 판별식을 D라 하면
　$$D=9-4(k+4)=0$$이므로 $k=-\dfrac{7}{4}$

(ii) 함수 $y=\sqrt{x-k}$의 그래프가 직선 $y=x+2$가 x축과 만나는
　점 $(-2,\,0)$을 지날 때
　$0=\sqrt{-2-k}$　∴ $k=-2$

(i), (ii)에 의하여 두 그래프가 서로 다른 두 점에서 만나도록 하는

k의 값의 범위는 $-2\le k<-\dfrac{7}{4}$이다. ······ ㉡

따라서 ㉠, ㉡을 모두 만족시키는 k의 값의 범위는

$-\dfrac{15}{8}<k<-\dfrac{7}{4}$이므로 $m=-\dfrac{15}{8}$, $n=-\dfrac{7}{4}$

∴ $\dfrac{n}{m}=\left(-\dfrac{7}{4}\right)\div\left(-\dfrac{15}{8}\right)=\dfrac{14}{15}$

TIP

함수 $y=\sqrt{x-k}$의 그래프는 x의 값이 커질 때 y의 값이 한없이

커지므로 함수 $y=\dfrac{8x+15}{x+1}$의 그래프와 $x>-1$에서는 항상 한

점에서 만난다.

이때 두 함수 $y=\sqrt{x-k}$, $y=\dfrac{8x+15}{x+1}$의 그래프는

❶ $k\le-\dfrac{15}{8}$일 때, $x<-1$에서도 한 점에서 만나므로 두
　그래프는 두 점에서 만난다.

❷ $k>-\dfrac{15}{8}$일 때, $x<-1$에서 만나지 않으므로 두 그래프는 한
　점에서 만난다.

694 답 ④

함수 $y=4\sqrt{x+2}+k$의 그래프는 함수 $y=4\sqrt{x}$의 그래프를 x축의
방향으로 -2만큼, y축의 방향으로 k만큼 평행이동한 것이므로
점 $(-2,\,k)$를 지나면서 오른쪽 위로 올라가는 형태이다.
따라서 함수의 그래프가 역함수의 그래프와 만나는 교점은 직선
$y=x$와의 교점과 같다.

즉, 함수 $y=f(x)$의 그래프가 직선 $y=x$와 서로 다른 두 점에서
만나도록 하는 정수 k의 개수를 구하면 된다. 이때 두 그래프는
다음과 같은 경우를 기준으로 교점의 개수가 달라진다.

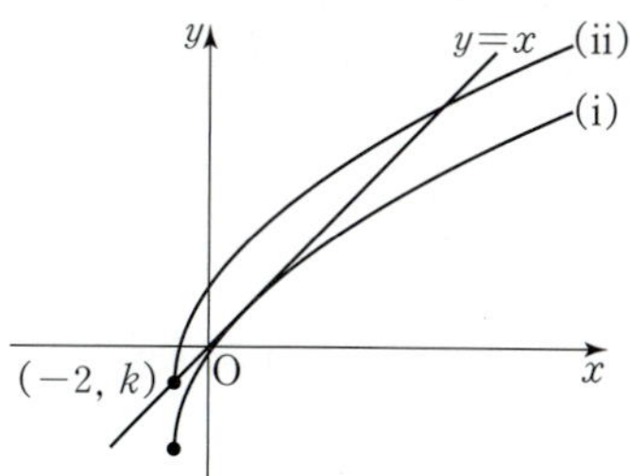

(i) 직선 $y=x$가 함수 $f(x)=4\sqrt{x+2}+k$의 그래프와 접할 때
　$4\sqrt{x+2}+k=x$에서 $4\sqrt{x+2}=x-k$의 양변을 각각 제곱하면
　$16(x+2)=(x-k)^2$
　이차방정식 $x^2-2(k+8)x+k^2-32=0$의 판별식을 D라 하면
　$$\dfrac{D}{4}=(k+8)^2-(k^2-32)=0$$이므로
　$16k+96=0$　∴ $k=-6$

(ii) 직선 $y=x$가 점 $(-2,\,k)$를 지날 때
　$k=-2$

(i), (ii)에 의하여 함수 $y=f(x)$의 그래프와 직선 $y=x$가 서로 다른
두 점에서 만나도록 하는 k의 값의 범위는 $-6<k\le-2$
따라서 구하는 정수 k는 -5, -4, -3, -2의 4개이다.

695 답 ⑤

$f(x)=-\sqrt{kx+3k}+6$, $g(x)=\sqrt{-kx+3k}-6$이라 하면
$f(x)=-\sqrt{k(x+3)}+6$에서 함수 $y=f(x)$의 그래프는
점 $(-3,\,6)$을 지나고, $g(x)=\sqrt{-k(x-3)}-6$에서 함수 $y=g(x)$의
그래프는 점 $(3,\,-6)$을 지난다.
이때 k의 값의 범위에 따라 두 함수 $y=f(x)$, $y=g(x)$의 그래프는
다음과 같다.

(i) $k<0$일 때
　함수 $y=f(x)$는 $x\le-3$에서 정의되고, 함수 $y=g(x)$는
　$x\ge3$에서 정의되므로 두 곡선 $y=f(x)$, $y=g(x)$는 서로 만나지
　않는다.

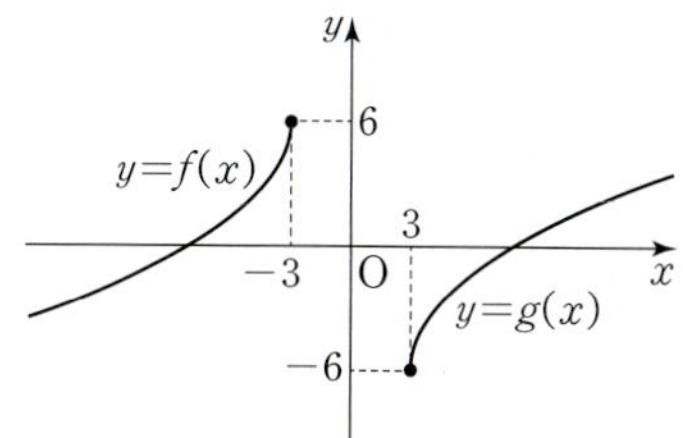

(ii) $k>0$일 때
　k의 값이 커질수록 곡선 $y=f(x)$는 직선 $y=6$과 멀어지고 곡선
　$y=g(x)$는 직선 $y=-6$과 멀어진다.
　따라서 두 곡선이 서로 다른 두 점에서 만나면서 실수 k의 값이
　최대가 될 때는 곡선 $y=f(x)$가 곡선 $y=g(x)$ 위의 점
　$(3,\,-6)$을 지날 때이다.
　$-\sqrt{6k}+6=-6$에서 $\sqrt{6k}=12$
　$6k=144$　∴ $k=24$

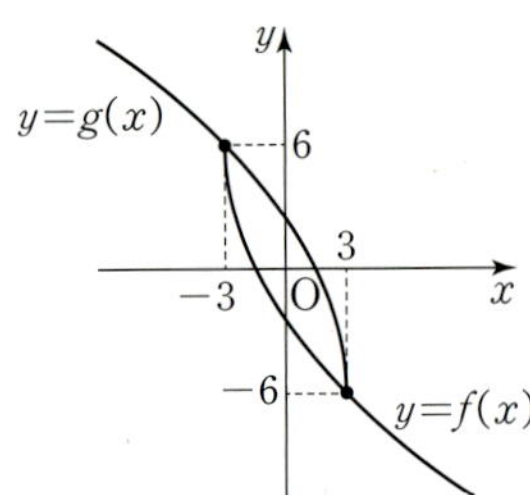

(iii) $k=0$일 때

$f(x)=6$, $g(x)=-6$이므로 조건을 만족하지 않는다.

(i)~(iii)에 의하여 두 곡선이 서로 다른 두 점에서 만나도록 하는 실수 k의 최댓값은 24이다.

696 답 $\dfrac{121}{16}$

정사각형 ADBC의 넓이가 최소이려면 대각선 AB의 길이가 최소이면 된다.

즉, 점 A와 직선 $y=x$ 사이의 거리가 최소이면 되므로 다음 그림과 같이 기울기가 1인 직선이 함수 $y=f(x)$의 그래프에 접할 때의 접점이 A이면 된다.

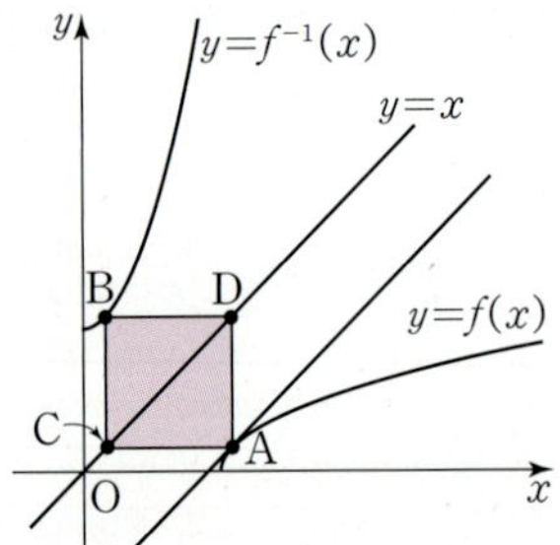

기울기가 1인 접선을 $y=x+a$ (a는 상수)라 하면

$\sqrt{x-3}=x+a$에서 양변을 각각 제곱하면

$x-3=(x+a)^2$

이차방정식 $x^2+(2a-1)x+a^2+3=0$의 판별식을 D라 하면

$D=(2a-1)^2-4(a^2+3)=0$이므로

$-4a-11=0$ $\quad\therefore a=-\dfrac{11}{4}$

직선 $y=x$와 직선 $y=x-\dfrac{11}{4}$ 사이의 거리가 $\dfrac{11\sqrt{2}}{8}$이므로

····· **TIP**

정사각형 ADBC의 대각선의 길이는 $\dfrac{11\sqrt{2}}{8}\times 2=\dfrac{11\sqrt{2}}{4}$이다.

따라서 정사각형 ADBC의 넓이의 최솟값은

$\dfrac{1}{2}\times\left(\dfrac{11\sqrt{2}}{4}\right)^2=\dfrac{121}{16}$이다.

다른 풀이

점 A와 직선 $y=x$ 사이의 거리의 최솟값을 다음과 같이 구할 수 있다.

$y=\sqrt{x-3}$에서 $y^2=x-3$, $x=y^2+3$이므로

점 A의 좌표를 $(a^2+3,\ a)(a\geq 0)$라 하면

점 A와 직선 $y=x$ 사이의 거리는

$\dfrac{|a^2+3-a|}{\sqrt{1^2+(-1)^2}}=\dfrac{\left|\left(a-\dfrac{1}{2}\right)^2+\dfrac{11}{4}\right|}{\sqrt{2}}$이므로

$a=\dfrac{1}{2}$일 때 최솟값 $\dfrac{11}{4\sqrt{2}}=\dfrac{11\sqrt{2}}{8}$를 갖는다.

$y=x-\dfrac{11}{4}$에서 $4x-4y-11=0$

즉, 직선 $y=x$ 위의 한 점 $(0,\ 0)$과 직선 $4x-4y-11=0$

사이의 거리는 $\dfrac{|-11|}{\sqrt{4^2+(-4)^2}}=\dfrac{11}{8}\sqrt{2}$

697 답 ②

두 함수 $y=\sqrt{x+4}$, $y=x^2-4$ $(x\geq 0)$는 서로 역함수이므로

두 함수의 그래프는 직선 $y=x$에 대하여 대칭이다.

이때 직선 AB의 기울기가 -1이므로 각각 두 함수의 그래프 위에 있는 점 A, B는 직선 $y=x$에 대하여 대칭이다.

따라서 선분 AB의 길이는 점 A와 직선 $y=x$ 사이의 거리의 2배이다.

······ ㉠

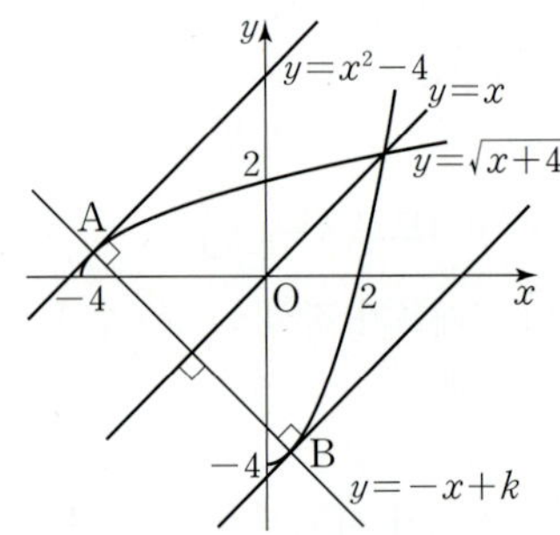

$-4<k<2$일 때 직선 $y=-x+k$와 함수 $y=\sqrt{x+4}$의 그래프가 만나는 점 A는 제2사분면 위에 존재하고,

점 A와 직선 $y=x$ 사이의 거리가 최대일 때는 기울기가 1인 직선이 함수 $y=\sqrt{x+4}$의 그래프와 접하는 접점이 A일 때이다.

기울기가 1인 접선을 $y=x+a$ (a는 상수)라 하고

$\sqrt{x+4}=x+a$에서 양변을 각각 제곱하면

$x+4=(x+a)^2$

이차방정식 $x^2+(2a-1)x+a^2-4=0$의 판별식을 D라 하면

$D=(2a-1)^2-4(a^2-4)=0$이므로

$-4a+17=0$ $\quad\therefore a=\dfrac{17}{4}$

두 직선 $y=x+\dfrac{17}{4}$, $y=x$ 사이의 거리가 $\dfrac{17\sqrt{2}}{8}$이므로

구하는 선분 AB의 길이의 최댓값은 $\dfrac{17\sqrt{2}}{8}\times 2=\dfrac{17\sqrt{2}}{4}$이다.

다른 풀이 1

㉠에서 선분 AB의 길이는 점 B와 직선 $y=x$ 사이의 거리의 2배와 같으므로 다음과 같이 구할 수 있다.

점 B와 직선 $y=x$ 사이의 거리가 최대일 때는 기울기가 1인 직선이 함수 $y=x^2-4$ $(x\geq 0)$의 그래프와 접하는 접점이 B일 때이다.

기울기가 1인 접선을 $y=x+b$ (b는 상수)라 하면

이차방정식 $x^2-4=x+b$, 즉 $x^2-x-4-b=0$의

판별식을 D라 하면

$D=1-4(-4-b)=0$이므로

$17+4b=0$ $\quad\therefore b=-\dfrac{17}{4}$

두 직선 $y=x-\dfrac{17}{4}$과 $y=x$ 사이의 거리가 $\dfrac{17\sqrt{2}}{8}$이므로

구하는 선분 AB의 길이의 최댓값은 $\dfrac{17\sqrt{2}}{4}$이다.

㉠에서 선분 AB의 길이는 점 B와 직선 $y=x$ 사이의 거리의 2배와
같으므로 다음과 같이 구할 수 있다.

점 B가 함수 $y=x^2-4$ $(x\geq0)$의 그래프 위의 점이므로

점 B의 좌표를 $(a,\ a^2-4)$ $(a\geq0)$라 하면

점 B와 직선 $y=x$ 사이의 거리는

$$\dfrac{|a-a^2+4|}{\sqrt{1^2+(-1)^2}}=\dfrac{\left|-\left(a-\dfrac{1}{2}\right)^2+\dfrac{17}{4}\right|}{\sqrt{2}}$$이므로

$a=\dfrac{1}{2}$일 때 최댓값 $\dfrac{17}{4\sqrt{2}}=\dfrac{17\sqrt{2}}{8}$를 갖는다.

따라서 구하는 선분 AB의 길이의 최댓값은 $\dfrac{17\sqrt{2}}{4}$이다.

698   탑 풀이 참조

(1) 곡선 $y=\sqrt{4-x}$가 x축, y축과 만나는 점은 각각
A$(4,\ 0)$, B$(0,\ 2)$이다.

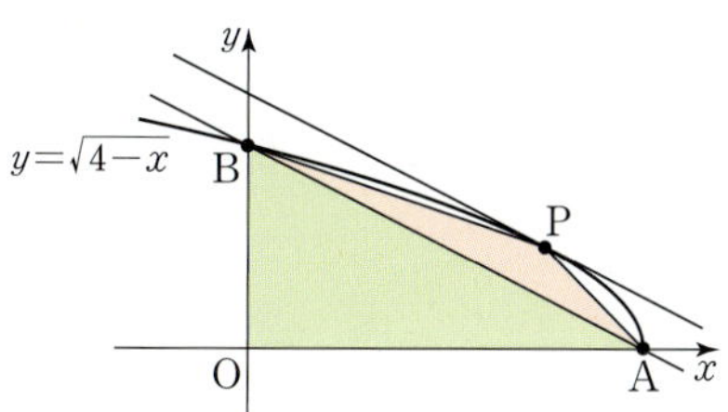

(사각형 OAPB의 넓이)
= (삼각형 OAB의 넓이) + (삼각형 PAB의 넓이)

이때 삼각형 OAB의 넓이가 $\dfrac{1}{2}\times4\times2=4$로 일정하므로 삼각형

PAB의 넓이가 최대일 때, 사각형 OAPB의 넓이가 최대이다.

삼각형 PAB의 밑변을 선분 AB라 하면 $\overline{AB}=2\sqrt{5}$이므로

점 P와 직선 AB 사이의 거리가 최대일 때, 삼각형 PAB의

넓이가 최대이다.

직선 AB의 방정식은 $\dfrac{x}{4}+\dfrac{y}{2}=1$, $x+2y-4=0$이고,

$y=\sqrt{4-x}$에서 $y^2=4-x$, $x=4-y^2$이므로

점 P의 좌표를 P$(4-a^2,\ a)$라 하면 $\qquad\cdots\cdots$ ㉠

점 P와 직선 AB 사이의 거리는

$$\dfrac{|4-a^2+2a-4|}{\sqrt{1^2+2^2}}=\dfrac{|-a^2+2a|}{\sqrt{5}}=\dfrac{|-(a-1)^2+1|}{\sqrt{5}}$$이므로

$a=1$일 때 최대이고, 최댓값 $\dfrac{1}{\sqrt{5}}$을 갖는다. $\quad\cdots\cdots$ ㉡

따라서 삼각형 PAB의 넓이의 최댓값은

$\dfrac{1}{2}\times2\sqrt{5}\times\dfrac{1}{\sqrt{5}}=1$이므로

사각형 OAPB의 넓이의 최댓값은 $4+1=5$이다.

(2) 사각형 OAPB의 넓이가 최대일 때, ㉡에서 $a=1$이므로 ㉠에서
점 P의 좌표는 $(3,\ 1)$이다.

채점 요소	배점
사각형 OAPB의 넓이를 두 삼각형 OAB, PAB의 넓이의 합으로 나타내어 최댓값 구하기	80%
사각형 OAPB의 넓이가 최대일 때, 점 P의 좌표 구하기	20%

(1) 점 P와 직선 AB 사이의 거리의 최댓값을 다음 그림과 같이 직선

AB와 평행하고 곡선 $y=\sqrt{4-x}$에 접하는 직선과 직선 AB
사이의 거리로 구할 수 있다.

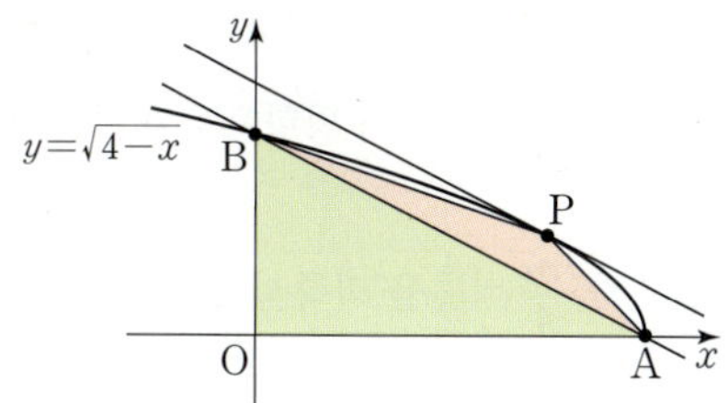

직선 AB의 기울기가 $-\dfrac{1}{2}$이므로 직선 AB에 평행하고 곡선

$y=\sqrt{4-x}$에 접하는 접선을 $y=-\dfrac{1}{2}x+k$ $(k$는 상수$)$라 하자.

$\sqrt{4-x}=-\dfrac{1}{2}x+k$의 양변을 각각 제곱하면

$4-x=\left(-\dfrac{1}{2}x+k\right)^2$

이차방정식 $x^2+2(2-2k)x+4k^2-16=0$ $\qquad\cdots\cdots$ ㉢

의 판별식을 D라 하면

$\dfrac{D}{4}=(2-2k)^2-(4k^2-16)=0$이므로

$-8k+20=0$ $\qquad\therefore k=\dfrac{5}{2}$ $\qquad\cdots\cdots$ ㉣

직선 $y=-\dfrac{1}{2}x+\dfrac{5}{2}$와 직선 $y=-\dfrac{1}{2}x+2$ 사이의 거리는

직선 AB 위의 점 $(0,\ 2)$와 직선 $x+2y-5=0$ 사이의

거리와 같으므로

$\dfrac{|0+4-5|}{\sqrt{1^2+2^2}}=\dfrac{1}{\sqrt{5}}$

따라서 점 P와 직선 AB 사이의 거리의 최댓값은 $\dfrac{1}{\sqrt{5}}$이다.

따라서 삼각형 PAB의 넓이의 최댓값은

$\dfrac{1}{2}\times2\sqrt{5}\times\dfrac{1}{\sqrt{5}}=1$이므로

사각형 OAPB의 넓이의 최댓값은 $4+1=5$이다.

(2) 사각형 OAPB의 넓이가 최대일 때,

㉣에서 $k=\dfrac{5}{2}$이므로 ㉢에 대입하면

$x^2-6x+9=0$, $(x-3)^2=0$

$x=3$, $y=\sqrt{4-3}=1$에서 점 P의 좌표는 $(3,\ 1)$이다.

699   탑 ②

함수 $y=\dfrac{3}{x}$ $(x>0)$의 그래프를 x축의 방향으로 4만큼, y축의

방향으로 m만큼 평행이동하면 $y=\dfrac{3}{x-4}+m$ $(x>4)$이다.

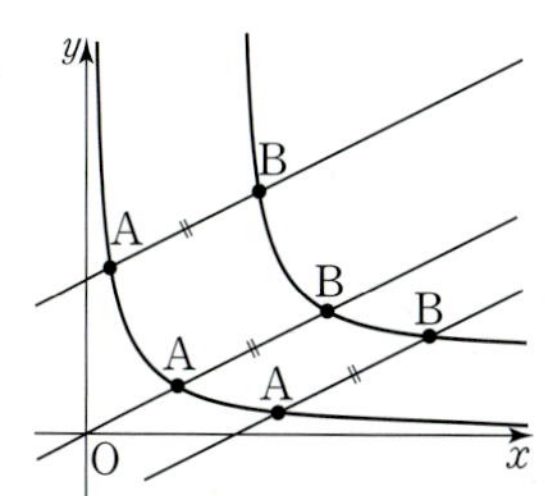

한편, 직선 $y=\dfrac{1}{2}x+k$는 기울기가 $\dfrac{1}{2}$인 직선이고, k의 값에

관계없이 $\overline{AB}$가 일정하려면 함수 $y=\dfrac{3}{x}\ (x>0)$의 그래프 위의

점 A를 x축의 방향으로 4만큼, y축의 방향으로 m만큼 평행이동한

점이 B가 되어야 한다.

즉, 직선 AB의 기울기가 $\dfrac{m}{4}=\dfrac{1}{2}$을 만족시켜야 하므로 $m=2$이다.

이때 $\overline{AB}=\sqrt{4^2+m^2}=\sqrt{4^2+2^2}=\sqrt{20}=2\sqrt{5}$이므로 $n=2\sqrt{5}$

$\therefore m\times n=2\times 2\sqrt{5}=4\sqrt{5}$

700 답 ②

함수 $y=\dfrac{3x+8}{|x+1|-1}$은

$x<-1$일 때, $y=\dfrac{3x+8}{-x-2}=\dfrac{-2}{x+2}-3$

$x\geq -1$일 때, $y=\dfrac{3x+8}{x}=\dfrac{8}{x}+3$

이므로 그래프가 다음 그림과 같다.

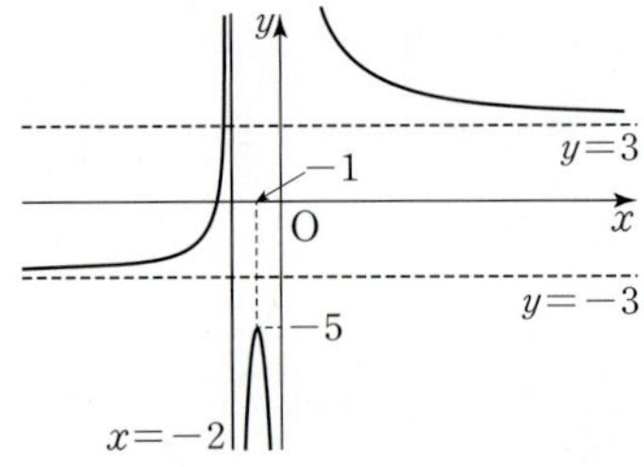

따라서 함수 $y=\dfrac{3x+8}{|x+1|-1}$의 그래프와 직선 $y=k$가 한 점에서

만나도록 하는 실수 k의 값은 $k=-5$ 또는 $-3<k\leq 3$이므로

정수 k는 $-5,\ -2,\ -1,\ 0,\ 1,\ 2,\ 3$의 7개이다.

함수 $y=\dfrac{3x+8}{|x+1|-1}$의 그래프와 직선 $y=k$의 교점의

위치 관계는 다음과 같다.

❶ $k<-5$ 또는 $k>3$일 때 두 점에서 만난다.

❷ $k=-5$ 또는 $-3<k\leq 3$일 때 한 점에서 만난다.

❸ $-5<k\leq -3$일 때 만나지 않는다.

701 답 9

함수 $f(x)$는 함수 $y=\dfrac{1}{2}\left(\dfrac{1}{x-2}-1\right)=\dfrac{-x+3}{2x-4}\ (x>2)$의

역함수이므로 $f(x)=\dfrac{4x+3}{2x+1}\ \left(x>-\dfrac{1}{2}\right)$이다.

함수 $y=\dfrac{1}{2}x^2+\dfrac{3}{2}\ (x\geq 0)$의 역함수 $g(x)$를 구하면 다음과 같다.

$2y-3=x^2\ (x\geq 0),\ x=\sqrt{2y-3}$

x와 y를 서로 바꾸면 $y=\sqrt{2x-3}$이므로

$g(x)=\sqrt{2x-3}$이다.

$h(x)=g(f(x))=g\left(\dfrac{4x+3}{2x+1}\right)$

$\qquad =\sqrt{2\times\dfrac{4x+3}{2x+1}-3}=\sqrt{\dfrac{2x+3}{2x+1}}$

$\therefore h(1)\times h(2)\times \cdots \times h(120)$

$=\sqrt{\dfrac{5}{3}}\times\sqrt{\dfrac{7}{5}}\times\sqrt{\dfrac{9}{7}}\times\cdots\times\sqrt{\dfrac{243}{241}}$

$=\sqrt{\dfrac{243}{3}}=\sqrt{81}=9$

702 답 ③

$f(x)=\sqrt{3+x}+\sqrt{3-x}$라 할 때,

$3+x\geq 0,\ 3-x\geq 0$이어야 하므로 $-3\leq x\leq 3$

이때 $f(x)\geq 0$이므로 $\{f(x)\}^2$이 최댓값과 최솟값을 가질 때

$f(x)$도 각각 최댓값과 최솟값을 갖는다.

$\{f(x)\}^2=(\sqrt{3+x}+\sqrt{3-x})^2$

$\qquad\quad =6+2\sqrt{(3+x)(3-x)}$

$\qquad\quad =6+2\sqrt{9-x^2}\ (-3\leq x\leq 3)$

$-3\leq x\leq 3$에서 함수 $y=9-x^2$은 $x=0$일 때 최댓값을 갖고,

함수 $f(x)$는 $x=0$일 때 최댓값 $f(0)=\sqrt{3}+\sqrt{3}=2\sqrt{3}$을 가지므로

$a=2\sqrt{3}$

$x=-3$ 또는 $x=3$일 때 함수 $y=9-x^2$은 최솟값을 갖고,

함수 $f(x)$는 $x=-3$ 또는 $x=3$일 때 최솟값 $f(-3)=f(3)=\sqrt{6}$을

가지므로 $b=\sqrt{6}$

$\therefore ab=2\sqrt{3}\times\sqrt{6}=6\sqrt{2}$

함수 $y=\sqrt{3+x}+\sqrt{3-x}$의 그래프는 다음 그림과 같다.

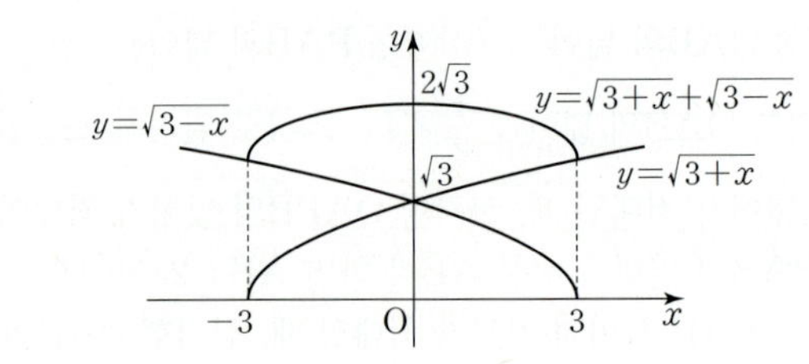

703 답 ⑤

ㄱ. 직선 AB의 방정식은

$y-\dfrac{2}{a}=\dfrac{\dfrac{2}{b}-\dfrac{2}{a}}{b-a}(x-a),\ y=-\dfrac{2}{ab}(x-a)+\dfrac{2}{a}$이다.

$y=0$일 때, $\dfrac{2}{ab}(x-a)=\dfrac{2}{a}$에서 $x=a+b$이므로

점 C의 x좌표는 $a+b$이다. (참)

ㄴ. 직선 AB의 기울기는 $\dfrac{\dfrac{2}{b}-\dfrac{2}{a}}{b-a}=-\dfrac{2}{ab}$이다.

점 D는 선분 AB의 중점이므로 점 D의 좌표는

$\left(\dfrac{a+b}{2},\ \dfrac{\dfrac{2}{a}+\dfrac{2}{b}}{2}\right)$, 즉 $\left(\dfrac{a+b}{2},\ \dfrac{a+b}{ab}\right)$

직선 OD의 기울기는

$\dfrac{\dfrac{a+b}{ab}}{\dfrac{a+b}{2}}=\dfrac{2}{ab}$이다.

따라서 두 직선 AB와 OD의 기울기의 합은

$-\dfrac{2}{ab}+\dfrac{2}{ab}=0$이다. (참)

ㄷ. $\overline{AB}=2\overline{OA}$이면 $\overline{OA}=\overline{AD}$이므로

　　$\angle AOD=\angle ADO$이다.　　　　　　…… ㉠

　　또한 ㄴ에서 두 직선 AB, OD의 기울기의 합이 0이므로

　　$\angle DOC=\angle DCO$

　　$\angle ADO=\angle DOC+\angle DCO=2\angle DOC$　…… ㉡

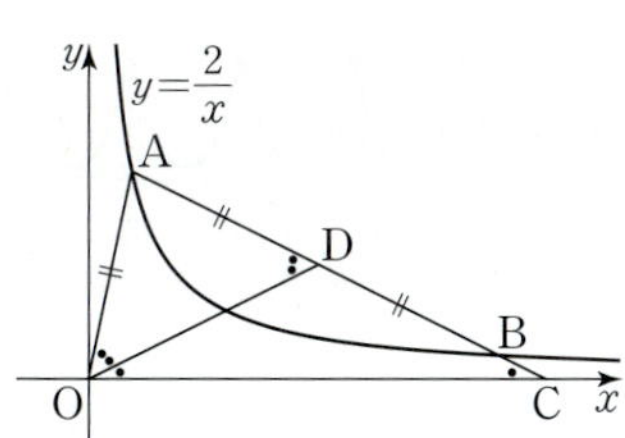

　　$\therefore \angle AOC=\angle AOD+\angle DOC$

　　　　　　$=\angle AOD+\dfrac{1}{2}\angle ADO\ (\because ㉡)$

　　　　　　$=\dfrac{3}{2}\angle AOD\ (\because ㉠)$ (참)

따라서 옳은 것은 ㄱ, ㄴ, ㄷ이다.

704 　　　　　　　　　　　　　　　　　답 ②

조건 ㈎에서 $\sqrt{b}=\sqrt{ac}$　　$\therefore b=ac$　　…… ㉠

조건 ㈏에서

$3(\sqrt{2}-1)(\sqrt{c}-\sqrt{ab})=-2\sqrt{6}\left(\sqrt{ac}-\sqrt{\dfrac{b}{2}}\right)$

㉠을 대입하면

$3(\sqrt{2}-1)(\sqrt{c}-\sqrt{a^2c})=-2\sqrt{6}\left(\sqrt{ac}-\sqrt{\dfrac{ac}{2}}\right)$

$3(\sqrt{2}-1)(\sqrt{c}-a\sqrt{c})=-2\sqrt{6}\times\left(1-\dfrac{1}{\sqrt{2}}\right)\sqrt{ac}$

$3(\sqrt{2}-1)(1-a)\sqrt{c}=-2\sqrt{6}\times\dfrac{\sqrt{2}-1}{\sqrt{2}}\sqrt{ac}$

$1-a=\dfrac{-2\sqrt{3}}{3}\times\sqrt{a}$

이때 (우변)≤0이므로 (좌변)≤0에서 $a\geq1$이고,

양변을 제곱하면

$(1-a)^2=\dfrac{4}{3}a,\ 3a^2-10a+3=0$

$(3a-1)(a-3)=0$　　$\therefore a=3\ (\because a\geq1)$

한편, $g(ab)=18$에서 $\sqrt{a^2b}=a\sqrt{b}=3\sqrt{b}=18$　　$\therefore b=36$

㉠에 의하여 $c=12$이다.

$\therefore f(b+c-a)=f(45)=\sqrt{45}=3\sqrt{5}$

705 　　　　　　　　　 답 $-\dfrac{13}{4}<a\leq-3$ 또는 $0\leq a<3$

함수 $y=x+|x-a|$는

$x\geq a$일 때, $y=x+(x-a)=2x-a$

$x<a$일 때, $y=x-(x-a)=a$

이므로 그래프의 개형은 다음 그림과 같다.

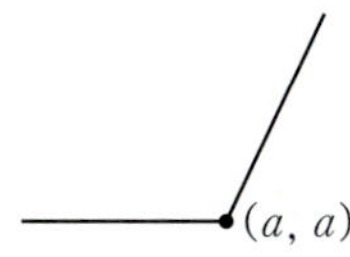

점 $(a,\,a)$가 직선 $y=x$ 위의 점이므로 함수 $y=x+|x-a|$의 그래프가 곡선 $y=\sqrt{2x+3}$과 만나는 점의 개수는 다음과 같은 경우를 기준으로 달라진다.

(i) 직선 $y=2x-a$가 곡선 $y=\sqrt{2x+3}$에 접하는 경우

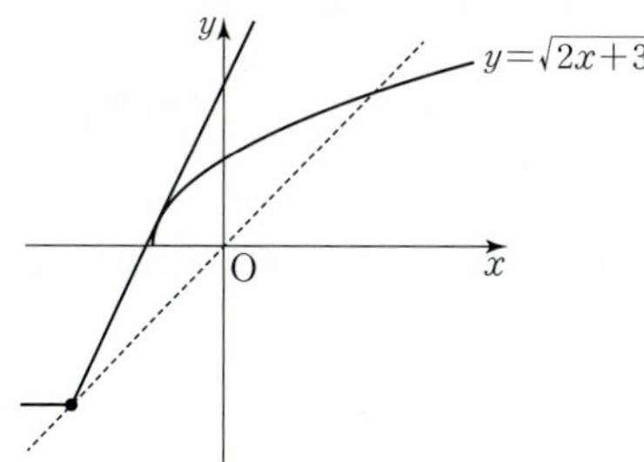

$2x-a=\sqrt{2x+3}$의 양변을 각각 제곱하면

$(2x-a)^2=2x+3$

이차방정식 $4x^2-2(2a+1)x+a^2-3=0$의 판별식을 D라 하면

$\dfrac{D}{4}=(2a+1)^2-4(a^2-3)=0$이므로

$4a+13=0$　　$\therefore a=-\dfrac{13}{4}$

(ii) 직선 $y=2x-a$가 점 $\left(-\dfrac{3}{2},\,0\right)$을 지나는 경우

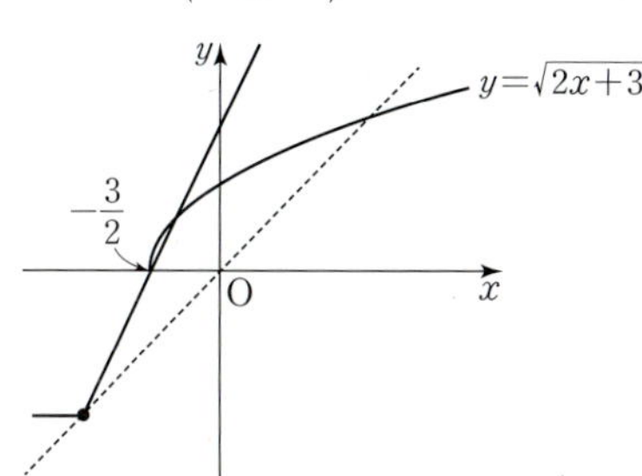

$0=2\times\left(-\dfrac{3}{2}\right)-a$에서 $a=-3$

(iii) 직선 $y=a$가 점 $(0,\,0)$을 지나는 경우

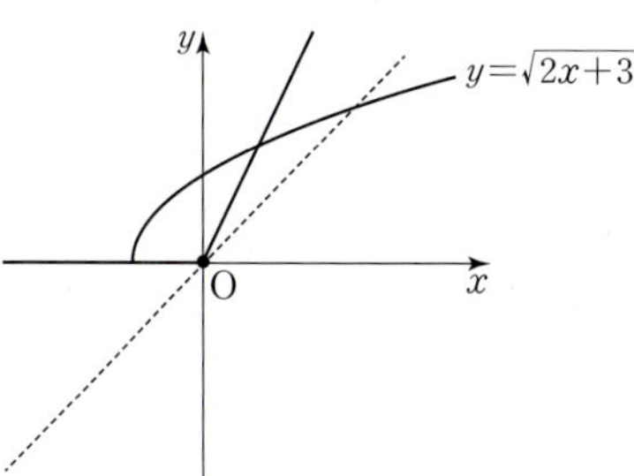

$a=0$

(iv) 점 $(a,\,a)$가 곡선 $y=\sqrt{2x+3}$ 위에 있는 경우

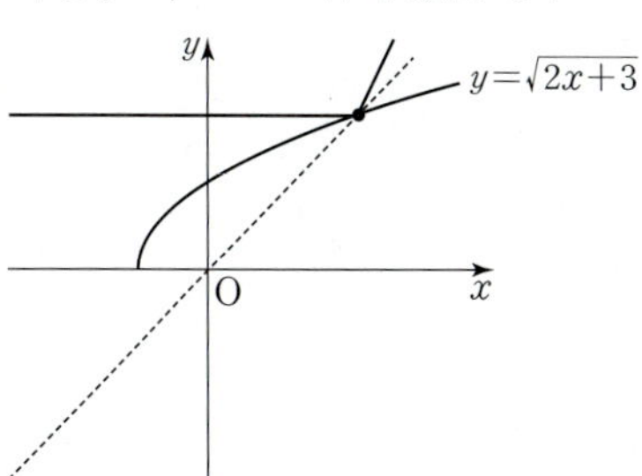

$a=\sqrt{2a+3}$의 양변을 각각 제곱하면

$a^2-2a-3=0,\ (a+1)(a-3)=0$

$\therefore a=-1$ 또는 $a=3$

이때 $a>0$이므로 $a=3$

(i)~(iv)에서 두 그래프가 두 점에서 만나도록 하는

실수 a의 값의 범위는 $-\dfrac{13}{4}<a\leq-3$ 또는 $0\leq a<3$이다.

두 함수 $y=x+|x-a|$, $y=\sqrt{2x+3}$ 의 그래프의 위치 관계는
다음과 같다.

❶ $a<-\dfrac{13}{4}$ 또는 $a>3$일 때, 만나지 않는다.

❷ $a=-\dfrac{13}{4}$ 또는 $-3<a<0$ 또는 $a=3$일 때,

  한 점에서 만난다.

❸ $-\dfrac{13}{4}<a\le-3$ 또는 $0\le a<3$일 때, 두 점에서 만난다.

706   답 ④

조건 ㈎, ㈏를 만족시키는 함수 $y=f(x)$의 그래프는 다음 그림과
같다.

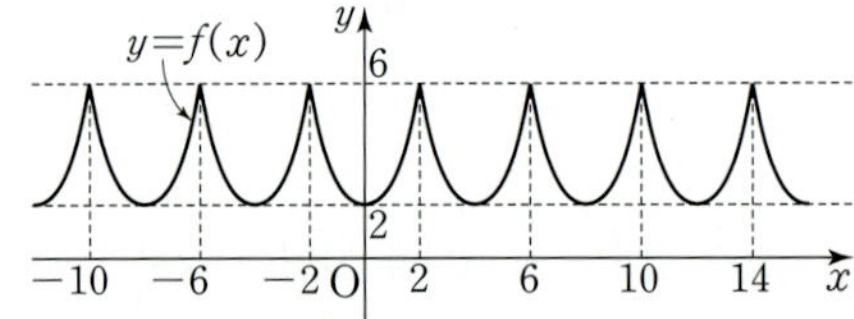

함수 $y=\dfrac{ax}{x+2}=-\dfrac{2a}{x+2}+a$의 그래프의 점근선의 방정식은

$x=-2$, $y=a$이다.

a의 값에 따라 두 함수의 그래프를 나타내면 다음과 같다.

(i) $a<0$일 때

  다음 그림과 같이 $-2<x<0$에서 한 점에서 만난다.

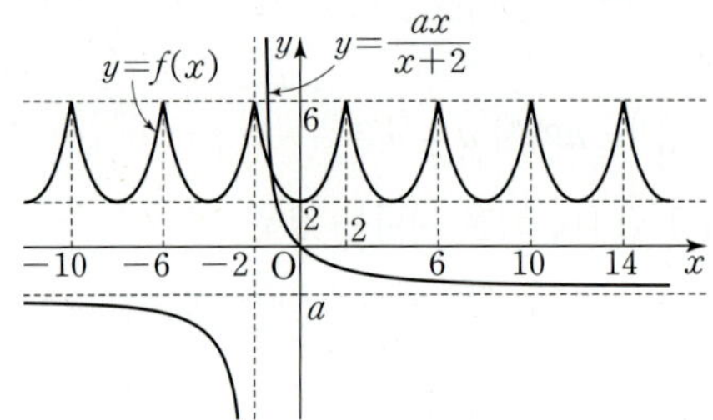

(ii) $a=0$일 때

  $y=\dfrac{ax}{x+2}=0$이므로 두 그래프는 만나지 않는다.

(iii) $a>0$일 때

  ⓐ $0<a<2$ 또는 $a>6$일 때

  $0<a<2$일 때 다음 그림과 같이 $x<-2$에서 유한개의
  점에서만 만난다.

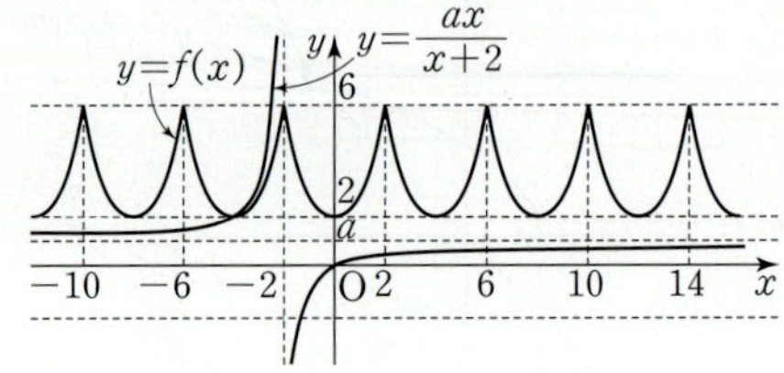

$a>6$일 때 다음과 같이 $x>-2$에서 유한개의 점에서만
만난다.

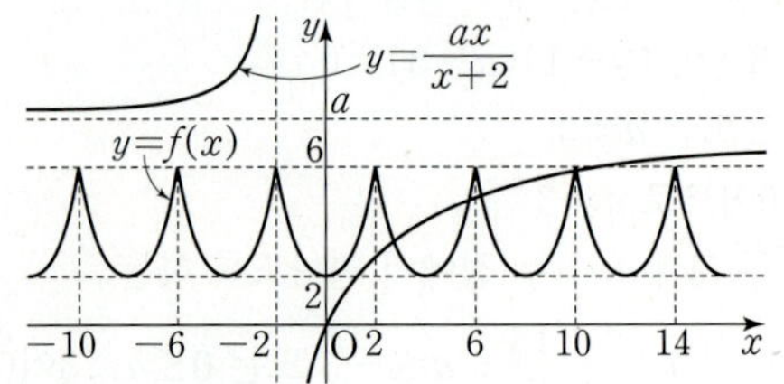

ⓑ $a=2$ 또는 $a=6$일 때

  $a=2$일 때 다음 그림과 같이 $x<-2$에서 무수히 많은 점에서
  만난다.

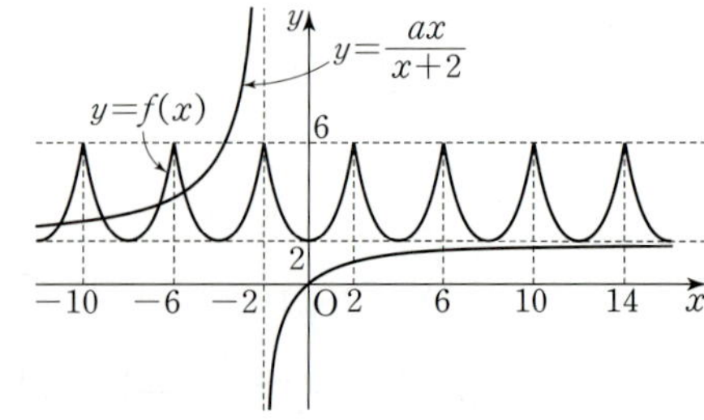

$a=6$일 때 다음 그림과 같이 $x>-2$에서 무수히 많은 점에서
만난다.

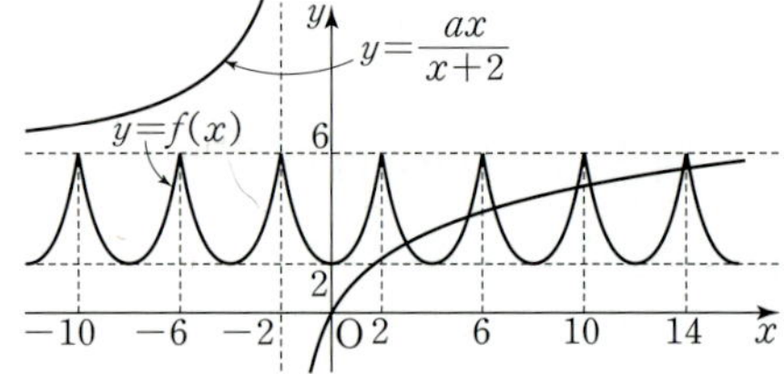

ⓒ $2<a<6$일 때

  다음 그림과 같이 무수히 많은 점에서 만난다.

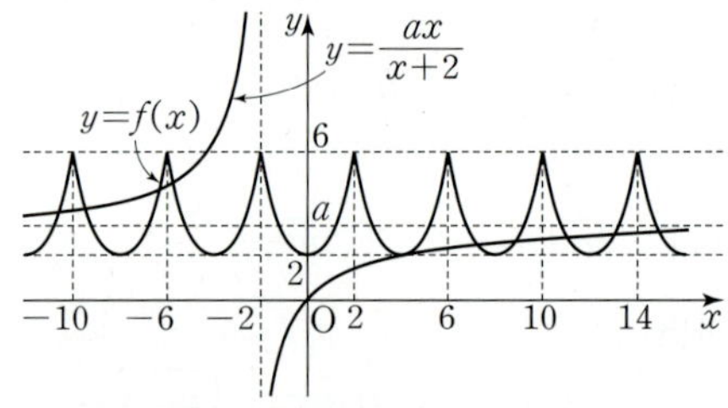

(i)~(iii)에서 두 함수의 그래프가 무수히 많은 점에서 만나도록 하는
a의 값의 범위는 $2\le a\le6$이므로 구하는 모든 정수 a의 값의 합은
$2+3+4+5+6=20$이다.

707   답 ③

점 P의 y좌표를 $a(a\ge0)$이라 하면

$\sqrt{x-2}=a$에서 $x=a^2+2$

점 P의 좌표는 $(\boxed{a^2+2}, a)$이다.

두 곡선 $y=f(x)$와 $y=f^{-1}(x)$는 직선 $y=x$에 대하여 서로
대칭이고 두 직선 l과 $y=x$는 서로 수직이므로

두 점 P와 Q는 직선 $y=x$에 대하여 서로 대칭이다.

따라서 삼각형 OPQ의 외접원의 중심을 C라 하면 점 C는

직선 $y=x$ 위에 있다.

점 C의 좌표를 (k, k) $(k>0)$이라 하면 삼각형 OPQ의 외접원의
반지름의 길이는 $\overline{CO}=\sqrt{2}k$이고 삼각형 OPQ의 외접원의 넓이는
$2k^2\pi$이다.

삼각형 OPQ의 외접원의 넓이가 $\dfrac{25}{2}\pi$일 때,

$2k^2\pi=\dfrac{25}{2}\pi$에서 $k=\dfrac{5}{2}$이므로

점 C의 좌표는 $\left(\boxed{\dfrac{5}{2}}, \boxed{\dfrac{5}{2}}\right)$이고,

$\overline{CP}=\overline{CO}$에서 $\overline{CP}^2=\overline{CO}^2$이므로

$$\left\{(a^2+2)-\frac{5}{2}\right\}^2+\left(a-\frac{5}{2}\right)^2=\left(\frac{5\sqrt{2}}{2}\right)^2$$

$a^4-5a-6=0$에서

$(a+1)(a-2)(a^2+a+3)=0$

$a\geq0$이므로 $a=\boxed{2}$

따라서 점 P의 y좌표는 $\boxed{2}$이다.

$g(a)=a^2+2$, $m=\dfrac{5}{2}$, $n=2$이므로

$$m+g(n)=\frac{5}{2}+6=\frac{17}{2}$$

708   답 16

함수 $y=g(x)$의 그래프는 다음 그림과 같다.

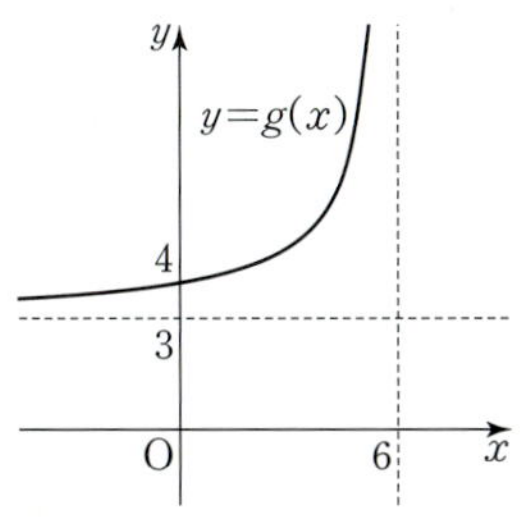

$x<6$일 때 x의 값이 커지면 $g(x)$의 값도 커지므로

$g(t)<g(t+2)$이다.

조건 ㈎에 의하여 $t<2$일 때 $h(t)=f(g(t+2))$이므로

$g(t)\leq x\leq g(t+2)$에서 $f(x)$는 $x=g(t+2)$에서 최솟값을 갖는다.

따라서 $g(t)\leq x\leq g(t+2)$에서 x의 값이 커지면 $f(x)$의 값은

작아진다.

$2\leq t<4$일 때 $h(t)=8$이므로 $g(t)\leq x\leq g(t+2)$에서 $f(x)$의

최솟값이 8로 일정하다. 함수 $y=f(x)$의 그래프의 꼭짓점의 좌표를

$(a,\,b)$라 하면 a는 $2\leq t<4$인 모든 t에 대하여

$g(t)\leq a\leq g(t+2)$이어야 하므로 $a=g(4)$이고 $b=8$이다.

이때 $g(4)=6$이므로 $f(x)=k(x-6)^2+8$ (k는 상수)이라 하면

조건 ㈏에서 $h(-2)=10$이므로

$h(-2)=f(g(0))=10$이고 $g(0)=4$에서

$f(4)=k(4-6)^2+8=4k+8=10$이므로 $k=\dfrac{1}{2}$

따라서 $f(x)=\dfrac{1}{2}(x-6)^2+8$이므로

$$f(10)=\frac{1}{2}\times4^2+8=16$$

709   답 $-2\leq k<-6+4\sqrt{2}$

$f(x)=\dfrac{2|x|-2}{|x-1|}$ ($x\neq1$)라 하면

$x\leq0$일 때, $f(x)=\dfrac{-2x-2}{-(x-1)}=\dfrac{2(x-1)+4}{x-1}=\dfrac{4}{x-1}+2$

$0<x<1$일 때, $f(x)=\dfrac{2x-2}{-(x-1)}=-2$

$x>1$일 때, $f(x)=\dfrac{2x-2}{x-1}=2$

이므로 함수 $y=f(x)$의 그래프는 다음 그림과 같다.

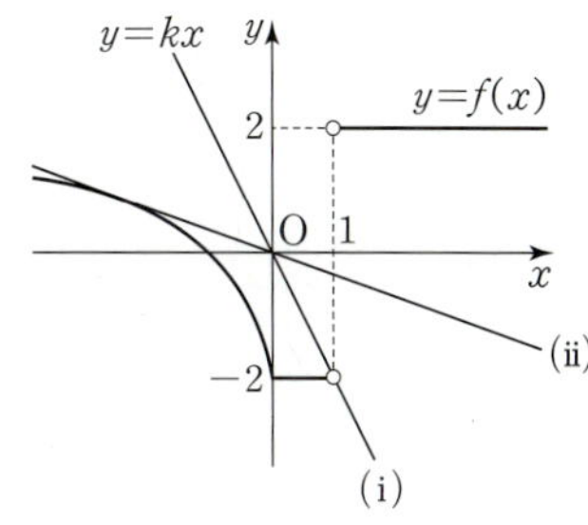

이때 직선 $y=kx$는 원점을 지나고 기울기가 k인 직선이므로 함수
$y=f(x)$의 그래프와 직선 $y=kx$가 만나지 않으려면 실수 k의 값이
$x<0$에서 직선 $y=kx$가 곡선 $y=f(x)$에 접할 때의 k의 값보다는
작고, 점 $(1,\,-2)$를 지날 때의 k의 값보다는 크거나 같아야 한다.

(i) 직선 $y=kx$가 점 $(1,\,-2)$를 지날 때, $k=-2$

(ii) $x<0$에서 직선 $y=kx$가 곡선 $y=f(x)$에 접할 때

$\dfrac{4}{x-1}+2=kx$에서 $4=(kx-2)(x-1)$

이차방정식 $kx^2-(k+2)x-2=0$의 판별식을 D라 하면

$D=\{-(k+2)\}^2-4k\times(-2)=0$, $k^2+12k+4=0$

$\therefore k=-6\pm\sqrt{6^2-4}=-6+4\sqrt{2}$ $(\because k>-2)$

(i), (ii)에서 실수 k의 값의 범위는 $-2\leq k<-6+4\sqrt{2}$이다.

710   답 ②

함수 $y=\left|\dfrac{-6}{x-1}+3\right|$의 그래프는 함수 $y=\dfrac{-6}{x-1}+3$의 그래프의

x축 아래 부분을 x축에 대하여 대칭이동시킨 그래프이므로 다음

그림과 같다.

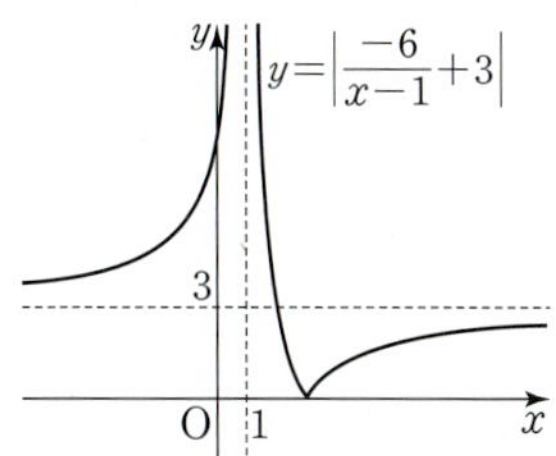

무리함수 $y=-\sqrt{k-x}+3$의 그래프는 점 $(k,\,3)$을 지나면서 왼쪽
아래로 그려진다.

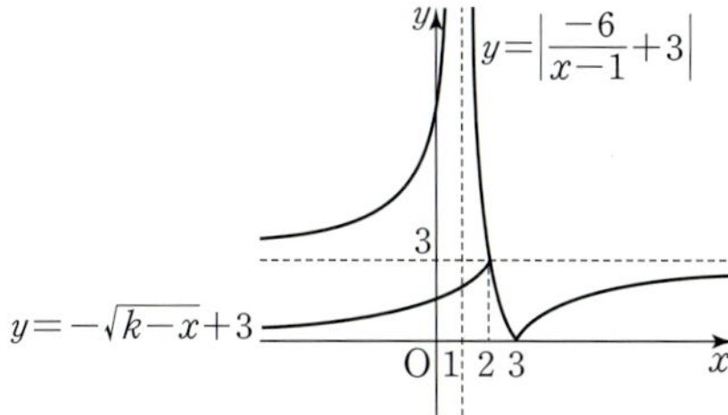

함수 $y=\left|\dfrac{-6}{x-1}+3\right|$의 그래프가 직선 $y=3$과 만나는 점의 x좌표는

$\dfrac{6}{x-1}-3=3$에서 $x=2$이다.

$k<2$일 때 두 그래프는 서로 만나지 않고, $k\geq2$일 때 두 그래프는
항상 만난다.

$\therefore a=2$

직선 $y=m(x-4)-1$은 점 $(4,\,-1)$을 지나는 직선이다.

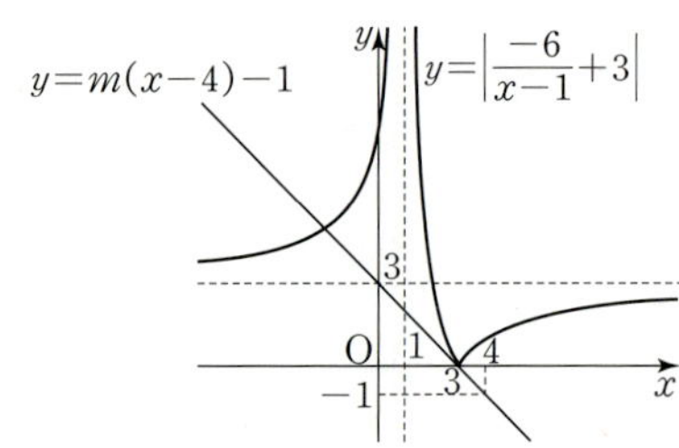

$\dfrac{-6}{x-1}+3=0$에서 $x=3$이므로 함수 $y=\left|\dfrac{-6}{x-1}+3\right|$의 그래프가
x축과 만나는 점의 좌표는 $(3,\,0)$이다.
직선 $y=m(x-4)-1$이 점 $(3,\,0)$을 지날 때,
$0=-m-1$　　$\therefore\ m=-1$　　…… **TIP1**
이때 $m<-1$일 때 두 그래프는 세 점에서 만난다.　…… **TIP2**
$\therefore\ \beta=-1$
$\therefore\ \alpha+\beta=2+(-1)=1$

TIP1

직선 $y=m(x-4)-1$이 점 $(3,\,0)$을 지날 때 $m=-1$이므로
$y=-x+3$이다.

이때 $1<x<3$에서 곡선 $y=\dfrac{6}{x-1}-3$과 직선 $y=-x+3$이
만나는지의 여부에 따라 교점의 개수가 달라지므로 이를 다음과
같이 확인할 수 있다.

방정식 $\dfrac{6}{x-1}-3=-x+3$에서 $6=(x-1)(-x+6)$
$x^2-7x+12=0,\ (x-3)(x-4)=0$
$x=3$ 또는 $x=4$이므로
두 그래프는 $1<x<3$에서 만나지 않는다.

따라서 함수 $y=\left|\dfrac{-6}{x-1}+3\right|$의 그래프와

직선 $y=m(x-4)-1$은 $m=-1$일 때 두 점에서 만난다.

TIP2

함수 $y=\left|\dfrac{-6}{x-1}+3\right|$의 그래프와 직선 $y=m(x-4)-1$의
위치 관계는 다음과 같다.
❶ $m=0$일 때, 만나지 않는다.
❷ $m>0$ 또는 $-1<m<0$일 때, 한 점에서 만난다.
❸ $m=-1$일 때, 두 점에서 만난다.
❹ $m<-1$일 때, 세 점에서 만난다.

711 ·· 답 3

삼각형 PQR은 $\overline{\mathrm{PR}}=\overline{\mathrm{QR}}$인 직각이등변삼각형이다.　…… **TIP**

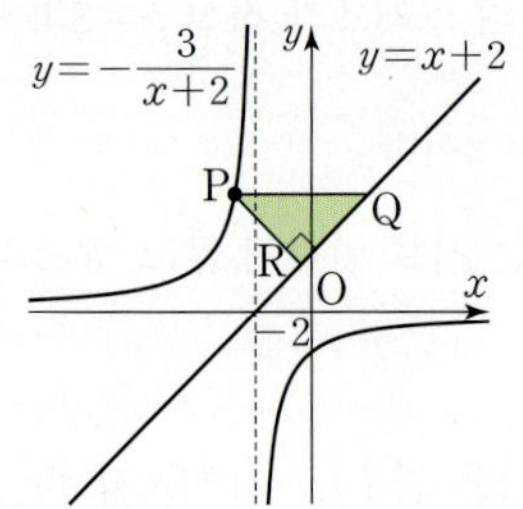

따라서 $\overline{\mathrm{PQ}}=\sqrt{2}\times\overline{\mathrm{PR}}$이므로 $\overline{\mathrm{PR}}$이 최소일 때, $\overline{\mathrm{PQ}}$도 최소이다.
함수의 그래프를 평행이동하여도 선분 PR의 길이는 변하지
않으므로 함수 $y=-\dfrac{3}{x+2}$의 그래프와 직선 $y=x+2$를 x축의
방향으로 2만큼 평행이동하면 각각 $y=-\dfrac{3}{x}$과 $y=x$이다.

이때 $\overline{\mathrm{PR}}$의 최솟값은 함수 $y=-\dfrac{3}{x}$의 그래프 위의 점에서 직선
$y=x$까지의 거리의 최솟값과 같다. 이는 함수 $y=-\dfrac{3}{x}$의 그래프와
직선 $y=-x$의 교점과 원점 사이의 거리와 같다.

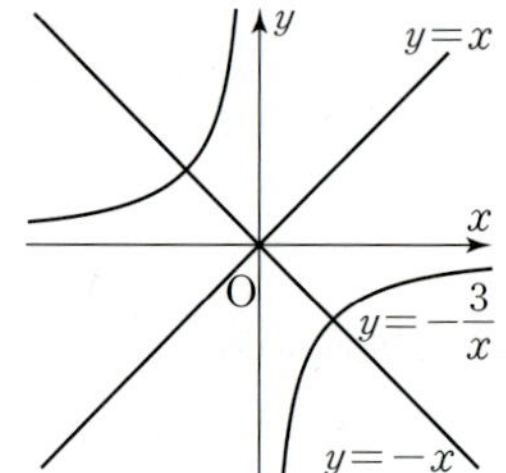

$-\dfrac{3}{x}=-x$에서 $x^2=3$　　$\therefore\ x=\pm\sqrt{3}$
즉, 교점의 좌표는 $(-\sqrt{3},\,\sqrt{3})$ 또는 $(\sqrt{3},\,-\sqrt{3})$이다.
따라서 $\overline{\mathrm{PR}}$의 최솟값은 $\sqrt{(-\sqrt{3})^2+(\sqrt{3})^2}=\sqrt{6}$
이때 삼각형 PQR의 넓이는
$\dfrac{1}{2}\times\overline{\mathrm{PR}}^2=\dfrac{1}{2}\times(\sqrt{6})^2=3$이다.

TIP

직선 $y=x+2$는 기울기가 1이므로 x축의 양의 방향과 이루는
각의 크기가 $45°$이다.
따라서 $\angle\mathrm{PQR}=45°$이므로 직각삼각형 PQR는 $\overline{\mathrm{PR}}=\overline{\mathrm{QR}}$인
직각이등변삼각형이다.

712 ·· 답 13

함수 $y=\sqrt{x-[x]}-[x]$는
$0\le x<1$일 때, $y=\sqrt{x}$
$1\le x<2$일 때, $y=\sqrt{x-1}-1$
$2\le x<3$일 때, $y=\sqrt{x-2}-2$
　　⋮　　　　　⋮
이므로 함수 $y=\sqrt{x-[x]}-[x]$의 그래프는 다음 그림과 같다.

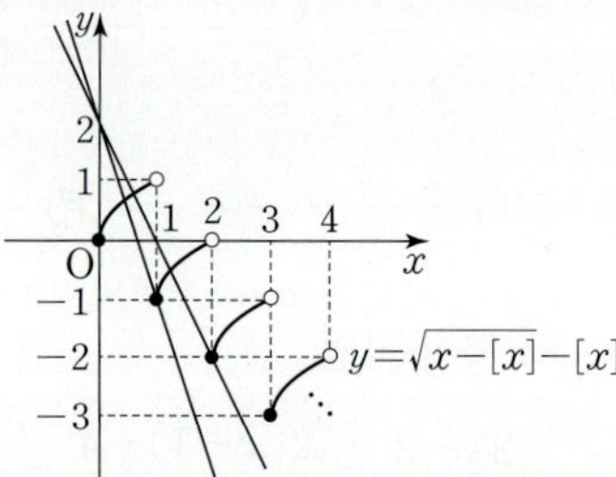

직선 $y=kx+2$는 점 $(0,\,2)$를 지나고 기울기가 k인 직선이고,
$n(A\cap B)=2$를 만족시키려면 함수 $y=\sqrt{x-[x]}-[x]$의 그래프와
서로 다른 두 점에서 만나야 한다.
이를 만족시키려면 직선 $y=kx+2$의 기울기가 점 $(1,\,-1)$을 지날
때보다 크거나 같고, 점 $(2,\,-2)$를 지날 때보다는 작아야 한다.

직선 $y=kx+2$가 점 $(1, -1)$을 지날 때
$-1=k+2$에서 $k=-3$
직선 $y=kx+2$가 점 $(2, -2)$를 지날 때
$-2=2k+2$에서 $k=-2$
따라서 실수 k의 값의 범위는 $-3 \leq k < -2$이므로
$a=-3$, $b=-2$
$\therefore a^2+b^2=(-3)^2+(-2)^2=13$

713 답 ②

$-2<x<2$에서 직선 $y=x+k$와 직선 $y=\dfrac{x}{2}$의 교점의 개수를 p,

$x<-2$ 또는 $x>2$에서 직선 $y=x+k$와 함수 $y=a+\dfrac{b}{x}$의

그래프의 교점의 개수를 q라 하자.

이때 $p \leq 1$, $q \leq 2$이므로 함수 $y=f(x)$의 그래프와 직선 $y=x+k$가

만나는 점의 개수가 5이기 위해서는 $p=1$, $q=2$이고 두 점

$\left(-2, \dfrac{2a-2b-5}{8}\right)$, $\left(2, \dfrac{2a+2b+3}{8}\right)$은 모두 직선 $y=x+k$ 위에

존재해야 한다.

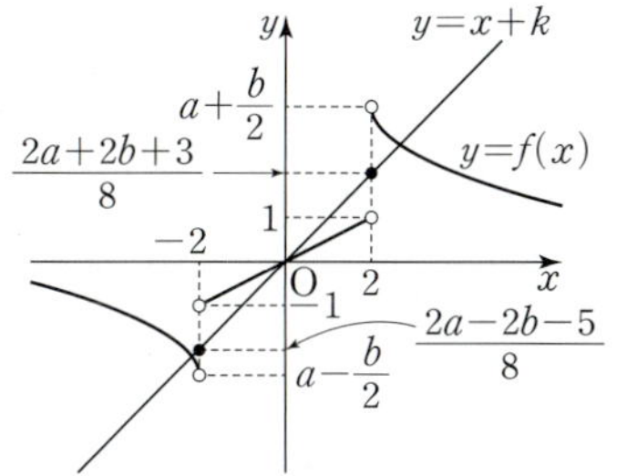

$g(x)=\dfrac{x}{2}$라 하면 $g(-2)=-1$, $g(2)=1$이므로

$p=1$이기 위해서 정수 k는 0이어야 한다. …… ㉠

한편, 두 점 $\left(-2, \dfrac{2a-2b-5}{8}\right)$, $\left(2, \dfrac{2a+2b+3}{8}\right)$을 이은 직선의

기울기는

$$\dfrac{\dfrac{2a+2b+3}{8}-\dfrac{2a-2b-5}{8}}{2-(-2)}=\dfrac{4b+8}{32}=\dfrac{b+2}{8}$$

이므로 $\dfrac{b+2}{8}=1$에서 $b=6$

이때 ㉠에 의하여 점 $\left(-2, \dfrac{2a-2b-5}{8}\right)$, 즉 $\left(-2, \dfrac{2a-17}{8}\right)$은

직선 $y=x$ 위에 존재해야 하므로

$\dfrac{2a-17}{8}=-2$에서 $2a-17=-16$ $\therefore a=\dfrac{1}{2}$

따라서 $a+b+k=\dfrac{1}{2}+6+0=\dfrac{13}{2}$이고

$$f(x)=\begin{cases} \dfrac{x}{2} & (|x|<2) \\ -2 & (x=-2) \\ 2 & (x=2) \\ \dfrac{1}{2}+\dfrac{6}{x} & (|x|>2) \end{cases}$$

이므로

$$f(a+b+k)=f\left(\dfrac{13}{2}\right)=\dfrac{1}{2}+\dfrac{6}{\dfrac{13}{2}}=\dfrac{1}{2}+\dfrac{12}{13}=\dfrac{37}{26}$$

714 답 ①

모든 실수 k에 대하여 집합 $A_k=\{x \,|\, f(x)=k\}$가
$n(A_k)=1$을 만족시키려면 함수 $y=f(x)$의 그래프가 모든
실수 k에 대하여 직선 $y=k$와 한 점에서 만나야 하므로
함수 $f(x)$는 일대일대응이어야 한다.

(i) $ax+b<0$일 때, 함수 $f(x)=\dfrac{-2x+9}{x-5}=\dfrac{-1}{x-5}-2$의

그래프는 다음 그림과 같다.

ⓐ $a>0$일 때, $ax+b<0$에서 $ax<-b$, $x<-\dfrac{b}{a}$

$-\dfrac{b}{a}<5$일 때 $-\dfrac{b}{a}=5$일 때

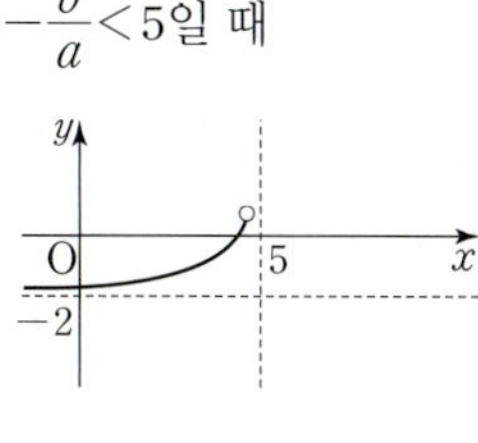 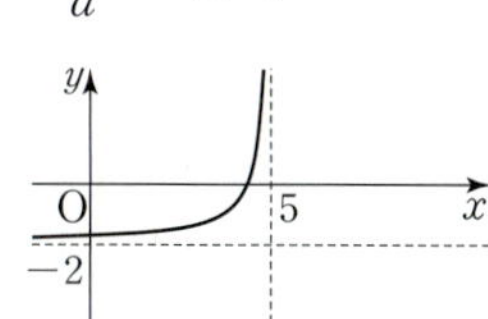

$-\dfrac{b}{a}>5$일 때

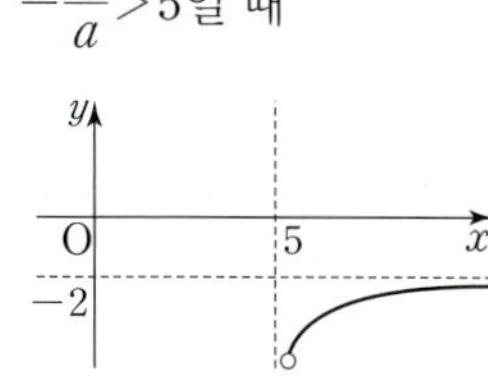

ⓑ $a<0$일 때, $ax+b<0$에서 $ax<-b$, $x>-\dfrac{b}{a}$

$-\dfrac{b}{a}>5$일 때 $-\dfrac{b}{a}=5$일 때

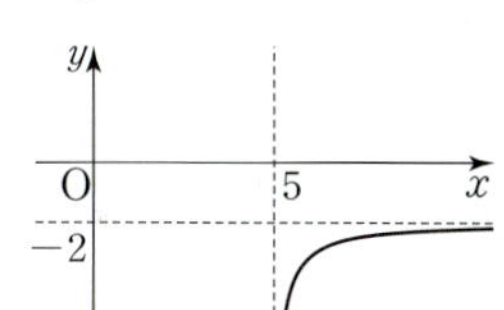 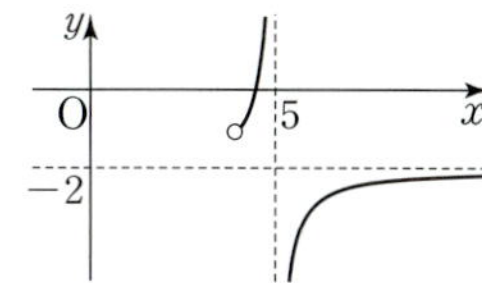

$-\dfrac{b}{a}<5$일 때

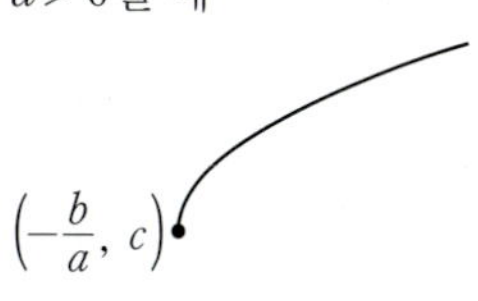 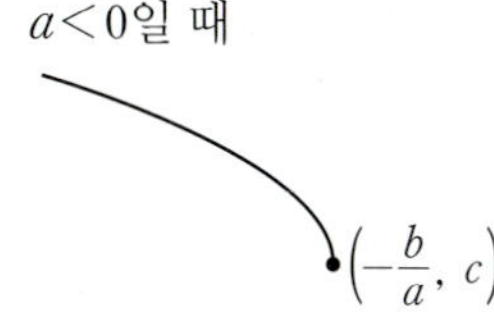

(ii) $ax+b \geq 0$일 때, 함수 $f(x)=\sqrt{ax+b}+c$의 그래프는 다음
그림과 같다.

$a>0$일 때 $a<0$일 때

$\left(-\dfrac{b}{a}, c\right)$ $\left(-\dfrac{b}{a}, c\right)$

(i), (ii)에서 함수 $f(x)$가 일대일대응이 되는 경우를 찾아보면
$a>0$일 때 함수 $f(x)$가 일대일대응이 되는 경우는 존재하지 않고,
$a<0$일 때 함수 $f(x)$가 일대일대응이 되는 경우는 다음과 같이
$-\dfrac{b}{a}=5$이고, $c=-2$가 될 때뿐이다.

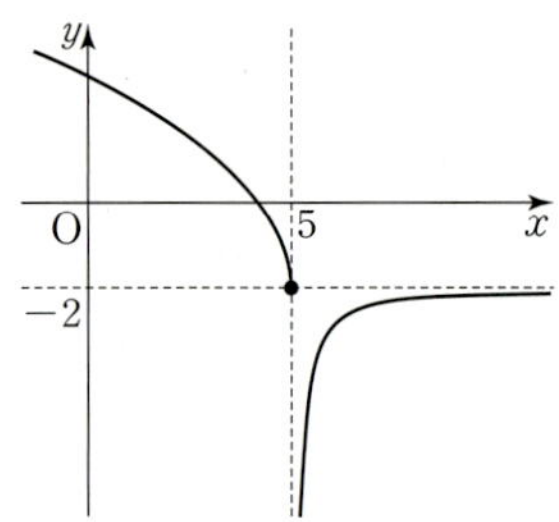

$$\therefore \frac{b}{a}+c=(-5)+(-2)=-7$$

715

함수 $f(x)$의 역함수가 존재하기 위해서는 $f(x)$는 일대일대응이어야 한다.

이때 $x\le 2$에서 함수 $y=\sqrt{-x+2n}+3$의 치역은 $\{y\,|\,y\ge\sqrt{2n-2}+3\}$이므로

$g(x)=-\dfrac{4}{x+n}+a$라 할 때, 조건 ㈎를 만족시키려면 함수 $y=g(x)$의 그래프는 직선 $y=\sqrt{2n-2}+3$을 점근선으로 가져야 한다. $\therefore a=\sqrt{2n-2}+3$

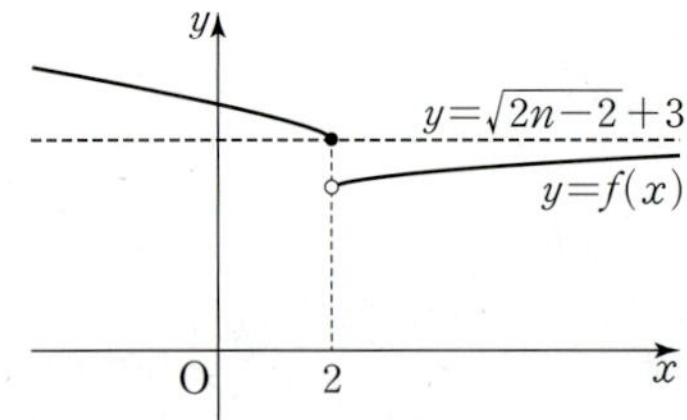

한편, 직선 $y=2x$는 점 $(2,\,4)$를 지나므로 조건 ㈏와 같이 함수 $y=f(x)$의 그래프와 직선 $y=2x$가 서로 만나지 않기 위해서는 $f(2)>4$이고 $g(2)\le 4$이어야 한다.

$f(2)>4$에서 $\sqrt{2n-2}+3>4$, $\sqrt{2n-2}>1$

$2n-2>1$ $\therefore n>\dfrac{3}{2}$ $\cdots\cdots$ ㉠

한편, $g(2)=-\dfrac{4}{2+n}+\sqrt{2n-2}+3$이므로

㉠에 의하여 n에 2부터 차례대로 대입하여 $g(2)\le 4$를 만족시키는 자연수 n을 찾을 수 있다.

(ⅰ) $n=2$일 때,

$g(2)=-\dfrac{4}{4}+\sqrt{4-2}+3=2+\sqrt{2}\le 4$이므로

조건 ㈏를 만족한다.

(ⅱ) $n\ge 3$일 때,

n의 값이 커지면 $-\dfrac{4}{2+n}$의 값은 커지고 $\sqrt{2n-2}+3$의 값은 커지므로

n의 값이 커짐에 따라 $-\dfrac{4}{2+n}+\sqrt{2n-2}+3$의 값도 커진다.

이때 $n=3$이면 $g(2)=-\dfrac{4}{5}+2+3=\dfrac{21}{5}>4$이므로

$n\ge 3$이면 조건 ㈏를 만족하지 않는다.

(ⅰ), (ⅱ)에서 주어진 조건을 만족할 때, $n=2$이고

$a=\sqrt{4-2}+3=\sqrt{2}+3$이다.

$\therefore (2a-3n)^2=\{2(\sqrt{2}+3)-3\times 2\}^2$
$\qquad\qquad\quad =(2\sqrt{2})^2=8$

716

함수 $y=\left|\dfrac{3x-5}{x-1}+k\right|$의 그래프는 함수 $y=\dfrac{3x-5}{x-1}+k$의 그래프의 x축 아래 부분을 x축에 대하여 대칭이동시킨 것이다.

함수 $y=\dfrac{3x-5}{x-1}+k=\dfrac{-2}{x-1}+k+3$의 그래프의 점근선의 방정식이 $x=1$, $y=k+3$이므로

$k+3$의 값에 따라 $x>1$에서 함수 $y=\left|\dfrac{3x-5}{x-1}+k\right|$의 그래프의 개형은 다음 그림과 같다.

(ⅰ) $k+3\le 0$일 때, 즉 $k\le -3$일 때

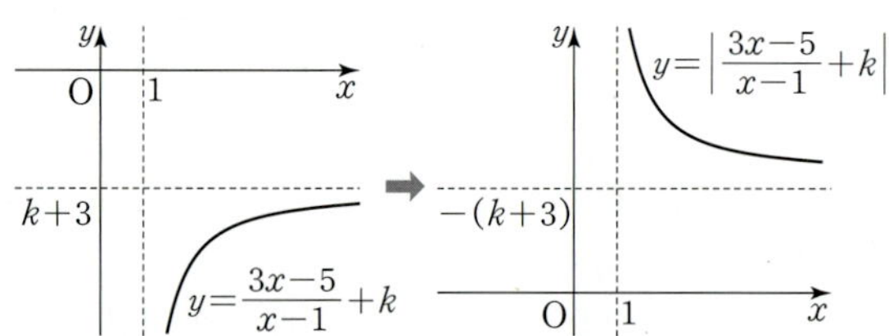

$1<x_1<x_2<2$인 모든 실수 x_1, x_2에 대하여 $f(x_1)>f(x_2)$이므로 $f(x_1)<5<f(x_2)$를 만족시키는 x_1, x_2가 존재하지 않는다.

(ⅱ) $k+3>0$일 때, 즉 $k>-3$일 때

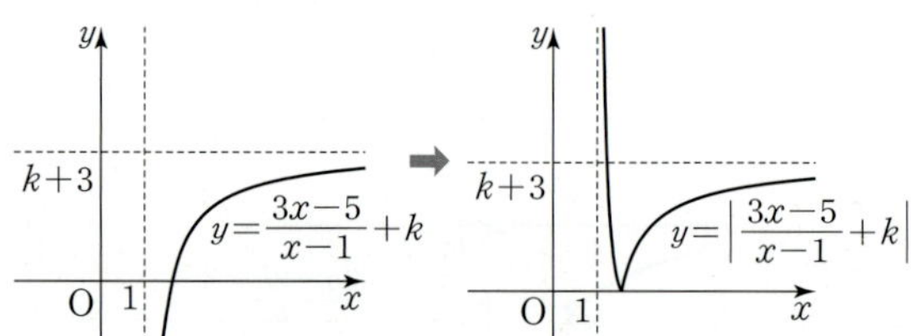

$x=2$일 때 함수 $y=\dfrac{3x-5}{x-1}+k$의 함숫값이 $k+1$이므로

$k+1$의 값에 따라 $1<x<2$에서 함수 $y=\left|\dfrac{3x-5}{x-1}+k\right|$의 그래프의 개형은 다음 그림과 같다.

ⓐ $k+1\le 0$일 때, 즉 $-3<k\le -1$일 때

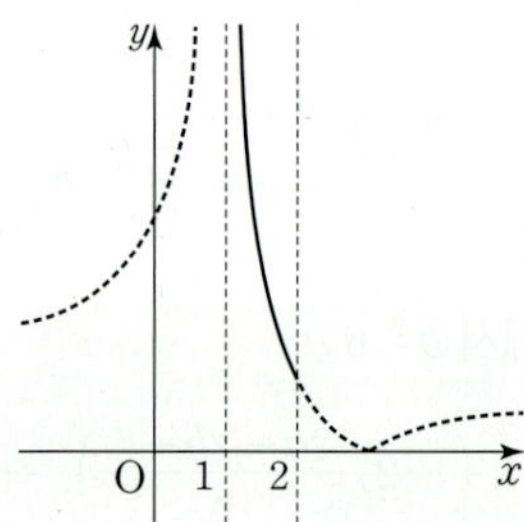

$1<x_1<x_2<2$인 모든 실수 x_1, x_2에 대하여 $f(x_1)>f(x_2)$이므로 $f(x_1)<5<f(x_2)$를 만족시키는 x_1, x_2가 존재하지 않는다.

ⓑ $k+1>0$일 때, 즉 $k>-1$일 때

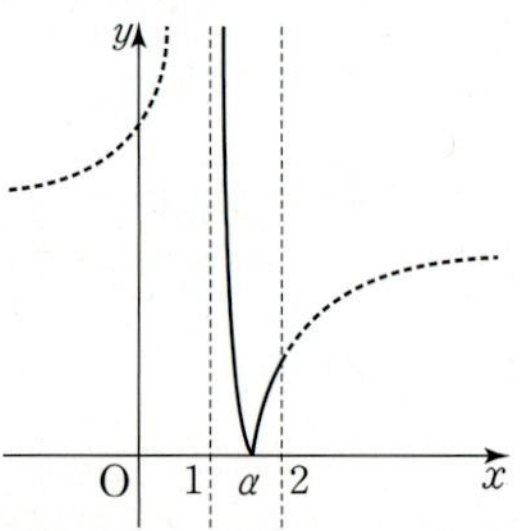

함수 $y=f(x)$의 그래프가 x축과 만나는 점을 $\alpha\,(1<\alpha<2)$라 하면 $\alpha<x_2<2$일 때,

$f(x_1)<f(x_2)$, $x_1<x_2$를 만족시키는 x_1이 항상 존재한다.
이때 $f(x_1)<5<f(x_2)$를 만족시키려면 $a<x_2<2$이고
$f(x_2)>5$인 x_2가 존재해야 하므로 $f(2)>5$이면 된다.
즉, $f(2)=|1+k|=k+1>5$에서 $k>4$이다.
(i), (ii)에서 구하는 실수 k의 값의 범위는 $k>4$이다.

717 답 ⑨

세 점 P, Q, M의 좌표를 각각 $(x_1,\ y_1)$, $(\alpha,\ \beta)$, $(x_2,\ y_2)$라 하자.
점 M은 선분 PQ의 중점이므로 $\mathrm{M}\left(\dfrac{\alpha+x_1}{2},\ \dfrac{\beta+y_1}{2}\right)$

따라서 $x_2=\dfrac{\alpha+x_1}{2}$, $y_2=\dfrac{\beta+y_1}{2}$이므로

$x_1=-\alpha+2x_2$, $y_1=-\beta+2y_2$ ...... ㉠
이때 점 P는 직선 $y=-x+2$ 위의 점이므로
$y_1=-x_1+2$ ...... ㉡
㉡에 ㉠을 대입하면
$-\beta+2y_2=-(-\alpha+2x_2)+2$
$2y_2=-2x_2+\alpha+\beta+2$
$y_2=-x_2+\dfrac{\alpha+\beta+2}{2}$

따라서 점 M은 직선 $y=-x+\dfrac{\alpha+\beta+2}{2}$,

즉 $x+y-\dfrac{\alpha+\beta+2}{2}=0$ 위의 점이다.

주어진 조건에서 점 M과 원점 사이의 거리의 최솟값은 $2\sqrt{2}$이므로

$\dfrac{\left|-\dfrac{\alpha+\beta+2}{2}\right|}{\sqrt{1^2+1^2}}=2\sqrt{2}$, $\left|-\dfrac{\alpha+\beta+2}{2}\right|=4$

$|\alpha+\beta+2|=8$
$\therefore \alpha+\beta+10=0$ 또는 $\alpha+\beta-6=0$
이때 $\alpha+\beta+10=0$은 점 Q가 직선 $x+y+10=0$ 위의 점임을
의미하고,
$\alpha+\beta-6=0$은 점 Q가 직선 $x+y-6=0$ 위의 점임을 의미하므로
주어진 조건을 만족시키는 점 Q의 개수가 3이기 위해서는
함수 $y=\dfrac{a}{x}$의 그래프와 두 직선 $x+y+10=0$, $x+y-6=0$이
만나는 점의 개수는 3이어야 한다. ...... ㉢

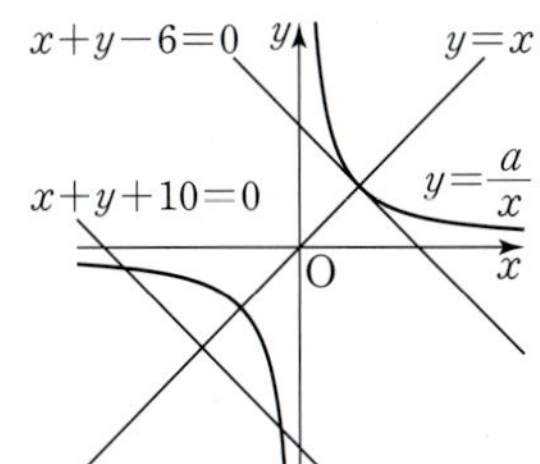

이때 함수 $y=\dfrac{a}{x}$의 그래프와 두 직선 $x+y+10=0$, $x+y-6=0$은
모두 직선 $y=x$에 대하여 대칭이므로 ㉢을 만족하려면
함수 $y=\dfrac{a}{x}$의 그래프는 두 직선 $y=x$, $x+y-6=0$의 교점인
점 $(3,\ 3)$을 지나야한다.
따라서 $3=\dfrac{a}{3}$에서 $a=3^2=9$이다.

718 답 ①

두 함수 $y=\sqrt{x+2}$, $y=\sqrt{2-x}$의 그래프를 나타내면 다음 그림과
같다.

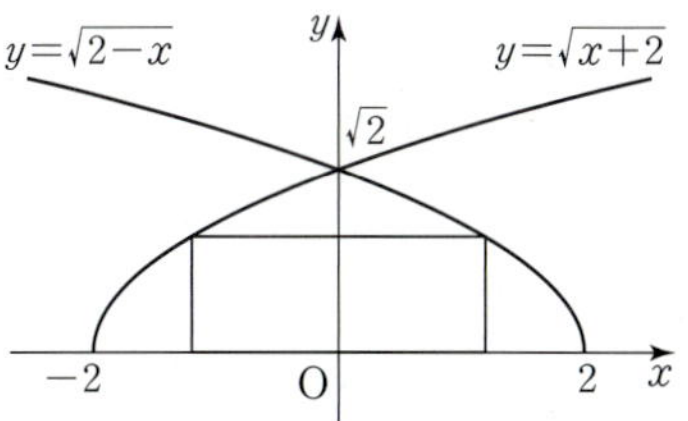

구하는 직사각형의 세로의 길이를 $a\ (0<a<\sqrt{2})$라 하면

...... TIP

$\sqrt{2-x}=a$에서 $x=2-a^2$이므로 직사각형의 가로의 길이는
$4-2a^2$이다.
따라서 직사각형의 둘레의 길이는
$2(4-2a^2+a)=-4\left(a^2-\dfrac{1}{2}a\right)+8=-4\left(a-\dfrac{1}{4}\right)^2+\dfrac{33}{4}$

이므로 $a=\dfrac{1}{4}$일 때, 최댓값 $l=\dfrac{33}{4}$을 갖는다.

이때 직사각형의 세로의 길이는 $a=\dfrac{1}{4}$, 가로의 길이는 $4-2a^2=\dfrac{31}{8}$

이므로 직사각형의 넓이는 $S=\dfrac{1}{4}\times\dfrac{31}{8}=\dfrac{31}{32}$이다.

$\therefore \dfrac{8S}{l}=\dfrac{8\times\dfrac{31}{32}}{\dfrac{33}{4}}=\dfrac{31}{33}$

> **TIP**
>
> 만약 직사각형의 가로의 길이를 $2k\ (0<k<2)$라 하면
> 세로의 길이는 $\sqrt{2-k}$이고
> 직사각형의 둘레의 길이는 $2(2k+\sqrt{2-k})$이다.
> 이와 같은 무리식이 포함된 식의 최댓값을 구하는 것은 어려우므로
> 본풀이와 같이 세로의 길이를 기준으로 풀이하는 것이 좋다.

719 답 259

두 함수 $y=\sqrt{x+36}$, $y=-\sqrt{x}+6$의 그래프와 x축으로 둘러싸인
도형을 나타내면 다음 그림과 같다.

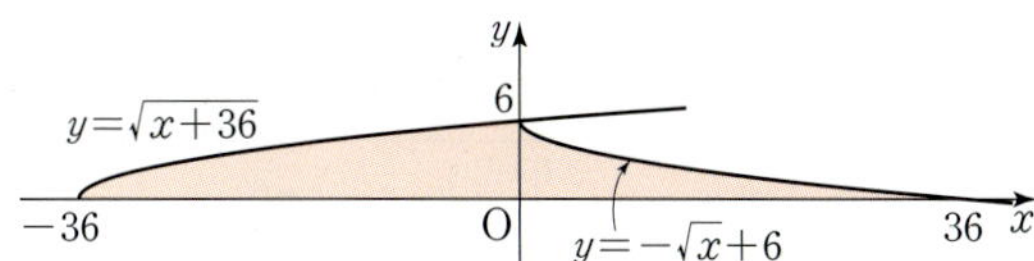

이때 함수 $y=\sqrt{x+36}$의 그래프를 x축에 대하여 대칭이동한 후
x축의 방향으로 36만큼, y축의 방향으로 6만큼 평행이동하면
함수 $y=-\sqrt{x}+6$의 그래프와 일치하므로 색칠한 두 도형 A와 C가
서로 합동이다.

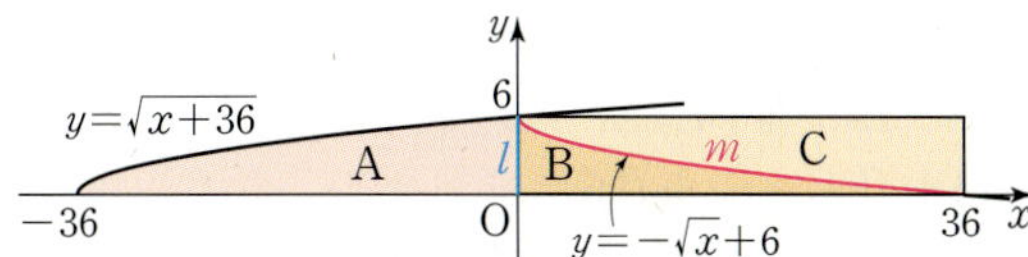

선분 $x=0\ (0\le y\le6)$을 l이라 하고, 곡선 $y=-\sqrt{x}+6\ (0\le x\le36)$
을 m이라 하면 구하는 점의 개수는 x축, y축, $x=36$, $y=6$으로

둘러싸인 직사각형의 둘레 및 내부에 포함되는 x좌표와 y좌표가
모두 정수인 점의 개수에서 선분 l 위에 있는 x좌표와 y좌표가 모두
정수인 점의 개수를 빼고, 곡선 m 위에 있는 x좌표와 y좌표가 모두
정수인 점의 개수를 더한 것과 같다. …… **TIP1**

이때 선분 l 위에 있는 x좌표, y좌표가 모두 정수인 점의 개수와
곡선 m 위에 있는 x좌표, y좌표가 모두 정수인 점의 개수가 7로
서로 같다. …… **TIP2**

즉, 구하는 점의 개수는 x축, y축, $x=36$, $y=6$으로 둘러싸인
직사각형의 둘레 및 내부에 포함되는 x좌표, y좌표가 모두 정수인
점의 개수와 같다.

따라서 $0\le x\le36$에서 정수인 x는 37개, $0\le y\le6$에서 정수인 y는
7개이므로 구하는 값은 $37\times7=259$이다.

TIP1

구하는 점의 개수를 두 도형 A, B의 내부와 경계에 있는 점의
개수의 합으로 구할 때, 선분 l 위의 점의 개수를 중복해서 세게
된다.
또한 도형 A와 도형 C가 합동이므로 두 도형 A, B를 두 도형 B,
C로 바꾸어 생각할 수 있고, 이때 두 도형 B, C의 내부와
경계에 있는 점의 개수를 B, C를 합친 직사각형의 내부와
경계에 있는 점의 개수로 구할 때, 곡선 m 위의 점의 개수를
한 번 빼서 세게 된다.

TIP2

곡선 $y=-\sqrt{x}+6$ 위의 점의 y좌표가 n이면 x좌표는
$(n-6)^2$이므로 y좌표가 정수일 때 x좌표도 정수이다. 따라서
곡선 m 위에 있는 x좌표, y좌표가 모두 정수인 점의 개수는
y좌표가 정수인 점의 개수와 같다. 또한 선분 l 위에 있는
x좌표와 y좌표가 모두 정수인 점의 개수도 y좌표가 정수인 점의
개수와 같으므로 y좌표의 범위 $0\le y\le6$에서 두 부분 위에 있는
x좌표와 y좌표가 모두 정수인 점의 개수는 7로 같다.

다른 풀이

두 함수 $y=\sqrt{x+36}$, $y=-\sqrt{x}+6$의 그래프와 x축으로 둘러싸인
도형을 나타내면 다음 그림과 같다.

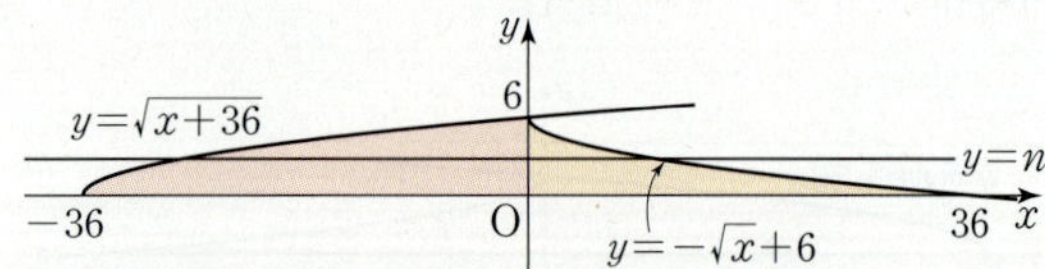

도형의 내부 또는 경계에 포함되는 점 중 y좌표가 n인 점의
개수를 $f(n)$이라 하자. (단, n은 $0\le n\le6$인 정수)
$\sqrt{x+36}=n$에서 $x=n^2-36$
$-\sqrt{x}+6=n$에서 $x=(n-6)^2$이고, n^2-36, $(n-6)^2$은 모두
정수이므로 $n^2-36\le x\le(n-6)^2$인 정수 x의 개수는
$(n-6)^2-(n^2-36)+1=-12n+73$에서 $f(n)=73-12n$이다.
따라서 구하는 점의 개수는
$f(0)+f(1)+f(2)+\cdots+f(6)$
$=73+(73-12)+(73-24)+(73-36)$
$\qquad\qquad\qquad+(73-48)+(73-60)+(73-72)$
$=73\times7-12\times(1+2+3+4+5+6)=259$

720 {#720}

답 ①

(i) $1\le x\le6$일 때 부등식 $ax-1\le\dfrac{3x}{x+2}$가 성립하려면

$y=ax-1$의 함숫값이 $y=\dfrac{3x}{x+2}$의 함숫값보다 항상 작거나

같아야 하므로 $1\le x\le6$에서 직선 $y=ax-1$이 함수 $y=\dfrac{3x}{x+2}$의

그래프보다 아래쪽 또는 같게 위치해야 한다.

(ii) $1\le x\le6$일 때 부등식 $\dfrac{3x}{x+2}\le bx-1$이 성립하려면 $y=bx-1$의

함숫값이 $y=\dfrac{3x}{x+2}$의 함숫값보다 항상 크거나 같아야 하므로

$1\le x\le6$에서 직선 $y=bx-1$이 함수 $y=\dfrac{3x}{x+2}$의 그래프보다

위쪽 또는 같게 위치해야 한다.

$1\le x\le6$에서 함수 $y=\dfrac{3x}{x+2}=\dfrac{-6}{x+2}+3$의 그래프는 다음 그림과

같고, 두 직선 $y=ax-1$, $y=bx-1$은 y절편이 -1이고, 기울기가
각각 a, b인 직선이다.

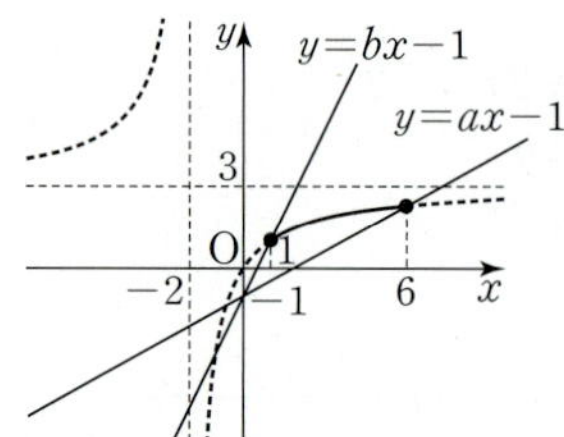

(i)에 의하여 a의 값이 최대이려면

직선 $y=ax-1$이 함수 $y=\dfrac{3x}{x+2}$의 그래프 위의 점 $\left(6,\ \dfrac{9}{4}\right)$를

지나야 하므로 $\dfrac{9}{4}=6a-1$에서 $a=\dfrac{13}{24}$

즉, a의 최댓값은 $\dfrac{13}{24}$이다.

(ii)에 의하여 b의 값이 최소이려면

직선 $y=bx-1$이 함수 $y=\dfrac{3x}{x+2}$의 그래프 위의 점 $(1,\ 1)$을

지나야 하므로 $1=b-1$에서 $b=2$
즉, b의 최솟값은 2이다.

따라서 구하는 곱은 $\dfrac{13}{24}\times2=\dfrac{13}{12}$

721 {#721}

답 ⑤

$\dfrac{n}{x^2-m^2}-\dfrac{m-1}{x+m}=\dfrac{1}{x-m}$에서 (분모)$\ne0$이므로

$x^2-m^2\ne0$에서 $x\ne\pm m$ …… ㉠

또한 $\dfrac{n}{x^2-m^2}-\dfrac{m-1}{x+m}=\dfrac{1}{x-m}$에서

$\dfrac{n}{x^2-m^2}=\dfrac{m-1}{x+m}+\dfrac{1}{x-m}$

$\dfrac{n}{x^2-m^2}=\dfrac{(m-1)(x-m)+(x+m)}{x^2-m^2}$

$\dfrac{n}{x^2-m^2}=\dfrac{mx-m^2+2m}{x^2-m^2}$

$n=mx-m^2+2m$ $(\because x^2-m^2\ne0)$

$mx=m^2-2m+n$

$$\therefore x=m-2+\frac{n}{m}\ (\because mn\neq0) \qquad\qquad \cdots\cdots\ \text{ⓛ}$$

이때 조건 ㈐에 의하여

$$\left\{x\,\middle|\,\frac{n}{x^2-m^2}-\frac{m-1}{x+m}=\frac{1}{x-m},\ x\text{는 실수}\right\}=\varnothing$$

이어야 하므로 ㉠, ㉡에서

$$m-2+\frac{n}{m}=-m \text{ 또는 } m-2+\frac{n}{m}=m$$

(i) $m-2+\dfrac{n}{m}=-m$일 때,

$m-2+\dfrac{n}{m}=-m$에서 $\dfrac{n}{m}=-2m+2$

$\therefore n=-2m^2+2m$

$f(x)=-2x^2+2x$라 하면 곡선 $y=f(x)$의 대칭축은 직선

$x=\dfrac{1}{2}$이고

$f(1)=0,\ f(2)=-4,\ f(3)=-12,\ f(4)=-24,\ f(5)=-40,$

$\cdots$

이므로 조건 ㈎를 만족시키는 정수 $m,\ n$의 순서쌍 $(m,\ n)$은

$(-3,\ -24),\ (-2,\ -12),\ (-1,\ -4),\ (2,\ -4),\ (3,\ -12),$

$(4,\ -24)$

의 6개이다.

(ii) $m-2+\dfrac{n}{m}=m$일 때,

$m-2+\dfrac{n}{m}=m$에서 $\dfrac{n}{m}=2$

$\therefore n=2m$

따라서 조건 ㈎를 만족시키는 정수 $m,\ n$의 순서쌍 $(m,\ n)$은

$(-15,\ -30),\ (-14,\ -28),\ (-13,\ -26),\ \cdots,\ (-1,\ -2),$

$(1,\ 2),\ (2,\ 4),\ (3,\ 6),\ \cdots,\ (15,\ 30)$

의 30개이다.

(i), (ii)에서 구하는 정수 $m,\ n$의 모든 순서쌍 $(m,\ n)$의 개수는

$6+30=36$이다.

722   답 ⑤

$\dfrac{1}{1\times n}+\dfrac{1}{2\times(n-1)}+\dfrac{1}{3\times(n-2)}+\cdots+\dfrac{1}{n\times1}$에서

각각의 분모에 곱해져 있는 두 수의 합이 $n+1$임을 이용하자.

$1\le k\le n$인 자연수 k에 대하여

$$\frac{1}{k\times\{(n+1)-k\}}=\frac{-1}{k\times(k-n-1)}$$
$$=\frac{-1}{(k-n-1)-k}\left(\frac{1}{k}-\frac{1}{k-n-1}\right)$$
$$=\frac{1}{n+1}\left(\frac{1}{k}+\frac{1}{n+1-k}\right)$$

따라서

$$\frac{1}{1\times n}+\frac{1}{2\times(n-1)}+\frac{1}{3\times(n-2)}+\cdots+\frac{1}{n\times1}$$
$$=\frac{1}{n+1}\left(\frac{1}{1}+\frac{1}{n}\right)+\frac{1}{n+1}\left(\frac{1}{2}+\frac{1}{n-1}\right)+\frac{1}{n+1}\left(\frac{1}{3}+\frac{1}{n-2}\right)$$
$$+\cdots+\frac{1}{n+1}\left(\frac{1}{n}+\frac{1}{1}\right)$$
$$=\frac{2}{n+1}\left(\frac{1}{1}+\frac{1}{2}+\frac{1}{3}+\cdots+\frac{1}{n}\right)$$
$$=\frac{2}{n+1}\times A=\frac{2A}{n+1}$$

723   답 $-3<k\le-\dfrac{3}{2}$

함수 $y=\sqrt{6x-3}+2$의 역함수 $f^{-1}(x)$를 구하면 다음과 같다.

$y-2=\sqrt{6x-3},\ (y-2)^2=6x-3$

$6x=(y-2)^2+3$

x와 y를 서로 바꾸면 $6y=(x-2)^2+3$

$y=\dfrac{1}{6}(x-2)^2+\dfrac{1}{2}$이므로 $f^{-1}(x)=\dfrac{1}{6}(x-2)^2+\dfrac{1}{2}$ $(x\ge2)$이다.

함수 $y=g(x)$의 그래프의 개형은 다음 그림과 같다.

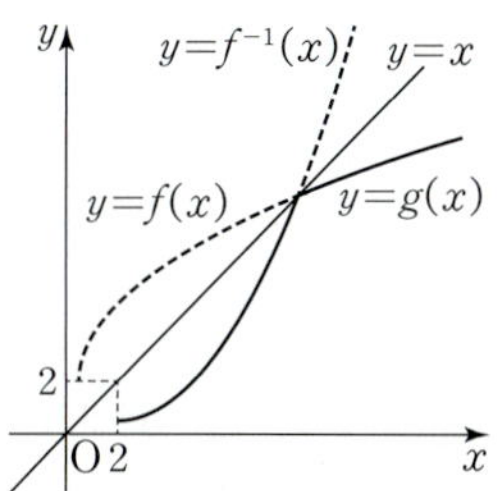

$h(k)=3$을 만족시키려면 실수 k의 값이 직선 $y=x+k$가

점 $\left(2,\ \dfrac{1}{2}\right)$을 지날 때의 k의 값보다는 작거나 같고,

직선 $y=x+k$가 $f(x)>f^{-1}(x)$일 때 함수 $y=f^{-1}(x)$의 그래프에

접할 때의 k의 값보다는 커야 한다.

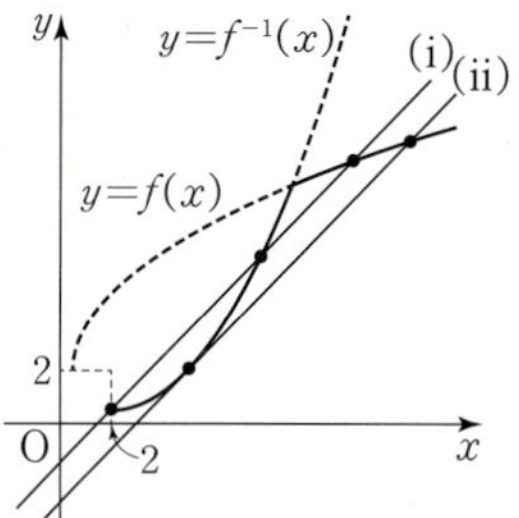

(i) 직선 $y=x+k$가 점 $\left(2,\ \dfrac{1}{2}\right)$을 지날 때

$\dfrac{1}{2}=2+k$에서 $k=-\dfrac{3}{2}$이다.

(ii) 직선 $y=x+k$가 $f(x)>f^{-1}(x)$일 때의 함수 $y=f^{-1}(x)$의

그래프에 접할 때

$\dfrac{1}{6}(x-2)^2+\dfrac{1}{2}=x+k$에서 $x^2-4x+7=6x+6k$

이차방정식 $x^2-10x+7-6k=0$의 판별식을 D라 하면

$\dfrac{D}{4}=(-5)^2-(7-6k)=0$

$6k=-18$ $\qquad\therefore k=-3$

(i), (ii)에서 구하는 k의 값의 범위는 $-3<k\le-\dfrac{3}{2}$이다.

724   답 192

$$f(x)=\frac{bx}{x-a}=\frac{b(x-a)+ab}{x-a}=\frac{ab}{x-a}+b$$

이므로 곡선 $y=f(x)$의 점근선의 방정식은 $x=a,\ y=b$이다.

이때 곡선 $y=f(x+2a)+a$는 곡선 $y=f(x)$를 x축의 방향으로

$-2a$만큼, y축의 방향으로 a만큼 평행이동한 것이므로 곡선

$y=f(x+2a)+a$의 점근선의 방정식은

$x=a-2a=-a,\ y=b+a$, 즉 $x=-a$와 $y=b+a$이다.

한편, $\{t\,|\,h(t)=1\}=\{t\,|-9\le t\le-8\}\cup\{t\,|\,t\ge k\}$에서 함수
$y=g(x)$와 직선 $y=t$의 교점의 개수가 1이 되도록 하는 실수 t의
값의 범위는
$$-9\le t\le-8 \text{ 또는 } t\ge k \qquad\qquad \cdots\cdots ㉠$$
(i) $b>0$인 경우

$ab>0$, $b+a>b>0$이므로 함수 $y=g(x)$의 그래프는 다음
그림과 같다.

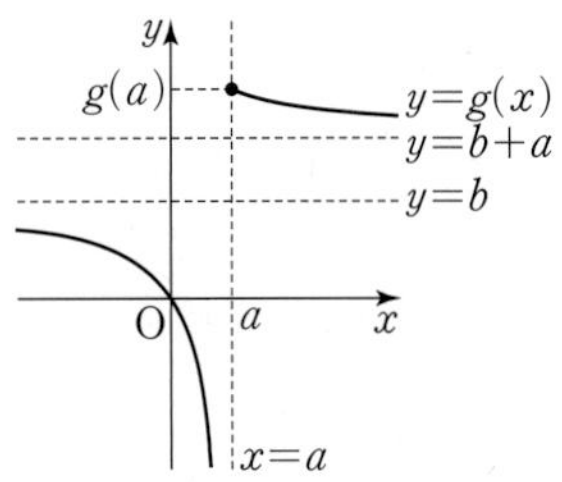

함수 $y=g(x)$의 그래프와 직선 $y=t$의 교점의 개수가 1이 되는
t의 값의 범위는 $t<b$ 또는 $b+a<t\le g(a)$이므로 ㉠을
만족시키지 않는다.

(ii) $b<0$인 경우

$ab<0$, $b<b+a$이고
$$g(a)=f(3a)+a=\frac{3}{2}b+a \qquad\qquad \cdots\cdots ㉡$$
이므로 다음과 같이 경우를 나누어 살펴보자.

ⓐ $b<g(a)$인 경우

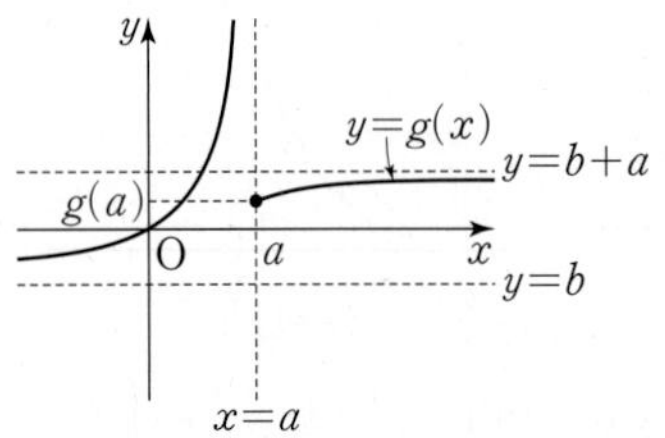

함수 $y=g(x)$의 그래프와 직선 $y=t$의 교점의 개수가 1이
되는 t의 값의 범위는 $b<t<g(a)$ 또는 $t\ge b+a$이므로
㉠을 만족시키지 않는다.

ⓑ $b=g(a)$인 경우

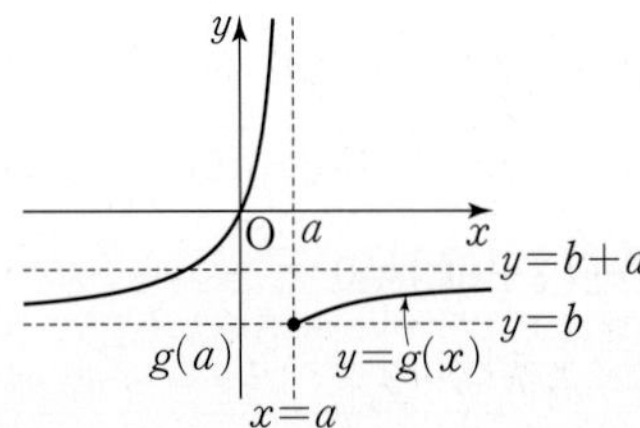

함수 $y=g(x)$의 그래프와 직선 $y=t$의 교점의 개수가 1이
되는 t의 값의 범위는 $t=g(a)$ 또는 $t\ge b+a$이므로 ㉠을
만족시키지 않는다.

ⓒ $b>g(a)$인 경우

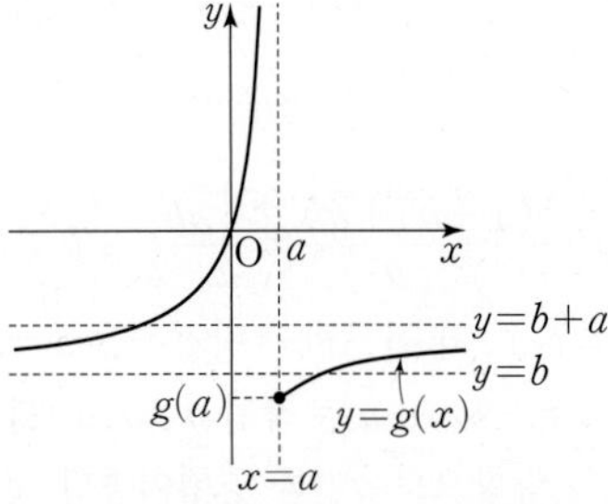

함수 $y=g(x)$의 그래프와 직선 $y=t$의 교점의 개수가 1이
되는 t의 값의 범위는 $g(a)\le t\le b$ 또는 $t\ge b+a$이다.

따라서 ㉠을 만족시키기 위해서는
$$g(a)=-9,\ b=-8,\ b+a=k$$
이어야 한다.

㉡에서 $g(a)=\dfrac{3}{2}\times(-8)+a=-12+a=-9$이므로 $a=3$
$$k=b+a=(-8)+3=-5$$
(i), (ii)에서
$$g(x)=\begin{cases}\dfrac{-8x}{x-3} & (x<3)\\[2mm] \dfrac{-8(x+6)}{x+3}+3 & (x\ge3)\end{cases}$$
즉, $g(x)=\begin{cases}-\dfrac{8x}{x-3} & (x<3)\\[2mm] -\dfrac{24}{x+3}-5 & (x\ge3)\end{cases}$ 이므로
$$g(-k)=g(5)=-\frac{24}{5+3}-5=-8$$
$$\therefore a\times b\times g(-k)=3\times(-8)\times(-8)$$
$$=192$$

참고

함수 $f(x)=\dfrac{-8x}{x-3}$에 대하여 함수
$$g(x)=\begin{cases}f(x) & (x<3)\\ f(x+6)+3 & (x\ge3)\end{cases}$$
의 그래프와 직선 $y=t$는 다음 그림과 같다.

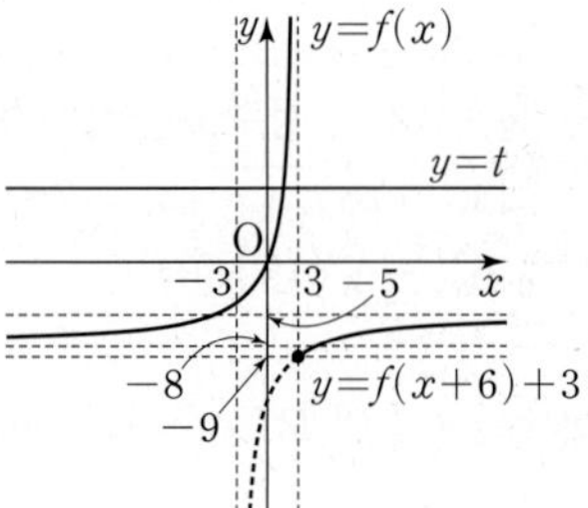

이때 함수 $h(t)$는
$$h(t)=\begin{cases}0 & (t<-9)\\ 1 & (-9\le t\le-8 \text{ 또는 } t\ge-5)\\ 2 & (-8<t<-5)\end{cases}$$
이다.